高等学校教材

配位化学——原理与应用

章　慧　等编著
陈耐生　主审

化学工业出版社
·北京·

本书全面、系统、有特色地阐述配位化学的发展简史、基本原理、重要成果及其相关应用。全书分为8章，循序渐进地介绍了配合物的基础知识、化学键理论、电子光谱、圆二色光谱和磁学性质，取代反应和电子转移反应机理研究以及合成化学。本书还首次介绍了金属苯合成的知识，在有关章节对手性金属配合物的命名、结构和表征（特别是圆二色和旋光色散光谱表征）以及合成与拆分做了较详细介绍，这是本书的显著特色之一。本书尤其注重用配位化学的语言从结构和成键的微观角度去理解并认识配合物的宏观特征和性质，使得基础理论和现代化学实验之间有较密切的结合。

本书各章均附有参考文献以及习题和思考题，书末附有部分习题和思考题的参考答案，可作为化学、化工及相关专业的研究生和高年级本科生研习配位化学的教材或参考用书，还可供化学教师和相关学科的研究人员阅读和参考。

图书在版编目（CIP）数据

配位化学——原理与应用/章慧等编著：—北京：化学工业出版社，2008.5（2024.8重印）

高等学校教材

ISBN 978-7-122-02790-0

Ⅰ.配… Ⅱ.章… Ⅲ.配合物化学 Ⅳ.O641.4

中国版本图书馆CIP数据核字（2008）第064211号

责任编辑：宋林青　　文字编辑：孙凤英

责任校对：周梦华　　装帧设计：史利平

出版发行：化学工业出版社（北京市东城区青年湖南街13号　邮政编码100011）

印　　装：北京七彩京通数码快印有限公司

787mm×1092mm　1/16　印张29　字数736千字　2024年8月北京第1版第7次印刷

购书咨询：010-64518888　　售后服务：010-64518899

网　　址：http：//www.cip.com.cn

凡购买本书，如有缺损质量问题，本社销售中心负责调换。

定　　价：68.00元

序

自从 Werner 在 1893 年提出副价概念和配位理论、奠定配位化学基础以来，配位化学是无机化学中发展最快的一个分支，也是众多学科的交叉点。

首先，在化学一级学科中，配位化学与所有二级化学学科都有紧密的联系和交叉，例如：配位化学是无机化学和有机化学的桥梁。无机和有机化学的交叉产生了“金属有机化学”、“元素有机化学”、“簇合物化学”、“生物无机化学”、“超分子化学”等学科。配位化学与物理化学和理论化学的交叉产生了“结构配位化学”、“配合物的热力学和动力学”、“表面配位化学”、“理论配位化学”等学科。溶液配位化学和大量配合物稳定常数的测定也为分析化学、离子交换和萃取分离化学提供了基础。配位化学与高分子化学的交叉还产生了“配位高分子化学”。

其次，配位化学与生命科学、材料科学、环境科学等一级学科都有紧密的联系。配位化学与生物化学交叉产生的生物无机化学、超分子化学现已进一步或即将发展成为“生命配位化学”，包括“给体-受体化学”、“锁和钥匙化学”、“靶点化学”、“配位药物化学”等，再与理论化学及计算化学交叉产生“药物设计学”等。配位化学与材料化学交叉产生了“功能配位化学”，特别是光电功能配位化学。高分子配合物是无机-有机杂化和复合材料的黏结剂。配位化学与纳米科学技术交叉产生“纳米配位化学”。配位化学在工业化学中也有着广泛应用，如鞣革、石油化工和精细化工中用的催化剂等。

学科交叉是当代科学发展的大趋势，配位化学处于学科交叉的立交桥的地位，是当代化学极其活跃的研究前沿。

《配位化学——原理与应用》是厦门大学章慧教授为研究生多年讲授配位化学课程的基础上编写而成的教材，内容比较丰富。书中比较全面系统地介绍了配位化学的基础知识、配合物的结构理论和性能、反应动力学与机理以及合成化学。全书共分八章，前四章为配位化学发展简史及基本概念，配合物的立体结构和异构现象，轨道、谱项和群论初步，配合物的化学键理论；第 5 章为配合物的电子光谱和磁学性质，第 6 章为配合物的旋光色散与圆二色光谱，第 7 章为配合物反应的动力学与机理研究，第 8 章为配合物的合成化学。

该书虽然主要取材于国内外无机化学和有关的名著，但编写有一定特色。对基础理论部分写得比较充实，叙述清晰明白，对手性金属配合物的命名、结构、表征（特别是圆二色和旋光色散谱的表征）以及合成与拆分有较细致的介绍，在配合物合成化学方面还首次介绍了金属苯的合成。这些构成了本书的一些主要特色。

本书可供化学系高年级学生、研究生、教师和对配位化学有兴趣的其它人员阅读和参考。

徐光宪

2008 年 3 月于北京大学

序

前　言

自 1981 年恩师徐志固先生引我入配位化学之门以来，我始终工作于配位化学及其相关研究和教学领域。自 1997 年留英归国后，我先后在厦门大学化学系为本科生和研究生讲授配位化学、中级无机化学、配位化学选读，以及与配位化学密切相关的综合化学实验等理论和实验课程。虽然苦于配位化学方面教科书的匮乏，但深知自己功底尚浅，我未敢萌生编写教材的念头。直到 2004 年 4 月在长沙参加中国化学会第 24 届年会时，我遇见了化学工业出版社的编辑和数所高校讲授配位化学课程的同仁们，才发现大家都迫切需要一部合适的教材，以满足当前配位化学的教学需要。在同仁们的鼓励下，编写教材的任务提上了议事日程。但真的要接受大家的嘱托、编写这么一部重要的化学学科基础教材，我依然难以下定决心。当徐志固先生得悉我的顾虑后，他激励我"一辈子要做成一件有益的事情"！在徐志固先生的激励下和化学工业出版社的支持下，我终于开始了长达三年的编写工作。

近年来，我国无机化学家取得了一系列突出的创新成就，无机化学已成为化学学科中发展最快的二级学科之一。配位化学堪称无机化学中最活跃的一个重要分支，这里既有德高望重、功底深厚的老一辈无机化学家的领航引路，又有风华正茂、才华横溢的中青年学者的勇于探索；更让人欣慰的是一批又一批朝气蓬勃、勤奋好学的青年学子正在茁壮成长。在这样的形势下，当我将要把这本教材呈献于我的老师、同行和学生们面前时，内心依然诚惶诚恐……。

本教材力求继承国内外配位化学领域已有教材、专著和重要研究论文的精华，试图融入作者本人对配位化学的理解，尝试使教材内容能够深入浅出、通俗易懂、流畅可读，以适用于具备了大学化学基础知识，特别是掌握了结构化学和群论基本原理的化学专业高年级本科生和研究生。本教材若能有助于青年学生对配位化学基本原理和主要内容的了解，也就实现了作者抛砖引玉的初衷，作者内心的惶恐不安将稍稍释然。

本教材主要由章慧编写。第 5 章中"配合物的磁性"一节由北京大学严纯华教授、白士强博士、房晨婕博士和岳衍峰博士编写，第 8 章中"金属苯的合成"一节由厦门大学张弘博士、温庭斌教授和夏海平教授编写。全书由章慧负责统稿，福州大学陈耐生教授主审了全稿。

教材的第 1、2、4、5 和 7 章为配位化学基本原理，第 3 章主要涉及结构化学和群论的基础知识，第 8 章为配合物（也包括金属苯和手性配合物）合成化学。为加深读者对各章节内容的理解，每一章都附有习题、思考题及部分参考答案，其中不少习题选自国内外名著，部分综合练习题为自编。鉴于近年来手性金属配合物在手性技术发展中的重要作用，在相关章节中分别对手性金属配合物的命名、结构、表征（特别是圆二色和旋光色散光谱表征）做出较详细介绍，这也是本教材的特色之一。

在本教材出版之际，作者首先要向参与和协助出版本教材的老师和同事们表示深深的谢意。福州大学陈耐生教授全面指导了本教材的编写工作，谨向陈耐生教授献上最诚挚的谢意；厦门大学王银桂教授对涉及结构化学和群论部分的内容给予了技术把关；山西大学杨频教授对生物无机化学部分的内容提出了有益建议；山西大学王越奎教授仔细审阅了第 5 章中配合物的电子光谱和第 5 章中圆二色光谱的内容并提出了宝贵意见；厦门大学化学系方雪明实验师对本书的部分研究工作以及在书稿的录入方面给予了协助；作者本人研究课题组的历届研究生朱彩飞、陈洪斌、黄永清、邹威、李丽、王宪营、郝洪庆、王芳、陈渊川、宣为民、邹方、黄小青、陈雷奇、丁雷等的出色研究工作构成了本书的部分素材。还要借此机会对曾经培育我学习成长的所有前辈、师长，对与我一道学习、工作和交流过的所有同学、同事、同行，以及为本教材部分内容提供了帮助的厦门大学化学系的学生们一并表示衷心感谢。与此同时，还要感谢厦门大学化学化工学院、化学系领导，以及福建省化学会和本系无机化学专业的同事们对配位化学教育始终如一的支持。总之，谨将此书献给迄今以来培育、帮助、支持、鼓励和关爱我的所有恩师和挚友们。

特别要感谢德高望重的徐光宪院士，感谢他在本书脱稿之际认真阅读书稿、欣然为本书作序，感谢他对作者本人的关怀和鼓励。

作者及参与写作的同事们在编写中广泛参阅并引用了国内外有关教材、专著和研究论文。在此，特别对上述所有被引用的作者表示最衷心的感谢，正是他们的累累硕果构成了本书丰富的写作素材。

本教材所涉及的研究先后得到国家自然科学基金、教育部高等学校骨干教师资助计划、福建省和厦门市自然科学基金重大和重点项目、英国文化委员会研究奖助金、南京大学配位化学国家重点实验室开放研究基金、厦门大学科技创新工程基金（系列 2）等的大力资助，作者及参与写作的同事们愿借本书出版之际对所有的资助机构和部门深表谢意。

还要感谢我的至爱亲人们，正是有了他们的理解、支持，有了他们的关怀和照顾，才使我完成了编写任务。

由于作者本人才疏学浅，本教材难免有疏漏和偏颇之处，在此先表歉意，敬请各位读者不吝赐教。

章　慧

2008 年 3 月于厦门大学

目　录

第 1 章　配位化学发展简史及基本概念 …… 1
1.1　配位化学及其研究内容 …… 1
1.1.1　配位化学和配位化合物的定义 …… 1
1.1.2　配位化学——众多学科的交叉点 …… 2
1.1.3　配位化学的研究内容 …… 5
1.2　近代无机化学的发展与无机化学的复兴 …… 7
1.3　维尔纳配位理论 …… 7
1.3.1　配位化学的早期历史 …… 7
1.3.2　维尔纳配位理论 …… 8
1.3.3　确定六配位配合物的八面体结构——Werner 对立体化学的贡献 …… 10
1.3.4　Jørgensen 对配位化学理论创立的贡献 …… 12
1.4　配合物化学键理论的发展和价键理论 …… 13
1.4.1　配合物化学键理论的发展 …… 13
1.4.2　价键理论 …… 14
1.5　20 世纪以来配位化学的贡献 …… 18
1.6　配位化合物与金属有机化合物的联系和区别 …… 20
1.7　配合物的命名 …… 21
1.7.1　配离子 …… 21
1.7.2　含配阴离子的配合物 …… 21
1.7.3　含配阳离子的配合物 …… 22
1.7.4　中性配合物（无外界） …… 22
1.7.5　配体的次序 …… 22
1.7.6　复杂配合物 …… 23
1.7.7　简名和俗名 …… 23
1.7.8　配体名称的缩写 …… 23
1.7.9　几何异构体的命名 …… 23
1.7.10　含有桥联基团（或原子）双核配合物的命名 …… 25
1.8　配体的类型与螯合物 …… 25
1.8.1　按中心金属与配体相互作用成键的性质分类 …… 25
1.8.2　根据配位点的数目分类 …… 26
参考文献 …… 27
习题和思考题 …… 28
第 2 章　配合物的立体结构和异构现象 …… 30
2.1　配位数和配合物的立体结构 …… 30
2.1.1　配位数 1 和 2 …… 30
2.1.2　配位数 3 …… 31
2.1.3　配位数 4 …… 32

2.1.4 配位数 5 …… 33
2.1.5 配位数 6 …… 34
2.1.6 配位数 7 …… 34
2.1.7 配位数 8 …… 36
2.1.8 配位数 9 …… 37
2.1.9 配位数 10 …… 38
2.1.10 更高配位数 …… 38
2.2 配合物的异构现象 …… 40
2.2.1 化学结构异构 …… 40
2.2.2 立体异构 …… 41
2.3 配合物几何异构体的鉴别方法 …… 52
2.3.1 偶极矩法 …… 52
2.3.2 X 射线衍射法 …… 52
2.3.3 紫外-可见吸收光谱法 …… 52
2.3.4 化学方法 …… 52
2.3.5 拆分法 …… 53
2.3.6 红外光谱法 …… 53
2.3.7 核磁共振波谱法 …… 55
2.3.8 其它方法 …… 57
参考文献 …… 57
习题和思考题 …… 59
第 3 章 轨道、谱项和群论初步 …… 61
3.1 过渡金属原子（离子）的电子结构 …… 61
3.1.1 多电子原子的中心力场模型和原子轨道（函） …… 61
3.1.2 原子轨道（函）和原子轨道（函）能 …… 62
3.1.3 波函数 Ψ、原子轨道（函）ψ 及有关的能量概念 …… 64
3.2 自由原子（或离子）谱项 …… 68
3.2.1 基本概念 …… 68
3.2.2 总角动量 …… 68
3.2.3 组态的能级分裂 …… 71
3.2.4 谱项的能量和拉卡参数 …… 74
3.3 群的表示 …… 76
3.3.1 矩阵初步 …… 76
3.3.2 线性变换 …… 77
3.3.3 变换矩阵、群的表示、特征标 …… 78
3.3.4 将原子轨道作为表示的基 …… 79
3.3.5 相似变换、群元素的类、不可约表示和特征标表 …… 80
3.3.6 一般表示的约化公式 …… 83
3.4 轨道和谱项的变换性质 …… 85
3.4.1 原子轨道的变换性质 …… 85
3.4.2 谱项的变换性质 …… 87
3.5 直积和轨道相互作用的条件 …… 87

3.5.1 直积 …… 87
3.5.2 轨道相互作用的条件 …… 89
3.5.3 两组简并波函数的直接乘积 …… 91
参考文献 …… 92
习题和思考题 …… 93
第4章 配合物的化学键理论 …… 95
4.1 晶体场理论 …… 95
4.1.1 晶体场中d轨道能级的分裂 …… 95
4.1.2 电子成对能和高、低自旋配合物 …… 100
4.1.3 影响Δ值的因素 …… 102
4.1.4 晶体场稳定化能 …… 104
4.1.5 Δ值的经验公式 …… 105
4.2 修正的晶体场理论——配体场理论 …… 105
4.2.1 静电晶体场理论的缺陷 …… 106
4.2.2 配体场理论 …… 106
4.2.3 d轨道在配体场中分裂的结构效应 …… 108
4.2.4 配体场分裂的热力学效应 …… 115
4.3 配合物的分子轨道理论简介 …… 119
4.3.1 过渡金属配合物的分子轨道描述 …… 119
4.3.2 过渡金属配合物的分子轨道能级图 …… 122
4.3.3 反馈π键的形成 …… 130
4.3.4 以正八面体配合物为例说明CFT与MOT的区别 …… 130
4.3.5 分子轨道理论和18电子规则 …… 131
4.4 角重叠模型原理及其应用 …… 134
4.4.1 AOM的基本原理 …… 134
4.4.2 d轨道的能量和d电子的排列 …… 141
4.4.3 角重叠模型稳定化能AOMSE的计算 …… 146
4.4.4 角重叠模型在预测配合物结构上的应用 …… 148
4.4.5 四方变形八面体和平面正方形配合物中的d-s混杂问题 …… 155
4.4.6 AOM与CFT、LFT和MOT的比较 …… 156
4.4节参考文献 …… 158
参考文献 …… 159
习题和思考题 …… 160
第5章 配合物的电子光谱和磁学性质 …… 162
5.1 配合物的d-d跃迁电子光谱 …… 162
5.1.1 配合物的颜色及其深浅不同的由来 …… 162
5.1.2 配合物电子光谱的一般形式和选律 …… 164
5.1.3 在配合物电子光谱研究中应用群论方法 …… 174
5.1.4 d^1体系的电子光谱 …… 174
5.1.5 自由离子谱项在配体场中的分裂 …… 175
5.1.6 d-d跃迁谱带数目 …… 179

5.1.7 配体场谱项的相互作用 …… 181
5.1.8 能级图 …… 182
5.1.9 低对称性配位场光谱项 …… 190
5.1.10 偏振作用分析和二色性 …… 193
5.1.11 群论方法、能级图综合应用解释配合物 d-d 跃迁电子光谱 …… 199
5.2 配合物的荷移光谱 …… 203
5.2.1 荷移跃迁的类型和特点 …… 204
5.2.2 L→M 荷移光谱 …… 207
5.2.3 M→L 荷移光谱 …… 211
5.2.4 $[Fe(CN)_6]^{n-}$ 配合物的荷移光谱 …… 214
5.2.5 配位数和立体化学对荷移跃迁的影响 …… 215
5.2.6 对荷移跃迁谱带位置的定量预测和光学电负性 …… 215
5.2.7 混合价光谱简介 …… 219
5.2.8 荷移光谱的应用实例 …… 223
5.3 配合物的磁性 …… 229
5.3.1 磁性基本概念 …… 230
5.3.2 抗磁性 …… 231
5.3.3 顺磁性 …… 232
5.3.4 范弗列克（van Vleck）方程和磁化率 …… 236
5.3.5 铁磁性 …… 238
5.3.6 反铁磁性与亚铁磁性 …… 238
5.3.7 自旋倾斜和弱铁磁性 …… 240
5.3.8 与场有关的磁现象：自旋翻转、场致有序和变磁性 …… 241
5.3.9 零场分裂 …… 242
5.3.10 磁耦合及其理论模型 …… 243
5.3.11 近年来配合物磁性研究的热点 …… 245
5.3.12 磁测量技术 …… 251
5.3 节参考文献 …… 253
参考文献 …… 254
习题和思考题 …… 255
第 6 章 配合物的旋光色散和圆二色光谱 …… 259
6.1 旋光色散和圆二色光谱技术的发展 …… 259
6.2 偏振光的基础知识 …… 260
6.2.1 自然光和偏振光 …… 260
6.2.2 圆偏振光及椭圆偏振光 …… 260
6.3 旋光色散、圆二色性和 Cotton 效应 …… 263
6.3.1 旋光性 …… 263
6.3.2 圆二色性（CD） …… 268
6.3.3 ORD 与 CD 的关系及 Cotton 效应 …… 269
6.3.4 旋转强度和各向异性因子 …… 270
6.4 手性配合物绝对构型的测定 …… 271
6.4.1 确定手性有机化合物绝对构型的方法 …… 271

6.4.2 配合物的手性来源以及手性光学方法所研究的电子跃迁类型 …… 272
6.4.3 测定手性配合物绝对构型的两种主要方法 …… 273
6.4.4 基于 d-d 跃迁的 ORD 和 CD 关联法在确定手性配合物绝对构型中的应用 …… 275
6.4.5 激子手性方法（excition chirality method）及其应用 …… 282
6.4.6 正确选择配合物绝对构型的关联方法 …… 294
6.5 CD 光谱的其它应用 …… 297
6.5.1 确定羟基酸和氨基酸绝对构型的方法——有机酸现场配位 CD 光谱法 …… 297
6.5.2 采用各向异性 g 因子判断手性配合物的电子跃迁类型 …… 298
6.5.3 CD 光谱法用于分析配合物电子跃迁的能级细节 …… 300
6.6 手性配合物的固体 CD 光谱 …… 302
6.6.1 固体 CD 光谱研究简介 …… 302
6.6.2 单晶 CD 光谱测试 …… 303
6.6.3 固体（粉末）CD 光谱测试 …… 304
6.6.4 手性配合物的固体 CD 光谱研究 …… 305
参考文献 …… 306
习题和思考题 …… 310
第 7 章 配合物反应的动力学与机理研究 …… 312
7.1 基本原理 …… 312
7.1.1 反应机理和研究目的 …… 312
7.1.2 配合物的反应类型 …… 314
7.1.3 前线轨道对称性规则 …… 317
7.1.4 活性（labile）配合物和惰性（inert）配合物 …… 321
7.1.5 活性、惰性与稳定、不稳定 …… 321
7.1.6 动力学研究方法 …… 322
7.2 配体取代反应 …… 324
7.2.1 八面体配合物的取代反应 …… 324
7.2.2 配体场理论在取代反应机理研究中的应用 …… 328
7.2.3 水合离子的水交换和由水合离子生成配合物 …… 333
7.2.4 水解反应 …… 337
7.2.5 四面体配合物的取代反应 …… 343
7.2.6 平面正方形配合物的取代反应 …… 344
7.3 电子转移反应 …… 353
7.3.1 电子转移反应的基本知识 …… 353
7.3.2 外界电子转移反应 …… 357
7.3.3 内界电子转移反应 …… 363
7.3.4 配合物的立体选择性电子转移反应 …… 374
参考文献 …… 380
习题和思考题 …… 382
第 8 章 配合物的合成化学 …… 384
8.1 配合物的合成 …… 384
8.1.1 利用取代反应制备配合物 …… 384

8.1.2 氧化还原反应 …… 392
8.1.3 几何异构体的定向合成 …… 396
8.1.4 配位模板效应和大环配体的合成 …… 398
8.1.5 手性配合物合成方法简介 …… 399
8.1 节参考文献 …… 406
8.2 金属苯的合成 …… 409
8.2.1 金属苯简介 …… 409
8.2.2 金属苯合成方法 …… 410
8.2.3 金属苯研究的未来展望 …… 417
8.2 节参考文献 …… 417
习题和思考题 …… 420
全书综合习题和思考题 …… 421
附录 …… 424
附录 1 点群的特征标表 …… 424
附录 2 点群的对称性相关表 …… 433
附录 3 由 d^n 组态产生的谱项的分裂 …… 438
附录 4 Tanabe 和 Sugano 能级图 …… 439
部分习题和思考题参考答案 …… 441
主要参考文献 …… 451

第1章　配位化学发展简史及基本概念

1.1 配位化学及其研究内容

1.1.1　配位化学和配位化合物的定义

1.1.1.1　配位化学的定义

配位化学是无机化学的重要分支之一。经典的配位化学仅限于金属原子或离子（中心金属）与其它分子或离子（配位体）相互作用的化学[1]，它所研究的对象是配位化合物（coordination compounds，complex compounds or complexes），简称为配合物或络合物。

参照：①现代化学的定义[2]“化学是研究物理原子、分子、生物大分子和超分子及其凝聚态的组成、结构、性质、化学反应及其规律和应用的科学”；②当前配位化学发展的趋势；③广义配合物的概念。可对现代配位化学作出如下定义。

现代配位化学是研究金属原子或离子（中心金属）同其它分子或离子（配位体）形成的配合物（包括分子、生物大分子和超分子）及其凝聚态的组成、结构、性质、化学反应及其规律和应用的化学。

其中，配合物的（组成）定义为：金属原子或离子（中心金属）与其它分子或离子（配位体）形成的化合物（包括分子、生物大分子和超分子）。

关于配位化学和配合物的定义还可以参考其它无机化学或配位化学教科书，并作出比较。

1.1.1.2 关于配合物的内界

《无机化学》教科书对配合物内界的一般定义[3]：“中心离子与配位体构成了配合物的内配位层（或称内界），通常把它们放在方括弧内。内界中配位体的总数（单基的）叫配位数。”徐光宪将配合物的内界定义为络合单元[4]——“凡是由含有孤对电子或π键组成的分子或离子（称为配体）与具有空的价电子轨道的原子或离子（统称中心原子）按一定的组成和空间构型结合成的结构单元。”由以上两个定义来理解，配合物的内界（或络合单元）有双重意义，缺一不可：①配合物内界由中心离子及与之成键的配体两部分组成；②考察配合物的内界，不但要考虑中心金属与配体的组成和成键方式，还要考虑整个络合单元的空间构型。

当我们讨论一系列相关配合物的性质特别是其光谱性质时，对于其内界相似性的比较研究是很重要的[5]。按照配位化学的结构理论，可以将“相似的内界”理解为：不同络合单元的中心金属及其所带电荷数是相同的，而且中心金属具有相同的配位数，其周围有着相似的配位环境（配位原子相同、空间构型基本相同）。虽然更严格地从群论的观点来看，它们的对称性可能是不同的。

例如，可以认为 $[Co(NH_3)_6]^{3+}$（O_h）、$[Co(en)_3]^{3+}$（D_3）、$[Co(phen)_3]^{3+}$（D_3）、$[Co(bpy)_3]^{3+}$（D_3）的内界是相似的，因为可以视其为准八面体构型的 $[Co^{Ⅲ}(N)_6]^{3+}$；同理，$[Co(edta)]^-$（**1** $edta^{4-}$＝乙二胺四乙酸根）、$[Co(cdta)]^-$（$cdta^{4-}$＝环己二胺四乙酸根）、$[Co(pdta)]^-$（$pdta^{4-}$＝丙二胺四乙酸根）、*u-fac*-$[Co(ida)_2]^-$（**2** ida^{2-}＝亚氨基二乙

酸根)、C_1-*cis*-(N)-[Co(gly)$_2$(ox)]$^-$(**3** gly$^-$=甘氨酸根)、[Co(ox)$_2$(en)]$^-$(**4a** ox^{2-}=草酸根)、[Co(mal)$_2$(en)]$^-$(**4b** mal^{2-}=丙二酸根)等配合物的内界也是相似的，因为它们都可以被看作两个配位 N 原子处于顺位的准八面体构型 *cis*-(N)-[$Co^{III}N_2O_4$]$^-$(图 1-1)，但不能认为具有八面体构型的 [$Co^{II}(NH_3)_6$]Cl_2 和 [$Co^{III}(NH_3)_6$]Cl_3 的内界是相似的，因为其中心金属和配体虽然相同，中心金属却具有不同的氧化态；更不能将[$Co(NH_3)_6$]Cl_2 与 [$CoCl(NH_3)_5$]Cl_2 看作有相似的内界，因为它们中心金属的氧化态和配位原子都不尽相同。*cis*-[$CoCl_2(NH_3)_4$]$^+$(蓝紫色) 和 *trans*-[$CoCl_2(NH_3)_4$]$^+$(绿色) 一类的配合物，其内界似乎是相同的，但却有不同的几何构型，在此不作为具有相似内界的配合物来讨论。

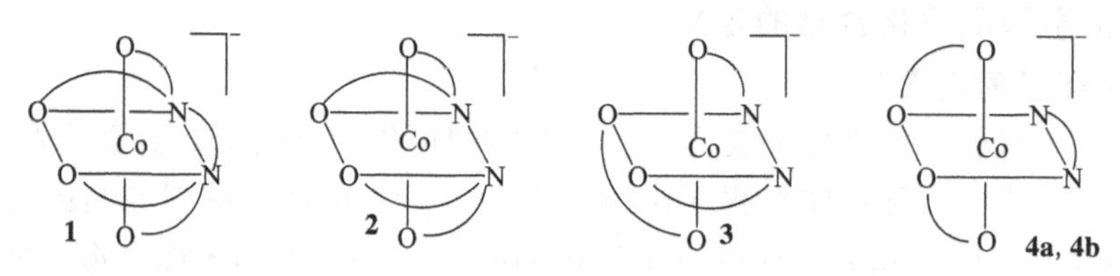

图 1-1 Λ-*cis*-(N)-[$Co^{III}N_2O_4$]$^-$ 系列配合物的绝对构型

1.1.2 配位化学——众多学科的交叉点

在配位化学家看来，配位化学有趣而且有用。有趣之处在于配合物花样繁多的成键形式、立体结构以及迄今仍层出不穷的各种新发现。已知的有机化合物已达上千万之多（截至 2004 年 6 月 18 日，美国化学文摘 CA 登录的化合物已有 6669 万个，目前正以每天 2 万个新化合物的速度增加着，其中大部分是有机化合物[6]），再与占大半个周期表的金属组合起来，配合物（包括金属有机化合物）的数量将可能多至无限。特别是由于过渡金属和镧系、锕系元素具有主族元素所不具备的价层 d 和 f 轨道、丰富的电子能级、多变的价态和宽泛的配位数，它们所形成配合物的多样性就更为丰富。因此配位化学堪称无机化学和有机化学的完美结合。

配位化学在其它相关领域的应用是不胜枚举的。以下将简要介绍配位化学在分析化学、电化学和不对称催化等不同领域中应用的几个实例。

(1) 配合物探针在生物大分子研究中的应用[7]

配合物探针❶（主体）往往与生物大分子（客体）以非共价键键合，主要是通过分子间的弱相互作用力如范德华力、氢键、静电作用（偶极作用）、π-π 堆积作用、空间排斥作用以及亲疏水作用进行主客体之间的识别，然后通过光谱测定或其它手段加以表征。形状选择是弱相互作用的基础，因此这种识别作用要求主客体结合部位高度匹配，这也是手性催化、特异识别和切割 DNA 的基本要求。

手性金属配合物与 DNA 分子嵌合作用的识别专一性、光谱特性使得金属配合物发展成为了探测 DNA 结构的有效探针。例如 Barton 等研究了对 DNA 具有高度立体选择性和独特光谱性质的八面体配合物 [Ru(dip)$_3$]$^{2+}$(dip=4,7-二苯基邻菲咯啉)。它有两种对映异构体，分别为 Δ 和 Λ 构型（参阅图 2-26）。这一对对映异构体与 DNA 的结合程度可以从金属→配体电荷转移（MLCT）光谱的减色效应或发光增强进行检测。右旋 B-DNA 只能与 Δ-[Ru(dip)$_3$]$^{2+}$ 结合，而左旋的 Z-DNA 由于其主沟宽而浅，对两种对映异构体的选择性均较低。显然，[Ru(dip)$_3$]$^{2+}$ 的光学异构体对于核酸类型的鉴别是很有用的。

---

❶ 配合物探针指具有独特光学或磁学等特性的金属配合物，可以通过它们与其它分子相互作用的行为来探察后者的结构、功能或反应机理等。

（2）化学修饰电极与过渡金属配合物

图 1-2 所示为电化学中通过电极反应来研究配合物的配体取代反应过程[8]。在未处理的石墨电极表面有许多含氧功能团，通过等离子侵蚀❶，就可以把这些功能团去掉。电极表面的这些功能团一旦被去掉，表面“裸露”的相应碳原子是非常活泼的。如果让电极重新暴露在空气或氩气中，那么电极就恢复原来的状况。如果把电极暴露在与它起作用的分子（如胺）中，那么活性位点就与胺起反应，从而形成许多含氨基的结构，随后再与钌(Ⅲ)配合物[Ru(H_2O)(Hedta)]中五齿配体 $Hedta^{3-}$ 上未配位的一个羧基反应，氨基就与之形成酰胺键，从而完成了接着过程。

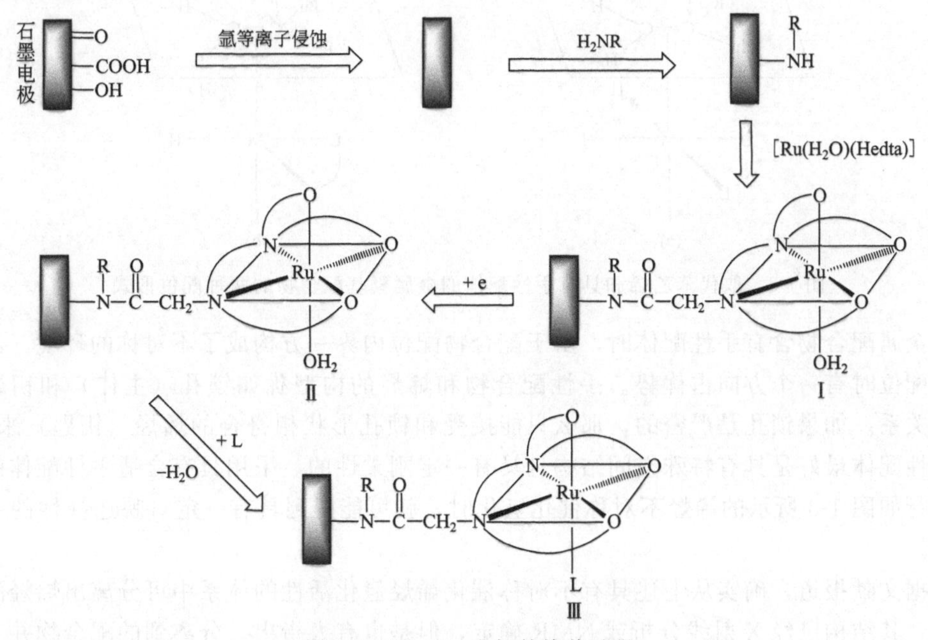

图 1-2 Ru-edta 电极的接着过程

之所以要把钌配合物接着在电极上，就是打算利用它有一个被 H_2O 占据了的位置。现在的问题是，当配离子已被接着在电极上后，这个水分子是否能被其它基团 L 所取代。在许多研究催化剂的过程中，往往把配合物的取代作为开始的步骤，这就要求被取代的配合物具有潜在的空配位点或含有易被取代的配体。所以在将钌催化剂接着到电极上的过程中，如果 L 不易被取代，那么这种修饰就毫无意义。从电化学角度来看，在钌配合物接着之后，不仅要有电化学活性，而且水的位置要能够被另一个基团 L 所取代，从而使 L 接着在电极上。检查 L 是否已取代水是电化学的一项重要技术。对钌配合物进行氧化还原时，其电极电势将随着其配位界中键合的配位水还是其它配体而不同，这样就可以根据伏安曲线峰电势的不同，来鉴定第六个位置上的配体究竟是否被取代。

（3）手性金属配合物催化剂

在手性环境中将非手性原料转化为单一构型手性产物的不对称合成是一种很重要的手性合成方法。而不对称催化是目前最受青睐的一种不对称合成的绿色化学合成方法，也是配位催化非常重要的应用之一。

---

❶ “等离子侵蚀”的做法是：把石墨电极放在低压的氩气中，然后通过辐射，辐射的频率应能使氩产生离子，氩离子非常活泼，它撞到电极表面时会把许多功能团去掉。

例如，考虑以取代的苯乙烯 PhRC═CH_2(底物）与过渡金属二氢基配合物发生 π-配位，并且此取代的苯乙烯插入 M-H 键的反应情况[9]。该苯乙烯衍生物本身是非手性的（但应是潜手性的 prochiral❶），当与金属配位后，就有可能采取如图 1-3(a) 所示的，苯基位于平面之前，或苯基伸向后方［图 1-3(b)］的两种配位形式（这里考虑的是遵守 Markovnikov 规则的加成）。在此情况下，由取代的苯乙烯向配合物配位，与苯基相连的碳原子构型有可能是 R 型，也可能是 S 型，究竟以哪一种方式优先配位，取决于金属配合物一方的不对称环境。

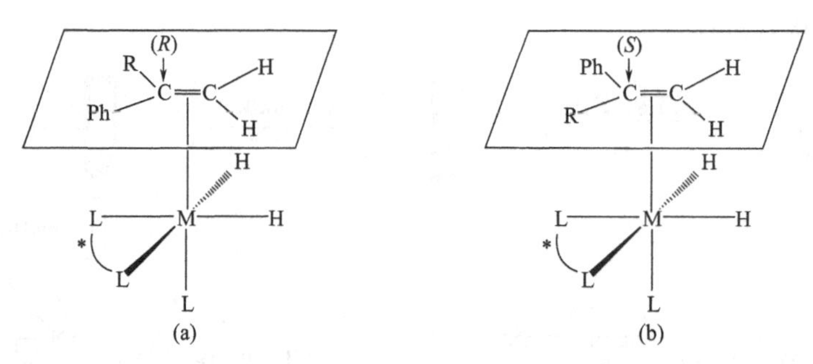

图 1-3　取代苯乙烯和具有手性配体的金属氢基配合物的两种配位形式

在金属配合物含有手性配体时，由于配合物配位内界一方构成了不对称的环境，当潜手性烯烃配位时有一个方向占优势。手性配合物和烯烃的构型犹如锁孔（主体）和钥匙（客体）的关系。如果锁孔是严密的，那么只能接受和锁孔形状相符合的烯烃（钥匙）来配位，所以手性配体最好是具有特殊空间结构且具有一定刚柔性的。采用具有合适手性配体的配合物来进行如图 1-3 所示的烯烃不对称催化氢化时，就可能得到具有一定对映选择性的手性氢化产物。

根据文献报道，确实从上述具有不对称催化烯烃氢化活性的体系中可分离出烯烃配位的配合物，其结构已经 X 射线分析或 NMR 确定，但是也有人指出，分离到的配合物并不是真正的不对称氢化催化剂，实际上起着催化不对称氢化反应作用的可能是无法观测到的极微量物种，它们的活性非常高。这说明催化体系的活性越高，真实的催化反应机理越难确定。

当代配位化学正沿着广度、深度和应用三个方向发展[1]。在深度上表现在有众多与配位化学有关的学者获得诺贝尔化学奖（参见 1.4）。在广度上表现在配位化学始终成为导向无机化学的通道，处于无机化学研究的主流。配合物以其花样繁多的价键形式和空间结构在化学键发展理论中，及其与物理化学、有机化学、生物化学、固体化学、材料化学和环境科学的相互渗透中，使得配位化学成为众多学科的交叉点。正如戴安邦所指出：“配位化学已经不是无机化学的专章或分题，而是无机化学登堂入室的通道”。徐光宪则认为❷：“到了 21 世纪，配位化学已经远远超过无机化学的范围，正在形成一个新的二级化学学科，并且处在现代化学的中心地位。……如果把 21 世纪的化学比作一个人，那么物理化学、理论化学和计算化学是脑袋，分析化学是耳目，配位化学是心腹，无机化学是左手，有机化学和高分子化学是右手，材料科学（包括光电磁功能材料结构材料催化剂及能转化材料等）是左腿，生命科学是右腿。通过这两条腿使化学学科坚实地站

❶ 潜手性指那些本身是非手性的，但经过一次不对称合成即可以转变为手性的化合物。

❷ 徐光宪：21 世纪的配位化学是处于现代化学中心地位的二级学科．北京大学学报（自然科学版），2002，38(2)：149-152.

在国家目标的地坪上。”在应用方面，结合生产实践，配合物的传统应用继续得到发展，例如均相催化，在元素分离分析中的应用等；随着高新技术的日益发展，具有特殊物理、化学和化学生物学功能的配合物得到蓬勃发展，特别是结合到材料科学和生命科学，配合物在信息材料、光电技术、激光能源、磁性等光电磁功能材料和化学生物学技术等领域中的应用近年来受到广泛重视。

1.1.3　配位化学的研究内容

当前配位化学的研究内容十分丰富，例如在无机化学前沿研究领域如超分子组装、光电磁功能配合物、固体材料化学（包括纳米化学）和生物无机化学等，都与配位化学的基础研究息息相关。特别值得一提的是，Lehn 等在超分子化学领域开创的先驱性工作使得配位化学家的视野和配位化学的研究范围更为扩展，从而为配位化学的深入研究开拓了一个富有活力的广阔前景。关于配位化学主要研究内容和领域的较全面概述可参考相关专著[1,10,11]，以下仅择要作出介绍[11]。

1.1.3.1　新型配合物的合成和合成方法研究

新型配合物的合成和合成方法研究是进行配位化学研究的重要前提和基础研究课题之一。目前的研究重点在于合成一系列具有特殊光、电、热、磁等功能性配合物，具有高选择性和高活性的金属有机催化剂，以及具有生物活性特性的模拟配合物。除此之外，手性配合物的设计合成与拆分，在金属有机化合物和具有生理活性物质的合成过程中应用不对称催化反应已日益受到配位化学家的重视。不对称催化合成是现今的一个研究热点，理论预示和不对称催化剂反应过程的研究十分重要，从某种意义上讲，它可以和酶参与立体专一的反应相媲美。

虽然人们对配合物的合成积累了不少经验，但尚未形成较系统的方法。在新型配合物的合成研究中必须经常使用独特的技术和合成条件，例如厌氧、无水、高压、低温等。实际上，现代无机化学合成实验室与有机化学实验室已无太大区别，无水、无氧的金属有机合成 Schlenk 操作系统已成为现代无机化学实验室必备的合成装置之一，人们早已不再固守传统的“纯”无机合成方法。

值得注意的是，当前无机化学家用一些新颖的合成方法合成经典化合物，如室温固相合成、水热合成、有机溶剂热合成等，取得了令人瞩目的成果。例如低热固相反应具有无溶剂、反应条件温和、转化率高、反应操作简便和步骤少等优点，符合清洁化生产工艺的要求，可以合成用其它方法不能得到的特殊化合物——固配化合物、弱配化合物、插入化合物、中间态化合物、混配配合物等。

1.1.3.2　配位化合物在溶液中的平衡和反应性能研究

配合物在溶液中的稳定性是指它在溶液中离解为溶剂化金属离子和配体后达到平衡时的分布情况，通常以稳定常数 K 来表征。目前的趋势是将混合配体多核配合物的研究从水溶液推广到非水溶液，而且有关原子簇化合物在溶液中的平衡问题还有待开发。

此外，光化学中利用太阳能光解水制氢、N_2 的还原、具有空间选择性的光化学反应都是目前活跃的课题。

配合物化学反应动力学所研究的反应速率和机理具有重要的实际和理论意义。例如，对配合物间电子转移过程的研究。尽管目前使用了各种现代手段，但真正弄清楚的配合物电子转移，特别是生物体内的电子转移反应机理还为数不多，有待进一步探讨。

1.1.3.3　功能性配合物材料的开发

① 配合物固体作为新型的特殊功能材料的应用。最引人注目的室温超导材料已成为国

际上高技术的主攻方向之一。非线性光学材料、纳米材料、新型催化材料的研究也是当前的热门课题。

例如以 C_{60} 及 C_{70} 为代表的碳多面体原子簇——球烯及其衍生物的应用。由于球烯和球烯金属配合物独特的结构决定了其不同寻常的物理、化学性质，使它们具有某些独特的物理化学性能。其中最早的工作是发现内含式球烯配合物的超导性或优良的导电性，随后还发现某些球烯配合物具有一定的催化性能、不等价磁性和非线性光学性质等，因此球烯配合物在超导、光学、磁学等特殊材料与生物医学工程等高科技领域有着广阔的潜在应用前景。用它可以制作新型特殊材料，如超导材料、催化剂、光电导材料和半导体材料，也可用于制作新型电池及开发新的抗癌药物。

除了层出不穷发现的结构新颖的新型配合物外，许多经典配合物在新型光、电、磁材料的开发研究中，发现了其新用途。例如早期发现的普鲁士蓝 $KCN[Fe(CN)_2]\cdot[Fe(CN)_3]$ 及其衍生物可能作为优良的磁性材料。

② "C_1 体系" (CO、CO_2、$HCHO$、CH_4 等) 的开发是当前化学工业的重要基础。在这些反应中使用了大量的过渡金属羰基配合物和簇合物，或引入合理设计的有机配体以改善其催化等性能。

③ 生物模拟固氮、光合作用、抗癌、抑菌配合物的研究目前十分活跃。生命活动和生物配合物的化学模拟则方兴未艾。大部分酶催化反应是高度立体选择性的，为了研究天然产物形成过程中的立体选择性、手性识别和不对称诱导，对酶催化模拟感兴趣是必然的。

1.1.3.4 配合物的结构方法和成键理论研究

配合物的价键理论、晶体场理论、配位场理论和分子轨道理论足以范围各种无机化合物的成键作用和结构形式。因此配位化学的观点可用于所有无机化合物的研究。

在配合物合成、反应和应用的研究中，经常要求我们从理论上研究其物理和化学规律，借以解释各种图谱，总结基元反应的规律，预测分子的稳定性和反应活性，为实际应用提供理论信息。新型层状化合物、螯合物、簇状、笼状、包结、夹心以及非常氧化态、非常配位数和罕见构型稳定的配合物的合成不仅丰富了配位化学的内容，也促进了结构化学和理论化学的研究。

现代各种结构分析方法对配位化学的发展起着重要作用。虽然 X 射线衍射法在晶体结构测定中仍起着关键性作用，但人们已广泛使用各种光谱、能谱和质谱技术，例如，UV-Vis（紫外-可见电子光谱）、IR（红外光谱，infrared absorption spectroscopy）、NMR（核磁共振，nuclear magnetic resonance）、EPR/ESR（顺磁共振，electron paramagnetic resonance/electron spin resonance）、UPS（紫外光电子能谱，ultraviolet photo-electron spectroscopy）、XPS（X 射线光电子能谱，X-ray photoelectron spectrometry）、MS（质谱，mass spectrometry）、CD（圆二色光谱，circular dichroism spectroscopy）、EXAFS、XANES、拉曼光谱、穆斯堡尔谱等，以获得更多信息。

作为基础研究，配合物结构和性质的研究始终处于重要地位，Cotton 和 Wilkinson 认为[12]："The more precisely and profoundly we can describe the electronic structures of compounds, the more fully and reliably we can predict their structures and properties. All chemists should therefore learn as much about molecular quantum mechanics and its applications as their time and talents permit." 这就是我们所倡导的学习配位化学的指导思想。

1.2 近代无机化学的发展与无机化学的复兴

从1828年到19世纪90年代的60余年中，无机化学家发现了20多种新元素，合成了大量已知元素的各种各样的化合物，确定了定比定律（1860年），并提出了以O=16为基准的元素原子量，创立了近代自然科学基石之一的元素周期律（门捷列夫，1869年），提出配位理论，奠定了配位化学的基础（Werner，1893年），但是从19世纪的最后十年到20世纪初的最初四十年的半个世纪中（近代无机化学发展的后期），无机化学进展缓慢且被认为毫无兴趣可言（实验事实的罗列，缺乏系统性、精确性和逻辑性，以致学习没有理论系统可循，研究缺乏深入思想的指导）。这种不景气的状况到第二次世界大战以后有了转变，在化学史上被称为"无机化学复兴"（renaissance in inorganic chemistry）[13]。

"无机化学复兴"的观点是英国伦敦大学教授R. S. Nyholm爵士在1956年提出来的。他认为无机化学的复兴得益于科学技术的两个发展：①量子力学的理论技术发展到足以广泛地应用于化学研究，从而使无机化学的经验材料得一以贯之；②现代新的光学、电学、磁学等测试技术发展到足以将物质的微观结构与宏观性能联系起来。换言之，现代物理测试实验方法使研究深入微观；现代结构和反应理论又使实验测试结果得到阐明，无机化学才有复兴时期的蓬勃发展，但Nyholm本人并未明确无机化学的复兴始于何时。Zubiet等在叙述美国化学会百年史的文章中将起始年代确切至1939年。

纵观化学史，无机化学的复兴始于1939年原子能计划的迫切需要，因为原子能计划是一项综合工程（原子核裂变曼哈顿工程❶），它涉及物理和化学的各个领域，尤其向无机化学提出了许多新课题，特别是促进了金属配合物化学研究的迅猛发展。这不仅是因为当时原子能工业、核燃料、稀有金属及有色金属化学的应用及其在经济发展上的重要性（根据配合物的稳定性和溶解度差异，通过溶剂萃取法、沉淀分离法和离子交换法等进行元素分离、富集和提取，是配合物的经典应用之一），而且来自于化学家们对已发现和正在产生的诸多配合物本能的兴趣及所面临的亟待解决的结构问题的智力挑战。在20世纪20年代中期并未被广泛接受的Werner（维尔纳）理论的宗旨不但没有被抛弃，反而进一步被深化和发展[14]。

1.3 维尔纳配位理论

1.3.1 配位化学的早期历史

虽然对配合物成键和反应性的解释始于19世纪中叶，但配合物的发现可追溯至16世纪。下面列出一些具有代表性的配合物的发现。表1-1则给出配位化学早期年表。

1597年，Libavius（利巴威厄斯，德国物理学家和炼金术士）发现 $[Cu(NH_3)_4]^{2+}$。

1704年，Diesbach（迪斯巴赫，德国颜料技师）发现 $KCN[Fe(CN)_2]\cdot[Fe(CN)_3]$、$M^{I}Fe^{II}[Fe^{III}(CN)_6]\cdot H_2O(M=Na、K、Rb)$，称为普鲁士蓝。

1798年，Tassaert（塔萨尔特，普鲁士化学家）发现 $[Co(NH_3)_6]Cl_3$。

❶ 当时在普林斯顿大学的爱因斯坦于1939年上书罗斯福总统，请他倡导这项原子能计划（原子核裂变曼哈顿工程）的工作，当即得到美国政府的全力支持，动员了全国所有具备合适条件的大学及研究机构，参加工作的人员多达十二万五千多名。到最后几年，每年耗资约十亿美元，运用最新技术和理论，在不到七年的时间内完成了任务。

表 1-1 配位化学早期年表

年 份	事 件
1798	First cobalt ammonates observed: Tassaert
1822	Cobalt ammonate oxalates prepared: Gmelin
1827	$K[PtCl_3(C_2H_4)] \cdot H_2O$ prepared: Zeise(蔡司)
1851	$CoCl_3 \cdot 6NH_3$, $CoCl_3 \cdot 5NH_3$, and other cobalt ammonates prepared: Genth, Claudet, Fremy
1869	Chain theory of ammonates: Blostrand
1884	Amendments to chain theory: Jørgensen
1888	$[Ni(CO)_4]$ prepared: Mond; *rac-cis*-$[CoCl(NH_3)(en)_2]X_2$ (X=Cl, Br or I) prepared: Jørgensen
1893	Werner's dream about coordination compounds
1898	*rac*-$[Co\{(OH)_2Co(NH_3)_4\}_3]Br_6$ prepared: Jørgensen
1902	Three postulates of coordination theory proposed: Werner
1911	Optical isomers of *cis*-$[CoCl(NH_3)(en)_2]X_2$ (X=Cl, Br or I) resolved: Werner and coworkers
1913	The Nobel Prize in chemistry for Werner's work in coordination chemistry
1914	Non-carbon-containing optical isomers $[Co\{(OH)_2Co(NH_3)_4\}_3]Br_6$ resolved: Werner and coworkers
1927	Lewis ideals applied to coordination compounds: Sidgwick
1933	Crystal field theory: Bethe and Van Vleck

1825 年，Zeise（蔡司，丹麦哥本哈根大学化学教授）发现了一种柠檬黄色晶体 $K[PtCl_3(C_2H_4)] \cdot H_2O$，被称为 Zeise's Salt（蔡司盐）、第一个金属有机化合物[15,16]。

1888 年，Mond 发现了 $[Ni(CO)_4]$的合成方法。

蔡司盐的发现是实验大大超前于理论的典型例子。直到 1953 年才由 Chatt 和 Duncanson 在 Dewar 提出 Ag(Ⅰ)-C_2H_4 配合物成键模式基础上给出 Dewar-Chatt-Duncanson 金属-烯烃配合作用的分子轨道假想模型[17]：乙烯提供 π 成键轨道上的 π 电子与 Pt(Ⅱ) 的 $d\sigma$ 轨道作用形成 σ 键，同时 Pt(Ⅱ) 上的 $d\pi$ 电子反馈到乙烯的空反键 π 轨道上形成反馈 π 键。这一模型被随后确定的晶体结构[18,19]和中子衍射实验所证实，从而发展了一大类过渡金属与各类不饱和烃（π 配体）形成的 π 配合物（包括 20 世纪 90 年代发现的一些 η^2-型球烯金属配合物）。据认为烯烃经催化反应转化为其它产物时，必须有这种键型的中间体。

1.3.2 维尔纳配位理论[20~25]

Alfred Werner（德国人，1866—1919，图 1-4）是配位化学的奠基者、1913 年诺贝尔化学奖获得者。1893 年，当他才 27 岁时，就提出了“Werner 配位理论”。他的理论迄今仍是配位化学研究的基础和指南。

图 1-4 配位化学的创始人 Werner

从配合物的早期发现史可知，早在 18 世纪就由 Tassaert 发现了 $[Co(NH_3)_6]Cl_3$，之后一系列钴氨配合物被制备。直至 19 世纪下半叶，S. M. Jørgensen（丹麦人，1837—1914）对一些过渡金属（钴、铬、铑和铂）的氨配合物产生了浓厚的兴趣，进行了许多重要的实验工作，获得了大量实验数据，其中在 1890 年通过凝固点降低和电导率测定将原认为是二聚体的钴氨合物（例如 $Co_2Cl_6 \cdot 12NH_3$）的化学式减半，证明它们实际上是单分子化合物，为 Werner 提出配位数为 6 的八面体构型的基本假设提供了可靠的实验依据。

但是用当时流行的化学价理论却无法解释 $CoCl_3$ 和 NH_3 这两个价态饱和的稳定化合物如何相互结合形成一系列非常稳定的

钴氨合物❶。为此，迫切需要发展一种新的理论来揭示金属氨合物的成键与结构。鉴于 19 世纪中叶有机化合物结构理论中关于碳的四价以及形成碳-碳链的概念已由 F. A. Kekulé（1829—1896）和 A. S. Couper（1831—1892）明确提出，并于 19 世纪 60 年代后期获得公认，因此，C. W. Blostrand（瑞典人，1826—1894）于 1869 年提出金属氨合物中 NH_3 分子能形成氨链结构的设想，后来又得到 Jørgensen 的充实和发展，故称为 Blostrand-Jørgensen 的链式理论（以下简称链式理论）。链式理论对某些实验事实尚能自圆其说，但它无法解释 $CoCl_3 \cdot 3NH_3$ 在溶液中呈电中性且不能离解出 Cl^- 的实验事实（参见表 1-2，链式理论认为与 Co 直接相连的氯离子在溶液中不离解，而与氨链相连的氯离子可被硝酸银沉淀），也不能很好地说明 $[CoCl_2(NH_3)_4]Cl$ 有紫色和绿色两种几何异构体存在的事实。

表 1-2　Blostrand-Jørgensen 的链式理论与 Werner 配位理论对钴氨配合物成键的比较[25]

Werner 化学式	所预测的离子数	链式理论化学式	所预测的离子数
$[Co(NH_3)_6]Cl_3$	4	NH_3-Cl $Co-NH_3-NH_3-NH_3-NH_3-Cl$ NH_3-Cl	4
$[CoCl(NH_3)_5]Cl_2$	3	NH_3-Cl $Co-NH_3-NH_3-NH_3-NH_3-Cl$ Cl	3
$[CoCl_2(NH_3)_4]Cl$	2	Cl $Co-NH_3-NH_3-NH_3-NH_3-Cl$ Cl	2
$[CoCl_3(NH_3)_3]$	0	Cl $Co-NH_3-NH_3-NH_3-Cl$ Cl	2

1893 年，苏黎世联邦工业大学的编外讲师、名不见经传的年轻 Werner 彻底抛弃了当时颇流行的链式理论，提出了具有革命意义的配位理论，开创了无机化学的新时代。

“维尔纳配位理论”有三点重要假设：

① 大多数元素具有两种类型的价，主价（……）和副价（——），分别相当于现代术语的氧化态和配位数（图 1-5）；

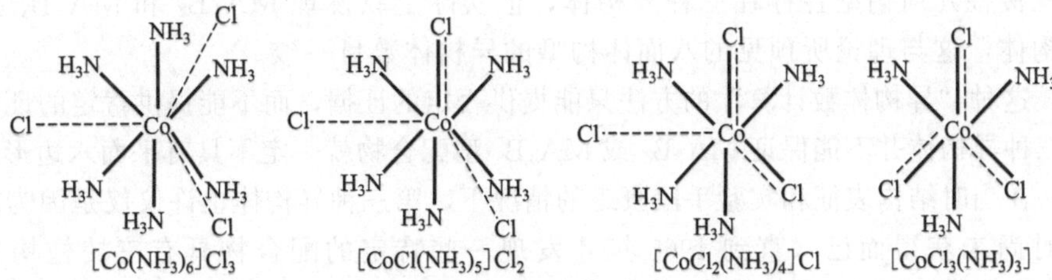

$[Co(NH_3)_6]Cl_3$　$[CoCl(NH_3)_5]Cl_2$　$[CoCl_2(NH_3)_4]Cl$　$[CoCl_3(NH_3)_3]$

图 1-5　维尔纳配位理论中提出的钴氧配合物

主价（……）和副价（——）图示

② 每种元素的主价和副价都倾向于得到满足；其它原子依其与中心金属原子结合方式的差异而分别处于化合物的内界或外界；

❶ 当时 Kekulé 将这类金属氨合物称为“分子化合物”，以别于用恒价理论可以说明结构的“原子价化合物”。

③ 副价的空间指向是固定的，这个假设专门用于说明配合物的立体化学，其中，确定六配位配合物的八面体结构是一个非常重要的贡献（参阅 1.3.3）。

关于配位理论的产生，据 Werner 自己是这样陈述的：在 1892 年的某个凌晨，他两点钟醒来，突然灵感来临，“分子化合物”（指金属氨合物）之谜被解开了。他立即起床，摊开稿纸，不停地写作，困了以浓咖啡提神醒脑，到下午五点，便完成了他一生中最重要的论文“论无机化合物的组成”。当年 12 月，将论文投寄给德国《无机化学学报》，第二年（1893 年）3 月此文被发表。

实际上，Werner 只是在投稿之前 6～7 个月才开始对这一领域产生浓厚的兴趣，而且他原来从事的专业并不是无机化学，而是有机化学。正如美国科学史家 Thomas Kuhn 在《科学革命的结构》一书中所总结的：“提出新规范的人们几乎都很年轻，他们不熟悉自己所改变规范的领域。……很显然，这些人以前的实践很少使他们受到常规科学的传统规则的束缚。因此，他们最有可能看出那些传统规则已不再适用了，并构想出另一套代替它们的规则。”

Werner 的配位理论并非是在“总结了大量实验事实”的基础上提出来的，当时缺乏的正是实验依据。Werner 起初所引用支持他的观点数据都是取自别人辛勤努力的成果，且大部分取自 Jørgensen 的特别精细可靠的实验结果。因此，这一理论受到同辈化学家的广泛批评。自 1893 年提出配位理论以后，天才且勤奋的理论和实验化学家 Werner 在他 26 年的研究生涯中，在与配位理论反对派的激烈论争过程中，在极其艰苦简陋的实验条件下，竭尽全力依靠当时能够实现的化学计量反应、异构体数目、稀溶液的依数性、溶液电导率、化学拆分和旋光度测定等方法苦苦地为他的理论寻找各种实验依据，几乎涉足了配位化学的所有方面，严格验证了配位理论的每个观点。

1.3.3 确定六配位配合物的八面体结构——Werner 对立体化学的贡献

1.3.3.1 关于六配位配合物几何构型的争论

在发明 X 射线衍射结构分析法之前，与有机化学中的做法类似，无机物分子的空间构型是通过对已知异构体的数目与理论上预测的异构体数目加以比较来确定的。Werner 借鉴了 W. Körner 推算二取代或三取代苯衍生物异构体的简单而巧妙的方法，根据 Jørgensen 发现单核钴氨配合物的事实提出了六配位配合物可能存在的三种几何构型，它们分别是：平面六边形、三棱柱和八面体（参见表 1-3）。对于 MA_4B_2 和 MA_3B_3 型配合物，可预见的平面六边形和三棱柱几何构型各存在三种异构体，但实际上只发现 MA_4B_2 和 MA_3B_3 型配合物的两种异构体，这与理论所预见的八面体构型的异构体数目一致。

然而，这种“异构体数计算”的方法只能提供否定的证据，而不能提供肯定的证据——未能获取第三种异构体并不能保证 MA_4B_2 或 MA_3B_3 型配合物就一定不具有平面六边形或三棱柱几何构型。在当时结构表征和实验手段匮乏的情况下，第三种异构体也许仅仅是因为难于合成或分离暂时尚未获得而已（直到 1965 年才发现一些特定的配合物具有三棱柱构型，参阅 2.1.5）。因此还必须另外设计新的实验来进一步获得肯定的证据。Werner 既有直觉达理的才华，又有彻底务实、坚持实验的毅力，他清楚地意识到并坚信表 1-3 所示的 $MBX(AA)_2$ 或 $M(AA)_3$ 型配合物光学异构体的获取可以成为证明配位理论中八面体假说的决定性证据。为此，Werner 和他的助手们付出了全部精力，全身心地投入 $MBX(AA)_2$ 或 $M(AA)_3$ 型配合物的拆分工作中。他们历经重重困难，最后终于成功地证明了 $MBX(AA)_2$ 或 $M(AA)_3$ 型配合物具有光学异构现象（参阅 1.3.3.2）。迄今，Werner 时代发现的许多经典配合物及其光学异构体的结构已经被包括 X 射线衍射研究在内的各种结构分析方法所证实。

表 1-3　已知六配位配合物的异构体数与理论上三种不同几何构型可能存在的异构体数[20,24]

配合物	已知异构体数	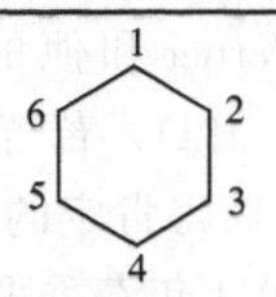 平面六边形	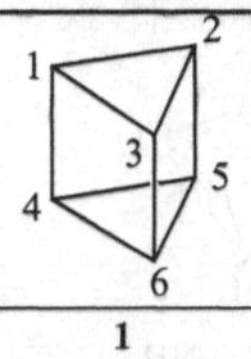 三棱柱	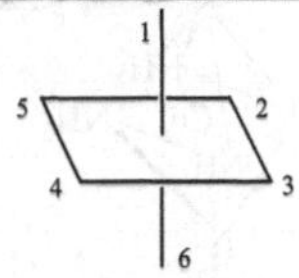 八面体
MA_5B	**1**	**1**	**1**	**1**
MA_4B_2	**2**	**3**(1,2;1,3;1,4)①	**3**(1,2;1,4;1,6)	**2**(1,2;1,6)
MA_3B_3	**2**	**3**(1,2,3;1,2,4;1,3,5)	**3**(1,2,3;1,2,4;1,2,6)	**2**(1,2,3;1,2,6)
$MBX(AA)_2$②	③	**2**(1,2;1,4)④	**4**(1,2;1,4;1,4;1,6)	**2**(1,2 *cis*;1,6 *trans*)
$M(AA)_3$	⑤	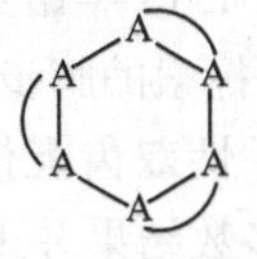	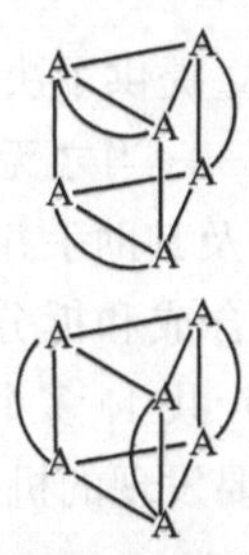	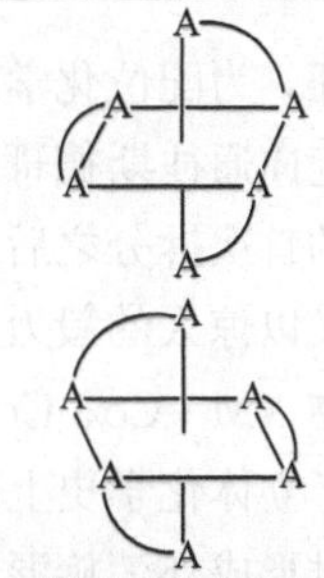

①括号内数字表示基团 B 的位置。②AA 表示对称的双齿配体，例如乙二胺；B 表示单齿中性配体，X 表示卤素离子。③ Werner 的八面体假说认为该化学式的分子存在两种几何异构体 *cis* 和 *trans*，其中的 *cis*-异构体还存在一对光学异构体。④括号内数字表示基团 B 和 X 的位置。⑤Werner 的八面体假说认为该化学式的分子不存在几何异构体，但有一对光学异构体；而平面六边形或三棱柱几何构型都不存在光学异构体。

1890 年，Jørgensen 首次发现了 $[CoCl_2(en)_2]Cl$ 有紫色和绿色两种异构体存在，并根据链式理论把颜色的差异归咎于两个乙二胺连接方式不同引起的结构异构（图 1-6），他认为简单的四氨合物$[CoCl_2(NH_3)_4]Cl$ 不会存在异构现象。Werner 则认为 $[CoCl_2(en)_2]Cl$ 异构体颜色的差异是八面体的几何异构所引起的。依八面体构型假说，$[CoCl(NH_3)_4]$ Cl 应当存在顺式（紫色盐）和反式（绿色盐）两种几何异构体（表 1-3 和图 1-7），但是当时只知道反式的绿色盐存在（1857 年由 W. Bibbs 和 F. A. Genth 首次发现），难以得到的紫色盐一时成为两人争论的焦点。直到 1907 年，Werner 终于在－12℃的低温下，用被氯化氢气体饱和了的盐酸处理双核钴配合物$[(NH_3)_4Co(\mu\text{-}OH)_2Co(NH_3)_4]Cl_4$，制备出紫色的 *cis*-$[CoCl_2(NH_3)_4]Cl$，Jørgensen 得知 Werner 的发现后，立即承认配位理论的正确性。

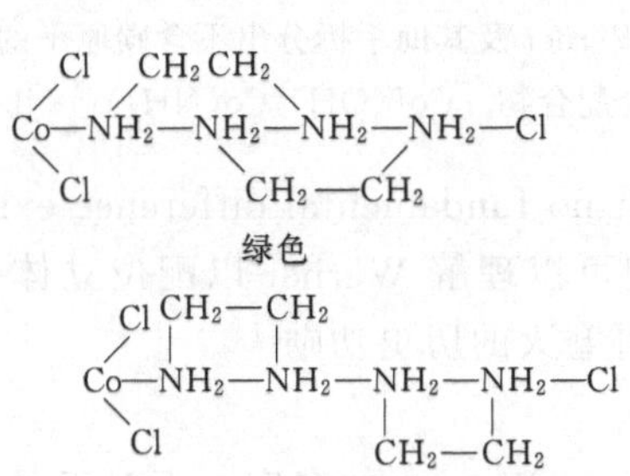

绿色

紫色

图 1-6　Jørgensen 按链式理论提出 $[CoCl_2(en)_2]Cl$ 的两种异构体的结构式

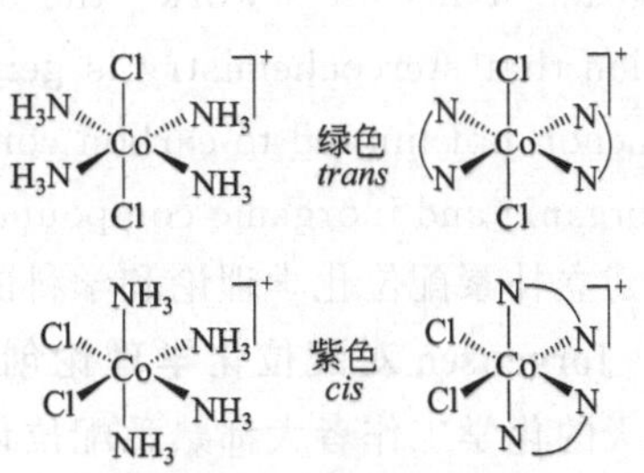

绿色 *trans*

紫色 *cis*

图 1-7　Werner 按配位理论的八面体假说提出 $[CoCl_2(NH_3)_4]Cl$ 和 $[CoCl_2(en)_2]Cl$ 的两种几何异构体

1.3.3.2　八面体配合物光学异构体的拆分

配位化学自创立初期就与立体化学结下了不解之缘。配位化学奠基者 Werner 于 1893 年提出配位理论的第三条重要假设，直接指向配合物的立体化学结构，从而奠定了配合物立体

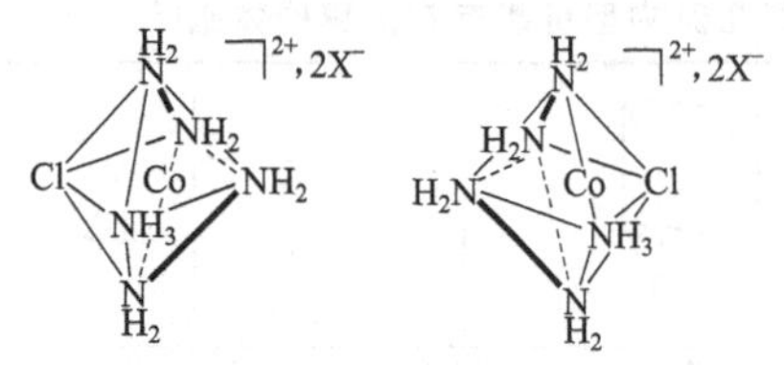

图 1-8 Werner 及其助手首次拆分出的 *cis*-$[CoCl(NH_3)(en)_2]X_2$（X=Cl、Br 或 I）

化学的理论基础。为了证明配位理论中的八面体假说，Werner 和他的助手们曾经花了近 14 年时间（1897—1911）苦苦摸索拆分八面体配合物的各种方法试图获得肯定的证据。他的学生 Victor L. King 终于在 1911 年春季采用溴代樟脑磺酸银为拆分剂，经历了 2000 次分步结晶实验，首次成功拆分出 *cis*-$[CoCl(NH_3)(en)_2]X_2$（X=Cl、Br 或 I，图 1-8），从实验上证明了六配位金属配合物主要具有八面体几何结构特征，为配位化学理论的确立提供了决定性的证据。一系列出色的工作使 Werner 一步一个脚印地走向通往斯德哥尔摩之路——当之无愧地荣膺 1913 年诺贝尔化学奖。在成功实现八面体配合物的首次拆分之后，Werner 及其助手并没有停下探索的脚步，他们从此深谙拆分之道，后续八年内又以惊人的毅力和速度，合成和拆分出含非手性双齿配体的、具有手性金属中心的 M(Ⅲ) 配合物（M=Co、Cr 和 Rh 等）共 40 多个系列（多数结果并未公开发表[26]），但是 Werner 似乎错过了立体化学史上的一个重要发现的机会——他所合成的一些经典配合物在某些特定条件下可以通过形成外消旋混合物（conglomerate）而实现自发拆分，虽然他已经观察到这些手性对称性破缺（chiral symmetry breaking）现象的存在[27～29]。

然而配位理论的反对者却认为虽然 Werner 等成功拆分出一系列手性配合物，但是这些配合物的光学活性是因为含有碳原子的乙二胺、联吡啶或草酸等双齿配体所引起的。直至 1914 年，由 Werner 的另一个学生 Sophie Matissen 拆分出不含碳原子的纯无机螯合配合物 $[Co\{(OH)_2Co(NH_3)_4\}_3]Br_6$ 的光学对映体（图 1-9），才使得当时横跨在有机和无机立体化学之间的似乎不可逾越的高墙顷刻塌陷。正如配位化学史学家 Kauffman 在评价 Werner 出类拔萃的研究工作时所指出的[20]："Werner had finally attained one of the major goals of his life's work—the demonstration that stereochemistry is general phenomenon not limited to carbon compounds and that no fundamental difference exists between organic and inorganic compounds."至此，我们可以理解 Werner 以配位立体化学为核心所建立朴素配位化学理论和学科的艰巨性及其不可磨灭的历史功勋[1]。

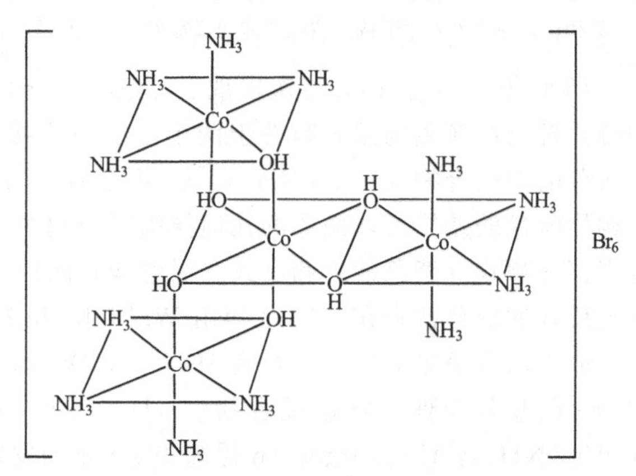

图 1-9 Werner 及其助手拆分出不含碳原子的纯无机螯合配合物 $[Co\{(OH)_2Co(NH_3)_4\}_3]Br_6$

1.3.4 Jørgensen 对配位化学理论创立的贡献[22]

今天的化学工作者大都熟悉配位化学的奠基人 Alfred Werner 的名字，而对于丹麦化学家乔根森（Jørgensen），却是作为 Werner 的对立面来认识的。很少有人意识到 Werner 崭新的具有革命意义的理论是建立在 Jørgensen 多年苦心积累的实验事实基础上的。除了早期的一些零散的研究外，Jørgensen 一生主要致力于对钴、铬、铑、铂的配合物进行广泛、深入的研究。他修正、扩展了瑞典化学家 Blomstrand 的链式理论，并用来解释他实验室的新发现。在 1893 年之前，Jørgensen 的观点一直未受到任何挑战。后来他与 Werner 在关于配合物工作方面进行的一场引人注目的、激烈的学术争论成为化学史上动人心弦的篇章。

尽管Jørgensen受到不公正的忽视，但他在配合物化学研究中的重要贡献是不可忽视的，今天，配位化学教科书中的许多实验事实最初都是由他发现的。1907年，Jørgensen曾获得诺贝尔奖提名。Jørgensen与Werner之间的争论堪称良好的学术争鸣的典范。在争论过程中，两人互相尊重，没有任何怨恨，表现出大师级的风范。为了证明自己的观点，各自都进行了大量的实验研究工作。尽管并非Jørgensen的所有批评都正确，但在许多情况下，Werner不得不对自己理论的某些方面进行修正，使之更符合实验事实。Werner的配位理论最终获得胜利，但Jørgensen的实验观察并没有因此而失效。相反，由于他的实验做得特别精细，不仅证明可靠，而且成为配位理论的基础。例如，为配位立体化学提供决定性证据的“明星配合物” *cis*-$[CoCl(NH_3)(en)_2]X_2$ 和 $[Co\{(OH)_2Co(NH_3)_4\}_3]Br_6$ 都是由Jørgensen首次合成出来的。1913年，Werner接受诺贝尔奖从斯德哥尔摩返回苏黎世的途中，向丹麦化学会写信，高度赞扬Jørgensen的实验贡献在配位理论发展中所起的作用。可惜由于Jørgensen病重，而使这两位伟大的对手失去相见的机会。

1.4　配合物化学键理论的发展和价键理论

1.4.1　配合物化学键理论的发展

从配位化学史的角度看，配合物的化学键理论研究与配位化学的发展密切相关。1893年由Werner提出配位理论，认为每种元素都有主副价之分，两者都倾向于得到满足，其中的“副价”代表了金属和配体之间的联结且其空间指向是固定的（参阅1.3.2），主要用以说明一些经典配合物，特别是钴氨配合物的结构和立体化学。1916年，Lewis提出八电子层的简单原子模型，后来（1923年）又提出酸碱电子理论，指出一切电子对授予体都是Lewis碱，一切电子对接受体都是Lewis酸，并且区分了离子键和共价键。几乎与Lewis同时，由Kossel(1916年)-Magnus(1922年）提出的离子模型将中心原子和配体都视为无内部结构的点电荷或点偶极，认为配合物中各组分的结合至少在一级近似上是由纯粹静电力所决定的；该模型经修正和推广应用，发展为较完善的静电理论，可以得出配合物的生成热是中心原子的电荷、半径以及配体的电荷、半径、偶极矩和极化率的函数，能够说明一些配合物的配位数、几何构型和稳定性，但是不能说明配合物的磁学和光学性质。1923年，Sidgwick将Lewis的酸碱电子理论应用于配合物，首次提出“配位共价键”的概念，他认为经典的钴氨配合物等化合物可以归类为Lewis盐或加合物（图1-10），金属阳离子为电子对接受体（Lewis酸），每个氨分子为电子对给予体（Lewis碱）；因为金属和配体间的电子对形成共价键，则Werner提出的“副价”之名已经不合适，从此不再采用。

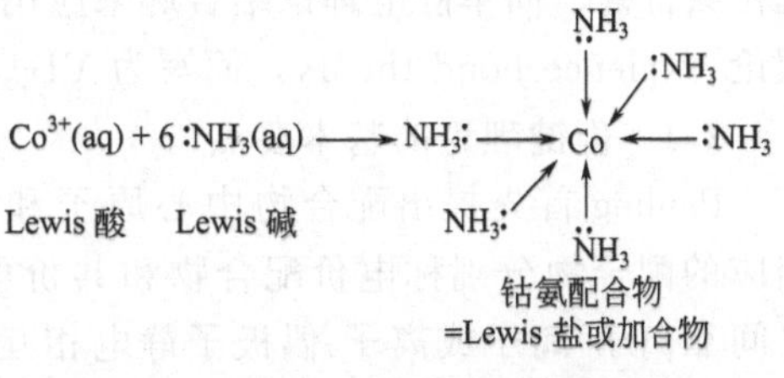

$Co^{3+}(aq) + 6\,{:}NH_3(aq) \longrightarrow$ 钴氨配合物（Co 与 6 个 $NH_3{:}$ 以箭头相连）

Lewis酸　Lewis碱　　钴氨配合物 =Lewis盐或加合物

图1-10　Sidgwick的“配位共价键”概念应用于钴氨配合物

与此同时，Sidgwick还提出有效原子序数（EAN）规则，即中心原子（或离子）的电子数和配体给予的电子数之和应等于该原子随后的那个稀有气体元素的原子序数，例如，对于 $[Co(NH_3)_6]^{3+}$，其 EAN＝24(Co^{3+}电子数)＋6×2＝36，与其随后的稀有气体元素氪(Kr）的原子序数相等，首次试图从微观电子结构的角度解释Werner配位理论。进一步的研究则深入到探讨配合物的空间几何构型规律，1939年，Sidgwick-Nyholm-Gillespie等提出了价层电子对互斥理论（VSEPRT)，其要点是价电子对之间的Coulomb斥力和Pauli斥力决定了分子的优选几何构型，但是它不能说明多元异构等非寻常的立体异构现象，例如某些配位数为四的配合物可能具有平面四方形而不是四面体结构，某些配位数为五的配合物可能具有四方锥而不一定是三角双锥结构等。

价键理论和晶体场理论❶均诞生于20世纪30年代，但前者是Pauling和Slater基于Lewis的电子理论、Sidgwick的“配位共价键”概念以及Pauling自己创立的杂化轨道理论提出，后者是Bethe和van Vleck在Kossel-Magnus的离子模型基础上提出。20世纪30年代初至50年代初，价键理论对当时几乎所有已知的配位现象，例如中心原子的配位数、配合物的几何构型和磁性等都能给出简洁且满意的解释，因此深受化学家的欢迎。而晶体场理论当初只被物理学家所接受。20世纪50年代以后，由于各种谱学技术和激光技术的发展，人们对配合物的性质有了更多、更深入的了解。价键理论在解释配合物的电子光谱、振动光谱以及许多热力学和动力学性质等方面不能自圆其说，才促使一度处于停滞状态的晶体场理论有了迅速的发展。尽管如此，价键理论在推动配位化学的发展中所起的作用是不容置疑的。

在配合物的化学键理论中，晶体场理论、配体场理论和分子轨道理论三者相伴发展、密不可分。它们的起源可以追溯到1929年，Bethe发表了题为“晶体中谱项的分裂”的著名论文，明确提出了晶格中的离子与其所处的晶体环境间的相互作用是点电荷之间的纯静电相互作用的基本假设（这就是晶体场理论的明确特征），证明了可由群论方法决定由此产生的自由离子各状态分裂的情形及叙述了分裂能的计算方法；1932年van Vleck进一步提出，扬弃纯静电模型，保留Bethe近似方法的对称性部分，适度考虑金属和配体成键中的共价因素来处理金属和配体之间的相互作用，这种改进的晶体场理论（ACFT，adjusted crystal field theory）后来被发展为配体场理论。van Vleck还指出，最好用分子轨道理论来处理具有强共价键的配合物，例如$[Ni(CO)_4]$或$[Fe(CN)_6]^{4-}$，但即使是这样，对于对称性的要求仍然同晶体场和配体场模型完全一样。关于CFT、LFT、MOT与AOM的比较请参阅4.4.6。

1.4.2 价键理论[30]

Pauling等人在20世纪30年代初提出了杂化轨道理论。他本人首先将杂化轨道理论与配位共价键、简单静电理论结合起来应用于解释配合物的成键和结构，建立了配合物的价键理论（valence bond theory，简写为VBT）。

1.4.2.1 价键理论的基本要点

Pauling首先提出配合物中心原子和配体之间的化学键有电价配键和共价配键两种，相应的配合物分别称电价配合物和共价配合物。在电价配合物中，中心金属离子和配体之间靠离子-离子或离子-偶极子静电相互作用而键合，该金属离子在配合物中的电子排布情况仍与相应的自由离子相同。在共价配合物中，中心原子以适当的空轨道接受配体提供的孤对电子而形成σ配位共价键；为了尽可能采用较低能级的d轨道成键，在配体的影响下，中心原子的d电子可能发生重排使电子尽量自旋成对，所以共价配合物通常呈低自旋态。

---

❶ 晶体场的名称容易误解为Madelung的晶格场，也就是说除了考虑中心原子第一层邻近的晶体组分外，还要考虑所有其它对电场有贡献的晶体组分，这在处理（固态）晶体配合物时是必须考虑的，但是对于气态或溶液状态的配合物则并非如此，因此与物理学上的晶体场概念是有区别的。对于不作紧密堆砌的配合物，一般只需考虑配合单元内第一配位层按一定对称性排布的配体电场作用就可以获得很好的近似结果，离开更远的组分对电场的贡献可以忽略，这时似乎应该称之为配体场理论而不是晶体场理论。但为了区别Bethe纯静电的点电荷或电偶极之间相互作用和van Vleck适度考虑M—L成键中共价相互作用的概念，本书仍将前者称为晶体场理论，后者称为配体场理论。

为了增强成键能力，共价配合物的中心原子能量相近的空价轨道［如 ns 与 np；$(n-1)$d、ns、np 或 ns、np、nd 等］要采用适当的方式进行杂化，以杂化的空轨道来接受配体的孤对电子形成配合物；杂化轨道的组合方式将决定配合物的空间构型、配位数等。中心原子可能采用哪种杂化方案，即中心原子的哪些轨道参加杂化？这些杂化轨道有哪些可能的组合方式？都可以利用群论知识推得。例如作为中心原子过渡金属的可能杂化类型有 sp（直线形）、sp^2（平面三角形）、sp^3（四面体）、dsp^2（平面四方形）、dsp^3（三角双锥）、d^2sp^3（八面体）、d^4sp^3（十二面体）等。

在实验上，Pauling 依据磁矩的测定来区分电价配合物和共价配合物。如果所形成配合物的磁矩与相应的自由离子相同，为电价配合物；如果发生磁矩的改变，则认为形成共价配合物。过渡金属配合物中如果含有未成对电子，由电子自旋产生的自旋磁矩而使配合物表现出顺磁性。顺磁性物质本身具有磁性，在外磁场作用下，它的磁化方向与外加磁场方向一致。如果配合物中没有未成对电子，则表现出反磁性。反磁性物质本身没有磁性，但在外磁场作用下可诱导出磁性，但是它的磁化方向与外磁场方向相反。关于分子的磁性和磁矩的计算，请参阅 5.3。

但是以磁矩作为键型的判据是有明显缺陷的。例如，根据 $[Fe(acac)_3]$配合物的磁矩测量推算出，中心离子 Fe(Ⅲ) 含有五个未成对电子，与自由离子中的情况相同，按 Pauling 的磁矩判据认为该配合物为电价配合物；然而 $[Fe(acac)_3]$的熔点较低（179℃）、易挥发且易溶于非极性有机溶剂，表现出共价化合物的特征。另外，对一些顺磁性配合物，由唯自旋公式计算出的理论磁矩和实验所测定的有效磁矩不能很好吻合（参阅 5.3.3）；某些自旋交叉配合物（具有在受热或光照下易于从低自旋的基态激发到高自旋的激发态或其相反过程的性质）的磁矩会随温度和光诱导而发生变化等；这些都难以用键型不同引起磁矩的变化来说明。对于无高低自旋之分的配合物，例如中心原子具有非 $d^4 \sim d^7$ 组态的八面体配合物、d^9 组态平面正方形配合物和一般呈高自旋态的四面体配合物等，所谓共价配合物与电价配合物均具有相同的未成对电子数，磁矩判据显然失效。

因此，Taube 在 Pauling 提出电价配合物和共价配合物的价键理论基础上，将过渡金属配合物统一到共价键理论中来，进一步提出所有配合物中的中心原子与配体间都是以配位键结合的，而配合物可以有外轨型和内轨型之分。无论在内轨型或外轨型配合物中，M—L 之间的化学键（配位键）都属于共价键的范畴，不过这种共价键应有一定程度的极性。这种经改进的价键理论可以在一定程度上解决 Pauling 将配合物简单划分为电价或共价配合物和磁性判据所遇到的困难，但还是不能回答涉及配合物激发态性质的诸多问题。

1.4.2.2　外轨型和内轨型配合物

配合物的中心原子在形成杂化轨道时，究竟是利用内层 $(n-1)$d 轨道还是利用外层 nd 轨道与 ns、np 轨道杂化，这不仅与中心原子所带电荷和电子层结构有关，而且与配体中配位原子的电负性有关。如果配位原子的电负性很大，如氟、氧等配位原子，不易给出孤对电子，这时共用电子对将偏向配位原子一方；由于中心原子外 d 轨道在空间伸展较远，有利于这类配位键生成；这时中心离子的内层电子结构受其影响较小而基本不发生变化，仅用其外层的空轨道 ns、np、nd 发生杂化与配体结合形成所谓外轨型八面体配合物。例如对于 $[Fe(H_2O)_6]^{3+}$，其自由离子 Fe^{3+} 的五个 d 电子排布为：

3d					4s	4p			4d				
↑	↑	↑	↑	↑									

在电负性较大的配位氧原子影响下，中心离子 Fe(Ⅲ) 只能利用 4s、4p 和 4d 空轨道发生 sp^3d^2 杂化，杂化后轨道用于接受六个配体水分子中的氧提供的六对孤对电子形成外轨型配合物，如下所示：

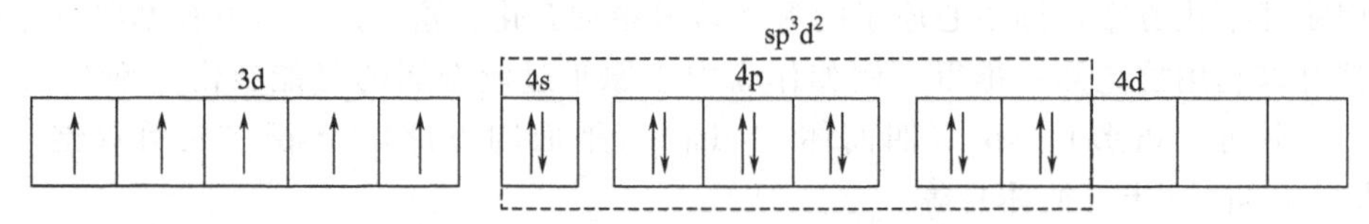

由于 nd 轨道比 ns、np 轨道能量高得多，一般认为外轨型杂化不如内轨型杂化来的有效，因此价键理论认为外轨型配合物相对来说键能小，键的极性大，较不稳定。

当配位原子的电负性较小时，如碳、硫、磷、砷等，较易授出孤对电子，对中心离子的影响较大而使其电子层结构发生变化，即 $(n-1)$d 轨道上的未成对电子被迫成对，腾出内层能量较低的 d 轨道与 ns、np 形成杂化轨道来接受配位的孤对电子形成所谓内轨型配合物。如 $[Fe(CN)_6]^{3-}$，配位原子为电负性较小的碳，原自由离子 Fe^{3+} 的 3d 轨道上的 5 个 d 电子被激发“挤入” 3 个内层 d 轨道，腾出两个 3d 轨道与 4s、4p 轨道杂化形成 6 个 d^2sp^3 杂化轨道，接受 6 个 CN^- 提供的六个孤对电子，形成如下所示的八面体配合物：

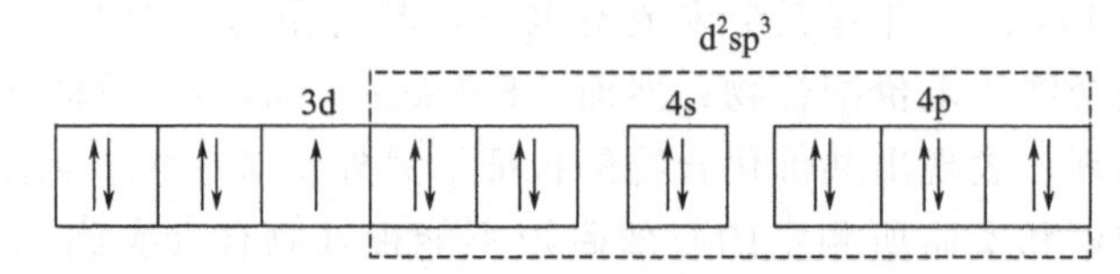

此类配合物相对于外轨型配合物键能大，键的极性小，较为稳定。

对于 $[Ni(CN)_4]^{2-}$ 而言，Ni^{2+} 有八个 d 电子，配体 CN^- 中碳为配位原子，电负性较小，易给出孤对电子，对中心离子 Ni^{2+} 的电子层构型影响较大，使其电子成对并空出一个 3d 轨道与 4s、4p 轨道以 dsp^2 杂化方式形成四个杂化轨道，从而容纳四个 CN^- 中碳原子上的孤对电子，形成四个 σ 配键：

这四个 σ 配键指向平面正方形的四个顶点，因此它的空间构型是平面正方形。为四配位、反磁性（磁矩为零）的内轨型配合物。

形成内轨型配合物时，要提供克服按洪特规则在 d 轨道排布的未成对电子变成配对重排时所需要的能量，因此中心原子与配体之间成键放出的总能量除了用以克服电子成对时所需要的能量（电子成对能）外，还需比形成外轨型配合物的总键能大，才能形成内轨型配合物。由于牵涉内层电子结构的重排，一般在形成内轨型配合物时，中心原子的未成对电子数会减少，即比自由离子的磁矩相对降低，可根据磁矩的降低来判断内轨型配合物的形成。根据价键理论分析，$[Fe(H_2O)_6]^{3+}$ 应有五个未成对电子，为外轨型配合物；而 $[Fe(CN)_6]^{3-}$ 只有一个未成对电子，为内轨型配合物，磁矩判断与实验值基本相符。

此外，对于零价过渡金属原子形成的配合物，价键理论也能给出较满意的解释。例如实验中发现 $[Ni(CO)_4]$（无色液体）、$[Fe(CO)_5]$（黄色液体）和 $[Cr(CO)_6]$（白色固体）等羰基配合物的存在，它们都是典型的共价化合物。以 $[Fe(CO)_5]$ 为例，Fe 原子基态价层电子结构为 $3d^64s^2$，按价键理论在电负性较小的配位碳原子作用下，可以将两个 4s 电子激发到内层3d轨道，剩余2个空3d轨道与4s、4p轨道以dsp^3杂化方式形成五个杂化轨道，从而容纳五个配体上的孤对电子，形成内轨型配合物：

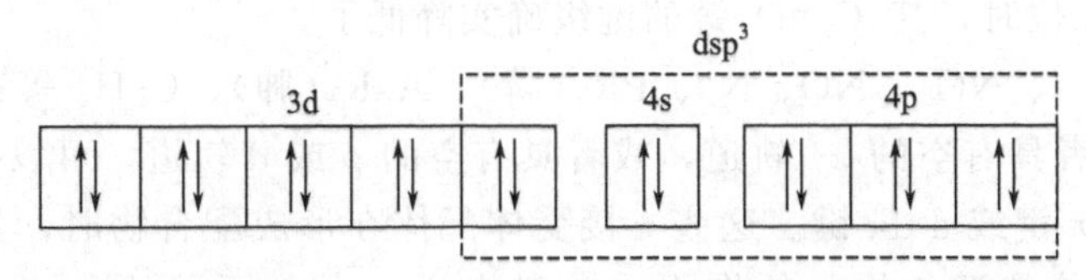

已知在［$Fe(CO)_5$］晶体（−80℃）中，［$Fe(CO)_5$］为三角双锥结构，应用价键理论很好地说明了该配合物的结构和磁性。

电负性中等的氮、氯等配位原子有时形成外轨型配合物，有时形成内轨型配合物，与配体的种类有关，但在很大程度上也取决于中心原子。

中心离子的电荷增大有利于内轨型配合物的形成，因为中心离子电荷增大时，其电负性增大，从而对配体提供的孤对电子的吸引增强，使共用电子对不致太偏向配位原子，这样对中心原子内层电子结构的扰动较大。由于相同的原因，第二、三过渡系的重过渡元素倾向于形成内轨型配合物，因为它们能提供较大的有效核电荷。

1.4.2.3　电中性原理和反馈π键

价键理论遇到的一个问题是，按它的基本假设，过渡金属配合物中由于配体提供了带负电荷的孤对电子，使得在中心原子上有高的负电荷积累，似乎许多配合物不可能稳定存在。例如，像$Cr(CO)_6$等羰基配合物是特殊低价态（零价或负价）金属的配合物，如果只形成σ键，原本低价态的中心原子接受电子后要带上较大的负电荷，这就阻止配体进一步向中心原子授予电子，从而使配合物稳定性下降，但事实上许多羰基配合物是稳定存在的。为了解决这个问题，Pauling提出了电中性原理：中心原子上的静电荷量越接近于零，配合物才能越稳定存在。

根据电中性原理，Pauling指出配合物的中心原子不可能有高电荷积累的两个理由：其一，由于配位原子通常都具有比过渡金属更高的电负性，因而配键电子对不是等同地被成键原子共享，而是偏向配体一方，这将有助于消除中心原子上的负电荷积累，称为配位键的部分离子性，但是单靠配键的部分离子性全部消除中心原子的负电荷积累对羰基配合物来说是不可能的，于是Pauling提出第二种解释，即中心原子通过反馈π键把d电子回授给配体的空轨道，从而减轻了中心原子上负电荷的过分集中。

在配合物形成过程中，中心原子与配体形成σ键时，如果中心原子的某些d轨道（如d_{xy}、d_{yz}和d_{xz}）有孤对电子，而配体有能量合适且对称性匹配的空π分子轨道（如CO中有空π^*轨道）或空的p或d轨道时，则中心原子可以反过来将其d电子给予配体形成所谓反馈π键。例如CO的π_{2p}^*为空的反键轨道，与中心原子的d_{xz}轨道有相同的对称性，可以形成如图1-11所示的反馈π键。在$Ni(CO)_4$中，零价Ni原子提供sp^3杂化轨道，接受4个CO分子中C上的四对电子形成四个σ配键的同时，又形成了反馈π键，即这种键具有部分双键特征。通过反馈π键的形成可解释$Ni(CO)_4$等金属羰基配合物的生成及其稳定性。实验中发现，$Ni(CO)_4$中Ni-C键长为182pm，比其共价半径之和198pm缩短了，说明了碳和镍之间的成键确实具有双重键的性质；而配位的CO配体其C≡O键长（115pm）比自由配体的C≡O键长（112.8pm）稍长些，亦可作为

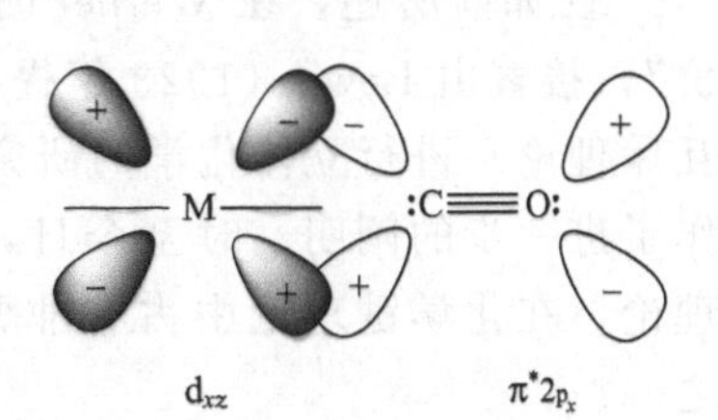

图1-11　金属羰基配合物中反馈π键的形成

反馈 dπ 电子进入 CO 反键 π^* 轨道的证据。该反馈价键理论也被红外光谱证实，CO 分子的伸缩振动频率为 2143cm^{-1}，而气态 $Ni(CO)_4$ 中的 C≡O 伸缩振动频率为 2057cm^{-1}，说明 CO 分子成为羰基配位时，其 C≡O 键的键级确实降低了。

除 CO 外，CN^-、NO_2、NO、N_2、PR_3(膦)、AsR_3(胂)、C_2H_4 等都可作为 π 酸配体或 π 配体，它们或者具有空的 π^* 轨道，或者具有空的 p 或 d 轨道，可以接受中心金属反馈的 dπ 电子形成 d-pπ 键或 d-dπ 键。这些 π 接受体配体在形成配合物时，具有稳定过渡金属非寻常低价态（零价甚至负价）的作用。一般来说，中心原子的电荷愈低，d 电子数愈多，配体的配位原子的电负性愈小（易给出电子对形成 σ 键）且具有空的 π^* 轨道或 p、d 原子轨道，都有利于反馈 π 键的形成。在具有反馈 π 键的配合物中，由于 σ 键和反馈 π 键的相互协同作用，使配合物达到电中性，增大了配合物的稳定性。反馈 π 键的形成很好地解释了羰基配合物、亚硝基配合物、氰根配合物及一些有机不饱和分子配合物的稳定性。

综上所述，价键理论继承和发展了传统的价键概念，化学键的概念比较明确，解释问题简洁、形象，容易为化学家所接受。它能说明当时发现的大多数配合物的磁矩、配位数、空间构型和一些性质（如取代反应活性、氧化还原性等），但是由于价键理论对 d 轨道没有提出能级分裂的概念，未涉及配合物的激发态，难于进行定量计算，对一些问题仅能作定性说明，特别是对具有相同配体的过渡金属配合物在水溶液中的稳定性随中心原子电子数变化而改变的事实，以及配合物的激发态或过渡态性质如电子光谱、构型的畸变和反应机理等现象都不能解释。即使是采用 Taube 提出的内外轨型配合物的改良型价键理论，在某些磁性、氧化还原性或稳定性等问题上也未能得到合理解释。例如，实验测得 $[Fe(acac)_3]$的有效磁矩为 5.95B. M.，按唯自旋公式的计算预测为 5.92B. M.；$K_3[Fe(CN)_6]$的有效磁矩为 2.33B. M.，计算预测为 1.73B. M.；$(Et_4N)_2[NiCl_4]$在 300K 时的有效磁矩为 3.80B. M.，在 80K 时为 3.20B. M.，计算预测为 2.83B. M.，为什么后二者磁矩的计算值和实验值有较大的偏差，而且 $(Et_4N)_2[NiCl_4]$的磁矩还会随温度发生变化？价键理论未能给出合理解释。对于有些 Cu(Ⅱ)平面四方形配合物，按价键理论 Cu(Ⅱ)采用 dsp^2 杂化方式形成四个配位键，那么 Cu(Ⅱ)的九个 d 电子中的一个要被激发到高能轨道上从而易于形成 Cu(Ⅲ)配合物，这显然与实验事实不符。另外，价键理论也不能说明某些 d^8 电子组态的相当稳定的 Ni(Ⅱ)八面体配合物（被解释为 sp^3d^2 杂化的外轨型配合物）的存在。因此，随着新型配合物的不断涌现及其丰富的谱学性质和应用性能被发现，VBT 在配合物化学键理论中的地位已逐渐被 CFT、LFT 和 MOT 所取代。

1.5 20 世纪以来配位化学的贡献

① 如前所述，在 Werner 时代，配体与金属离子相互作用的力被简单地看作是“副价”，接着由 Lewis（1923 年提出 Lewis 酸碱理论）和 Sidgwick（1940 年提出价层电子对互斥理论）进行立体化学的研究，才引出了电子对配位的概念，后来由鲍林的价键理论作了进一步的阐明。时至今日，配位理论已发展为晶体场理论、配位场理论和分子轨道理论，在化学键理论中占有非常重要的地位，这也是 20 世纪以来配位化学的重要贡献之一。

② 20 世纪 40～50 年代，配位化学对原子能工业、核燃料、稀有金属及有色金属化学的应用及其在经济上发展作出重要贡献，促进了无机化学的复兴与繁荣。

③ 20 世纪 50～60 年代，随着石油化工的飞速发展，发现了一些重要的金属配合物催化剂。

a. 齐格勒-纳塔催化剂　采用烷基铝-过渡金属卤化物催化烯烃的有选择聚合；Ziegler（前联邦德国）和 Natta（意大利）由此共享 1963 年度诺贝尔化学奖。

b. 钯配合物催化剂　选择性催化氧化乙烯为乙醛。

c. 威尔金森催化剂 [$RhCl(PPh_3)_3$] 用于催化烯烃低压氢甲酰化。

d. 瓦斯卡配合物 [$IrX(CO)(PPh_3)_2$] 对多种化合物有各种各样的反应性能，由此提出氧化加成和还原消去反应的概念。

e. 不对称催化　1966 年 Noyori 等合成出手性席夫碱 Cu(Ⅱ)配合物，用于催化不对称环丙烷化，当时所报道的 ee 值仅分别为 6% 和 10%。1968 年 Korpium 提出合成手性膦的新方法；Horner 和 Knowles 几乎同时将单齿手性膦引入铑催化剂，成功地实现了催化不对称加氢（15%e. e.）。1971 年 Kagan 从天然酒石酸出发制得双膦配体 DIOP，将其用于乙酰基的不对称氢化，首次实现了高对映选择性（80%e. e.）。

有人说，20 世纪 50～60 年代金属有机化学飞跃发展的契机应归因于二茂铁的合成（1951 年）[31] 以及齐格勒-纳塔催化剂（1953 年）的发现。在发现二茂铁随之其三明治型特殊结构被揭示后，对陆续出现的含有茂基、苯基和其它碳环形配合物等金属有机化合物的研究导致了均相催化剂、氢化和聚合等领域的重要发展，由此带动了金属有机化学领域的研究热潮。从最初看起来不过是某些好奇的化学家的研究兴趣❶，却突然孕育了世界规模的大工业，这成了金属有机化学具有重要应用的、最引人注目的一个范例，同时也说明了将基础理论和应用研究完全割裂开来是一种目光短浅的行为。同样，Noyori 等化学家后来将手性配合物催化剂成功地应用于工业催化过程，从而开拓了以不对称催化为代表的手性技术新兴领域，也是一个将基础理论研究成功地应用于高科技工业生产的杰出典范。

④ 20 世纪 70 年代，生物无机化学的发展使得对生命化学的认识深入到分子水平。生物无机化学是 70 年代配位化学向生物科学渗透所形成的边缘学科，它应用无机化学（特别是配位化学）的理论、原理和实验方法研究生物体中无机金属离子的行为，从而阐明金属离子和生物大分子形成的配合物结构与生物功能的关系。已知许多金属配合物涉及生命过程。

⑤ 20 世纪 80 年代，无机固体化学及材料化学在材料科学中占有重要的地位。作为现代文明的三大支柱（材料、能源、信息）之一的材料与配位化学有密切的关系，固体金属配合物作为室温超导材料和高效催化剂有着非常诱人的前景。

⑥ 20 世纪 90 年代，随着高新技术的日益发展，具有特殊物理、化学和生物化学功能的所谓功能配合物在国际上得到蓬勃的发展。例如混合价桥联双核配合物 [$(CN)_5Ru$-μ-CN-$Ru(NH_3)_5$]$^-$ 和 [$(\eta^5$-$C_5H_5)Ru(PPh_3)_2$-μ-CN-$Ru(NH_3)_5$]$^{3+}$ 都具有很大的二阶非线性极化率；而如图 1-12 所示的铜配合物则表现出液晶性质。用超分子的新观点对配位超分子配合物的研究正在逐步深入。

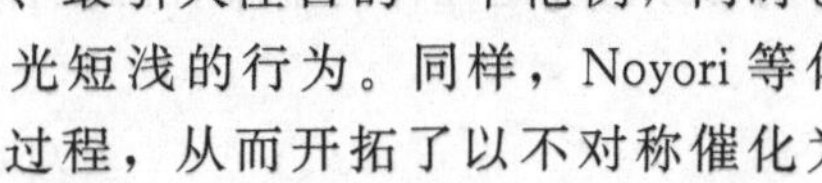

图 1-12　呈现液晶性质的铜配合物

❶ 二茂铁的合成出于一个并非预期的实验结果的偶然发现[31]；Chatt 等在蔡司盐被发现一百多年后，锲而不舍地进行金属有机化学基础理论研究，提出了著名的 Dewar-Chatt-Duncanson 金属-烯烃 π 成键理论[15]。

1.6 配位化合物与金属有机化合物的联系和区别

如果把配合物定义为路易斯酸与路易斯碱结合的产物，我们将面临为数众多的广义配合物的存在。二茂铁等许多金属有机化合物远远超出了维尔纳型配合物的范围，被称为非维尔纳型配合物或被称为非经典型配合物。为叙述方便，本书将对金属配合物与金属有机化合物有所区分。

在《Comprehensive Coordination Chemistry》一书中认为，在配位界内所含 M-C 键数至少占中心金属配位数一半的化合物可称为金属有机化合物[32]，这种区分可近似看作 $[Co(NH_3)_6]^{3+}$ 与 $[Co(\eta^5\text{-}C_5H_5)_2]^+$ 之间的区别。日本金属有机化学家山本明夫则认为[9]："金属有机化合物是金属与有机基团以金属与碳原子直接成键而形成的化合物，因而金属与碳间有氧、氮、硫等原子相隔时，不管该金属化合物多么像金属有机化合物，也不能称为金属有机化合物（但是由于金属氢化物和有机膦化合物的性质很像金属有机化合物，它们被称为准金属有机化合物）。"例如，山本明夫本人分别称图 1-13 所示的反应式两端的两个化合物为维尔纳型配合物和金属有机化合物。细看图 1-13 中两个化合物的区别，可理解山本明夫认为只要化合物中有一个 M-C 键存在，即可称之为金属有机化合物。本书比较偏向赞同山本明夫的定义，例如蔡司盐 $K[PtCl_3(C_2H_4)]\cdot H_2O$，尽管其 Pt-C 键不及金属配位数的一半，它仍然是一个典型的金属有机化合物。而球烯配合物 $[(\eta^2\text{-}C_{60})Rh(H)(CO)(PPh_3)_2]$ 等则可称得上是纯粹的金属有机化合物了。

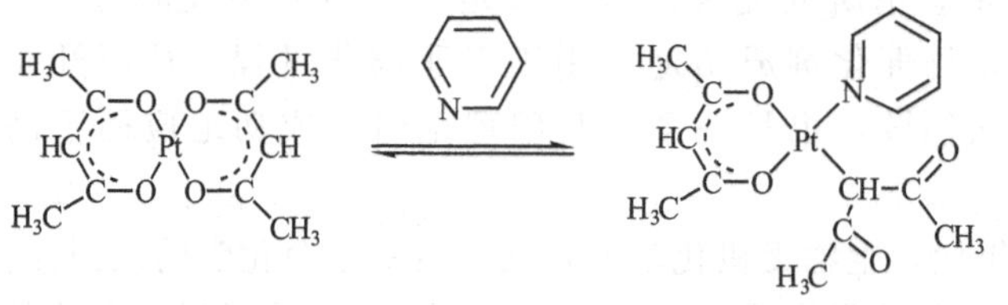

图 1-13 Werner 型配合物向金属有机化合物的转化

一般而言，金属有机化合物是指含一个或多个金属-碳键的化合物[33]，但是需要指出的是，并非所有含金属-碳键的化合物都属于金属有机化合物，例如某些金属碳化物（TiC、ZrC 等）和配位聚合物 $KFe^{II}[Fe^{III}(CN)_6]\cdot H_2O$（普鲁士蓝）等，它们虽然都含有金属-碳键，但习惯上不作为金属有机化合物看待。十分有趣的是，图 1-14(a) 所示的非维尔纳型化合物［其互变异构体见图 1-14(b)］正是维尔纳本人所合成的，当时可能认为这样的配合物是一个异类。按山本明夫的定义，图 1-14 所示的两个配合物都属于金属有机化合物。

(a)

(b) 氯·(2,4-戊二酮根)·[3,4-η-(4-羟-3-戊烯-2-酮)]合铂

图 1-14 非 Werner 型配合物及其互变异构体

根据我国化学名词命名法，凡有金字偏旁的元素与碳成键的化合物均属于金属有机化合物，而有石字偏旁的元素（类金属）如硼、硅、砷与碳成键的化合物也被《Comprehensive Organometallic Chemistry》一书搜罗在内[34]。《Comprehensive Coordination Chemistry》与《Comprehensive Organo-metallic Chemistry》两部综论将配合物和金属有机化合物的范畴做出了大致的区分，但必须注意这只是一种人为的划分，实际上这两个领域是互相交叉渗透的，没有截然的分界线，因为配合物和金属有机化合物本来就介于无机化学和有机化学之间。因此在本书中对金属配合物的理论处理同样可用于金属有机化合物。可以简要图示（图 1-15）来粗略表示本书所涉及配合物的类型。

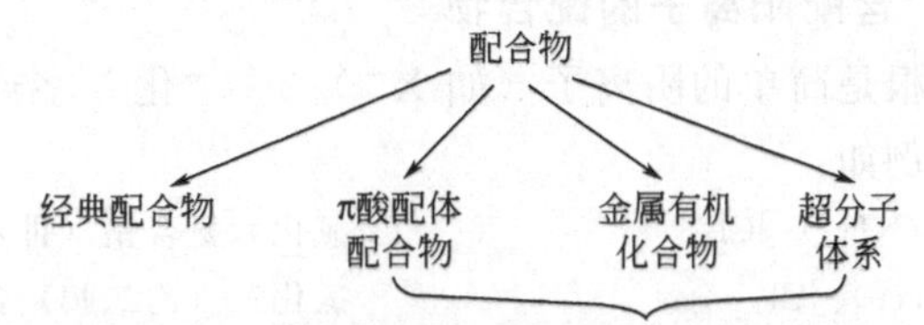

图 1-15 本书所涉及配合物的类型

在 1.5 中提及的 20 世纪 50～60 年代金属有机化学的突破性发展使得在此后 20 多年（1963—1983）期间，许多化学大师，例如 K. Ziegler、G. Natta、G. Wilkinson、E. O. Fischer、W. N. Lipscomb、H. C. Jr. Brown、G. Wittig 以及与金属有机化学有关联的配位化学大师 H. Taube 共 8 人次获得诺贝尔化学奖。在 20 年期间诺贝尔化学奖如此集中地授予在同一个三级学科获得杰出成就的科学家确实是史无前例的。表 1-4 列出这 8 名诺贝尔化学奖得主的主要研究贡献。

表 1-4 1963—1983 年期间与金属有机化学有关的诺贝尔化学奖获奖情况

诺贝尔化学奖得主	得奖年度	主 要 贡 献
Ziegler 和 Natta	1963 年	发现金属有机试剂催化烯烃定向聚合
Wilkinson 和 Fischer	1973 年	各自独立地阐明了夹心型金属有机化合物的结构
Lipscomb	1976 年	研究和揭示硼烷的结构
Brown 和 Wittig	1979 年	分别发展了有机硼化合物和有机磷化合物在合成中的应用
Taube	1983 年	对配合物电子转移反应机理的研究

实际上，这些获奖大师对金属有机化学的贡献并不止于此。例如 Ziegler 首创将烷基锂或苯基锂应用于有机合成；Fischer 对金属卡宾和卡拜的研究工作也极为重要；Wilkinson 经过对 σ-C-M 键的长期研究发现了 β-消除等现象，还研究制备了一系列比较稳定的过渡金属烷基化合物，进一步推进了相关的研究。总之，通过半个世纪以来一代代金属有机化学家（包括我国化学工作者）的辛勤努力和奉献，金属有机化学已经成为现代化学领域中的一个特别重要的分支[35]。2001 年和 2005 年诺贝尔化学奖再次颁给从事金属有机化学研究的科学家，说明了这一领域对科学发展的重大贡献和重要意义。

1.7 配合物的命名[36]

1.7.1 配离子

顺序：配位体数（中文表示）—配体名称（不同名称之间以中圆点分开）—“合”字—中心离子名称—中心离子氧化态（加括号，用罗马数字说明）—“离子”，例如：

$[Co(NH_3)_6]^{3+}$	六氨合钴(Ⅲ) 离子	$[Fe(CN)_6]^{4-}$	六氰合铁(Ⅱ) 离子
$[Co(NH_3)_5H_2O]^{3+}$	五氨·水合钴(Ⅲ) 离子	$[Cr(en)_3]^{3+}$	三（乙二胺）合铬(Ⅲ) 离子

1.7.2 含配阴离子的配合物

中间以“酸”字连接。例如：

$K_2[PtCl_6]$　六氯合铂（Ⅳ）酸钾

$H_2[SiF_6]$　六氟合硅（Ⅳ）酸

$K_2Na[Co(NO_2)_6]$　六硝基合钴（Ⅲ）酸钠钾［含多个不同的阳离子，电负性较强的元素名称在前（Na1.0，K0.9）］

1.7.3 含配阳离子的配合物

酸根是简单的阴离子（如 X^-）——“化”字连接；酸根是复杂的阴离子——“酸”字连接。例如：

$[Co(NH_3)_6]Cl_3$　氯化六氨合钴（Ⅲ）

$[Fe(en)_3]Cl_3$　氯化三（乙二胺）合铁（Ⅲ）

$[Cu(NH_3)_4]SO_4$　硫酸四氨合铜（Ⅱ）

1.7.4 中性配合物（无外界）

为简便起见，可不必标明氧化态。例如：

$[Ni(CO)_4]$　四羰基合镍

$[Fe(\eta^5\text{-}C_5H_5)_2]$　二(η^5-茂)合铁＝二(η-茂)合铁＝二(η^5-茂)合铁(Ⅱ)＝二茂铁

η^5 表示配体中的链或环上的五个原子都键合于一个中心原子

1.7.5 配体的次序

注意：书写分子式时，紧靠中心金属的位置为先，也按命名次序排列。

① 在配位个体中如既有无机配体又有有机配体，则无机配体排列在前，有机配体在后。

例： *cis*-$[PtCl_2(PPh_3)_2]$　顺-二氯·二（三苯基膦）合铂

② 同为无机配体或有机配体，其顺序为阴离子、阳离子、中性分子。

例： $[Co(ONO)(NH_3)_5]SO_4$　硫酸亚硝酸根·五氨合钴（Ⅲ）

$[CoCl(NH_3)_5]Cl_2$　氯化一氯·五氨合钴（Ⅲ）

$K[PtCl_3(NH_3)]$　三氯·氨合铂（Ⅱ）酸钾

③ 同类配体的名称，按配位原子元素符号的英文字母顺序排列。

例： $[Co(NH_3)_5H_2O]Cl_3$　氯化五氨·水合钴（Ⅲ）

$K_2[Cr(CN)_2O_2(O_2)(NH_3)]$　二氰·二氧根·过氧根·氨合铬（Ⅵ）酸钾

O^{2-}　O_2^{2-}

④ 同类配体中若配位原子相同，则含较少原子数的配体在前、较多原子数配体列后。

例： $[Pt(NO_2)(NH_3)(NH_2OH)(py)]Cl$　氯化硝基·氨·羟氨·吡啶合铂（Ⅱ）

⑤ 若配位原子相同，配体中含原子的数目也相同，则按在结构式中与配位原子相连的原子元素符号的字母顺序排列。

例： $[Pt(NH_2)(NO_2)(NH_3)_2]$　氨基·硝基·二氨合铂

⑥ 配体化学式相同但配位原子不同（键合异构），按配位原子元素符号的字母顺序排列。若配位原子尚不清楚，则以配位个体的化学式中所列的顺序为准。

常见的键合异构配体的名称：

$—NO_2$	（N 配位）	硝基
—ONO	（O 配位）	亚硝酸根（配位原子尚不清楚时可用）
—SCN	（S 配位）	硫氰酸根（配位原子尚不清楚时可用）
—NCS	（N 配位）	异硫氰酸根

在配体名称后写出配位原子的符号。

例 1： $C_2S_2O_2^{2-}$　二硫代草酸根—S，S（S 配位）

二硫代草酸根—O，O（O 配位）

例 2：$[Co(NO_2)_3(NH_3)_3]$ 三硝基·三氨合钴

$[Co(ONO)(NH_3)_5]SO_4$ 硫酸亚硝酸根·五氨合钴（Ⅲ）

例 3：二（二硫代草酸根—S，S）合镍（Ⅱ）酸钾 $K_2[Ni(S_2C_2O_2)_2]$

1.7.6 复杂配合物

阴、阳离子都是配合物组成的络盐，中间以“酸”字连接。

举例：$[Cr(NH_3)_6][Co(CN)_6]$ 六氰合钴（Ⅲ）酸六氨合铬（Ⅲ）

$[Pt(NH_3)_4][PtCl_4]$ 四氯合铂（Ⅱ）酸四氨合铂（Ⅱ）

1.7.7 简名和俗名

化学式	简名	俗名
$K_4[Fe(CN)_6]$	亚铁氰化钾	黄血盐
$K_3[Fe(CN)_6]$	铁氰化钾	赤血盐
$Na_3[Co(NO_2)_6]$	亚硝酸钴钠	

1.7.8 配体名称的缩写

常见配体的名称及缩写符号见表 1-5，按 IUPAC（国际纯化学和应用化学协会）的规定，缩写符号用小写字母；并且注意区分中性配体和由它们衍生的配体离子。

表 1-5 常见配体的名称及缩写符号（IUPAC 规定）

缩写符号	化学式	名称	英文名称	配体离子
en	$H_2NCH_2CH_2NH_2$	乙二胺	ethylenediamine	
Hacac	$CH_3COCH_2COCH_3$	乙酰丙酮	acetylacetone	$acac^-$
H_4edta	$(HO_2CH_2C)_2N—CH_2—CH_2—N(CH_2CO_2H)_2$	乙二胺四乙酸	ethylenediaminetetraacetic acid	H_3edta^-，$edta^{4-}$，$Hedta^{3-}$等.
H_2ida	$(HOOCH_2C)_2NH$	亚氨基二乙酸	iminodiacetic acid	$Hida^-$、ida^{2-}
H_2ox	HOOC—COOH	草酸	oxalic acid	Hox^-、ox^{2-}
py	（吡啶结构式）	吡啶	pyridine	
bpy	（2,2′-联吡啶结构式）	2,2′-联吡啶	2,2′-bipyridine	
phen	（1,10-邻菲洛啉结构式）	1,10-邻菲洛啉	1,10-phenanthroline	$Hphen^+$

1.7.9 几何异构体的命名

（1）简单配合物几何异构体的命名

用前缀顺（*cis*-）、反（*trans*-）、面（*fac*-）、经（*mer*-）等对平面四方或八面体构型的配合物命名（*fac*=facial；*mer*=meridional），如图 1-16 和图 1-17 所示。此外还有一些特殊的命名方法（图 1-18～图 1-20）。

（2）含多种配体配合物的几何异构体命名

可用小写英文字母作为位标来标明含多种配体配合物几何异构体的空间位置（图 1-21）。

以位标法命名平面四方形和八面体配合物的说明如下：在图1-21示出的两个平面四方

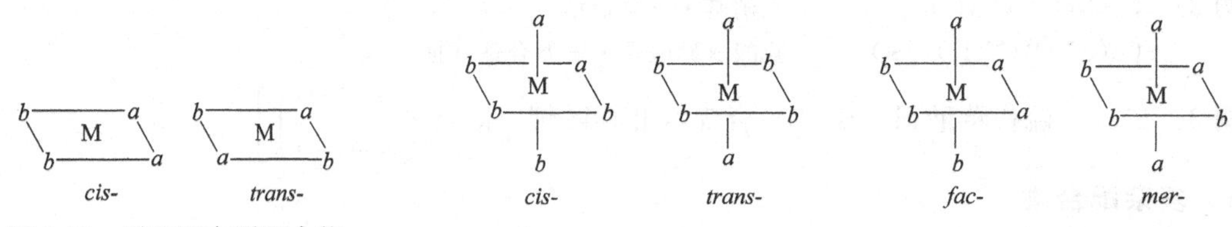

图 1-16 平面四方形配合物几何异构体的命名

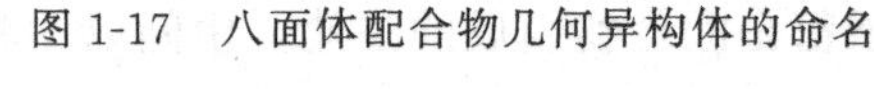

图 1-17 八面体配合物几何异构体的命名

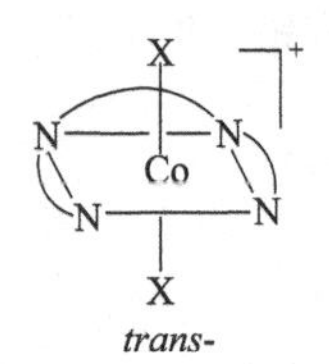

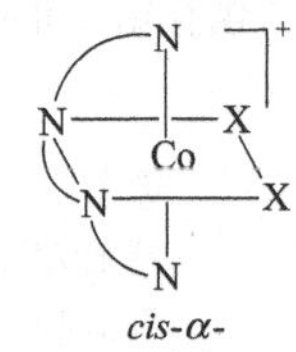

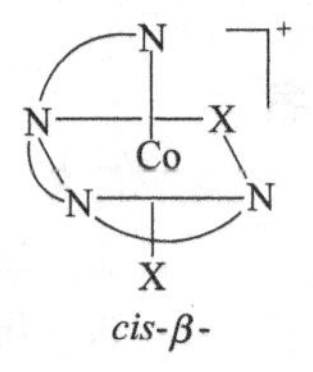

图 1-18 $[CoX_2(trien)]^+$ 的三种几何异构体(trien＝三乙四胺)

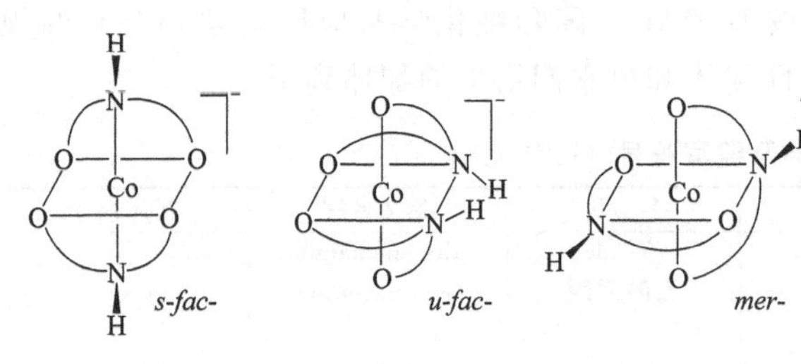

图 1-19 $[Co(ida)_2]^-$ 的三种几何异构体

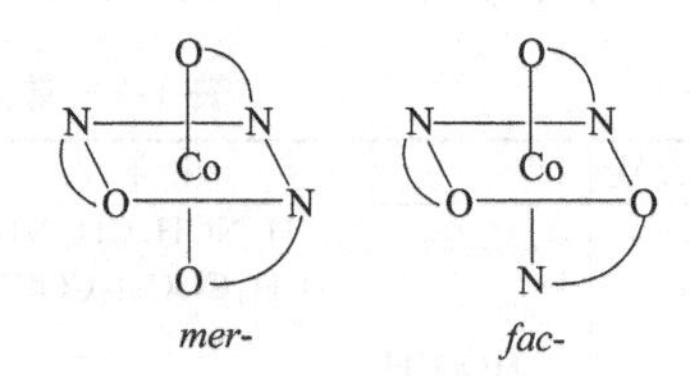

图 1-20 含不对称双齿配体的$[Co(gly)_3]$的两种几何异构体（Hgly＝甘氨酸）

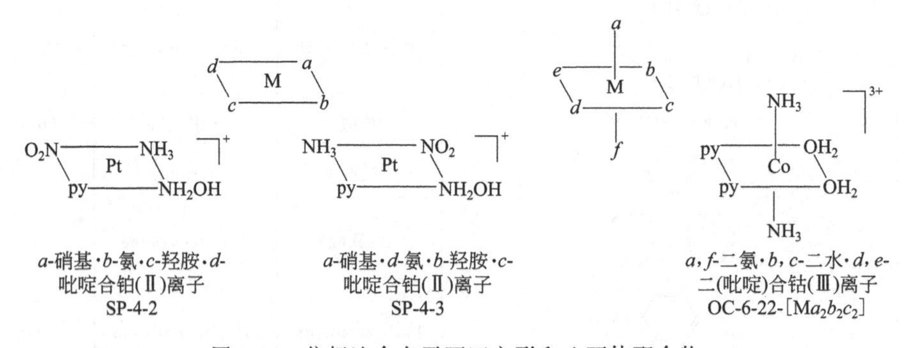

图 1-21 位标法命名平面四方形和八面体配合物

形配离子的四个配体中，NO_2^- 为无机负离子，按配体命名顺序应列在最前面，故定位为 a，其余配体再按顺时针方向定位；第二个平面四方形配离子有两种位标命名法，除了图中所示之外，也可命名为“a-硝基·b-羟胺·c-吡啶·d-氨合铂(Ⅱ)离子”，因为只要第一个配体 NO_2^- 定位，可以不管其它配体命名顺序，用位标顺序定位即可。

根据有机化学中常用的 CIP(Cahn-Ingold-Prelog) 规则[37]，配体的次序由配位原子的原子量大小顺序所决定；若配位原子相同，则按在结构式中与配位原子相连原子的原子量顺序排列。例如在 SP-4-n 中，SP-4 代表平面四方形配合物，最后一个数字则代表与按 CIP 规则配体顺序位于最先的配体对位的配体的顺序号。OC-6-nn 中，OC-6 代表八面体配合物，而后面两个数字的第一个代表与按配体顺序位于最先配体对位配体的顺序号，第二个代表与四方平面上排列最先的配体对位配体的顺序号，但这种命名法较为烦琐，并不常用。

1.7.10 含有桥联基团（或原子）双核配合物的命名

桥联基团（或原子）数（中文表示）—μ-桥联基团（不同桥联基团之间用中圆点分开）—非桥联部分。

例： $[(NH_3)_5Cr—OH—Cr(NH_3)_5]Cl_5$　五氯化(μ-羟)·二[五氨合铬(Ⅲ)]

$[(CO)_3Fe(CO)_3Fe(CO)_3]$　三(μ-羰基)·二(三羰基合铁)(Fe-Fe)

含金属-金属键双核配合物的命名。

例： $[(CO)_5Mn—Mn(CO)_5]$　二(五羰基合锰)

$[(CO)_4Co—Re(CO)_5]$　五羰基·(四羰基钴基)合铼

$[(CO)_3Co(CO)_2Co(CO)_3]$　二(μ-羰基)·二(三羰基合钴)(Co-Co)

1.8 配体的类型与螯合物

配位体（简称配体）的定义：以配位键和中心原子相连的分子或离子。它可以向中心原子提供孤对电子或 π 电子。

一个配体中能与金属配位的点（配位原子）称为配位点。

有许多方法可将配体分类。下面介绍常见的两种方法。

1.8.1 按中心金属与配体相互作用成键的性质分类

1.8.1.1 经典配体

一般只能单纯地提供电子对，不能接受中心金属反馈的电子。能同时与主族元素和过渡金属以配键形成配合物。所形成的配合物一般称为经典配合物。

例： 卤素离子　F^-、Cl^-、Br^-、I^-

各种含氧酸根阴离子　NO_3^-、NO_2^-、RCO_2^-、SO_4^{2-}

以 N 或 O 配位的中性分子　NH_3、RNH_2、H_2O

通常影响配合物多样性（以新型层状化合物、螯合物、簇状、笼状、包结、夹心以及非常氧化态、非常配位数和罕见构型等形式稳定存在的配合物）的主要因素为配体，而优秀的配体大多为具有特定结构（刚柔性、特殊的立体和电子结构、手性等）的有机化合物，经典无机配体的结构一般较简单，使其应用受到一定限制。

1.8.1.2 非经典配体[38]

非经典配体既能提供电子对或 π 电子，又能用自身的空 π 轨道接受中心金属反馈的电子。主要与过渡金属形成配合物。根据非经典配体与金属键合的本质将其分为 σ 配体、π 酸配体和 π 配体。

(1) σ 配体[33]

一些含碳有机基团如烷基、烯基、炔基、芳基和酰基等在与金属形成 MC 键时，只有一个碳原子直接同金属键合，这类配体称为 σ 配体，它们一般作为负离子（形式电荷-1）提供一对 σ 电子，配位方式为端基。亚烷基（R_2C：）和次烷基（RC⋮）也属于含碳的 σ 配体，但它们与金属形成多重键。过渡金属与亚烷基形成 M═C二重键的亚烷基配合物（alkylidene complexes），也称卡宾（carbene）配合物；与次烷基形成 M≡C 三重键的次烷基配合物（alkylidyne complexes），也称卡拜（carbyne）配合物。表 1-6 给出过渡金属与碳形成 σ 键金属有机化合物的几种类型。

表 1-6　过渡金属与碳形成 σ 键金属有机化合物的几种类型

碳的杂化态	配　体	金属有机化合物	例　子
sp^3	烷基	$M-CR_3$	$W(CH_3)_6$、$Ti(CH_2Ph)_4$
sp^2	芳基 卡宾或亚烷基	$M-C_5H_5^-$ $M=CR_2$	$C_5H_5-M-C_5H_5$ $(CO)_5W=C(Ph)OMe$
sp	卡拜或次烷基 乙炔化合物 亚乙烯基	$M\equiv CR$ $M-C\equiv CR$ $M=C=CR_2$	$(\eta\text{-}C_5H_5)(CO)_2W\equiv CR$ $[Ni(C\equiv CR)_4]^{2-}$ $[(C_5H_5)LFe=C=CRR']^+$

(2) π 酸配体

π 酸配体的特征是它们能够稳定过渡金属的低氧化态，故金属原子上的高电子密度能够离域至配体上。这类配体接受高电子密度到其能量合适的空 π 轨道的能力可称为"π 酸性"(路易斯酸)。常见的 π 酸配体有：CO、CN^-、NO、N_2、py、bpy、phen、RNC、PR_3、PX_3、AsX_3、SbX_3(X=F、Cl、Ph、OR)。

(3) π 配体

π 配体多数是含碳的不饱和有机分子，它们以多个碳原子与金属配位，提供 π 电子与金属键合，这类不饱和有机分子主要有链状（烯烃、炔烃、π 烯丙基、丁二烯等）和环状（环戊二烯、苯、环辛四烯等）两种。π 配体亦有接受金属的高电子密度到其能量合适的空 π 轨道的能力。

π 配体与金属的键合作用类似于 π 酸，为 σ-π 相互作用，但它们与 π 酸配体有以下两方面的区别：①π 配体授受电子用的都是其 π 轨道，而 π 酸配体授予电子利用其 σ 轨道，接受电子利用其空 π 轨道；②π 配体形成的 π 配合物中金属原子不一定在其平面内（如茂铁中 Fe 不在环戊二烯平面内），而 π 酸配体形成的 π 酸配体配合物中金属原子位于直线形配体的轴上（如羰基化合物中金属原子在 M-CO 轴上）或平面型配体的平面内（例如邻菲咯啉的配合物）。

根据以上讨论，请观察图 1-22 中的配合物及其命名，说明三个茂基各以哪些不同的键型配位？

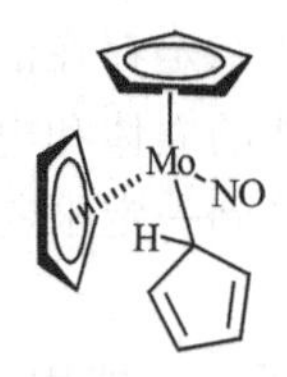

图 1-22　亚硝酰·(η-茂)·(1-3-η-茂)·(σ-茂)合钼

1.8.2　根据配位点的数目分类

(1) 单齿配体

只有一个配位点，与金属离子形成单核配合物。

(2) 螯合多齿配体

有多个配位点，同一个配位体的几个配位点能同时与同一个金属离子配位，所生成的配合物称作螯合物。

双齿配体：en、bpy、phen。

三齿配体：三联吡啶 terpy（强制性平面配体）。

四齿配体：三乙四胺 trien($H_2NCH_2CH_2NHCH_2$)$_2$、tren（支链型）、nta^{3-}、H_2edta^{2-}。

缩 写	trien	tren	nta^{3-}
全 称	triethylenetetraamine	tris(2-aminoethyl)amine	nitrilotroacetate
中文名	三乙四胺(直链型)	三乙四胺(支链型)	氨三乙酸根

五齿和六齿配体❶：$Hedta^{3-}$、$edta^{4-}$。

大环配体：卟啉、酞菁、席夫碱类、冠醚类，如下所示。

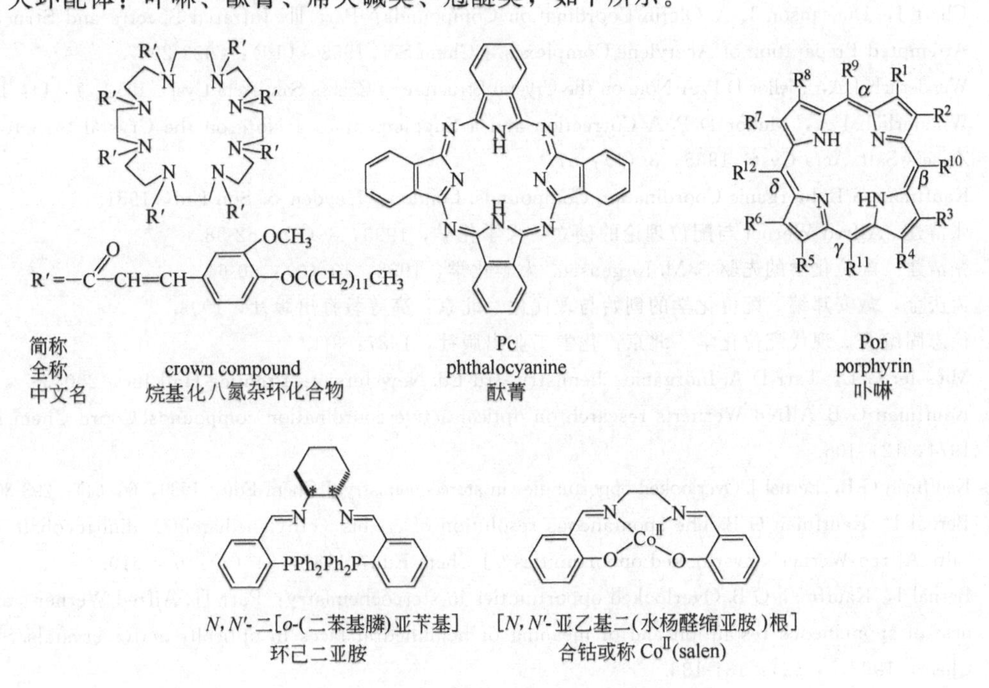

参 考 文 献

[1] 游效曾，孟庆金，韩万书主编．配位化学进展．北京：高等教育出版社，2000.

[2] 徐光宪．化学的定义、地位、作用和任务．化学通报，1997，60（7）：54-57.

[3] 武汉大学，吉林大学等校编．曹锡章，王杏乔，宋天佑修订．无机化学．第3版．北京：高等教育出版社，1994：860-861.

[4] 徐光宪，王祥云著．物质结构．第2版．北京：高等教育出版社，1987.

[5] 章慧，陈再鸿，朱亚先，刘新锦．具有相似内界的络合物及其颜色和构型．大学化学，2000，15（2）：33-36.

[6] 徐光宪．从外行人眼里远看“21世纪的分析化学”．化学通报，2004，67（10）：713-714.

[7] 胡红雨．无机探针在生物大分子研究中的应用．大学化学，1991，6（1），32-34.

[8] [美]Anson F. 电化学和电分析化学．黄慰曾等编译．北京：北京大学出版社，1983：96-99.

[9] [日]山本明夫著．有机金属化学——基础与应用．陈惠麟，陆熙炎译．北京：科学出版社，1997：7-9，348-349.

[10] 洪茂椿，陈荣，梁文平主编．21世纪的无机化学．北京：科学出版社，2005.

❶ 注意：有时 H_2edta^{2-} 和 $Hedta^{3-}$ 也可作为六齿配体配位（参阅1.7）[39]。

[11] 游效曾编著．配位化合物的结构与性质．北京：科学出版社，1992：1-6，276-279.
[12] Cotton F A，Wilkinson G. Advanced Inorganic Chemistry. 5th Ed. New York：Wiley，1988.
[13] 戴安邦．无机化学的复兴和发展．大学化学，1988，3（1）：1-5.
[14] Wilkinson G，Gillard R D，McCleverty J A. Comprehensive Coordination Chemistry. Oxford：Pergamon，1987：21.
[15] Leigh G J，Winterton N. Modern Coordination Chemistry—The Legacy of Joseph Chatt. Cambridge：The Royal Society of Chemistry，2002：100-122.
[16] Seyferth D. $[(C_2H_4)PtCl_3]^-$，the Anion of Zeise's Salt，K $[(C_2H_4)PtCl_3]\cdot H_2O$. Organometallics，2001，20（1）：2-6.
[17] Chatt J，Duncanson L A. Olefin Coordination Compounds：Part Ⅲ. Infrared Spectra and Structure：Attempted Preparation of Acetylene Complexes. J Chem Soc. 1953，(10)：2939-2947.
[18] Wunderlich J A，Mellor D P. A Note on the Crystal Structure of Zeise's Salt. Acta Cyst，1954，7（1）：130.
[19] Wunderlich J A，Mellor D P. A Correction and a Supplement to a Note on the Crystal Structure of Zeise's Salt. Acta Cyst，1955，8（1）：57.
[20] Kauffman G B. Inorganic Coordination Compounds. London：Heyden & Son Ltd，1981.
[21] 张清建．Alfred Werner 与配位理论的创立．大学化学，1993，8（6）：52-58.
[22] 张清建．配位化学的先驱 S. M. Jørgensen. 大学化学，1998，13（3）：60-64.
[23] 孟庆金，戴安邦编．配位化学的创始与现代化．北京：高等教育出版社，1998.
[24] 徐志固编著．现代配位化学．北京：化学工业出版社，1987：3-4.
[25] Miessler G L，Tarr D A. Inorganic Chemistry. 3rd Ed. New Jersey：Prentice-Hall Inc，2004.
[26] Kauffman G B. Alfred Werner's research on optical active coordination compounds. Coord Chem Rev，1974，12：106.
[27] Kauffman G B，Bernal I. Overlooked opportunities in stereochemistry. J Chem Edu，1989，66（4）：293-300.
[28] Bernal I，Kauffman G B. The spontaneous resolution of *cis*-bis（ethylenediamine）dinitrocobalt（Ⅲ）salts Alfred Werner's overlooked opportunitiesy. J Chem Edu，1987，64（7）：604-610.
[29] Bernal I，Kauffman G B. Overlooked opportunities in stereochemistry：Part Ⅲ. Alfred Werner's awarness of spontaneous resolution and of meaning of hemilhedral faces in optically active crystals. Struct Chem，1993，4（2）：131-138.
[30] 杨素苓，吴谊群主编．新编配位化学．哈尔滨：黑龙江教育出版社，1993.
[31] 任红艳，李广洲，宋心琦．二茂铁化学的半个世纪历程．大学化学，2003，18（6）：57-60.
[32] Wilkinson G，Gillard R D，McCleverty J A. Comprehensive Coordination Chemistry. Oxford：Pergamon，1987.
[33] 马春林，刘道杰，尹汉东，王勇编著．基础有机金属化学．济南：山东大学出版社，1999：1-9，182-183.
[34] 黄耀曾．漫谈金属有机化学．大学化学，1990，5（1）：1-8.
[35] 陆熙炎，杜灿屏．金属有机化合物的反应化学．北京：化学工业出版社，2000.
[36] 中国化学会．无机化学命名原则．北京：科学出版社，1980.
[37] von Zelewsky A. Stereochemistry of Coordination Compounds. Chichester：John Wiley & Sons Ltd，1996：61-69，100-101.
[38] 陈慧兰主编．高等无机化学．北京：高等教育出版社，2005：191-194.
[39] Mizuta T，Wang J，Miyoshi K. Molecular structures of Fe（Ⅱ）complexes with mono-and protonated ethylenediamine-*N*,*N*,*N*′,*N*′-tetraacetate（Hedta and H_2edta），as determined by X-ray crystal analysis. Inorg Chim Acta，1995，230（1-2）：119-125.

习题和思考题

1. 你认为“现代化学”的含义是什么？“现代配位化学”呢？

2. Blomstrand-Jørgensen 链式理论的错误何在？为什么当时有许多人拥护？Werner 提出配位理论的背景是什么？

3. 试述 Werner 配位理论的创立、发展及配位化学诞生的历史对我们的启发。举出现代配位化学仍沿用 Werner 配位理论主要概念的最新例子。

4. 在 Werner 论证六配位配合物具有八面体几何结构特征和构建配位立体化学的过程中，几个关键性的经典 Co(Ⅲ) 配合物 *cis*-$[CoCl_2(NH_3)_4]Cl$、*cis*-$[CoCl(NH_3)(en)_2]Cl_2$ 和 $[Co\{(OH)_2Co(NH_3)_4\}_3]Br_6$ 各起什么作用？了解这一段历史对于我们今天认识和学习立体化学有什么特殊意义？

5. 何谓“无机化学复兴”？“无机化学复兴”的契机是什么，它对配位化学的发展有何贡献？由此能否说明促进科学发展的某些重要因素？

6. 一些标志性的金属有机化合物（例如蔡司盐、二茂铁、瓦斯卡配合物、Grubbs 催化剂等）的发现、开发、结构阐明和应用研究对化学发展有何贡献？兼评 2001 年和 2005 年度诺贝尔化学奖。

7. 命名下列配合物：

$[Co(NH_3)_4(en)]Cl_3$；$[RuN_2(NH_3)_5](NO_3)_2$；$K_3[Cl_3WCl_3WCl_3]$；$K_3[Re^{V}(O)_2(CN)_4]$；$[ReI(CO)_3(py)_2]$；$K_2[U(SO_4)_3]\cdot 2H_2O$；$[Cr(OH)(H_2O)(C_2O_4)(en)]$；$K_3[Ni(NO)(S_2O_3)_2]$；$Na[Co(CO)_4]$

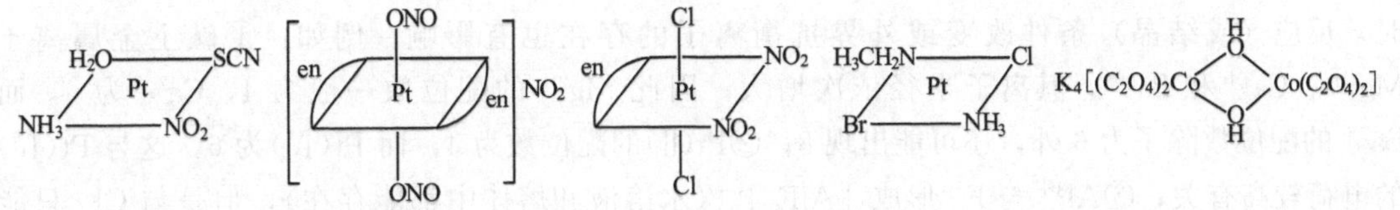

H₂O—Pt—SCN, NH₃—Pt—NO₂; [Pt(en)₂(ONO)₂]NO₂; Pt(en)Cl₂(NO₂)₂; H₃CH₂N—Pt—Cl, Br—Pt—NH₃; $K_4[(C_2O_4)_2Co(OH)_2Co(C_2O_4)_2]$

8. 画出下列配合物的立体结构式：

cis-二氯·二氨合铂；氯化 *trans*-二氯·四氨合铂(Ⅳ)；η-二苯合铬；二(硫代硫酸根-S)合银(Ⅰ)酸钠；硫酸(μ-氨基)·(μ-羟基)·二[四氨合钴(Ⅲ)]离子；面-三氯·三(羟胺)合铑；二(乙酰丙酮根)合铜；*trans*-四（异硫氰酸根）·二氨合铬(Ⅲ)酸铵；三（μ-羟）·六氨合二钴(Ⅲ)离子；

硝酸二溴·四氨合钌(Ⅲ)；氯化氯·水·二(乙二胺)合铑(Ⅲ)；反-二(氨基乙酸根)合钯；

硫酸(μ-氨)·(μ-羟)·八氨合二钴(Ⅲ)；四氯合铂(Ⅱ)酸四(吡啶)合铂(Ⅱ)；

trans-氯·氨·二(乙二胺)合钴离子；二(μ-碘)·四(三乙基膦)合二铜

9. 配体的主要类型有哪些？何谓多齿配体？螯合物有哪些特点？请举例说明。

10. π 酸配体和 π 配体属于哪一种类型的配体？两者之间有何不同？请各举一例说明。下列配体哪些是 π 酸配体，哪些是 π 配体：

CO、CN^-、NO、C_2H_4、N_2、py、$H_2C{=}CH{-}CH{=}CH_2$、bpy、C_6H_6、phen、RNC、$C_5H_5^-$、NR_3、AsR_3

11. 根据 2,2′,2″-三氨基三乙胺［(a)，支链型］和三乙四胺［(b)，直链型］的结构，它们作为配体时，哪一种适于形成四面体配合物？哪一种适于形成四方形配合物？为什么 Cu^{2+} 与 (a) 形成的配合物的稳定性比与 (b) 形成的配合物的稳定性为低（参看表中数据）？而 Zn^{2+} 与 (a)、(b) 形成的配合物则相反？

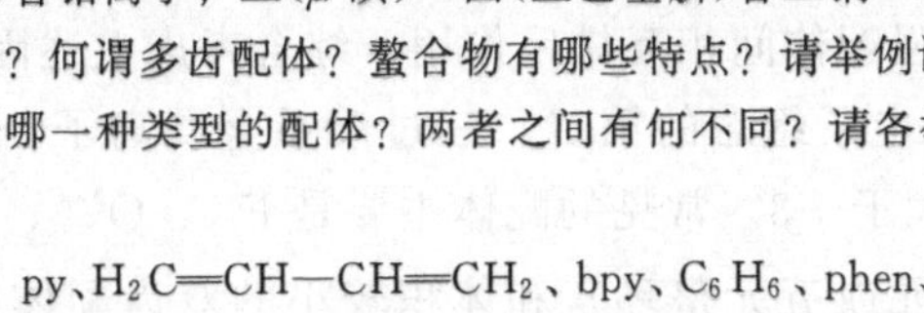

(a) $N(CH_2CH_2NH_2)_3$

(b) $NHCH_2CH_2NH_2$—CH_2—CH_2—$NHCH_2CH_2NH_2$

配　体	Cu^{2+} 的 $\lg K^{\ominus}$	Zn^{2+} 的 $\lg K^{\ominus}$
(a)	18.8	14.6
(b)	20.5	11.8

第2章　配合物的立体结构和异构现象

2.1　配位数和配合物的立体结构

已知配合物中心金属的配位数在2～12之间❶，甚至可高达16[1]，其中以4和6为最常见，配位数超过8的配合物则较少。多数中心金属元素的配位数是可变的，只有少数金属离子在特定氧化态有固定的配位数。例如，Cr(Ⅲ)、Co(Ⅲ)和Pt(Ⅳ)等的配位数一般为6。

中心金属的配位数和立体结构一方面与金属离子本身的体积、电荷以及电子分布情况（它会影响中心离子与配体的成键性质）等有关，另一方面也与配体的体积和所带电荷有关[2]；有时，反应（或结晶）条件改变或外界抗衡离子的存在也有影响。例如：①碱土金属离子Mg^{2+}、Ca^{2+}和Ba^{2+}，其离子半径依次增大，因此Mg^{2+}的配位数一般为4，Ca^{2+}为6，而Ba^{2+}的配位数除了为6外，还可能出现8；②Pt(Ⅱ)的配位数为4，而Pt(Ⅳ)为6，这与Pt(Ⅳ)的电荷较高有关；③Al^{3+}与F^-形成$[AlF_6]^{3-}$(水溶液和熔体中都能存在)，但是与Cl^-只能形成$[AlCl_4]^-$（存在于熔体中），这是由于Cl^-比F^-半径大的缘故；④$[M(CN)_8]^{n-}$（M＝Mo或W；n＝3或4）的八配位多面体构型随着晶态下抗衡离子的不同而变化[3]。

一般而言，形成高配位数化合物需要具备以下条件[4]：①中心金属离子体积较大，而配体体积较小，以减少配体间的空间位阻；②中心金属离子所含d电子数较少，以获得一定的配体场稳定化能增益，并减少d电子和配体电子之间的相互排斥作用；③中心金属离子的氧化态较高；④配体的电负性要大，但极化变形性要小，否则中心离子较高的正电荷将会使配体明显地极化变形而增强配体间相互排斥作用。综合考虑上述因素，高配位数化合物的中心离子通常是具有d^0～d^2电子组态的第二、三过渡系金属离子，以及稀土金属离子，它们的氧化态一般都为+3或大于+3。常见的配体主要是F^-、O^{2-}、CN^-、NCS^-或H_2O，以及一些螯合间距（形成四元或五元螯环）和体积较小的双齿配体，如NO_3^-、O_2^{2-}、$C_2O_4^{2-}$或$RCOO^-$等。

前已述及，早在维尔纳时代，只能凭着当时能够实现的简单而原始的物理和化学实验，以及维尔纳提出的配位立体化学假说，以大量的实验事实严密论证六配位八面体配合物的立体结构。现代结构分析实验和理论进一步证实了维尔纳的假说，并确定其它配位数的配合物具有各种不同的立体结构或配位多面体，现根据配位数的不同分述如下[2～9]。

2.1.1　配位数1和2[1,4]

配位数1的配合物一般为在气相中存在的离子对，否则极为罕见。即使在水溶液中可能存在的单配位物种，也会因为水分子的配位使其配位数大于1。实例为单配位Tl(Ⅰ)和In(Ⅰ)的金属有机化合物，图2-1示出其中的Tl配合物。尽管该配合物中的配体体积庞大因而可能阻碍另一个金属与之成桥，但相应的In(Ⅰ)配合物还是可以与$[Mn(\eta^5\text{-}C_5H_5)(CO)_2]$作用形成双核物种。$Ga[C(SiMe_3)_3]$是在气相中存在的单配位金属有机化合物。而在质谱中可

❶ 八配位以上的化合物可称为高配位数化合物。

以发现瞬间存在的 VO^{+} 物种。

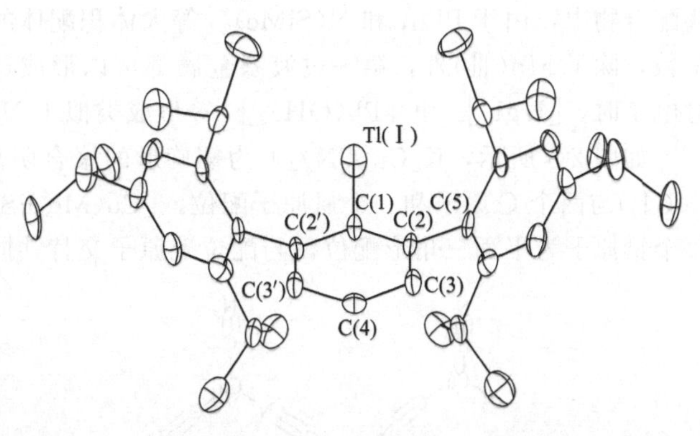

图 2-1　单配位的 Tl(Ⅰ) 金属有机化合物的分子结构

配位数为 2 的配合物也不多见。常见配位数为 2 的配合物的中心离子大都具有 d^0 或 d^{10} 电子组态。Cu(Ⅰ)、Ag(Ⅰ)、Au(Ⅰ)和 Hg(Ⅱ)等配合物是 d^{10} 组态离子的代表，而 $[MoO_2]^{2+}$ 和 $[UO_2]^{2+}$ 中的 $Mo^{Ⅳ}$ 和 $U^{Ⅳ}$ 则是 d^0 组态离子的代表，通常由这些离子形成的配合物或配离子都是直线形或接近直线形的，尤其是 Ag(Ⅰ)的一些配合物，Cu(Ⅰ)的二配位构型较少见。已知 Cu_2O、AgCN 和 AuI 等以聚合体形式存在于晶体中（如图 2-2）。$K[Cu(CN)_2]$ 虽然在形式上与 Ag(Ⅰ)和 Au(Ⅰ)的相应配合物类似，但 $[Cu(CN)_2]^-$ 中的 Cu(Ⅰ)是三配位而不是二配位（见图 2-5）。

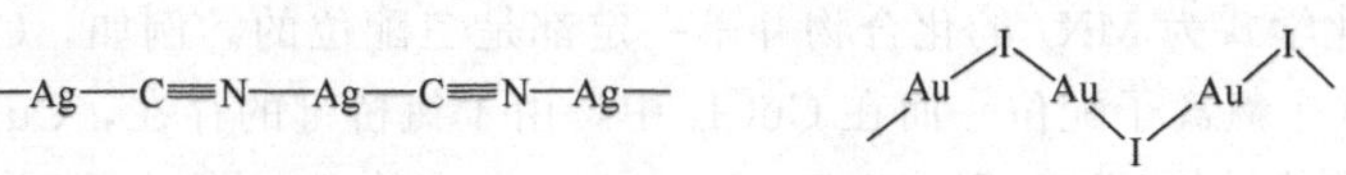

—Ag—C≡N—Ag—C≡N—Ag—　　Au—I—Au—I—Au—I

图 2-2　二配位线形配合物 $[AgCN]_x$、$[AgSCN]_x$ 和 $[AuI]_x$ 的结构

有一些金属氧酰离子，例如 $[UO_2]^{2+}$ 和 $[PuO_2]^{2+}$，通常为 2 配位的线形结构，但是这类离子有很强的配位趋势，因此它们倾向于与其它配体反应形成更高配位数的物种。

当配体体积较大时，其它组态的金属离子也可能形成直线形结构，例如 $\{Mn[N(SiMePh_2)_2]_2\}$，如图 2-3 所示。

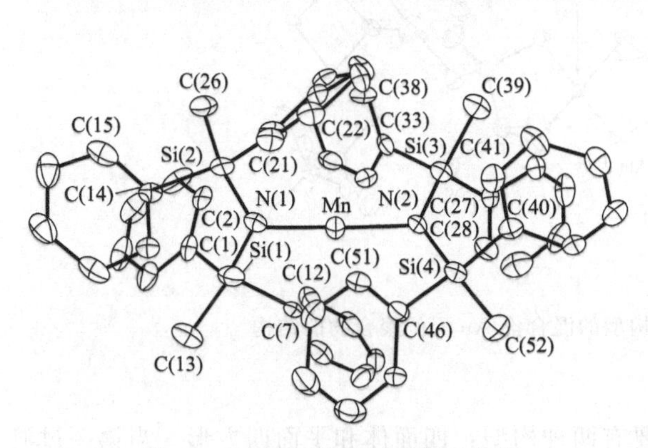

图 2-3　二配位线形 Mn(Ⅱ)配合物 $\{Mn[N(SiMePh_2)_2]_2\}$

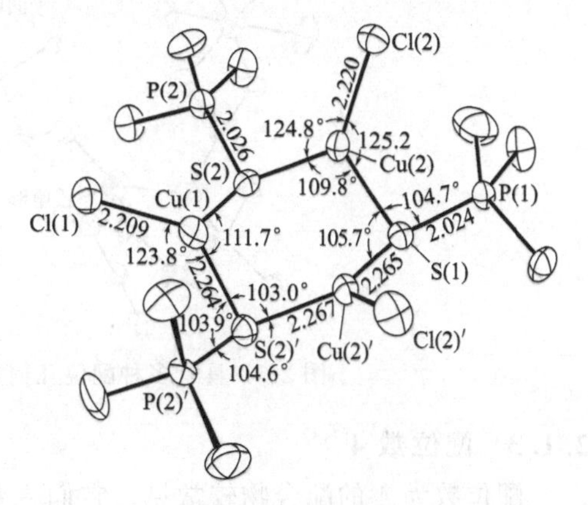

图 2-4　环状配合物 $[CuCl(SP(CH_3)_3)]_3$ 的分子结构

2.1.2　配位数 3[1,4]

三配位化合物为数较少，已确定的有 Cu^+、Au^+、Hg^{2+} 和 Pt(0) 等具有 d^{10} 组态的一些配合物，它们一般形成平面三角形构型。例如，$K[Cu(CN)_2]$、$[Cu_2Cl_2(Ph_3P)_2]$、[Cu(tu)] Cl(tu 为硫脲的缩写符号)、$[Cu(SPPh_3)_3]ClO_4$、$[CuCl(SP(CH_3)_3)]_3$(图 2-4)、$[Cu(Me_3PS)Cl]_3$、$[Au(PPh_3)_3]^+$、$[AuCl(PPh_3)_2]$、$[HgI_3]^-$ 和 $[Pt(PPh_3)_3]$ 等。在这

些配合物中，由于 PPh_3 和 $N(SiMe)_2^-$ 等大体积配体的位阻作用，使配合物不易达到更高配位数，除了 Mn(Ⅲ)外，第一过渡系金属都可以形成这类配合物。当中心原子上含有 np 孤对电子时，$[HgI_3]^-$ 和 $[Pb(OH)_3]^-$ 等形成类似于 NH_3 分子的三角锥（C_{3v}）型结构。

如图 2-5 所示，$K[Cu(CN)_2]$ 为螺旋形的聚合阴离子，其中 CN^- 充当桥联配体，每个 Cu(Ⅰ)与两个 C 原子和一个氮原子配位，$[Cu(Me_3PS)Cl]_3$ 是 CuCl·SPMe 的三聚体形式，每个铜原子为平面三角形配位，与配位硫原子交替共同组成椅式的六元环。

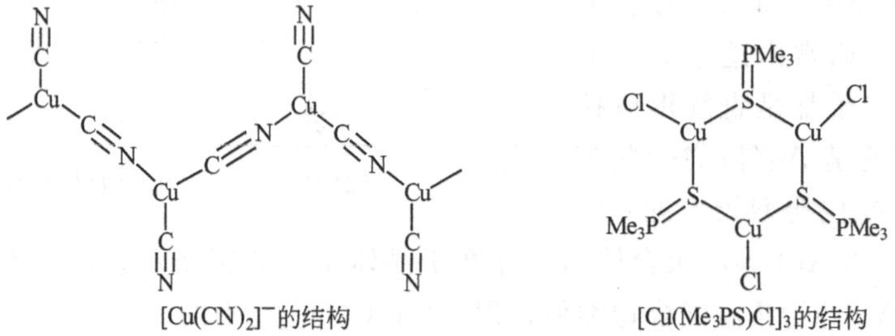

$[Cu(CN)_2]^-$的结构　　$[Cu(Me_3PS)Cl]_3$的结构

图 2-5　三配位平面型配合物的结构

必须指出，化学式为 MX_3 的化合物并不一定都是三配位的。例如，$CrCl_3$ 是层状结构，Cr(Ⅲ)的周围有 6 个氯离子配位。而在 $CuCl_3$ 中，由于氯桥键的存在，Cu(Ⅲ)的周围有 4 个氯离子配位，呈链状结构-Cl-$CuCl_2$-Cl-$CuCl_2$-。$AuCl_3$ 中的 Au(Ⅲ)也是四配位的，确切的化学式应为 Au_2Cl_6。$K_2[CuCl_3]$ 和 $Cs[AgCl_3]$ 也都是配位数高于 3 的配合物。值得注意的是，Cu(Ⅲ)和 Au(Ⅲ)都属于易形成平面四方形的 d^8 电子组态（参阅 4.4.4.2.2）。图 2-6 示出同时具有线形、三角形和平面四方形三种配位构型的混合价 Au 配位聚合物的典型例子。

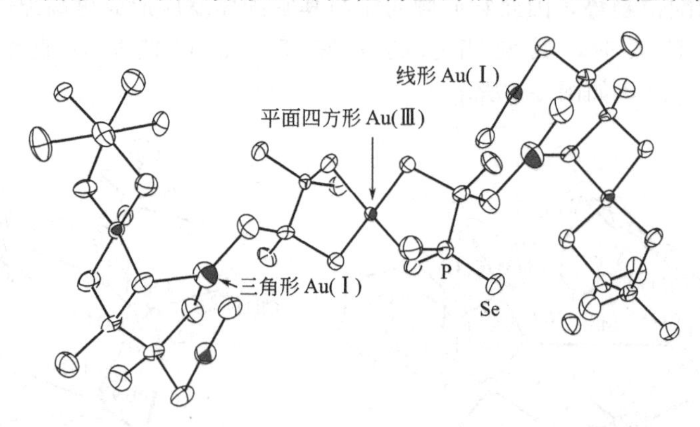

图 2-6　具有多种配位几何构型的混合价 Au 配位聚合物的结构

2.1.3　配位数 4[7,8]

配位数为 4 的配合物较常见。它们主要有两种构型：四面体和平面四方形。当第一过渡系金属［特别是 Fe^{2+}、Co^{2+} 以及具有球对称 d^0、d^5（高自旋）或 d^{10} 电子构型的金属离子］与碱性较弱或体积较大的配体配位时，由于配体之间的排斥作用为影响其几何构型的主要因素，它们易形成四面体构型，符合价层电子对互斥理论（VSEPRT）的预测。实例有 $[Be(OH_2)_4]^-$、$[SnCl_4]$、$[Zn(NH_3)_4]^{2+}$、$[Ni(CO)_4]$ 和 $[FeCl_4]^-$ 等。

具有 d^8 电子组态的 Ni^{2+}（强场）和第二、三过渡系的 Rh^+、Ir^+、Pd^{2+}、Pt^{2+} 以及 Au^{3+} 等金属离子容易形成平面四方形配合物。常见的实例有 $[Ni(CN)_4]^{2-}$、$[AuCl_4]^-$、$[Pt(NH_3)_4]^{2+}$、$[PdCl_4]^{2-}$ 和 $[Rh(PPh_3)_3Cl]$ 等，然而在特定的条件下，例如在支链型

四齿胺配体 tren（参阅 1.8.2）“三脚架”结构的限制下，Pt^{2+} 也能形成四面体构型的配合物，但由于张力或位阻的缘故，这类配合物的稳定性通常较低。

ML_4 的两种主要构型平面四方形和四面体之间经过对角扭转可以互变，当平面四方形配合物的中心金属含有若干 d 电子时，平面四方形构型的能量可低于或相当于四面体的能量，因此这种构型互变有可能发生。例如，如图 2-7 所示的 Ni(Ⅱ) 配合物，当配体上的 R 为异丙基时，在溶液中存在反式平面四方和四面体两种构型的平衡。假如该配合物为四面体，应测得其磁矩为 3.3 B.M.，而实际测量的磁矩因取代基 R 的不同其值在 1.8～2.3 B.M. 之间，此结果表明，该溶液中两种构型配合物处于平衡中，其中四面体构型约占 30%～50%，而当 R 为叔丁基时，所产生的空间位阻不利于形成平面四方形，测得其磁矩为 3.2 B.M.，这说明溶液中四面体构型的配合物已占约 95%。

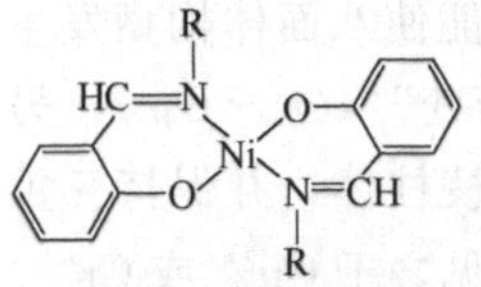

图 2-7　可能发生结构互变的四配位 Ni(Ⅱ) 席夫碱配合物的结构

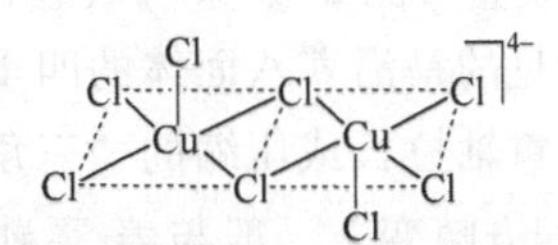

图 2-8　双核配合物 $[Cu_2Cl_8]^{4-}$ 的结构

除了上述两种主要构型之外，四配位配合物还有某些中间构型，例如畸变四面体（D_{2d}），其典型实例是 $[CuCl_4]^{2-}$ 和 $[Co(CO)_4]$（参阅 4.4.4.2）。

2.1.4　配位数 5[4]

五配位配合物有两种主要构型：三角双锥（TBP）和四方锥（SP），一般以形成 TBP 为主。目前所有第一过渡系的金属都有五配位的配合物，而第二、三过渡系的金属因其半径较大，配体间斥力较小和总键能较大，易形成配位数更高的配合物。

形成三角双锥的实例有：$[Fe(CO)_5]$、$[CdCl_5]^{3-}$、$[CuI(bpy)_2]$ 和 $[CoH(N_2)(PPh_3)_3]$ 等，它们的中心金属多为 d^0、d^8～d^{10} 电子组态。五配位四方锥配合物的实例有：$[VO(acac)_2]$、$[NiBr_3(PEt)_2]$、$[MnCl_5]^{3-}$ 和双核配合物 $[Cu_2Cl_8]^{4-}$（图 2-8）等。一些五配位配合物及其几何构型列于表 2-1。

表 2-1　一些五配位配合物的配位多面体构型[4]

配合物	d^n 电子组态	配位多面体	配合物	d^n 电子组态	配位多面体
$[VF_5]$	d^0	TBP	$[Co(CH_3CN)_5]^+$	d^8	TBP
$[TiF_5]^{2-}$	d^1		$[Pt(SnCl_3)_5]^{3-}$	d^8	TBP
$[Cr(C_6H_5)_5]^{2-}$	d^3	畸变 TBP	$[Mn(CO)_5]^-$	d^8	TBP
$[MnCl_5]^{2-}$	d^4(高自旋)	SP	$[CuCl_5]^{3-}$	d^9	TBP
$[Fe(N_3)_5]^{2-}$	d^5(高自旋)	TBP	$[CdCl_5]^{3-}$	d^{10}	TBP
$[Co(CN)_5]^{3-}$	d^7(高自旋)	SP	$[InCl_5]^{3-}$	d^{10}	SP
$[Ni(CN)_5]^{3-}$	d^8	SP 或畸变 TBP	$[Sb(C_6H_5)_5]$	d^{10}	畸变 SP
$[Fe(CO)_5]$	d^8	TBP			

由于三角双锥和四方锥构型互变的能垒很小（约 25.2kJ·mol^{-1} 或更小），因此两种构型可以互变。例如，在 $[Cr(en)_3][Ni(CN)_5]\cdot 1.5H_2O$ 的晶体中，就包含两种构型的 $[Ni(CN)_5]^{3-}$，分别为变形的四方锥和变形的三角双锥结构。红外和拉曼光谱研究表明，当该晶体的结晶水脱去时，三角双锥构型的特征谱带会消失，而只呈现四方锥构型的谱带，这说明在脱水条件下三角双锥构型已完全转化为四方锥构型。

介于 TBP 和 SP 两种极限构型之间的畸变五配位配合物有：$[Sb(C_6H_5)_5]$、

$[Nb(N(CH_3)_3)_5]$、$[Co(C_6H_7NO)_5]^{2+}$、$[Ni(P(OC_2H_5)_3)_5]^{2+}$和 $[Pt(GeCl_5)_5]^{3-}$等。

在研究配合物的取代反应动力学时发现，无论是平面四方形配合物的取代反应或是八面体配合物按D机理进行的取代反应（参阅7.2.1.1），都可能涉及五配位中间体（或过渡态）。类似的现象也出现在许多重要的催化反应以及生物体内的某些生物化学反应中。

2.1.5 配位数6

在不同配位数和空间构型的各类配合物中，六配位配合物是最常见的也是最重要的一类。前已述及，经典配位化学诞生于对六配位八面体配合物的成键方式和立体构型提出的假说及其论证，对一些配合物的几何和光学异构现象的讨论亦主要围绕着八面体配合物展开（参阅1.8）。人们对经典八面体配合物早已熟知，此处不再赘述。

正八面体是对称性很高的构型，但是配体（包括配体之间相互作用）、环境力场或金属的d电子效应（例如姜-泰勒效应，参阅4.4.3.2）的不同影响都可能使八面体构型发生畸变，其中最常见的是沿着八面体的四重轴作拉长或缩短的所谓“四方畸变”（$O_h \rightarrow D_{4h}$）；另一种则是沿着三重轴拉长或压缩的“三角畸变”（$O_h \rightarrow D_{3d}$），形成三角反棱柱体，并保持三重轴的对称性。“四方畸变”一般与姜-泰勒效应有关，其例子比比皆是，多见之于Cu^{2+}或Cr^{2+}（高自旋）的配合物。ThI_2是八面体构型三角畸变为三角反棱柱体的实例之一。在ThI_2的晶体中，存在着由三角反棱柱体和三棱柱构成的层状结构，二者中的Th原子周围都有6个I^-配位。

采用三棱柱构型（D_{3h}）的配合物较少，典型的实例有 $[Re(S_2C_2(CF_3)_2)_3]$（图2-9），目前能与$S_2C_2R_2^{2-}$形成三棱柱配合物的还有Mo、W、V和Zr等金属离子。实验事实说明，在这类配合物中，同一螯环的两个硫原子之间存在一定程度的成键作用，从而有利于三棱柱构型的相对稳定[8]。

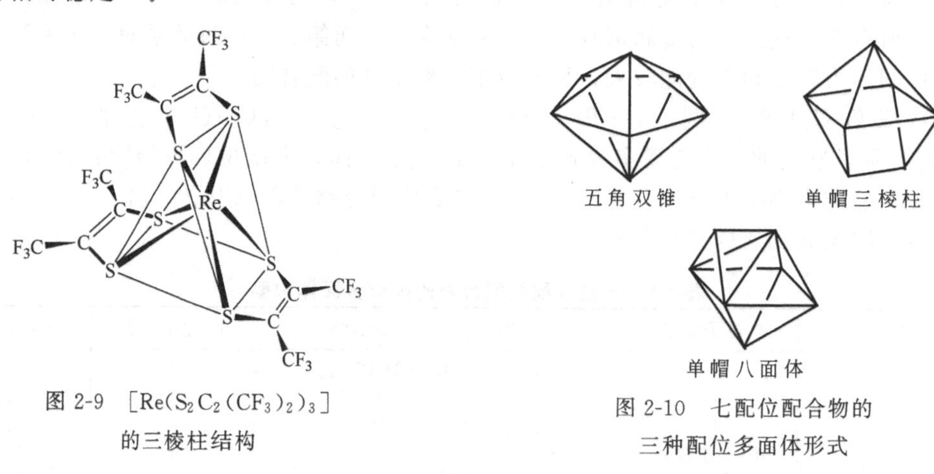

图2-9 $[Re(S_2C_2(CF_3)_2)_3]$的三棱柱结构

图2-10 七配位配合物的三种配位多面体形式

2.1.6 配位数7

七配位配合物尚属少见。主要有三种配位多面体形式：五角双锥（D_{5h}）、单帽三棱柱或楔形八面体（C_{2v}）和单帽八面体（C_{3v}），如图2-10所示。其中以五角双锥构型对称性稍高，其它两种的对称性都较低。这三种结构的能量差别很小，结构互变只需要很小的键角弯曲。例如在$Na_3[ZrF_7]$中，阴离子$[ZrF_7]^{3-}$是五角双锥结构，但在$(NH_4)_3[ZrF_7]$中，它是单帽三棱柱结构，这种配位多面体结构上的差别是由于铵盐中的氢键所造成[7]。

在理想情况下，五角双锥赤道平面上的五角形是等边的；在单帽三棱柱中，有一个配体从三棱柱一个矩形面的中心伸到棱柱体之外；在单帽八面体中则有一个配体从八面体一个三角面的中心伸至八面体之外。由于上述三种构型之间互变能垒小，易于相互转化，或其它一些原因，一些七配位配合物的构型往往表现为其中某种构型的变形，或介于上述三种构型之间。值得指出的是，当采用配体场理论预测八面体配合物的取代反应动力学活性时（参阅 7.2.2.1），假设反应按缔合机理（A 机理）进行，则其中间态的七配位构型可能涉及五角双锥或单帽三棱柱，由此可计算出配体场活化能（LFAE）。

图 2-11 示出七配位手性配合物 Λ-[$Pr(H_2O)(dbm)_3$]（dbm=二苯甲酰甲烷）的分子结构❶，该配合物的中心金属周围环绕三个双齿 β-二酮配体，像三叶螺旋桨，水分子落在其 C_3 轴的“帽”上，故其配位多面体形式为单帽八面体，类似的 Sm、Pr、Nd、Gd 和 Eu 等配合物与之等构[10]。有趣的是，当这类配合物从溶液中析晶时，往往只得到一种手性构型的对映体，此现象被称为绝对不对称合成（参阅 8.1.5.2）。

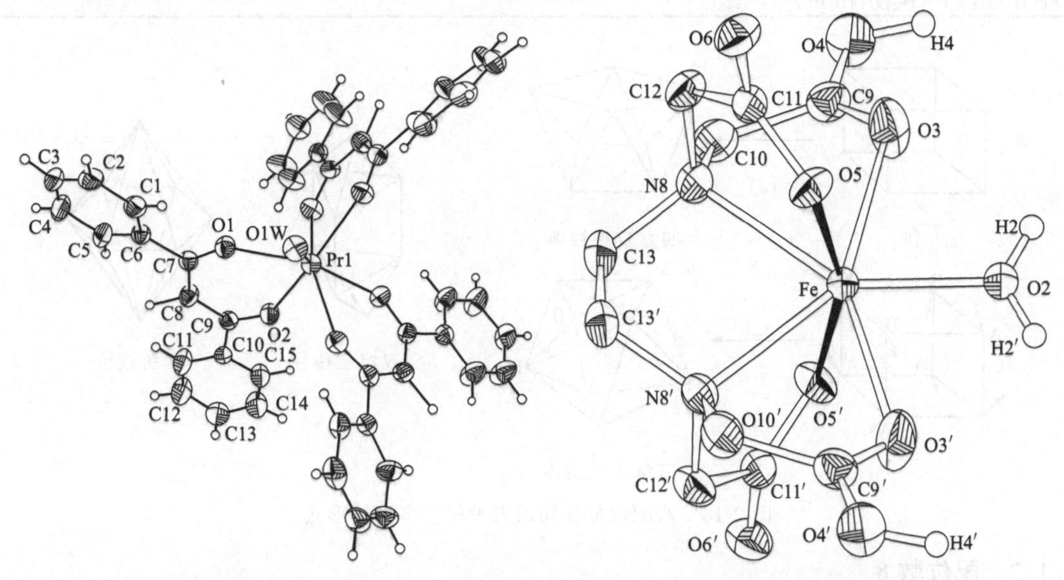

图 2-11 七配位手性配合物 Λ-[$Pr(H_2O)(dbm)_3$] 的分子结构

图 2-12 七配位配合物 [$Fe^{II}(H_2O)(H_2edta)$] 的畸变五角双锥结构[11]

除了一些镧系金属配合物外，大多数过渡金属都能形成七配位配合物，特别是具有 d^0～d^4 组态的过渡金属离子。一些七配位化合物所属的配位多面体构型示于表 2-2 中。值得注意的是，过去被认为是配位饱和的，由六齿配体 $edta^{4-}$ 配位的第一过渡系金属配合物 [$M(edta)]^{n-}$ 还可能接受一个配位水分子，形成稳定的七配位结构，例如，Li[$Fe^{III}(H_2O)(edta)$]·$2H_2O$（五角双锥）以及单帽三棱柱的 Li[$Mn^{III}(H_2O)(edta)$]·$4H_2O$ 和 Na_2[$Fe^{II}(H_2O)(edta)$]·$2NaClO_4$·$6H_2O$。通常被认为是四齿和五齿配体的 H_2edta^{2-} 和 $Hedta^{3-}$，有时也能提供六齿配位形成七配位配合物，例如 [$Fe^{II}(H_2O)(H_2edta)$]·$2H_2O$ 和 [$Fe^{II}(H_2O)_4$][$Fe^{II}(H_2O)(Hedta)$]$_2$·$4H_2O$ 中的 [$Fe^{II}(H_2O)(H_2edta)$]（图2-12）和 [$Fe^{II}(H_2O)(Hedta)]^-$ 均为五角双锥构型[11]。

表 2-2 一些七配位配合物的配位多面体构型[4]

五角双锥	单帽八面体	单帽三棱柱体
$Na_3[ZrF_7]$	$[MoCl_2(CO)_3(PEt_3)_2]$	$K_2[NbF_7]$
$Na_3[HfF_7]$		$K_2[TaF_7]$

❶ 宣为民. β-二酮配合物的拆分、不对称合成及其固体圆二色光谱研究 [硕士学位论文]. 厦门：厦门大学化学系，2008.

续表

五角双锥	单帽八面体	单帽三棱柱体
$K_3[UF_7]$ $[ReF_7]$ $K_5[Mo(CN)_7]\cdot H_2O$ $K_4[V(CN)_7]\cdot 2H_2O$ $K_3[VO(O_2)_2(C_2O_4)]$ $Cs[NbO(C_2O_4)_2(H_2O)_2]\cdot 2H_2O$ $Cs[Ti(C_2O_4)_2(H_2O)_3]$ $K_3[Cr(O_2)_2(CN)_3]$ $[M(NO_2)_2(py)_3]$(M=Co,Cu,Zn,Cd) $Li[Fe(H_2O)(edta)]\cdot 2H_2O$ $[Fe(H_2O)(H_2edta)]\cdot 2H_2O$ $[Fe(H_2O)_4][Fe(H_2O)(Hedta)]_2\cdot 4H_2O$	$[MoBr_2(CO)_2(PMe_2Ph)_3]$ $[MoBr_4(PMe_2Ph)_3]$ $(NEt_4)[WBr_3(CO)_4]$	$(NH_4)_3[ZrF_7]$ $[MoI(CNR)_6]I$ $[Mo(CNR)_7](PF_6)_2$ $[UCl(Me_3PO)_6]Cl_3$ $Li[Mn(H_2O)(edta)]\cdot 4H_2O$ $Na_2[Fe(H_2O)(edta)]\cdot 2NaClO_4\cdot 6H_2O$

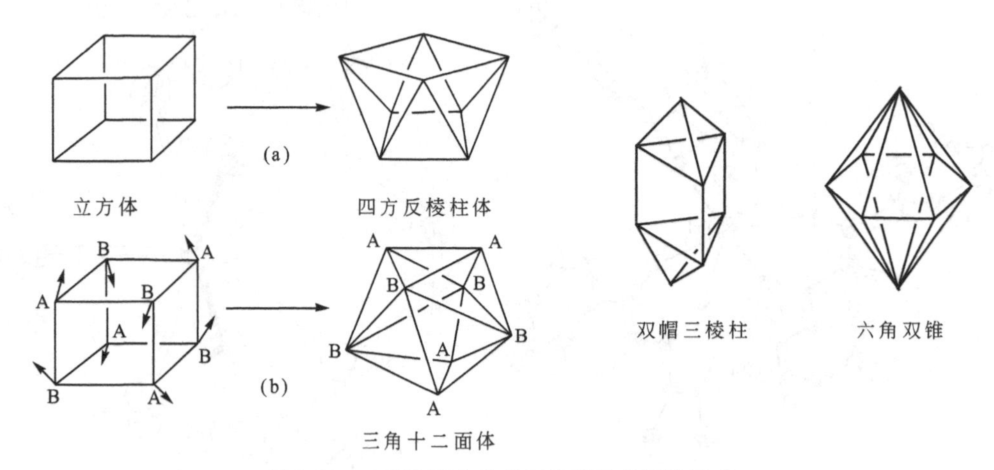

图 2-13　八配位配合物的五种配位多面体形式

2.1.7　配位数 8

八配位化合物的几何构型有五种基本方式（图 2-13）：四方反棱柱体、三角十二面体、立方体、双帽三棱柱体以及六角双锥。其中前两种构型较常见，它们都可以看作是立方结构的变形，并且较立方体稳定，因为立方体中配体间的相互排斥作用较强，易转化为上述两种构型，这样就可以在保持 M 与 L 紧密接触的同时减少配体间的斥力。可以将四方反棱柱体看作：使一个立方体的下底保持不变，将上底旋转 45°，然后将上下底的角顶相联而构成，见图 2-13(a)。三角十二面体与立方体的关系如图 2-13(b) 所示：立方体的八个角顶可看作内含四面体 A 和 B 的各四个角顶，将四面体 A 按箭头所示方向拉长，而将四面体 B 按箭头所示方向压扁，即得三角十二面体。

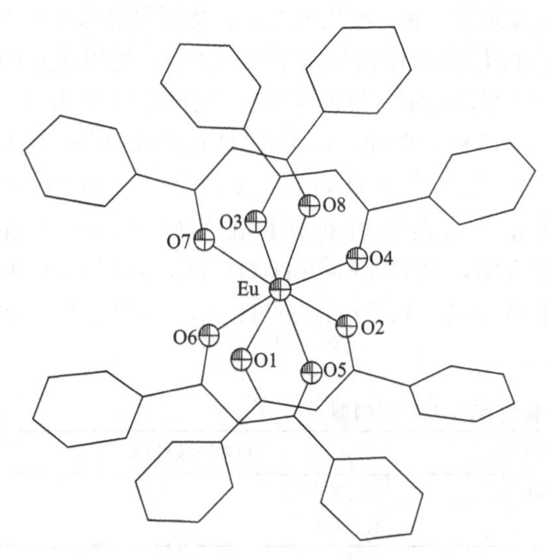

图 2-14　八配位 $[Eu(dbm)_4]^-$ 配合物的四方反棱柱结构[12]

已知 $[Eu(dbm)_4]^-$（图 2-14）[12] 和 $Cs_4[U(NCS)_8]$ 中的 $[U(NCS)_8]^{4-}$ 为四方反棱柱体，而 $[Zr(NO_3)_2(acac)_2]$（图 2-15）和 $K_4[Mo(CN)_8]\cdot 2H_2O$ 中的 $[Mo(CN)_8]^{4-}$

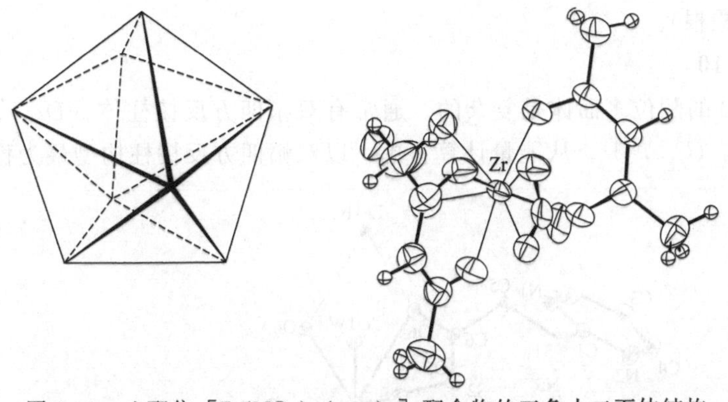

图 2-15　八配位 $[Zr(NO_3)_2(acac)_2]$ 配合物的三角十二面体结构

为三角十二面体。八配位化合物的其它构型有：$Na_3[PaF_8]$ 中的 $[PaF_8]^{3-}$ 具有立方体构型；$[UO_2(Ac)_3]^{4-}$ 和 $(NH_4)_4[VO_2(C_2O_4)_3]$ 中的 $[VO_2(C_2O_4)_3]^{4-}$ 具有六角双锥构型，在 $[UO_2(Ac)_3]^{4-}$ 的结构中乙酸根作为双齿配体占据赤道平面的六个配位位置，而 UO_2^{2+} 的两个 O^{2-} 在轴向呈反式排列；而 $Li_4[UF_8]$ 中的 $[UF_8]^{4-}$ 为双帽三角棱柱体。

前已述及，中心金属离子具有较大半径而配体体积较小，是形成高配位数化合物的条件之一。已知 $[Sm^{III}(H_2O)(dbm)_3]$ 为七配位单帽八面体构型[10]，而 $[Sm^{II}I_2(dme)_3]$（dme=二甲氧基乙烷）被描述为八配位的畸变六角双锥或畸变三角十二面体构型（图 2-16）[13]。通过这两个 Sm 配合物的组成和结构的比较，或许可说明中心金属半径和配体体积对配位数的影响，后者采取高配位数的原因可能与 Sm^{2+} 比 Sm^{3+} 有较大的离子半径（分别为 1.27Å❶ 和 0.958Å）以及配体 dme 的较小体积有关。

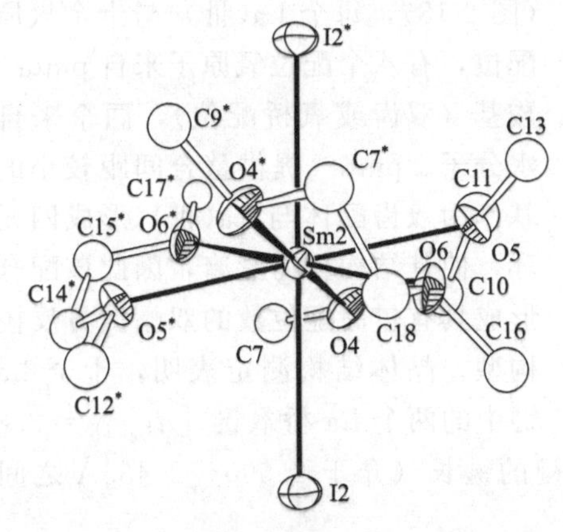

图 2-16　八配位配合物 $[Sm^{II}I_2(dme)_3]$ 的分子结构[13]

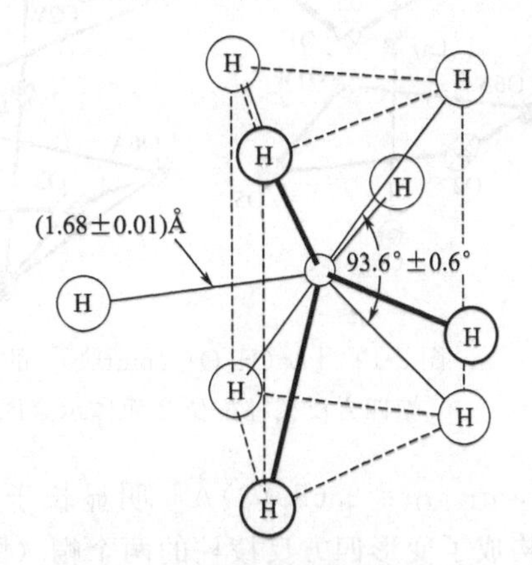

图 2-17　九配位配合物 $[ReH_9]^{2-}$ 的三帽三棱柱配位多面体

2.1.8　配位数 9

九配位配合物并不多见，其典型配位多面体是三帽三棱柱体（D_{3h}）。在三棱柱体的三个矩形柱面中心的垂线上，分别加有一个配体，如 $[ReH_9]^{2-}$（图 2-17）、$[TeH_9]^{2-}$ 以及 $[Ln(H_2O)_9]^{3+}$（Ln=Pr，Nd）等。还有另一种几何构型是单帽四方反棱柱，属 C_{4v} 点群，如 $[Pr(NCS)_3(H_2O)_6]$ 和 $[Th(tropolonato)_4(dmf)]$（dmf=二甲基替甲酰胺，tropo-

❶　1Å=0.1nm，下同。

lonato＝方庚酚酮根）。

2.1.9 配位数 10

配位数为 10 的配位多面体是复杂的。通常有双帽四方反棱柱体（D_{4d}）、双帽十二面体（D_2）、十四面体（C_{2v}）[14]。从能量计算考虑，以双帽四方反棱柱构型最为稳定。

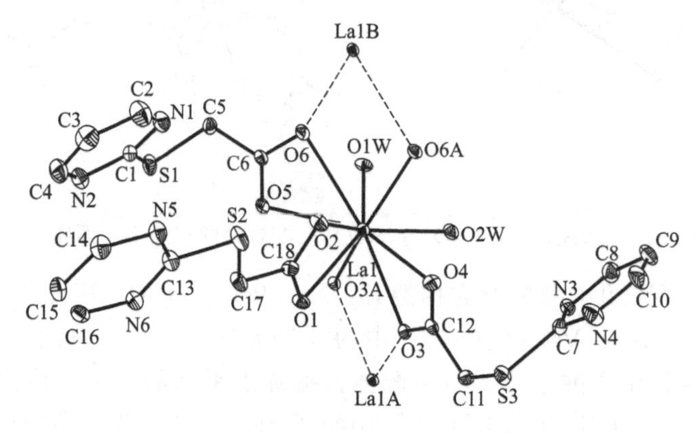

图 2-18 ［$La(H_2O)_2(pmta)_3$］的配位环境

配位数为十或更高的配合物一般都是镧系或锕系金属的配合物。例如，［$La(H_2O)_4(Hedta)$］·$3H_2O$ 中，La^{3+} 的配位数为十。在配位聚合物［$La(H_2O)_2(pmta)_3$］·$3H_2O$（Hpmta＝嘧啶硫乙酸）的结构单元中[15]（图 2-18），每个 La(Ⅲ) 与十个氧原子配位，有八个配位氧原子来自 $pmta^-$ 的羧基（双齿或氧桥配位），两个来自于水分子。$pmta^-$ 提供螯合间距较小的羧基作为双齿配体与 La(Ⅲ) 形成四元螯环，使其结构较为紧凑，因此该配合物形成具有较高配位数的双帽四方反棱柱构型。晶体结构测定表明，十个 La-O 键中的两个 La-桥氧键［$d_{La1\text{-}O6}$＝2.836(4)Å，$d_{La1\text{-}O3}$＝2.689(3)Å］明显长于其它 La-O 键的键长（介于 2.590～2.465Å 之间），由此构成了变形四方反棱柱的两个帽（图 2-19）。

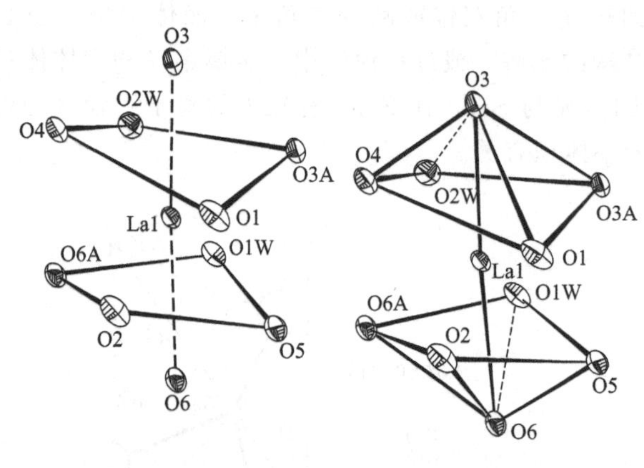

图 2-19 ［$La(H_2O)_2(pmta)_3$］的双帽四方反棱柱配位多面体示意图

2.1.10 更高配位数

配位数为 11 的配合物极为罕见，迄今为止，仅发现几例，［$Th(NO_3)_4(H_2O)_3$］（配体硝酸根为双齿配位）是其中一例。由于此类化合物太少，无从讨论它们的一般构型。理论计算表明，配位数为 11 的配合物很难具有某个理想的配位多面体。可能为单帽五角棱柱体或单帽五角反棱柱体，常见于大环配体和双齿硝酸根组成的配合物中。

十二配位配合物最稳定的几何构型是二十面体，属 I_h 点群。属于这种结构的有 $(NH_4)_3$［$Ce(NO_3)_6$］和［$Mg(H_2O)_6$］$_3$［$Ce(NO_3)_6$］·$6H_2O$ 中的［$Ce(NO_3)_6$］$^{3-}$（图2-20），以及 Mg［$Th(NO_3)_6$］·$6H_2O$ 中的［$Th(NO_3)_6$］$^{2-}$ 等。最近发现的三核配合物中的 Gd 单元也具有畸变的二十面体构型（图 2-21）[16]。

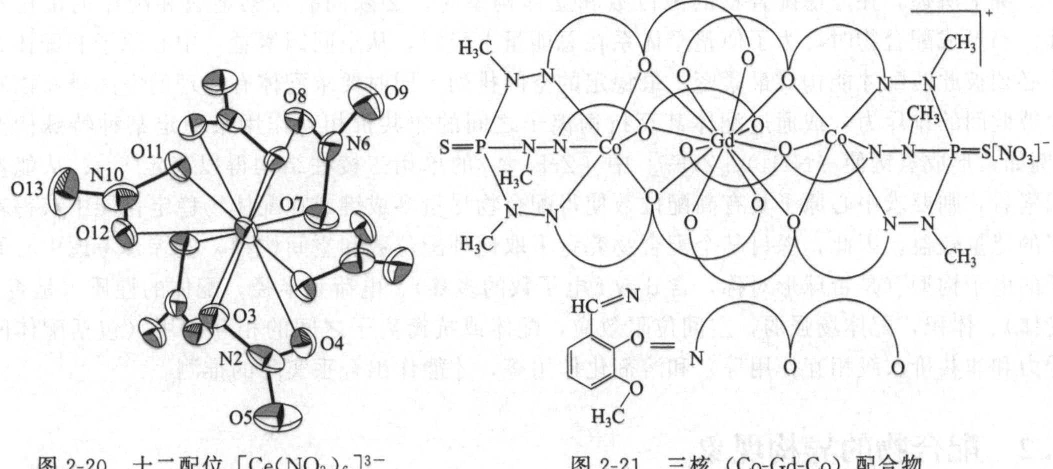

图 2-20　十二配位 $[Ce(NO_3)_6]^{3-}$ 的分子结构

图 2-21　三核（Co-Gd-Co）配合物的分子结构[16]

十四配位配合物多与 U(Ⅳ)有关。例如，$U(BH_4)_4$ 中的 U(Ⅳ)为十四配位，其结构是双帽六角反棱柱体。类似的配合物还有 $U(BH_4)_4OMe$ 和 $U(BH_4)_4 \cdot 2(C_4H_8O)$ 等。

作为小结，图 2-22 汇集了以上所提及配位数2～12的最重要配位多面体的构型[6]。

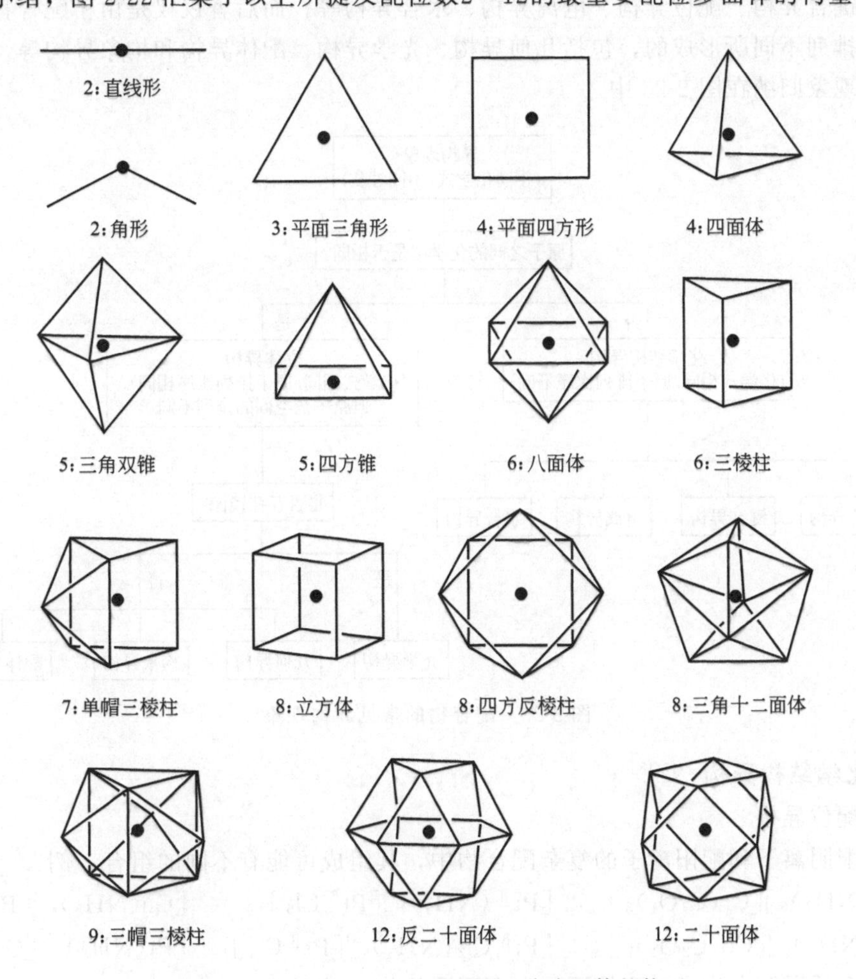

图 2-22　配位数 2～12 的最重要配位多面体的构型

综上所述，在考虑配合物的配位数和立体构型时，必须同时考察金属和配体的配位特性。当形成配合物时，为了使整个体系在总能量上稳定，从空间因素看，中心原子和配体大小必须彼此匹配才能构成最紧密、最稳定的空间排列，同时要求配体有合理的空间排布以减少彼此间的排斥力，或通过配体甚至抗衡离子之间的非共价相互作用来稳定某种特殊构型［例如，形成氢键使 $(NH_4)_3[ZrF_7]$ 中 $[ZrF_7]^{3-}$ 的单帽三棱柱结构得以稳定[7]］；从能量因素看，则要求中心原子具有高配位数使得配合物尽量多成键或在配体场稳定化能中获得较多的能量效益。因此，探讨某个配合物究竟采取何种配位数和空间构型，应综合考虑中心原子的电子构型（是否球形对称，含 d 或 f 电子数的多寡）、电荷和半径，配体的性质（是否 π 受体）、体积，配体场强弱，空间位阻效应，配体或抗衡离子之间的相互作用（包括配体间斥力和非共价次级相互作用等）和溶剂化作用等，才能作出合乎实际的推测。

2.2 配合物的异构现象

立体化学是探讨化合物立体结构的一个化学分支。配位化学的先驱 Werner 提出的配位理论包括了配合物立体化学的基础。已知配合物中存在多种同分异构现象，一般分为化学结构异构和立体异构两大类。前者是由于配合物中金属-配体（M-L）的成键方式不同所引起的，包括键合异构、配位异构、电离异构、水合异构等；而后者仅仅是由于配合物中各原子在空间的排列不同所形成的，包括几何异构、光学异构、配体异构和构象异构等。配合物的常见异构现象归纳在图 2-23 中。

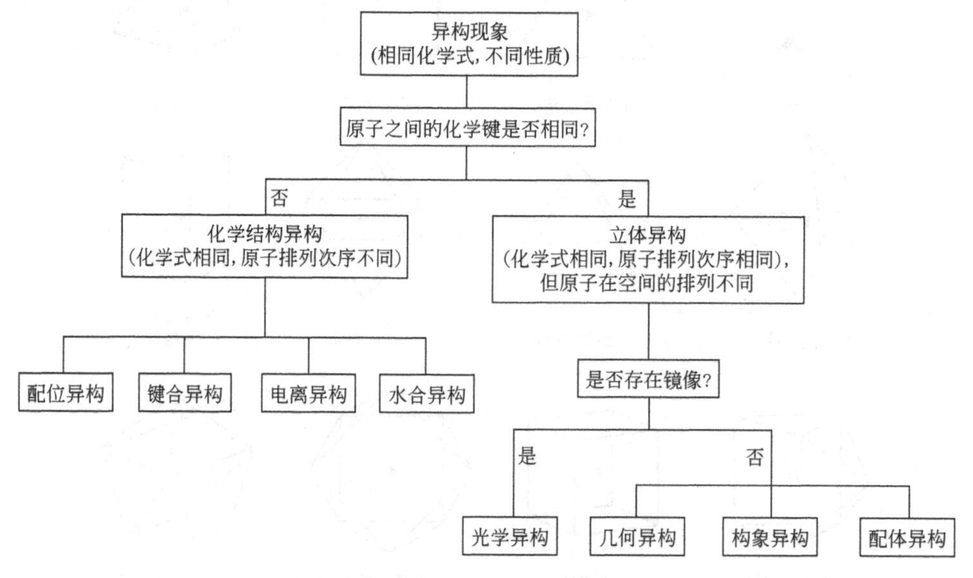

图 2-23 配合物的常见异构现象

2.2.1 化学结构异构[7,17,18]

（1）配位异构

含有配阴离子和配阳离子的复杂配合物中，其组成可能有不同的组合。例：

$[Co(NH_3)_6][Cr(C_2O_4)_3]$　$[Pt^{II}(NH_3)_4][Pt^{IV}Cl_6]$　$[Cu(NH_3)_4][PtCl_4]$

$[Cr(NH_3)_6][Co(C_2O_4)_3]$　$[Pt^{IV}Cl_2(NH_3)_4][Pt^{II}Cl_4]$　$[Pt(NH_3)_4][CuCl_4]$

在一个桥联配合物中，配体可能占有不同的位置。

$$[(NH_3)_4Co(\mu\text{-}OH)_2Co(NH_3)_2Cl_2] \qquad [Cl(NH_3)_3Co(\mu\text{-}OH)_2Co(NH_3)_3Cl]$$

（2）键合异构

可以用不同的配位原子和中心金属成键的配体被称为两可（ambidentate）配体，由此所形成的异构体称为键合异构体。常见的两可配体有：CN^-、ONO^-、SCN^-、$SeCN^-$、$S_2O_3^{2-}$、$C_2O_2S_2^{2-}$ 等。

首例键合异构现象是由 Jørgensen 发现的，互为键合异构体的 $[Co(NO_2)(NH_3)_5]Cl_2$ 和 $[Co(ONO)(NH_3)_5]Cl_2$ 如下法制备：

$$[CoCl(NH_3)_5]Cl_2 \xrightarrow{NH_3} \xrightarrow{HCl} \xrightarrow{NaNO_2} \text{溶液 A} \begin{cases} \xrightarrow{\text{放置冷却}} [Co(ONO)(NH_3)_5]Cl_2\text{(红)} \\ \xrightarrow{\text{加热}} \xrightarrow[\text{HCl(浓)}]{\text{冷却}} [Co(NO_2)(NH_3)_5]Cl_2\text{(黄)} \end{cases}$$

Jørgensen 和 Werner 一致认为这两个异构体的不同是由于亚硝酸盐配体提供给 Co(Ⅲ) 配位的原子不同，并且根据类似化合物 $[Co(en)_3]^{3+}$ 和 $[Co(NO_3)(NH_3)_5]^{2+}$ 的颜色将黄色异构体指定为 Co-NO_2 配位方式，将红色异构体指定为 Co-ONO 配位方式，这是在未发明电子吸收光谱之前，基于配合物的颜色，巧妙地利用相似内界的原理，对键合异构体的结构和成键做出的正确指认。

许多已知的配位聚合物具有类似“普鲁士蓝”配合物的结构，它们都含有两可配体 CN^-，一般在加热情况下可互变异构。例如 $KFe[Fe(CN)_6]$ 以 CN^- 为桥，连接不同价态的铁离子，在室温下配位键连接方式为-Fe(Ⅲ)-NC-Fe(Ⅱ)-，在真空下加热到 400℃时，则桥基 CN^- 对调键合对象成为-Fe(Ⅱ)-NC-Fe(Ⅲ)-的连接方式。

将二价铁盐加入 $K_3[Cr(CN)_6]$ 中，产生砖红色沉淀，经加热该沉淀转化为暗绿色，如下式所示[1]：

$$K^+ + Fe^{2+} + [Cr(CN)_6]^{3-} \longrightarrow KFe[Cr(CN)_6]\text{(砖红)} \xrightarrow{100℃} KCr[Fe(CN)_6]\text{(暗绿)}$$

$$\underset{\text{砖红}}{—Fe—NC—Cr—CN—Fe—CN—Cr—} \xrightarrow{100℃} \underset{\text{暗绿}}{—Fe—CN—Cr—NC—Fe—CN—Cr—}$$

（3）电离异构与水合异构（或溶剂合异构）

在溶液中电离时由于配合物的内界和外界配体发生交换，生成不同的配离子。例如：

$[CoBr(NH_3)_5]SO_4$（紫）；$[CoSO_4(NH_3)_5]Br$（红）

当内界和外界发生水分子（或其它溶剂分子）交换，形成的异构体称为水合异构体（或溶剂合异构体）。这是电离异构的特例。例如：

$[Cr(H_2O)_6]Cl_3$（紫）　$[CrCl(H_2O)_5]Cl_2 \cdot H_2O$（淡绿）　$[CrCl_2(H_2O)_4]Cl \cdot 2H_2O$（深绿）

$$[CrCl_2(H_2O)_4]Cl \cdot 2H_2O \xrightarrow[\text{放置数天}]{H_2O} [Cr(H_2O)_6]Cl_3$$

2.2.2　立体异构

2.2.2.1　几何异构

Pt(Ⅱ) 和 Pd(Ⅱ) 的配合物。

---

[1] 该体系可能存在“共振结构”或“结构互变”，从而影响 CN^- 桥的键合方式。

例 1： *cis*-和 *trans*-[$PtCl_2(NH_3)_2$]

例 2： 不对称双齿配体的平面四方形配合物

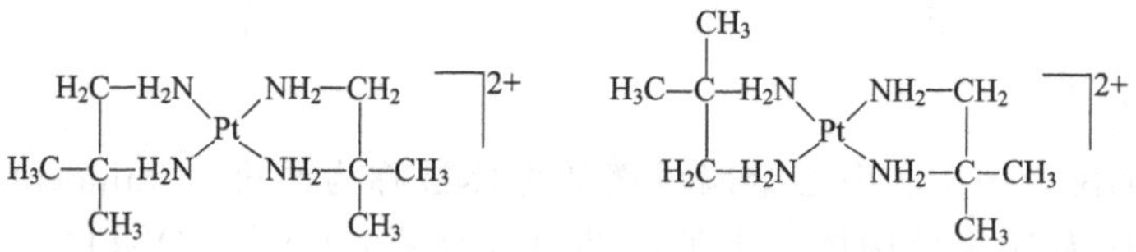

CH_3
H_2C—H_2N　NH_2—CH_2　$]^{2+}$　H_3C—C—H_2N　NH_2—CH_2　$]^{2+}$
Pt　Pt
H_3C—C—H_2N　NH_2—C—CH_3　H_2C—H_2N　NH_2—C—CH_3
CH_3　CH_3　CH_3

cis-　　*trans*-

例 3： 多核配合物

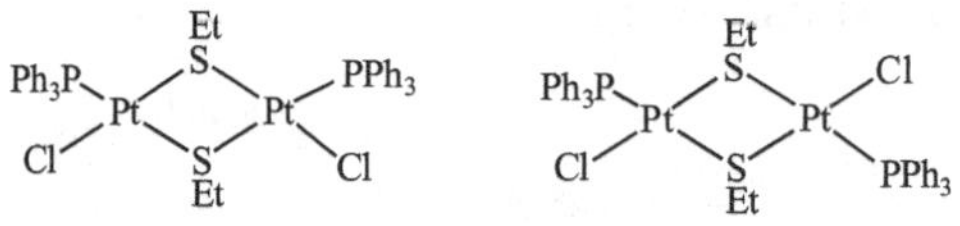

Et　Et
Ph_3P　S　PPh_3　Ph_3P　S　Cl
Pt　Pt　Pt　Pt
Cl　S　Cl　Cl　S　PPh_3
Et　Et

cis-　　*trans*-

2.2.2.2　八面体配合物的常见几何异构体（参见 1.7.9）

2.2.2.3　构象异构

（1）配体的构象异构

由于大多数配体为有机化合物，配体的构象，特别是与中心金属相联的多齿配体螯环的构象也会引起手性异构现象。例如在图2-24中，[$Co(NH_3)_4(en)$]$^{3+}$ 配合物的乙二胺环可能存在两种构象 δ 和 λ，但是这两种构象互变的能垒很低，在溶液中可能迅速达到平衡，不可能将它们分离出来。如果配合物中有两个或两个以上的螯环存在，螯环之间的作用可能稳定某一种构象 [参见 2.2.2.5，(2)]。

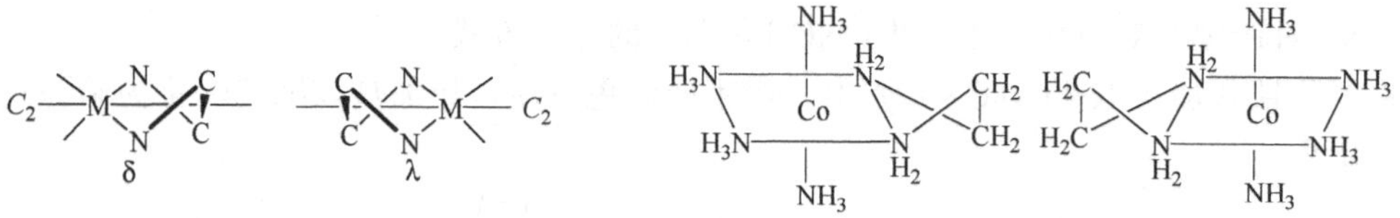

C_2—M　N　C　N　C　δ　C　N　C　N　M—C_2　λ

NH_3　H_3N　H_2 N　Co　CH_2　H_3N　N H_2　CH_2　NH_3
NH_3　H_2C　H_2 N　Co　NH_3　H_2C　N H_2　NH_3　NH_3

(a)　(b)

图 2-24　IUPAC 推荐的配体螯环绝对构象 (a) 和 [$Co(NH_3)_4(en)$]$^{3+}$ 配合物中乙二胺螯环的对映异构构象 δ 和 λ (b)（假设金属与 C—C 键中点的连线为 C_2 轴，螯环的绝对构象以小写希腊字母 δ 和 λ 表示）

（2）配合物的多元异构

多元异构指的是具有相同配位数的配合物可能存在不同的几何构型或配位多面体的现象，例如配位数为 4 时，可能有四面体和平面正方形两种几何构型；而配位数为 5 时，可能有三角双锥和四方锥两种构型；配位数为 6 时，可能有八面体和三棱柱两种构型；配位数为 7 时，可能有五角双锥和单帽八面体等。原则上，任何配位数的配合物只要有一种以上的已知立体化学结构，就可能发生这类异构现象，然而实际能生成的异构体要有相对的稳定性，为了能进行分离，必须有足够的能垒阻止它们的互变。

例 1　[$Cr(en)_3$][$Ni(CN)_5$]·1.5H_2O 的晶体结构单元同时存在的三角双锥和四方锥两种构型（参阅 2.1.4）。

例 2　[$NiBr_2(EtPPh_2)_2$] 曾经以绿色的顺磁性四面体型配合物析出，也曾经以棕色的抗磁性的平面型配合物析出；在溶液中它以两种异构体的平衡混合物存在。

例3 当配体是σ给予体且体积很小时，六配位d^0金属配合物有可能形成三棱柱体[1]，例如MoS_2、WS_2、$[Hf(CH_3)_6]^{2-}$和$[Re(S_2C_2(CF_3)_2)_3]$（图2-9）。

2.2.2.4 配体异构

如果配体是异构体，则相应的配合物也是异构体。例如1,2-丙二胺和1,3-丙二胺互为异构体，它们生成如图2-25所示形式的Pt(Ⅱ)配合物也是异构体。

配体异构的一种特殊情况是当配体本身彼此是光学异构体（例如图2-25中的1,2-丙二胺存在一对对映体），则生成的配合物也会存在光学异构形式。

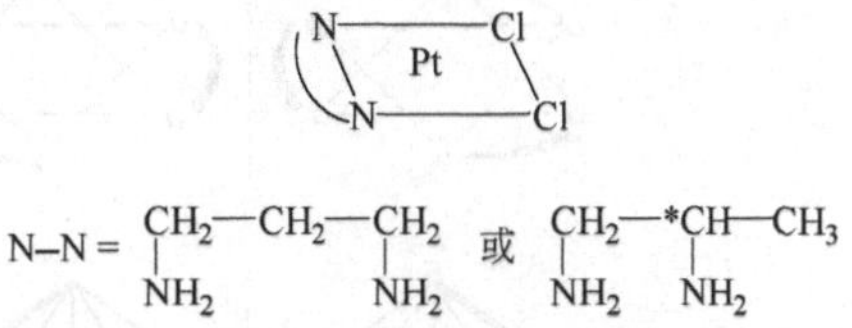

N—Cl Pt N—Cl

N–N = $CH_2—CH_2—CH_2$ (NH_2, NH_2) 或 $CH_2—{}^*CH—CH_3$ (NH_2, NH_2)

1,3-丙二胺　或 1,2-丙二胺

图2-25 *cis*-$[PtCl_2(pn)_2]$的配体异构现象

2.2.2.5 光学异构 [7,17~20]

（1）与手性配合物有关的术语简介

① 旋光异构和光学异构体　当一束单色平面偏振光通过一个手性物质的非外消旋样品（可能为溶液、液体、晶体或气体）时，能够使入射偏振光平面旋转的、具有手性特征（手性中心、轴、面）的异构体[2]称为旋光异构体。通常以光学异构体区别于几何异构体。从更广义的角度上理解，光学异构体应包括对映异构体、部分外消旋体和完全外消旋体。

② 右旋异构体$(+)_D$　钠D线（589nm）下，当朝着光源观察时，使入射偏振光平面右旋的异构体。

③ 左旋异构体$(-)_D$　钠D线（589nm）下，当朝着光源观察时，使入射偏振光平面左旋的异构体。

④ 手征构型　缺乏对称元素S_n，从而具有手性的构型。分子的手性是指互为镜像关系的化合物分子在三维空间上的非重叠性。

⑤ 对映异构体　指互为镜像对映且不重合的一对手性分子，通常具有完全相同的物理和化学性质。

⑥ 外消旋体[3]　对映异构体等量存在的混合物或化合物，常用前缀符号*rac*或（±）表示。

⑦ 非对映异构体　不存在互为镜像关系的光学异构体，具有不同的物理和化学性质。

⑧ 内消旋体　分子中或离子中存在一对以上的相反手性中心的构型，但由于分子中存在σ或i，整体上不表现出手性，不能以对映体存在。常用前缀符号*meso*-表示内消旋化合物。

⑨ 绝对构型　一个手性化合物已确定的原子空间排列方式（通常由反常X射线衍射方法确定）。根据IUPAC命名委员会对八面体配合物绝对构型所推荐的符号[17~21]，大多数双螯合和叁螯合型八面体手性配合物的绝对构型可用大写希腊字母Δ（右手螺旋）或Λ（左手螺旋）表示（图2-26）。

（2）手性配合物绝对构型的命名

① IUPAC推荐的手性金属配合物命名法[20,21]　根据IUPAC无机化学命名委员会的建

---

[1] 关于三棱柱配合物的稳定性问题，请参阅4.4。

[2] 注意，在某些特定波长下，一些手性物质并不能使入射偏振光平面旋转（参见6.2中的ORD现象），因此光学异构和旋光异构并不是同义词，即有些光学异构体在特定波长下并不具有旋光性。

[3] 已知外消旋体有三种存在形式：外消旋混合物、外消旋化合物和外消旋固体溶液。

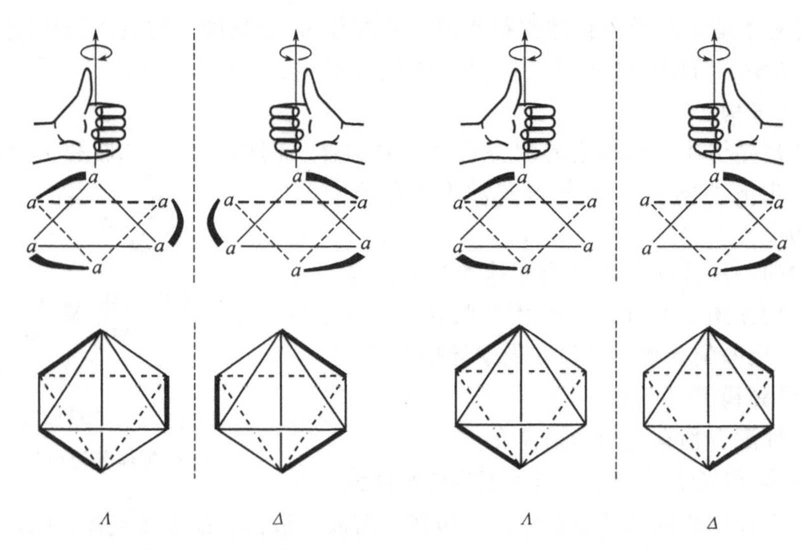

图 2-26 双螯合和叁螯合型八面体配合物的绝对构型 Δ 和 Λ（粗实线表示螯环）

议，绝对构型或构象可按如下方法定义。考虑空间中互不正交且不在同一平面的两条线 AA 和 BB（图 2-27），如图 2-27(b) 所示，虚线表示 AA 在纸面下，实线表示 BB 在纸面上。从 AA 和 BB 的共同垂线方向看，若其俯视图为图 2-27(b) 左图所示为 Λ 或 λ，为图 2-27(b) 右图所示则为 Δ 或 δ。若设想 AA 为共同轴，并以其共同垂直线为半径作一圆柱面，就得到图 2-27(a)，此时 BB 外接于圆筒；若将 BB 投影于圆柱面，可以得到以 AA 为轴的螺旋，图 2-27(a) 左图所示为左手螺旋（Λ 或 λ），图 2-27(a) 右图所示为右手螺旋（Δ 或 δ）。若取 BB 为共同轴，也可得到完全相同的结果。

若要确定螺旋线的旋转方向，如图 2-27(b) 左图中所示的 AA 需按逆时针转动一个锐角才能与 BB 重合，称为左手螺旋 Λ 或 λ，反之，则为右手螺旋 Δ 或 δ。不论是确定手性配合物的绝对构型或是确定配合物中螯环的绝对构象，都可以采用类似的方法。与绝对构型命名的不同之处在于确定螯环构象时，对一个螯环要定出如 AA 和 BB 那样的两条线来确定其螺旋线，如图 2-28 所示。

此外，也可用左手或右手来确定螺旋方向，例如在图 2-27(a) 中使拇指与轴线 AA 平

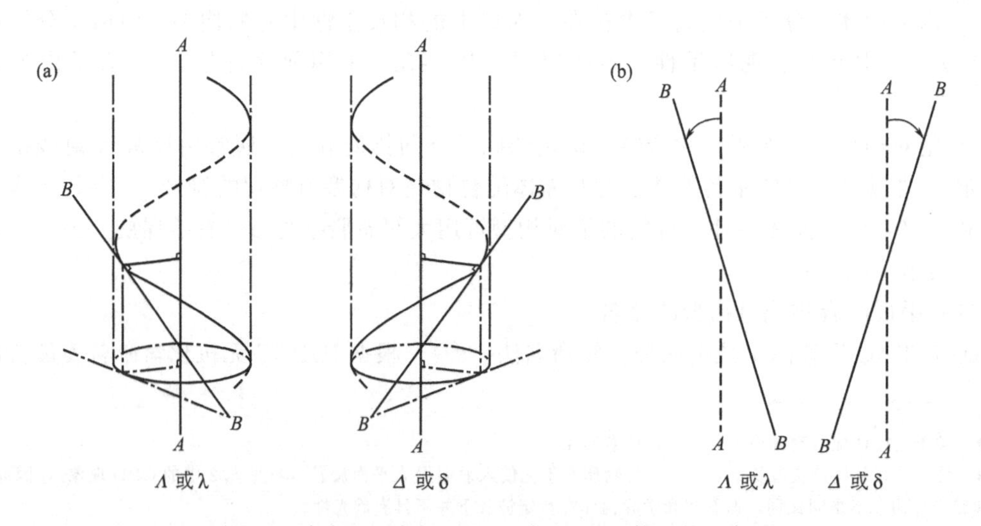

图 2-27 定义 Δ（或 δ）和 Λ（或 λ）绝对构型的示意图

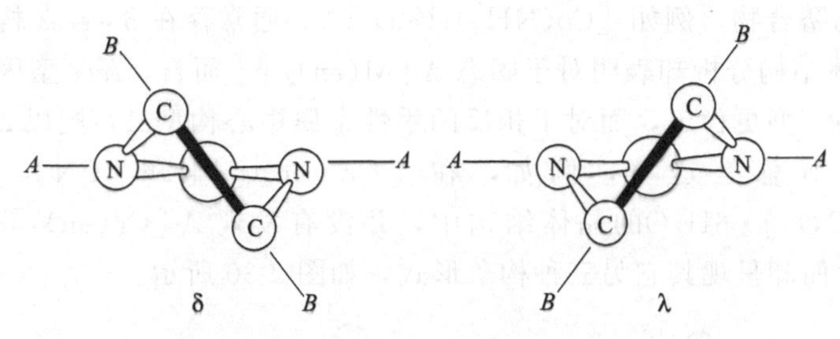

图 2-28 配位乙二胺五元螯环绝对构象 δ 和 λ

行，令其余四指顺着螺旋上升的方向环绕，如果右手可以拟合称为右手螺旋，反之则为左手螺旋。在图 2-26 中，已经用类似方法确定了双螯合和叁螯合型八面体手性配合物的绝对构型。

图 2-29 形象地示出，在 Λ-[Co(en)$_3$]$^{3+}$ 中，当配位乙二胺取 δ 构象时，其 C-C 轴几乎平行于 C_3 轴，沿 C_3 轴观察，两个碳原子就好像重叠在一起；而当乙二胺取 λ 构象时，则其 C-C 轴关于 C_3 轴倾斜了一个角度，沿 C_3 轴观察，两个碳原子均清晰可见。Corey 等称前者为 *lel* 型（源自 parallel），后者为 *ob* 型（源自 oblique），这样，$\Lambda(\delta\delta\delta) = lel_3$；$\Lambda(\lambda\lambda\lambda) = ob_3$。

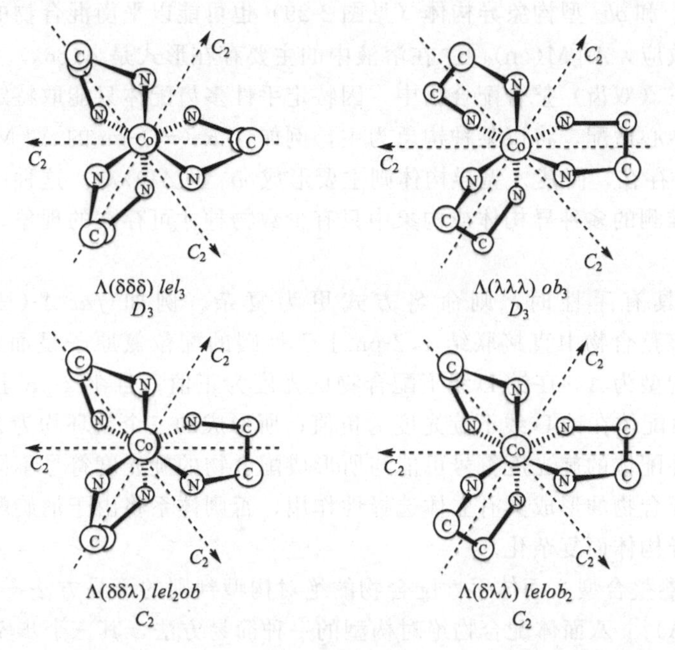

图 2-29 沿 C_3 轴（垂直于纸面）观察，Λ-[Co(en)$_3$]$^{3+}$ 可能存在的四种螯环构象

对于 [M(en)$_3$]$^{n+}$ 型配离子，由于螯环具有不同的构象，在手性配合物的绝对构型 Δ 或 Λ 下分别可产生 δδδ、δδλ、δλλ 和 λλλ 四种组合，图 2-29 为 Λ-[Co(en)$_3$]$^{3+}$ 可能存在的四种螯环构象。对于该配合物的消旋体，从统计的观点考虑有如下八种（四对）[1] 组合的配合物存在：

$\Lambda(\delta\delta\delta) \mid \Delta(\lambda\lambda\lambda)$、$\Lambda(\delta\delta\lambda) \mid \Delta(\lambda\lambda\delta)$、$\Lambda(\delta\lambda\lambda) \mid \Delta(\lambda\delta\delta)$、$\Lambda(\lambda\lambda\lambda) \mid \Delta(\delta\delta\delta)$

实际上只能获得其中少数几种绝对构型与绝对构象组合的配合物。如 2.2.2.3 所述，含

[1] 每一对的两种构象分别互为对映体。

单个乙二胺配体的螯合物，例如 $[Co(NH_3)_4(en)]^{3+}$，通常存在 $\delta \rightleftharpoons \lambda$ 构象的平衡，理论计算和 X 射线晶体结构分析却表明对于固态 Λ-$[M(en)_3]^{3+}$ 而言，lel_3 型因氢键 N-H…N—H 相互作用而比 ob_3 型更稳定，而对于相反的手性金属中心构型 Δ，则以 $\Delta(\lambda\lambda\lambda)$ 构象较稳定❶，但情况并不总是这样，例如，在 $[Cr(en)_3][Ni(CN)_5] \cdot 1.5H_2O$ 和 $[Cr(en)_3][Co(CN)_6] \cdot 6H_2O$ 的晶体结构中，并没有发现 Λ-$[Cr(en)_3]^{3+}$ 以最稳定的 $\Lambda(\delta\delta\delta)$ 构象存在，而却呈现其它另三种构象形式，如图 2-30 所示。

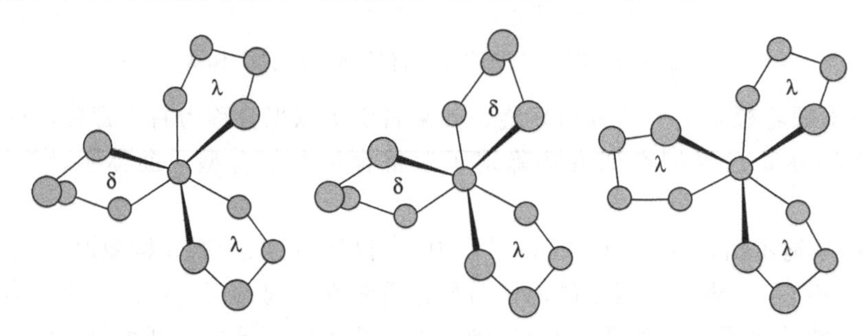

图 2-30 Λ-$[Cr(en)_3]^{3+}$ 的三种螯环构象组合

在溶液中的情况则有所不同，通常 *lel* 和 *ob* 两种构型的能量差并不大，NMR 谱解析表明，lel_2ob、$lelob_2$ 和 ob_3 型构象异构体（见图 2-29）也可能以平衡混合物的形式在溶液中存在，由于统计熵效应，Λ-$[M(en)_3]^{3+}$ 在溶液中的主要存在形式是 $\Lambda(\delta\delta\lambda)$。

但是在一些三（双齿）螯合配合物中，因特定手性多齿配体只能取特定的螯环构象并与特定的手性金属中心适配，将以某种构象为主，例如含 *R*-(－)-pn 的 Δ-$[M(R\text{-pn})_3]^{n+}$ 主要以 lel_3 型 $\Delta(\delta\delta\delta)$ 存在，而其 Λ 型异构体则主要形成 ob_3 型 $\Lambda(\lambda\lambda\lambda)$。这种由于手性配体的诱导使得在理论上推测的多种异构体或构象中只有少数物种才可存在的现象，称为立体选择性合成。

当螯合配体具有手性时，则命名方式更为复杂。例如 *fac*-Λ-(＋)-$[Co\{R\text{-}(-)\text{-pn}\}_3\lambda\lambda\lambda]^{3+}$ 表示该螯合物中直接联结 1,2-pn 上手性碳的配位氮原子呈面式几何构型排列，金属中心的绝对构型为 Λ，在钠 D 线下配合物旋光度为正值；且 1,2-pn 上手性碳的绝对构型为 *R*，手性自由配体在钠 D 线下旋光度为负值；所形成的三个螯环均为 λ 构象。应注意在特定波长下，手性配体的旋光度符号可能与所形成配合物的旋光度符号不同。除非合成所用手性配体对手性配合物的形成具有立体选择性作用，否则体系将由于消旋配体的存在产生大量的几何和光学异构体而复杂化。

② 双螯合或叁螯合型八面体手性配合物的绝对构型判别的简易方法[22] 以下介绍指定叁螯合型 $[M(AA)_3]$ 八面体配合物绝对构型的一种简易方法，其三个步骤如下：

a. 画出八面体螯合物结构图，其中的一个螯合配体必须位于八面体的四方平面上，占据两个相邻配位点，在图 2-31 所示的四方形简图中用连接四方形相邻两个顶点的半弧线表示；

b. 另一个螯合配体的一端必须位于八面体结构的上顶点，联结该八面体顶点到四方平面的螯合配体的投影在四方形简图中用一小斜杠表示；

c. 将所得四方形简图旋转至半弧线位于平面四方形的正上方。如果斜杠向左边倾斜，该配合物就是 Λ 构型；反之则为 Δ 构型。

---

❶ 参考：Purcell K F，Kotz J C. Inorganic Chemistry. Philadelplia：W B Saunders Company，1977：642-644。

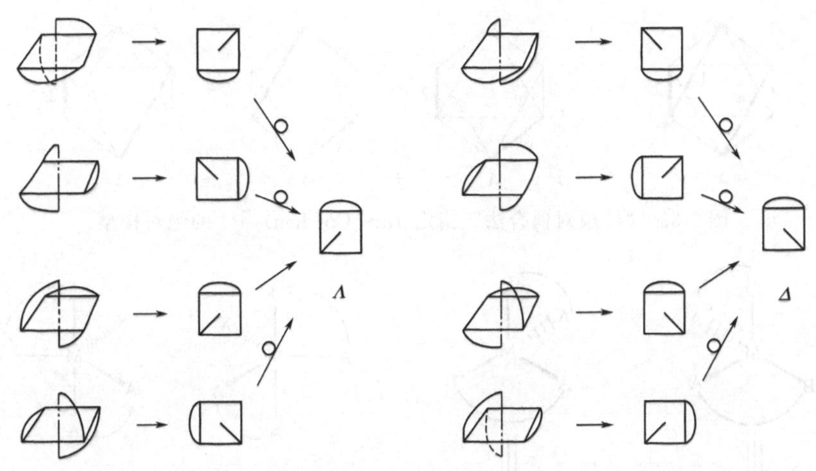

图 2-31 指定双螯合型和叁螯合型八面体配合物绝对构型的简易方法示意图

此法也可以应用于双螯合型配合物，例如 *cis*-[MX_2(AA)$_2$]、[MXB(AA)$_2$]{[*cis*-[$CoCl_2$(en)$_2$]$^+$ 和 *cis*-[CoBr(NH_3)(en)$_2$]$^{2+}$]} 等，是基于两个单齿配体取代一个双齿配体不会改变手性配合物的螺旋性（参见图 2-26)，但是它并不适用于只含一个双齿配体的八面体配合物。

③ 含多齿配体手性金属配合物的命名　含多齿（多于两齿）配体配合物的绝对构型难以用上述简易方法指定。1965 年 Hawkins 和 Larsen 提出了“八区法”[23]，1966 年 Legg 和 Douglas 又提出了“环成对偶合法”[24]，用以确定这类配合物的绝对构型，其中以“环成对偶合法”较为直观。虽然“八区法”和“环成对偶合法”两者方法不同（前者由螯环所处象限符号所决定)，但得出的结果是相同的。曾经用理论分析的方法来解释这些经验规律，但在定量方面还不完善，因为它们牵涉到一些高深的量子力学问题。本书只概要介绍“环成对偶合法”。

以六齿配体 $edta^{4-}$ 形成的 Λ-[Co(edta)]$^-$ 为例，其绝对构型的确定如图 2-32 所示：先找出该配合物中所有可能的螯环俩俩组合样式，并写下它们各自的绝对构型（Λ 或 Δ)，配合物的最终绝对构型（净手性）可由出现最多次的偶合绝对构型所决定。如果两种手性构型（Λ 或 Δ）出现的次数相等，则要用所谓“末端环成对偶合法”[25]来裁定。

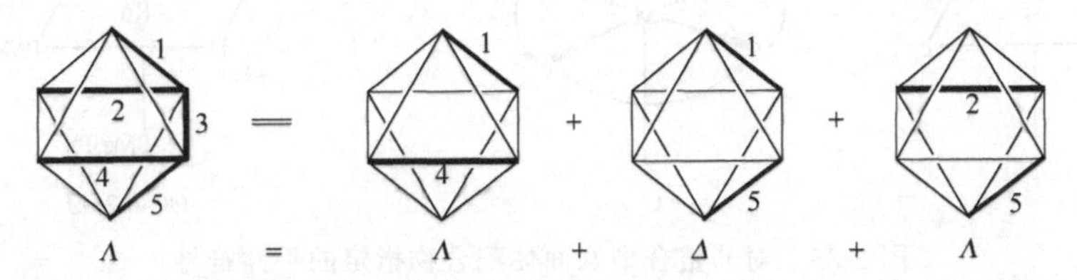

图 2-32 “环成对偶合法”指定六齿配体螯合物 Λ-[Co(edta)]$^-$ 绝对构型

值得注意的是，若两个螯环之间没有间隔（如图 2-32 中的螯环 1 和 2、2 和 3、1 和 3、3 和 4、4 和 5 以及 3 和 5)，则它们不能用于组合；螯环 2 和 4 的组合并不构成某一种手性构型，因此不出现在组合样式中。

按“环成对偶合法”可以指定如图 2-33 所示的含两个三齿配体 dien 的 [Co(dien)$_2$]$^{3+}$ 的绝对构型，当它采取一种具有手性的 *fac*-构型时，其绝对构型为 Δ。

④ 非八面体构型手性金属螯合物的命名[26]　可以参考图 2-27 的螺旋手性，命名四面体、三角双锥四方锥等非八面体构型手性金属螯合物的绝对构型，如图 2-34 所示。

⑤ 非螯合型八面体手性配合物的命名[26]　非螯合型（只含单齿配体）八面体配合物

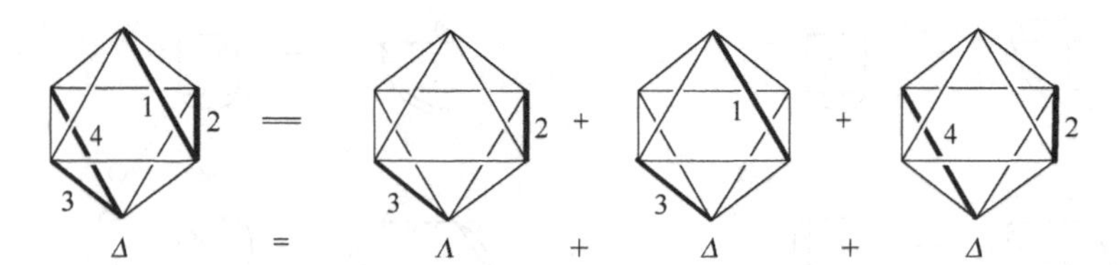

图 2-33 “环成对偶合法”指定 fac-[Co(dien)$_2$]$^{3+}$ 的绝对构型

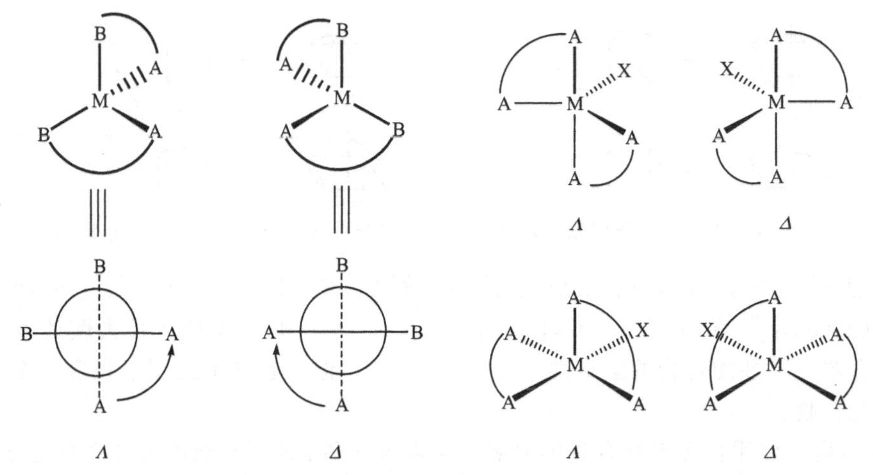

图 2-34 非八面体构型手性金属螯合物的命名

的手性符号可用 C(clockwise，顺时针)和 A(anticlockwise，反时针）表示（图 2-35)。C/A 符号只是为了定位方便，并不代表配合物的绝对构型或旋光度符号为左旋(+)或右旋(−)。对图 2-35 中配合物[Ru(Cl)(H)(CO)(PMe$_2$Ph)$_3$]手性构型的命名还参考了图 1-21 中按 CIP 规则的位标命名法。

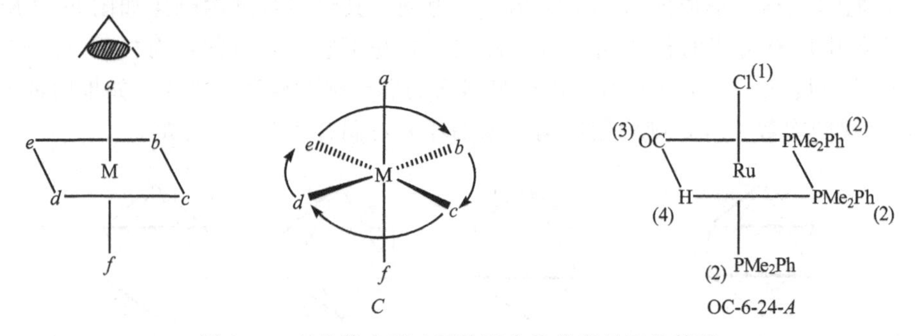

图 2-35 对非螯合型八面体配合物指定的手性符号

(3) 平面四方形配合物的光学异构体

理论上讲，当配体不具有手性时，平面四方形配合物只存在几何异构体而不存在光学异构体；但是当配体之间由于位阻作用而产生相互排斥，会使原来处于共平面的配位键发生扭曲变形使得中心金属具有手性，如图 2-36 中所示自发拆分所得配合物 **2** 的结构[27]，按图 2-27(b) 中定义的螺旋命名法将其命名为 Δ 绝对构型。当配体具有手性时，则无论是否存在空间位阻作用，该“平面四方形”配合物都将成为手性配合物。如图 2-37 所示配合物 **3** 为同时存在配体手性和配体间相互排斥作用的手性“平面四方形”配合物一个典型例子[28]，该配合物亦为 Δ 绝对构型。由于配位配体的扭曲变形，有些四配位的席夫碱Ni(Ⅱ)配合物也存在由平面四方形程度不等地变形为螺旋结构。

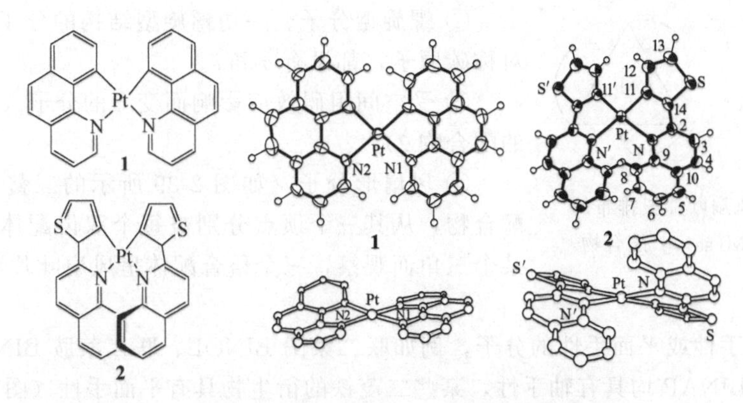

图 2-36　当配体不具有手性时，由于配体间相互作用使配合物 2 偏离平面四方形成为 Δ 手性螺旋结构

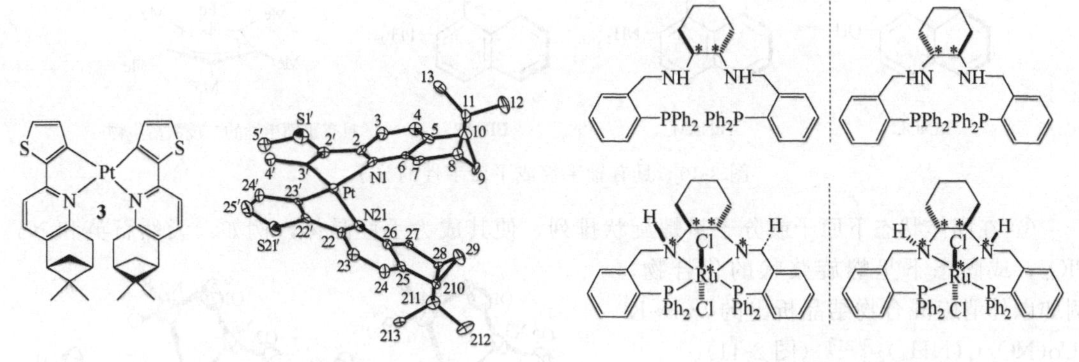

图 2-37　当配体具有手性时，由于配体间相互作用使配合物 3 的结构偏离平面四方形成为 Δ 绝对构型

图 2-38　配位后的氮原子也可以成为手性中心

（4）判定手性分子的依据[29]

如果一个分子或离子具有光学活性，它必定没有 S_n 轴。换言之，手性分子或离子缺乏 n 次旋转反映轴。另一个较不严格的判据是光学活性分子或离子不含对称面和对称中心［例：*cis*-$M(AA)_2X_2$ 型配合物具有光学活性（没有对称中心和对称平面），可被拆分，而 *trans*-$MX_2(AA)_2$ 型配合物却不具备光学活性］。这样做的根据是：对于 S_n 轴而言，当 n 为奇数时，均含有对称中心 i；当 n 为偶数而不为 4 的倍数时，含有镜面 σ；当 n 为 4 的倍数，则是独立的对称元素。所以判别分子有无旋光性，可归结为分子中是否有 σ、i、S_{4n} 的对称性。具有这三种对称元素的分子一定没有手性，而不具有这三种对称性的分子，则可能为手性分子。实际上只含 S_{4n} 的分子很少，在实际工作中可以只着重鉴别分子有无镜面 σ 或有无对称中心 i。

还有一种经验方法是把分子或离子的结构与其镜像比较，如果它的结构与镜像不能相互重叠，那么它就具有手性。没有 σ、i、S_{4n} 等对称性的分子可从具有下列特征结构的化合物中寻找。

① 含有不对称碳原子（或氮、磷原子）的化合物，或含有手性金属中心的配合物，例如图 2-26 所示的双螯合和叁螯合型八面体配合物的金属中心；配位后的氮或磷原子也可成为手性中心[30]（图 2-38）。

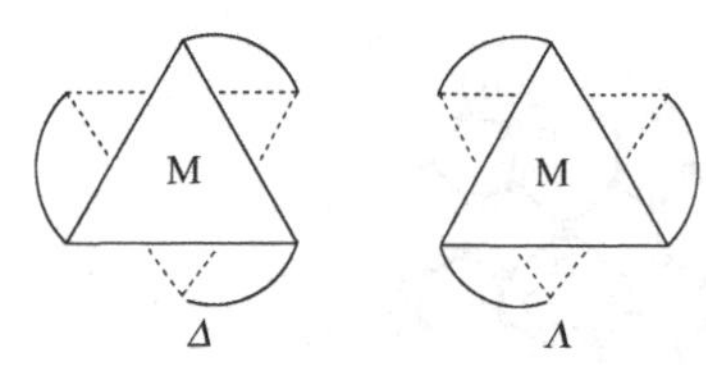

图 2-39 呈风扇叶片般排布的三螯合型［M(aa)$_3$］配合物

② 螺旋型分子。一切螺旋型结构的分子，不论有无不对称碳原子，都没有 σ 和 i。

③ 受空间阻碍效应影响而变形的分子（如图 2-36 所示的配合物 **2**）。

④ 风扇形分子（如图 2-39 所示的三螯合型［M(aa)$_3$］配合物，从其三个顶点分别被每个双齿配体的一端占据的某个三角面观察，三个螯合配体呈风扇叶片般排布，属 D_3 点群）。

⑤ 具有轴手性或平面手性的分子，例如联二萘酚 BINOL、联二萘胺 BINAM 和有名的手性双膦配体 BINAP 均具有轴手性，某些二茂铁的衍生物具有平面手性（图 2-40）。

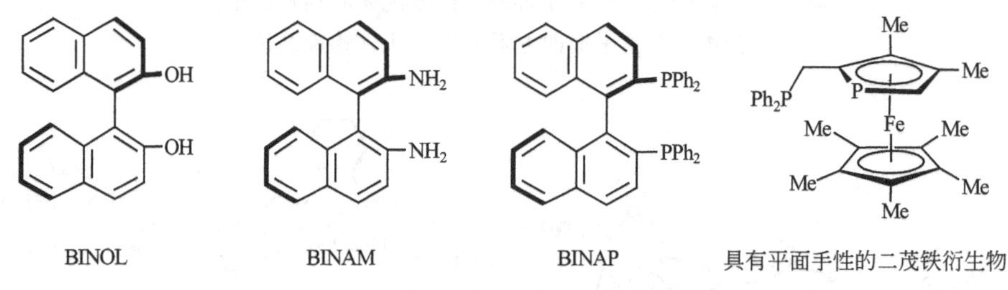

图 2-40 具有轴手性或平面手性的分子

⑥ 在固体状态下原子或分子呈螺旋状排列，使其成为手性晶体，例如：天然石英和 Na-ClO_3；或固态下呈螺旋桨状的化合物，例如以外消旋混合物结晶析出的 *trans*-K［$Co(NO_2)_4(NH_3)_2$］[31]（图 2-41）。

(5) 具有光学异构体的八面体配合物

表 2-3 列出具有光学异构体的八面体配合物的几种类型，其中 1～9 类为单核配合物，第 10 类为双核配合物。第 10 类双核配合物的三种光学异构体形式见图 2-42。

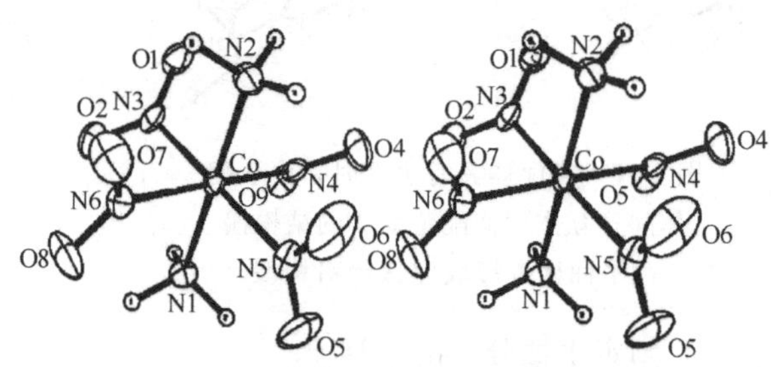

图 2-41 在固体状态下赤道平面上四个单齿配体 NO_2^- 呈螺旋桨状排列的 *trans*-［$Co(NO_2)_4(NH_3)_2$］$^-$ 的结构

由单齿配体所组成的非螯合型八面体配合物也存在光学异构现象（例如1～3 类）。第 1 类配合物［$Ma_2b_2c_2$］共有 5 种几何异构体，其中的 *cis-cis-cis*-构型具有光学异构体，可被拆分，例如 *cis-cis-cis*-［$Co(NH_3)_2(H_2O)_2(CN)_2$］$^+$ 和 *cis-cis-cis*-［$Co(NH_3)_2(H_2O)_2(NO_2)_2$］$^+$ 就曾经在 1976 年被拆分出来[32]，它们分别是继 Werner 在 1914 年拆分出第一个不含碳原子的纯无机螯合配合物［Co{$(OH)_2Co(NH_3)_4$}$_3$］Br_6（参阅图 1-9）后被拆分的第四和第五个不含碳原子的纯无机配合物光学对映体❶。第 3 种类型配合物［Mabcdef］共有 15 种几何异构体，每种几何异构体又各有一对对映体，理论上预测可获得 30 种光学异构体，此外还有外消旋体。直到 1956 年才利用反位效应首次获得了［Pt(Br)(Cl)(I)(NO_2)(NH_3)(py)］的 15 种几何异构体[33]。不过迄今为止，尚未见［Mabcdef］型八面体配合物

❶ 第二和第三个被拆分的不含碳原子的纯无机配合物光学对映体分别是 *cis*-Na［$Rh(H_2O)_2(SO_2(NH_2)_2)_2$］和［$Pt(S_5)_3$］$^{2-}$。

表 2-3 可能具有光学异构体的八面体配合物的几种类型❶

序号	配合物一般形式	几何异构体数	光学异构体数/对	实 例
1	$[Ma_2b_2c_2]$	5	1	
2	$[Ma_2b_2cd]$	6	2	$[IrCl_2(CH_3)(CO)(PPh_3)_2]$
3	[Mabcdef]	15	15	$[Pt(Br)(Cl)(I)(NO_2)(NH_3)(py)]$
4	$[M(AA)_3]$	0	1	$[Co(en)_3]^{3+}$
5	$[MX_2(AA)_2]$	2	1	$[PtCl_2(en)_2](NO_3)_2$
6	$[Ma_2bc(AA)]$	5	1	$[CoCl(NH_3)_2(H_2O)(en)]^{2+}$
7	$[M(ax)_3]$	2	2	$[Co(gly)_3]$
8	$[MX_2(AA)(AB)]$	3	2	
9	$[MX_2B_2(AA)]$	3	1	$[CoCl_2(NH_3)_2(en)]^+$
10	$[(AA)_2M(\mu\text{-}X)_2M(AA)_2]$	0	3 种	

注：假设表中配合物含有的螯合配体都是非手性配体。

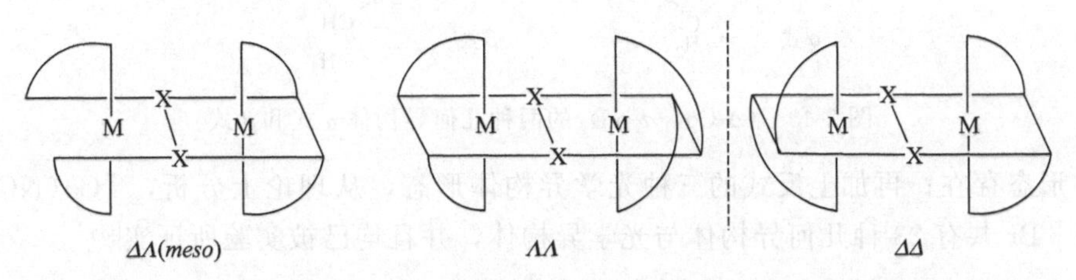

图 2-42 双核配合物 $[(AA)_2M(\mu\text{-}X)_2M(AA)_2]$ 的三种光学异构体形式

被拆分为手性对映体的报道。Werner 当年并未试图制备和拆分这类配合物，而是合理利用了某些螯合物来证明他提出的配位理论，显然是他早就洞察这些混配型单齿配体配合物的复杂性，它们较不稳定，且难以制备和分离。

对于 $[Co(NO_2)_2(en)(pn)]$ Br，当 pn 为 1,3-丙二胺时，类似于类型 5 配合物，其几何异构体分别为 *cis*-和 *trans*-构型，其中 *cis*-$[Co(NO_2)_2(en)(1,3\text{-pn})]^+$ 类似于 *cis*-$[Co(NO_2)_2(en)_2]^+$，还存在一对对映体。

当 pn 为 1，2-丙二胺时，*trans*-$[Co(NO_2)_2(en)(1,2\text{-pn})]^+$ 共有三种光学异构体（图2-43），它们分别是：含 *l*-pn 的反式构型 *a*；含 *d*-pn 的反式构型 *b*；以及 *a*＋*b* 等量组成的外消旋体。

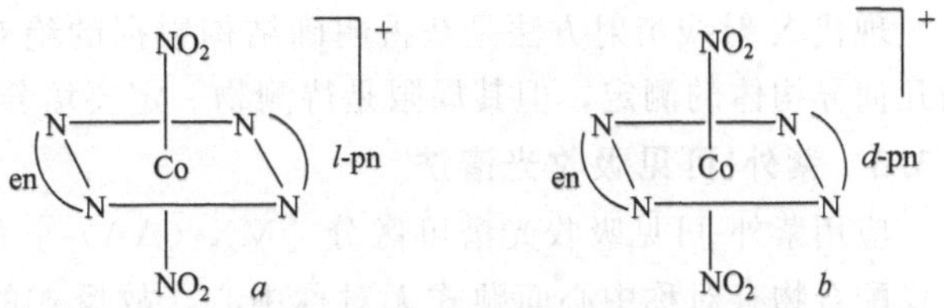

图 2-43 *trans*-$[Co(NO_2)_2(en)(1,2\text{-pn})]^+$ 的光学异构体

对于 *cis*-$[Co(NO_2)_2(en)(1,2\text{-pn})]^+$，不仅由于中心金属 Co(Ⅲ) 具有手性（Δ-Co，Λ-Co），而且由于含有 1,2-丙二胺（*d*-pn，*l*-pn）而具有手性（配体光学异构），所以共有十种光学异构体存在。其中，*c*、*d*、*e*、*f* 各为独立存在的光学异构体（图 2-44）；此外，还有四种部分外消旋体（仅对 Co 或 1,2-pn 部分外消旋）：*c*＋*f*、*d*＋*e* 为对 Co 部分外消旋；*c*＋*e*、*d*＋*f* 为对1,2-pn部分外消旋；以及两种完全外消旋体 *c*＋*d* 和 *e*＋*f*。

考虑到 1,2-丙二胺的两个氨基是不等同的，在顺式构型的十种光学异构体中，每种又各存在 α、β 两种几何异构形式（图 2-45），这样 *cis*-$[Co(NO_2)_2(en)(1,2\text{-pn})]$ Br 共有 20

❶ (AA)、(BB) 等代表乙二胺、联吡啶、邻菲咯啉等中性的对称双齿配体；(AB) 代表达 1,2-丙二胺等中性的非对称双齿配体；(ax) 代表氨基酸根离子或其它类似的双齿配体；X 代表负一价酸根离子；a、b、c…则代表单齿配体。

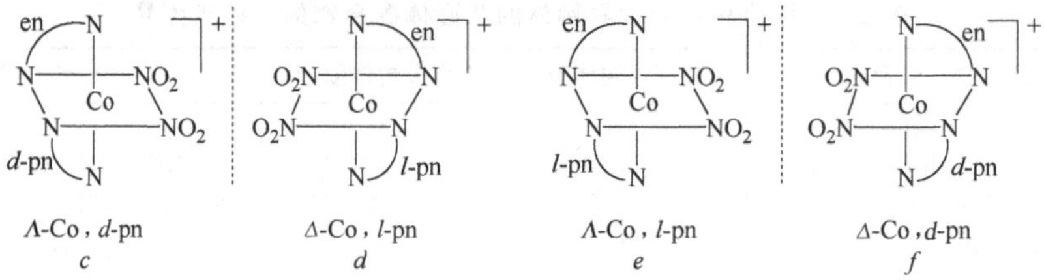

图 2-44 *cis*-$[Co(NO_2)_2(en)(1,2\text{-}pn)]^+$的光学异构体

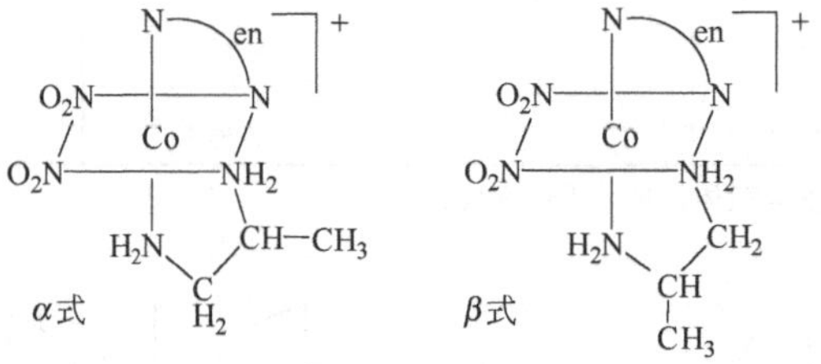

图 2-45 （Δ-Co，*d*-pn）的两种几何异构体α式和β式

种异构体形态存在；再加上反式的三种光学异构体形态，从理论上分析，$[Co(NO_2)_2(en)(1,2\text{-}pn)]Br$ 共有 23 种几何异构体与光学异构体，并且均已被实验所证实[34]。

2.3 配合物几何异构体的鉴别方法

2.3.1 偶极矩法

偶极矩的大小与配合物中原子排列的对称性有关。偶极矩测定可以区别 Ma_2b_2（平面正方形）、Ma_2b_4（八面体）型配合物的顺反异构体。应用这一方法的必需条件是配合物在非极性溶剂中要有一定的溶解度，同时在溶液中不发生异构化。

2.3.2 X 射线衍射法

现代 X 射线衍射方法是获得明确结构数据的绝对可靠的方法，已用于种类繁多的配合物几何异构体的测定，但其局限是待测物一定要培养成单晶。

2.3.3 紫外-可见吸收光谱法

应用紫外-可见吸收光谱可区分 $[MX_2(AA)_2]$ 型八面体配合物的顺、反异构体。由于反式配合物有对称中心而顺式无对称中心，故反式的吸收带强度较顺式的要弱（图 5-37）。如果被比较的两种几何异构体都没有对称中心，例如 Ma_4bc、$Mbc(AA)_2$ 和 Ma_3b_3 型配合物的几何异构体，则两者的吸收带强度是相近的，如图 2-46 所示。

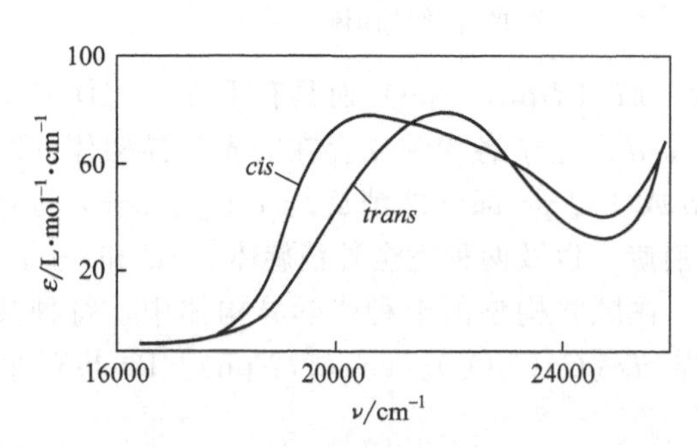

图 2-46 *cis*-和 *trans*-$[CoCl(NO_2)(en)_2]^+$的可见光谱

对不含对称中心的配合物的 d-d 跃迁概率或谱带强度的详细分析可参阅 5.1.2.2 (4)。

2.3.4 化学方法

用化学方法来鉴别顺、反异构体是有一定问题的，如果在反应中产生立体化学变化，则此法无效。只有对某些 Pt(Ⅱ)配合物，在取代反应中能保持原来构型，这一方法才是可靠的。例如：

$$cis\text{-}[PtCl_2(NH_3)_2] \xrightarrow[HCl]{H_2C_2O_4} cis\text{-}[Pt(NH_3)_2(ox)]$$

$$trans\text{-}[PtCl_2(NH_3)_2] \xrightarrow[HCl]{2H_2C_2O_4} trans\text{-}[Pt(NH_3)_2(Hox)_2]$$

$$cis\text{-}[PtCl_2(NH_3)_2] \xrightarrow[HCl]{4tu} cis\text{-}[Pt(tu)_4]Cl_2$$

$$trans\text{-}[PtCl_2(NH_3)_2] \xrightarrow[HCl]{2tu} trans\text{-}[Pt(NH_3)_2(tu)_2]Cl_2$$

在上述第 1、2 个反应中利用了草酸根作为双齿配体只能占据平面四方形 Pt(Ⅱ)配合物相邻配位点的性质；在第 3、4 个反应中则是利用了反位效应顺序（参阅 7.2.6.2）：tu（硫脲）＞Cl＞NH_3。随着现代分析技术的发展，化学分析方法已不常用。

2.3.5　拆分法

cis-$[MX_2(AA)_2]$ 或 *cis*-$[MXY(AA)_2]$ 型配合物具有手性（没有对称中心和对称面），可被拆分，而 *trans*-$[MX_2(AA)_2]$ 或 *trans*-$[MXY(AA)_2]$ 型配合物却不具备手性，不能被拆分。由此证明该配合物是顺式结构或至少是含有顺式结构。这一方法最早被 Werner 应用于他的经典研究中（参阅 1.3.3.2），后来被 Bailar 等用来证明他们首次制得的配合物 $[PtCl_2(en)_2](NO_3)_2$ 是顺式结构。又例如，在 $[Co(ida)_2]^-$ 的三种几何异构体中（图 1-20），只有 *u-fac*-$[Co(ida)_2]^-$ 具有光学异构体，可被拆分[35]。

拆分后所得光学异构体可以用旋光度测定或圆二色（CD）光谱等方法表征（参阅 6.4.4.2 的图 6-19）。

2.3.6　红外光谱法

(1) 用红外光谱法鉴别顺反异构

一般而言，顺式异构体比反式异构体对称性低，因此顺式异构体的红外吸收峰比反式异构体的吸收峰为多，如 $[PdCl_2(NH_3)_2]$ 的红外光谱伸缩振动频率所示（表 2-4）。

表 2-4　顺式和反式 $[PdCl_2(NH_3)_2]$ 的 Pd—L 伸缩振动频率

异构体		Pd—N 伸缩振动频率	Pd—Cl 伸缩振动频率
反　式	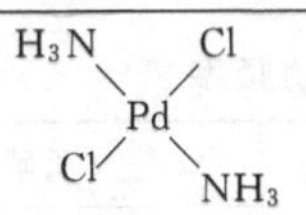 H_3N、Cl / Pd / Cl、NH_3（反式结构）	490cm^{-1}	320cm^{-1}
顺　式	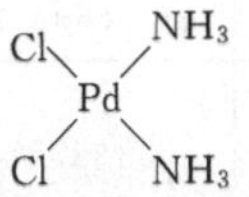 Cl、NH_3 / Pd / Cl、NH_3（顺式结构）	分裂为二	分裂为二

并不是所有简正振动的频率都能在红外光谱中观察到。实验结果和量子力学理论都证明只有瞬间偶极矩有改变（红外活性）的那些简正振动才能在红外光谱中观察到。可根据这种判别方法来定性分析 $[PdCl_2(NH_3)_2]$ 的红外光谱。如果忽略氢原子，则 *trans*-$[PdCl_2(NH_3)_2]$ 和 *cis*-$[PdCl_2(NH_3)_2]$ 的配位键骨架对称性分别为 D_{2h} 和 C_{2v}，不采用群论方法，也能直观地看出，反式异构体的 Pd-N 伸缩振动频率只有一个，因为只有当两个 Pd-N 键同时作不对称伸缩时才会改变分子的偶极矩，从而产生瞬间偶极矩，而 Pd-N 和 Pd-Cl 同时作对称伸缩均不能改变分子的偶极矩；同理，反式异构体的 Pd-Cl 振动频率也只有一个。而顺式异构体的 Pd-N 和 Pd-Cl 的伸缩振动频率各有两个（即各有两个红外活性的振动吸收），因为同时作对称伸缩也会改变分子的偶极矩。

图 2-47 为 $[Os(NH_3)_4(N_2)_2]^{2+}$ 的红外光谱。根据在 20000cm^{-1} 区观测到两个N≡N伸

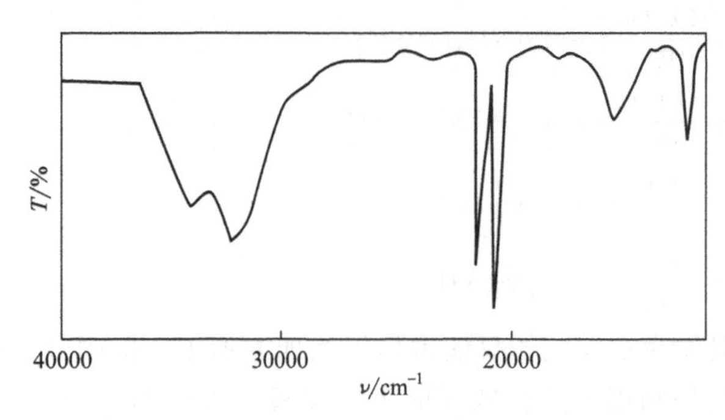

图 2-47 $[Os(NH_3)_4(N_2)_2]^{2+}$ 的红外光谱

缩振动频率（对称和不对称的）事实，可以判断它是顺式异构体，因为反式异构体只显示出一个红外活性模式，其对称伸缩振动是非红外活性的。

在 $[CoX_2(en)_2]^+$ （X^-表示卤素离子）中，也发现了类似的现象。*trans*-$[CoX_2(en)_2]^+$ 和 *cis*-$[CoX_2(en)_2]^+$ 的配位键骨架对称性分别为 D_{2h} 和 C_2，因此可以预测，反式异构体的振动吸收带少于顺式异构体。

(2) 用红外光谱识别键合异构体

键合异构是指一个配体可以用不同的配位原子和中心金属键合的异构现象，例如 NO_2^- 作为单齿配体可能以 N-端（硝基）或 O-端（亚硝酸根）与中心金属配位，如图 2-48 所示。

M—N(=O)O　　M—O—N=O

硝基配合物　　亚硝酸根配合物

图 2-48 NO_2^- 的两种可能配位方式

红外光谱法通常可作为区别配合物键合异构体的一种表征手段。已知硝基配合物中的 M-NO_2 基团分别在 1470～1340cm^{-1}和 1340～1320cm^{-1}区出现 $\nu_a(NO_2)$和 $\nu_s(NO_2)$伸缩振动带，而游离的 NO_2^- 则分别在 1250cm^{-1}和 1335cm^{-1}处出现这类振动模式，所以经配位后 $\nu_a(NO_2)$向高频方向明显位移而 $\nu_s(NO_2)$却几乎没有变化。

亚硝酸根配合物的 ν(N═O)和 ν(NO)分别位于 1485～1370cm^{-1}和 1320～1050cm^{-1}区，这说明两个 NO 键的键级有很大差别。亚硝酸根配合物在低波数约 620～420cm^{-1}处不出现面外摇摆振动 ρ_w，而所有的硝基配合物几乎都存在这种振动。通过对它们的指认，可以区别是硝基或是亚硝酸根配位。研究发现在 $K[Ni(NO_2)_6]\cdot H_2O$ 中六个硝基都是通过 N 原子配位的，而它的无水盐的红外光谱却既有亚硝酸根配位，又有硝基配位的谱带特征。表 2-5 列出了有关配合物振动频率的观测值。

表 2-5 含有硝基和亚硝酸根的 Ni(Ⅱ) 配合物的振动频率[36] 单位：cm^{-1}

配合物	硝基基团			亚硝酸根基团	
	$\nu_a(NO_2)$	$\nu_s(NO_2)$	ρ_w(ONO)	ν(N═O)	ν(NO)
$K[Ni(NO_2)_6]\cdot H_2O$	1346	1319	427	—	—
$K[Ni(NO_2)_4(ONO)_2]$	1347	1325	423,414	1387	1326
$[Ni(Rpy)_2(NO_2)(ONO)]$①	1338	1318	—	1368	1251

① Rpy＝2-氨甲基吡啶。

SCN^- 作为单齿配体可能以 S-端（硫氰酸根）或 N-端（异硫氰酸根）配位成为键合异构体。通常第一过渡系金属（如 Cr、Mn、Fe、Co、Ni、Cu 和 Zn）形成 M-N 键，而第二、三过渡系后半部分的金属（例如：Rh、Pd、Ag、Cd、Pt、Au 和 Hg）形成 M-S 键，但是其它因素，如中心金属的氧化态、配合物中其它配体的性质和空间效应等，也会影响 SCN^- 基团与金属配位的方式。为了确定 SCN^- 基团在配合物中的 M-L 成键方式，有两条特征谱带是值得注意的，即位于 2050cm^{-1}附近的C≡N 伸缩振动带与 750cm^{-1}处的 C-S 伸缩振动带。一般而言，在硫氰酸根配合物中，C≡N 键比自由 SCN^- 中的C≡N 键有所增强，而 C-S 键的强度则有一定减弱；在异硫氰酸根配合物中，则C≡N 键强度变化较小，而 C-S 键强度增大；因此硫氰酸根配合物中的 ν(CN)通常大于 2100cm^{-1}，且谱峰较尖锐，而异硫氰酸根配合物中的ν(CN)通常小于 2100cm^{-1}，谱峰较宽。

2.3.7　核磁共振波谱法[20,37]

在配位化学中核磁共振（NMR）波谱的测定大部分是以判定配合物的结构为目的。配合物的电子构型或磁性对于其 NMR 谱有较大影响。就反磁性配合物而言，中心金属无未成对电子，其 NMR 不受金属的影响，因此较为简单，可以根据有机化合物分子（配体）的波谱特点，再结合配体之间在所形成配合物立体构型中的相互关系进行解析，从 NMR 信号的位置和强度以及信号的分裂形式可以很容易地确定其归属。对于顺磁性金属配合物而言，受中心金属未成对电子的影响，可以观察到接触位移（contact shift，简称 CS）、假（赝）触位移（pseudo-contact shift，简称 PS）或超精细相互作用等现象，由此可以得到非常有用的结构信息。由 PS 诱导的较大化学位移作用使一些顺磁性镧系金属配合物成为性能优异的化学位移试剂。

下面举若干实例说明 NMR 谱方法在判断反磁性配合物几何异构体方面的应用。

(1) ^{1}H-NMR 谱的应用

① 双（β-二酮）八面体配合物的顺反异构体鉴别　在ⅣA 族金属离子中，除了 Pb(Ⅳ)以外均能与 β-二酮（Hdkt）形成［$M^{IV}Cl_2(dkt)_2$］型配合物。以结构上对称的 β-二酮——乙酰丙酮(Hacac)为例，当它们与 M(Ⅳ)配位形成［$M^{IV}Cl_2(dkt)_2$］后，可能有两种几何异构体存在，如图 2-49(a) 所示，其中的 *cis*-异构体还存在着一对对映体❶。^{1}H-NMR 谱测定表明，这类配合物有 2 组强度相等的甲基峰，故判定其为顺式结构。

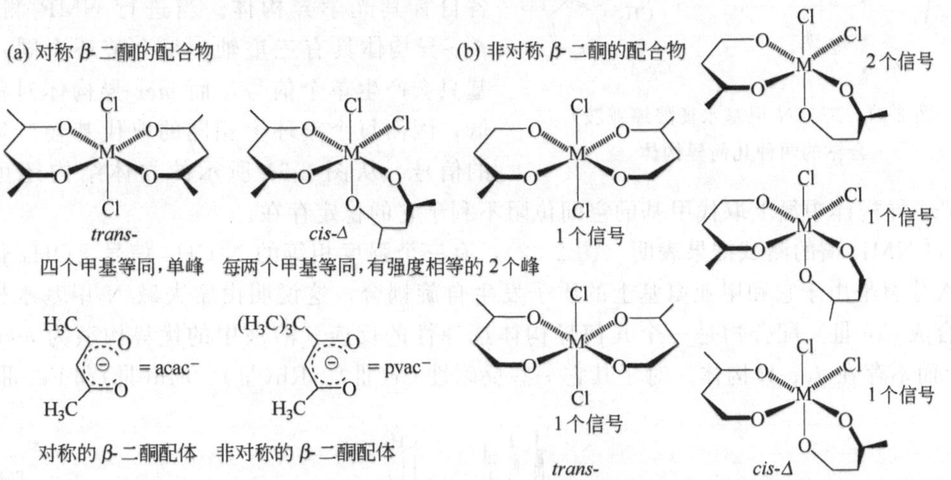

(a) 对称 β-二酮的配合物

trans-　*cis-Δ*

四个甲基等同，单峰　每两个甲基等同，有强度相等的 2 个峰

= acac$^-$　= pvac$^-$

对称的 β-二酮配体　非对称的 β-二酮配体

(b) 非对称 β-二酮的配合物

2 个信号　1 个信号　1 个信号　1 个信号　1 个信号

trans-　*cis-Δ*

图 2-49　［$M^{IV}Cl_2(acac)_2$］和［$M^{IV}Cl_2(pvac)_2$］的几何异构体

同样形成［$M^{IV}Cl_2(dkt)_2$］，当配体为非对称 β-二酮时，与上述对称 β-二酮形成几何异构体的情况大不相同。例如，用叔丁基（*t*-Bu）取代乙酰丙酮中的一个甲基而形成的三甲基乙酰丙酮（Hpvac），其 M(Ⅳ）配合物［$M^{IV}Cl_2(pvac)_2$］可能有如图 2-49(b) 所示的五种几何异构体存在，其中的每个 *cis*-异构体还分别存在一对光学异构体。五种几何异构体各自的甲基和叔丁基信号数目（峰数）可直接推测出来。^{1}H-NMR 谱测试表明（图 2-50），无论甲基或叔丁基，均有 6 个信号出现，说明在溶液中［$M^{IV}Cl_2(pvac)_2$］的五种异构体全部存在。

❶ 普通 NMR 测试不能区分对映体的共振信号，因为 NMR 的射频是一种对称的物理能。

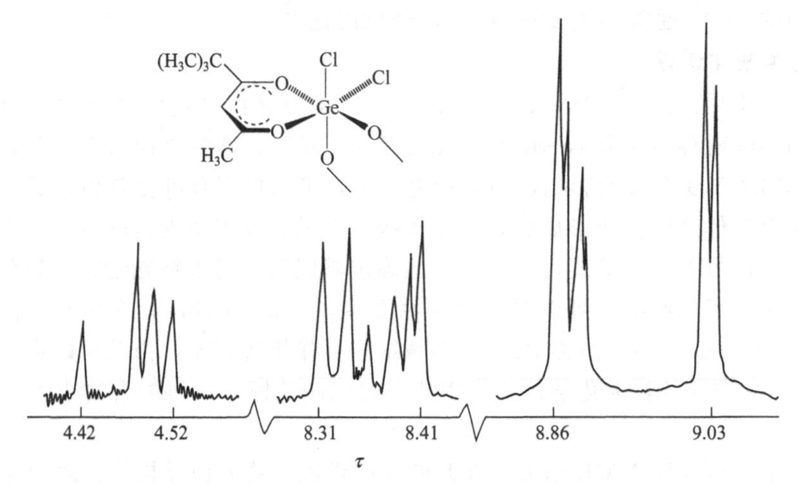

图 2-50 [$Ge^{IV}Cl_2(pvac)_2$] 的^{1}H-NMR 谱❶

② 三（双齿）八面体席夫碱配合物的面式和经式异构体鉴别[37,38] 非对称双齿席夫碱配体所形成的三(*N*-甲基水杨醛缩亚胺)合钴配合物可生成 *fac* 和 *mer* 两种几何异构体（图 2-51），其中，*fac*-异构体具有 C_3 对称性，而 *mer*-异构体仅为 C_1 对称性，两种几何异构体都各自有其光学异构体。当进行 NMR 测试时，*fac*-异构体具有三重轴，每个螯环上同一取代基只会产生单个信号，而 *mer*-异构体对称性很低，因而每个螯环上相同的取代基会产生不同的信号。从图 2-51 所示的立体结构还可以看出，*fac*-异构体中氮上取代甲基的空间位阻不利于它的稳定存在。

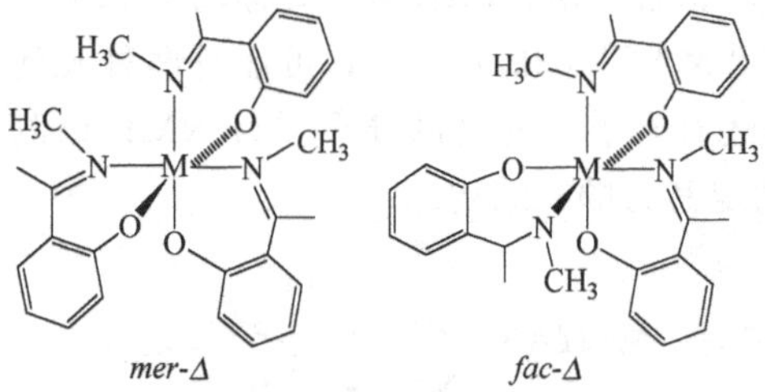

图 2-51 三（*N*-甲基水杨醛缩亚胺）合钴的两种几何异构体

^{1}H-NMR 谱的测试结果表明（图 2-52），有三个强度相等的 N-CH_3 信号，CH_3 信号的第二次分裂是由于它和甲亚氨基上的质子发生自旋耦合，这说明由席夫碱 *N*-甲基水杨醛缩亚胺合成 Co(Ⅲ) 配合物是一个几何异构体选择性的反应，溶液中的优势构型为 *mer*-异构体❷，而不存在 *fac*-异构体。对于其它一些反磁性 Cr(Ⅲ)、Rh(Ⅲ)、Mn(Ⅲ)和 Fe(Ⅲ)等配

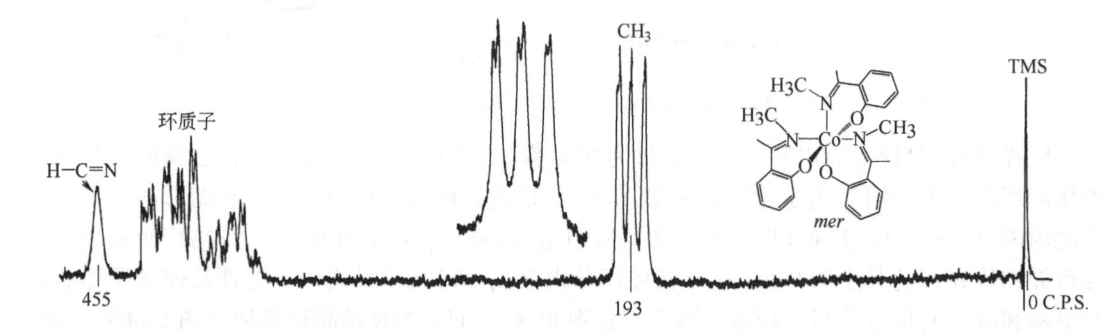

图 2-52 三（*N*-甲基水杨醛缩亚胺）合钴在氘代氯仿中的^{1}H-NMR 谱，插入图为放大的 N-CH_3 信号

❶ 早期文献中用 τ 表示化学位移，δ 与 τ 的关系为：$\delta=10-\tau$。

❷ 即使将 *mer*-三（*N*-甲基水杨醛缩亚胺）合钴溶液在 100℃下加热 16h，其^{1}H-NMR 谱也未发生任何变化[38]。

合物的类似几何异构体，都可由此法加以区分。

(2)^{31}P-NMR 谱的应用[20]

^{31}P-NMR 是研究膦配体配合物顺反异构体的一种有效方法。如图 2-53 所示为配合物 [Pt(C≡CPh)$_2$(dppm)$_2$]（dppm=Ph_2P-CH_2-PPh_2，双二苯基膦甲烷）顺反异构体的结构。室温下，反式配合物的^{31}P-NMR 谱给出两个宽的共振峰，其中一个具有^{193}Pt 伴线，但无其它精细分裂。－20℃下，^{31}P-NMR 谱给出两组性状规整的三重峰，其中的一组共振峰由于^{193}Pt 的耦合而存在伴线，^1J(Pt，P) 值为 2516Hz。而另一个^1J(Pt，P) 值很小 (78 Hz)，可归属为三键偶合^3J。^1J(Pt，P) 值为 2516Hz 和标准三重峰形式表明，两个 dppm 配体在低温下主要呈反位排列。对顺式配合物的^{31}P-NMR 谱数据进行分析后发现，在温度范围＋50～－20℃之间，其^{31}P-NMR 谱均为尖峰，这说明该配合物既不是流变性的 (fluxioned)，也不因为与自由 dppm 发生配体交换而使峰形变宽。其^1J(Pt，P) 值都与烷基或芳基处于配位磷原子的反位一致，说明该配合物为顺式结构。

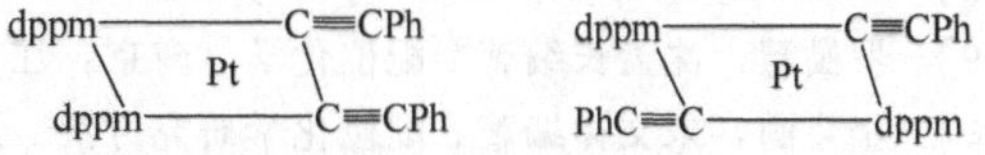

图 2-53　配合物 [Pt(C≡CPh)$_2$(dppm)$_2$] 的顺式和反式异构体

值得指出的是，dppm 等双膦配体既可作为如图 2-53 所示的单齿配体，也可以双齿或桥联的方式进行配位，因此采用 NMR 方法探讨其配位方式对于确定相关配合物的结构是很重要的。

2.3.8　其它方法

一般而言，顺反式异构体的极性不同，可根据配合物的性质采用合适的色谱方法对顺反异构体进行分离。例如，曾经用阴离子交换色谱柱成功地分离了 *u-fac*-K[Co(ida)$_2$] 和 *s-fac*-K[Co(ida)$_2$][35]。

Ni(Ⅱ)配合物通常可能存在平面四方、四面体或八面体构型（参阅 4.4.3），区别前者与后二者的一种有效实验方法是测定 Ni(Ⅱ)配合物的磁化率。

参　考　文　献

[1] Miessler G L，Tarr D A. Inorganic Chemistry. 3rd Ed. New Jersey：Prentice-Hall Inc，2004.

[2] 徐志固编著．现代配位化学．北京：化学工业出版社，1987：3-4.

[3] Cotton F A，Wilkinson G. Advanced Inorganic Chemistry. 6th Ed. New York：John Wiley & Sons Inc，1999：3-9.

[4] 唐宗薰主编．中级无机化学．北京：高等教育出版社，2003：299-308.

[5] 申泮文主编．无机化学．北京：化学工业出版社，2002：23-32.

[6] Müller U. Inorganic structural chemistry. 2nd Ed. West Sussex：John Wiley & Sons Ltd，2007：5.

[7] 戴安邦等编．无机化学丛书·第 12 卷·配位化学．北京：科学出版社，1987：61-72.

[8] 周绪亚，孟静霞主编．配位化学：第 2 章．开封：河南大学出版社，1988.

[9] 张祥麟编著．配合物化学：第 1 章．北京：高等教育出版社，1991.

[10] Lennartson A，Vestergren M，Håkansson M. Resolution of seven-coordinate complexes. Chem Eur J，2005，11 (6)：1757-1762.

[11] Mizuta T，Wang J，Miyoshi K. Molecular structures of Fe(Ⅱ) complexes with mono-and protonated ethylenediamine-*N*，*N*，*N'*，*N'*-tetraacetate（Hedta and H_2edta），as determined by X-ray crystal analysis. Inorg Chim Acta，1995，230 (1-2)：119-125.

[12] Xiong R G，You X Z. Synthesis and characterization of the firstly observed two brilliantly triboluminescent lanthanide complexes：2-hydroxyethylammonium and pyrrolidinium tetrakis（dibenzoylmethide）

europate (Ⅲ). Crystal structure of one brilliantly triboluminescent acentric complex: dimethylbenzylammonium tetrakis(dibenzoylmethide)europate. Inorg Chem Commun, 2002, 5(9): 677-681.

[13] Håkansson M, Vestergren M, Gustafsson B, Hilmersson G. Isolation of and spontaneous resolution of eight-coordinate stereoisomers. Angew Chem Int Ed, 1999, 38 (15): 2199-2201.

[14] Al-Karaghouli A R, Wood J S. Crystal and molecular structure of trinitratobis (bipyridyl) lanthanum (Ⅲ). Inorg Chem, 1972, 11 (10): 2293-2299.

[15] Hao H Q, Zhang H, Chen J G, Ng S W. catena-Poly [[[diaqua (pyrimidin-2-ylsulfanylacetato) lanthanum(Ⅲ)]-di-l-pyrimidin-2-ylsulfanylacetato]trihydrate]. Acta Cryst, 2005, E61: m1960-m1962.

[16] Chandrasekhar V, Pandian B M, Azhakar R, Vittal J J, Clérac R. Linear Trinuclear Mixed-Metal Co^{II}-Gd^{III}-Co^{II} Single-Molecule Magnet: $[L_2Co_2Gd]$ $[NO_3]$ • $2CHCl_3$ (LH_3 = (S)P[N(Me)NdCH-C_6H_3-2-OH-3-OMe$]_3$). Inorg Chem, 2007, 46 (13): 5140-5142.

[17] Purcell K F, Kotz J C. Inorganic Chemistry. Philadelphia: W B Saunders Company, 1977.

[18] Huheey J E. Inorganic Chemistry. 3rd Ed. Cambridge: Harper International SI Edition, 1983

[19] 罗勤慧，沈孟长编著．配位化学．南京：江苏科技出版社，1987：39-50.

[20] 金斗满，朱文祥编著．配位化学研究方法．北京：科学出版社，1996：159-178，268-271.

[21] IUPAC. Tentative proposal for nomenclature of absolute configurations concerned with six-coordinated complexes based on the octahedron. Inorg Chem, 1970, 9 (1): 1-5.

[22] Herrero S, Uson A. A Straightforward method for assigning stereochemical Λ/Δ descriptors to octahedral coordination compounds. J Chem Edu, 1995, 17 (12): 1065.

[23] Hawkins C J, Larsen E. Absolute configuration of octahedral metal complexes: The octant sign. Acta Chem Scand, 1965, 19 (1): 185-190.

[24] Legg J I, Douglas B E. A general method for relating the absolute configurations of octahedral chelate complexes. J Am Chem Soc, 1966, 88 (12): 2697-2699.

[25] Brorson M, Damhus T, Schäffer C E. Exhaustive examination of chiral configurations of edges on a regular octahedron: Analysis of possibilities of assigning chirality descriptors within a generalized Δ/Λ system. Inorg Chem, 1983, 22 (11): 1569-1573.

[26] von Zelewsky A. Stereochemistry of Coordination Compounds. Chichester: John Wiley & Sons Ltd, 1996: 61-69, 100-101.

[27] Jolliet P, Gianini M, von Zelewsky A, Bernardinelli G, Stoeckli-Evans H. Cyclometalated complexes of palladium(Ⅱ) and platinum(Ⅱ): *cis*-configured homoleptic and heteroleptic compounds with aromatic C-N ligands. Inorg Chem, 1996, 35 (17): 4883-4888.

[28] Gianini M, Forster A, Haag P, von Zelewsky A, Stoeckli-Evans H. Square planar (SP-4) and octahedral (OC-6) complexes of platinum(Ⅱ) and-(Ⅳ) with predetermined chirality in the metal center. Inorg Chem, 1996, 35 (17): 4889-4895.

[29] 周公度，段连运编著．结构化学基础．第 2 版．北京：北京大学出版社，1995：203-206.

[30] Gao J X, Ikariya T, Noyori R. A Ruthenium (Ⅱ) Complex with a C_2-Symmetric Diphosphine/Diamine Tetradentate Ligand for Asymmetric Transfer Hydrogenation of Aromatic Ketones. Organometallics, 1996, 15 (4): 1087-1089.

[31] Bernal I. The phenomenon of conglomerate crystallization: Ⅲ [1]. Spontaneous resolution in coordination compounds. Ⅲ [1]. The structures and absolute configuration of $\Lambda(\delta\lambda\delta)$ $[(-)_{589}$-*cis*-*α*-(triethylenetetraamine) $Co(NO_2)_2]Cl$ • H_2O(Ⅰ), $\Lambda(\delta\lambda\delta)$ $[(-)_{589}$-*cis*- (bisethylenediamine) $Co(NO_2)_2]$ Cl(Ⅱ)and of K[*trans*-$Co(NH_3)_2$ $(NO_2)_4$] (Ⅲ)——Stereoisomers displaying CLAVIC dissymmetry. Inorg Chim Acta, 1985, 96 (1): 99-110.

[32] Kauffman G B. Inorganic Coordination Compounds. London: Heyden & Son Ltd, 1981.

[33] Bernal I, Kauffman G B. The spontaneous resolution of *cis*-bis (ethylenediamine) dinitrocobalt (Ⅲ)

salts Alfred Werner's overlooked opportunity. J Chem Edu，1987，64（7）：604-610.

[34] 严志弦．络合物化学：第 4 章．北京：人民教育出版社，1960.

[35] 章慧，周朝晖，徐志固．用凝胶色谱分离改进某些 Co（Ⅲ）络合物的合成与拆分．厦门大学学报：自然版，1995：34（5）：764-771.

[36] [日] 中本一雄著．无机和配位化合物的红外和拉曼光谱．第 4 版．黄德如等译．北京：化学工业出版社，1991：244，316.

[37] 游效曾编著．配位化合物的结构与性质．北京：科学出版社，1992：1-6，276-279.

[38] Chakravorty A，Holm R H. Identification of the geometrical isomers of some tris-chelate cobalt（Ⅲ）complexes by nuclear resonance. Inorg Chem，1964，3（11）：1521-1524.

习题和思考题

1. 配位数与哪些因素有关？配位数确定后几何构型是否就已确定，为什么？形成高配位数化合物需要哪些条件？

2. 化学式为 MX_n（X^- 为卤素离子）的配合物一定是 n 配位的吗？请举例说明之。

3. 价层电子对互斥理论能否用来解释多元异构现象，为什么？

4. 可否由偶极矩方法鉴别八面体配合物 MA_2B_4 的顺反异构体以及 MA_3B_3 的 *fac-mer* 异构体？对于判别平面四方形和八面体配合物的几何异构问题，偶极矩方法对哪一类配合物更可靠？

5. 请设计实验证明 $[Ni(SCN)_2(Et_2en)_2]$ 中配体 SCN^- 的键合方式，即它是异硫氰酸根配合物（N 端配位）还是硫氰酸根配合物（S 端配位）？

6. 在不同条件下可得到 $[Co(NO_2)(NH_3)_5]^{2+}$ 和 $[Co(ONO)(NH_3)_5]^{2+}$ 两种键合异构体，不采用谱学手段，试用简单方法分析何者为黄色，何者为红色，理由何在？

7. 试分析 $[Co(ida)_2]^-$ 的几何和光学异构体，采用阴离子交换色谱柱分离 $[Co(ida)_2]^-$ 几何异构体的根据何在？异构体被淋洗出的顺序如何？

8. 含单齿配体的八面体配合物 $Mabc_2d_2$ 有多少可能存在的几何异构体？哪些异构体还可能具有光学活性？

9. 配合物具有手性的条件是什么？哪些类型配合物可能具有手性？试举例加以说明。

10. 何谓外消旋体、内消旋体和外消旋作用？

11. 试说明下列配合物中各符号的意义并绘出其立体结构式。

(1) Λ-$(-)_D$-*u-fac*-$[Co(ida)_2]^-$；(2) Δ-$(-)_D$-*cis*-$[Co(NO_2)_2(en)_2]^+$；(3) Λ-$(-)_{400}$-$[Co(en)_3]^{3+}$；

(4) Δ-$(-)_D$-$[Co\{(R)(-)\text{-pn}\}_3\delta\delta\delta]^{3+}$

12. 下列八面体配合物中（粗实线表示双齿或多齿配体的螯环），哪些有手性？请指出其绝对构型。

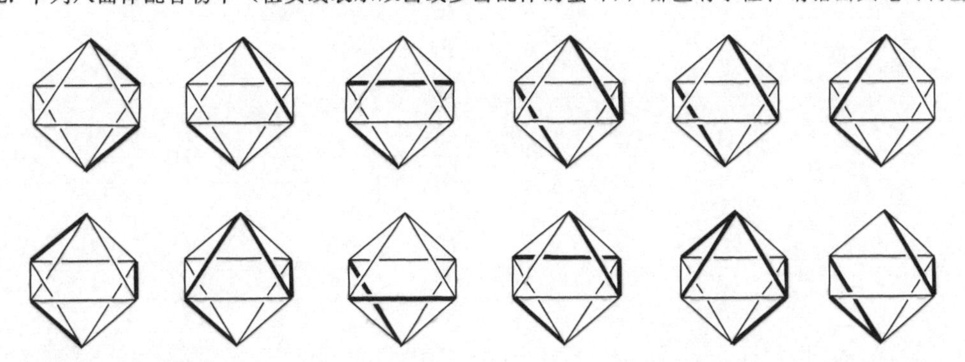

13. 讨论并绘出 $[Fe(C_2O_4)_2(H_2O)_2]^-$ 和 $[Co(en)_2(pn)]^{3+}$（pn 可能是 1,2-丙二胺）可能存在的所有几何异构体和光学异构体。

14. 如图所示的吡啶-2-甲酰胺（简写为 piaH），可有两种方式起双齿配体的作用，请分析和绘出 $[Ni(H_2O)_2(piaH)_2]^{2+}$ 离子所有可能存在的几何异构体和光学异构体。

15. 试举出一种除直接测定结构以外的实验方法，区别以下异构体：

(1) *fac*-[$RuCl_3(H_2O)_3$] 和 *mer*-[$RuCl_3(H_2O)_3$]；

(2) [$Cr(H_2O)_6$]Cl_3 和 [$CrCl(H_2O)_5$]$Cl_2\cdot H_2O$；

(3) [$CoBr(NH_3)_5$](C_2O_4) 和 [$Co(NH_3)_5(C_2O_4)$]Br；

(4) *cis*-[$MCl_2(acac)_2$] 和 *trans*-[$MCl_2(acac)_2$]

第3章　轨道、谱项和群论初步

3.1　过渡金属原子（离子）的电子结构

3.1.1　多电子原子的中心力场模型和原子轨道（函）

3.1.1.1　多电子原子的薛定谔方程

根据量子力学假设，将能量算符 $\hat{H}$ 作用于波函数 Ψ，得到定态薛定谔方程：

$$\hat{H}\Psi=E\Psi \tag{3-1}$$

对于原子序数为 Z、含 n 个电子的原子，在薛定谔方程中，若不考虑电子自旋运动及其相互作用，并假定质心与核心重合，则多电子原子的哈密顿算符为：

$$\hat{H}=\sum_{i=1}^{n}\left(-\frac{\hbar^2}{2m}\nabla_i^2-\frac{Ze^2}{4\pi\varepsilon_0 r_i}\right)+\frac{1}{2}\sum_{i\neq j}^{n}\frac{e^2}{4\pi\varepsilon_0 r_{ij}} \tag{3-2}$$

式中，r_{ij} 为第 i 个电子与第 j 个电子之间的距离，第二项求和必须 $i\neq j$ 才有意义，为了避免重复计算每对电子之间的排斥能，该项应除以 2。

如果采用用原子单位，令：

1au（电子质量，即电子静质量）$=m_e=9.1095\times10^{-31}$kg；

1au（电荷）$=e=-1.602\times10^{-19}$C；

1au（角动量）$=\hbar=h/2\pi=1.055\times10^{-34}$J·s；

1au（长度，即 Bohr 半径）$=a_0=4\pi\varepsilon_0\hbar^2/m_e e^2=5.292\times10^{-11}$m；

1au$=4\pi\varepsilon_0$；

1au（能量[1]，即两个电子相距 a_0 的势能）$=E_h=m_e e^4/(4\pi\varepsilon_0)^2\hbar^2=4.35981\times10^{-18}J=27.2116$eV；

则多电子原子的哈密顿算符变得非常简洁，可以表示为：

$$\hat{H}=-\frac{1}{2}\sum_{i=1}^{n}\nabla_i^2-\sum_{i=1}^{n}\frac{Z}{r_i}+\frac{1}{2}\sum_{i\neq j}^{n}\frac{1}{r_{ij}} \tag{3-3}$$

式中，第一项是各电子的动能算符，第二项为各电子与原子核相互作用势能算符，第三项是各电子对之间相互作用势能算符，因为其中有 r_{ij}，而：

$$r_{ij}=\sqrt{(x_i-x_j)^2+(y_i-y_j)^2+(z_i-z_j)^2} \tag{3-4}$$

涉及第 i 和第 j 两个电子的坐标，无论采用什么坐标系都无法使薛定谔方程 $\hat{H}\Psi=E\Psi$ 中的变量分离，也就无法对其精确求解，故化学家们采用一系列近似方法来描述多电子体系中单电子的运动状态。常用自洽场（self-consistent field，SCF）模型和中心力场模型等方法，从形式上把电子间的势能转变为与 r_{ij} 无关的函数，便于解出薛定谔方程。以下主要介绍中心力场模型。

---

[1] 能量的原子单位，又称哈特里（Hartree）能量。

3.1.1.2 多电子原子的中心力场模型

分别考察多电子原子中各个电子的运动，每一个电子都受其它电子的瞬时相互作用。一般而言，这种相互作用不具有球对称性，因为其它电子可处在非球对称的轨道（如 p、d、f 轨道）上。用中心力场模型近似求解薛定谔方程，是将多电子原子中其它电子对第 i 个电子的排斥作用看成是球对称的、只与径向有关的力场；因此第 i 个电子受其它电子排斥作用的势能就可以近似看作只是半径 r_i 的函数 $U_i(r_i)$，于是多电子原子哈密顿算符的第三项不再与 r_{ij} 有关。第 i 个电子在多电子原子中的势能 $V_i(r_i)$ 仍然只是 r_i 的函数。

$$V_i(r_i)=-\frac{Z}{r_i}+U_i(r_i) \tag{3-5}$$

$$U_i(r_i)=\frac{\sigma_i}{r_i}$$

式中 $V_i(r_i)$——第 i 个电子在多电子原子中的势能；

$U_i(r_i)$——第 i 个电子受其它电子排斥作用的势能；

r_i——电子 i 与核的距离；

σ_i——屏蔽常数[1]。

因此，第 i 个电子受其余电子的排斥作用被看成相当于 σ_i 个电子在原子中心与之相互排斥；换句话说，其它 $n-1$ 个电子对第 i 个电子的相互排斥作用被看作从原子中心出发的，故将这种近似称为中心力场模型。采用中心力场近似后，第 i 个电子的势能函数就成为：

$$V_i(r_i)=-\frac{Z}{r_i}+\frac{\sigma_i}{r_i}=-\frac{Z-\sigma_i}{r_i}=-\frac{Z^*}{r_i} \tag{3-6}$$

式中 Z^*——有效核电荷，$Z^*=Z-\sigma_i$。

势能函数 $V_i(r_i)$ 在形式上和单电子原子的势能函数相似。屏蔽常数 σ_i 的意义是：除电子 i 外，其它电子对某个电子 i 的相互排斥作用使核的正电荷减少 σ_i。由此可见，在中心力场模型中，原子中的某个电子 i 受到其余电子的排斥作用可归结为其余电子对核电荷的屏蔽，每个电子都在其有效核电荷的中心力场中运动，σ_i 既与第 i 个电子所处的状态有关，也与其余电子的状态和数目有关。下面我们将用中心力场近似来处理多电子体系。

3.1.2 原子轨道（函）和原子轨道（函）能

3.1.2.1 单电子薛定谔方程及原子轨道能

根据中心力场模型，式(3-3) 可以写作单电子哈密顿算符的总和，即：

$$\hat{H}=\sum_{i}\hat{H}_i \tag{3-7}$$

$$\hat{H}_i=-\frac{1}{2}\nabla_i^2+V_i(r_i) \tag{3-8}$$

因此，多电子原子中第 i 个电子的单电子薛定谔方程可表示为：

$$\hat{H}_i\psi_i=\left[-\frac{1}{2}\nabla_i^2+V_i(r_i)\right]\psi_i=E_i\psi_i \tag{3-9}$$

式中 ψ_i——单电子波函数，它近似地表示原子中第 i 个电子在其它电子平均影响之下的运动状态，也称原子轨道或原子轨函；

E_i——近似为 ψ_i 状态的能量，即原子轨道能。

将单电子原子薛定谔方程中的 Z 换成 Z^*，即得 ψ_i 和相应的 E_i。与 ψ_i 相对应的原子轨

[1] Slater 估算屏蔽常数 σ_i 的方法请参阅 3.1.2.2。

道能为：

$$E_i=-13.6\frac{Z^{*2}}{n^2} \tag{3-10}$$

式中 n——主量子数。

已知对于单电子原子，E_i 只与主量子数 n 有关。

$$E_i=-13.6\frac{Z^2}{n^2} \tag{3-11}$$

值得注意的是，对于多电子原子，E_i 似乎也仅仅与 n 有关，但由于在式(3-10) 中隐含有屏蔽常数 σ_i，而 σ_i 还与电子所处状态的角量子数 l 有关（参阅 3.1.2.2)，因此 E_i 也就与 l 有关，即 E_i 与 l 之间的关系隐藏在 σ_i 与 l 的关系之中。由屏蔽常数 σ_i 可以通过式(3-10) 近似计算原子轨道能。

自洽场方法简介：假定电子 i 处于原子核及其它 $n-1$ 个电子的平均势场中运动，先采用只和 r_i 有关的近似波函数 ψ_i 代替和 r_{ij} 有关的波函数进行计算、求解，逐渐逼近，直至自洽。类似于中心力场模型，在自洽场方法中，ψ_i 犹如单电子体系的运动状态，称为电子 i 的原子轨道，而 E_i 称为原子轨道能。

3.1.2.2 由屏蔽常数 σ 近似计算原子轨道能

屏蔽常数是用中心力场模型处理多电子原子的关键参数，可以由以下几个方法求得：①变分法；②自洽场方法；③经验方法，即由 X 射线光谱、光学光谱及光电子能谱数据求得。在精度要求不高的工作中可采用由 Slater 在 1930 年总结出的规则。1956 年徐光宪等将 Slater 法作了改进，得出了更精确的计算方法❶。以下着重介绍 Slater 对屏蔽常数计算提出的近似规则。

若欲计算其它电子对 ns 或 np 轨道上一个电子的屏蔽常数，要点如下。

① 按下列顺序和分组写出元素的电子组态：(1s)(2s,2p)(3s,3p)(3d)(4s,4p)(4d)(4f)(5s,5p)。

② (ns,np) 组右边任何一组的电子 $\sigma=0$。

③ (ns,np) 组内 $\sigma=0.35$ (1s 的 $\sigma=0.30$)。

④ $n-1$ 组的电子 $\sigma=0.85$。

⑤ $n-2$ 组的电子 $\sigma=1.00$。

当被屏蔽的是 nd 或 nf 组的电子时，规则②和③仍然适用，但规则④和⑤变成⑥。

⑥ nd 或 nf 组左边各组电子的 $\sigma=1.00$。

以下以计算举例说明 Slater 规则的应用和原子轨道能的计算［式(3-10)］。

例 1 试求碳原子（$Z=6$）中 1s 电子和 2s 电子的屏蔽常数和原子轨道能。

解：碳原子分组的电子组态为 ($1s^2$) ($2s^2$,$2p^2$)

碳原子的 1s 电子的屏蔽常数 $\sigma_{1s}=0.30$，$Z^*=Z-\sigma_{1s}=6-0.30=5.70$

碳原子的 1s 原子轨道能 $E_{1s}=-(13.6\text{eV})\times(5.70)^2=-442\text{eV}$

碳原子的 2s 电子的屏蔽常数 $\sigma_{2s}=2\times0.85+3\times0.35=2.75$，$Z^*=Z-\sigma_{2s}=6-2.75=3.25$

碳原子的 2s（或 2p）原子轨道能 $E_{2s}=-(13.6\text{eV})\times(3.25/2)^2=-35.9\text{eV}$

---

❶ 参考：(a) 徐光宪，赵学庄．Slater 型原子轨函和电离能的近似计算法的改进．化学学报，1956，22 (6)：441-446；(b) 徐光宪，王祥云．物质结构．第 2 版．北京：高等教育出版社，1987：59-60。

按 Slater 规则计算，E_{2s}和E_{2p}相同，实际上多电子原子的E_{2s}和E_{2p}是不同的，这是因为 Slater 规则过于粗略，徐光宪等给出改进的 Slater 法，考虑了 l 不同的 s、p、d 和 f 轨道的差异，可以得到更精确的计算结果。

例 2 试求锌原子（$Z=30$）中 4s 电子和 3d 电子的屏蔽常数和原子轨道能。

解： 锌原子分组的电子组态为 $(1s^2)(2s^2,2p^6)(3s^2,3p^6)(3d^{10})(4s^2,4p^0)$

锌原子的 4s 电子的屏蔽常数 $\sigma_{4s}=10\times1.00+18\times0.85+1\times0.35=25.65$

$$Z^*=Z-\sigma_{4s}=30-25.65=4.35$$

锌原子的 4s 原子轨道能 $E_{4s}=-(13.6\text{eV})\times(4.35/4)^2=-16.08\text{eV}$

锌原子的 3d 电子的屏蔽常数 $\sigma_{3d}=18\times1.00+9\times0.35=21.25$

$$Z^*=Z-\sigma_{3d}=30-21.25=8.85$$

锌原子的 3d 原子轨道能 $E_{3d}=-(13.6\text{eV})\times(8.85/3)^2=-118.35\text{eV}$

因此，按 Slater 规则计算，对于锌原子的原子轨道能，$E_{3d}<E_{4s}$。

例 3 试求钪原子（$Z=21$）中 4s 电子和 3d 电子的屏蔽常数和原子轨道能。

解： 钪原子分组的电子组态为 $(1s^2)(2s^2,2p^6)(3s^2,3p^6)(3d^1)(4s^2)$

钪原子的 4s 电子的屏蔽常数 $\sigma_{4s}=10\times1.00+9\times0.85+1\times0.35=18.00$

$$Z^*=Z-\sigma_{4s}=21-18.00=3.00$$

钪原子的 4s 原子轨道能 $E_{4s}=-(13.6\text{eV})\times(3.00/4)^2=-7.65\text{eV}$

钪原子的 3d 电子的屏蔽常数 $\sigma_{3d}=18\times1.00=18.00$

$$Z^*=Z-\sigma_{3d}=21-18.00=3.00$$

钪原子的 3d 原子轨道能 $E_{3d}=-(13.6\text{eV})\times(3.00/3)^2=-13.60\text{eV}$

因此，按 Slater 规则计算，对于钪原子的原子轨道能，$E_{3d}<E_{4s}$。

3.1.3 波函数 Ψ、原子轨道（函）ψ 及有关的能量概念

3.1.3.1 波函数 Ψ 与原子轨道（函）ψ

波函数 Ψ 是描述原子核外电子运动状态的数学函数式，它是空间直角坐标（x,y,z）或球极坐标（r，θ，ϕ）的函数。严格地说，只有孤立体系才能用波函数来描述。显然，在多电子原子中的一个电子并不是孤立的，它与其它电子之间存在着复杂的相互作用，但是在考虑中心力场近似后，一个多电子原子的波函数可分解为单电子波函数 $(\psi_{nlm})_i$ 的乘积 $\Psi_{总}$，这种 ψ_i 类似于氢原子或类氢离子的 Ψ，因为解 $\Theta_i(\theta_i)$ 方程与 $\Phi_i(\phi_i)$ 方程与势能项无关，$Y_{lm}(\theta,\phi)$ 的形式与单电子原子相同，但 $R_{nl}'(r)$ 则不同。

单电子波函数 $$(\psi_{nlm})_i=R_{nl}(r)Y_{lm}(\theta,\phi) \tag{3-12}$$

单电子波函数的乘积 $$\Psi_{总}=\psi_1\psi_2\psi_3\psi_4\cdots\psi_n \quad (n=\text{电子数}) \tag{3-13}$$

相应地，有：

$$E_{总}=E_1+E_2+E_3+E_4+\cdots E_n=\sum_{i=1}^{n}E_i \tag{3-14}$$

在式(3-13) 中，ψ_i 用于描述多电子原子中第 i 个电子在其它电子平均影响之下的运动状态。为将 ψ_i 区别于孤立体系的波函数，有人建议称它为单电子分布函数或轨函；或借用经典物理学中描述物体运动的“轨道”概念，把 ψ_i 称为原子轨道，不过应明确这是对经典“轨道”概念的一种扬弃。在中心力场近似下，原子的总能量近似地由各个电子的能量（电子结合能）E_i 加和而得到，也可通过实验测定全部电子电离所需的能量得到。原子中全部电子的电离能之和等于原子轨道能总和的负值。

按式(3-14)，碳原子的总能量为：$2E_{1s}+2E_{2s}+2E_{2p}$。在 3.1.2.2 的例 1 中，按 Slater

规则计算，E_{2s}和E_{2p}相同，则$E_{总}\approx 2E_{1s}+4E_{2s}=2\times(-442)+4\times(-35.9)=(-884)+(-143.6)=-1027.6(eV)$，此数值与碳原子的第一至第六电离能之和的负值相近，即：$E_{总}=-(I_1+I_2+I_3+I_4+I_5+I_6)=-(11.26+24.38+47.89+64.49+392.1+490.0)=-1030.12(eV)$。这说明碳原子的总能量（实验测定全部电子电离所需的能量）近似等于用Slater方法计算所得各个电子的原子轨道能之和。

但是在应用屏蔽常数和原子的电离能数据时，应注意电子间的相互作用。例如，已知碳原子的$I_5=392.1eV$，$I_6=490.0eV$，这时不能简单地认为碳原子的1s原子轨道能为$-392.1eV$；并用以求算一个1s电子对另一个1s电子的屏蔽常数σ。

$$-392.1eV=-(13.6eV)\times(6-\sigma_{1s})^2$$

这样得$\sigma_{1s}=0.63$，比Slater规则中给出的σ_{1s}的经验值（$\sigma_{1s}=0.30$）偏大，其原因是一个1s电子对另一个1s电子既有屏蔽作用，又有互斥作用，当一个1s电子电离时，既摆脱了核的吸引，也把互斥作用带走了，根据定义，I_5应为以下过程的能量。

$$I_5=E(C^{5+})-E(C^{4+})$$

C^{5+}是单电子原子，按式(3-11)，$E(C^{5+})$为：

$$E(C^{5+})=-13.6eV\times 6^2=-489.6eV$$

而根据式(3-10)，可列$E(C^{4+})$式：

$$E(C^{4+})=2\times(-13.6eV)\times(6-\sigma_{1s})^2$$

将$E(C^{5+})$和$E(C^{4+})$代入$I_5=E(C^{5+})-E(C^{4+})$，得：

$$392.1=-489.6+27.2(6-\sigma_{1s})^2$$

解之，得$\sigma_{1s}=0.31$，与Slater规则中给出的σ_{1s}的经验值基本相同。由以上计算说明，碳原子的I_5和I_6都不是其1s原子轨道能，它的1s原子轨道能为两者平均值的负值（$-441.05eV$）。

3.1.3.2 轨道能和能级

3.1.3.2.1 原子轨道能和能级的定义

由3.1.3.1中的计算结果可给出原子轨道能和能级的定义。

原子轨道能：单电子波函数ψ_i相应的能量E_i；或假定一个中性原子去掉一个电子以后，剩下的原子轨道不再因此发生变化（即轨道"冻结"），这时原子轨道能近似等于这个轨道上所有电子的平均电离能的负值。

电子结合能：又称原子轨道能级或简称能级。是指在中性原子（或离子）中当其它电子均处在可能的最低能态时，电子从指定的轨道上电离所需的能量，可由电离能或原子光谱测定。

例 1 He原子基态（$1s^2$）有两个电子处在1s轨道上，它的第一电离能（I_1）为24.6eV，第二电离能（I_2）为54.4eV。根据上述定义：

He原子1s原子轨道的电子结合能为 $-24.6eV$

He原子的1s原子轨道能为 $-(24.6+54.4)\times 1/2=-39.5eV$

例 2 Sc原子基态（$3d^14s^2$）有两个电子处在4s轨道上，它的第一电离能（I_1）为6.54eV，第二电离能（I_2）为12.80eV。根据上述定义：

Sc原子4s原子轨道的电子结合能为 $-6.54eV$

Sc原子的4s原子轨道能为 $-(6.54+12.80)\times 1/2=-9.67eV$

电子结合能（能级）与原子轨道能互有联系，对单电子原子，两者数值相同，对碱金属等"类单电子体系"，如Li、Na、K的最外层电子两者也相同，但在其它情况下两者却不相同，这正说明电子间存在互斥能等复杂相互作用的因素。电子间的相互作用可以从屏蔽效应和钻穿效应两方面去认识[1]。

3.1.3.2.2 原子轨道 4s 与 3d 究竟哪个能级更高？

关于原子中电子填充顺序能级交错的问题，即 4s 与 3d 究竟哪个能级更高（Why the 4s orbital is occupied before the 3d）？历史上曾引起争论[2]。现以 Sc 原子为例，说明能级与电子互斥能之间的关系，由实验得知[1]：

Sc 的基态　$3d^1 4s^2$　　Sc 的第一激发态　$3d^2 4s^1$

Sc^+ 的基态　$3d^1 4s^1$

为此有如下两个问题：

① Sc 原子基态的电子组态为什么是 $3d^1 4s^2$，而不是 $3d^2 4s^1$ 或 $3d^3 4s^0$？

② 为什么 Sc 原子（及其它过渡金属原子）电离时先失去 4s 电子而不是 3d 电子？

若以 J 值来表示电子之间的相互排斥能，通过对电离能的实验数据和电子之间的相互作用能计算得[1]：$J(d,d)=11.78eV$；$J(d,s)=8.38eV$；$J(s,s)=6.60eV$。由此可对上述两个问题做出回答。

① 当电子进入 $Sc^{3+}(3d^0 4s^0)$，因 3d 原子轨道能量低（参考 3.1.2.2 中例 3 的计算），将先占据 3d 轨道。再有一个电子进入 $Sc^{2+}(3d^1 4s^0)$ 时，虽然仍是 3d 轨道能低，但因为 $J(d,d)>J(d,s)>J(s,s)$，体系总能量决定电子填充在 4s 轨道上，成为 $Sc^+(3d^1 4s^1)$，而不是 $3d^2 4s^0$。若继续有电子进入，也因同样原因，电子应占据 4s 轨道。于是，基态 Sc 的电子组态就成为 $Sc^0(3d^1 4s^2)$。所以电子填充顺序应同时考虑电子间互斥作用使体系总能量保持最低，而不是单纯按轨道能高低的次序排列。

② 同理，过渡金属原子电离时，究竟先电离哪个电子，仍然要取决于哪种方式使所得离子的总能量最低。对于过渡金属离子，由于有净离子电荷存在而减少了屏蔽作用，有效核电荷明显增大。其能级顺序更类似于类氢离子的能级顺序，即能级间隔增大，此时电子之间互斥能已不能改变能级顺序，体系中基本上不出现能级交错现象，即 $E_{(n-1)d}<E_{ns}$。因此电离为 $(n-1)d^x ns^0$ 反而能使体系更为稳定。

为了回答“4s 与 3d 究竟哪个能级更高？”的问题，徐光宪等从光谱数据归纳得到下列近似规律[3]：

① 对于原子的外层电子来说，$n+0.7l$ 愈大，则能级愈高；

② 对于离子的外层电子来说，$n+0.4l$ 愈大，则能级愈高；

③ 对于原子或离子的较深内层电子来说，能级的高低基本决定于 n。

例如，对于 4f，$n+0.7l=6.1$；对于 4s，$n+0.7l=4.0$；对于 3d，$n+0.7l=4.4$；对于 5s，$n+0.7l=5.0$；对于 6s，$n+0.7l=6.0$；因此对于中性原子而言，3d 和 4s 能级相比，3d 的能级还要高一些，这与上述对 Sc 原子考虑电子间排斥作用所进行的综合计算结果一致；虽然 4f 和 4s 同属一个主量子数，但从 $n+0.7l$ 的近似规律来看，4f 的能级远远高于 4s，甚至比 6s 的能级还要高一些。

综上所述，在原子的电子填充顺序中，电子间相互作用能往往对体系的能级顺序起着重

[1] 参考：周公度，段连运编著. 结构化学基础. 第 2 版. 北京：北京大学出版社，1995：68-72. $J(d,d)$ 表示同处于 d 轨道上两个 d 电子之间的互斥能，$J(d,s)$ 表示相邻的 $(n-1)$ d 轨道和 ns 轨道上两个电子之间的互斥能，$J(s,s)$ 表示同处于 s 轨道上两个 s 电子之间的互斥能。

[2] Melrose M P，Scerri E R. Why the 4s orbital is occupied before the 3d. J Chem Edu，1996，73 (6)：498-503。

[3] 参考：徐光宪，王祥云. 物质结构. 第 2 版. 北京：高等教育出版社，1987：60-61。

要的作用；当电离时，核吸引作用能却成为支配性因素。总之，还是体系的总能量决定能级顺序。

3.1.3.2.3　容易混淆的两个问题

关于轨道能和能级的概念，在结构化学的学习中经常会涉及以下两个容易被混淆的问题。

① 通常所说的当原子结合为分子时，对称性相同、能量相近的原子轨道才能有效地组成分子轨道，这里所指的能量就是电子结合能（或能级），而不是原子轨道能。在双分子反应中的 HOMO 和 LUMO 亦指的是能级而不是分子轨道能。

例如，当八面体配合物 $Fe^{II}L_6$ 和 $Fe^{III}L_6$ 之间按外界机理发生被称为自交换反应的电子转移时，需考虑两反应物前线轨道对称性匹配的问题（参阅 7.3.2.1）。如图 3-1(a) 所示，在 L 为弱场配体的情况下，所涉及的 HOMO 和 LUMO 均为 t_{2g} 轨道，虽然从分子轨道能来看，似乎 HOMO 应为 e_g 轨道，但是从能量角度考虑，电子从 Fe(Ⅱ)配合物的 t_{2g} 轨道流向 Fe(Ⅲ)配合物的 t_{2g} 轨道对体系的总能量更为有利，在这里我们必须考虑能级而不是分子轨道能；同理，在 L 为强场配体的情况下［图 3-1(b)］，所涉及的 HOMO 和 LUMO 亦均为 t_{2g} 轨道。因此由体系总能量决定了该体系前线轨道的能级。在表 7-22 中给出的自交换反应速率常数也间接证明了我们对前线轨道能级的认定。

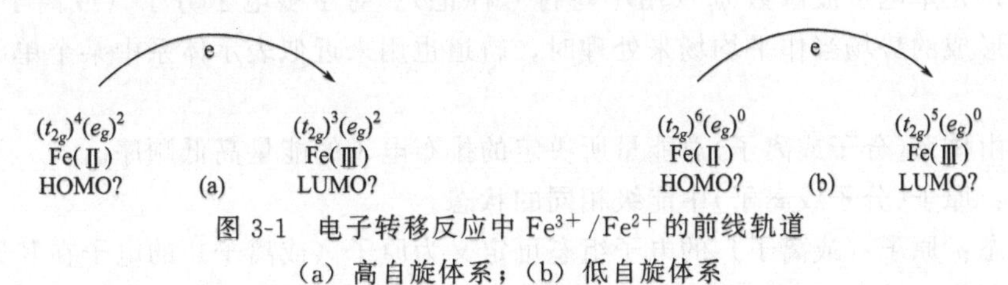

图 3-1　电子转移反应中 Fe^{3+}/Fe^{2+} 的前线轨道

(a) 高自旋体系；(b) 低自旋体系

② 在多电子原子中，简并的概念不能同时用于具有相同 n 和 l 的已占轨道和空轨道。

例如，在某些场合我们不能说已占的 3d 轨道和空的 3d 轨道是“简并”的，否则就无法理解为何在 Sc 原子基态电子填充时，当一个电子进入 Sc^{2+} ($3d^1 4s^0$) 时，它将优先占据“轨道能较高”的 4s 轨道，成为 Sc^+ ($3d^1 4s^1$)，而不是 $3d^2 4s^0$（参阅 3.1.3.2），即该电子并非填入未完全充满的“简并”的 3d 轨道［图3-2(a)］。但是我们却可以称图 3-2(b) 中已占的两个 3d 轨道具有相同的能量 E_{3d}，它们是简并的

如图 3-3 所示，Cr(Ⅲ)配合物在八面体场中的电子组态是 $(t_{2g})^3(e_g)^0$，没有高低自旋之分。当 Cr(Ⅲ)配合物被还原为 Cr(Ⅱ)配合物时，表面上看来 t_{2g} 上还留有未充满的“简并”t_{2g} 轨道供第四个电子填入，实际上当该配合物的分裂能 Δ<成对能 P 时，再填入一个电子后其电子组态将成为 $(t_{2g})^3(e_g)^1$（高自旋态），而不是 $(t_{2g})^4(e_g)^0$（低自旋态），这就是说，体系总能量（同时考虑 Δ 与 P）决定了下一个能级（电子填入的顺序）是 $(t_{2g})^3$ $(e_g)^1$，而不是 $(t_{2g})^4(e_g)^0$，决定电子填入顺序的不是 t_{2g} 分子轨道能，而是能级。而当 Δ>P 时，获得一个电子后其电子组态将成为 $(t_{2g})^4(e_g)^0$（低自旋态），即体系的总能

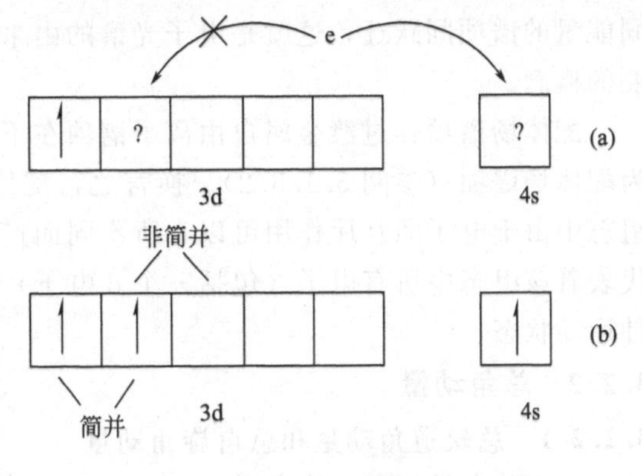

图 3-2　简并和非简并的 3d 轨道

量决定了下一个能级（电子填入的顺序）是 $(t_{2g})^4(e_g)^0$，而不是 $(t_{2g})^3$ $(e_g)^1$。换句话说，当 $\Delta<P$ 时，未填充和已填充的 t_{2g} 轨道可视为非简并的；而当 $\Delta>P$ 时，未填充和已填充的 t_{2g} 轨道可视为简并的。

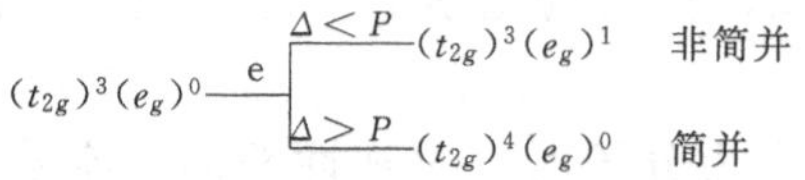

$$(t_{2g})^3(e_g)^0 \xrightarrow{e} \begin{cases} \xrightarrow{\Delta<P} (t_{2g})^3(e_g)^1 \quad \text{非简并} \\ \xrightarrow{\Delta>P} (t_{2g})^4(e_g)^0 \quad \text{简并} \end{cases}$$

图 3-3　八面体 Cr(Ⅲ)配合物的简并和非简并 t_{2g} 轨道

以上例子从另一个角度上说明了原子（或分子）轨道能与能级是两个不同的概念，在各种场合实际应用时不可将二者混淆，否则易得出错误的结论。

3.2　自由原子（或离子）谱项

3.2.1　基本概念

综上所述，对本章所涉及的一些基本概念可作出如下归纳。

轨道：量子力学中，轨道是对经典物理学中“轨道”概念的扬弃，代表单电子体系的某种运动状态，是单电子波函数 ψ_i（用小写符号标记）。对于多电子分子（或离子），当把其它电子和核形成的势场当作平均场来处理时，轨道也用来近似表示体系中某个单电子的运动状态。

能级：由体系(分子或离子)总能量所决定的排布电子的能量高低顺序。

简并态：原子(分子或离子)中能级相同的状态。

电子组态：原子（或离子）的电子组态可定义为原子（或离子）的电子在其原子轨道上按一定规则所作的排布，即用各个电子的量子数 n 和 l 表示无磁场作用下的原子（或离子）状态；配合物（分子或离子）的电子组态可定义为配合物中的电子在其分子轨道上按一定规则所作的排布，例如 $[Mn(H_2O)_6]^{2+}$ 和 $[Fe(CN)_6]^{3-}$ 的基态价层电子组态可分别简写为 $(t_{2g})^3(e_g)^2$ 与 $(t_{2g})^5(e_g)^0$。

谱项：对于多电子原子（或离子），在同一电子组态中，因电子间相互排斥可以有所不同而产生的能量不同状态，这些状态的总自旋角动量和总轨道角动量都有所不同。每一个谱项都代表着该组态的所有电子的一种排布方式，即谱项代表着整个体系的一种运动状态（能态），也称谱项波函数（用大写符号标记）。每一个谱项相当于一个能级。换言之，谱项与原子（或离子）的整体状态联系。按选择定则，体系从一种状态变化到另一种状态，就引起不同能量的谱项间跃迁，这就是电子光谱的由来。所以，谱项对于解释电子光谱是一个非常重要的概念。

配体场谱项：过渡金属自由离子谱项在不同对称性配位环境中分裂所产生的分量谱项称为配体场谱项（参阅 5.1.5.2）。换言之，配体场谱项是处于某一对称性环境下的同一电子组态中由于电子间互斥作用可以有所不同而产生的能量不同的状态（能级）。每一个谱项都代表着该组态中所有电子（包括 n 个 d 电子）的一种排布方式，即谱项代表着整个体系的一种运动状态。

3.2.2　总角动量

3.2.2.1　总轨道角动量和总自旋角动量

对于单电子原子（或离子），由于只有一个核外电子，因而其运动状态可用该电子的运动状态来表示。换言之，单电子原子（或离子）的量子数就是该电子的量子数，即 n、l、m_l 和 m_s。

多电子原子（或离子）的能态可以用原子（或离子）的量子数 L、S 和 J 来表示，而原子在磁场中表现的微观态又与原子的磁量子数 M_L、M_S 和 M_J 有关。整个原子（或离子）的运动状态（能态）应是各个电子所处的轨道和自旋状态的总和，它们可与原子光谱实验数据直接联系。通常用原子（或离子）的角动量来对其微观态和谱项进行分类。在多电子体系中，单个电子的轨道角动量主要是通过其电性而相互作用的；而电子的轨道角动量与自旋角动量或自旋角动量之间则主要通过磁性而相互作用。正如外磁场强制一根小磁棒按一定方向排列一样，每个电子都在其它电子所形成的场中被强制按一定规律排列，也就是说各个电子的轨道和自旋角动量要耦合（矢量加和）[1] 在一起。

有两种极限的耦合情况。

(1) 所有电子的轨道角动量 $\vec{l}$ 和所有电子的自旋角动量 $\vec{s}$ 之间的相互作用比每个电子自身的自旋和轨道角动量的作用要强，则所有电子的轨道角动量 $\vec{l}$ 耦合为总轨道角动量 $\vec{L}$，自旋角动量 $\vec{s}$ 也耦合为总自旋角动量 $\vec{S}$，最后将两者耦合为总角动量 $\vec{J}$。

$$\vec{J}=\vec{L}+\vec{S} \tag{3-15}$$

量子力学要求 $\vec{L}$、$\vec{S}$ 和 $\vec{J}$ 也是量子化的。这类耦合主要用于轻元素（$Z<40$），称为 L-S 耦合[2]或拉塞尔-桑德斯（Russel-Saunders）耦合。

(2) 每一电子自身的 $\vec{l}$ 与 $\vec{s}$ 耦合为该电子的总角动量 $\vec{j}$，然后将所有电子的 $\vec{j}$ 耦合为原子（或离子）的总角动量 $\vec{J}$，称 j-j 耦合。j-j 耦合法适用于重原子。

对于大多数元素，角动量的耦合介于两种极限情况之间。不论采用哪一种耦合方法，正确地理解电子的量子数和原子的量子数之间的关系，特别是磁量子数在联系电子和原子两套量子数中的作用是十分重要的。例如，对于多电子体系，可利用式(3-16) 和式(3-17) 由各个电子的 m_l 和 m_s 分别求得原子的 M_L 和 M_S。

$$M_L=\sum_i m_{l_i} \tag{3-16}$$

$$M_S=\sum_i m_{s_i} \tag{3-17}$$

由 M_L 和 M_S 可进一步求出 L 和 S，再由 L 和 S 求出 J，这就是 L-S 耦合法。

原子（或离子）的总轨道角动量为：

$$\vec{L}=\sum_i \vec{l_i} \tag{3-18}$$

$\vec{L}$ 和 $\vec{l}$ 之间有许多形式上的相似性（见表 3-1），例如，$\vec{L}$ 与总轨道角动量量子数 L 的关系为：

$$|\vec{L}|=\sqrt{L(L+1)}\hbar \tag{3-19}$$

$\vec{L}$ 只能允许有一定的空间取向，其矢量在参考轴（如 z 轴）上的投影必须等于 $M_L\hbar$，而 M_L 可由式(3-16) 计算。L 的最大值即 M_L 的最大值。L 可以是零或正整数，每个 L 之下可

---

[1] 根据角动量的矢量性质，耦合可按矢量加和来处理。

[2] 注意：虽然称 L-S 耦合，但不意味着是两种量子数的加和，因为量子数本身并不是矢量。

以有 0，±1，±2，…，$\pm L$ 共 $2L+1$ 个 M_L 值，即：

$$M_L = L, L-1, L-2, \cdots, -L \tag{3-20}$$

以 d^2 体系为例，其轨道角动量的矢量加和示于图 3-4。其中 m_l 可以是 2，1，0，−1，−2。若假定矢量 $\vec{l}_1$ 代表电子 1 的轨道角动量，矢量 $\vec{l}_2$ 代表电子 2 的轨道角动量，图 3-4 中的坐标表示矢量在 z 轴的投影，以 $\hbar$ 为单位，它与磁量子数的单位相同。假设电子 1 具有 $m_{l_1}=1$，而电子 2 具有 $m_{l_2}=2$，由 $\vec{l}_1$ 和 $\vec{l}_2$ 的矢量加和得总角动量 $\vec{L}$，它的 z 分量（以 $\hbar$ 为单位）为 M_L，即 $M_L = m_{l_1} + m_{l_2} = 3$。

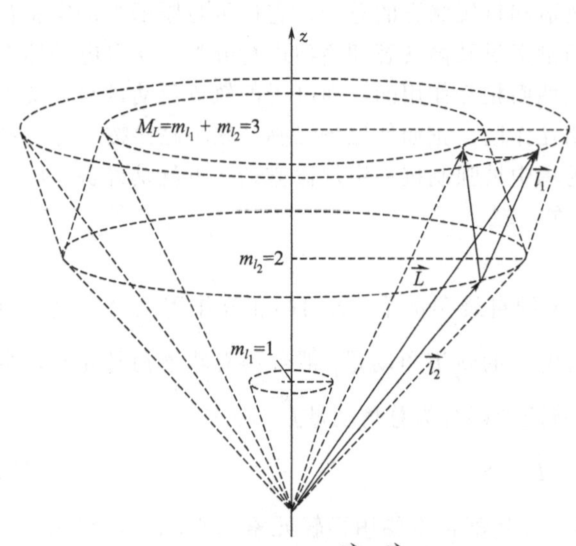

图 3-4 两个 d 电子（矢量 $\vec{l}_1$ 和 $\vec{l}_2$）的轨道角动量的矢量加和得到总轨道角动量 $\vec{L}$
原子的磁量子数 M_L（$\vec{L}$ 的 z 分量）是各个 m_{l_i} 的代数和

原子（或离子）的总自旋角动量为：

$$\vec{S} = \sum_i \vec{s}_i \tag{3-21}$$

$\vec{S}$ 与总自旋角动量量子数 S 的关系为：

$$|\vec{S}| = \sqrt{S(S+1)}\hbar \tag{3-22}$$

S 可以取零、正整数或半整数。$\vec{S}$ 的允许取向是它在 z 轴上的投影，即 $M_S\hbar$，而 M_S 可由式(3-17) 计算。S 的最大值即 M_S 的最大值。每个 S 之下可以有 $2S+1$ 个 M_S 值，即：

$$M_S = S, S-1, S-2, S-3, \cdots, -S \tag{3-23}$$

当耦合所有电子的轨道和自旋角动量时，全满的主层和亚层可以不考虑，因为耦合所得总角动量总是因为各个电子的自旋角动量和轨道角动量矢量和的相互抵消而无贡献。轨道角动量和自旋角动量及其相关量子数列于表 3-1，单电子轨道与多电子谱项的公式形式具有相似性，可帮助我们记忆。

表 3-1 单电子和多电子体系的轨道和自旋角动量及其量子数

单电子轨道	多电子谱项
轨道角动量 $\vec{l}$	$\vec{L} = \sum_i \vec{l}_i$
$\lvert\vec{l}\rvert = \sqrt{l(l+1)}\hbar$	$\lvert\vec{L}\rvert = \sqrt{L(L+1)}\hbar$
$l = n-1, n-2, \cdots, 0$	L=零或正整数，$L_{max} = \lvert M_L \rvert_{max}$
$m_l = 0, \pm1, \pm2, \cdots, \pm l$，共 $2l+1$ 个 m_l 值	$M_L = \sum_i m_{l_i} = 0, \pm1, \pm2, \cdots, \pm L$，共 $2L+1$ 个 M_L 值
自旋角动量 $\vec{s}$	$\vec{S} = \sum_i \vec{s}_i$
$\lvert\vec{s}\rvert = \sqrt{s(s+1)}\hbar$	$\lvert\vec{S}\rvert = \sqrt{S(S+1)}\hbar$
$s = \frac{1}{2}$	S=零、正整数或半整数，$S_{max} = \lvert M_S \rvert_{max}$
$m_s = \pm\frac{1}{2}$	$M_S = \sum_i m_{s_i} = S, S-1, S-2, \cdots, -S$，共 $2S+1$ 个 M_S 值

3.2.2.2　自旋-轨道耦合

在 3.2.2.1 中推求了多电子体系的 L 和 S，再根据式(3-15) 所示的 L-S 耦合法，可求出总角动量量子数 J。

$$J=L+S, L+S-1, L+S-2, L+S-3, \cdots, L-S \tag{3-24}$$

总角动量 $\vec{J}$ 的矢量在 z 轴方向上的投影为 $M_J \hbar$，每个 J 之下可以有 0、±1、±2、…、$\pm J$，共 $2J+1$ 个 M_J 值，即：

$$M_J=J, J-1, J-2, \cdots, -J \tag{3-25}$$

$$M_J=M_L+M_S \tag{3-26}$$

总角动量 $\vec{J}$ 与其量子数 J 的关系为：

$$|\vec{J}|=\sqrt{J(J+1)}\hbar \tag{3-27}$$

实际上，旋-轨耦合意味着在由 $\vec{L}$ 或 $\vec{S}$ 产生的磁场中，$\vec{S}$ 或 $\vec{L}$ 只能有某些量子化的取向。通常 L-S 耦合所涉及的能量（$\approx 10^2\,cm^{-1}$）小于谱项之间的能量间隔（$\approx 10^4\,cm^{-1}$），但是在讨论稀土金属化合物和一些过渡金属化合物的精确磁矩时，自旋-轨道耦合（spin-orbit coupling）往往起着十分重要的作用。

3.2.3　组态的能级分裂

对于多电子体系用 L-S 耦合法推引原子（或离子）的光谱项，可分两种情况讨论：一是等价电子组态，即电子具有完全相同的主量子数和角量子数的组态，如 $(np)^2$；二是非等价电子组态，即电子的主量子数和角量子数中至少有一个是不相同的组态，如 $(2p)^1(3p)^1$ 或 $(3p)^1(3d)^1$。由于受 Pauli 原理及电子不可分辨性的限制，两种类型组态光谱项的推求方法不同。在结构化学教科书中均有介绍相应的推求方法，本书不再赘述。在 3.2.3.1 中将介绍导出基谱项的简便方法。表 3-2 给出 d^n 组态产生的谱项，表 3-2 中的谱项符号是用 3.2.2.1 中定义的量子数 L 和 S 来表示的，${}^{2S+1}L$ 称为罗素-桑德斯谱项符号。谱项符号类似于单电子轨道，但用大写字母来定义 L 值，当 L 为 0，1，2，3，4，5…时，相应的谱项符号分别为 S，P，D，F，G，H…

表 3-2　d^n 组态产生的谱项

组　态	谱　项					
d^1,d^9	${}^2D$					
d^2,d^8	${}^3F$	${}^3P$				
	${}^1G$	${}^1D$	${}^1S$			
d^3,d^7	${}^4F$	${}^4P$				
	${}^2H$	${}^2G$	${}^2F$	$2^{①}\times{}^2D$	${}^3P$	
d^4,d^6	${}^5D$					
	${}^3H$	${}^3G$	$2\times{}^3F$	${}^3D$	$2\times{}^3P$	
	${}^1I$	$2\times{}^1G$	${}^1F$	$2\times{}^1D$	$2\times{}^1S$	
d^5	${}^6S$					
	${}^4G$	${}^4F$	${}^4D$	${}^4P$		
	${}^2I$	${}^2H$	$2\times{}^2G$	$2\times{}^2F$	$3\times{}^2D$	${}^2P$　${}^2S$

① 表示该谱项出现的次数。

3.2.3.1　推求基谱项的简便方法

在判断由光谱项标记原子能态的高低时，可以根据下述洪特（Hund）规则推求同一组态最稳定能态的基态光谱项。

① 原子在同一组态时，S 值最大者能量最低；

② S 值相同时，L 值最大者最稳定。

根据式(3-16) 和式(3-17) 的简单计算，以及 L 与 M_L、S 与 M_S 之间的关系，可方便地写出每个 d^n 组态的基态谱项（表 3-3）❶。注意在填充至半满之后运用“空穴规则”，即从右边（$m_l=-2$）填入电子，它们可被看成满壳层加上 $10-n$ 个“空穴”（正电子）形成的状态。因为在半满之后，“空穴”（正电子）应处于能量最低的状态，则 d^9 体系的一个“空穴”应从 $L(m_l)$ 值最大处填起，而电子的填入方式正好与之相反。可以注意到，由于“空穴规则”的缘故，表 3-3 中最后一列的基态谱项以 d^5 组态为界，呈现一种对称的分布形式。其它组态的原子（或离子），如 p^n 或 f^n（表 3-4）的基态谱项也可用类似的方法推求。

表 3-3　d^n 组态产生基态谱项的推求

组　态	d 轨道的磁量子数 m_l					L	S	基态谱项 ^{2S+1}L
	2	1	0	−1	−2			
d^1	↑					2	1/2	^2D
d^2	↑	↑				3	1	^3F
d^3	↑	↑	↑			3	3/2	^4F
d^4	↑	↑	↑	↑		2	2	^5D
d^5	↑	↑	↑	↑	↑	0	5/2	^6S
d^6	↑	↑	↑	↑	↑↓	2	2	^5D
d^7	↑	↑	↑	↑↓	↑↓	3	3/2	^4F
d^8	↑	↑	↑↓	↑↓	↑↓	3	1	^3F
d^9	↑	↑↓	↑↓	↑↓	↑↓	2	1/2	^2D

3.2.3.2　基态光谱支项

若进一步考虑电子的轨道与自旋相互作用，即旋-轨耦合作用，则每个光谱项还可能会分裂成若干光谱支项。根据洪特第二规则：当谱项是由少于半充满的组态产生时，J 值最小的支谱项能量最低；多于半充满，J 值大的支谱项能量低。半充满时，只产生 $L=0$ 的 S 谱项，无旋-轨耦合作用，故 S 谱项不分裂为光谱支项。

这是因为当少于半充满时，轨道磁矩和自旋磁矩的方向愈不一致，其相互作用能愈小。反之，在半充满以后，则 J 愈大者愈稳定，因为相比于全充满状态，缺少电子的状态相当于一个个“空穴”，电子最稳定之处却是空穴最不稳定之处，所以表 3-3 中以 d^5 组态为界的互为空穴关系的基态光谱项类型虽然相同，但其光谱支项的能级顺序却是相反的。

当 $L \geqslant S$ 时，光谱项分裂为 $2S+1$ 个光谱支项；当 $L<S$ 时，光谱项分裂为 $2L+1$ 个光谱支项。根据上述规则，可以简便地推求下列原子（或离子）的基态光谱支项：

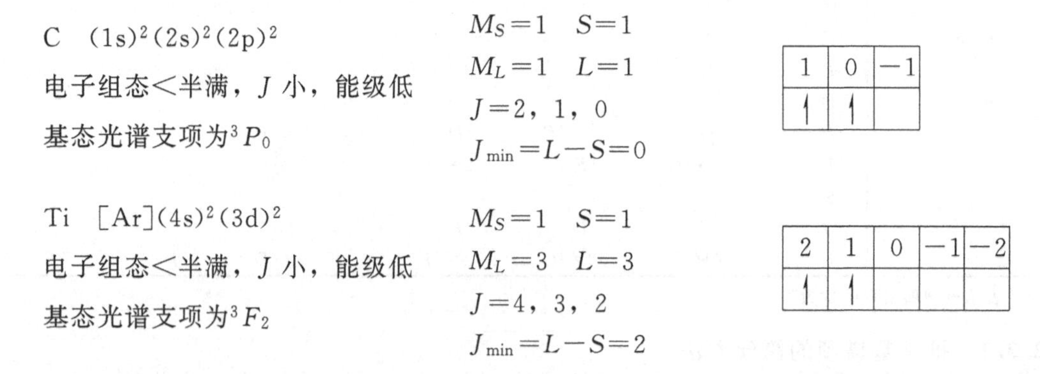

C　$(1s)^2(2s)^2(2p)^2$　　$M_S=1$　$S=1$

电子组态<半满，J 小，能级低　　$M_L=1$　$L=1$

基态光谱支项为 $^3P_0$　　$J=2,\ 1,\ 0$

$J_{min}=L-S=0$

Ti　$[Ar](4s)^2(3d)^2$　　$M_S=1$　$S=1$

电子组态<半满，J 小，能级低　　$M_L=3$　$L=3$

基态光谱支项为 $^3F_2$　　$J=4,\ 3,\ 2$

$J_{min}=L-S=2$

---

❶ 注意：无法用简单的方法预见其它谱项的能级顺序和相对能量，它们可以通过量子化学计算或光谱实验数据获得。

Br[Ar] $(3d)^{10}(4s)^2(4p)^5$　　$M_S=1/2$　$S=1/2$

电子组态＞半满，J 大，能级低　　$|M_L|=1$　$L=1$

基态光谱支项为 $^2P_{3/2}$　　$J=3/2$，$1/2$

$J_{\max}=L+S=3/2$

1	0	−1
↑	↑↓	↑↓

Mn^{2+}[Ar] $(3d)^5$　　$M_S=5/2$　$S=5/2$

电子组态＝半满，谱项不分裂　　$M_L=0$　$L=0$

基态光谱支项为 $^6S_{5/2}$　　$J=L+S=L-S=5/2$

2	1	0	−1	−2
↑	↑	↑	↑	↑

综上所述，以下给出原子（或离子）光谱项的一些基本概念：

光谱项　^{2S+1}L　　$L=0，1，2，3，4，5\cdots$

$S\ P\ D\ F\ G\ H$

光谱支项及符号　$^{2S+1}L_J$　　$J=L+S，L+S-1，L+S-2，L+S-3，\cdots，L-S$

微观能态数　对一个选定的谱项为 $(2S+1)(2L+1)$

微观状（能）态数　等价电子组态，当 n 和 l 相同时，若有 n 个电子，每个电子可能存在的状态总数为 m，可按组合公式 $C_m^n=\dfrac{m!}{n!\ (m-n)!}$计算

光谱的多重性❶　$2S+1=1$，　　2，　　3，　　…

单线态，　双（重）线态，三（重）线态，……

微观能态　在外磁场作用下，每个光谱支项又分裂为 $2J+1$ 个微观能态，这些能态是电子间相互作用及轨道与自旋相互作用的最后结果。

微观能态与微观状态　在多电子原子中，原子的微观能态是通过各个电子的微观状态组合❷而得到的。由于是从两种不同出发点得来的，微观能态与微观状态已失去一一对应关系，但二者的数目是相等的。

根据基态光谱支项的推求规则，采用类似于表 3-3 中 d^n 体系基态光谱项的推求法，从表 3-4 可以简明地推求镧系离子 Ln^{3+} 的基态光谱支项。

表 3-4　镧系离子 Ln^{3+} 基态光谱支项的推求

Ln^{3+}	$4f^n$	4f 轨道的磁量子数 m_l							L	S	$J=L\pm S$	$^{2S+1}L_J$
		3	2	1	0	−1	−2	−3				
											$J=L-S$	
La^{3+}	$4f^0$								0	0	0	$^1S_0$
Ce^{3+}	$4f^1$	↑							3	1/2	5/2	$^2F_{5/2}$
Pr^{3+}	$4f^2$	↑	↑						5	1	4	$^3H_4$
Nd^{3+}	$4f^3$	↑	↑	↑					6	3/2	9/2	$^4I_{9/2}$
Pm^{3+}	$4f^4$	↑	↑	↑	↑				6	2	4	$^5I_4$
Sm^{3+}	$4f^5$	↑	↑	↑	↑	↑			5	5/2	5/2	$^6H_{5/2}$
Eu^{3+}	$4f^6$	↑	↑	↑	↑	↑	↑		3	3	0	$^7F_0$
											$J=L+S$	
Gd^{3+}	$4f^7$	↑	↑	↑	↑	↑	↑	↑	0	7/2	7/2	$^8S_{7/2}$
Tb^{3+}	$4f^8$	↑	↑	↑	↑	↑	↑	↑↓	3	3	6	$^7F_6$

❶ 实际上多重线状的精细结构是由一个谱项中所包含的光谱支项（可为 $2S+1$ 个 J 值或 $2L+1$ 个 J 值）引起的，但习惯上仍称 $2S+1$ 为多重态。只有在自旋多重性相同的谱项间的跃迁是允许的。

❷ 微观能态与微观状态可统一称为微观态。微观状态组合为微观能态可类比于在量子力学中由 $m_l=1$ 和 $m_l=-1$ 状态线性组合得到 p_x 和 p_y 轨道，两者之间不存在一一对应关系。

续表

Ln^{3+}	$4f^n$	4f轨道的磁量子数 m_l							L	S	$J=L\pm S$	$^{2S+1}L_J$
		3	2	1	0	−1	−2	−3				
Dy^{3+}	$4f^9$	↑	↑	↑	↑	↑	↑↓	↑↓	5	5/2	15/2	$^6H_{15/2}$
Ho^{3+}	$4f^{10}$	↑	↑	↑	↑	↑↓	↑↓	↑↓	6	2	8	$^5I_8$
Er^{3+}	$4f^{11}$	↑	↑	↑	↑↓	↑↓	↑↓	↑↓	6	3/2	15/2	$^4I_{15/2}$
Tm^{3+}	$4f^{12}$	↑	↑	↑↓	↑↓	↑↓	↑↓	↑↓	5	1	6	$^3H_6$
Yb^{3+}	$4f^{13}$	↑	↑↓	↑↓	↑↓	↑↓	↑↓	↑↓	3	1/2	7/2	$^2F_{7/2}$
Lu^{3+}	$4f^{14}$	↑↓	↑↓	↑↓	↑↓	↑↓	↑↓	↑↓	0	0	0	$^1S_0$

在一个特定的谱项中，其光谱支项相邻能级之间的能量间隔为 λJ_i，其中 J_i 是量子数 J 的较大者（见图 3-5），称为朗德（Landé）间隔规则。参数 λ 称为旋-轨耦合常数。对于一个给定的谱项，λ 为一常数，但对同一原子（或离子）的不同谱项，λ 可以不同。一般而言，λ 随着原子序数的增大而增大。对于重元素，特别是镧系元素，它们的旋-轨耦合能和电子互斥能已相差无几，此时，有必要采取 j-j 耦合法来推求谱项。

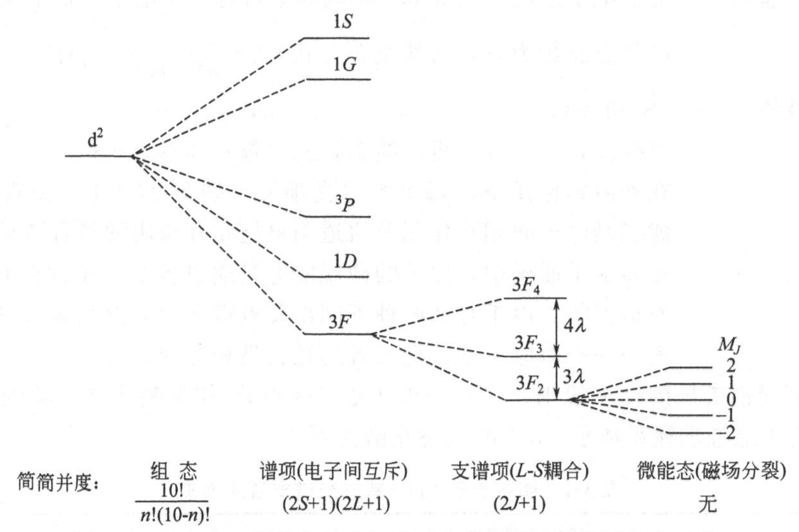

图 3-5　d^2 组态分裂的定性能级图（各种分裂未按实际标度画出）

还应指出，由特定谱项产生的每一个光谱支项仍然有 $2J+1$ 个简并度。换言之，在无外加磁场时，总角动量 $\vec{J}$ 的 $2J+1$ 个允许的取向都具有相同的能量。这种简并度只有在外磁场作用下才解除。相邻 M_J 能级（即 Zeeman 能级）的能量间隔 ΔE 是 $M_J g\beta H$，ΔE 与外磁场强度 H 成正比，其中 g 称为朗德因子，而 β 是玻尔磁子。在一个光谱支项内的分裂间距相同，但不同光谱支项则不同。光谱支项在外磁场作用下的分裂是有关磁性测量的基础（参阅 5.3），所导致的原子（或离子）光谱线的分裂现象则称为 Zeeman 效应。

3.2.4　谱项的能量和拉卡参数

前已述及，我们无法用简单的方法预见某个组态下的多个谱项（见表 3-2）中，除了基态谱项之外的其它谱项的能级顺序和相对能量，这些数据只有在近似解出相应的波动方程（引入电子-电子互斥项）之后才能得到。通常谱项可表示为斯莱特-康顿（Slater-Condon）参数或拉卡（Racah）参数的线性组合。以下仅作出简要介绍[1]。

---

[1] 主要参考：周永洽编著．分子结构分析．北京：化学工业出版社，1991：154-159。

表 3-5 d^n 组态的谱项能（n=2、3、4 和 5）

d^2	d^3
$^3F=A-8B$	$^4F=3A-15B$
$^3P=A+7B$	$^4P=3A$
$^1D=A-3B+2C$	$^2H={}^2P=3A-6B+3C$
$^1G=A+4B+2C$	$^2G=3A-11B+3C$
$^1S=A+14B+7C$	$^2F=3A+9B+3C$
	a,b-$^2D=3A+5B+5C\pm(193B^2+8BC+4C^2)^{1/2}$
d^4	**d^5**
$^5D=6A-21B$	$^6S=10A-35B$
$^3H=6A-17B+4C$	$^4G=10A-25B+5C$
$^3G=6A-12B+4C$	$^4F=10A-13B+7C$
a,b-$^3F=6A-5B+11/2C\pm3/2(68B^2+48BC+C^2)^{1/2}$	$^4D=10A-18B+5C$
$^3D=6A-5B+4C$	$^4P=10A-28B+7C$
a,b-$^3P=6A-5B+11/2C\pm1/2(912B^2-24BC+9C^2)^{1/2}$	$^2I=10A-24B+8C$
$^1I=6A-15B+6C$	$^2H=10A-22B+10C$
a,b-$^1G=6A-5B+15/2C\pm1/2(708B^2-12BC+9C^2)^{1/2}$	a-$^2G=10A-13B+8C$
$'F=6A+6C$	b-$^2G=10A+3B+10C$
a,b-$^1D=6A+9B+15/2C\pm3/2(144B^2+8BC+C^2)^{1/2}$	a-$^2F=10A-9B+8C$
a,b-$^1S=6A+10B+10C\pm2(193B^2+8BC+4C^2)^{1/2}$	b-$^2F=10A-25B+10C$
	c-$^2D=10A-4B+10C$
	a,b-$^2D=10A-3B+11C\pm3(57B^2+2BC+C^2)^{1/2}$
	$^2P=10A+20B+10C$
	$^2S=10A-3B+8C$

在定量上，多电子体系 $\hat{H}$ 算符的能量修正值可以通过计算若干个积分得到。Slater-Condon-Shortley 建议用参数 F_0、F_2 和 F_4 来表示 d 电子组态的这些积分。一个给定谱项的能量参数表达式对任何过渡金属离子都是一样的。尽管参数所代表的能量值是因离子而异的。严格地说，这套参数只能用于 d^2 组态，但实际应用表明各种 d^n 电子组态的谱项都能用这套参数表示。在此基础上，拉卡提出用参数 A、B、C 表示 d 电子组态的谱项能，这两套参数有如下关系：

$$\begin{cases}A=F_0-49F_4\\B=F_2-5F_4\\C=35F_4\end{cases}\tag{3-28}$$

采用这套参数后，同一组态生成的任何两个光谱项的能量差都与参数 A 无关，自旋多重度最大的两个光谱项的能量差仅与 B 有关。例如 d^2 组态的 ^3F、^3P 和 ^1D 谱项能的参数表达式为：

$$\begin{cases}E(^3F)=F_0-8F_2-9F_4=A-8B\\E(^3P)=F_0+7F_2-84F_4=A+7B\\E(^1D)=F_0-3F_2+36F_4=A-3B+2C\end{cases}\tag{3-29}$$

由 V^{3+}（d^2）离子观察到，$^3F\rightarrow{}^3P$ 跃迁位于 13000cm^{-1}，$^3F\rightarrow{}^1D$ 跃迁位于10600cm^{-1}，从而可以计算谱项之间的能级间隔：

$$\Delta E(^3F\rightarrow{}^3P)=15F_2-75F_4=15B=13000\text{cm}^{-1}$$

$$\Delta E(^3F\rightarrow{}^1D)=5F_2+45F_4=5B+2C=10600\text{cm}^{-1}$$

由联立方程得到 $F_2=1310\text{cm}^{-1}$，$F_4=90\text{cm}^{-1}$，$B=866\text{cm}^{-1}$，$C/B=3.6$，由计算可看

出用拉卡参数研究电子光谱要方便一些，因而目前应用得最广的就是拉卡参数。表 3-5 列出用拉卡参数表示的若干 d^n 组态的谱项能，表 3-5 中的 a、b 和 c 用以标记谱项符号不同的状态。本书将在 5.1 中讨论拉卡参数在能级图（参阅 5.1.8）和计算谱项能（参阅 5.1.11.2）方面的具体应用。

3.3 群的表示

分子对称性和群论基础知识在结构化学、量子化学和群论等经典教科书中均有详细论述。为了导出轨道和谱项的变换性质以及直积和轨道相互作用的条件等，本节将对群的表示等相关概念及其在配位化学中的应用作出简要介绍。

3.3.1 矩阵初步

熟悉矩阵方法对于把对称性和群论方法应用到分子问题是极其重要的。

3.3.1.1 矩阵的概念及其应用

矩阵是遵循一定结合规律的一组数的矩形排列。从矩阵与行列式的记号外表来看，它们是很类似的，但它们却是两个完全不同的概念。一般来说，行列式是个数量。矩阵既不是数，也不是一个函数，它是由某些元素所排成的矩形列阵本身，或可以看作一个算符。

矩阵 $\boldsymbol{A}$ 有 m 行 n 列，称为 $m\times n$ 阶矩阵。分别用下标 i，j 来表示矩阵元素，例如 $\boldsymbol{a}_{ij}$ 指的是矩阵的第 i 行和第 j 列的元素。

矩阵也可以用来描述由一个坐标系到另一个坐标系的变换。一个点群里所包含的各种对称操作相当于不同的坐标变换，而坐标变换为一种线性变换，所以可用变换矩阵表示对称操作。

3.3.1.2 矩阵乘法

为了计算矩阵乘积 $\boldsymbol{AB}$，矩阵 $\boldsymbol{A}$ 和 $\boldsymbol{B}$ 必须是可相乘的，即 $\boldsymbol{A}$ 的列数必须等于 $\boldsymbol{B}$ 的行数。这样，若 $\boldsymbol{A}$ 是 $l\times m$ 阶矩阵，则 $\boldsymbol{B}$ 必须是 $m\times n$ 阶，l 和 n 可为任意值。$\boldsymbol{A}$ 和 $\boldsymbol{B}$ 的乘积 $\boldsymbol{AB}$ 是矩阵 $\boldsymbol{C}$，它是 $l\times n$ 阶矩阵。

$$\boldsymbol{C}=\boldsymbol{AB}$$

$$c_{ij}=\sum a_{ik}b_{kj}$$

即 $\boldsymbol{C}$ 的元素是由取 $\boldsymbol{A}$ 的第 i 行同 $\boldsymbol{B}$ 的第 j 列得到的。例如：

$$\boldsymbol{A}=\begin{bmatrix}a_{11} & a_{12}\\ a_{21} & a_{22}\end{bmatrix};\ \boldsymbol{B}=\begin{bmatrix}b_{11} & b_{12}\\ b_{21} & b_{22}\end{bmatrix};\ \boldsymbol{AB}=\boldsymbol{C}=[c_{ij}]=\begin{bmatrix}c_{11} & c_{12}\\ c_{21} & c_{22}\end{bmatrix}\quad \begin{aligned}c_{11}&=a_{11}b_{11}+a_{12}b_{21}\\ c_{12}&=a_{11}b_{12}+a_{12}b_{22}\\ c_{21}&=a_{21}b_{11}+a_{22}b_{21}\\ c_{22}&=a_{21}b_{12}+a_{22}b_{22}\end{aligned}$$

通常矩阵的乘法是不可交换的，即 $\boldsymbol{AB}\neq\boldsymbol{BA}$，乘积 $\boldsymbol{AB}$ 和 $\boldsymbol{BA}$ 往往是不同的（注意在点群中也有这一现象），例如：

$$\begin{bmatrix}1 & 3\\ 2 & 2\end{bmatrix}\begin{bmatrix}2 & 0\\ 1 & 1\end{bmatrix}=\begin{bmatrix}5 & 3\\ 6 & 2\end{bmatrix}\neq\begin{bmatrix}2 & 0\\ 1 & 1\end{bmatrix}\begin{bmatrix}1 & 3\\ 2 & 2\end{bmatrix}=\begin{bmatrix}2 & 6\\ 3 & 5\end{bmatrix}$$

但是矩阵乘法遵守结合律与分配律。

$$\boldsymbol{A}(\boldsymbol{BC})=(\boldsymbol{AB})\boldsymbol{C},\ \boldsymbol{A}(\boldsymbol{B}+\boldsymbol{C})=\boldsymbol{AB}+\boldsymbol{AC}$$

3.3.1.3 一些重要的特殊矩阵

（1）行矢量和列矢量

我们经常会遇到单行或者单列的矩阵，它们分别称为行矢量和列矢量。用符号［**A**］表示行矢量，而｛**A**｝表示列矢量，被用得较多的是后者，例如：

$$[\boldsymbol{A}]=(a_1,a_2,a_3,\cdots);\{A\}=\begin{bmatrix}a_1\\a_2\\a_3\\\vdots\end{bmatrix}$$

如果 **A** 是 $m\times n$ 阶矩阵，**B** 是 $n\times 1$ 阶的列矩阵，**C**=**AB**，结果得到 $m\times 1$ 阶列矩阵 **C**，**C** 的矩阵元素为：

$$c_i=\sum a_{ik}b_k$$

c_i、b_k 的列指标 $j=1$ 已经略去。

特别地，当 **A** 是 $n\times n$ 阶矩阵（即方阵）时，仍得到 $n\times 1$ 阶的列矩阵，这种乘法对坐标的线性变换特别有用。

在 n 维空间中，一个矢量可以由一个 $n\times 1$ 阶的列矢量所决定。这个矢量矩阵元素的几何意义和实际空间中的相同，也就是假定它的一端位于坐标原点，则另一端就给出了矢量的正交坐标（例如直角坐标系）。

（2）方矩阵

方矩阵简称方阵，顾名思义，这是一种具有相同行数与列数的方形矩阵。它有如下特点。

① 方阵主对角线上的元素的和称为方阵的迹（trace）。对于方阵 **A**、**B**，虽然 **AB**≠**BA**，但是可以证明它们（**AB** 和 **BA**）的迹相等。

② 当方阵的对角线上分布着方块，其它元素都是零，这种方阵称为分（方）块因子矩阵。如果 **AB** 是同阶次同结构的分（方）块因子矩阵，而且 $\boldsymbol{A}_1$、$\boldsymbol{B}_1$；$\boldsymbol{A}_2$、$\boldsymbol{B}_2$；$\boldsymbol{A}_3$、$\boldsymbol{B}_3$ 也都分别同阶次，此时 **AB** 相乘具有下列简单形式：

$$\boldsymbol{A}=\begin{bmatrix}\boldsymbol{A}_1&0&0\\0&\boldsymbol{A}_2&0\\0&0&\boldsymbol{A}_3\end{bmatrix};\quad \boldsymbol{B}=\begin{bmatrix}\boldsymbol{B}_1&0&0\\0&\boldsymbol{B}_2&0\\0&0&\boldsymbol{B}_3\end{bmatrix};\quad \boldsymbol{C}=\boldsymbol{AB}=\begin{bmatrix}\boldsymbol{A}_1\boldsymbol{B}_1&0&0\\0&\boldsymbol{A}_2\boldsymbol{B}_2&0\\0&0&\boldsymbol{A}_3\boldsymbol{B}_3\end{bmatrix}$$

（3）对角矩阵

除了主对角线上的元素外，其它元素都是零的方阵。

（4）单位矩阵

主对角线上元素都是 1 的对角阵。

当方阵 **A** 与同阶次的单位矩阵 **E** 相乘时，其结果为 **A** 不变。即 **AE**=**A**。

3.3.2　线性变换[1]

矩阵在分子问题上的最重要用途之一在于将群论应用于对称性分析。对称操作能够用矩阵来加以描述，是因为对称操作不改变物体中任意两点的距离，所以是一种线性变换。让我们考察矢量 **p** 绕 z 轴逆时针旋转来说明这一点。

如图 3-6 所示，假设矢量 **p** 绕 z 轴逆时针旋转一个 θ 角，得到一个新矢量 **p**′。由于 z 分量保持不变，可以只考察 xy 平面，并且取 d 为 **p** 在此平面上的投影长度。设此投影开始与 x 轴的夹角为 ϕ，则：

---

[1] 主要参考：［英］希尔斯特 D M 著．化学数学．清华大学化学教研组译．北京：人民教育出版社，1979：240-242。

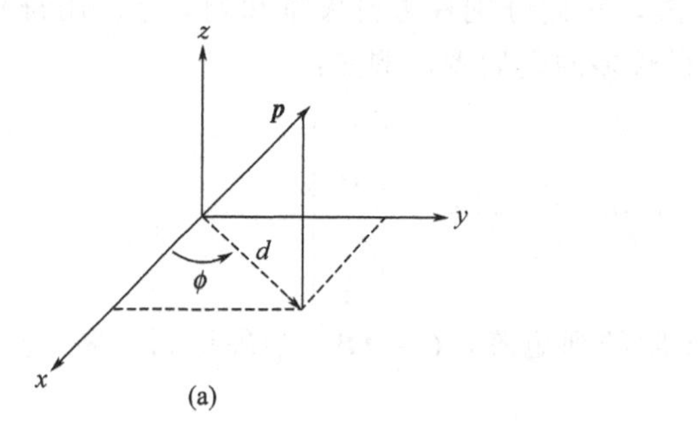

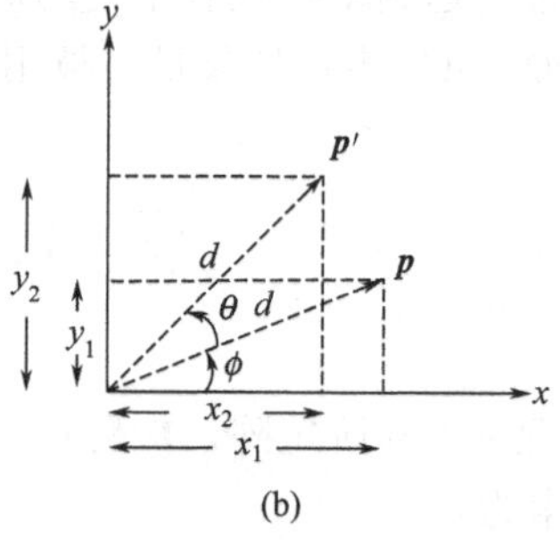

图 3-6 对称操作线性变换示意图

$$x_2=d\cos(\theta+\phi)=d\cos\theta\cos\phi-d\sin\theta\sin\phi=x_1\cos\theta-y_1\sin\theta$$

因为 $d\cos\phi=x_1 \quad d\sin\phi=y_1$

同理 $y_2=d\sin(\theta+\phi)=d\sin\theta\cos\phi+d\cos\theta\sin\phi=x_1\sin\theta+y_1\cos\theta$

显然有

$$\begin{aligned}x_2&=\cos\theta x_1-\sin\theta y_1\\ y_2&=\sin\theta x_1+\cos\theta y_1\\ z_2&=z_1\end{aligned} \tag{3-30}$$

这样，就可能用如下矩阵关系式来表示新矢量 $\boldsymbol{p}'$的分量（x_2，y_2，z_2）与旧矢量 $\boldsymbol{p}$ 的分量（x_1，y_1，z_1）之间的关系：

$$\begin{bmatrix}x_2\\y_2\\z_2\end{bmatrix}=\begin{bmatrix}\cos\theta & -\sin\theta & 0\\ \sin\theta & \cos\theta & 0\\ 0 & 0 & 1\end{bmatrix}\begin{bmatrix}x_1\\y_1\\z_1\end{bmatrix}$$

即可视为：

$$\{X_2\}=\boldsymbol{R}\{X_1\}$$

例如：假设 $\theta=180°$，$\boldsymbol{R}(C_2)=\begin{bmatrix}-1 & 0\\ 0 & -1\end{bmatrix}$；或 $\theta=120°$，则 $\boldsymbol{R}(C_3)=\begin{bmatrix}-\frac{1}{2} & -\frac{\sqrt{3}}{2}\\ \frac{\sqrt{3}}{2} & -\frac{1}{2}\end{bmatrix}$。

3.3.3 变换矩阵、群的表示、特征标

由 3.3.2 可知，矩阵 $\boldsymbol{R}$ 可用于表示对点（x，y，z）进行的一个旋转操作。由线性代数可推得 C_n 轴的 k 次操作的方阵（称为变换矩阵）为：

$$C_n^k=\begin{bmatrix}\cos(2k\pi/n) & -\sin(2k\pi/n) & 0\\ \sin(2k\pi/n) & -\cos(2k\pi/n) & 0\\ 0 & 0 & 1\end{bmatrix} \tag{3-31}$$

例如：

$$C_4^1=\begin{bmatrix}0 & -1 & 0\\ 1 & 0 & 0\\ 0 & 0 & 1\end{bmatrix} \quad C_4^3=\begin{bmatrix}0 & 1 & 0\\ -1 & 0 & 0\\ 0 & 0 & 1\end{bmatrix}$$

即 C_4^3 为 C_4^1 的逆变换，在线性代数中写作 $\{X_1\}=\boldsymbol{R}^{-1}\{X_2\}$。

显然，$\boldsymbol{R}\boldsymbol{R}^{-1}=\boldsymbol{R}^{-1}\boldsymbol{R}=E$，在旋转操作群中 $\boldsymbol{R}$ 与 $\boldsymbol{R}^{-1}$ 互为逆元素，它们之间的关系可简单地由其中一个矩阵的行与列的转置而推出，这类矩阵称为正交矩阵。

而反演操作 i 和恒等操作 E 的表示矩阵分别为：

$$i=\begin{bmatrix}-1 & 0 & 0\\ 0 & -1 & 0\\ 0 & 0 & -1\end{bmatrix}\quad E=\begin{bmatrix}1 & 0 & 0\\ 0 & 1 & 0\\ 0 & 0 & 1\end{bmatrix}$$

例如，用 C_{2v} 群的所有对称操作对点（x，y，z）进行变换得相应的一组四个变换矩阵：

$$E=\begin{bmatrix}1 & 0 & 0\\ 0 & 1 & 0\\ 0 & 0 & 1\end{bmatrix}\quad C_2=\begin{bmatrix}-1 & 0 & 0\\ 0 & -1 & 0\\ 0 & 0 & 1\end{bmatrix}\quad \sigma_v(xz)=\begin{bmatrix}1 & 0 & 0\\ 0 & -1 & 0\\ 0 & 0 & 1\end{bmatrix}\quad \sigma_v(yz)=\begin{bmatrix}-1 & 0 & 0\\ 0 & 1 & 0\\ 0 & 0 & 1\end{bmatrix}$$

$$\chi^{[1]}(E)=3\qquad \chi(C_2)=-1\qquad \chi(\sigma_{xz})=1\qquad \chi(\sigma_{yz})=1$$

这一组变换矩阵的集合同样满足形成一个群的四个条件。

① 封闭性 $\sigma_v(yz)C_2=\sigma_v(xz)$

$$\begin{bmatrix}-1 & 0 & 0\\ 0 & 1 & 0\\ 0 & 0 & 1\end{bmatrix}\begin{bmatrix}-1 & 0 & 0\\ 0 & -1 & 0\\ 0 & 0 & 1\end{bmatrix}=\begin{bmatrix}1 & 0 & 0\\ 0 & -1 & 0\\ 0 & 0 & 1\end{bmatrix}$$

② 恒等元素 $\sigma_v(yz)E=\sigma_v(yz)$

$$\begin{bmatrix}-1 & 0 & 0\\ 0 & 1 & 0\\ 0 & 0 & 1\end{bmatrix}\begin{bmatrix}1 & 0 & 0\\ 0 & 1 & 0\\ 0 & 0 & 1\end{bmatrix}=\begin{bmatrix}-1 & 0 & 0\\ 0 & 1 & 0\\ 0 & 0 & 1\end{bmatrix}$$

③ 逆元素 $C_2C_2=E$

$$\begin{bmatrix}-1 & 0 & 0\\ 0 & -1 & 0\\ 0 & 0 & 1\end{bmatrix}\begin{bmatrix}-1 & 0 & 0\\ 0 & -1 & 0\\ 0 & 0 & 1\end{bmatrix}=\begin{bmatrix}1 & 0 & 0\\ 0 & 1 & 0\\ 0 & 0 & 1\end{bmatrix}$$

④ 结合律 $\sigma_v(yz)[C_2\sigma_v(xz)]=[\sigma_v(yz)C_2]\sigma_v(xz)=E$

$$\begin{bmatrix}-1 & 0 & 0\\ 0 & 1 & 0\\ 0 & 0 & 1\end{bmatrix}\left\{\begin{bmatrix}1 & 0 & 0\\ 0 & 1 & 0\\ 0 & 0 & 1\end{bmatrix}\begin{bmatrix}-1 & 0 & 0\\ 0 & 1 & 0\\ 0 & 0 & 1\end{bmatrix}\right\}=\left\{\begin{bmatrix}-1 & 0 & 0\\ 0 & 1 & 0\\ 0 & 0 & 1\end{bmatrix}\begin{bmatrix}1 & 0 & 0\\ 0 & 1 & 0\\ 0 & 0 & 1\end{bmatrix}\right\}\begin{bmatrix}-1 & 0 & 0\\ 0 & 1 & 0\\ 0 & 0 & 1\end{bmatrix}=\begin{bmatrix}1 & 0 & 0\\ 0 & 1 & 0\\ 0 & 0 & 1\end{bmatrix}$$

所以，如同四个对称操作 E、$\sigma_v(xz)$、$\sigma_v(yz)$、C_2 的集合组成 C_{2v} 群那样，上述一组变换矩阵的集合也能很好地表示出 C_{2v} 群，而且随着所考察的对象不同，即对称操作所施与的对象（被称为基）除了一组坐标（x，y，z）外，还可能是一个轨道或一组轨道，例如一组三个 p 轨道（p_x、p_y 和 p_z）或一组五个 d 轨道（d_{xy}，d_{xz}，d_{yz}，d_{z^2} 和 $d_{x^2-y^2}$），故还有其它多种形式矩阵的集合可以表示 C_{2v} 群。于是，每一种的集合构成了 C_{2v} 群的一种“表示”，这就是我们在下面所要讨论的内容。

由此给出“基”的定义：某一对称群中群元素（即对称操作）的作用对象称为基。

在 3.3.1.3 中介绍方阵时，我们曾解释过方阵的“迹”，即方阵主对角线上元素的和，也称特征标。用来表示对称操作矩阵的一个重要特征就是它的特征标，用 χ 标记。而在一种矩阵群中 E 矩阵的特征标说明了该种表示的维数。

3.3.4 将原子轨道作为表示的基

具体做法：将分子定位在右手坐标系，分子的中心落在坐标原点，主轴与 z 轴重合，坐标系在对称操作中保持不变，而是原子轨道发生变化（在旋转操作中，轨道顺时针转动相当于坐标系逆时针转动，本书的做法），例如在 C_2 操作下，p_z 轨道不发生变化，但 p_x 和 p_y 轨道都改变了符号，如图 3-7 所示。有时也可采用原子轨道逆时针转动的方法，虽然所得矩

---

[1] χ 为该方阵的迹，也称为特征标，下同。

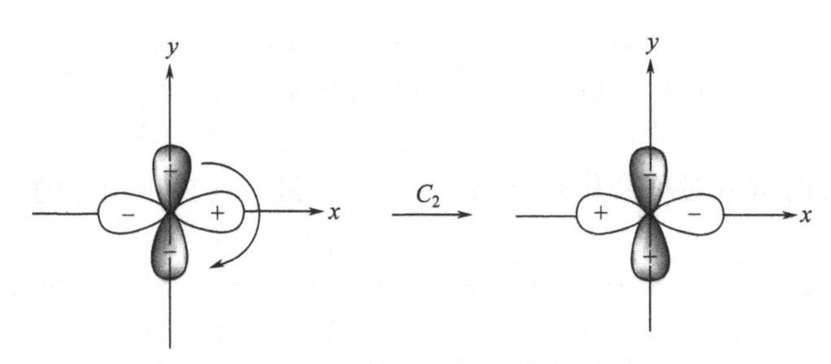

图 3-7　p_x 和 p_y 轨道在 C_2 操作下的变换

阵在形式上有所不同，但只要取相同的基，最后得到的各个对称操作所对应的矩阵的特征标却是相同的。方法的不同仅仅在于所选择的参照系不同。

表 3-6 列出在 C_{2v} 群对称操作的作用下 p 轨函（分别以单个 p 轨函为基）的变换。

表 3-6　C_{2v} 群中 p 轨函的变换

C_{2v}	E	C_2	$\sigma_v(xz)$	$\sigma_v(yz)$	基
p_z	p_z	p_z	p_z	p_z	p_z
p_x	p_x	$-p_x$	p_x	$-p_x$	p_x
p_y	p_y	$-p_y$	$-p_y$	p_y	p_y

接下来列出 C_{2v} 群的几种表示。从表 3-7 中可以看出，随着基不同，同一点群的各组变换矩阵（即表示）也不同。它们的维数也不同，可以分别是一维或三维的。x，y，z 既可以合起来作为一个基考察，又可以分别单独考察。而且由于 p 轨函所具有的实函数形式分别为：$\psi p_z = f_r r\cos\theta = f_r z$；$\psi p_x = f_r r\cos\theta\sin\phi = f_r x$；$\psi p_y = f_r r\sin\theta\sin\phi = f_r y$。$p_x$、$p_y$ 和 p_z 的变换则完全等同于 x、y 和 z。表 3-6 中轨函的变换在表 3-7 中改用 1×1 阶矩阵表示。一种表示的特征标总称用 Γ 表示。Γ 也可用来代表一组（可约或不可约）表示矩阵。

表 3-7　C_{2v} 群的几种表示

C_{2v}	E	C_2	$\sigma_v(xz)$	$\sigma_v(yz)$	基
$\Gamma_1(xyz)$	$\begin{bmatrix}1&0&0\\0&1&0\\0&0&1\end{bmatrix}$	$\begin{bmatrix}-1&0&0\\0&-1&0\\0&0&1\end{bmatrix}$	$\begin{bmatrix}1&0&0\\0&-1&0\\0&0&1\end{bmatrix}$	$\begin{bmatrix}-1&0&0\\0&1&0\\0&0&1\end{bmatrix}$	$\begin{bmatrix}x\\y\\z\end{bmatrix}$
$\Gamma_1(xyz)$	3	−1	1	1	
$\Gamma_2(A_1)$	(1)	(1)	(1)	(1)	z, p_z
$\Gamma_3(B_1)$	(1)	(−1)	(1)	(−1)	x, p_x
$\Gamma_4(B_2)$	(1)	(−1)	(−1)	(1)	y, p_y

3.3.5　相似变换、群元素的类、不可约表示和特征标表

3.3.5.1　相似变换和群元素的类

若 X 和 A 是群 G 中的两个元素，有：

$$X^{-1}AX = B$$

其中，B 仍是群 G 中的元素，这时，称 A 和 B 是互为共轭的元素，上述运算被称为由 A 到 B 的相似变换。将上式两端分别左乘 X 右乘 X^{-1} 得到 $XBX^{-1} = A$，说明元素之间的共轭是彼此相互的。群中相互共轭元素的完整集合构成群元素的类。特别地，若 $X^{-1}AX = A$，则称 A 为自身共轭，即 A 自成一类。

确定一个群的类的具体做法：可以从一个元素开始，实行群中所有元素（本身在内）对

它的相似变换。接着进行第二个、第三个、……一直到最后，把共轭元素归成类。

例 1 对 C_{2v} 群中各元素作相似变换

E： $C_2EC_2=C_2C_2=E$

$\sigma_v(xz)E\sigma_v(xz)=\sigma_v(xz)\sigma_v(xz)=E$

$\sigma_v(yz)E\sigma_v(yz)=\sigma_v(yz)\sigma_v(yz)=E$

说明 E 自成一类

C_2： $EC_2E=C_2$

$\sigma_v(xz)C_2\sigma_v(xz)=C_2$

$\sigma_v(yz)C_2\sigma_v(yz)=C_2$

$C_2C_2C_2=C_2$

说明 C_2 自成一类

$\sigma_v(xz)$： $E\sigma_v(xz)E=\sigma_v(xz)$

$\sigma_v(xz)\sigma_v(xz)\sigma_v(xz)=\sigma_v(xz)$

$\sigma_v(yz)\sigma_v(xz)\sigma_v(yz)=\sigma_v(xz)$

$C_2\sigma_v(xz)C_2=\sigma_v(xz)$

说明 $\sigma_v(xz)$ 自成一类

$\sigma_v(yz)$： $E\sigma_v(yz)E=\sigma_v(yz)$

$\sigma_v(xz)\sigma_v(yz)\sigma_v(xz)=\sigma_v(yz)$

$\sigma_v(xz)\sigma_v(xz)\sigma_v(xz)=\sigma_v(yz)$

$C_2\sigma_v(yz)C_2=\sigma_v(yz)$

说明 $\sigma_v(yz)$ 自成一类

例 2 确定 C_{3v} 群的类

取 C_3 作相似变换得：

$$EC_3E=C_3,\ C_3^{-1}C_3C_3=C_3,\ (C_3^2)^{-1}C_3C_3^2=C_3,$$

$$\sigma_v'C_3\sigma_v'=C_3^2,\ \sigma_v''C_3\sigma_v''=C_3^2,\ \sigma_v'''C_3\sigma_v'''=C_3^2$$

可见，C_3 和 C_3^2 为同一类。仿照这种做法可以证明 E 自成一类，三个 σ 为一类。对于较简单的群，可以通过逐一对群中各元素进行相似变换而确定群元素的类。对于高阶群，这种工作将是非常庞大的，幸好科学家已经造出现成的特征标表将群中各元素分类，只要查出相应的特征标表就可以获得相关信息。

还可以用另一种方法来表示群元素的类，如表 3-8 所示。考察表 3-8 中 C_{3v} 群的六个对称操作所对应的一套三维矩阵 $\Gamma_1(xyz)$，它们都是对角方块形式（各包含一个 2×2 方块和一个 1×1 方块)，意味着可同时约化为一组二维子矩阵及一组一维子矩阵。两组矩阵分别以 $(x,\ y)$ 和 z 为基。前者无法再约化为更小的子矩阵，后者就是所谓的恒等表示，它是全对称的。这样共得到了 C_{3v} 群的一个二维表示 E 和一个一维表示 A_1，它们都是不可约的，因为它们不可能通过基的选择变为维数更小的矩阵或对角方块形式；与此相反，以 x，y，z 为基的一套三维矩阵 $\Gamma_1(xyz)$ 却是可约的。

表 3-8 C_{3v} 群的可约表示和不可约表示

C_{3v}	E	C_3	C_3^2	σ_v'	σ_v''	σ_v'''	基
$\Gamma_1(xyz)$	$\begin{bmatrix}1&0&0\\0&1&0\\0&0&1\end{bmatrix}$	$\begin{bmatrix}-\frac{1}{2}&-\frac{\sqrt{3}}{2}&0\\\frac{\sqrt{3}}{2}&-\frac{1}{2}&0\\0&0&1\end{bmatrix}$	$\begin{bmatrix}-\frac{1}{2}&\frac{\sqrt{3}}{2}&0\\-\frac{\sqrt{3}}{2}&-\frac{1}{2}&0\\0&0&1\end{bmatrix}$	$\begin{bmatrix}1&0&0\\0&-1&0\\0&0&1\end{bmatrix}$	$\begin{bmatrix}-\frac{1}{2}&\frac{\sqrt{3}}{2}&0\\\frac{\sqrt{3}}{2}&\frac{1}{2}&0\\0&0&1\end{bmatrix}$	$\begin{bmatrix}-\frac{1}{2}&-\frac{\sqrt{3}}{2}&0\\-\frac{\sqrt{3}}{2}&\frac{1}{2}&0\\0&0&1\end{bmatrix}$	x,p_x y,p_y z,p_z
$\Gamma_2(E)$	$\begin{bmatrix}1&0\\0&1\end{bmatrix}$	$\begin{bmatrix}-\frac{1}{2}&-\frac{\sqrt{3}}{2}\\\frac{\sqrt{3}}{2}&-\frac{1}{2}\end{bmatrix}$	$\begin{bmatrix}-\frac{1}{2}&\frac{\sqrt{3}}{2}\\-\frac{\sqrt{3}}{2}&-\frac{1}{2}\end{bmatrix}$	$\begin{bmatrix}1&0\\0&-1\end{bmatrix}$	$\begin{bmatrix}-\frac{1}{2}&\frac{\sqrt{3}}{2}\\\frac{\sqrt{3}}{2}&\frac{1}{2}\end{bmatrix}$	$\begin{bmatrix}-\frac{1}{2}&-\frac{\sqrt{3}}{2}\\-\frac{\sqrt{3}}{2}&\frac{1}{2}\end{bmatrix}$	x,p_x y,p_y
$\Gamma_3(A_1)$	(1)	(1)	(1)	(1)	(1)	(1)	z,p_z

另外，可以发现，虽然 C_{3v} 群中以 $(x,\ y)$ 为基的不同对称操作的所有二维表示矩阵是

不相同的，但是对于某些对称操作，它们的对角元素之和（特征标）却是相同的。这些对称操作即属于同一类，例如三个反映操作 σ 即是。换言之，同类的元素具有相同的特征标。一般而言，对于任意给定的基，矩阵表示不具有准对角形式，但可以通过相似变换准对角化。若能经过相同的相似变换将一个对称群的所有对称操作同时准对角化，且各个表示矩阵准对角化后具有相似的方块结构，原矩阵表示就是可约的，否则就是不可约的。

3.3.5.2 不可约表示和特征标表

（1）不可约表示

定义：如果一组表示矩阵可以通过相似变换约化为低维表示（即成为对角方块矩阵），就称为可约表示；当对角方块矩阵通过相似变换无法再进一步约化，就称为不可约表示。虽然群的可约表示可以有无数个（因为所考察的基不同），但是不可约表示的数目却是严格限制的。以下就是一个矩阵被约化的例子（$\boldsymbol{X}$ 是一个正交矩阵，它的逆矩阵是它的转置，$\boldsymbol{B}$ 是经方块对角化后的矩阵）。

具体地说，当一组矩阵经过相似变换而成为 n 个互不相干的对角小方块，而且它们不能进一步再被约化，它们就属于 n 个独立的不可约表示。

$$\boldsymbol{X}=\begin{bmatrix} \frac{1}{\sqrt{3}} & \frac{1}{\sqrt{2}} & \frac{1}{\sqrt{6}} \\ \frac{1}{\sqrt{3}} & \frac{1}{\sqrt{2}} & \frac{1}{\sqrt{6}} \\ \frac{1}{\sqrt{3}} & 0 & -\sqrt{\frac{2}{3}} \end{bmatrix} \text{可将矩阵 } \boldsymbol{A}=\begin{bmatrix} 1 & 0 & 1 \\ 0 & 1 & 0 \\ 1 & 0 & 0 \end{bmatrix} \text{约化(即方块对角化)为 } \boldsymbol{B}\text{。}$$

其过程为：

$$\underset{\boldsymbol{X}^{-1}}{\begin{bmatrix} \frac{1}{\sqrt{3}} & \frac{1}{\sqrt{3}} & \frac{1}{\sqrt{3}} \\ \frac{1}{\sqrt{2}} & -\frac{1}{\sqrt{2}} & 0 \\ \frac{1}{\sqrt{6}} & \frac{1}{\sqrt{6}} & -\sqrt{\frac{2}{3}} \end{bmatrix}} \underset{\boldsymbol{A}}{\begin{bmatrix} 1 & 0 & 1 \\ 0 & 1 & 0 \\ 1 & 0 & 0 \end{bmatrix}} \underset{\boldsymbol{X}}{\begin{bmatrix} \frac{1}{\sqrt{3}} & \frac{1}{\sqrt{2}} & \frac{1}{\sqrt{6}} \\ \frac{1}{\sqrt{3}} & -\frac{1}{\sqrt{2}} & \frac{1}{\sqrt{6}} \\ \frac{1}{\sqrt{3}} & 0 & -\sqrt{\frac{2}{3}} \end{bmatrix}} = \underset{\boldsymbol{X}^{-1}}{\begin{bmatrix} \frac{1}{\sqrt{3}} & \frac{1}{\sqrt{3}} & \frac{1}{\sqrt{3}} \\ \frac{1}{\sqrt{2}} & -\frac{1}{\sqrt{2}} & 0 \\ \frac{1}{\sqrt{6}} & \frac{1}{\sqrt{6}} & -\sqrt{\frac{2}{3}} \end{bmatrix}} \underset{(\boldsymbol{AX})}{\begin{bmatrix} \frac{1}{\sqrt{3}} & 0 & -\sqrt{\frac{2}{3}} \\ \frac{1}{\sqrt{2}} & -\frac{1}{\sqrt{2}} & \frac{1}{\sqrt{6}} \\ \frac{1}{\sqrt{6}} & \frac{1}{\sqrt{2}} & \frac{1}{\sqrt{6}} \end{bmatrix}}$$

$$=\underset{\boldsymbol{B}}{\begin{bmatrix} 1 & 0 & 0 \\ 0 & \frac{1}{2} & -\frac{\sqrt{3}}{2} \\ 0 & -\frac{\sqrt{3}}{2} & -\frac{1}{2} \end{bmatrix}}$$

（2）特征标表及其结构

将一个点群中所有不可约表示的特征标及相应的基列成表，称为特征标表（见附录Ⅰ），作为示例，表 3-9 和表 3-10 分别给出 C_{2v} 群和 C_{3v} 群的特征标表。特征标表的一般结构如下。

① 特征标表中左上角是群的熊夫里（A. M. Schonflies）记号。

② 特征标表的第一列是不可约表示的名称（用慕尼肯 Mulliken 符号表示），代替前面提及的 Γ_1 和 Γ_2 等，它们的意义见表 3-11。

表 3-9 C_{2v}群的特征标表

C_{2v}	E	C_2	$\sigma_v(xz)$	$\sigma_v(yz)$		
A_1	1	1	1	1	z	x^2,y^2,z^2
A_2	1	1	-1	-1	R_z	xy
B_1	1	-1	1	-1	x R_y	xz
B_2	1	-1	-1	1	z R_x	yz

表 3-10 C_{3v}群的特征标表

C_{4v}	E	$2C_3$	$3\sigma_v$		
A_1	1	1	1	z	x^2+y^2,z^2
A_2	1	1	-1	R_z	
E	2	-1	0	$(x,y)(R_x,R_y)$	$(x^2-y^2,xy)(xz,yz)$

表 3-11 特征标表中各种记号的意义

维数和对称性	维数和特征标	记 号	备 注
维 数	1	A 或 B	
	2	E	
	3	T	
	4	U	
	5	W	
绕主轴 C_n 的旋转	1	A	
	-1	B	
i	1	g	若同时有 i 和 σ_h，优先考虑 i
	-1	u	
σ_h	1	上标′	
	-1	上标″	
$C_2(\perp C_n)$或 σ_v	1	下标 1	对于一维表示 A 和 B
	-1	下标 2	
C_4 或 S_4	1	下标 1	对于三维表示 T
	-1	下标 2	

不可约表示记号有时用 a、b 或 e 等小写英文字母，并可用它作为分子轨道的标记，例如我们所熟悉的 t_{2g}、e_g、t_2 或 e 等。当不可约表示作为谱项的标记时，它们以大写字母书写。

③ 特征标表中第二列的第一行，表明该点群的对称操作的归类情况。第二列中各行的数字分别代表与左端不可约表示相应的特征标。

④ 特征标表中第三、四列表明对应的各个不可约表示采用的基，它们的意义如下所示。

x,y,z	分别代表原子的三个坐标以及在轴上的平移运动，由于 p_x，p_y，p_z 轨道的变换性质和偶极矩向量的变换性质相似，故也可用 x,y,z 表示
R_q	代表绕 q 轴进行旋转的转动向量
xy,xz,yz,x^2-y^2,z^2	分别代表各个 d 轨道和判断拉曼光谱活性的极化率的不可约表示

3.3.6 一般表示的约化公式

根据 3.3.4 中的做法，并与 C_{2v} 群的特征标表（表 3-9）对照，可以看到 p_z 轨道在 C_{2v} 群中按 A_1 变换，p_x 轨道按 B_1 变换，p_y 轨道按 B_2 变换，但是以点（x，y，z）为基的 $\Gamma_1(xyz)$表示在 C_{2v}群的特征标表中并没有出现，说明它是个可约表示。将它转换为不可约表示，需要借助约化公式，即确定第 i 个不可约表示在可约表示中出现的次数 a_i 的公式

[式(3-32)]，这样可不必找出约化可约表示的矩阵就可求出 a_i。

$$a_i=\frac{1}{h}\sum\chi(R)\chi_i(R) \tag{3-32}$$

式中 a_i——第 i 个不可约表示在可约表示中出现的次数；

h——群阶（群中所有对称操作的数目）；

$\chi(R)$——可约表示中相应对称操作 R 的特征标；

$\chi_i(R)$——第 i 个不可约表示中同一对称操作的特征标。

在式(3-32) 中，求和是对所有操作进行的。现以约化 C_{2v} 群的 $\Gamma_1(xyz)$ 来说明应用式(3-32) 的约化步骤，其中的可约表示 $\Gamma_1(xyz)$ 见表 3-7，采用的 C_{2v} 群特征标表见表 3-9。

$$a(A_1)=\frac{1}{4}\times[3\times1+(-1)\times1+1\times1+1\times1]=1$$

$$a(A_2)=\frac{1}{4}\times[3\times1+(-1)\times1+1\times(-1)+1\times(-1)]=0$$

$$a(B_1)=\frac{1}{4}\times[3\times1+(-1)\times(-1)+1\times1+1\times(-1)]=1$$

$$a(B_2)=\frac{1}{4}\times[3\times1+(-1)\times(-1)+1\times(-1)+1\times1]=1$$

结果表明可约表示 $\Gamma_1(xyz)$ 可约化为：$A_1+B_1+B_2$。

所得不可约表示 $A_1+B_1+B_2$ 与特征标表中 x，y，z 的独立变换性质一致，同时也说明 $\Gamma_1(xyz)$ 的各个表示矩阵均可以用一个相似变换约化为三个互不相干的一维小方块因子。另外还可以用所谓“视察法”直接将其约化，即找出每列特征标的加和值，使它们正好等于相应的 $\Gamma_1(xyz)$ 值。

为了使读者更加熟悉可约表示及其约化，现在用三个 p 轨道一起作为 C_{4v} 群的一种表示的基，写出其所有对称操作的变换矩阵，然后将其约化为例作较详细讨论。

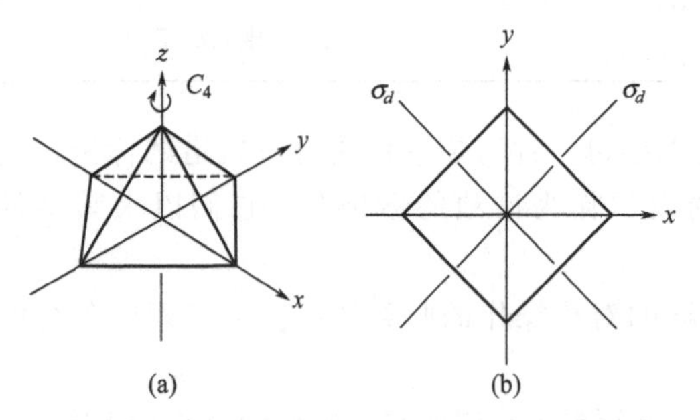

图 3-8 四方锥（C_{4v}）分子的对称元素

显然，四方锥分子属于 C_{4v} 对称性，它具有一个四重轴和四个垂直镜面。有两个垂直镜面 σ_v 与 xz 和 yz 平面共面，另两个垂直镜面 σ_d 平分 x 轴和 y 轴的夹角，如图 3-8 所示。因此，C_{4v} 群所产生的对称操作为：$2C_4$，C_2，$2\sigma_v$，$2\sigma_d$，E。

类似于 3.3.4 中的做法，将四方锥分子定位在右手坐标系，分子锥底正方平面的中心落在坐标原点，主轴与 z 轴重合 [图 3-8(a)]。在对称操作中坐标系保持不变，而是 p 轨道发生变化（若为旋转操作，则顺时针进行）的方法。例如，$2C_4$ 类包括 C_4^1 和 C_4^3，对称操作 C_4^1 对三个 p 轨道的线性变换（图 3-9）可以写作：

$$p_x'=0p_x-1p_y+0p_z$$
$$p_y'=1p_x+0p_y+0p_z$$
$$p_z'=0p_x+0p_y+1p_z$$

用矩阵符号表示，三个 p 轨道可以表示为一个列矩阵，则以上式子变为：

$$\begin{bmatrix}p_x'\\p_y'\\p_z'\end{bmatrix}=\begin{bmatrix}0&-1&0\\1&0&0\\0&0&1\end{bmatrix}\begin{bmatrix}p_x\\p_y\\p_z\end{bmatrix}$$

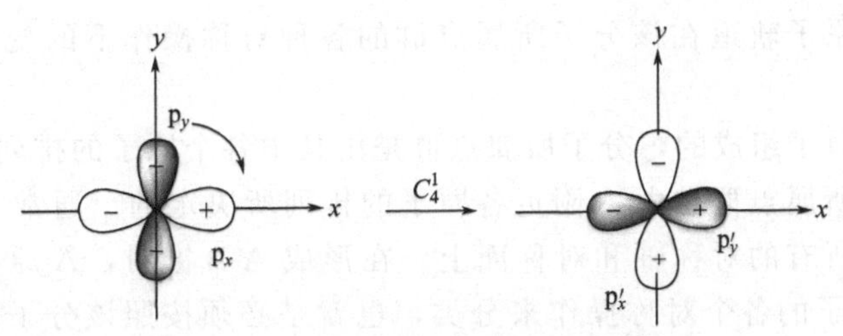

图 3-9　p_x 和 p_y 轨道在 C_4^1 操作下的变换

考虑 C_{4v} 群所有对称操作的变换矩阵，并引入特征标表作为对照，可作出表 3-12。应注意到，虽然 C_{4v} 群中以三个 p 轨道为基的同类对称操作的变换矩阵可以是不相同的，例如对于 C_4^3 而言，其矩阵表示为：

$$\begin{bmatrix} p'_x \\ p'_y \\ p'_z \end{bmatrix} = \begin{bmatrix} 0 & 1 & 0 \\ -1 & 0 & 0 \\ 0 & 0 & 1 \end{bmatrix} \begin{bmatrix} p_x \\ p_y \\ p_z \end{bmatrix}$$

显然它与对称操作 C_4^1 的变换矩阵不同，但是它们的对角元素之和（特征标）却是相同的；换句话说，p_x 和 p_y 轨道在 C_4 类的对称操作下互换。σ_d 类的对称操作也有同样的效果。因此，在表 3-12 中对于 C_4 类和 σ_d 类都只列出其中的一种变换矩阵。

表 3-12　C_{4v} 群中以三个 p 轨道为基的可约表示与不可约表示

C_{4v}	E	$2C_4$	C_2	$2\sigma_v$	$2\sigma_d$	基
$\Gamma(p_xp_yp_z)$	$\begin{bmatrix} 1 & 0 & 0 \\ 0 & 1 & 0 \\ 0 & 0 & 1 \end{bmatrix}$	$\begin{bmatrix} 0 & -1 & 0 \\ 1 & 0 & 0 \\ 0 & 0 & 1 \end{bmatrix}$	$\begin{bmatrix} -1 & 0 & 0 \\ 0 & -1 & 0 \\ 0 & 0 & 1 \end{bmatrix}$	$\begin{bmatrix} 1 & 0 & 0 \\ 0 & -1 & 0 \\ 0 & 0 & 1 \end{bmatrix}$	$\begin{bmatrix} 0 & 1 & 0 \\ 1 & 0 & 0 \\ 0 & 0 & 1 \end{bmatrix}$	$\begin{bmatrix} p_x \\ p_y \\ p_z \end{bmatrix}$
$x(p_xp_yp_z)$	3	1	−1	1	1	
A_1	1	1	1	1	1	z, z^2
A_2	1	1	1	−1	1	
B_1	1	−1	1	1	−1	x^2-y^2
B_2	1	−1	1	−1	1	xy
E	2	0	−2	0	0	$(x,y)(xz,yz)$

按约化公式或“视察法”对所得 $\chi(p_xp_yp_z)$ 进行约化得：$\chi(p_xp_yp_z) = A_1 + E$。

实际上，当写出 C_{4v} 群中以三个 p 轨道为基的每个对称操作下的变换矩阵时，就已经发现这些矩阵不能像在 C_{2v} 群所作的那样，被统一地约化为三个互不相干的一维小方块因子，而只能分解为一个二维方块因子和一个一维方块因子。这就说明不论是 p_x 或 p_y 都不能单独作为一个基，因为 C_{4v} 群的 C_4 和 σ_d 操作使 p_x 和 p_y 轨道相互交换（见表 3-12），也就是说这两个轨道在 C_{4v} 群中是相互关联的。此现象可表达为：p_x 和 p_y 轨道（或 d_{xz} 和 d_{yz} 轨道）一起构成 C_{4v} 群中二维 E 表示的基，或两个轨道一组“一起变换”。在较高阶的群中经常会看到类似现象，例如，O_h 群中的 t_{2g} 和 e_g 轨道分别表示：一组三个 d 轨道 d_{xy}、d_{xz} 和 d_{yz} 按 T_{2g} 变换，和一组两个 d 轨道 d_{z^2} 和 $d_{x^2-y^2}$ 按 E_g 变换。

3.4　轨道和谱项的变换性质

3.4.1　原子轨道的变换性质

如前所述，在中心力场中运动的单电子波函数（原子轨函）可以作为不可约表示的基。当讨论分子结构时，不论是构成杂化轨道还是分子轨道都将由原子轨道线性组合而成，因此了解各个分子中的原子轨道在该分子所属点群的各种对称操作下的变换性质就显得非常重要。

因为分子是由原子组成的，分子所属点群是由其中各个原子的排列所决定的。以 AB_n 分子为例，此分子所属点群是由 A 附近各原子的排列所决定的。通常 A 原子位于分子的质心，它必须位于所有的对称轴和对称面上。在形成 A-B 键时，A 原子所用的原子轨道必须按照通过 A 原子的各个对称操作来分类，也就是必须按照该分子的全部对称性来分类。因此我们必须首先研究 A 原子轨道的分类，即 A 原子的价层轨道分别属于哪些不可约表示。所谓属于某一个不可约表示，就是指该原子轨道是哪个不可约表示的基。有了特征标表，我们就可以从中方便地找出某个点群中 A 所属的各个价层原子轨道所属的不可约表示。

根据多电子原子的近似处理方法（自洽场方法），多电子原子的单电子波函数可以写为以下形式：

$$\begin{aligned}\psi_{nlm_s}(r,\theta,\phi,\gamma) &= \phi_{nlm}(r,\theta,\phi)\sigma_{m_s}(\gamma)\\ &= R_{nl}(r)Y_{lm}(\theta,\phi)\sigma_{m_s}(\gamma)\\ &= R_{nl}(r)\Theta_{lm}(\theta)\Phi_m(\phi)\sigma_{m_s}(\gamma)\end{aligned}$$

因为对称操作不直接作用于自旋波函数 $\sigma_{m_s}(\gamma)$，所以只需考虑单电子波函数 $\psi_{nlm_s}(r, \theta, \phi, \gamma)$ 的空间部分 $\phi_{nlm}(r, \theta, \phi)$ 在对称操作下的变换性质。径向函数 $R_{nl}(r)$ 不包含方向变量 θ 和 ϕ，显然旋转操作不改变它的值，即对称操作主要与原子轨道的角度部分有关。因此，在找出各原子轨道所属的不可约表示之前，我们应先了解所有原子轨道的下标都是该轨道的角度部分所对应的笛卡儿坐标的表现形式。表 3-13 列出各个轨道的下标和波函数的角度部分（球谐函数）的关系。

表 3-13 原子轨道的下标与波函数角度部分（球谐函数）**的关系**

原子轨道		波函数的角度部分(球谐函数)	
轨道类型	轨道的下标	归一化因子	球谐函数
s		$\frac{1}{2}\sqrt{\pi}$	
p	z	$\frac{\sqrt{3}}{2}\sqrt{\pi}$	$\cos\theta$
	x	$\frac{\sqrt{3}}{2}\sqrt{\pi}$	$\sin\theta\cos\phi$
	y	$\frac{\sqrt{3}}{2}\sqrt{\pi}$	$\sin\theta\sin\phi$
d	$z^2(2z^2-x^2-y^2)$	$\frac{1}{4}\sqrt{\frac{5}{\pi}}$	$3(\cos^2\theta-1)$
	xz	$\frac{1}{2}\sqrt{\frac{15}{\pi}}$	$\sin\theta\cos\theta\cos\phi$
	yz	$\frac{1}{2}\sqrt{\frac{15}{\pi}}$	$\sin\theta\cos2\phi$
	x^2-y^2	$\frac{1}{4}\sqrt{\frac{15}{\pi}}$	$\sin^2\theta\cos2\phi$
	xy	$\frac{1}{4}\sqrt{\frac{15}{\pi}}$	$\sin^2\theta\sin2\phi$

在特征标表（附录 1）的第三、四列所列出的函数形式与原子轨道的下标密切相关。欲从特征标表中找出某个原子轨道所属的不可约表示时，只需根据它的下标在第三、四列中找出它对应的函数，该函数所对应的不可约表示即这个原子轨道所属的不可约表示。通常在特

征标表中只列出与p和d轨道有关的函数，这些已足以理解本书的相关内容。

此外，还可用另一种方式来表示简并，即：维数大于1的不可约表示。属于简并表示的原子轨道必然是简并的。例如，五个d轨道在自由金属离子中是简并的，在平面正方形对称场中将分裂为四组轨道（见D_{4h}特征标表），其所属不可约表示分别为a_{1g}、b_{1g}、b_{2g}和e_g，E_g在特征标表中是一个二维不可约表示，所以属于E_g表示的两个d轨道d_{xz}和d_{yz}是简并的，除此之外，其它三个轨道分别属于一维表示，它们都是非简并的（参见图4-27）。本书将在第4和第5章详细讨论有关问题。

3.4.2　谱项的变换性质

3.4.1中提及轨道的变换性质只与轨函的角度部分有关。实际上由于单电子轨道和多电子谱项的角动量和量子数之间的相应关系在形式上是相同的（见表3-1），单电子能级在各种对称场中的分裂结果也可应用于多电子体系所产生的谱项，只要将小写的单电子轨道改成表示光谱项的大写字母即可。

这样做的理由是，对于多电子原子，体系的状态要用包含量子数L，S，M_L，M_S的状态函数$\Psi(L, S, M_L, M_S)$来描述，Ψ也包括空间部分和自旋部分，因为对称操作不直接作用于电子自旋，所以由一特定谱项分裂出来的全部状态具有和原来谱项相同的自旋多重性。Ψ的空间部分也包括径向部分和角度部分，角度部分是球谐函数$Y_{LM_L}(\theta, \phi)$。根据多电子谱项有关量子数的规定（见表3-1），总轨道角动量在z轴方向的分量M_L类似于单电子轨道，共有$2L+1$个取值。例如，自由离子中的单电子d轨道是五重简并的，得自任何多电子体系的谱项D也具有完全类似的五重简并度。而且角量子数为L的谱项在特定对称性下的分裂情况与角量子数为l的单电子能级在该对称性环境中的分裂情况是一样的，即S，P，D，F，G，……谱项的分裂情况分别与单电子轨道s，p，d，f，g……的分裂情况一样。又例如五个d轨道在O_h群中分裂为两组：t_{2g}和e_g，谱项D在O_h群中也分裂为两组状态：T_{2g}和E_g。

还必须注意到，当体系有反演中心时，由谱项^{2S+1}L分裂成的几组状态的下标g和u由派生出谱项^{2S+1}L的单电子轨道的g或u对称性决定。由d^n组态派生的所有谱项在具有反演中心的化学环境中分裂出来的全部状态都具有d轨道固有的g对称性。例如由d^2组态派生出的谱项有^1S，^3P，^1D，^3F，^1G。^3F谱项在正八面体场中分裂为$^3A_{2g}+{}^3T_{1g}+{}^3T_{2g}$，$^3P$谱项不分裂，为$^3T_{1g}$，它们都保留d轨道固有的$g$对称性，这与p或f轨道分裂成的能级具有的$u$对称性是不同的。

群论分析可以告诉我们单电子能级及多电子谱项在对称性环境下的分裂情况，但光凭群论还不能得到分裂所得能级的高低顺序，解决这一问题需要借助物理模型、光谱实验数据或量子化学计算。例如在普通化学课程中，通常从分析八面体场中t_{2g}轨道与e_g轨道的角度分布与配体的空间位置关系得出e_g能量高于t_{2g}的能量。

3.5　直积和轨道相互作用的条件

3.5.1　直积

（1）直积的定义

两个方阵相乘可以按两种方法进行，一种是3.3.1.2中介绍过的$\boldsymbol{A}$和$\boldsymbol{B}$按一般矩阵的乘法规则相乘得到方阵$\boldsymbol{C}$，即$\boldsymbol{C}$的矩阵元素c_{ij}为：$c_{ij}=\sum a_{ik}b_{kj}$。

例如，两个2×2阶矩阵相乘，得到的仍是一个2×2阶矩阵。

$$A=\begin{bmatrix}a_{11} & a_{12}\\ a_{21} & a_{22}\end{bmatrix};\ B=\begin{bmatrix}b_{11} & b_{12}\\ b_{21} & b_{22}\end{bmatrix};\ AB=C=[c_{ij}]=\begin{bmatrix}c_{11} & c_{12}\\ c_{21} & c_{22}\end{bmatrix}\quad \begin{aligned}c_{11}&=a_{11}b_{11}+a_{12}b_{21}\\ c_{12}&=a_{11}b_{12}+a_{12}b_{22}\\ c_{21}&=a_{21}b_{11}+a_{22}b_{21}\\ c_{22}&=a_{21}b_{12}+a_{22}b_{22}\end{aligned}$$

这时称 $\boldsymbol{C}$ 是 $\boldsymbol{AB}$ 的内积。这种乘法规则要求 $\boldsymbol{A}$ 的列数必须等于 $\boldsymbol{B}$ 的行数。

另一种方法是 $\boldsymbol{A}$ 和 $\boldsymbol{B}$ 可以“直接相乘”（即 $\boldsymbol{A}$ 的每一个元素都乘以方阵 $\boldsymbol{B}$ 得到方阵 $\boldsymbol{C}$），$\boldsymbol{C}=\boldsymbol{A}\otimes\boldsymbol{B}$ 称为 $\boldsymbol{A}$ 矩阵和 $\boldsymbol{B}$ 矩阵的直接乘积，简称为直积；其中，$c_{ij,kl}$ 是 $nm\times mn$ 阶矩阵 $\boldsymbol{C}$ 的元素。直积一般不满足交换律，即 $\boldsymbol{A}\otimes\boldsymbol{B}\neq\boldsymbol{B}\otimes\boldsymbol{A}$。

矩阵的“直接相乘”和 3.3.1.2 中提及的矩阵乘法规则显然是不同的，最显著的不同是前者在两个方阵的阶次（均为 $n\times n$ 阶）相同时，表示（矩阵）的直积 $\boldsymbol{C}$ 是一个 $n^2\times n^2$ 阶矩阵，而不是一个 $n\times n$ 阶矩阵；再者，“直接相乘”对两个矩阵的阶次没有限制，即任意两个矩阵都可以“直接相乘”，因此这种乘法在不同维数的表示矩阵直接相乘时特别有用。为区别两者，通常用符号⊗表示“直接相乘”。直接相乘的过程举例如下：

例 1 假设有矩阵 $\boldsymbol{A}=\begin{bmatrix}a_{11} & a_{12}\\ a_{21} & a_{22}\end{bmatrix};\ \boldsymbol{B}=\begin{bmatrix}b_{11} & b_{12}\\ b_{21} & b_{22}\end{bmatrix};$

$\boldsymbol{A}$ 和 $\boldsymbol{B}$ 的直积定义为：

$$\boldsymbol{A}\otimes\boldsymbol{B}=\begin{bmatrix}a_{11} & a_{12}\\ a_{21} & a_{22}\end{bmatrix}\otimes\boldsymbol{B}=\begin{bmatrix}a_{11}B & a_{12}B\\ a_{21}B & a_{22}B\end{bmatrix}=\boldsymbol{C}$$

$\boldsymbol{A}$ 和 $\boldsymbol{B}$ 的直积 $\boldsymbol{C}$ 是一个 4×4 阶矩阵，即

$$\boldsymbol{C}=\begin{bmatrix}a_{11}b_{11} & a_{11}b_{12} & a_{12}b_{11} & a_{12}b_{12}\\ a_{11}b_{21} & a_{11}b_{22} & a_{12}b_{21} & a_{12}b_{22}\\ a_{21}b_{11} & a_{21}b_{12} & a_{22}b_{11} & a_{22}b_{12}\\ a_{21}b_{21} & a_{21}b_{22} & a_{22}b_{21} & a_{22}b_{22}\end{bmatrix}$$

例 2 假设有矩阵 $\boldsymbol{A}'=[a_{11}];\ \boldsymbol{B}'=\begin{bmatrix}b_{11} & b_{12} & b_{13}\\ b_{21} & b_{22} & b_{23}\\ b_{31} & b_{32} & b_{33}\end{bmatrix}$

$$\boldsymbol{A}'\otimes\boldsymbol{B}'=\boldsymbol{C}'=[a_{11}]\otimes\boldsymbol{B}'=\begin{bmatrix}a_{11}b_{11} & a_{11}b_{12} & a_{11}b_{13}\\ a_{11}b_{21} & a_{11}b_{22} & a_{11}b_{23}\\ a_{11}b_{31} & a_{11}b_{32} & a_{11}b_{33}\end{bmatrix}$$

从以上两个例子可以看出 $\boldsymbol{A}(\boldsymbol{A}')$ 矩阵的每个元素都需要乘上 $\boldsymbol{B}$(或 $\boldsymbol{B}'$) 矩阵中的所有元素，因此，如果原来的矩阵分别为 m 和 n 维，则直接乘积的维数就是 $m\times n$ 维。例 1 中的 $\boldsymbol{C}$ 是一个四维矩阵（4×4 阶），而例 2 中的 $\boldsymbol{C}'$ 是一个三维矩阵（3×3 阶）。

当两个群的表示（矩阵）直接相乘时用的就是这种方法，如果两个表示属于同一个群，可以证明两个表示的直积（即矩阵的直积）也是这个群的表示；这种乘法也适用于当两个表示属于不同群的情况。例 1 相当于两个二维不可约表示相乘，而例 2 相当于一个一维不可约表示与一个三维不可约表示相乘。

推广之（证明从略），某一对称群中两个表示的直积就是两个表示下的相应群元素的表示矩阵的直积。换句话说，当我们想获得某一对称群中两个表示的直积时，只要把群中各元素（对称操作）对应的相应两个表示矩阵按上述方法一一相乘。

（2）直积表示的特征标

显然，例 1 中直积表示的特征标为：

$$\chi_{12}=a_{11}b_{11}+a_{11}b_{22}+a_{22}b_{11}+a_{22}b_{22}=(a_{11}+a_{22})(b_{11}+b_{22})=\chi_1\chi_2$$

例 2 中直积表示的特征标为：

$$\chi_{12}=a_{11}b_{11}+a_{11}b_{22}+a_{11}b_{33}=(a_{11})(b_{11}+b_{22}+b_{33})=\chi_1\chi_2$$

即直积方阵的迹等于单个方阵的迹的乘积。这一结论可以归纳成量子化学中应用到的一条有关特征标方面的重要定理：两个直积表示的特征标等于两个表示的特征标的乘积。

换言之，欲求某一个表示的特征标，而这个表示又是其它两个表示的直接乘积，那么只要将此表示的特征标相乘就可得到所求表示的特征标。

具体的做法是：若要获得属于某一个不可约表示的两组简并波函数的直积表示，只需将其所对应的不可约表示的特征标逐一相乘，最后将所得表示约化为不可约表示的直和（用符号⊕或＋表示）。或利用约化公式［式(3-32)］可以将直积表示约化为不可约表示的直和。

例如，在 C_{3v} 群中，$\boldsymbol{A}_1\otimes\boldsymbol{A}_1$、$\boldsymbol{A}_1\otimes\boldsymbol{A}_2$、$\boldsymbol{A}_2\otimes\boldsymbol{A}_2$ 和 $\boldsymbol{E}\otimes\boldsymbol{E}$ 所得可约（或不可约）表示的特征标如表 3-14 所示。

表 3-14 C_{3v} 群中的特征标和直积相乘

C_{3v}	E	$2C_2$	$3\sigma_v$	
$\boldsymbol{A}_1$	1	1	1	z,z^2
$\boldsymbol{A}_2$	1	1	−1	
$\boldsymbol{E}$	2	−1	0	$(x,y),(xz,yz)$
$\Gamma_{A_1\otimes A_1}$	1	1	1	
$\Gamma_{A_1\otimes A_2}$	1	1	−1	
$\Gamma_{A_2\otimes A_2}$	1	1	1	
$\Gamma_{E\otimes E}$	4	1	0	

直积相乘所得可约（或不可约）表示的结果 $\boldsymbol{A}_1\otimes\boldsymbol{A}_1=\boldsymbol{A}_1$，$\boldsymbol{A}_1\otimes\boldsymbol{A}_2=\boldsymbol{A}_2$，$\boldsymbol{A}_2\otimes\boldsymbol{A}_2=\boldsymbol{A}_1$；显然，$\Gamma_{E\otimes E}$ 不属于任何一个不可约表示，它是一个可约表示，$\boldsymbol{E}\otimes\boldsymbol{E}=\boldsymbol{A}_1+\boldsymbol{A}_2+\boldsymbol{E}$，即 C_{3v} 群中两个二维表示的乘积可分解两个一维和一个二维表示的直和。另外，还可以有三个不可约表示的直积，如 $\boldsymbol{E}\otimes\boldsymbol{A}_1\otimes\boldsymbol{E}$。

3.5.2 轨道相互作用的条件

3.5.2.1 用直积定理判断是否有非零值的积分类型

直积表示在计算分子积分时特别有用。例如：①在用变分法处理氢分子离子时要计算重叠积分 $S_{ab}=\int\psi_a\psi_b\,\mathrm{d}\tau$ 和键积分（交换积分）$\beta=\int\psi_a\hat{H}\psi_b\,\mathrm{d}\tau$；②讨论电子光谱时，在决定两个状态 ψ_a 和 ψ_b 间跃迁概率时要计算矩阵元 $\int\psi_a\hat{\mu}\psi_b\,\mathrm{d}\tau$。利用直积定理可以判断在什么条件下上述类型的积分有非零值。

3.5.2.2 用直积定理判断积分是否有非零值的条件

(1) 应用数学原理判断

要使积分 $\int_{+\infty}^{-\infty}f(x)\mathrm{d}x$ 有非零值，$f(x)$ 必须是偶函数，或者当 $f(x)$ 等于若干项之和时，其中至少有一项为偶函数。换言之，当进行坐标反演 $x\rightarrow-x$ 时，仅当 $f(x)$ 是对称的，或者包含有对称项的和时，上述积分才有非零值。

(2) 应用直积定理判断

如果将以上概念推广到积分 $\int\psi_a\psi_b\,\mathrm{d}\tau$，显然只有 $\psi_a\psi_b$ 在所有的对称操作下不变（例 $\psi_a=\psi_b=\mathrm{d}_{z^2}$）或包含有不变项的和时，上述积分才有非零值。这意味着 $\psi_a\psi_b$ 或者是分子所属点群的全对称表示的基，或者积分因子 $\psi_a\psi_b$ 的展开项中包含有全对称表示的基。

在 3.5.1 中已经指出，以 $\psi_a\psi_b$ 为基的直积表示可以约化为不可约表示的直和。

$$\Gamma_{ab}=C_1\Gamma_{A_1}+C_2\Gamma_2+\cdots$$

只有上式右边含有全对称表示 Γ_{A_1}（即要求 $C_1\neq0$），积分 $\int\psi_a\psi_b\,d\tau$ 才有非零值。可以证明（证明从略），积分具有非零值的条件如下：

① 只有不可约表示 Γ_a 和 Γ_b 相等（即 $a=b$）时，直积表示 Γ_{ab} 才包含全对称表示；

② 同理，若是一个力学量算符，积分 $\int\psi_a\hat{F}\psi_b\,d\tau$ 有非零值的条件是 $\Gamma_a\otimes\Gamma_b$ 包含有 Γ_F。例如跃迁矩积分 $\int\psi_b\hat{\mu}_x\psi_a\,d\tau$ [（参阅 5.1.2.2(1)]。

3.5.2.3 轨道对称性匹配判据

考虑双原子分子 AB 的原子轨道线性组合时，必须计算重叠积分 $S_{ab}=\int\psi_a\psi_b\,d\tau$ 和交换积分 $\beta=\int\psi_a\hat{H}\psi_b\,d\tau$，由于 $\hat{H}$ 在对称操作下是不变量，我们只需考虑 ψ_a 和 ψ_b 的对称性。从上述积分具有非零值的条件看出，欲使 $S_{ab}\neq0$ 或 $\beta\neq0$，要求形成分子轨道的原子轨道或原子轨道集合在分子所属点群下，应同属于某一个不可约表示的基。换句话说，只有 ψ_a 和 ψ_b 属于同一个不可约表示，积分 $\int\psi_a\psi_b\,d\tau$ 才有非零值。还应注意到，当原子轨道所属不可约表示的维数大于 1 时，则 ψ_a 和 ψ_b 必须是某一个不可约表示的多维基的同一个分量。

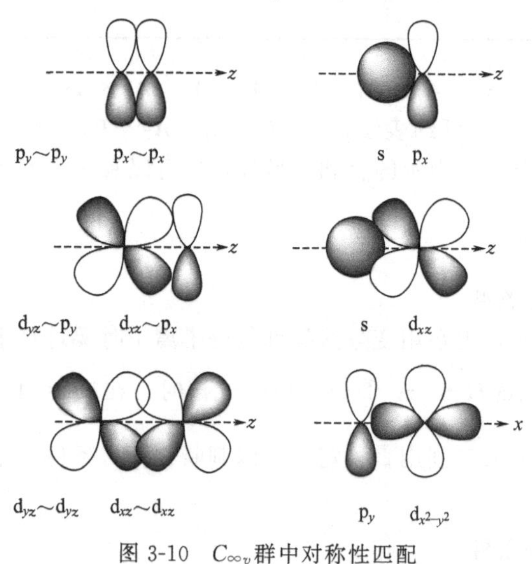

图 3-10 $C_{\infty v}$ 群中对称性匹配（左）和不匹配（右）的原子轨道

为此，刘克文提出了一个适用于任何分子的广义的对称性判据[1]：若组成分子的原子轨道或原子轨道集合同属于分子点群的某一个不可约表示或某一个不可约表示的同一向量，则称它们是对称性匹配的。对于双原子分子而言，两原子轨道 ψ_a 和 ψ_b 必须同属于某个一维不可约表示，或当不可约表示的维数大于 1 时，两原子轨道 ψ_a 和 ψ_b 必须是该不可约表示同一向量的基。

例如，从异核双原子分子 AB 所属点群 $C_{\infty v}$ 的特征标表（表 3-15）可知，s、p_z 和 d_{z^2} 轨道同属于 A_1 表示，p_x 和 d_{xz}、p_y 和 d_{xy} 同属于 E_1 表示的两个向量之一。根据广义对称性判据，这三组轨道中，组内轨道为对称性匹配，可以有效形成分子轨道；组间轨道为对称性不匹配，不能有效形成分子轨道，如图 3-10 所示。

另从 C_3 点群的特征标表（表 3-16）可知，s、p_z 和 d_{z^2} 轨道同属于 A 表示，p_x 和 d_{yz}，p_y 和 d_{xz} 同属于 E 表示的两个向量之一。根据广义对称性判据，这三组轨道中，组内轨道为对称性匹配，可以有效形成分子轨道；组间轨道为对称性不匹配，不能有效形成分子轨道。

[1] 参考：刘克文."同号重叠"不是对称性匹配的正确判据. 大学化学，1992，7（2）：20-25。

应注意到，后两组轨道的对称性匹配形式与 C_{3v} 群（表 3-14）和 $C_{\infty v}$ 群中的不同，也就是说，在罕见的 C_3 群中，p_x 和 d_{xz}，p_y 和 d_{xy} 的对称性是不匹配的。因此，在应用广义对称性判据时，必须关注分子本身的对称性，才能作出正确的判断。

表 3-15 $C_{\infty v}$ 群的特征标表

$C_{\infty v}$	E	$2C_{\infty}^{\Phi}$	…	$\infty\sigma_v$		
$A_1\equiv\Sigma^+$	1	1	…	−1	z	x^2+y^2,z^2
$A_2\equiv\Sigma^-$	1	1	…	−1	R_z	
$E_1\equiv\Pi$	2	$2\cos\Phi$	…	0	$(x,y)(R_x,R_y)$	(xz,yz)
$E_2\equiv\Delta$	2	$2\cos2\Phi$	…	0		(x^2-y^2,xy)
$E_3\equiv\Phi$	2	$2\cos3\Phi$	…	0		
…	…	…	…	…		

表 3-16 C_3 群的特征标表

C_3	E	C_3	C_3^2		$\varepsilon=\exp(2\pi i/3)$
A	1	1	1	zR_z	x^2+y^2,z^2
E	$\begin{cases}1\\1\end{cases}$	$\begin{matrix}\varepsilon\\\varepsilon^*\end{matrix}$	$\begin{matrix}\varepsilon^*\\\varepsilon\end{matrix}\Big\}$	$(x,y)(R_x,R_y)$	$(x^2-y^2,xy)(yz,xz)$

所谓“多维基”还可以这样来理解，在一些较高阶或特殊的对称群中，单个 d 或 p 轨道不能单独作为一个基来考察，而必须组合在一起，因为它们在某个对称操作下相互“关联”（参阅 3.3.6 和表 3-12），于是它们就形成“多维基”。例如，属于三维不可约表示 T 的多维基通常涉及一组 d_{xz}、d_{yz}、d_{xy} 轨道或 p_x、p_y、p_z 轨道，可以将之想像为一个矢量在 x、y、z 三个方向的分量（即刘克文所定义的向量）；而属于二维不可约表示 E 的多维基通常涉及一对 d_{xz}、d_{yz} 或 p_x、p_y 轨道，同样亦可将之想像为一个矢量在 x、y 方向的分量。

必须指出，对于形成较高配位数的八面体或四面体过渡金属配合物而言，一个孤立配体的 σ 或 π 型轨道并不能像 O_h 或 T_d 点群中的某个不可约表示那样变换，但是如果取所有配体的 σ 或 π 轨道的线性组合，也就是所谓的“对称性群轨道”（即对称性匹配的原子轨道的线性组合），则可以满足与中心金属的九个价轨道成键的对称性要求（参阅 4.3.1.1），这时也满足刘克文提出的“组成分子的原子轨道或原子轨道集合同属于分子点群的某一个不可约表示”的广义对称性判据。

当群论方法应用于解释配合物的 d-d 跃迁概率时，由于正八面体配合物含对称中心，属于不同宇称的两组金属轨道 d_{xz}、d_{yz}、d_{xy}（t_{2g}）和 p_x、p_y、p_z（t_{1u}）在八面体群中不可能属于同一种不可约表示；但四面体配合物不含对称中心，则上述宇称不同的两组轨道就具有了相同的对称性 t_2，可以进行所谓 d-p 混杂，从而使四面体配合物具有较深的颜色（参阅 5.1.2.2）。这种由于具有相同对称性使同一原子（或离子）的价层轨道可以相互混杂（或作用）的特性可以看成是应用“广义对称性判据”的延伸。

3.5.3 两组简并波函数的直接乘积

当考察一个分子中两组简并波函数[1] $\alpha_1,\alpha_2,\cdots,\alpha_m$ 和 $\beta_1,\beta_2,\cdots,\beta_n$ 时，假设它们分别构

[1] 它们是分子（或原子）的单电子波动方程的本征函数，例如一组三个 p 轨道（三维）和一组两个 d 轨道（二维），或允许两组等同。

成该点群某个 m 维和 n 维不可约表示的基，可以证明它们的乘积波函数也构成该分子所属点群的一组 $m\times n$ 维表示的基；它是以 $\alpha_1,\alpha_2,\cdots,\alpha_m$ 为基的不可约表示与以 $\beta_1,\beta_2,\cdots,\beta_n$ 为基的不可约表示的直积，这种表示一般为可约表示。直积表示的特征标等于单个表示特征标的乘积。举例如下。

假设 α_1 和 α_2 是不可约表示 Γ_1 的基（α_n 是一组二重简并的轨道，例如八面体配合物中心金属的 e_g 轨道），在群的对称操作 R 作用下，α_1 和 α_2 变为 α_1' 和 α_2'，可以表示为过程 **1**，又假设 β_1 和 β_2 是不可约表示 Γ_2 的基，类似地有过程 **2**。假设 β_n 亦为一组二重简并的轨道，并且 $\Gamma_1\neq\Gamma_2$。过程 **1** 和 **2** 如下所示：

$$\begin{bmatrix}\alpha_1'\\ \alpha_2'\end{bmatrix}=\begin{bmatrix}a_{11} & a_{12}\\ a_{21} & a_{22}\end{bmatrix}\begin{bmatrix}\alpha_1\\ \alpha_2\end{bmatrix}=A\begin{bmatrix}\alpha_1\\ \alpha_2\end{bmatrix} \qquad \begin{bmatrix}\beta_1'\\ \beta_2'\end{bmatrix}=\begin{bmatrix}b_{11} & b_{12}\\ b_{21} & b_{22}\end{bmatrix}\begin{bmatrix}\beta_1\\ \beta_2\end{bmatrix}=B\begin{bmatrix}\beta_1\\ \beta_2\end{bmatrix}$$

1 **2**

$$\begin{bmatrix}\alpha_1'\\ \alpha_2'\end{bmatrix}\otimes\begin{bmatrix}\beta_1'\\ \beta_2'\end{bmatrix}=\begin{bmatrix}\alpha_1'\beta_1'\\ \alpha_1'\beta_2'\\ \alpha_2'\beta_1'\\ \alpha_2'\beta_2'\end{bmatrix}=\boldsymbol{A}\otimes\boldsymbol{B}\begin{bmatrix}\alpha_1\beta_1\\ \alpha_1\beta_2\\ \alpha_2\beta_1\\ \alpha_2\beta_2\end{bmatrix}=\begin{bmatrix}a_{11}b_{11} & a_{11}b_{12} & a_{12}b_{11} & a_{12}b_{12}\\ a_{11}b_{21} & a_{11}b_{22} & a_{12}b_{21} & a_{12}b_{22}\\ a_{21}b_{11} & a_{21}b_{12} & a_{22}b_{11} & a_{22}b_{12}\\ a_{21}b_{21} & a_{21}b_{22} & a_{22}b_{21} & a_{22}b_{22}\end{bmatrix}\begin{bmatrix}\alpha_1\beta_1\\ \alpha_1\beta_2\\ \alpha_2\beta_1\\ \alpha_2\beta_2\end{bmatrix}$$

因此，$\Gamma_1\otimes\Gamma_2=\chi_1\chi_2=(a_{11}+a_{22})(b_{11}+b_{22})$。

相乘的结果得到的是一个四维的基（函数或轨道），它亦属于群中的一个表示（通常为可约表示）；相应的表示矩阵 $C=A\otimes B$ 是一个 4×4 阶方阵，一般可以再约化为低阶方块子矩阵。

参 考 文 献

[1] 周公度，段连运编著．结构化学基础．第 2 版．北京：北京大学出版社，1995.

[2] 周公度，段连运编著．结构化学习题解析．北京：北京大学出版社，1997：31-33.

[3] ［美］赖文 Ira N 著．量子化学．宁世光，佘敬曾，刘尚长译．北京：人民教育出版社，1980：360-363.

[4] 徐志固编著．现代配位化学．北京：化学工业出版社，1987.

[5] 徐光宪，王祥云．物质结构．第 2 版．北京：高等教育出版社，1987.

[6] 徐光宪，黎乐民．量子化学·基本原理和从头计算法．北京：科学出版社，1999.

[7] 潘道皑，赵成大，郑载兴等编．物质结构．第 2 版．北京：高等教育出版社，1982.

[8] Miessler G L，Tarr D A. Inorganic Chemistry. 3rd Ed. New Jersey：Prentice-Hall Inc，2004.

[9] 麦松威，周公度，李伟基．高等无机结构化学．北京：北京大学出版社，香港：香港中文大学出版社，2001.

[10] 陈慧兰主编．高等无机化学．北京：高等教育出版社，2005.

[11] 周永洽编著．分子结构分析．北京：化学工业出版社，1991.

[12] Melrose M P，Scerri E R. Why the 4s orbital is occupied before the 3d. J Chem Edu，1996，73（6）：498-503.

[13] 章慧．为什么 $[Co(NH_3)_5Cl]^{2+}$ 与 $[Co(NH_3)_6]^{3+}$ 的颜色不同？大学化学，1996，11（2）：49-52.

[14] 厦门大学物构组编，林梦海，林银钟执笔．结构化学．北京：科学出版社，2004.

[15] 林梦海编著．量子化学简明教程．北京：化学工业出版社，2005.

[16] 易宪武，黄春辉，王慰，刘余九，吴瑾光著．无机化学丛书：第七卷．北京：科学出版社，1998.

[17] ［美］科顿 F A 著．群论在化学中的应用．第 3 版．刘春万，游效曾，赖伍江译．福州：福建科学技术出版社，1999.

[18] Carter R L. Molecular Symmetry and Group Theory. New York：John Wiley & Sons Inc，1998.

[19] Robert A F. Group Theory in Advanced Inorganic Chemistry—An Introductory Exercise. J Chem Edu，1995，72 (1)：20-24.

[20] [苏] 加特金娜 M E 著．分子轨道理论基础．朱龙根译．戴安邦，游效曾校．北京：人民教育出版社，1978.

[21] [英] 希尔斯特 D M 著．化学数学．清华大学化学教研组译．北京：人民教育出版社，1979.

[22] 高松，陈志达，黎乐民编著．分子对称群．北京：北京大学出版社，1996.

[23] 蒋寅宾编．量子化学入门．杭州：浙江科学技术出版社，1986.

[24] 曹阳编．量子化学引论．北京：人民教育出版社，1980.

[25] 庞震．无机化合物的电子光谱和振动光谱．上海：复旦大学出版社，2006.

[26] 刘克文．“同号重叠”不是对称性匹配的正确判据．大学化学，1992，7 (2)：20-25.

习题和思考题

1. 求解多电子原子薛定谔方程的主要困难是什么？如何用中心力场模型近似处理这种体系？其结果对理解多电子原子的电子结构有何意义？

2. 试求钆原子（$Z=64$）中 4f 电子、5d 电子和 6s 电子的屏蔽常数和原子轨道能。

3. 根据 Slater 规则，计算碳原子的第五电离能。

4. 请举例说明，在过渡金属原子的电子填充顺序中，电子间相互作用能往往对体系的能级顺序起着重要的作用；当其电离时，核吸引作用能却成为支配性因素。

5. 在 $[Fe(H_2O)_6]^{2+}$ 和 $[Fe(H_2O)_6]^{3+}$ 之间发生电子自交换反应（参阅 7.3.1）时，反应物 $[Fe(H_2O)_6]^{2+}$ 的 HOMO 是其 e_g 还是 t_{2g} 轨道，为什么？

6. 试述下列各术语的不同物理概念：

电子组态　谱项　支谱项　微观态　简并度　轨函　轨函能量　能级　波函数

7. 导出下列谱项的支谱项和微观能态数　^2D　^4F　^1G

8. 基态 Ni 原子可能的电子组态为 $[Ar]3d^8 4s^2$ 或 $[Ar]3d^9 4s^1$。由光谱实验测定能量最低的光谱项为 $^3F_4$，试判断其属于那种组态。

9. 讨论下列配合物的对称性（详细说明点群符号、对称元素及相应对称操作、群阶等）。

$[Co(en)_3]Cl_3$　*trans*-$[CoCl_2(NH_3)_4]^+$　$[Co(CN)_5]^-$（四方锥）

$[NiX_4]^{2-}$（四面体）　*mer*-$[Co(dien)_2]^{3+}$

dien＝二乙三胺（直链型）

OC, CO, Mn—NO, OC, CO　　Cl, PPh_2Me, Co—NO, $MePh_2P$, Cl　　OC, CO, Fe—CO, OC, CN ($^-$)　　PPh_3, Ph_3P—Ru—PPh_3, Cl, Cl

10. 试述下列各术语的确切意义。

群　对称群　群阶　群元素的类　变换矩阵　群表示的基　特征标

不可约表示　可约表示　群表示的维数

11. 分别求出以五个 d 轨道为基在下述对称群中的可约表示(以 5×5 阶方阵表示)及其不可约表示。

(1) C_{2v} $[TiCl_2(cp)_2]$ 中 Ti 的 d 轨道

(2) C_{4v} $[VOCl_4]^{2-}$ 中 V 的 d 轨道

12. 完成下列不可约表示的直积表。

D_2	A	B_1	B_2	B_3
A				
B_1				
B_2				
B_3				

T_d	A_1	A_2	E	T_1	T_2
A_1					
A_2					
E					
T_1					
T_2					

13. 根据对称性匹配的广义对称性判据，试分析异核双原子分子的原子轨道对称性匹配条件。

第 4 章　配合物的化学键理论

根据“凡是由含有孤对电子或 π 键组成的分子或离子（称为配体）与具有空的价电子轨道的原子或离子（统称中心原子）按一定的组成和空间构型结合成的结构单元”的定义，配合物的内界可定义为络合单元（参阅 1.1.1.2）。配合物的化学键理论就是研究络合单元内中心原子与配体之间相互作用本质的理论[1]，并可被用来阐明配合物的结构和物理、化学性质，如配位数、空间构型、光谱及磁性、热力学稳定性和动力学反应性等。迄今提出的配合物化学键理论主要有：价键理论（VBT）、晶体场理论（CFT）、配体场或配位场理论（LFT，即改进的晶体场理论）和分子轨道理论（MOT），其中还包括了角重叠模型（AOM）。本书在第 1 章已介绍了 VBT。本章将对 CFT、LFT、MOT 和 AOM 作出简要介绍。

4.1　晶体场理论

晶体场理论认为配位体（离子或强极性分子例如 Cl^-、H_2O、NH_3 等）同带有正电荷的正离子之间的静电吸引是使配合物稳定的根本原因。因为这个力的本质类似于离子晶体中的作用力，所以取名为晶体场理论。这意味着我们可以将配合物中心的金属离子（或原子）与它周围的原子或分子所产生的电场作用看作类似于置于晶格中的一个小空穴上的原子所受到的作用。这种晶体场当然要破坏原先自由原子（或离子）的电荷分布。晶体场理论认为中心金属上的电子基本上定域于原先的原子轨道，中心金属与配体之间不发生轨道的重叠，完全忽略了配体与中心金属之间的共价作用。

总之，晶体场理论模型的基本要点为：

① 配合物中心金属离子（或原子）与配体（被视为点电荷或点偶极）之间的作用是纯静电作用，即不交换电子，不形成共价键；

② 当受到带负电荷的配体（阴离子或偶极子的负端）的静电作用时，过渡金属离子（或原子）上本来是五重简并的 d 轨道（指单电子或单空穴体系）或含多电子的金属离子（或原子）的各谱项就要发生分化、改组，即发生能级分裂。这种分裂的情况和后果依配合物对称性的不同而不同。

4.1.1　晶体场中 d 轨道能级的分裂[2]

4.1.1.1　正八面体场

（1）用直观的物理模型说明 5 个 d 轨道的能级分裂

为了考虑中心原子和周围配体之间的静电相互作用，晶体场理论示出金属离子的 d 电子是怎样受到配体所带负电荷影响的。首先考虑金属离子 M^{n+} 被六个按高对称的八面体构型排列的配体配位的情况，如图 4-1(a) 所示。可以用直观的物理模型预测 5 个 d 轨道在八面体场中的分裂，将八面体场的构建假想为四个阶段［相当于图 4-2(a) 中的阶段Ⅰ～阶段Ⅳ］。

---

[1] 徐光宪，王祥云著．物质结构．第 2 版．北京：高等教育出版社，1987：280。

[2] (a) 麦松威，周公度，李伟基．高等无机结构化学．北京：北京大学出版社，香港：香港中文大学出版社，2001：212-216；(b) Rodgers G E. Descriptive Inorganic，Coordination，and Solid-State Chemistry. 2nd Ed. South Melbourne：Thomson Learning，2002：64-69；(c) 周绪亚，孟静霞主编．配位化学．开封：河南大学出版社，1989：64-68。

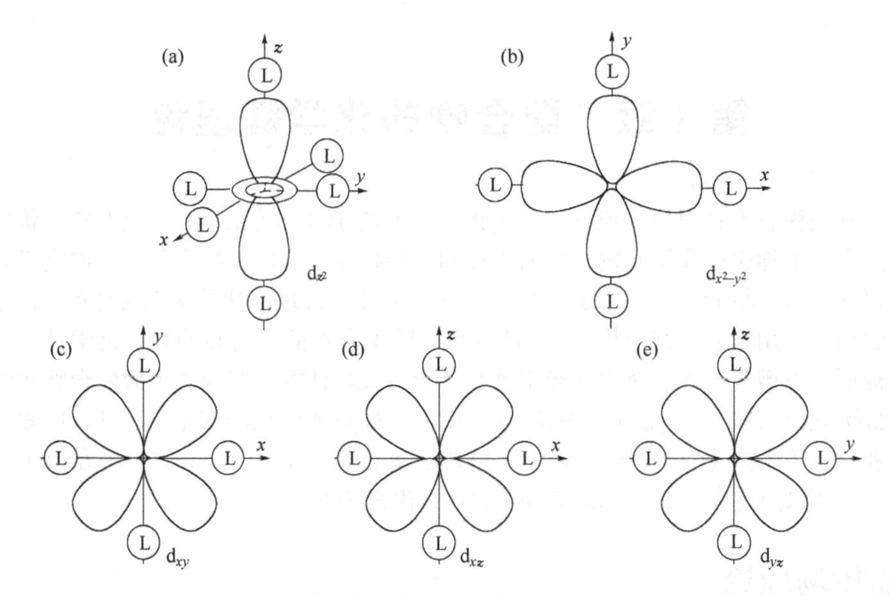

图 4-1　八面体场中 d 轨道和配体 L 的相对取向示意图

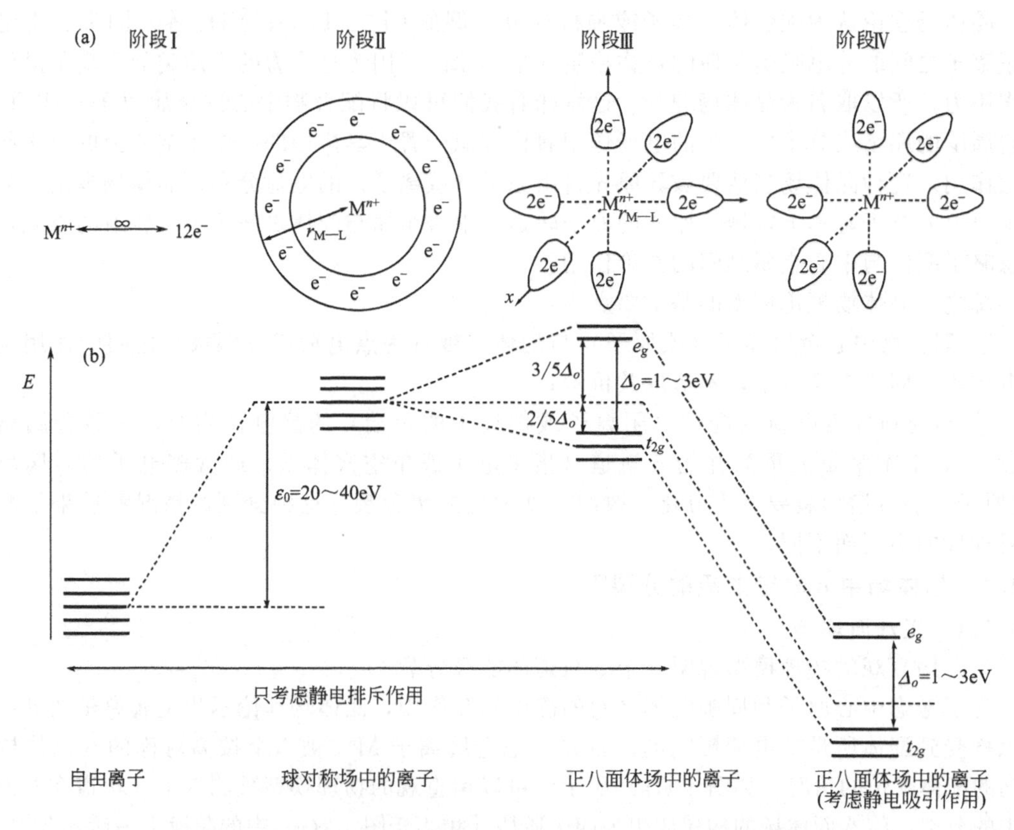

图 4-2　(a) 构造八面体场的四个假想阶段；(b) 与每个假想阶段对应的 d 轨道能级分裂示意图（能级未按真实标度绘出）

阶段Ⅰ：假设 M^{n+} 是一个 d^1 型的阳离子（例如 Ti^{3+}），配体所提供的 6 对孤对电子相当于 12 个电子的作用（$12e^-$），当配体与金属相距无限远时，金属的 d 电子可以等同地占据 5 个简并 d 轨道中的任意一个，这就是 d^1 体系自由离子的状态。

阶段Ⅱ：如果由配体组成的带负电荷的静电场是一个以 r_{M-L} 为半径的球形对称场，M^{n+} 处于球壳中心，球壳表面上均匀分布着 $12e^-$ 的负电荷，原先自由离子中的 d 电子不管处于哪一个 d 轨道仍受到等同的作用，因此 5 个 d 轨道并不改变其简并状态，只是在总体上提高了能量。

阶段Ⅲ：当改变负电荷在球壳上的分布，将它们集中在球的内接正八面体的 6 个顶点上，每个顶点所分布的电荷为 $2e^-$。由于球壳上的总电量仍为 $12e^-$，不会改变对 d 电子的总排斥力，因而不会改变 5 个 d 轨道的总能量，但是单电子处在不同轨道时所受的排斥力不再完全相同，即 5 个 d 轨道将不再处于简并状态。根据 d 轨道在空间分布的特点，可分为两组，e_g 组轨道（d_{z^2}，$d_{x^2-y^2}$）的“叶瓣”沿坐标轴分布，直接指向配体（偶极子的负端），位于该组轨道中的单电子所受到的排斥较大；而 t_{2g} 组轨道（d_{xy}，d_{xz}，d_{yz}）的“叶瓣”分布在坐标轴之间，该组轨道中的单电子所受到的排斥相对较小，将会比 e_g 组轨道有利于电子的占据；因此，在八面体场中 5 个 d 轨道就分裂为两组。根据量子力学的“能量重心守恒原理”[1]，相对于球对称场的能量（能量重心），e_g 组能量升高 $3/5\Delta_o$，t_{2g} 组能量降低 $2/5\Delta_o$，Δ_o 为 e_g 和 t_{2g} 轨道的能级差，被称为八面体场分裂能。从配体的排列看，d_{xy}、d_{xz} 和 d_{yz} 轨道有相同的电子占据条件，因此它们是简并轨道；从表观上看，似乎 d_{z^2} 与 $d_{x^2-y^2}$ 轨道的形状不同，若将 d_{z^2} 轨道看成是由 $d_{z^2-x^2}$ 和 $d_{z^2-y^2}$ 轨道线性组合而成，就不难理解为什么 d_{z^2} 与 $d_{x^2-y^2}$ 为一对简并轨道了。

按晶体场理论进行准确计算，可得图 4-2 中的分裂能 Δ_o：

$$\Delta_o = 10Dq \tag{4-1}$$

$$D = 35Z/4a^5 \text{（原子单位）}$$

$$q = \frac{2}{105}\int_0^\infty R_{nd}^2 r^4 r^2 \, dr = \frac{2}{105}\langle r^4 \rangle$$

式中　Z——每个配体所带电荷；

a——金属原子与配位原子的距离；

R_{nd}——金属原子中 nd 轨道的径向函数。

实际上，Δ_o 和 Dq 很少通过计算直接获得，通常是由电子光谱实验数据推引得到。

至此，应注意到在阶段Ⅰ～阶段Ⅲ中，当只考虑金属的 d 电子与配体所带负电荷发生静电排斥作用时，5 个 d 轨道作为一个整体（在球对称场中），其能量 ε_0 升高约为 20～40eV；而在八面体场中，两组 d 轨道（即 t_{2g} 与 e_g）之间的能量间隔只有约 1～3eV[2]（约 10000～30000cm^{-1}）。即使由于 d 电子占据有利的 t_{2g} 轨道，获得比球对称场更大的晶体场稳定化能（CFSE，参阅 4.1.4）增益，但是从总能量的角度考虑，似乎不利于形成配合物，但实验事实告诉我们，在一定条件下大多数过渡金属离子倾向于形成配合物，即形成配合物将使体系获得有利的能量增益。

为了合理地解释上述问题，让我们重新回到晶体场理论的基本假设——带负电荷的配体同带有正电荷的正离子之间的静电吸引是使配合物稳定的根本原因，因此我们必须关注似乎被大多数教科书忽略的阶段Ⅳ。

阶段Ⅳ：当考虑 M-L 之间的静电吸引作用时，在配体形成的八面体场的作用下（相当

---

[1] 量子力学证明，如果一组简并的轨道由于纯静电场的微扰作用而引起分裂，则分裂后所有轨道能量改变值的代数和为零。

[2] 能量换算：$10000cm^{-1} = 1.24eV = 119kJ \cdot mol^{-1}$。

于形成六个离子键)，体系的能量重心将下降至低于自由离子的能量，由此获得的体系能量增益不言而喻。

一般而言，CFSE 大约只占配合物总键能的 5%～10%，即占配合物总键能的很小一部分。因此，在比较配合物的性质时，总是取"相似的"配合物来比较，也就是对于系列配合物，它们的键能大致相当，这时 CFSE 才体现出较大的差别。在晶体场理论中，虽然较注重能级图的右边，即着重于讨论分裂后的 d 轨道的情况，但仍必须关注被比较配合物的成键情况，否则可能得出错误的结论。

以下我们将仍然采用类似的直观物理模型方法讨论非正八面体对称性的常见几何构型配合物。

(2) 用群论方法说明五重简并 d 轨道的分裂

应用特征标表，找出 5 个 d 轨道在正八面体对称性下分别所属的不可约表示，注意用小写符号标记轨道，例如：

$$\begin{matrix} e_g & & t_{2g} \\ d_{z^2}, d_{x^2-y^2} & & d_{xy}, d_{xz}, d_{yz} \end{matrix}$$

4.1.1.2　正八面体以外的其它场

通常，晶体场的对称性下降，d 轨道分裂的组数增加，高重简并态减少。可以从 5 个 d 轨道在正八面体场 O_h（48 阶）、正四面体场 T_d（24 阶）、D_{4h}（16 阶）、D_{3h}（12 阶）、C_{4v}（8 阶）等配位场的能级分裂图中观察到这种现象。

(1) 正四面体场

采用前述类似的方法，由图 4-3 示出 ML_4 四面体配合物的配体排布情况可知，t_2 组轨道（d_{xy}，d_{xz} 和 d_{yz}）的极大值指向立方体棱边的中点，距配体较近，受到较强的静电排斥作用；而 e 组轨道（d_{z^2} 和 $d_{x^2-y^2}$）的极大值指向立方体棱边的面心，距配体较远，受到较弱的静电排斥作用。因此，当一个 M^{n+} 被 4 个按四面体排列的配体配位时，d_{z^2} 和 $d_{x^2-y^2}$ 将比 d_{xy}，d_{xz} 和 d_{yz} 更有利于单电子占据，故四面体场中 5 个 d 轨道分裂为两组：e 和 t_2。按"能量重心守恒原理"，相对于球对称场，e 组能量降低 $3/5\Delta_t$，t_2 组能量升高 $2/5\Delta_t$，Δ_t 为 e 和 t_2 轨道的能级差，被称为四面体场分裂能。由于在四面体场中 5 个 d 轨道都在一定程度上避开了配体，类似于八面体场中的 d 轨道与配体直接相互指向的情况并没有出现，可以预测 $\Delta_t < \Delta_o$。在 M-L 键及其键距大致相同的情况下，通常 $\Delta_t \approx 4/9\Delta_o$。5 个 d 轨道在四面体场中的能级分裂情况如图 4-4 所示。

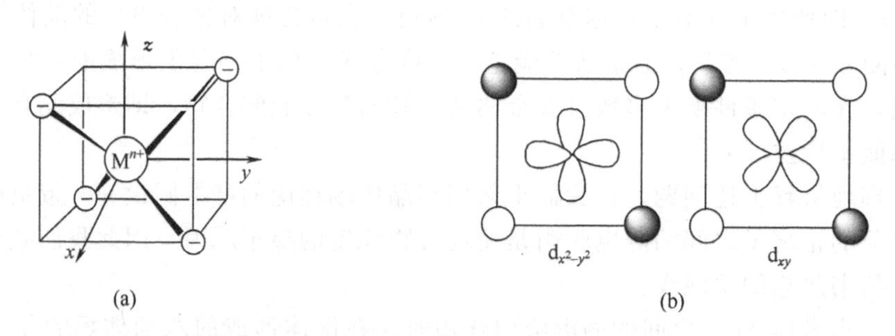

图 4-3　(a) ML_4 四面体配合物的坐标；(b) ML_4 四面体配合物中轨道和配体的几何排布沿 z 轴投影图
(带阴影的球表示下面两个配体，白球代表上面两个配体)

(2) 平面正方形场

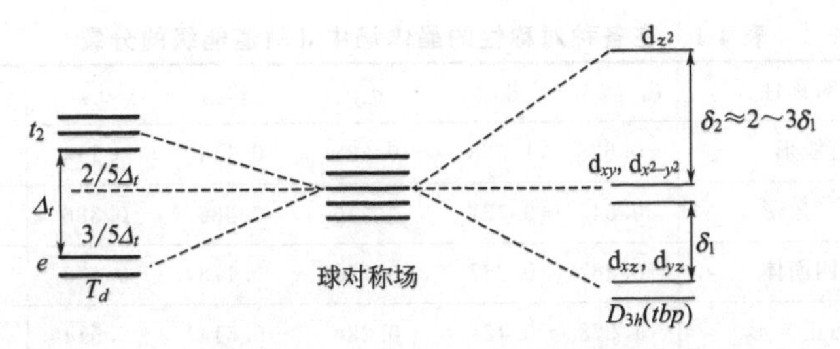

图 4-4　5 个 d 轨道在四面体和三角双锥晶体场中的能级分裂

当只考虑静电排斥作用，四个配体位于 xy 平面内的坐标轴上形成平面正方形时，$d_{x^2-y^2}$ 轨道的极大值指向这四个配体，因而 $d_{x^2-y^2}$ 轨道中的电子受配体的负电荷排斥最强烈，$d_{x^2-y^2}$ 轨道能量最高。其次，d_{xy} 轨道的极大值与 x 轴和 y 轴互成 45°夹角；再次是 d_{z^2} 的电子云只有在沿平面上的小环部分与配体有接触，而 d_{xz} 和 d_{yz} 轨道的能量最低。因此，根据直观的物理模型并结合群论方法的考虑，在平面正方形场中，5 个 d 轨道分裂为四组：$b_{1g}(d_{x^2-y^2})$，$b_{2g}(d_{xy})$，$a_{1g}(d_{z^2})$ 和 $e_g(d_{xz}, d_{yz})$，它们的能级顺序如图 4-5 所示。

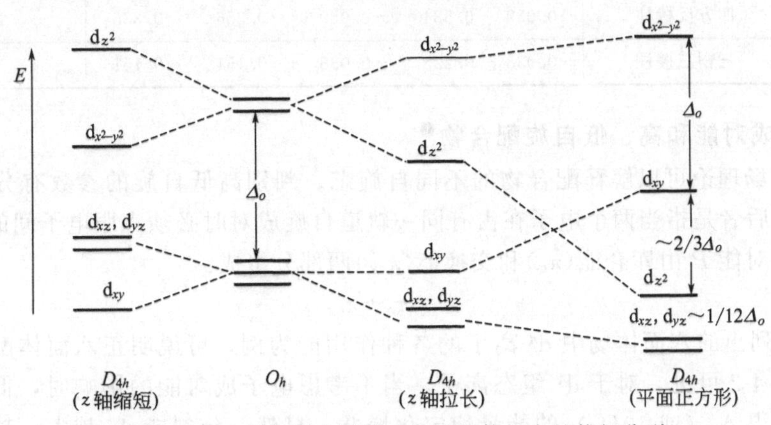

图 4-5　五个 d 轨道在不同对称性晶体场中的能级分裂

（3）C_{4v} 对称性晶体场

属于 C_{4v} 对称性的有五配位四方锥配合物和 MXL_5 配合物，例如 $[CoCl(NH_3)_5]^{2+}$，以及如图 4-6 所示的配合物。

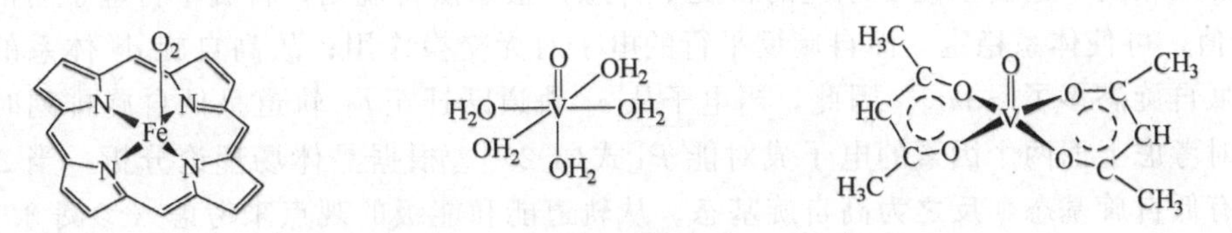

图 4-6　具有 C_{4v} 对称性或准 C_{4v} 对称性的配合物

采用直观的物理模型，可以想象，五配位四方锥配合物的 d 轨道能级分裂与图 4-5 所示的 z 轴拉长的八面体或平面正方形配合物类似，因为在 z 轴上只移走一个配体，其微扰作用相当于平均部分地移去两个配体的作用；特别地，当位于 z 轴上的配体强度足够弱时，d_{z^2} 轨道将会下降得更多。而 MXL_5 类型配合物的 d 轨道能级分裂图与变形的八面体配合物相类似，可能有下列两种情况：当 X 的微扰作用比 L 弱时，能级图类似于 z 轴拉长的八面体；当 X 的微扰作用比 L 强时，能级图类似于 z 轴缩短的八面体；当作用更强时，能级分裂图则趋近于平面正方形。根据计算，在各种对称性的晶体场中 d 轨道能级的分裂见表 4-1。

表 4-1 在各种对称性的晶体场中 d 轨道能级的分裂　　单位：Δ_o

配位数	场对称性	$d_{x^2-y^2}$	d_{z^2}	d_{xy}	d_{yz}	d_{xz}	注
2	直线形	−0.628	1.028	−0.628	0.114	0.114	键沿 z 轴
3	正三角形	0.545	−0.321	0.546	−0.386	−0.386	键在 xy 平面
4	正四面体	−0.267	−0.267	0.178	0.178	0.178	—
4	平面正方形	1.228	−0.428	0.228	−0.514	−0.514	键在 xy 平面
6	正八面体	0.600	0.600	−0.400	−0.400	−0.400	—
6	三角棱柱体	−0.584	0.096	−0.584	0.536	0.536	—
5	三角双锥	−0.082	0.707	−0.082	−0.272	−0.272	锥底在 xy 平面
5	四方锥	0.914	0.086	−0.086	−0.457	−0.457	
7	五角双锥	0.282	0.493	0.282	−0.528	−0.528	
8	立方体	−0.534	−0.534	0.356	0.356	0.356	—
8	四方反棱柱	−0.089	−0.534	−0.089	0.356	0.356	—
9	三帽三棱柱	−0.038	−0.225	−0.038	0.151	0.151	—

4.1.2 电子成对能和高、低自旋配合物[1]

根据晶体场理论可以解释配合物的不同自旋态。判别高低自旋的参数有分裂能 Δ 和电子成对能 P，后者是指当两个电子在占有同一轨道自旋成对时必须克服电子间的相互作用所需的能量。成对能 P 由库仑能(π_c)和交换能(π_{ex})两部分组成：

$$P=\pi_c+\pi_{ex} \tag{4-2}$$

以表 4-2 列出的八面体场中 d^n 离子的各种作用能为例，可说明正八面体配合物的高低自旋态。由表 4-2 可见，对于 d^4 组态离子，当不考虑电子成对能的影响时，低自旋态比高自旋态要多获得 Δ_o（或 $10Dq$）的能量稳定化增益。显然，分裂能 Δ_o 越大，越有利于 d 电子占据 t_{2g} 轨道，导致电子成对，稳定低自旋态，但是有两个因素使 d 电子可能占据 e_g 能级而有利于高自旋态的稳定：其一为当两个电子处于同一轨道中，要增加电子间的库仑斥力，即 π_c，例如低自旋 d^4 体系由此损失的能量为 π_c；其二，迫使两个 d 电子处于同一轨道，则其自旋必须相反，这要求改变原先的自旋平行态；根据洪特规则，自旋平行电子对的交换能 π_{ex} 为负值，可使体系稳定，而自旋反平行的电子对无交换作用；故高自旋 d^4 体系的自旋交换能比低自旋态多了 $-3\pi_{ex}$。因此，当电子从 e_g 轨道跃迁至 t_{2g} 轨道呈低自旋排列时，就要损失同时考虑上面两个因素的电子成对能 P[式(4-2)]。根据晶体场理论分析，当 $\Delta>P$ 时体系具有低自旋基态，反之为高自旋基态。从轨道能和能级的观点来考虑（参阅 3.1.3.2），e_g 比 t_{2g} 轨道能高，但是当 $\Delta<P$ 时，高自旋态八面体 Cr(Ⅱ)配合物的最后一个 d 电子将填充入能级较低的 e_g 轨道而不是 t_{2g} 轨道。

如上所述，粗略地假定每两个自旋平行的电子贡献出一个相等的交换能 $-\pi_{ex}$，两个自旋相反的电子处于同一轨道时增加的库仑能为 π_c，可以估算出 d^4～d^7 组态配合物的成对能（表 4-3）。

---

[1] (a) 游效曾著．分子材料——光电功能化合物．上海：上海科学技术出版社，2001：146；(b) Huheey J E. Inorganic Chemistry. 3rd Ed. Cambridge: Harper International SI Edition, 1983: 380; (c) 徐光宪，王祥云著．物质结构．第 2 版．北京：高等教育出版社，1987：305-307.

表 4-2　八面体场中 d^n 离子的各种作用能

电子数		0	1	2	3	4		5		6		7		8	9	10
例子		Ca^{2+} Sc^{3+}	Ti^{3+} U^{4+}	Ti^{2+} V^{3+}	V^{2+} Cr^{3+}	Cr^{2+} Mn^{3+}		Mn^{2+},Fe^{3+} Ru^{3+},Ir^{4+}		Fe^{2+},Co^{3+} Ru^{2+},Pt^{4+}		Co^{2+},Ni^{3+} Ru^{+},Rh^{2+}		Ni^{2+} Pt^{2+}	Cu^{2+} Ag^{2+}	Cu^{+} Ag^{+}
自旋态						HS	LS	HS	LS	HS	LS	HS	LS			
电子分布	e_g	0	0	0	0	1	0	2	0	2	0	2	1	2	3	4
	t_{2g}	0	1	2	3	3	4	3	5	4	6	5	6	6	6	6
未成对电子数		0	1	2	3	4	2	5	1	4	0	3	1	2	1	0
交换能(π_{ex})		0	0	−1	−3	−6	−3	−10	−4	−10	−6	−11	−9	−13	−16	−20
库仑能(π_c)		0	0	0	0	0	1	0	2	1	3	2	3	3	4	5
稳定化能(Dq)		0	−4	−8	−12	−6	−16	0	−20	−4	−24	−8	−18	−12	−6	0

注：HS—高自旋，LS—低自旋。π_{ex}—（自旋）交换能，π_c—库仑能（静电排斥能）。

表 4-3　正八面体场中 d^4～d^7 组态配合物的成对能

组　态	高自旋		低自旋		平均成对能 P	
	交换能(π_{ex})	库仑能(π_c)	交换能(π_{ex})	库仑能(π_c)	用 π_{ex},π_c 表示	用拉卡参数表示
d^4	−6	0	−3	1	$3\pi_{ex}+\pi_c$	$6B+5C$
d^5	−10	0	−4	2	$3\pi_{ex}+\pi_c$	$7.5B+5C$
d^6	−10	1	−6	3	$2\pi_{ex}+\pi_c$	$2.5B+4C$
d^7	−11	2	−9	3	$2\pi_{ex}+\pi_c$	$4B+4C$

对于同一周期的过渡金属配合物，库仑能（π_c）基本相近。表 4-3 说明 d^6 和 d^7 组态金属离子生成低自旋配合物的倾向比 d^4 和 d^5 组态要高。利用 Δ 和 P 相等时高自旋态基态谱项（对 d^4 为 ^5E_g）与低自旋基态谱项（对 d^4 为 $^3T_{1g}$）能量相等的关系及这两个谱项的能量表达式可以导出以拉卡参数 B 和 C 表示的成对能 P。利用气态自由金属离子的 B 和 C 值可计算出一些金属离子的成对能（表 4-4）❶。近似取 $C\sim4B$，并认为各 d^n 组态的 B 值近似相等❷，可以看出形成低自旋配合物的倾向一般按以下顺序递降：

$$d^6>d^7>d^4>d^5$$

表 4-4　一些 3d 金属离子的成对能　　单位：kJ·mol⁻¹(cm⁻¹)

d^n	离　子	π_c	π_{ex}	P
d^4	Cr^{2+}	71.2(5950)	173.1(14475)	244.3(20425)
	Mn^{3+}	87.9(7350)	213.7(17865)	301.6(25215)
d^5	Cr^{+}	67.3(5625)	144.3(12062)	211.6(17687)
	Mn^{2+}	91.0(7610)	194.0(16215)	285.0(23825)
	Fe^{3+}	120.2(10050)	237.1(19825)	357.4(29875)
d^6	Mn^{+}	73.5(6145)	100.6(8418)	174.2(14563)
	Fe^{2+}	89.2(7460)	139.8(11690)	229.1(19150)
	Co^{3+}	113.0(9450)	169.6(14175)	282.6(23625)
d^7	Fe^{+}	87.9(7350)	123.6(10330)	211.5(17680)
	Co^{2+}	100　(8400)	150　(12400)	250　(20800)

注：数据引自于 Huheey J E. Inorganic Chemistry. 3rd Ed. Cambridge：Harper International SI Edition，1983：380。

❶ 需要注意的是，在金属配合物中金属离子的成对能要比气态自由离子的成对能小，这是由于存在“电子云扩展效应”的缘故（参阅 4.2.2）。

❷ 即使是属于同一 d^n 组态的不同金属离子，其平均成对能 P 也是不同的，见表 4-4 和表 4-5。

对于同一族过渡金属离子，周期数增加，d 电子云愈扩展，d 电子之间的排斥作用能愈小，即 B 值随着周期数的增加而减小，所以形成低自旋配合物的倾向是：

$$5d^n > 4d^n > 3d^n$$

根据以上讨论可以理解常见过渡金属配合物呈高或低自旋态的实验规律。

① 第二、三过渡系金属的八面体配合物几乎都是低自旋的，高自旋配合物是个别例外。

② 绝大多数已知的四面体配合物都是高自旋的。但也有个别例外[1]，参见图 4-7。

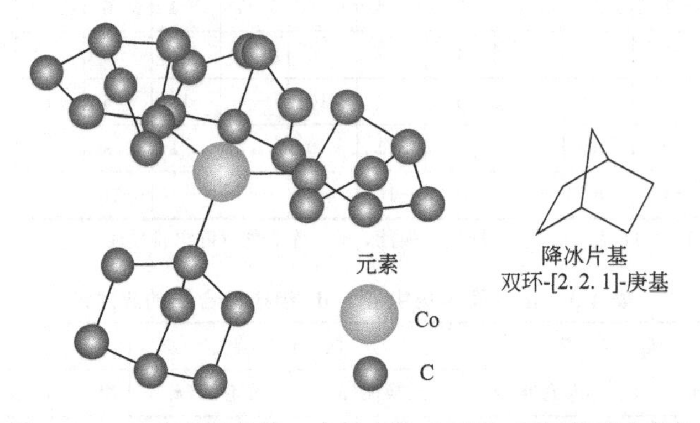

图 4-7　1986 年发现的第一个低自旋 Co(Ⅳ) 四面体配合物[1]

③ 除了第二、三过渡系的金属离子外，所有 F^- 配体的配合物都是高自旋的。

④ 除了 $[Co(H_2O)_6]^{3+}$ 以及 $4d^6$、$5d^6$ 水合金属离子外，多数水合金属离子都是高自旋的。

⑤ 含 CN^-、RNC、phen、bpy 等配体的过渡金属配合物几乎都是低自旋的。

⑥ 一般地，$P(d^5) > P(d^4) > P(d^7) > P(d^6)$。$P(d^6)$ 最小，d^6 组态配合物常常呈低自旋态，例如组态为 $4d^6$、$5d^6$ 的过渡金属配合物全部是低自旋的；对于 Co^{3+}，除了 $[Co(H_2O)_3F_3]$、$[CoF_6]^{3-}$ 外都是低自旋的，而对于 Fe^{2+}，只有 CN^-、RNC、phen、bpy 等配合物是低自旋的。$P(d^5)$ 最大，d^5 组态配合物除了 CN^- 等强场配体配合物外，都是高自旋的。

配合物高低自旋态的互变有很重要的作用：例如组态为 d^6 的高自旋八面体 Fe(Ⅱ)配合物比相应的低自旋配合物在取代反应动力学上更为活泼；某些自旋交叉配合物（指高、低自旋态能量差别较小，在一定条件下能相互转换的配合物）是潜在的分子信息存储元件和分子开关元件；而血红蛋白、过氧化氢酶、细胞色素 c 等生物大分子中所含的中心金属铁离子随着轴向配体的不同，都可能存在高自旋或低自旋态。

4.1.3　影响 Δ 值的因素

4.1.3.1　晶体场类型

晶体场类型不同，Δ 值不同。例如在相同金属离子和相同配体的情况下，$\Delta_t \approx 4/9\Delta_o$，这是因为，一方面在八面体场中有六个配体对 d 电子施加影响，而在四面体场中只有四个配体参与作用，大约减少了 33% 的影响；另一方面，在八面体场中，配体直接指向 e_g 轨道，相互排斥作用影响最大，而对 t_{2g} 影响却较小，所以相应的分裂能也大。在四面体场中，配体并不直接指向任何 d 轨道，配体对 t_2 的影响只是稍大于 e 轨道。

4.1.3.2　中心金属离子的性质

① 属于同一过渡金属系列的相同价态的中心离子，和同样的配体形成配合物，其 Δ 值

[1] Janes R，Moore E A. Metal-Ligand Bonding. Cambridge：Royal Society of Chemistry，2004：29。

仅在较小的幅度范围内变化。例如

$[M(H_2O)_6]^{2+}$ $\Delta_o=7800cm^{-1}(M=Mn^{2+})\sim13900cm^{-1}(M=Cr^{2+})$

$[M(H_2O)_6]^{3+}$ $\Delta_o=13700cm^{-1}(M=Fe^{3+})\sim20300cm^{-1}(M=Ti^{3+})$

② 中心金属离子的氧化态　对于同一种配体构成的相同类型的晶体场，中心离子正电荷越高，拉引配体越紧，对轨道的微扰作用就越强。因此随着中心离子氧化态的增加，Δ 值增大。氧化态由Ⅱ→Ⅲ，一般 Δ 值增加 40%～80%，例如：

$[Co(H_2O)_6]^{2+}$ $\Delta_o=9300cm^{-1}$ $[Co(NH_3)_6]^{2+}$ $\Delta_o=10100cm^{-1}$

$[Co(H_2O)_6]^{3+}$ $\Delta_o=18600cm^{-1}$ $[Co(NH_3)_6]^{3+}$ $\Delta_o=23000cm^{-1}$

③ 中心金属离子的半径　中心离子的半径越大，d 轨道离核越远，越容易在配位场的作用下改变能量，所以分裂能 Δ 也越大。在同族元素中，分裂能 Δ 随着中心离子轨道主量子数的增加而增加。由 3d→4d，Δ_o 值约增大 40%～50%；由 4d→5d，Δ_o 值约增大 20%～25%。例如：

$[Co(NH_3)_6]^{3+}$ $\Delta_o=23000cm^{-1}$

$[Rh(NH_3)_6]^{3+}$ $\Delta_o=33900cm^{-1}$ 约增加 40%～50%

$[Ir(NH_3)_6]^{3+}$ $\Delta_o=40000cm^{-1}$ 约增加 20%～25%

因此，第二、三过渡系（4d 和 5d）金属配合物几乎都是低自旋的；而第一过渡系金属配合物随着配体类型和金属氧化态不同，高、低自旋态都是常见的。

对于同样的配体，按 Δ 值从小到大的次序，可把常见的中心金属离子排列为：

$$Mn^{2+}<Co^{2+}\sim Ni^{2+}<V^{2+}<Fe^{3+}<Cr^{3+}<Co^{3+}<Mo^{3+}<Rh^{3+}<Ir^{3+}<Pt^{4+}$$

表 4-5 列出第一过渡系水合金属离子的轨道分裂能和平均成对能，从表 4-5 中数据可以看到以上一些因素的影响。

表 4-5　第一过渡系水合金属离子的轨道分裂能 Δ_o 和平均成对能 P　单位：cm^{-1}

d^n	M^{2+}	Δ_o①	P	M^{3+}	Δ_o①	P
d^1				Ti^{3+}	18800	
d^2				V^{3+}	18400	
d^3	V^{2+}	12300		Cr^{3+}	17400	
d^4	Cr^{2+}	9250	23500	Mn^{3+}	15800	28000
d^5	Mn^{2+}	7850①	25500	Fe^{3+}	14000	30000
d^6	Fe^{2+}	9350	17600	Co^{3+}	16750	21000
d^7	Co^{2+}	8400	22500	Ni^{3+}		27000
d^8	Ni^{2+}	8600				
d^9	Cu^{2+}	7850				
d^{10}	Zn^{2+}	0				

① Δ_o 为计算值。

注：数据引自于 Miessler G L，Tarr D A. Inorganic Chemistry. 3rd Ed. New Jersey：Prentice-Hall Inc，2004：349。

4.1.3.3 配体的性质和光谱化学序列

配体的性质是影响分裂能 Δ 的重要因素。对于同一金属离子和构型，配体不同引起的 Δ 值不同。

① 对于同一中心金属，不同的配位原子对 Δ 的影响按下列顺序增大：

$$I<Br<Cl<S<F<O<N<C$$

这个序列近似地对应于原子半径减小的次序，而从 F 以后又正比于它们电负性减小的次序。

② 光谱化学序列（spectrochemical series）　对于给定的中心离子，不同配体的 Δ 值可

由小到大排成下列序列（下划线表示配位原子）：

$$I^- < Br^- < S^{2-} < \underline{S}CN^- < Cl^- < NO_3^- < F^- < (NH_2)_2CO < OH^- \sim CH_3COO^- \sim$$
$$HCOO^- < C_2O_4^{2-} < H_2O < \underline{N}CS^- < gly^- < CH_3CN < edta^{4-} < py < NH_3 < en <$$
$$NH_2OH < bpy < phen < \underline{N}O_2^- < PPh_3 < \underline{C}N^- < CO$$

光谱化学序列是 Tsuchida 在对相应化合物光谱研究的基础上从实验总结出来的。排在左边的配体为弱场配体，排在右边的配体为强场配体。如果一个配合物的配体被序列中右边的配体所取代，吸收带将向短波方向移动。配体场强度的大小是电子组态为 $d^4 \sim d^7$ 的第一过渡系金属的正八面体配合物可能具有高自旋或低自旋态[1]的主要影响因素。

应当注意到，在光谱化学序列中，有些配体的顺序与晶体场理论的假设不符，如果晶体场作用能起因于静电作用，那么就难以说明为什么带负电荷的卤素离子位于序列的左边，而一些中性的 π 酸配体却位于强场一侧，这是由于静电晶体场理论忽视了共价键特别是 π 键作用造成的。无法解释光谱化学序列是晶体场理论的主要缺陷之一。

4.1.4 晶体场稳定化能

按晶体场理论的假设，由于不同对称性下配体静电场的作用，中心原子上本来是五重简并的 d 轨道要发生分化、改组，即发生能级分裂。体系中的 d 电子进入分裂后的 d 轨道，其结果使体系的能量比处于未分裂的（球对称）d 轨道时的能量要低，这种由晶体场效应获得的额外稳定化能量被称为晶体场稳定化能（crystal field stabalization energy，简写为 CFSE)。CFSE 的大小与配合物的几何构型、中心原子的 d 电子数和所在周期数、配体场强弱及电子成对能密切相关。根据 d 轨道在各种对称性晶体场中的分裂情况（表 4-1）和中心金属的 d^n 电子排布可以计算晶体场稳定化能。表 4-6 列出了按式(4-3) 计算的不同 d^n 组态八面体金属配合物在弱场和强场情况下的晶体场稳定化能。

表 4-6 八面体金属配合物的晶体场稳定化能

弱场				强场			
d^n	组态	未成对电子	CFSE①	d^n	组态	未成对电子	CFSE①
d^1	$(t_{2g})^1(e_g)^0$	1	$-4Dq$	d^1	同	同	同
d^2	$(t_{2g})^2(e_g)^0$	2	$-8Dq$	d^2	弱	弱	弱
d^3	$(t_{2g})^3(e_g)^0$	3	$-12Dq$	d^3	场	场	场
d^4	$(t_{2g})^3(e_g)^1$	4	$-6Dq$	d^4	$(t_{2g})^4(e_g)^0$	2	$-16Dq+P$
d^5	$(t_{2g})^3(e_g)^2$	5	$0Dq$	d^5	$(t_{2g})^5(e_g)^0$	1	$-20Dq+2P$
d^6	$(t_{2g})^4(e_g)^2$	4	$-4Dq$	d^6	$(t_{2g})^6(e_g)^0$	0	$-24Dq+2P$
d^7	$(t_{2g})^5(e_g)^2$	3	$-8Dq$	d^7	$(t_{2g})^6(e_g)^1$	1	$-18Dq+P$
d^8	$(t_{2g})^6(e_g)^2$	2	$-12Dq$	d^8	同	同	同
d^9	$(t_{2g})^6(e_g)^3$	1	$-6Dq$	d^9	弱	弱	弱
d^{10}	$(t_{2g})^6(e_g)^4$	0	$0Dq$	d^{10}	场	场	场

① 指相对于未分裂的球对称场的近似能量。必须注意到配位后的金属离子与自由金属离子的成对能是不同的，而具有相同价态和相同配体的不同金属配合物的 Dq 值和平均成对能 P 也是不同的（参见表 4-5)。

$$CFSE = -\Delta_o/5(2n_t - 3n_e) \qquad (4-3)$$

式中 Δ_o——八面体场分裂能，可按式(4-1) 计算，通常由配合物的电子光谱数据确定（参阅 4.1)；

n_t——t_{2g} 轨道填充的 d 电子数；

[1] 本书在这里主要考虑配合物的基态性质，所谓“低自旋”d^8 组态的正八面体配合物指其处于某种激发态。参考：Figgis B N，Hitchman M A. Ligand Field Theory and its Applications. New York：Wiley-VCH，2000：160-163。

n_e——e_g 轨道填充的 d 电子数。

第一过渡系金属的二价和三价离子的 CFSE 分别约为 $100kJ \cdot mol^{-1}$ 和 $200kJ \cdot mol^{-1}$，这些数值与大多数化学变化的能量在同一数量级，因此稳定化能对配合物的热力学性质有着重要的影响（参阅 4.2.4.1）。

4.1.5 Δ 值的经验公式

综上所述，晶体场分裂能 Δ 值的大小既决定于配体又决定于中心离子，1969 年 C. K. Jørgensen 由实验归纳出 Δ 值的经验公式为[1]：

$$\Delta = fg \tag{4-4}$$

式中 f——与配体有关的参数，以 $f_{H_2O}=1.00$ 为标准；

g——与金属离子有关的能量参数。

对于某些正八面体配合物，f 和 g 的数值见表 4-7。若按式(4-4)计算的 Δ_o 值和实验值发生偏差，则可能是该配合物偏离了严格的正八面体对称性或呈现反常的自旋态［例如高自旋 Co(Ⅲ) 配合物］。从表 4-7 可以看出，配体的 f 值可作为光谱化学序列的依据，而金属离子的 g 值与 4.1.3.2 中所排列的金属离子顺序一致。在缺乏实验数据时，可由式(4-4)估算某个配合物的 Δ_o 值。

表 4-7 一些配体和金属离子的 f 值和 g 值

配 体	f	中心金属	$g/\times10^{-3}cm^{-1}$
I^-	0.7	Mn(Ⅱ)	8.0
Br^-	0.72	Ni(Ⅱ)	8.9
SCN^-	0.75	Co(Ⅱ)	9
Cl^-	0.80	V(Ⅱ)	12.3
F^-	0.9	Fe(Ⅲ)	14.0
$(NH_2)_2CO$	0.92	Cr(Ⅲ)	17.4
ox^{2-}	0.98	Co(Ⅲ)	19.00
H_2O	1.00	Ru(Ⅱ)	20
NH_3	1.25	Mn(Ⅳ)	23
en	1.28	Mo(Ⅲ)	24.0
NH_2OH	1.30	Rh(Ⅲ)	27.0
bpy	1.33	Tc(Ⅳ)	30
phen	1.34	Ir(Ⅲ)	32
CN^-	约1.7	Pt(Ⅳ)	36

4.2 修正的晶体场理论——配体场理论

如上所述，晶体场理论以能量参数化的形式引入轨道分裂能Δ、成对能 P 和晶体场稳定化能 CFSE 等，这些参数往往可以从实验中获得并进行合理的计算，被用来在一定程度上阐明配合物的结构和物理、化学性质，如配位数、空间构型、d-d 跃迁电子光谱（参阅 5.1）、磁性（参阅 5.3）、热力学稳定性和动力学反应性（参阅 7.2.2.1）等。与 VBT 相比，CFT 不但可解释配合物的基态性质，而且对涉及配合物激发态或过渡态的谱学和反应性能也有很好的说明，因此在配位化学发展史上，CFT 不失为一种阶段性成功的理论，但由于 CFT 的

[1] Jørgensen C K. Oxidation Numbers and Oxidation States. New York：Springer，1969：84-85。

纯静电相互作用的假设过于简单化，完全忽略了配体与中心离子之间的共价作用，因而存在明显的缺陷，需要进一步加以改进。

在实际配合物中，绝大多数配位键都兼有离子键及共价键成分，纯离子键或纯共价键都极为罕见。承认共价相互作用，并根据配位键中共价成分的不同，对晶体场理论所引入的参数和计算进行适当的调整和改善，这种将静电晶体场理论与分子轨道理论结合起来的理论被称为配体场理论。

4.2.1 静电晶体场理论的缺陷

静电晶体场理论虽然具有模型简单、图像明确、使用的数学方法严谨等优点，但由于它完全忽略了中心原子与配体的共价成键作用，对于配位化学中的某些重要实验事实（如光谱化学序列和电子云扩展效应等）仍然不能圆满地解释，定量计算的结果与实际情况往往相差甚远。

纯静电相互作用的观点与某些谱学实验结果相矛盾。例如在许多过渡金属配合物的ESR（电子自旋共振）波谱中可以观察到主要来自偶极-偶极作用的超精细结构，它们既可来自于配体中配位原子的自旋核，也可来自金属原子自身的自旋核。其中配体的超精细分裂是由中心金属未成对d电子的自旋磁矩和配体的核自旋磁矩相互作用产生的，说明金属d电子在配位体上有一定程度的分布。实验结果表明，即使在离子性很强的配合物 $[MnF_6]^{4-}$ 中，Mn^{2+} 的未成对d电子大约在每个 F^- 上有2%的分布概率，这就说明了d电子的离域，即存在共价相互作用。实验中还发现，在大多数情况下，由ESR实验测定求得的配合物轨旋耦合参数 λ 通常小于相应自由离子的 λ，配位键的共价成分越高，$\lambda_{配合物}/\lambda_{自由离子}$ 就越小，因此，当采用自由离子的 λ 值按晶体场理论进行有关ESR参数计算时，通常不能与ESR实验测得的相应数据很好吻合。另外，双核配合物 $Rh_2(CO)_4Cl_2$ 的光电子能谱实验表明：配体Cl中的2p电子结合能较 $RhCl_3$ 中的氯离子的2p电子结合能高0.5eV，说明氯离子上的负电荷部分地转移至中心金属离子上；即使如此，配合物中 $Rh3d_{5/2}$ 的结合能（311.2eV）仍比 $RhCl_3$ 中的 $Rh3d_{5/2}$ 电子结合能（310.2eV）还要高1eV，这表明在 $Rh_2(CO)_4Cl_2$ 中，铑离子将部分电子密度反馈给羰基，这些授受电子的作用是协同进行的，最后使体系达到电中性而得以稳定，但这种电子离域的实验事实是CFT所不能解释的。

另一个实验事实是，配合物中d电子间的静电排斥能大约只是它们在自由离子中的70%（见下面对电子云扩展效应的讨论），表明d电子并不是完全定域在原先的轨道上。

4.2.2 配体场理论

配体场理论（也称配位场理论）是计算配合物中原子的波函数和能级的一种理论方法，它是在晶体场理论和过渡金属分子轨道理论的基础上发展起来的。事实上这三者之间的关系是极为密切的。配体场理论的两种极限情况即离子配合物的静电晶体场理论和共价配合物的分子轨道理论。这三种理论有着共同的基本方法，即约化由d和f轨道作为基的配合物点群的表示，并确定组成所得不可约表示的原子轨道性质。然后去计算这些轨道的能量。不过在计算时，LFT和CFT略有不同，即LFT不再把涉及的轨道看成是中心离子（或原子）的纯粹d或f轨道。配体场理论认为：

① 配体不是无结构的点电荷，而是具有一定电荷分布和结构的原子（或分子）；

② 成键作用既包括静电作用，也包括共价作用。对于大多数正常氧化态的金属配合物，可以考虑轨道的适度重叠将有关参数加以修正。

适当考虑共价作用就是承认金属和配体轨道重叠导致d电子离域，即d电子云扩展，这种现象叫做电子云扩展效应（nephelauxetic effect）。电子云扩展效应的直接后果就是降低了中心离子上价层电子间的排斥作用。通过研究多电子体系的光谱项，Racah提出用参数 A、

B 和 C 表示 d 电子组态的谱项能，称作 Racah 参数，例如由 d^2 组态导出的谱项能可用 Racah 参数表示为：

$$E(^3F)=A-8B \qquad E(^1G)=A+4B+2C$$
$$E(^3P)=A+7B \qquad E(^1D)=A-3B+2C$$
$$E(^1S)=A+14B+7C$$

不同的过渡元素分别有不同的 A、B 和 C 值，实验中发现 $C\approx 4B$。显然，同一组态生成的任何两个光谱项的能量差都和参数 A 无关，自旋多重度最大的两个光谱项的能量差仅和 B 有关。在理论计算中，B 值可作为衡量电子间相互作用的一个参量，因此可以通过修正 B 值来考虑被静电晶体场理论忽略了的共价作用。配合物中心离子的 B' 值可通过电子吸收光谱数据计算，自由离子的 B_0 值可由发射光谱求得。表 4-8 列出八面体配合物 ML_6 的一些 B 值。

表 4-8 某些八面体配合物 ML_6 中 M^{n+} 的 B 值

金属离子	B_0/cm^{-1}	B'/cm^{-1}					
		Br^-	Cl^-	H_2O	NH_3	en	CN^-
Mn^{2+}	960	—	—	790	—	750	—
Co^{2+}	970	—	—	约 970	—	—	—
Ni^{2+}	1080	760	780	940	890	840	—
Cr^{3+}	1030	—	510	750	670	620	520
Fe^{3+}	1100	—	—	770	—	—	—
Co^{3+}	1065	—	—	720	660	620	440
Rh^{3+}	800	300	400	500	460	460	—
Ir^{3+}	660	250	300	—	—	—	—

Jørgensen 引入一个参数 β 用以表示 B' 相对于 B_0 减小的程度。

$$\beta=B'/B_0 \tag{4-5}$$

式中 β——电子云扩展系数；

B'——配合物中心离子的拉卡参数 B；

B_0——自由离子的拉卡参数 B。

β 值也可以按下述经验公式计算：

$$\beta=1-hk \tag{4-6}$$

式中 h——配体的电子云扩展参数；

k——金属离子的电子云扩展参数。

表 4-9 列出一些金属离子和配体的电子云扩展经验参数，可用于 β 值的理论估算。表 4-10则给出一些配合物的 B' 和 β 值，由表 4-10 中所给数据可计算出 β 的平均值为 0.7，因此，配体场理论对静电晶体场理论的修正可近似地以 B_0 值乘以 0.7 加以校正。从式(4-6)可看出，金属离子和配体的 k 或 h 值越大，配合物的 β 值就越小，电子云扩展效应越大，M-L 键的共价性也就越强。如果按 β 值降低的顺序将表 4-9 所示的配体排列起来，便得到一个"电子云扩展序列"，它相当好地反映了中心离子和配位体之间形成共价键的趋势。对于特定氧化态中的某一特定的中心离子，配体按 β 值排列的顺序为：

$$F^- > H_2O > (NH_2)_2CO > NH_3 > ox^{2-} \sim en > NCS^- > Cl^- \sim CN^-$$
$$> Br^- > S^{2-} \sim I^- > (C_2H_5O)_2PSe_2^-$$

这个序列与配体的极化性和还原能力以及配位原子的电负性大小顺序是基本一致的：

$$F > O > N > Cl > Br > S > I > Se$$

表 4-9 一些金属离子和配体的 k 和 h 值

金属离子	$k/\times10^{-3}cm^{-1}$	配体	h	金属离子	$k/\times10^{-3}cm^{-1}$	配体	h
Mn^{2+}	0.07	F^-	0.8	Co^{2+}	0.24	en	1.5
V^{2+}	0.08	H_2O	1.0	Co^{3+}	0.35	CN^-	2.0
Ni^{2+}	0.12	$HCON(NH_3)_2$	1.2	Rh^{3+}	0.3	Cl^-	2.0
Mo^{3+}	0.15	$(NH_2)_2CO$	1.2	Ir^{3+}	0.3	Br^-	2.3
Re^{4+}	0.2	urea	1.25	Mn^{4+}	0.5	$N_3{}^-$	2.4
Cr^{3+}	0.21	NH_3	1.4	Pt^{4+}	0.5	I^-	2.7
Fe^{3+}	0.24	ox^{2-}	1.5	Ni^{4+}	0.8	$(C_2H_5O)_2PSe_2{}^-$	3.0

表 4-10 一些配合物的 B' 和 β 值

配合物	对称性	B'/cm^{-1}	β	配合物	对称性	B'/cm^{-1}	β
VF_6^{3-}	O_h	627	0.71	$FeBr_4^-$	T_d	470	0.46
VCl_6^{3-}	O_h	536	0.60	$Fe(CN)_6^{3-}$	O_h	490	0.55
VCl_4^-	T_d	505	0.57	CoF_6^{3-}	O_h	787	0.73
VCl_2	O_h	615	0.81	$Co(NH_3)_6^{3+}$	O_h	615	0.57
VBr_2	O_h	530	0.70	$Co(CN)_6^{3-}$	O_h	400	0.37
VI_2	O_h	510	0.67	$Co(NH_3)_6^{2+}$	O_h	885	0.89
$V(NH_3)_6^{2+}$	O_h	660	0.87	$Co(NH_3)_4^{2+}$	T_d	710	0.72
CrF_6^{3-}	O_h	896	0.96	$CoCl_4^{2-}$	T_d	710	0.72
$CrCl_6^{3-}$	O_h	512	0.55	$CoBr_4^{2-}$	T_d	695	0.70
$Cr(NH_3)_6^{3+}$	O_h	657	0.70	CoI_4^{2-}	T_d	665	0.67
MnF_6^{2-}	O_h	650	0.60	$KNiF_3$	O_h	843	0.81
$MnCl_4^{2-}$	T_d	650	0.76	$CsNiCl_3$	O_h	838	0.80
$MnBr_4^{2-}$	T_d	630	0.73	$CsNiBr_3$	O_h	777	0.75
FeF_6^{3-}	O_h	835	0.84	$Ni(NH_3)_6^{2+}$	O_h	881	0.85

注：数据引自于 Figgis B N，Hitchman M A. Ligand Field Theory and its Applications. New York：Wiley-VCH，2000：220。

电子云扩展序列比光谱化学序列更能说明共价键强弱。F^- 和 H_2O 在电子云扩展序列的左端；易被极化的配体（如 Br^-、I^-）处在序列的中间或更接近于右端一些，这说明它们所形成的配合物共价性更强一些；而在光谱化学序列中，Br^- 和 I^- 是位于弱场一端的。电子云扩展参数亦与金属离子自身的性质有关，一般而言，高价态金属离子比相应的低价态离子具有较大的 k 值。电子云扩展效应在解释配体场分裂的热力学效应时，被考虑为影响热力学参数的一个重要因素。

综上所述，在配体场理论中，我们扬弃了纯静电相互作用的假定，而承认金属轨道与配体轨道的相互重叠；这样既保留了静电晶体场理论的计算和图像简明的优点，同时又将有关参数 λ（轨-旋耦合常数，与光谱支项的能量有关）、B、C 视为虚构的和可调的参数或采用近似值 0.7。我们将在以下讨论中沿用这种观点，关于 CFT 的相应描述和缩写亦被 LFT 所替代，例如术语 CFSE 将以 LFSE(ligand field stabalization energy) 来表示。

4.2.3 d 轨道在配体场中分裂的结构效应

4.2.3.1 离子半径的变化规律

以高自旋的第一过渡系二价金属离子在八面体配合物中的半径对 d^n 作图，观察到一条所谓“斜 W”曲线（见图 4-8）。而通过 Ca^{2+}、Mn^{2+} 和 Zn^{2+} 等“闭壳层”的离子画出的线基本为一平滑曲线，与一般离子半径的变化规律一致，这种现象是由 LFSE 造成的。在弱场情况下，d 电子要按表 4-5 所示的方式进行排布，以获得最有利的稳定化能。从 Ti^{2+} 开始，d 电子先占据 t_{2g} 轨道，由于 t_{2g} 组轨道不直接指向配体（见图 4-1），因此配体受到的排斥作用较小，在这种非球形对称结构中金属离子的有效半径显然要小于相应的等电子分布的假想球形离子（见图 4-2）。随着 d 电子数增加，当 d 电子开始占据 e_g 轨道时（例如 Cr^{2+}），由

于 e_g 轨道提供较大的屏蔽作用，离子半径开始增加，至 Mn^{2+} 达到最大值，然后又开始下降，出现另一个下降峰，至 Ni^{2+} 达到最小值后又继续上升。

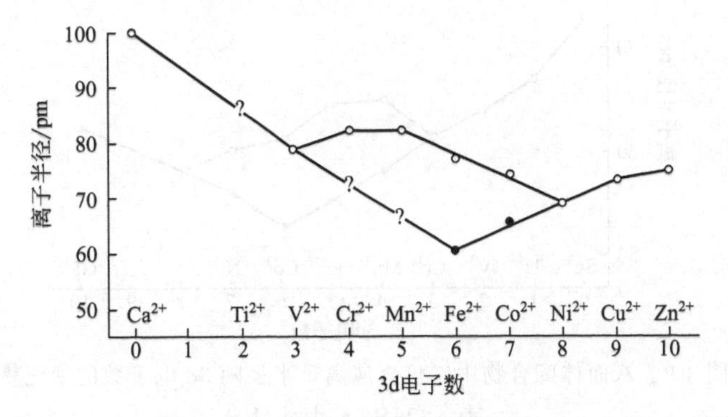

图 4-8　八面体配合物中二价金属离子半径随 3d 电子数的变化[1]

○表示 HS；●表示 LS；？表示不确定的半径

从分子轨道的角度考虑，e_g 为反键轨道，t_{2g} 一般为非键、弱 π 反键或弱 π 成键轨道（参见 4.3.2.1），e_g 轨道上填充的 d 电子对键长影响较大，t_{2g} 轨道上的 d 电子则影响较小。假设将 d 电子当作“云”来看，若电子能均匀地分布在 t_{2g} 和 e_g 的五个轨道中，那么每加进一个 d 电子，就有 3/5 的“云”进入 t_{2g} 轨道、2/5 的“云”进入 e_g 轨道，这就是表 4-11 所示 d 电子的“均匀分布”，但实际上 d 电子是按强或弱场组态进行排布的。表 4-11 的假想数据表明在弱场的非 d^0、d^5 和 d^{10} 情况下，$e_{g实际}-e_{g“均匀”}$ 均得到了负值，说明 e_g 电子云减少了，故键长要缩短；而且这种缩短是有规律的，在 $e_{g实际}-e_{g“均匀”}$ 出现最大负值的地方，相应的半径也减少得最多。在强场情况下，$e_{g实际}-e_{g“均匀”}$ 在 d^6 处出现最大负值，此时相应的离子半径为最小。图 4-9 示出第一过渡系 M^{3+} 在八面体场中的离子半径随 d 电子数的变化。从图 4-8 和图 4-9 可以看出，当 M^{n+} 为低自旋态时，曲线出现向下单峰，而且在高或低自旋态呈不同排布的情况下（d^4～d^7），HS 态的半径比相应 LS 态的半径要大，这与表 4-11 中给出数据所呈现的趋势一致。

表 4-11　八面体场中 d 电子的“均匀分布”和实际分布

d 电子数		0	1	2	3	4	5	6	7	8	9	10
“均匀分布”	e_g	0	2/5	4/5	6/5	8/5	2	12/5	14/5	16/5	18/5	4
	t_{2g}	0	3/5	6/5	9/5	12/5	3	18/5	21/5	24/5	27/5	6
实际分布(弱场)	e_g	0	0	0	0	1	2	2	2	2	3	4
	t_{2g}	0	1	2	3	3	3	4	5	6	6	6
$e_{g实际}-e_{g“均匀”}$(弱场)		0	−2/5	−4/5	**−6/5**	−3/5	0	−2/5	−4/5	**−6/5**	−3/5	0
实际分布(强场)	e_g	0	0	0	0	0	0	0	1	2	3	4
	t_{2g}	0	1	2	3	4	5	6	6	6	6	6
$e_{g实际}-e_{g“均匀”}$(强场)		0	−2/5	−4/5	−6/5	−8/5	−2	**−12/5**	−1	−6/5	−3/5	0

由于自旋态不同引起离子半径的差异，在生物无机化学中具有重要意义[2]。例如，在血红蛋白（Hb）中，血红素辅基能可逆载氧，称为血红蛋白氧合作用。振动拉曼光谱对血红素所含铁卟啉中的配位双氧及其 ^{18}O 取代物的研究确定其 O-O 伸缩带位于约 $1107cm^{-1}$ 处，

---

[1] 插图引自 Huheey J E. Inorganic Chemistry. 3rd Ed. Cambridge：Harper International SI Edition，1983：388。

[2] (a)［美］Lippard S J，Berg J M 著．生物无机化学原理．席振峰，姚光庆，相斯芬，任宏伟译．北京：北京大学出版社，2000：194-196；(b) 计亮年，黄锦汪，莫庭焕等编著．生物无机化学导论．第 2 版．广州：中山大学出版社，2001：61-64；(c) 杨频，高飞编著．生物无机化学原理．北京：科学出版社，2002：225-234。

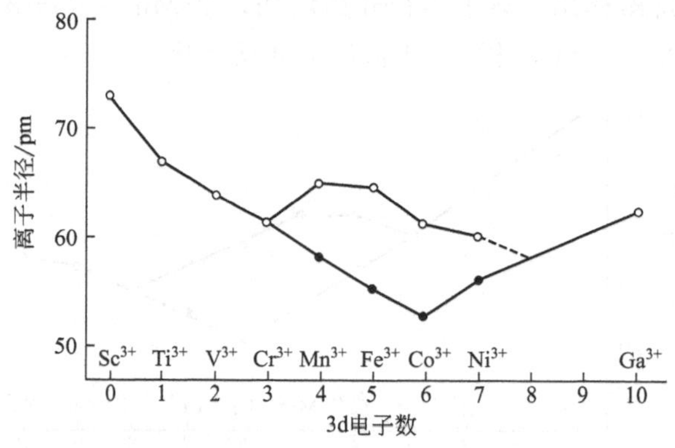

图 4-9 八面体配合物中三价金属离子半径随 3d 电子数的变化[1]

○ 表示 HS；• 表示 LS

这是配位超氧离子（O_2^-）的特征谱带，由此 Weiss 提出 HbO_2 加合物最好表示为 O_2^- 和低自旋 $Fe^{Ⅲ}$ 的配合物（这里 $Fe^{Ⅲ}$ 仅表明其为表观氧化态，说明 $Fe^{Ⅱ}$ 在 π 电子给予体咪唑基的协助下对 O_2 空 π* 轨道有反馈作用，使配位双氧得以活化）[2]。另外还发现，在脱氧 Hb 中，铁(Ⅱ)离子位于卟啉环平面外 0.36～0.40Å[3] 处，为高自旋顺磁性；当结合双氧后，则移近至距卟啉平面约 ±0.12Å 处，呈抗磁性。Hb 极其重要的生理功能堪称大自然设计的完美复杂的生物体系，据认为该体系的核心是当脱氧 Hb 转变为氧合 Hb 时，原脱氧 Hb 中铁卟啉的五配位 Fe(Ⅱ)高自旋态［由于半径较大而不能嵌入卟啉环的平面中，图 4-10(a)］由于双氧的弯曲型端基配位而变成六配位 Fe(Ⅲ)低自旋态，其离子半径变小，可移至卟啉环的平面内，并将邻近联结蛋白质与血红素的组氨酸残基拉起［图 4-10(b)］，引起 Hb 大分子构象变化，使得可逆载氧的生物功能得以实现。氧合血红蛋白的 $Fe-O_2$ 键可描述为 $Fe(Ⅲ)\leftarrow O_2^-$，超氧负离子的 π 反键轨道中的一个电子与三价低自旋铁离子 d 轨道中的一个未成对电子发生耦合作用，使得两个电子成对，从而解释了氧合血红蛋白的抗磁性[4]。从图4-10可以看到，五或六配位的中心金属铁的 d 轨道分裂类似于图 4-5 中 z 轴缩短的 d 轨道的分裂情形，图 4-10(a) 中 Fe(Ⅱ)的高自旋排布使得与配体发生较大排斥作用的 $d_{x^2-y^2}$ 和 d_{z^2} 轨道都占有电子，导致 Fe(Ⅱ)半径较大，而在图 4-10(b) 中的情况则相反。[5]

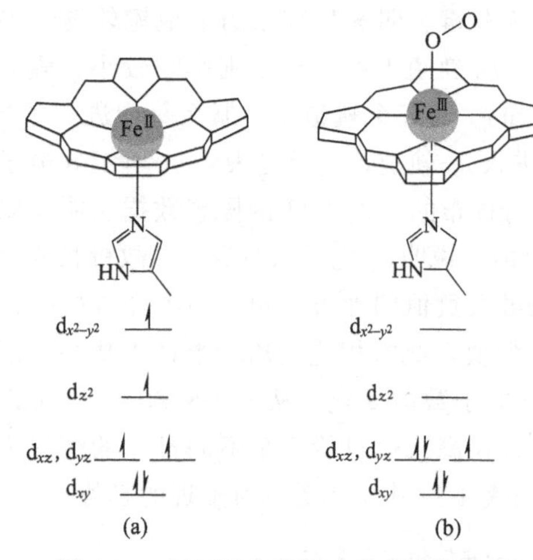

图 4-10 双氧结合到铁卟啉时所发生的结构和自旋态变化示意图[5]

(a) 高自旋脱氧型；(b) 低自旋氧合型

---

[1] 插图引自 Huheey J E. Inorganic Chemistry. 3rd Ed. Cambridge：Harper International SI Edition，1983：388。

[2] 对血红素的铁与氧键合的本质主要提出了三种理论模型，Weiss 模型是其中基本被接受的一种。

[3] 1Å=0.1nm，下同。

[4] 参考：郭子建，孙为银主编．生物无机化学．北京：科学出版社，2006：41-42。

[5] 插图引自：［美］Lippard S J，Berg J M 著．生物无机化学原理．席振峰，姚光庆，相斯芬，任宏伟译．北京：北京大学出版社，2000：194。参考：［美］Cotton F A，［英］Wilkinson G 著．高等无机化学：下册．第 3 版．北京师范大学，兰州大学，吉林大学，辽宁大学译．北京：人民教育出版社，1980：328-329。

4.2.3.2 姜-泰勒效应

4.2.3.2.1 姜-泰勒定理（Jahn-Teller theorem）及其说明

1937 年由 Jahn 和 Teller 基于群论提出了姜-泰勒定理[1]：在对称的非线性分子中，简并轨道的不对称占据必定会导致分子通过某种振动方式使其构型发生畸变，结果降低了分子的对称性和轨道的简并度，使体系的能量降低从而达到某种稳定状态。姜-泰勒定理不仅对基态是适用的，而且对电子的激发态也同样适用。

在应用姜-泰勒定理时应当注意以下三点：

① 姜-泰勒定理只能用于预言，而不能确定畸变后的具体几何构型和畸变的程度；

② 为了预见畸变的本质和大小，必须进行量子力学计算，由量子力学一级近似可知，分子畸变后原简并轨道将进一步发生分裂，总结果使体系获得额外的稳定化作用，这是分子构型产生畸变的推动力；

③ 畸变前后分子构型的中心对称性不变。

当考虑振动和电子波函数耦合的一级近似时，姜-泰勒稳定化能 E_{JT} 可由下式给出[2]：

$$E_{JT}=-V^2/2f \tag{4-7}$$

式中 E_{JT}——姜-泰勒稳定化能；

V——电子耦合常数，当畸变分子为配合物时，与 d 轨道分裂能、d 电子数及 M-L 键距有关；

f——振动力常数，与姜-泰勒活性的振动有关。

式(4-7) 表明，只有当电子耦合常数 V 较大或 f 较小时，才能观察到较大的姜-泰勒稳定化作用。当涉及更深层次的问题时，或许采用分子轨道理论能更好地理解姜-泰勒效应。

4.2.3.2.2 基态分子的姜-泰勒效应

对于过渡金属配合物而言，姜-泰勒效应主要出现在与配体之间具有强 σ 相互作用的简并 d 轨道发生不对称占据时，例如当 e_g^* 轨道（在 MOT 中将其视为反键 σ 轨道）上占有奇数个电子时，这种畸变可能发生在高自旋 $(t_{2g})^3(e_g^*)^1$ 组态或其它类似的 $(t_{2g})^x(e_g^*)^1$ 或 $(t_{2g})^x(e_g^*)^3$ 组态的八面体配合物中。以高自旋 $(t_{2g})^3(e_g)^1$ 组态为例，e_g^* 轨道上的单个电子可能占据“简并”的 d_{z^2} 或 $d_{x^2-y^2}$ 轨道，由此出现两种简并的排布状态，其基谱项为 ^5E_g（参见表5-9）；$(t_{2g})^6(e_g^*)^3$ 组态配合物的 e_g^* 轨道上的未成对电子亦存在两种可能的排布方式，其基谱项为 ^2E_g。对于 $(t_{2g})^3(e_g^*)^2$ 组态而言，基态时 2 个 d 电子在 e_g^* 轨道只有一种排布方式，且 $(t_{2g})^3$ 为一种“半满”填充，故其基谱项为 $^6A_{1g}$，按姜-泰勒定理判断，这是不发生畸变的体系。推广之，假如非线性分子的基谱项为非简并态的 A 或 B 谱项，则该分子不发生姜-泰勒畸变；反之，则要发生姜-泰勒畸变。关于基谱项的讨论详见 5.1.5.2 节。

已知在弱八面体场中，除了 d^3、d^5 和 d^8 的分量谱项外，其它组态的基态分量谱项（见表 4-12）都是简并态，故有可能发生姜-泰勒畸变从而使简并态解除。图 4-11 示出 d^9 组态八面体配合物的 d 轨道分裂示意图。当 9 个 d 电子为 $(t_{2g})^6\ (d_{x^2-y^2})^2(d_{z^2})^1$ 排布时，在 xy 平面上的配体就会受到比 z 轴上配体更大的排斥，从而使配合物具有两短四长键，形成轴向压缩的八面体构型；当 9 个 d 电子为 $(t_{2g})^6(d_{z^2})^2(d_{x^2-y^2})^1$ 排布时，则形成轴向拉长

---

[1] Jahn H A，Teller E. Proc R Soc，1937，A161：220。

[2] Figgis B N，Hitchman M A. Ligand Field Theory and its Applications. New York：Wiley-VCH，2000：148-163。

的八面体构型，但是从图 4-11 可以看出，以上两种畸变均可获得相同的姜-泰勒稳定化能，因此从理论上无法判断究竟采取何种畸变方式。实验证明，大多数 Cu(Ⅱ)的六配位配合物为拉长的八面体构型。由于 t_{2g} 一般为非键、弱 π 反键或弱 π 成键轨道（参见 4.3.2.1），在 t_{2g} 轨道上发生的不对称占据所引起的简并态分裂比反键 σ 轨道 e_g^* 上的不对称排布引起的分裂要来得小，即 $\delta_2 < \delta_1$。此外，与八面体场分裂能 Δ_o 以及成对能 P 相比，δ_1 和 δ_2 也要小得多，即 $\Delta_o \gg \delta_1 > \delta_2$。这是因为与配体场效应和 d 电子相互作用相比，姜-泰勒效应只是一种二级效应。因此可以理解，在 t_{2g} 轨道发生不对称占据引起的姜-泰勒畸变可能小致无法采用一般实验手段观察。可将姜-泰勒定理的预测总结在表 4-12 中。表 4-13 则给出八面体配合物发生姜-泰勒畸变的一些实例。

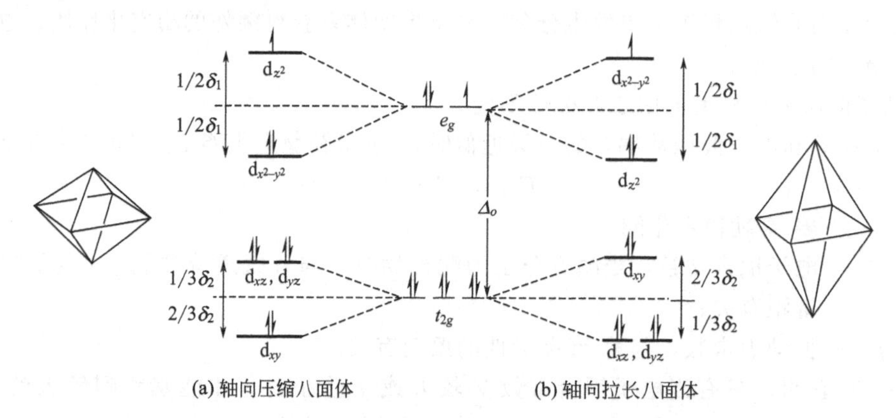

(a) 轴向压缩八面体　　(b) 轴向拉长八面体

图 4-11　d^9 组态八面体配合物的姜-泰勒变形和电子结构

$\Delta_o = 10000 \sim 30000\text{cm}^{-1}$，$\delta_1 = 1000 \sim 4000\text{cm}^{-1}$，$\delta_2 = 10 \sim 100\text{cm}^{-1}$

表 4-12　姜-泰勒定理所预测八面体配合物的构型畸变

d 电子数	1	2	3	4	5	6	7	8	9	10
高自旋组态的 J-T 效应 配体场基态分量谱项①	w $^2T_{2g}$	w $^3T_{1g}$	n $^4A_{2g}$	s ^5E_g	n $^6A_{1g}$	w ^5E_g	w $^4T_{1g}$	n $^3A_{2g}$	s ^2E_g	n $^1A_{1g}$
低自旋组态的 J-T 效应 配体场基态分量谱项②	w $^2T_{2g}$	w $^3T_{1g}$	n $^4A_{2g}$	w $^3T_{1g}$	w $^2T_{2g}$	n $^1A_{1g}$	s ^2E_g	n $^3A_{2g}$	s ^2E_g	n $^1A_{1g}$

①参考表 5-9；②参考附录 4 中的相应 T-S 图。

注：w—弱 J-T 效应，s—强 J-T 效应，n—无 J-T 效应。

表 4-13　姜-泰勒效应引起八面体配合物的变形

项目	d^n 及其自旋态	d 壳层结构	变　形	实　例
强的 J-T 效应	d^9	$(t_{2g})^6(d_{z^2})^2(d_{x^2-y^2})^1$	z 轴上键长显著加长	$CuCl_2 \cdot H_2O$, $K_2CuCl_4 \cdot H_2O$, $[Cu(NH_3)_4]SO_4 \cdot H_2O$
	d^7(低自旋)	$(t_{2g})^6(d_{z^2})^1$	z 轴上键长显著加长	$NaNiO_2$
	d^4(高自旋)	$(t_{2g})^3(d_{z^2})^1$	z 轴上键长显著加长	MnF_6^{3-}, CrF_2, MnF_3
弱的 J-T 效应	d^1	$(d_{xy})^1$	xy 平面上键长略增	$Ti(H_2O)_6^{3+}$
	d^2	$(d_{xy})^1(d_{xz})^1$	xz 平面上键长略增	$Ti(H_2O)_6^{2+}$
	d^4(低自旋)	$(d_{xy})^2(d_{xz})^1(d_{yz})^1$	z 轴上键长略增	$Cr(CN)_6^{4-}$
	d^5(低自旋)	$(d_{xy})^2(d_{xz})^2(d_{yz})^1$	yz 平面上键长略增	$Fe(CN)_6^{3-}$
	d^6(高自旋)	$(d_{xy})^2(d_{xz})^1(d_{yz})^1(e_g)^2$	xy 平面上键长略增	$Fe(H_2O)_6^{2+}$
	d^7(高自旋)	$(d_{xy})^2(d_{xz})^2(d_{yz})^1(e_g)^2$	yz 平面上键长略增	$Co(H_2O)_6^{2+}$

已知绝大多数四面体配合物以高自旋形式存在，对反键（σ^*，π^*）轨道 t_2^* 的不对称占据发生于 d^3、d^4、d^8 和 d^9 体系，显然这些组态配合物的基谱项均为简并态，可以预期这一系列四面体配合物将发生姜-泰勒畸变。

以上讨论的姜-泰勒畸变大多涉及所谓静态变形，它体现在由于配位多面体发生畸变使得对称性降低从而影响了该配合物的晶体学数据[1]，在溶液中的配合物也可表现出静态变形。另一种畸变即所谓动态姜-泰勒效应，它是指配合物分子在某些（由合适的振动所引起的）等价极限结构之间进行快速共振而发生的对称性降低现象，因此动态姜-泰勒效应涉及较复杂的动力学问题。例如，实验中发现 $[Cu(H_2O)_6]SiF_6$ 中配位内界的六个 Cu-O 键在晶体学上等价，说明其具有正八面体构型；室温下，该配合物的 EPR 谱表明其 g 因子是各向同性的，但是当降温至约 40K 时，g 因子表现为具有轴向拉长八面体构型特征的各向异性（$g_x=g_y=g_\perp=2.11$，$g_z=g_{//}=2.46$），这是因为在室温下，每个配合物在三个可能的等价构型中互变的速率要快于 EPR 测量的时间尺度（time scale，约 10^{-9} s），所以只能观察到平均信号；当冷却时，每个配合物都被“冻结”在某个能量最低的四方变形构型，不能越过等价结构互变的能垒，因此呈现各向异性的特征 EPR 信号[2]。在 $K_2PbCu(NO_3)_6$ 和 $Tl_2PbCu(NO_3)_6$ 的变温晶体结构测试中也观察到类似的动态姜-泰勒效应[3]。

由以上讨论可知，考察姜-泰勒效应的主要实验方法有单晶 X 射线衍射和 EPR 等。

姜-泰勒效应还可能对配合物的其它基态性质产生影响。例如，由于姜-泰勒效应的能量尺度与轨旋耦合相当，因此有可能猝灭轨道角动量对磁矩的贡献。

4.2.3.2.3　姜-泰勒效应对配合物电子光谱的影响

姜-泰勒效应不但引起几何构型的变化，而且还影响配合物的电子光谱。可分为两种情况，其一是基态就发生较大的姜-泰勒畸变的配合物的情形，其二可称为激发态的姜-泰勒效应。对于八面体配合物，第一种情况可能发生于 e_g 轨道具有不对称占据时，第二种情况则可能发生于 e_g 轨道在基态具有对称占据时，以下用轨道间跃迁的近似方法进行简要讨论。

按姜-泰勒定理，$[Cu(H_2O)_6]^{2+}$ 的 e_g 轨道具有不对称占据，该水合离子在基态即发生强烈的姜-泰勒畸变，这将对其 d-d 跃迁所产生的电子光谱产生一定影响。由图 4-11 可以看出，若 $[Cu(H_2O)_6]^{2+}$ 为严格的正八面体构型，则其 d-d 跃迁只有一种可能性，因此在其吸收光谱的可见区中仅出现一个吸收峰；但实际上 $[Cu(H_2O)_6]^{2+}$ 由于存在姜-泰勒效应而发生了 $O_h \to D_{4h}$ 的构型畸变，原简并态被进一步分裂为多个能级，这时所发生 d-d 跃迁的可能性当然不止一种。如果发生的姜-泰勒畸变足够大，就有可能在吸收光谱中观察到分裂的吸收带，但亦可能出现肩峰或宽带。在 $[Cu(H_2O)_6]^{2+}$ 的可见光谱（图 5-12）特征吸收峰的低能一侧确实观察到肩峰的存在。对于易发生较强姜-泰勒畸变的 $[Cr(H_2O)_6]^{2+}$（高自旋态），理论上预测到类似于 $[Cu(H_2O)_6]^{2+}$ 的吸收光谱变化，但在其可见区的溶液光谱中只观察到一个宽峰，不过在低温下对单晶进行吸收光谱测定时，观察到了由于姜-泰勒畸变产生的两个跃迁能级。

另一种情况是，当某些组态（其基态往往是 e_g 轨道被对称占据或全空）的八面体配合物发生 d-d 跃迁，使激发态的 e_g 轨道上有奇数个电子时，反映在吸收光谱上亦出现谱峰增宽或分裂的现象，说明了在跃迁瞬间配合物所降低的对称性，这种由电子激发引起的不对称占据导致简并态的瞬间分裂，被称为激发态的姜-泰勒效应。例如，$[Ti(H_2O)_6]^{3+}$ 发生的 d-d 跃迁，$(t_{2g})^1(e_g)^0 \xrightarrow{h\nu} (t_{2g})^0(e_g)^1$（谱图见图5-2）；以及 $K_3[CoF_6]$ 的 d-d 跃迁 $(t_{2g})^4(e_g)^2 \xrightarrow{h\nu}$

---

[1] 对于八面体配合物，能够观察到的四方畸变并不是姜-泰勒效应的唯一结果，其它因素，例如晶格中的堆积效应、相邻配体之间的排斥等也可能起作用。

[2] (a) Figgis B N，Hitchman M A. Ligand Field Theory and its Applications. New York：Wiley-VCH，2000：156；(b)［前联邦德国］施莱弗 H L，格里曼 G 著．配体场理论基本原理．曾成，王国雄，朱忠和等译．南京：江苏科技出版社，1982：101。

[3] 陈慧兰主编．高等无机化学．北京：高等教育出版社，2005：114。

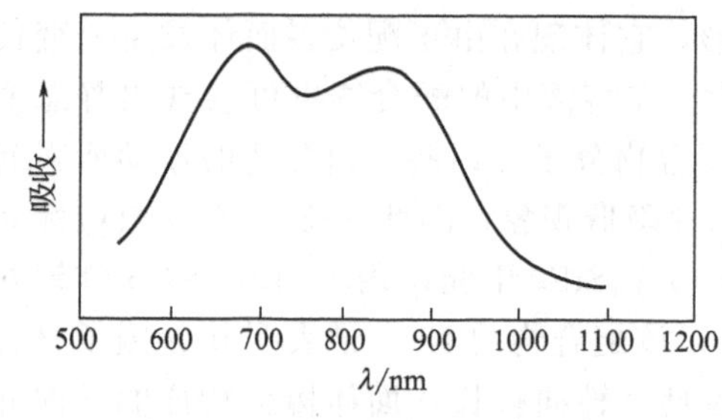

图 4-12 $K_3[CoF_6]$ 的吸收光谱

$(t_{2g})^3(e_g)^3$（谱图见图 4-12）。某些高自旋六配位 Fe(Ⅱ)配合物，如 FeL_6 或混配型物种 FeL_5X 和 FeL_4X_2 等与 $K_3[CoF_6]$ 类似，可显示一个宽的吸收，或者分裂为二，或者有确定的肩峰。尽管这几类配合物可能在基态就已发生变形，但其潜在的变形只是由于 t_{2g} 轨道的不对称占据引起并且是可以被忽略的，因此可着重于讨论其激发态的姜-泰勒效应。

严格来讲，应采用谱项方法对上述两种情形的能级跃迁细节进行讨论（详见 5.1.5）。

4.2.3.2.4 关于“低自旋”d^8 体系

根据 4.1.3.3 中的讨论，当考虑基态性质时，只有电子组态为 d^4～d^7 的第一过渡系金属的正八面体配合物可能具有高自旋或低自旋态。所谓“低自旋”d^8 组态的正八面体配合物似乎是一种不正确的描述，除非该配合物发生了强烈的姜-泰勒畸变或轴向上的一对配体完全失去而成为平面四方构型。

从图 4-13 给出随 d^6～d^8 组态配合物高低自旋态变化的 d 轨道能量变化和结构畸变示意图可见，从高自旋态向低自旋态的转化总是涉及反键 σ 轨道 e_g^* 上的电子数变化或伴随着轨道简并度的解除。对于 d^8 组态而言，只有当轴向配体配位极弱或完全失去后，低自旋态成为基态才有可能。否则，若维持八面体构型，则所谓“低自旋”态只能是一种激发态（见图 4-13 中 d^8 组态的情形 ii)，根据姜-泰勒定理，这种“低自旋”激发态是简并轨道发生不对称占据的一种特例，类似于 d^9 组态的情形，也会出现两种简并的排布状态，只是其简并态被分裂的程度更大，因此在低自旋 Ni(Ⅱ)配合物中，要么具有相对于高自旋八面体的平面键长缩短而轴向键变得极弱的四方变形构型，要么就成为平面四方构型。

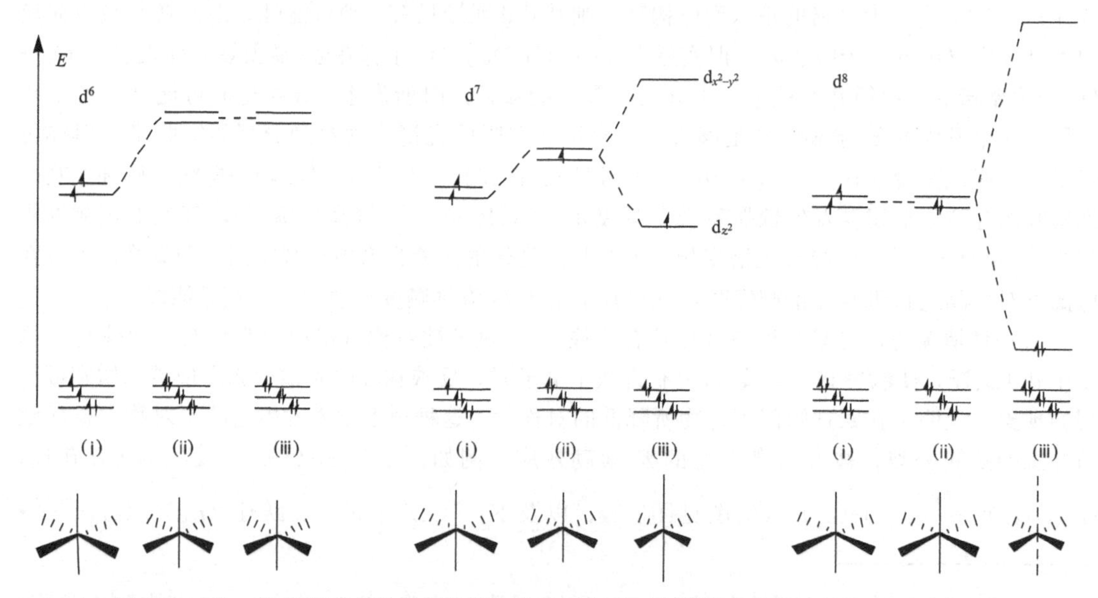

图 4-13 d^6～d^8 组态配合物高低自旋态变化引起的 d 轨道能量变化和结构畸变示意图[❶]

i—高自旋态；ii—低自旋态；iii—姜-泰勒畸变。图中忽略了 t_{2g} 轨道与配体的 π 相互作用

❶ 插图引自 Figgis B N，Hitchman M A. Ligand Field Theory and its Applications. New York：Wiley-VCH，2000：160。

4.2.4　配体场分裂的热力学效应

4.2.4.1　水合能、晶格能和结合能

前已述及，虽然 LFSE 的绝对值并不大，通常只占配合物生成焓的百分之几，但对于第一过渡系的二价或三价离子，它与大多数化学变化能量的数量级相当，对第一过渡系金属配合物的热力学性质有较大影响。

第一过渡系金属离子的水合反应如下式所示：

$$M^{n+}(g)+6H_2O(l) \longrightarrow [M(H_2O)_6]^{n+}(aq) \tag{4-8}$$

这一反应的焓变称为水合能（$\Delta H_h^{\ominus}$）。以第一过渡系二价金属离子的 $\Delta H_h^{\ominus}$ 实验值（数据见表 4-14）对 d^n 作图，得到一条与图 4-8 和图 4-9 相似的"斜 W"曲线（如图 4-14 空心圆所示）。两个最低点分别出现在 V^{2+} 和 Ni^{2+} 处，最高点分别出现在 Ca^{2+}、Mn^{2+} 和 Zn^{2+} 处。假设第一过渡系 M^{2+} 的水合离子都是六配位的八面体构型，且均为高自旋态，对于每一个 M^{2+} 离子，如果从 $\Delta H_h^{\ominus}$ 中扣除 LFSE [可根据式(4-3) 和表 4-6 的数据进行计算]，再考虑电子云扩展效应等附加因素，可以得到一条近似于 Ca^{2+}、Mn^{2+} 和 Zn^{2+} 连线的平滑曲线[1]，该曲线代表了 M^{2+} 离子在 6 个水分子形成的球对称场中的水合能 $\Delta H_h^{\ominus}(s)$，它与相应的金属离子半径和有效核电荷随 3d 电子数变化有关。对于三价金属的水合离子，也得到类似的曲线（图 4-15）。

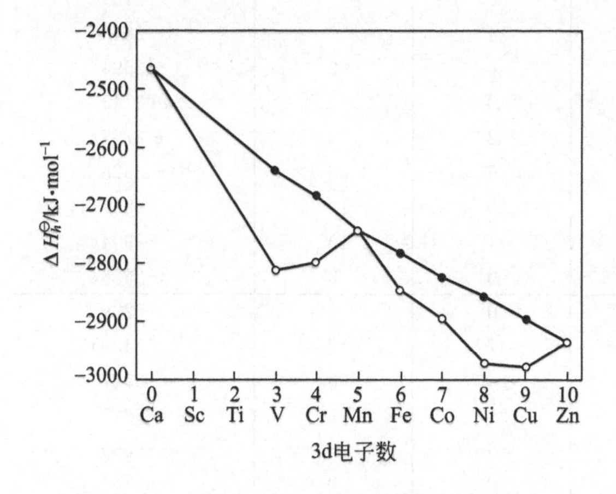

图 4-14　第一过渡系二价金属离子的水合能随 3d 电子数的变化[2]

○表示实验值；●表示经 LFSE 等因素校正后的值

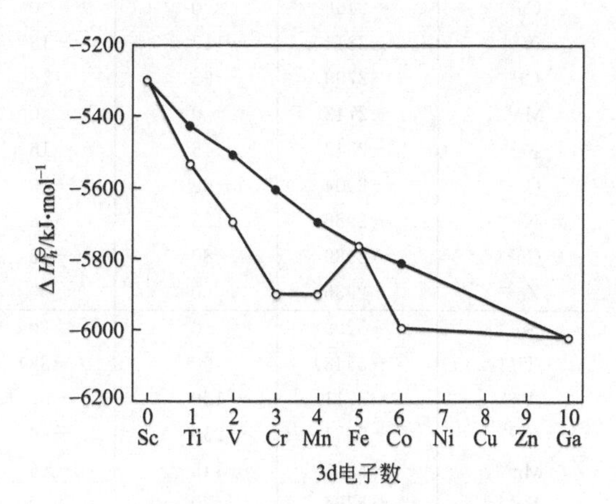

图 4-15　第一过渡系三价金属离子的水合能随 3d 电子数的变化[2]

○表示实验值；●表示经 LFSE 等因素校正后的值

表 4-14 列出 M^{n+} 离子在球对称场中的水合能计算。表 4-14 中的 $\Delta H_h^{\ominus}(s)$ 可以通过下式计算：

---

[1] 对于某个特定的 M^{n+} 配合物，Johnson 和 Nelson 称平滑曲线与"斜 W"曲线的相应差值为热力学配体场稳定化能，按式(4-3) 和表 4-6 计算的稳定化能为轨道稳定化能 ΔE_{orb}，认为两者并不完全相同。参考：(a) Johnson D A，Nelson P G. A New Analysis of the Ligand Field Stabilization Energies. Inorg Chem，1995，34 (12)：3253；(b) Johnson D A，Nelson P G. Factors Determining the Ligand Field Stabilization Energies of the Hexaaqua 2＋Complexes of the First Transition Series and the Irving-Williams Order. Inorg Chem，1995，34 (22)：5666；(c) Johnson D A，Nelson P G. Ligand Field Stabilization Energies of the Hexaaqua 3＋ Complexes of the First Transition Series. Inorg Chem，1999，38 (22)：4949。

[2] 插图均引自：Miessler G L，Tarr D A. Inorganic Chemistry. 3rd Ed. New Jersey：Prentice-Hall Inc，2004：352。

$$\Delta H_h^{\ominus}(\mathrm{s})=\Delta H_h^{\ominus}-\Delta E_{\mathrm{orb}}-\Delta E_{\mathrm{rep}}-\Delta E_{\mathrm{rlx}}-\Delta E_{\mathrm{so}} \quad (4\text{-}9)$$

式中 $\Delta H_h^{\ominus}$——第一过渡系二价金属离子水合能实验值；

ΔE_{orb}——d 轨道分裂引起的稳定化能，相当于本书中提及的 CFSE 或 LFSE；

ΔE_{rep}——形成配合物后 d 壳层电子间相互排斥能的改变值，由电子云扩展效应所引起；

ΔE_{rlx}——在八面体场中由于 t_{2g} 轨道填充引起 M-L 键距收缩产生的弛豫能；

ΔE_{so}——当气态金属离子形成配合物时，与轨-旋耦合作用有关的能量改变值；

$\Delta H_h^{\ominus}(\mathrm{s})$——水合能实验值 $\Delta H_h^{\ominus}$ 扣除以上四项所得理论值，相当于 M^{2+} 在 6 个水分子形成的理想球对称场中的水合能。

从表 4-14 中的数据可以看出，式(4-9) 的后三项 ΔE_{rep}、ΔE_{rlx} 和 ΔE_{so} 的效应相对于 ΔE_{orb} 而言是比较小的，但是它们的共同影响对改善 Ca^{2+}、Mn^{2+} 和 Zn^{2+} 连线的曲线形状使之更趋于平滑具有重要作用。在近似计算中可以忽略后两个因素的影响，但是对于由电子云扩展效应所引起的 ΔE_{rep} 则不能忽视（对三价金属离子尤甚[1]）。显然，用静电晶体场理论无法理解电子云扩展效应对 $\Delta H_h^{\ominus}(\mathrm{s})$ 计算值的影响。

表 4-14 M^{n+} 离子在球对称场中的水合能计算 单位：$\mathrm{kJ\cdot mol^{-1}}$

M^{n+}	$\Delta H_h^{\ominus}$	ΔE_{orb}	ΔE_{rep}	ΔE_{rlx}	ΔE_{so}	$\Delta H_h^{\ominus}(\mathrm{s})$①
Ca^{2+}	−2468	0	0	0	0	−2468
V^{2+}	−2814	−117	−18	24	2	−2645
Cr^{2+}	−2799	−95	−16	4	2	−2694
Mn^{2+}	−2743	0	0	0	0	−2743
Fe^{2+}	−2843	−45	−16	2	3	−2787
Co^{2+}	−2904	−68	−19	5	6	−2828
Ni^{2+}	−2986	−123	−18	10	12	−2867
Cu^{2+}	−2989	−80	−16	1	10	−2904
Zn^{2+}	−2936	0	0	0	0	−2936
Sc^{3+}	−5299	0	0	0	0	−5299
Ti^{3+}	(−5548)	−90	(−38)	17	2	(−5439)
V^{3+}	−5711	−160	−51	24	3	−5527
Cr^{3+}	−5881	−250	−46	30	5	−5620
Mn^{3+}	−5883	−145	−46	3	4	−5699
Fe^{3+}	−5764	0	0	0	0	−5764
Co^{3+}	−6007	−123	−68	6	7	−5829
Ga^{3+}	−6028	0	0	0	0	−6028

① 由式(4-9) 计算。

注：数据引自于 (a) Johnson D A，Nelson P G. Factors Determining the Ligand Field Stabilization Energies of the Hexaaqua 2+ Complexes of the First Transition Series and the Irving-Williams Order. Inorg Chem，1995，34 (22)：5666；(b) Johnson D A，Nelson P G. Ligand Field Stabilization Energies of the Hexaaqua 3+ Complexes of the First Transition Series. Inorg Chem，1999，38 (22)：4949。

类似的曲线图还可以在第一过渡系金属配合物的晶格能[2]、离解能等热力学性质的系列变化中发现。曲线的"斜 W"形状主要与 LFSE 有关，但是 ΔE_{rep}、ΔE_{rlx} 和 ΔE_{so} 的影响亦在考虑之列。

---

❶ 因为 $[M(H_2O)_6]^{3+}$ 中的较强 M-L 共价相互作用会引起更大的电子云扩展效应，如果在其 $\Delta H_h^{\ominus}$ 中只扣除 ΔE_{orb} 而不考虑 ΔE_{rep} 等因素，则不能得到平滑的曲线。

❷ Johnson D A，Nelson P G. A New Analysis of the Ligand Field Stabilization Energies. Inorg Chem，1995，34 (12)：3253。

4.2.4.2　配合物立体构型的选择

4.2.4.2.1　尖晶石与反尖晶石结构[1]

$MgAl_2O_4$ 是自然界中的尖晶石矿，它是一类重要的混合金属氧化物。尖晶石晶体为立方面心结构，其基本构型是氧离子作立方最密堆积（*ccp*），四面体空隙的 1/8 被 Mg^{2+} 占据，八面体空隙的 1/2 被 Al^{3+} 占据，剩余的 7/8 四面体空隙和 1/2 八面体空隙未被占据。这种构型常用 $A[B_2]_oO_4$ 来表示，方括号中为占据八面体空隙的离子。但是当 A 离子比 B 离子对八面体的位置更为优先时，常遇到反尖晶石构型，即 $B[AB]_oO_4$，这时 B 离子有一半在四面体空隙中，而 A 离子和另一半的 B 离子在八面体的空隙中，即 A 与等量的 B 对调了位置。许多混合金属氧化物，例如 $M^{II}M_2^{III}O_4$ 和 $M^{IV}M_2^{II}O_4$ 等，可能具有尖晶石或反尖晶石构型。一般而言，O^{2-} 形成的八面体空隙对分散高价金属阳离子的电荷有利，但是高价态经常伴随着较小的离子半径，则四面体空隙似乎更合适，当这些因素的影响基本处于平衡时，则金属离子 d 电子构型对结构优先选择的影响将起着决定性的作用。

因此，在其它条件类似的情况下，什么时候优先选择八面体空隙主要可参考 ΔLFSE 的大小。例如对于 $NiAl_2O_4$，Ni^{2+} 由四面体空隙转入八面体空隙，ΔLFSE 增益最多（参见表 4-15），故成为反尖晶石结构的可能性相当大，但也有一些混合金属氧化物介于这两种极限结构之间。$M^{II}M_2^{III}O_4$ 型混合金属氧化物的结构类型可由参数 λ 来表征，λ 表示位于四面体空隙的 M^{3+} 离子所占的百分比，故 $\lambda=0$ 和 $\lambda=0.5$ 对应于尖晶石和反尖晶石结构。表 4-15 列出一些 $M^{II}M_2^{III}O_4$ 型混合金属氧化物的 λ 值。

表 4-15　常见几何构型第一过渡系金属配合物的稳定化能 LFSE 及其差值（单位 Dq①，不考虑成对能的影响）

d^n	弱场			ΔLFSE			强场			ΔLFSE		
	正方形(1)	正八面体(2)	正四面体(3)	(1)减(2)	(2)减(3)	(1)减(3)	正方形(1)	正八面体(2)	正四面体(3)②	(1)减(2)	(2)减(3)	(1)减(3)
d^0	0	0	0	0	0	0	0	0	0	0	0	0
d^1	5.14	4	2.67	1.14	1.33	2.47	5.14	4	2.67	1.14	1.33	2.47
d^2	10.28	8	5.33	2.28	2.66	4.95	10.28	8	5.33	2.28	2.66	4.95
d^3	14.56	12	3.56	2.56	8.44	11.00	14.56	12	8.01	2.56	3.99	6.55
d^4	12.28	6	1.78	6.28	4.22	10.50	19.70	16	10.68	3.70	5.32	9.02
d^5	0	0	0	0	0	0	24.84	20	8.90	4.48	11.10	15.94
d^6	5.14	4	2.67	1.14	1.33	2.47	29.12	24	7.11	5.12	16.89	22.01
d^7	10.28	8	5.33	2.28	2.66	4.95	26.84	18	5.33	8.84	12.67	21.51
d^8	14.56	12	3.56	2.56	8.44	11.00	24.56	12	3.56	12.56	8.11	21.00
d^9	12.28	6	1.78	6.28	4.22	10.50	12.28	6	1.78	6.28	4.22	10.50
d^{10}	0	0	0	0	0	0	0	0	0	0	0	0

①LFSE 及其差值均取正值；②四面体构型一般取高自旋态，当计算 ΔLFSE 时考虑不同自旋态比较更符合实际情况。

表 4-16　$M^{II}M_2^{III}O_4$ 的 λ① 参数

B^{3+} \ A^{2+}	Mg^{2+}	Mn^{2+}	Fe^{2+}	Co^{2+}	Ni^{2+}	Cu^{2+}	Zn^{2+}
Al^{3+}	0	0	0	0	0.38	—	0
Cr^{3+}	0	0	0	0	0	0	0
Fe^{3+}	0.45	0.1	0.5	0.5	0.5	0.5	0
Mn^{3+}	—	0	—	—	—	—	0
Co^{3+}	—	—	—	0	—	—	—

① $\lambda=0$ 和 $\lambda=0.5$ 相应于尖晶石和反尖晶石结构；“—”表示结构未知。

注：数据引自于 Figgis B N，Hitchman M A. Ligand Field Theory and its Applications. New York：Wiley-VCH，2000：175。

---

[1] (a) 麦松威，周公度，李伟基．高等无机结构化学．北京：北京大学出版社，香港：香港中文大学出版社，2001：310；(b) Figgis B N，Hitchman M A. Ligand Field Theory and its Aprdicatins. New York：Wiley-VCH，2000：174-176。

从表 4-16 的数据可以看出，当 $B^{Ⅲ}=Al^{3+}$ 时，只有 $NiAl_2O_4$ 具有形成反尖晶石结构的趋势，其它 $M^{Ⅱ}Al_2O_4$ 都取尖晶石结构，与上述预测一致；当 $B^{Ⅲ}=Cr^{3+}$ 时，表 4-16 中列出的所有 $M^{Ⅱ}Cr_2O_4$ 都取尖晶石结构，因为 Cr^{3+} 的 d^3 结构在八面体空隙中具有相对较高的稳定性；对于 Co_3O_4，则由于低自旋 Co^{3+} 在八面体空隙中的高稳定性以及 Co^{2+} 在四面体空隙中的相对稳定性使其采取尖晶石结构能获得最有利的净能量增益；Fe_3O_4 是一个比较特殊的例子，其中 Fe^{3+} 具有半充满的高自旋 d^5 组态，因此不论处于哪一种空隙中均无能量增益，显然，由于高自旋 d^6 组态的 Fe^{2+} 在八面体环境中稍许较高的稳定性（$\Delta LFSE=1.33Dq$），使其成为反尖晶石结构；表 4-16 中 $M^{Ⅱ}Fe_2O_4$ 系列的其它 λ 值基本与 LFT 的预测一致。

以上讨论给我们以启示，虽然 LFSE 只占总键能的很小一部分，但应用 LFT 却能较好地预测尖晶石或反尖晶石结构，这说明 LFSE 成为决定性因素只能建立在其它因素基本相同的前提条件下。

4.2.4.2.2 立体构型的选择

一种配合物究竟采用哪一种空间构型要同时考虑配体（配体体积、电荷及配体之间的空间相互作用等）和中心金属性质（中心金属电子数、氧化态、所在周期数等）的影响。下面主要从两种因素：①配体场稳定化能 LFSE；②配体之间的相互排斥作用来考虑。

(1) T_d 或 O_h 的选择

从 LFSE 来看，除了 d^0、d^5 和 d^{10} 在弱场中 LFSE 为零外，在所有其它情况下，$LFSE(O_h)>LFSE(T_d)$。而且 O_h 场的六个键的总键能也大于 T_d 场的四个键的总键能，因此，只有 d^0、d^5 和 d^{10} 构型的金属离子在合适的条件下才形成四面体配合物（符合 VSEPRT）。

例如： d^0 $TiCl_4$、$ZrCl_4$、$HfCl_4$

d^5 $[FeCl_4]^-$

d^{10} $[Zn(NH_3)_4]^{2+}$、$[Cd(CN)_4]^{2-}$、$[CdCl_4]^{2-}$、$[Hg(SCN)_4]^{2-}$、$[HgI_4]^{2-}$

而在其它情况下多为八面体构型。从配体间的排斥作用来看四面体构型比八面体构型更有利，因此对于庞大配体，易于形成四面体配合物。

(2) 八面体或平面四方形（square planar，简称 SP）的选择

从 LFSE 看，$LFSE(SP)>LFSE(O_h)$，但八面体配合物可以形成六个键，而平面四方形配合物只形成四个键，总键能对形成八面体构型有利，所以通常易形成八面体配合物。只有在 $\Delta LFSE=LFSE(SP)-LFSE(O_h)$ 差值最大时（参见表 4-15）有可能形成平面四方形配合物。例如：d^9（弱场）的 $[Cu(NH_3)_4]^{2+}$ 以及 d^8（强场）的 $[Ni(CN)_4]^{2-}$。

(3) 平面正方形或正四面体的选择

① 在弱场中，d^0、d^5 和 d^{10} 组态配合物的 LFSE 为零，采取四面体构型时，配体间的排斥力最小（这也是为什么 VSEPRT 只适用于球形对称的中心原子，四配位优选构型非平面四方形的主要原因）。

② 弱场情况下，当 $\Delta LFSE>10Dq$，两种构型都有。若配体体积庞大，则通常取四面体构型。

③ 强场情况下，当 $\Delta LFSE>10Dq$，且配体体积不大，则配合物取平面四方形配合物构型，这时 LFSE 是决定因素。例如 d^8 组态的 $[PdCl_4]^{2-}$、$[PtCl_4]^{2-}$ 和 $[Ni(CN)_4]^{2-}$。请注意相应的 Dq 或 Δ_{SP} 的值分别不同，此时的较强分裂能分别与中心金属和配体有关（参阅 4.1.3 和 4.1.5）。

由于 Ni(Ⅱ)的离子半径较小，当它与电负性高或体积大的配体结合时，由于空间效应和静电排斥等因素的作用，有时也可能采取四面体构型，但 Rh(Ⅰ)、Ir(Ⅰ)、Pd(Ⅱ)、

Pt(Ⅱ)和 Au(Ⅲ)等大都形成平面四方形构型（参阅 7.2.6）。

(4) 八面体或三棱柱的选择[1]

迄今为止，在已发现的配合物中以六配位结构居多。谈及六配位结构，自然地想到八面体构型，这是由配位化学的奠基人 Werner 提出并确定的结构（参阅 1.3.3）。八面体结构在六配位配合物中一统天下的状况一直持续到1965 年，Eisenberg 和 Ibers 发现了首例具有三棱柱结构的 $[Re^{VI}(S_2C_2Ph_2)_3]$ 配合物（见图 2-9），随后人们又陆续发现 MoS_2、WS_2、$[M(S_2C_2R_2)_3]$(M=Re、V、Mo、W、Fe、Nb、Ta)、$[M(CH_3)_6]^{2-}$(M=Zr、Hf) 等配合物也具有三棱柱结构。虽然使三棱柱结构稳定存在的原因还不是很清楚，但一些研究结果表明，中心金属价态高、电子构型为 $d^0 \sim d^2$、d 电子能量低；配体体积小、配体之间存在有利的空间相互作用等因素可能使六配位配合物易形成三棱柱结构。除此之外，一般的六配位配合物中八面体构型比三棱柱结构更稳定。

4.3 配合物的分子轨道理论简介

分子轨道理论的要点：分子轨道理论认为配合物的中心原子与配体间的化学键是共价键。当配体接近中心原子时，中心原子的价轨道与能量相近、对称性匹配的配体轨道（群轨道）可以重叠组成分子轨道。

4.3.1 过渡金属配合物的分子轨道描述

分子轨道理论对于描述由一些非极性或中性配体（例如乙烯、乙二胺、CO 等）组成的配合物、解释光谱化学序列及配合物的荷移跃迁等方面比 LFT 更为有效。

由于配合物的分子轨道必须由属于同一不可约表示的中心离子（或原子的）波函数和配体的波函数线性组合而成，因此根据 LCAO 法可以将配合物的分子轨道表示为：

$$\psi = \psi(\Gamma) + \Sigma a_i \psi_i \qquad (4\text{-}10)$$

其中，$\psi(\Gamma)$是变换性质为不可约表示 Γ 的中心离子(或原子)的波函数；而 $\Sigma a_i \psi_i$ 是变换性质为不可约表示 Γ 的配位体波函数的线性组合。

以下先讨论正八面体配位的 ML_6 型分子。图 4-16 为八面体配合物 ML_6 设置的坐标系和配体的编号。其中，中心原子取右手坐标系[2]，配体取左手坐标系[3]，每个配体的 z 轴都指向中心原子。

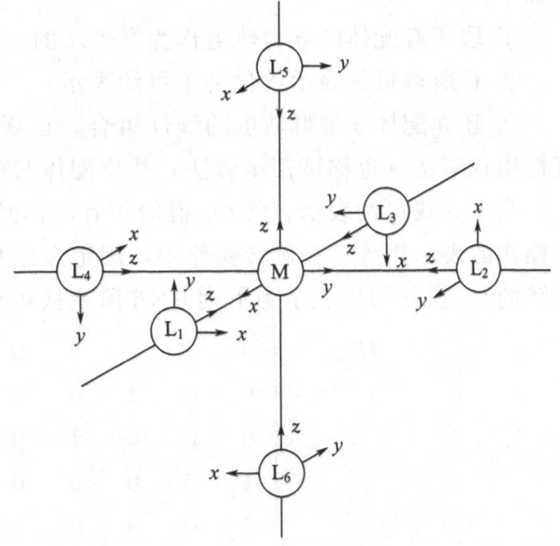

图 4-16 八面体配合物 ML_6 的坐标系

配体 1、2、3、4 从 x 轴开始，逆时针排列在 xy 平面上，即 1 和 3 位于 $\pm x$ 轴上，2 和 4 位于 $\pm y$ 轴上，配体 5 和 6 则位于 $\pm z$ 轴上。

---

[1] 刘国正．三棱柱配位结构稳定性理论评价．化学通报，1995，58 (3)：58-61。

[2] 右手坐标系：当右手的其它手指从 x 轴向 y 轴绕曲时，大拇指指向 z 轴。

[3] 左手坐标系：当左手的其它手指从 x 轴向 y 轴绕曲时，大拇指指向 z 轴。

中心原子的价层轨道，5个$(n-1)$d、1个s和3个p轨道中，凡是轨道极大值指向配体的，即极大值沿着三个坐标轴的，都有可能与配体形成σ（配）键。

有可能与配体形成σ（配）键的是$d_{x^2-y^2}$、d_{z^2}和p_x、p_y、p_z轨道。

有可能与配体形成π（配）键的是d_{xz}、d_{yz}、d_{xy}和p_x、p_y、p_z轨道。

配体中能与金属形成σ（配）键的是指向金属中心的纯p_z轨道、纯s轨道或某些孤对电子轨道（不等性杂化轨道，例如NH_3、H_2O等），以及某些π配体的π成键轨道（例如乙烯、侧基配位的N_2等）。

配体中能与金属形成π（配）键的可以是p_x、p_y等$p\pi$轨道（如卤素离子的p轨道），也可以是简单的$d\pi$轨道（如膦和胂中的未占据d轨道），或是多原子配体（如CO、CN^-、bpy等π酸配体）的成键π或反键π^*分子轨道。

在结构化学中提出的成键三原则为对称性原则、最大重叠原则和能量近似[1]原则。其中第一条是必要的，它决定能否成键，后两条是充分的，它们决定键的强度。

根据O_h群的特征标表，可以找到中心金属的九个价轨道的对称性标记，它们分别是

$$\mathrm{s}: a_{1g} \qquad d_{x^2-y^2},\ d_{z^2}: e_g$$

$$p_x,\ p_y,\ p_z: t_{1u} \qquad d_{xz},\ d_{yz},\ d_{xy}: t_{2g}$$

换言之，按照各个价轨道所属的不可约表示，我们已经将中心原子的价轨道进行了分类。下面将配体轨道进行分类。首先将配体的σ型轨道进行分类。

显然，一个孤立配体的σ型轨道不能像O_h群的某个不可约表示那样变换，但是如果取这些σ轨道的线性组合，也就是所谓的“对称性群轨道”，则可以满足对称性要求。所需步骤如下：

① 取所有配体的σ型轨道作为群表示的一个基，求出可约表示；

② 将所得可约表示约化为不可约表示；

③ 建立配体σ型群轨道的线性组合，正规的做法是应用投影算符法；但是我们也可以直接用视察法（也称试探函数法）找出配体对称性群轨道的组合形式（称SALC）。

为了寻找可约表示，将O_h群的所有对称操作作用到六个配体的σ型轨道上，便得到对称操作的表示矩阵。在旋转操作中，规定坐标系不变，绕对称轴作逆时针转动，例如绕z轴旋转的C_4操作可以表示为下列6×6阶变换矩阵：

$$C_4:\quad \begin{bmatrix} 0 & 1 & 0 & 0 & 0 & 0 \\ 0 & 0 & 1 & 0 & 0 & 0 \\ 0 & 0 & 0 & 1 & 0 & 0 \\ 1 & 0 & 0 & 0 & 0 & 0 \\ 0 & 0 & 0 & 0 & 1 & 0 \\ 0 & 0 & 0 & 0 & 0 & 1 \end{bmatrix} \begin{bmatrix} \sigma_1 \\ \sigma_2 \\ \sigma_3 \\ \sigma_4 \\ \sigma_5 \\ \sigma_6 \end{bmatrix} = \begin{bmatrix} \sigma_1' \\ \sigma_2' \\ \sigma_3' \\ \sigma_4' \\ \sigma_5' \\ \sigma_6' \end{bmatrix}$$

从上述变换矩阵可见，在C_4操作下只有σ_5和σ_6保持不变。由此可采用一种类似于3.3.2中确定可约表示中每个对称操作的变换矩阵特征标的简便方法——依据特征标等于不被对称操作移位的向量数目的规则。通俗地讲，即根据不同对称操作作用下有几个配位原子的σ型轨道位置不变来决定它的特征标，这样就不必一一写出每个对称操作的变换矩阵。例如，根据图4-16选定的坐标系，以z轴为二次对称轴旋转180°时，仅有在z轴上的σ_5和σ_6

[1] 能量近似指的是能级而不是原子轨道能，参考3.1.3.2。

不变，因此 $C_2'(z)$ 的特征标 χ 就等于 2；同理，在 σ_d 操作下，也是仅有在 z 轴上的 σ_5 和 σ_6 不变，因此 σ_d 的特征标 χ 也等于 2；但如果绕 C_3 轴旋转，则六个配体的位置都改变了，对特征标没有贡献，因此 C_3 的 χ 就等于 0。故可以写成如下形式：

$C_2'(z)$	$\sigma_d(xy)$	$C_3(xyz)$	$C_2(xy)$
$\sigma_1\to\sigma_3$	$\sigma_1\to\sigma_2$	$\sigma_1\to\sigma_2$	$\sigma_1\to\sigma_2$
$\sigma_2\to\sigma_4$	$\sigma_2\to\sigma_1$	$\sigma_2\to\sigma_5$	$\sigma_2\to\sigma_1$
$\sigma_3\to\sigma_1$	$\sigma_3\to\sigma_4$	$\sigma_3\to\sigma_4$	$\sigma_3\to\sigma_4$
$\sigma_4\to\sigma_2$	$\sigma_4\to\sigma_3$	$\sigma_4\to\sigma_6$	$\sigma_4\to\sigma_3$
$\sigma_5\to\sigma_5$	$\sigma_5\to\sigma_5$	$\sigma_5\to\sigma_1$	$\sigma_5\to\sigma_6$
$\sigma_6\to\sigma_6$	$\sigma_6\to\sigma_6$	$\sigma_6\to\sigma_3$	$\sigma_6\to\sigma_5$
$\chi(C_2')=2$	$\chi(\sigma_d)=2$	$\chi(C_3)=0$	$\chi(C_2)=0$

用这种方法，得到以六个配体的 σ 型群轨道为基构成的可约表示特征标（表 4-17）。

表 4-17　八面体场中六个配体的 σ 型群轨道为基的可约表示

O_h	E	$8C_3$	$6C_2$	$6C_4$	$3C_2'$	i	$6S_4$	$8S_6$	$3\sigma_h$	$6\sigma_d$
$\Gamma(6\sigma)$	6	0	0	2	2	0	0	0	4	2

将其约化为：$\Gamma(6\sigma)=a_{1g}+e_g+t_{1u}$。

该结果表示，在正八面体对称性下六个配体的 σ 型轨道可以组合形成六个对称性群轨道：一个 a_{1g}，一对简并的 e_g，还有三重简并的 t_{1u}。

接下来是寻找 a_{1g}、e_g 和 t_{1u} 对称性的六个配体的 σ 型群轨道，用视察法，即根据属于某种不可约表示的中心原子价轨道的形状（空间取向）和符号来确定哪些配体 σ 型群轨道可以和它对称性匹配。例如，中心金属的 s 轨道属于 a_{1g} 对称性，与之相匹配的配体 a_{1g} 对称性的 σ 型群轨道如图 4-17 中所示。根据逐一视察和归一化，可以得到表 4-18。

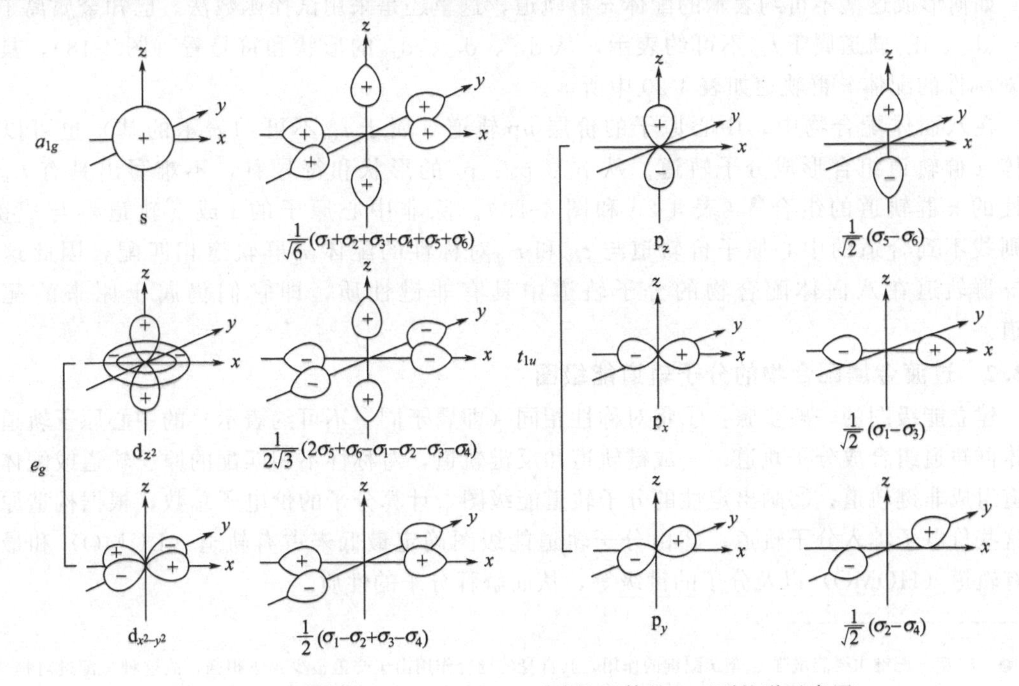

图 4-17　八面体场中 a_{1g}、e_g 和 t_{1u} 对称性配体的 σ 型群轨道示意图

表 4-18 八面体配合物中合适的金属和配体 σ 轨道的组合

对 称 性	金属轨道	配体的对称性群轨道	分子轨道
a_{1g}	s	$\frac{1}{\sqrt{6}}(\sigma_1+\sigma_2+\sigma_3+\sigma_4+\sigma_5+\sigma_6)$	$1a_{1g}$, $2a_{1g}$
e_g	$d_{x^2-y^2}$ d_{z^2}	$\frac{1}{2}(\sigma_1-\sigma_2+\sigma_3-\sigma_4)$ $\frac{1}{2\sqrt{3}}(2\sigma_5+2\sigma_6-\sigma_1-\sigma_2-\sigma_3-\sigma_4)$	$1e_g$, $2e_g$
t_{1u}	p_x p_y p_z	$\frac{1}{\sqrt{2}}(\sigma_1-\sigma_3)$ $\frac{1}{\sqrt{2}}(\sigma_2-\sigma_4)$ $\frac{1}{\sqrt{2}}(\sigma_5-\sigma_6)$	$1t_{1u}$, $2t_{1u}$
t_{2g}	d_{xz}, d_{yz}, d_{xy}	—	$1t_{2g}$

配体不仅能形成 σ 型群轨道，还能形成 π 型群轨道，例如卤素离子的满充 p_x、p_y 轨道可以和中心金属离子形成 π 键，称为配体 pπ 型轨道。

以六个配体的 12 个 π 型轨道为基，在 O_h 群的对称操作作用下，形成的可约表示 $\Gamma(12\pi)$ 的特征标如表 4-19 所示。可约化为：$\Gamma(12\pi)=t_{1g}+t_{1u}+t_{2g}+t_{2u}$。

表 4-19 八面体场中以 12 个配体的 π 型群轨道为基所得可约表示

O_h	E	$8C_3$	$6C_2$	$6C_4$	$3C_2'$	i	$6S_4$	$8S_6$	$3\sigma_h$	$6\sigma_d$
$\Gamma(12\pi)$	12	0	0	0	−4	0	0	0	0	0

这个结果同样告诉我们，在正八面体对称性下六个配体的 12 个 π 型轨道可以组合形成四套共 12 个对称性 π 群轨道，均分别为三重简并的轨道。

如何形成这些不可约表示的配体 π 群轨道，这里还是采用试探函数法。已知金属离子的 d_{xz}、d_{yz}、d_{xy} 轨道属于 t_{2g} 不可约表示，从 d_{xz}、d_{yz}、d_{xy} 的形状和符号看（图 4-18），具有 t_{2g} 对称性的配体 π 群轨道如表 4-20 中所示。

在八面体配合物中，中心原子的价层 np 轨道（属于 t_{1u} 不可约表示的基）也可以和配体 π 群轨道组合形成分子轨道。从 p_x、p_y、p_z 的形状和符号看，不难写出具有 t_{1u} 对称性的 π 群轨道的组合[❶]（表 4-20 和图 4-19）。除非中心原子的 f 或 g 轨道参与成键，否则找不到合适的中心原子价轨道与 t_{2u} 和 t_{1g} 对称性的配体 π 群轨道相匹配，因此这两组 π 群轨道在八面体配合物的分子轨道中具有非键性质，即它们仍属于原来的配体轨道。

4.3.2 过渡金属配合物的分子轨道能级图

建立能级图的一般步骤：①将对称性相同（即属于同一不可约表示）的中心原子轨道和配体群轨道组合成分子轨道——成键轨道和反键轨道，对称性不相匹配的原子轨道或配体群轨道组成非键轨道；②画出定性的分子轨道能级图，计算分子的价电子总数，根据构造原理将这些价电子填入分子轨道；③由分子轨道能级图确定最低未占有轨道（LUMO）和最高占有轨道（HOMO）以及分子的键级等，从而解释分子的性质。

---

❶ t_{1u} 型 π 配键主要起增强 t_{1u} 型 σ 配键的作用，其自身的键合作用由于交盖很少并不很强，故这种 π 配键对物性影响不显著。从另一个角度看，金属的三个 np 轨道已用于形成强 σ 键，如果再与配体的 t_{1u} 轨道成键将会削弱 σ 键体系。

表 4-20　八面体配合物中合适的金属和配体 π 轨道的组合

对称性	金属轨道	配体的 π 群轨道
t_{1u}	p_x	$\frac{1}{2}(\pi_{y2}+\pi_{x5}-\pi_{x4}-\pi_{y6})$
	p_y	$\frac{1}{2}(\pi_{x1}+\pi_{y5}-\pi_{y3}-\pi_{x6})$
	p_z	$\frac{1}{2}(\pi_{y1}+\pi_{x2}-\pi_{x3}-\pi_{y4})$
t_{2g}	d_{xz}	$\frac{1}{2}(\pi_{y1}+\pi_{x5}+\pi_{x3}+\pi_{y6})$
	d_{yz}	$\frac{1}{2}(\pi_{x2}+\pi_{y5}+\pi_{y4}+\pi_{x6})$
	d_{xy}	$\frac{1}{2}(\pi_{x1}+\pi_{y2}+\pi_{y3}+\pi_{x4})$
t_{2u}	—	$\frac{1}{2}(\pi_{y2}-\pi_{x5}-\pi_{x4}+\pi_{y6})$
	—	$\frac{1}{2}(\pi_{x1}-\pi_{y5}-\pi_{y3}+\pi_{x6})$
	—	$\frac{1}{2}(\pi_{y1}-\pi_{x2}-\pi_{x3}+\pi_{y4})$
t_{1g}	—	$\frac{1}{2}(\pi_{y1}-\pi_{x5}+\pi_{x3}-\pi_{y6})$
	—	$\frac{1}{2}(\pi_{x2}-\pi_{y5}+\pi_{y4}-\pi_{x6})$
	—	$\frac{1}{2}(\pi_{x1}-\pi_{y2}+\pi_{y3}-\pi_{x4})$

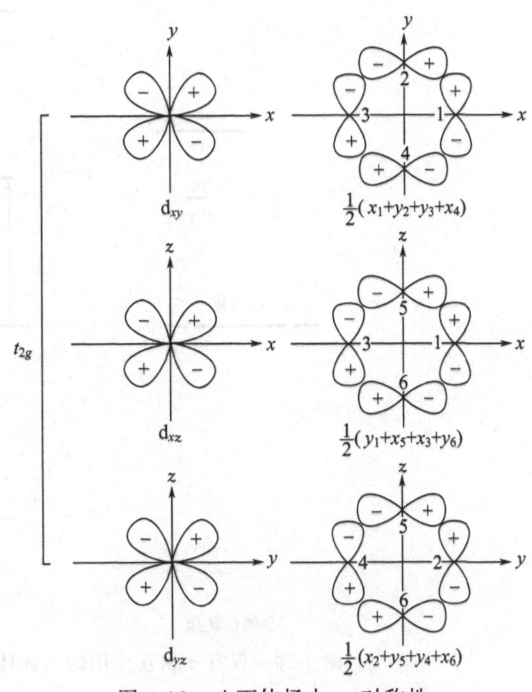

图 4-18　八面体场中 t_{2g} 对称性配体 π 型群轨道示意图

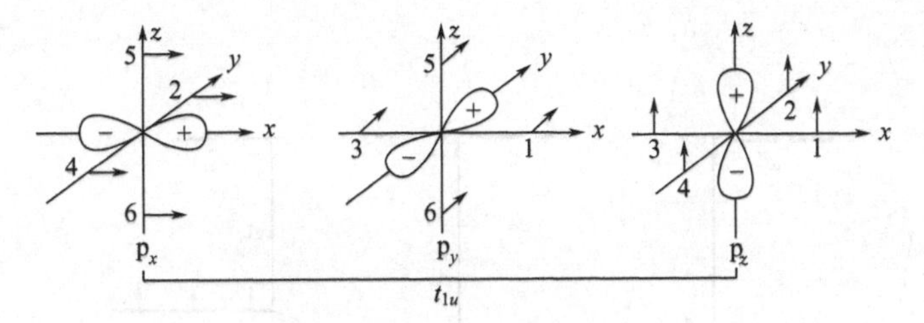

图 4-19　八面体场中 t_{1u} 对称性配体 π 型群轨道示意图

4.3.2.1　正八面体配合物的分子轨道能级图

(1) 配体与中心金属之间不存在 π 相互作用

图 4-20 是最简单的一种情况。以 $[Co(NH_3)_6]^{3+}$ 为例，配体 NH_3 提供不等性杂化的孤对电子轨道作为 σ 型轨道，配位原子 N 的 p_x 和 p_y 能级高，配体无能量合适的 π 型轨道参与形成分子轨道。金属离子的 a_{1g} 轨道和配体的 a_{1g} 型群轨道相互作用，得到两个分子轨道，$1a_{1g}$ 是成键分子轨道，$2a_{1g}^*$ 是反键分子轨道；金属的 t_{1u} 轨道和配体的 t_{1u} 型群轨道作用，产生成键的 $1t_{1u}$ 和反键的 $2t_{1u}^*$ 分子轨道；同样，金属离子 e_g 轨道和配体 e_g 型群轨道作用，产生成键的 $1e_g$ 和反键的 $2e_g^*$ 分子轨道。金属离子的 t_{2g} 轨道并不直接指向配体，不能与配体形成 σ 键；而且配体并没有相同对称性的 σ 型群轨道与之相匹配，因此如果只考虑 σ 成键作用，中心原子的 t_{2g} 是非键轨道。

只有用量子力学计算或通过实验才能确定配合物分子轨道的能级高低顺序。一般来说，配体 σ 型价轨道对成键 σ 分子轨道贡献较大，而金属离子的价轨道对反键 σ 分子轨道贡献较大。对于正八面体配合物，成键 σ 轨道的能级高低顺序可由判断配体 σ 群轨道的节面数来定性判断（见图 4-17），通常其能量随节面数的增加而增大，故有图 4-20 所示的定性轨道能级顺序。

图 4-21 给出正八面体配合物的简化分子轨道能级图，如上所述的配体与中心金属之间不存在 π 相互作用，体现在图 4-21(b) 所示的情形：即配体既没有能量合适的空 π 群轨道也没有

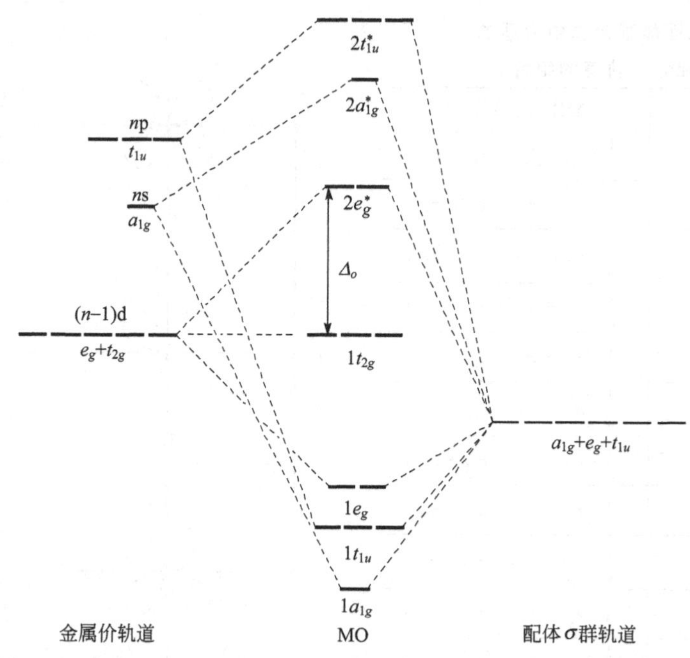

图 4-20　仅有 σ 相互作用的八面体配合物 ML_6 的定性分子轨道能级图

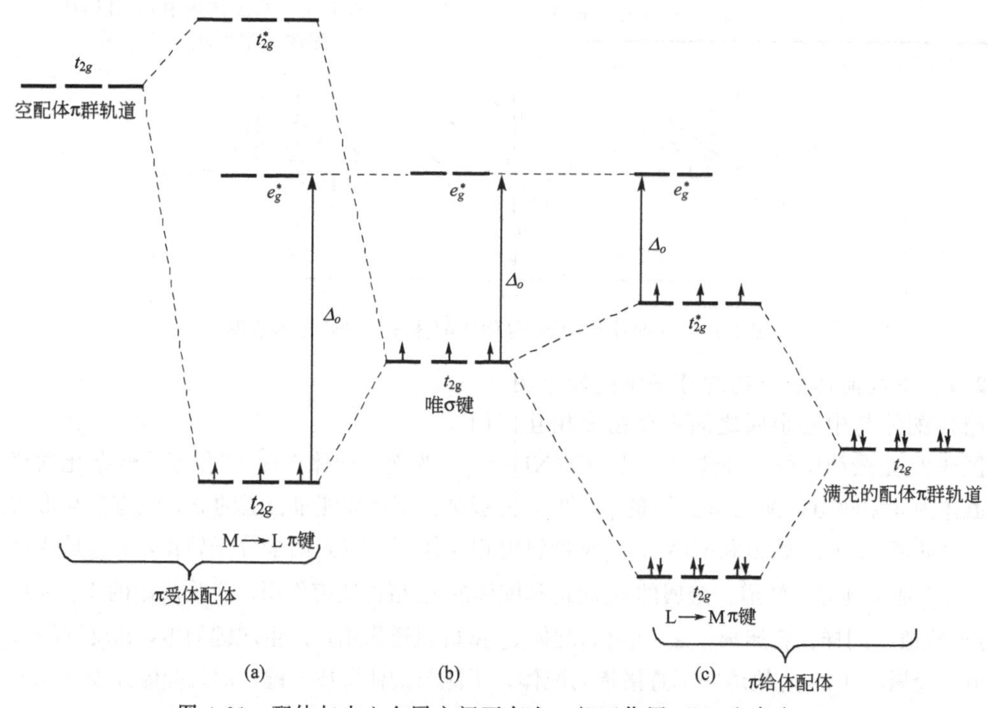

图 4-21　配体与中心金属之间不存在 π 相互作用（b）和存在 π 相互作用[(a)和(c)]的简化分子轨道能级图

能量合适的满充 π 群轨道，例如像 H_2O 和 NH_3 等无 π 效应的配体，它们在光谱化学序列中的位置常常居中，其 Δ_o 值的大小取决于配体的 σ 给予能力。重要的例外包括 CH_3^- 和 H^-，它们或许可被称作纯 σ 给予体配体，但是在光谱化学序列中的位置却相当靠后；显然对这类配体，其 σ 给予能力特别强。

（2）配体与中心金属之间存在 π 相互作用

一般以下述两种情况讨论配体与中心金属之间存在 π 相互作用的情形。

第一种情况：配体 π 群轨道是空的而且比中心金属轨道的能量高，例如含膦或胂配体的配合物［图 4-21(a)］。在这些配合物中，具有 t_{2g} 对称性的配体 π 群轨道是由各个配体分子的 π^* 反键分子轨道线性组合而成的。组成配合物的分子轨道 t_{2g}^b 和 t_{2g}^* 后，中心金属的 d 电子进入能量较低的 t_{2g}^b，t_{2g}^b 和 e_g^* 轨道的能量差 Δ_o 比只考虑配体的 σ 相互作用的情形（a）时要来得大，因此这类配体属于强场配体。

第二种情况：配体的 π 群轨道充满电子而且比中心金属 d 轨道的能量低，如 F^- 和 OH^- 等配体的配合物［图 4-21(c) 和图 4-22］。形成的分子轨道 t_{2g}^b 和 t_{2g}^* 中，中心金属的 d 电子进入能量较高的 t_{2g}^* 反键轨道，这样 t_{2g}^* 和 e_g^* 的能量差 Δ_o 比只考虑配体的 σ 相互作用的情形（a）时要来得小，因此这类配体属于弱场配体。

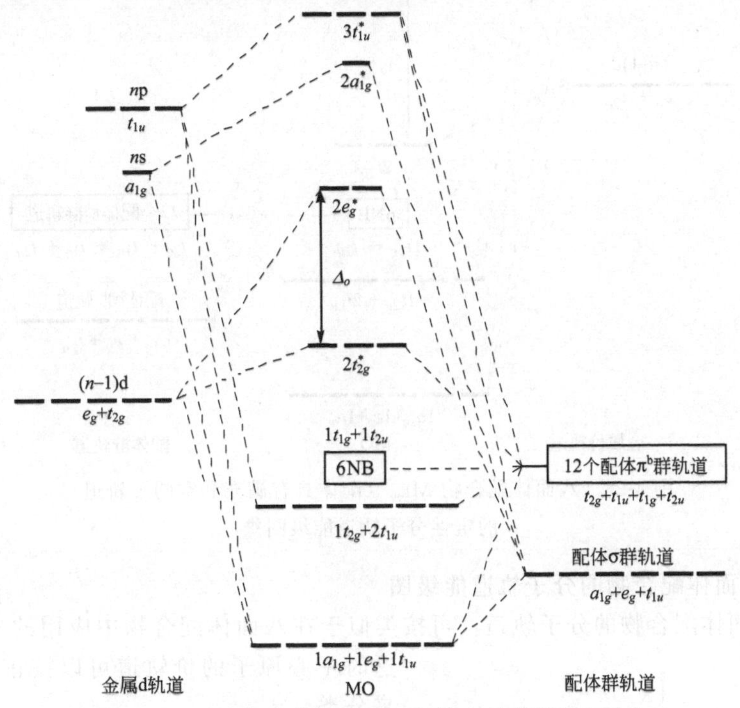

图 4-22 八面体配合物 ML_6（配体 L 具有满充电子的 π^b 轨道）的定性分子轨道能级图

还有一种情形是配体既含有空的也含有充满的 π 轨道。在诸如 Cl^-、Br^- 和 I^- 等配体中，这两类 π 轨道没有直接相互关系，空 π 轨道为外层 d 轨道，充满的 π 轨道为价层 p 轨道；在另一些 π 酸配体（如 CO、CN^-、NO_2^-、bpy 和 phen）中，空的和充满的 π 轨道分别是反键和成键的 pπ 分子轨道。在这些情形中，究竟是哪一种 π 相互作用占上风，取决于两种类型的 π 轨道与金属 t_{2g} 轨道相互作用，不易作出简单的预言。从实验总结出的光谱化学序列看，Cl^- 等卤素离子应属于上述第二种情况，而 CO 等 π 酸配体则属于上述第一种情况。图 4-23 示出八面体氰基和羰基过渡金属配合物的定性分子轨道能级图，它是根据粗略计算和对照吸收光谱的数据得出的。

(3) 以分子轨道理论解释光谱化学序列

根据以上对形成八面体配合物分子轨道三种情况（考虑 σ 或 π 相互作用）的讨论及其对 Δ_o 的影响（图 4-21），可将光谱化学序列的大致趋势（该趋势也适用于其它构型配合物）归结如下：

Δ_o 增大 →

π-给予体配体＜弱 π 给予体配体＜无 π 效应的配体＜π-接受体配体

$I^- < Br^- < Cl^- < F^- < H_2O < NH_3 < PR_3 < CN^- < CO$

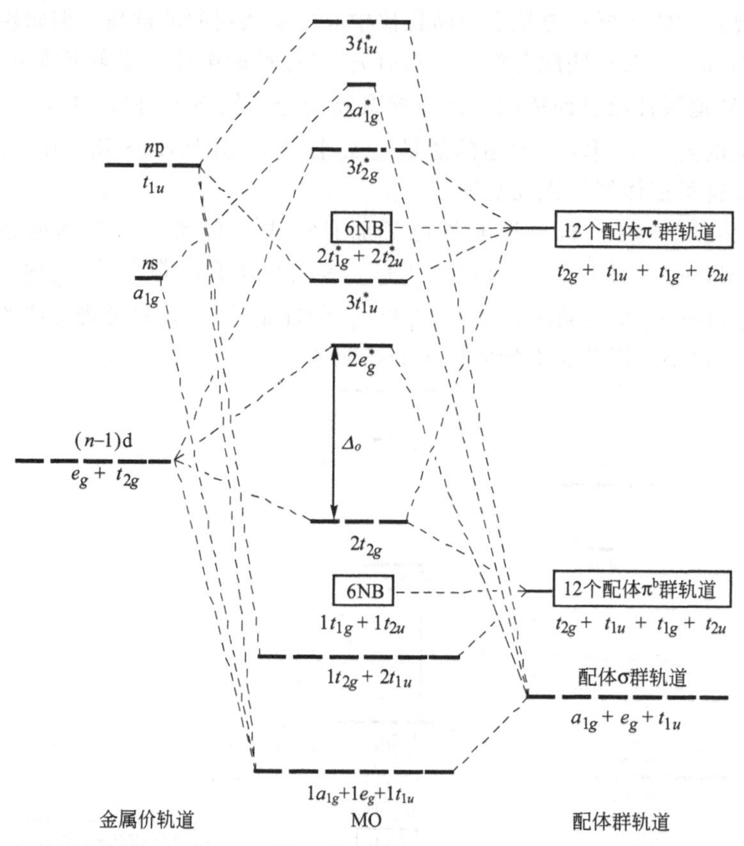

图 4-23　八面体配合物 ML_6（配体具有满充和空的 π 轨道）的定性分子轨道能级图❶

4.3.2.2　正四面体配合物的分子轨道能级图

对于正四面体配合物的分子轨道，可按类似于在八面体配合物中应用的方法进行处理。这时中心原子的价轨道可以按正四面体对称性来分类。

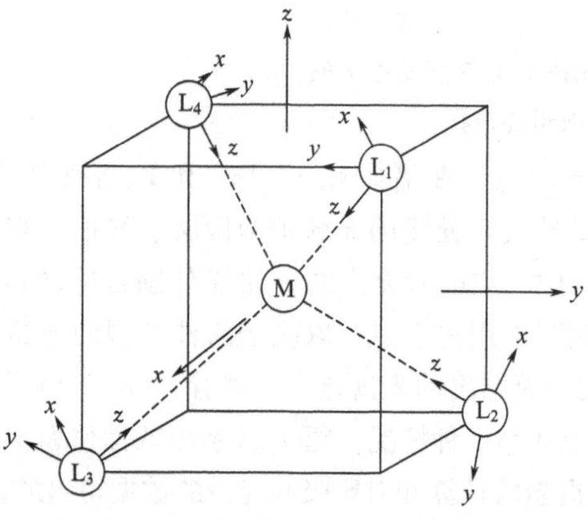

a_1	s	e	$d_{x^2-y^2}$，d_{z^2}
t_2	p_x，p_y，p_z	t_2	d_{xz}，d_{yz}，d_{xy}

图 4-24　四面体配合物 ML_4 的坐标系

选择如图 4-24 所示的坐标系，以下列对称操作作为类的代表：绕通过配位原子 1 和由 2、3、4 原子构成的三角形中心的 C_3 轴逆时针旋转，绕通过 1-4 棱和 2-3 棱中点的 C_2 轴旋转，在包含 1-4 棱和通过 2-3 棱中点的 σ_d 平面中的反映，绕上面所指定的 C_2 轴旋转 90°，然后在垂直于 C_2 轴的平面中反映（S_4），可以得到在四面体配合物中配体的 σ 型群轨道的变换。

❶ 该能级图基本适用于 VIB 族的羰基配合物和 M(Ⅱ)(M＝Fe、Ru 和 Os) 的氰基配合物。但须注意：当金属采用非正常（高或低）氧化态时，分子轨道的某些能级顺序可能会发生变化。

T_d	E	$8C_3$	$3C_2$	$6S_4$	$6\sigma_d$
σ_1	σ_1	σ_1	σ_4	σ_3	σ_1
σ_2	σ_2	σ_4	σ_3	σ_1	σ_3
σ_3	σ_3	σ_2	σ_2	σ_4	σ_2
σ_4	σ_4	σ_3	σ_1	σ_2	σ_4
$\Gamma(4\sigma)$	4	1	0	0	2

将其所构成的可约表示约化为：$\Gamma(4\sigma)=a_1+t_2$。

同理，以四个配体所含的 8 个 π 型轨道为基，在 T_d 群对称操作作用下，得到可约表示的特征标。

T_d	E	$8C_3$	$3C_2$	$6S_4$	$6\sigma_d$
$\Gamma(8\pi)$	8	-1	0	0	0

其表示向不可约表示分解：$\Gamma(8\pi)=e+t_1+t_2$。

结果表明，配体的四个 σ 群轨道一个属于 a_1，三个属于 t_2；八个 π 群轨道则分属于 e、t_1 和 t_2 不可约表示。同样用视察法可以得到与中心离子价轨道对称性匹配的配体 σ 型群轨道和 π 型群轨道的线性组合（表 4-21）。

表 4-21 四面体场中与中心离子价轨道对称性匹配的配体 σ 型群轨道和 π 型群轨道的线性组合

对称性	金属轨道	配体的群轨道
a_1	s	$\frac{1}{2}(\sigma_1+\sigma_2+\sigma_3+\sigma_4)$
t_2	p_x, d_{xz}	$\frac{1}{2}(\sigma_1+\sigma_3-\sigma_2-\sigma_4)$；$\frac{1}{4}[(\pi_{x1}+\pi_{x2}-\pi_{x3}-\pi_{x4})+\sqrt{3}(-\pi_{y1}-\pi_{y2}+\pi_{y3}+\pi_{y4})]$
	p_y, d_{yz}	$\frac{1}{2}(\sigma_1+\sigma_2-\sigma_3-\sigma_4)$；$\frac{1}{4}[(\pi_{x1}-\pi_{x2}+\pi_{x3}-\pi_{x4})+\sqrt{3}(\pi_{y1}-\pi_{y2}+\pi_{y3}-\pi_{y4})]$
	p_z, d_{xy}	$\frac{1}{2}(\sigma_1+\sigma_4-\sigma_2-\sigma_3)$；$-\frac{1}{2}(\pi_{x1}+\pi_{x2}+\pi_{x3}+\pi_{x4})$
e	d_{z^2}	$\frac{1}{2}(\pi_{x1}-\pi_{x2}-\pi_{x3}+\pi_{x4})$
	$d_{x^2-y^2}$	$\frac{1}{2}(\pi_{y1}-\pi_{y2}-\pi_{y3}+\pi_{y4})$

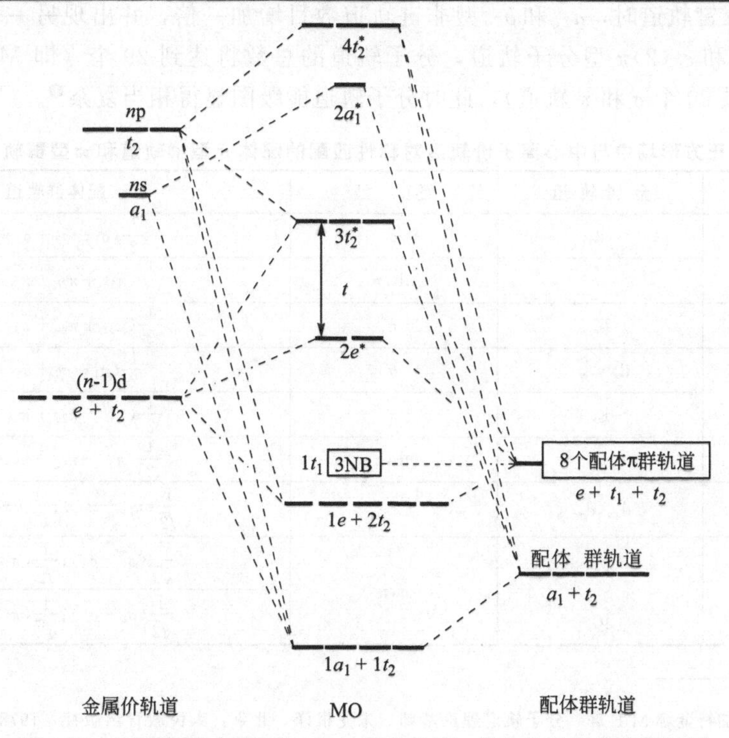

图 4-25 四面体配合物 ML_4（L＝卤素离子）的定性分子轨道能级图

找不到合适的中心原子价轨道与 t_1 对称性的配体 π 群轨道 LFT 相匹配，因此这一组 π 群轨道在正四面体配合物的分子轨道中具有非键性质，即它们仍属于原来的配体轨道。组成的分子轨道能级图示于图 4-25。t_2^* 与 e^* 的能量差即相当于 CFT（或 LFT）中的分裂能 Δ_t。分子轨道理论明确指出了 t_2^* 与 e^* 的反键性质。考虑 π 成键作用的贡献，共有成键（9 个）、非键（3 个）和反键（9 个）分子轨道 21 个，即 M 提供 9 个价轨道，配体共提供 4 个 σ 群轨道和 8 个 π 群轨道。

4.3.2.3 平面正方形配合物的分子轨道能级图

为平面正方形配合物所选择的坐标系如图 4-26 所示。可以很方便地把配体的 π 轨道分成“垂直”的 π_v（垂直于分子平面）和“水平”的 π_h（平行于分子平面）。因此组成属于 D_{4h} 点群各个不可约表示的配体群轨道（表 4-22）。

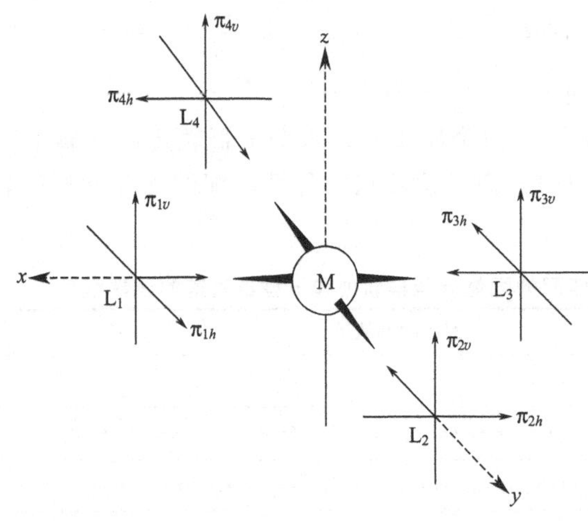

图 4-26 平面正方形配合物 ML_4 的坐标系

对于平面正方形配合物，有两类配合物值得注意，一类是四卤配合物，另一类是四氰配合物。对于前者，每个配体各贡献一个 σ 和两个 π 轨道（占据电子的），因此，分子轨道的总数是 21 个——a_{1g} 对称性的 σ 型轨道三个，b_{1g} 对称性的 σ 型轨道两个，a_{2u} 和 b_{2g} 对称性的 π 型轨道各两个，e_g 对称性的 π 型轨道四个，e_u 对称性的 σ-π 型轨道六个以及配体的两个非键 π 群轨道 a_{2g} 和 b_{2u}（即 M 提供 9 个价轨道，配体共提供 12 个 σ、π 轨道，见图 4-27）。在四氰配合物中，每个配体各贡献一个 σ 和四个 π 轨道——两个是氰基的成键轨道，两个是反键轨道。在引入配体的反键轨道时，a_{2g} 和 b_{2u} 型非键轨道数目增加一倍，并出现另一套四组 $a_{2u}(1)$、$b_{2g}(1)$、$e_g(2)$ 和 $e_u(2)$π 型分子轨道，分子轨道的总数将达到 29 个（即 M 提供 9 个价轨道，配体共提供 20 个 σ 和 π 轨道），此时分子轨道能级图显得相当复杂[❶]。

表 4-22 平面正方形场中与中心离子价轨道对称性匹配的配体 σ 型群轨道和 π 型群轨道的线性组合

对称性种类	金属轨道	键型	配体群轨道
a_{1g}	s, d_{z^2}	σ	$\frac{1}{2}(\sigma_1+\sigma_2+\sigma_3+\sigma_4)$
a_{2g}	—	nb, π	$\frac{1}{2}(\pi_{1h}+\pi_{2h}+\pi_{3h}+\pi_{4h})$
a_{2u}	p_z	π	$\frac{1}{2}(\pi_{1v}+\pi_{2v}+\pi_{3v}+\pi_{4v})$
b_{1g}	$d_{x^2-y^2}$	σ	$\frac{1}{2}(\sigma_1-\sigma_2+\sigma_3-\sigma_4)$
b_{2g}	d_{xy}	π	$\frac{1}{2}(\pi_{1h}-\pi_{2h}+\pi_{3h}-\pi_{4h})$
b_{2u}	—	nb, π	$\frac{1}{2}(\pi_{1v}-\pi_{2v}+\pi_{3v}-\pi_{4v})$
e_g	d_{xz}, d_{yz}	π	$\frac{1}{\sqrt{2}}(\pi_{1v}-\pi_{3v})$；$\frac{1}{\sqrt{2}}(\pi_{2v}-\pi_{4v})$
e_u	p_x	σ, π	$\frac{1}{\sqrt{2}}(\sigma_1-\sigma_3)$；$\frac{1}{\sqrt{2}}(\pi_{4h}-\pi_{2h})$
	p_y		$\frac{1}{\sqrt{2}}(\sigma_2-\sigma_4)$；$\frac{1}{\sqrt{2}}(\pi_{1h}-\pi_{3h})$

❶ (a) [苏] 加特金娜 M E 著．分子轨道理论基础．朱龙根译．北京：人民教育出版社，1978：134-136；(b) 麦松威，周公度，李伟基．高等无机结构化学．北京：北京大学出版社，香港：香港中文大学出版社，2001：234-235。

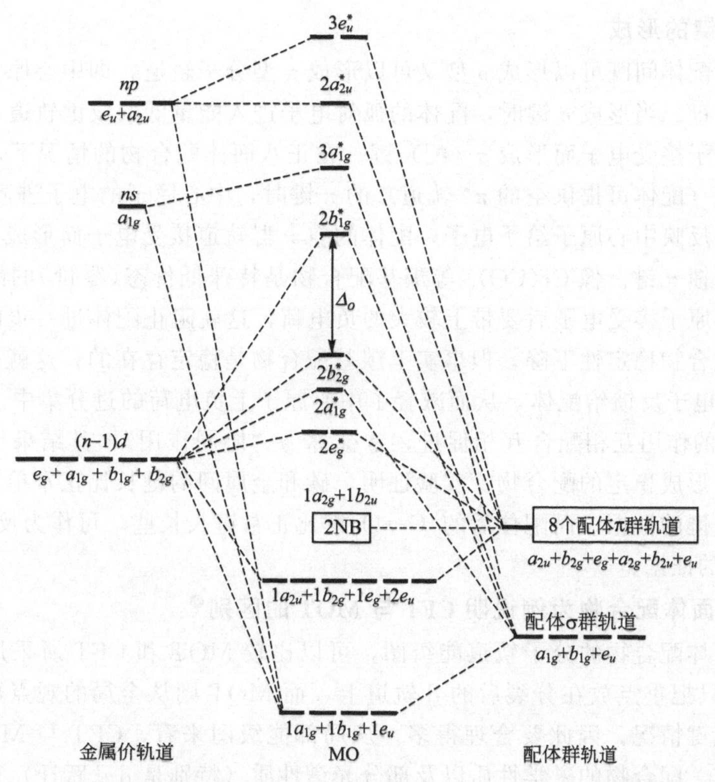

图 4-27　平面正方形配合物 ML_4（L＝卤素离子）的定性分子轨道能级图❶

常见的具有不同对称性的配合物分子中配体 σ 或 π 型群轨道以及相应的 5 个金属 d 轨道所属的不可约表示总结于表 4-23 中，此处不再赘述。❶

表 4-23　在各种对称场中金属 d 轨道和配体群轨道所属的不可约表示

配合物	分子构型	点群	d 轨道的分裂形式	配体群轨道所属不可约表示
MX_6	正八面体	O_h	e_g　$d_{x^2-y^2}, d_{z^2}$ t_{2g}　$d_{x^2-y^2}, d_{z^2}$	σ　$a_{1g}+e_g+t_{1u}$ π　$t_{1g}+t_{1u}+t_{2g}+t_{2u}$
MX_5	三角双锥	D_{3h}	a_1'　d_{z^2} e'　$d_{xy}, d_{x^2-y^2}$ e''　d_{xz}, d_{yz}	σ　$2a_1+e'+a_1''$ π　$a_2'+2e'+a_2''+2e''$
MX_4 *trans*-MX_2L_4	平面正方形 八面体	D_{4h}	a_{1g}　d_{z^2} b_{1g}　$d_{x^2-y^2}$ b_{2g}　d_{xy} e_g　d_{xz}, d_{yz}	平面正方形 σ　$a_{1g}+b_{1g}+e_u$ π　$a_{2u}+a_{2g}+b_{2u}+b_{2g}+e_g+e_u$
cis-MX_2L_2 *cis*-MX_2L_4	平面型 八面体	C_{2v}	a_1　$d_{x^2-y^2}, d_{z^2}$ a_2　d_{xy} b_1　d_{yz} b_2　d_{xz}	平面型 σ　$2a_1+b_1+b_2$ π　$2a_1+2a_2+2b_1+2b_2$
MXL_5 ML_5, MXL_4	八面体 四方锥	C_{4v}	a_1　d_{z^2} b_1　$d_{x^2-y^2}$ b_2　d_{xy} e　d_{xz}, d_{yz}	四方锥 σ　$2a_1+b_1+e$ π　$2a_1+2a_2+2b_1+2b_2+e$
trans-MX_2L_2	平面型	D_{2h}	a_g　$d_{x^2}-y^2, d_{z^2}$ b_{1g}　d_{xy} b_{2g}　d_{xz} b_{3g}　d_{yz}	σ　$2a_g+b_{2u}+b_{3u}$ π　$2b_{1g}+b_{2g}+b_{3g}+2b_{1u}+b_{2u}+b_{3u}$
MX_4	正四面体	T_d	t_2　d_{xy}, d_{xz}, d_{yz} e　$d_{x^2-y^2}, d_{z^2}$	σ　a_1+t_2 π　$e+t_1+t_2$

❶ 参考：Lever A B P. Inorganic Electronic Spectroscopy. 2nd Ed. Amsterdam：Elseiver，1984：246.

4.3.3 反馈 π 键的形成

中心原子和配体间既可以形成 σ 型又可以形成 π 型分子轨道，即中心原子和配体之间可以形成 σ 键和 π 键。当形成 σ 键时，配体的孤对电子进入能量低的成键轨道，这反映配体给予电子，中心原子接受电子而形成 σ（配）键。在正八面体配合物的情况下，形成上面所提及的第一种情况（配体可提供空的 π^* 轨道）的 π 键时，中心原子的电子进入能量低的 t_{2g}^b 成键分子轨道，这反映中心原子给予电子，配体的空 π 群轨道接受电子而形成 π(配)键。这种形式的键称为反馈 π 键。像 $Cr(CO)_6$ 等羰基配合物是特殊低价态(零价)的配合物，如果只形成 σ 键，中心原子接受电子后要带上较大的负电荷，这就阻止配体进一步向中心原子授予电子，从而使配合物稳定性下降，但事实上羰基配合物是稳定存在的，这就是因为通过反馈 π 键中心原子把电子反馈给配体，从而减轻了中心原子上负电荷的过分集中。

σ 键和 π 键的作用互相配合互相促进，常被称为“协同作用”，其结果比单独的 σ 键强得多，因此可以形成稳定的配合物。实验证明，碳和金属间的键长比正常单键键长短些，可以作为这种双重键的证据。而配位后的 C═O 键比正常键长长些，可作为反馈电子进入 CO 的反馈 π^* 轨道的证据。

4.3.4 以正八面体配合物为例说明 CFT 与 MOT 的区别[❶]

根据正八面体配合物的分子轨道能级图，可以比较 MOT 和 CFT 所采用的方法。首先可以看到 CFT 只把重点放在分裂后的 d 轨道上，而 MOT 则从全局的观点出发，通盘考虑配合物的所有成键情况，因此要合理得多。从局部能级图来看，CFT 与 MOT 对于高低自旋配合物的存在、配合物的磁学性质以及部分光谱性质（特别是 d-d 跃迁）得出相同的结论是毫不奇怪的，但是它们之间在许多方面有着本质的区别。

4.3.4.1 t_{2g} 和 e_g 轨道的性质

在 CFT 中，t_{2g} 和 e_g 轨道被看作是纯的原子轨道。而在 MOT 中，不存在 π 键的正八面体配合物中的 t_{2g} 轨道（非键轨道）或许还可以看作是原来的原子轨道，但是无论如何不能认为 e_g^* 轨道还是原子轨道，而应当把它看成是反键分子轨道，其中除了中心原子 d 轨道外还包括配体轨道的贡献。

e_g^* 轨道的这种解释为实验所证实，例如，在具有非键电子构型 $(t_{2g})^6(e_g^*)^3$ 的 Cu(Ⅱ)配合物的电子顺磁共振光谱中存在超精细结构，它是由处在 e_g^* 轨道中的未成对电子和配体的核磁矩相互作用而产生的。这种超精细结构的出现令人信服地证实，未成对电子不仅处在中心原子的核附近，而且接近于配体的核，亦即未成对电子的状态不宜用 Cu 的纯原子轨函，而须用包括配体的原子轨函的分子轨道来描述。在 CFT 中，Cu^{2+} 的未成对电子填充在纯原子轨道里，因而不可能解释所产生的这种超精细结构。

除此之外，在含有 π 键的体系中，无论在哪一种情况下都改变了 $2t_{2g}$ 的非键性质，此时，同样不能把 $2t_{2g}$ 再看成是纯中心原子的轨道。例如，当配体为卤素离子时，无论是 $2e_g$ 轨道或是 $2t_{2g}$ 轨道，都不再是中心原子的原子轨道而是反键分子轨道（见图 4-22)。

4.3.4.2 处理 t_{2g} 和 e_g^* 轨道能级差的方法

MOT 中处理 t_{2g} 和 e_g^* 轨道能级差的方法与 CFT 不同，这是因为 Δ 值的大小、成键强弱不能只简单地考虑金属与配体的静电相互作用，而是要考虑对称性匹配的配体群轨道与中心金属轨道的相对能级高低，以及它们的重叠程度，用量子力学方法计算出它们的能级顺

❶ [苏] 加特金娜 M E 著．分子轨道理论基础．朱龙根译．北京：人民教育出版社，1978：124-125。

序，由此得出 t_{2g} 和 e_g^* 轨道的能级差Δ，而此Δ恰好就是 CFT 中的分裂能。特别地，当配体具有可以参与成键的π群轨道时，MOT 很好地说明了两种情况（π群轨道充满或未被占据）对能级差Δ值的影响；而在上述情况下，CFT 却无论如何也不能解释借助中心原子的 t_{2g} 轨道和配体的π型群轨道形成π键。由此，MOT 成功地解释了光谱化学序列，而这正是 CFT 和 LFT 所不能胜任的。

4.3.4.3 决定配合物稳定性的主要因素

在讨论配合物的其余电子时，这两个方法也有本质的区别。在 MOT 中，除了考虑在 $2t_{2g}$ 和 $2e_g^*$ 轨道中的 x 个电子外，还考虑到成键分子轨道 $1a_{1g}$、$1e_g$ 和 $1t_{1u}$ 中的 12 个电子，总共 $12+x$ 个电子。这 12 个电子是由 6 个配体的σ型群轨道上的电子提供的（即价键理论称配体提供 6 对孤对电子，形成 6 个σ配键），正是这 12 个电子成为决定配合物稳定性的主要因素（决定成键键能）。而在 CFT 中，这 12 个电子仍在原先的配体轨道上，并假定产生稳定体系的原因仅仅是带正电荷的中心离子和带负电荷的配体之间的相互吸引。显然，MOT 更好地描述了配合物中的成键本质。

4.3.5 分子轨道理论和 18 电子规则

4.3.5.1 关于 18 电子规则

Sidgwick 曾经提出有效原子序数（EAN）规则（参阅 1.4.1）：金属的价电子数和配体给予的电子数之和应等于金属所在周期中稀有气体元素的原子序数。在研究主族元素的化合物时，常用到八隅律（octet rule），它是指具有 8 个价电子的稀有气体原子的电子组态具有的稳定性，因此，对于主族金属配合物，金属价电子数与配体提供的电子数的总和为 8 的分子是稳定的。而过渡金属原子价层有 9 个价轨道，因此稳定的电子组态应为 18 个价电子，由此为过渡金属配合物提出的 EAN 规则，即有名的 18 电子规则：金属的价电子数与配体提供的所有σ电子数的总和恰好等于金属所在周期中稀有气体元素的原子序数。这个规则反映了过渡金属利用它的 9 个价轨道最大程度地成键。18 电子规则虽然有用，但常常并不严格地遵循。

由正八面体配合物的分子轨道能级图可以对 18 电子规则作出较合理的解释：当 x（金属价电子数）等于 6，即 $12+x=18$ 时，八面体配合物中所有能量上最有利的分子轨道都被填满——全部的成键轨道 $1a_{1g}$、$1e_g$、$1t_{1u}$ 和非键轨道 $2t_{2g}$（键级 6），而所有的反键轨道都是空的（参考图 4-20）。成键π体系的第一种情况（参考 4.3.2.1 以及图 4-21 和图 4-23），则说明 18 电子对成键更为有利（键级 9）。

当然，分子轨道理论不会得出这样的结论，即能够稳定存在的配合物仅仅是那些中心原子周围具有 18 个电子的配合物。实际上完全有可能偏离这条规则。配合物可以有少于 18 的电子，这时 $2t_{2g}$ 轨道只部分被占据，也可以有多于 18 的电子，此时部分电子占据反键 $2e_g^*$ 轨道。此外，一些平面正方形配合物（16 电子）能够稳定存在的事实也说明对这条规则的偏离，例如，对于第二、三过渡金属 d^8 组态离子，如 Rh(Ⅰ)、Pd(Ⅱ)、Ir(Ⅰ)和Pt(Ⅱ)等，它们的 np 轨道能量较高，不能全部参加成键，以致形成平面正方形配合物时，16 电子比 18 电子更稳定。

按 18 电子规则可将八面体配合物分为三类（见表 4-24）[1]：①其电子组态完全与 18 电子规则无关；②具有 18 个或少于 18 个电子；③准确地有 18 个电子。根据八面体配合物的

---

[1] 麦松威，周公度，李伟基. 高等无机结构化学. 北京：北京大学出版社，香港：香港中文大学出版社，2001：234-235。

分子轨道能级图（图 4-20～图 4-23）可说明这三类配合物的电子结构。

表 4-24 八面体配合物的三种类型与 18 电子规则的关系

①类配合物	价电子数	②类配合物	价电子数	③类配合物	价电子数
$[Cr(NCS)_6]^{3-}$	15	$[WCl_6]^{2-}$	14	$[V(CO)_6]^-$	18
$[Mn(CN)_6]^{3-}$	16	$[WCl_6]^{3-}$	15	$[Mo(CO)_3(PF_3)_3]$	18
$[Fe(C_2O_4)_3]^{3-}$	17	$[TcF_6]^{2-}$	15	$[HMn(CO)_5]$	18
$[Co(NH_3)_6]^{3+}$	18	$[OsCl_6]^{2-}$	16	$[(C_2H_5)Mn(CO)_3]$	18
$[Co(H_2O)_6]^{2+}$	19	$[PtF_6]$	16	$[Cr(CO)_6]$	18
$[Ni(en)_3]^{2+}$	20	$[PtF_6]^-$	17	$[Mo(CO)_6]$	18
$[Cu(NH_3)_6]^{2+}$	21	$[PtF_6]^{2-}$	18	$[W(CO)_6]$	18

注：①类配合物价电子数目是任意的；②类配合物价电子数为 18 或少于 18；③类配合物价电子数准确地等于 18。

对于①类配合物，包括许多第四周期过渡金属配合物，$2t_{2g}$ 轨道实质上是非键或弱反键（或弱成键）轨道，Δ_o 很小；$2e_g$ 轨道略带反键性质，电子占据并不耗费多少能量。因此对电子数目没有限制或限制很小。

对于②类配合物，包括许多第五、六周期过渡金属配合物，$2t_{2g}$ 轨道依然是非键或弱反键（或弱成键）轨道，Δ_o 较大；$2e_g$ 轨道是强反键轨道，倾向于电子不被占据。占据 $2t_{2g}$ 轨道的电子数依然不受限制，因此采用 18 或少于 18 个价电子。

对于③类配合物，包括一些金属羰基化合物及其衍生物（见能级图 4-23），由于反馈 π 键的形成，$2t_{2g}$ 轨道是强 π 成键轨道，倾向于充满电子；而 $2e_g$ 轨道则是强 π 反键轨道，倾向于不被电子占据。如果从完全占据的 $2t_{2g}$ 轨道上移去电子会损失键能，导致配合物不稳定，因此这类配合物将较严格地遵守 18 电子规则。

4.3.5.2 配体电子数的计算[1]

在考虑遵守 18 电子规则的③类配合物的成键作用时，计算配体的电子数十分重要，一般将 CO、NH_3、PPh_3、X^-（卤素离子）等都作为 2 电子给予体。对于氢、卤素、甲基，既可以作为 1 电子给体，又可作 2 电子给体。按配位化学的观点，一般将它们作为提供一对电子的配体，只有在 σ 共价型的金属有机化合物中将它们作为 1 电子给体，这时金属也提供一个电子与之形成共价键。中性有机分子的每个双键或叁键也提供一对电子（前提是不考虑电子离域），所以乙烯是 2 电子给体，丁二烯是 4 电子给体；碳烯（$R_2C:$）也是 2 电子给体，但碳炔（RC⋮）是 3 电子给体；烯丙基 $C_3H_5^-$[2] 和亚硝酰基（直线形）也作为 3 电子给体。含多个双键的烯烃提供的电子数是可变的，例如环庚三烯 C_7H_5 既可作为 4 电子给体，又可作为 6 电子给体；环辛四烯也类似。表 4-25 给出金属有机化合物中一些配体的电子数。

表 4-25 金属有机化合物中一些配体的电子数

类　型	电　子　数	举　　例
共价键	1	CH_3、H、X、CO、η^1-C_3H_5
孤对	2	端 CO、NH_3、CH_3^-、X^-（X=卤素）、H^-、PPh_3
烯烃	2	C_2H_4、C_2F_4
炔烃	2	RC≡CR
碳烯	2	$R_2C:$

[1] 陈慧兰主编．高等无机化学．北京：高等教育出版社，2005：194-195。

[2] 烯丙基也可作为 1 电子给体，如同普通的烷基。

续表

类型	电子数	举例
碳炔	3	RC⋮
烯丙基	3	η^3-C_3H_5
亚硝酰基	3	NO(直线形)
二烯烃	4	C_4H_6(丁二烯)
芳烃	4	η^4-C_7H_8(降冰片二烯)
	4	η^4-C_7H_8(环庚三烯)、η^4-C_8H_8(环辛四烯)
	6	η^5-$C_5H_5^-$、η^6-C_6H_6、η^6-$C_7H_7^+$(草鎓离子)、η^6-C_7H_8、η^6-C_8H_8
	8	η^8-C_8H_8
	10	η^8-$C_8H_8^{2-}$

4.3.5.3 金属的氧化数和配体的形式电荷❶

在过渡金属有机化合物中，金属的氧化数是指配体从金属原子的正常闭壳层除去后剩下的电荷数。例如 $Fe(CO)_5$ 是18电子结构的中性分子，由于CO是中性的，将它除去后电荷为0，所以Fe的氧化数等于0；又如 [$PtCl_2(PPh_3)_2$] 分子中 PPh_3 是中性的，Cl^- 荷电−1，除去 PPh_3 和 Cl^- 后电荷数为+2，所以Pt的氧化数为+2。对于非中性配合物中金属氧化数的计算，除了考虑配体的形式电荷外，还要考虑配离子所带的电荷。关于配体的形式电荷确定有以下经验规则。

① 氢和卤素的形式电荷均为−1。

② 中性配体 NH_3、PR_3、AsR_3、SbR_3 等的形式电荷为0。

③ 烯烃和芳烃等含碳配体有以下情况：

a. 当配体的碳原子数为偶数时（英文以ene结尾），形式电荷为0，如乙烯（ethylene）、苯（benzene）等；

b. 当配体的碳原子数为奇数时（英文以yl结尾），形式电荷为−1，如 σ-CH_3^-（methyl）、π-$C_3H_5^-$（allyl）、π-$C_5H_5^-$（pentadienyl）等。

例如，在 [$Mn(CH_3)(CO)_5$] 中，CO为中性，CH_3 带有奇数个电子，形式电荷为−1，因此Mn的氧化数为+1。又如，[$Fe(C_4H_4)(CO)_3$] 中，环丁二烯（C_4H_4）带偶数碳，形式电荷为0，CO为中性，故Fe的氧化数为0。

必须指出：在这里规定的氧化数是人为指定的一种形式，用物理方法不能直接测定它的数值，它也不对应于某种物理性质，并且与化学性质也并不一定有直接关系。例如，M-H键可以异裂出 H^- 或 H^+（当M-H键有极性）；也可以均裂产生H（当M-H键无极性），即使这样我们仍然可以规定M的氧化数（将配位氢均视为 H^-，其形式电荷为−1）为+1。又如，按以上形式电荷的规定，在 [$Mo(CO)_4(bpy)$] 中，Mo的氧化数为0；但光电子能谱实验表明❷，该配合物中 $Mo3d_{5/2}$ 电子结合能为226.3eV，而作为对照的已知Mo(0)物种的 $Mo3d_{5/2}$ 结合能为228.0eV，这说明在 [$Mo(CO)_4(bpy)$] 中，离域电子的流向使中心金属Mo上积累了一定的负电荷，从而使其 $3d_{5/2}$ 结合能变小。再如，在 *mer*-[$RuCl_3(PhPMe_2)_3$] 中，配体Cl和 $PhPMe_2$ 的形式电荷分别为−1和0，则Ru的氧化数为+3；但光电子能谱实验表明❷，该配

❶ 陈慧兰主编．高等无机化学．北京：高等教育出版社，2005：194-195。

❷ Moulder J F，Stickle W F. Sobol P E，Bomben K D. Handbook of X-ray Photoelectron Spectroscopy. Physical Electronic Inc USA，1995。

合物中 $Ru3d_{5/2}$ 电子结合能为 276.6eV，而 $RuCl_3$ 中的 $Ru3d_{5/2}$ 电子结合能为 281.8eV，说明在 *mer*-$[RuCl_3(PhPMe_2)_3]$ 中，由于膦是极易给出孤对电子的软配体，离域电子的流向使中心金属 Ru 上积累了较多的负电荷，从而使其 $3d_{5/2}$ 结合能变小的幅度较大。后两个例子都是纯静电相互作用的晶体场理论所无法解释的。

4.4 角重叠模型原理及其应用*

角重叠模型（angular overlap model，简称 AOM）是一种半经验的简单分子轨道模型。采用"角重叠"这一术语是因为 AOM 认为在配合物分子的成键中，除了对称性和 M-L 键距等因素之外，金属和配体轨道之间的有效重叠在一定程度上取决于金属轨道的角度取向和配体接近金属轨道的角度。虽然早在 1965 年就由 Schäffer 和 Jørgensen 等人提出了 AOM 的基本概念，但是直到 1977 年以后 AOM 才作为分子轨道模型编入国外高等无机教科书，时隔约二十年（1986 年）后国内配位化学教科书也陆续对其做出介绍。AOM 以 MOT 为基础，借鉴了 CFT 和 LFT 处理问题的某些方法和优点，以可加和的参数化形式，着重处理中心原子与配体成键时轨道相互作用的能量变化。但与 CFT 和 LFT 不同的是，AOM 同时考虑了配合物中的弱共价性 σ 和 π 相互作用，易于半定量处理各种不同配位数和几何构型配合物的 d 轨道能级分裂，特别适用于预测低对称性甚至无对称性配合物的稳定结构；另外与通常需要冗长而复杂计算的 MOT 相比，它具有模型直观、概念清楚、计算简捷、应用方便等优点，因此与 CFT、LFT 和 MOT 一起被应用于过渡金属配合物结构与性质的研究，例如电子光谱、磁性质以及热力学和动力学性质。

4.4.1 AOM 的基本原理

4.4.1.1 金属 d 轨道与配体 σ 轨道的线性组合

为了简要说明角重叠模型的基本原理，以金属和配体形成双原子分子 ML 时金属的 d_{z^2} 轨道与配体 σ 轨道的 σ 型相互作用为例，其分子轨道 ψ 可以由两轨道的线性组合表示。

$$\psi=c_1\varphi_1+c_2\varphi_2 \tag{4-11}$$

式中 φ_1——金属的 d_{z^2} 轨道波函数；

φ_2——配体的 σ 轨道波函数；

c_i——待定参数。

可以参照异核双原子分子的线性变分法处理式(4-11)，得到二阶齐次方程组。

$$\left.\begin{aligned}(H_{11}-ES_{11})c_1+(H_{12}-ES_{12})c_2=0\\(H_{21}-ES_{21})c_1+(H_{22}-ES_{22})c_2=0\end{aligned}\right\} \tag{4-12}$$

式中 H_{11}——金属 d_{z^2} 轨道的库仑积分[❶]，可以近似地看作金属 d_{z^2} 轨道的能级 α_1；

H_{22}——配体 σ 轨道的库仑积分[❶]，可以近似地看作配体 σ 轨道的能级 α_2；

H_{12}，H_{21}——共振积分，φ_1 和 φ_2 均为归一化的实函数，$H_{12}=H_{21}$，将 H_{ij} 简写为 H[❷]；

S_{11}，S_{22}——重叠积分，$S_{11}=S_{22}=1$；

S_{12}，S_{21}——重叠积分，φ_1 和 φ_2 是不等同的，$S_{12}=S_{21}\neq1$，S_{12}，S_{21} 均简写为 S；

---

❶ 事实上 H_{ii} 是一个能量积分，它与自由原子 i 的原子轨道能级大致相等但又有所不同；在表示能量的哈密顿算符中，虽然包含库仑引力或斥力产生的势能，但也包含电子运动的动能，所以用"库仑积分"这一名词是不甚恰当的。由于历史的原因，在本书的近似处理中仍继续沿用"库仑积分"这一名词。

❷ 在结构化学中，共振积分 H_{ij} 通常简写为 β，为了不与本节所定义的 β_λ 参数混淆，本书将其简写为 H。

E——待解的分子轨道能量。

方程组（4-12）具有非零解的条件是其久期行列式(4-13）为零：

$$\begin{vmatrix} \alpha_1-E & H-ES \\ H-ES & \alpha_2-E \end{vmatrix}=0 \tag{4-13}$$

即
$$(\alpha_1-E)(\alpha_2-E)-(H-ES)^2=0$$
$$(\alpha_1-E)(\alpha_2-E)=(H-ES)^2 \tag{4-14}$$

显然在一般情况下式(4-14）难以精确求解。以下将采用近似方法[1]，以得到欲求分子轨道的能量 E_1 和 E_2。在 $\alpha_2<\alpha_1<0$ 的约定下，假设 E_1 和 α_1、E_2 和 α_2 分别相近，因此有以下结论。

① 以 E_1 代替式(4-14）中的 E，再进一步以 α_1 代替 α_2-E_1、$(H-E_1S)^2$ 式中的 E_1 得到：

$$\alpha_1-E_1=\frac{(H-\alpha_1 S^2)^2}{\alpha_2-\alpha_1}=-\frac{(H-\alpha_1 S^2)^2}{\alpha_1-\alpha_2}$$

或
$$E_1=\alpha_1+\frac{(H-\alpha_1 S^2)^2}{\alpha_1-\alpha_2} \tag{4-15}$$

② 同理，以 E_2 代替式(4-14）中的 E，再以 α_2 代替 α_1-E_2、$(H-E_2S)^2$ 式中的 E_2 得：

$$E_2=\alpha_2-\frac{(H-\alpha_2 S^2)^2}{\alpha_1-\alpha_2} \tag{4-16}$$

由于 $\alpha_1-\alpha_2$ 和 $(H-\alpha S)^2$ 均为正值，显然，E_1 比 d_{z^2} 轨道的能量高，相当于反键 σ^* 分子轨道的能量（AOM 假定为成键后中心金属 d 轨道的能量）；E_2 比配体 σ 轨道的能量低，相当于成键 σ^b 分子轨道的能量。图 4-28 给出了以上近似方法求解的分子轨道能级示意图。

4.4.1.2　AOM 参数的由来

采用 Wolfsberg-Helmholz 所提出的近似公式（4-17）可以计算 H 值。

$$H_{ij}=\frac{1}{2}kS_{ij}(H_{ii}+H_{jj})$$

即
$$H_{12}=\frac{1}{2}kS_{12}(H_{11}+H_{22}) \tag{4-17}$$

分别将 α 和 H 代入式(4-17)，得：

$$H=\frac{1}{2}kS(\alpha_1+\alpha_2) \tag{4-18}$$

式中，k 为常数，通常在 1.75～2.0；若取 $k=2.0$，则 $H=S(\alpha_1+\alpha_2)$。

将 $H=S(\alpha_1+\alpha_2)$ 代入 E_1 和 E_2 的近似公式(4-15）和式(4-16）中，并用图 4-28 来表示金属与配体之间的 σ 键合作用，得到特别简单的 E_1 和 E_2 形式。

$$E_1=\alpha_1+\frac{[S(\alpha_1+\alpha_2)-\alpha_1 S]^2}{\alpha_1-\alpha_2}=\alpha_1+\frac{\alpha_2^2}{\alpha_1-\alpha_2}S^2=\alpha_1+h(e_\sigma) \tag{4-19}$$

$$e_\sigma=\Delta E=\varepsilon_{\text{destab}}=E_1-\alpha_1=\frac{\alpha_2^2}{\alpha_1-\alpha_2}S^2 \tag{4-20}$$

---

[1] (a) 张祥麟，康衡主编．配位化学：第 12 章．长沙：中南工业大学出版社，1986；(b) Burdett J K. Molecular Shapes：Chapter 2. New York：Wiley-Interscience，1980；(c) Gerloch M，Slade R C. Ligand Field Parameters. London：Cambridge Univ Press，1973：162-165。

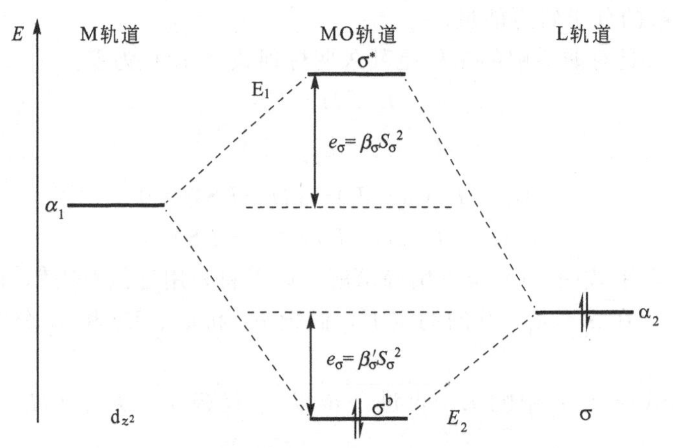

图 4-28 由 AOM 近似求解所得金属 d_{z^2} 轨道和配体 σ 轨道线性组合形成的分子轨道能级示意图

$$E_2=\alpha_2-\frac{[S(\alpha_1+\alpha_2)-\alpha_2 S]^2}{\alpha_1-\alpha_2}=\alpha_2-\frac{\alpha_1^2}{\alpha_1-\alpha_2}S^2=\alpha_2-h'(e'_\sigma) \tag{4-21}$$

$$e'_\sigma=\Delta E'=\varepsilon_{\text{stab}}=\alpha_2-E_2=\frac{\alpha_1^2}{\alpha_1-\alpha_2}S^2 \tag{4-22}$$

从图 4-28 可以看出，具有能量 E_1 的分子轨道 σ^* 与金属 d_{z^2} 轨道接近，含有较多的 d_{z^2} 轨道成分，因此可将 e_σ 看作 d_{z^2} 轨道在双原子配合物 ML 中的能量改变值 ΔE 或称为反键轨道的不稳定化能 $\varepsilon_{\text{destab}}$；同理，具有能量 E_2 的分子轨道 σ^b 与配体 σ 轨道接近，可将 e'_σ 看作配体 σ 轨道在 ML 中的能量改变值 $\Delta E'$ 或称为成键轨道的稳定化能 $\varepsilon_{\text{stab}}$。由此可认为：$E_1$ 相对于 α_1 的升高值 e_σ 起因于 M-L 的共价相互作用，且直接与金属和配体的重叠积分的平方值 S^2 有关，这就是角重叠模型的重要基本假设。

令 $\beta_\sigma=\dfrac{\alpha_2^2}{\alpha_1-\alpha_2}$，则 $e_\sigma=\beta_\sigma S^2$；令 $\beta'_\sigma=\dfrac{\alpha_1^2}{\alpha_1-\alpha_2}$，则 $e'_\sigma=\beta'_\sigma S^2$。

式中，β_σ 和 β'_σ 的右下标 σ 表示参数 β 与 σ 键型有关。显然 $e_\sigma>0$，$\beta_\sigma>\beta'_\sigma$，且 β_σ 受配体轨道能量 α_2 的影响更大。至此，可将式(4-20) 和式(4-22) 写成通式：

$$\Delta E=\beta_\lambda S_\lambda^2 \tag{4-23}$$

比起相应的成键分子轨道 σ^b 对配体 σ 轨道的能量改变值 e'_σ，AOM 更关注反键分子轨道 σ^* 对金属 d_{z^2} 轨道的能量改变值 e_σ [正比于 $S^2/(\alpha_1-\alpha_2)$]。对于给定的 M 和 L 以及 M-L 键长，e_σ 为一确定值。

式(4-20) 和式(4-22) 均表现为重叠积分的二次项形式，可看作是对式(4-14) 进行一级近似求解的结果，β 则代表 S^2 项前所有常数。在二级近似求解中，还可以得到重叠积分的四次项形式[1] [参见式(4-42)]。

4.4.1.3 重叠积分 S_λ 和角重叠因子 F_λ

由于原子轨道可分为径向函数和角度分布函数，金属和配体轨道的重叠亦可以分解为径向重叠和角重叠，即重叠积分可以写成：

$$S_\lambda=S_\lambda(r)S_\lambda(\theta,\phi) \tag{4-24}$$

式中 $S_\lambda(r)$——径向重叠积分，与金属和配体间的距离 r 以及键型 λ 为 σ 或 π 有关；

[1] Burdett J K. Molecular Shapes. Chapter 2. New York：Wiley-Interscience，1980。

$S_\lambda(\theta, \phi)$—角重叠积分，与一个原子对另一个原子的角度坐标（θ，ϕ）以及键型 λ 有关。

若将金属到配体的连线定为配体坐标系的 z_L 轴［见图 4-29(a)］，并保持不变的金属-配体距离，显然重叠积分 S_λ 与金属和配体的相对位置有关。AOM 定义金属的 d_{z^2} 轨道与一个配体 σ 轨道间的最大重叠为标准重叠［如图 4-29(a) 所示］，金属的 p_z 轨道与一个配体 σ 轨道的重叠亦类似，它们的重叠积分可以分别写为：

$$\langle p_z(M) | \sigma(L) \rangle = S_\sigma(p_z, \sigma) \tag{4-25}$$

$$\langle d_{z^2}(M) | \sigma(L) \rangle = S_\sigma(d_{z^2}, \sigma) \tag{4-26}$$

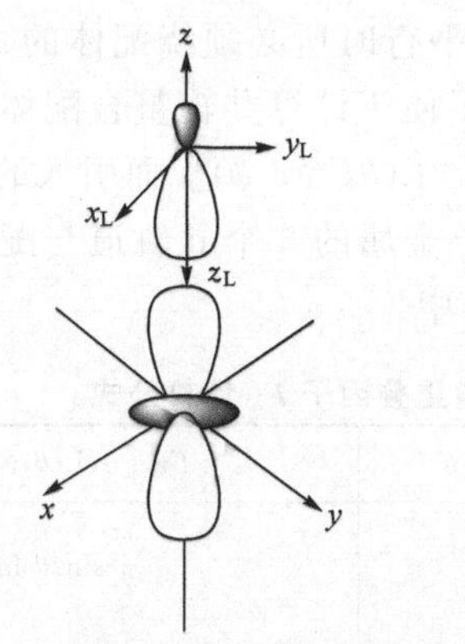

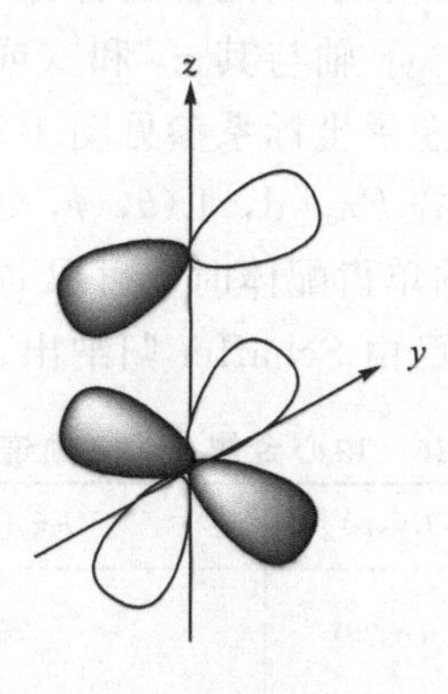

(a) 金属d_{z^2}轨道与配体σ轨道重叠　　(b) 金属d_{yz}轨道与配体π_y轨道重叠(d_{yz}轨道垂直于纸面)

图 4-29　AOM 中的 σ 标准重叠积分 S_σ(a) 和 π 标准重叠积分 S_π(b) 示意图

取金属原子为体系坐标原点，定义 M-L 连线与 z 轴夹角为 $\theta(0° < \theta \leqslant 180°)$，M-L 连线在 xy 平面上的投影与 x 轴夹角为 $\phi(0° < \phi \leqslant 360°)$。假设 M-L 键距不随 L 所处空间方位而变，如果使图 4-29(a) 中 z 轴正方向上的配体 L 离开 z 轴达到以（θ，ϕ）表示的任意新位置(参见图 4-30)，此时该配体的 σ 轨道和金属 d_{z^2} 或 p_z 轨道间的重叠积分与所定义标准重叠积分的差别就与配体所处的角度（θ，ϕ）有关，根据几何关系，式(4-25) 和式(4-26) 可分别表示为：

$$\langle p_z(M) | \sigma(L) \rangle = S_\sigma(p_z, \sigma)\cos\theta \tag{4-27}$$

$$\langle d_{z^2}(M) | \sigma(L) \rangle = S_\sigma(d_{z^2}, \sigma) \times \frac{1}{4}(1 + 3\cos 2\theta) \tag{4-28}$$

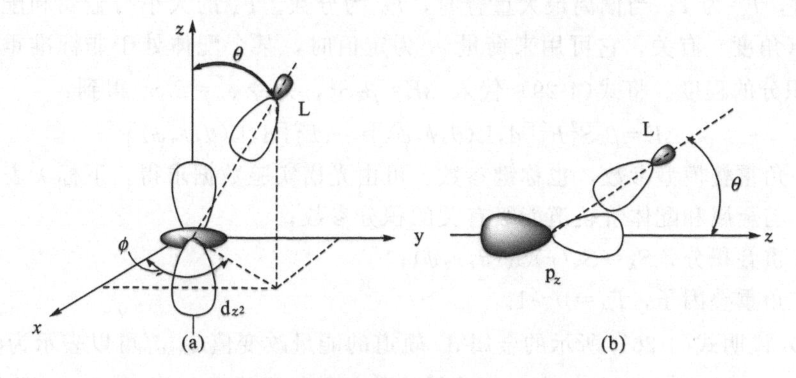

图 4-30　(a) 配体 L 移到新位置（r，θ，ϕ）与金属 d_{z^2} 轨道的重叠；(b) 配体 L 移开 θ 角与金属 p_z 轨道的重叠

在图 4-30(a) 和图 4-30(b) 中，若金属与配体间的距离相同，则金属 p_z 轨道或 d_{z^2} 轨道与配体 σ 轨道间的径向重叠积分值应是相同的，所不同的仅仅是角重叠积分。在式(4-27)和式(4-28) 中，$\cos\theta$ 或 $(1+3\cos2\theta)/4$ 是随配体 L 位置（或角度）不同而变化的参数。一般来说，金属 d 轨道与配体 σ 或 π 轨道的重叠积分 S 可以写作：

$$S=S_\lambda F_\lambda[\mathrm{d},L(\theta,\phi,\psi)] \tag{4-29}$$

式中，$F_\lambda[\mathrm{d},\mathrm{L}(\theta,\phi,\psi)]$ 被称为角重叠因子，F_λ 值与配合物的对称性、金属 d 轨道的空间取向（d 轨道波函数的球极坐标形式）、配体的位置（或角度）以及键型 λ 有关，与金属和配体的本性及其间距无关。图 4-30 示出 $\mathrm{L}(\theta, \phi, \psi)$ 中的 θ 和 ϕ。在 $\mathrm{L}(\theta, \phi, \psi)$ 中，ψ 与配体自身性质有关，表示当配合物含有一个或更多的共轭螯合配体时，为使配位原子自身坐标系的 x_L 和（或）y_L 轴与其 π_x 和（或）π_y 轨道相平行时所必须绕配体的 z_L 轴所旋转的角度（配体采用的左手坐标系参见图 4-29）；这是为了便于计算共轭螯合配体的 π 轨道与中心原子 d 轨道的重叠 $F\pi_x[\mathrm{d}, \mathrm{L}(\theta, \phi, \psi)]$ 和 $F\pi_y[\mathrm{d}, \mathrm{L}(\theta, \phi, \psi)]$ 而引入的。当配体为可绕 z_L 轴自由旋转的单齿配体时，可取 ψ 角为零。中心金属的 5 个 d 轨道与配体轨道的角重叠因子的计算公式已由 Schäffer 归纳出，列于表 4-26 中。

表 4-26　中心金属 5 个 d 轨道与配体轨道的角重叠因子 F_λ 计算公式

M 轨道	$F_\sigma[\mathrm{d},\mathrm{L}(\theta,\phi,\psi)]$	$F\pi_x[d,\mathrm{L}(\theta,\phi,\psi)]$	$F\pi_y[\mathrm{d},\mathrm{L}(\theta,\phi,\psi)]$
d_{z^2}	$\frac{1}{4}(1+3\cos2\theta)$	$-\frac{\sqrt{3}}{2}\sin2\theta\cos\psi$	$\frac{\sqrt{3}}{2}\sin2\theta\sin\psi$
d_{xz}	$\frac{\sqrt{3}}{2}\cos\phi\sin2\theta$	$-\sin\phi\cos\theta\sin\psi+\cos\phi\cos2\theta\cos\psi$	$-\sin\phi\cos\theta\cos\psi-\cos\phi\cos2\theta\sin\psi$
d_{yz}	$\frac{\sqrt{3}}{2}\sin\phi\sin2\theta$	$\cos\phi\cos\theta\sin\psi+\sin\phi\cos2\theta\cos\psi$	$\cos\phi\cos\theta\cos\psi-\sin\phi\cos2\theta\sin\psi$
d_{xy}	$\frac{\sqrt{3}}{4}\sin2\phi(1-\cos2\theta)$	$\cos2\phi\sin\theta\sin\psi+\frac{1}{2}\sin2\phi\sin2\theta\cos\psi$	$\cos2\phi\sin\theta\cos\psi-\frac{1}{2}\sin2\phi\sin2\theta\sin\psi$
$d_{x^2-y^2}$	$\frac{\sqrt{3}}{4}\cos2\phi(1-\cos2\theta)$	$-\sin2\phi\sin\theta\sin\psi+\frac{1}{2}\cos2\phi\sin2\theta\cos\psi$	$-\sin2\phi\sin\theta\cos\psi-\frac{1}{2}\cos2\phi\sin2\theta\sin\psi$

注：表格引自 Figgis B N, Hitchman M A. Ligand Field Theory and its Applications. New York: Wiley-VCH, 2000: 61。

至此，各种复杂的重叠积分被 AOM 归结为角重叠因子的计算——由相对简单的三角函数式计算将重叠积分参数化，这是角重叠模型的最精华之处。显然，当 M 和 L 作最大 σ 或 π 轨道重叠时，F_λ 为 1；当偏离最大重叠时，F_λ 为分数。F_λ 的大小与金属和配体轨道的空间相对位置（角度）有关，它可用来衡量 e_λ 为定值时，某个配体处于非标准重叠位置时偏离标准重叠积分的程度。将式(4-29) 代入 $\Delta E=\beta_\lambda S^2$，并令 $e_\lambda=\beta_\lambda S_\lambda^2$ 得到：

$$\Delta E=\beta_\lambda S_\lambda^2 F_\lambda^2[\mathrm{d},\mathrm{L}(\theta,\phi,\psi)]=e_\lambda F_\lambda^2[\mathrm{d},\mathrm{L}(\theta,\phi,\psi)] \tag{4-30}$$

式中　e_λ——角重叠模型参数，也称键参数，可由光谱实验数据求得，下标 λ 表示键型；

β_λ——与金属和配体价轨道能级有关的积分参数；

S_λ——重叠积分，$S_\lambda=S_\lambda(r)S_\lambda(\theta,\phi,\psi)$；

F_λ——角重叠因子，$F_\lambda=0\sim1$。

式(4-30) 说明式(4-20) 所示的金属 d_{z^2} 轨道的能量改变值 $\varepsilon_{\mathrm{destab}}$ 可以表示为参数 e_σ 和 F_σ^2 的函数，即 $\varepsilon_{\mathrm{destab}}=e_\sigma F_\sigma^2(\theta, \phi)$。由此可获得参数 e_σ 的物理意义：当 $F_\sigma^2=1$，即金属 d_{z^2} 轨道与配体 σ 轨道达到最大重叠时，d_{z^2} 轨道在双原子分子 ML 中的能量升高值。因此，e_λ 可用

来表示金属和配体轨道（σ 或 π）相互作用的程度，它与金属和配体轨道的重叠积分、两者的匹配程度及 M-L 键距有关［因为它还包含径向重叠积分 $S_\lambda(r)$］；同时 e_λ 既与配体也与中心原子的性质有关。键型 λ 为 σ 或 π 则表明，对于每一个配体除有一个 σ 轨道外，还假定有两个 π 轨道（π_x 和 π_y，有些教科书将 e_π 区分为 e_{π_x} 和 e_{π_y}）。对于平面型的配体，例如吡啶，π_x 通常被指定为平行于配体平面的 π 轨道。

配体和中心金属的 π 相互作用程度以 $e_\pi F_\pi^2$ 表示，同理，当配体与中心金属作最大 π 重叠时［参见图 4-29(b)］，F_π 为 1；当偏离最大重叠时，F_π 为分数。一般而言，π 相互作用程度比 σ 相互作用要小，即 $|e_\pi| < e_\sigma$，当仅仅考虑较重要的 σ 相互作用或作粗略近似时，可以忽略配体和金属间的 π 成键作用。虽然 e_σ 总是为正值［参见式(4-20)］，但 e_π 值却与配体性质有关：如果配体以 π 轨道授予电子（π 授体配体），则 e_π 为正；相反，若配体以能级较高的空 π 轨道接受电子（π 受体配体，例如 π 配体或 π 酸配体，此时 $\alpha_3 < \alpha_4 < 0$，α_3 和 α_4 相当于金属 d_{yz} 轨道和配体 π_y 轨道的能级），则 e_π 为负，它表示相应于金属的分子轨道为成键型的 π^b（图 4-31），而式(4-19) 将演变为式(4-31)，虽然两者形式上相同，但要特别注意成键分子轨道 π^b 对金属 d_{yz} 轨道的能量改变值 e_{π_y} 的符号为负。

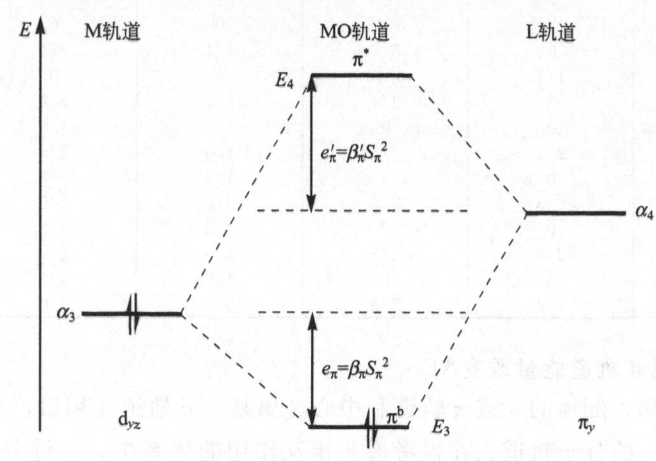

图 4-31　AOM 中金属 d_{yz} 轨道和配体的空 π_y 轨道线性组合形成的分子轨道能级示意图

$$E_3 = \alpha_3 + \frac{\alpha_4^2}{\alpha_3 - \alpha_4} S_{\pi_y}^2 = \alpha_3 + e_{\pi_y} \qquad (4\text{-}31)$$

当配体与中心金属发生键合作用时，配体在空间任一位置的 σ 轨道和 π 轨道，其角重叠因子（F_σ 和 F_π）与该配体在中心金属周围的空间排布（角度）有关。换句话说，配合物的几何构型不同，配体的 σ 轨道或 π 轨道与中心金属的某一个 d 轨道作用的 F_σ 和 F_π 也各不相同。可以将配合物的不同几何构型，即配体在空间不同位置的排布（图 4-32），按每个配体分别含有一个 σ 和两个 π 轨道的情况，根据表 4-26 所示的公式，计算出位于不同配位位置

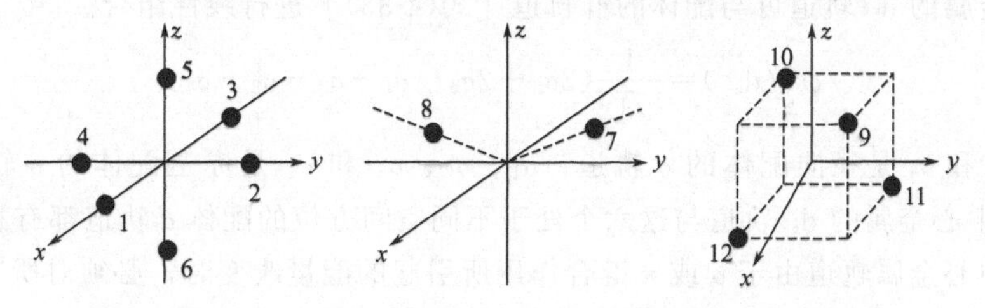

图 4-32　各种常见几何构型配合物的配体空间排布及其编号

的配体轨道对各个 d 轨道的角重叠因子的平方 $F_{\lambda}^{2}[d, L(\theta, \phi, \psi)]$ 值（假设 L 为单齿配体，$\psi=0$），列于表 4-27。在 4.4.3，将继续讨论如何由各个配体的位置和 F_{λ}^{2} 的数值计算出该构型配合物的总稳定化能。

表 4-27　图 4-32 中各配体轨道（σ 和 π）与金属 d 轨道的角重叠因子平方（F_{λ}^{2}）值

单位：e_σ 或 e_π

配体位置	中心金属 d 轨道				
	d_{z^2}	$d_{x^2-y^2}$	d_{xy}	d_{xz}	d_{yz}
1σ	1/4	3/4	0	0	0
π	0	0	1	0	1
2σ	1/4	3/4	0	0	0
π	0	0	0	1	1
3σ	1/4	3/4	0	0	0
π	0	0	1	0	1
4σ	1/4	3/4	0	0	0
π	0	0	0	1	1
5σ	1	0	0	0	0
π	0	0	1	1	0
6σ	1	0	0	0	0
π	0	0	1	1	0
7σ	1/4	3/16	0	0	9/16
π	0	3/4	1/4	3/4	1/4
8σ	1/4	3/16	0	0	9/16
π	0	3/4	1/4	3/4	1/4
9σ	0	0	1/3	1/3	1/3
π	2/3	2/3	2/9	2/9	2/9
10σ	0	0	1/3	1/3	1/3
π	2/3	2/3	2/9	2/9	2/9
11σ	0	0	1/3	1/3	1/3
π	2/3	2/3	2/9	2/9	2/9
12σ	0	0	1/3	1/3	1/3
π	2/3	2/3	2/9	2/9	2/9

4.4.1.4　中心金属 d 轨道能量改变 ΔE

由上述讨论可知，配体的 σ 或 π 轨道和中心金属某一 d 轨道作用后，分别生成低能（成键）和高能（反键）的分子轨道。在仅考虑 σ 相互作用的体系中，成键分子轨道的能量 E_2 更接近于配体的原子轨道，反键分子轨道能量 E_1 更接近于中心金属的 d 轨道。为了简单起见，把能量改变值 e_σ' 和 e_σ 看作是相等的（实际上 $e_\sigma' < e_\sigma$）。AOM 指出，如果中心金属的某个 d 轨道与一个配体不仅有 σ 键合而且有 π 键合，则这个 d 轨道由于与配体键合所引起的能量变化 ΔE 以式(4-32) 表示。

$$\Delta E = \sum_{\lambda} e_\lambda F_\lambda^2 = e_\sigma F_\sigma^2 + e_{\pi_x} F_{\pi_x}^2 + e_{\pi_y} F_{\pi_y}^2 \tag{4-32}$$

在具有特定几何构型的配合物 ML_N 中，中心金属的某个 d 轨道不仅与一个配体轨道相互作用，而且还可能同时与 N 个配体的 σ 或 π 轨道相互作用，例如在八面体配合物的 σ 键合中，中心金属的 d_{z^2} 轨道可与配体的群轨道 [式(4-33)] 进行线性组合。

$$\psi_{e_g}(d_{z^2}) = \frac{1}{\sqrt{12}}(2\sigma_5 + 2\sigma_6 - \sigma_1 - \sigma_2 - \sigma_3 - \sigma_4) \tag{4-33}$$

式中，σ_5 和 σ_6 是径向配体的 σ 轨道；σ_1、σ_2、σ_3 和 σ_4 是赤道配体的 σ 轨道（参见图 4-32），可见中心金属的 d_{z^2} 轨道与这六个处于不同空间方位的配体 σ 轨道都有相互作用。因此，当考虑中心金属轨道由于 σ 或 π 键合作用所引起的能量改变时，必须对所有与之作用的配体求和。综上，可以写出：

$$\Delta E=\sum_{i=1}^{N}\sum_{\lambda}e_{\lambda}F_{\lambda}^{2} \tag{4-34}$$

式(4-34) 中，$\sum_{\lambda}e_{\lambda}F_{\lambda}^{2}$ 是对每个配体的键型求和；$\sum_{i=1}^{N}$ 是对 N 个配体求和。式(4-32) 和式(4-34) 表明，式(4-30) 中定义的几种 AOM 参数具有加和性。

4.4.2　d 轨道的能量和 d 电子的排列

4.4.2.1　关于 d 轨道能量值改变的计算

按照 AOM，对于常见几何构型的配合物，配体的空间排布如图 4-32 和表 4-27 所示。要计算配合物中某个 d 轨道的能量变化，必须先求出 σ 或 π 键合时角重叠因子的平方值（表 4-27），然后利用式(4-32) 和式(4-34) 进行加和计算（单位为 e_{σ} 或 e_{π}）。实际应用时只需按指定构型中配体的位置，将表 4-27 中的每一纵行相对应的 σ 或 π 配体的 F_{σ}^{2} 或 F_{π}^{2} 值相加即可。

① 配体在 1～6 位置形成八面体配合物时，有关 d 轨道的能量变化如下：

$$\Delta E_{\sigma}(e_g,\mathrm{d}_{z^2})=\left(1+\frac{1}{4}+\frac{1}{4}+\frac{1}{4}+\frac{1}{4}+1\right)e_{\sigma}=3e_{\sigma}$$

$$\Delta E_{\sigma}(e_g,\mathrm{d}_{x^2-y^2})=\left(\frac{3}{4}+\frac{3}{4}+\frac{3}{4}+\frac{3}{4}\right)e_{\sigma}=3e_{\sigma}$$

$$\Delta E_{\pi}(t_{2g},\mathrm{d}_{xy},\mathrm{d}_{xz},\mathrm{d}_{yz})=(1+0+1+0+1+1)e_{\pi}=4e_{\pi}$$

因此，当不存在 π 相互作用时，$\Delta_o=3e_{\sigma}$（图 4-33）；当存在 π 相互作用时，$\Delta_o=3e_{\sigma}-4e_{\pi}$。

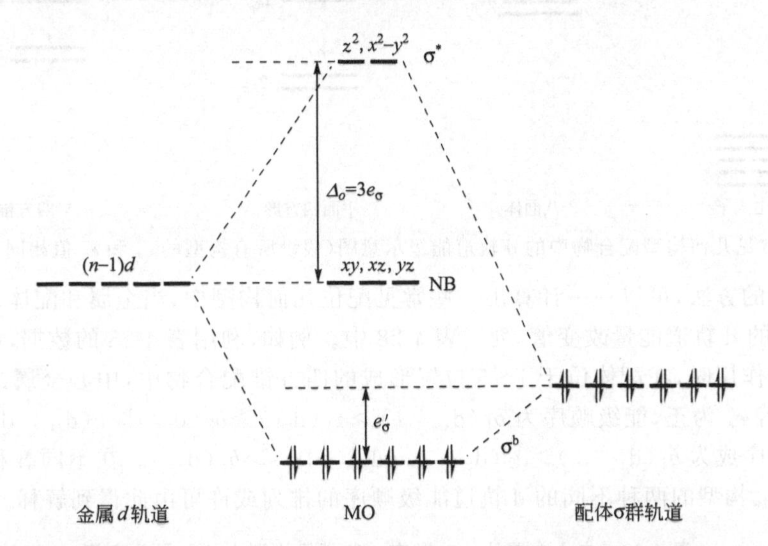

图 4-33　八面体配合物中的分子轨道能级示意图（$e_{\pi}=0$），金属的 ns 和 np 轨道对 σ^{b} 有贡献[1]

② 同理，配体在 9～12 位置形成四面体配合物时，有关 d 轨道的能量变化如下：

$$\Delta E(t_2,\mathrm{d}_{xy},\mathrm{d}_{xz},\mathrm{d}_{yz})=\left(\frac{1}{3}+\frac{1}{3}+\frac{1}{3}+\frac{1}{3}\right)e_{\sigma}+\left(\frac{2}{9}+\frac{2}{9}+\frac{2}{9}+\frac{2}{9}\right)e_{\pi}=\frac{4}{3}e_{\sigma}+\frac{8}{9}e_{\pi}$$

$$\Delta E(e,\mathrm{d}_{z^2},\mathrm{d}_{x^2-y^2})=\left(\frac{2}{3}+\frac{2}{3}+\frac{2}{3}+\frac{2}{3}\right)e_{\pi}=\frac{8}{3}e_{\pi}$$

$$\Delta_t=\frac{4}{3}e_{\sigma}+\frac{8}{9}e_{\pi}-\frac{8}{3}e_{\pi}=\frac{4}{9}(3e_{\sigma}-4e_{\pi})$$

[1] 图中 NB 表示非键轨道。

显然，t_2 轨道既可参与 σ 成键也可参与 π 成键，如果只有 σ 键合，$\Delta_t=4/3e_\sigma$。假设在四面体中，中心金属与配体的 e_σ 和 e_π 值与八面体中的 e_σ 和 e_π 值相同，则在四面体场中的分裂能大约只有在八面体场中分裂能的 4/9，这与晶体场理论所计算的结果相符。

③ 配体在 1～4 位置形成平面四方形配合物时，有关 d 轨道的能量变化如下：

$$\Delta E_\sigma(b_{1g},\mathrm{d}_{x^2-y^2})=(\frac{3}{4}+\frac{3}{4}+\frac{3}{4}+\frac{3}{4})e_\sigma=3e_\sigma$$

$$\Delta E_\sigma(a_{1g},\mathrm{d}_{z^2})=(\frac{1}{4}+\frac{1}{4}+\frac{1}{4}+\frac{1}{4})e_\sigma=e_\sigma$$

$$\Delta E_\pi(b_{2g},\mathrm{d}_{xy})=(1+1+1+1)e_\pi=4e_\pi$$

$$\Delta E_\pi(e_g,\mathrm{d}_{xz},\mathrm{d}_{yz})=(1+1)e_\pi=2e_\pi$$

d 轨道在平面四方形配合物中的分裂如图 4-34 所示。其中，d_{z^2} 与 d_{xy} 的相对位置依 e_σ 与 e_π 的相对大小而不同，如果 $e_\sigma<4e_\pi$，则 d_{z^2} 位于 d_{xy} 之下。假设平面四方形配合物中的 e_σ 和 e_π 值与八面体配合物中的 e_σ 和 e_π 值相同，则 $\mathrm{d}_{x^2-y^2}$ 与 d_{xy} 的能量间隔 Δ_d 正好是八面体场中的分裂能 Δ_o，这些亦与晶体场理论的计算结果相符。

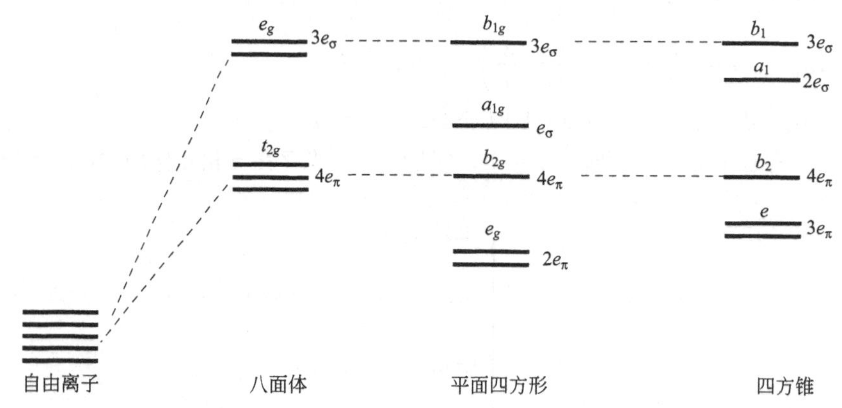

图 4-34 常见几何构型配合物中的 d 轨道能级示意图(假设所有构型的 e_σ 和 e_π 值相同，且 $e_\pi>0$)

按照类似的方法，可以一一计算出一些常见配位几何构型中，当金属和配体之间存在 σ 和 π 相互作用时的 d 轨道能量改变值，列于表 4-28 中。例如，利用表 4-28 的数据，可知当同时存在 σ 和 π 相互作用时，在配体位于 1～5 位置形成的四方锥配合物中，中心金属的 5 个 d 轨道分裂为四组，若 e_π 为正，能级顺序为 $b_1(\mathrm{d}_{x^2-y^2})>a_1(\mathrm{d}_{z^2})>b_2(\mathrm{d}_{xy})>e(\mathrm{d}_{xz},\mathrm{d}_{yz})$；若 e_π 为负，则能级顺序成为 $b_1(\mathrm{d}_{x^2-y^2})>a_1(\mathrm{d}_{z^2})>e(\mathrm{d}_{xz},\mathrm{d}_{yz})>b_2(\mathrm{d}_{xy})$。在不同教科书或文献中出现的关于 C_{4v} 构型的两种不同的 d 轨道能级顺序的排列或许可由此得到解释。

表 4-28 中心金属的 d 轨道在一些常见构型中的能量改变值 单位：e_σ 或 e_π

几何构型	d 轨道 / e_λ / L 排布	d_{z^2}		$\mathrm{d}_{x^2-y^2}$		d_{xy}		d_{xz}		d_{yz}	
		e_σ	e_π	e_σ	e_π	e_σ	e_π	e_σ	e_π	e_σ	e_π
ML_2 直线形 $D_{\infty h}$	5，6	2	0	0	0	0	0	0	2	0	2
ML_3 平面三角形 D_{3h}	1，7，8	3/4	0	9/8	3/2	9/8	3/2	0	3/2	0	3/2
面式三空位 C_{3v}	1，2，5	3/2	0	3/2	0	0	2	0	2	0	2
经式三空位 C_{2v}	1,2,3	$\frac{3+\sqrt{3}}{2}$	0	$\frac{3-\sqrt{3}}{2}$	0	0	2	0	3	0	1
ML_4 四面体 T_d	9～12	0	8/3	0	8/3	4/3	8/9	4/3	8/9	4/3	8/9
平面四方形 D_{4h}	1～4	1	0	3	0	0	4	0	2	0	2
三角锥 C_{3v}	1,5,7,8	7/4	0	9/8	3/2	9/8	3/2	0	5/2	0	5/2
顺式双空位 C_{2v}	1,2,5,6	5/2	0	3/2	0	0	2	0	3	0	3
ML_5 三角双锥 D_{3h}	1,5,6,7,8	11/4	0	9/8	3/2	9/8	3/2	0	7/2	0	7/2
四方锥 C_{4v}	1～5	2	0	3	0	0	4	0	3	0	3
ML_6 八面体 O_h	1～6	3	0	3	0	0	4	0	4	0	4

综上，AOM 根据某种几何构型中配体的不同空间分布，计算出中心金属 d 轨道能级，用参数 e_σ 和 e_π 表示，其能级顺序与晶体场模型的结论基本一致。对高低自旋配合物的讨论则类似于晶体场理论：d 电子数为 4～7 时，当 $\Delta_o > P$（成对能），取低自旋排列；反之，则取高自旋排列。一般而言，当中心金属相同时，配体的 σ 给予能力愈强，其 e_σ 值愈大；π 配体或 π 酸配体的接受能力愈强，其 e_π 值愈负，这些因素都能使 Δ_o 变大，有利于生成低自旋配合物。

值得注意的是，当考虑能级分裂的细节时，AOM 比 CFT 更接近于实际情况。在图4-34 所示的平面四方形和四方锥构型配合物中，当忽略配体与金属的 π 相互作用时（例如当配体为 σ 给体 NH_3，$e_\pi = 0$），AOM 认为两种构型中金属的 5 个 d 轨道都将退化为一组三重简并的非键轨道和两个非简并的 σ* 轨道（图 4-35），排布在非键轨道上的电子对体系的稳定化能没有贡献；而采用 CFT 处理这两种构型时，不管配体的性质如何，都将 d_{xz}、d_{yz} 和 d_{xy} 视为非简并的轨道，在这些非简并轨道上排布的电子数将影响其 CFSE 的计算，因此将 CFSE 应用于解释配合物的某些性质时可能造成一定偏差。

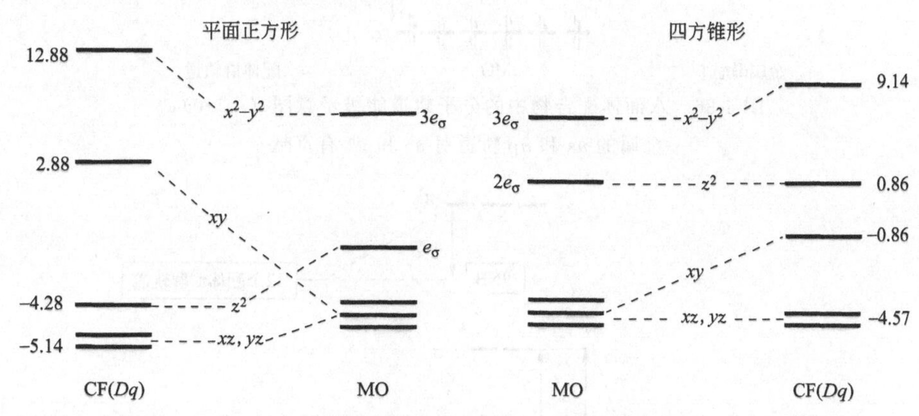

图 4-35　采用 AOM 和 CFT 得到的平面四方形和四方锥构型配合物的 d 轨道能级分裂比较（假设两种构型的 e_σ 值相同，且 $e_\pi = 0$）

4.4.2.2　用角重叠模型解释光谱化学序列

如前所述，如果配体为 π 给予配体，则 e_π 为正，$\Delta'_o = 3e_\sigma - 4e_\pi < \Delta_o$（图 4-36）；如果配体是 π 接受体配体，则 e_π 为负，$\Delta''_o = 3e_\sigma - 4e_\pi > \Delta_o$（图 4-37）。因此，$\Delta'_o < \Delta_o < \Delta''_o$，与实验所得光谱化学序列给出的顺序：π 给予体配体＜弱 π 给予体配体＜无 π 效应的配体＜π 接受体配体基本一致。显然，同一种类型配体的比较取决于其 e_λ 值的大小，e_λ 值可由配合物的电子光谱数据分析求得。

4.4.2.3　重要的角重叠模型参数 e_λ

AOM 的一个主要优点是它能提供有用的化学信息，特别是所定义的角重叠模型参数 e_λ 直接与化学家所能接受的概念相联系，是 AOM 中特别值得注意的重要参数。e_λ 的作用相当于 CF 参数 Δ 或 Dq，原则上可根据式(4-20）或式(4-31）进行计算，实际上 e_λ 是作为待定参数从光谱实验数据中求出的。表 4-29 和表 4-30 列出从配合物的 d-d 跃迁电子光谱实验数据计算得到的 AOM 参数值。必须强调的是，表中列出的只是一些具有代表性的数据，它们中的大多数是取自数个相同配合物数据的平均值，在某些情况下可能会有所变化，但并不能确定这些变化是代表了真实的化学差异或仅仅是实验误差所引起的。还必须意识到，配体所处的化学环境一般会影响它与中心金属键合的能力，例如在化合物 AMO_n（A 为正离子，M 为过渡金属离子）的晶格中，A 的性质和它在晶格中的位置可能极大地影响 M-O 的成键性质。此外，在 AOM 参数的推导计算中通常会做出某些假设，例如可能忽略成键过程中的 π

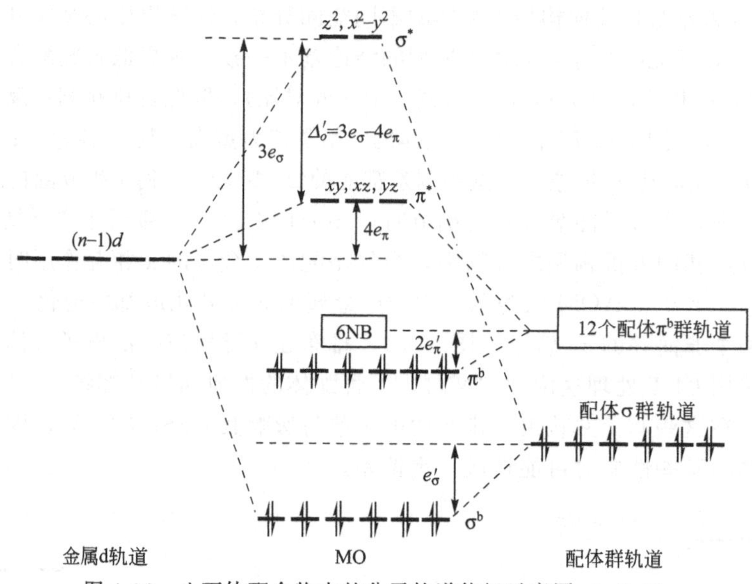

图 4-36　八面体配合物中的分子轨道能级示意图（$e_\pi>0$），金属的 ns 和 np 轨道对 σ^b 和 π^b 有贡献

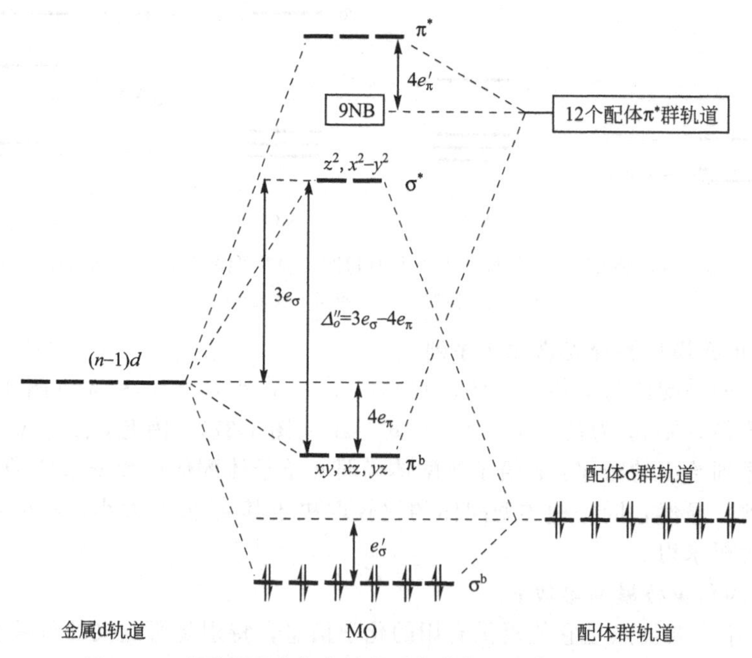

图 4-37　八面体配合物中的分子轨道能级示意图（$e_\pi<0$），金属的 ns 和 np 轨道对 σ^b 有贡献

相互作用等。鉴于此，在利用表 4-29 和表 4-30 中的任一系列的 AOM 参数之前，要非常小心地考察它们应用于某个推理的特定条件。

尽管有以上提及的不确定性，由式(4-20) 和式(4-31) 以及表 4-29 和表 4-30 的数据还是可以得出易被化学家理解和接受的 e_λ 值大致变化趋势。①e_σ 值总是大于 e_π 值，一般 $|e_\sigma/e_\pi|$ 在 2～9 之间，这是因为 σ 相互作用通常是沿着 M-L 键轴方向进行的最大 σ 轨道重叠，而在 π 相互作用中 M 和 L 两个 π 轨道并非直接指向，因此重叠较小；即 e_λ 值随着重叠积分的降低而降低，π 成键时对 M-L 核间距更为敏感。②第一过渡系 M^{2+} 的四面体和八面

体配合物的 e_σ 值相当类似，但比相应的 M^{3+} 八面体配合物的 e_σ 值要小得多，这与所预期的中心金属处于高氧化态时，可以使图 4-28 中的 α_1 降低至更接近 α_2 的情况一致。③平面正方形 Pd^{2+} 和 Pt^{2+} 的卤素离子（X^-）配合物的 e_σ 值相当大，这说明 e_λ 既与配体也与金属性质有关，尽管 X^- 是较弱的配体，但由于 Pd^{2+} 和 Pt^{2+} 分别具有比 3d 更伸展的 4d 和 5d 轨道，它们与配体轨道之间将有更好的重叠，导致 e_σ 值增大。④对于与 X^- 配位的配合物系列，e_σ 和 e_π 值均按 $I^- < Br^- < Cl^- < F^-$ 顺序增大，即 e_λ 值随着 X^- 半径的减小而增大，随着 X^- 电负性的增加而增大，而且 e_π 总是正值，这说明 X^- 主要作为 π 授体，但同时也观察到 e_σ/e_π 值按 $I^- > Br^- > Cl^- > F^-$ 的顺序减小。⑤根据表 4-29 和表 4-30 中 e_π 值的符号，可将所涉及的配体 X^-、OH^- 和 H_2O 等都视为 π 授体，而将 CN^- 和 $P(Ph)_3$ 视为 π 受体；有争议的是配体 py，当它与 M^{2+} 配位时，表现出的是弱 π 授体性质，但与 M^{3+} 配位时，它呈现弱 π 受体性质，似乎有悖于一般的化学常识，这可能因为像 py 这样的芳香氮杂环分子与金属的 π 成键能力取决于其成键 π^b 和反键 π^* 轨道之间的竞争，有多种影响因素在起作用。

表 4-29　从电子光谱数据获得的 AOM 参数　　单位：$1000cm^{-1}$

M^{n+}	X	e_σ	e_π	$\lvert e_\sigma/e_\pi \rvert$	Δ	$\Delta\sigma$①	e_{ds}②
MX_6		八面体（O_h）			$\Delta_o = 3e_\sigma - 4e_\pi$		
Co^{2+}	py	3.860	0.110③		11.140		
Fe^{2+}	py	3.700	0.100③		10.700		
Co^{3+}	py	6.100	−0.750③		21.300		
Ni^{2+}	en	4.000			12.000		
	NH_3	3.600			10.800		
	py	4.500	0.900	5.000	17.100		
Cr^{3+}	CN^-	7.530	−0.930	8.097	26.310		
	en	7.260			21.780		
	NH_3	7.180			21.540		
	H_2O	7.550	1.850	4.081	15.250		
	F^-	8.200	2.000	4.100	16.600		
	Cl^-	5.700	0.980	5.816	13.180		
	Br^-	5.380	0.950	5.663	12.340		
	I^-	4.100	0.670	6.119	9.620		
$MX(NH_3)_5$		准八面体（C_{4v}）					
Cr^{3+}	OH^-	8.670	3.000	2.890			
	NH_3	7.030	0				
	F^-	7.390	1.690	4.373		−1.410	
	Cl^-	5.540	1.160	4.776		−2.120	
	Br^-	4.920	0.830	5.928		−2.510	
	py	5.850	−0.670	8.731			
MX_4		四面体（T_d）			$\Delta_t = 4/9(3e_\sigma - 4e_\pi)$		
Ni^{2+}	$P(Ph)_3$	5.000	−1.750	2.857	9.778		
	Cl^-	3.900	1.500	2.600	2.533		
	Br^-	3.600	1.000	3.600	3.022		
	I^-	2.000	0.600	3.333	1.600		
Co^{2+}	$P(Ph)_3$	3.800	−1.000	3.800	6.844		
	Cl^-	3.600	1.400	2.571	2.311		
	Br^-	3.300	1.000	3.300	2.622		
		平面正方（D_{4h}）			$\Delta_d = 2e_\sigma$		
Cu^{2+}	Cl^-	5.030	0.900	5.589	10.060		1.320
Pd^{2+}	Cl^-	10.150	2.000	5.075	20.300		2.540
	Br^-	9.500	1.800	5.278	19.000		2.380
Pt^{2+}	Cl^-	12.400	2.800	4.429	24.800		3.100
	Br^-	10.900	2.200	4.955	21.800		2.725

①$\Delta\sigma = e_\sigma(NH_3) - e_\sigma(X)$，表示 C_{4v} 配合物中 $b_1(d_{x^2-y^2})$ 和 $a_1(d_{z^2})$ 轨道的能量差，实验上由 2 条 d-d 跃迁谱带的能量差所决定；②e_{ds} 为平面正方形配合物中由于 $(n-1)$d 和 ns 轨道混杂所定义的角重叠参数（参见 4.4.5）；③忽略在 py 环平面的 π 成键。

注：数据主要引自 (a) Figgis B N，Hitchman M A. Ligand Field Theory and its Applications. New York：Wiley-VCH，2000：71；　(b) Miessler G L，Tarr D A. Inorganic Chemistry. 3rd Ed. New Jersey：Prentice-Hall Inc，2004：370-371。

表 4-30 从电子光谱获得的 MN_4L_2 配合物的 e_λ 值 单位：$1000cm^{-1}$

MN_4L_2	赤道配体			轴向配体		
	e_σ	e_π	e_σ/e_π	e_σ	e_π	e_σ/e_π
$[Ni(py)_4Cl_2]$	4.670	0.570	8.19	2.980	0.540	5.52
$[Ni(py)_4Br_2]$	4.500	0.500	9.00	2.540	0.340	7.21
$[CrF_2(en)_2]^+$	7.233	—	—	8.033	2.000	4.02
$[CrCl_2(en)_2]^+$	7.500	—	—	5.857	1.040	5.63
$[CrBr_2(en)_2]^+$	7.500	—	—	5.120	0.750	6.83
$[CrI_2(en)_2]^+$	6.987	—	—	4.292	0.594	7.23
$[Cr(dmso)_2(en)_2]^{3+}$	7.534	—	—	6.679	1.653	4.04
$[Cr(H_2O)_2(en)_2]^{3+}$	7.833	—	—	7.497	1.410	5.32

另外，根据光谱数据得到的 e_σ 和 e_π 可排出 Cr(Ⅲ) 配合物的两个“光谱化学序”。

e_σ：$I^- < Br^- < Cl^- < C_2H_5N < RNH_2 < NH_3 < H_2O \sim F^- \sim en < OH^-$

e_π：$C_5H_5^- < NH_3 \sim en < I^- < Br^- < Cl^- < H_2O < F^- < OH^-$

这两个系列反映了 σ 和 π 两种成键作用对中心金属 d 轨道能量的影响，似乎比 4.1.3.3 节中 Tsuchida 给出的“光谱化学序列”给出更多的信息。

值得指出的是，表 4-29 和表 4-30 中所列的 AOM 参数是根据相关配合物的反键分子轨道形式通过光谱法求出的，如前所述［参看式(4-20) 和式(4-22)］，成键 σ^b 分子轨道的能量改变值 e_σ'和反键 σ^* 轨道的能量改变值 e_σ 一般是不同的。对某些金属和配体轨道间相互作用的测量可能表现出不同的结果，例如，从实验所得 AOM 参数中得出 e_σ 和 e_π 值按 $I^- < Br^- < Cl^- < F^-$ 顺序增大，与通常所预测的 X^- 的 σ 或 π 给予能力顺序正好相反，这或许可以用测量某些物理化学性质时所涉及的不同分子轨道来解释：AOM 参数基于的光谱数据来源于 d 电子向反键轨道跃迁的跃迁能测定，而其它性质则可能涉及成键或非键分子轨道或仅仅与自由配体的一些基态性质有关，因此对于 X^- 而言，其 $e_\sigma(e_\pi)$ 与 $e_\sigma'(e_\pi')$ 的大小排序可能是不同的。此外，对于分子轨道能量的计算以及式(4-20) 和式(4-22) 都表明，配合物的 σ 反键分子轨道能量更多地受配体性质等因素的影响，而成键分子轨道能量则相反。根据式(4-20)，对于给定中心金属，X^- 的电负性增大和半径减小对 e_σ 值可能有如下影响：$\alpha_1 - \alpha_2$ 将增大从而使 e_σ 减小，$(\alpha_2)^2$ 将增大从而使 e_σ 增大，而 X^- 的半径减小可使 S^2 增加从而使 e_σ 增大，对 e_σ 值的解释必须考虑各种因素的综合影响。因此，采用 e_λ 值来考察被占据的成键 σ 轨道所支配的基态性质时，应当特别慎重。

4.4.3 角重叠模型稳定化能 AOMSE 的计算

在晶体场理论中，提出了晶体场稳定化能 CFSE 的概念；应用 AOM，亦提出角重叠模型稳定化能概念 AOMSE❶(auglar overlap model stabilization energy)。按照 AOM 的假设，配体的价电子都排布在成键的 MO，金属的 d 电子一般排布在反键的 MO❷；成键 MO 上所占有的电子数越多，它们对分子的稳定性贡献越大；反键 MO 上占有的电子则会削弱成键电子对分子稳定性的贡献。若不考虑轨道间的排斥，配合物的总能量等于所有成键 MO 中电子的能量与所有反键 MO 中电子能量之和，它与配合物的结构密切相关，又被称为结构稳定化能。

❶ 与大多数介绍 AOM 的参考文献不同，本书将 AOMSE 表示为负值，以便与 CFSE 的表达方式呼应。

❷ 金属的 d 电子也可能排布在非键或 π 成键 MO 上，视配体的性质而定，参见图 4-33 和图 4-37。

4.4.3.1 成键电子对总能量的贡献

如前所述，通常将能量改变值 e_σ' 和 e_σ 视为近似相等（实际上 $e_\sigma'<e_\sigma$）。对于八面体配合物，如果不考虑 π 相互作用，成键分子轨道 e_g 将由配体的4个电子填入，因而降低 $4\times-3e_\sigma=-12e_\sigma$ 的能量，即 σ 成键电子所贡献的能量总和等于配体数目的两倍（单位 e_σ）。这一结论普遍适用于其它几何构型。例如，对于四面体、平面四方形和顺双空位八面体配合物，配位数均为4，则 σ 成键电子所贡献的能量总和等于配体数目的两倍，即 $-8e_\sigma$。

同理，当考虑 π 相互作用时，假如每个作为 π 授体的配体含有两对 π 电子，八面体配合物中成键 π 分子轨道 t_{2g} 将由配体的6个电子填入，因而降低 $6\times4e_\pi=24e_\pi$ 的能量，即 π 成键电子所贡献的能量总和等于配体数目的四倍（单位 e_π）。根据表4-28的数据还可以通过计算说明四配位配合物中 π 成键电子对总能量的贡献，例如：

对于四面体配合物，$\Sigma(\pi)=-(4\times8/3+6\times8/9)e_\pi=-16e_\pi$

对于平面四方形配合物，$\Sigma(\pi)=-(2\times4+4\times2)e_\pi=-16e_\pi$

因此，四配位配合物的 π 成键电子所贡献的能量总和 $\Sigma(\pi)$ 都是 $-(4\times4)e_\pi=-16e_\pi$，此分析结果与八面体配合物的情况相似。

4.4.3.2 八面体配合物的AOMSE

当只考虑 σ 键合时，t_{2g} 非键轨道上的电子基本上没有改变能量，如果反键 $d\sigma^*$ 轨道 e_g^* 上有 m 个电子，可定义八面体的AOMSE为：

$$\text{AOMSE}=\Sigma(\sigma)=-12e_\sigma+3m(e_g^*)e_\sigma \tag{4-35}$$

从式(4-35)可以看出，反键 e_g^* 分子轨道最多可占据4个电子，$m(e_g^*)$ 少于4时才有稳定化能。根据MOT，电子占据在反键轨道上，将抵消相对应的成键轨道所产生的稳定化能，所以每个成键轨道只有在它相对应的反键轨道是全空或部分填充电子时，才对稳定化能有贡献。

4.4.3.3 AOMSE的一般计算公式

推广之，对于任何几何构型的 ML_N 配合物，若不考虑 π 相互作用，对于配合物中某一个与 $d\sigma^*$ 对应的成键轨道 i 的稳定化能 $\varepsilon_{\text{stab}(i)}$，要把 N 个配体对 σ 成键的贡献加和起来：

$$\varepsilon_{\text{stab}(i)}=-\sum_{j=1}^{N}e_\sigma F_{\sigma j}^2 \tag{4-36}$$

为确定总的稳定化能 $\Sigma(\sigma)$（或AOMSE），还需考虑该成键 σ 轨道占有的电子数 n_i（由配体所提供），并把所有对 σ 成键有贡献的 x[1] 个 σ 轨道总加和起来：

$$\Sigma(\sigma)=\sum_{i=1}^{x}n_i\varepsilon_{\text{stab}(i)}=-\sum_{i=1}^{x}\sum_{j=1}^{N}n_ie_\sigma F_{\sigma j}^2 \tag{4-37}$$

再考虑与第 i 个 σ 成键轨道相对应的 σ 反键轨道上占有的电子数 m_i（由中心金属所提供），体系的总稳定化能计算中应扣除被 σ 反键轨道上所占据的电子抵消的 σ 成键作用[2]。

$$\Sigma(\sigma)=-\sum_{i=1}^{x}\sum_{j=1}^{N}(n_i-m_i)e_\sigma F_{\sigma j}^2=-\sum_{i=1}^{y}\sum_{j=1}^{N}h_ie_\sigma F_{\sigma j}^2=\sum_{i=1}^{y}h_i\varepsilon_{\text{stab}(i)}=-\sum_{i=1}^{y}h_i\varepsilon_{\text{destab}(i)} \tag{4-38}$$

式中 n_i——σ 成键轨道上占有的电子数；

---

[1] 有的教科书认为 $x=5$，实际上，并不是每个d轨道都对 $\Sigma(\sigma)$ 有贡献。例如，对于八面体、平面四方形和四方锥配合物，$x=2$；对于四面体配合物，$x=3$。对于常见几何构型配合物，$x\leqslant3$。

[2] 一般而言，$y=x$，但对于空穴数较少的体系，$y<x$。

m_i——相对应于第 i 个成键 σ 轨道的反键 $d\sigma^*$ 轨道上占有的电子数；

h_i——相对应于第 i 个成键 σ 轨道的反键 $d\sigma^*$ 轨道上的空穴数，$h_i=n_i-m_i$；

$\varepsilon_{stab(i)}$——第 i 个成键 σ 轨道的能量改变值，假设与对应的第 i 个反键 $d\sigma^*$ 轨道的能量改变值 $\varepsilon_{destab(i)}$ 相等，例如，对于八面体配合物中的 e_g^* 反键轨道，其 $\varepsilon_{destab(i)}=3e_\sigma$。

一般而言，σ 成键分子轨道都填满电子，因此使用式(4-38) 计算将更为简便。显然，反键 $d\sigma^*$ 轨道上的空穴数越多，AOMSE 负值越大，配合物就越稳定。容易证明，σ 成键轨道的总稳定化能为 Ne'_σ，若每个成键轨道含两个电子，则总的 σ 电子稳定化能为 $2Ne'_\sigma$。同理，σ 反键轨道的总不稳定化能为 Ne_σ，若每个反键轨道含两个电子，则总的 σ^* 电子不稳定化能为 $2Ne_\sigma$。按照 4.4.1.4 中的约定，设 $e'_\sigma=e_\sigma$。

4.4.3.4 AOMSE 计算举例

对于只考虑 σ 键合作用的 d^4 组态高自旋八面体配合物，其 4 个 d 电子在分子轨道上的排布是 $(t_{2g}^n)^3(e_g^*)^1$，与成键 σ 轨道对应的两个 $d\sigma^*$ 反键轨道 e_g^* 上的空穴数 h 总计为 3（此时 $y=2$），应用式(4-35) 和式(4-38) 分别计算稳定化能，所得到的下列两个结果完全一致：

$$\text{AOMSE}=-12e_\sigma+3m(e_g^*)e_\sigma=-12e_\sigma+3e_\sigma=-9e_\sigma$$

$$\text{AOMSE}=\Sigma(\sigma)=-\sum_{i=1}^{x}\sum_{j=1}^{N}(n_i-m_i)e_\sigma F_{\sigma j}^2=-\sum_{i=1}^{y}h_i\varepsilon_{\text{destab}(i)}=-3\times 3e_\sigma=-9e_\sigma$$

通过类似的简单计算，得到 d^n 组态八面体配合物的 AOMSE（表 4-31）。与 CFSE 比较，发现两者有明显不同，例如 CFSE 的计算结果表明 d^0、d^5（高自旋）和 d^{10} 体系的 CFSE 均为零，而表 4-31 却表明在 d^0 和 d^5（高自旋）体系中都有 AOMSE 的贡献。虽然在 4.4.2.1 中的计算表明，由 AOM 获得的 d 轨道分裂形式与 CFT 的计算结果基本相同，但是 CFT 中的 d 轨道能量是以球对称场下 d 轨道能量为零来计算的相对能量，而 AOM 所获得的 d 轨道能量却是以自由金属原子或离子中的 d 轨道能量的绝对升高值 ΔE 来计算的；两者的出发点不同，对稳定化能的计算结果当然不同。正如计算式(4-35) 所示，AOM 更合理地考虑了 σ 成键电子对八面体配合物 AOMSE 的贡献。

表 4-31 八面体配合物的 CFSE（不考虑成对能，单位 Dq）**和 AOMSE**（不考虑成对能和 π 成键）

单位：e_σ

电子组态 d^n	d^0	d^1	d^2	d^3	d^4	d^5	d^6	d^7	d^8	d^9	d^{10}
高自旋(CF)	0	−4	−8	−12	−6	0	−4	−8	−12	−6	0
高自旋(AOM)	−12	−12	−12	−12	−9	−6	−6	−6	−6	−3	0
低自旋(CF)	0	−4	−8	−12	−16	−20	−24	−18	−12	−6	0
低自旋(AOM)	−12	−12	−12	−12	−12	−12	−12	−9	−6	−3	0

4.4.4 角重叠模型在预测配合物结构上的应用

4.4.4.1 预测配合物优选几何构型的一般步骤

在第 2 章中我们讨论过构象异构（亦称多元异构）现象，指出具有相同配位数的配合物可能存在不同的几何构型的现象。一般而言，配合物的几何构型主要由反键 $d\sigma^*$ 轨道上的电子排布决定，应用 AOM 预测在相同配位数下配合物的优选几何构型的步骤为：

① 求出每个几何构型下各个 $d\sigma^*$ 轨道的能量改变值（表 4-28），画出能级图；

② 以反键 $d\sigma^*$ 轨道上的空穴分布求出 d^n 组态（用速记符号表示，例如 22220）的 $\Sigma(\sigma)$；

③ 在相同配位数的几种构型中，AOMSE［或 $\Sigma(\sigma)$］最大者是最可能的结构；

④ 当相同配位数的两种构型的 AOMSE 相同时，要求进行更精确的二级近似计算，即考虑重叠积分的四次项后再做比较；

⑤ 对于不同构型的选择，引入结构优选能 SPE(structural preference energy) 的概念，即被比较的两种构型的 AOMSE 之差。

表 4-32　四面体、平面四方形和顺-双空位八面体构型的 AOMSE　　单位：e_σ

电子组态	四面体		平面四方形		顺双空位八面体	
	高自旋	低自旋	高自旋	低自旋	高自旋	低自旋
d^0～d^2	−8	−8	−8	−8	−8	−8
d^3	−6.67	−8	−8	−8	−8	−8
d^4	−5.33	−8	−7	−8	−6.5	−8
d^5	−4	−6.67	−4	−8	−4	−8
d^6	−4	−5.33	−4	−8	−4	−8
d^7	−4	−4	−4	−7	−4	−6.5
d^8	−2.67	−2.67	−4	−6	−4	−5
d^9	−1.33	−1.33	−3	−3	−2.5	−2.5
d^{10}	0	0	0	0	0	0

4.4.4.2　AOM 预测四配位配合物的优选结构

4.4.4.2.1　计算 ML_4 配合物的 AOMSE 公式

对于 ML_4 配合物，一般考虑三种构型，即四面体、平面四方形和顺双空位八面体。当不考虑 π 相互作用时，根据表 4-28 可得出计算 AOMSE 的公式(4-39)～式(4-41)，亦可利用通式(4-38) 来进行计算。根据式(4-39)～式(4-41) 的计算，表 4-32 给出在不同组态下三种构型配合物的 AOMSE。

四面体：$$\text{AOMSE}=-8e_\sigma+1.33m(t_2)e_\sigma \tag{4-39}$$

平面四方形：$$\text{AOMSE}=-8e_\sigma+m(d_{z^2})e_\sigma+3m(d_{x^2-y^2})e_\sigma \tag{4-40}$$

顺双空位八面体：$$\text{AOMSE}=-8e_\sigma+2.5m(d_{z^2})+1.5m(d_{x^2-y^2})e_\sigma \tag{4-41}$$

4.4.4.2.2　对 ML_4 配合物结构预测的分析

当对配合物进行结构预测时，不仅要考虑 AOMSE，还要考虑配体之间的排斥作用，即权衡 M-L 相互作用和配体之间相互排斥作用的大小。在表 4-33 中列出一些四配位配合物的 d^n 组态及其所属点群，如何将 AOM 的预测与其实际构型关联？

表 4-33　一些四配位配合物的 d^n 组态及其所属点群

配合物	$TiCl_4$	$FeCl_4^{2-}$	$Cr(CO)_4$	$CoCl_4^{2-}$	$Ni(CN)_4^{2-}$	$Fe(CO)_4$	$CuCl_4^{2-}$	$Co(CO)_4$	$Ni(CO)_4$
d^n	d^0	d^5	d^6	d^7	d^8	d^8	d^9	d^9	d^{10}
自旋态	—	HS	LS	HS	LS	HS	—	—	—
点群	T_d	T_d	C_{2v}	T_d	D_{4h}	T_d,C_{2v}	D_{4h},D_{2d}	D_{2d}	T_d

注：$Cr(CO)_4$ 为顺双空位八面体 (C_{2v})，$Co(CO)_4$ 为变形四面体 (D_{2d})；HS—高自旋，LS—低自旋。

根据表 4-33 中已知四配位配合物的结构，表 4-34 列出对这些配合物计算的 AOMSE。在按电子排布规则对图 4-38 所示的分子轨道进行电子填充时应注意：四面体配合物的低自旋与高自旋组态的电子排布相同；由于平面四方形配合物的 a_{1g} 分子轨道与简并的 e_g 和 b_{2g} 能量差仅为 e_σ，一般都比电子成对能 P 要小（表 4-4），因此 d^8 低自旋态是指电子在填充 b_{1g} 分子轨道之前，依次先半充满然后再全充满 e_g、b_{2g}、a_{1g} 分子轨道，故给出电子组态速记符号 22220，而 d^6 低自旋态则给出电子组态速记符号 22110；顺双空位八面体的 d^6 低自旋态是指电子先填满简并的 a_2、b_1、b_2 分子轨道后才填入 $1a_1$ 轨道（速记符号 22200），但是对同一电子组态 AOMSE 的比较，必须在相同的电子排布下进行，因此我们对 d^6 低自旋态取速记符号 22200 进行比较。根据表 4-34 的 AOMSE 数据，并考虑配体之间相互排斥作用，可作如下分析。

表 4-34　一些四配位配合物的 AOMSE 预测值　　单位：e_σ

配合物	点群	电子排布(速记符号)	T_d	D_{4h}	C_{2v}	C_{3v}
$TiCl_4$	T_d	00000	−8	−8	−8	−8
$FeCl_4^{2-}$	T_d	11111	−4	−4	−4	−4
$Cr(CO)_4$	C_{2v}	**22200**	−5.33	**−8**	**−8**	−5.75
$Cr(CO)_4$	C_{2v}	22110	−5.33	−7	−6.5	−5.75
$CoCl_4^{2-}$	T_d	22111	−4	−4	−4	−4
$Ni(CN)_4^{2-}$	D_{4h}	22220	−2.67	**−6**	−5	−3.5
$Fe(CO)_4$	T_d,C_{2v}	22211	−2.67	**−4**	**−4**	−2.88
$CuCl_4^{2-}$	D_{4h},D_{2d}	22221	−1.33	**−3**	**−2.5**	−1.75
$Co(CO)_4$	D_{2d}	22221	−1.33	**−3**	**−2.5**	−1.75
$Ni(CO)_4$	T_d	22222	0	0	0	0

注：对于 $Cr(CO)_4$ 的 d^6 低自旋态，分别列出 22200 和 22110 两种电子排布作为比较。

① 对于 $Ni(CO)_4$、$CoCl_4^{2-}$、$FeCl_4^{2-}$ 和 $TiCl_4$，可能存在的三种构型的 AOMSE 都相同。当采取四面体构型时，配体之间的相互排斥最小。因此对于三种构型的 AOMSE 都相同的四配位配合物，存在着两种情况：无高低自旋之分的 d^0、d^1、d^2 和 d^{10} 组态配合物以及 e_σ 值较小的高自旋 d^5、d^6 和 d^7 组态配合物，这两种情况下配合物采取四面体构型均较为有利，例如 $FeCl_4^{2-}$（d^5）和 $CoCl_4^{2-}$（d^7）。推广之，对于 AOMSE 相同的不同配位数配合物，配体之间的相互排斥为选择构型的主要影响因素，故它们所采取的都是 VSEPRT 预测的构型，例如直线形、正三角形、四面体、三角双锥体、八面体等。

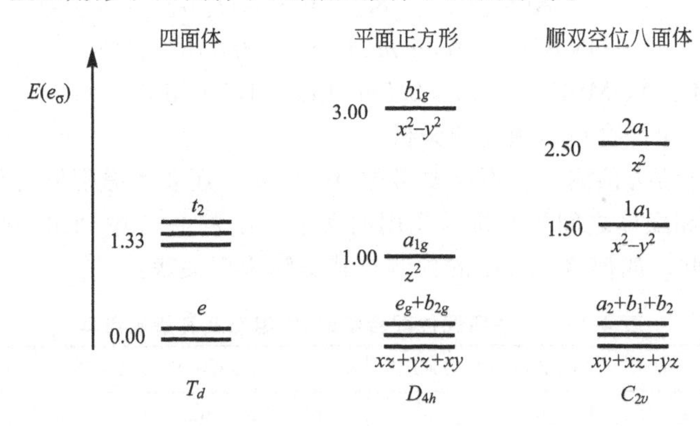

图 4-38　四面体、平面四方形和顺双空位八面体配合物的 σMO 相对能级示意图[1]（假设 $e_\pi=0$）

② 当 e_σ 足够大，即为低自旋态时，其它两种四配位构型的 AOMSE 都比四面体的 AOMSE 为大，例如低自旋 d^7 和 d^8 组态的四配位配合物几乎都是平面四方形结构，对于低自旋 d^6 组态（速记符号 22200），当考虑一级近似时，C_{2v} 和 D_{4h} 构型的 AOMSE 相同，因此 $Cr(CO)_4$ 可能采取顺双空位八面体或平面正方形结构，这时就要考虑在 AOM 中采用对式

[1] 在某些教科书或参考文献中，顺双空位八面体配合物的 MO 对称性标记有误，请注意在 C_{2v} 群中，$d_{x^2-y^2}$ 轨道的对称性标记与 d_{z^2} 相同，是 a_1 而不是 b_1，此外，d_{xy}、d_{xz} 和 d_{yz} 轨道的对称性标记分别为 a_2、b_1 和 b_2；还要注意相应的 MO 能级与体系坐标轴的设置有关。

(4-14) 进行更精确处理的二级近似计算，即在 e_σ 的二项式展开式中考虑 S^4 展开项的贡献[1]：

$$e_\sigma=\frac{\alpha_2^2}{\alpha_1-\alpha_2}S^2-\frac{\alpha_2^4}{(\alpha_1-\alpha_2)^3}S^4+\cdots=\beta S^2-\gamma S^4+\cdots \tag{4-42}$$

经计算得出，$|\Sigma(\sigma)|(C_{2v})>|\Sigma(\sigma)|(D_{4h})$，因此预测 $Cr(CO)_4$ 可能采取顺双空位八面体结构，这与实验事实相符；如果我们注意到这两种构型 d^6 低自旋态的电子排布（表4-34）实际上是不同的，也可得到相同的预测结果。

③ 对于 d^3、d^4、d^8 和 d^9 组态的配合物，当 e_σ 较小，所观察到的构型可能是平面四方形和四面体的中间结构 D_{2d}——略为变形的四面体［例如 $CuCl_4^{2-}$、$Co(CO)_4$ 和 $NiCl_4^{2-}$］，CuX_4^{2-} 的构型还可能取决于晶体中正离子的大小。这是因为两者的 AOMSE 相差不大，而空间效应影响（配体间互斥和空间位阻因素有利于四面体）的结果使它们采取中间构型，在一定条件下会互相转化。此外，当考虑一级近似时，高自旋 d^8 组态的 $Fe(CO)_4$ 可能采取平面四方形或顺双空位八面体，因为这两种构型的 AOMSE 相同，但是经式(4-42) 计算得出，$|\Sigma(\sigma)|(C_{2v})>|\Sigma(\sigma)|(D_{4h})$，预测 $Fe(CO)_4$ 可能采取顺双空位八面体结构，实验事实表明其结构介于 C_{2v} 和 T_d 之间，说明两者互变的位垒较小。四面体、变形四面体、平面四方形和顺双空位八面体四种结构如图 4-39 所示。

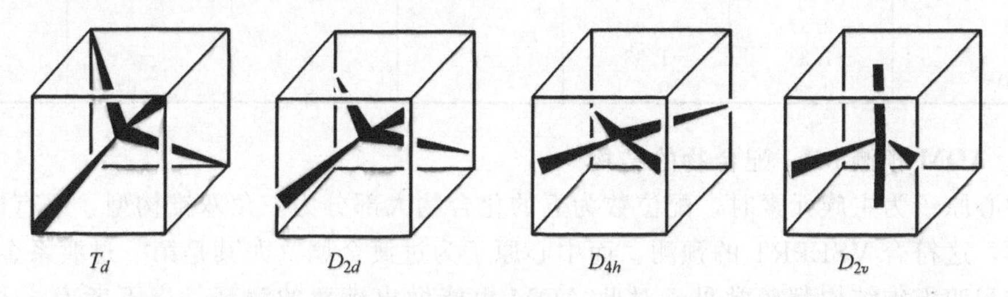

图 4-39 在立方体中表示四面体、变形四面体、平面四方形和顺双空位八面体结构

④ 从表 4-34 所列出的数据中，并未见哪一种电子组态的配合物在三角锥（C_{3v}）构型下有最大的 AOMSE，因此认为 ML_4 配合物一般不取三角锥构型。

综上所述，①当中心金属的 d 电子数为 0、5（高自旋）和 10 时，电荷呈球对称分布，符合 VSEPR 模型的假定，这时只考虑配体电子对之间的相互排斥，配合物的分子或离子总是采取四面体构型。②当 d 电子数少时（$d^0\sim d^2$），没有电子填入反键分子轨道，三种构型的 AOMSE 相同，这些组态的配合物大部分具有四面体构型。③当 d 电子数大于 2 时，就不能单纯考虑配体间的相互排斥，还必须考虑配体与金属的相互作用及反键 MO 的电子占据对 AOMSE 的影响：若配体与金属的相互作用较弱（即 e_σ 较小，高自旋）或配体位阻大时形成四面体 T_d 或变形四面体 D_{2d} 结构，其中 $d^{3,4,8,9}$ 趋向形成 D_{2d} 结构；$d^{5,6,7}$ 趋向形成 T_d 结构。若配体与金属的相互作用较强（即 e_σ 较大，低自旋），且配体的碱性较小或位阻不大时，容易形成 D_{4h} 结构。

4.4.4.3 AOM 预测八面体、四面体和平面四方形构型

(1) 八面体和四面体构型

对于 d^{10} 组态的离子，两种构型有相同的 AOMSE。当配体间的排斥较小，有利于采取

[1] (a) Burdett J K. A new method for the determination of the geometries of binary transition metal complexes. Inorg Chem，1975，14 (2)：375-382；(b) Burdett J K. Molecular Shapes. New York：Wiley-Interscience，1980：31；(c) 杨振云．角重叠模型（AOM）在研究过渡金属络合物结构方面的应用．化学通报，1986，49 (10)：17-23；(d)［美］约翰逊 C S，皮迪生 L G 著．量子化学和量子物理题解．肖鹤鸣译．北京：人民教育出版社，1981：122。

四面体构型。对于其余的组态，八面体的 AOMSE 都比四面体的 AOMSE 为大，所以八面体配合物比四面体配合物更为普遍，但是对配体间相互排斥来说，四面体是能量上较有利的构型，对于高自旋 d^5～d^7 组态，两者的 AOMSE 相差较小，因此 $CoCl_4^{2-}$（d^7）和 $FeCl_4^-$（d^5）都采取四面体构型。

（2）八面体和平面四方形构型

从表 4-35 中的数据可以看出，除 d^8（低自旋）、d^9 和 d^{10} 组态时两种构型有相同的 AOMSE 外，其余组态都是八面体具有较大的 AOMSE，这与 CFT 所得出的 CFSE 不同。对于 d^8（低自旋）组态，常有利于采取平面四方形的构型。其余的组态，除非有空间效应的影响（配体互斥和空间位阻因素有利于平面四方形），一般有利于采取八面体构型。

表 4-35 八面体、四面体和平面四方形构型的 AOMSE 单位：e_σ

电子组态	四面体		平面四方形		八面体	
	高自旋	低自旋	高自旋	低自旋	高自旋	低自旋
d^0～d^2	−8	−8	−8	−8	−12	−12
d^3	−6.67	−8	−8	−8	−12	−12
d^4	−5.33	−8	−7	−8	−9	−12
d^5	−4	−6.67	−4	−8	−6	−12
d^6	−4	−5.33	−4	−7	−6	−12
d^7	−4	−4	−4	−7	−6	−9
d^8	−2.67	−2.67	−4	−6	−6	−6
d^9	−1.33	−1.33	−3	−3	−3	−3
d^{10}	0	0	0	0	0	0

4.4.4.4 AOM 预测 ML_5 配合物的结构

当中心原子为主族元素时，配位数为五的化合物大部分为三角双锥构型，只有极少数是四方锥形，这符合 VSEPRT 的预测。而中心原子为过渡金属（尤其是第一过渡系金属）时，三角双锥和四方锥结构都较常见，对此 AOM 也能做出满意的解释。当不考虑 π 相互作用时，由表 4-28 可得出计算两种构型 AOMSE 的公式(4-43) 和式(4-44)。

三角双锥： $$\text{AOMSE}=-10e_\sigma+1.125m(d_{x^2-y^2},d_{xy})e_\sigma+2.75m(d_{x^2-y^2})e_\sigma \qquad (4\text{-}43)$$

四方锥： $$\text{AOMSE}=-10e_\sigma+2m(d_{z^2})e_\sigma+3m(d_{x^2-y^2})e_\sigma \qquad (4\text{-}44)$$

表 4-36 列出几种常见 ML_3 和 ML_5 配合物的 AOMSE，表 4-37 则给出按图 4-40 所示的分子轨道排布电子的几种四方锥和三角双锥配合物的 AOMSE 以及这两种构型的 AOMSE 差值。由表 4-37 可见，处于 d^6 低自旋组态时，$|E(C_{4v})-E(D_{3h})|$ 最大，最容易形成四方锥结构，实验也证明 $Cr(CO)_5$、$Mo(CO)_5$ 和 $W(CO)_5$ 具有 C_{4v} 对称性。d^7（低自旋）组态的 AOMSE 差值也说明采取四方锥结构较为有利，已报道 $Mn(CO)_5$ 和 $Re(CO)_5$ 具有这种结构。d^8（低自旋）组态的 AOMSE 差别较小，预计两种构型都可能存在。事实上已知在气相中的 $Fe(CO)_5$ 和在晶体中的 $Mn(CO)_5^-$ 是三角双锥形，然而位于轴向与赤道平面的配体会通过四方锥中间体很快地发生交换(Berry 机理)。

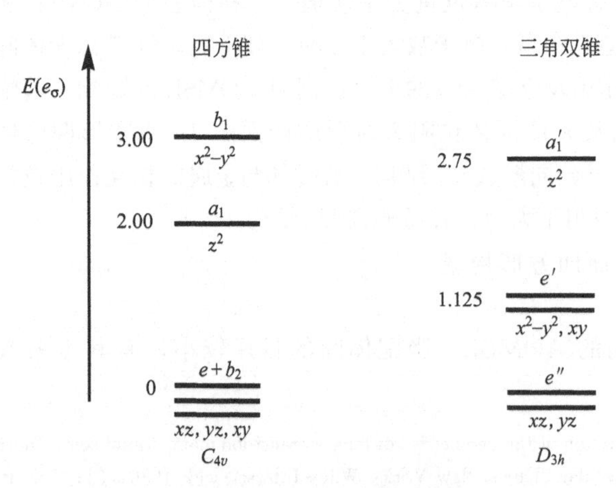

图 4-40 四方锥和三角双锥配合物的 σMO 相对能级示意图（假设 $e_\pi=0$）

表 4-36　ML_3 和 ML_5 配合物的 AOMSE　　单位：e_σ

电子组态	T 形		平面三角形		角锥形		三角双锥形		四方锥形	
	HS	LS	HS	LS	HS	LS	HS	LS	HS	LS
d^0～d^2	−6	−6	−6	−6	−6	−6	−10	−10	−10	−10
d^3	−6	−6	−5.25	−6	−6	−6	−8.875	−10	−10	−10
d^4	−5.366	−5.366	−4.125	−6	−4.5	−6	−7.75	−10	−8	−10
d^5	−3	−5.366	−3	−5.25	−3	−6	−5	−8.875	−5	−10
d^6	−3	−5.366	−3	−4.50	−3	−6	−5	−7.75	−5	−10
d^7	−3	−5.366	−3	−3.375	−3	−4.5	−5	−6.625	−5	−8
d^8	−3	−4.732	−2.25	−2.25	−3	−3	−3.875	−5.50	−5	−6
d^9	−2.366	−2.366	−1.125	−1.125	−1.5	−1.5	−2.75	−2.75	−3	−3
d^{10}	0	0	0	0	0	0	0	0	0	0

表 4-37　几种电子组态的五配位配合物的 AOMSE 及其差值　　单位：e_σ

组　态	电子组态(速记符号)	C_{4v}	D_{3h}	$\lvert E(C_{4v})-E(D_{3h})\rvert$
d^9	22221	−3	−2.75	0.25
d^8(低自旋)	22220	**−6**	−5.50	0.50
d^7(低自旋)	22210	−8	−6.625	**1.375**
d^6(低自旋)	22200(C_{4v})，22110(D_{3h})	**−10**	−7.75	**2.25**
d^6(高自旋)	21111	−5	−5	0

在第 2 章的多元异构现象中曾提及 [$Cr(en)_3$][$Ni(CN)_5$]·1.5H_2O 的晶体结构单元同时存在三角双锥和四方锥两种构型。实验中发现，当往 [$Ni(CN)_5$]$^{3-}$ 溶液中加入 K^+ 时，并不能得到 $K_3Ni(CN)_5$，因为室温下 $K_3Ni(CN)_5$ 会发生分解；而在 [$Ni(CN)_5$]$^{3-}$ 溶液中加入 [$Cr(en)_3$]$^{3+}$ 可以生成 [$Cr(en)_3$][$Ni(CN)_5$]·1.5H_2O 沉淀，其反应式如下：

$$[Ni(CN)_5]^{3-}\begin{cases}\xrightarrow{K^+} K_3[Ni(CN)_5]\xrightarrow{\text{室温}} K_2[Ni(CN)_4]+KCN\\ \xrightarrow{[Cr(en)_3]^{3+}} [Cr(en)_3][Ni(CN)_5]\cdot 1.5H_2O\downarrow\end{cases}$$

AOM 可以较好地解释在复杂配合物 [$Cr(en)_3$][$Ni(CN)_5$]·1.5H_2O 的晶体中同时独立存在两种不同构型的 [$Ni(CN)_5$]$^{3-}$：d^8（低自旋）组态 ML_5 配合物两种构型的 AOMSE 差值只有 0.50e_σ，其互变位垒较小，该负离子的结构主要由晶格力决定。当对晶体施以一定压力时，则 [$Ni(CN)_5$]$^{3-}$ 全部转化为四方锥构型。

4.4.4.5　用 AOM 预测配合物几何构型的一般规则

综上，过渡金属配合物的立体化学一般由以下两个因素决定，①在反键 σ^* 分子轨道中的空穴数；②配体电子对之间的相互排斥及配体的空间位阻。由 AOMSE 的计算可以预测和解释配合物的结构：当相同配位数可能具有几种不同的结构时，对反键 σ^* 分子轨道的贡献最小，即反键轨道上的空穴数最多，或者说 AOMSE 最大的结构是最合理的；如果几种构型的稳定化能没有大的差别，则中心金属周围的配体电子对之间的相互排斥及配体空间位阻最小的结构是最合理的。根据 4.4.4.2～4.4.4.4 的讨论，可以得到 AOM 在预测基态配合物几何构型上应用的一般规则。

a. 不考虑 π 成键作用，分子的几何构型主要由 $d\sigma^*$ 轨道上的电子填充所决定。

b. 若简并的 $d\sigma^*$ 轨道上的电子填充是对称的或全空［例如八面体的 $(t_{2g})^3(e_g^*)^2$ 或四面体的 $(e)^2(t^*)^3$］，则应用 AOM 和 VSEPRT 可预见到相同构型。

c. 若在最高能量 $d\sigma^*$ 轨道上至少有一空穴（22220，22221，22210，22100），则其稳定结构是配体与 $d_{x^2-y^2}$ 轨道有最大重叠者，例如，平面四方形、八面体或四方锥等（对于

22221 排布，则可能观察到介于这些构型与 VSEPRT 预测构型的中间构型，例如 $CuCl_4^{2-}$ 的实际构型介于平面四方形和四面体之间，为变形四面体）。

d. 若在能量最高和次高 $d\sigma^*$ 轨道上对称地存在两个空穴（22200，22211，22100），则其稳定结构是含最多顺位配体排布的以八面体为基础的结构，例如，顺双空位八面体、锥形（面式三空位八面体）、四方锥或八面体等［对于 22211 排布，则可能观察到介于这些构型与 VSEPRT 预测构型的中间构型，例如 $Fe(CO)_4$ 的实际构型介于顺双空位八面体和四面体之间，为变形四面体］。

应当指出：以上规则只能用于预测处于最低能态的所谓基态配合物的最稳定几何构型。当配合物处于激发态时，相应的电子排布或配位数会发生变化，其 AOMSE 的计算也随之发生变化，某些原先在基态为不稳定的构型可能会成为激发态或过渡态的稳定构型。因此 AOM 也可用来解释某些光化学或动力学反应机理。

4.4.4.6 AOM 应用于预测混合配体配合物的构型

4.4.4.6.1 AOM 预测某些组态混配型配合物的基态几何构型

已知某些混配型配合物存在着稳定性不同的几何异构体，由于不同的配体与中心金属轨道作用的程度不同，同一配体处于中心金属周围的不同位置时，可能对 AOMSE 有不同的贡献，因而混配型配合物的几何异构体之间可能存在稳定性的差异，根据 AOM，可对某些组态的混配型配合物的基态几何构型做如下预测。

① d^8（低自旋）或 d^9 组态的四方锥配合物 MXL_4 中，较弱的 σ 给予体 X 位于锥顶，因为对于这两种组态的正八面体、正方锥和平面正方三种构型的配合物，其 AOMSE 相同，这说明若取正方形平面为 xy 平面，处于 z 轴方向的轴向配体对计算 d 轨道能量改变值的 AOMSE 无贡献，而赤道平面上的配体越强（e_σ 值愈大，参见表 4-28），对 AOMSE 的贡献就越大。同理可预测在这两种组态的混配型八面体配合物 MX_2L_4 中，较弱的两个 X 将占据轴向的反式位置。

② d^8（低自旋）组态的三角双锥配合物 MX_2L_3 中，较强的 σ 给予体 L 占据轴向位置，根据 AOMSE 的计算（表 4-36），三个 L 呈 T 形（经式三空位八面体），较平面三角形排列稳定，因此，两个较弱的 X 将占据三角平面的剩余两个位置。

③ d^3、d^6（低自旋）组态的八面体配合物 MX_2L_4 中，一般顺式较反式稳定，如 *cis*-$[Co(CN)_4(H_2O)_2]^-$，*cis*-$[Cr(C_2O_4)_2(H_2O)_2]^-$，*cis*-$[MI_2(CO)_4]$（M＝Fe、Ru、Os），*cis*-$[FeH_2L_4]$［L＝CO、PR_3、$P(OR)_3$］，*cis*-$[M(CO)_4(P_4S_3)_2]$（M＝Cr、Mo）等，因为对这两种组态的四配位配合物进行式(4-42）的二级近似计算时，发现顺双空位八面体的 AOMSE 较大，因此当这两种电子组态的中心金属形成混配型 MX_2L_4 时，四个较强的 L 排布成顺双空位八面体构型，两个 X 将占据赤道平面的剩余两个位置成顺位排列。但是当 X 是比 L 更强的配体时，顺式和反式构型的稳定性没有太大差别。

④ d^6（低自旋）组态的八面体配合物 MX_3L_3 中，面式构型较经式稳定，如 *fac*-$[Co(CN)_3(H_2O)_3]$、*fac*-$[Cr(CO)_3(PR_3)_3]$ 和 *fac*-$[M(CO)_3(P_4S_3)_3]$（M＝Cr、Mo）等，根据 AOMSE 的计算（表 4-36），在这种组态下，ML_3 的三个 L 呈三角形（面式三空位八面体），较 T 形（经式三空位八面体）排列稳定，因此，三个较弱的 X 在八面体构型中将占据相对的另一个三角面的剩余三个位置。

4.4.4.6.2 几种混配型配合物的 d 轨道能量改变表达式

按照 4.4.2.1 的类似推导，得到混配型 $MXL_5(C_{4v})$配合物 d 轨道的能量变化如下：

$$\Delta E(b_1, d_{x^2-y^2}) = 3e_\sigma(L) \tag{4-45}$$

$$\Delta E(a_1, d_{z^2}) = 2e_\sigma(L) + e_\sigma(X) \tag{4-46}$$

$$\Delta E(b_2, d_{xy}) = 4e_\pi(L) \qquad (4\text{-}47)$$

$$\Delta E(e, d_{xz}, d_{yz}) = 3e_\pi(L) + e_\pi(X) \qquad (4\text{-}48)$$

同理，得到混配型 *trans*-$MX_2L_4(D_{4h})$ 配合物 d 轨道的能量变化如下：

$$\Delta E(b_{1g}, d_{x^2-y^2}) = 3e_\sigma(L) \qquad (4\text{-}49)$$

$$\Delta E(a_{1g}, d_{z^2}) = e_\sigma(L) + 2e_\sigma(X) \qquad (4\text{-}50)$$

$$\Delta E(b_{2g}, d_{xy}) = 4e_\pi(L) \qquad (4\text{-}51)$$

$$\Delta E(e_g, d_{xz}, d_{yz}) = 2e_\pi(L) + 2e_\pi(X) \qquad (4\text{-}52)$$

混配型 *cis*-$MX_2L_4(C_{2v})$配合物 d 轨道的能量变化如下：

$$\Delta E(a_1, d_{x^2-y^2}) = 1.5e_\sigma(L) + 1.5e_\sigma(X) \qquad (4\text{-}53)$$

$$\Delta E(a_1, d_{z^2}) = 2.5e_\sigma(L) + 0.5e_\sigma(X) \qquad (4\text{-}54)$$

$$\Delta E(b_1, d_{xz}) = 3e_\pi(L) + e_\pi(X) \qquad (4\text{-}55)$$

$$\Delta E(b_2, d_{yz}) = 3e_\pi(L) + e_\pi(X) \qquad (4\text{-}56)$$

$$\Delta E(a_2, d_{xy}) = 2e_\pi(L) + 2e_\pi(X) \qquad (4\text{-}57)$$

假设 X 是比 L 弱的配体，由式(4-45)～式(4-57) 可以看出：

① 含两个 X 的混配 *trans*-MX_2L_4 的 d 轨道能量间隔是含一个 X 的混配 MXL_5 相应能量间隔的两倍；

② *trans*-MX_2L_4 配合物中 d_{z^2} 与 $d_{x^2-y^2}$，d_{xy} 与 d_{xz}、d_{yz} 的能量间隔为 *cis*-MX_2L_4 配合物中相应能量间隔的两倍，虽然其能级顺序正好相反。此理论预测可很好地解释 *cis*-$[CoF_2(en)_2]^+$ 和 *trans*-$[CoF_2(en)_2]^+$ 配合物的电子光谱图（图 5-37）。

4.4.5　四方变形八面体和平面正方形配合物中的 d-s 混杂问题

式(4-49)～式(4-52) 给出四方变形配合物 *trans*-$MX_2L_4(D_{4h})$ 的 d 轨道能量变化表示式，其中涉及 X 和 L 的角重叠参数分别与 M-L 和 M-X 键距有关。若忽略与 X 有关的角重叠参数，则式(4-49)～式(4-52) 演变为式(4-58)～式(4-61)，与 4.4.2.1 中对平面正方形配合物计算的 d 轨道能量变化形式相同。

$$\Delta E(b_{1g}, d_{x^2-y^2}) = 3e_\sigma \qquad (4\text{-}58)$$

$$\Delta E(a_{1g}, d_{z^2}) = e_\sigma \qquad (4\text{-}59)$$

$$\Delta E(b_{2g}, d_{xy}) = 4e_\pi \qquad (4\text{-}60)$$

$$\Delta E(e_g, d_{xz}, d_{yz}) = 2e_\pi \qquad (4\text{-}61)$$

然而从平面正方形配合物的光谱数据所推测的 MO 能级并不与式(4-58)～式(4-61) 很好地吻合。例如，对于 Cu(Ⅱ)配合物，其 d-d 跃迁直接与 d 轨道的能级分裂有关，当$e_\pi>0$时，预期其电子光谱主要出现三条 d-d 谱带，相应的跃迁能分别为：$2e_\sigma$、$3e_\sigma-4e_\pi$ 和 $3e_\sigma-2e_\pi$。当配体为纯 σ 给体(如 NH_3)时，可忽略 e_π，预期将出现跃迁能为 $2e_\sigma$ 和 $3e_\sigma$ 两条谱带，相应于图 4-41(a) 中的 δ_1 和 δ_2 跃迁，但实际上对于 $[Cu(NH_3)_4]^{2+}$ 和类似的反磁性 Ni(Ⅱ)平面正方形配合物，只观察到一条混合谱带，相应于图 4-41(b)中的 δ 跃迁。这类现象可以用金属的 $3d_{z^2}$ 和 4s 轨道的相互作用解释，因为在 D_{4h}点群中这两个轨道都按 a_{1g}对称性变换，可以发生混杂。这种 d-s 相互作用使得 $a_{1g}(d_{z^2})$轨道能量下降至接近成为非键轨道，这就意味着在平面正方形氨配合物中，$a_{1g}(d_{z^2})$ 与 $b_{2g}(d_{xy})$ 和 $e_g(d_{xz}, d_{yz})$ 轨道能几乎相等。

以上关于 d-s 相互作用的解释被一些平面正方形配合物的电子光谱所证实。例如表 4-38 所列出的实验数据表明，对于 $[CuCl_4]^{2-}$ 配合物，确实观察到图 4-41(c) 所示的三条谱带 δ_3、δ_4 和 δ_5，显然从 $e_g(d_{xz}, d_{yz})$ 或 $b_{2g}(d_{xy})$ 到 $b_{1g}(d_{x^2-y^2})$ 的跃迁包含了 e_π 项的贡献，$\delta_5[a_{1g}(d_{z^2}) \rightarrow b_{1g}(d_{x^2-y^2})]$ 的跃迁能接近于 $3e_\sigma$ 而不是 $2e_\sigma$，比式(4-49) 和式(4-50) 所预

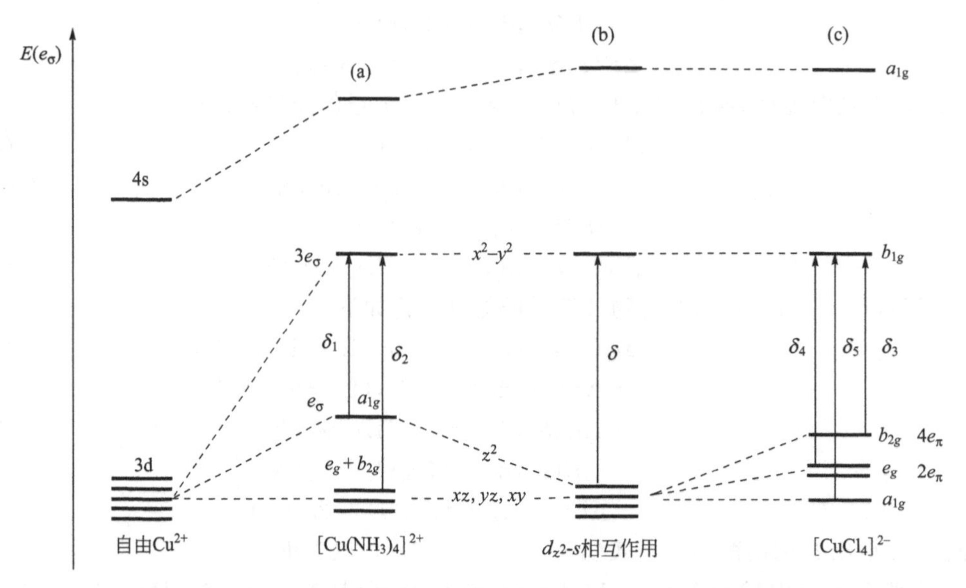

图 4-41 d^9 组态平面正方形配合物中的 d_{z^2}-s 相互作用

计的跃迁能大，这也说明在考虑 d_{z^2}-s 相互作用后确实可将 $a_{1g}(d_{z^2})$ 视为非键轨道。

表 4-38 平面正方形配合物的电子光谱数据和角重叠参数 单位：$1000cm^{-1}$

配合物 \ 数据	$\delta_3(b_{2g}\rightarrow b_{1g})$	$\delta_4(e_g\rightarrow b_{1g})$	$\delta_5(a_{1g}\rightarrow b_{1g})$	e_σ	e_π	e_{ds}
$[CuCl_4]^{2-}$	11.500	13.200	15.500	5.030	0.900	1.320

注：数据引自 McDonald R G，Riley M J，Hitchman M A. Angular overlap treatment of the intensities and energies of the d-d transitions of the $CuCl_4^{2-}$ ion on distortion from a planar toward a tetrahedral geometry：Interpretation of the electronic spectra of bis（*N*-benzylpiperazinium）tetrachlorocuprate（Ⅱ）bis（hdrochloride）and *N*-(ammonioethyl) morpholinium tetra-chlorocuprate（Ⅱ）. Inorg Chem，1988，27（5）：894-900。

AOM 将上述 d_{z^2}-s 相互作用表示为在式(4-59) 中附加一个角重叠参数 e_{ds}，即：

$$\Delta E(a_{1g},d_{z^2})=e_\sigma-4e_{ds} \tag{4-62}$$

由以上讨论知：在平面正方形配合物中，d_{z^2}-s 相互作用的后果使得 $a_{1g}(d_{z^2})$ 轨道退化至接近于非键，因此 e_{ds}的数值大约只是 e_σ 的 1/4。实际上，只有在配合物的几何构型严重偏离立方体时，d-s 混杂才对该配合物的轨道能级有重要影响。对于 *trans*-$[CoX_2(NH_3)_2]^+$ 这样的四方变形八面体配合物（可称为准八面体配合物），其结构变形仅仅是由于轴向上不同的配体 X 所引起的，除非 M-L 和 M-X 键有很大差异，否则完全可以忽略 d-s 相互作用，但是对于直线形配合物（例如 CuF_2）或由于存在着姜-泰勒效应而发生大的四方变形的配合物，就必须考虑 d-s 混杂效应，且 d-s 混杂会随着姜-泰勒变形程度的增大而增大。

4.4.6 AOM 与 CFT、LFT 和 MOT 的比较

在本节一开始就对研究配合物的结构与性质所采用的 AOM 与 CFT、LFT 和 MOT 方法做出简要比较。作为一种近似方法，有的学者将 AOM 看作是一种半经验或半定量 MO 法。Figgis 和 Hitchman 在其专著“Ligand Field Theory and its Applications”中却提出 AOM 只是 LFT 的一种形式，认为 AOM 和 CFT(LFT) 因过于简单，而不能用于计算和提供配合物中成键的真实能级和完整图像，它们只能提供使金属-配体相互作用参数化的方法(这些参数值总是来自于实验，并直接与化学家所能接受的概念相联系)，因此 AOM 充其量只能称作一种经验“模型”。我们则认为很难在 AOM 与 CFT(LFT) 或 MOT 之间划一条明

确的界限，它兼有两者之长，当然也有自身的局限性。在详细讨论过 AOM 方法之后，以下进一步对四种方法作出比较。

经典的 CFT 把配体仅仅当作对中心金属 d 轨道施以静电场的点电荷或偶极子，并且注意到在配合物中的重要结构特征——配合物的对称性对 d 轨道分裂的影响，虽然 CFT 成功地说明了过渡金属配合物的 d-d 跃迁光谱和磁学性质，但它难以反映金属-配体键的共价性质和区分 σ 和 π 键。随后发展的 LFT 承认 d 轨道的分裂与金属和配体的弱共价相互作用有关，而不是纯粹的静电相互作用，即扬弃了 CFT 的形式，用修正晶体场参数的方法来反映和改良金属-配体间共价相互作用；但它对共价性的表达并不直观，同时难以应用于处理对称性较低的配合物以及解释光谱化学序列和荷移光谱。应用 MOT 处理配合物原则上是最优越的，但是为了得到每个分子轨道的构成、能量和整个分子的完整图像，通常需要进行冗长复杂的计算，而且从一个配合物所得的结果一般不适用于别的配合物；同时，也缺乏易于直观理解的模型。

AOM 基于 MOT 的基本原理，从金属和配体轨道的角重叠积分着手，说明金属与配体间的 σ 和 π 共价相互作用，可用于处理各种不同配位数和几何构型配合物；其定义的角重叠模型参数主要取决于两个因素：金属和配体轨道的重叠积分以及金属与配体价轨道的能级差；利用角重叠因子的可加和性，可方便地根据某个配合物的对称性（配体所在空间方位）对该配合物中的所有配体和五个 d 轨道所涉及的 AOM 参数进行加和，从而得到 d 轨道能级分裂的清晰图像，然后再进行角重叠模型稳定化能等的加和计算和推论，在这一点上与 CFT(LFT) 有异曲同工之妙，但是 AOM 涉及的计算更为方便简捷，也更合理，因为它在主要考虑 σ 成键的同时，考虑了金属-配体之间的 π 成键对 d 轨道能级顺序的影响，从而成功地解释了光谱化学序列，在这一点上又与 MOT 相得益彰；在一系列相关配合物中 AOM 参数还可以进行类比和关联，而这是 MOT 所不能胜任的；更重要的是，化学工作者易于从化学的角度理解角重叠模型和预测 AOM 参数的大小，并将理论预测与源于实验的 AOM 参数计算数据作出比较，因此 AOM 方法深受物理化学家、无机化学家和合成化学家的欢迎。

总而言之，AOM 方法的简捷和优美在于它仔细考虑了某个特定构型配合物 ML_N 中各个配体之间的几何关系，通过简单地加和每个配体对中心金属五个 d 轨道的微扰作用，十分便捷地获得了该构型配合物的 d 轨道分裂相对能级。

但是 AOM 的优点在某些方面也成为其局限性，例如 AOM 主要关注中心金属 $(n-1)$d 轨道的能级分裂，使处理问题简单化，然而在处理配合物时较少涉及其它价层轨道（如 ns 或 np)，或未考虑配体组分渗入体系的基态或激发态波函数问题使得它难以解释一些实验事实：例如，光谱和 ESR 实验数据各自独立地证明了平面正方形配合物中具有一定程度的 d-s 混杂；当对称性允许时，四面体等缺乏对称中心配合物由于 d-p 混杂所引起 d-d 跃迁强度增加或其它 d-d 跃迁强度的变化等；为此，AOM 对前者作出了相应修正（参见 4.4.5)，类似地，对四面体配合物也可考虑 d-p 混杂对角重叠模型进行适当修正。

应当指出，AOM 是基于配体在图 4-32 中所示的坐标系中的各种标准几何构型的（角度）排布，然后根据表 4-26 的公式计算其角重叠因子 F_λ 的。在真实情况下，配体的位置完全可能偏离正常角度而发生对标准构型的扭曲变形（例如 4.4.4.2 中四配位配合物中的变形四面体 D_{2d})，从而导致光谱能带和跃迁强度的很大变化[1]。虽然有些学者利用 CFT 和

---

[1] 研究中发现，由平面四方形向准四面体结构的扭曲变形将会导致圆二色光谱中 d-d 跃迁区 Cotton 效应强度增大。参考：章慧，陈渊川，王芳，邱晓明，李丽，陈坚固．固体 CD 光谱研究及其应用于手性席夫碱 M(Ⅱ) 配合物，物理化学学报，2006，22 (6)：666-671。

AOM 预测过改变键角对跃迁能的影响来解释某些光谱数据，遗憾的是迄今考虑键角变化对光谱影响的系统研究并不多见，尤其少有将理论预测和晶体结构分析所得数据进行关联的报道。可以预期，在发生扭曲变形的配合物中，基于图 4-32 的标准几何构型将不复存在，按这些标准构型做出的理论预测和实验所得的键角将会不同，这时必须根据真实的键角数据来修正相关参数。其实，配合物键角的变化不仅仅影响其电子光谱，在多核配合物的磁性超交换作用研究中发现，磁交换参数对金属-配体键角的扭曲程度和桥联配体桥接金属的角度相当敏感，AOM 对系列配合物的这类研究应能提供强有力的理论说明。

虽然本书未介绍实验所得的角重叠模型参数的计算方法，但实际上 e_σ 和 e_π 并不能从光谱实验数据中直接确定❶，而是在对所涉及的各种相关结构参数（例如拉卡参数，轨旋耦合参数、轨道分裂能和轨道伸缩效应参数等）做出假设❷、比较和省略的基础上利用计算机程序对实验和理论光谱数据进行拟合评估而获得的❸。AOM 参数虽然取之于光谱和磁学实验数据，但其合理性取决于相关计算方法的合理性，即 AOM 参数只是从相关实验获得的间接结果。因此，在应用 AOM 参数时，除了谨慎地关注它们只涉及配合物的反键分子轨道外，还要仔细了解它们的由来，否则可能得出错误的结论。

理论上讲，AOM 参数可以根据 M-L 键距和重叠积分的知识通过计算求得，它与 CFT（LFT）以及 MOT 的有关参数之间一定存在着某种内在的联系，随着光谱、磁学和相关化学实验数据的积累以及结构化学计算程序的发展完善，这种内在联系将进一步被揭示，但是在现阶段，在还未能获得更充分的实验数据做出确切可靠的关联之前，应用并扩展简单 AOM 时必须十分谨慎，因为它毕竟是建立在相当粗糙的 MO 假设基础上，无论如何不能取代 MOT 的计算。

4.4 节参考文献

[1] Schäffer C E，Jørgensen C K. The angular overlap model，an attempt to receive the ligand field approaches. Mol Phys，1965，9：401-412.

[2] Gerloch M，Slade R C. Ligand Field Parameters：Chapter 8. London：Cambridge Univ Press，1973.

[3] Burdett J K. A new method for the determination of the geometries of binary transition metal complexes. Inorg Chem，1975，14 (2)：375-382.

[4] Burdett J K. A new look at structure and bonding in transition metal complexes. Adv Inorg Chem Radiochem，1978，21：114-146.

[5] Purcell K F，Kotz J C. Inorganic Chemistry：Chapter 9. Philadelphia：Saunders，1977.

[6] Dekock R L，Gray H B. Chemical Structure and Bonding：Chapter 6. Menlo Park：The Benjamin/ Cumming Published Company Inc，1980.

[7] Burdett J K. Molecular Shapes：Chapter 2 & 9. New York：Wiley-Interscience，1980.

[8] Cotton F A，Wilkinson G. Advanced Inorganic Chemistry：Chapter 20. 4th Ed. New York：Wiley，1980.

[9] Lever A B P. Inorganic Electronic Spectroscopy：Chapter 1 & 9. 2nd Ed. Amsterdam：Elseiver，1984.

[10] Urushiyama A，Itoh M，Schönherr T. Analysis of d-d transitions in $[Cr(CN)(NH_3)_5]^{2+}$ as inferred from polarized optical spectra and angular overlap model calculations. Chapter 3. Bull Chem Soc Jpn，1995，68 (2)：594-603.

[11] Figgis B N，Hitchman M A. Ligand Field Theory and its Applications：Chapter 3. New York：Wiley-

❶ Hoggard P E. Angular Overlap Model Parameters. Structure & Bonding，2003，16：37-57。

❷ 在大多数计算 AOM 参数的文献中通常将 NH_3 或脂肪胺的 e_π 值设为零，这种假设的合理性值得商榷。

❸ Urushiyama A，Itoh M，Schönherr T. Analysis of d-d transitions in $[Cr(CN)(NH_3)_5]^{2+}$ as inferred from polarized optical spectra and angular overlap model calculations. Bull Chem Soc Jpn，1995，68 (2)：594-603。

VCH，2000.
[12] Hoggard P E. Angular Overlap Model Parameters. Structure & Bonding，2003，16：37-57.
[13] Miessler G L，Tarr D A. Inorganic Chemistry：Chapter 10. 3rd Ed. New Jersey：Prentice-Hall Inc，2004.
[14] [美] 约翰逊 C S，皮迪生 LG 著．量子化学和量子物理题解．肖鹤鸣译．北京：人民教育出版社，1981：122.
[15] 张祥麟，康衡主编．配位化学：第 12 章．长沙：中南工业大学出版社，1986.
[16] 杨振云．角重叠模型（AOM）在研究过渡金属络合物结构方面的应用．化学通报，1986，49（10）：17-23.
[17] 康衡．角重叠模型在配位化学中的应用．化学通报，1986，49（12）：37-43.
[18] 徐志固编著．现代配位化学：第 5 章．北京：化学工业出版社，1987.
[19] 陈慧兰，余宝源编著．理论无机化学：第 2 章．北京：高等教育出版社，1987.
[20] 罗勤慧，沈孟长编著．配位化学：第 3 章．南京：江苏科技出版社，1987.
[21] 陈克．角重叠模型浅释．大学化学，1987，2（3）：34-40.
[22] 宋溪明，刘祁涛．过渡金属配合物理论的角重叠模型及其应用．化学通报，1988，51（1）：16-22.
[23] 张祥麟编著．配合物化学：第 5 章．北京：高等教育出版社，1991.
[24] 游效曾编著．配位化合物的结构与性质：第 2 章．北京：科学出版社，1992.
[25] 唐宗薰主编．中级无机化学：第 7 章．北京：高等教育出版社，2003.
[26] 刘靖疆编著．应用量子化学：第 3 章．北京：高等教育出版社，1994.

参考文献

[1] 徐光宪，王祥云著．物质结构．第 2 版．北京：高等教育出版社，1987.
[2] 麦松威，周公度，李伟基．高等无机结构化学．北京：北京大学出版社，香港：香港中文大学出版社，2001.
[3] Rodgers G E. Descriptive Inorganic，Coordination，and Solid-State Chemistry. 2nd Ed. South Melbourne：Thomson Learning，2002.
[4] 周绪亚，孟静霞主编．配位化学．开封：河南大学出版社，1989.
[5] 游效曾著．分子材料——光电功能化合物．上海：上海科学技术出版社，2001.
[6] Huheey J E. Inorganic Chemistry. 3rd Ed. Cambridge：Harper International SI Edition，1983.
[7] Janes R，Moore E A. Metal-Ligand Bonding. Cambridge：Royal Society of Chemistry，2004.
[8] Figgis B N，Hitchman M A. Ligand Field Theory and its Applications. New York：Wiley-VCH，2000.
[9] Jørgensen C K. Oxidation Numbers and Oxidation States. New York：Springer，1969.
[10] [美] Lippard S J，Berg J M 著．生物无机化学原理．席振峰，姚光庆，相斯芬，任宏伟译．北京：北京大学出版社，2000.
[11] 计亮年，黄锦汪，莫庭焕等编著．生物无机化学导论．第 2 版．广州：中山大学出版社，2001.
[12] 杨频，高飞编著．生物无机化学原理．北京：科学出版社，2002.
[13] 郭子建，孙为银主编．生物无机化学．北京：科学出版社．2006.
[14] [美] Cotton F A，[英] Wilkinson G 著．高等无机化学：下册．第 3 版．北京师范大学，兰州大学，吉林大学，辽宁大学译．北京：人民教育出版社，1980．
[15] 施莱弗 H L，格里曼 G 著．配体场理论基本原理．曾成，王国雄，朱忠和等译．南京：江苏科技出版社，1982.
[16] 陈慧兰主编．高等无机化学．北京：高等教育出版社，2005.
[17] Miessler G L，Tarr D A. Inorganic Chemistry. 3rd Ed. New Jersey：Prentice-Hall Inc，2004.
[18] 刘国正．三棱柱配位结构稳定性理论评价．化学通报，1995，58（3）：58-61.
[19] [苏] 加特金娜 M E 著．分子轨道理论基础．朱龙根译．北京：人民教育出版社，1978.
[20] 张祥麟，康衡主编．配位化学．长沙：中南工业大学出版社，1986.

习题和思考题

1. 举例说明下列术语：

(1) 配体场分裂能；(2) 配体场稳定化能；(3) 电子成对能；(4) 能量重心守恒原理；(5) 电子云扩展效应；(6) 姜-泰勒效应；(7) 配体的对称性群轨道；(8) π-接受体配体；(9) 反馈π键；(10) 角重叠模型稳定化能。

2. 对于下列的八面体型配离子，(1) $[Fe(H_2O)_6]^{2+}$和$[Fe(H_2O)_6]^{3+}$中的Δ_o分别为10400cm^{-1}和14300cm^{-1}，(2) $[Fe(CN)_6]^{4-}$和$[Fe(CN)_6]^{3-}$中的Δ_o分别为32300cm^{-1}和35000cm^{-1}。为什么 (2) 中两个Δ_o值的差别没有 (1) 中两个Δ_o值的差别那样大？

3. 光谱化学序列的大致趋势归纳如下：

$$\xrightarrow{\Delta_o \text{ 增大}}$$

π-给予体配体 < 弱π给予体配体 < 无π效应的配体 < π-接受体配体

$I^- < Br^-$ < $Cl^- < F^-$ < $H_2O < NH_3$ < $PR_3 < CN^- < CO$

请回答下列问题：

(1) Δ_o增大的趋势可否用简单静电晶体场理论来解释？为什么？

(2) 从光谱化学序列中的位置看，H_2O在Cl^-之后，是中等强度的配体，然而$[RuCl_6]^{3-}$和$[Ru(H_2O)_6]^{2+}$中的Δ_o几乎相同，何故？

4. 为什么属于第二、三过渡系的$d^{4\sim7}$型金属离子比第一过渡系的相应组态的金属离子较易形成低自旋的八面体型配合物？

5. 在化学体系中能作为分子信息存储元件和分子开关元件的一个重要条件是该分子存在两种稳定的形式且能相互转化。目前已有报道，有可能成为这种组装元件的化合物主要涉及到下列两种体系：(1) 存在互变异构体的配合物；(2) 具有高低自旋态的配合物。请分别指出下列配合物中有可能或不可能满足上述条件的体系。对于满足上述条件的体系请注明属 (1) 和 (2) 中的哪一种？

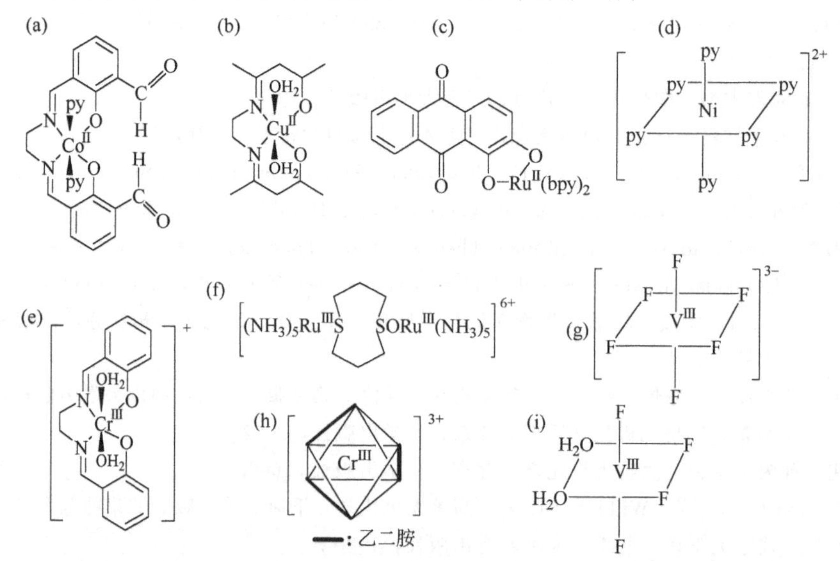

6. 铱可以形成分子氧的配合物，例如$[IrCl(CO)(O_2)(PPh_3)_2]$，其中配位双氧的键长约为145pm，接近过氧离子O_2^{2-}(149pm)，可称过氧型配合物；这类配合物中的分子氧可以同其它物质迅速交换。

(1) 试分别讨论并图示脱氧前后配合物的结构；

提示：配合物的^{31}P-NMR光谱表明，脱氧前后配合物中配位P原子只处于一种化学环境中。

(2) 讨论分子氧同中心金属铱的结合方式，此时分子氧为π配体或π酸配体？

提示：已知中心金属Ir与两个氧原子等距。

(3) 膦配体的主要作用是什么？

（4）描述脱氧前后配合物中心金属 Ir 的 d 电子组态，绘出 d 轨道分裂图。

（5）你认为何种类型的过渡金属离子可以代替铱形成氧载体的中心，为什么？

7. 由 Fe(Ⅱ) 高-低自旋触发器引起血红蛋白大分子构象变化，使得其可逆载氧的生物功能得以实现，是一个简单的“无机”的变化引起很重要的生物功能的有趣例子（如图 4-10 所示）。请用配位化学的观点加以说明。

8. $MgAl_2O_4$ 是自然界中的尖晶石矿，它的基本构型是氧离子 O^{2-} 具有立方密堆积（*ccp*）的排列，四面体空隙的八分之一被 Mg^{2+} 占据，八面体空隙的二分之一被 Al^{3+} 占据。这种构型常用 $A[B_2]O_4$ 来表示，方括号中的离子是占据八面体空隙的离子。但是当 A 离子比 B 离子对八面体的位置更为优先时，常遇到反尖晶石构型即 $B[AB]O_4$，即 B 离子有一半在四面体空隙中，而 A 离子和另一半的 B 离子在八面体的空隙中。许多混合价金属氧化物，例如 $M^{II}M_2{}^{III}O_4$ 和 $M^{IV}M_2{}^{II}O_4$ 等分别具有尖晶石或反尖晶石构型（参见表 4-16）。

（1）对于 $FeMn_2O_4$，就金属离子及其氧化态（只需考虑 +2 和 +3 价态）的所有置换方式，以 Δ_o（或 Dq）为单位计算配体场稳定化能（LFSE）。假设 $\Delta_t = 4/9\Delta_o$，$(\Delta_o)_{Fe} = (\Delta_o)_{Mn}$，Fe 和 Mn 的氧化物都呈高自旋态。

（2）根据计算的 LFSE，推测 $FeMn_2O_4$ 的结构，此结构可能是尖晶石还是反尖晶石构型？

（3）如果氧化物的形式为 $MnFe_2O_4$，情况又是如何？请用计算说明。

9. 请举出几个实验事实来指出静电晶体场理论的致命缺陷。

10. 根据表 4-8 和表 4-9 的数据，计算 $[Fe(C_2O_4)_3]^{3-}$ 的 B' 值。

11. 设平面四方形配合物 *trans*-ML_2X_2 的四个配体各含有一对互相垂直的 π 轨道，试求出以这 8 个 π 轨道为基的可约表示和不可约表示（不必写出 8×8 阶方阵，但必须用“简单方法”写出每个 π 轨道在每一类对称操作下的变换）。

12. 设八面体配合物的六个配体各含有一对互相垂直的 π 轨道，试求出以这 12 个 π 轨道为基的可约表示和不可约表示（不必写出 12×12 阶方阵，但必须用“简单方法”写出每个 π 轨道在每一类对称操作下的变换）。

13. 已知金属羰基配合物等金属有机化合物中的成键电子数较严格地遵守 18 电子规则，请给出合理的解释。

14. 请介绍你认为最有说服力的两种实验方法，证明过渡金属配合物的 d 电子是在分子轨道中，而不是在 d 轨道上。

15. 请用配合物的分子轨道理论解释光谱化学序列中配体场理论难以解释的事实，要求举例说明。

16. 用角重叠模型计算三角形和立方体配合物的 d 轨道能量，并画出能级图（忽略 π 轨道的贡献）。

提示：可将立方体看作两个四面体的叠加。

17. 根据角重叠模型计算中心原子 d 电子数为 0～10 的下列配合物的结构优选能：

八面体—平面正方形，八面体—四面体。

18. 求出 d 轨道在平面六边形中的能量改变，并写出这种构型的 AOMSE 公式。

19. 写出配位数为 5 的三角双锥和四方锥两种构型的 AOMSE 公式，画出能级图（忽略 π 轨道的贡献）并求出 d^6 组态的 AOMSE 值和讨论有关配合物的构型。

第5章 配合物的电子光谱和磁学性质

5.1 配合物的d-d跃迁电子光谱

过渡金属配合物的电子光谱在配位化学的发展中占有极其重要的地位。为了解释涉及激发态性质的配合物电子光谱，曾促进了晶体场理论的发展，如今也还在继续推动着配体场理论和分子轨道理论的发展。可以认为，成功地解释配合物的d-d跃迁电子光谱是配体场理论对配合物化学键理论的重要贡献之一。虽然迄今分子轨道理论已有较广泛的应用，但是采用配体场理论解释配合物的d-d跃迁，确实有其独到简捷之处。

5.1.1 配合物的颜色及其深浅不同的由来[1]

5.1.1.1 可见光谱和色觉[2]

可见光谱的波长范围为380～780nm。不同波长的可见光辐射引起人不同的颜色感觉，单一波长的光辐射表现为一种颜色，称为单色光或光谱色。通过太阳光的色散可以获得按波长连续分布的光谱色，如红、橙、黄、绿、青、蓝、紫等。可见光谱可以分成九个相互区别的区域，如表5-1和图5-1所示。实际上，单色光的颜色是连续变化的，一种颜色对应着一段波长范围且界限并不严格。

表5-1 物质颜色和吸收光颜色的关系

物质颜色（视色）	吸收光		物质颜色（视色）	吸收光	
	颜色(光谱色)	波长范围/nm		颜色(光谱色)	波长范围/nm
黄绿	紫	380～450	紫	黄绿	550～570
黄	蓝	450～480	蓝	黄	570～589
橙	绿蓝	480～490	绿蓝	橙	589～627
红	蓝绿	490～500	蓝绿	红	627～780
紫红	绿	500～550			

颜色视觉（色觉）是建立在各种物理学、化学、生理学和心理学过程上的一种生理感觉。光可被气体、液体或固体物质全部吸收、部分吸收或者不完全吸收。未被直接吸收的光仍可以在液体或固体的表面上反射或从气体、液体或透明的固体透过。无论直接来自光源、从物体表面反射或者是通过介质透射，所有这些不同形式的光到达人眼中视网膜并引发了光化学过程，接着在视觉颜料中发生一系列与光无关的反应。最终，在人眼和大脑间发生复杂的神经化学信息传递，产生了色觉。人眼的色觉不仅取决于吸收波长这一关键因素，而且也取决于吸收带的形状。吸收带越窄、斜率越大，则色光越纯，色彩越艳。人眼还对可见光谱的不同波段具有不同的敏感度。

表5-1和图5-1所指的视色（或互补色）是在白光中去掉某一波段之后，其余波段色光

---

[1] 章慧．络合物的颜色及其深浅不同的由来．大学化学，1992，7（5）：19-23。

[2] （a）［瑞士］Heinrich Zollinger著．色素化学：第二章．吴祖望，程侣柏，张壮余译．北京：化学工业出版社，2005；（b）薛朝华编著．颜色科学与计算机测色配色实用技术：第一章．北京：化学工业出版社，2004。

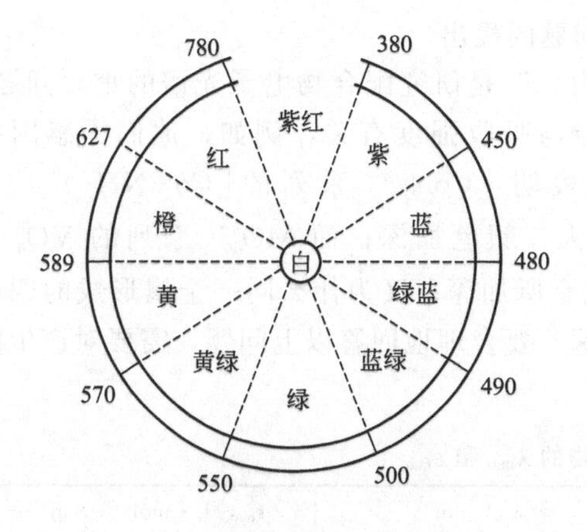

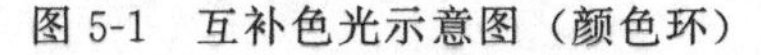
图 5-1　互补色光示意图（颜色环）

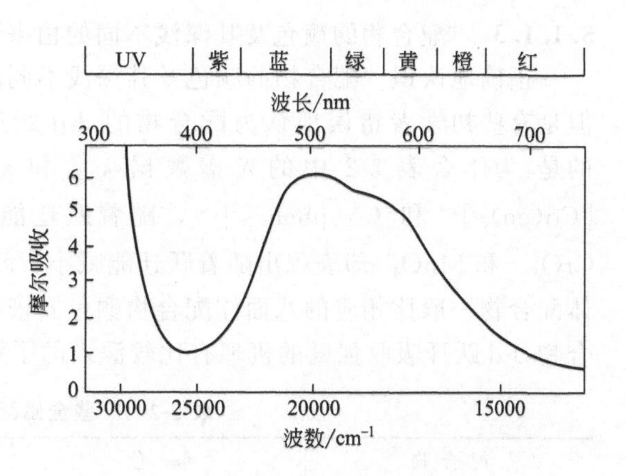

图 5-2　$[Ti(H_2O)_6]^{3+}$ 水溶液的可见光谱

的混合所产生的光感。已知 $[Ti(H_2O)_6]^{3+}$ 的水溶液为紫红色，图 5-2 形象地示出其光谱色和视色之间的关系。

5.1.1.2　配合物颜色和吸收强度的基本概念

物质的颜色是基于它们在可见光（Vis）区范围内吸收电磁波的能力。此过程通常伴随着在紫外线（UV，200～380nm）区的吸收。当吸收紫外线或可见光时，物质的分子获得能量，使其电子跃迁至更高能级。在可见光区吸收的能量约为 170～300kJ · mol^{-1}，在近紫外或远紫外区吸收的能量约为 300～12000kJ · mol^{-1}。由此可见，UV 和 Vis 吸收光谱都产生于电子跃迁，只是所涉及的跃迁能大小不同而已。物质能够选择性地吸收不同波长的光主要与其本身结构有关的不同生色团所引起的电子跃迁有关。

对于配合物的单电子体系，其吸收光谱可解释为单个电子在不同能级分子轨道间的跃迁。多电子体系则牵涉到较复杂的谱项间跃迁。由于 d-d 跃迁（或荷移跃迁）能不同，配合物所呈现的颜色是白光经过不同选择吸收后的不同互补色。配合物在可见光区最大吸收峰（λ_{max}）的位置基本上决定着它的颜色。对于多电子体系，一般有数个吸收峰 λ_{max}、λ'_{max} 等都落在可见光范围内，则配合物的颜色就是它们混合光带的互补色。

配合物的吸收强度[❶]是指在某个特定波长和一定条件下配合物摩尔消光系数 ε(L · mol^{-1} · cm^{-1})的大小，也即表示其 d-d 跃迁（或荷移跃迁）概率的大小。

本书将采用红移（bathochromic shift）或蓝移（hypsochromic shift）来表示吸收峰向长波区或短波区移动的现象；另采用增色（hyperchromic change，加深或吸收增强）或减色（hypochromic change，变浅或吸收减弱）来表示摩尔消光系数 ε（吸收强度）数量级增大或减小的现象。

当配合物的中心金属为非闭壳层结构时，其绚丽多彩的颜色大都来自于 d-d 跃迁，因为配体场分裂能 Δ 基本上位于可见光区范围内。例如，对于第一过渡系的八面体配合物，Δ_o 约为 10000～30000cm^{-1}，相应的波长范围是 1000～330nm。已知 $[Co(NH_3)_6]^{3+}$ 的 λ_{max} 位于 472nm 处，这相当于吸收蓝色可见光（光谱色），可观察到的是它的互补色——橙黄色（视色）；$[CoF_6]^{3-}$ 中 d 轨道的分裂能较小，在可见区的 λ_{max} 位于 690nm 处，其光谱色为红色，视色为蓝绿色。表 5-2 列出物质的 λ_{max} 与其光谱色和视色的关系，熟悉这种关系就能由视色大致预测其主要谱带的位置。

---

❶　一般而言，吸收光谱和反射光谱是等价的，但对于固体的反射光谱，谱带的强度规律不是很确定。

5.1.1.3 “配合物的颜色及其深浅不同的由来”问题的提出

正确地认识“配合物的颜色及其深浅不同的由来”是研究配合物电子光谱的重要问题，但是有些初学者错误地认为配合物的 d-d 跃迁能与吸收强度有关，例如，他们深感困扰的是：为什么表 5-2 中的光谱数据 λ_{max} 和 ε_{max} 表明：$CoN_6{}^{3+}$ 系列的 $[Co(NH_3)_6]^{3+}$、$[Co(en)_3]^{3+}$ 和 $[Co(phen)_3]^{3+}$，随着跃迁能增大，颜色加深；而 MO_4^{n-} 系列的 VO_4^{3-}、CrO_4^{2-} 和 MnO_4^- 却表现出随着跃迁能减小，颜色有所加深；又为什么同一金属形成的四面体配合物一般比相应的八面体配合物颜色要来得深？要合理地回答以上问题，需要对产生配合物 d-d 跃迁吸收强度的机理有比较深入的了解。

表 5-2　一些金属配合物的 λ_{max} 和 ε_{max}

配合物	颜色	λ_{max}/nm	ε_{max}/L·mol^{-1}·cm^{-1}
$[Co(NH_3)_6]^{3+}$	黄色	472	56
$[Co(en)_3]^{3+}$	黄色	464	88
$[Co(phen)_3]^{3+}$	黄色	455	99
$[Co(tmen)_3]^{3+}$	红紫	504	177
$[VO_4]^{3-}$	无色	276	10^3
$[CrO_4]^{2-}$	黄色	373	1.4×10^3
$[MnO_4]^-$	红紫	528	2.4×10^3
$[CoCl_4]^{2-}$	蓝色	699	600
$[Co(H_2O)_6]^{2+}$	淡红	515	10

一般而言，研究配合物的颜色时主要涉及以下问题：为什么大多配合物有颜色？为什么不同的配合物有不同的颜色？为什么配合物的颜色深浅不一？这是因为：①d-d 跃迁（或荷移跃迁）所引起；②跃迁能不同；③在可见光区的跃迁概率（或吸收强度）不同。

其中②和③是两个完全不同的概念，在 d-d 跃迁中不能简单地将它们相关联（注意：在荷移跃迁中有可能将它们关联）。以下将应用 LFT、群论和分子轨道理论的基本概念和直观物理模型，从对称性出发，对产生 d-d 跃迁吸收强度的机理作出较合理的定性解释[1]。关于光谱吸收强度的数学推导、配合物谱项间的跃迁情况、谱带的指定及荷移跃迁等详情，可参考本章相关内容和相关文献[2]。

5.1.2 配合物电子光谱的一般形式和选律

5.1.2.1 配合物电子光谱的一般形式

配合物吸收光谱的一般形式如图 5-3 所示。一般来说，配合物的 UV-Vis 光谱显示出两大类型的跃迁谱带，这两类谱带大体上以 350～400nm 为界，在低能一侧一般是 d-d 跃迁谱带，也称中心离子谱带或 MC(metal-centered) 跃迁，高能一侧则主要是电荷转移（charge transfer，CT）谱带。

(1) d-d 跃迁

即仍在基本上属于原先金属 d 轨道上的跃迁，其特点为：谱带或窄或宽，大多较弱，摩尔消光系数 ε 在 $1\sim10^3$ L·mol^{-1}·cm^{-1}之间（$\varepsilon<1$L·mol^{-1}·cm^{-1}为自旋和宇称双重禁阻跃迁），吸收范围 10000～30000cm^{-1}。这类谱带一般是自旋允许、宇称禁阻的，或弱允许的，它们包含着中心离子的电子间相互作用、晶体场作用和轨旋耦合的信息。

---

[1] 由于略去严格的数学推导及说明吸收强度的有关理论，这种定性解释是比较粗糙的，但基本上能说明问题。

[2] 徐光宪，王祥云著．物质结构．第 2 版．北京：高等教育出版社，1987：406-408。

（2）电荷转移跃迁及配体谱带

特点为宽而强的谱带，能观察到的多为自旋和宇称双重允许的跃迁，ε 为 $10^3 \sim 10^6 L \cdot mol^{-1} \cdot cm^{-1}$，它们通常位于紫外区，主要有下列几种类型。

① 金属-配体间的电荷转移带。发生在主要为配体性质的分子轨道和主要为中心离子成分的分子轨道之间。又根据电荷转移的方向，可分为金属氧化带 M→L(简称 MLCT)和金属还原带L→M（简称 LMCT)。

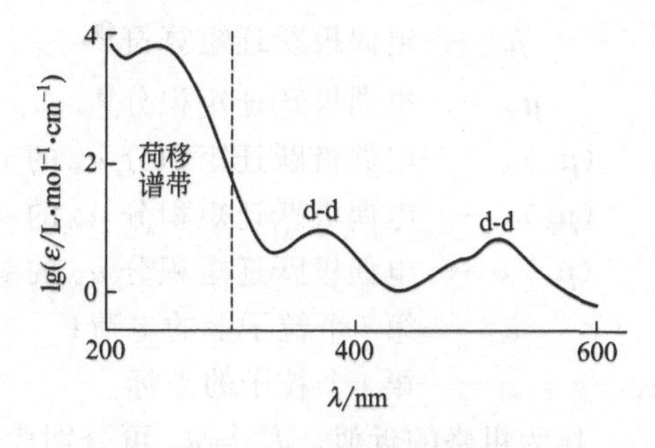

图 5-3　过渡金属配合物电子光谱的一般形式

② 混合价配合物内不同氧化态金属之间的电荷转移 M→M（称价间 IT 跃迁）。例如普鲁士蓝［KFe(Ⅲ)Fe(Ⅱ)(CN)］（深蓝色），许多［Cu(I)Cu(Ⅱ)］（深棕色）、［Pt(Ⅱ)Pt(Ⅳ)］（铂蓝）、［Ru(Ⅱ)Ru(Ⅲ)］体系，以及异核［Fe(Ⅱ)Ru(Ⅲ)］、［Cu(Ⅱ)Ru(Ⅱ)］等体系都显示这类特征的跃迁。

③ 配体内的跃迁 L→L（π→π*、n→π* 等），也称 LC(ligand-centered）跃迁。严格地说，它们不属于荷移跃迁，但这类跃迁常常同荷移谱带叠置在一起，故本书中将它们一起称为配体谱带。

有时荷移跃迁的能级差较小，它可能出现在可见光区而掩盖了 d-d 跃迁，例如 $[Fe(phen)_3]^{2+}$ 的红色就是由于 MLCT 所引起的。研究荷移光谱对于了解光化学氧化-还原反应的本性极为重要。

d-d 跃迁谱带一般可用配体场理论解释，而荷移光谱则要用分子轨道理论解释。本节只讨论 d-d 跃迁引起的电子吸收光谱，5.2 节中将详细讨论荷移光谱。

5.1.2.2　谱带强度和选律

（1）ε_{max} 与吸收强度的关系

在量子化学中，当考虑电子波函数 ψ_e❶ 与振动波函数 ψ_v、自旋波函数 ψ_s 等无关的一级近似处理，f（振子强度）可作为吸收强度的一种量度，它与偶极强度 D 成正比。

$$f \propto D = \left| \int \psi_a \hat{\mu}_e \psi_b \, d\tau \right|^2 = \mu_{ab}^2 \tag{5-1}$$

$$\boldsymbol{\mu}_e = \boldsymbol{\mu}_x + \boldsymbol{\mu}_y + \boldsymbol{\mu}_z = \sum_i e_i x_i + \sum_i e_i y_i + \sum_i e_i z_i$$

$$\boldsymbol{\mu}_{ab}^2 = [(\boldsymbol{\mu}_x)_{ab}^2 + (\boldsymbol{\mu}_y)_{ab}^2 + (\boldsymbol{\mu}_z)_{ab}^2]$$

$$(\boldsymbol{\mu}_x)_{ab} = \langle \psi_a | \boldsymbol{\mu}_x | \psi_b \rangle$$

$$(\boldsymbol{\mu}_y)_{ab} = \langle \psi_a | \boldsymbol{\mu}_y | \psi_b \rangle$$

$$(\boldsymbol{\mu}_z)_{ab} = \langle \psi_a | \boldsymbol{\mu}_z | \psi_b \rangle$$

式中　f——振子强度，可作为吸收强度的一种量度，一般 $f=0.01 \sim 1$，相当于 $\varepsilon = 10^3 \sim 10^5 L \cdot mol^{-1} \cdot cm^{-1}$；

D——偶极强度，为电偶极跃迁矩❷积分的平方；

ψ_a——基态波函数；

ψ_b——激发态波函数；

❶ 当考虑电子波函数时，Ψ 表示谱项波函数，ψ 表示轨道波函数。

❷ 跃迁矩可以是电偶极矩、磁偶极矩、多极矩或极化张量的变化，这里主要考虑电偶极矩 $(\mu_e)_{ba}$，因为它一般能获得最大的强度。

$\hat{\mu}_e$——电偶极跃迁矩算符❶；

$\boldsymbol{\mu}_{ab}$——电偶极跃迁矩积分❷，$\mu_{ab}=\int\psi_a\hat{\mu}_e\psi_b\,\mathrm{d}\tau$；

$(\boldsymbol{\mu}_x)_{ab}$——电偶极跃迁矩积分 μ_{ab} 的 x 分量；

$(\boldsymbol{\mu}_y)_{ab}$——电偶极跃迁矩积分 μ_{ab} 的 y 分量；

$(\boldsymbol{\mu}_z)_{ab}$——电偶极跃迁矩积分 μ_{ab} 的 z 分量；

e_i——第 i 个粒子上的电荷；

x_i，y_i，z_i——第 i 个粒子的坐标。

作为粗略的近似，ψ_a 与 ψ_b 可分别代表跃迁始态和终态的单电子波函数（轨函或轨道），而 Ψ 代表始、终态的谱项波函数。若 ψ_a 与 ψ_b 所代表的单电子轨道符合一定的对称性条件，且两轨道的重叠程度较大时，则式(5-1) 的积分就有较大的数值，从能态 $a\rightarrow b$ 的跃迁可得到较高的吸收强度。

以 $\varepsilon_{\max}$ 表示某个 $\lambda_{\max}$ 处的摩尔消光系数，可通过以下经验公式近似计算振子强度。

$$f\approx 4.6\times10^{-9}\varepsilon_{\max}\delta \tag{5-2}$$

式中 $\varepsilon_{\max}$—— 某个 $\lambda_{\max}$ 处的摩尔消光系数；

δ—— 该谱峰的“半宽度”，即在 $\varepsilon_{\max}/2$ 处的频率宽度，以波数 cm^{-1} 表示。

由式(5-1) 可知，若跃迁电偶极矩 $\boldsymbol{\mu}_{ab}$ 的三个分量均为零，则 f 和 $\varepsilon_{\max}$ 皆为零，电偶极矩跃迁就是禁阻的；反之，只要三个分量中至少有一个不为零，则此跃迁为允许的。因此，判断某个电偶极矩跃迁是否允许归结为判断表示电偶极跃迁矩 $\boldsymbol{\mu}_{ab}$ 三个分量$(\boldsymbol{\mu}_x)_{ab}$、$(\boldsymbol{\mu}_y)_{ab}$ 和$(\boldsymbol{\mu}_z)_{ab}$ 的三个积分哪些不为零。即使没有好的波函数，我们仍可用群论的直积定理得到对称性选择定则的判据：被积函数的直积必须是全对称表示 A_1，或其不可约表示的直和中包含 A_1（参阅 3.5）。

(2) 电偶极跃迁矩积分的详细讨论❷

以上提及一级近似条件下的电偶极跃迁矩积分 μ_{ab}，它的平方决定跃迁概率：

$$\boldsymbol{\mu}_{ab}=\int\psi_a\hat{\mu}_e\psi_b\,\mathrm{d}\tau \tag{5-3}$$

更为严格地，应当考虑的跃迁矩积分 μ(transition-moment integral) 是 Franck-Condon 因子（与核坐标有关）、轨道波函数部分和自旋波函数部分三个积分的乘积❸：

$$\boldsymbol{\mu}=\underbrace{\int\psi_v\psi_v'\,\mathrm{d}\tau_n}_{\text{Franck-Condon因子}}\ \underbrace{\int\psi_a\hat{\mu}_e\psi_b\,\mathrm{d}\tau_e}_{\text{轨道波函数}}\ \underbrace{\int\psi_s\psi_s'\,\mathrm{d}\tau_s}_{\text{自旋波函数}} \tag{5-4}$$

式中 ψ_v—— 振动基态波函数；

ψ_v'—— 振动激发态波函数；

ψ_s—— 基态自旋波函数。

ψ_s'—— 激发态自旋波函数；

只要式(5-4) 中任何一个积分为零，则跃迁就是禁阻的，因此每个积分都具有选律的效力。

---

❶ 由于跃迁矩是一个矢量或张量，在不同的方向可能有不同的数值。当所考察的为较高对称性的分子时，例如具有 O_h 对称性的正八面体分子，则 $\hat{\mu}_e$和 μ_{ab} 均为“各向同性的”（x、y 和 z 同属于某个不可约表示）；当所考察的分子对称性较低时，例如，具有 D_{4h}对称性的平面正方形分子，则和 $\hat{\mu}_e$ 和 μ_{ab} 将可能是“各向异性的”（x、y 和 z 可能分属于不同的不可约表示）。因此，所涉及的跃迁矩积分也许只是一个积分，也可能分解为 2～3 个分量积分。

❷ (a) 周永洽编著．分子结构分析．北京：化学工业出版社，1991：123-127；(b) 金斗满，朱文祥编著．配位化学研究方法．北京：科学出版社，1996：13-19。

❸ 注意：$\hat{\mu}_e$ 不与 Franck-Condon 因子或自旋波函数作用。式(5-4) 的因子只限于双电子体系，对多电子体系不适用，因为多电子体系的全波函数不可能分解为自旋波函数和空间波函数的乘积。但有关的光谱选律仍是正确的。

与式(5-3) 比较，式(5-4) 更全面地考虑了振动波函数和自旋波函数对跃迁矩积分的贡献，尤其是 Franck-Condon 因子的贡献，这使得我们可以对在中心对称的环境下可能发生的强度较弱的 d-d 跃迁有一个较合理的解释。

(3) 选律[1]

选律最初是从实验中归纳出来的，后来获得量子力学的证明。可以根据式(5-1) ～ 式(5-4)，进一步来讨论配合物的 d-d 跃迁电子吸收光谱的选律，主要有以下三种。

① 对称性选律

已知凡角量子数为偶数的原子轨道(如 s、d 等) 都是中心对称的，而角量子数为奇数的原子轨道(如 p、f 等) 都是反对称的，这些轨道所固有的 g 或 u 特征称为宇称性。根据量子力学选律，如果体系存在反演中心，宇称性相同的能态之间的跃迁是禁阻的(称为宇称选律或 Laporte 选择定则)。

按照经典电磁理论，体系要辐射或吸收电磁波，其电荷分布应有变化，最简单也是最重要的情况是体系的电偶极矩在跃迁过程中要有变化。由式(5-1) 可以看出，电偶极矩跃迁概率正比于电偶极跃迁矩 $\boldsymbol{\mu}_{ab}$ 的平方 $\boldsymbol{\mu}_{ab}^2$，如果 $\boldsymbol{\mu}_{ab}^2$ 为零，则跃迁概率为零，这时我们说该跃迁是禁阻的。

所谓轨道选律，就是为使式(5-1) 中的电偶极跃迁矩的平方 $\boldsymbol{\mu}_{ab}^2$ 不为零时，对于始态和终态的波函数(轨函) 中的量子数所施加的限制条件。

让我们考虑一个单电子体系，由于凡含有对称中心的点群中的向量 $\boldsymbol{\mu}_e$ 及其所有的分量($\boldsymbol{\mu}_x$、$\boldsymbol{\mu}_y$ 和 $\boldsymbol{\mu}_z$) 必定属于反对称的不可约表示。因此，要使电偶极跃迁矩积分 $\boldsymbol{\mu}_{ab}$ 不为零，则跃迁始、终态单电子波函数(轨道) ψ_a 和 ψ_b 必须具有不同的宇称性，它们之间才有一定的跃迁强度。因为：

$$g\otimes u\otimes g=u \quad \text{禁阻}$$
$$g\otimes u\otimes u=g \quad \text{允许}$$
$$u\otimes u\otimes u=u \quad \text{禁阻}$$

从数学的角度看，u 可以看作奇函数，g 可看作偶函数，只有偶函数在遍及整个空间的积分才不为零。所以在含对称中心的配合物中，不同宇称轨道间的跃迁电偶极矩积分值不为零，而同宇称轨道间的跃迁是禁阻的。即宇称选律为：

$$g\not\leftrightarrow g \quad d\not\leftrightarrow d \quad s\not\leftrightarrow s \quad \text{禁阻}$$
$$u\not\leftrightarrow u \quad p\not\leftrightarrow p \quad f\not\leftrightarrow f \quad \text{禁阻}$$
$$g\leftrightarrow u \quad p\leftrightarrow d \quad d\leftrightarrow f \quad \text{允许}$$

推广之，对于不含对称中心的分子，根据群论的直积定理，仅当 ψ_a、$\hat{\mu}_e$ 和 ψ_b 所属不可约表示的直积 $\Gamma_1\otimes\Gamma_2\otimes\Gamma_3$ 分解为 $\Gamma_a+\Gamma_b+\Gamma_c\cdots$ 为该分子所属点群的全对称不可约表示或包含全对称不可约表示时，跃迁矩积分才不为零，这种跃迁称为对称性允许跃迁。在这种情况下，只需根据该分子所属点群以及 ψ_a、$\hat{\mu}_e(x, y, z)$ 和 ψ_b 所属的不可约表示，就可导出电偶极跃迁的对称性选律来。可以认为上述轨道-宇称选律是对称性选律的一个特例，因此，在具有对称中心的配合物中，其 d-d 跃迁是宇称禁阻的。含对称中心的第一过渡系金属配合物的 d-d 跃迁，其 ε 值通常小于 $10^2 L\cdot mol^{-1}\cdot cm^{-1}$。

② 自旋选律

由自旋波函数的正交性可以推出，如果式(5-4) 中的 $\psi_s\neq\psi_s'$，则积分 $\int\psi_s\psi_s'\mathrm{d}\tau_s$ 必定为

---

[1] 徐光宪，王祥云著．物质结构．第 2 版．北京：高等教育出版社，1987：406-408。

零，跃迁是自旋禁阻的。这就是说，自旋允许跃迁必定是两个自旋多重度相同的电子状态之间的跃迁。这就是有名的自旋选律。自旋选律是最容易应用的一个选律。因为它明确断定 $\Delta S=0$ 的跃迁是自旋允许的；而 $\Delta S\neq 0$ 的跃迁是自旋禁阻的，其 ε 值通常比同类自旋允许的跃迁低几个数量级。同时，自旋选律也是一个最严格的选律，因为它的基础是自旋波函数的正交性，受所作近似假设的影响最小。

③ 电振子选律

在前面的讨论中，我们暂时忽略了式(5-4) 所示跃迁矩积分中的 Franck-Condon 因子，即振动波函数对积分的贡献。实际上，分子是在不断振动着的，尤其对于一些含对称中心的分子，某些振动模式会破坏分子的中心对称性；我们更关心的是在已经被认定为宇称禁阻跃迁的这类分子中，某些电振子状态之间的跃迁在振动瞬间是否会变成允许的。因此，可以将式(5-4) 改写为：

$$\mu=\int(\psi_a\psi_v)\hat{\mu}_e(\psi_b\psi'_v)\mathrm{d}\tau_{en}\int\psi_s\psi'_s\,\mathrm{d}\tau_s \tag{5-5}$$

考虑一个自旋允许的跃迁，则式(5-5) 中的第一个积分因子就是电振子选律的基础，若该积分不为零，则跃迁就是电振子允许的（也称振动-电子耦合允许）。

电振子选律也是比较容易被应用的。因为式(5-5) 所示积分中的基态振动波函数 ψ_v 定属于全对称的表示，所以我们只需考察激发态振动波函数 ψ'_v 的对称性。因此要判断宇称禁阻跃迁是否有可能通过与振动跃迁的耦合变成电振子允许的，只要看分子是否具有同对称性选律三重直积的任何一个分量对称性相同的振动模式。也就是说，如果有一种正则振动，只要它的激发态 ψ'_v 所属不可约表示与 $\psi_a\hat{\mu}_e\psi_b$ 所属不可约表示的直积分解所得直和 $\Gamma(\psi_a\otimes\hat{\mu}_e\otimes\psi_b)$ 的其中一个对称性相同，则式(5-5) 就有非零值。换言之，虽然 $\psi_a\hat{\mu}_e\psi_b$ 所属不可约表示的直积分解所得直和$\Gamma(\psi_a\otimes\hat{\mu}_e\otimes\psi_b)$ 中不包含 A_1，但 $\psi_a\hat{\mu}_e\psi_b\psi'_v$ 所属不可约表示的直积分解所得直和$\Gamma(\psi_a\otimes\hat{\mu}_e\otimes\psi_b\otimes\psi'_v)$中却可能含有 A_1，所以这种跃迁是振动-电子耦合允许的。

以 d^1 组态的八面体配合物 $[Ti(H_2O)_6]^{3+}$ 为例，其基态谱项为$^2T_{2g}$，激发态谱项为^2E_g，在 O_h 群中，$\hat{\mu}_e(x, y, z)$ 属于 T_{1u}不可约表示，同时这个配合物伴有以下振动模式[❶]：

$$A_{1g}+E_g+T_{2g}+2T_{1u}+T_{2u} \tag{5-6}$$

对于$^2T_{2g}\rightarrow{}^2E_g$ 跃迁，则有：

$$T_{2g}\otimes T_{1u}\otimes E_g=A_u+A_{2u}+E_u+2T_{1u}+2T_{2u}$$

显然，在宇称选律三重直积分解所得不可约表示的直和中，包含有与式(5-6) 的振动模式相同对称性的不可约表示，所以在发生$^2T_{2g}\rightarrow{}^2E_g$ 电子跃迁的同时，如果伴有对称性为 T_{1u}或 T_{2u}的振动激发，该跃迁就是电振子允许的，但其吸收强度较小，$[Ti(H_2O)_6]^{3+}$ 的摩尔消光系数 ε 仅为 $6L\cdot mol^{-1}\cdot cm^{-1}$。通俗地讲，由于 $[Ti(H_2O)_6]^{3+}$ 的$^2T_{2g}\rightarrow{}^2E_g$ 跃迁与具有 T_{1u}或 T_{2u}对称性的振动模式耦合，移走了体系的反演中心，因此该配合物的 d-d 跃迁在伴随着 T_{1u}或 T_{2u}模式振动的瞬间不再严格遵守宇称选律。一些常见构型配合物的简正振动模式见表 5-3。

(4) 选律的松弛 (relaxation)

选律的松弛是指对选律更为精确的深层次讨论。例如，虽然含有对称中心配合物的 d-d 跃迁是宇称禁阻的［即在一级近似条件下式(5-3) 所示的电偶极跃迁矩积分 μ_{ab} 为零］，大多

---

❶ 麦松威，周公度，李伟基．高等无机结构化学．北京：北京大学出版社，香港：香港中文大学出版社，2001：239-241。

表 5-3 一些常见构型配合物的简正振动模式

配合物	点群	振动模式
ML_6	O_h	$A_{1g}+E_g+T_{2g}+2T_{1u}+T_{2u}$
ML_6	D_3	$3A_1+2A_2+5E$
ML_5	D_{3h}	$2A_1+3E'+2A_2''+E'$
ML_5	C_{4v}	$3A_1+2B_1+B_2+3E$
ML_4	D_{4h}	$A_{1g}+2B_{1g}+B_{2g}+A_{2u}+B_{2u}+2E_u$
ML_4	C_{4h}	$A_g+2B_g+A_u+B_u+2E_u$
ML_4	T_d	A_1+E+2T_2
ML_4	D_{2d}	$2A_1+B_1+2B_2+2E$
ML_4L_2'	D_{4h}	$2A_{1g}+B_{1g}+2B_{2g}+E_g+2A_{2u}+B_{2u}+3E_u$
ML_2L_2'	D_{2h}	$2A_g+B_{1g}+2B_{1u}+2B_{2u}+2B_{3u}$
ML_3L'	C_{3v}	$3A_1+3E$
ML_2L_2'	C_{2v}	$4A_1+A_2+2B_1+2B_2$

注：表格引自 Lever A B P. Inorganic Electronic Spectroscopy. 2nd Ed. Amsterdam：Elseiver，1984：170。

数正八面体配合物仍然有着丰富多彩的美丽颜色，这说明选律只是严格适用于选律所依据的理想化模型。在一些情况下，即使电偶极矩矩阵元为零，按式(5-4) 考虑，相应的跃迁仍有一定概率发生，表现出较弱的吸收，也就是发生所谓"弱允许跃迁"。一般而言，在几种已知的选律松弛机理中，d-p 轨道的混合最为有效，此外，还存在振动-电子耦合、强度潜移、M-L 共价相互作用、磁偶极矩跃迁、轨旋耦合等对 d-d 跃迁强度的贡献。以下对几种比较重要的选律松弛机理进行详细讨论。

① d-p 轨道的混合　缺乏反演中心的配合物的 d-d 跃迁可以在某种程度上不受宇称选律的限制，这就是正四面体配合物的颜色往往比相应的正八面体配合物颜色深的原因（摩尔消光系数要大 100 倍左右，见图 5-4）。定性地说，这是由于所谓的"d-p 混合"造成的。因为四面体配合物不存在对称中心，在它的分子轨道中可以同时含有 d 和 p 的成分。在 d-d 跃迁中，当电子从 $2e$ 轨道跃迁到 $3t_2$ 轨道时（图 5-5），就可能包含有从 d_{z^2} 或 $d_{x^2-y^2}$ 轨道跃迁到 p_x、p_y 或 p_z 轨道的成分，即呈现部分 d↔p 宇称允许跃迁的特征，其跃迁强度正比于 d-p 混杂的真实程度，可用合适的波函数计算。按群论的语言，配合物价层的三个 np 轨道与 d_{xz}、d_{yz}、d_{xy} 轨道都按不可约表示 t_2 变换，所以 $3t_2$ MO 可以是金属 d 和 p 轨道的混杂。从 $CoCl_4^{2-}$（深蓝）和 $Co(H_2O)_6^{2+}$（浅粉红）的 ε 值对比（图 5-4）即可说明对称性允许跃迁的贡献。

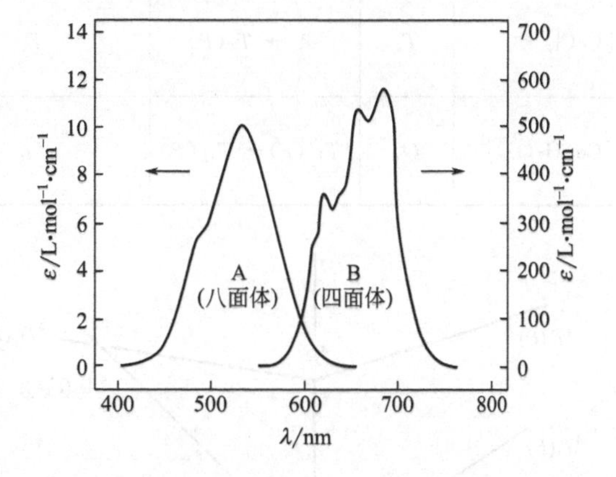

图 5-4 $[Co(H_2O)_6]^{2+}$（曲线 A）和 $[CoCl_4]^{2-}$（曲线 B）的可见光谱

根据 d^7 组态配合物电子跃迁的定性能级图（图 5-6），再应用对称性选律，即可知图 5-4 中的峰 B 代表对称性允许的跃迁，峰 A 代表对称性禁阻的跃迁，如表 5-4 所示。实际上，对于非中心对称的体系，真实的轨道 ψ_e（ψ_a 及 ψ_b）不可能有确定的宇称，而必定是某些不同宇称轨道的线性组合，为此，$\psi_a\,\hat{\mu}_e\psi_b$ 所属不可约表示的直积中就可能含有全对称表示 A_1，即该跃迁为对称性允许的。

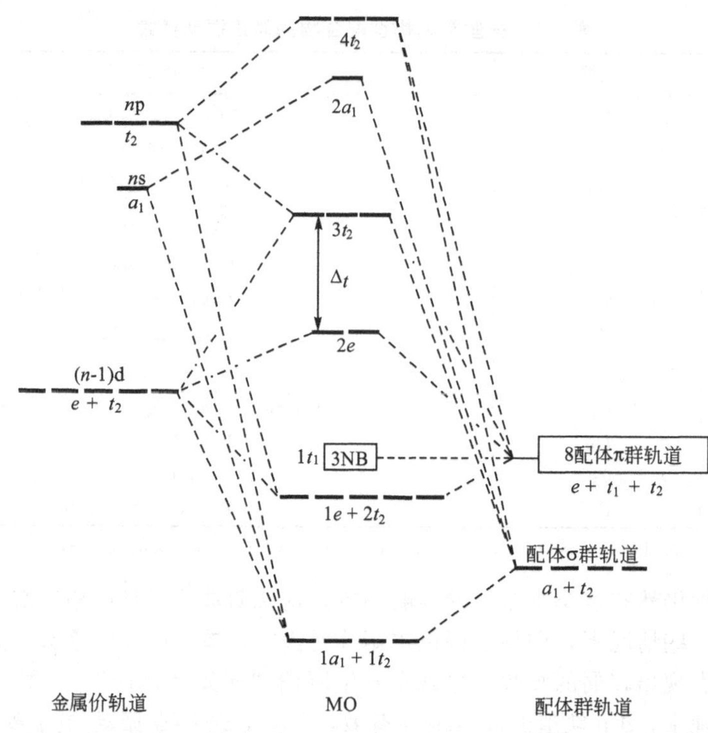

图 5-5 四面体配合物 ML_4 （L＝卤素离子）的定性分子轨道能级图

表 5-4 正八面体和正四面体 Co(Ⅱ) 配合物的 λ_{max} 指定及跃迁类型分析

配合物	点群	λ_{max}的指定	$\hat{\mu}_e(x,y,z)$所属表示	$\psi_a\hat{\mu}_e\psi_b$ 表示的直积及跃迁类型
$[CoCl_4]^{2-}$	T_d	$^4A_2 \rightarrow {}^4T_1(P)$	T_2	$A_2 \otimes T_2 \otimes T_1 = A_1 + E + T_1 + T_2$ 振动模式：$A_1 + E + 2T_2$ 对称性允许跃迁
$[Co(H_2O)_6]^{2+}$	O_h	$^4T_{1g}(F) \rightarrow {}^4T_{1g}(P)$	T_{1u}	$T_{1g} \otimes T_{1u} \otimes T_{1g} = A_{1u} + A_{2u} + 2E_u + 4T_{1u} + 3T_{2u}$ 振动模式：$A_{1g} + E_g + T_{2g} + 2T_{1u} + T_{2u}$ 电振子允许跃迁

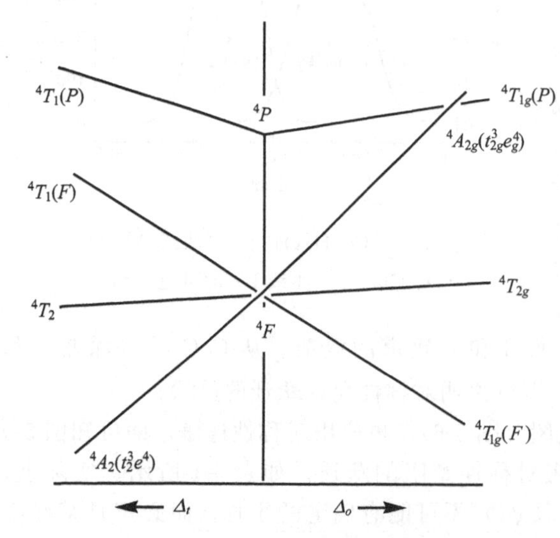

图 5-6 d^7 组态四面体和八面体配合物的四重态谱项能级示意图

不过，并非所有四面体配合物的 d-d 跃迁都因 d-p 混杂而允许（例如 $CoCl_4^{2-}$ 的$^4A_2 \rightarrow {}^4T_2$ 的跃迁就是对称性禁阻的），严格地应按对称性选律考虑跃迁矩积分是否具有非零值。四面体配合物对称性允许跃迁的 ε_{max} 通常为 $10^2 \sim 10^3 L \cdot mol^{-1} \cdot cm^{-1}$，由于跃迁所涉及的两个轨道本质上都还是 d 轨道（以 d 轨道的成分为主），宇称选律仍在一定程度上起作用，故它比起那些宇称允许的荷移跃迁来还是弱得多。

② 振动-电子耦合 分子是在不停地振动着的，在配合物中存在电子运动与振动的耦合，某些振动方式会使配合物暂时失去反演中心（图 5-7），比如，从 $O_h \rightarrow C_{4v}$，即具有按 T_{1u} 对称性振动的瞬间畸

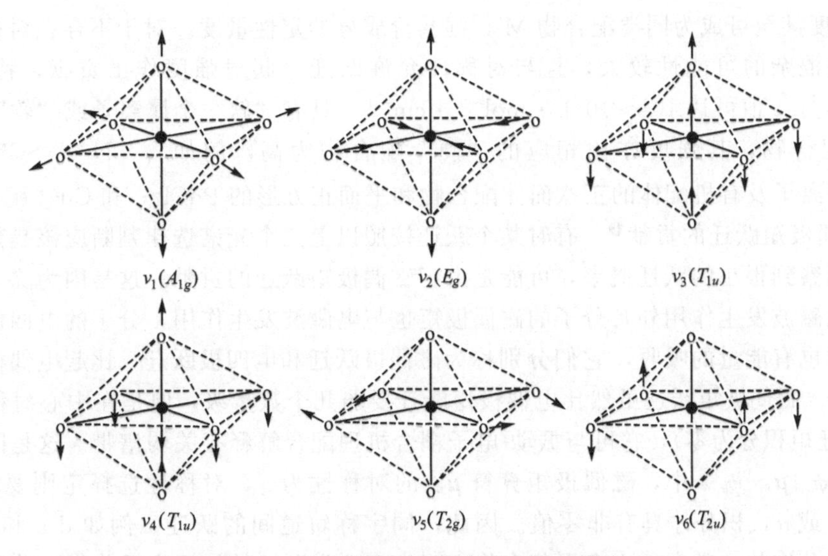

图 5-7 正八面体配合物的简正振动模式

变，这时 p_z、s 和 d_{z^2} 的对称性相同（a_1），p_x、p_y 与 d_{xz}、d_{yz} 也具有相同的对称性（e），有可能发生 d-p 混合；由于电子跃迁要比分子的振动快得多，因此在这些瞬间的某些 d-d 跃迁是宇称允许的，d-d 跃迁由此获得了一定强度，但这种偏离中心对称的状态只能维持于瞬间，对选律的松弛贡献不大，所获得的 d-d 跃迁强度仍然较弱（ε 大约为 1～50 $L \cdot mol^{-1} \cdot cm^{-1}$）。必须指出：不论是中心对称或非中心对称的配合物，振动-电子耦合机理是普遍存在的，但更多地对前者考虑该机理的贡献。

根据电振子选律的讨论，采用群论方法可以合理地说明式(5-4) 中的 Franck-Condon 因子对跃迁强度的贡献。例如，由表 5-4 的分析可知，对于 $[Co(H_2O)_6]^{2+}$ 的$^4T_{1g}(F) \rightarrow {}^4T_{1g}(P)$ 跃迁，其 $\psi_a \hat{\mu}_e \psi_b$ 所属不可约表示的直积中虽不含 A_{1g}，但含有 T_{1u} 和 T_{2u}；同时已知正八面体配合物的五种正则振动方式［式(5-6)］，显然，若发生$^4T_{1g}(F) \rightarrow {}^4T_{1g}(P)$ 电子跃迁时伴随着对称性为 T_{1u} 或 T_{2u} 的振动激发，则该跃迁虽是宇称禁阻但却是电振子允许的，故 $[Co(H_2O)_6]^{2+}$ 的 ε 相当小。

③“强度潜移”(intensity stealing)[1]　该机理实质上也是一种振动-电子耦合机理，它认为宇称禁阻的 d-d 跃迁可能与宇称允许的荷移跃迁通过奇宇称的振动耦合，从而使跃迁矩具有非零值。由于宇称允许的荷移跃迁多发生在较高能处，当 d-d 谱带蓝移至接近荷移谱带时，常因此机理而增加强度。耦合的程度取决于 d-d 跃迁激发态与所耦合的荷移态之间的能量差，能量差越小，耦合程度越大。在配合物中，当 d-d 跃迁能较高、荷移跃迁能较低时，有可能发生这种耦合。亦有文献称之为“借”来强度机理［参阅 5.1.8.3 (1)］。

④ M-L 共价相互作用[2]　按分子轨道理论，在配合物中若金属与配体之间存在较大的共价作用，则基态与激发态都有可能发生对称性相同的金属 d 轨道与配体 p 轨道的混杂。例如图 5-5 表明在四面体 MX_4^{2-} 的 $3t_2$ 及 $2e$ 分子轨道中都有一定的配体 p 轨道的成分，类似于对缺乏对称中心配合物的讨论，这也是 d-d 跃迁强度增加的一个重要因素。此时所观察到的

---

[1] Lever A B P. Inorganic Electronic Spectroscopy. 2nd Ed. Amsterdam：Elseiver，1984：161-178。

[2] (a)［美］赖文 Ira N 著．分子光谱学．徐广智等译．北京：高等教育出版社，1985：127-136；(b) 徐光宪，王祥云著．物质结构．第 2 版．北京：高等教育出版社，1987：303-304，408；(c) 金斗满，朱文祥编著．配位化学研究方法．北京：科学出版社，1996：17。

d-d 跃迁强度甚至可成为同类配合物 M-L 键共价成分的定性量度。对于不存在对称中心的配合物，上述混杂的可能性较大，且与对称性允许跃迁一起对强度作出贡献，特别当 L 为“软”配体时，ε 值可达 $10^2 \sim 10^3 L \cdot mol^{-1} \cdot cm^{-1}$。具有“软”金属离子或“软”碱配体的中心对称配合物，其强度亦比相应的“硬”配合物为高，例如含 CN^-、SCN^-、N_3^-、OCN^- 等阴离子及有机配体的正八面体配合物和平面正方形的 $PdCl_4^{2-}$ 和 Cu^{2+} 配合物。

⑤ 磁偶极矩跃迁的贡献[1] 有时某个跃迁按照以上三个光谱选律判断应该是禁阻的，但实际上仍观察到很小的跃迁概率，可能是由于磁偶极矩跃迁的贡献。这是因为除了分子的电偶极矩与电磁波发生作用外，分子的磁偶极矩也与电磁波发生作用，分子的电四极矩在电场梯度改变时也有能量的吸收，它们分别称为磁偶极跃迁和电四极跃迁，比起电偶极矩跃迁的概率小得多。磁偶极矩跃迁虽然比电偶极矩跃迁要弱几个数量级，但是在中心对称的情况下(电偶极跃迁矩积分为零)，它可与振动-电子耦合机理配合解释有关弱谱带。这是因为在磁偶极跃迁矩 $\langle\psi_a|\boldsymbol{\mu}_m|\psi_b\rangle$ 中，磁偶极矩算符 $\boldsymbol{\mu}_m$ 的对称性为 g，对称性选择定则要求 ψ_a 与 ψ_b 两者均为 g 或 u，积分才具有非零值。因此，同宇称轨道间的跃迁，例如 d-d 和 f-f 跃迁都是磁偶极矩允许的，常在稀土金属化合物中观察到这类跃迁的特征窄吸收带。若以振子强度 f 表示，则对于允许跃迁近似有：

$$f(\text{电偶极矩}) \approx 1$$
$$f(\text{磁偶极矩}) \approx 10^{-5}$$
$$f(\text{电四极矩}) \approx 10^{-7}$$

⑥ 轨-旋耦合 (spin-orbit coupling) 上述讨论均涉及自旋允许的 d-d 跃迁。考虑到 $S \neq 0$ 的情况，若存在较强的轨-旋耦合时，不同的自旋态可以具有相同的总角动量 J（量子数），则两种不同的自旋态可以相互作用，作用的结果，S 不再是严格的好量子数，此时原为自旋禁阻的跃迁就不再是完全禁阻的，但由此获得的跃迁概率非常小。例如，某个单重态（$S=0$）至三重态（$S=1$）的跃迁原来是自旋禁阻的，但是由于存在轨-旋耦合，使得这两种状态具有了相同的 J 值，因此两种状态可能发生相互作用，使原来的单重态不再是纯单重态，原来的三重态也不再是纯三重态，即自旋多重度发生了混合。

$$\Psi = a\,{}^1\Psi + b\,{}^3\Psi \tag{5-7}$$

式中 ${}^1\Psi$——纯单重态；

${}^3\Psi$——纯三重态；

a——单重态的相对贡献系数；

b——三重态的相对贡献系数。

若 $a \gg b$，则基态基本上是单重态，但含有少量三重态的特性；激发态基本上是三重态，也含有少量单重态的特性，这就导致 $\int \psi_s' \psi_s \, d\tau_s \neq 0$，因此，自旋选律在某种程度上被松弛了。

(5) 对系列配合物 CoN_6^{3+} 和 MO_4^{n-} 颜色强度问题的回答

综上所述，可对 5.1.1.3 提及的系列配合物的颜色及其深浅不同的问题作出定性回答。

① 在 $CoN_6{}^{3+}$ 系列中，$[Co(NH_3)_6]^{3+}$ 是正八面体构型，只能通过振动-电子耦合获得

---

[1] (a) [美] 赖文 Ira N 著．分子光谱学．徐广智等译．北京：高等教育出版社，1985：127-136；(b) 徐光宪，王祥云著．物质结构．第 2 版．北京：高等教育出版社，1987：303-304，408；(c) 金斗满，朱文祥编著．配位化学研究方法．北京：科学出版社，1996：17。

很弱的强度；$[Co(en)_3]^{3+}$、$[Co(phen)_3]^{3+}$属于 D_3 对称性，缺乏对称中心，可能产生对称性允许的 d-d 跃迁（$\psi_a \hat{\mu}_e \psi_b$ 表示的直积中包含 A_1，见表 5-5），故颜色加深，但差别不大，说明八面体仍是它们有效的对称性。

表 5-5　对系列配合物 $[Co(N)_6]^{3+}$ 跃迁概率的解释

配合物(点群)	$[Co(NH_3)_6]^{3+}(O_h)$	$[Co(en)_3]^{3+}(D_3)$	$[Co(phen)_3]^{3+}(D_3)$
λ_{max}的指定	${}^1A_{1g} \rightarrow {}^1T_{1g}$	${}^1A_1 \rightarrow {}^1E(T_1)(x,y$ 偏振$)$ ${}^1A_1 \rightarrow {}^1A_2(T_1)(z$ 偏振$)$	${}^1A_1 \rightarrow {}^1E(T_1)(x,y$ 偏振$)$ ${}^1A_1 \rightarrow {}^1A_2(T_1)(z$ 偏振$)$
$\lambda_{max}/nm(\varepsilon/L \cdot mol^{-1} \cdot cm^{-1})$	472(56)	464(88)	455(99)
$\hat{\mu}_e(x,y,z)$所属表示	$T_{1u}(x,y,z)$	$A_2(z),E(x,y)$	$A_2(z),E(x,y)$
$\Psi_a \hat{\mu}_e \Psi_b$ 表示的直积	$A_{1g} \otimes T_{1u} \otimes T_{1g}=$ $A_{1u}+E_u+T_{1u}+T_{2u}$	$A_1 \otimes A_2 \otimes A_2=\mathbf{A_1}$ $A_1 \otimes E \otimes E=\mathbf{A_1}+A_2+E$	$A_1 \otimes A_2 \otimes A_2=\mathbf{A_1}$ $A_1 \otimes E \otimes E=\mathbf{A_1}+A_2+E$
振动模式	$A_{1g}+E_g+T_{2g}+2T_{1u}+T_{2u}$	$3A_1+2A_2+5E$	$3A_1+2A_2+5E$
跃迁类型	振动-电子耦合允许	对称性允许	对称性允许

② 在含氧酸根 MO_4^{n-} 系列中，VO_4^{3-}、CrO_4^{2-}、MnO_4^- 的跃迁本质是荷移跃迁，三者颜色深浅不同的原因并不是 ε 值的差别，而是前二者的最大吸收峰不落在可见光区，以致 VO_4^{3-} 为无色离子。

③ 同一金属形成的四面体配合物一般比相应的八面体配合物颜色要来得深，是由于在四面体配合物中存在“d-p 混合”，在较大程度上松弛了宇称禁阻。

总之，配合物的颜色一般决定于基态与激发态之间的跃迁能，而其强度则取决于能级间跃迁的概率。d-d 跃迁强度与配合物的非对称程度及金属与配体的性质有一定的关系，但 d-d 跃迁能与跃迁概率之间无必然的联系。①和②两个系列的配合物反映了 d-d 跃迁与荷移跃迁的不同机理，无法用同一“规律”去解释它们的颜色深浅。

(6) 跃迁形式与跃迁强度的一般规律

前已述及，电子吸收光谱的选律包括三个积分因子，这就产生允许或弱允许跃迁的相对“允许度”的问题。换言之，为不同选律所允许的跃迁在吸收强度上存在显著的差异。通过以上对选律及其松弛机理的讨论，我们可以对配合物的各种跃迁强度做出如表 5-6 中的归纳。需要说明的是，表 5-6 中的数据只是一般规律，实际上对配合物电子光谱的讨论并不如此简单。除了第一过渡系元素的配合物外，其他过渡金属配合物的分裂能 Δ 值往往很大，因而 d-d 跃迁和荷移跃迁带的重叠较多。再者，正如前面对轨-旋耦合松弛机理的讨论，大的轨-旋耦合常数使得我们不可能仅仅从吸收强度来判断该跃迁是自旋允许或自旋禁阻的，例如对于第二、三过渡系金属配合物，自旋禁阻跃迁的 ε 值也可能高达 $10^2 L \cdot mol^{-1} \cdot cm^{-1}$。当配合物的对称性不是正八面体时，则情况更为复杂。

表 5-6　不同类型配合物发生电子跃迁的摩尔消光系数

宇称选律	自旋选律	光谱类型	摩尔消光系数 ε $/L \cdot mol^{-1} \cdot cm^{-1}$	配合物类型及实例
允许	允许	荷移跃迁 LMCT,MMCT MLCT,LLCT	$10^3 \sim 10^6$	$KFe^{II}[Fe^{III}(CN)_6]$ $[Fe(bpy)_3]^{2+}$ 配体内 π-π*
禁阻	禁阻	d-d	$10^{-3} \sim 1$	第一过渡系高自旋态 d^5 型八面体配合物 例：$[Mn(H_2O)_6]^{2+}$　$\varepsilon_{435}=0.015 L \cdot mol^{-1} \cdot cm^{-1}$

续表

宇称选律	自旋选律	光谱类型	摩尔消光系数 ε /L·mol^{-1}·cm^{-1}	配合物类型及实例
禁阻(d-p 混合)	禁阻	d-d	1～10	第一过渡系高自旋态 d^5 型四面体配合物 例:$[MnBr_4]^{2-}$　ε_{455}=2.2 L·mol^{-1}·cm^{-1}
弱允许(d-p 混合)	允许	d-d	10^2～10^3	第一过渡系高自旋态四面体配合物 例:$CoCl_4^{2-}$　ε_{699}=600 L·mol^{-1}·cm^{-1} $CoBr_4^{2-}$　ε_{741}=1000 L·mol^{-1}·cm^{-1}
弱允许(d-p 混合)	允 许	d-d	50～500	不含对称中心的"准"八面体 Co(Ⅲ)配合物(特别是含大体积的配体或具有较大张力或变形性的体系) 例:$[CoCl(NH_3)_5]^{2+}$　ε_{534}=51 L·mol^{-1}·cm^{-1} $[Co(en)_3]^{3+}$　ε_{464}=88 L·mol^{-1}·cm^{-1} $[Co(edta)]^-$　ε_{538}=347 L·mol^{-1}·cm^{-1}
禁阻(振动-电子耦合允许) 还可能有:	允许	d-d	1～10	第一过渡系正八面体配合物 例:$[Ti(H_2O)_6]^{2+}$　ε_{500}=6 L·mol^{-1}·cm^{-1} $[Co(H_2O)_6]^{2+}$　ε_{515}=10 L·mol^{-1}·cm^{-1}
(1)强度潜移			约 10^2	(1)含"软"配体的正八面体配合物 例:$[Co(CNO)_6]^{2-}$　ε_{400}=266 L·mol^{-1}·cm^{-1}
(2)M-L 混合			约 10^2	(2)含对称中心的八面体或平面正方形共价配合物 例:$[PdBr_4]^{2-}$　ε_{495}=177 L·mol^{-1}·cm^{-1} $[RhBr_6]^{3-}$　ε_{552}=190 L·mol^{-1}·cm^{-1}

5.1.3 在配合物电子光谱研究中应用群论方法

由于引入群论方法，即使不做严格的量子化学计算，对配合物电子光谱的研究也可以定性地直接或间接获得下列有关配体场参数和结构信息：

① 配体场分裂能的大小，例如，八面体场分裂能 Δ_o；

② 配合物的立体化学（几何异构），例如，顺反异构；

③ 对称性环境的可能变形，例如，姜-泰勒变形；

④ 某些成键特性，例如，π 配体或 π 酸配体的性质对荷移谱带的影响；

⑤ 配体场强度，例如光谱化学序列；

⑥ 类似系列配合物的共价性程度，例如电子云扩展序列。

5.1.4 d^1 体系的电子光谱

通常，对一个实验所得的配合物电子光谱图，我们感兴趣的主要有三个方面：①谱带的指定和谱带数目，主要与配合物的配体场强度、电子结构和立体结构有关；②谱峰强度（以 ε 或 lgε 为单位），主要与配合物的立体结构、跃迁的本质有关；③谱带宽度，可能包含一些结构信息。因此，对于 $[Ti(H_2O)_6]^{3+}$（d^1 体系）的电子光谱（图 5-2），可作如下讨论。

（1）谱带的指定和谱带数目

由于涉及单电子跃迁，可近似地用轨道间跃迁来说明问题。显然唯一的 d-d 跃迁是 $t_{2g} \rightarrow e_g$ 的跃迁，在 $h\nu=\Delta_o=20500\text{cm}^{-1}$ 处有一个吸收带。配合物呈淡红紫色，是由于吸收曲线在这两种颜色的波段处极小，允许红光和紫光透过的缘故。

谱带的数目，或者说在紫外可见光谱图上会出现几个吸收峰，必须由群论方法来决定，这一问题将在 5.1.6 讨论。对于 d^1 体系，由于不存在电子间相互作用，只可能有一种跃迁方式，出现一个吸收峰，吸收峰所在位置代表了真实的 Δ_o 值。当体系存在两个或两个以上电子时，有多种状态存在。所产生的是谱项间的跃迁，并不等同于轨道之间的跃迁，故一般不能直接得到 Δ_o 值（参阅 5.1.6）。

（2）谱峰强度

$[Ti(H_2O)_6]^{3+}$的 ε 值相当小（$\varepsilon_{max}=6L\cdot mol^{-1}\cdot cm^{-1}$），说明在正八面体配合物中的 d-d 跃迁是宇称禁阻的。在本例中是一个自旋允许、宇称禁阻的跃迁。

（3）谱带宽度

$[Ti(H_2O)_6]^{3+}$的可见光谱表现出一般过渡金属配合物吸收光谱的典型特征——吸收带较宽。通常认为配合物 d-d 跃迁的谱带宽度与以下几个因素有关。

① 振动的贡献　由于热振动改变了 M-L 距离，同时改变了 Δ_o，从而使激发态出现许多次能级，d-d 跃迁在 λ_{max}附近一定能量范围内发生，引起谱带增宽。

② 姜-泰勒效应对吸收光谱的影响　在多数 Ti^{3+} 八面体配合物的可见吸收峰上可以观察到平肩，有时甚至会发生进一步分裂。例如，在 $[Ti(H_2O)_6]^{3+}$的吸收光谱（图 5-2）中，就可以观察到一个平肩，这就是激发态的姜-泰勒效应所造成的能级分裂而引起的。假设在电子跃迁瞬间，$[Ti(H_2O)_6]^{3+}$变形为轴向压扁的八面体[❶]（图 5-8），根据谱带形状可以推测 $[Ti(H_2O)_6]^{3+}$的激发态 e_g 轨道的分裂能 δ_1 较小，$b_{2g}\rightarrow b_{1g}$和 $b_{2g}\rightarrow a_{1g}$的轨道跃迁能虽有所不同，并不引起谱带的分裂，而只是对谱带宽度有贡献。

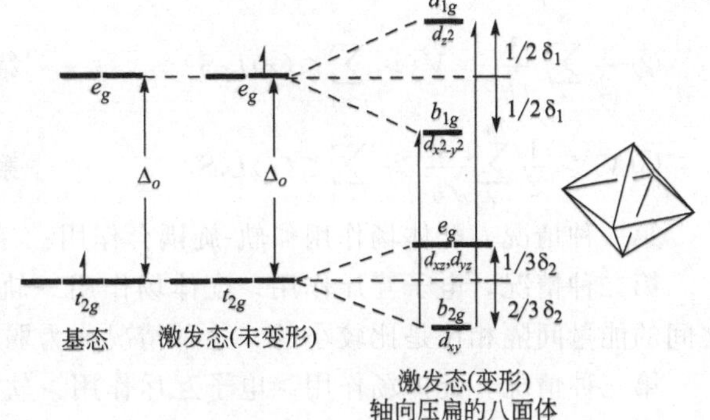

图 5-8　d^1 组态八面体配合物的激发态姜-泰勒变形

③ 轨-旋耦合也可以使谱项进一步分裂，从而使谱带加宽。

5.1.5 自由离子谱项在配体场中的分裂[❷]

5.1.5.1 中心离子的哈密顿函数

如 5.1.4 所述，可预见在 d^1 体系中只出现一个 d-d 跃迁吸收峰，并且已被实验证实。对于多电子体系，情况则要复杂得多。当考虑电子互斥作用和配体场作用能 V 的影响时，配合物中心离子的哈密顿算符将包含以下两项：

$$\hat{H}=\hat{H}_F+V \tag{5-8}$$

式中　$\hat{H}_F$——自由离子的哈密顿算符；

V——配体场势能项，可以看作是配体场对自由离子的微扰项。

一般来说，对于 Z 较小的轻原子（即可采用 L-S 耦合的原子），在书写哈密顿算符［式(5-9)］时，先考虑每个电子同核的库仑吸引，其次是电子互斥，再其次才是轨-旋耦合。LFT 考虑中心离子的哈密顿算符时，只不过是在上述次序的一个合适的地方加进配体场微扰项。

$$\hat{H}=\underbrace{-\frac{1}{2}\sum_{i=1}^{n}\nabla_i^2}_{\text{电子动能}}\;\underbrace{-\sum_{i=1}^{n}\frac{Z}{r_i}}_{\text{电子与核作用能}}\;\underbrace{+\frac{1}{2}\sum_{i\neq j}^{n}\frac{1}{r_{ij}}}_{\text{电子间相互排斥能}}\;\underbrace{+\sum_{i=1}^{n}\xi_i(r)L_iS_i}_{\text{轨-旋耦合}}\;\underbrace{+\;V}_{\text{配体场作用能}} \tag{5-9}$$

❶ 实际上由于 t_{2g}轨道的不对称占据，$[Ti(H_2O)_6]^{3+}$在基态时已轻微变形为轴向压扁的八面体，参考表 4-13。

❷ 主要参考：(a) 曹阳编．量子化学引论．北京：人民教育出版社，1980：421-422；(b) 徐光宪，王祥云著．物质结构．第 2 版．北京：高等教育出版社，1987：287-289；(c) 金斗满，朱文祥编著．配位化学研究方法．北京：科学出版社，1996：42-48.

式中 Z——有效核电荷；

r_i——第 i 个电子离核的距离；

r_{ij}——第 i 个电子与第 j 个电子之间的距离。

式(5-9) 中第一项是对所有电子动能求和；第二项是对所有电子与核的吸引能求和；第三项是对所有电子的相互排斥（一对一对地考察）能求和；第四项是自旋和轨道之间的轨-旋耦合能之和；第五项即配体场势能项。根据研究得知有下列三种情况。

① $V < \sum_{i=1}^{n} \zeta_i(r) L_i S_i$ 稀土配合物

② $\frac{1}{2}\sum_{i \neq j}^{n} \frac{1}{r_{ij}} > V > \sum_{i=1}^{n} \zeta_i(r) L_i S_i$ 第一过渡系金属配合物

③ $V > \frac{1}{2}\sum_{i \neq j}^{n} \frac{1}{r_{ij}} > \sum_{i=1}^{n} \zeta_i(r) L_i S_i$ 第二、三过渡系金属配合物

第一种情况，配体场作用＜轨-旋耦合作用；

第二种情况，电子互斥作用＞配体场作用＞轨-旋耦合作用，或者说，分裂能 Δ 与谱项之间的能量间隔相比是比较小的，这种情况称为弱场；

第三种情况，配体场作用＞电子互斥作用＞轨-旋耦合作用，即分裂能 Δ 比谱项之间的能量间隔大，称为强场。

必须指出，在以上三种情况之间并无明确界限，这种划分只是为了使问题处理简单化。事实上稀土配合物属于第一种情况，但是第一过渡系金属配合物通常介于第二和第三种情况之间，因此采用二者中的任意一种情况作为出发点来加以讨论，都可以得到同样结果。而第二、三过渡系金属配合物一般为第三种情况。

我们可以根据式(5-9) 中后三项微扰作用的不同进行处理。首先考虑较强的微扰而暂不考虑其他两种较弱的微扰，求得近似解；其次，将已求解的微扰体系作为无微扰体系，将次强的相互作用视为对它的一种微扰，暂时忽略更弱的相互作用，求得精确一些的近似解；最后，以刚求得近似解的体系作为无微扰体系，将最弱的相互作用作为一种微扰，求得更精确的近似解。

当配体场作用能弱于电子排斥能时，配位场作用相当于对电子间作用的微扰，可以对金属原子（或离子）进行谱项分解，然后计算各个谱项的能级；再将各个谱项对点群的不可约表示进行分解计算配位场作用能，称为弱场方案。在配体场势能项远大于电子间排斥能项的情况下，则要用强场方案来处理有关体系，在强场方案中，认为未受微扰的体系为不考虑电子间相互排斥作用的处于配位场中的原子或离子，而将电子间相互排斥作用看作是对配位场作用的微扰。可总结如下。

弱场方案：先考虑电子间互斥作用（谱项），然后考虑配体场作用对各个谱项的影响。

强场方案：先考虑配体场（例如八面体场）作用，然后再考虑电子间互斥作用（谱项）。

在上述两种情况下假定轨-旋耦合很弱，可以忽略不计。在本书中主要采用弱场方案处理问题。图 5-9 列出了弱场方案和强场方案的比较。

5.1.5.2 能级和谱项的分裂（弱场方案）

在弱场情况下，能级分裂在各谱项内进行，并不涉及谱项之间的影响。弱场作用对电子自旋没有影响，因此球形场中的自由离子（或原子）谱项转变为配体场分量谱项时，自旋多重度不发生变化，这样，谱项分裂的结果只消除谱项简并度，而不影响谱项的自旋多重度。运用弱场方案考虑谱项分裂的步骤如下：

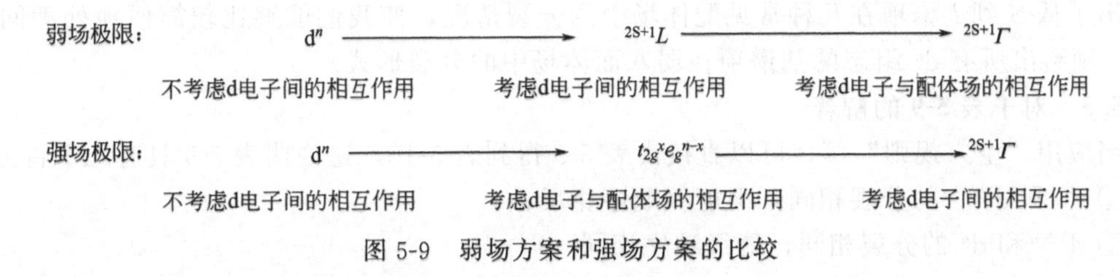

图 5-9　弱场方案和强场方案的比较

① 找出 d^n 组态产生的自由离子（或原子）谱项；

② 研究每个谱项在配体场中的分裂情况。

正如五重简并的 d 轨道在配体场中的分裂情况可由配体场的对称性所决定那样，群论方法也可以决定谱项在配体场中的分裂，分裂后的谱项称为配体场分量谱项，用大写的慕尼肯符号标记。

以正八面体场为例，在第 3 章我们已熟悉了各个 d^n 组态的基态谱项（见表 5-7）。显然，除了自旋多重度不同之外，d^n 组态的基谱项只有 $L=0$，2，3 即 S、D、F 三种形式，而一定的配体场对给定 L 的谱项分裂得到的分量谱项的类型和数目是一样的，所以我们只需用群论方法分析这三种形式谱项在八面体场中的分裂，就可了解所有 d^n 组态的基谱项在八面体场中的分裂。

表 5-7　八面体场中 d^n 组态所对应的基态谱项

组态	d^1	d^2	d^3	d^4	d^5	d^6	d^7	d^8	d^9
自由离子基谱项	^2D	^3F	^4F	^5D	^6S	^5D	^4F	^3F	^2D
配体场基谱项	$^2T_{2g}$	$^3T_{1g}$	$^4A_{1g}$	^5E_g	$^6A_{1g}$	$^5T_{2g}$	$^4T_{1g}$	$^3A_{2g}$	^2E_g

在讨论“谱项的变换性质”时（参阅 3.4），我们知道角量子数为 L 的谱项在特定对称性下的分裂与角量子数为 l 的单电子能级在该对称性环境中的分裂情况是一样的，即 S、P、D、F、G……谱项的分裂分别与单电子轨道 s、p、d、f、g……的分裂情况一样。因此，正如在 3.4 中讨论过的，不同单电子轨道在特定对称性下分裂的结果完全适用于谱项的分裂。例如，在八面体场中轨道和谱项的分裂具有类似性（表 5-8）[1]。

表 5-8　八面体场中轨道和基态谱项的分裂形式

轨道的分裂	基态谱项的分裂
$s \rightarrow a_{1g}$ $d \rightarrow t_{2g}+e_g$ $f \rightarrow t_{1g}+t_{2g}+a_{2g}$	$S \rightarrow A_{1g}$ $D \rightarrow T_{2g}+E_g$ $F \rightarrow T_{1g}+T_{2g}+A_{2g}$

由群论分析可知，s 轨道在八面体场中不分裂，具有 a_{1g} 对称性；五个 d 轨道在八面体场中分裂为两组，为 $t_{2g}+e_g$ 对称性；对于 f 轨道在八面体场中的分裂，较难用直观的物理模型去想象，但是借助群论，我们也可以找出 F 态在八面体场中分裂为 $T_{1g}+T_{2g}+A_{2g}$。确定分量谱项的能级高低顺序必须借助量子化学计算，不能用群论方法，群论方法只能告诉我们分量谱项的数目和类型。不过，对于简单的 L 态，例如 d^1 体系中的 ^2D 态，可以像五个 d 轨道在八面体场中的分裂那样，借助物理模型定性判断分量谱项的顺序为 $T_{2g}>E_g$。附录 3

[1] 在这里配体场分量谱项用大写符号表示，以区别于小写符号标记的轨道。所有被分裂的配体场分量谱项的自旋多重度都与原来的基谱项相同。

中列出了从 S 到 I 谱项在几种常见配体场中的分裂情况，使我们能够比较简便地处理问题。表 5-9 则给出所有 d^n 组态的基谱项在弱八面体场中的分裂形式。

5.1.5.3 对于表 5-9 的解释

当应用“空穴规则”等，可以直接由表 5-9 得到表 5-10，这说明表 5-9 具有几个特点：

① d^n 和 d^{10-n} 的分裂相同，但能级顺序相反；

② d^{5+n} 和 d^n 的分裂相同，能级顺序相同；

③ d^{5-n} 和 d^n 的分裂相同，但能级顺序相反，例如 d^2 和 d^3。

表 5-9 所有 d^n 组态的基谱项在弱八面体场中的分裂形式

组态	例子	分 裂	分 裂	例子	组态
d^1	Ti^{3+}	^2D → ^2E_g, $^2T_{2g}$	^2D → $^2T_{2g}$, ^2E_g	Cu^{2+}	d^9
d^2	V^{3+}	^3F → $^3A_{2g}$, $^3T_{2g}$, $^3T_{1g}$	^3F → $^3T_{1g}$, $^3T_{2g}$, $^3A_{2g}$	Ni^{2+}	d^8
d^3	Cr^{3+} V^{2+}	^4F → $^4T_{1g}$, $^4T_{2g}$, $^4A_{2g}$	^4F → $^4A_{2g}$, $^4T_{2g}$, $^4T_{1g}$	Co^{2+}	d^7
d^4	Mn^{3+} Cr^{2+}	^5D → $^5T_{2g}$, ^5E_g	^5D → ^5E_g, $^5T_{2g}$	Co^{3+} Fe^{2+}	d^6
d^5	Mn^{2+}	^6S — $^6A_{1g}$			

表 5-10 弱八面体场中 d^n 体系的基态谱项及其配体场分量谱项能级顺序

组态	基态谱项	配合物组态(高自旋)	配体场分量谱项能级顺序(图 5-10)
d^1	^2D	$(t_{2g})^1(e_g)^0$	(a)
d^2	^3F	$(t_{2g})^2(e_g)^0$	(b)
d^3	^4F	$(t_{2g})^3(e_g)^0$	与(b)相反
d^4	^5D	$(t_{2g})^3(e_g)^1$	与(a)相反
d^5	^6S	$(t_{2g})^3(e_g)^2$	不分裂
d^6	^5D	$(t_{2g})^4(e_g)^2$	(a)
d^7	^4F	$(t_{2g})^5(e_g)^2$	(b)
d^8	^3F	$(t_{2g})^6(e_g)^2$	与(b)相反
d^9	^2D	$(t_{2g})^6(e_g)^3$	与(a)相反

实际上这里是将全满壳层 d^{10} 和半满壳层 d^5 当作封闭壳层，只考虑壳内或壳外的电子，因此，特点①和③可用空穴规则解释。分析了这几个特点，有助于记住表 5-9。由于多电子体系的 d-d 跃迁主要涉及基态谱项分裂出的分量谱项之间的跃迁，因此认识和掌握表 5-9 的基谱项分裂形式是研究八面体配合物 d-d 跃迁光谱的基础。

表 5-9 还有助于我们判断哪些配合物容易发生姜-泰勒变形，即：具有简并的基态分量谱项的配合物易发生姜-泰勒变形。从表 5-9 中看出 d^3、d^5、d^8 组态的基态分量谱项都是非简并的，所以这几种类型的高自旋配合物将不发生姜-泰勒变形。

5.1.6 d-d 跃迁谱带数目[1]

5.1.6.1 多电子体系（$n>1$）的自由离子谱项在八面体场中的分裂

自由离子在配体场中分裂为不同状态之间的能量差与配体场分裂能 $10Dq$ 有关。如图5-10所示为 d^1、d^2 组态的基态谱项在八面体场中分裂为各分量谱项间的能量差。以 d^2 组态为例，除了基态谱项^3F 外，还有^1D、^3P、^1G 和^1S 等激发态。由弱场方案出发，可以得到自由离子谱项在八面体场中的分裂（表 5-11）。

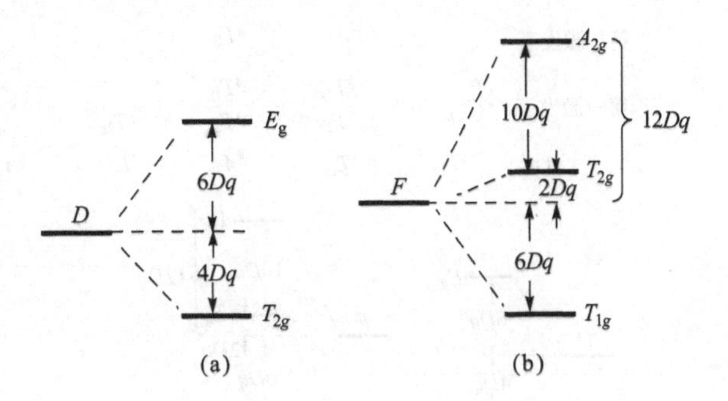

图 5-10 d^1(a) 和 d^2(b) 组态离子的基态谱项在八面体场中分裂所得配体场分量谱项及其能量差别

如前所述，在强场情况下，电子间相互排斥作用是对配位场作用的微扰，我们首先要考虑的是在八面体场作用下 d 轨道发生分裂后的配体场组态，而配体场分量谱项是强场组态电子间相互作用的结果。用群论的直积方法、旋转群公式考虑等同电子组态 $(t_{2g})^2$、$(e_g)^2$ 和不等同电子组态 $(t_{2g})^1$ $(e_g)^1$ 及其自旋多重度等问题[2]，可以推得表 5-12。

表 5-11 d^2 体系的自由离子谱项在弱八面体场中分裂所得配体场分量谱项

自由离子谱项	O_h 场分量谱项	微能态数目[3]
^3F	$^3A_{2g}+{}^3T_{1g}+{}^3T_{2g}$	21
^3P	$^3T_{1g}$	9
^1G	$^1A_{1g}+{}^1E_g+{}^1T_{1g}+{}^1T_{2g}$	9
^1D	$^1T_{2g}+{}^1E_g$	5
^1S	$^1A_{1g}$	1
合计	11 个光谱项	45 个微能态

表 5-12 d^2 体系的强场组态在八面体场中分裂所得配体场分量谱项

强场组态	O_h 场分量谱项	微能态数目[3]
$(t_{2g})^2$	$^3T_{1g}+{}^1T_{2g}+{}^1_g+{}^1A_{1g}$	15
$(t_{2g})^1(e_g)^1$	$^3T_{1g}+{}^1T_{1g}+{}^3T_{2g}+{}^1T_{2g}$	24
$(e_g)^2$	$^3A_{2g}+{}^1E_g+{}^1A_{1g}$	6
合计	11 个光谱项	45 个微能态

从表 5-11 和 5-12 可以看出，虽然考虑问题的出发点不同，不论在强场或是在弱场条件下所推出的配体场分量谱项的形式和数目都是相同的，还可注意到在两种情况下与基态谱项自旋多重度相同的激发态分量谱项数目并不很多。图 5-11 总结了 d^n 组态在弱八面体场中的基态电子构型、跃迁数及其基态和第一、二激发态配体场分量谱项的情况。

5.1.6.2 八面体配合物的 d-d 跃迁谱带数目

根据图 5-11 的理论预测和实验所得第一过渡系水合金属离子的电子光谱图（图 5-12），可以归纳出以下几点：

---

[1] (a) Huheey J E. Inorganic Chemistry. 3rd Ed. Cambridge：Harper International SI Edition，1983：442-448；(b) 罗勤慧，沈孟长编著．配位化学．南京：江苏科技出版社，1987：96-98。

[2] 参考：林梦海，林银钟执笔，厦门大学化学系物构组编．结构化学．北京：科学出版社，2004：165-167。

[3] 各个配体场分量谱项的微能态数目为：自旋多重度×谱项维数。

	d^1	d^2	d^3	d^4	d^5	d^6	d^7	d^8	d^9
跃迁数	1	3	3	1	0	1	3	3	1
第二激发态		$^3A_{2g}$	$^4T_{1g}$				$^4A_{2g}$	$^3T_{1g}$	
第一激发态	^2E_g	$^3T_{1g}$ $^3T_{2g}$	$^4T_{1g}$ $^4T_{2g}$	$^5T_{2g}$		^5E_g	$^4T_{1g}$ $^4T_{2g}$	$^3T_{1g}$ $^3T_{2g}$	$^2T_{2g}$
基态	$^2T_{2g}$	$^3T_{1g}$	$^4A_{2g}$	^5E_g	$^6A_{1g}$	$^5T_{2g}$	$^4T_{1g}$	$^3A_{2g}$	^2E_g

(a) D → E_g (6Dq)，T_{2g} (4Dq)

(b) F → A_{2g}，T_{2g}，T_{1g}；10Dq，12Dq，2Dq，6Dq

图 5-11　弱八面体场中各种 d^n 组态的基态电子排布及其基态和低激发态配体场分量谱项

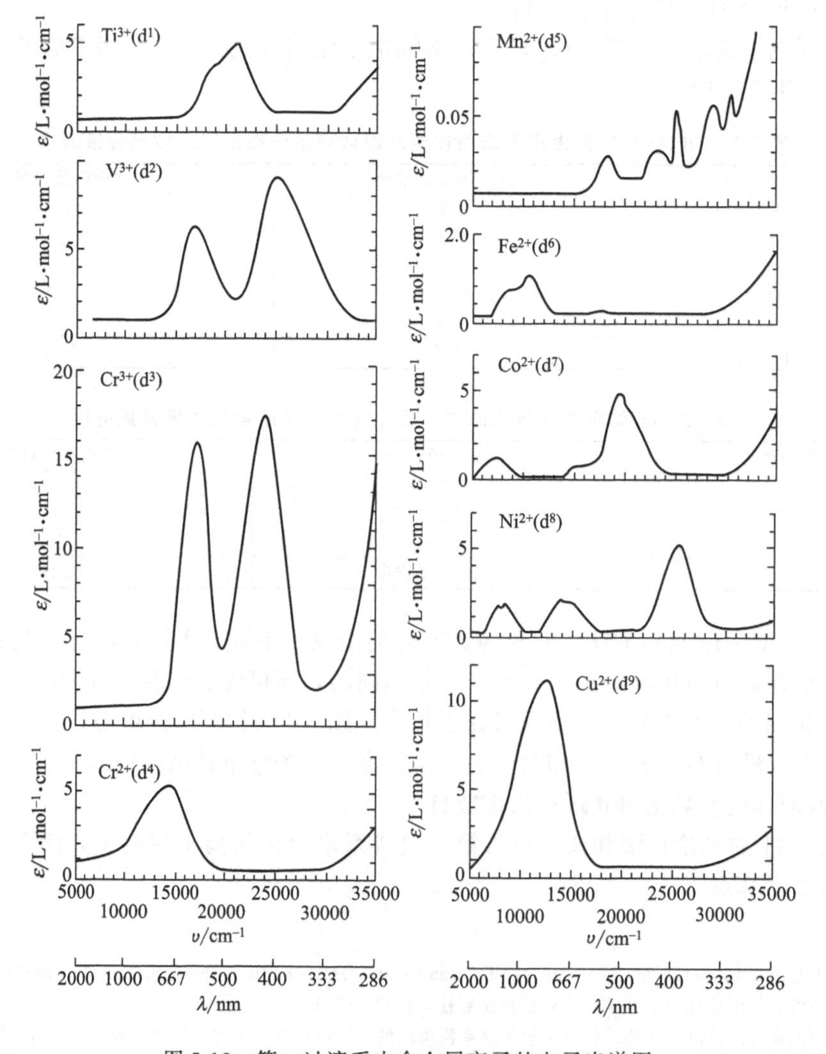

图 5-12　第一过渡系水合金属离子的电子光谱图

① d^1、d^4、d^6、d^9 组态的八面体配合物在可见光区只有一种跃迁；

② d^2、d^7、d^3、d^8 组态的八面体配合物在可见光区可能有两至三种跃迁（第三个吸收带可能被CT带所掩盖）；

③ 高自旋 d^5 组态配合物一般在可见区无强烈的吸收，它们的颜色很淡。除非发生较强的 L-S 耦合。

5.1.6.3 多电子体系（$n>1$）的分裂能

由图5-11以及5.1.5.2中的讨论可以得知d-d跃迁谱带的数目与中心原子d电子结构的关系。此外，根据图5-13的简化Orgel能级图可以理解如何由d-d跃迁谱带位置获得电子跃迁能量，从而计算多电子体系（$n>1$）的分裂能。

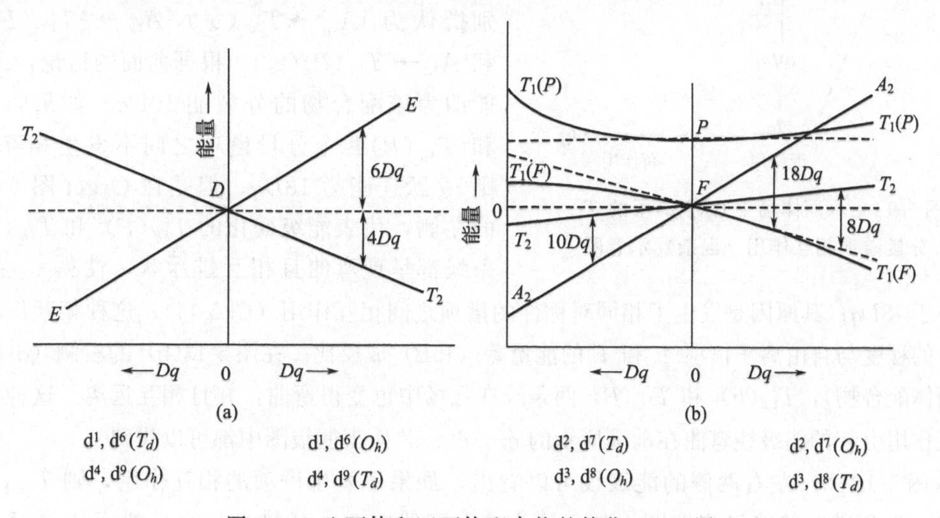

图5-13 八面体和四面体配合物的简化Orgel图

① 对 d^1、d^4、d^6 及 d^9 的八面体配合物，在可见区仅有单峰[1]，从单峰位置即可求得 Δ_o 或 Δ_t。实际上可以把 d^4、d^6 及 d^9 体系看作"单电子"或"单空穴"体系，其d-d跃迁只有一种形式。

② d^2、d^3、d^7 及 d^8 的八面体配合物一般有三个d-d跃迁吸收峰。对 d^3、$d^8(O_h)$ 与 d^2、$d^7(T_d)$，从最低一个峰的波数可得到 Δ_o 或 Δ_t；对 d^2、$d^7(O_h)$ 与 d^3、$d^8(T_d)$，当分裂能较小时，从第一个峰和第二个峰的波数差可计算出 Δ_o 或 Δ_t；当分裂能较大时，从第一个峰和第三个峰的波数差可计算出 Δ_o 或 Δ_t。如果上述第三个峰找不到，不能直接得到 Δ 值，常常采用间接方法求得（参阅5.1.11）。

5.1.7 配体场谱项的相互作用

如图5-10(b)所示的谱项分裂是在配体场作用下，一个自由离子谱项内组分之间的相互作用所引起的，这种作用称为一级配体场相互作用。根据群论和量子力学原理，来自于不同自由离子谱项但属于某个点群的同一不可约表示且自旋多重度相同的配体场谱项之间也会发生相互作用，被称为二级配体场相互作用[2]。例如在立方场中，自由离子 F 谱项分裂形成的谱项 $T_{1g}(F)$ 与 P 谱项产生的 $T_{1g}(P)$ 之间要发生相互作用，即这两个谱项在相同配体场影响下会产生混合。混合的程度与原来自由离子谱项 F 和 P 的能量差成反比；混杂的结

[1] 姜-泰勒效应可能引起此单峰的分裂。

[2] 有些教科书中称二级配体场作用为组态（或构型）相互作用。

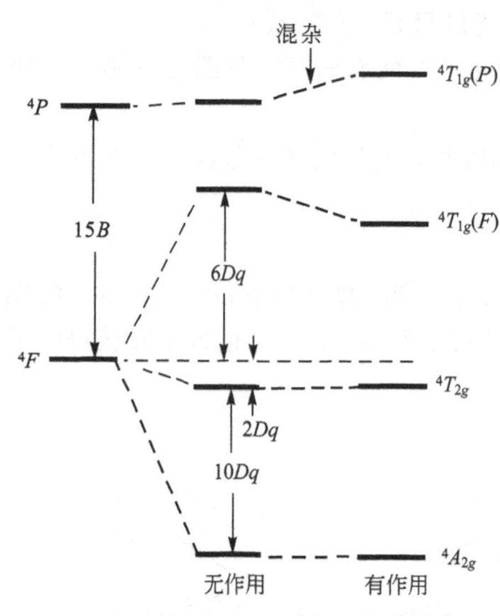

图 5-14 八面体场中 Cr^{3+} 离子的 T_{1g} 分量谱项相互作用（混杂）示意图

果则类似于两个相同对称性的分子轨道之间的相互作用，使得产生的两个新能级分别低于和高于未混杂的能级[❶]。

可用 Cr(Ⅲ)配合物的 d-d 跃迁光谱来说明配体场谱项的相互作用。如图 5-13 和图 5-14 所示，Cr^{3+} 的基态自由离子谱项为^4F，相应的第一激发态为^4P，它们所对应的配体场分量谱项分别为$^4T_{1g}(F)+^4T_{2g}+^4A_{2g}$和$^4T_{1g}(P)$，理论上预期 Cr(Ⅲ)配合物将出现三个 d-d 跃迁吸收峰，相应的跃迁可分别指认为：$^4A_{2g}\rightarrow T_{2g}(v_1)$，$^4A_{2g}\rightarrow{}^4T_{1g}(F)(v_2)$和$^4A_{2g}\rightarrow{}^4T_{1g}(P)(v_3)$。根据前面的讨论，$v_1$ 跃迁能即为该配合物的分裂能 $10Dq$。如果$^4T_{1g}(F)$和$^4T_{1g}(P)$两个分量谱项之间不发生相互作用，则 v_2 跃迁能为 $18Dq$；但是在 Orgel 图 5-13(b) 的左侧，代表能级变化的 $T_{1g}(F)$ 和 $T_{1g}(P)$ 两条线都呈现弯曲且相互排斥状，使得 v_2 跃迁能可能小于 $18Dq$；其原因是发生了相同对称性的谱项之间相互作用（图 5-14），这种相互作用（或混合）的程度与自由离子谱项^4F 和^4P 的能量差（15B）成反比。在图 5-13(b) 的右侧（d^2 和 d^7 组态八面体配合物），$T_{1g}(F)$ 和 $T_{1g}(P)$ 两条线在强场中也变得弯曲，并且相互远离。这种由于谱项相互作用引起的能级线弯曲在前面所示的 d^2、d^3、d^7 及 d^8 能级图中都可以找到。

从图 5-13(b) 左右两侧的能级线可以看出，如果不发生谱项的相互作用，则 $T_{1g}(F)$ 和 $T_{1g}(P)$ 两个谱项的能量将按图上的虚线变化，两线向左外延势必相交。然而如前所述，相同对称类型的谱项会由于谱项相互作用而互相排斥、弯曲且彼此远离，并随着场强的增大而弯曲愈甚。由此得出结论：谱项的相互作用使对称性和自旋多重度都相同的谱项不能相交。这一原则成为构建能级相关图的关联规则之一。

5.1.8 能级图

5.1.8.1 能级相关图的由来[❷]

在 5.1.5.1 中，我们讨论了电子互斥、配体场和轨-旋耦合三种微扰作用。通常，前两种作用是主要的，只有在四面体配合物、重过渡元素和稀土配合物的场合，轨-旋耦合作用才不可忽略。以下讨论主要涉及电子互斥和配体场作用的关系。

如前所述，作为一种极限状态，当 $\Delta(10Dq)\approx 0$ 时，中心金属原子（或离子）处于“自由”状态，可以用自由原子（或离子）谱项来描述。例如 d^2 体系的谱项为^3F、^3P、^1G、^1D 和^1S，代表着由于电子之间相互排斥作用可以有所不同所产生的五个不同能态。在强场方案的极限情况下，处于正八面体场中的两个 d 电子有三种可能的排布方式 $(t_{2g})^2(e_g)^0$、$(t_{2g})^1(e_g)^1$ 和 $(t_{2g})^0(e_g)^2$（见表 5-12 和图 5-15）。前者为基态，后二者分别为第一和第二

---

❶ 对于 d^2 体系，产生谱项相互作用的两个新能级的量子化学计算见：(a) 徐光宪，王祥云著．物质结构．第 2 版．北京：高等教育出版社，1987：295-297；(b) 金斗满，朱文祥编著．配位化学研究方法．北京：科学出版社，1996：46-48。

❷ 江元生著．结构化学．北京：高等教育出版社，1997：196-197；(b) 金斗满，朱文祥编著．配位化学研究方法．北京：科学出版社，1996：53。

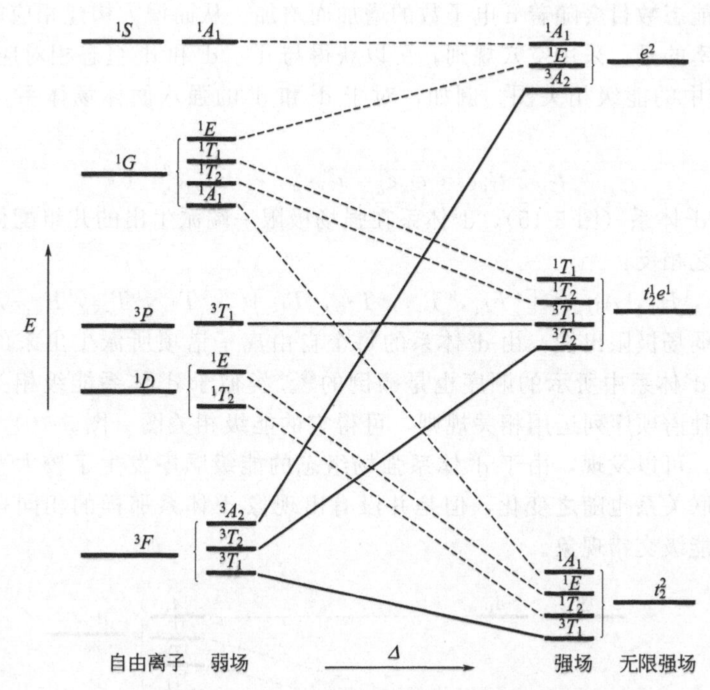

图 5-15 正八面体场中 d^2 组态的能级相关图

激发态。

实际上，大多数配合物是介于上述两种极限状态之间的。弱场和强场方案处理的结果表明，在其二级微扰中分别考虑配体场作用和 d 电子相互作用，所推出的配体场分量谱项的形式和数目都是相同的（参见表 5-11 和表 5-12）。这样我们就可以用直线将两种极限状态产生的相同谱项一一连接起来，这种将弱场方案结果与强场方案结果联系起来的图形叫做谱项能级相关图（简称能级相关图）。实际上，能级相关图反映了多电子体系的电子互斥和配体场两种相互作用的关系。

能级相关图可很好地表示出由不存在配体场作用变为弱场再逐渐过渡至强场乃至无限强场的谱项能级变化。从两种极限状况所得到的不可约表示（配体场分量谱项）必须是一一对应的。两种谱项序列的关联遵守相关规则：相同对称类谱项（自旋多重度相同且对称性相同的谱项）由下至上相联，且同类谱项连线不能相交（又称为“不相交原理”）。图 5-15 为正八面体场中 d^2 组态的能级相关图，其左端为自由离子及弱配体场分量谱项（见表 5-11），右端为强场组态及其按群论等方法得到的配体场分量谱项（见表 5-12）。左端的各个自由离子谱项的能量只由 Racah 参数确定，而与 Dq 无关；右端无限强场处的电子间排斥作用被忽略，三种强场电子组态的能量只决定于 Dq 值。由左至右代表配体场强度增大时，谱项能量序列的变化，由此可以给出每一分裂能 Δ 下的能谱次序。可以看出，除了保持基态为 $^3T_{1g}$ 外，激发态谱项能级的相对高低与分裂能 Δ 有关，同时观察到具有相同自旋多重性的激发态谱项之间发生了能级交错，这表明对含有场强不同配体的 d^2 组态正八面体配合物，不可能按同一模式来指认其光谱吸收峰。在图 5-15 中，相同自旋多重性的配体场谱项用粗实线表示，强调了自旋允许跃迁的重要性。可将类似的能级相关图用下列简式表示：

自由离子 ⟶ M-L 弱相互作用 ⟶ M-L 强相互作用 ⟶ M-L 极强相互作用

5.1.8.2 空穴规则和更普遍的关系

同理，我们也可以得到 d^3、d^4 和 d^5 组态在八面体场中的能级相关图，但是要注意，配体场谱项及其微能态数目会随着 d 电子数的增加而增加，从而增大构建相应能级相关图的工作量和难度。所幸的是，采用空穴规则，可以获得与 d^2、d^3 和 d^4 组态相对应的 d^8、d^7 和 d^6 组态在八面体场中的能级相关图。例如，对于 d^2 和 d^8 的强八面体场体系，存在如下对应关系：

$$t_{2g}^2—t_{2g}^4e_g^4;\ t_{2g}^1e_g^1—t_{2g}^5e_g^3;\ e_g^2—t_{2g}^6e_g^2$$

因此，对比 d^2 体系（图 5-15），d^8 体系在强场极限一端派生出的几组配体场分量谱项的能级顺序恰好与之相反：

$$[{}^3A_{2g},{}^1E_g,{}^1A_{1g}]<[{}^3T_{2g},{}^3T_{1g},{}^1T_{2g},{}^1T_{1g}]<[{}^3T_{2g},{}^1T_{2g},{}^1E_g,{}^1A_{1g}]$$

相应地，从弱场极限出发，由 d^8 体系的每个自由离子谱项所派生出来的配体场分量谱项的能级顺序与 d^2 体系中所示的顺序也是颠倒的❶。类似于 d^2 体系能级相关图的构建，对 d^8 体系的上述两种谱项序列运用相关规则，可得它的能级相关图（图 5-16）。比较这两个体系的能级相关图，可以发现，由于 d^8 体系强场组态的能级顺序发生了较大变化，强弱场两种谱项序列的关联关系也随之变化，但是并没有出现像 d^2 体系那样的相同自旋多重性的激发态谱项之间的能级交错现象。

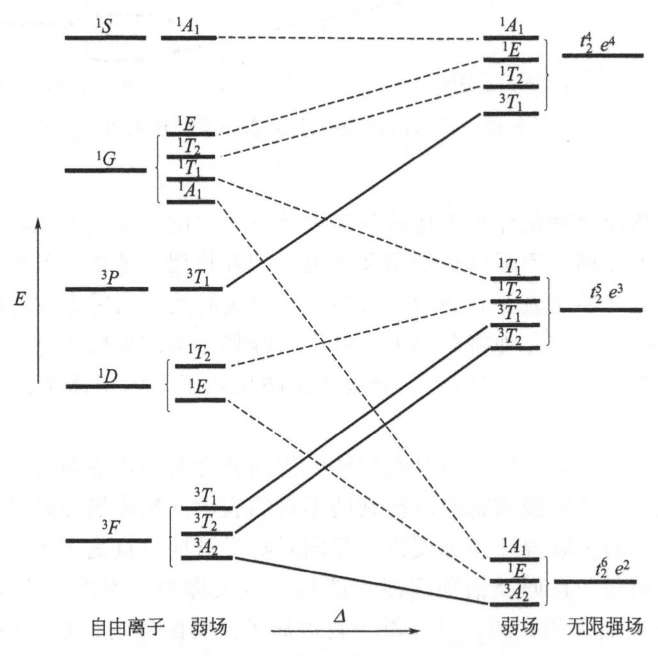

图 5-16　正八面体场中 d^8 组态的能级相关图

应用空穴规则将 d^8 与 d^2 体系关联从而构建 d^8 体系能级相关图的方法也可用于四面体配合物，这是因为当从八面体环境变化到四面体环境时，完全颠倒了 e 组和 t_2 组 d 轨道的能量；而在保持对称性环境不变的情况下，把 n 个电子变换成 n 个正电子（空穴），也同样倒置了 e 组和 t_2 组 d 轨道的能量。因此，对于八面体和四面体配合物，可以提出如下更普遍的规则：

$$d^n(\text{八面体})\equiv d^{10-n}(\text{四面体})\text{是 } d^n(\text{四面体})\equiv d^{10-n}(\text{八面体})\text{的颠倒}$$

❶ 这个法则对于自由离子的 G 谱项有点例外（也见图 5-17），可能与轨-旋耦合因素有关，但这并不影响其能级相关图的构建。“颠倒”的含义则是指：从每一个自由离子谱项分裂出的配体场谱项能级顺序的颠倒，而不是整个能级图谱项顺序的颠倒。

其中符号 d^n（八面体）表示八面体场中 d^n 体系的能级高低，其他符号具有类似意义。

根据以上更普遍的原则，可以直接从正八面体环境下 d^8 体系的能级相关图（图 5-16）得到正四面体环境下 d^2 体系的能级相关图（图 5-17）。

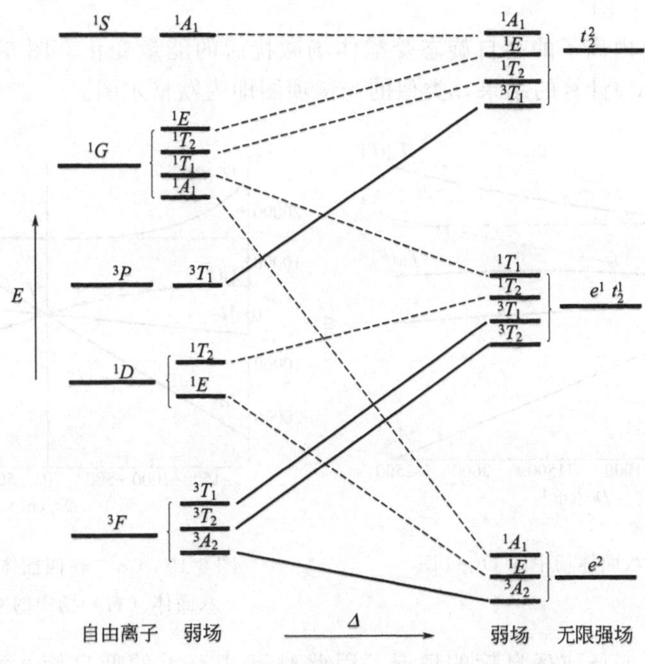

图 5-17　正四面体场中 d^2 组态的能级相关图

5.1.8.3　光谱项图❶

如第 4 章中所述，配体场作用具有简单的加和性，而电子间相互作用可以用 Racah 参数 B 表示（参阅 3.2.4），它对于给定离子是常数（即使在考虑电子云扩展效应后，B 仍可以看作是常数），作为配体场和电子间相互作用的总结果，配体场光谱项的能量应该与配体场分裂能（单位 Dq）以及 Racah 参数有关。

图 5-15～图 5-17 所示的能级相关图仅仅说明了不同 d^n 体系在八面体或四面体场中由于电子互斥和配体场作用产生的谱项分裂，以及从定性意义上给出谱项能量序列随配体场强度增大时的变化。在实际应用上，化学工作者更习惯采用经过理论计算的能级图，半定量或定量地表示谱项能量随配体场（特别是中间场强）大小变化的关系，即光谱项图。迄今，还只有八面体配合物的光谱项图被计算和完整地绘出。Orgel 对一系列配离子的谱项能级作为 Dq 的函数作出计算并绘制出 Orgel 谱项图（简称 Orgel 图）❷，Tanabe 和 Sugano 采用强场方案计算了配体场谱项能随 Dq 的变化，绘制出 d^2～d^8 组态的所谓 Tanabe-Sugano 图❸（见附录 4）。Orgel 图标示出弱场中与基态的自旋多重度相同的各状态在配体场中的分裂情况，

---

❶ 主要参考：(a) Huheey J E. Inorganic Chemistry. 3rd Ed. Cambridge: Harper International SI Edition，1983：448-452；(b) 周永洽编著．分子结构分析．北京：化学工业出版社，1991：178-183；(c) 金斗满，朱文祥编著．配位化学研究方法．北京：科学出版社，1996：56-61；(d) 徐志固编著．现代配位化学．北京：化学工业出版社，1987：77-81；(e) 朱文祥，刘鲁美主编．中级无机化学．北京：北京师范大学出版社，1993：159-169；(f) Carter R L. Molecular symmetry and group theory. New York：John Wiley & Sons Inc，1998：247-255；(g) 陈慧兰主编．高等无机化学．北京：高等教育出版社，2005：115-119。

❷ Orgel L E. Spectra of Transition-Metal Complexes. J Chem Phys，1955，23 (6)：1007-1009。

❸ Tanabe Y，Sugano S. J Phys Soc Jpn，1954，9：753，766。

它们可用于解释高自旋配合物的 d-d 跃迁电子光谱；而 Tanabe-Sugano 图可以定量地表示不同 d^n 组态八面体配合物的谱项在弱场和强场中能量状态的变化，具有普适性，是目前应用最多和具有重要参考价值的光谱项图。

(1) 欧格尔（Orgel）图

Orgel 计算了自由离子的高自旋态受配体场微扰后的能量变化。图 5-18 和图 5-19 是对 Cr^{3+} (d^3) 和 Co^{2+} (d^6) 计算的结果，类似的光谱项图即为欧格尔图。

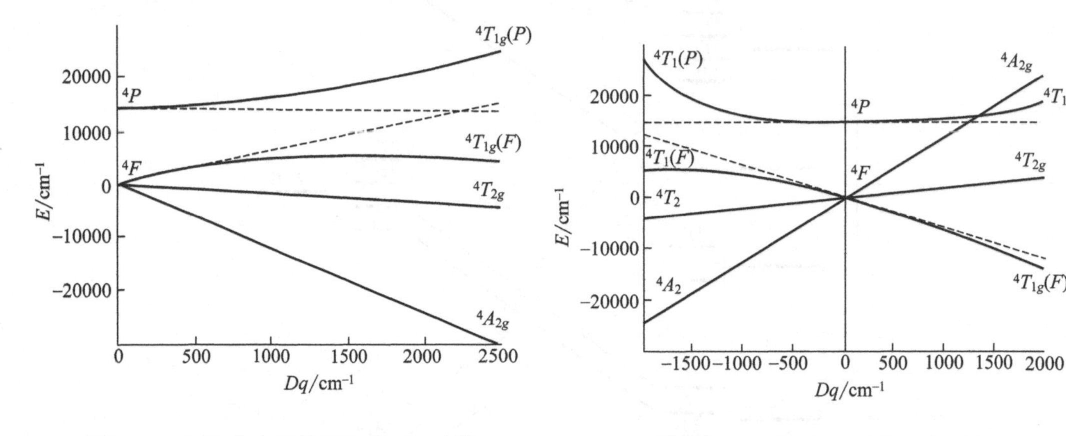

图 5-18　Cr^{3+} 在八面体场中的 Orgel 图

图 5-19　Co^{2+} 在四面体（左）和八面体（右）场中的 Orgel 图

Orgel 图只包括弱场或高自旋的情况，因此对于 $d^4 \sim d^7$ 的低自旋八面体配合物并不适用。此外每一种金属离子都有它自己的 Orgel 图，对于相同组态的金属离子，其 Orgel 图的形状虽然相同，但其谱项能量随 Dq 的变化却不同，这是由于所有相同组态的金属离子都具有相同的能量表达式，但每种金属离子的 B 和 C 值是不同的。

图 5-18 是一个简化的 Orgel 图，它仅仅给出 Cr(Ⅲ)配合物的一些与基态分量谱项自旋多重度相同的激发态谱项，是图 5-14 的定量表示形式，从中可以观察到相同对称类谱项的“不相交原理”的体现（详见 5.1.7 中的讨论）。

图 5-19 是 Co^{2+} 在八面体场和四面体场中的 Orgel 图。它经过计算并考虑了谱项间的相互作用，是图 5-6（未考虑谱项间相互作用）的更精确表示，并且与图 5-13(b)非常相似，说明前面讨论的空穴规则以及八面体和四面体配合物谱项的关联规则具有普遍性。

从图 5-19 可以看到，由 Co^{2+} 的自由离子谱项 ^4F 生成的三个配体场分量谱项的能级顺序对四面体和八面体场是正好相反的❶（与图 5-18 所示的 d^3 体系也是相反的）。对八面体场中的 Co^{2+}，$^4T_1(F)$ 和 $^4T_1(P)$ 的谱项相互作用程度较小，因为它们之间的能量差趋于增大；相反，在四面体场中，这两个谱项的能量差随着配体场强度的增加而减小，其相互作用的程度也就急剧增大。对于不发生组态相互作用的谱项，如 $^4A_2$ 谱项，其能量与 Dq 呈简单的线性关系。图 5-20 的(a)和(b)分别给出 V^{3+} (d^2) 和 Ni^{2+} (d^8) 的 Orgel 图。

如何利用 Orgel 图进行配合物 d-d 跃迁谱带的指定？现以正八面体或准八面体 Ni(Ⅱ)配合物为例说明。表 5-13 给出四个 Ni(Ⅱ)配合物的电子光谱数据，它们的电子光谱主要由三个较明确的 $v_1 \sim v_3$ 谱带组成（对于 $[Ni(bpy)_3]^{2+}$，第三个谱带被荷移跃迁所掩盖）。从 Ni^{2+} 的专属 Orgel 图［图 5-20(b)］中可以看到，这些配合物的基态谱项都是 $^3A_{2g}$，考虑到自

❶ 可将四面体场视为负八面体场。

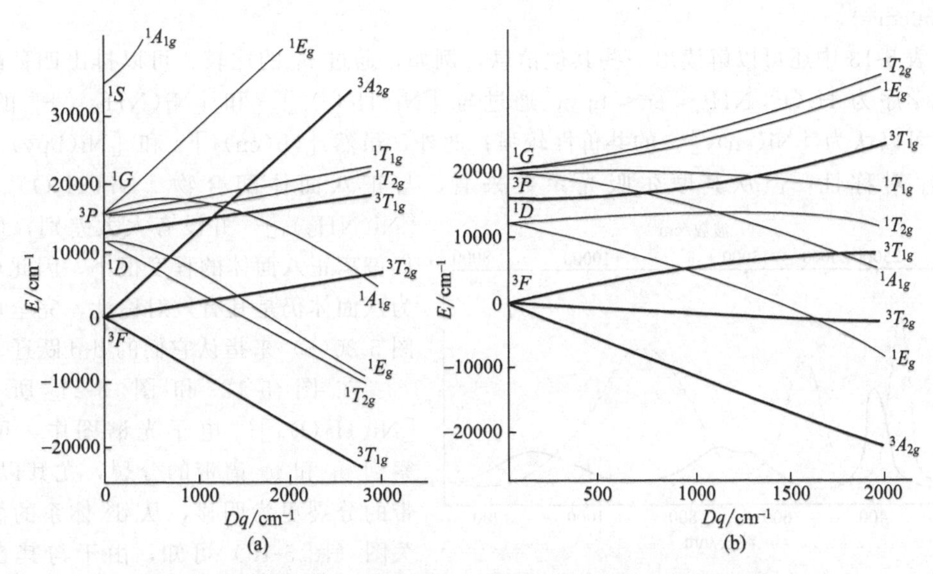

图 5-20 正八面体场中 V^{3+} (a) 和 Ni^{2+} (b) 离子的 Orgel 图

（粗实线标出与基态自旋多重性相同的能级）

旋允许的 d-d 跃迁，则这些谱带可分别指认为 $^3A_{2g}\rightarrow{}^3T_{2g}$、$^3A_{2g}\rightarrow{}^3T_{1g}(F)$ 和 $^3A_{2g}\rightarrow{}^3T_{1g}(P)$。为了考察理论计算和实验所得光谱数据符合的程度，可以在 Orgel 图中找出 $^3A_{2g}$ 与 $^3T_{2g}$ 之间的能量间隔使之正好适合 v_1 的跃迁能（例如，水合配合物为 8500cm^{-1}，氨合配合物为 10750cm^{-1}），在图上画一条垂线，那么相应于自旋允许的其他两个吸收带 v_2 和 v_3 的跃迁能就可被预测，并且与实验值作出比较。

表 5-13 八面体 Ni(Ⅱ) 配合物电子光谱的指认

配合物	B'①/cm^{-1}	吸收带	实验观测的跃迁能①/cm^{-1}	理论预测的跃迁能②/cm^{-1}	跃迁的指认
$[Ni(H_2O)_6]^{2+}$	930	v_1	8500(2)	8500	$^3A_{2g}\rightarrow{}^3T_{2g}$
		v_2	13800(2)	14000	$^3A_{2g}\rightarrow{}^3T_{1g}(F)$
		v_2'	15200③	14970④	$^3A_{2g}\rightarrow{}^1E_g$
		v_3	25300(5)	27000	$^3A_{2g}\rightarrow{}^3T_{1g}(P)$
$[Ni(NH_3)_6]^{2+}$	881	v_1	10750(4)	10750	$^3A_{2g}\rightarrow{}^3T_{2g}$
		v_2	17500(5)	17680	$^3A_{2g}\rightarrow{}^3T_{1g}(F)$
		v_3	28200(6)	30410	$^3A_{2g}\rightarrow{}^3T_{1g}(P)$
$[Ni(en)_3]^{2+}$	813	v_1	11700(7)	11700	$^3A_{2g}\rightarrow{}^3T_{2g}$
		v_2	18350(7)	18970④	$^3A_{2g}\rightarrow{}^3T_{1g}(F)$
		v_3	29000(9)	32000④	$^3A_{2g}\rightarrow{}^3T_{1g}(P)$
$[Ni(bpy)_3]^{2+}$		v_1	12650(7)	12650④	$^3A_{2g}\rightarrow{}^3T_{2g}$
		v_2	19200(12)	20630④	$^3A_{2g}\rightarrow{}^3T_{1g}(F)$
		v_3	26000	—	CT

①数据主要引自：Lever A B P. Inorganic Electronic Spectroscopy. 2nd Ed. Amsterdam, Boston: Elseiver, 1984: 508。括号内数值为摩尔吸光系数。②主要参考：(a) Orgel L E. Spectra of Transition-Metal Complexes. J Chem Phys, 1955, 23 (6): 1007-1009; (b) 徐志固编著. 现代配位化学. 北京: 化学工业出版社, 1987: 80-81。③这是一个自旋禁阻的跃迁，可参考图 5-21 所示谱图。④理论预测的跃迁能根据文献② (a) 中的图 3 估算。

从表 5-13 的数据可以看到，v_1 和 v_2 跃迁能的实验值和理论预测值都是吻合得相当好的，但 v_3 却有较大程度的偏离，这可能与谱项相互作用引起的 $^3T_{1g}(P)$ 能级线弯曲的能量估算有关。根据 5.1.6.3 中的讨论，对于 d^3 和 d^8 组态的八面体配合物，从最低一个峰 v_1 的波数可得到 Δ_o，因此这四个配合物的 Δ_o 分别为：8500cm^{-1}、10750cm^{-1}、11700cm^{-1}

和 $12650cm^{-1}$。

从表 5-13 中还可以解读出一些其他信息，例如，通过 v_1 的比较，可以排出四种配体的光谱化学序为 $H_2O<NH_3<en<bpy$；通过与 $[Ni(H_2O)_6]^{2+}$ 和 $[Ni(NH_3)_6]^{2+}$ 的 B' 值比较，可以认为 $[Ni(en)_3]^{2+}$ 的共价性较强；此外，虽然 $[Ni(en)_3]^{2+}$ 和 $[Ni(bpy)_3]^{2+}$ 都具有 D_3 对称性，但从其摩尔吸光系数来看，与正八面体配合物 $[Ni(H_2O)_6]^{2+}$ 和 $[Ni(NH_3)_6]^{2+}$ 并没有太大差别，说明它们偏离正八面体的程度很小，因此可以认为八面体仍是其有效对称性，完全可以用图 5-20(b) 来指认它们的 d-d 跃迁。

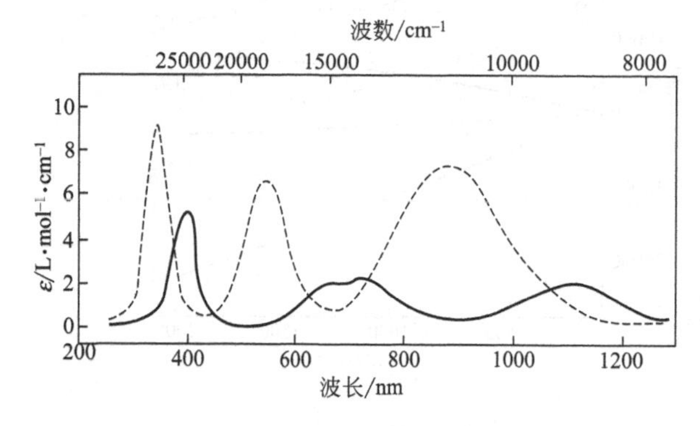

图 5-21 $[Ni(H_2O)_6]^{2+}$（实线）和 $[Ni(en)_3]^{2+}$（虚线）的电子光谱图

在图 5-12 和图 5-21 所示的 $[Ni(H_2O)_6]^{2+}$ 电子光谱图中，可以观察到 v_1 和 v_2 谱带的分裂，尤其以 v_2 谱带的分裂更为明显，从 d^8 体系的能级相关图（图 5-16）可知，由于与其自旋多重性相同的激发态谱项 $^3T_{2g}$ 和 $^3T_{1g}(F)$ 相关的强场组态为 $(t_{2g})^5(e_g)^3$，v_1 和 v_2 跃迁都将涉及激发态的姜-泰勒效应，因此在其电子光谱中会有所体现。仔细观察图 5-20(b) 所示的 Orgel 图还可以发现，在 Dq 为 $1000cm^{-1}$ 附近，$^3T_{1g}(F)$ 和 ^1E_g 谱项能级彼此靠近并发生交错，可能导致这两个自旋多重度不同的谱项发生轨-旋耦合作用，使得原先自旋禁阻的跃迁从自旋允许的 $^3A_{2g}\rightarrow{}^3T_{1g}(F)$ 跃迁中"借"来跃迁强度❶，可将 v_2 谱带中 $15200cm^{-1}$ 处的分裂峰指认为自旋禁阻的 $^3A_{2g}\rightarrow{}^1E_g$ 跃迁，因为它与表 5-13 中理论预测的位置也是相当吻合的❷。在其他具有类似配位环境的 $Ni^{II}O_6$ 配合物的电子光谱中也发现 v_2 谱带中类似的精细结构❸。但我们同时也注意到图 5-21 中的 $[Ni(en)_3]^{2+}$ 的 v_2 谱带并没有分裂，这是因为 en 的配体场强度大于 H_2O，使得在 Orgel 图上 $^3T_{1g}(F)$ 和 ^1E_g 谱项能级间隔较大而不发生轨-旋耦合作用，因而观察不到 $^3A_{2g}\rightarrow{}^1E_g$ 的弱自旋禁阻跃迁。

与以上正八面体或准八面体 Ni(Ⅱ)配合物相比较，反磁性的平面正方形或准平面正方形 Ni(Ⅱ)配合物在可见区 $18000\sim25000cm^{-1}$ 范围内一般只出现一个吸收带，其摩尔吸光系数一般为 $50\sim500L\cdot mol^{-1}\cdot cm^{-1}$，呈现出特征的橙、黄或红色。后者的跃迁强度较高可能是由于在 Ni(Ⅱ)配合物中产生了电子从 3d 轨道向未占据的 4p 轨道的跃迁，但也不排除"强度潜移"机理（参阅 5.1.2.2.4）的贡献或由于配体的体积、构象或空间位阻效应等因素使其四方形结构扭曲变形为不含对称中心的准四面体构型。

尽管 Orgel 图能够方便地用于指定某个特定中心离子的 d-d 跃迁谱带，但它存在两个缺点：

① 参考态或基态的能量随着场强的增加而减少，而且由于状态能量 E 值和 Dq 值都是以绝对单位表示的，这样 Orgel 图就不能通用于同一电子组态的不同离子和不同配体构成的体系；

② 不能适用于低自旋的强场情况。

---

❶ 参考：(a) Lever A B P. Inorganic Electronic Spectroscopy. 2nd Ed. Amsterdam: Elseiver, 1984: 507-510; (b) Cotton F A, Wilkinson G. Advanced Inorganic Chemistry. 6th Ed. New York: John Wiley & Sons Inc, 1999: 838-839。

❷ Lever 认为将 v_2 谱带中的分裂峰作出明确归属是不妥的，因为轨-旋耦合已使 $^3T_{1g}(F)$ 和 ^1E_g 谱项混合。

❸ 叶剑军．酒石酸修饰的多相不对称镍催化剂模型研究：[硕士论文]．厦门：厦门大学，2005：40-41。

作为对Orgel图的修正，在图中也可以加上低自旋谱项。图5-22就是$Co^{3+}(d^6)$离子的这种经过修正的Orgel图，它表示了由自由离子谱项^5D生成的两个高自旋配体场谱项$^5T_{2g}$和^5E_g，以及由^1I生成的六个低自旋谱项中能量随Dq增大而降低的三个配体场谱项$^1A_{1g}$、$^1T_{1g}$和$^1T_{2g}$。可以看到，随着Dq值增大，从某个Dq值开始，基谱项由$^5T_{2g}$变成$^1A_{1g}$，说明强场对形成低自旋态有利。

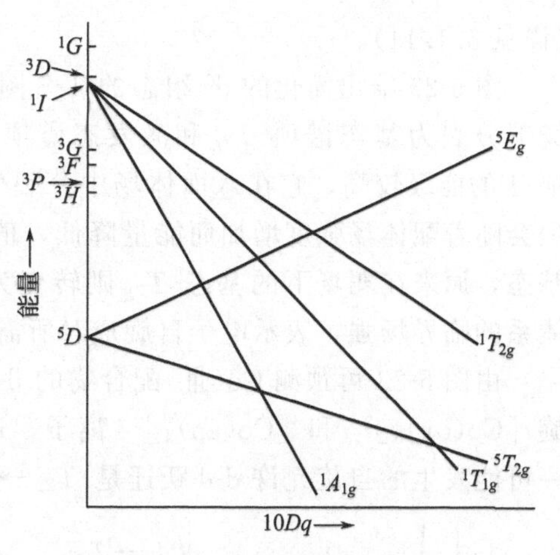

图5-22 正八面体场中$Co^{3+}(d^6)$的修正Orgel图（部分）

但是这种经改良的Orgel图还是难以方便且定量地用于预测同一d^n电子组态的不同配合物的d-d跃迁能并合理指认其跃迁。几乎与Orgel同时，Tanabe和Sugano采用强场方法计算了配体场谱项能随$\Delta_o(10Dq)$的变化，将状态能量E和Δ_o表示成以Racah参数$B(B')$作单位，画出了$d^2 \sim d^8$组态的Tanabe-Sugano图（见附录4）。

(2) 田边-管野（Tanabe-Sugano）图

Tanabe-Sugano图（简称T-S图）包含了强场或低自旋的情况，以克服上述Orgel图的两个缺点。它与Orgel图的不同主要有以下三点。

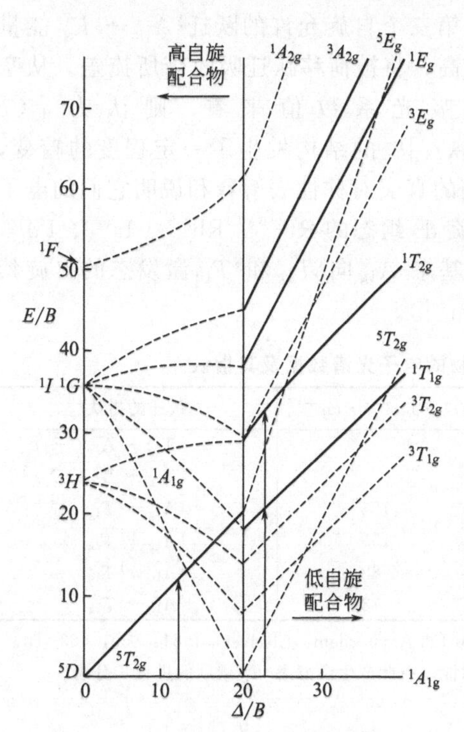

图5-23 d^6组态的简化T-S图，箭头分别代表的是$[CoF_6]^{3-}$和$[Co(ox)_3]^{3-}$中的跃迁指认

① 每一幅T-S图对应于一个特定的d^n组态，为此纵坐标取E/B，横坐标取Δ_o/B，无量纲，这里的E是谱项能，B是Racah参数。这样每一幅T-S图就可以通用于同一d^n组态的不同金属离子和不同配体构成的体系，因为改变金属离子或配体，就意味着改变其B值。并且为说明在什么情况下T-S图的应用有最高的精确度，每幅图还标明Racah参数的相对值C/B。当某个金属离子的C/B值越接近T-S图上标明的数值，T-S图对这个离子所形成配合物的d-d跃迁指认也就越精确。

② 对于$d^4 \sim d^7$组态，T-S图被一条垂线划分为左右两部分，左边适用于高自旋构型，右边适用于低自旋构型；垂线两边所包括的能量状态（配体场谱项）相同，但能级高低次序不同；在某一个临界场强处❶，基谱项会发生变化，在垂线上各个谱项的能量随临界场强变化出现转折。

③ 以基谱项作为横坐标，并取作能量零点，其他各个激发态相对于横坐标的斜率表示出它们的Δ值随场强的变化率。

在解释配合物的d-d跃迁光谱时，T-S图是特别有用的，不过在具体应用时，要适当作一些计算

❶ 也称为自旋交叉点。参考：游效曾著. 分子材料——光电功能化合物. 上海：上海科学技术出版社，2001：145-151。

(详见 5.1.11)。

图 5-23 给出简化的 d^6 组态的 T-S 图，Co^{3+}(d^6) 离子的基态自由离子谱项在弱八面体场下分裂为基态谱项$^5T_{2g}$和激发态谱项^5E_g。由图 5-22 和图 5-23 都可以看到自由离子谱项^1I的能级较高，它在八面体场中分裂生成几个单重态的谱项，其中$^1A_{1g}$、$^1T_{1g}$和$^1T_{2g}$谱项会随着配体场强度增加而能量降低，值得注意的是在 $\Delta/B=20$ 处，$^1A_{1g}$谱项开始转变为基态，原来在弱场下的基态$^5T_{2g}$则转变为激发态。图中垂线所指的场强 ($\Delta/B=20$) 即 d^6 体系的临界场强，表示电子自旋成对所需的临界场强值。

由图 5-23 可预测 Co(Ⅲ)配合物的 d-d 跃迁光谱，例如对于高自旋 $[CoF_6]^{3-}$ 以及低自旋 $[Co(ox)_3]^{3-}$ 和 $[Co(en)_3]^{3+}$ 离子，通常分别考虑它们的自旋允许跃迁。对于前者，唯一可能发生的自旋允许 d-d 跃迁是$^5T_{2g}\rightarrow{}^5E_g$，如图 5-23 左侧箭头所示，这与 $K_3[CoF_6]$ 在约 10000～17000cm^{-1}范围内出现一个宽峰(图 4-12)❶ 的实验事实相符。对于低自旋的两个准八面体 Co(Ⅲ)配合物，可能发生的自旋允许 d-d 跃迁分别是$^1A_{1g}\rightarrow{}^1T_{1g}$，$^1A_{1g}\rightarrow{}^1T_{2g}$，图 5-23 右侧箭头所示为对 $[Co(ox)_3]^{3-}$ 所指认的跃迁，其电子光谱见图 5-24，数据见表 5-14，由于第三个自旋允许的跃迁$^1A_{1g}\rightarrow{}^1E_g$ 能量太高，将被荷移跃迁吸收带所掩盖。从摩尔吸光系数值来看，则认为 $[Co(ox)_3]^{3-}$的结构发生了一定程度的畸变，对这类对称性低于正八面体的配合物，最好依据它们的真实对称性去解释和说明它们的电子光谱，可详见 5.1.9 和 5.1.10 中的讨论。对于低自旋 d^6 组态的 Ru^{2+}、Rh^{3+}、Ir^{3+}、Pd^{4+} 和 Pt^{4+}配合物，由于很强的轨-旋耦合作用，即使从基态$^1A_{1g}$向$^3T_{1g}$和$^3T_{1g}$激发态的自旋禁阻跃迁也可以获得较大的强度 ($\varepsilon\approx10$ L·mol^{-1}·cm^{-1})。

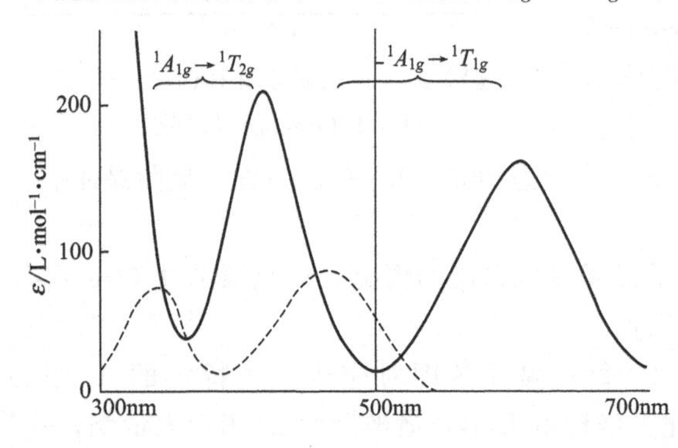

图 5-24 $[Co(ox)_3]^{3-}$ (实线) 和 $[Co(en)_3]^{3+}$ (虚线) 的电子光谱图

表 5-14 八面体和准八面体 Co(Ⅲ) 配合物的电子光谱数据及其指认

配合物	吸收带	实验观测的跃迁能①/cm^{-1}	ε/L·mol^{-1}·cm^{-1}	跃迁的指认
$[CoF_6]^{3-}$	v_1	11400		$^5T_{2g}\rightarrow{}^5A_{1g}(^5E_g)$②
	v_1'	14500		$^5T_{2g}\rightarrow{}^5B_{1g}(^5E_g)$②
$[Co(ox)_3]^{3-}$	v_1	16600	125	$^1A_{1g}\rightarrow{}^1T_{1g}$
	v_2	23750	155	$^1A_{1g}\rightarrow{}^1T_{2g}$
$[Co(en)_3]^{3+}$	v_1	21550	88	$^1A_{1g}\rightarrow{}^1T_{1g}$
	v_2	29600	78	$^1A_{1g}\rightarrow{}^1T_{2g}$

① 数据引自：Lever A B P. Inorganic Electronic Spectroscopy. 2nd Ed. Amsterdam：Elseiver，1984：460，463-464。

② 由于姜-泰勒效应使高自旋 $[CoF_6]^{3-}$ 的构型降低成为 D_{4h}对称性，由此产生激发态^5E_g 谱项的进一步分裂。

5.1.9 低对称性配位场光谱项❷

以上讨论主要涉及对称性高的立方场 (具有 T_d 或 O_h 对称性)，许多配合物 (特别是经典配合物) 属于这两种点群，其配体场的理论处理和各种能级图都比较完善，但是迄今为止

❶ 图 4-12 所示的宽峰会进一步发生分裂，主要是激发态的姜-泰勒效应所致。

❷ 主要参考：(a) 周永洽编著．分子结构分析．北京：化学工业出版社，1991：172-174；(b) 金斗满，朱文祥编著．配位化学研究方法．北京：科学出版社，1996：53-55。

大量已存在和新发现的配合物具有种类繁多的配位内界构型，有的低对称性构型是直接从正八面体或正四面体构型发生姜-泰勒畸变而来。例如表 5-14 所示的高自旋 $[CoF_6]^{3-}$，由于其 t_{2g} 轨道的不对称占据，它在基态时可能已稍许发生四方畸变为轴向拉长的八面体[1]，同时也考虑激发态的姜-泰勒效应，则直接影响到它的电子光谱性质。由于许多配合物满足产生姜-泰勒畸变的条件，经常会发生基态或激发态的姜-泰勒畸变，配合物的 d-d 跃迁吸收峰大都是不对称的（参见图 5-12）；当姜-泰勒效应更强时，向分裂激发态的跃迁会形成可分辨的谱带，如图 4-12 所示 $K_3[CoF_6]$ 的分裂峰。因此，在配合物的电子光谱研究中进一步考虑低对称性的光谱项是十分重要的。从群论的观点看，可以将对称性的降低看成是低对称性配体场对高对称性配体场的微扰。

以配合物中常见的四方畸变为例，由于发生姜-泰勒畸变前后分子构型的中心对称性不变，因此不论原来的正八面体构型畸变为轴向拉长或压扁的构型，甚至成为其极限构型——平面正方形，该配合物都属于 D_{4h} 对称性。对于单电子体系，在这些四方场中，轨道能级的变化见图 3-8。这种能级变化的特点是五个 d 轨道分裂为 4 组，变化主要发生在含 z 分量的轨道（d_{z^2}，d_{yz}，d_{xz}），不含 z 分量的轨道 b_{1g}（$d_{x^2-y^2}$）和 b_{2g}（d_{xy}）轨道的能量间隔大体上仍为 $10Dq$。d_{z^2} 轨道的能量变化最大，其能级次序随畸变方式而不同。对于这些变化，理论上都可以用一个四方场叠加于八面体场的模型来处理，即：

$$V(D_{4h})=V_{\text{oct}}+V_{\text{tert}} \tag{5-10}$$

式中 $V(D_{4h})$——四方畸变场势能项；

V_{oct}——八面体场势能项；

V_{tert}——四方场势能项。

因而需要引入两个新的场强参数 D_s 和 D_t。对拉长的八面体有 $D_s>0$，$D_t>0$；压扁的八面体则有 $D_s<0$，$D_t<0$；各个 d 轨道的能量为：

$$\begin{cases}E(e_g)=-4Dq-D_s+4D_t\\E(b_{2g})=-4Dq-2D_s+D_t\\E(a_{1g})=+6Dq-2D_s-6D_t\\E(b_{1g})=+6Dq+2D_s-D_t\end{cases} \tag{5-11}$$

$$Dq=\frac{1}{6}\times\frac{z}{a^5}\langle r^4\rangle\text{（原子单位）}$$

$$D_s=\frac{2}{7}z\langle r^2\rangle\left(\frac{1}{a_{xy}^3}-\frac{1}{b_z^3}\right)\text{（原子单位）}$$

$$D_t=\frac{2}{7}z\langle r^4\rangle\left(\frac{1}{a_{xy}^5}-\frac{1}{b_z^5}\right)\text{（原子单位）}$$

式中 z——每个配体所带电荷；

a_{xy}——金属原子与配位原子的距离，对应于 xy 平面上的配体；

b_z——金属原子与配位原子的距离，对应于 z 轴上的配体；

与 Dq 类似，D_t 也是 $\langle r^4\rangle$ 的函数，因而直接与 Dq 相联系，它是 xy 平面上的 $Dq(xy)$ 与轴向上的 $Dq(z)$ 之差的量度：

$$D_t=\frac{4}{7}[Dq(xy)-Dq(z)] \tag{5-12}$$

---

[1] Lever A B P. Inorganic Electronic Spectroscopy. 2nd Ed. Amsterdam：Elseiver，1984：461。

必须指出，式(5-12) 中的 $Dq(xy)$ 与 $Dq(z)$ 值与形成正八面体配合物的 Dq 值都是不同的。

在低对称性配位场中，由于 d 轨道分裂的组数增加，高重简并态减少，即 d 轨道的简并度降低。基于角量子数为 L 的谱项在特定对称性下的分裂与角量子数为 l 的单电子能级在该对称性环境中的分裂情况是类似的（参阅 5.1.5.2），当从高对称性配合物畸变为低对称性配合物时，配体场分量谱项的简并度也同样会降低，例如自由离子 F 谱项在 O_h 场中产生 $A_{2g}+T_{1g}+T_{2g}$ 三个配体场谱项，在四方畸变场 D_{4h} 中，A_{2g} 变成 B_{1g}，T_{1g} 变成 $A_{2g}+E_g$，T_{2g} 则变成 $B_{2g}+E_g$；而在 C_{4v} 场中，A_{2g} 变成 B_1，T_{1g} 变成 A_2+E，T_{2g} 变成 B_2+E。表 5-15给出了由正八面体对称性降低为一些常见低对称性配位场的谱项分裂情况，亦称 O_h 群的相关表。欲知其他点群的相关表，请查阅附录 2。

表 5-15　O_h 群的相关表

O_h	O	T_d	D_{4h}	D_{2d}	C_{4v}	C_{2v}	D_{3d}	D_3	C_{2h}
A_{1g}	A_1	A_1	A_{1g}	A_1	A_1	A_1	A_{1g}	A_1	A_g
A_{2g}	A_2	A_2	B_{1g}	B_1	B_1	A_2	A_{2g}	A_2	B_g
E_g	E	E	$A_{1g}+B_{1g}$	A_1+B_1	A_1+B_1	A_1+A_2	E_g	E	A_g+B_g
T_{1g}	T_1	T_1	$A_{2g}+E_g$	A_2+E	A_2+E	$A_2+B_1+B_2$	$A_{2g}+E_g$	A_2+E	A_g+2B_g
T_{2g}	T_2	T_2	$B_{2g}+E_g$	B_2+E	B_2+E	$A_1+B_1+B_2$	$A_{1g}+E_g$	A_1+E	$2A_g+B_g$
A_{1u}	A_1	A_1	A_{1u}	B_1	A_2	A_2	A_{1u}	A_1	A_u
A_{2u}	A_2	A_2	B_{1u}	A_1	B_2	A_1	A_{2u}	A_2	B_u
E_u	E	E	$A_{1u}+B_{1u}$	A_1+B_1	A_2+B_2	A_1+A_2	E_u	E	A_u+B_u
T_{1u}	T_1	T_2	$A_{2u}+E_u$	B_2+E	A_1+E	$A_1+B_1+B_2$	$A_{2u}+E_u$	A_2+E	A_u+2B_u
T_{2u}	T_2	T_1	$B_{2u}+E_u$	A_2+E	B_1+E	$A_2+B_1+B_2$	A_u+E_u	A_1+E	$2A_u+B_u$

如前所述，Ni^{2+} (d^8) 离子在正八面体场中的基态电子谱项为 $^3A_{2g}$，一般会出现两至三个自旋允许的 d-d 跃迁，如 Orgel 图 5-20(b) 所示。发生四方畸变或 *trans*-NiX_2L_4（L 为单齿配体）型配合物均属于 D_{4h} 对称性，其基态电子谱项为 $^3B_{1g}$；采用对称性降低的关联方法和弱场方法，以及考虑轴向配体场强度小于赤道配体场强度，可推出其能级相关图（图 5-25)，图 5-25 中仅列出与基态自旋相同的三重激发态，并不真实反映各能级的相对高低；其中四方变形体中的谱项能级顺序主要决定于 D_t 的符号，因而取决于轴向场和赤道场强度的相对数值。当不存在 CT 谱带时，在理想条件下可观察到六个自旋允许的 d-d 跃迁，不过在相邻跃迁能级差较小的情况下，有些谱峰将不会出现或可能仅以肩峰的形式存在。

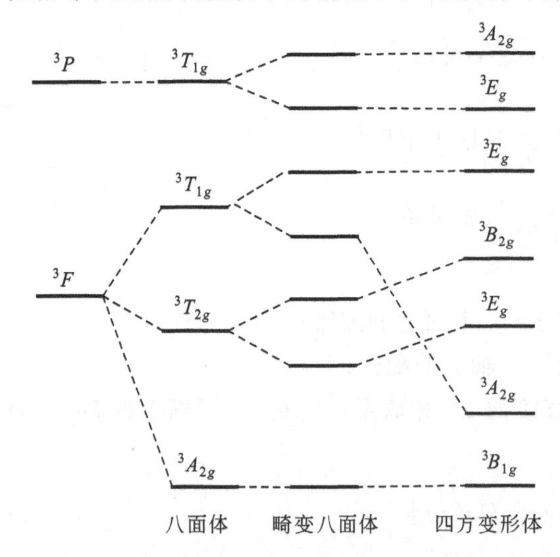

图 5-25　对称性从正八面体降低至四方变形体时 d^8 离子的部分能级相关图

在对称性降低形成平面四方形的极限情况下，图 5-25 所示的能级相关图（还应同时考虑单重激发态）可能类似于图 5-23，在两种构型的变化之间出现一个转折点，原来的三重态基态电子谱项将转变为 $^1A_{1g}$。关于低自旋平面四方形 Ni(Ⅱ)配合物的电子光谱特征已在 5.1.8.3.1 中作出讨论。

以上例子说明，只要知道低对称性微扰的对称性质，不必关注它的具体形式，就可以了解其配体场谱项能级分裂的情况。反之，利用电子光谱中所获取的能级分裂信息来推测体系所受微扰的对称性质，则可以了解配合物中心金属所处的配位环境。例如，从磁化率测定的数据（是否含未成对电子）可推测 *trans*-NiX_2L_4 的立体结构，再通过与相关配合物电子光谱的数据关联，可进一步推测中心金属离子Ni^{2+}的电子构型和配位环境[1]。若有可能对配合物进行单晶电子光谱的偏振分析（参阅5.1.10）或对手性配合物进行圆二色光谱分析（参阅6.5.3），则可能进一步得到常规溶液电子光谱中无法获取的能级分裂细节。

5.1.10　偏振作用分析和二色性[2]

在5.1.2.2.5中我们讨论了不含对称中心的、具有D_3对称性的$[Co(en)_3]^{3+}$可能发生对称性允许的跃迁，从而使正八面体中受到严格宇称禁阻的d-d跃迁增加了一定强度。在这种情况下，可以将O_h对称性降低为D_3对称性，看作是三方场对正八面体场的微扰。前已述及，在具有较高对称性的立方场（具有T_d或O_h对称性）中，跃迁电偶极矩算符$\hat{\mu}_e$和跃迁电偶极矩积分μ_{ab}均为"各向同性的"，即$\hat{\mu}_e$的三个分量x、y和z同属于某个三维的不可约表示；当所考察的分子对称性较低时（例如具有D_{4h}或D_3对称性的分子），则$\hat{\mu}_e$和μ_{ab}将可能是"各向异性的"，即$\hat{\mu}_e$的三个分量x、y和z可能分属于不同的不可约表示。换句话说，当高对称场演变为低对称性场时，$\hat{\mu}_e$所属的不可约表示会发生分裂而解除简并（也可利用点群的相关表进行考察），有时后者所涉及的跃迁矩积分可能分解为2～3个分量积分。

例如，从特征标表中可以找到在正八面体群中，$\hat{\mu}_e(x,y,z)$属于$T_{1u}(x,y,z)$不可约表示；在正四面体群中，$\hat{\mu}_e(x,y,z)$属于$T_2(x,y,z)$不可约表示；在D_3群中，$\hat{\mu}_e(x,y,z)$分别属于$A_2(z)$和$E(x,y)$两种不可约表示，在表5-15中亦可以查出O_h群中的T_{1u}在D_3对称性下分解为A_2+E；而在对称性更低的C_{2v}群中，$\hat{\mu}_e(x,y,z)$则分别属于$A_1(z)$、$B_1(x)$和$B_2(y)$三种不可约表示。考察后面两种低对称性分子的电子光谱性质时，有可能观察到所谓电子跃迁的偏振现象，它们能提供有价值的配合物内界结构（指纹）信息，对解析和指认d-d跃迁吸收带很有帮助。

首先以低对称性的cis-$[CoCl_2(NH_3)_4]^+$为一个假设的例子。当采用强场方案和对称性降低的方法处理具有C_{2v}对称性的cis-$[CoCl_2(NH_3)_4]^+$的配体场谱项能级时，可绘制出图5-26。在cis-$[CoCl_2(NH_3)_4]^+$中，考虑自旋允许的d-d跃迁，则谱带可分为两组，v_1为基

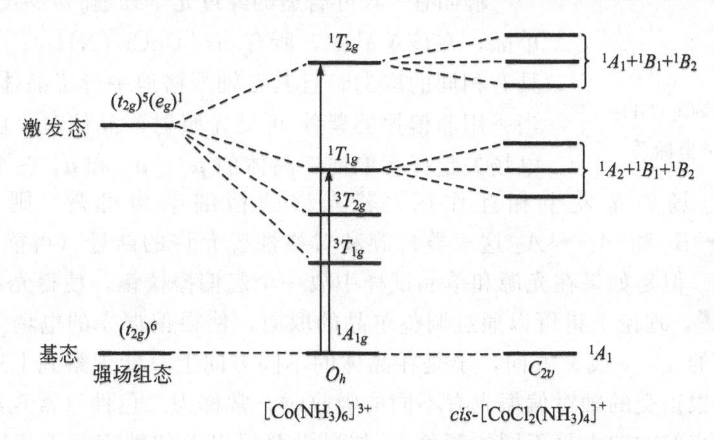

图5-26　低自旋$3d^6$组态Co(Ⅲ)配合物在O_h和C_{2v}环境下的谱项能级分裂示意图

---

[1] 王尊本主编．综合化学实验：实验36第2版．北京：科学出版社，2007：273-294。

[2] 主要参考：(a) 周永洽编著．分子结构分析．北京：化学工业出版社，1991：96-97，228-230；(b) 金斗满，朱文祥编著．配位化学研究方法．北京：科学出版社，1996：77，105. (c)［美］科顿FA著．群论在化学中的应用．第3版．刘春万，游效曾，赖伍江译．福州：福建科学技术出版社，1999：215-219；(d) Lever A B P. Inorganic Electronic Spectroscopy. 2nd Ed. Amsterdam：Elseiver，1984：165-171。

态谱项$^1A_1$ 对$^1A_2+^1B_1+^1B_2$组的跃迁，v_2 为基态谱项$^1A_1$ 对$^1A_1+^1B_1+^1B_2$组的跃迁。前已述及，在 C_{2v}群中，$\hat{\mu}_e$的三个分量分别属于 $A_1(z)$、$B_1(x)$ 和 $B_2(y)$ 三种不可约表示，因此，三个跃迁矩分量的积分为：

$$(\boldsymbol{\mu}_x)_{ab}=<\psi_a|\boldsymbol{\mu}_x|\psi_b>$$
$$(\boldsymbol{\mu}_y)_{ab}=<\psi_a|\boldsymbol{\mu}_y|\psi_b>$$
$$(\boldsymbol{\mu}_z)_{ab}=<\psi_a|\boldsymbol{\mu}_z|\psi_b>$$

被积函数所属不可约表示的直积分别为：

$$A_1\begin{pmatrix}B_1(x)\\B_2(y)\\A_1(z)\end{pmatrix}A_2=\begin{pmatrix}B_2(x)\\B_1(y)\\A_2(z)\end{pmatrix}\qquad A_1\begin{pmatrix}B_1(x)\\B_2(y)\\A_1(z)\end{pmatrix}A_1=\begin{pmatrix}B_1(x)\\B_2(y)\\A_1(z)\end{pmatrix}\leftarrow\text{对 }\boldsymbol{\mu}_z\text{ 是活性的}$$

$$\text{对于 }v_1\quad A_1\begin{pmatrix}B_1(x)\\B_2(y)\\A_1(z)\end{pmatrix}B_1=\begin{pmatrix}A_1(x)\\A_2(y)\\B_1(z)\end{pmatrix}\begin{matrix}\leftarrow\text{对}\boldsymbol{\mu}_x\text{是活性的}\\ \\ \\ \end{matrix}\qquad \text{对于 }v_2\quad A_1\begin{pmatrix}B_1(x)\\B_2(y)\\A_1(z)\end{pmatrix}B_1=\begin{pmatrix}A_1(x)\\A_2(y)\\B_1(z)\end{pmatrix}\begin{matrix}\leftarrow\text{对}\boldsymbol{\mu}_x\text{是活性的}\\ \\ \\ \end{matrix}$$

$$A_1\begin{pmatrix}B_1(x)\\B_2(y)\\A_1(z)\end{pmatrix}B_2=\begin{pmatrix}A_2(x)\\A_1(y)\\B_2(z)\end{pmatrix}\leftarrow\text{对 }\boldsymbol{\mu}_y\text{ 是活性的}\qquad A_1\begin{pmatrix}B_1(x)\\B_2(y)\\A_1(z)\end{pmatrix}B_2=\begin{pmatrix}A_2(x)\\A_1(y)\\B_2(z)\end{pmatrix}\leftarrow\text{对 }\boldsymbol{\mu}_y\text{ 是活性的}$$

以上直积分析意味着对于 *cis*-[$CoCl_2(NH_3)_4$]$^+$ 的几种自旋允许 d-d 跃迁，$^1A_1\rightarrow{}^1B_1$ 的跃迁是 x 方向上允许的（称为 x 偏振），$^1A_1\rightarrow{}^1B_2$ 的跃迁是 y 方向上允许的（称为 y 偏振），而$^1A_1\rightarrow{}^1A_2$ 的跃迁是 z 方向上允许的（称为 z 偏振）。设置配合物的右手坐标系时，一般以分子的最高对称轴为 z 轴，跃迁矩沿对称轴投影，垂直于对称轴的定为 x、y 方向，如图 5-27 所示。

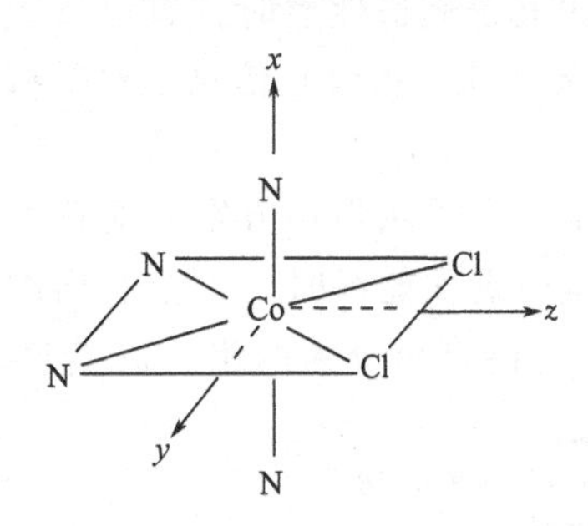

图 5-27　为 *cis*-[$CoCl_2(NH_3)_4$]$^+$ 设置的参考坐标系

假如有一尺寸合适的经过光学处理的 *cis*-[$CoCl_2(NH_3)_4$] Cl 单晶，在该单晶中，所有 *cis*-[$CoCl_2(NH_3)_4$]$^+$ 相对于晶轴都具有相同的取向，且其 z 轴严格地平行于晶体的一根对称轴。当采用非偏振的紫外-可见光照射该晶体时，由于非偏振光的电场矢量任意取向，晶体的 $\boldsymbol{\mu}_x$、$\boldsymbol{\mu}_y$ 和 $\boldsymbol{\mu}_z$ 三个分量都有机会与随机取向的电场矢量发生相互作用。若光谱的精细结构可辨，则 v_1 和 v_2 中的 $^1A_1\rightarrow{}^1B_1$、$^1A_1\rightarrow{}^1B_2$ 和$^1A_1\rightarrow{}^1A_2$ 这三类自旋和对称性皆允许的跃迁（可能有 5 个吸收峰）都可能被观察到。但是如果在光源和单晶试样中放一个起偏振棱镜，使得光源发出的自然光成为平面偏振光❶，理论上讲可以通过调整单晶的取向，使得偏振光的电场矢量方向分别平行于分子坐标系的 x、y 或 z 方向，于是在晶体的不同方向上只能观察到上述一类特定的跃迁。当单晶沿两根正交的轴对偏振光有不同的吸收时，常称为二色性（常观察到这类配合物的单晶在彼此正交的方向上呈不同的颜色）；如果沿两根以上的轴有互不相同的吸收，则称为多色性，但习惯上仍统称为二色性，或线二色性。

不像单晶的圆二色光谱测定（参阅 6.6.2）那样，偏振光谱分析对晶体的结晶学性质（是否属于立方晶系、单轴或双轴晶体）并没有特殊限制。例如，含三（双齿）配体的螯合物通常

❶ 平面偏振光的偏振面（电场矢量的振荡平面）是固定的，当沿着 x 方向传播时，z-偏振的偏振光平面就是 xz 平面，当沿着 y 方向传播时，z-偏振的偏振光平面就是 xy 平面，余类推。

以单轴晶体（三方、四方和六方晶系等）结晶，Λ-$(+)_D$-$[Co(en)_3]_2Cl_6 \cdot NaCl \cdot 6H_2O$ 单晶属于 $P3$ 空间群（参阅 6.5.3），为三方晶系；*trans*-$[CoCl_2(en)_2]Cl \cdot HCl \cdot 2H_2O$ 单晶则属于 $P2_1/c$ 空间群，为单斜晶系，其结晶为双轴晶体；理论上讲，这两种单晶都可用于电子光谱的偏振分析。

在作单晶的电子吸收光谱偏振分析时，应采用光学方法严格使晶体对称轴与偏振光束通过的方向平行，晶体的大小必须能罩住光斑。其具体做法是：用一束平面偏振光平行于一根晶轴入射单晶，测定该方向的偏振光谱，然后再调整单晶的取向（一般为与前一个方向成90°），得到另一根晶轴方向的偏振光谱后，分析相对偏振强度与偏振方向和晶轴的关系。如果偏振光的电矢量方向严格平行于晶体中分子按选择定则允许的偏振方向，将出现较强的偏振吸收带；当偏振光的电矢量方向垂直于上述选择定则允许的偏振方向，则不出现或出现很弱的吸收带（参见 5.1.11.3 中的例 2）。测试时最好将晶体冷却至液氮或液氦温度，以便取得锐的分辨良好的偏振谱图。有时通过比较单晶样品在室温下或低温下的偏振数据，可以提供与温度有关的结构变化。

上述分析，对于已经作过 X 射线衍射分析的单晶试样来说，尚属可行。但这类工作在实验上有一定难度，因为在测试中对晶体的质量、大小和取向有严格的要求，不但分子本身的对称性会影响光谱，而且分子在晶体中的位置（分子对称轴与晶体对称轴的重合程度）也会影响光谱。

即使对于分子对称轴与晶体对称轴不相重合的晶体，给定谱带沿不同晶轴方向的相对偏振强度仍能对确定跃迁的性质提供有用的信息。如果要由这样的单晶获得分子的偏振光谱，需利用晶体和分子对称轴夹角的三角函数进行计算。对于不存在对称轴的晶体，其偏振行为可能与频率有关，情况比较复杂。

有时在无法获取样品晶体学参数的情况下，也可以测得偏振光谱数据，这时可采用偏光显微镜先确定晶体的消光轴，然后依照上述方法测定单晶样品的偏振光谱。

在溶液中，由于分子相对于入射偏振光的随机取向，光谱的偏振性是不能被观察到的，因此在溶液的光谱中将出现选择定则允许的所有吸收带。

以下将给出一些配合物偏振电子光谱测定的实例。

5.1.10.1 对称性允许跃迁的偏振作用

已知在 $[CoN_6]^{3+}$ 系列配合物中，$[Co(NH_3)_6]^{3+}$ 是正八面体构型，只能通过振动-电子耦合获得很弱的强度；而 $[Co(en)_3]^{3+}$、$[Co(phen)_3]^{3+}$ 属于 D_3 对称性，缺乏对称中心，可能产生对称性允许的跃迁（$\psi_a\hat{\mu}_e\psi_b$ 表示的直积中包含 A_1）。如前所述，电子跃迁偏振现象产生的实质是：跃迁矩算符所属不可约表示是“各向异性的”。在 D_3 点群中，$\hat{\mu}_e(x,y,z)$ 分别属于 $A_2(z)$ 和 $E(x,y)$ 两种不可约表示，呈现了跃迁矩算符所属不可约表示的去简并化，因此可能产生偏振作用。

当采用强场方案和对称性降低的方法处理 $[Co(en)_3]^{3+}$ 离子的配体场谱项能级时，可绘制出其能级相关图（图 5-28）。图 5-28 表明原先在正八面体对称性下的 T_{1g} 谱项在三方对称场的微扰下分裂为 $^1A_2+^1E$，可以预测将发生基态谱项 $^1A_1$ 向分裂后的这两个谱项的跃迁。通过表 5-4 中的直积分析，我们可以看到，在 $[Co(en)_3]^{3+}$ 和 $[Co(phen)_3]^{3+}$ 配合物中，$^1A_1 \rightarrow {}^1A_2(T_1)$ 跃迁是 z 偏振的，而 $^1A_1 \rightarrow {}^1E(T_1)$ 跃迁是 x、y 偏振的，由于这两种跃迁的能量差太小，在其溶液电子光谱中只出现一个宽吸收带，不可分辨；但是在手性 $[Co(en)_3]^{3+}$ 的溶液 CD 光谱测定中，可以观察到这两种跃迁的细微区别（有关谱图和详细讨论见 6.5.3）；而在非手性配合物晶体的偏振光谱中应该也能分辨出这两种跃迁。

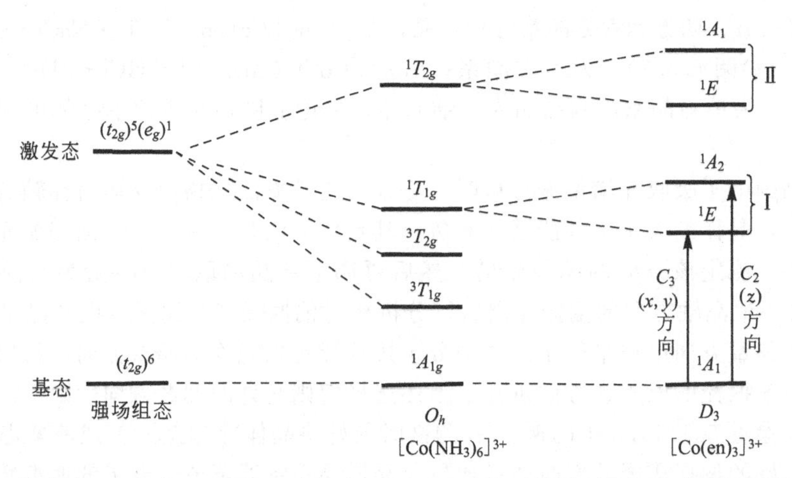

图 5-28 低自旋 $3d^6$ 组态 Co(Ⅲ) 配合物在 O_h 和 D_3 环境下的谱项能级分裂和偏振跃迁示意[❶]

5.1.10.2 电振子允许跃迁的偏振作用[❷]

下面我们以 *trans*-$[CoCl_2(en)_2]Cl \cdot HCl \cdot 2H_2O$、*trans*-$[CoCl_2(en)_2]ClO_4$ 和 *trans*-$[CoBr_2(en)_2]Br \cdot HBr \cdot 2H_2O$ 配合物所形成的单晶为例，讨论电振子允许跃迁的偏振作用。已知这三个配合物为等构，以单斜晶系结晶，为双轴晶体，具有确定的 001 面，并表现出显著的二色性：当用一束平面偏振光沿着与单晶 *a* 轴平行的方向去辐射时，前两个单晶呈蓝色，而后一个单晶呈绿色；当沿着与 *b* 轴平行的方向辐射时，则前两个单晶呈绿黄色，而后一个单晶呈棕黄色。

由于轴向配体卤素离子的配位能力较赤道配体乙二胺弱，以上晶体中配离子的构型均为轴向拉长的八面体，即四方变形体，具有准对称中心——严格来讲图 5-29 所示的配离子应为 D_{2h} 对称性，但是由于实验上已知 *trans*-$[CoCl_2(en)_2]^+$ 和 *trans*-$[CoCl_2(NH_3)_4]^+$ 两者在光谱学上几乎不可区分，我们不妨将前者也视为具有局部 D_{4h} 对称性。在 5.1.2.2.3 中对选律的讨论指出：在具有对称中心的配合物中，其 d-d 跃迁是宇称禁阻的，只有在振动电子耦合的情况下，d-d 跃迁才会有一定的强度。

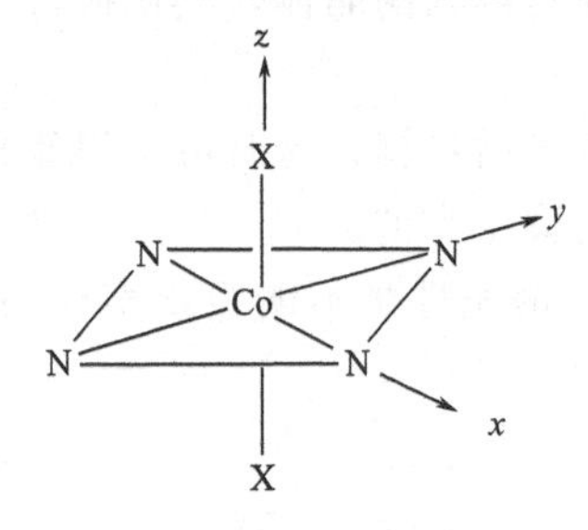

图 5-29 为 *trans*-$[CoX_2(en)_2]^+$ 设置的参考坐标系

电振子选律告诉我们：如果有一种正则振动，只要它的激发态振动波函数 ψ_v' 所属不可约表示与 $\psi_a\hat{\mu}_e\psi_b$ 所属不可约表示的直积分解所得直和 $\Gamma(\psi_a \otimes \hat{\mu}_e \otimes \psi_b)$ 的其中一个对称性相同，则式(5-5)就有非零值，该跃迁就是电振子允许的。已知具有局部 D_{4h} 对称性的 *trans*-$[CoX_2(en)_2]^+$，其第一激发态的正则振动方式具有如下对称性（见表 5-3）：

$$2A_{1g}+B_{1g}+B_{2g}+E_g+2A_{2u}+B_{1u}+3E_u$$

对于 *trans*-$[CoX_2(en)_2]^+$，根据强场方案和对称性降低的方法（参考表 5-15），可绘制

---

❶ 有些参考书中原能级图所示 D_3 对称性下的 $^1E(T_1)$ 和 $^1A_2(T_1)$ 能级顺序有误。

❷ 主要参考：(a) [美] 科顿 F A 著．群论在化学中的应用．第 3 版．刘春万，游效曾，赖伍江译．福州：福建科学技术出版社，1999：215-216，但其中的二色性光谱图（图 9.13）有误；(b) Yamada S, Nakahara A, Shimura Y, Tsuchida R. Spectrochemical study of microscopic crystals: Ⅶ. Absorptionspectra of *trans*-dihalogeno-bis(ethylenediaine)-cobalt(Ⅲ) complexes. Bull Chem Soc Jpn, 1955, 28 (3): 222-227; (c) Yamada S, Tsuchida R. Spectrochemical study of microscopic crystals. Ⅱ Absorptionspectra of *trans*-dihalogeno-bisethylenedia dichroism of cobalt(Ⅲ)-praseo salts. Bull Chem Soc Jpn, 1952, 25 (2): 127-130; (d) Ballhausen C J, Moffitt W. On the dichroism of certain Co(Ⅲ) complexes. J Inorg Nucl Chem, 1956, 3: 178-181。本小节几幅二色性光谱图均引自文献 (b)。

出其能级相关图（图 5-30）。考虑自旋允许的跃迁，则从基态到激发态可能有如下跃迁形式：

$$^{1}A_{1g}\rightarrow{}^{1}A_{2g};\ ^{1}A_{1g}\rightarrow{}^{1}E_{g};\ ^{1}A_{1g}\rightarrow{}^{1}B_{2g}$$

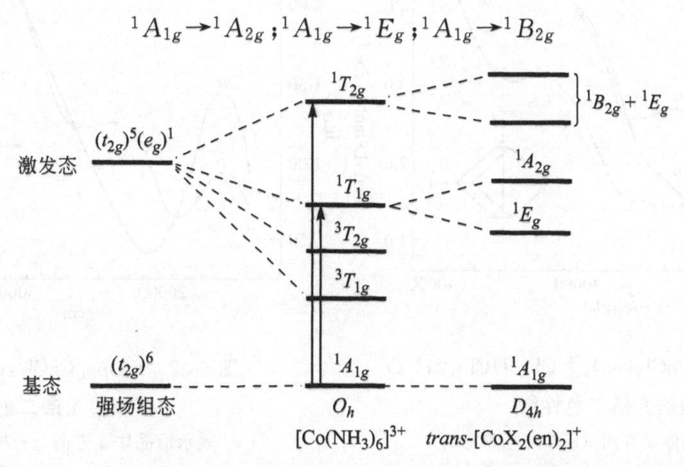

图 5-30 低自旋 $3d^6$ 组态 Co(Ⅲ) 配合物在 O_h 和 D_{4h} 环境下的谱项能级分裂示意图

在 D_{4h} 群中，$\hat{\mu}_e(x,y,z)$ 分别属于 $A_{2u}(z)$ 和 $E_u(x,y)$ 两种不可约表示。我们可以对上述跃迁做出电偶极矩跃迁的直积分析（表 5-16），并结合振动模式进一步考虑电振子允许跃迁的偏振作用（表 5-17）。

表 5-16 *trans*-$[CoX_2(en)_2]^+$ 中电偶极矩跃迁积分所属表示的直积分析

跃迁形式	$^1A_{1g}\rightarrow{}^1A_{2g}$	$^1A_{1g}\rightarrow{}^1E_g$	$^1A_{1g}\rightarrow{}^1B_{2g}$
$\mu_e(x,y,z)$所属表示	$A_{2u}(z)$和 $E_u(x,y)$	$A_{2u}(z)$和 $E_u(x,y)$	$A_{2u}(z)$和 $E_u(x,y)$
$\psi_a\hat{\mu}_e\psi_b$ 表示的直积	$A_{1g}\otimes A_{2u}\otimes A_{2g}=A_{1u}$ $A_{1g}\otimes E_u\otimes A_{2g}=E_u$	$A_{1g}\otimes A_{2u}\otimes E_g=E_u$ $A_{1g}\otimes E_u\otimes E_g=$ $A_{1u}+A_{2u}+B_{1u}+B_{2u}$	$A_{2g}\otimes A_{2u}\otimes B_{1g}=B_{1u}$ $A_{1g}\otimes E_u\otimes B_g=E_u$
振动模式	$2A_{1g}+B_{1g}+B_{2g}+E_g+2A_{2u}+B_{1u}+3E_u$		

表 5-17 *trans*-$[CoX_2(en)_2]^+$ 中电振子选律允许的偏振跃迁

跃 迁 形 式	具有振动-电子耦合的偏振作用	
	z	(x,y)
$^1A_{1g}\rightarrow{}^1A_{2g}$	禁阻	允许
$^1A_{1g}\rightarrow{}^1E_g$	允许	允许
$^1A_{1g}\rightarrow{}^1B_{2g}$	允许	允许

必须注意到上述分析结果与我们前面对八面体配合物的电振子允许跃迁的讨论不同，因为后者的电振子允许跃迁是各向同性的，没有偏振现象发生。

上述直积分析结果可很好地用于对 *trans*-$[CoX_2(en)_2]^+$ 型单晶的电振子允许跃迁的偏振光谱的解释。Yamada 和 Tsuchida 等对以上三种单晶所做的二色性偏振光谱图如图5-31～图 5-33 所示。

从这三个等构配合物的单晶偏振光谱图来看，其光谱曲线大致分为三个吸收带，根据它们的跃迁强度，可以认为前两个吸收带为 d-d 跃迁，而第三个吸收带为 d-d 跃迁与荷移跃迁的叠加。以 *trans*-$[CoCl_2(en)_2]$ Cl・HCl・$2H_2O$（图 5-31）为例分析之，对于平行于单晶 b 轴（x,y 方向）的偏振光辐射，在约 16100cm^{-1}处有一偏振谱带，同时在约 23200cm^{-1}

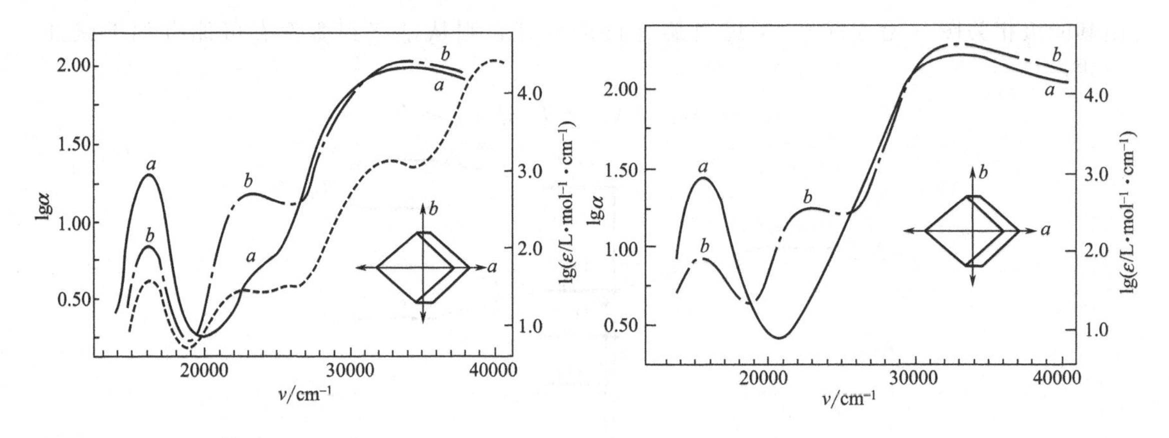

图 5-31 *trans*-[$CoCl_2(en)_2$] Cl·HCl·$2H_2O$ 单晶的光谱二色性[1]

——表示沿晶体 a 方向（z 方向）测定的偏振光谱；·-·-·表示沿晶体 b 方向（x,y 方向）测定的偏振光谱；------表示溶液吸收光谱

图 5-32 *trans*-[$CoCl_2(en)_2$] ClO_4 单晶的光谱二色性

——表示沿晶体 a 方向（z 方向）测定的偏振光谱；·-·-·表示沿晶体 b 方向（x,y 方向）测定的偏振光谱

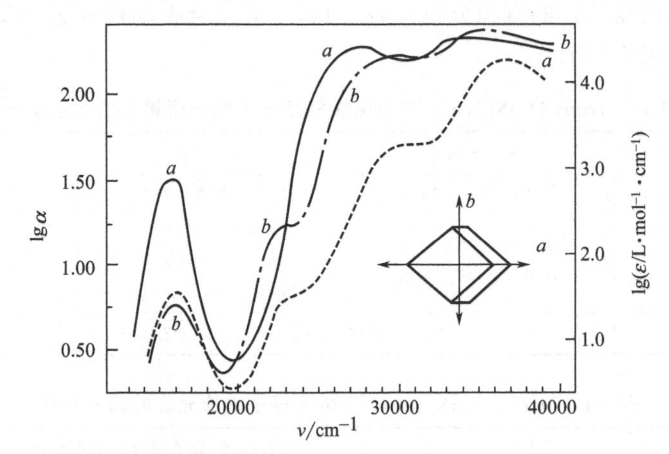

图 5-33 *trans*-[$CoBr_2(en)_2$] Br·HBr·$2H_2O$ 单晶的光谱二色性

——表示沿晶体 a 方向（z 方向）测定的偏振光谱；·-·-·表示沿晶体 b 方向（x,y 方向）测定的偏振光谱；------表示溶液吸收光谱

处还出现另一个较强的偏振谱带；而对于平行于单晶 a 轴（z 方向）的光辐射，仅在大约 $16100cm^{-1}$ 处出现一较强的偏振谱带。根据配体场理论并结合电振子选律分析（表 5-17），可以给出一个合理的解释：既然 $^1A_{1g}\rightarrow{}^1E_g$ 跃迁在 z 和（x,y）两个方向都是电振子允许的，而 $^1A_{1g}\rightarrow{}^1A_{2g}$ 跃迁在 z 方向是电振子禁阻的，可分别将 $16100cm^{-1}$ 和 $23200cm^{-1}$ 处的两个谱带指认为从基态 $^1A_{1g}$ 跃迁到 $^1T_{1g}$ 状态（O_h 对称性）的两个组分 ^1E_g 和 $^1A_{2g}$ 的跃迁；另一方面，可以把高于 $27000cm^{-1}$ 的宽吸收带指认为从基态 $^1A_{1g}$ 跃迁到 $^1T_{2g}$ 状态的两个组分 ^1E_g 和 $^1B_{2g}$ 的不可分辨的跃迁。在相应的溶液吸收光谱中，虽然也可以观察到由于四方变形使原先在 O_h 对称性下的第一个吸收带的分裂，但无法仅仅利用溶液光谱数据来进行 ^1E_g 和 $^1A_{2g}$ 能级次序的确定。

---

[1] 图中 α 表示每毫米厚度晶体的吸收系数。

由于 trans-[$CoCl_2(en)_2$]ClO_4 和 trans-[$CoBr_2(en)_2$]$Br\cdot HBr\cdot 2H_2O$ 与 trans-[$CoCl_2(en)_2$] $Cl\cdot HCl\cdot 2H_2O$的结构类似性，它们的偏振光谱（图 5-32 和图 5-33）与后者也是类似的，此处不再赘述。

以上偏振光谱数据与配体场理论所预测和指认的电振子偏振允许 d-d 跃迁的吻合进一步证明了配体场理论在解析 d-d 跃迁光谱方面的重要作用；同时也说明对配合物电子跃迁的偏振现象的合理解释，有助于更进一步了解配合物谱项能级分裂的细节及其相对能级顺序。

5.1.11 群论方法、能级图综合应用解释配合物 d-d 跃迁电子光谱

5.1.11.1 轨道和谱项分属不同的概念

在掌握了能级相关图和光谱项图的基础上，必须再次强调单电子轨道与多电子谱项的区别和联系。例如，对于 [$Co(NH_3)_6$]$^{3+}$(d^6)，其中心离子 Co^{3+} 的五个 d 轨道在八面体场中分裂为 $t_{2g}+e_g$，其基态电子组态 $(t_{2g})^6$ 的配体场谱项是$^1A_{1g}$，表示低自旋态六个 d 电子只有一种排布方式；而它的第一激发态 $(t_{2g})^5(e_g)^1$ 组态的配体场谱项有$^1T_{1g}$、$^3T_{1g}$、$^1T_{2g}$和$^3T_{2g}$四种状态，表示处在 $(t_{2g})^5(e_g)^1$ 组态的六个 d 电子有四种能量不同的排布方式。以上每一组微观状态（谱项）形成不同的能级，按选择定则从一种状态变化到另一种状态，就引起不同能量的谱项间跃迁。如果解释为“一个电子从一个谱项到另一个谱项的跃迁”是不确切的，因为从一组微观状态变化到另一组微观状态，牵涉到该组态所有电子的排布状态的变化。通俗地讲，也就是轨道上可以填充电子，而谱项则不能（因为每个谱项代表所有电子的状态）。因此，在多电子体系中，轨道和谱项是两个完全不同的概念。多电子体系的 d-d 跃迁要用配体场谱项间的跃迁来严格描述。但对于单电子（或单空穴）体系，可以用轨道间跃迁描述其 d-d 跃迁和荷移跃迁。作为极粗糙的近似，有时也用分子轨道间的跃迁处理多电子体系。

5.1.11.2 谱带的指定和电子跃迁能计算[1]

① 从实验中测得光谱曲线，找出几个最大吸收峰的位置；

② 在相应的能级图（Orgel 图或 T-S 图）上依能量间隔大小的顺序，找出相应的、可能存在的自旋允许跃迁，读出其能量间隔，作出适当计算，并与光谱实验数据作比较。

例 1 根据理论计算，d^2 构型的金属离子配合物的吸收峰频率与 Δ_o 和拉卡参数 B 有如下关系：

$$^3T_{1g}(F)\rightarrow {^3T_{2g}} \quad v_1=0.5\Delta_o-7.5B+1/2(225B^2+18B\Delta_o+\Delta_o^2)^{1/2} \tag{5-13}$$

$$^3T_{1g}(F)\rightarrow {^3T_{1g}(P)} \quad v_2=(225B^2+18B\Delta_o+\Delta_o^2)^{1/2} \tag{5-14}$$

$$^3T_{1g}(F)\rightarrow {^3A_{2g}} \quad v_3=1.5\Delta_o-7.5B+1/2(225B^2+18B\Delta_o+\Delta_o^2)^{1/2} \tag{5-15}$$

因此对于 d^2、d^7 (O_h) 组态，$v_3-v_1=\Delta_o$。

已知 d^2 构型的 [$V(H_2O)_6$]$^{3+}$ 存在三种自旋允许的跃迁，即：$^3T_{1g}(F)\rightarrow {^3T_{2g}}$、$^3T_{1g}$、$^3A_{2g}$，实验上在 17800cm^{-1} 及 25700cm^{-1} 附近观察到两个吸收带（图 5-34），如何指认？

根据 d^2 体系的 T-S 图（图 5-35），第一激发态谱项为$^3T_{2g}$；第二激发态谱项在 $\Delta_o/B<15$ 时应指认为$^3A_{2g}$，在 $\Delta_o/B>15$ 时则为$^3T_{1g}(P)$，因为当 Δ 值较大时，激发态$^3T_{1g}(P)$ 属于 $(t_{1g})^1(e_g)^1$ 组态，代表单电子跃迁；而$^3A_{2g}$来自 $(e_g)^2$ 组态，代表双电子跃迁，处在比 25700cm^{-1} 更高的能量范围。考虑到 H_2O 作为配体，Δ 值约 20000cm^{-1}，可将 v_1 和 v_2 谱带分别指认为：

---

[1] 主要参考：(a) 罗勤慧，沈孟长编著．配位化学．南京：江苏科技出版社，1987：99-100；(b) 金斗满，朱文祥编著．配位化学研究方法．北京：科学出版社，1996：71-74。

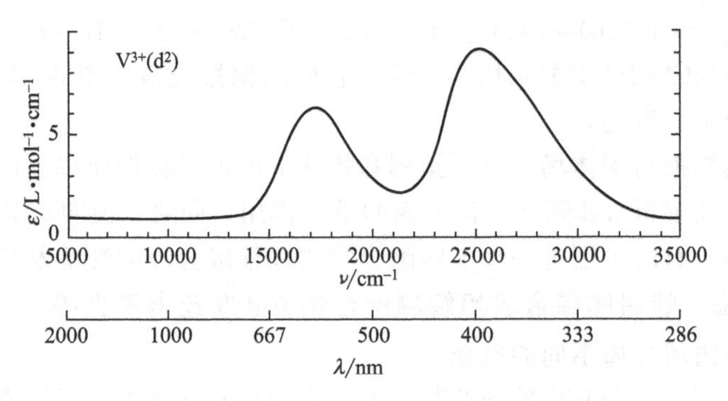

图 5-34 $[V(H_2O)_6]^{3+}$ 的电子光谱图

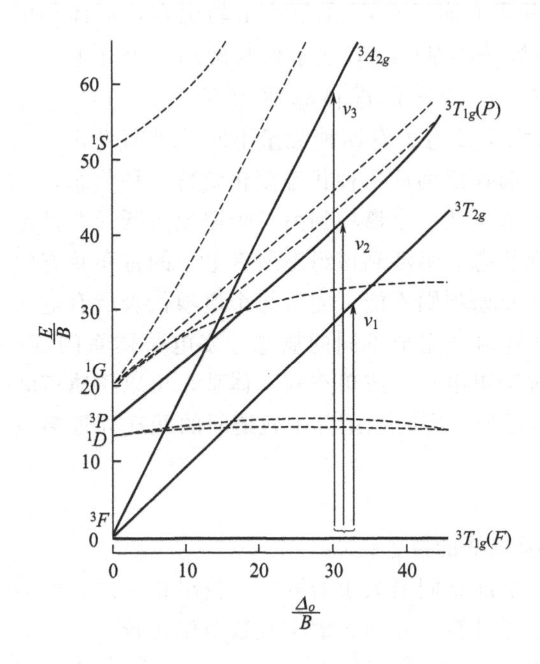

图 5-35 d^2 组态的简化 T-S 图

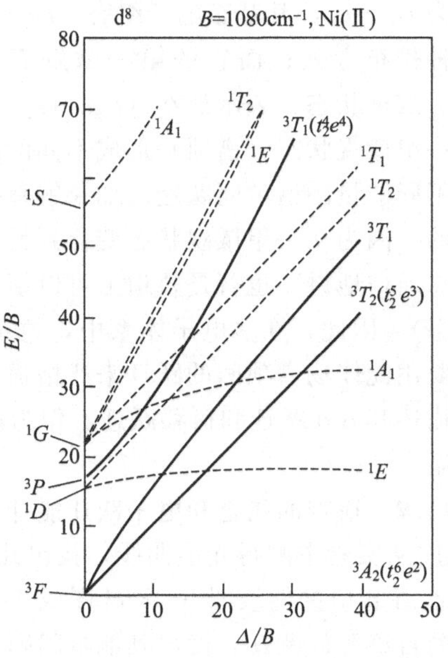

图 5-36 d^8 组态的 T-S 图

$$\nu_1 = 17800\text{cm}^{-1} \qquad {}^3T_{1g}(F) \rightarrow {}^3T_{2g}$$
$$\nu_2 = 25700\text{cm}^{-1} \qquad {}^3T_{1g}(F) \rightarrow {}^3T_{1g}(P)$$

如图 5-35 所示，ν_3 将位于紫外区，可能为电荷迁移峰所掩蔽而难以观察；但由于 ν_1 和 ν_2 已知，只要将式(5-13) 和式(5-14) 联立，就可以求得 Δ_o 和 B'，然后将其代入式(5-15)，解得 ν_3。另外，还可以根据实验光谱数据在 T-S 图上找出相应的跃迁，然后定量计算出 B' 值。具体做法是，由实验数据计算出 $\nu_2/\nu_1 = 1.44$，按此比例在图 5-35 上找出相应的能量值为 $\nu_1/B' = 28.7$ 和 $\nu_2/B' = 41.5$（如图中箭头所示）以及 $\Delta_o/B' = 31$，由此计算出 $B' = 620\text{cm}^{-1}$，$\Delta_o = 31 \times 620 \approx 19200\text{cm}^{-1}$，$\nu_3 = \Delta_o + \nu_1 = 19200 + 17800 = 37000\text{cm}^{-1}$，其中 B' 值比自由离子状态时的 B_0 值（860cm^{-1}）要来得小。

例 2 从 $[Ni(H_2O)_6]^{2+}$ 的电子光谱图（图5-21）上得到：$\nu_1 = 8500\text{cm}^{-1}$，$\nu_2 = 13800\text{cm}^{-1}$[❶]，$\nu_2' = 15200\text{cm}^{-1}$[❶]，$\nu_3 = 25300\text{cm}^{-1}$，请对 $[Ni(H_2O)_6]^{2+}$ 吸收带进行定量指认。

❶ 因轨-旋耦合作用，这两个峰的指认不是很确定，详见 5.1.8.3.1 中的讨论。

由于空穴规则的关系，如图5-13所示的d^2和d^8体系自由离子F谱项在正八面体场中分裂的三个分量谱项的顺序是互为倒置的，故对于d^8组态的三个自旋允许的d-d跃迁能计算公式为：

$$^3A_{2g} \rightarrow {^3T_{2g}} \qquad v_1 = \Delta_o$$

$$^3A_{2g} \rightarrow {^3T_{1g}}(P) \quad v_2 = 1.5\Delta_o + 7.5B - 1/2(225B^2 - 18B\Delta_o + \Delta_o^2)^{1/2} \tag{5-16}$$

$$^3A_{2g} \rightarrow {^3T_{1g}}(F) \quad v_3 = 1.5\Delta_o + 7.5B + 1/2(225B^2 - 18B\Delta_o + \Delta_o^2)^{1/2} \tag{5-17}$$

我们已在5.1.8.3.1中结合Orgel图对$[Ni(H_2O)_6]^{2+}$的三个d-d跃迁作出指认。由于$[Ni(H_2O)_6]^{2+}$的$v_1=\Delta_o$，因此$\Delta_o=8500cm^{-1}$，将该数值代入v_2或v_3的能量表达式(5-16)或式(5-17)，可以求得在配合物中金属离子的B'值；另外亦可以根据光谱数据$v_3/v_1=2.98$在d^8组态的T-S图（图5-36）上找到相应的跃迁，其相应的能量值为$v_1/B'=9.26$，由此计算出$B'=920cm^{-1}$，它比自由离子状态时的B_0值（$1080cm^{-1}$）要小得多。上述d^8组态的跃迁能表达式也适用于d^3组态的八面体配合物。

B值减小的情况在其他配合物中也同样出现。主要是由于金属和配体轨道重叠导致d电子离域的所谓电子云扩展效应所引起的，它使得在配合物中的金属离子的电子间相互排斥比自由金属离子时小。根据经验规律，对于第一过渡系金属离子所形成的配合物，B'/B_0约为0.7。

5.1.11.3　配体场理论和群论综合应用于解释配合物的电子光谱

例1　*cis*-$[CoF_2(en)_2]^+$和*trans*-$[CoF_2(en)_2]^+$的可见光谱（图5-37）解释❶

在5.1.10中分析了配合物的d-d跃迁电子光谱的偏振作用，并详细讨论了*trans*-$[CoX_2(en)_2]^+$（$X=Cl^-$、Br^-）系列配合物中Co^{3+}离子的谱项能级分裂和单晶偏振光谱。参考图5-30和考虑*cis*-$[CoX_2(en)_2]^+$的局部C_{2v}对称性，可以绘出*cis*-$[CoF_2(en)_2]^+$和*trans*-$[CoF_2(en)_2]^+$的能级相关图（图5-38），并对其跃迁作出指认。

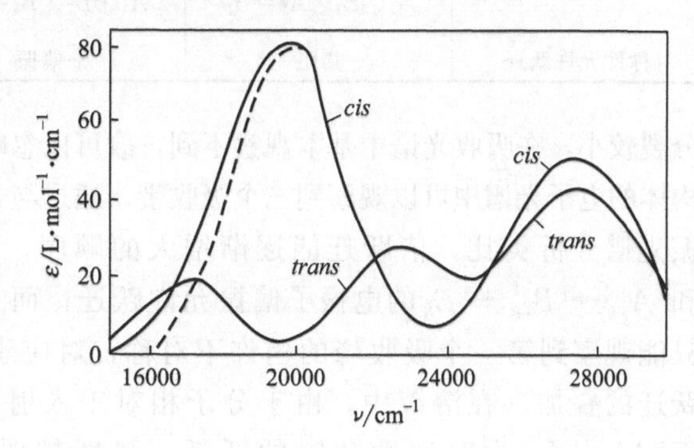

图5-37　*cis*--$[CoF_2(en)_2]^+$和*trans*-$[CoF_2(en)_2]^+$的可见光谱

已知正八面体或准八面体对称性的$[Co(N)_6]^{3+}$存在着两个自旋允许、宇称禁阻，但却是电振子允许的d-d跃迁$^1A_{1g}\rightarrow{^1T_{1g}}$和$^1A_{1g}\rightarrow{^1T_{2g}}$。可以认为当形成*trans*-$[CoF_2(en)_2]^+$和*cis*-$[CoF_2(en)_2]^+$时，配体场由$O_h$对称性分别降低为$D_{4h}$和$C_{2v}$。$^1T_{1g}$和$^1T_{2g}$谱项在$D_{4h}$对称性下将分裂为$^1A_{2g}+{^1E_g}$和$^1B_{2g}+{^1E_g}$；在$C_{2v}$对称性下将分裂为$^1A_2+{^1B_1}+{^1B_2}$和$^1A_1+{^1B_1}+{^1B_2}$。根据选律的要求和偏振分析，可以预测$D_{4h}$对称性下可能发生电振子允许的偏振跃迁（详见表5-16和表5-17），而在不含对称中心的C_{2v}对称性下可能发生对称性允许的偏振跃迁，详见表5-18。

当配位原子X和N的配位能力相差较大时，$^1T_{1g}$态的分裂较显著，特别是对反式异构体的分裂更大（研究表明$^1T_{1g}$态的分裂在D_{4h}中比在C_{2v}中要大一倍❷），相比之下，$^1T_{2g}$态的

---

❶ Cotton F A, Wilkinson G. Advanced Inorganic Chemistry. 6th Ed. New York: John Wiley & Sons Inc, 1999: 825-825.

❷ 参考：金斗满，朱文祥编著．配位化学研究方法．北京：科学出版社，1996：76-77。关于混配型配合物中的d轨道分裂能量间隔的讨论详见4.4.4.6中角重叠模型的理论预测。

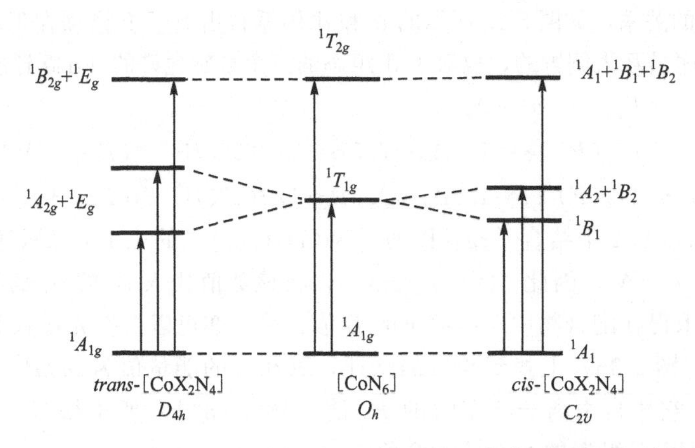

图 5-38 *cis*-$[CoF_2(en)_2]^+$ 和 *trans*-$[CoF_2(en)_2]^+$ 的能级相关图

表 5-18 *cis*-$[CoF_2(en)_2]^+$ 中 ν_1 型电偶极矩跃迁积分所属表示的直积分析

跃迁形式	$^1A_1 \to {}^1A_2$	$^1A_1 \to {}^1B_1$	$^1A_1 \to {}^1B_2$	$^1A_1 \to {}^1A_1$
$\hat{\mu}_e(x,y,z)$所属表示	$A_1(z)$、$B_1(x)$和 $B_2(y)$	$A_1(z)$、$B_1(x)$和 $B_2(y)$	$A_1(z)$、$B_1(x)$和 $B_2(y)$	$A_1(z)$、$B_1(x)$和 $B_2(y)$
$\psi_a\hat{\mu}_e\psi_b$ 表示的直积	$A_1 \otimes A_1 \otimes A_2 = A_2$ $A_1 \otimes B_1 \otimes A_2 = B_2$ $A_1 \otimes B_2 \otimes A_2 = B_1$	$A_1 \otimes A_1 \otimes B_1 = B_1$ $A_1 \otimes B_1 \otimes B_1 = \mathbf{A_1}$ $A_1 \otimes B_2 \otimes B_1 = A_2$	$A_1 \otimes A_1 \otimes B_2 = B_2$ $A_1 \otimes B_1 \otimes B_2 = A_2$ $A_1 \otimes B_2 \otimes B_2 = \mathbf{A_1}$	$A_1 \otimes A_1 \otimes A_1 = \mathbf{A_1}$ $A_1 \otimes B_1 \otimes A_1 = B_1$ $A_1 \otimes B_2 \otimes A_1 = B_2$
对称性允许跃迁	禁阻	x 偏振	y 偏振	z 偏振

分裂较小，在吸收光谱中基本观察不到，故可以忽略。由此可以较合理的解释图 5-37：在反式异构体的电子光谱中可以观察到三个吸收带，通过与 *trans*-$[CoCl_2(en)_2]$ Cl·HCl·$2H_2O$ 的单晶偏振光谱分析类比，依跃迁能逐渐增大的顺序，可将其分别指认为$^1A_{1g} \to {}^1A_{2g}$、$^1A_{1g} \to {}^1E_g$ 和$^1A_{1g} \to {}^1B_{2g}+{}^1E_g$的电振子偏振允许跃迁；而在顺式异构体中由于$^1T_{1g}$谱项的分裂较小，只能观察到第一个吸收峰的稍许不对称，对应于$^1A_1 \to {}^1B_1$（x 偏振）、$^1A_1 \to {}^1B_2$（y 偏振）跃迁的叠加（在溶液中，由于分子相对于入射偏振光的随机取向，不能观察到偏振性），而$^1A_1 \to {}^1A_2$ 为对称性禁阻的跃迁，强度较弱，不易被观察，第二个吸收峰可指认为 $^1A_1 \to {}^1A_1+{}^1B_1+{}^1B_2$ 的不可分辨支能级的谱带；必须注意到，由于顺式异构体缺乏对称中心［参阅 5.1.2.2(4)］，其 d-d 跃迁是对称性允许的，因此谱带强度较大。对于含有对称中心的相应反式异构体，可以利用此跃迁强度特征来区分顺反异构体（参阅 1.9.3）。上述分析和指认还可以通过研究这两种顺反异构体配合物单晶的偏振电子光谱得到确认。

例 2 $CuCl_4^{2-}$（D_{2d}）的单晶电子光谱二色性[1]

由于姜-泰勒效应，d^9 组态的配合物常发生变形。例如，在（Naem）$[CuCl_4]$ 的单晶（单斜晶系，空间群 $I2/a$）中同时存在着平面正方（D_{4h}）和压扁的四面体（D_{2d}）两种 $CuCl_4^{2-}$ 的同分异构体，两者表现出不同的光谱性质，其中具有变形四面体构型的 $CuCl_4^{2-}$

[1] 主要参考：(a) Figgis B N，Hitchman M A. Ligand Field Theory and its Applications. New York：Wiley-VCH，2000：187-189；(b) McDonald R G，Riley M J，Michael A，Hitchman M A. Angular Overlap Treatment of the Variation of the Intensities and Energies of the d-d Transitions of the $CuCl_4^{2-}$ Ion Distortion from a Planar toward a Tetrahedral Geometry：Interpretation of the Electronic Spectra of Bis（*N*-benzylpiperazinium）Tetrachlorocuprate（Ⅱ）Bis（hydrochloride）and *N*-(2-Ammonioethyl) morpholinium Tetrachlorocuprate（Ⅱ）. Inorg Chem，1988，27（5）：895-900. Naem＝*N*-(2-ammonioethyl) morpholinium。

的偏振电子光谱如图5-39所示。

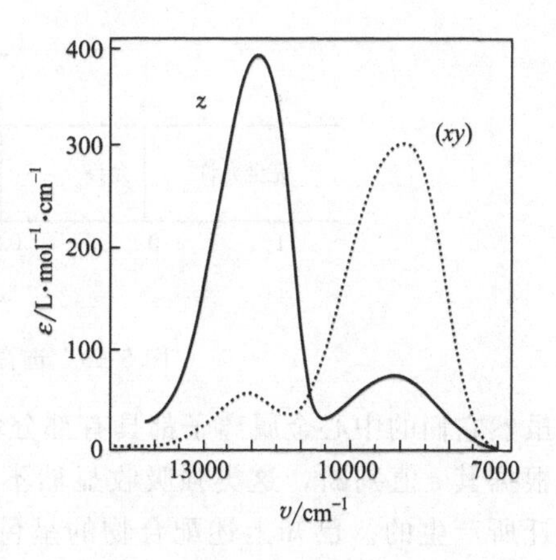

图 5-39　低温（10K）下测定的 $(Naem)CuCl_4$ 的单晶偏振电子光谱图

前已述及，对于单电子或单空穴体系，可以近似从分裂后 d 轨道间的跃迁来考虑问题。假设该配合物尚未变形即处于正四面体对称性下，其电子组态为 $(e)^4(t^2)^5$，配体场谱项与之对应关系为 ^2E 和 $^2T_2$。应用"空穴规则"（电子最稳定之处即空穴最不稳定之处），其谱项能级顺序与 d 轨道能级分裂顺序正好相反：$^2T_2 < {}^2E$。根据表 5-15 可知，当体系的对称性从 T_d 降低为 D_{2d} 时，$^2T_2$ 和 ^2E 将分别分裂为 $^2B_2 + {}^2E$ 和 $^2A_1 + {}^2B_1$，其基态谱项为 $^2B_2$。可能发生的 d-d 跃迁为 $^2B_2 \to {}^2E$、$^2B_2 \to {}^2A_1$ 和 $^2B_2 \to {}^2B_1$。采用群论方法对 $CuCl_4^{2-}$ (D_{2d}) 电偶极矩跃迁积分所属的不可约表示作直积分析，可得表 5-19。

表 5-19　$CuCl_4^{2-}$ (D_{2d}) 中电偶极矩跃迁积分所属表示的直积分析

跃迁类型	$^2B_2 \to {}^2E$	$^2B_2 \to {}^2A_1$	$^2B_2 \to {}^2B_1$
$\hat{\mu}_e(x,y,z)$ 所属表示	$B_2(z)$、$E(x,y)$	$B_2(z)$、$E(x,y)$	$B_2(z)$、$E(x,y)$
$\psi_a\ {}_e\psi_b$ 表示的直积	$B_2 \otimes B_2 \otimes E = E$ $B_2 \otimes E \otimes E =$ $\mathbf{A_1} + A_2 + B_1 + B_2$	$B_2 \otimes B_2 \otimes A_1 = \mathbf{A_1}$ $B_2 \otimes E \otimes A_1 = E$	$B_2 \otimes A_1 \otimes B_1 = A_2$ $B_2 \otimes E \otimes B_1 = E$
对称性允许跃迁	x,y 偏振	z 偏振	禁阻
偏振光谱吸收/cm^{-1}	9300	12050	—

当使得偏振光的电场矢量方向平行于单晶中分子的 x，y 方向时，观察到在 $9300cm^{-1}$ 处出现强的偏振吸收，而在 $12000cm^{-1}$ 处有一个弱吸收；当偏振光平行于分子的 z 方向，发现除了在 $9000cm^{-1}$ 处出现弱吸收外，位于 $12050cm^{-1}$ 处有一个更强的偏振吸收。因此可以按跃迁能增大的顺序，将图 5-39 中的两个强吸收带分别指认为 $^2B_2 \to {}^2E$（x，y 偏振）和 $^2B_2 \to {}^2A_1$（z 偏振）的对称性允许跃迁。位于 $9000cm^{-1}$（实线）和 $12000cm^{-1}$（虚线）两处弱吸收则可能是分子的对称轴并不严格与观察方向（晶轴）垂直所引起的、原本在该方向上属于对称性禁阻的 $^2B_2 \to {}^2E$（x，y 偏振）和 $^2B_2 \to {}^2A_1$（z 偏振）跃迁（参阅 5.1.10 中的讨论）。并未观察到在各个方向上完全对称性禁阻的 $^2B_2 \to {}^2B_1$ 跃迁。同样，由于该配合物本质上为四面体构型，缺乏对称中心，其谱带强度超出正常的宇称禁阻 d-d 跃迁的范围（见表 5-6）。

5.2　配合物的荷移光谱

上一节我们应用配体场理论和群论方法等较详细地讨论了配合物的 d-d 跃迁。已知大多数配合物的颜色来源于部分填充 d 轨道中的 d-d 跃迁，但其吸收强度并不大，例如，对于第一过渡系金属配合物，其振子强度 f 通常小于 0.01（图 5-40）。但是我们注意到：在 5.1.1.3 所讨论的呈色机理中，MO_4^{n-} 系列的 CrO_4^{2-} 和 MnO_4^- 等有色配阴离子的中心金属均为 d^0 构型，不可能产生 d-d 跃迁；此外，对于红色的 $[Fe(bpy)_3]^{2+}$（$\lambda = 520nm$，$\varepsilon = 8740L \cdot mol^{-1} \cdot cm^{-1}$）和黄色的 $[Ru(bpy)_3]^{2+}$（$\lambda = 452nm$，$\varepsilon = 14000L \cdot mol^{-1} \cdot cm^{-1}$），

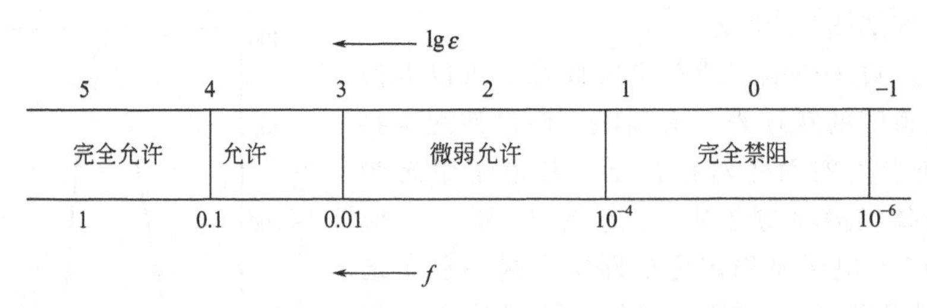

图 5-40 选择定则和 ε、f 值之间的对应关系[1]

虽然它们的中心金属离子都具有部分填充的 d 壳层，而且在可见光区都存在吸收峰，但是根据其 ε 值判断，这类强吸收显然不是由于缺乏对称中心的八面体配合物的弱允许 d-d 跃迁所产生的。已知上述配合物的呈色机理均为荷移跃迁，并且由配合物自身的性质所决定，它们分别起因于 LMCT 和 MLCT（参阅 5.1.2.1），表示电子从主要为配体性质的分子轨道跃迁至主要为中心金属性质的分子轨道，或相反的过程。一般而言，多原子物种都可能产生荷移光谱，而过渡金属配合物的荷移光谱主要出现在紫外区，当荷移跃迁能足够小时，某些配合物的荷移光谱可出现在可见区。

荷移跃迁是一种电偶极矩跃迁，大多数能观测到的荷移跃迁都是宇称和自旋双重允许的（即它们是 $\Delta S=0$ 的 $g\leftrightarrow u$ 跃迁），其吸收强度比 d-d 跃迁大100～1000 倍，ε 值常达 $10^3\sim10^4$ L·mol^{-1}·cm^{-1}或者更大，相应的振子强度 f 大于 0.01。荷移跃迁只能用描述配合物分子整体结构的分子轨道理论解释。

5.2.1 荷移跃迁的类型和特点[2]

过渡金属配合物的荷移跃迁可以有多种类型：常见的发生在金属-配体间或不同配体间，也可以发生在离子对之间，已提及的混合价配合物内不同氧化态金属原子之间的跃迁也是一种荷移跃迁。在生物探针、非线性光学分子等光电功能材料中，许多金属配合物的特异功能与荷移跃迁密切相关。

本节将着重介绍金属-配体间的电荷转移谱带，根据电荷转移的方向，它们可分为两种。

① 金属还原谱带（L→M 谱带，简称 LMCT），相应的跃迁可以写为：

$$M^{n+}—L^{-}\xrightarrow{h\nu}M^{(n-1)+}—L \tag{5-18}$$

② 金属氧化谱带（M→L 谱带，简称 MLCT），相应的跃迁可以写为：

$$M^{n+}—L\xrightarrow{h\nu}M^{(n+1)+}—L^{-} \tag{5-19}$$

应注意到式(5-18) 或式(5-19) 代表的 LMCT 或 MLCT 一般不涉及电子从一个原子向另一个原子的完全转移，由于激发态的短寿命，通常没有净氧化还原反应发生。以分子轨道理论的观点来看，式(5-18) 或式(5-19) 表示电子从主要定域于某个原子的分子轨道向主要定域于另一个原子的分子轨道的迁移。以八面体配合物为例，大致有下列四种情况。

① 如果 ML_6 配合物中的每个 L 都有一对孤对电子，有形成 σ 键的能力，成键后这六对电子占有仍保持配体特征的六个 σ 型分子轨道。结果可能产生 $L\sigma\rightarrow t_{2g}$ 和 $L\sigma\rightarrow e_g^*$ 型的 LMCT 谱带。属于这种类型的配体常见的有 NH_3、SO_3^{2-}、CH_3^- 等，这类谱带常常出现在高能处（见图 5-41）。

[1] 姜月顺，杨文胜编著．化学中的电子过程．北京：科学出版社，2004：177。

[2] (a) 周永洽编著．分子结构分析．北京：化学工业出版社，1991：222-228；(b) 金斗满，朱文祥编著．配位化学研究方法．北京：科学出版社，1996：78-80。

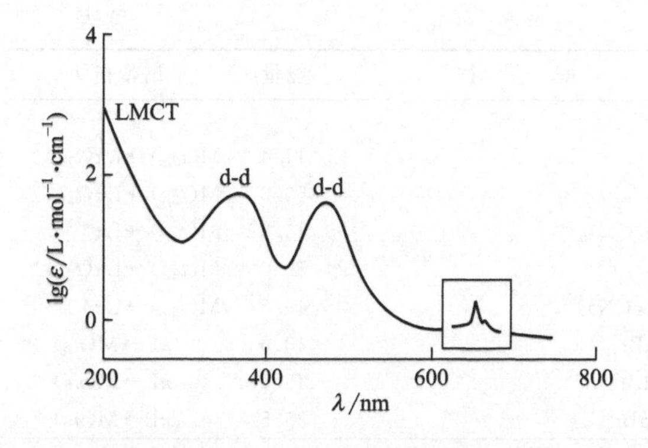

图 5-41　$[Cr(NH_3)_6]^{3+}$ 的紫外可见光谱

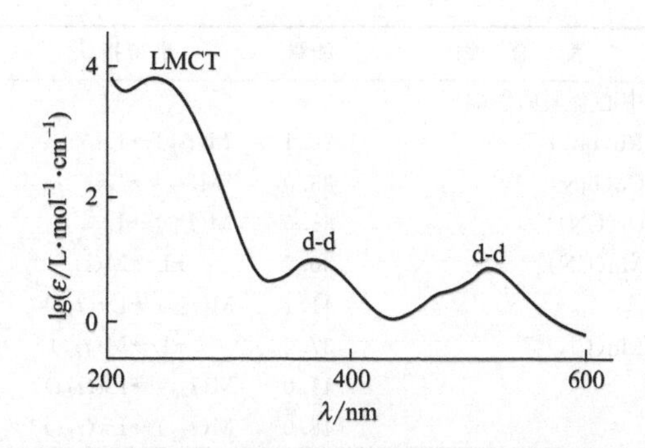

图 5-42　$[CrCl(NH_3)_5]^{2+}$ 的紫外可见光谱

② 如果每个 L 除了提供 σ 型孤对电子外，还能各提供两对 π 型孤对电子（π 成键的第一种情况，参阅 3.5.2.1），成键后 Lσ 和 Lπ 分子轨道由这 18 对电子占有（这里的 Lσ 和 Lπ 分子轨道是指仍保持配体特征的 σ 和 π 型分子轨道）。结果除了可能发生 $L\sigma \rightarrow t_{2g}$ 和 $L\sigma \rightarrow e_g^*$ 型的 LMCT 外，还可能发生 $L\pi \rightarrow t_{2g}^*$ 和 $L\pi \rightarrow e_g^*$ 型的 LMCT。属于这种类型的配体有 F^-、Cl^-、Br^-、O_2 等，一般而言，这类 Lπ→MCT 谱带较上述 Lσ→MCT 谱带发生红移（见图 5-42）。

③ 如果配体 L 有空的 π^* 轨道，金属离子具有充满或接近充满的 t_{2g}^b 轨道（π 成键的第二种情况，参阅 3.5.2.1），有可能发生 M→L 的反馈作用。这样的配合物除有可能发生 $L\sigma \rightarrow t_{2g}^b$ 和 $L\sigma \rightarrow e_g^*$ 型的 LMCT 外，还有可能发生 $t_{2g}^b \rightarrow L\pi^*$ 和 $e_g^* \rightarrow L\pi^*$ 型的 MLCT。属于这种类型的配体有 π 酸配体 CO、CN^-、NO、R_3P、R_3As、bpy、py、phen、$acac^-$ 等。例如，前面提及的 $[Fe(bpy)_3]^{2+}$ 显很深的红色，就是因为在可见区发生了 MLCT，即电子从 Fe^{2+} 离子部分地转移到 bpy 的 π^* 轨道中（见表 5-20）。

表 5-20　一些配合物的荷移光谱数据　　单位：kK

配合物	能量	谱带指认	配合物	能量	谱带指认
配体的影响					
$FeCl_4^{2-}$	45.5	$\pi L \rightarrow M(e)$	$(NH_3)_5Ru(p\text{-}CHO \cdot py)^{2+}$	18.35	$M(t_{2g}) \rightarrow L\pi^*$
$FeBr_4^{2-}$	40.9	$\pi L \rightarrow M(e)$	$(NH_3)_5Ru(p\text{-}CH_3 \cdot py)^{2+}$	25.1	$M(t_{2g}) \rightarrow L\pi^*$
$Fe(NCS)_4^{2-}$	34.2	$\pi L \rightarrow M(e)$	$Mn(5\text{-}CH_3 \cdot pyNO)_6^{2+}$	24.5	$M(t_{2g}) \rightarrow L\pi^*$
$Fe(NCSe)_4^{2-}$	31.4	$\pi L \rightarrow M(e)$	$Mn(pyNO)_6^{2+}$	24.3	$M(t_{2g}) \rightarrow L\pi^*$
$NiCl_4^{2-}$	35.5	$\pi L \rightarrow M(t_2)$	$Mn(5\text{-}NO_2 \cdot pyNO)_6^{2+}$	20.9	$M(t_{2g}) \rightarrow L\pi^*$
$NiBr_4^{2-}$	28.3	$\pi L \rightarrow M(t_2)$	$Co(pyNO)_6^{2+}$	25.45	$M(t_{2g}) \rightarrow L\pi^*$
NiI_4^{2-}	19.65	$\pi L \rightarrow M(t_2)$	$Co(5\text{-}CH_3 \cdot pyNO)_6^{2+}$	25.2	$M(t_{2g}) \rightarrow L\pi^*$
$RhCl_6{}^{3-}$	39.2	$\pi L \rightarrow M(e_g)$	$Co(5\text{-}NO_2 \cdot pyNO)_6^{2+}$	21.0	$M(t_{2g}) \rightarrow L\pi^*$
$RhBr_6{}^{3-}$	33.9	$\pi L \rightarrow M(e_g)$	$Cuen_2Cl_2$	36.8	$\sigma L \rightarrow M\sigma^*$
$Rh(S_2P(OC_2H_5)_2)_3$	31.2	$\pi L \rightarrow M(e_g)$	$Cu(sym\text{-}Me_2en)_2Cl_2$	35.2	$\sigma L \rightarrow M\sigma^*$
$(NH_3)_5Ru(py)^{2+}$	24.75	$M(t_{2g}) \rightarrow L\pi^*$	$Cu(sym\text{-}Et_2en)_2Cl_2$	33.5	$\sigma L \rightarrow M\sigma^*$
中心金属的影响					
$Cr(CO)_6$	35.8	$M(t_{2g}) \rightarrow L\pi^*$	MoF_6	54.0	$\pi L \rightarrow M(t_{2g})$
$Mo(CO)_6$	34.9	$M(t_{2g}) \rightarrow L\pi^*$	WF_6	57.1	$\pi L \rightarrow M(t_{2g})$
$W(CO)_6$	34.7	$M(t_{2g}) \rightarrow L\pi^*$	$RuCl_6{}^{2-}$	20.3	$\pi L \rightarrow M(t_{2g})$
$Co(CN)_6^{3-}$	49.5	$M(t_{2g}) \rightarrow L\pi^*$		36sh	$\pi L \rightarrow M(e_g)$
$Rh(CN)_6^{3-}$	42.0	$M(t_{2g}) \rightarrow L\pi^*$	$OsCl_6{}^{2-}$	27.0	$\pi L \rightarrow M(t_{2g})$
$Ir(CN)_6^{3-}$	>52	$M(t_{2g}) \rightarrow L\pi^*$		47sh	$\pi L \rightarrow M(e_g)$
$Fe(bpy)_3^{2+}$	19.2	$M(t_{2g}) \rightarrow L\pi^*$	$Fe(CN)_6{}^{3-}$	33.0	$\pi L \rightarrow M(t_{2g})$

续表

配合物	能量	谱带指认	配合物	能量	谱带指认
中心金属的影响					
$Ru(bpy)_3^{2+}$	22.1	$M(t_{2g})\rightarrow L\pi^*$		44.4	$M(t_{2g})\rightarrow L\pi(t_{1u})^*$
$Cu(bpy)_3^{2+}$	23.0	$M(t_2)\rightarrow L\pi^*$		50.0	$M(t_{2g})\rightarrow L\pi(t_{2u})^*$
$Cr(CN)_6^{3-}$	38.6	$M(t_{2g})\rightarrow L\pi^*$	$Fe(CN)_6{}^{4-}$	45.8	$M(t_{2g})\rightarrow L\pi^*$
$Mn(CN)_6^{3-}$	36.7	$\pi L\rightarrow M(t_{2g})$		50.0	$M(t_{2g})\rightarrow L\pi(t_{2u})^*$
	41.1	$M(t_{2g})\rightarrow L\pi(t_{1u})^*$	$Co(CN)_6^{3-}$	49.5	$M(t_{2g})\rightarrow L\pi^*$
$Mn(CN)_6^{4-}$	37.2	$\pi L\rightarrow M(t_{2g})$	$ZnBr_4^{2-}$	48.6	$\pi L\rightarrow M(ns)$
	41.0	$M(t_{2g})\rightarrow L\pi(t_{1u})^*$	$CdBr_4^{2-}$	45.0	$\pi L\rightarrow M(ns)$
	48.0	$M(t_{2g})\rightarrow L\pi(t_{2u})^*$	$HgBr_4^{2-}$	35.5	$\pi L\rightarrow M(ns)$
金属氧化态的影响					
$OsCl_6{}^{3-}$	35.45	$\pi L\rightarrow M(t_{2g})$	$V(CO)_6^-$	28.4	$M(t_{2g})\rightarrow L\pi^*$
$OsCl_6{}^{2-}$	27.0	$\pi L\rightarrow M(t_{2g})$	$Mn(CO)_6^+$	44.5	$M(t_{2g})\rightarrow L\pi^*$
$OsI_6{}^{3-}$	19.1	$\pi L\rightarrow M(t_{2g})$	$FeCl_4^{2-}$	45.5	$\pi L\rightarrow M(te_2)$
$OsI_6{}^{2-}$	12.3	$\pi L\rightarrow M(t_{2g})$	$FeCl_4^-$	27.45	$\pi L\rightarrow M(te_2)$
	26.8	$\pi L\rightarrow M(e_g)$	$OsBr_3(PR_3)_3$	约 18	$\pi Br\rightarrow M(t_{2g})$
	44.6	$\sigma L\rightarrow M(e_g)$	$OsBr_4(PR_3)_2$	约 13	$\pi Br\rightarrow M(t_{2g})$
配位数和立体化学的影响					
$CuCl_2(D_{\infty h})$	18.0	$\pi L\rightarrow M(\sigma_g^+)$	$CoCl_4^{2-}(T_d)$	42.65	$\pi L\rightarrow M(t_2)$
$CuCl_4^{2-}(T_d)$	约 22～25	$\pi L\rightarrow M(e)$	$CoCl_2(D_{\infty h})$	34.0	$\pi L\rightarrow M(\pi_g)$
$CuCl_4^{2-}(D_{4h})$	约 24～25	$\pi L\rightarrow M(\sigma^*)$	$Fe(NCSe)_6^{4-}(O_h)$	34.5	$\pi L\rightarrow M(t_2)$
$CuCl_5^{3-}(D_{3h})$	24.2	$\pi L\rightarrow M(z^2)$	$Fe(NCSe)_4^{2-}(T_d)$	31.4	$\pi L\rightarrow M(e)$
t-$ReCl_4(PMP)_2$	17.8	$\pi Cl\rightarrow M(t_{2g})$	$Ni(CN)_4^{2-}(D_{4h})$	约 32	$M(b_{2g})\rightarrow L\pi^*$
c-$ReCl_4(DPP)$	21.3	$\pi Cl\rightarrow M(t_{2g})$	$Ni(R_3P)(CN)_2(D_{4h})$	29.0	$M(e')\rightarrow CN(\pi^*)$
$\{NiCl_2\}_n(O_h)$	＞40	$\pi L\rightarrow M(e_g)$	$Co(pico)_6^{2+}(O_h)$	23.8	$M(t_{2g})\rightarrow L\pi^*$
$NiCl_4^{2-}(T_d)$	35.5	$\pi L\rightarrow M(t_2)$	$Co(pico)Cl(T_d)$	30.8	$M(e)\rightarrow pico(\pi^*)$
$NiCl_2(D_{\infty h})$	28.4	$\pi L\rightarrow M(\pi_g)$			
混合配体配合物					
$RuCl_6^{3-}$	28.7	$\pi Cl\rightarrow M(t_{2g})$	$Rh(NH_3)_5Br^{2+}$	40.6	$\pi Br\rightarrow M(e_g)$
$RuCl(H_2O)_5^{2+}$	31.8	$\pi Cl\rightarrow M(t_{2g})$	$Fe(bpy)_3^{2+}$	19.2	$M(t_{2g})\rightarrow L\pi^*$
$RuCl(NH_3)_5^{2+}$	30.5	$\pi Cl\rightarrow M(t_{2g})$	$Fe(bpy)_2(CN)_2$	18.1	$M(t_{2g})\rightarrow L\pi^*$
$RuBr_6^{3-}$	30.1	$\pi Br\rightarrow M(e_g)$	$Fe(bpy)(CN)_4^{2-}$	18.4	$M(t_{2g})\rightarrow L\pi^*$
$Co(py2SH)_4^{2+}$	22.7	$\pi S\rightarrow M(t_2)$	$Zn(py4SH)_4^{2-}$	26.2	$\pi S\rightarrow M(4s)$
$CoBr(py2SH)_2$	25.6	$\pi S\rightarrow M(t_2)$	$ZnCl_2(py4SH)_2$	28.1	$\pi S\rightarrow M(4s)$
$IrCl_4(PR_3)_2$	9.4	? $P\rightarrow M(t_{2g})$	$IrCl_4(AsR_3)_2$	9.0	? $As\rightarrow M(t_{2g})$
$IrCl_4(SEt_2)_2$	15.1	? $S\rightarrow M(t_{2g})$			

注：若被指认的是多重谱带，则一般给出第一个主要组分。缩写符号：*sym*-Me_2en＝N,N'-二甲基乙二胺；*sym*-Et_2en＝N,N'-二乙基乙二胺；PMP＝$P(CH_3)_2Ph$；DPP＝$Ph_2PCH_2CH_2PPh_2$；pico＝2-羧酸氧化吡啶；py2SH 和 py4SH 分别为 2-巯基吡啶和 5-巯基吡啶。为便于比较，有些项目可能重复给出。

④ 如果“授予”电子的分子轨道（HOMO）能级足够高，而“接受”电子的分子轨道（LUMO）能级足够低，即两者间的能级差足够小（$<1000cm^{-1}$），有可能导致完全的电子转移反应发生。在 LMCT 的情况下，将发生金属的还原和配体的氧化，在 MLCT 的情况下，则发生金属的氧化和配体的还原，故又分别将其称为金属还原谱带和金属氧化谱带。因此，有些具有荷移跃迁性质的配合物必须避光放置，否则会发生光化学反应而导致其分解。例如，叠氮·五氨合钴(Ⅲ)离子 $[CoN_3(NH_3)_5]^{2+}$ 在 $30000cm^{-1}$ 附近有强的金属还原谱带（$\lg\varepsilon$ 约为 4），在酸性介质中，可以发生下面的光化学反应并放出氮气：

$$[Co^{III}N_3(NH_3)_5]^{2+} \xrightarrow{h\nu} Co^{2+} + N_3 + 5\,NH_3 \qquad (5\text{-}20)$$

$$2N_3 \longrightarrow 3N_2 \uparrow$$

混合价配合物也可以产生荷移光谱，在这类配合物中，电子在同一元素或不同元素的两个不同价态金属之间发生迁移，通常呈现跃迁强度大和谱峰宽的特性（参阅 5.2.7）。典型的例子为普鲁士蓝 $KFe^{III}[Fe^{II}(CN)_6]$，其深蓝色（$\lambda_{max}=680nm$）来自于不同价态的 Fe(Ⅱ)和 Fe(Ⅲ)之间的电荷迁移。

总之，荷移跃迁的特点是：①电子从主要定域在配体上的分子轨道跃迁至主要定域在金属上的分子轨道，或相反的过程，因此基态和激发态的电荷分布不同；②基态和激发态的能量差大，吸收带常落在近紫外区或紫外区；③能观察到的荷移跃迁多为宇称和自旋双重允许的跃迁，其跃迁强度大[1]。在表 5-21 中对 d-d 跃迁和荷移跃迁的特点分别作出归纳比较。

表 5-21 d-d 跃迁和荷移跃迁的特点比较

d-d 跃迁	荷移跃迁
①跃迁前后电荷密度基本不变——电子只在主要为金属 d 轨道性质的 MO 间跃迁	①跃迁前后电荷密度变化较大——电荷转移的方向 L→M、M→L、M→M′或 L→L′
②宇称禁阻或弱允许，自旋允许，$\varepsilon=10^0\sim10^2 L\cdot mol^{-1}\cdot cm^{-1}$	②宇称允许，自旋允许，$\varepsilon=10^3\sim10^4 L\cdot mol^{-1}\cdot cm^{-1}$
③谱带位于可见区或近紫外区	③谱带位于可见蓝端、紫外或远紫外区

5.2.2 L→M 荷移光谱[2]

在配合物中，LMCT 是一种常见的荷移跃迁，5.2.1 中提及的第（1）、（2）种情况就属于这种类型的跃迁。对于较高氧化态金属同易被氧化的配体组成的配合物，即所谓“硬”金属与“软”配体组成的配合物中，在可见光区蓝端和近紫外区可以看到这种跃迁。研究荷移光谱，仍可根据解释电子光谱的三个方面，即谱带的指定，谱带强度和谱带宽度去考虑中心金属、配体、配位数和立体化学等因素的影响。

5.2.2.1 八面体配合物 L→M 荷移谱带的数目

由于“接受”电子的分子轨道（主要为中心金属 d 轨道性质）为偶宇称，保持配体特征的“授予”电子的分子轨道应为奇宇称，荷移跃迁才是宇称允许的（因为在八面体配合物中，电偶极跃迁矩算符为奇宇称，故有 $g\otimes u\otimes u=g$）。从八面体配合物的 MO 能级图（图 3-25）来看，当 L 只提供 σ 型孤对电子，满足对称性要求的是 σ 型成键分子轨道 $a_{1g}+e_g+t_{1u}$中的 t_{1u}组轨道；当 L 还能各提供两对 π 型孤对电子时，满足宇称允许跃迁的是 π 型成键分子轨道 $t_{1g}+t_{2g}+t_{1u}+t_{2u}$中的 $t_{1u}+t_{2u}$两组轨道。“接受”电子的分子轨道是主要为中心金属 d 轨道性质的 t_{2g}^*和 e_g^* 轨道，因此，通常有四种可能的 L→M 型荷移跃迁（如图 5-43 所示）。

（1）v_1 型跃迁 $L\pi_u\rightarrow d\pi_g$，有效跃迁 t_{1u}，$t_{2u}\rightarrow t_{2g}^*$

显然，v_1 型跃迁所需能量最小，而且由于 $L\pi$ 和 $d\pi^*$ 基本上是非键、弱成键或弱反键轨道，M-L 振动对跃迁能的影响很小，这类跃迁的谱带一般较窄，振子强度约为 0.1。

（2）v_2 型跃迁 $L\pi_u\rightarrow d\sigma_g^*$，有效跃迁 t_{1u}，$t_{2u}\rightarrow e_g^*$

---

[1] 跃迁强度大并不总是荷移跃迁的特点。例如具有特征红色的硝基 Ni(Ⅱ) 配合物在约 500nm 处出现的 MLCT 吸收，其跃迁强度与典型的 d-d 跃迁相当。参考：Lever A B P. Inorganic Electronic Spectroscopy. 2nd Ed. Amsterdam：Elseiver，1984：265-266。有些禁阻的荷移跃迁在紫外区可以给出较弱谱带（参见表 5-24），但经常被强的允许跃迁所掩盖。

[2] Lever A B P. Charge Transfer Spectra of Transition Metal Complexes. J Chem Edu，1974，51 (9)：612-616。

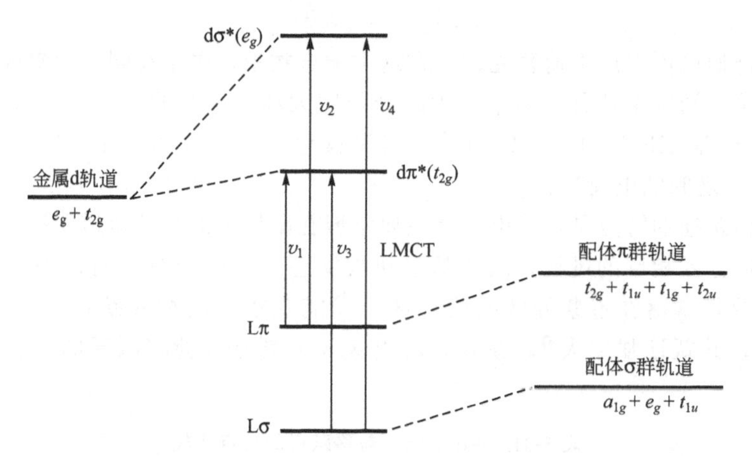

图 5-43 八面体配合物 MX_6（X=卤素离子）发生 LMCT 的简化 MO 能级示意图

一般来说，v_2 型跃迁所需能量大于 v_1 型跃迁，但是跃迁至 t_{2g}^* 的能量并非总是低于跃迁至 e_g^* 的能量。因为跃迁能 $\Delta E(v_2-v_1)=\Delta-xD$，这里 x 与组态 d^n 和总自旋量子数有关[1]，D 称为自旋成对能参数，可用拉卡参数表示（对于 d 电子，$D\approx7B$）。若 $\Delta>xD$（即低自旋态），$\Delta E>0$，则跃迁至 t_{2g}^* 的能量低些；反之，若 $\Delta<xD$（即高自旋态），$\Delta E<0$，$v_2<v_1$，则跃迁至 e_g^* 的能量低些。例如，对于弱场下的 d^3 和 d^4 组态配合物，v_2 型跃迁能就小于 v_1 型跃迁。实际上，这种现象与 3.1.3.2(3) 中讨论过的轨道能与能级的概念有关。如果单纯从轨道能考虑，t_{2g}^* 的轨道能低，而 e_g^* 的轨道能高，似乎跃迁至 t_{2g}^* 的能量总是要低一些，但是由体系总能量（同时考虑 Δ 和 xD）决定了 $(t_{2g}^*)^3(e_g^*)^0$ 组态的"接受"跃迁电子的分子轨道，即能级最低的 LUMO 是 e_g^* 而不是 t_{2g}^*。

在 v_2 型跃迁中，"接受"电子的分子轨道 e_g^* 是强反键分子轨道，因此 M-L 振动对跃迁能的影响较大，这类跃迁的谱带一般较宽（谱带半宽度 2000～4000cm^{-1}），吸收强度较 v_1 型跃迁略强。另外，由于 t_{2u}（非键）和 t_{1u}（弱成键）轨道之间的能量差别也可能会对带结构有贡献。

(3) v_3 型跃迁 $L\sigma_u\rightarrow d\pi_g^*$，有效跃迁 $t_{1u}\rightarrow t_{2g}^*$

这类跃迁因重叠较弱而是弱谱带，从而被其他强带所掩盖，不易被观察到。例如，八面体配合物的 $t_{1u}(\sigma)$ 型配体轨道与金属 $t_{2g}(\pi)$ 型轨道就只有很弱的重叠[2]，导致较小的振子强度 f[3]。

(4) v_4 型跃迁 $L\sigma_u\rightarrow d\sigma_g^*$，有效跃迁 $t_{1u}\rightarrow e_g^*$

v_4 型跃迁能很高，常出现在实验的观测范围之外，同样不易被观察到，但是仍可以推测它们是宽而强的谱带（振子强度约为 1）。

另外，我们还可以推测具有低自旋 d^6 组态八面体配合物的荷移光谱应当不太复杂，因为在 L→M 跃迁中，t_{2g}^* 轨道已填满，v_1 型跃迁和 v_3 型跃迁将不会出现。

对 LMCT 跃迁研究得较多的是含卤素离子的重金属配离子 MX_6^{n-}（表 5-22），一般而言，在它们的荷移光谱中主要呈现在三个区域。对于 $nd^4\sim nd^5$ 配合物，存在一组较窄的 v_1

---

[1] 参考：周永洽编著．分子结构分析．北京：化学工业出版社，1991：225-228。详见 4.2.4 中的讨论。

[2] 有的荷移跃迁虽然是宇称允许的，但由于跃迁所涉及的两个轨道相距较远或由于空间取向问题，使这两个轨道的电子云重叠程度很小，故这一类跃迁为弱跃迁。

[3] Jorgensen C K. Absorption Spectra and Chemical Bonding in Complexes. Oxford：Pergamon Press Inc，1962：157。

型吸收带（半峰宽 400～1000cm^{-1}），它们通常位于 15000～30000cm^{-1}；而 e_g^* 未充满的 4d 和 5d 配合物都存在一组宽而强的 v_2 型吸收带（半峰宽 2000～4000cm^{-1}），它们通常位于 25000～45000cm^{-1}，氯配合物一般为单重峰，溴配合物为双重峰，而碘配合物为三重峰；在某些情况下还可以观察到很强的 v_4 型吸收带，大约在 44000cm^{-1}处。

表 5-22　一些含卤素的重过渡元素配合物 MX_6^{n-} 的 L→M 荷移跃迁（能量）　单位：10^3 cm^{-1}

d^n	配合物	v_1 组①	v_2 组	v_4 组
$4d^4$	$Ru^{IV}Cl_6^{2-}$	17.0～24.5	36.0～41.0	—
$4d^5$	$Ru^{III}Cl_6^{3-}$	25.5～32.5	43.6	—
$5d^4$	$Os^{IV}Cl_6^{2-}$	24.0～30.0	47.0	—
	$Os^{IV}Br_6^{2-}$	17.0～25.0	35.0～41.0	—
	$Os^{IV}I_6^{2-}$	11.5～18.5	27.0～35.5	44.6
5 d^6	$Pt^{IV}Br_6^{2-}$	—	27.0～33.0	44.2
	$Pt^{IV}I_6^{2-}$	—	20.0～30.0	40.0～43.5

① 谱带的半宽度为 400～1000cm^{-1}。

注：数据引自［美］Cotton F A，［英］Wilkinson G 著．高等无机化学：下册．第 3 版．北京师范大学，兰州大学，吉林大学，辽宁大学译．关实之，傅孝愿，赵继周校．北京：人民教育出版社，1980：110。

5.2.2.2　金属氧化态和配体性质对跃迁能的影响

① 当配体相同时，中心金属氧化态越高或中心金属越容易被还原，L→M 跃迁能就越低。例如：

$Os^{III}Cl_6^{3-}$　v_1 型跃迁　跃迁能 35450cm^{-1}

$Os^{IV}Cl_6^{2-}$　v_1 型跃迁　跃迁能 27000cm^{-1}

可以根据实验数据，将金属离子易被还原的程度排成以下序列：

$$Pt^{4+}>Ru^{4+}>Cu^{2+}>Os^{4+}>Fe^{3+}>Ru^{3+}>Pd^{4+}>Re^{4+}\sim$$
$$Os^{3+}\sim Pd^{2+}\sim Pt^{4+}\sim Rh^{3+}>Pt^{2+}>Ti^{4+}\sim Ir^{3+}$$

② 当中心金属及其氧化态相同时，配体越容易被氧化，L→M 跃迁能就越低。例如：

$Os^{III}Cl_6^{3-}$　v_1 型跃迁　跃迁能 35450cm^{-1}　$Os^{IV}Cl_6^{2-}$　v_1 型跃迁　跃迁能 27000cm^{-1}

$Os^{III}I_6^{3-}$　v_1 型跃迁　跃迁能 19100cm^{-1}　$Os^{IV}I_6^{2-}$　v_1 型跃迁　跃迁能 12300cm^{-1}

因此，对于卤素离子，易被氧化的顺序为：

$$I>Br>Cl>F$$

③ 当 M-L 键的共价性增强时，中心金属氧化态对 L→M 跃迁能的影响不大❶。

当 M-L 键的离子性较强时，上述金属氧化态的变化对跃迁能的影响具有一定规律性。当 M-L 键的共价成分增加时，则一系列配合物 ML_6、ML_6^+ 和 ML_6^{2+} 的中心金属所带电荷可能变化不大，因此难以观察到类似的趋势。例如，$[Mn(CN)_6]^{3-}$ 和 $[Mn(CN)_6]^{4-}$ 两者的 LMCT 跃迁能基本与中心金属所带电荷无关（表 5-20），这说明 M-L 键共价性增强使中心金属的氧化态变得“模糊不清”。

对于具有相同配体和相同氧化态的过渡金属形成的配合物而言，其跃迁能的变化趋势较难预测。在 ML_6 系列中，同一周期的金属核电荷由左至右增大，同类型的 LMCT 跃迁能应逐渐降低。但是金属“接受”电子轨道性质、配体场以及电子间互斥能项的变化会抵消上述跃迁能的下降。同族过渡金属自上而下变化的趋势也不甚明确。

此外，配体场效应、配体之间的相互排斥作用等因素也对 LMCT 跃迁能变化有贡献。

❶ 注意应在相同跃迁类型（即跃迁始终态所涉及的 MO 类型相同）的前提下进行比较。

例如，八面体配合物较之四面体配合物往往有更拥挤的配体排列，使其配体之间的相互排斥作用较大，故引起主要为配体性质的分子轨道去稳定化，即 HOMO 能量升高，从而减小其 LMCT 跃迁能。

5.2.2.3 荷移跃迁中的谱带结构问题

由于电子的激发组态和多数基组态会产生能量相近的一些状态或谱项（能级），因此上述从 v_1 到 v_4 的每一种类型 LMCT 实际上是一组跃迁。

严格地讲，荷移跃迁也应当用“态”之间的跃迁，即考虑电子间相互作用的谱项之间的跃迁来描述，因为它们涉及多电子体系。前面所描述涉及分子轨道之间的荷移跃迁在一级近似的程度上只适用于单电子体系，而配合物的状态必须在将电子间相互作用也考虑进去之后才能由这个单电子体系产生出来。例如，v_1 型的 $t_{1u}\rightarrow t_{2g}^*$ 跃迁实际上就是一组能量很接近的跃迁（因为：$T_{1u}\otimes T_{2g}=A_{2u}+E_u+T_{1u}+T_{2u}$），可能对带结构有贡献。假设一个 d^0 组态 MX_6^{n-}（X^- = 卤素离子）配合物发生 $t_{1u}\rightarrow t_{2g}^*$ 跃迁，其基态谱项为 $^1A_{1g}$，激发态组态为 $(t_{1u})^5(t_{2g}^*)^1$，根据群论方法，它所产生的激发态谱项有 $^3A_{2u}+{}^3E_u+{}^3T_{1u}+{}^3T_{2u}+{}^1A_{2u}+{}^1E_u+{}^1T_{1u}+{}^1T_{2u}$ 共八种（当然并不是所有基态向激发态的跃迁都是允许的），表示处在 $(t_{1u})^5(t_{2g}^*)^1$ 组态的 6 个电子共有八种能量不同的排布方式。v_1 到 v_4 的每一种类型的 LMCT 都可能有类似的情况，对 MLCT 而言，亦如此 [参阅 5.2.8(3)]。

除了考虑电子间的相互作用外，在一些重元素（配体或金属）中易发生轨-旋耦合作用，当它们互相形成配合物时，轨-旋耦合作用亦对荷移跃迁谱带的精细结构有贡献，因为它可能解除无轨-旋耦合作用时的轨道简并度，在解释荷移光谱时必须综合考虑这两者的影响。从实验数据来看，含轻原子配合物的荷移光谱比较简单（无复杂的带结构），这意味着造成带结构的主要原因可能主要是轨-旋耦合而不是电子间互斥。由图 5-44 示出 $[CoX_4]^{2-}$ 的荷移光谱可以看到当 $X^-=Br^-$ 或 I^- 时，轨-旋耦合作用的影响尤甚，这是因为重元素中较强的轨-旋耦合作用可能导致激发态能级增加。此外，经常可以在荷移光谱（特别在低温下）中观察到振动结构。

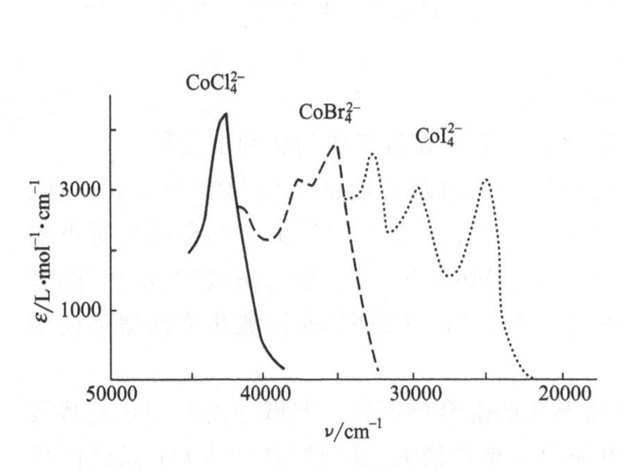

图 5-44 $[CoX_4]^{2-}$（X^- = Cl^-、Br^- 和 I^-）的荷移光谱

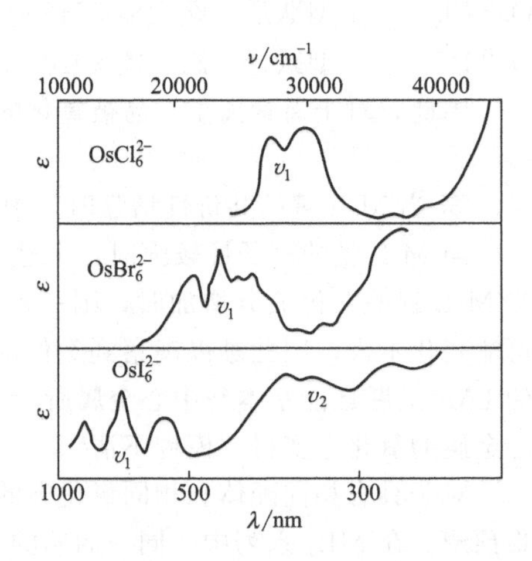

图 5-45 $[OsX_6]^{2-}$（X^- = Cl^-、Br^- 和 I^-）的荷移光谱

由于荷移跃迁所牵涉的多电子谱项相当复杂，因此，作为很粗糙的一级近似，我们在本节中主要用分子轨道间的跃迁来定性描述荷移跃迁。关于荷移跃迁的强度则是一个较为复杂的问题，这里不作详细讨论。

表 5-22 给出的 MX_6^{n-} 配合物的 L→M 荷移跃迁数据表明，这些重过渡元素配合物的 L→M 荷移跃迁都在一定的波数范围内产生一组跃迁，其较复杂的带结构在图 5-45 中亦可被观察到，结合前面的讨论，可以发现图 5-45 中系列配离子 $[OsX_6]^{2-}$ 的带结构变化趋势与图 5-44 具有类似性，这说明轨-旋耦合在其中可能起更大的作用。

以 Os(Ⅳ)配合物为例，随着卤素原子电离势的降低，CT 跃迁能按 $Os^{IV}Cl_6^{2-}$-$Os^{IV}Br_6^{2-}$-$Os^{IV}I_6^{2-}$ 的次序减小，由此表明这些 CT 光谱确实对应着 L→M 的荷移跃迁。另外，金属离子的氧化态越高，LUMO 能量越低，电子间排斥越小，跃迁能就越小，这也可从表5-22中 $Ru^{III}Cl_6^{3-}$ 和 $Ru^{IV}Cl_6^{2-}$ 的数据得到证实。表 5-22 中未给出 v_3 型荷移跃迁数据则表明，这类跃迁确实较弱而不易被观察到。此外，在表 5-22 中除了低自旋 $5d^6$ 组态配合物 $Pt^{IV}X_6^{2-}$ 外，其他组态的配合物均存在 v_1 型跃迁，对比之下可以说明 v_1 谱带存在的合理性，以及证明前面所作出的、具有低自旋 d^6 组态的八面体配合物在 LMCT 跃迁中不会出现 v_1 型跃迁和 v_3 型跃迁的预测。

5.2.2.4　以 $[CoX(NH_3)_5]^{2+}$ 为例说明 L→M 跃迁

从 $[CoX(NH_3)_5]^{2+}$ 配离子的电子光谱（图 5-46）看出，这一系列配离子除了有 MC 谱带外，还在紫外区或近紫外区出现很强的 CT 带。在 $[CoF(NH_3)_5]^{2+}$ 中，CT 带出现的能量最高；$[CoCl(NH_3)_5]^{2+}$ 的 CT 带次之；在 $[CoBr(NH_3)_5]^{2+}$ 中，CT 带能量较低，并且已经与 MC 谱带重叠；而 $[CoI(NH_3)_5]^{2+}$ 的 CT 带能量则更低，使得 d-d 跃迁的第二个吸收带谱带几乎观察不到，甚至影响到第一个 MC 谱带。已知在 $[CoX(NH_3)_5]^{2+}$ 中的 CT 带是由基本上定域在 X^- 上的一个电子转移到金属 d 轨道上产生的，图 5-46 表明 $X^- \rightarrow Co^{3+}$ 的 LMCT 跃迁能按 F-Cl-Br-I 的顺序降低，这与它们易被氧化的顺序增大是一致的。电子从 X^- 向 Co^{3+} 的跃迁虽然并不引起净氧化-还原反应（因为激发态的寿命非常短），但它可导致某些配合物的光化学分解，例如在 5.2.1 中提及的 $[CoN_3(NH_3)_5]^{2+}$。相比之下，改变 X^- 对 MC 谱带的影响较小，但引起 CT 带的变化却相当大。

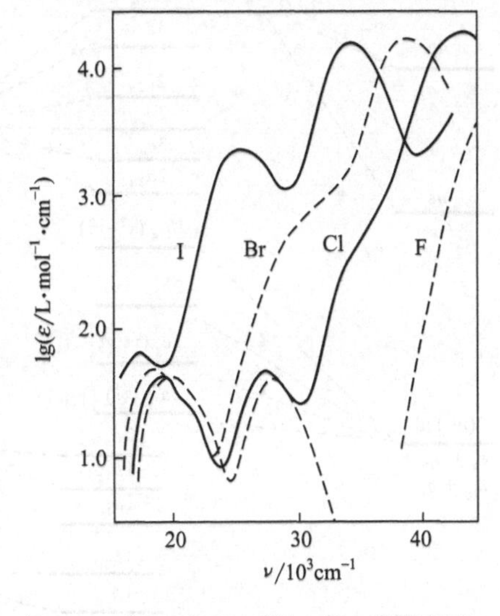

图 5-46　$[CoX(NH_3)_5]^{2+}$（X＝卤素离子）的紫外可见光谱

5.2.3　M→L 荷移光谱

MLCT 谱主要是指电子主要从定域在金属上的已占据分子轨道到主要定域在配体上的空 π^* 轨道的跃迁。某些 π 配体或 π 酸配体（如吡啶、联吡啶、邻菲洛啉等）与低氧化态的金属［如 Mo(0)、Re(I)、Fe(Ⅱ)、Ti(Ⅲ)、Ru(Ⅱ)等］形成配合物时，经常会产生跃迁能颇低的 MLCT 吸收带，这类谱带通常位于 d-d 跃迁带和 LC 谱带的 π-π^* 跃迁之间，跃迁强度通常弱于 LMCT 跃迁，摩尔消光系数很少超过 10^4，较不容易被观察到。对这类配合物的 MLCT 跃迁绘出的简化能级图如图 5-47 所示。符合 M→L 荷移跃迁条件的体系不多，所得光谱实验数据也偏少，但可以作如下一般预测。

① 当配体相同时，中心金属氧化态越低或中心金属越容易被氧化，即 HOMO 能量越高，M→L 跃迁能就越低。

② 当 M-L 键的共价性增强时，中心金属氧化态对 M→L 跃迁能的影响不大。

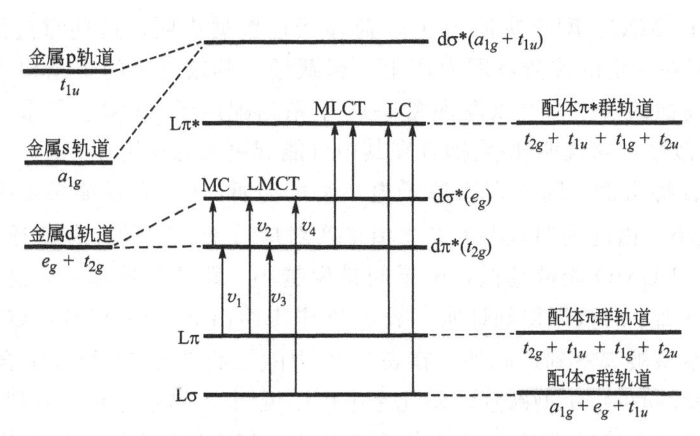

图 5-47 含 π 配体或 π 酸配体的八面体配合物中的荷移跃迁示意图[1]

类似于 LMCT 中的讨论，当 M-L 键的离子性较强时，上述金属氧化态的变化对跃迁能的影响具有一定规律性。当 M-L 键的共价成分增加时，则对于中心金属具有不同氧化态的系列配合物难以观察到类似的趋势。例如，$[Fe(CN)_6]^{3-}$ 和 $[Fe(CN)_6]^{4-}$ 的 $dt_{2g} \rightarrow L\pi^*$ (t_{1u}) 跃迁分别位于 44000cm^{-1} 和 45870cm^{-1}处（表 5-20），说明两者的同一类型 MLCT 跃迁能基本上与中心金属所带电荷无关。

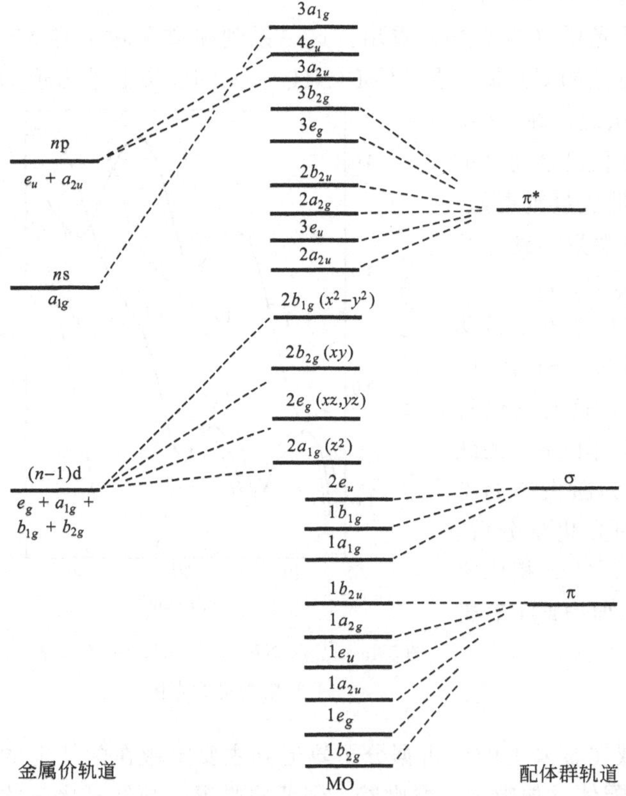

图 5-48 平面正方形 $[M(CN)_4]^{n-}$ 配合物的定性 MO 能级图[2]

③ 当中心金属相同时，配体的电负性越大（或易被还原），越容易接受电子，即 LUMO 能量越低，M→L 跃迁能就越低。[2]

因此，为区分荷移跃迁究竟是 LMCT 还是 MLCT，可以分别考察金属或配体的氧化还原性质。

④ M 和 L 相同时，配位数减少使金属轨道趋于稳定，HOMO 能量降低，M→L 跃迁能增大。

⑤ 对于八面体配合物，当 $\Delta < xD$ 时，$t_{2g}^{b} \rightarrow \pi^*$ 的跃迁能低于从 e_g^* 出发

---

[1] 能级图引自：Mason Ⅲ W R，Gray H B. Electronic Structures of Square-Planar Complexes. J. Am. Chem. Soc.，1968，90，5721-5729. 对于 $[Pt(CN)_4]^{2-}$，结合其磁圆二色（MCD）光谱的表征，发现由于轨-旋耦合作用，其分子轨道的能级顺序会发生一定变化，参考：Piepho S B，Schatz P N，McCaffery A J. Ultraviolet Spectral Assignments in the Tetracyano Complexes of Platinum，Palladium，and Nickel from Magnetic Circular Dichroism. J. Am. Chem. Soc.，1969，91 (22)：5994-6001.

[2] Ma.，op Ⅲ W R，Gray H B. Electronic Structures of Square-Planar Complexes. J Am Chem Soc，1968，90：5721-5729.

的跃迁能。可以预计高自旋的 d^6 组态和 d^7 组态的配合物经常会出现这种情况。

M→L 荷移跃迁不仅发生于某些八面体配合物中，而且可以发生于其他构型的配合物中。对于单空穴 d^9 体系的平面正方形$[M(CN)_4]^{n-}$配合物❶，根据其定性的分子轨道能级图(图5-48)，以及跃迁电偶极矩算符所属不可约表示 $A_{2u}(z)$ 和 $E_u(x,y)$，考虑跃迁前后分子轨道的宇称性，可能发生的一些 MLCT 跃迁如表5-23所示。

表5-23 $[Cu(CN)_4]^{n-}$ (D_{4h}) 中 MLCT 电偶极矩跃迁积分所属表示的直积分析

MLCT 轨道跃迁	跃迁谱项指认	$\psi_a\hat{\mu}_e\psi_b$ 表示的直积	对称性允许跃迁
$2b_{1g}\rightarrow 2a_{2u}$	$^3B_{1g}\rightarrow {}^3B_{2u}$	$B_{1g}\otimes A_{2u}\otimes B_{2u}=A_{1g}$ $B_{1g}\otimes E_u\otimes B_{2u}=E_g$	允许，z 偏振 禁阻
$2b_{2g}\rightarrow 2a_{2u}$	$^2B_{1g}\rightarrow {}^2B_{1u}$	$B_{1g}\otimes A_{2u}\otimes B_{2u}=A_{2g}$ $B_{1g}\otimes E_u\otimes B_{1u}=E_g$	禁阻 禁阻
$2e_g\rightarrow 2a_{2u}$	$^2B_{1g}\rightarrow {}^2E_u(1)$	$B_{1g}\otimes A_{2u}\otimes E_u=E_g$ $B_{1g}\otimes E_u\otimes E_u=A_{1g}+A_{2g}+B_{1g}+B_{2g}$	禁阻 允许，x,y 偏振
$2a_{1g}\rightarrow 2a_{2u}$	$^2B_{1g}\rightarrow {}^2A_{2u}$	$B_{1g}\otimes A_{2u}\otimes A_{2u}=B_{1g}$ $B_{1g}\otimes E_u\otimes A_{2u}=E_g$	禁阻 禁阻
$2b_{1g}\rightarrow 3e_u$	$^2B_{1g}\rightarrow {}^2E_u(2)$	$B_{1g}\otimes A_{2u}\otimes E_u=E_g$ $B_{1g}\otimes E_u\otimes E_u=A_{1g}+A_{2g}+B_{1g}+B_{2g}$	禁阻 允许，x,y 偏振
$2b_{2g}\rightarrow 3e_u$	$^2B_{1g}\rightarrow {}^2E_u(3)$	$B_{1g}\otimes A_{2u}\otimes E_u=E_g$ $B_{1g}\otimes E_u\otimes E_u=A_{1g}+A_{2g}+B_{1g}+B_{2g}$	禁阻 允许，x,y 偏振

由表5-23所做的直积分析可以看出，就 d^9 组态 $[M(CN)_4]^{n-}$ 配合物的轨道跃迁而言，从金属的 $2b_{1g}(x^2-y^2)$ 和 $2e_g(xz,yz)$ 至能量最低的 $L\pi^*$ 轨道 $2a_{2u}$ 的跃迁是对称性允许的，它们分别具有 z 偏振和 x，y 偏振的特性，而从 $2b_{2g}$ 和 $2b_{1g}$ 出发至 $2a_{2u}$ 的跃迁是对称性禁阻的；另外，从金属的 $2b_{1g}$ 和 $2b_{2g}$ 轨道跃迁至次低能量 $L\pi^*$ 轨道 $3e_u$ 的跃迁都是对称性允许的，它们都具有 x，y 偏振的性质。

对于 d^8 体系的平面正方形 $[M(CN)_4]^{n-}$ 配合物，除了可能发生 $2e_g(xz,yz)$ 和 $2a_{1g}(z^2)$ 至能量最低的 $L\pi^*$ 轨道 $2a_{2u}$ 的允许跃迁外，还可能发生从 $2b_{2g}$ 至 $2a_{2u}$ 的禁阻跃迁。表5-24给出 $[Ni(CN)_4]^{2-}$、$[Pd(CN)_4]^{2-}$ 和 $[Pt(CN)_4]^{2-}$ 电子光谱数据及其跃迁指认。例如，$[Ni(CN)_4]^{2-}$(D_{4h})的 $v_1=32150cm^{-1}$，相当于 $M(2b_{2g})\rightarrow L\pi^*(2a_{2u})$ 的对称性禁阻 MLCT 跃迁❷；$v_2=34840cm^{-1}$，相当于 $M(2a_{1g})\rightarrow L\pi^*(2a_{2u})$ 的对称性允许（z 偏振）MLCT 跃迁。两者的摩尔吸光系数表现出荷移跃迁概率的明显差别。

表5-24 平面正方形 $[M(CN)_4]^{2-}$(M=Ni, Pd, Pt) 配合物电子光谱数据及其指认

配合物	吸收带	实验观测的跃迁能①/cm^{-1}	跃迁谱项指认	跃迁类型	跃迁性质
$[Ni(CN)_4]^{2-}$	v	31250(530)	$^1A_{1g}\rightarrow {}^1A_{2g}$	d-d	宇称禁阻
	v_1	32150(838)	$^1A_{1g}\rightarrow {}^1B_{1u}$	MLCT	对称性禁阻
	v_2	34840(6233)	$^1A_{1g}\rightarrow {}^1A_{2u}$	MLCT	对称性允许
	v_3	36230(sh,5230),37240(15230)	$^1A_{1g}\rightarrow E_{2u}$	MLCT	对称性允许
$[Pd(CN)_4]^{2-}$	v	41410(1260)	$^1A_{1g}\rightarrow {}^1A_{2g}$	d-d	宇称禁阻
	v_1	42920(sh,1200)	$^1A_{1g}\rightarrow {}^1B_{1u}$	MLCT	对称性禁阻
	v_2	44310(sh,5700),45090(9800)	$^1A_{1g}\rightarrow {}^1E_u$	MLCT	对称性允许

❶ 已知203K下紫色的 $[Cu(CN)_4]^{2-}$ 在甲醇或水—甲醇中可以稳定存在。参见：钟兴厚等．无机化学丛书，第六卷．北京：科学出版社．1998：500。

❷ 注意：$^1A_{1g}\rightarrow {}^1B_{1u}$ 跃迁是形式上对称性禁阻，但它是 Laporte 允许跃迁（$g\leftrightarrow u$）。因此它的跃迁强度介于表5-24所示 Laporte 禁阻的 d-d 跃迁（v）和对称性允许的荷移跃迁（v_2 和 v_3）之间。参考：麦松威，周文度，李伟基编著．高等无机结构化学．第2版．北京：北京大学出版社，2006：224-226。

续表

配合物	吸收带	实验观测的跃迁能①/cm^{-1}	跃迁谱项指认	跃迁类型	跃迁性质
$[Pd(CN)_4]^{2-}$	v_3	46190(9200)	$^1A_{1g}\to{}^1A_{2u}$	MLCT	对称性允许
$[Pt(CN)_4]^{2-}$	v_1	35600(2430)	$^1A_{1g}\to{}^1B_{1u}$	MLCT	对称性禁阻
	v_2	38390(11950),39250(15460)	$^1A_{1g}\to{}^1E_u$	MLCT	对称性允许
	v_3	41410(sh,2740)	$^1A_{1g}\to{}^1A_{2u}$	MLCT	对称性允许

① 数据于77K下的EPA溶剂（乙醚：异戊烷：乙醇＝5：5：2）中测定，括号内数值为摩尔吸光系数，sh表示肩峰。

数据主要引自 Mason Ⅲ W R，Gray H B. Electronic Structures of Square-Planar Complexes. J Am Chem Soc，1968，90：5727。

5.2.4 $[Fe(CN)_6]^{n-}$ 配合物的荷移光谱❶

$[Fe(CN)_6]^{n-}$ 配合物的荷移光谱比较复杂，因为除了LMCT之外，还必须考虑MLCT。对于 $[Fe(CN)_6]^{4-}$，假设配体 CN^- 中的配位碳原子提供两个σ轨道（碳原子的2s和 $2p_z$）和两个π轨道，可绘出其简化的分子轨道能级图如图5-49所示。与图5-43所不同的是，配体的 σ_2 型群轨道的能级高于其π型群轨道，因此对LMCT跃迁的指认与5.2.2.1中讨论的卤素配合物不同。

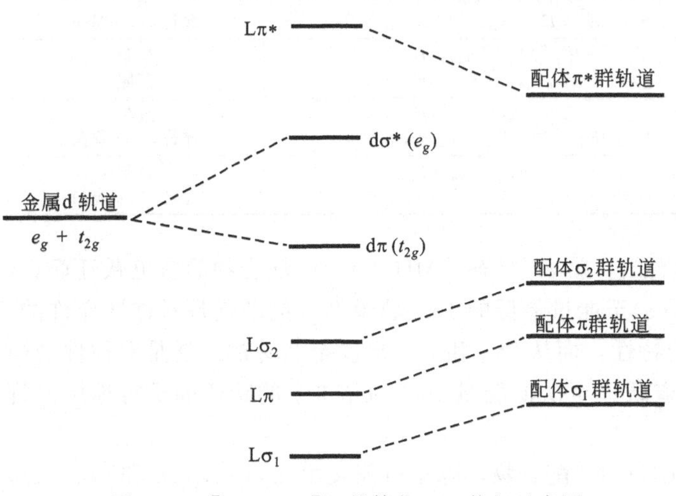

图5-49 $[Fe(CN)_6]^{4-}$ 的简化MO能级示意图

在 $[Fe(CN)_6]^{3-}$ 中，能量最低的LMCT跃迁是 $L\sigma t_{1u}\to Mt_{2g}$，而不是 $L\pi t_{2u}\to Mt_{2g}$（表5-20）。图5-50所示的 $[Fe(CN)_6]^{3-}$ 的前三个主要吸收峰按跃迁能增大的顺序被依次指认为：$L\sigma t_{1u}\to Mt_{2g}$，$L\pi t_{2u}\to Mt_{2g}$ 和 $L\pi t_{1u}\to Mt_{2g}$，由于跃迁终态为 d^6A_{1g} 对称性，因此未观察到这些谱带的裂分；第四个吸收峰被指认为 $Mt_{2g}\to L\pi^*t_{1u}$ 的MLCT跃迁。对于 $[Fe(CN)_6]^{4-}$，由于 t_{2g} 轨道已充满，不能观察到前三个LMCT，而其MLCT带较 $[Fe(CN)_6]^{3-}$ 的相应跃迁略为蓝移，这似乎有悖于前者中

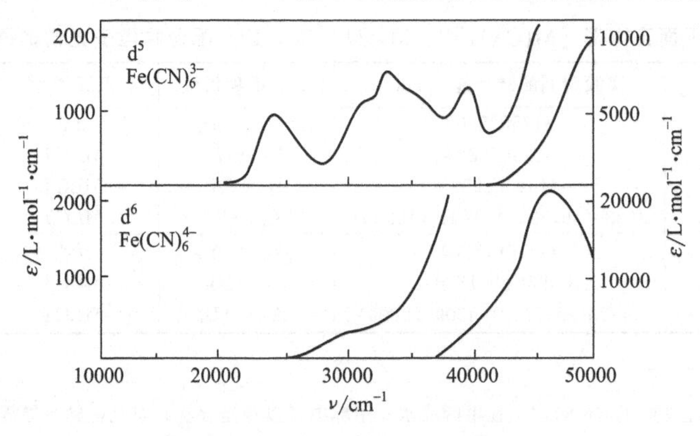

图5-50 $[Fe(CN)_6]^{n-}$ 的荷移光谱

❶ Lever A B P. Inorganic Electronic Spectroscopy. 2nd Ed. Amsterdam：Elseiver，1984：258-262。

心金属氧化态更低的规律性，考虑到 $[Fe(CN)_6]^{3-}$ 和 $[Fe(CN)_6]^{4-}$ 都是共价性强的配合物，且两者的分裂能（分别为 35000cm^{-1} 和 33800cm^{-1}）基本与中心金属所带电荷无关的事实，亦可认为在 $[Fe(CN)_6]^{4-}$ 中，存在着较强的 Fe(Ⅱ) 至 π 酸配体 CN^- 的较强 π 反馈作用，导致了 Mt_{2g} 轨道的稳定化[1]。

对于含不同金属中心的八面体氰合配合物的 LMCT，跃迁能按下列顺序降低：

$$Ti(Ⅲ) > V(Ⅲ) > Cr(Ⅲ) > Mn(Ⅲ) = Mn(Ⅱ) > Fe(Ⅲ) = Ru(Ⅲ) = Os(Ⅲ)$$

对于 MLCT，则跃迁能按以下顺序降低：

$$Ir(Ⅲ) > Rh(Ⅲ) > Co(Ⅲ) > Os(Ⅱ) = Ru(Ⅱ) > Fe(Ⅱ) > Cr(Ⅲ)$$

5.2.5 配位数和立体化学对荷移跃迁的影响

一般而言，当 M-L 键主要为离子键型时，配位数增大会使金属轨道不稳定，即金属轨道能量升高，因此当配位数减少时，L→M 跃迁能将降低，即发生红移；而 MLCT 与之相反，发生蓝移。但是构型不同引起荷移跃迁时授受分子轨道的类型不同，使得这种比较发生困难。例如，对 MX_4^{n-}（T_d），L→M 跃迁为 $L\pi \rightarrow 2e$；$L\pi \rightarrow 3t_2$；$L\sigma \rightarrow 2e$；$L\sigma \rightarrow 3t_2$（图5-5），显然与八面体配合物的 LMCT 跃迁类型不同。

同理，对于配位数相同但几何构型不同的多元异构体，两者的荷移光谱也不宜进行比较。例如，表 5-20 的数据表明，平面正方形和四面体的 $CuCl_4^{2-}$ 的荷移跃迁能基本相同，但这可能仅仅是一种巧合，因为两种构型的荷移跃迁所涉及的前线轨道类型应该是不同的。

对于主要由离子键形成的配合物，随着配位数的减少，LMCT 跃迁将出现红移，但是从另一种角度考虑，配位数减少将使 M-L 键更趋于共价性，原因是为了达到电中性，低配位数配合物的中心金属必须接受更多来自较少配体的负电荷（而在 TiX_6^{2-} 中，六个 X^- 足以弥补中心金属的电正性），也就是成键电子对更趋于共用而不是偏移，这时 LMCT 就可能出现蓝移的现象。例如对于下面 d^0 系列的 X-Ti(Ⅳ) 的跃迁，实验数据表明随着配位数减少，LMCT 带蓝移的现象。

$$[TiCl_6]^{2-}(25000cm^{-1}) < TiCl_4(35600cm^{-1})$$
$$[TiBr_6]^{2-}(21000cm^{-1}) < TiBr_4(29500cm^{-1})$$
$$[TiI_6]^{2-}(12100cm^{-1};14300cm^{-1}) < TiI_4(19600cm^{-1})$$

根据元素化学常识，已知在 $TiCl_4$ 中的 Ti-Cl 键比在 $[TiCl_6]^{2-}$ 中的 Ti-Cl 键共价性更强，$TiCl_4$ 呈液态，为共价型化合物。因而在上述横向系列中，金属离子趋向于所带正电荷降低，而卤素离子则变得更“正”，那么卤素离子的 HOMO 将会变得更稳定（能量降低，可看作电子对间的排斥能减小），中心金属的 LUMO 将变得较不稳定（能量升高，带上过多的负电荷），因此导致所观察到的 LMCT 谱带蓝移的现象。

5.2.6 对荷移跃迁谱带位置的定量预测和光学电负性[2]

荷移谱带的位置有可能被定量预测。Jorgensen 通过比较一系列金属卤素配合物的最低能量 LMCT 后发现，如果氟化物的谱带位置为 v，则氯化物的为 $(v-2800)cm^{-1}$，溴化物的为 $(v-3400)cm^{-1}$，碘化物的为 $(v-4400)cm^{-1}$。这种规律性似乎与配体自身的电负性有关，表明配体的电负性越大，LMCT 的频率也越高。Jorgensen 的基本假设是基于荷移跃

---

[1] Alexander J J，Gray H B. Electronic structures of hexacyanometalate complexes. J Am Chem Soc，1968，90：4260-4271。

[2] (a) Lever A B P. Inorganic Electronic Spectroscopy. 2nd Ed. Amsterdam：Elseiver，1984：221-222；(b) 周永洽编著．分子结构分析．北京：化学工业出版社，1991：223-228。

迁能可能直接与配合物授受电子的前线轨道之间的电负性之差有关。通过分析荷移光谱数据，可以评价某个金属或配体前线轨道的电负性，即金属或配体的光学电负性（表 5-25 和表5-26）。并采用如下公式对荷移跃迁能进行计算。

$$v_{CT}=30000[\chi(L)-\chi(M)]\text{cm}^{-1}(\text{LMCT}) \tag{5-21}$$

$$v_{CT}=30000[\chi(M)-\chi(L)]\text{cm}^{-1}(\text{MLCT}) \tag{5-22}$$

式中 v_{CT}——荷移跃迁能，cm^{-1}；

$\chi(L)$——配体授受电子轨道的光学电负性；

$\chi(M)$——金属授受电子轨道的光学电负性。

表 5-25 一些配体的光学电负性数据

配体	π	σ	配体	π	σ
F^-	3.9	4.4	SO_4^{2-}	3.2	
Cl^-	3.0	3.4	二乙基硫代磷酸根	2.7	
Br^-	2.8	3.3	二硒代磷酸根	2.6	
I^-	2.5	3.0	乙酰丙酮	2.7	
CN^-	2.8		$EtO_2C(NH_2)CHCHS^-$	2.79	
H_2O	3.5		$SC_6H_4NO_2^-$	2.87	
pyNO	0.5(π^*)		$SC_6F_5^-$	2.95	
NH_3		3.3	RNH_2		3.2
O_2^-	(3.2)		S_2^-	2.5	
NCO^-	3.0		N_3^-	2.8	
R_3P		(2.6)	R_3As		2.5
R_2S	2.9		S_2PPh_2	2.6	
NCS^-	2.9		SCN^-	2.6	
$NCSe^-$	2.8		$SeCN^-$	2.85	
ROH	3.1		pyzSH	2.4	

表 5-26 一些金属的光学电负性数据

金属	八面体	四面体	金属	八面体	平面四方
Ti(Ⅳ)	2.05	1.8	Pt(Ⅱ)		2.3 L
V(Ⅲ)	1.9	2.1	Pd(Ⅱ)		2.2～2.4 L
Ti(Ⅳ)	2.6		Au(Ⅲ)		2.9 L
Cr(Ⅲ)	1.8～1.9		Ni(Ⅱ)		2.2 L
Cr(Ⅳ)	2.65		W(Ⅴ)	1.95	
Mn(Ⅲ)	2.0 L		W(Ⅵ)	2.0	
Mn(Ⅳ)	2.7～3.0		Re(Ⅳ)	2.1	
Fe(Ⅱ)		1.8	Re(Ⅵ)	2.0～2.1	
Fe(Ⅲ)	2.1L,2.5 H		Tc(Ⅳ)	2.25	
Co(Ⅱ)		1.8～1.9	Ru(Ⅲ)	2.0～2.1 L	
Co(Ⅲ)	2.3 L		Ru(Ⅳ)	2.45	
Ni(Ⅱ)		2.0～2.1	Rh(Ⅲ)	2.3～2.4 L	
Ni(Ⅲ)	3.05		Rh(Ⅳ)	2.65	
Ni(Ⅳ)	3.4		Ir(Ⅲ)	2.25	
Cu(Ⅱ)		2.3～2.4	Ir(Ⅳ)	2.3～2.4 L	
Cu(Ⅲ)	3.5		Os(Ⅲ)	1.95	
Zn(Ⅱ)	1.2		Os(Ⅳ)	2.2	
Hg(Ⅱ)	1.5		Os(Ⅵ)	2.6	
Bi(Ⅲ)	1.7		Pt(Ⅳ)	2.6～2.7 L	
Nb(Ⅴ)	1.85		Pt(Ⅴ)	3.0	
Ta(Ⅴ)	1.80		Pd(Ⅳ)	2.75	
Zr(Ⅳ)	1.6		Pt(Ⅵ)	3.2 L	
Mo(Ⅲ)	1.7		U(Ⅳ)O_2	1.8	
Mo(Ⅳ)	1.95		U(Ⅵ)	2.4	
Mo(Ⅴ)	2.0		Np(Ⅵ)	2.6	
Mo(Ⅵ)	2.1		Pu(Ⅵ)	2.85	

注：L—低自旋态；H—高自旋态。

利用式(5-21)和式(5-22)的计算忽略了d电子间、d电子与配体电子以及配体电子之间的相互排斥作用。在进行实际计算时，可以根据自旋成对能来考虑d壳层电子间的相互排斥作用，即校正自旋成对能的影响。例如，对于v_1或v_3型LMCT，考虑如下跃迁：

$$L^n(t_{2g})^a(e_g)^b \rightarrow L^{n-1}(t_{2g})^{a+1}(e_g)^b$$

该跃迁能不但取决于$E(t_{2g})-E(L)$，还取决于$(t_{2g})^a(e_g)^b$和$(t_{2g})^{a+1}(e_g)^b$构型的自旋成对能之差。如5.2.2.1中所述，各组态的自旋成对能为xD，D为自旋成对能参数，根据量子化学的方法可以计算出各个组态下的x。因此，对各种组态八面体配合物的LMCT谱带的跃迁能，式(5-21)可具体表示为：

d^n	跃迁至t_{2g}	跃迁至e_g^*
0	$30000[\chi(L)-\chi(M)]$	$30000[\chi(L)-\chi(M)]+10Dq$
1	$30000[\chi(L)-\chi(M)]-2/3D$	$30000[\chi(L)-\chi(M)]+10Dq-2/3D$
2	$30000[\chi(L)-\chi(M)]-4/3D$	$30000[\chi(L)-\chi(M)]+10Dq-4/3D$
3	$30000[\chi(L)-\chi(M)]+2D$	$30000[\chi(L)-\chi(M)]+10Dq-2D$
4H	$30000[\chi(L)-\chi(M)]+7/3D$	$30000[\chi(L)-\chi(M)]+10Dq-8/3D$
4L	$30000[\chi(L)-\chi(M)]+4/3D$	$30000[\chi(L)-\chi(M)]+10Dq-5/3D$
5H	$30000[\chi(L)-\chi(M)]+8/3D$	$30000[\chi(L)-\chi(M)]+10Dq+8/3D$
5L	$30000[\chi(L)-\chi(M)]+2/3D$	$30000[\chi(L)-\chi(M)]+10Dq-4/3D$
6H	$30000[\chi(L)-\chi(M)]+2D$	$30000[\chi(L)-\chi(M)]+10Dq+2D$
6L		$30000[\chi(L)-\chi(M)]+10Dq-D$
7H	$30000[\chi(L)-\chi(M)]+4/3D$	$30000[\chi(L)-\chi(M)]+10Dq+4/3D$
7L		$30000[\chi(L)-\chi(M)]+10Dq-5/3D$
8		$30000[\chi(L)-\chi(M)]+10Dq+2/3D$
9		$30000[\chi(L)-\chi(M)]+10Dq$

上述表达式的单位为cm^{-1}，H和L分别表示高、低自旋态，左边和右边的式子分别代表电子由配体的前线轨道跃迁至金属的t_{2g}和e_g^*轨道的最低能量LMCT跃迁。利用这些式子进行计算时必须注意以下几点：①对$n=0$、1、2、5H、6H和7H的各个d^n组态，两个LMCT跃迁的能量差是$10Dq$；但有时由于一个以上的LMCT状态具有相同的对称性，它们之间的混合使能量发生修正，从而使得到的$10Dq$只是近似值。②对$n=3$、4L、4H和5L的各个d^n组态，两个LMCT跃迁的能量差经适当校正D值后也可得到$10Dq$。③如同在5.2.2.1中所讨论的，电子从相同类型的配体前线轨道跃迁至t_{2g}的能量并非总是低于跃迁至e_g^*的能量。例如，当$n=3$时，LMCT跃迁能之差$\Delta E=10Dq-4D$，若$10Dq>4D$，$\Delta E>0$，则跃迁至t_{2g}^*的能量低些；反之，若$10Dq<4D$，则跃迁至e_g^*的能量低些；若$10Dq\approx4D$，则两种跃迁能基本相同，例如，在$[Cr(NCS)_6]^{3-}$的荷移光谱中只观察到一个谱带。④我们在5.2.2.3中曾试图用谱项方法对$L\pi(t_{1u})\rightarrow t_{2g}^*$跃迁荷移光谱的带结构进行解释，由于不同的电子间相互排斥作用能，会产生一组能量相近的激发态，因此由上述计算式得到的结果只能提供$10Dq$的近似值。特别对一些重过渡金属形成的配合物而言，如果有足够的数据进行复杂的量子化学计算，则5.2.2.3中的分析是十分必要的。

此外，亦可从上述计算式中获得一些有关高低自旋态的信息，例如，对于d^4和d^5组态，自旋交叉点位于$10Dq=4D$处，而对于d^6组态，自旋交叉点位于$10Dq=3D$处。其配体场参数靠近自旋交叉点的配合物将呈现具有相近跃迁能的LMCT跃迁。

类似地，对各种组态八面体配合物的MLCT谱带的$M\rightarrow L\pi^*$跃迁能，式(5-22)可具体表示为：

d^n	t_{2g} 跃迁至 $L\pi^*$	e_g 跃迁至 $L\pi^*$
1	$30000[\chi(L)-\chi(M)]$	
2	$30000[\chi(L)-\chi(M)]+2/3D$	
3	$30000[\chi(L)-\chi(M)]+4/3D$	
4H	$30000[\chi(L)-\chi(M)]+2D$	$30000[\chi(L)-\chi(M)]+10Dq+2D$
4L	$30000[\chi(L)-\chi(M)]-2D$	
5H	$30000[\chi(L)-\chi(M)]+8/3D$	$30000[\chi(L)-\chi(M)]+10Dq+8/3D$
5L	$30000[\chi(L)-\chi(M)]-4/3D$	
6H	$30000[\chi(L)-\chi(M)]-8/3D$	$30000[\chi(L)-\chi(M)]+10Dq+7/3D$
6L	$30000[\chi(L)-\chi(M)]-2/3D$	
7H	$30000[\chi(L)-\chi(M)]-2D$	$30000[\chi(L)-\chi(M)]+10Dq+2D$
7L	$30000[\chi(L)-\chi(M)]-D$	$30000[\chi(L)-\chi(M)]+10Dq+D$
8	$30000[\chi(L)-\chi(M)]-4/3D$	$30000[\chi(L)-\chi(M)]+10Dq+5/3D$
9	$30000[\chi(L)-\chi(M)]-2/3D$	$30000[\chi(L)-\chi(M)]+10Dq-2/3D$
10	$30000[\chi(L)-\chi(M)]$	$30000[\chi(L)-\chi(M)]+10Dq$

如同 5.2.3 中的讨论，在 MLCT 跃迁中，当 $10Dq<xD$ 时，$t_{2g}\rightarrow\pi^*$ 的跃迁能低于从 e_g^* 出发的跃迁能，可以预计高自旋的 d^6 组态和 d^7 组态的配合物经常会出现这种情况。

同样的分析扩展至四面体配合物的 LMCT 跃迁，得到以下两组跃迁能计算式：

d^n	跃迁至 t_2	跃迁至 e
0	$30000[\chi(L)-\chi(M)]$	$30000[\chi(L)-\chi(M)]+10Dq$
1	$30000[\chi(L)-\chi(M)]-2/3D$	$30000[\chi(L)-\chi(M)]+10Dq-2/3D$
2	$30000[\chi(L)-\chi(M)]-4/3D$	$30000[\chi(L)-\chi(M)]+10Dq+5/3D$
3	$30000[\chi(L)-\chi(M)]-2D$	$30000[\chi(L)-\chi(M)]+10Dq+2D$
4	$30000[\chi(L)-\chi(M)]-8/3D$	$30000[\chi(L)-\chi(M)]+10Dq+7/3D$
5	$30000[\chi(L)-\chi(M)]+8/3D$	$30000[\chi(L)-\chi(M)]+10Dq+8/3D$
6	$30000[\chi(L)-\chi(M)]+2D$	$30000[\chi(L)-\chi(M)]+10Dq+2D$
7	$30000[\chi(L)-\chi(M)]+4/3D$	
8	$30000[\chi(L)-\chi(M)]-2/3D$	
9	$30000[\chi(L)-\chi(M)]$	

例如，$[CoCl_4]^{2-}$ 的能量最低荷移谱带在 43000cm^{-1} 附近，归属于 $\pi(Cl)\rightarrow Co(II)(t_2)$ 的 LMCT，应用上述公式可以得到，$v_{CT}=30000[\chi(L)-\chi(M)]+4/3D$，查表 5-25 和表 5-26 得，$\chi(Cl,\pi)=3.0$，$\chi$(Co，四面体)$=1.8$；对于 d 电子有 $D\approx7B$，根据表 4-10，取 B 值为 710cm^{-1}，由此计算出 $[CoCl_4]^{2-}$ 的 $\pi(Cl)\rightarrow Co(II)(t_2)$ 的 LMCT 跃迁能为 42627cm^{-1}。

这里需要说明的是，通常由 d-d 跃迁光谱数据可以直接得到 M(m) 与 L 结合时的 Δ 值（参阅 4.1 的相关部分），当 d-d 跃迁被荷移跃迁谱带所掩盖，不能直接测得分裂能时，可采用上述类似的间接测定法获取其数据，并且所得荷移跃迁的能量差确实体现了相应配体场分裂能的大致准确数值，但是 LMCT 作为一种 Franck-Condon 激发，由其光谱数据间接所得的 Δ 值代表着 M($m-1$) 与 L(+) 保持金属-配体间距不变时的配体场作用能[1]。两种方法所得 Δ 值事实上十分接近，但它们并不必定相同。

---

[1] 这里 m 表示中心金属的氧化态，+表示配体带上一个正电荷。实际上激发态的金属-配体的平均键距要大于基态的平均键距。

5.2.7　混合价光谱简介[1]

混合价配合物通常指含有不同氧化态的相同金属组成的配合物。许多混合价配合物呈现较深的颜色是因为电子在不同氧化态金属离子之间迁移，使其在可见区产生很强的吸收。例如 $[Fe(CN)_6]^{4-}$ 在水溶液中是淡黄色的，$[Fe(H_2O)_6]^{3+}$ 几乎无色，但 $KFe[Fe(CN)_6]$ 显深蓝色。混合价光谱的普遍特征是其吸收峰宽而强，典型的峰宽约 $5000cm^{-1}$。配位化学家对双核混合价配合物的研究表现出很大的兴趣，因为它们常被用来研究两个金属离子之间的电子耦合作用，而且有些双核配合物可作为在内界电子转移反应中的稳定中间体，Creutz 和 Taube 对吡嗪(pyz)桥联的双核钌配合物 $[(NH_3)_5Ru^{II}\text{-pyz-}Ru^{III}(NH_3)_5]^{5+}$（即 Creutz-Taube 离子）进行的深入探讨对推动混合价配合物研究的发展起了重要作用。除了同核混合价配合物外，还存在一些重要的异核混合价配合物，例如，人们熟知的细胞色素氧化酶中的活性部位含有 Cu(Ⅱ)-Fe(Ⅲ)（高自旋）异双核金属单元，一些在生命过程中起重要作用的金属蛋白和金属酶中也存在异双核结构，自然界之所以采取这种异双核结构，可能是由于在这些体系中不同金属中心之间通过电子传递的相互作用，对生物体的特殊生理功能和生物催化能力起着微妙的协同作用，从而使它们呈现出许多不同于单核配合物的化学活性、物性和生理作用。有许多物理实验方法可对混合价配合物进行研究[2]，我们在这里主要讨论电子光谱方法。

5.2.7.1　混合价体系的理论处理简介

如果用 A_p 和 B_q 代表不同氧化态的两个金属离子，它们的氧化态分别为 p 和 q（为简化起见，假定 $q-p=1$），简单的基态波函数 ψ_a 可以写作：

$$\Psi_a=\psi(A_p)\psi(B_q) \tag{5-23}$$

电子从 A 到 B 的跃迁产生一个激发态波函数 Ψ_b。

$$\Psi_b=\psi(A_q)\psi(B_p) \tag{5-24}$$

如果这两个波函数具有相同的对称性，且基态和激发态的能量相差不太大时，在 A_p 和 B_q 原子之间会有少量的电荷转移，产生 Ψ_a 和 Ψ_b 两种状态的混合。而在彼此独立的 A_p 和 B_q 之间是不可能观察到 IT 跃迁的，因此 IT 跃迁就成为混合价体系的特征之一，被用作表征混合价体系的一种手段。

实验上，可以用一个与 Ψ_a 和 Ψ_b 的线性组合系数有关的价离域参数 α 来表示激发态混进基态波函数的程度，即表示电子在 A_p 和 B_q 之间离域的程度：

$$\alpha^2=\frac{4.24\times10^{-4}\varepsilon\delta}{\tilde{\nu}d^2} \tag{5-25}$$

式中　ε——IT 跃迁吸收峰的摩尔消光系数，$L\cdot cm^{-1}\cdot mol^{-1}$；

δ——IT 跃迁吸收峰的半宽，cm^{-1}；

$\tilde{\nu}$——IT 跃迁吸收峰的能量，cm^{-1}；

d——金属-金属间距，Å。

在 Ψ_a 和 Ψ_b 对称性相同的前提下，价离域参数 α 的数值决定于两种状态 $[p, q]$ 和 $[q, p]^*$ 之间的能量差和 V_{ab}[3]。当能量差较大时，两种状态很少发生混合；其次，混合也

---

[1] (a) 陈慧兰主编．高等无机化学．北京：高等教育出版社，2005：126-128；(b) Lever A B P. Inorganic Electronic Spectroscopy. 2nd Ed. Amsterdam：Elseiver，1984：647-659。

[2] 游效曾编著．配位化合物的结构与性质．北京：科学出版社，1992：493-499。

[3] V_{ab} 相当于交换积分 $\int\psi_a\hat{H}\psi_a d\tau$ 的绝对值。

取决于 A_p 和 B_q 之间的相互作用，假如 A_p 和 B_q 邻接而且电子云有较大的重叠（V_{ab}与 Ψ_a 和 Ψ_a之间的重叠有关），或 A_p 和 B_q 被一个桥基配体连接，则有利于电荷的转移和混合。此外，也可根据光谱数据估计 V_{ab}的大小：

$$V_{ab}=2.05\times10^{-2}\left(\frac{\varepsilon_{max}\delta}{\tilde{v}}\right)^{1/2}\frac{\tilde{v}}{d} \tag{5-26}$$

应当指出，在式(5-25) 的 α 值计算中采用了固定分子几何构型的静态模型，一般能满意地解释价态间电荷转移，但更严格地必须考虑分子振动的动态模型。α 值也可用其他物理实验方法测定，例如可采用 Mössbauer 谱的超精细相互作用或偏振中子衍射测定磁化密度分布等方法。

5.2.7.2 混合价配合物的分类

可以根据价离域参数 α 值将混合价配合物分为三类，完全定域的体系为第Ⅰ类，完全离域的体系为第Ⅲ类，介于中间状况的为第Ⅱ类，其中，第Ⅲ类又分为 a、b 两类，如表 5-27 所示。

表 5-27 混合价配合物的分类❶

类型	第Ⅰ类	第Ⅱ类	第Ⅲa 类	第Ⅲb 类
配位环境	A_p 和 B_q 完全不同，它们处于完全不同的配体场中	A_p 相似于 B_q，其配位环境不尽相同（畸变程度不同）	若干个金属结合为多核簇，簇内 A_p 与 B_q 无区别	所有的 A_p 和 B_q 等价
轨道混合程度（混合系数 α 值）	价态确定，完全定域 0	价态可分辨，部分离域 >0	簇内完全离域 极大值	整个晶体中完全离域 极大值
可见区的价间跃迁吸收(IT)	IT 跃迁需要极高能量，极少能观察到。	在可见或近红外区观察到 IT 跃迁	在可见或近红外区观察到 IT 跃迁	在光谱中出现带状图形
	观察到组成离子的光谱	组成离子的光谱有一定变化	组成离子的光谱是不可分辨的	组成离子的光谱是不可分辨的
	无峰	出现一个或多个峰	出现一个或多个峰	金属性反射导致不透明
导电性（电阻率）	绝缘体（$\geqslant10^{10}\Omega\cdot cm$）	半导体（$10\sim10^{7}\Omega\cdot cm$）	通常为绝缘体（$\geqslant10^{10}\Omega\cdot cm$）	金属性导体（$10^{-6}\sim10^{-2}\Omega\cdot cm$）
磁性质	同孤立配合物	同孤立配合物，可能在低温下例外	同孤立配合物	铁磁性或顺磁性
举例	Co_3O_4	$KFe^{Ⅲ}[Fe^{Ⅱ}(CN)_6]$	$[Nb_6Cl_{12}]^{2+}$	Ag_2F

第Ⅰ类混合价配合物的 A_p 和 B_q 完全不同，它们的配位环境也不同，因此 $\alpha\approx0$；基态与激发态不发生混合，其特征是只能观察到 A_p 和 B_q 两种单核体系的光谱叠加。电子从 $[p, q]$ 到 $[q, p]^*$ 的IT 跃迁需要极高能量（通常大于 27kK）而不出现在可见光区。这类配合物的例子是尖晶石 Co_3O_4，在该化合物中 Co^{2+} 以高自旋态处于四面体空隙中，而 Co^{3+} 以低自旋态处于八面体空隙中，$Co^{Ⅱ}$ 和 $Co^{Ⅲ}$ 所处的是两种相当不同的化学环境。

第Ⅱ类混合价配合物的 α 值不大但不等于 0，一般在 0.01～0.1 之间。A_p 和 B_q 是相似的，只是配位环境不尽相同，即这类配合物中两种价态的原子 A_p 和 B_q 所处的化学环境差别不是很大并常有一个桥配体连接；（与单核体系比较）它们的组成离子的光谱可能有不大的变化，但在可见区或近红外区经常会出现单核体系中观察不到的 IT 谱带（跃迁能 5～

❶ 杨树明，李君，唐宗薰，史启祯．混合价化合物价间电子转移研究进展．化学通报，2000，63 (1)：9-14。

27kK)，IT 跃迁有时也可能出现在紫外区。

第Ⅲa 类物种的荷移跃迁是混合价体系的特征，但严格来说并不是 IT 跃迁，在这类化合物中电子在一可分立的簇（有限簇）中离域，它们会产生混合价光谱，但在这些化合物中要区分出 A_p 和 B_q 是不可能的，因为 A_p 和 B_q 具有相同的价态（可能为分数）；在固体中这些簇彼此分立，它们之间不可能有电子跃迁。第Ⅲb 类物种的电子在连续的晶格内离域，金属离子是完全等同的，在谱图上会出现一个带状的图形。

以上每一种类型的混合价配合物还分为对称的和非对称的，两者的差别在于对称体系的跃迁始终态是相同的。以下将着重于对称的第Ⅱ类混合价配合物的讨论。

非对称体系的例子一般有异核金属配合物，其 IT 跃迁能一般比相应的对称体系要高一些。有关例子可见表 5-28 中的 $[(NH_3)_5Fe\text{-}NC\text{-}Fe(CN)_5]^-$、$[(NH_3)_5Ru\text{-}pyz\text{-}RuCl(bpy)_2]^{4+}$ 和 $[(NH_3)_5Ru\text{-}CN\text{-}Fe(CN)_5]^-$。严格来说，普鲁士蓝也属于非对称体系，在 $KFe[Fe(CN)_6]$ 中桥基 CN^- 把 Fe^{2+} 与 Fe^{3+} 连接起来，桥基 CN^- 中的软碱 C 原子与软酸 Fe^{2+} 配位（低自旋态），硬碱 N 原子与硬酸 Fe^{3+} 配位（高自旋态），CN^- 成了 Fe^{2+} 与 Fe^{3+} 之间的导电桥梁。

表 5-28　第Ⅱ类混合价双核配合物及其混合价光谱数据

配　合　物	吸收峰[①]/cm^{-1}	半宽/cm^{-1}
$[(NH_3)_5Ru\text{-}pyz\text{-}Ru(NH_3)_5]^{5+}$(Creutz-Taube 离子)	6370	1500
$[(NH_3)_5Ru\text{-}4,4'\text{-}bpy\text{-}Ru(NH_3)_5]^{5+}$	9700	5200
$[(NH_3)_5Ru\text{-}pyz\text{-}Ru^{II}Cl(bpy)_2]^{4+}$	10400(530)	5800
$[(bipy)_2ClRu\text{-}pyz\text{-}RuCl(bpy)_2]^{3+}$	7700(450)	4900
$[(NH_3)_5Ru\text{-}NC\text{-}CN\text{-}Ru(NH_3)_5]^{5+}$	6995(410)	1610
$[[(bpy)_2ClRu^{II}\text{-}pyz\text{-}Os^{III}Cl(bpy)_2]^{3+}$	11000	
$[(NH_3)_5Co^{III}\text{-}NC\text{-}Ru^{II}(CN)_5]^-$	26700	
$[(CN)_5Fe\text{-}pyz\text{-}Fe(NC)_5]^{5-}$	8300(2200)	4800
$[(CN)_5Fe^{II}\text{-}CN\text{-}Fe^{III}(NC)_5]^{5-}$	7700(32)	5100
$[(NH_3)_5Fe^{III}\text{-}NC\text{-}Fe^{II}(CN)_5]^-$	10400	4600
$[(NH_3)_5Ru^{II}\text{-}CN\text{-}Fe^{III}(NC)_5]^-$	12600	6500
$[CpFe^{II}Cp\text{-}CpFe^{III}Cp]^+$(联二茂铁)	5260(550)	5000
$[CpFe^{II}Cp\text{—}C{\equiv}C\text{—}CpFe^{III}Cp]^+$	6170～7175	
$[(bpy)_2Mn(\mu\text{-}O)_2Mn(bpy)_2]^{3+}$	12000	4600

① 括号内为摩尔消光系数。

Creutz-Taube 离子是配位化学史上有名的混合价双核配合物。1969 年 Creutz 和 Taube 用单核配离子 $[(H_3N)_5Ru^{II}(pyz)]^{2+}$ 与 $[(H_3N)_5Ru^{II}(H_2O)]^{2+}$ 反应，接着进行选择性氧化反应，得到一系列由于 Ru 的不同氧化态引起的总电荷数不同的对称双核 Creutz-Taube（简称 CT）配合物[❶]，如下所示：

❶ (a) Creutz C, Taube H. A Direct Approach to Measuring the Franck-Condon Barrier to Electron Transfer between Metal Ions. J Am Chem Soc，1969，91 (14)：3988-3989； (b) Creutz C，Taube H. Binuclear Complexes of Ruthenium Ammines. J Am Chem Soc，1973，95 (4)：1086-1094； (d) Creutz C. Mixed Valence Complexes of d^5-d^6 Metal Centers. Prog Inorg Chem，1983，30，1-73。

$[(NH_3)_5Ru^{II}N\bigcirc NRu^{II}(NH_3)_5]^{4+}$ [2，2]

$[(NH_3)_5Ru^{II}N\bigcirc NRu^{III}(NH_3)_5]^{5+}$ [2，3]

$[(NH_3)_5Ru^{III}N\bigcirc NRu^{III}(NH_3)_5]^{6+}$ [3，3]

已知单核配离子$[(H_3N)_5Ru^{II}(pyz)]^{2+}$在472nm处有一个Ru→pyz（吡嗪）MLCT谱带（d→π*跃迁）。在双核CT配合物[2，2]和[3，3]中，除了该谱带在[2，2]中移至547nm处（$\varepsilon=3.0\times10^4L\cdot mol^{-1}\cdot cm^{-1}$）外，[2，2]和[3，3]在近红外区都没有吸收带；而[2，3]不但在565nm处也有一个d→π*谱带（强度约为[2，2]中的2/3，即$2.1\times10^4L\cdot mol^{-1}\cdot cm^{-1}$），而且在近红外区1570nm处还有一强带（$\varepsilon\approx6000L\cdot mol^{-1}\cdot cm^{-1}$），这说明在光跃迁的时标（$10^{-14}$s）内，依然可以从[2，3]中辨别出Ru(Ⅱ)的存在❶，按表5-27中混合价配合物的分类，可以将[2，3]归于第Ⅱ类配合物。CT配合物的有关荷移光谱分别示于图5-51和图5-52。

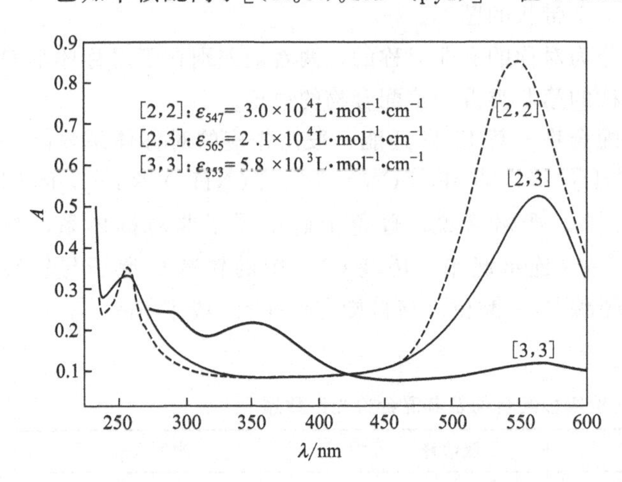

图5-51 Creutz-Taube配合物的荷移光谱

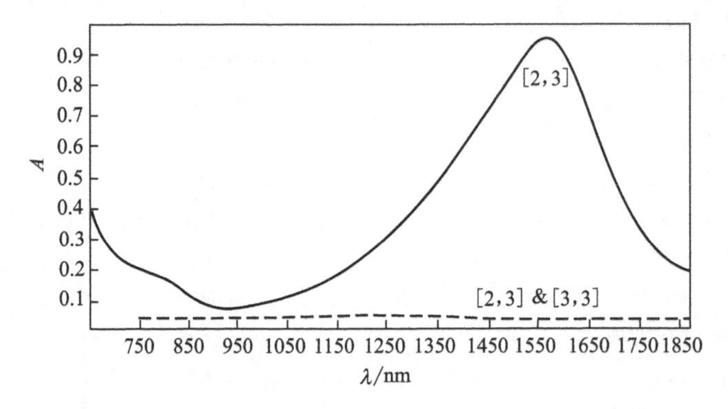

图5-52 $[(H_3N)_5Ru^{II}(pyz)Ru^{III}(NH_3)_5]^{5+}$的近红外IT光谱

溶剂：D_2O；浓度：$1.5\times10^{-4}mol\cdot L^{-1}$

在CT离子[2，3]中，荷移跃迁的形式是$[L_5M(II)\text{-}X\text{-}M(III)L_5]\rightarrow[L_5M(III)\text{-}X\text{-}M(II)L_5]$❷，电子转移的净自由能变化为零，因为始态和终态是相同的，但是M(Ⅱ)-L键距一般不同于M(Ⅲ)-L键距，两个金属离子周围的溶剂化层亦不同。根据Franck-Condon原理❸，在电子跃迁时假定原子核静止，跃迁瞬间分子的构型（包括核间距）来不及调整；则在电子跃迁后的瞬间，M(Ⅱ)处于M(Ⅲ)的环境中，而M(Ⅲ)处于M(Ⅱ)的环境中，能量

---

❶ 从实验的观点看，电子在两个金属间的定域或离域完全取决于所使用仪器的时标（time scale），当仪器的时标快于电子转移速率时，会觉得电子静止不动，则对此仪器而言，该分子属于定域性；反之，当电子转移速率快于仪器时标，无法分辨电子的位置，只能取价态的平均值，则视其为离域。

❷ X表示桥配体。

❸ 在完成一次电子跃迁的时段内，分子内原子的核间距和运动速率近似不变，因为电子比核轻得多且位垒较低。

必定较高。因此光电子转移需要一个活化能，这就是IT跃迁能。

因此，在第Ⅱ类混合价双核配合物中所观察到的IT跃迁是一种Franck-Condon跃迁。特征的IT跃迁能对［Ru(Ⅱ)Ru(Ⅲ)］体系为6000～10000cm^{-1}；［Fe(Ⅱ)Fe(Ⅲ)］体系为5000～8000cm^{-1}；［Fe(Ⅱ)Ru(Ⅲ)］体系为7000～10000cm^{-1}；［Ru(Ⅱ)Os(Ⅲ)］体系为11000cm^{-1}；［Ru(Ⅱ)Co(Ⅲ)］体系约为26700cm^{-1}；［Pt(Ⅱ)Pt(Ⅳ)］体系为11000～24000cm^{-1}。

5.2.8　荷移光谱的应用实例

从以上讨论可以看到，从表征有关配合物、阐明其电荷转移状态的角度看，荷移光谱所提供的确定金属和配体分子轨道相对能级的方法是很有用的，因为对电荷转移态的说明能提供配合物所属配位数、立体化学和中心金属所带有效电荷的信息。以下是应用荷移光谱的几个实际例子。

(1) 可通过对荷移谱带的指定确定金属和配体分子轨道的相对能级

如前所述，金属和配体分子轨道的相对能级的确定有时可用于间接获得配体场分裂能的大小（参阅4.2.4）。例如，四面体配离子MnO_4^-呈紫色是由于发生$O^{2-}\rightarrow Mn(Ⅶ)$荷移跃迁，在18500cm^{-1}，32200cm^{-1}和44400cm^{-1}处出现的荷移谱带分别对应于四面体分子轨道能级图（图5-5）中的$1t_1(\pi)\rightarrow 2e(\pi^*)$，$2t_2(\pi)\rightarrow 2e(\pi^*)$和$1t_1(\pi)\rightarrow 3t_2(\sigma^*,\pi^*)$跃迁，其四面体场分裂能$\Delta_t$可由荷移光谱计算为25900$cm^{-1}$；另外，应注意到$1e(\pi)\rightarrow 2e(\pi^*)$的跃迁是禁阻的，所以未发现这一荷移跃迁。

图5-53示出一些Ru和Ir卤素配合物的荷移光谱。其中［$RuCl_6$］$^{2-}$和［$IrBr_6$］$^{2-}$的谱图存在两组吸收带，较弱的一组大约在20000cm^{-1}($\varepsilon\approx$2000L·mol^{-1}·cm^{-1})处，而较强的一组位于约40000cm^{-1}($\varepsilon\approx$20000L·mol^{-1}·cm^{-1})处。它们被指认为从满充的配体t_{1u}和t_{2u}轨道分别向金属的t_{2g}^*和e_g^*轨道的v_1和v_2型LMCT跃迁。显然，在［$IrBr_6$］$^{3-}$配合物中并未观察到v_1型跃迁，这与它是低自旋$(t_{2g}^*)^6$组态的事实一致。由于［$IrBr_6$］$^{2-}$与［$IrBr_6$］$^{3-}$中Ir的氧化态分别为+4和+3，后者的v_2型跃迁较前者略为蓝移。如果上述对v_1和v_2型LMCT跃迁的指认正确，则对［$IrBr_6$］$^{2-}$而言，v_1和v_2型跃迁能之差20000cm^{-1}就相当于该配合物的八面体场分裂能Δ_o。另外，在［$RuCl_6$］$^{2-}$和［$IrBr_6$］$^{2-}$中还观察到v_1和v_2组谱带的精细结构，在［$IrBr_6$］$^{2-}$中v_1型谱带的明显分裂，可能主要归

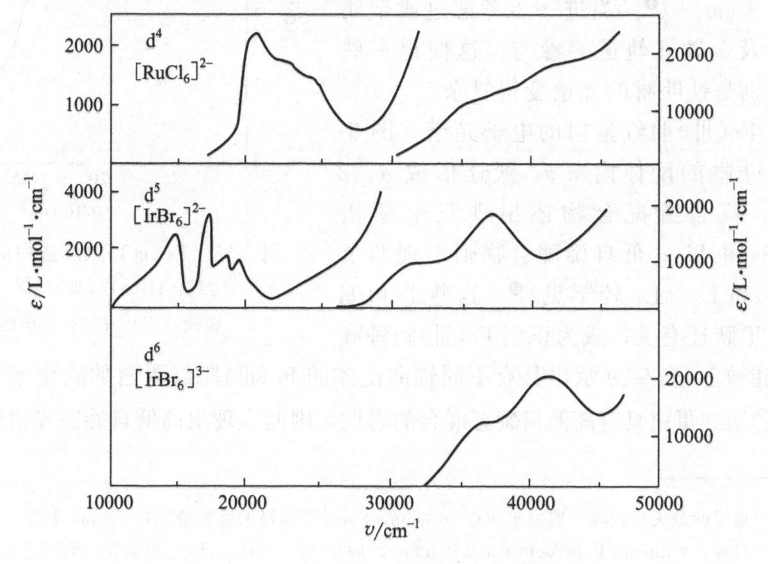

图5-53　一些Ru和Ir卤素配合物的荷移光谱

结为重元素轨-旋耦合作用的影响。

(2) 用于表征有关配合物、间接推测中心金属氧化态或配合物的高低自旋态

正如5.2.2.1中所讨论的，当八面体配合物的中心金属为nd^6的低自旋组态将不出现v_1和v_3型LMCT跃迁，可用于辨别中心金属氧化态。从图5-53所示$[IrBr_6]^{3-}$和$[IrBr_6]^{2-}$荷移光谱的比较中可以看出，在$[IrBr_6]^{3-}$配合物中并未观察到v_1型跃迁，因此可以区分两者。

在一些大环配合物（例如金属卟啉和金属酞菁）中的L→M荷移吸收带是鉴别此类配合物的光谱特征之一。金属卟啉配合物在生物体中一般作为金属酶或金属蛋白的辅基，它们在新陈代谢过程中起着重要的作用。如高等动物的呼吸作用中起载氧和储氧作用的血红蛋白和肌红蛋白，在生物氧化作用中作为电子载体的细胞色素，起催化过氧化物或过氧化氢分解作用的过氧化物酶和过氧化氢酶等，它们的辅基都是铁卟啉。生物体中金属卟啉随蛋白质组成、结构、中心金属的氧化态以及卟啉环上取代基不同而表现出不同的生物功能。天然血红素由于环上的取代基不同分为a、b、c三种类型，其中研究得最多的是血红素b（Hb，图5-54）。

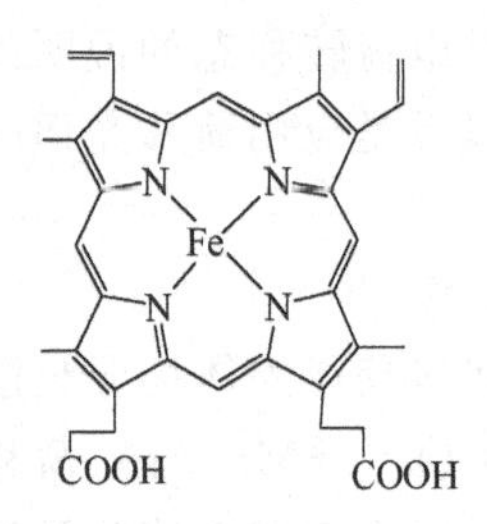

图5-54 肌红蛋白辅基血红素b(Hb)的结构示意图

一般而言，过渡金属卟啉或酞菁配合物的电子光谱主要由三部分组成，即配体的LC谱带（主要为π-π*），配体与金属之间的荷移谱带（LMCT或MLCT），以及中心金属的d-d跃迁（MC带），如图5-47所示。其中较弱的MC带往往被前二者掩盖。在自由卟啉的前线轨道中，最高的两个满充轨道是$a_{1u}(\pi)$和$a_{2u}(\pi)$，最低空轨道是$e_g(\pi^*)$，起因于$a_{2u}(\pi)\rightarrow e_g(\pi^*)$和$a_{1u}(\pi)\rightarrow e_g(\pi^*)$跃迁的两个激发态，皆为$E_u$对称性，而且几乎是简并的；但由于组态相互作用，使其产生了两个分离的状态，具有较高能量的状态相当于γ（Soret带，或称为B带）谱带，其强度较大（$\varepsilon\approx10^5$ L·mol^{-1}·cm^{-1}）；而较低能量的状态表现为较弱的（α+β）谱带（$\varepsilon\approx10^4$ L·mol^{-1}·cm^{-1}）[1]。当进一步考虑过渡金属卟啉时，则涉及金属d轨道的参与，这使得一些金属卟啉，特别是铁卟啉的光谱变得复杂。

例如，在Fe(Ⅲ)肌红蛋白的电子光谱（图5-55）中，除了卟啉的配体内π-π*跃迁形成α、β和γ谱带外，高自旋配合物还出现三个新谱带——H_1、H_2和H_3；低自旋配合物则出现两个新谱带——L_1和L_2（L_2较罕见）[2]。这些L和H谱带都与LMCT跃迁有关，成为识别Fe(Ⅲ)物种高低自旋态的“指纹”。表5-29示出具有不同轴向配体的Fe(Ⅲ)肌红蛋白的磁化率和光谱数据[2]，其中N_3^--Fe(Ⅲ)肌红蛋白具有高低自旋态混合的磁性，因此表现出高低自旋态光谱形式的叠加。

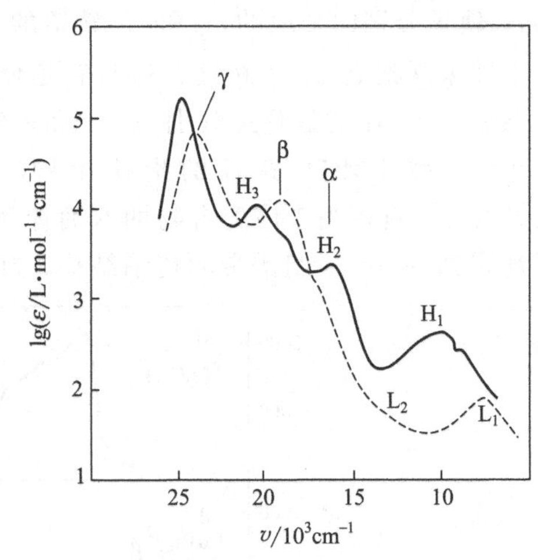

图5-55 Fe(Ⅲ)肌红蛋白的电子光谱
实线：H_2O-Fe(Ⅲ)肌红蛋白；
虚线：CN^--Fe(Ⅲ)肌红蛋白

---

[1] α谱带和β谱带的最大吸收峰一般位于500～600nm，Soret带的最大吸收峰则在400nm附近，见表5-29。

[2] (a) Smith D W, William J P. Structure and Bonding, 1970, 7: 1-45; (b) [加拿大] 奥西埃 E I 著．生物无机化学导论．罗锦新，张乃正，陈汉文合译．戴安邦审校．北京：化学工业出版社，1987：82-98。

表 5-29　X-Fe(Ⅲ) 肌红蛋白的磁化率和电子光谱数据

轴向配体	μ_{eff}(298K)/B. M.	吸收带/nm					
		H_1,L_1	H_2	α	β	H_3	γ
F^-	5.77	848	604	585	550	488	407
H_2O	5.73	1000	629	582	533	502	409
OH^-	5.04	820	599	585	541	491	412
N_3^-	3.30	1000	637	571	541	—	421
CN^-	1.96	1180	—	—	541	—	423

参考经计算给出的五配位 Fe(Ⅲ) 卟啉的简化前线分子轨道能级图（图 5-56）[1]，可以认为 H_2 和 H_3 谱带是 a_{2u}(Lπ)、a_{1u} (Lπ)→e_g(d_{yz},d_{xz})的允许荷移跃迁和卟啉配体自身 π-π* 跃迁（α+β 谱带）的混合，这一混合使得前者向后者"借"来跃迁强度。一般认为 H_2 具有更显著的 π-π* 跃迁特征，而 H_3 则以荷移跃迁为主，后者可以从不同的轴向阴离子配位引起跃迁强度变化而得到验证，但是在 H_2 或 H_3 中究竟是以 LC 或 LMCT 特征为主强烈地取决于轴向配体和在部分充满的 e_g(d_{yz},d_{xz}) 轨道中电子的成对能；因为轴向配体决定了金属"接受"轨道的能量高低，而电子跃迁至 e_g(d_{yz},d_{xz}) 轨道显然还要克服成对能的作用。另外，a_{2u}(Lπ)、a_{1u}(Lπ) →e_g(d_{yz},d_{xz})类型跃迁是在卟啉平面内偏振的（x,y 偏振），这已被单晶偏振光谱所证实。

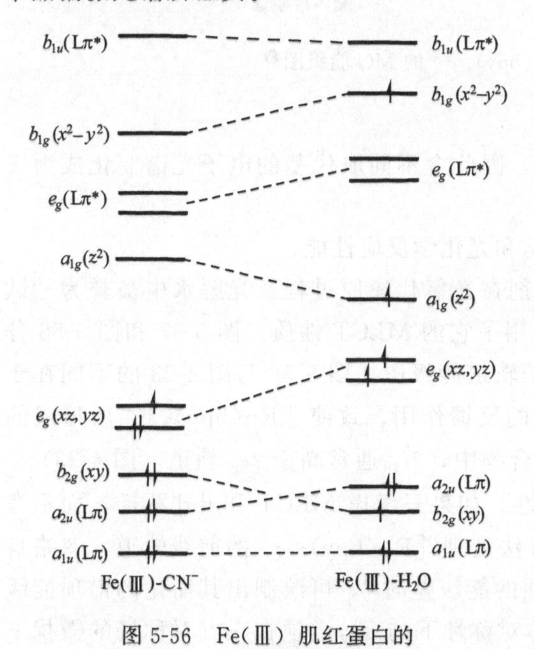

图 5-56　Fe(Ⅲ) 肌红蛋白的前线分子轨道能级示意图

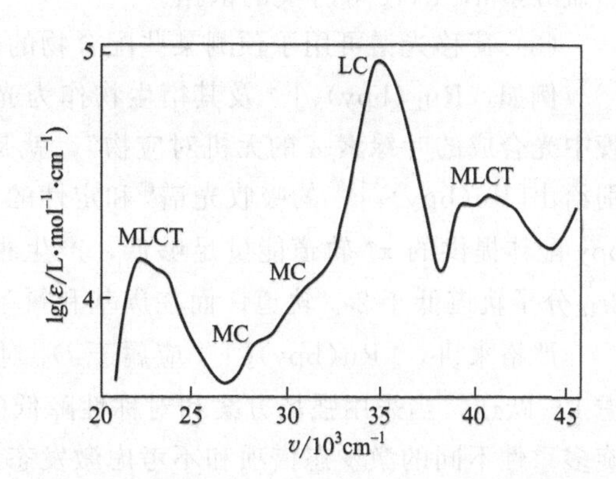

图 5-57　[Ru（bpy)₃]²⁺ 水溶液的吸收光谱

L_1、L_2 和 H_1 谱带亦属于 LMCT 跃迁，或许可指认为[2]，H_1：a_{1u}(Lπ)→b_{2g}(d_{xy})；L_1：a_{2u}(Lπ)→e_g(d_{yz},d_{xz})；L_2：a_{1u}(Lπ) →e_g (d_{yz},d_{xz})。在低自旋铁卟啉配合物中，这类 LMCT 跃迁谱带一般较相应高自旋物种的谱带红移，从图 5-55 和表 5-29 可看出这一规律

[1] 参考 Dolphin D. The Porphyrins. New York：Academic Press Inc，1978，Chapter 1. 中的 Fig. 45 绘出，请注意在能级图中，配体 π 轨道与金属 d 轨道发生了能级交错。实际上在 X-Fe(Ⅲ) 肌红蛋白中，Fe(Ⅲ) 为六配位。

[2] 关于 L_1、L_2 和 H_1 谱带指认与奥西埃的指认有所不同，因为在低自旋 Fe(Ⅲ) 卟啉中，e_g (d_{yz},d_{xz}) 轨道不可能全充满，EPR 实验已证明 Fe(Ⅲ) 的未成对电子在 d_{yz} 轨道中。

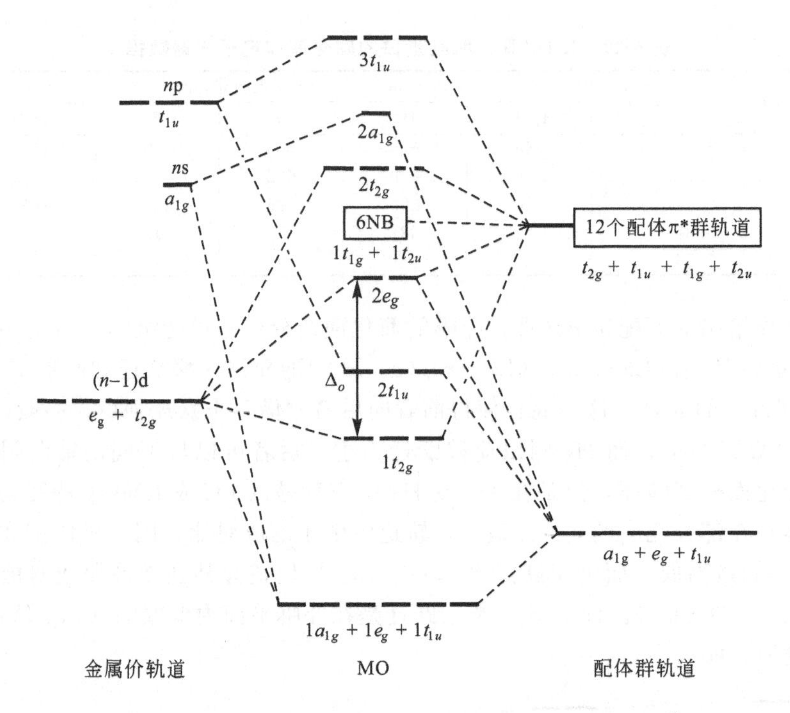

图 5-58 准八面体构型 $[Ru(bpy)_3]^{2+}$ 的 MO 能级图[1]

性，Gouterman 根据量化计算给出了理由[2]。

卟啉环上的取代基对 LMCT 有很大的影响，因此含不同取代基的电子光谱变化成为天然血红素 a，b，c 等分类的依据。

(3) 荷移光谱可用于预测某些配合物的化学和光化学反应性能

例如，$Ru[(bpy)_3]^{2+}$ 及其衍生物作为光敏剂在光氧化还原过程及光解水中被誉为“试管中光合成的叶绿素-α 的无机对应物”，就是利用了它的 MLCT 性质。图 5-57 和图 5-58 分别给出$[Ru(bpy)_3]^{2+}$的吸收光谱[3]和定性的分子轨道能级图。图 5-58 与图 4-23 的不同在于 bpy 配体提供的 π^* 轨道能量足够低，产生很强的反馈作用，致使 $[Ru(bpy)_3]^{2+}$ 所形成的 $2t_{1u}$分子轨道低于 $2e_g$ 轨道；而在羰基和氰基配合物中，$3t_{1u}$通常高于 $2e_g$ 轨道（图 4-23）。

严格来讲，$[Ru(bpy)_3]^{2+}$ 应属于 D_3 对称性。如果只考虑 MLCT 和 d-d 跃迁，而不考虑 LC 跃迁，当采用强场方案和对称性降低的方法处理 $[Ru(bpy)_3]^{2+}$ 的前线轨道，忽略自旋多重性不同的激发态谱项和不考虑激发态谱项的能级差时[4]，可绘制出其简化的谱项能级相关图（图 5-59）。图 5-59 表明原先在正八面体对称性下的 T_{1g} 谱项在三方对称场的微扰下分裂为 A_2+E，T_{2g} 谱项分裂为 A_1+E；T_{1u} 谱项分裂为 A_2+E，T_{2u} 谱项分裂为 A_1+E。通

[1] 主要参考：(a) 姜月顺，杨文胜编著．化学中的电子过程．北京：科学出版社，2004：57，217-218，图 5-47；(b) [英] 斯蒂德 J W，阿特伍德 J L 著．超分子化学．赵耀鹏，孙震译．北京：化学工业出版社，2006：406，408 中关于 $[Ru(bpy)_3]^{2+}$ 的 $2t_{1u}$分子轨道能级的讨论绘出。

[2] Dolphin D. The Porphyrins：Chapter 1. New York：Academic Press Inc，1978。

[3] 姜月顺，杨文胜编著．化学中的电子过程．北京：科学出版社，2004：57，217-218。

[4] 有人认为，对于 d →π* 跃迁，是否标出激发态谱项的自旋多重性无关紧要，由于轨-旋耦合，S 已不再是好量子数。参考：(a) Grosby G A. Spectroscopic Investigations of Excited States of Transition-Metal Complexes. Acc Chem Res，1975，8：231- 238；(b) Crosby G A，Hipps K W，Elfring Jr W H. On the Appropriateness of Assigning Spin Labels to Excited States of Inorganic Complexes. J Am Chem Soc，1974，96 (2)：629-630。

过直积分析（参阅 5.1.10.1），在 $[Ru(bpy)_3]^{2+}$ 中，$A_1 \rightarrow A_2$ 跃迁是 z 偏振的，$A_1 \rightarrow E$ 跃迁是 x，y 偏振的，而 $A_1 \rightarrow A_1$ 跃迁是禁阻的，则基态向三种激发态的跃迁都可能是对称性允许的（但在溶液中并不能观察到偏振现象）。

根据图 5-59，可以对图 5-57 中 $[Ru(bpy)_3]^{2+}$ 的谱带作如下指认：在 22100cm^{-1}（452nm，lgε＝4.15）和 23500cm^{-1} 出现 MLCT 带，对应于 $A_1 \rightarrow A_2 + 3E$ 的允许荷移跃迁；在 28400cm^{-1}（352nm，lgε＝4.15）和 31300cm^{-1}（320nm）处的两个小肩峰为 MC 带，对应于 $^1A_1 \rightarrow {}^1A_2 + 2{}^1E$ 的对称性允许 d-d 跃迁，由于可能受强度潜移机理的影响，其摩尔消光系数较大（lgε≈3～4）；在 34800cm^{-1}（287nm，lgε＝4.94）出现的强吸收带为 LC 带，为配体自身的 π-π* 跃迁；在 39400cm^{-1}（254nm，lgε＝4.34）和 41000cm^{-1}（244nm，lgε＝4.47）处为 MLCT 带，对应于 $^1A_1 \rightarrow 2A_2 + 3E$ 的允许荷移跃迁。由于激发态的混杂和能级分裂，上述 MLCT 或 MC 跃迁多为一组跃迁，但是仅从溶液光谱的数据我们无法确定激发态能级的相对高低，这需要通过测定单晶的偏振光谱来解析❶。

	强场组态	O_h $[Ru(N)_6]^{2+}$	D_3 $[Ru(bpy)_3]^{2+}$	
第三激发态	$(1t_{2g})^5(1t_{2u})^1$	$A_{1u} + E_u + T_{1u} + T_{2u}$	$2A_1 + A_2 + 3E$	d-π*
第二激发态	$(1t_{2g})^5(2e_g)^1$	$^1T_{2g} + {}^1T_{1g}$	$^1A_1 + {}^1A_2 + 2{}^1E$	d-d
第一激发态	$(1t_{2g})^5(2t_{1u})^1$	$A_{2u} + E_u + T_{1u} + T_{2u}$	$2A_2 + A_1 + 3E$	d-π*
基态	$(1t_{2g})^6$	$^1A_{1g}$	$^1A_1$	

图 5-59 $[Ru(bpy)_3]^{2+}$ 的简化谱项能级相关图

在 452nm 处的 MLCT 跃迁可表示为：

$$[Ru^{II}(bpy)_3]^{2+} \xrightarrow[\text{MLCT}]{452\text{nm}} [Ru^{III}(bpy)_2(bpy^-)]^{2+*}$$

跃迁过程中的电荷分离可产生活泼的 Ru^{3+}-bpy^- 对。$[Ru(bpy)_3]^{2+}$ 及其衍生物的这种光诱导电荷分离功能使其广泛应用于光敏剂、光催化、太阳能电池和光电变色等领域❷。

当某些配合物的荷移跃迁能相当小时，它们的化学和光化学反应性是可以预测的。例如，在系列配合物 $IrCl_4L_2$（L＝AsR_3、PR_3、SEt_2 和 py）中，由 Cl 和 L 到铱的 LMCT 跃迁都可以被观测（参见表 5-20），其跃迁能从 AsR_3 到 py 渐增，其中 As→Ir 和 P→Ir 的 LMCT 跃迁能只有 9000～10000cm^{-1}，这意味着 P 和 As 上的 HOMO 能量特别高，可认为 AsR_3 和 PR_3 都是极“软”的易给出电子的配体。实验上还表明配位膦比游离膦更易被氧化

❶ (a) Lytle F E, Hercules M. The Luminescene of Tris (2,2′-bipyridine) ruthenium (Ⅱ) Dichloride. J Am Chem Soc, 1969, 91 (2): 253-257; (b) Palmer R A, Piper T S. 2,2′-bipyridine Complexes. I. Polarized Crystal Spectra of Tris (2, 2′-bipyridine) copper (Ⅱ), -nickel (Ⅱ), -cobalt (Ⅱ), -iron (Ⅱ), and ruthenium (Ⅱ). Inorg Chem, 1966, 5 (5): 865-878.

❷ (a) 姜月顺，李铁津等编．光化学．北京：化学工业出版社，2005：87-88；(b) [英] 斯蒂德 J W，阿特伍德 J L 著．超分子化学．赵耀鹏，孙震译．北京：化学工业出版社，2006：407-413。

为氧化膦，配位硫化物较难被氧化，配位胺则几乎不被氧化。这些现象都与其分子能级的相对高低有关，因此含膦或胂的配合物常常是光化学敏感的，而含硫化物或胺衍生物的配合物一般对光稳定。

(4) 有不少配合物的荷移吸收谱带出现在可见区，因而可广泛应用于金属离子的比色测定

例如，分析化学上采用灵敏显色的方法以 SCN^- 测定 Fe^{3+}（显红色）以及 H_2O_2 测定 Ti^{4+}（显黄色或橙色，随 pH 值不同而不同），两者都是利用所形成配合物的 LMCT 跃迁性质。类似的例子不胜枚举。

(5) 双核混合价配合物价间跃迁光谱可用来研究两个金属离子间的电子耦合作用

前已述及，双核混合价配合物可作为优良的导电材料、磁性材料等。在基础理论研究中被用来模拟生物体内的电子传递过程和作为内层电子转移反应中的稳定中间体。

(6) 具有 LL′CT 跃迁特性的配合物可能具有光电化学催化、光氧化还原性质和其他功能性[1]

具有 LL′CT 跃迁特性的配合物通常指含有两种不同的不饱和螯合配体的混配型配合物，其中一种配体较容易被氧化而另一种较易被还原。平面四方形金属配合物[M(S-S)(N-N)]（M=Ni、Pt、Pd；S-S 为二硫纶类配体，N-N 为二亚胺类配体）就是其中一种，它们一般为 C_{2v}或具有更低的对称性，两种配体具有不同的氧化还原电势和离域的 π 体系，这样在 LL′CT中可分别作为电子跃迁受体和给体。此外，也可能发生 d-d、LMCT 或 MLCT 跃迁，取决于体系分子轨道的相对能级。这类配合物在电子光谱的可见区存在着较强的特征溶致变色带，可将其指定为从二硫纶到二亚胺的配体间宇称允许的电荷转移（LL′CT）跃迁。该跃迁特性说明[M(S-S)(N-N)] 配合物具有大的共轭 π 键结构，离域 π 电子较容易被激发，对应吸收强度较大，这是较易产生荧光发射的前提条件。下面以 [Ni(mnt)(phen-5,6-dione)]（mnt^{2-}=1,2-二氰基乙烯-1,2-二硫醇离子，phen-5,6-dione=1,10-邻菲啰啉-5,6-二酮）为例讨论 LL′CT 跃迁，其光谱数据、分子轨道能级图和结构式如表 5-30 和图 5-60 所示。

表 5-30 [Ni(mnt)(phen-5,6-dione)] 的电子光谱数据 λ/nm [lgε]

谱 带	溶 剂				
	DMSO	DMF	DME	丙酮	CH_2Cl_2
λ_1	—	—	—	525sh	545(3.30)
λ_2	485(3.66)	486(3.73)	487(3.67)	480(3.84)	490(3.31)

注：DME 为乙二醇二甲醚。

利用推广的休克尔模型处理具有 C_{2v}对称性的 [Ni(mnt)(phen-5,6-dione)]，可以得到它们的简化分子轨道能级图（图 5-60）。根据[Ni(mnt)(phen-5,6-dione)] 在各种溶剂中的电子吸收光谱和能级图可以推测，λ_1 是以中心金属 Ni^{2+} 的 d_{yz} 为主要成分和少量二硫纶配体(L) 的 π^b 为次要成分的 yz/mnt 分子轨道（HOMO）向二亚胺 phen-5,6-dione(L′) 的 π^* 反键轨道（LUMO）的 ML′CT，这类跃迁为宇称禁阻跃迁，谱带强度较弱，只有在某些溶剂中才能检测出来。λ_2 则是以 mnt^{2-} 为主要成分的 mnt/xz 分子轨道向二亚胺反键轨道的 LL′CT[2]，这类跃迁是宇称允许的，在各种溶剂中都能呈现出来，它是 [M(S-S)(N-N)] 类

---

[1] (a) Zuleta J A, Bevilacqua J M, Proserpio D M, Harvey P D, Eisenberg R. Spectroscopic and Theoretical Studies on the Excited State in Diimine Dithiolate Complexes of Platinum (Ⅱ). Inorg Chem, 1992, 31 (12): 2396-2404; (b) 潘庆才，彭正合，秦子斌．一种功能混配镍配合物的溶剂化显色特性与结构关系．化学研究，1998，9 (2)：31-35。

[2] Eisenberg 等的分子轨道理论计算表明，在 [Pt(S-S)(N-N)] 体系的 HOMO 中，有较多金属 d 轨道成分的贡献。

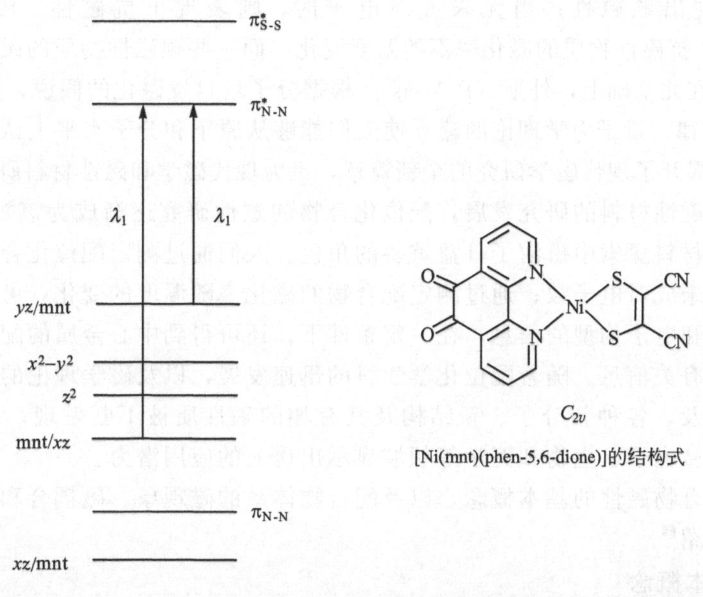

图 5-60　[Ni(mnt)(phen-5,6-dione)] 的结构及其简化分子轨道能级图

配合物的特征吸收带，即溶剂化显色带，与配合物中心金属的本性、配合物构型、配体上取代基的电子效应及溶剂极性有密切关系。

对于给定金属离子所形成的具有确定构型的配合物，其 LL′CT 带与溶剂的极性存在线性关系，一般规律是吸收带随溶剂极性的增大而发生蓝移，反之则红移，即呈现负的溶剂化显色效应。这是因为体系的基态和激发态之间可能存在较大的偶极矩变化；负的溶剂化显色效应表明配合物的基态是高极性的，在极性溶剂中平衡的溶剂化层降低了基态分子的能量；当发生 LL′CT 跃迁时，其激发态偶极矩通常要减小甚至改变方向，而在跃迁瞬间溶剂分子来不及作重新排列，激发态的能量实际上被提高了。一般而言，这种溶剂化显色效应对 LC 谱带中的 π-π^* 跃迁影响不大[1]，因为在 π-π^* 跃迁时，分子的偶极矩并不改变方向，只是激发态的极性往往更强一些，因此在极性溶剂中激发态得到更大的稳定化，谱带会稍有红移。

Eisenberg 等在研究中还发现，对于 [Pt(S-S)(N-N)] 配合物，溶剂化显色带存在于所有含二亚胺（bpy 或 phen 衍生物）的配合物中，与双硫配体的不饱和性基本无关；而含有饱和二胺（例如反式环己二胺）和不饱和双硫配体的配合物并不存在这类吸收带。这意味着对于上述 LL′CT 跃迁，体系的 LUMO 主要具有双氮配体的 π^* 轨道特征，此推论也被电化学循环伏安实验所证实。

[M(S-S)(N-N)] 类二亚胺混配金属配合物在固体和流体中都能发出强度和波长合适的荧光，它们可能具有光电化学催化、光氧化还原的特性和其他潜在功能性。

5.3　配合物的磁性

众所周知，磁性是物质的一种基本性质，任何物质都具有磁性。最早发现的磁性质存在于磁铁矿等强磁性材料中。随着现代科学理论和实验技术的发展，对磁性的认识日益深入。1845 年，法拉第（M. Faraday）首先提出了顺磁性与抗磁性的概念。当物质中有未成对电

[1] 周永洽编著．分子结构分析．北京：化学工业出版社，1991：139。

子存在时，表现出顺磁性；当无未成对电子时，则表现出抗磁性。19 世纪末，居里（P. Curie）发现，抗磁性物质的磁化率不随温度变化，而一些顺磁性物质的磁化率则随着温度的降低而升高。在此基础上，外斯（P. Weiss）根据分子场自发磁化的假说，提出了居里-外斯（Curie-Weiss）定律。量子力学理论的建立使人们能够从原子和分子水平上认识磁性，海森伯理论模型的建立揭开了现代磁学研究的全新篇章，也为现代磁学和磁性材料研究奠定了基础。

随着磁学和磁性材料的研究发展，配位化合物的磁性研究逐渐成为该领域的重要分支，并在理论研究和材料探索中扮演了日益重要的角色。人们通过测定配位化合物的磁化率，可以确定分子中的未成对电子数；通过测定配合物的磁化率随温度的变化，可以获得配合物中心金属的氧化态和电子构型的信息，在一定条件下，还可得到中心金属的配位环境以及配合物的价键性质等有关信息。随着配位化学学科的迅速发展，以及磁学理论的深化和磁性测量技术的完善和普及，各种新分子、新结构及其有趣的磁性质被不断发现，并在计算机、通讯、航空航天、微电子、生物和医学等领域显示出诱人的应用潜力。

本节将对配合物磁性的基本概念，以及配合物体系的磁现象、磁耦合和磁性测量等问题分别进行简要介绍❶。

5.3.1 磁性基本概念

磁场中，物质内部的磁感应强度可以表示为：

$$B=H+4\pi M \tag{5-27}$$

式中 B——磁感应强度，表示物质内的磁通量分布；

H——外加磁场强度；

M——磁化强度，是单位体积内磁矩的矢量和，反映物质对外磁场的响应。

式(5-27) 表明物质内部的磁通量密度是外磁场强度与物质感应强度的和，物质的磁化强度可以表示为：

$$M=\chi H \tag{5-28}$$

式中 χ——单位体积物质的磁化率。

结合式(5-27) 和式(5-28)，磁感应强度又可以表示为：

$$B=(1+4\pi\chi)H=\mu H \tag{5-29}$$

式中 μ——物质的磁导率，也称为相对磁导率。

磁学研究常采用国际单位制（SI）和高斯单位制两种不同单位表达。表 5-31 列出了常用物理量在两种单位制中的单位以及换算关系。

表 5-31 磁化学中常用物理量的定义、单位和换算关系

物理量		SI(国际单位制)		CGS/emu(高斯单位制)
μ_0	真空磁导率	$4\pi/10^7\,V\cdot s\cdot(A\cdot m)^{-1}$		1
B	磁感应强度	$T=V\cdot s\cdot m^{-2}$		$G=(erg\cdot cm^{-3})^{1/2}$
		1T	≅	10^4G
H	磁场强度	$A\cdot m^{-1}$		Oe
		$1\ A\cdot m^{-1}$	≅	$(4\pi/10^3)$Oe
M	磁化强度	$B=\mu_0(H+M)$		$B=H+4\pi M$
		$A\cdot m^{-1}$		G
		$1A\cdot m^{-1}$	≅	10^{-3}Oe

❶ (a) Carlin R L. Magnetochemistry. Berlin, Heidelberg, New York, Tokyo: Springer-Verlag, 1986; (b) Carlin R L, van Duyneveldt A J. Magnetic Properties of Transition Metal Compounds. New York: Springer-Verlag, 1977。

续表

	物理量	SI(国际单位制)		CGS/emu(高斯单位制)
m	磁偶极矩	$m=MV$		$m=MV$
		$A \cdot m^2$		$G \cdot cm^3$
		$1A \cdot m^2$	$\cong$	$10^3 G \cdot cm^3$
β	玻耳磁子	$e\hbar/(2m_e)$		$e\hbar/(2m_e)$
		$9.27402 \times 10^{-24} A \cdot m^2$	$\cong$	$9.27402 \times 10^{-21} G \cdot cm^3$
σ	单位质量的磁偶极矩	$\sigma=M/\rho$		$\sigma=M/\rho$
		$A \cdot m^2 \cdot kg^{-1}$		$G \cdot cm^3 \cdot g^{-1}$
		$1A \cdot m^2 \cdot kg^{-1}$	$\cong$	$1G \cdot cm^3 \cdot g^{-1}$
M_{mol}	摩尔磁化强度	$M_{mol}=MM_r/\rho$		$M_{mol}=MM_r/\rho$
		$A \cdot m^2 \cdot mol^{-1}$		$G \cdot cm^3 \cdot mol^{-1}$
		$1A \cdot m^2 \cdot mol^{-1}$	$\cong$	$10^3 G \cdot cm^3 \cdot mol^{-1}$
χ	真空磁化率	$M=\chi H$		$M=\chi H$
		1		1
		1	$\cong$	$1/(4\pi)$
χ_g	质量磁化率	$\chi_g=\chi/\rho$		$\chi_g=\chi/\rho$
		$m^3 \cdot kg^{-1}$		$cm^3 \cdot kg^{-1}$
		$1m^3 \cdot kg^{-1}$	$\cong$	$10^3/(4\pi) cm^3 \cdot kg^{-1}$
χ_{mol}	摩尔磁化率	$\chi_{mol}=\chi M_r/\rho$		$\chi_{mol}=\chi M_r/\rho$
		$m^3 \cdot mol^{-1}$		$cm^3 \cdot mol^{-1}$
		$1m^3 \cdot mol^{-1}$	$\cong$	$4\pi/10^6 cm^3 \cdot mol^{-1}$
μ_{eff}	有效磁矩	$[3kB/(\mu_0 N_A \mu^2)]^{1/2}[\chi_{mol} T]^{1/2}$		$[3kB/(\mu_0 N_A \mu^2)]^{1/2}[\chi_{mol} T]^{1/2}$
		1		1
		1	$\cong$	1

式(5-29)中，磁导率是无量纲的物理量，在两种单位制中的数值相同，但国际单位制中的磁化率数值为高斯单位制中的 4π 倍。磁化率也是无量纲的数值，在实际应用中，体积磁化率常表示为 $emu \cdot cm^{-3}$，摩尔磁化率则表示为 $emu \cdot mol^{-1}$。

5.3.2 抗磁性

抗磁性是所有物质的一个根本属性，它起源于成对电子与磁场的相互作用。显然，对于电子完全填满壳层的物质，其抗磁性是非常重要的。即使对于外层具有未成对电子的过渡金属，由于它们具有许多填满的内壳层，其磁化率也有已填满壳层的抗磁性成分。在一定条件下，一些含有顺磁中心的配合物也能转变成抗磁性。

当一个样品被放置于磁场 H 中，通常该物质会被磁化。如果感生磁矩的方向与外磁场相反，即物质内部磁力线密度减小，那么这种物质是抗磁性的，摩尔磁化率是负的。抗磁磁化率与场强和温度无关。抗磁磁化率的一个重要特点是具有加和性，即分子的抗磁磁化率等于组成该分子的原子与化学键的抗磁磁化率之和。对于配合物的抗磁校正而言，抗磁磁化率可以从组成配合物的配体原子和抗衡离子的抗磁磁化率加和得到。表 5-32 中的帕斯卡(Pascal)常数给出了估算配合物抗磁磁化率的一种经验方法。表 5-32 中还附加了每个原子的原子磁化率以及结构的校正值，以便计算包括配体中的 π 键等因素对磁性的影响。一般而言，化合物抗磁磁化率可以通过公式 $kM \times 10^{-6} emu \cdot mol^{-1}$ 近似求得，k 范围处于 0.4～0.5 之间，M 为化合物的摩尔质量。

表 5-32 帕斯卡常数[1]（每克原子的磁化率× 10^{-6} emu）

正离子		负离子	
Li^+	−1.0	F^-	−9.1
Na^+	−6.8	Cl^-	−23.4
K^+	−14.9	Br^-	−34.6
Rb^+	−22.5	I^-	−50.6
Cs^+	−35.0	NO_3^-	−18.9
Ti^+	−35.7	ClO_3^-	−30.2
NH_4^+	−13.3	ClO_4^-	−32.0
Hg^{2+}	−40.0	CN^-	−13.0
Mg^{2+}	−5.0	NCS^-	−31.0
Zn^{2+}	−15.0	OH^-	−12.0
Pb^{2+}	−32.0	SO_4^{2-}	−40.1
Ca^{2+}	−10.4	O^{2-}	−12.0
中性原子			
H	−2.93	As(Ⅲ)	−20.9
C	−6.00	Sb(Ⅲ)	−74.0
N(环)	−4.61	F	−6.3
N(开链)	−5.57	Cl	−20.1
N(胺)	−2.11	Br	−30.6
O(醚或醇)	−4.61	I	−44.6
O(醛或酮)	−1.73	S	−15.0
P	−26.3	Se	−23.0
As(Ⅴ)	−43.0		
过渡金属离子			
Ti^{3+}	−9	Fe^{2+}	−13
Ti^{4+}	−5	Fe^{3+}	−10
V^{2+}	−15	Co^{2+}	−12
V^{3+}	−10	Co^{3+}	−10
V^{4+}	−7	Ni^{2+}	−10
Cr^{2+}	−15	Cu^+	−12
Cr^{3+}	−11	Cu^{2+}	−11
Mn^{2+}	−14	Mo^{3+}	−23
Mn^{3+}	−10	Mo^{4+}	−12
Mn^{4+}	−8	Re^{3+}	−20
一些常见的分子			
H_2O	−13	$C_2O_4^{2-}$	−25
NH_3	−18	乙酰丙酮	−52
C_2H_4	−15	吡啶	−49
CH_3COO^-	−30	联吡啶	−105
$H_2NCH_2CH_2NH_2$	−46	邻菲咯啉	−128
结构的校正			
C═C	5.5	N═N	1.8
C═C—C═C	10.6	C═N—R	8.2
C═C	0.8	C═Cl	3.1
C在苯环中	0.24	C═Br	4.1

5.3.3 顺磁性

顺磁性是具有未成对电子物质的一种共同属性。顺磁性物质可受外磁场影响，逐渐向较高的场强区域移动。顺磁性物质的磁化率通常与场强无关，而与温度有关。按照一级（高温）近似，磁化率 χ 与温度 T 成反比例变化，这就是居里（Curie）定律：

$$\chi=\frac{C}{T} \tag{5-30}$$

式中 χ——磁化率；

C——居里常数；

---

[1] Mabbs F E，Machin D J. Magnetism and Transition Metal Complexes. London：Chapman and Hall，1973。

T——热力学温度。

根据居里定律，可推出 $\chi^{-1}=C^{-1}T$，因此由 χ^{-1} 对 T 的关系曲线可以确定居里常数。

居里定律仅适用于顺磁性离子之间没有磁耦合作用的自由离子。对于配合物体系而言，形成自由离子的现象称为“磁稀释”，此时，邻近分子或离子间既没有使磁矩相互平行的铁磁性相互作用，也没有使磁矩反平行的反铁磁性作用。必须强调的是，当体系中的顺磁性离子间存在磁相互作用时，居里定律不成立。

磁化率是物质的宏观性质，而磁矩则体现了物质的微观性质。由于原子核质量比电子大很多，原子核的运动速度远比电子小，因此，可以忽略原子核运动产生的磁矩，只考虑电子运动产生的磁矩。配合物的磁性与电子的轨道运动和自旋运动有关。电子的轨道运动产生轨道角动量和轨道磁矩，自旋运动产生自旋角动量和自旋磁矩。若总角动量量子数为 J，磁矩可由下式计算：

$$\mu=g\sqrt{J(J+1)} \tag{5-31}$$

忽略轨道角动量的贡献，则有效磁矩 μ_{eff} 为：

$$\mu_{\mathrm{eff}}=\sqrt{3k\chi T/N}=g\sqrt{S(S+1)}=\sqrt{n(n+2)} \tag{5-32}$$

式中　g——朗德（Landé）因子，当总轨道角动量量子数 $L=0$ 时，$J=S$，$g=2$；

k——玻耳兹曼常数，等于 $1.38\times10^{-23}\mathrm{J\cdot K^{-1}}$；

N——阿伏伽德罗常数，等于 $6.022\times10^{23}\mathrm{mol^{-1}}$；

S——总自旋角动量量子数，$S=\sum S_i=\sum\frac{1}{2}=\frac{n}{2}$；

n——未成对电子数。

由于有效磁矩的计算忽略了轨道角动量的贡献，仅考虑自旋磁矩的作用，根据式(5-32)计算得到的磁矩也称为唯自旋磁矩，用 μ_S 表示。表 5-33 列出强场组态的第一过渡系金属离子的八面体配合物的唯自旋磁矩 μ_S 和实测磁矩 $\mu_{\mathrm{eff}}^{\mathrm{exp}}$。从表 5-33 和表 5-35 可以看出，在大多数情况下，第一过渡系八面体金属配合物的 μ_S 和 $\mu_{\mathrm{eff}}^{\mathrm{exp}}$ 吻合得较好。但在另一些情况下，例如高自旋的 d^6、d^7 和低自旋的 d^4、d^5 八面体配合物则出现一定偏差，即 $\mu_{\mathrm{eff}}^{\mathrm{exp}}>\mu_S$，这是由于轨道角动量对磁矩的贡献引起的[1]。

表 5-33　具有 $3d^n$ 低自旋组态的第一过渡系金属配合物的 μ_S 和 $\mu_{\mathrm{eff}}^{\mathrm{exp}}$

离子	$3d^n$	未成对电子数 n	S	$\mu_S=2[S(S+1)]^{1/2}$	$\mu_{\mathrm{eff}}^{\mathrm{exp}}$
Cr^{2+}	$3d^4$	2	1	2.83	3.20～3.30
Fe^{3+}	$3d^5$	1	1/2	1.73	2.00～2.50
Co^{3+}	$3d^6$	0	0	0	5.30
Co^{2+}	$3d^7$	1	1/2	1.73	2.80～3.50

自旋磁矩受化学环境的影响很小，但轨道磁矩受化学环境影响很大。仅当轨道角动量的平均值[2]不为零时，轨道运动才对总磁矩有贡献。设中心原子的基态为 $^{2S+1}\Gamma$，其波函数取实数 $\Psi(^{2S+1}\Gamma)$，根据量子力学，$\hat{L}$ 的平均值为：

$$\hat{L}=\int\Psi(^{2S+1}\Gamma)\hat{L}\Psi(^{2S+1}\Gamma)\mathrm{d}\tau \tag{5-33}$$

---

[1] (a) 徐光宪，王祥云著．物质结构．第 2 版．北京：高等教育出版社，1987：307-308；(b) 徐志固编著．现代配位化学．北京：化学工业出版社，1987：84-87．(c) Figgis B N，Hitchman M A. Ligand Field Theory and its Applications. New York，Chichester，Weinheim，Brisbane，Singapore，Toronto：Wiley-VCH，2000：241-244。

[2] 即量子力学的基本假定Ⅲ，对于一个量子体系的每个可观测的力学量都对应着一个线性的厄米算符，从这些算符可以计算力学量的平均值。

由式(5-33) 可知，仅当$\hat{L}$和$\Psi(^{2S+1}\Gamma)$的直积表示等于或包含$\Psi(^{2S+1}\Gamma)$所属的不可约表示时，此积分才不等于零。查看O_h群的特征标表可知，角动量算符的三个分量$\hat{L}_x$、$\hat{L}_y$和$\hat{L}_z$和转动微分算符$\hat{R}_x$、$\hat{R}_y$和$\hat{R}_z$有相同的变换性质，即它们属于T_{1g}表示。容易验证，仅当Ψ $(^{2S+1}\Gamma)$ 属于T_{1g}或T_{2g}表示时[1]，直积表示：

$$T_{1g}\otimes T_{1g}=A_{1g}+E_g+T_{1g}+T_{2g} \tag{5-34}$$

$$T_{1g}\otimes T_{2g}=A_{2g}+E_g+T_{1g}+T_{2g} \tag{5-35}$$

才包含$\Psi(^{2S+1}\Gamma)$所属的不可约表示。由此可知，在高自旋八面体配合物中，中心金属组态为$(t_{2g})^1$、$(t_{2g})^2$、$(t_{2g})^4$ $(e_g)^2$ 和 $(t_{2g})^5$ $(e_g)^2$ 的配合物的轨道角动量对磁矩有贡献；在低自旋八面体配合物中，当中心金属组态为$(t_{2g})^4$和$(t_{2g})^5$时，轨道角动量对磁矩有贡献。在其他情况下，配合物磁矩一般等于唯自旋磁矩。对于d^1～d^9组态八面体和四面体配合物所预期的轨道角动量对磁矩的贡献如表 5-34 所示。

表 5-34　对八面体和四面体配合物所预期的轨道角动量对磁矩的贡献

组　态	八　面　体		四　面　体	
	基谱项	轨道贡献	基谱项	轨道贡献
d^1	$^2T_{2g}$	+	^2E	−
d^2	$^3T_{1g}$	+	$^3A_2$	−
d^3	$^3A_{2g}$	−	$^4T_1$	+
d^4(HS)	^5E_g	−	$^5T_2$	+
d^4(LS)	$^3T_{1g}$	+		
d^5(HS)	$^6A_{1g}$	−	$^6A_1$	−
d^5(LS)	$^2T_{2g}$	+		
d^6(HS)	$^5T_{2g}$	+	^5E	−
d^6(LS)	$^1A_{1g}$	−		
d^7(HS)	$^4T_{1g}$	+	$^4A_2$	−
d^7(LS)	^2E_g	−		
d^8	$^3A_{2g}$	−	$^3T_1$	+
d^9	^5E_g	−	$^2T_2$	+

注：HS—高自旋，LS—低自旋。

表 5-34 中所做出的预测告诉我们，在八面体或四面体场下，对于具有三重简并基谱项（T谱项）的金属配合物，实测磁矩将会偏离按唯自旋公式计算的磁矩；而对于具有E或A基谱项的配合物，轨道磁矩的贡献将被配体场猝灭。例如，Cr(Ⅱ)配合物在弱八面体场下有四个未成对电子，其配体场基谱项为^5E_g，预期没有轨道磁矩的贡献，按唯自旋公式计算其$\mu_S=4.90$，实测$\mu_{eff}^{exp}=4.75$～4.90，相当吻合；在强八面体场下 Cr(Ⅱ)配合物为低自旋，其配体场基谱项为$^3T_{1g}$，预期有轨道角动量的贡献，事实上，其$\mu_{eff}^{exp}=3.20$～3.30，显然高于其$\mu_S=2.83$（表 5-33）。另外根据表 5-34 也可以预期：高自旋八面体的 Co(Ⅱ)配合物和四面体的 Ni(Ⅱ)配合物中往往有轨道磁矩的贡献，而八面体的 Ni(Ⅱ)配合物和四面体的 Co(Ⅱ)配合物则可能没有轨道磁矩的贡献。

过渡金属配合物μ_S和μ_{eff}^{exp}的偏离，还有其他一些机理解释。例如，含有三个未成对电子的四面体 Co(Ⅱ)配合物，其配体场基谱项为$^4A_2$，按表 5-34 的预期应没有轨道运动的贡献，然而其$\mu_{eff}^{exp}=4.4$～4.8，而不是按唯自旋公式计算的$\mu_S=3.87$。有人已经证明，这是由于旋-轨耦合作用引起的，根据该机理，有一定量的第一激发态$^4T_2$［参见图 5-13(b) 和

[1] 八面体配合物的基态分量谱项所属不可约表示可参考附录 4 中的相关 T-S 图。

图5-19］将掺入基态，因而引进轨道角动量，使其 μ_{eff}^{exp} 增大，但是对于第二、三过渡系金属配合物，旋-轨耦合作用对 μ_{eff}^{exp} 的影响也可能使其减小。

对很多配合物来说，原子磁矩之间存在一定的磁耦合作用使磁化率偏离居里定律。这种磁耦合作用可以分为两类：一类是直接的自旋－自旋耦合，其通过金属离子间的金属键实现；另一类是间接的自旋-自旋耦合，即金属离子通过其间的桥联配体实现相互作用，所以又称为超交换耦合。超交换耦合普遍存在于配合物体系，因此，配合物的磁化率虽然偏离了居里定律，但在较高温度区间服从居里-外斯（Curie-Weiss）定律：

$$\chi=\frac{C}{T-\theta} \tag{5-36}$$

式中　θ——外斯常数，具有温度的单位，但不要将它与无物理意义的负温度相混淆。

当 θ 的符号为负时，表明磁耦合作用为反铁磁性；当 θ 是正值时，磁耦合作用为铁磁性。

若加上与温度无关的顺磁性贡献（N_α），则居里-外斯公式可写为：

$$\chi=\frac{C}{T-\theta}+N_\alpha \tag{5-37}$$

N_α 是磁的基态和非热布居的激发态之间耦合产生的弱的顺磁贡献，与温度无关。通常 N_α 的大小在 10^{-4} emu・mol^{-1} 量级。例如，单核铜(Ⅱ)配合物的 N_α 一般为 0.6×10^{-4} emu・mol^{-1}，单核镍（Ⅱ）配合物的 N_α 一般为 1.0×10^{-4} emu・mol^{-1}。

在磁场中原子能级将发生 Zeeman 分裂，分裂的磁能级与磁矩在磁场中的取向相对应。对于一个总角动量为 J 的原子或离子，在磁场中磁矩的 Zeeman 能级可以表示为：

$$E=m_J g\beta H \tag{5-38}$$

式中　β——玻耳（Bohr）磁子[1]。

m_J 从 $-J$ 到 J 取值，对应于磁矩在磁场中的不同取向。

晶体场对磁性的影响最为显著。在强的晶体场作用下，配合物中心顺磁性金属离子的未成对电子将配对，成为自旋成对型的顺磁性离子。若轨道运动被晶体场猝灭，金属离子仅剩自旋磁性，该金属离子则为唯自旋型（spin-only）顺磁离子。考虑一个自由离子，仅受抗磁性的晶体场和外加磁场 H(Zeeman 微扰）的作用，外场将按磁量子数 m_S 解除各种状态的简并，m_S 从 $-S$ 以 1 为步距变化到 S。例如，对 $l=0$ 的自由二价锰离子，其基态为 $S=5/2$，并产生 $m_S=\pm1/2$、$\pm3/2$ 和 $\pm5/2$ 的六种状态。在零外场下，这些态是简并的，但磁场 H 可以解除这种简并。外场中各磁能级的能量变成：

$$E=m_S g\beta H \tag{5-39}$$

式中　g 为朗德因子，当 $l=0$ 时，$g=2.0023$，但实际得到的 g 值通常与该值不等。

当体系的温度很低、磁场强度很大时，Zeeman 能级间的能级差 $\Delta E>kT$，电子将按能量由低到高的顺序占据上述能级，m_S 的取值应使体系的能量尽可能降低，电子在最低能级 $-5/2g\beta H$ 占据了总布居数的 95%，这时磁化强度几乎达到饱和值 M_{sat}。

当 $\Delta E<kT$ 时，可以根据玻耳兹曼（Boltzmann）分布规律计算磁性离子在各状态的分布，得到：

$$N_i/N_j\propto\exp(-\Delta E_i/kT)$$

ΔE_i 为能级 i 和基态 j 之间的能级间距。在外磁场下，由于各状态对应于不同的取向，

---

[1] 在许多文献中玻耳磁子也用 μ_B 或 B. M. 表示。

物质的净磁极化或磁化强度 M 很小。尽管磁场倾向于使自旋与其平行排列，但热扰动恰恰破坏这种倾向。在室温时，顺磁性配合物的磁化率很小，在顺磁未达到饱和的情况下，顺磁性配合物的磁化强度与外磁场成正比，其比值是配合物的磁化率 χ [式(5-28)]。

5.3.4 范弗列克（van Vleck）方程和磁化率

5.3.4.1 范弗列克（van Vleck）方程

如果知道某一体系的能级，磁化率公式可以根据范弗列克方程推导出来。范弗列克曾对 Zeeman 能级与磁场强度的关系 $E=f(H)$ 做了两点假设。

① 将外磁场中的能级 E_n 按级数展开：

$$E_n=E_n^{(0)}+HE_n^{(1)}+H^2E_n^{(2)}+\cdots \tag{5-40}$$

② 假设外加磁场较小，则 H/kT 比值较小。根据玻耳兹曼分布，体系总的磁化强度 M 为：

$$M=\frac{N\sum_n\left(-\frac{\partial E}{\partial H}\right)\exp\left(-\frac{E_n}{kT}\right)}{\sum_n\left(-\frac{E_n}{kT}\right)} \tag{5-41}$$

由于磁化率 $\chi=\frac{M}{H}$，结果得到：

$$\chi=\frac{N\sum_n\left[\frac{(E_n^{(1)})^2}{kT}-2E_n^{(2)}\right]\exp\left[-\frac{E_n^{(0)}}{kT}\right]}{\sum_n\exp\left[-\frac{E_n^{(0)}}{kT}\right]} \tag{5-42}$$

此时，任何一个能级的简并都忽略不计，但每个能级的 γ 度简并必须 γ 次求和。通常，磁场中能量最低的能级取做零能量，将各个能级代入式(5-42) 中得到唯自旋的磁化率公式：

$$\chi=\frac{M}{H}=\frac{Ng^2\beta^2}{3kT}S(S+1)=\frac{N\mu_{\mathrm{eff}}^2}{3kT}=\frac{C}{T} \tag{5-43}$$

这就是顺磁性物质的居里定律。式中，居里常数为 $C=\frac{Ng^2\beta^2}{3k}S(S+1)$。

根据式(5-43) 还可以得到：

$$\mu_{\mathrm{eff}}=2.83\sqrt{\chi T} \tag{5-44}$$

上式仅在磁性离子之间的耦合很弱时成立，因此，只适用于高温区的磁化率及有效磁矩的计算。

对于自由金属离子，朗德因子 $g=1+\frac{[S(S+1)-L(L+1)+J(J+1)]}{2J(J+1)}$。第一过渡系金属离子的轨道角动量一般被晶体场猝灭，此时，$L=0$，$J=S$，即满足于式(5-32)；而镧系金属离子的轨道角动量一般不被配体场猝灭。考虑唯自旋的情形，在强场和极低温度等极限情况下，根据式(5-41) 可以推出材料的磁化强度 M 趋向饱和值：

$$M_{\mathrm{sat}}=Ng\beta S \tag{5-45}$$

表 5-35 和表 5-36 分别给出了自由的过渡金属离子和镧系离子的相关信息。

5.3.4.2 磁化率

多核配合物的哈密顿算符可表示为：

$$\hat{H}=-2\sum J_{ij}\hat{S}_i\hat{S}_j \quad \text{（相邻顺磁离子不同的体系）} \tag{5-46}$$

$$\hat{H}=-2J\sum\hat{S}_i\hat{S}_j \quad \text{（相邻顺磁离子相同的体系）} \tag{5-47}$$

表 5-35　具有 $3d^n$ 高自旋组态金属离子的基态原子谱项、单电子自旋-轨道耦合参数 ζ_{3d}[1]、S、$2[S(S+1)]^{1/2}$ 和 μ_{eff}^{exp}

Ion	$3d^n$	$^{2S+1}L_J$	ζ_{3d}/cm^{-1}	S	$2[S(S+1)]^{1/2}$	μ_{eff}^{exp}①
Ti^{3+}	$3d^1$	$^2D_{3/2}$	154	1/2	1.73	1.65～1.79
V^{3+}	$3d^2$	$^3F_2$	209	1	2.83	2.75～2.85
V^{2+}	$3d^3$	$^4F_{3/2}$	167	3/2	3.87	3.80～3.90
Cr^{3+}	$3d^3$	$^4F_{3/2}$	273	3/2	3.87	3.70～3.90
Cr^{2+}	$3d^4$	$^5D_0$	230	2	4.90	4.75～4.90
Mn^{3+}	$3d^4$	$^5D_0$	352	2	4.90	4.90～5.00
Mn^{2+}	$3d^5$	$^6S_{5/2}$	347	5/2	5.92	5.65～6.10
Fe^{3+}	$3d^5$	$^6S_{5/2}$	(460)	5/2	5.92	5.70～6.00
Fe^{2+}	$3d^6$	$^5D_4$	410	2	4.90	5.10～5.70
Co^{3+}	$3d^6$	$^5D_4$	(580)	2	4.90	5.30
Co^{2+}	$3d^7$	$^4F_{9/2}$	533	3/2	3.87	
Ni^{3+}	$3d^7$	$^4F_{9/2}$	(715)	3/2	3.87	4.30～5.20
Ni^{2+}	$3d^8$	$^3F_4$	649	1	2.83	2.80～3.50
Cu^{2+}	$3d^9$	$^2D_{5/2}$	829	1/2	1.73	1.70～2.20

① 在 295K 下测定。

表 5-36　镧系离子的基态原子谱项、单电子自旋-轨道耦合参数 ζ_{4f}、g_J、g_JJ、$g_J[J(J+1)]^{1/2}$ 和 μ_{eff}^{exp}

Ln^{3+}	$4f^N$	$^{2S+1}L_J$	ζ_{4f}/cm^{-1}	g_J	g_JJ	$g_J[J(J+1)]^{1/2}$	μ_{eff}^{exp}①
La^{3+}	$4f^0$	$^1S_0$				0	
Ce^{3+}	$4f^1$	$^2F_{5/2}$	625	6/7	15/7	2.535	2.3～2.5
Pr^{3+}	$4f^2$	$^3H_4$	758	4/5	16/5	3.578	3.4～3.6
Nd^{3+}	$4f^3$	$^4I_{9/2}$	884	8/11	36/11	3.618	3.4～3.5
Pm^{3+}	$4f^4$	$^5I_4$	1000	3/5	12/5	2.683	2.9
Sm^{3+}	$4f^5$	$^6H_{5/2}$	1157	2/7	5/7	0.845	1.6
Eu^{3+}	$4f^6$	$^7F_0$	1326	0	0	0	3.5
Gd^{3+}	$4f^7$	$^8S_{7/2}$	1450	2	7	7.937	7.8～7.9
Tb^{3+}	$4f^8$	$^7F_6$	1709	3/2	9	9.721	9.7～9.8
Dy^{3+}	$4f^9$	$^6H_{15/2}$	1932	4/3	10	10.646	10.2～10.6
Ho^{3+}	$4f^{10}$	$^5I_8$	2141	5/4	10	10.607	10.3～10.5
Er^{3+}	$4f^{11}$	$^4I_{15/2}$	2369	6/5	9	9.581	9.4～9.5
Tm^{3+}	$4f^{12}$	$^3H_6$	2628	7/6	7	7.561	7.5
Yb^{3+}	$4f^{13}$	$^2F_{7/2}$	2870	8/7	4	5.436	4.5
Lu^{3+}	$4f^{14}$	$^1S_0$				0	

① 在 295K 下测定。

式中　$\hat{S}_i$，$\hat{S}_j$——顺磁离子的自旋角动量算符；

J——交换常数，其量纲为能量单位 K，表示耦合作用的强度；J 值为负，表示耦合作用为反铁磁性，J 值为正，表示铁磁性的耦合作用。

双核配合物的哈密顿算符可表示为：

$$\hat{H}=-2J_{A,B}\hat{S}_A\hat{S}_B \tag{5-48}$$

对于自旋量子数都为 S_A 的同双核配合物体系，两个顺磁离子相互作用产生的全部可能自旋状态为 $S=0$，1，2…，$2S_A$。以双核铜化合物为例，$S_A=1/2$，这时体系产生的两种自旋状态为 $S=0$（单重态）和 $S=1$（三重态），两种状态的能量差为：

[1] Griffith J S. The Theory of Transition-Metal Ions. Cambridge：Cambridge University Press，1971。

$$\Delta E=E_{\mathrm{T}}-E_{\mathrm{S}}=-2J \tag{5-49}$$

依据公式(5-48)，当沿 z 轴施加外场时，双核铜化合物（$S_i=S_j=1/2$）的哈密顿算符可以表示为：

$$\hat{H}=g\beta\hat{S}'_z H_z-2J\,\hat{S}_i\hat{S}_j \tag{5-50}$$

其中 $\hat{S}'_z$ 为体系总自旋的 z 分量算符。$\hat{H}$ 的本征值是：

$$W(S',m'_S)=g\beta m'_S H_z-J[S'(S'+1)-2S(S+1)] \tag{5-51}$$

将每个能级带入范弗列克方程，则得双核铜化合物的磁化率公式，即著名的 Bleaney-Browers 方程：

$$\chi_{\mathrm{mol}}=\frac{Ng^2\beta^2}{3kT}\left[1+\frac{1}{3}\exp\left(\frac{-2J}{kT}\right)\right]^{-1} \tag{5-52}$$

式中，各符号均具有通常的意义。

5.3.5 铁磁性

当原子核外电子的自旋磁矩不能相互抵消时，便会产生原子磁矩。如果在交换作用下，所有原子的磁矩能按一个方向整齐排列，就称为自发磁化。通常自发磁化发生在微小的磁畴内。所谓磁畴，是指在磁性物质内部存在许多微小的区域，每个这样的区域内原子磁矩一致整齐排列。各个磁畴之间的交界面称为磁畴壁。在化合物未被磁化时，不同磁畴内原子磁矩方向各不相同。外磁场的引入使不同磁畴间的磁化方向一致，使磁性物质表现出宏观磁性。

每个晶格上的磁矩自发平行排列所形成的有序态称为铁磁态，这种有序态是化合物内部磁性离子之间的强耦合作用造成的。宏观的铁磁性物质内包含许多磁畴，热扰动会导致每个磁畴的磁化方向不同，因此，体系总的磁化强度为零。自旋磁矩呈现自发有序态的临界（居里）温度通常记为 T_c，当 T 高于 T_c 时，自发磁化强度因热运动而消失，化合物内部呈现出短程的铁磁相互作用，其磁化率符合居里-外斯定律；当 T 低于 T_c 时，化合物呈现出自发磁化强度，表现为宏观的铁磁性。铁磁性的突出特征包括有序态磁矩的平行取向和磁畴的形成。

根据铁磁性化合物的分子场理论[1]，化合物的摩尔磁化强度为：

$$M_{\mathrm{mol}}=Ng\beta SB_s(y) \tag{5-53}$$

式中，$B_s(y)$ 为布里渊函数[2]，在高的外加磁场和极低温度下，$B_s(y)$ 趋近于 1，磁化强度 M 趋近饱和磁化强度 M_{sat}。假如化合物的饱和磁化强度以 $N\beta$ 为单位，其磁化强度值可以简化为 gS。图 5-61 中给出了 $g=2.00$ 时不同自旋量子数 S 的各种磁化强度。铁磁性化合物的磁化率随外加磁场的大小而变化，部分原因在于外加磁场可以改变磁畴的大小。

根据热力学第三定律，物质的熵在 0K 时为零。铁磁性化合物在 0K 时自旋完全有序，随着温度的升高，热扰动增强，使自旋有序性减小，体系的磁有序将降低，熵将增加，因而对体系的比热有磁贡献。因此，铁磁有序态的出现总是伴随着比热容的变化。

5.3.6 反铁磁性与亚铁磁性

在反铁磁状态下，原子或电子磁矩的空间分布呈反平行排布，但宏观的自发磁化强度为零。与铁磁性化合物不同，反铁磁性物质的临界温度称为奈耳（Neel）温度，简写为 T_{N}。在奈耳温度 T_{N} 以下，原子或电子磁矩自发地反平行排列，呈现反铁磁性质。根据原子间交

---

[1] Morrish A H. Physical Principles of Magnetism. London：John Wiley and Sons，1965。

[2] Kahn O. Molecular Magnetism. New York，Weinheim，Cambridge：VCH publishers Inc，1993。

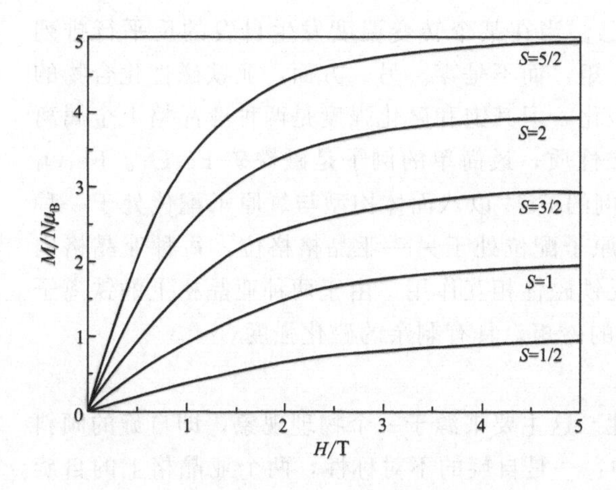

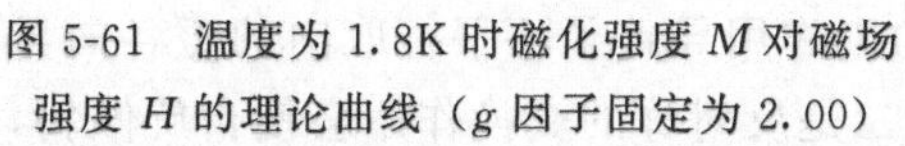
图 5-61 温度为 1.8K 时磁化强度 M 对磁场强度 H 的理论曲线（g 因子固定为 2.00）

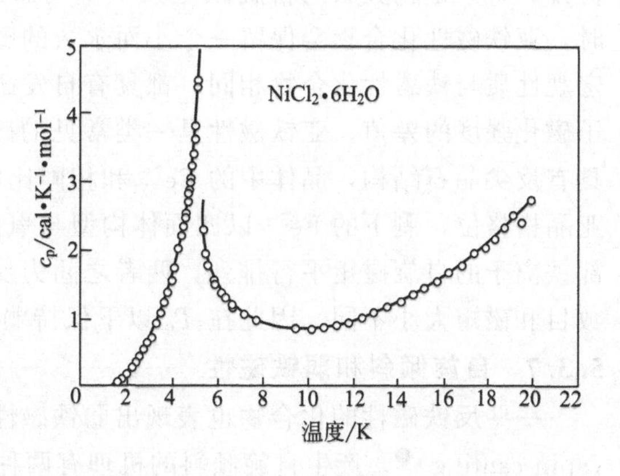

图 5-62 化合物 $NiCl_2 \cdot 6H_2O$ 的比热容曲线

换作用和晶体结构的特点，反铁磁性化合物可以看作是由两种相互渗透的亚晶格组成，每种亚晶格都均匀磁化，其自旋磁矩平行排列，但两种亚晶格之间的自旋磁矩反平行排列。理想的反铁磁性化合物的磁化强度在 T_N 温度以下应该为零。因此，亚晶格的磁化强度是评价化合物反铁磁性的重要参量。在 T_N 温度以上，反铁磁性转变为顺磁性；在近似条件下，化合物遵守居里-外斯定律。

在过渡金属化合物中，磁性离子之间的相互作用主要为超交换作用。以 NiO 为例，Ni^{2+} 为 d^8 电子组态，在八面体晶体场，两个单电子分别占据由 d_{z^2} 和 $d_{x^2-y^2}$ 构成的 e_g 反键轨道。金属离子未充满的 d 轨道之间通过氧原子的 p 轨道发生磁相互作用，经过 p-d 电荷迁移激发态，使 Ni^{2+} 的自旋磁矩反平行排列。当金属离子的 d 轨道与配体的 p 轨道形成 σ 键时，超交换作用比较强；形成 π 键时，则比较弱。超交换作用的强弱和相应的反铁磁相互作用的强弱是对应的。

和铁磁有序一样，反铁磁有序的出现也使磁比热容出现显著的反常。比热容曲线通常在一个较小的温度区间内显示尖锐的 λ 峰形，如图 5-62 中所示化合物 $NiCl_2 \cdot 6H_2O$ 的比热容曲线[1]。λ 形曲线通常说明体系发生了相变，但不能确定是向铁磁态还是向反铁磁态的转变。必须结合磁化率和比热容的测量来确定相变的性质。

费希尔[2]（Fisher）证明比热容随温度的变化基本上与磁化率对温度的微分（导数）相同，从而建立了下列关系：

$$c(T)=A\left(\frac{\partial}{\partial T}\right)[T\chi_{//}(T)] \tag{5-54}$$

式中，比例常数 A 是温度的缓变函数。由式（5-54）可知，比热容 $c(T)$ 与 $\partial(T\chi_{//})/\partial T$ 成正比。任何比热容反常都和 $\partial(T\chi_{//})/\partial T$ 的反常相联系，也就是说，比热容的变化预示着磁相变的发生。

通常认为，有序态物质的自旋在 0K 有序时是绝对平行（铁磁性化合物）或反平行的（反铁磁性化合物）。如果自旋体系存在低能激发，则会使反平行晶格不等价，导致亚铁磁性的出现。从磁相互作用的角度看，亚铁磁性与反铁磁性的本质是相同的，自旋磁矩都是反平

[1] Robinson W K, Friedberg S A. Phys Rev, 1960, 117: 402.

[2] (a) Fisher M E. Proc Roy Soc, 1960, A254: 66; (b) Fisher M E. Phil Mag, 1962, 7: 1731.

行排列，只是相关联的自旋磁矩大小不同而已。当在某个转变温度发生自发的反平行排列时，亚铁磁性化合物会保留一个小而永久的磁矩，而不是零。另一方面，亚铁磁性化合物的宏观性质与铁磁性化合物相同，都具有自发磁化，但其饱和磁化强度是两种亚晶格上金属离子磁化强度的差值。亚铁磁性是一类常见的磁性质，最简单的例子是磁铁矿 Fe_3O_4。Fe_3O_4 具有反尖晶石结构，晶体中的 Fe^{2+} 和相同比例的 Fe^{3+} 以八面体构型与氧原子配位处于一种亚晶格格位，剩下的 Fe^{3+} 以四面体构型与氧原子配位处于另一亚晶格格位，每种亚晶格内部铁离子的自旋磁矩平行排列，两者之间为反铁磁性相互作用。由于两种亚晶格上的铁离子数目和磁矩大小不同，因此在 T_c 以下保持弱的磁矩，具有剩余的磁化强度。

5.3.7 自旋倾斜和弱铁磁性

一些反铁磁性的化合物也表现出弱铁磁性。这主要来源于一个物理现象，即自旋的倾斜 (spin canting)❶。产生自旋倾斜的机理有两种：一是自旋的不对称性，两个亚晶格上的自旋排列不完全反平行，不同的晶体场和旋-轨耦合的协同作用导致了不平行取向的磁各向异性，从而产生一个小的净磁矩，使物质呈现弱铁磁性；二是反对称的交换作用会使自旋倾斜，因为当自旋相互垂直时，耦合能最小。反对称的交换作用又称为特若洛辛斯基-莫里亚（Dzyaloshinky-Moriya，D-M）相互作用。弱铁磁性的化合物在其临界温度以下也表现出自发磁化，其磁矩的量度约是通常铁磁性化合物的百分之几或千分之几。

很多配合物体系都呈现弱铁磁性。一个经典的例子是酞菁锰（MnPc）化合物❷，由于反对称交换作用而产生自旋倾斜。该化合物属于单斜晶系。如图 5-63 所示，MnPc 分子单元沿 b 方向堆积形成两种一维结构，相应的夹角大约为 90°。单晶样品的低温磁性测量显示其自旋基态为 $S=3/2$，因此可以判断其自旋磁矩方向是垂直于四方形平面分子的（图5-64）。磁化率和磁化强度等磁性测量表明，每个一维结构内部 MnPc 分子间为铁磁性相互作用，相邻一维结构的磁矩与其垂直，因此产生了自旋倾斜导致的弱铁磁性，临界温度为 8.6K。

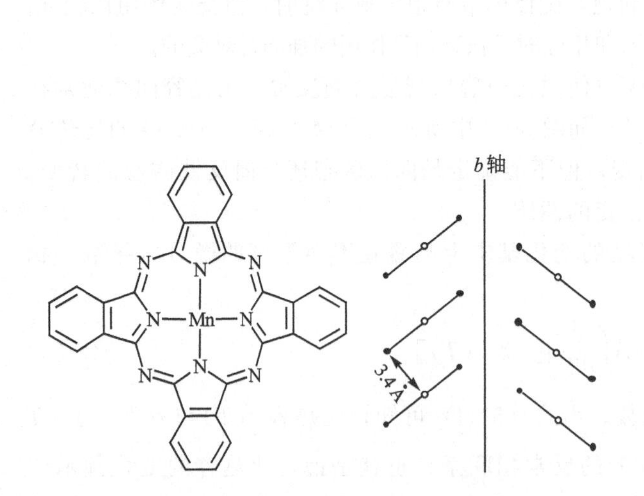

图 5-63 酞菁锰（MnPc）化合物的结构以及在空间沿 b 方向的堆积

图中空心原子为 Mn(Ⅱ) 离子，实心原子为氮原子

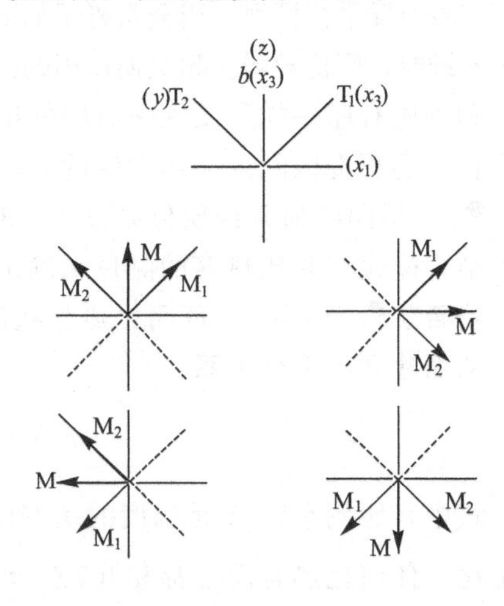

图 5-64 低温时酞菁锰（MnPc）的四种自旋结构

最终的自旋磁矩方向是沿 x_1 和 x_3 方向的，T_1 和 T_2 指四方形 MnPc 分子的两种格位

❶ (a) Keffer F. Handbuch der Physik: Vol. VXⅢ, part 2, page 1. New York: Springer, 1966; (b) Moriya T. Magnetism: Vol 1, Chapter 3. //Rado G T, Suhl H. New York: Academic Press, 1966。

❷ Mitra S, Gregson A K, Hatfield W E, Weller R R. Inorg. Chem., 1983, 22: 1729-1732。

5.3.8 与场有关的磁现象[1]：自旋翻转、场致有序和变磁性

实际研究中，由于外磁场的存在，会产生许多复杂的磁现象。

5.3.8.1 自旋翻转（spin-flop）

晶体中，平行于自旋排列的方向称为易磁化轴方向。图 5-65 是典型的反铁磁化合物的磁相图。由图 5-65 可见，在弱的磁各向异性的反铁磁体系中，当沿自旋排列易磁化轴方向施加外场时，外场将与体系内磁交换作用产生抗衡，使 T_c 随外场的增加而降低，导致体系的自旋在反铁磁态(AF)和顺磁态(P)之间存在明显的相边界。当 T 低于 T_c 时，在外场存在下体系可以从反铁磁态向自旋翻转态（SF）转变，发生一级相变。这种现象叫自旋翻转。在外场达到临界值（H_{SF}）时，自旋磁矩转向与外场垂直（图 5-65)，这是热力学有利的状态。保持温度不变，进一步增大外磁场会使亚晶格上的磁矩旋转，直到在临界场（H_c）下完全平行于磁场的方向，继续增加外场，会发生从自旋翻转态到顺磁态的转变。

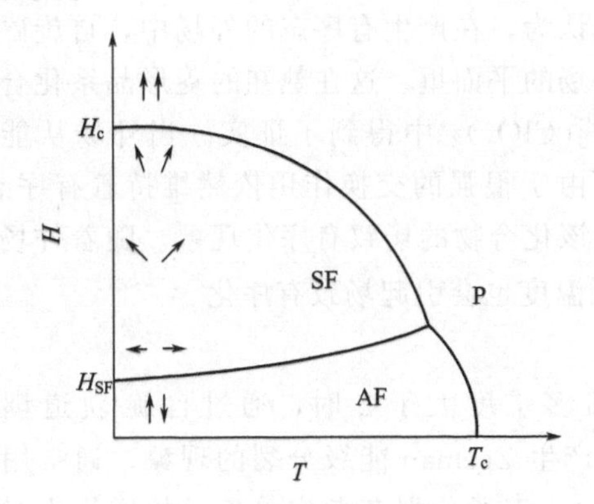

图 5-65 具有弱各向异性的反铁磁体的相图

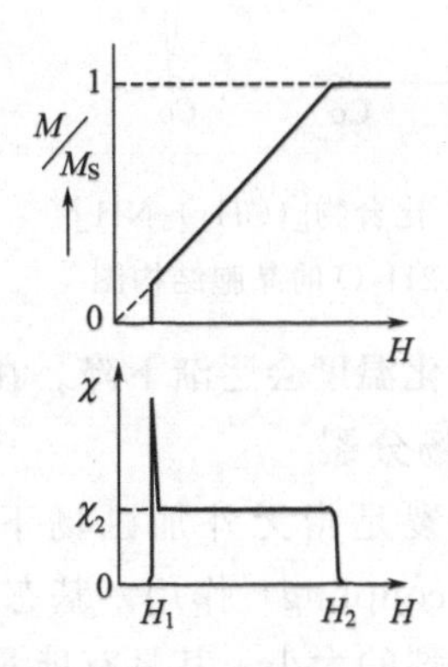

图 5-66 自旋翻转的等温磁化强度和微分磁化率随外场的变化曲线（H_1 和 H_2 分别相应于自旋翻转相变场 H_{SF} 和由翻转到顺磁相的相变场 H_c）

对于磁相变，在经过反铁磁态向自旋翻转态转变时，发生一级相变，磁化强度随场变化是不连续的；相反地，从反铁磁态向顺磁态以及从自旋翻转态向顺磁态转变时，发生二级相变，磁化强度随场变化是连续的，但其磁化率随场的变化不连续（图 5-66)。

5.3.8.2 变磁性

具有很强各向异性的反铁磁体在外场下不出现自旋翻转相，但是在具有竞争的相互作用时，可能发生一级相变，转变到具有净磁矩的某一相，这种性质被称为变磁性。如图 5-67 所示的化合物[$(CH_3)_3NH$]$CoCl_3$ · $2H_2O$ 是一个典型的变磁体，其临界温度 T_c＝4.2K。它具有二维结构，沿 b 轴的钴离子链内为铁磁耦合，在 c 方向上链间为铁磁相互作用，bc 平面间为反铁磁相互作用。在临界外场以下，其表现为反铁磁体；当外场高于临界场时，反铁磁性的排列被克服，从而转变为铁磁体。

必须注意的是，变磁性化合物的变磁性只能用外场存在时物质的行为来定义，其本质不同于弱各向异性的磁体系；对于变磁性化合物，尽管总的磁结构可能是反铁磁性的，但它必须具有不可忽略的铁磁性相互作用。

---

[1] Carlin R L，van Duyneveldt A J. Acc Chem Res，1980，13：231。

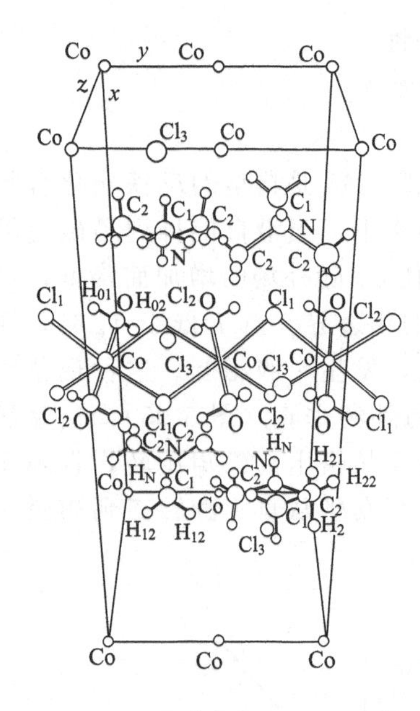

图 5-67 化合物$[(CH_3)_3NH]CoCl_3 \cdot 2H_2O$的晶胞结构图

5.3.8.3 场致有序

在正常情况下，化合物$Cu(NO_3)_2 \cdot 2.5H_2O$中自旋的成对能占优势，当温度趋于零时，它不会出现长程有序。在零外场时，该化合物表现出弱相互作用的二聚体的磁行为，但是当外磁场增大到3.6T时，体系的比热容反常，显示出长程磁有序行为。这种现象称为场致有序。在外场的作用下，原子能级会发生Zeeman分裂。在严格条件下，如果沿平行于某一晶轴的方向施加强磁场，高能级之一的能级将会下降、与一个低能级在能级交叉场处相交并混合，在场强更大时继续分开。在这种情况下，体系的自旋将通过成对间的相互作用、经过相变达到长程磁有序。若体系没有能级交叉，则只出现磁场下的顺磁饱和现象。

分子场理论认为，在产生有序态的外场中，自旋磁矩应该在垂直于外场的平面里。这在熟知的菱形晶系化合物$[Ni(C_5H_5NO)_6](ClO_4)_2$中得到了证实。当外场从能级交叉场撤掉时，由于很强的交换作用依然维持着有序态，因而仍能观察到该化合物的场致有序化现象。随着外场的降低，有序化温度会逐渐下降。在临界场时，降低温度也会引起场致有序化。

5.3.9 零场分裂

零场分裂是指无外加磁场下，当基态的自旋多重度大于2时，通过自旋-轨道耦合（spin-orbit coupling）作用，基态与激发态将耦合产生Zeeman能级分裂的现象。通常用D表示零场分裂的大小，其具有能量单位K(Kelvins)。零场分裂在考虑单离子的磁行为时非常重要，它可以引起单离子的各向异性，造成磁化率偏离居里定律；同时对分析各向异性的交换作用和自旋倾斜问题都非常重要。

下面以八面体场中的镍(Ⅱ)离子为例来分析零场分裂。当镍(Ⅱ)离子处于正八面体场时，对称性为O_h；也可将其对称性视为O，因为以O_h群的纯转动子群O处理问题已经足够。在O群中，由$(t_2)^6(e)^2$电子组态产生的基态为$^3A_2$，由$(t_2)^5(e)^3$电子组态产生的第一激发态为$^3T_2$。假设镍(Ⅱ)的配位环境经过一个三方畸变的过程，即，对称性由O变为D_3，伴随着对称性的降低，激发态$^3T_2$分裂成$^3A_1+^3E$；而基态$^3T_2$不分裂。在O对称性下，$S=1$的自旋三重态按T_1变换，自旋-轨道耦合使得$^3T_2$分裂成$T_1 \times T_2 = A_2+E+T_1+T_2$，而$^3A_2$演变成$T_1 \times A_2 = T_2$。单独考虑对称性降低或者自旋-轨道耦合都不会影响相应基态能级的简并度。但是，当两种微扰同时存在时，由自旋-轨道耦合产生的基态T_2通过畸变的微扰将分裂成A_1+E，其激发态组分T_1和T_2在D_3群中分别产生了A_2+E和A_1+E能级；而在D_3对称性下，$S=1$的自旋三重态按(A_2+E)变换，畸变情况下的基态$^3A_2$通过自旋-轨道耦合的微扰分裂成$(A_2+E) \times A_2 = A_1+E$，而其激发态演变成$A_1+2A_2+3E$。重要的是，通过基态与激发态的相互作用稳定了基态分裂产生的组分。如果D_3对称性的轴向不是拉长而是缩短，则基态的三重简并将完全消失。图5-68描述了这种变化的过程。

以上的讨论可以扩展到其他自旋多重度大于2的体系。当自旋多重度为偶数（即单电子数为奇数）时，体系在零场中的自旋简并并没有完全消失。当对称性足够低时，所有的能级将产生称为Krames的二重简并。产生零场分裂并不总是需要构型的畸变和自旋一轨道耦合的协同效应。

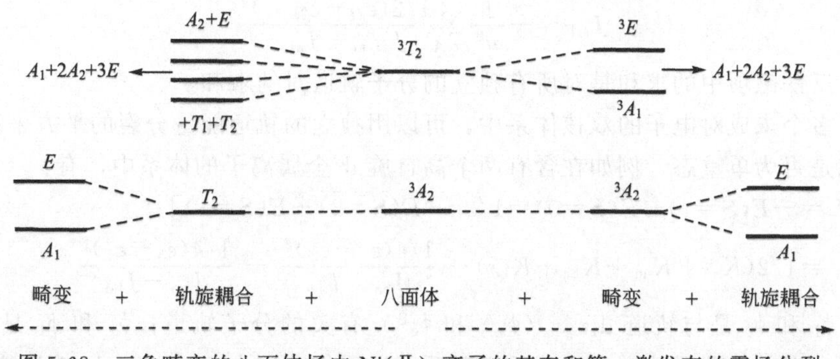

图 5-68　三角畸变的八面体场中 Ni(Ⅱ) 离子的基态和第一激发态的零场分裂

5.3.10　磁耦合及其理论模型

在双核和多核配合物中，顺磁性金属离子间的距离通常较远。为了增强顺磁性中心之间的相互作用，通常会选择一些尽可能短的桥联配体。尽管如此，顺磁性金属离子之间直接的自旋交换作用比通过桥联配体进行的超交换作用要弱得多。因此，超交换作用对研究配合物结构和磁性之间的关系更为重要。

Anderson 以共价键形式为基础，成功地建立了能够计算耦合金属对的能级次序的超交换耦合近似分子轨道理论模型[1]。Hoffmann[2] 和 Kahn[3] 等人在 Anderson 基本模型的基础上分别提出了两个近似的分子轨道理论模型。

5.3.10.1　Hoffmann 理论

Hoffmann 理论使用正交磁轨道，考虑了基态与激发态间的相互作用。以双核铜配合物为例，结合公式(5-44)，磁耦合常数与体系两个最高被占轨道的能量以及电子积分间的关系为：

$$-2J=-2K_{ab}+\frac{(\varepsilon_1-\varepsilon_2)^2}{J_{aa}-J_{bb}} \tag{5-55}$$

式中　$\varepsilon_1-\varepsilon_2$——体系三重态的两个单占分子轨道 (SOMO) ϕ_1 和 ϕ_2 能量差；

K_{ab}——两电子交换积分；

J_{aa}，J_{bb}——两电子库仑积分。

公式(5-55) 中第一项对耦合常数 J 为铁磁贡献，第二项对耦合常数 J 为反铁磁贡献。

对于 ε_1 和 ε_2 简并的情况，三重态为基态，$2J=2K_{ab}(K_{ab}>0)$。当两个单占分子轨道的单线态和三线态的能级分裂足够大时，单重态为基态。因此 $(\varepsilon_1-\varepsilon_2)^2$ 通常作为衡量两种自旋态能级分裂的标准。

对于含有 m 个未成对电子的 d^n 金属离子的情况，通常可以把未成对电子的分子轨道组合成 m 个相对独立的轨道对 $[(\phi_1,\phi_2),(\phi_3,\phi_4),\cdots]$，形成的局域分子轨道为：$[(\phi_{a1},\phi_{b1}),(\phi_{a2},\phi_{b2}),\cdots]$。对于自旋为 S_A 的同双核体系，不同自旋状态 ($S_A=0,1,2,\cdots,2S_A$) 间的能量差为：

$$E(S)-E(S-1)=-2SJ \tag{5-56}$$

与双核铜的情况一样，耦合常数 J 也可以分解为铁磁相 (J_F) 和反铁磁项 (J_{AF})。

$$J=J_F+J_{AF} \tag{5-57}$$

$$J_F=\frac{1}{m^2}\sum_{i\in A}\sum_{j\in B}K_{ij} \tag{5-58}$$

---

[1] Anderson P W. Phys. Rev.，1959，115：2。

[2] Hay P J，Thibeault J C，Hoffmann R. J. Am. Chem. Soc.，1975，97：4884-4899。

[3] Kahn O. Inorg. Chim. Acta.，1982，62：3-14。

$$J_{AF}=-\frac{1}{m^2}\sum_{i=A}\frac{1/2(\varepsilon_{2i}-\varepsilon_{2i-1})^2}{J_{ai,ai}-J_{ai,bi}} \tag{5-59}$$

其中，反铁磁项中的求和是对所有独立的分子轨道对的求和。

在含有多个未成对电子的双核体系中，可以用独立的轨道能量分裂的平方来衡量反铁磁耦合的基态是否为单重态。例如在含有两个高自旋 d^8 金属离子的体系中，有：

$$\begin{aligned}2J&=-E(S=1)-E(S=0)=1/2[-E(S=2)+E(S=1)]\\&=1/2(K_{ac}+K_{ad}+K_{bc}+K_{bd})-\frac{1/4(\varepsilon_1-\varepsilon_2)^2}{J_{aa}-J_{ac}}-\frac{1/4(\varepsilon_3-\varepsilon_4)^2}{J_{bb}-J_{bd}}\end{aligned} \tag{5-60}$$

其中，ϕ_1 和 ϕ_2 是与轨道 $d_{x^2-y^2}$（$\phi_a{}^A$ 和 $\phi_c{}^B$）有关的分子轨道；ϕ_3 和 ϕ_4 是与轨道 d_{z^2}（$\phi_b{}^A$ 和 $\phi_d{}^B$）有关的分子轨道，因此反铁磁项可以看作分别由 $d_{x^2-y^2}$ 和 d_{z^2} 轨道能级的贡献。

5.3.10.2 Kahn 理论

解释磁交换作用机理的第二个理论模型是 Kahn 在 1982 年提出的。该模型采用自然磁轨道，把耦合体系中的金属离子看作单核片断，其最高被占轨道称为磁轨道，而且只有磁轨道才对磁耦合有贡献，从而推导出体系单重态和三重态的能量差与磁轨道相互作用之间的关系。

如 A-B 双金属配合物体系，A 和 B 表示被端基和桥联配体包围的金属离子，假设 A 和 B 周围均有一个未成对电子，在没有相互作用的情况下，A 周围的未成对电子主要集中在金属离子 A 上，但可以部分地离域到周围的端基和桥联配体上，用 ϕ_A 表示。同样，金属 B 周围的未成对电子用 ϕ_B 表示。ϕ_A 和 ϕ_B 称为磁轨道。

该理论提出了两点假设：

① 金属离子 A 和 B 间的相互作用很弱，那么 $S=0$ 和 $S=1$ 的状态可以通过磁轨道构成的 Heither-London 波函数描述；

② A^+-B^- 或 A^--B^+ 类型的金属间电荷转移的能量非常高，其与基态 A-B 构型的耦合可以忽略，那么，单重态和三重态间的能量差为反铁磁和铁磁组分之和：

$$J=J_F+J_{AF} \tag{5-61}$$

$$J_F=2j$$

$$J_{AF}=-2S\sqrt{\Delta^2-\delta^2}$$

式中 Δ——自旋态 $S=1$ 时 A-B 双核化合物的磁轨道形成的两个单占分子轨道的能级差；

δ——两个磁轨道 ϕ_A 和 ϕ_B 间的能级差（图 5-69）；

S——磁轨道间的重叠积分；

j——两电子的交换积分。

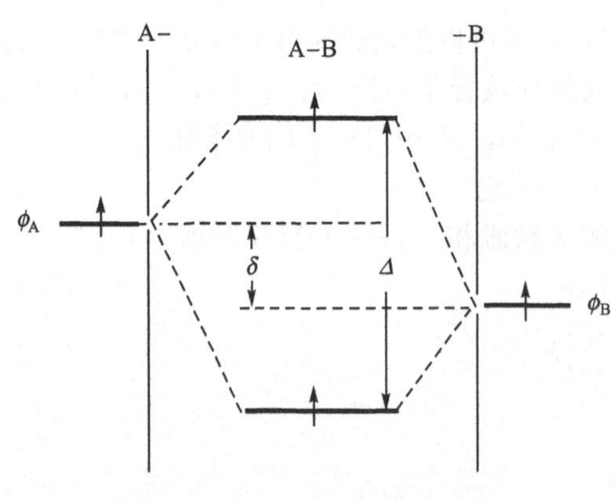

图 5-69 在 A—B 双核配合物中，磁轨道 ϕ_A 和 ϕ_B 构成的分子轨道

定义两个磁轨道间的重叠密度为：

$$\rho(i)=\phi_A(i)\phi_B(i) \tag{5-62}$$

那么

$$S=\int_{space}\rho(i)d\tau_i \tag{5-63}$$

$$j=\int_{space}\frac{\rho(i)\rho(j)}{r_{ij}}d\tau_i d\tau_j \tag{5-64}$$

假如 A 和 B 相同，则 ϕ_A 和 ϕ_B 具有相同的能级，$\delta=0$。那么：

$$J_{AF}=-2\Delta S \tag{5-65}$$

因此，Kahn 模型中单重态和三重态的能

量差 J，即耦合常数的性质和大小取决于以单重态为基态的反铁磁耦合 J_{AF} 与以三重态为基态的铁磁耦合 J_F 两方面的竞争。J_{AF} 的绝对值取决于磁轨道间的重叠密度 S 和能级差 $(\Delta^2-\delta^2)^{1/2}$。在一级近似中，$(\Delta^2-\delta^2)^{1/2}$ 和 S 是成比例的，所以 J_{AF} 可以大致视为随 $-(\Delta^2-\delta^2)$ 或 S^2 变化。J_F 和两电子交换积分 j 有关。在多原子桥联多核配合物中，反铁磁组分占主要地位是最常见的情况，此时体系需要具有非常大的能级差 Δ。

最简单的体系是磁轨道本身不利于相互耦合的情况。这时磁轨道任何点上的重叠密度 ρ 可以忽略，因此 S、J、J_{AF} 和 J_F 都为零。化合物的宏观性质表现为两个单粒子磁性的简单加和。另外一种是尽管重叠密度 ρ 不为零，但 $S=0$ 的体系。这一体系理论上较为简单，但在实验上极其重要。它的反铁磁组分 J_{AF} 为零，实验上观察到的交换能级差近似为铁磁耦合值 J_F 的贡献，即所谓的磁轨道正交。

轨道正交又分为磁轨道的严格正交和偶然正交。磁轨道严格正交与体系的对称性有关。由体系对称性所致的磁轨道重叠密度正负抵消，导致重叠积分为零，从而产生铁磁耦合的现象为磁轨道的严格正交。磁轨道偶然正交与体系的对称性没有直接关系。当体系的结构因子处于某些特定值时，也可能导致磁轨道的重叠密度正负抵消，使重叠积分为零。磁轨道的偶然正交现象是无法预测的。

5.3.11 近年来配合物磁性研究的热点

分子磁性研究的内容主要分为三个部分：①对分子内自旋中心之间相互作用及其机理的实验和理论的研究，其目的在于发现和研究新的物理现象；②对各种耦合体系的研究，目的在于表征体系内磁相互作用的品质和大小 (J)，揭示磁耦合机理，探讨分子磁性与结构之间的相关性，为设计合成具有预期耦合作用的磁性分子提供理论模型；③分子基磁体的另一重要研究目的是获得新的磁功能及相关功能材料，为分子电子学提供材料基础。

5.3.11.1 高 T_c 的分子基磁体

T_c 远低于室温是制约分子基磁体发展和应用的主要因素之一，因此高 T_c 分子磁体的设计合成一直是该领域研究的热点。T_c 的高低很大程度上决定于分子间（或链间、层间）磁耦合作用的类型和大小，而分子间磁相互作用一般较弱，因而分子磁体的 T_c 温度一般较低。目前通常采用的方法有：①选用轨道对称性匹配的桥联配体；②提高配合物的结构维数；③选用总自旋量子数大的顺磁离子。

现在人们设计合成高 T_c 的分子基磁体主要采用 Kahn 提出的“亚铁磁途径”。具有三维结构的普鲁士蓝类配合物中磁相互作用都是通过化学键传递的，往往具有较高的 T_c 值，但其代价是分子性的部分丧失。1956 年，Bozorth 等首次对普鲁士蓝类配合物的磁性进行研究，合成了 T_c 高达 50 K 的分子基磁体[1]，受到了广泛的关注。研究发现，构筑三维的普鲁士蓝类配合物有利于提高分子的 T_c 值。已经报道的高 T_c 普鲁士蓝类似物有：$CsNi[Cr(CN)_6]\cdot 2H_2O$ (T_c=90K)，$Cr_3[Cr(CN)_6]_2\cdot 10H_2O$ (T_c=240K)，$K_{0.5}V^{II/III}[Cr(CN)_6]_{0.95}\cdot 1.7H_2O$ (T_c=350K)，$KV^{II}[Cr(CN)_6]\cdot 2H_2O$ (T_c=376K) 等。

但这些化合物在空气中不稳定。如何获得稳定的高 T_c 分子基磁体仍然是当前分子基磁体研究的主要目标之一。Ruiz 等从理论上推测，选择轨道耦合匹配的顺磁离子来构筑普鲁士蓝类化合物可以有效提高分子基磁体的临界有序温度，并预言分子基磁体铁磁有序的最高温度可能出现在 $Mn^{IV}Ni^{II}$ 体系中，而亚铁磁有序的最高温度可能出现在 $M^{III}M^{II}$ 体系中：

---

[1] (a) Bozorth R M, Williams H J, Walsh D E. Phys Rev, 1956, 103: 572; (b) Holden A N, Matthias B T, Anderson P W. Phys Rev, 1956, 102: 1463。

$Cr^{Ⅲ}V^{Ⅱ}$（$T_c = 315K$），$Cr^{Ⅲ}Mo^{Ⅱ}$（$T_c = 355K$），$Mn^{Ⅲ}V^{Ⅱ}$（$T_c = 480K$），$Mo^{Ⅲ}V^{Ⅱ}$（$T_c = 552K$）等[55]。

5.3.11.2 低维分子基磁体研究

低维分子基磁体包括单分子磁体（single molecular magnet，SMM）和单链磁体（single chain magnet，SCM）。

（1）单分子磁体（single molecular magnet，SMM）

1993年，科学家发现纳米级的金属离子簇配合物$[Mn_{12}O_{12}(O_2CMe)_{16}(H_2O)_4]\cdot 2(CH_3COOH)\cdot 4H_2O$有异常的单分子磁弛豫效应，从此开辟了分子磁学的又一个研究领域——单分子磁体❶。单分子磁体是一种可磁化的分子，其分子磁矩的取向发生反转时需要克服较大的能垒，这种能垒来自于高自旋基态负的磁各向异性，而磁各向异性又是由零场分裂造成的。由于能垒较大，分子的磁矩或自旋在低温下的反转相当缓慢，因而单分子磁体具有量子隧穿效应和慢的磁弛豫现象（图 5-70）。

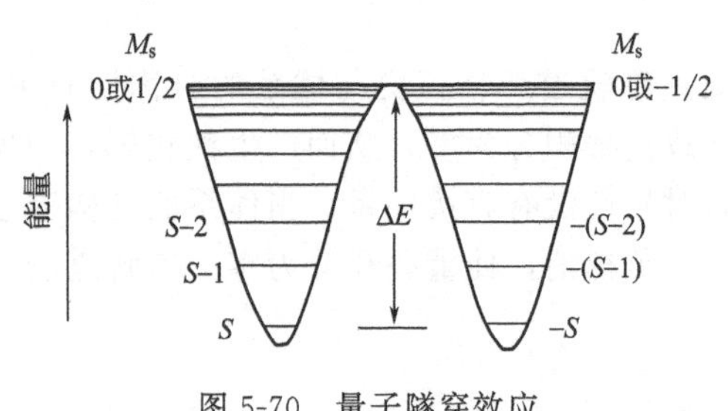

图 5-70 量子隧穿效应

单分子磁体是一种真正意义上纳米尺寸（分子直径1～2 nm）的分子基磁体，由相对独立的分子单元构成，因而具有单一固定的尺寸而不是一定范围内的尺寸分布。单分子磁体可以简单地通过溶液方法合成，纯化较容易，溶解性好，可以溶于常用的有机溶剂中，而且易于通过合成化学进行调控或修饰，可以满足形状、尺寸、自旋的不同要求。与三维扩展晶格（如金属、金属氧化物、金属配合物等）构成的磁体相比，构成单分子磁体的分子单元间不存在磁学意义的相互作用。磁体的性质来源于单个分子本身，而不像常规磁体那样来源于晶体中大量自旋载体分子间的相互作用及长程有序的结果。单分子磁体是一种可磁化的高自旋纳米级分子，其分子磁矩的取向发生反转时需克服一个较大的势垒，在一定温度范围内表现出超顺磁性。由于具有较大的势垒，在外磁场的作用下，它们的磁矩可以统一取向。当外场去掉后，如果温度足够低，分子的磁矩（自旋）重新取向的速度非常缓慢，出现磁滞现象。某些单分子磁体还表现出“量子磁滞”现象（量子磁滞：磁滞回线中出现多个台阶式跳跃变化）。一般顺磁分子的磁弛豫时间高达纳秒量级，可以和外加磁场保持相位的匹配。但如果外场很强或样品具有较大的各向异性即样品对于外场的同步性较差，那么就可以观察到一定的异相（虚部，out-of-phase）磁化率信号。单分子磁体的虚部磁化率对温度的极值与外场频率相关，并且虚部的磁化率的极值温度常落在实部（in-phase）磁化率温度曲线上下两拐点的陡变区间，这类现象被认为是超顺磁的体现❷。

一个分子要作为单分子磁体，必须具备以下两个条件：①具有较大的基态自旋S_T，如Mn_{12}和Fe_8的基态$S_T=10$，即要求团簇中的自旋通过铁磁作用尽量平行排列，大的基态自旋的产生来源于分子内铁磁相互作用或由特定的拓扑结构导致的自旋阻挫（spin frustration），尤其是后者在多核Mn单分子磁体中更为常见。②具有较大的单轴各向异性（negative anisotropy），即具有较大的负D值，以保证最大的自旋态能量最低。这种各向异性的

❶ (a) Hendrickson D N，Christou G. Chem，Commun，2001，467. (b) Murugesu M，Habrych M，Wernsdorfer W，Abboud K A，Christou G. J Am Chem Soc，2004，126：4766。

❷ Yang C I，Wernsdorfer W，Lee G H，Tsai H L. J Am Chem Soc，2007，129：456。

产生来源于分子基态中单个金属离子的零场分裂。通常选用的离子有 Mn^{III}、$Fe^{III/II}$、V^{III}。它们具有较大的负 D 值。在以上条件满足时，单分子磁体在分子磁化强度矢量重新取向时存在一个明显的能量壁垒，从而导致低温下翻转速率减慢，即磁化弛豫作用（relaxation of magnetization）的发生。它可以通过热激发、量子隧穿等方式弛豫回平衡态。弛豫过程需要克服的最大能垒（从 $M_s=\pm S_T$ 到 $M_s=0$ 之间的能量）为：

$$\Delta E=-DS_T^2(S_T=\text{整数})\text{或}\Delta E=-D(S_T^2-1/4)(S_T=\text{半奇整数})$$

目前已报道的化合物表现出超顺磁性的温度都很低（<10K），使其应用研究受到极大限制。要提高这一温度，关键是①分子基态具有更高的自旋；②分子基态具有更大的磁各向异性（来源于大的零场分裂）；③分子内磁相互作用更强，以提高激发态与基态的能差，保证工作温度下只有基态有热布局。

单分子磁体的研究开辟了分子基纳米磁化学的新领域，并成为连接量子力学和经典力学的桥梁。SMM 可以看成是分子基磁体和纳米磁性材料的交叉点，但获得完全符合应用要求的单分子磁体却是一个极富挑战性的课题。人们研究单分子磁体主要有以下两个目的：在理论上，单分子磁体可作为在宏观尺度上量子力学行为与经典力学行为的转换，对单分子磁体的研究有助于对纳米尺寸磁性粒子物理本质的理解，揭示量子力学行为是如何在宏观尺度上起作用，从而解释宏观磁学行为；在应用上，由单个分子构成的纳米级单分子磁体可被用于分子水平的信息储存，有可能研制开发高密度的信息存储设备，以应用于未来的量子计算机。

（2）单链磁体（single chain magnets，SCM）

单链磁体是指在一个维度上磁性中心之间具有强的磁相互作用，而在另两个维度上磁相互作用非常弱的一维 Ising 链。1963 年，Glauber 从理论上预言 Ising 磁链会表现出缓慢的磁弛豫现象[59]。2001 年，Gatteschi 报道了$[Co(hfac)_2]$(NITPhOMe)（ITPhOMe＝4′-methoxy-phenyl-4,4,5,5-tetramethylimidazoline-1-oxyl-3-oxide，hfac＝hexafluoroacetylacetonate）❶，从理论上证实了 Glauber 的推测，并以此为基础定义了“单链磁体”。接下来，Miyasaka 和 Clérac 等设计合成了 Mn^{III}-Ni^{II} 亚铁磁链、Fe^{III}-Co^{II} 铁磁链、同自旋 Co^{II} 铁磁链、同自旋 Co^{II} 弱铁磁链等具有 SCM 性质的化合物❷。

相对于 SMM 来说，SCM 的 T_B 较高，具有更好的应用前景，引起众多科学家的兴趣。设计 SCM 主要需考虑三个因素：①磁链必须是 Ising 链，即自旋载体需具有强的单轴各向异性，常用的金属离子有 Mn^{III}、Co^{II}、Ln^{III} 等；②磁链必须有净的磁化，自旋不能完全抵消，目前报道的主要有铁磁链、亚铁磁链和弱铁磁链；③尽可能增加链间距离以避免三维有序，以使链间基本没有相互作用。SCM 的一个主要应用也是高密度的微观信息存储材料。

5.3.11.3 自旋交叉（spin-crossover，SCO）配合物

分子双稳态的研究日益引起化学、物理学以及材料科学研究者的兴趣，主要是因为对分子双稳态的研究不仅有很好的理论价值，而且在开发新一代的分子器件方面也有着广阔的应用前景❸。

---

❶ Caneschi A，Gatteschi D，Lalioti N，Sangregorio C，Sessoli R，Venturi G，Vindigni A，Rettori A，Pini M G，Novak M A Angew. Chem. Int. Ed.，2001，40：1760。

❷ Miyasaka H Clérac R B. Chem. Soc. Jpn.，2005，78：1725。

❸ Philipp Gütlich，Harold A Goodwin. Spin Crossover in Transition Metal Compounds Ⅰ-Ⅲ. Springer，2004。

所谓双稳态是指在一定外界条件诱导下，分子可分别处在两种稳定或介稳的电子状态。一些具有 $d^4 \sim d^7$ 电子构型的八面体过渡金属配合物具有高自旋（HS）和低自旋（LS）两种状态，当 d 轨道分裂能（Δ）和平均电子成对能（P）的大小接近的时候，适当的外界微扰可能引起中心金属离子 d 电子的重新排布，从而导致配合物中心离子的自旋状态发生转变，这一现象称为自旋转变（spin-transition）或自旋交叉现象（spin-crossover）。比如，在八面体场中，d^6 电子组态的金属离子存在两种不同的电子排布方式（图 5-71）。高自旋的电子组态为（t_{2g}）^{4}（e_g）^{2}（对应谱项 $^5T_{2g}$）；低自旋的电子组态为（t_{2g}）^{6}（e_g）^{0}（对应谱项 $^1A_{1g}$）。引起体系发生自旋翻转的外界微扰可以是温度、压力或光辐射等，并且在热、压力或光诱导自旋交叉现象的同时会伴随着其他一些协同效应，比如配合物颜色的改变，大的热滞后效应等。一些热诱导的自旋交叉配合物在 T_c 附近很窄的温度范围内，其磁化率发生了突变，利用这一特点可以开发快速热敏开关。1984 年，Gütalich 等发现光诱导自旋交叉效应（light induced electronic spin state trapping，LIESST）后，这种通过不同的激发光来选择不同自旋状态的特性，清楚地表明了光诱导自旋交叉效应作为新型光开关材料的应用价值。自旋交叉配合物是开发新型热开关、光开关和信息存储元件材料的理想分子体系。

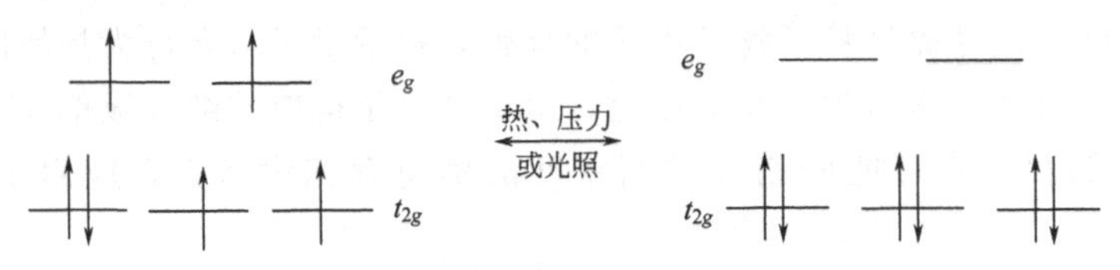

图 5-71　自旋交叉效应示意图

对自旋交叉现象的研究可追溯到 20 世纪 30 年代。Cambi 在研究 Fe(Ⅲ)配合物时，发现其中一些配合物的磁矩随着温度的变化发生突变，这种现象意味着在温度的变化过程中这些配合物中心的 Fe(Ⅲ)的电子构型发生了变化。到了 80 年代中期，人们逐渐地认识到配合物的自旋交叉现象可能在未来的分子电子材料，如分子开关、信息存储介质材料方面有着广阔的应用前景。迄今为止，自旋交叉配合物体系已从最初的 Fe(Ⅲ)配合物体系扩展到 Co(Ⅱ)、Co(Ⅲ)、Mn(Ⅲ)、Cr(Ⅲ)等过渡金属配合物体系，并从早期的仅限于单核自旋交叉配合物体系扩展到了多核配合物和配位聚合物。

出于应用方面的考虑，研究者不断地开发出新的双稳态分子体系，同时也不断地改进这类材料的一些性能，比如调节高、低自旋态之间转变的温度，使 T_c 值接近室温，增大热滞后效应等。Kahn 研究组在理论上提出增大分子间的协同作用将有利于提高自旋交叉配合物的 T_c 值和增大热滞后效应，并已制备了多种具有自旋交叉性质的配位聚合物。

诱导自旋交叉包括三种途径：即热诱导的自旋交叉，压力诱导的自旋交叉，光诱导的自旋交叉。

当配合物所受的外部压力发生改变时，配合物的固态结构发生变化，常常伴随着中心金属离子和配体之间配位键键长的改变，中心金属离子与各配体之间的成键作用的强弱也会相应地有所改变，即配位场分裂能发生改变。这样可能会引起中心金属离子 d 电子的重排，配合物的自旋状态自然也随之改变，即压力诱导了自旋交叉效应。

自旋交叉配合物在高、低自旋状态时电子结构不同，因此配合物在不同自旋状态时的电子光谱会有差异。通过不同波长的光激发高、低自旋状态，就可以调控配合物在高、低自旋状态之间的相互切换，即光诱导自旋交叉。Sato 等人第一次在 Fe(Ⅲ)的配合物 {[Fe(pap)$_2$]ClO$_4$·H_2O；Hpap＝4-(2-pyrrolylmethylideneamino)antipyrine} 中观察到了光诱导自旋交叉现象。该化合物内存在着很强的分子间 π-π 相互作用，从而增加了自旋态间相互转化的活化能[1]。在其他 Fe(Ⅲ）的配合物体系内也相继观察到光诱导自旋交叉现象。

配合物的自旋交叉性质还受其他因素的影响，包括配体、溶剂以及抗衡离子等。①配体及其取代基的影响：配体或者只是取代基不同，都可以导致中心离子的配位场分裂能的大小发生变化，从而可能影响配合物的自旋交叉性质。②在自旋交叉配合物的主晶格中掺杂其他离子形成分子合金对自旋交叉性质的影响。③未参与配位的抗衡离子的影响：由于自旋交叉现象的产生是分子间协同作用的结果，自旋交叉体系中的抗衡离子，比如，未配位阴离子是协同效应的来源之一，所以，非配位阴离子能强烈地影响自旋交叉的类型和性质。④非配位溶剂分子的影响：和非配位阴离子一样，配合物中心离子的配位层外的溶剂分子也能通过使晶格发生微小的变化来影响配合物自旋交叉的性质。

要实现自旋交叉配合物的应用还必须具备其它条件，比如转变应是突跃式的，并且发生转变时的温度一般应在室温附近；用于信息存储技术的配合物发生转换时应有滞后效应；对于某些应用应伴随变色现象等。随着具有新颖磁学功能的新型自旋交叉配合物被发现，利用此类材料开发分子电子器件必将成为现实。

5.3.11.4 纯有机磁体

近 20 年来，纯有机铁磁体的研究逐渐引起人们的注意，一些有机聚合物铁磁体相继被合成出来。有机分子固体中出现铁磁性的物理机制不同于铁、钴、镍等传统磁性材料。

早在 1963 年，McConnell 就指出分子磁性材料中自由基（radicals）的重要性，并提出自由基之间正负自旋密度间的 Heitler-London 自旋交换耦合模型[2]。20 世纪 80 年代中期，Iwamura 等人合成一种新型聚合物 *m*-PDPC(*m*-polydiphenylcarbene)，该聚合物中的苯环通过碳原子相互连接形成一维聚合结构，碳原子含有一个 π 电子和一个未成键的局域电子，苯环内有六个 π 电子。π 电子之间的相互关联使它们产生反铁磁有序，但由于每个基团单元内有七个 π 电子，因此，每个单元内有一个未配对 π 电子存在。各单元内未配对 π 电子之间的相互作用将可能导致体系呈现一种宏观的铁磁态。目前合成的其他有机磁性材料还有 poly-BIPO 等。但一般情况下，纯有机铁磁体仍然具有稳定性差、T_c 太低等不足，因此纯有机铁磁体目前仅限于理论研究，离实际应用还相距甚远。

5.3.11.5 多功能复合磁体

多功能复合磁体是指将分子磁性与其他的物理、化学性质等在同一材料中组合，以形成具有双功能乃至多功能的分子材料，并研究各种性质间的相互作用、相互联系与相互影响，如光-磁、电-磁、多孔-磁等两种以上功能的复合。就目前而言，分子磁体研究中一个重要趋向是向体系中引入光、电或催化等其它功能性单元，得到复合功能材料。其中，设计合成同时具有磁性和光学性质的手性磁体是一个颇具挑战性的研究方向。

（1）分子基光磁体

分子基光磁体是指在分子水平上受到光激发后宏观磁性质发生变化的化合物。比如在 3d～4f 体系中，由于 4f 电子独特的光学性质，在光诱导下可以改变分子材料磁性中心间的相互作用，还可以引起体系内部的能量转移和重新分布。选择合适的 3d 或 4f 发色团，则有可能获得全新的磁-荧光复合分子。此外，3d～4f 分子材料常会出现非中心对称结构，这将使配合物表现出非线性光学性质。因此在光诱导下的 3d～4f 分子材料磁性质的变化，以及

---

[1] Hayami S，Gu Z，Shiro M，Einaga Y，Fujishima A，Sato O. J Am Chem Soc，2000，122：7126。

[2] McConnell H M. J. Chem. Phys.，1963，39：1910。

外磁场对 3d～4f 光学效应的作用都是崭新的研究领域。氰化物体系中，主要有两类配合物表现出光-磁效应：①普鲁士蓝类似物体系[$(LS)Co^{III}$-$(LS)Fe^{II}(CN)_6$]/[$(HS)Co^{II}$-$(LS)Fe^{III}(CN)_6$]，光诱导可以增大该体系的磁化强度，提高有序温度；②[$Mo^{IV}(CN)_8$-Cu^{II}]体系[1]，该类体系在光辐射前表现为顺磁性，经光辐射后低场下的磁化强度迅速增加，由顺磁性配合物转变为分子基铁磁体。从潜在的应用性而言，对光有可逆磁响应的物质可用作可擦写的记录材料。

(2) 导电磁体

电-磁之间的关系一直是物理学、化学研究的热点，但研究一个分子内的电-磁之间的相互影响与调控则相对较为少见。西班牙 Coronado 等人将导电基团 BEDT-TTF 引入到具有开壳层离子的磁性分子体系中，得到了具有二维晶体结构的电-磁双功能化合物 [BEDT-TTF]$_3$ [$MnCr(C_2O_4)_3$]。虽然导电基团的引入并没有对分子的磁性产生明显的影响，但在低温下的导电行为却受到外磁场的影响，表现出一定的磁场依赖性[2]。

(3) 手性磁体

手性配合物由于在不对称催化、非线性光学材料和磁性材料等方面的潜在应用价值，引起了研究者的浓厚兴趣[3]。手性磁体的设计与合成是一项极富挑战性的工作。

比较常见的一类手性磁体是金属-自由基手性磁体。1811 年，Arago 等人发现偏振光的偏振平面在通过手性介质之后可以发生旋转（自然光学活性）。1846 年，Faraday 发现磁场也可以使偏振光的偏振平面发生旋转（磁光学活性）。百余年来，科学家们试图寻找自然光学活性和磁光学活性之间的联系，但均以失败告终。1982 年，物理学家从理论上预言，手性物质的光学性质会受到外加磁场的影响。当光的传播方向与磁场平行或反平行时，手性物质的光学活性有一定的差别，这种差别与光的偏振状态无关，但与手性有关。对于一对对映体，这种差别表现为相反的符号。这一效应被称作“磁-手征二色性”（magneto-chiral dichroism，MChD）。1997 年，Rikken 和 Raupach 在顺磁性物质 [*trans*(3-trifluorocaetyl-(±)-camphorato)-europium(Ⅲ)] 的溶液中首次观察到微弱的 MChD 效应。2000 年他们利用这一效应在光化学反应中实现了对映体的部分拆分。由于 MChD 效应的强弱与介质的磁化强度有关，人们期望利用高磁化强度的手性介质获得较强的 MChD 效应。这一思想为分子磁性开辟了新的研究领域。Inoue 通过引入手性配体将分子的手性跟磁性组合起来，得到手性磁体。这些磁体在磁场下具有圆二色效应。由于手性磁体一定属于手性空间群或 Sohncke 空间群（参见 8.1.5.2），因此可能具有二阶非线性效应。在已报道的工作中，以非手性双（二齿）二嗪类席夫碱配体或类似结构配体为辅助配体，合成了一系列 Mn(Ⅱ)的叠氮桥联配位化合物，并研究其磁性和结构的相关性[4]。

手性配合物的获取主要有三种方法：一是采用手性拆分剂，对不含手性配体的唯手性金属中心配合物进行拆分；二是从手性配体出发，通过立体选择性合成得到，三是利用结晶过程中的自发拆分或绝对不对称合成。目前主要是通过前两种方法得到手性配合物，利用第三种方法的实例还不多见。

早在 1848 年，Louis Pasteur 就已发现了自发拆分现象。但通过自发拆分通常得到对映

---

[1] Ohkhoshi S I，Machida N，Abe Y，Zhong Z J，Hashimoto K. Chem Lett，2001，312。

[2] Coronado E，Galan-Mascaros J R，Garcia C J G. Nature，2000，408：447。

[3] Rikken G L J A，Raupach E. Nature，1997，390：493。

[4] Gao E Q，Yue Y F，Bai S Q，He Z，Yan C H. J Am Chem Soc，2004，126：1419。

异构体等量的外消旋混合物，绝对不对称合成手性配合物的情况比较罕见。目前人们还未掌握自发拆分过程的规律，还不能对其进行预测或调控。但就局部环境而言，若相邻的手性单元间存在长程的均手性相互作用，手性特征将会扩展到更高的维数，发生自发拆分的可能性就会增加。根据目前的研究结果推测，这种具有手性识别功能的相互作用可能来自具有一定强度、选择性和方向性的配位键、氢键或其它弱相互作用。

(4) 多孔磁体

多孔配合物在异相催化或分离方面具有很好的应用价值。含有开壳层离子的多孔配合物同时表现出多孔性和磁性，通过改变孔的局部参数，甚至可以在一定范围内调节其某些磁学性质[1]。比如选择性地吸脱附不同尺寸的客体分子，或晶体的结构转化均可以调控材料的磁学性质，这样就实现了多种功能在一个体系内的相互影响与调控。

5.3.12　磁测量技术

以下简要介绍磁性测量的某些实验技术。主要是比热容测量和磁化率测量技术。

5.3.12.1　比热容测量

磁系统的比热容是磁性研究中最有特征和重要的性质之一，可以用比热容的反常现象来证明磁有序化的发生。根据爱因斯坦（Einstein）和德拜（Debye）的相关理论，任何物质都具有晶格比热容随温度降低而减小的现象。德拜模型中的晶格比热容为：

$$c_L = 9R(T/\theta_D)^3\int_0^{D/T}\frac{e^x x^4}{(e^x-1)^2}dx \tag{5-66}$$

式中，θ_D 为德拜特征温度。

低温时，上式可近似为：

$$c_L \approx (T/\theta_D)^3 \tag{5-67}$$

许多物质的比热容都遵循 T^3 定律。测量比热容时，必须扣除晶格的比热容，才可求得磁贡献。对于高温极限内的比热容来说，许多磁的贡献具有 T^{-2} 的关系。在所测量的温度范围，若晶格的比热容遵循 T^3 规律，则总比热容遵循：

$$C = aT^3 + bT^{-2} \tag{5-68}$$

根据比热容与温度作图，计算常数 a 和 b，再将曲线外推到低温可给出晶格贡献部分的经验计算值。

因为磁的贡献温度区间太宽，上述方法不适用于具有短程有序的体系。斯托特（Stout）和卡塔拉诺（Catalano）提出的对应状态原理则可对该类体系进行有效的测量。这种方法是按分子量的不同来加权，相似物质的比热容则相似。通过扣除同晶（但非磁性）物质的比热容，获得所需要化合物磁体系的比热容贡献，但该方法在处理一些层状化合物时，也受到一定的限制。

测量粉末样品的一种实用的方法是，用液压方法将样品压缩到一个量热器的罐子里，这样可以增加样品和样品支架之间的热接触面积，同时也增加了填充系数而不要求交换气体。这种方法要求对样品以外的“附加物”进行校正，校正通常以空白实验来进行。测量温度越低，对附加物的校正越小，其磁贡献越明显。

5.3.12.2　磁化率测量

磁性测量是含顺磁中心配合物基本物理性质的测量之一，随着科学技术的进步，精密磁强计也在不断发展。

---

[1] Wang Z，Zhang B，Fujiwara H，Kobayashi Hayao Kurmoo M. Chem Commun，2004，416。

古依（Gouy）天平和法拉第（Faraday）天平方法都属于力测量方法[1]，它们要求把磁性样品放置在一个非均匀的磁场中，然后在样品上施加一位移力，把样品拉到较高的磁场中。位移力取决于磁化强度和磁场梯度，因而对力的测量直接对应于样品磁化率的信息。

古依法需要的样品量大，要求样品的封装十分均匀。法拉第法要求特别设计磁极面，以便把一个小而均匀的样品放置在磁场与磁场梯度之积为常数的区域中。力与样品的包装无关，仅取决于样品的总质量。这种方法灵敏性好，可重复性高，能测量单晶。因为需要有外加磁场，所以力测量方法不适用于测量自旋倾斜性质，也不适用于测量铁磁体，因此，这两种方法都有一定的局限性。

目前普遍使用的一种磁测量系统是 MPMS(magnetic property measurement system)。MPMS 磁测量系统[2]由一个基本系统和各种选件两部分构成。基本系统主要包括超导 SQUID(superconducting quantum interference device）探测系统、软件操作系统、温控系统、磁场控制系统、样品操作系统和气体控制系统等几个模块。

SQUID 探测系统要求样品沿超导探测线圈轴线移动，从而在探测线圈中产生感应电流。因为探测线圈、连线和 SQUID 输入信号线组成一个超导闭环，探测线圈中任何的磁通变化都会引起闭环内电流的相应变化。通过 SQUID 的转换得到电压信号，从而测得样品的磁矩。SQUID 对磁场的波动非常灵敏，因此，需要良好的磁屏蔽以保证磁场高度稳定。

MPMS 的控温系统可以实现高度自动控制下的高精度控温，可在 1.9～400 K 范围内各点无限停留并保持稳定。在温度扫描的同时还可以进行数据采集，从而大大节省测量时间。

MPMS 系统使用线圈缠绕结构的超导磁体。MPMS 磁场变换有三种模式，即无过冲模式、振荡模式和磁滞曲线测量模式。在无过冲模式下，磁场在初始场和目标场之间线性变化，只是在目标场附近速度开始变慢，以防止磁场过冲；振荡模式下，磁场值在目标场正负方向交替变化，振荡衰减至目标磁场。使用该模式可以快速进行高灵敏测量，然而对于有磁滞特性的样品不宜使用。

MPMS 磁测量系统中包括 DC(direct current）磁学测量、RSO(reciprocating sample option）测量、AC(alternating current）磁化率测量等测量选项。

DC 磁学测量过程中，样品在探测线圈中程控移动。样品位置的变化将导致探测线圈内磁通的变化，从而产生感应电流，该电流信号在超导闭环中不会衰减。样品在多个位置停留，在每个位置上采集多个 SQUID 信号并取平均值。可以选择重复多次的测量，取平均值以提高信噪比。

RSO 测量模式利用高精度伺服电机，实现样品在探测线圈内的小振幅周期性振动。与 DC 模式相比，RSO 振幅要小得多，因而测量是在很高的磁场均匀度下进行。该交变运动在 SQUID 中产生交流信号，使 RSO 可利用 MPMS 的 AC 系统的高精度数字信号处理系统，大大提高信噪比。

AC 磁化率测量时，测得的信号是探测线圈中磁通的变化，而不依赖于交流磁场的频率，因此可以对材料的低频交流磁化率（0.01～1 kHz）进行研究。AC 磁化率测量中，首

---

[1] (a) Figgis B N, Lewis J. Techniques of Inorganic Chemistry: Vol 4//Jonassen H B, Weissberger A. New York: Interscience, 1965: 137-248; (b) Earnshaw A. Introduction to Magnetochemistry. New York: Academic Press, 1968; (c) O' Connor C J. Prog Inorg Chem, 1982, 29: 203。

[2] (a) 张焱，高政祥，高进，曹立志．磁性测量仪器（MPMS-XL）的原理及其应用．现代仪器，2003，5：36；(b) 陈海英．精密磁强计的发展现状及应用．现代仪器，2000，6 (6)：5；(c) 马平，杨涛，谢飞翔，聂瑞娟，刘乐园，王守证，戴远东，王福仁．高温超导量子干涉磁强计现代仪器现状及其应用．现代仪器，2001，7 (5)：28。

先将样品置于SQUID底部探测线圈的中心进行初次测量，然后移至中部线圈的中心进行二次测量。在两次测量中，AC系统均向SQUID探测系统中发送调零波。当样品处于底部线圈中心时，该调零波试图消除包括样品信号在内的所有信号。而在中部线圈中心时，该调零波与探测线圈极性相同，因而探测到样品信号为实际信号的三倍，而背景噪声却得到了极大的消除。系统利用该信号得到AC磁化率。

使用MPMS时需要注意的是，每次低场测量必须注意保持剩余磁场在2×10^{-4}T以下；温度控制的关键是必须保持流阻的畅通，但必须注意样品室降温速率不可太快，最好不超过1.5K/min。

5.3节参考文献

[1] Carlin R L. Magnetochemistry. Berlin，Heidelberg，New York，Tokyo：Springer-Verlag，1986.

[2] Carlin R L，Duyneveldt A J van. Magnetic Properties of Transition Metal Compounds. New York：Springer-Verlag，1977.

[3] Mabbs F E，Machin D J. Magnetism and Transition Metal Complexes. London：Chapman and Hall，1973.

[4] Griffith J S. The Theory of Transition-Metal Ions. Cambridge：Cambridge University Press，1971.

[5] Morrish A H. Physical Principles of Magnetism. New York：John Wiley and Sons，1965.

[6] Kahn O. Molecular Magnetism. New York，Weinheim，Cambridge：VCH Publishers Inc，1993.

[7] Vulfson S G. Molecular Magnetochemistry. Amsterdam：Gordon and Breach Science Publishers，1998.

[8] White R M. Quantum Theory of Magnetism. Berlin，Heidelberg，New York：Springer-Verlag，1983.

[9] van Vleck J H. Rev Mod Phys，1978，50：181.

[10] Robinson W K，Friedberg S A. Phys Rev，1960，117：402.

[11] Fisher M E. Proc Roy Soc London，1960，A254：66.

[12] Fisher M E. Phil Mag，1962，7：1731.

[13] Keffer F. Handbuch der Physik：Vol. VXⅢ，part 2，page 1. Berlin，Heidelberg，New York：Springer，1966.

[14] Moriya T. Magnetism：Vol 1，Chapt 3. //Rado G T，Suhl H. New York：Academic Press，1966.

[15] Mitra S，Gregson A K，Hatfield W E，Weller R R. Inorg Chem，1983，22：1729.

[16] Carlin R L，van Duyneveldt A J. Acc Chem Res，1980，13：231.

[17] Anderson P W. Phys Rev，1959，115：2.

[18] Hay P J，Thibeault J C，Hoffmann R. J Am Chem Soc，1975，97：4884.

[19] Kahn O. Inorg Chim Acta，1982，62：3.

[20] Figgis B N，Lewis J. Techniques of Inorganic Chemistry：Vol. 4//Jonassen H B，Weissberger A. New York：Interscience，1965：137.

[21] Earnshaw A. Introduction to Magnetochemistry. New York：Academic Press，1968.

[22] O' Connor C J. Prog Inorg Chem，1982，29：203.

[23] Gerloch M. Magnetism and Ligand-field Analysis. Cambridge：Cambridge University Press，1983.

[24] Lueken H. Molecular Solid Materials Chemistry. 北京：北京大学化学学院，2004.

[25] 张焱，高政祥，高进，曹立志．磁性测量仪器（MPMS-XL）的原理及其应用．现代仪器，2003，5：36.

[26] 陈海英．精密磁强计的发展现状及应用．现代仪器，2000，6（6）：5.

[27] 马平，杨涛，谢飞翔，聂瑞娟，刘乐园，王守证，戴远东，王福仁．高温超导量子干涉磁强计现代仪器现状及其应用．现代仪器，2001，7（5）：28.

[28] 周文生．磁性测量原理．北京：电子工业出版社．1988.

[29] 理查德 L 卡林著．磁化学．万纯娣，臧焰，胡永珠，万春华译．王国雄校．南京：南京大学出版社．1990.
[30] 游效曾编著．配位化合物的结构与性质：第四、五章．北京：科学出版社，1992.
[31] 金斗满，朱文祥编著．配位化学研究方法：第十章．北京：科学出版社，1993.
[32] 徐光宪，王祥云著．物质结构．第 2 版．北京：高等教育出版社，1987：307-308.
[33] 徐志固编著．现代配位化学．北京：化学工业出版社，1987：84-87.
[34] Figgis B N，Hitchman M A. Ligand Field Theory and its Applications：Chapt 9. New York：Chichester，Weinheim，Brisbane，Singapore，Toronto：Wiley-VCH，2000.

参考文献

[1] 徐光宪，王祥云著．物质结构．第 2 版．北京：高等教育出版社，1987.
[2] 周永洽编著．分子结构分析．北京：化学工业出版社，1991.
[3] 金斗满，朱文祥编著．配位化学研究方法．北京：科学出版社，1996.
[4] 麦松威，周公度，李伟基．高等无机结构化学．北京：北京大学出版社，香港：香港中文大学出版社，2001.
[5] Lever A B P. Inorganic Electronic Spectroscopy. 2nd Ed. Amsterdam：Elseiver，1984.
[6] 章慧，陈再鸿，朱亚先等．具有相似内界的络合物及其颜色和构型．大学化学，2000，15（2），33-36.
[7] 章慧．为什么 $[Co(NH_3)_5Cl]^{2+}$ 与 $[Co(NH_3)_6]^{3+}$ 的颜色不同？大学化学，1996，11（2），49-52.
[8] 章慧．络合物的颜色及其深浅不同的由来．大学化学，1992，7（5），19-23.
[9] [美] 赖文 Ira N 著．分子光谱学．徐广智等译．北京：高等教育出版社，1985.
[10] 曹阳编．量子化学引论．北京：人民教育出版社，1980.
[11] Huheey J E. Inorganic Chemistry. 3rd Ed. Cambridge：Harper International SI Edition，1983.
[12] 罗勤慧，沈孟长编著．配位化学．南京：江苏科技出版社，1987.
[13] 林梦海，林银钟执笔，厦门大学化学系物构组编．结构化学．北京：科学出版社，2004.
[14] [美] 科顿 F A 著．群论在化学中的应用．第 3 版．刘春万，游效曾，赖伍江译．福州：福建科学技术出版社，1999.
[15] 江元生著．结构化学．北京：高等教育出版社，1997.
[16] 徐志固编著．现代配位化学．北京：化学工业出版社，1987.
[17] 朱文祥，刘鲁美主编．中级无机化学．北京：北京师范大学出版社，1993.
[18] Carter R L. Molecular Symmetry and Group Theory. New York：John Wiley & Sons Inc，1998.
[19] 陈慧兰主编．高等无机化学．北京：高等教育出版社，2005.
[20] Cotton F A，Wilkinson G. Advanced Inorganic Chemistry. 6th Ed. New York：John Wiley & Sons Inc，1999.
[21] 游效曾著．分子材料——光电功能化合物．上海：上海科学技术出版社，2001.
[22] 王尊本主编．综合化学实验．第 2 版．北京：科学出版社，2007.
[23] Figgis B N，Hitchman M A. Ligand Field Theory and its Applications. New York：Wiley-VCH，2000.
[24] 姜月顺，杨文胜编著．化学中的电子过程．北京：科学出版社，2004.
[25] Jorgensen C K. Absorption Spectra and Chemical Bonding in Complexes. Oxford：Pergamon Press Inc，1962.
[26] [英] 斯蒂德 J W，阿特伍德 J L 著．超分子化学．赵耀鹏，孙震译．北京：化学工业出版社，2006.
[27] 游效曾编著．配位化合物的结构与性质．北京：科学出版社，1992.
[28] 杨树明，李君，唐宗薰，史启祯．混合价化合物价间电子转移研究进展．化学通报，2000，63（1）：

9-14.
[29] 王尧宇，时茜，张逢星，史启祯．混合价化合物在新兴领域的研究进展．无机化学学报，1999，15 (5)，557-565.
[30] Smith D W，William J P. Structure and Bonding，1970，7：1-45.
[31] [加拿大] 奥西埃 E I 著．生物无机化学导论．罗锦新，张乃正，陈汉文合译．戴安邦审校．北京：化学工业出版社，1987.
[32] Dolphin D. The Porphyrins：Chapter 1. New York：Academic Press Inc，1978.
[33] 姜月顺，李铁津等编．光化学．北京：化学工业出版社，2005.
[34] Zuleta J A，Bevilacqua J M，Proserpio D M，Harvey P D，Eisenberg R. Spectroscopic and Theoretical Studies on the Excited State in Diimine Dithiolate Complexes of Platinum（Ⅱ）. Inorg. Chem.，1992，31 (12)：2396-2404.
[35] 潘庆才，彭正合，秦子斌．一种功能混配镍配合物的溶剂化显色特性与结构关系．化学研究，1998，9 (2)：31-35.

习题和思考题

1. 举例说明下列术语：

(1) 配体场谱项；(2) Orgel 图；(3) Tanabe-Sugano 图；(4) 宇称禁阻；(5) 自旋禁阻；(6) 选择定则；(7) 谱项分裂的空穴规则；(8) 单晶电子光谱的二色性；(9) 电子跃迁的偏振作用

2. 群论方法在配体场理论中有何应用？能否用它来预测某一配合物可能出现的吸收谱带数目？试举例说明。

3. V^{3+} 的一种八面体配合物在 20000cm^{-1} 和 30000cm^{-1} 处有两个 d-d 跃迁谱带，请用配体场理论解释。

4. 为什么四面体配合物都是高自旋的，而且其颜色一般都比相应的八面体配合物来得深？

5. 讨论 (1) 姜-泰勒效应和 (2) 轨-旋偶合对配合物电子光谱的影响后果。

6. 平面正方形 Cu(Ⅱ) 配合物的基态电子组态如何？试分析平面正方形 Cu(Ⅱ) 配合物可能发生的几种能量不同的 d-d 跃迁？

提示：绘出 Cu^{2+} 的五个 d 轨道在平面正方形场中的能级分裂，再利用空穴规则导出 Cu(Ⅱ) 配合物的配体场谱项。

7. 一般认为振动电子偶合使某些对称性禁阻跃迁得到强度。考虑配合物 $[Co(NH_3)_6]^{3+}$ 的 ${}^1T_{1g}\rightarrow{}^1A_{1g}$ 和 ${}^1T_{2g}\rightarrow{}^1A_{1g}$ 跃迁。已知八面体 ML_6 分子简正振动模式的对称性为 A_{1g}、E_g、$2T_{1u}$ 和 T_{2u}，哪些电子振动可使上述跃迁发生？试用群论方法加以说明。

8. 预测在下面的各对电子跃迁中，哪一个比较强？请说明理由。

(1) $[Co(NH_3)_6]^{3+}$ 的 ${}^1T_{1g}\rightarrow{}^1A_{1g}$ 或 $[Co(en)_3]^{3+}$ 的 ${}^1T_1\rightarrow{}^1A_1$；

(2) $[V(C_2O_4)_3]^{3-}$ 的 ${}^4E^4\rightarrow{}^4A_2$ 或 ${}^2E\rightarrow{}^4A_2$；

(3) $[Pd(en)_3]^{2+}$ 的 ${}^3E\rightarrow{}^3A_2$ 或 ${}^3A_2\rightarrow{}^3A_2$；

(4) $[NiCl_4]^{2-}$ 的最强 d-d 谱带或 $[MnCl_4]^{2-}$ 的最强 d-d 谱带。

9. 参考 $[Co(NH_3)_6]^{3+}$ 中 Co^{3+} 的五个 d 轨道的分裂形式，根据直观的物理模型绘出 $[CoCl(NH_3)_5]^{2+}$ 的定性 d 轨道分裂图（假设 Cl^- 配体置于 z 轴上），并以此来解释 $[Co(NH_3)_6]^{3+}$ 是黄色的 ($\lambda_{max}=430nm$)，而 $[CoCl(NH_3)_5]^{2+}$ 是紫色的 ($\lambda_{max}=530nm$)。试分析后者的哪个 d 轨道接受被激发的电子，从而给出 530nm 处的吸收带，为什么？

参考文献：章慧．为什么 $[Co(NH_3)_5Cl]^{2+}$ 与 $[Co(NH_3)_6]^{3+}$ 的颜色不同？大学化学，1996，11 (2)：49-52.

10. 如图给出顺式和反式 $[CoF_2(en)_2]^+$ 的吸收光谱。

(1) 为什么顺式的吸收带强度比反式高？

(2) 第一吸收带发生分裂的原因是什么？为什么反式异构体的分裂比顺式异构体的分裂大？用什么方法可能观测到顺式异构体的能级分裂？

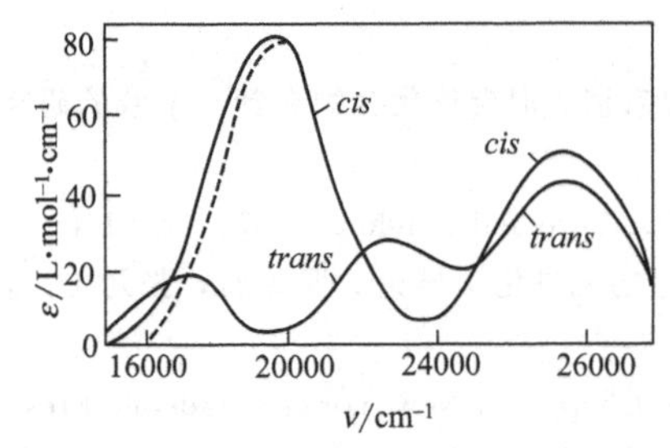

11. 在 315K 下，将某中性单齿配体 X 加到 $NiBr_2$ 的 CS_2 溶液中，反应产物是红色抗磁性配合物 A，化学式 $NiBr_2X_2$；冷至室温，A 转变为化学式相同的绿色配合物 B，测得 B 的磁矩为 3.20B. M.；若将 B 溶解在氯仿中，得到一微带红色的绿色溶液，测得配合物 B 在氯仿中的磁矩为 2.69B. M.。如图为配合物 A、B 的吸收光谱。

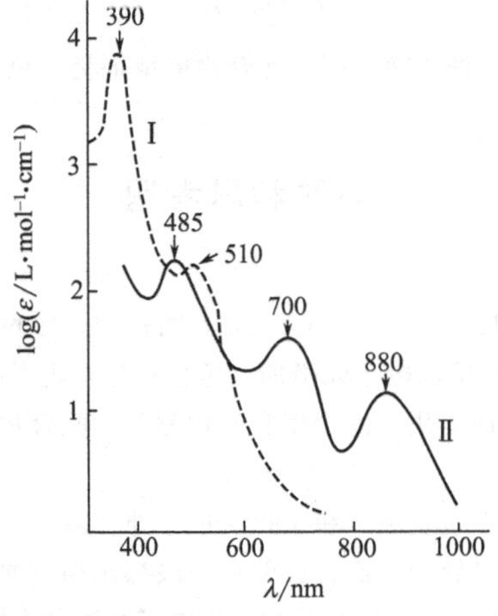

（1）画出 A 和 B 可能存在的所有几何异构体。

（2）指出谱图中曲线Ⅰ和Ⅱ分别属于哪个配合物，说明原因。

（3）谱图中哪些吸收峰与 A 和 B 的颜色对应？

（4）说明异构体在氯仿中颜色和磁矩变化的原因。

（5）如果选用波长为 510nm 的单色光照射 A，A 呈什么颜色？

12. $[Ni(H_2O)_6](ClO_4)_2$、乙酰丙酮（acac）和 N,N,N',N'-四甲基乙二胺（tmen）以等物质的量反应得到混配型配合物的蓝绿色固体 A。将 A 充分干燥，则转变成橙红色配合物 B。B 溶于配位性差的有机溶剂如 $CHCl_3$、1,2-二氯乙烷中显红色；而溶于二甲基甲酰胺（DMF）、二甲基亚砜（DMSO）等配位性强的溶剂中时为蓝绿色。其电子光谱如图所示，请预测 A 和 B 中配离子的结构式及图中（a）和（b）所对应的吸收曲线。

提示：通常 Ni(Ⅱ）的平面四方形配合物在可见区内的主要吸收峰位于 500nm 附近，而在八面体场中 Ni(Ⅱ）配合物的主要可见吸收峰常出现在 650nm 附近。

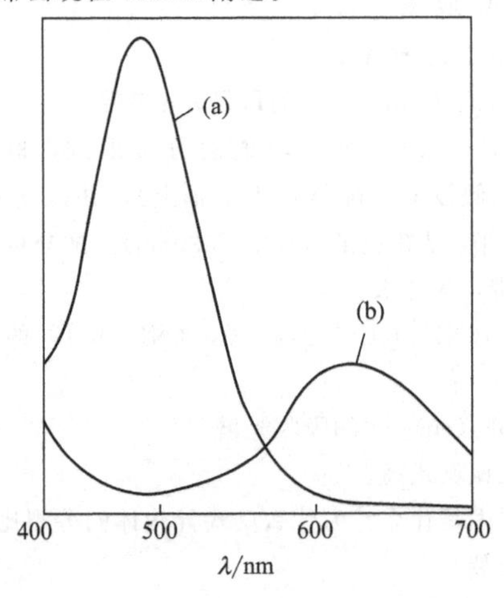

13. 纯刚玉（α-Al_2O_3）是无色的，Al_2O_3 的结构可被看成氧离子为大致的六方密堆积，铝离子被 6 个带负电荷的氧离子所包围，形成畸变的八面体，可以对其做配位场处理。当纯刚玉中含有 1% 的 Cr_2O_3 时，就成为可与金刚石相媲美的非常珍贵的红宝石，其颜色呈现透明状红色并稍带紫色。已知 Cr(Ⅲ) 的 d 轨道在八面体场中的分裂能为 2.23 eV，根据配体场理论，试回答下列问题。

（1）根据 Cr(Ⅲ) 在准八面体场中的能级图，试指认其 d-d 跃迁形式，并在（b）中以箭头示意。

（2）在正八面体对称性下，d-d 跃迁是宇称禁阻的，为何还能观察到 Al_2O_3 掺杂 Cr_2O_3 时的特征红色，请根据群论方法等给出合理的定性解释。

（3）在偏振光下研究红宝石时，可以发现二色性现象：当用一束平面偏振光沿着与晶体光轴平行的方向去辐射时，红宝石呈紫红色；当偏振光沿着与光轴垂直的方向辐射时，则显示为橘红色。请解释该二色性现象。如果 Cr(Ⅲ) 位于正八面体场中，有可能存在二色性吗，为什么？

提示：红宝石属于六方晶系，是单轴晶体。

参考文献：金增瑗编著．色彩与微观世界．北京：化学工业出版社，2004：89-98。

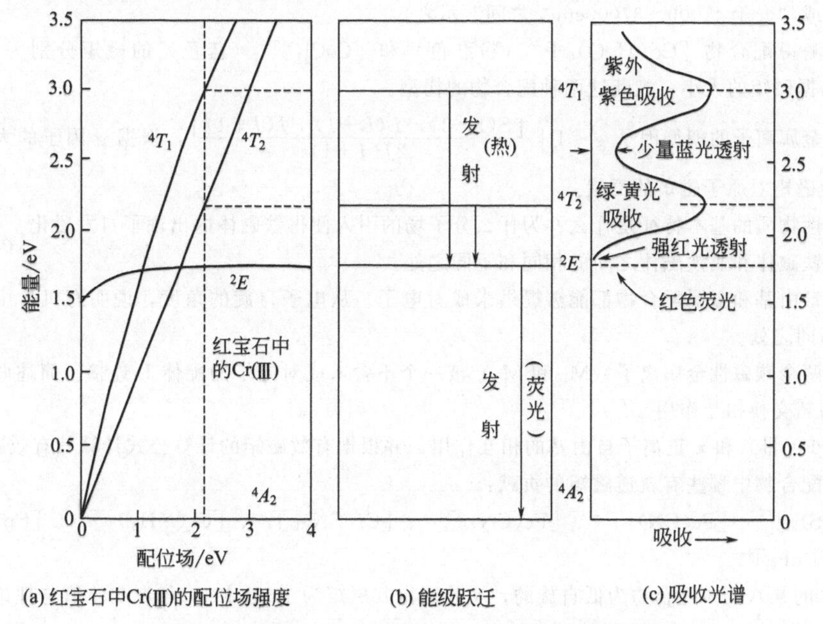

图　红宝石中 Cr(Ⅲ) 的谱项、能级跃迁和吸收光谱

14. 如图给出四种配合物的可见吸收光谱，请把光谱曲线 A、B、C、D 分别指认给配离子 $[Co(NH_3)_6]^{2+}$、$[Co(NH_3)_6]^{3+}$、$[Co(H_2O)_6]^{2+}$ 和 $[CoCl_4]^{2-}$，并简述理由。

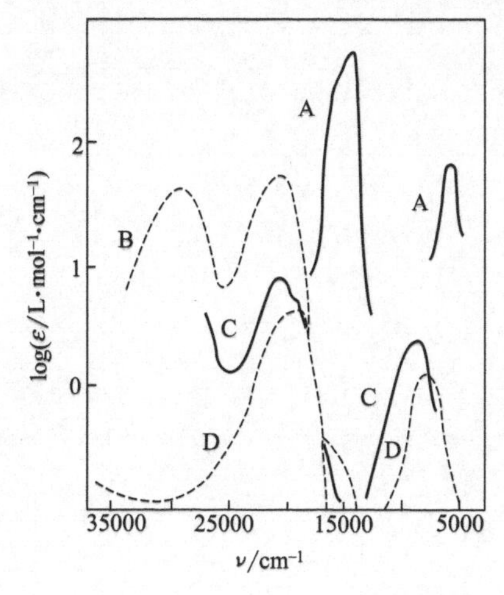

15. 试用分子轨道理论讨论配合物荷移光谱的特点和规律性。

16. $L_4Pt(Ⅱ)$ 和 $L_4Au(Ⅲ)$ 都是具有 D_{4h} 对称性的 d^8 配合物，请解释为什么 $L_4Au(Ⅲ)$ 中的配位体→金属荷移谱带比 $L_4Pt(Ⅱ)$ 中的配位体→金属荷移谱带的频率为低。

17. 虽然 $[PtBr_4]^{2-}$ 和 $[PtCl_4]^{2-}$ 的电子光谱极其相似，但前者的配位体→金属荷移谱带在 $36000cm^{-1}$ 处，后者的配位体→金属荷移谱带却在 $44000cm^{-1}$ 处，请给予解释。

18. 请预测 $[V(CO)_6]^-$、$[Cr(CO)_6]$ 和 $[Mn(CO)_6]^+$ 三者的 M→L 荷移跃迁能的顺序，并解释之。

19. 已知 $[V(CN)_5NO]^{5-}$ 和 $[V(CO)_6]^-$；$[Mn(CN)_5NO]^{3-}$ 和 $[Mn(CO)_6]^+$ 分别为等电子物种。试通过说明配体 CN^-、NO^+、CO 的 π 接受能力，分别预测每一对配合物的 M→L(CN^-、NO^+、CO) 荷移跃迁能。

20. 已知 $[RhCl_6]^{3-}$ 和 $[PtCl_6]^{2-}$ 的 L→M 荷移跃迁谱带的 v_{max} 分别为 $41000cm^{-1}$ 和 $37000cm^{-1}$，试用简化的八面体配合物的 MO 图表示出这类跃迁，指出这类跃迁所涉及的金属和配体轨道（即它们可能属于哪一类跃迁）；并推测 $[IrCl_6]^{3-}$ 和 $[PdCl_6]^{2-}$ 相应荷移谱带的 v_{max}（以“$>41000cm^{-1}$”或“$<37000cm^{-1}$”或“介于 $41000\sim37000cm^{-1}$ 之间”示之）。

21. 实验测得配合物 $[Co(H_2O)_6]^{2+}$（粉红色）和 $[CoCl_4]^{2-}$（蓝色）的磁矩分别为 4.9B. M. 和 4.3B. M.。根据磁矩的大小，判断这两种配合物的构型。

22. 自由金属离子的朗德因子 $g=1+\frac{[S(S+1)-L(L+1)+J(J+1)]}{2J(J+1)}$，根据 g 因子的大小，判断轨道磁矩或自旋磁矩对原子磁矩的贡献。

23. 铁磁性物质的基本特征是什么？为什么分子场的引入使得铁磁体内出现了自发磁化？

24. 说明铁磁体和亚铁磁体之间的相同和不同之处。

25. 有机自由基和金属配合物都能够提供未成对电子。从电子自旋的角度，说明有机自由基和金属配合物之间的不同之处。

26. 假设两个顺磁性金属离子（M_1 和 M_2）被一个不含未成对电子的配体 L 连接。简述两个顺磁性金属离子之间的超交换相互作用。

27. 分析 Fe(Ⅲ) 和 π-正离子自由基的相互作用，并根据有效磁矩的计算公式计算其有效磁矩。

28. 下列配合物中哪些有轨道磁矩的贡献：

$[Mo(NCS)_6]^{2-}$、$[Fe(CN)_6]^{3-}$、$[Fe(CN)_6]^{4-}$、$[Cr(CN)_6]^{4-}$、$[Cr(NH_3)_6]^{3+}$、$[Co(H_2O)_6]^{2+}$、$[RhF_6]^{3-}$、$[RuF_6]^{3-}$

29. Os^{4+} 的某八面体配合物为低自旋的，实验测得其磁矩为 1.2B. M.，解释实验值与理论值产生偏差的原因。

第6章 配合物的旋光色散和圆二色光谱

一般而言，分析手性化合物光学纯度的方法有：色谱[1]、核磁共振[2~6]、比旋光度[2~6]、圆二色（circular dichroism，简称 CD）光谱法[7,8]等；确定手性配合物绝对构型的方法有：X 射线单晶衍射[9]、旋光色散（optical rotatory dispersion，简称 ORD）和圆二色光谱（关联）法[7,8,10~22]或其它方法[10,20,22]。其中，ORD 和 CD 是分析、表征和研究配合物基态手性立体结构和绝对构型的十分有用的谱学手段。本章在 5.1 和 5.2 两节讨论配合物的 d-d 跃迁以及荷移跃迁电子光谱的基础上，较详细介绍 ORD 和 CD 光谱等手性光谱学技术在手性配合物表征中的应用，特别是 CD 光谱的应用。

6.1 旋光色散和圆二色光谱技术的发展

虽然早在 19 世纪末就由法国物理学家 Aime Cotton发现了 ORD 和 CD 现象[10,12,19,20,23~25]，但是真正的 ORD 研究是从 20 世纪 30 年代开始的。自 1955 年 ORD 光谱仪研制成功和 1960 年第一台商品化的能同时测定 ORD 和 CD 的光谱仪问世以来，对 ORD 和 CD 光谱才开始了系统的研究[3,10,12,23]。随着近几十年来对手性技术日益广泛而深入的研究，与 ORD 和 CD 光谱有关的基本原理、仪器介绍、测试方法等，及其在有机化学、配位化学、超分子化学、手性识别、生物化学等方面的应用在国内外已有多部专著[10,19,20]出版，或在有关书籍中进行了专章介绍[2~6,11~14,23,26~33]。

ORD 和 CD 现象的研究与配位化学的发展密切相关。1895 年法国物理学家 Aime Cotton在研究 Cu(Ⅱ)和 Cr(Ⅲ)的酒石酸配合物水溶液的吸收光谱时，发现它们在可见光区的吸收带区域内呈现反常 ORD 和 CD 现象[12,20,24,25]，这就是后来被称为 Cotton 效应的一对现象。在 1.3.3.2 中提及配位化学创始人 Werner 为了证明配位理论中的八面体假说，在 1911 年首次成功拆分出（+）-*cis*-$[CoCl(NH_3)(en)_2]Cl_2$ 和（−）-*cis*-$[CoCl(NH_3)(en)_2]Cl_2$，从实验上证明了六配位金属配合物主要具有八面体几何结构特征，这一为配位化学理论的确立提供决定性证据的表征方法正是旋光度法，它主要与 ORD 现象有关。继 1951 年 Bijvoet 首次用反常 X 射线衍射法确定右旋酒石酸铷钠盐的绝对构型以来[34]，第一个被 Bijvoet 法确定绝对构型的手性配合物是 Λ-$[Co(en)_3]_2Cl_6 \cdot NaCl \cdot 6H_2O$[35]，包括随后被确定绝对构型的一系列含三（双齿）或二（双齿）配体的手性配合物，已成为用 ORD 和 CD 关联法确定手性配合物绝对构型的经典标准物以及被用来验证相关的理论计算和结构预测[10,20~22]。

ORD 和 CD 这两种手性测量方法可以提供互补的信息，但 CD 光谱曲线的极值（峰或谷）通常可与 UV-Vis 光谱的吸收峰关联，更易于辨析，况且 ORD 附件的选取还有价格上的原因，因此在可选择的测试方法中，CD 谱比 ORD 谱更受欢迎[3]。此外，振动圆二色（vibrational circular dichroism，简称 VCD）以及与之互补的振动拉曼光学活性（Raman optical activity，简称 ROA）是新近发展的手性光学技术[3,10,20,36]，在 X 射线区域内进行圆二色测定（X-ray naturel circular dichroism，简称 XNCD）[36]，基于对左右圆偏振光激发的荧光强度差值随波长变化的测量——荧光 CD 光谱（fluorence-detected CD，简称 FDCD）[10,21]，特别是能够探测手性分子激发态结构信息的圆偏振发射光谱（circularly polarized luminesence，简称 CPL)[10,21,37~39]等都是值得关注的。

CD 光谱仪是进行立体化学研究的重要光谱仪器之一，它的研究对象主要是光学活性（手性）化合物或生物大分子。换言之，作为分析手性化合物立体结构和电子跃迁的重要谱学手段，同时配合 X 射线单晶衍射或其它结构分析方法，CD 光谱可以提供手性分子的绝对构型、优势构象以及有关反应机理和手性物质光学纯度等方面的信息，同时还是具有特殊用途的、其它谱学方法难以替代的光谱指纹技术。近年来 CD 光谱研究在配位化学、有机化学、金属有机化学、分析化学、高分子化学、化学生物学、药物化学、医学、材料科学、超分子化学和纳米化学等所有与手性物质有关的前沿领域的重要地位正逐渐显现。

相对于手性有机化合物，一些动力学上惰性（参阅 7.1.5）的经典手性配合物构型稳定，便于同时比较其溶液和固体 CD 光谱，甚至可以获得合适的单晶以分析其单晶 CD 光谱，因此早期的固体 CD 光谱研究主要围绕经典的惰性手性 Co(Ⅲ) 配合物展开。此外，由于手性配合物中所含各种发色团的旋转能力与它所处的配位环境密切相关，并且 CD 光谱较电子光谱能够更灵敏地反映出配位环境（或配位立体构型）的变化，对手性配合物的溶液和固体 CD 光谱研究已成为配位立体化学研究中的一个重要组成部分，同时在 CD 光谱研究中向来受到极大关注[10,20]。

6.2 偏振光的基础知识[3,32,40~44]

6.2.1 自然光和偏振光

光是一种电磁波，属于横波（振动方向与传播方向垂直）❶。各种光源，如日光，烛光，钠灯、汞灯、氙灯及卤素灯所发出的光等，均系自然光❷。虽然某一个原子或分子在某一瞬间发出的电磁波振动方向一致，但是各个原子或分子发光的振动方向不同，这种变化频率极快；因此，自然光是大量原子或分子发光的总和，可认为其电磁波的振动在各个方向上的概率相等。

自然光在穿过某些物质，经过反射、折射或吸收后，电磁波的振动可以被限制在一个方向上，其它方向振动的电磁波被大大削弱或消除。这种在某个确定方向上振动的光称为偏振光，如图 6-1 所示。偏振光的振动方向与光波传播方向所构成的平面称为振动面。如果光的振动方向始终都在一个平面内，称为平面偏振光；朝着光源的方向看去，这种光的振动方向是一条直线，故又称为直线偏振光或线偏振光。线偏振光的振动面不是随机分布的，而是固定的。例如，z 偏振（光矢量平行于 z 轴）的偏振光沿 x 方向传播时，其偏振平面为 xz 平面；z 偏振的偏振光沿 y 方向传播时，其偏振平面为 yz 平面；y 偏振（光矢量平行于 y 轴）的偏振光沿 x 方向传播时，偏振平面为 xy 平面。

可以认为，自然光是大量的、不同取向的、彼此无关的、无特殊优越取向的线偏振光的集合。显然，自然光对于传播方向具有轴对称性。

6.2.2 圆偏振光及椭圆偏振光

另外两种更复杂的偏振光分别为圆偏振光和椭圆偏振光。首先，可以通过考察电矢量 $\boldsymbol{E}$

---

❶ 横波表明光波的电场矢量（简称电矢量）和磁场矢量与波的传播方向垂直，纵波的振动方向与波的传播方向一致，因此纵波具有轴对称性，即从垂直于波传播方向的各个方向去观察纵波，情况是完全相同的。而横波对于传播方向的轴来说不具备对称性（或称各向异性），这种不对称性就叫做偏振。只有横波才具有偏振的性质。

❷ 现代新型光源激光器发出的激光在某些特殊装置中是线偏振光。某些光源在特殊环境下发出的光也可能是非自然光。

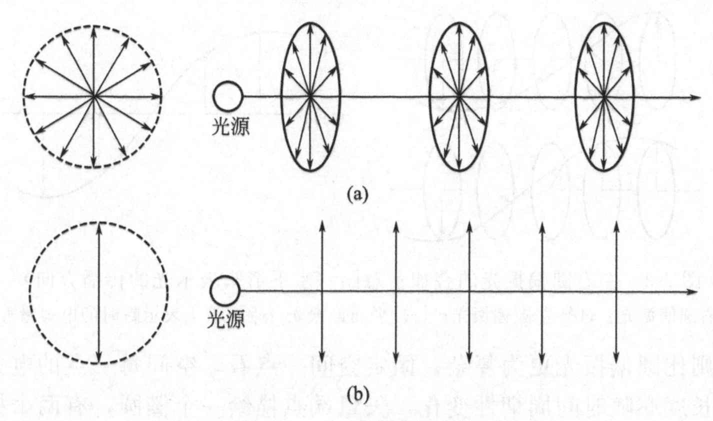

图 6-1 自然光与偏振光

(a) 自然光的传播与振动特点示意图；(b) 线偏振光示意图 (振动面与纸面平行)

的移动来描述圆偏振光[3,41]。如图 6-2 所示，可将 $\boldsymbol{E}$ 的末端视为沿一个圆柱 (该圆柱以光的传播方向为轴) 表面的螺旋线移动 (其螺距为波长，圆柱半径为振幅)，并从三方面来认识圆偏振光：①固定一个时刻来看，空间各点的电矢量 $\boldsymbol{E}$ 排列在一条螺旋线上；②固定空间一点来看，每一点的电矢量 $\boldsymbol{E}$ 随时间以角速率 ω 匀速旋转，$\boldsymbol{E}$ 的长度不变，端点描绘一个圆；③随着时间的推移，波形 (螺旋线) 向前传播，在传播方向上各点的相位越来越落后。这里又分为两种情况，一种是右圆偏振光，另一种是左圆偏振光。以右圆偏振光为例 (图 6-2)，在某一固定时刻 ($t=t_0$)，沿着光传播的 z 方向看去，空间各点的电矢量 $\boldsymbol{E}$ 排列在右手螺旋线上❶；当固定空间一点 ($z=z_0$)，迎着光源的方向看去，每一点的电矢量 $\boldsymbol{E}$ 都是右旋的，即顺时针方向旋转。在图 6-2 中，$\boldsymbol{E}$ 被看成是向着观察者以右手螺旋线 [图 6-2(a)] 方式移动，由于观察者是以 6→5→4→3→2→1→0 的顺序 [图 6-2(b)] 看到 $\boldsymbol{E}$，这与 $\boldsymbol{E}$ 随时间变化的角度在取向上是相反的 (意味着电矢量转角的倒退)。

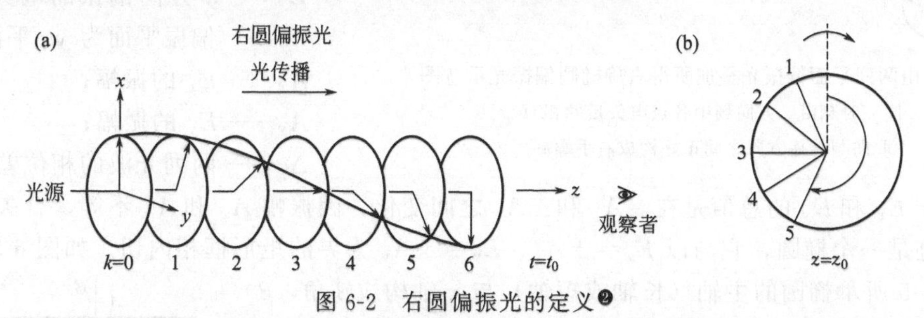

图 6-2 右圆偏振光的定义❷

(a) 在 $t=t_0$ (给定时间) 时，沿着光传播的 z 方向，电矢量描述了一个右手螺旋；

(b) 在 $z=z_0$ (距光源的给定位置) 时，作为时间的函数观察到的右圆偏振光

可以将一束平面偏振光想像为以相同振幅、传播速率和相位运动，但以相反螺旋方向前进的左右两圆偏振光的矢量和，两圆偏振光组分是彼此对映的，即两者互为镜像 [图 6-3(a) 和图 6-3(b)]。在光传播的任何时刻，由两圆偏振光的矢量叠加而成的平面偏振光的振动方向始终不变 [图 6-3(c)]。

---

❶ 螺旋线分为两种，一种为右手螺旋线，螺旋的方向与螺旋前进的方向遵守右手法则：螺旋方向沿四指方向，螺旋前进的方向则沿右手大拇指方向；另一种为左手螺旋线，螺旋的方向和螺旋前进的方向遵守左手法则。

❷ $t=t_0$ 相当于观察者跟随光波运动；$z=z_0$ 则相当于观察者迎着光源注视一个狭缝，在光"开启"后过片刻才能通过该狭缝观察到光源。

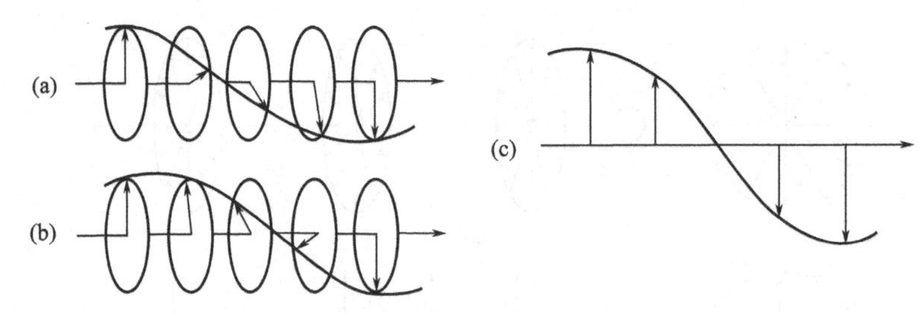

图 6-3　左右圆偏振光的叠加示意图（水平箭头表示光的传播方向）

（a）右圆偏振光；（b）左圆偏振光；（c）平面偏振光（垂直箭头表示瞬时的电矢量方向）

椭圆偏振光则比圆偏振光更为复杂。固定空间一点看，空间每一点的电矢量随时间匀速旋转，而矢量的长度亦随时间周期性变化，矢量端点描绘一个椭圆，有两个极大值和两个极小值。在电矢量旋转过程中，极大值和极小值的方位不变。

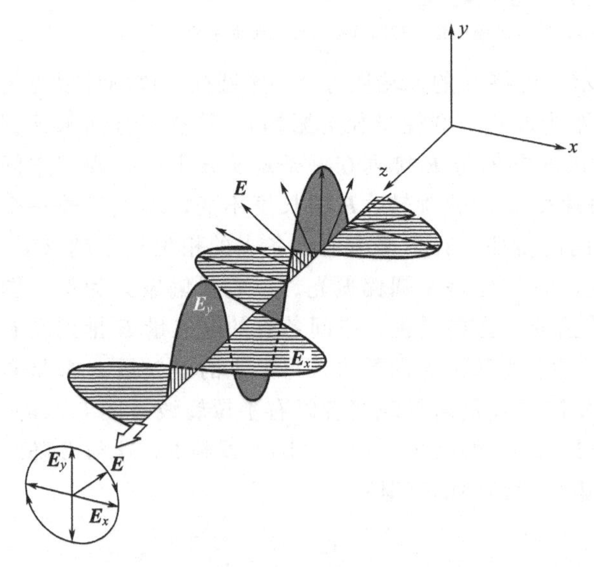

图 6-4　由两列平面偏振光叠加所得右旋椭圆偏振光示意图

同一时刻沿 z 方向场中各点电矢量的相对取向与传播方向之间正好构成右手螺旋

椭圆偏振光可通过两列频率相同、振动方向相互垂直，且沿同一方向传播的平面偏振光叠加得到。在光波沿着 z 方向传播的情况下（图 6-4），可用一个椭圆方程（6-1）来描述椭圆偏振光：

$$\frac{E_x^2}{A_x^2}+\frac{E_y^2}{A_y^2}-2\left(\frac{E_x}{A_x}\right)\left(\frac{E_y}{A_y}\right)\cos\Delta\varphi=\sin^2\Delta\varphi \tag{6-1}$$

式中　E_x——x 方向偏振的电矢量，其偏振平面为 xz 平面；

E_y——y 方向偏振的电矢量，其偏振平面为 yz 平面；

A_x——E_x 的振幅；

A_y——E_y 的振幅；

$\Delta\varphi$——两列光波的相位差。

由于 E_x 和 E_y 的总值是在 $\pm A_x$ 和 $\pm A_y$ 之间变化，因振幅 A_x 和 A_y 不等，合矢量 $\boldsymbol{E}$ 端点的轨迹是一个椭圆，它与以 $E_x=\pm A_x$、$E_y=\pm A_y$ 为界的矩形框相内切。如图 6-5 所示。

图 6-5 所示椭圆的主轴（长轴或短轴）与 x 轴构成 β 角，β 值可由下式求出：

$$\tan2\beta=\frac{2A_xA_y}{A_x^2-A_y^2}\cos\Delta\varphi \tag{6-2}$$

显然，椭圆主轴的长短和取向与这两列光波的振幅 A_x 和 A_y 以及它们的相位差都有关系。

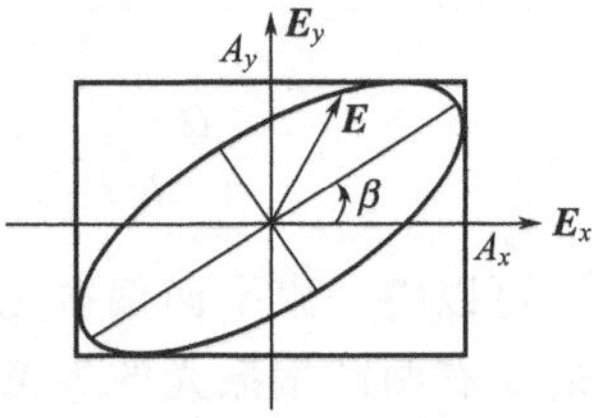

图 6-5　椭圆偏振光

与圆偏振光类似，椭圆偏振光也可进一步分为右旋椭圆偏振光和左旋椭圆偏振光。当迎着光的传播方向观察时，若一个场点的电矢量端点描出的椭圆沿顺时针方向旋转，称之为右旋椭圆偏振光；当迎着光的传播方向观察时，若一个场点的电矢量端点描出的椭圆沿逆时针方向旋转，称之为左旋椭圆偏振光。

必须指出：与圆偏振光的描述类似，在图 6-4 所示的右旋椭圆偏振光的传播方向 z 上，各点的电矢量相位是随着 z 的增加而逐点落后的，因此同一时刻沿 z 方向场中各点电矢量的相对取向与传播方向之间，在右旋椭圆偏振光中，正好构成右手螺旋。在左旋椭圆偏振光中，则正好构成左手螺旋。

圆偏振光只是椭圆偏振光在一定条件下的一个特例，即当 $A_x = A_y = A_0$、$\Delta\varphi = \pm\pi/2$ 时，式(6-1) 将变成一个圆方程，这时在光的传播方向上任意一个场点电矢量端点的轨迹是一个圆。

由于波场中沿传播方向上各点的振动在相位上有确定的联系，而且光是横波，电矢量始终在光传播方向的垂直平面内，因此我们认识圆偏振光和椭圆偏振光，可以只需从光波传播方向的垂直平面（横平面）内电矢量的运动特征来认识。迎着光传播方向看，右圆偏振光（右旋椭圆偏振光）的电矢量在横平面内是右旋的，即电矢量端点描出的圆（椭圆）沿着顺时针方向旋转；相反地，迎着光传播方向看，左圆偏振光（左旋椭圆偏振光）的电矢量在横平面内是左旋的，即电矢量端点描出的圆（椭圆）沿着逆时针方向旋转。

6.3　旋光色散、圆二色性和 Cotton 效应[3,26,32,42]

可以将左右两圆偏振光与某一手性物质给定对映体的作用想像成该对映体［B(－)］(拆分剂）与一对外消旋体［A(＋)A(－)］作用（图 6-6），显然，左右两圆偏振光与该对映体的“手性识别”作用将是不同的，就好像非对映异构体［A(＋)B(－)］和［A(－)B(－)］之间具有不同的物理化学性质一样❶。

当平面偏振光射入某一个含不等量对映体的手性化合物样品中时，组成平面偏振光的左右圆组分不仅传播速率不同，而且被吸收的程度可能也不相同。前一性质在宏观上表现为旋光性，而后一性质则被称为圆二色性。因此，当含生色团的手性分子与左右圆偏振光发生作用时会同时表现出旋光性和圆二色性这两种相关现象。

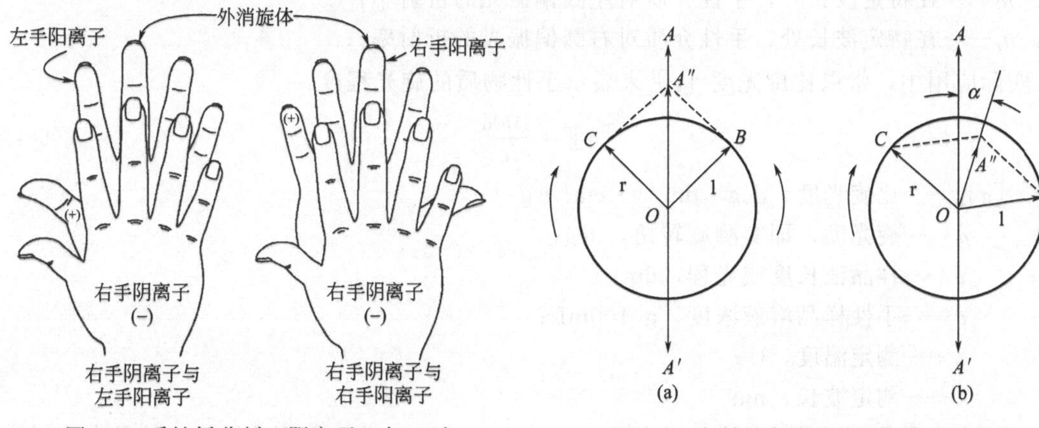

图 6-6　手性拆分剂（阴离子）与一对外消旋体（阳离子）的作用示意图

图 6-7　出射左右圆组分的加合和偏振光平面的旋转示意图

(a) 左右圆组分通过外消旋体；(b) 左右圆组分通过手性介质

6.3.1　旋光性

6.3.1.1　比旋光度

一束平面偏振光的振动在图 6-7 中以向量 OA 表示，它在极限位置 A 与 A'之间作简谐

---

❶ 实际上，左圆或右圆偏振光也可以作为一种“手性源”，诱导绝对不对称合成。

振动。在沿 AA' 的任一点上，都可以将线矢量（平面偏振光）看成是旋转方向相反，而角速度相等的矢量 OB 和 OC 的总和。在图 6-7(a) 所示位置的 OB 和 OC 的矢量加合结果为 OA''。在任一情况下，总是得到一个沿着 AA' 的矢量。

当平面偏振光通过只含有某一对映体的手性样品时，由于该对映体对其左、右圆组分的折射率不同（$n_l \neq n_r$，称为圆双折射），左、右圆组分在该样品溶液中的传播速率 v_l 和 v_r 随之不同，则右圆组分和左圆组分的旋转角亦不同。如图 6-7(b) 所示，假设在某一入射单色平面偏振光作用下，手性对映体对左圆组分的传播速率 v_l 小于右圆组分的传播速率 v_r（由于 $n=c_0/v$[1]，$v_l<v_r$，因而 $n_l>n_r$）；迎着光源的方向观察，在到达手性样品溶液内一定深度的某一点时，左圆组分的相位将比右圆组分的相位落后一点，即矢量 OB 与 OC 的相位不再相同，这样就使通过该手性样品后（重新回到各向同性的空气介质中）的出射左、右圆偏振光再进行矢量加和所得线偏振光，其偏振面相对于入射偏振平面顺时针偏转了角度 α，这一偏转角即为旋光度，其符号为正。若手性样品引起偏振面逆时针旋转，则 α 为负。

如果平面偏振光射入某一外消旋体溶液，虽然其中每一种对映体对偏振光左、右圆组分的折射率不等（分别记作 $n_l \neq n_r$，$n'_l \neq n'_r$），但由于它们之间是等量的对映体关系，又有 $n_l = n'_r$，$n_r = n'_l$，显然，在该溶液中它们导致偏振光左、右圆组分传播的减慢程度是一样的，这样就使通过该消旋体后的出射左、右圆偏振光再进行矢量加和所得合矢量的偏振面不发生偏转［图 6-7(a)］。

旋光度 α 可用式(6-3) 表述：

$$\alpha=\frac{\pi}{\lambda}(n_l-n_r) \tag{6-3}$$

式中 α——旋光度，即实测旋转角，deg；

λ——单色平面偏振光波长，nm；

n_l——在特定波长处，手性介质对左圆偏振光的折射率；

n_r——在特定波长处，手性介质对右圆偏振光的折射率。

实际应用中，常以比旋光度 $[\alpha]_\lambda^t$ 来表示手性物质的旋光程度：

$$[\alpha]_\lambda^t=\frac{100\alpha}{lc} \tag{6-4}$$

式中 $[\alpha]_\lambda^t$——比旋光度，$deg \cdot dm^{-1} \cdot cm^3 \cdot g^{-1}$；

α——旋光度，即实测旋转角，deg；

l——样品池长度或光程，dm；

c——手性样品溶液浓度，g/100mL；

t——测定温度，℃；

λ——测定波长，nm。

比旋光度虽然是反映手性化合物特征的一个重要物理常数，但不适用于比较具有不同分子量的手性化合物的旋光能力。因此，在比较不同手性化合物之间的旋光性强弱时，以摩尔旋光度 $[M]_\lambda^t$ 来表示可能更为确切[2]：

$$[M]_\lambda^t=\frac{[\alpha]_\lambda^t M_w}{100}=\frac{\alpha}{l(dm)\times c'(mol \cdot 100mL^{-1})} \tag{6-5}$$

---

[1] c_0 是光在真空中的传播速率，v 是光在某种介质中的传播速率。

[2] 式(6-5) 中的除数 100 是为了使摩尔旋光度值和比旋光度值的数量级大致相同而定的，同时还有单位换算的需要，注意：$[\alpha]$ 和 $[M]$ 的单位不同，$[M]$ 是指厚度为 1m 的 1mol/L 手性样品溶液所显示的旋光度。

式中 $[M]_\lambda^t$——摩尔旋光度，$deg \cdot m^{-1} \cdot mL \cdot mol^{-1}$；

M_w——手性化合物的分子量，$g \cdot mol^{-1}$；

c'——手性样品溶液浓度，$mol \cdot 100mL^{-1}$。

旋光仪测量的基本原理为：来自光源的各向同性自然光被偏振器调制为线偏振光后，通过手性介质，所得旋光度信号被光电倍增管所检测。图 6-8 给出了旋光仪的工作原理示意图。商品化的旋光仪所提供的光源有钠灯、汞灯或卤素灯，可选波长通常有 589nm、577nm、546nm、435nm 和 365nm 等，但是普通旋光仪一般只提供标准波长 589nm（钠 D 线）。

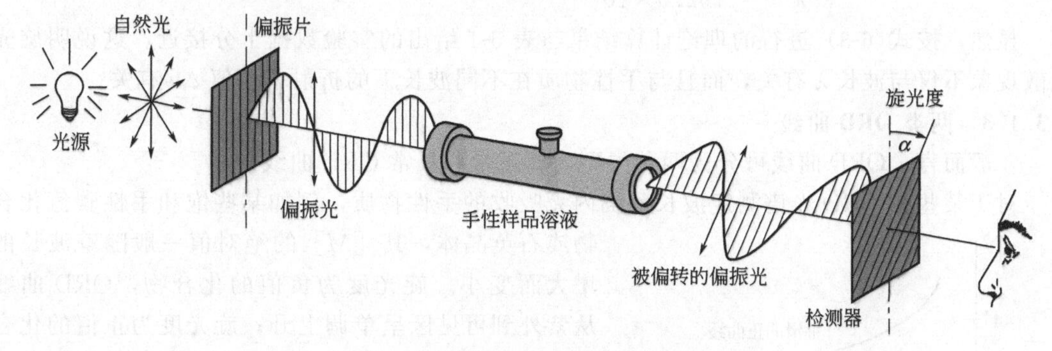

图 6-8　旋光仪的工作原理示意图

6.3.1.2　旋光色散（ORD）

旋光性的一个显著特征是：同一手性物质对于不同波长的入射偏振光有不同的旋光度，其几乎与波长的平方成反比。例如在透明光谱区，同一手性物质对紫光（396.8nm）的旋光度大约是对红光（762.0nm）旋光度的四倍，这就是所谓旋光色散现象。旋光度 α 和波长 λ 之定量关系大致可以表示为式(6-6)。

$$\alpha = A + \frac{B}{\lambda^2} \tag{6-6}$$

式中，A 和 B 是两个待定常数。表 6-1 列出水晶的旋光度随波长而变化的实测数据。

旋光色散现象的起因是：入射平面偏振光中的左、右圆组分在手性介质中的折射率 n_l 和 n_r 不同而产生圆双折射，而且折射率还与波长有关（表 6-2），即手性介质的圆双折射会随波长发生变化，因此，旋光度将随入射偏振光的波长不同而不同，以比旋光度 $[\alpha]$ 或摩尔旋光度 $[M]$ 对平面偏振光的波长或波数作图称 ORD 曲线。旋光色散和圆双折射现象也可用式(6-3) 表示。

表 6-1　右旋水晶的旋光度随波长的变化

波长/nm	旋光度/(°)·mm^{-1}	波长/nm	旋光度/(°)·mm^{-1}	波长/nm	旋光度/(°)·mm^{-1}
226.5	210.9	435.8	41.55	589.3	21.72
250.3	153.9	467.8	35.60	643.8	18.02
303.4	95.02	486.1	32.76	670.7	16.54
340.3	72.45	508.5	29.73	728.1	13.92
404.7	48.95	546.0	25.54	794.8	11.59

表 6-2　右旋水晶的折射率随波长的变化

波长/nm	n_r	n_l	$\Delta n = n_l - n_r$
396.8	1.58810	1.58821	0.00011
762.0	1.53914	1.53920	0.00006

根据表 6-2 给出的右旋水晶折射率数据，可以由式(6-3) 计算其在不同波长下的旋光度。

对于紫光，其旋光度为：

$$\alpha=\frac{\pi}{\lambda}\Delta n=\frac{\pi}{396.8\times10^{-6}}\times0.00011=49.9(^\circ)\cdot\mathrm{mm}^{-1}$$

对于红光，其旋光度为：

$$\alpha=\frac{\pi}{\lambda}\Delta n=\frac{\pi}{762.0\times10^{-6}}\times0.00006=14.17(^\circ)\cdot\mathrm{mm}^{-1}$$

显然，按式(6-3) 进行的理论计算结果与表 6-1 给出的实验数据十分接近，这说明旋光色散现象不仅与波长 λ 有关，而且与手性物质在不同波长下的折射率差值 Δn 有关。

6.3.1.3　两类 ORD 曲线

一般而言，ORD 曲线可分为两种类型，即正常和反常 ORD 曲线。

对于某些在 ORD 光谱测定波长范围内无吸收的手性物质，例如某些饱和手性碳氢化合物或石英晶体，其 $[M]$ 的绝对值一般随着波长的增大而变小。旋光度为负值的化合物，ORD 曲线从紫外到可见区呈单调上升；旋光度为正值的化合物，ORD 曲线从紫外到可见区呈单调下降。两种情况下都逼近 0 线，但不与 0 线相交，即 ORD 谱线只是在一个相内延伸，既没有峰也没有谷，这类 ORD 曲线称为正常的或平坦的 ORD 光谱。图 6-9 给出正常 ORD 曲线的例子。显然，欲测定这类物质的旋光度最好用波长较短的光源。

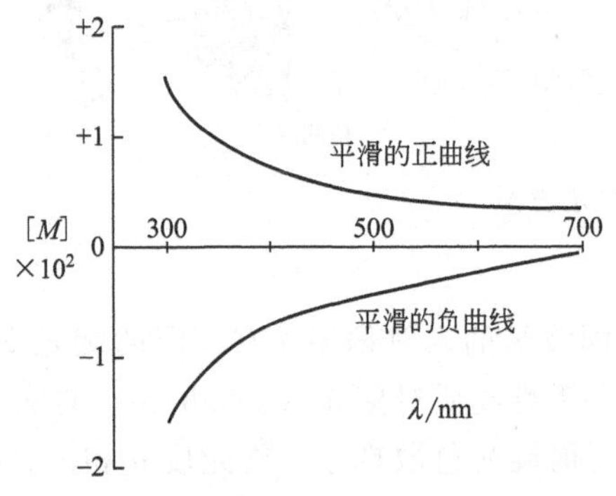

图 6-9　透明光谱区的旋光色散曲线

当手性物质存在发色团，在 CD 光谱测定波长范围内有吸收时，则原先在电子吸收带附近处于单调增加或减少中的摩尔旋光度或比旋光度可以在某一个波长内发生急剧变化，并使符号反转，有人把这种现象称为反常色散(anomalous dispersion)。与图 6-9 所示的正常 ORD 曲线相比，理想的反常 ORD 曲线通常呈现极大值、极小值以及一个拐点，如图 6-10 中的虚线（---）所示，因此认为反常 ORD 曲线呈 S 形。它的起因可能是在 λ_0 处圆双折射 Δn 值的突变，一般在吸收光谱的最大吸收 λ_{max} 处可以观察到反常色散曲线的拐点[❶]；还有另一种说法认为，ORD 曲线就像 CD 曲线的一阶导数，在 CD 的极大吸收处出现拐点。呈现反常色散的场合同时可以看到圆二色性（参阅 6.3.2)，即 CD 曲线通常在吸收光谱的 λ_{max} 附近出现 $\Delta\varepsilon$ 绝对值极大（呈峰或谷)，或可能将吸收峰分裂为一正一负两个 CD 谱峰。反常 ORD 曲线的摩尔振幅 a 由式(6-7) 给出：

$$a=\frac{|[M]_1|+|[M]_2|}{2}\tag{6-7}$$

式中　$[M]_1$——反常色散波峰处的摩尔旋光度；

　　　$[M]_2$——反常色散波谷处的摩尔旋光度。

有些化合物同时含有两个以上不同的发色团，其反常 ORD 曲线可有多个峰和谷，呈现复杂的 Cotton 效应。实际上每一条 ORD 曲线都是分子中各个发色团的综合效应，包括分子的每一种取向和每一种构象的贡献。

---

❶ 由于吸收谱带和 ORD 曲线的形状并不是严格对称的，因此这个拐点并不一定与 λ_0 完全一致。

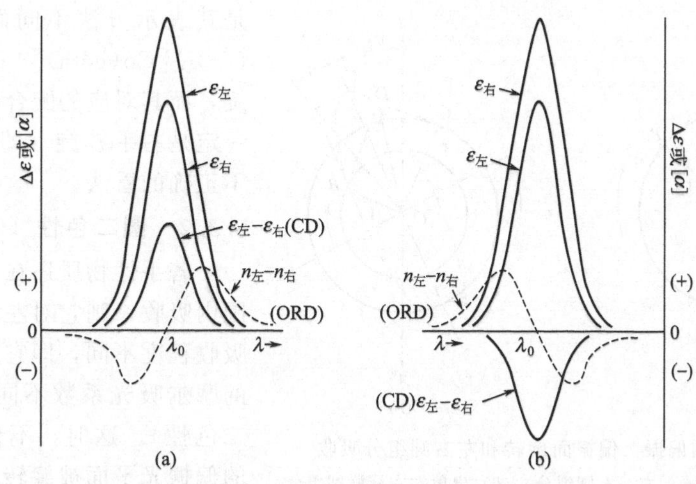

图 6-10　在 λ_0 处具有最大吸收的一对对映体的理想圆二色和反常旋光色散曲线

(a) 正 Cotton 效应；(b) 负 Cotton 效应

由于反常色散是与手性化合物的吸收谱带相关联的，虽然前者主要起因于圆双折射，但是将反常 ORD 谱与紫外可见光谱对照更有实际应用价值，另外，在以下的讨论中将看到，反常 ORD 曲线在确定手性化合物的构型和构象时，具有重要应用（参阅 6.4）。

6.3.1.4　旋光度与绝对构型[3,11,14,45]

对以上两种类型 ORD 曲线的分析，说明在这两种情况下旋光度与波长变化密切相关。因此，欲指定一种光学异构体的旋光度符号，只有当测定旋光度的波长确定时才有意义。因为具有特征发色团的某种光学异构体可以在某一波长下使偏振光平面右旋，但在另一波长时则左旋，有时甚至在某一特定波长下不表现出旋光性。在实验的基础上区别光学异构体的符号过去常用 D、L 表示；一般默认在标准波长 589nm 下测定旋光度时的符号，D 为（+），L 为（−）（对于配合物中的手性配体，则分别以小写 d 和 l 表示）。如果在不同波长下测定旋光性，则应在比旋光度表示符号 $[\alpha]_{\lambda}^{t}$ 中注明测定波长（nm），例如（+）$_{589}$-$[Co(en)_3]^{3+}$ 或（−）$_{546}$-$[Co(edta)]^-$ 等。

绝对构型是指：经物理方法确认的手性分子中原子在空间的排布方式。在研究手性化合物的立体化学时，初学者往往会将某个测定波长下的旋光方向（+）$_\lambda$ 或（−）$_\lambda$ 与分子的绝对构型简单地对应起来，误以为旋光方向直接反映着分子的构型❶。事实上，一个对映体的旋光方向不仅与分子的构型有关，而且受溶剂、浓度、温度、实验测定时所用偏振光的波长等因素的影响。例如，右旋酒石酸在乙醚中的比旋光度是 $[\alpha]_D=+7.4°$，但此化合物在氯仿溶液中变为左旋，比旋光度是 $[\alpha]_D=-3.19°$；如果在 50℃下测定此化合物的氯仿溶液，则又变为右旋，$[\alpha]_D^{50}=+1.26°$。苹果酸右旋体在 64%的水溶液中的旋光度 $[\alpha]_D=+2.72°$，但它的 21%的水溶液则变为左旋，$[\alpha]_D=-0.90°$。又例如 Δ-(−)$_D$-$[Co(edta)]^-$ 的比旋光度 $[\alpha]_D=-150°$，而该配合物的 $[\alpha]_{546}=+1000°$；这说明具有金属中心绝对构型为 Δ 的 $[Co(edta)]^-$ 在不同偏振光波长下的旋光方向不同，而且其绝对值也有很大差别。故 Δ-(−)$_D$-$[Co(edta)]^-$ 和 Δ-(+)$_{546}$-$[Co(edta)]^-$ 实际上为同一种构型的手性配合物，只

❶ 在确定的条件下，利用对单色旋光仪所测摩尔旋光度 $[M]_\lambda$ 进行对比的方法推测手性有机化合物的绝对构型是较早期的研究工作。对一些特定类型的系列手性有机化合物，某些经验性的结构和旋光性的关系规则简便易行，有一定实用价值。参考：叶秀林编著．立体化学．北京：北京大学出版社，1999：211-236。

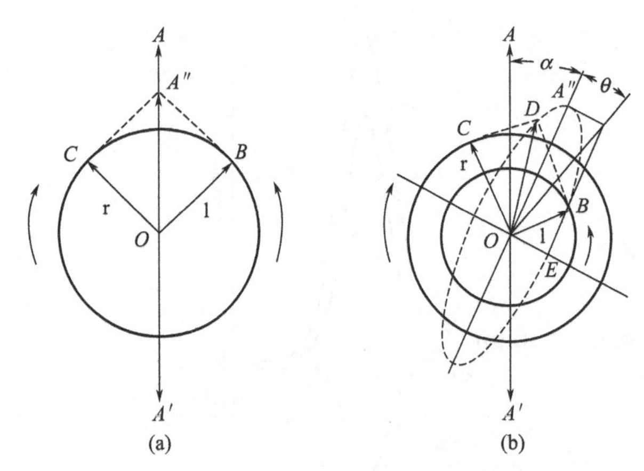

图 6-11 椭圆偏振：偏振面旋转和左右圆组分吸收
(a) 入射平面偏振光的左、右圆组分；(b) 出射左右旋椭圆组分的加合和偏振光平面的旋转。OB 表示被吸收后左圆偏振光的振幅；OC 表示被吸收后右圆偏振光的振幅；OD 表示 OB 和 OC 的矢量和；θ 为椭圆偏振光的椭圆率角

是其表示方法不同而已。如果以为 $(-)_D$-$[Co(edta)]^-$ 的旋光符号为右旋，而其对应的配合物的绝对构型就一定是右手螺旋（即 Δ 型），是一种不正确的看法。

6.3.2 圆二色性（CD）[3,19,28,32]

若手性物质还在偏振光的波长范围内吸收，则它对左右两圆偏振光的吸收程度不同，即它对左、右圆组分的摩尔吸光系数不同（$\varepsilon_l \neq \varepsilon_r$，即圆二色性）。这时，不仅是图 6-7 所示的偏振光平面被旋转了，左右两圆组分的振幅也不再相等。图 6-11(b) 表示一束单色平面偏振光通过手性样品溶液，因圆双折射导致偏振光平面旋转 α 角（假设 $n_l > n_r$）；与此同时试样还对两圆偏振光有不同程度的吸收（假设 $\varepsilon_l > \varepsilon_r$），使其振幅受不同程度衰减，OB 与 OC 的电场合矢量 OD 将沿着一个椭圆轨迹移动，出射光便成为椭圆偏振光。椭圆长轴 OA″决定出射椭圆偏振光束的平面；椭圆率被定义为：

$$\tan\theta = OE/OA'' \tag{6-8}$$

当椭圆率很小，椭圆接近于线性，这时 $\tan\theta \approx \theta$，且与该手性样品对左、右两圆组分的吸光度之差 ΔA 成正比。理论计算得到，ΔA 与椭圆率角 θ 的关系为：

$$\tan\theta \approx \theta = (\ln 10)(A_l - A_r) \times \frac{180}{4\pi} = 32.982\Delta A \tag{6-9}$$

式中 A_l——介质对左圆偏振光的吸光度；

A_r——介质对右圆偏振光的吸光度；

ΔA——介质对左右圆偏振光的吸光度之差；

θ——实测椭圆率角，deg❶。

在实际工作中，更常用的是比椭圆度 $[\theta]_\lambda^t$ 和摩尔椭圆度 $[\Theta]_\lambda^t$❷，

$$[\theta]_\lambda^t = \frac{\theta}{cl} = \frac{32.982\Delta A}{cl} \tag{6-10}$$

式中 $[\theta]_\lambda^t$——比椭圆度，$deg \cdot dm^{-1} \cdot mL \cdot g^{-1}$；

θ——实测椭圆率角，deg；

c——手性样品溶液浓度，$g \cdot mL^{-1}$；

l——样品池长度，dm；

t——测定温度，℃；

λ——测定波长，nm。

$$[\Theta]_\lambda^t = \frac{[\theta]_\lambda^t M_w}{100} = \frac{32.982\Delta A M_w}{100cl} = \frac{32.982\Delta A \times 100}{c'l'} = 3298.2\Delta\varepsilon_\lambda \tag{6-11}$$

❶ 尽管目前所有商品化的 CD 光谱仪都是以椭圆率 θ(mdeg) 为单位，但实际测出的均为 ΔA。只要手性样品浓度已知，仪器自带软件可以对 Δε 作出计算。

❷ 一些专著或文献以 [M] 表示摩尔椭圆率的符号，为了不与摩尔旋光度的符号混淆，本书采用符号 [Θ]。

$$[\Theta]_\lambda^t=\frac{\theta'_\lambda}{c'\times l'\times 10}=3298.2\Delta\varepsilon_\lambda \quad 或 \quad \Delta\varepsilon_\lambda=\varepsilon_l(\lambda)-\varepsilon_r(\lambda)=\frac{\theta'_\lambda}{3298.2\times c'\times l'\times 10}$$

式中　$[\Theta]_\lambda^t$——摩尔椭圆度，$deg\cdot cm^{-1}\cdot L\cdot mol^{-1}$；

θ'_λ——实测椭圆率角，mdeg；

M_w——手性化合物的分子量，$g\cdot mol^{-1}$；

c'——手性样品溶液摩尔浓度，$mol\cdot L^{-1}$；

l'——样品池长度，cm；

$\Delta\varepsilon_\lambda$——介质对左右圆偏振光的摩尔吸光系数之差，$mol^{-1}\cdot L\cdot cm^{-1}$；

$\varepsilon_l(\lambda)$——介质对左圆偏振光的摩尔吸光系数，$mol^{-1}\cdot L\cdot cm^{-1}$；

$\varepsilon_r(\lambda)$——介质对右圆偏振光的摩尔吸光系数，$mol^{-1}\cdot L\cdot cm^{-1}$。

左右圆摩尔吸光系数之差 $\Delta\varepsilon_\lambda$ 将随入射圆偏振光的波长变化而变化。以 θ(mdeg) 或 $\Delta\varepsilon_\lambda$ 为纵坐标，以波长或波数为横坐标作图，便得到 CD 曲线。

图 6-12 示出 CD 光谱仪的简要工作原理：单色线偏振光被 CD 调制器调制为交替的左圆和右圆偏振光，手性试样对偏振光的左、右圆组分有不同程度的吸收作用，变动的光强度在检测器上产生交流/直流信号，从而测量出比例于 ΔA 的周期性信号。

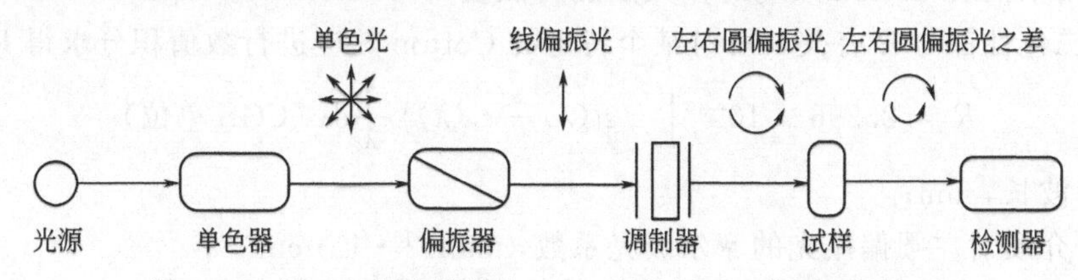

图 6-12　圆二色分光偏振仪（CD 光谱仪）工作原理示意图

6.3.3　ORD 与 CD 的关系及 Cotton 效应

CD 和反常 ORD 是同一现象的两个表现方面，它们都是手性分子中的不对称生色团与左右圆偏振光发生不同的作用引起的。CD 光谱反映了光和分子间的能量交换，因而只能在有最大能量交换的共振波长范围内测量；而 ORD 主要与电子运动有关，因此即使在远离共振波长处也不能忽略其旋光度值。因此，反常 ORD 与 CD 是从两个不同角度获得的同一信息，如果其中一种现象出现，对应的另一种现象也必然存在。为了纪念首次发现这两种现象的法国物理学家 Aime Cotton，它们一起被称为 Cotton 效应（Cotton effect，简称 CE）。如图 6-10 所示，正 CE 相应于在 ORD 曲线中，在吸收带极值附近随着波长增加，$[\alpha]$ 从负值向正值改变（相应的 CD 曲线中 $\Delta\varepsilon$ 为正值），负 CE 的情形正好相反。同一波长下互为对映体的手性化合物的 $[\alpha]_\lambda$ 值或 $\Delta\varepsilon_\lambda$ 值在理想情况下绝对值相等但符号相反；一对 CD（或反常 ORD）曲线互为镜像。

如同折射率曲线和吸收曲线之间有 Kramers-Kronig 关系式一样，ORD 的摩尔旋光度和 CD 的摩尔椭圆度之间也由于有名的 Kramers-Kronig 变换（简称 K-K 变换）而相互关联，已知其中一个参数可对另一个参数进行计算。对于一个孤立的 Cotton 效应，有：

$$[\Theta(\lambda)]=-\frac{2}{\pi\lambda}\int_0^\infty [M(\lambda')]\frac{\lambda'^2}{\lambda^2-\lambda'^2}d\lambda' \tag{6-12}$$

$$[M(\lambda)]=\frac{2}{\pi}\int_0^\infty [\Theta(\lambda')]\frac{\lambda'^2}{\lambda^2-\lambda'^2}d\lambda' \tag{6-13}$$

从实际应用上来看，ORD 和 CD 两种方法可以单独使用，更经常地，二者可与 UV-Vis 光谱一起配合使用。一般而言，CD 谱比 ORD 谱应用更为广泛，因为 CD 谱峰的位置、强度、符号及其形状可以提供更多有用的结构信息；当几个吸收峰相重叠时，一些附加的 CD

特征，如肩峰、次级峰、最小值（峰谷）等也可作为分析的依据，因此CD光谱可作为表征跃迁能级的特殊光谱指纹技术，通过它能进一步了解一般电子光谱所不能体现出来的能级跃迁细节，这种分析对确定（手性）化合物电子跃迁性质颇有帮助（参阅6.5.3）；此外，CD光谱还具有较好的分辨率，可以对掩埋在较强吸收带中的较小Cotton效应表现出一个可检测的灵敏度，从圆二色现象产生的角度去理解，这是因为对于某个特定的CD电子跃迁，只有与该跃迁有关的优势手性构型或构象才对CE有贡献[46]，而对于ORD曲线而言，在多种手性构象并存的情况下，有时很难排除背景的干扰。

不过，应当指出的是，虽然目前ORD谱有逐渐被CD谱所取代的趋势，但有时ORD的作用又是不可替代的。由于手性物质的ORD可以在整个测定波长范围内被观察到，正常ORD可用来表征在仪器的波长测定范围内不具有特征吸收的手性样品；特别是对某些在给定波长范围呈现很强的吸收而其CD信号相对较弱，以致难以获得理想CD光谱的手性样品，反常ORD中的S形曲线的长波一翼仍然可能给出其有用的结构信息[3,19]，因此建议在可能的条件下，最好对一个含发色团的手性化合物同时做反常ORD和CD光谱表征。

6.3.4 旋转强度[3,10,12,20,21,23,29~31]和各向异性因子

另一个用来描绘Cotton效应的参数是旋转强度（rotational strength，R）。手性分子的旋光性和圆二色性都与R有关，可对某个特定的Cotton效应进行数值积分求得R：

$$R = 2.296 \times 10^{-39}\int_0^{\infty}\{\varepsilon_l(\lambda) - \varepsilon_r(\lambda)\}\frac{1}{\lambda}\mathrm{d}\lambda \ (\text{CGS单位}) \tag{6-14}$$

式中 λ——波长，nm；

$\varepsilon_l(\lambda)$——介质对左圆偏振光的摩尔吸光系数，$mol^{-1}\cdot L\cdot cm^{-1}$；

$\varepsilon_r(\lambda)$——介质对右圆偏振光的摩尔吸光系数，$mol^{-1}\cdot L\cdot cm^{-1}$。

当Cotton效应的曲线近似于高斯曲线时，可用以下经验式表示R：

$$R = 4.069 \times 10^{-39}\Delta\varepsilon_{ext}\frac{\Delta\lambda}{\lambda_{ext}} \tag{6-15}$$

式中 $\Delta\lambda$——高斯曲线的半宽度，nm；

λ_{ext}——Cotton效应极大值的波长，nm；

$\Delta\varepsilon_{ext}$——λ_{ext}处的左右圆摩尔吸光系数之差，$mol^{-1}\cdot L\cdot cm^{-1}$。

因此，由CD光谱的某个特定Cotton效应可以容易地进行旋转强度R的计算，从而进行理论上的处理。而旋转强度R（类似于吸收光谱中的偶极强度）亦是CD和ORD的强度因子，理论上它正比于分子的电偶极跃迁矩和磁偶极跃迁矩标量积的虚部：

$$R_{0n} = -Im\{\langle\Psi_0|\hat{\mu}_e|\Psi_n\rangle\langle\Psi_n|\hat{\mu}_m|\Psi_0\rangle\} \tag{6-16}$$

式中 $\hat{\mu}_e$——电偶极跃迁矩算符；

$\hat{\mu}_m$——磁偶极跃迁矩算符；

Ψ_0——基态波函数；

Ψ_n——激发态波函数。

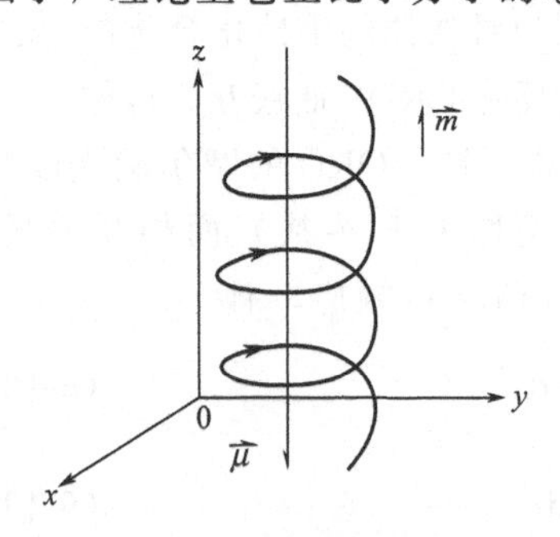

图6-13 电偶极矩和磁偶极跃迁矩的相对取向

图中表示沿着负z方向的左手螺旋电荷位移（左手法则）

图6-13描述了电偶极跃迁矩和磁偶极跃迁矩的相对取向。当电偶极跃迁矩和磁偶极跃迁矩互为平行，旋转强度为正；当两者为反平行，则旋转强度为负。因此有可能根据荷移跃迁过程中电子迁移的螺旋性来推测Cotton效应的符号。

根据CD光谱和相应的电子光谱数据，对于某个特定的

Cotton 效应，可引入一个重要参数，即波长相关不对称（或称各向异性）因子 $g(\lambda)$：

$$g(\lambda)=\frac{\varepsilon_l(\lambda)-\varepsilon_r(\lambda)}{\varepsilon(\lambda)} \tag{6-17}$$

$$\varepsilon(\lambda)=\frac{\varepsilon_l(\lambda)+\varepsilon_r(\lambda)}{2}$$

显然，$g(\lambda)$ 因子的绝对值不可能大于 2。对于一个对映纯的光学异构体，

$$g(\lambda)=g(\lambda)^{\max}=\frac{\Delta\varepsilon(\lambda)}{\varepsilon(\lambda)} \tag{6-18}$$

因此，可用 $g(\lambda)$ 因子来表示某个手性样品的对映纯度［式(6-19)］。$g(\lambda)$ 因子在判断该 Cotton 效应的电子跃迁类型时，也有重要应用（参阅 6.5）。

$$\text{e. e.}=\frac{g}{g^{\max}}\times 100\% \tag{6-19}$$

式中　e. e. ——对映体过量百分率（enantiomer excess，e. e.），定义为[2,4]：

$$\text{e. e.}=\frac{[R]-[S]}{[R]+[S]}\times 100\% \tag{6-20}$$

其中假设 R 为手性产物中主要对映体的含量，通常用核磁共振或色谱方法可以确定 e. e.。除了按式(6-19) 所示的 g 因子外，也可以用光学纯度百分率 OP(%) 来表示 e. e.，即：

$$\text{OP}=\frac{[\alpha]_{\text{产物测定值}}}{[\alpha]_{\text{纯净物最大值}}}\times 100\% \tag{6-21}$$

$$\text{OP}=\frac{[\Delta\varepsilon]_{\text{产物测定值}}}{[\Delta\varepsilon]_{\text{纯净物最大值}}}\times 100\% \tag{6-22}$$

式中　$[\alpha]$——手性产物在某个特定波长和温度下的比旋光度值；

$[\Delta\varepsilon]$——手性产物在某个特定波长和温度下的左右圆摩尔吸光系数差值。

但是，除了必须注意在相同条件（波长、温度、浓度和溶剂等）下比较产物和“纯净物”的比旋光度或摩尔吸光系数之差外，还要设法得到“纯净物”足够准确的数值，否则式(6-21) 和式(6-22) 的结果将是不可靠的。

6.4　手性配合物绝对构型的测定[2～6,9,12,14,20～22]

研究手性探针或手性化合物对映体拆分过程中的手性识别、药物或其它生物活性化合物的立体选择性作用、手性化合物的外消旋转化、手性化合物之间的化学转化以及不对称合成机理等都需要了解手性化合物的绝对构型，才能正确阐明它们的作用模式。因此，在立体化学研究中，确定手性化合物的绝对构型是十分重要的。虽然早在 19 世纪中叶，巴斯德就提出并实现了用多种拆分方法将外消旋体分为两个对映异构的镜像组分，但是人们并不知道被拆分的对映体的真实绝对构型。直到 1951 年土耳其化学家 Bijvoet 用反常 X 射线衍射法(anomalous X-ray diffraction) 确定了（+)-酒石酸钠铷盐的绝对构型[34]，“绝对构型”才有了真实的内容。

6.4.1　确定手性有机化合物绝对构型的方法[2～6]

迄今发现的种类繁多的化合物大部分是有机化合物，其中有许多是天然或人工合成的手性化合物，由于对它们进行立体化学研究的追切需要，经过长期努力，已经建立起一套较为完善的测定手性有机化合物绝对构型的方法，以下仅作出简要介绍。

（1）化学相关法

经过若干已知其历程（即反应过程的立体化学）的反应，将一个未知的手性化合物与一个已知绝对构型的手性化合物联系，可推知该未知化合物的绝对构型，称为“化学相关法”。即使在最简陋的有机化学实验室，化学相关法也能被方便地应用，成为较常用的方法，主要有以下几种：

① 不涉及手性中心的化学转化方法；

② 涉及手性中心的化学转化方法；

③ 形成非对映异构体的化学转化方法；

④ 不对称合成方法。

（2）物理化学方法

① 单晶 X 射线衍射法；

② CD 激发态手征性方法（简称激子手性方法）；

③ ORD 和 CD 光谱关联法；

④ CPL 光谱关联法[37,38]；

⑤ 似外消旋体形成的测试方法（熔点-组分曲线的分析）。

（3）生物化学方法

酶学方法。

（4）其它方法

① 利用非对映异构体性质变化规律（熔点、色谱保留时间、NMR 的化学位移）推断法❶；

② 动力学拆分法。

其中，物理化学方法中的单晶 X 射线衍射法和激子手性方法可称为绝对方法，其它则为相对方法。目前大多数手性有机化合物的绝对构型可以通过上述各种物理或化学的方法进行确定。除了酶学方法之外，这些方法大多数可以应用于手性配合物绝对构型的确定[22]。

6.4.2 配合物的手性来源以及手性光学方法所研究的电子跃迁类型[21]

对于手性配合物而言，有以下四种可被区分的不同手性来源（参阅 2.2.2.5）：

① 配合物固有的平面手性或轴手性；

② 配体的固有手性；

③ 由于配体在金属周围的不对称排列引起金属中心的手性；

④ 配体的手性构象。

例如，对于 Δ-$[Co(en)_3]^{3+}$，其手性起因于③和④；而对于 Δ-$[RuX_2(chiragen)]$（图 6-14），其手性则源于②和③；某些二茂铁衍生物可能具有平面手性（参考图 2-40）。以下讨论将主要涉及具有③和④特征的手性配合物，同时也会关注含有手性配体的配合物。

所谓手性光学方法（chiroptical methods），是指对手性物种基态或激发态的谱学性质测量的手性光谱学技术。已知的手性光学方法有 ORD、CD、VCD、ROA、XNCD、FDCD、CPL（参阅 6.1）以及时间分辨 CD 和 CPL 等。其中，FDCD 和 CPL 是基于对手性分子发光性质（荧光和磷光）的测量，XNCD 则研究 X 射线区域手性金属中心内层的电子激发所引起的圆二色现象[36]。手性光学方法大多是对分子基态性质进行测量，而 CPL 则可以用于探测手性分子激发态的手性结构，甚至消旋化合物的激发态光学活性❷。

---

❶ 也可以将其归类为物理化学方法。

❷ 参考：Berova N，Nakanishi K，Woody R E. Circular Dichroism. 2nd Ed. New York：John Wiley & Sons Inc，2000。Chapter 7.

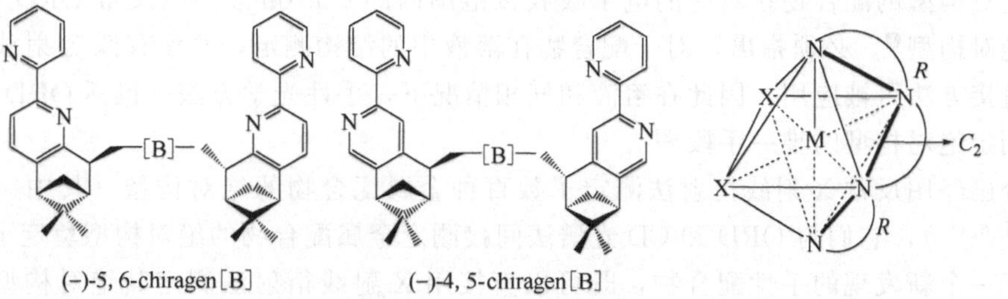

(−)-5, 6-chiragen[B]　(−)-4, 5-chiragen[B]

图 6-14　具有 C_2 对称性的 Δ-[RuX_2(chiragen)]（X＝卤素离子）及手性 chiragen 配体的结构示意图

显然，在以上手性光学方法中，除了 VCD 和 ROA 之外，都是对手性化合物电子跃迁的不同形式进行表征。以过渡金属配合物的电子跃迁为例，在合适的条件下，已知其跃迁类型可能有 MCT、LMCT、MLCT、MMCT、LLCT 或 LCT 等（参阅 5.1.2.1），对具有 LLCT 性质的手性分子进行手性光谱学的研究尚未起步❶，对可能发生 MMCT 的手性多核配合物的手性光学研究也较为罕见[21]。以下讨论将主要涉及具有 MCT、LCT、LMCT 和 MLCT 性质的手性配合物基态性质的手性光学方法表征和应用，其中，利用手性配合物的 MCT 或 LCT 的 ORD 和 CD 性质来进行绝对构型关联具有特别重要的意义。

6.4.3　测定手性配合物绝对构型的两种主要方法

（1）X 射线衍射法——直接法

X 射线不是万能的物理能，一般情况下不能区分对映体。例如，用早期的 X 射线衍射技术不能区分一对非对映异构体盐 {Δ-(−)$_D$-[Co(ox)(en)$_2$]$^+$}{Λ-(−)$_D$-*u*-*fac*-[Co(ida)$_2$]$^-$} 和 {Λ-(+)$_D$-[Co(ox)(en)$_2$]$^+$}{Δ-(+)$_D$-*u*-*fac*-[Co(ida)$_2$]$^-$} 的单晶（H_2ida＝亚氨基二乙酸）。1951 年 Bijvoet 采用 Zr K_αX 射线，通过在酒石酸盐中引入铷原子，利用重原子铷的反常散射效应对酒石酸的绝对构型进行了首次确定[34]，但 X 射线衍射重原子法不适用于难以引入重原子的手性有机化合物。目前，经改进的新一代 X 射线衍射仪在测定绝对构型时，无需特意引入重原子，在一定条件下可利用晶体中含氧、氮、磷等原子对 X 射线的弱反常散射效应，测定不含手性配体的对映纯配合物之金属中心的绝对构型，并用 SHELX-L 程序所提供的 Flack 参数判断所确定的绝对构型是否正确[9]。这一方法要求被测手性配合物必须形成质量优良的单晶或能够容易地转变为可结晶的化合物，对晶体的组成也有严格的要求，例如，对于 MoK_α 衍射数据，要求晶体中含有磷或更重的原子；对于 CuK_α 衍射数据，则要求晶体中含有氧或更重的原子，晶体质量要足够好。

当配合物晶体中含有已知绝对构型的配体或手性拆分剂，且在配位或拆分反应中不会改变其绝对构型时，用一般的 X 射线衍射法就可以以它们已确定的绝对构型（通常为手性碳中心）为标准来指定手性金属中心的绝对构型[22]。

用 X 射线衍射法测定手性配合物的绝对构型是不依赖于其它方法的，其结果可以作为权威的仲裁。尤其对于某些不能与已知其绝对构型的标准配合物关联的手性配合物或新型手性配合物，X 射线衍射法是能直接确定其绝对构型的唯一可靠方法[2]。

（2）利用 Cotton 效应关联法——间接法

由于具有“相似内界”配合物的微小几何和电子（结构）变化对手性光学性质的影响很小，经验关联法可通过比较一个手性配合物与具有类似结构（包括类似的立体和电子结构）

❶　它们可能揭示出某些有趣的性质。

的已知绝对构型的配合物在对应的电子吸收带范围内的 Cotton 效应（反常 ORD 和 CD）来指定其绝对构型❶。必须指出，对于配合物在溶液中的结构测定，并没有像 X 射线单晶衍射那样的直接方法可被应用，因此在溶液和气相情况下，手性光学方法（包括 ORD 和 CD 等）通常是测定绝对构型的唯一手段[21]。

迄今已经用反常 X 射线衍射法测定了数百种金属配合物的绝对构型（其中一些例子示于表 6-3[10,20]），它们为 ORD 和 CD 光谱法间接测定金属配合物的绝对构型奠定了基础。因此，对于一个新发现的手性配合物，既可以直接用 X 射线衍射法测定其绝对构型；也可以用任何一种能将这一配合物与已知绝对构型的标准配合物相关联的间接方法来确定其绝对构型。

表 6-3　一些三（双齿）Co(Ⅲ)、Cr(Ⅲ) 和 Ni(Ⅱ) 配合物的单晶和溶液 CD 光谱

配合物	发色团	空间群①	单晶 CD①		溶液 CD		跃迁指认②
			λ/nm	$\Delta\varepsilon$/ $L \cdot mol^{-1} \cdot cm^{-1}$	λ/nm	$\Delta\varepsilon$/ $L \cdot mol^{-1} \cdot cm^{-1}$	
Λ-(+)-$[Co(en)_3]_2Cl_6 \cdot NaCl \cdot 6H_2O$	$[CoN_6]$	$P3(P6_3)$	475	+23	490	+1.9	^1E
					430	−0.3	$^1A_2$
Λ-(+)-$[Cr(en)_3]_2Cl_6 \cdot NaCl \cdot 6H_2O$	$[CrN_6]$		458	+15	456	+1.4	^4E
Λ-(+)-$[Co(S\text{-}pn)_3]Br_3$	$[CoN_6]$	$P6_3$	485	+17	491	+1.9	^1E
					436	−0.15	$^1A_2$
Λ-(+)-$[Co(S,S\text{-}chxn)_3]Cl_3 \cdot 5H_2O$	$[CoN_6]$	$P6_1$	488	+22	512	+2.4	^1E
					450	−0.6	$^1A_2$
Δ-$[Co(R,R\text{-}cptn)_3]Cl_3 \cdot 4H_2O$	$[CoN_6]$	$P6_122$	510	−13	534	−0.58	^1E
					476	+1.89	$^1A_2$
Δ-(+)-$[Co(tn)_3]Cl_3 \cdot 4H_2O$③	$[CoN_6]$		483	+4.6	530	−0.06	($^1A_2$)
					475	+0.12	(^1E)
Δ-(+)-$[Co(R,R\text{-}ptn)_3]Cl_3 \cdot 2H_2O$③	$[CoN_6]$	$P4_32_12$	478	+2.7	533	−0.13	^1E
					477	+0.79	$^1A_2$
Λ-(−)-$NaMg[Co(ox)_3] \cdot 9H_2O$	$[CoO_6]$		620	+39	617	+3.0	^1E
Λ-(+)-$NaMg[Cr(ox)_3] \cdot 9H_2O$	$[CrO_6]$		561	+20	546	+2.9	^4E
Λ-$(+)_{546}$-$NaMg[Rh(ox)_3] \cdot 9H_2O$	$[RhO_6]$		395	+49	388	+4.1	^1E
Λ-$[Ni(en)_3](NO_3)_2$	$[NiN_6]$		885	+3.1	950	+0.2	^3E
					830	−0.1	$^3A_1$

①配合物单晶均为单轴晶体，所有配离子均视为 D_3 对称性，大多数晶体的光轴与配离子的 C_3 轴严格平行。②对中心金属离子 d-d 跃迁的指认，对于低自旋 d^6 组态配合物，指的是从 $^1A_1$ 基态出发的跃迁；对于 d^3 和 d^8 组态，指的是从 $^4A_2$ 或 $^3A_2$ 基态出发的跃迁。③配位螯环为六元环。在 Δ-(+)-$[Co(tn)_3]Cl_3 \cdot 4H_2O$ 中，晶体光轴与配离子 C_3 轴的夹角并不确定；对于 Δ-(+)-$[Co(R,R\text{-}ptn)_3]Cl_3 \cdot 2H_2O$，相应的夹角为 69.5°。

注：缩写符号 en=乙二胺；*S*-pn=*S*-(+)-1,2-丙二胺；*S*,*S*-chxn=(1*S*,2*S*)-(+)-*trans*-1,2-环己二胺；*R*,*R*-cptn=(1*R*,2*R*)-(−)-*trans*-1,2-环戊二胺；tn=1,3-丙二胺；*R*,*R*-ptn=(2*R*,4*R*)-(−)-2,4-戊二胺；ox^{2-}=草酸根。

当手性配合物的 ORD 呈正 Cotton 效应时，相应的 CD 曲线也呈正 Cotton 效应，反之亦然。因此二者都可以用于间接测定在偏振光的波长范围内有特征吸收的手性配合物的绝对构型。如前所述，这两种方法可以分别单独使用，并与相应的 UV-Vis 谱进行比照，分析对应谱带的跃迁性质。在配位化学研究中 CD 谱比 ORD 谱应用得更为广泛，因为它的特殊光谱指纹检测功能优于一般的电子光谱，对手性配合物绝对构型的确定和电子结构的分析有其独到之处。

除了以上两种方法之外，在早期的研究中曾采用不涉及手性金属中心的化学转化方法和以给定手性拆分剂进行拆分生成难溶非对映异构体等方法来推测手性配合物的绝对构型[22,47]。

---

❶ 这里及以下所指的配合物绝对构型除非特别说明，一般指金属中心的绝对构型。

6.4.4 基于d-d跃迁的ORD和CD关联法在确定手性配合物绝对构型中的应用

如前所述，对于一些结构较简单的手性配合物，可以通过测定它们的ORD和CD谱，来探究它们的电子光谱（产生吸收峰的原因，微观分子轨道能级次序等），以及关联它们的绝对构型。应用Cotton效应指定绝对构型，一般规律是：如果具有类似结构（立体结构、配位环境和电子结构）的两个不同的手性配合物在对应的电子吸收带范围内有相同符号的Cotton效应，则二者可能具有相同的绝对构型。迄今，这类经验关联法大多涉及含螯合配体的八面体配合物。

6.4.4.1 含五元环双齿配体 $[Co(AA)_3]$ 类配合物的绝对构型

对一系列含五元环双齿配体 $[Co(AA)_3]$ 类配合物的单晶圆二色谱的研究表明，它们一般都符合下列经验规律：凡在低能端第一个吸收带的长波部分出现正CD峰的都属于Λ绝对构型，出现负CD谱带的为Δ绝对构型。这个经验规律也适用于大多数具有五元螯环的d^6（低自旋）或d^3配合物（见表6-3），它们的绝对构型都用反常X射线衍射方法证实过。

例如，含五元环双齿配体并具有相同发色团的（+）-$[Co(en)_3]^{3+}$和（+）-$[Co(l\text{-}pn)_3]^{3+}$在对应的电子吸收带范围内有着相同符号的Cotton效应（如图6-15所示），它们在长波处的第一个吸收峰均为正值，它们的绝对构型应相同。而（+）-$[Co(en)_3]^{3+}$的绝对构型已被反常X射线衍射法确定为Λ构型[35]，以它为标准就可以应用上述经验规律通过比较CD与反常ORD曲线（图6-16），来指定其它相关Co(Ⅲ)配合物的绝对构型。

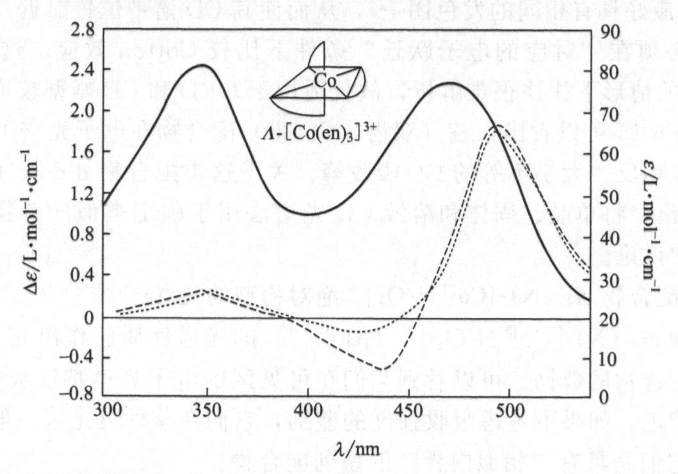

图6-15 Λ-（+）-$[Co(en)_3]^{3+}$的吸收（—）和CD光谱（……）以及（+）-$[Co(l\text{-}pn)_3]^{3+}$的CD光谱（---）
正上方的立体结构图表示已被反常X射线衍射确定的Λ-$[Co(en)_3]^{3+}$的绝对构型

图6-16所示的两条ORD曲线均为正Cotton效应，因为从S形曲线看，随着波长的增加，[M]由负到正变化，在CD长波处第一个最大吸收正峰（λ≈500nm）附近出现反转色散。在此有必要再次强调，切不可将某一个波长下的相同旋光方向作为判断手性配合物绝对构型的判据（参阅6.3.1.4），因为经常发现在同一波长下具有相反旋光方向的手性配合物具有相同的绝对构型。例如，根据图6-16，若以490nm作为特定波长，可以发现Λ-$[Co(en)_3]^{3+}$和Λ-$[Co(l\text{-}pn)_3]^{3+}$在该波长下的旋光方向正好相反。又如，虽然$(+)_D$-$[CoCl(NH_3)(en)_2]^{2+}$与$(-)_D$-$[CoCl(NCS)(en)_2]^{+}$的CD和ORD曲线分别有很大不同，但两者却具有相同的绝对构型[32]，这可能与配体NH_3和NCS^-（异硫氰酸根）的配体场强度差别较大有关。以上分析提醒我们，在应用Cotton效应关联类似结构的手性配合物的绝对构型时必须特别小心，通常要关注的是两者的CD或ORD曲线在某一波段内平行变

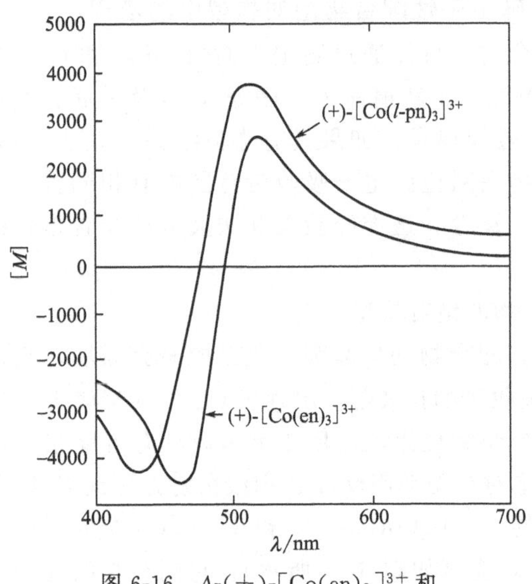

图 6-16 Λ-(+)-$[Co(en)_3]^{3+}$ 和 Λ-(+)-$[Co(l\text{-}pn)_3]^{3+}$ 的反常 ORD 曲线

化的趋势（参考图 6-15 和图 6-16），而不是在某个特定波长下的 $\Delta\varepsilon_\lambda$ 或 $[\alpha]_\lambda$ 的符号。

在应用上述经验关联法时还需注意，对所谓“具有类似结构❶（立体结构、配位环境和电子结构）”规定的前提条件是十分严格的。例如，对相似配位立体结构的规定，除了要求被比较的两个配合物必须具有相同的立体构型和对称性之外，一般还要求配位螯环的元数是相同的，螯环内的 L-M-L 键角小于 90°[20]。表 6-3 中手性 Co(Ⅲ) 配合物的内界均为 D_3 对称性，且大多形成五元螯环，其单晶和溶液 CD 光谱与绝对构型的关系基本符合上述经验关联规则；但是对于含六元螯环的 Δ-$[Co(tn)_3]Cl_3 \cdot 4H_2O$ 和 Δ-$[Co(R,R\text{-}ptn)_3]Cl_3 \cdot 2H_2O$，其单晶 CD 在长波处第一个吸收带的 $\Delta\varepsilon$ 值符号出现反常，不宜用作标准物进行比较❷。“类似的电子结构”则要求对被比较配合物的跃迁始终态的指认应该是相同的❸，而且它们最好具有相同的发色团[22]，从而使其 CD 谱带位置靠近。因此，应用经验关联法的困难是必须在“对应的电子跃迁”条件下比较 Cotton 效应，这在某些复杂光谱（发生谱带重叠）的情形下往往很难解析，故仅适用于 ORD 和 CD 峰型较为简单的配合物。

从表 6-3 和图 6-15 可以看出，三（双齿）Co(Ⅲ) 配合物在电子光谱可见区第一色带处一般出现两个符号相反、大小不等的 CD 吸收峰。关于这类配合物 d-d 跃迁的偏振分析已经在 5.1.10.1 中给出，将单晶、固体和溶液 CD 光谱法用于确定类似配合物 d-d 跃迁的能级顺序将在 6.5.3 中讨论。

6.4.4.2 对系列配合物 *cis*-(N)-$[Co^{Ⅲ}N_2O_4]^-$ 绝对构型的关联[22, 48~63]

对系列配合物 *cis*-(N)-$[Co^{Ⅲ}N_2O_4]^-$（图 6-17）的光谱性质已作出充分的研究，表 6-4 只列出其中一些配合物的数据。可以看到它们在可见区的电子光谱特征吸收带的位置相近，故均为紫色或红紫色。如果不考虑吸收强度的差别，它们在紫外可见区一般出现两个吸收峰（图 6-18），说明它们是具有“相似内界”的系列配合物。

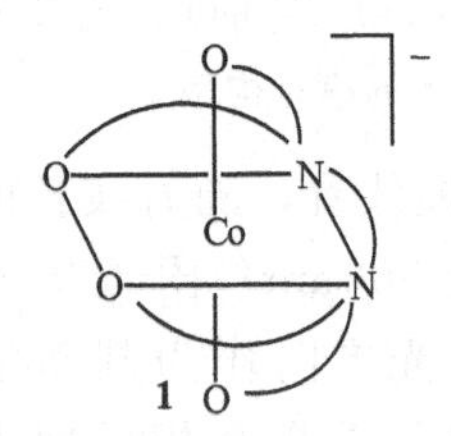

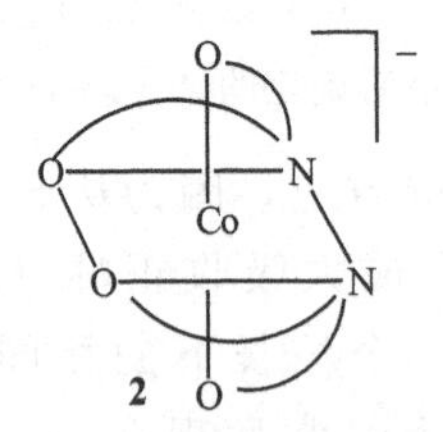

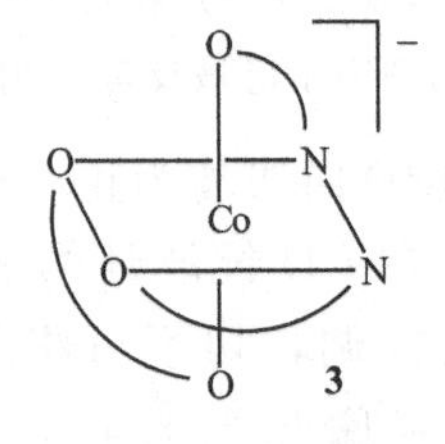

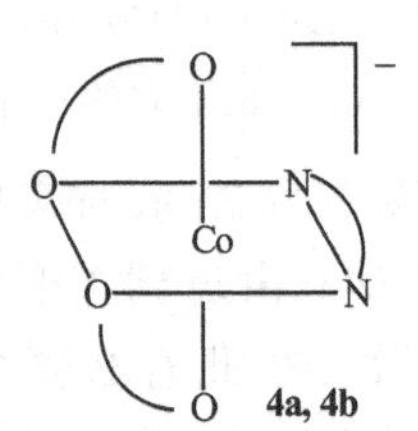

图 6-17 Λ-*cis*-(N)-$[Co^{Ⅲ}N_2O_4]^-$ 系列配合物的绝对构型

---

❶ 指具有相似的内界，使得作出的关联具有可靠性。

❷ 由于非平面型六元螯环的柔性，使其构象不确定。参考：Berova N，Nakanishi K，Woody R E. Circular Dichroism. 2nd Ed. New York：John Wiley & Sons Inc，2000：571-572。

❸ 例如，对于表 6-3 中含五元螯环 Co(Ⅲ) 配合物的 d-d 跃迁，长波处的第一个吸收峰通常被指认为 $^1E \leftarrow {}^1A_1$ 跃迁（称为 E 组分跃迁），但是要真正区分 E 组分或 A_2 组分跃迁（$^1A_2 \leftarrow {}^1A_1$）具有一定难度，参阅 6.5。

表 6-4　具有相似内界的 *cis*-(N)-[$Co^{Ⅲ}N_2O_4$]$^-$ 的吸收光谱和 CD 光谱数据

配合物	吸收光谱		CD 光谱	
	λ/nm	ε/L·mol^{-1}·cm^{-1}	λ/nm	Δε/L·mol^{-1}·cm^{-1}
Λ-(−)$_{546}$-[Co(edta)]$^-$(**1**) 红紫色	538	347	578 504	+1.50 −0.76
Λ-(−)$_D$-*u*-*fac*-[Co(ida)$_2$]$^-$(**2**) 紫色	560	150	588 509	+2.92 −3.26
Λ-(−)$_{546}$-C_1-*cis*(N)-[Co(gly)$_2$(ox)]$^-$(**3**) 红紫色	546	141	564 —①	+2.48 —①
Λ-(−)$_{546}$-[Co(ox)$_2$(en)]$^-$(**4a**) 红紫色	541	109	581 537	+2.27② −0.39②
Λ-(−)$_D$-[Co(mal)$_2$(en)]$^-$(**4b**) 红紫色	541	98	600 541	+3.09 −2.84

①无相应数据。②该数据是取其对映体 Δ-(+)$_{546}$-[Co(ox)$_2$(en)]$^-$ 数据的相反值。

表 6-4 中的五个手性 *cis*-(N)-[$Co^{Ⅲ}N_2O_4$]$^-$ 型配合物的摩尔消光系数一般均大于系列配合物 [$Co^{Ⅲ}(N)_6$]$^{3+}$ (参见表 5-2)，因为前者在结构上的非对称程度更大，而后者仍可视为正八面体构型。比较起来，ε(**1**)>ε(**2**)>ε(**3**)>ε(**4a**)>ε(**4b**)，这与配合物的螯环数分别为 [Co(edta)]$^-$(5 个)、[Co(ida)$_2$]$^-$(4 个)、**3**～**4b**(3 个) 有关；因为螯环数减少使得分子内的张力依次减小，分子的变形程度减小。ε(**4a**)>ε(**4b**) 是由于 **4a** 所含配体 ox^{2-} 形成的螯环为五元环，而 **4b** 所含配体 mal^{2-} 组成的螯环为六元环，后者的刚性较小。至于 **3** 和 **4** 的 ε 值差别，则可能与 gly^- 是不对称的 N-O 双齿配体有关。

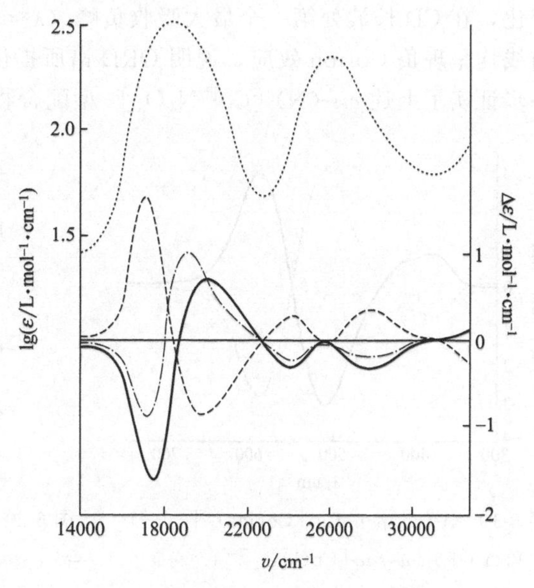

图 6-18　系列 [Co(edta)]$^-$ 衍生物水溶液的紫外可见和 CD 光谱❶

[Co(edta)]$^-$ 的紫外可见光谱 (……)；Δ-(+)$_{546}$-[Co(edta)]$^-$ 的 CD 光谱 (—)；Δ-(+)$_{546}$-[Co(−)-pdta]$^-$ 的 CD 光谱 (-·-·-)；Λ-(−)$_{546}$-[Co(+)-cdta]$^-$ 的 CD 光谱 (-----)

根据 6.4.4.1 所述配合物绝对构型与其 CD 光谱关联的经验规则，如果含五元螯环的二（双齿）或三（双齿）手性 Co(Ⅲ) 配合物的绝对构型为 Λ，其 CD 光谱在长波处的第一个吸收峰应为正值；若为 Δ 构型，则为负值。由此，可确定具有三个双齿配体的 **3**～**4b** 均为 Λ 绝对构型。含多齿配体的 Co(Ⅲ) 配合物 **1** 和 **2** 的绝对构型难以用简单的关联法来确定，但可以用 Douglas 等提出的“环成对偶合法”[53,54]（参阅 2.2.2.5.2）决定 **1** 和 **2** 的净手性，如果净手性为 Λ，上述关联法亦然。虽然 Δ-(+)$_{546}$-[Co(edta)]$^-$ 或 Λ-(−)$_{546}$-[Co(edta)]$^-$ 可以由自发拆分获得[55,56]，在早期的实验中已经采用正常 X 射线衍射法测定了手性单晶的晶体结构，同时还获得单晶溶液的比旋光度值[55]，但是当时手性 [Co(edta)]$^-$ 的绝对构型只是依据“不涉及手性中心的化学转化方法”来进行推测的[57]。在此可以利用 ORD 和 CD 光谱关联法来确定其绝对构型：鉴于已经确定了与 **1** 和 **2** 具有

❶　谱图引自：Gillard R D，Mitchell P R. Structure and Bonding，1970，7：58；但该文献中并未说明相应配合物以及手性配体 $pdta^{4-}$ 和 $cdta^{4-}$ 的绝对构型和比旋光度符号，本书结合表 6-4 和图 6-18 推出其相应的绝对构型和比旋光度符号：(−)-$pdta^{4-}$ =*R*-(−)-1,2-丙二胺四乙酸根；(−)-$cdta^{4-}$ =*trans*-(*R*,*R*)-(−)-1,2-环己二胺四乙酸根。

相似内界的模型配合物**3**～**4b**的绝对构型，故可以间接指定图 6-17 所示的**1**和**2**为 Λ 构型。

十分有趣的是，当 Δ-$[Co(edta)]^-$ 或 Λ-$[Co(edta)]^-$ 的内界配体 $edta^{4-}$ 完全被 en 取代形成 $[Co(en)_3]^{3+}$ 时，会产生金属中心手性构型的部分保留［参阅式(8-5)］。当手性 $[Co(edta)]^-$ 被氢卤酸（HX）酸化并发生单齿配体 X^- 的取代反应成为 $[CoX(Hedta)]^-$，然后再脱去 X^- 关闭螯环回到 $[Co(edta)]^-$ 的反应时，其手性构型也是保留的（详见后续讨论）。

图 6-18 和图 6-19 分别示出部分手性 *cis*-(N)-$[Co^{III}N_2O_4]^-$ 型配合物的 CD 光谱，图6-20则给出具有相同绝对构型的系列二胺四乙酸合钴配合物的 ORD 谱[53]。图 6-18 与图 6-19 所示 CD 曲线的相似性说明手性 $[Co(edta)]^-$ 衍生物和 *u*-*fac*-$[Co(ida)_2]^-$ 的配位立体环境和手性环境极为相似，同时也意味着可通过 CD 或 ORD 曲线的特征来推测溶液中相应配合物的立体构型。分别比较图 6-18 和图 6-20 中的曲线可看出，$[Co(edta)]^-$ 和 $[Co(pdta)]^-$ 的配位立体环境最为相似，同时也表明，随着波长的增加，图 6-20 中所有 ORD 曲线均由正到负变化，在 CD 长波处第一个最大吸收负峰（$\lambda\approx580$nm）附近出现了反转色散，即所有 ORD 曲线均呈现负 Cotton 效应，说明 ORD 谱所提供的构型关联信息与 CD 谱是一致的，从而进一步证实了上述 *cis*-(N)-$[Co^{III}N_2O_4]^-$ 型配合物的绝对构型关联预测。

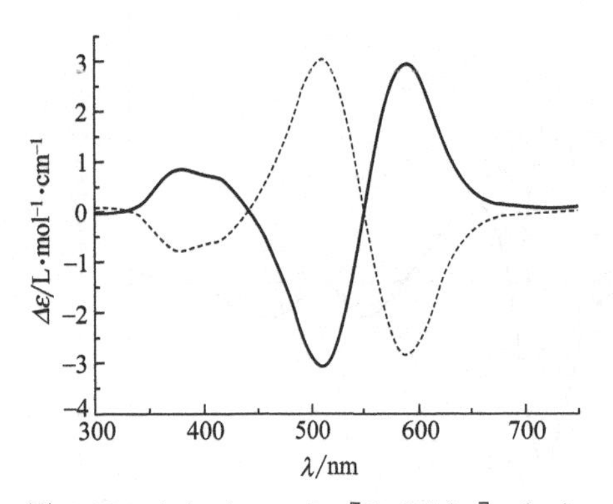

图 6-19　Λ-$(-)_D$-*u*-*fac*-$[Co(ida)_2]^-$（—）和 Δ-$(+)_D$-*u*-*fac*-$[Co(ida)_2]^-$（……）的 CD 光谱[50]

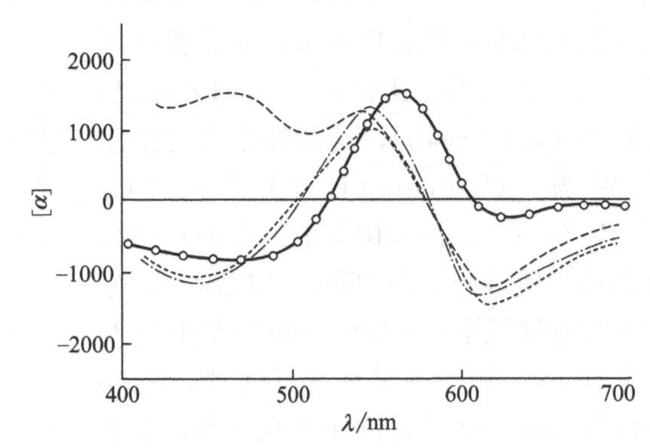

图 6-20　系列手性 $[Co(edta)]^-$ 衍生物水溶液的 ORD 谱图

Δ-$(+)_{546}$-$[Co(edta)]^-$ 的 ORD 谱(……)；Δ-$(+)_{546}$-$[Co(-)\text{-}pdta]^-$ 的 ORD 谱（-·-·-）Δ-$(+)_{546}$-$[Co(-)\text{-}cdta]^-$ 的 ORD 谱(-o-o)；Δ-$(+)_{546}$-$[Co(en)(ox)_2]^-$ 的 ORD 谱（---）

由于表 6-4 所涉及的 *cis*-(N)-$[Co^{III}N_2O_4]^-$ 型配合物所含配体均为非手性配体，因此对每一种配合物来说，只存在一对金属中心具有手性的对映异构体。当配体中含有手性碳原子时，则一般会产生“复杂的异构体问题”。所幸的是，对于某些多齿手性配体而言，会由于配体自身特殊的空间立体构型，在与中心金属配位时，唯一地形成金属中心具有手性的一种光学异构体，这种现象被称为手性立体选择性合成。图 6-18 和图 6-20 所涉及的手性二胺四乙酸根配体（+）-$pdta^{4-}$ 或（−）-$pdta^{4-}$ 和手性 $cdta^{4-}$ 即为这类特殊的手性配体。根据结构预测，当采用 *R*-（−）-$pdta^{4-}$ 为配体制备 $[Co(R\text{-}pdta)]^-$ 时，可能会形成如图 6-21 所示的两种非对映异构体，但是如果金属中心采用 Λ-绝对构型，由于手性碳原子的 *R*-构型要求与其连接的甲基必须为轴向键，造成大的空间位阻使其构型不稳定，因此只能形成甲基为赤道键排布的 Δ-构型；当采用 *S*-（＋）-$pdta^{4-}$

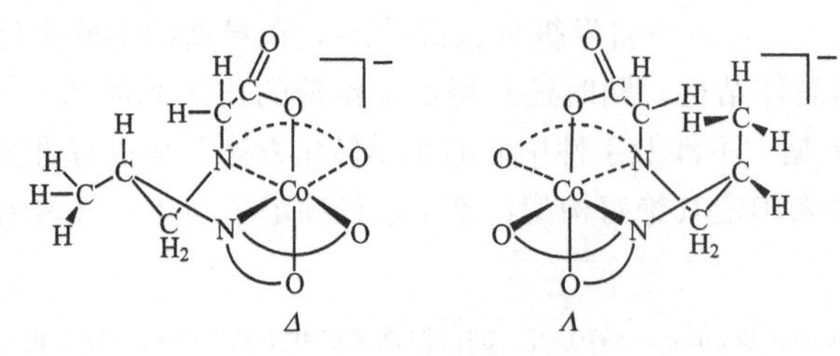

图 6-21　一对非对映异构配离子 Δ-$[Co(R\text{-}pdta)]^-$ 和 Λ-$[Co(R\text{-}pdta)]^-$ 的立体结构

为配体时，由于同样的原因，Co(Ⅲ) 配合物将唯一地形成 Λ-构型[22,59]。图 6-18 和图 6-20 所示的 CD 和 ORD 光谱进一步证实了采用手性二胺四乙酸根配体可立体选择性合成 Co(Ⅲ) 配合物❶。当手性1,2-丙二胺四乙酸氢盐以四齿或五齿形式配位时，也观察到类似现象[22]，例如，采用其外消旋配体合成 $Hpdta^{3-}$ 五齿配位的 Ru 配合物并进行拆分后，也只能分别得到甲基为赤道键的非对映异构体（图 6-22）[60]。

图 6-22　一对手性［RuCl(Hpdta)］⁻的晶体结构

(a) Λ-［RuCl(*S*-Hpdta)］⁻；(b) Δ-［RuCl(*R*-Hpdta)］⁻

在 6.4.4.1 关于含五元环双齿配体［$Co(AA)_3$］类配合物的绝对构型关联的讨论中，曾提及对相似配位立体结构的严格规定，即要求被比较的配位螯环均为五元环；若为六元环，则由于螯环的柔性，使得其构象与五元环不同，甚至其自身在固体和溶液中的构象也不同，从而引起 ORD 和 CD 光谱的不同。由 Δ-(＋)$_{546}$-［Co(edta)］⁻ 与 Δ-(＋)$_{546}$-［Co(trdta)］⁻（图 6-23，$trdta^{4-}$ ＝1,3-丙二胺四乙酸根）的 ORD 和 CD 光谱的相似性（图 6-24）[61]，可以推测在［Co(trdta)］⁻ 中六元螯环的刚性较强且变形性不大，其螯环构象应与［Co(edta)］⁻ 中的五元环相似，因此可对两者进行绝对构型关联。类似于以上的讨论，根据图6-24中 ORD 和 CD 在长波处第一个吸收峰所呈现的负 Cotton 效应，可以推测 (＋)$_{546}$-［Co(trdta)］⁻ 的绝对构型为 Δ。

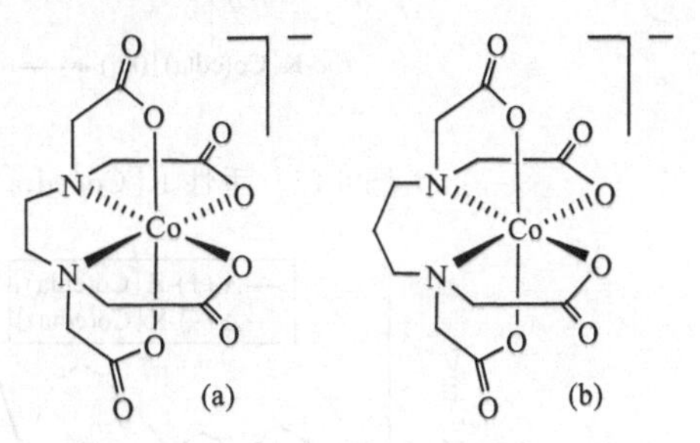

图 6-23　Δ-(＋)$_{546}$-［Co(edta)］⁻(a) 与 Δ-(＋)$_{546}$-［Co(trdta)］⁻(b) 的结构

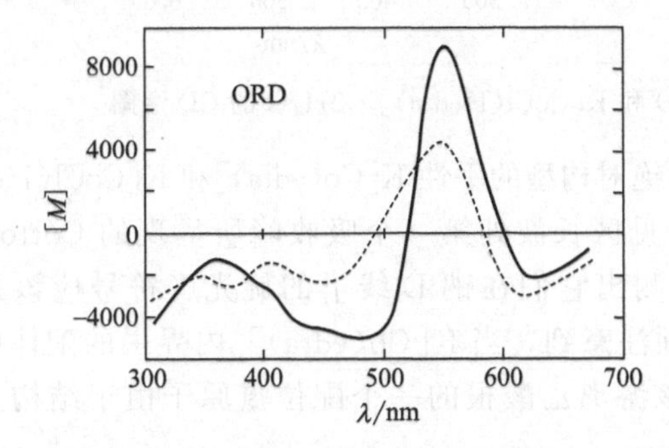

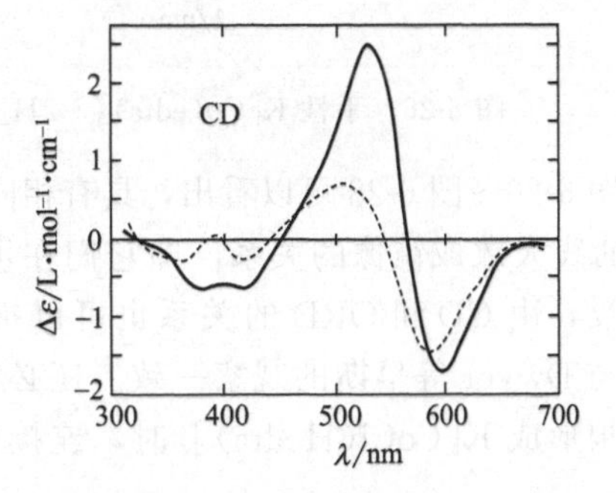

图 6-24　Δ-(＋)$_{546}$-［Co(edta)］⁻（实线）与 Δ-(＋)$_{546}$-［Co(trdta)］⁻（虚线）的 ORD 和 CD 光谱比较

❶ 这些手性配合物也可能由消旋配体合成并通过拆分获得，有时可利用这个方法解离被拆分配合物以获取手性配体。参考：日本化学会编．无机化合物合成手册：第三卷．曹惠民译．北京：化学工业出版社，1988：579，582。

早期 Dwyer 等曾提出并用比旋光度测定数据证明[62]：当手性配合物 M[CoX(Hedta)]($M=K^+$、Na^+；$X=Cl^-$、Br^-) 脱去 X^- 或者 M[Co(edta)] 重新结合 X^- 时，原螯合物分子的手性骨架将保持不变，虽然在转化过程中 M[CoX(Hedta)] 和 M[Co(edta)] 两者在特定波长 (546nm) 下的旋光度符号是相反的，但是他们并没有指定相应配合物的绝对构型和获得 CD 光谱数据。为了进一步证实 Dwyer 等的假设，我们对 M[CoX(Hedta)]和 M[Co(edta)]的构型转换实验做出如下设计（图 6-25）：①由消旋 K[CoCl(Hedta)] 直接拆分获得 Δ-K[CoCl(Hedta)]或 Λ-K[CoCl(Hedta)]；②由已拆分的 Δ-K[Co(edta)]或 Λ-K[Co(edta)]进行加 Cl^- 的转化；③由已拆分的 Δ-K[CoCl(Hedta)]或 Λ-K[CoCl(Hedta)] 加硝酸银进行脱 Cl^- 的转化；④CD 光谱法跟踪 Δ-K[CoCl(Hedta)]或 Λ-K[CoCl(Hedta)] 在溶液中的构型变化；⑤CD 光谱法跟踪 Δ-K[Co(edta)]或 Λ-K[Co(edta)] 在溶液中的构型变化。分别获得了手性 K[Co(edta)]和 K[CoCl(Hedta)] 的 CD 谱图（图 6-26）、Λ-(+)-K[Co(edta)] 加浓盐酸转化为 Λ-(−)-K[CoCl(Hedta)]❶ 的 CD 谱图（图 6-27），以及后者脱去 Cl^- 重新变回到 Λ-(+)-K[Co(edta)] 的 CD 谱图（图 6-28），另外，从手性 Λ-K[CoCl(Hedta)] 溶液随时间变化的 CD 谱图中直接观察到其逐渐脱去 Cl^- 并转化为 Λ-(+)-K[Co(edta)]，再慢慢发生外消旋化的过程中令人感兴趣的手性构型变化信息[63]。

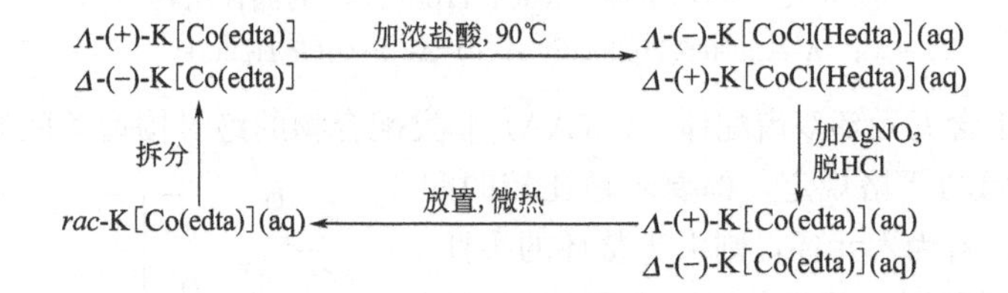

图 6-25 手性 K[Co(edta)] 与手性 K[CoCl(Hedta)] 之间的转化

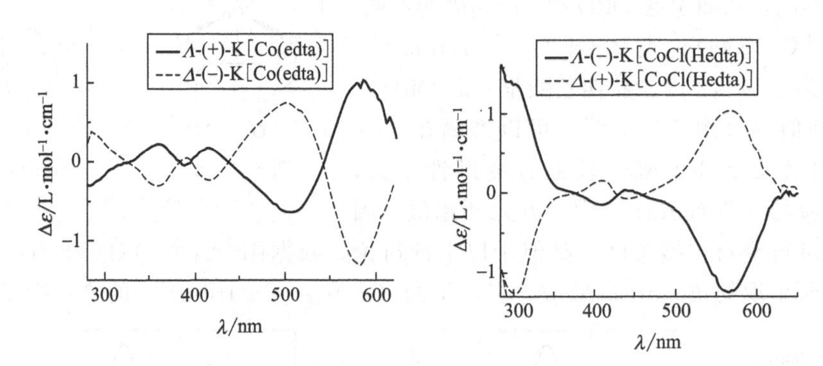

图 6-26 手性 $K[Co(edta)]\cdot 2H_2O$ 和 $K[CoCl(Hedta)]\cdot 2H_2O$ 的 CD 谱图

从图 6-26～图 6-28 可以看出，具有相同绝对构型的手性 K[Co(edta)]和 K[CoCl(Hedta)]，其 CD 曲线大致成镜像的关系，即它们在可见区长波处第一个吸收峰所呈现的 Cotton 效应恰好相反，由 CD 和 ORD 的关系也可以推测出它们在钠 D 线下的旋光度符号应该是相反的，这与 Dwyer 等早期的观察一致。还必须注意到，当 K[Co(edta)] 内界中的配体脱去一个乙酸根形成 K[CoCl(Hedta)] 时，连接该游离乙酸根的一个配位氮原子由于结构上的不

❶ 由于 $[Co(edta)]^-$ 内界中赤道平面上的乙酸根螯环张力较大，其中一个配位点被单齿配体取代，通常发生在如图 6-27 右侧结构式所示的位置，参考：Busch D H，Cooke D W. Absolute configuration and ring conformation of the optically active complexes of cobalt(Ⅲ) with propylenediaminetetraacetate and ethylenediaminetetraacetate. J Inorg Nucl Chem，1961，23：145-148。

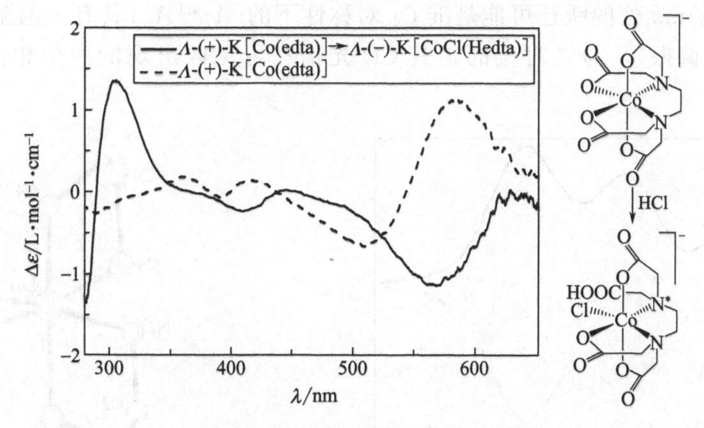

图 6-27 Λ-(+)-K[Co(edta)] 加浓盐酸转化为 Λ-(−)-K[CoCl(Hedta)] 的 CD 谱图

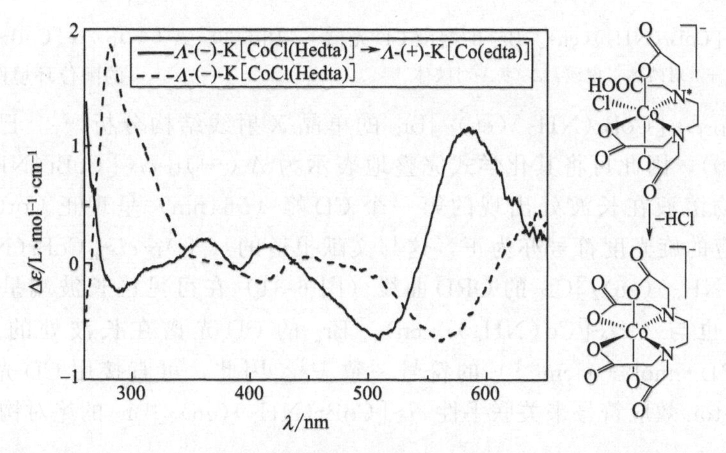

图 6-28 Λ-(−)-K[CoCl(Hedta)] 加硝酸银脱 Cl^- 转化为 Λ-(+)-K[Co(edta)] 的 CD 谱图

对称而成为手性，从而可能对 d-d 跃迁生色团的 Cotton 效应产生所谓“邻位效应”❶ 的附加贡献，使得其 CD 曲线呈现微妙的变化，但这种效应很难被单独区分。总之，由于 K[Co(edta)] 和 K[CoCl(Hedta)] 的内界不同，两者的 CD 或 ORD 光谱不具有可比性，不能用作绝对构型关联，但可以采用“不涉及手性中心的化学转化方法”，通过 CD 或 ORD 光谱的动态跟踪来推测其绝对构型。

6.4.4.3 手性 *cis*-$[CoBr(NH_3)(en)_2]Br_2$ 的 UV-Vis 和 CD 光谱及其绝对构型[64]

对含二（双齿）配体的手性 Co(Ⅲ) 配合物的绝对构型也可做类似的关联分析[12,14]。对经典配合物 *cis*-$[CoBr(NH_3)(en)_2]Br_2$ 的电子光谱曾做过较详细研究[65,66]。基于对称性考虑，可将 *cis*-$[CoBr(NH_3)(en)_2]^{2+}$ 看作准 C_2 对称性，由于该配离子缺乏对称中心，相对于 *trans*-$[CoBr(NH_3)(en)_2]^{2+}$，它应具有较高的跃迁强度；这一点可以从两者摩尔消光系数（*cis*-异构体，$\varepsilon_{541}=81\ L\cdot mol^{-1}\cdot cm^{-1}$，*trans*-异构体，$\varepsilon_{545}=50\ L\cdot mol^{-1}\cdot cm^{-1}$）[66]的比较看出。虽然尚不知能级分裂的细节，但是根据群论方法考察 *cis*-$[CoBr(NH_3)(en)_2]^{2+}$，其电子谱项是当 D_3 对称性降低至准 C_2 时，从 D_3 对称性的 $[Co(en)_3]^{3+}$ 的各种谱项中分裂出来的，因此

❶ 邻位效应（vicinal effect）：配体的不对称因素对邻近生色团微扰而引发 CE 的作用。参考：(a) 金斗满，朱文祥编著. 配位化学研究方法. 北京：科学出版社，1996：268-274；(b) Jordan W T，Legg J I. Correlation of circular dichroism and stereochemistry in cobalt(Ⅲ)chelates with ethylenediamine-*N*,*N*′-diacetate. Inorg Chem，1974，13 (4)：955-959。

541nm 和 465(sh)nm 处的跃迁可能是准 C_2 对称性下的 $^1A \rightarrow ^1A$（具有 z 偏振）或 $^1A \rightarrow ^1B$ 跃迁（具有 x 或 y 偏振），与之对应的是其 CD 光谱在可见区出现的两个相同符号的吸收峰（图 6-29）。

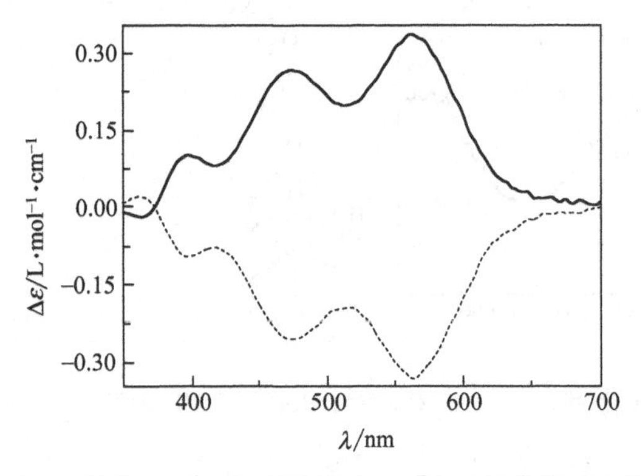

图 6-29 手性 *cis*-[CoBr(NH_3)(en)$_2$]Br_2 的溶液 CD 光谱
实线：Λ-(＋)-对映体；虚线：Δ-(－)-对映体

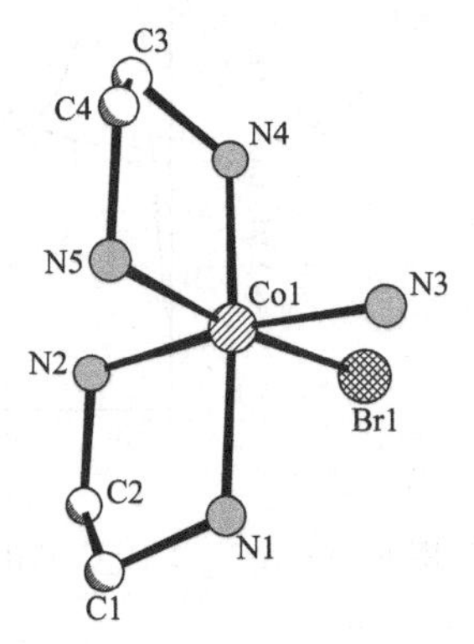

图 6-30 Λ-(＋)$_D$-*cis*-[CoBr(NH_3)(en)$_2$]Br_2 的配位环境图

根据（＋）$_D$-*cis*-[CoBr(NH_3)(en)$_2$]Br_2 的单晶 X 射线结构分析[67]，已确定其绝对构型为 Λ（图 6-30），因此可将其化学式完整地表示为 Λ-(＋)$_D$-*cis*-[CoBr(NH_3)(en)$_2$]Br_2。当该手性配合物溶液在长波处出现的第一个 CD 峰（564nm）呈现正 Cotton 效应时，在 589nm 下其相应的旋光度符号亦为正，这与文献报道的（＋）$_D$-*cis*-[CoBr(NH_3)(en)$_2$]Cl_2 和 Λ-*cis*-[CoCl(NH_3)(en)$_2$]Cl_2 的 ORD 曲线（图 6-31）在可见区长波端呈现正 Cotton 效应一致[64,68]，也与 Λ-*cis*-[Co(NH_3)$_2$(en)$_2$]Br_2 的 CD 光谱在长波处的第一个吸收峰（$\Delta\varepsilon_{490}=+0.42L\cdot mol^{-1}\cdot cm^{-1}$）的符号一致[14]。因此，可直接用 CD 光谱长波处第一个吸收峰的 Cotton 效应符号来关联手性 *cis*-[CoBr(NH_3)(en)$_2$]Br_2 的绝对构型。

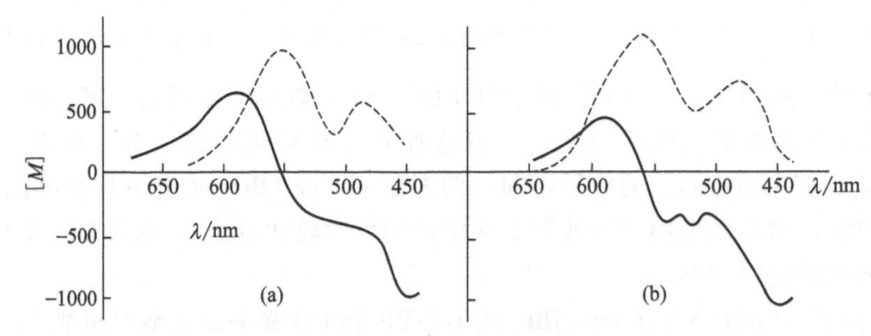

图 6-31 Λ-(＋)-*cis*-[CoCl(NH_3)(en)$_2$]Cl_2(a) 和 Λ-(＋)-*cis*-[CoBr(NH_3)(en)$_2$]Cl_2(b) 的 ORD 和 CD 光谱[68]
实线：ORD 曲线；虚线：CD 曲线

有趣的是，当采用固体粉末压片法测定手性 *cis*-[CoBr(NH_3)(en)$_2$]Br_2 的固体 CD 光谱（图 6-32）时，发现其 CD 光谱长波处第二个吸收峰呈现与溶液 CD 相反的 Cotton 效应[64]，其原因尚待理论计算说明。

6.4.5 激子手性方法（exciton chirality method）及其应用[2,10,14,16,21,69~71]

6.4.4 中所讨论的绝对构型关联法所涉及配合物的电子跃迁形式均为 MCT，要求被关联的配合物的中心金属必须具有相同的 d-d 跃迁性质，因此只有那些具有相同电子结构、等价光谱跃迁（跃迁始终态相同）的中心金属所形成的结构类似的配合物才可以被关联，从而使得这种经验关联方法的应用范围相当狭窄。以下所介绍的激子手性方法是基于配合物的 LC 跃迁。一般而言，中心金属的性质对 LCT 影响较小，且 LCT 与 MCT 通常分别落在不同波长范围，因此激子手性方法可用于关联具有相同配位立体结构且其中心金属及其价态都不同的手性配合物（例如 $[Co(phen)_3]^{3+}$、$[Fe(phen)_3]^{2+}$ 和 $[Os(phen)_3]^{2+}$ 等）的绝对构型，并且它是以理论计算为依据的，有人因此称之为绝对手性光谱方法[22]或非经验 CD 光谱方法[72]。某些情况下，有可能将 LCT 与 MCT 同时结合起来指定绝对构型，互相印证，使得预测结果更具有可靠性。

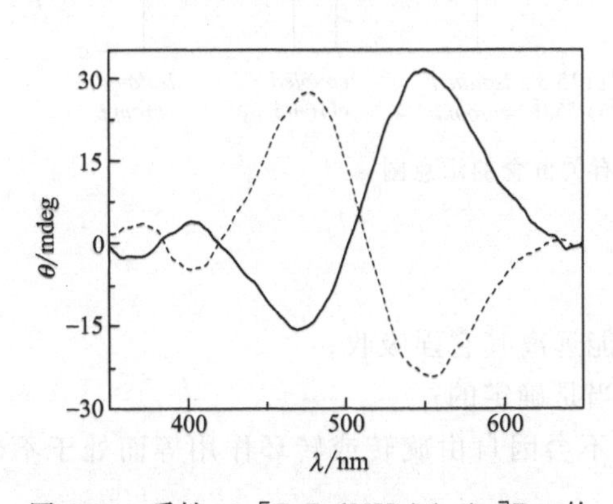

图 6-32　手性 cis-$[CoBr(NH_3)(en)_2]Br_2$ 的固体 CD 光谱（KCl 压片）

实线：Λ-(+)-对映体；虚线：Δ-(−)-对映体

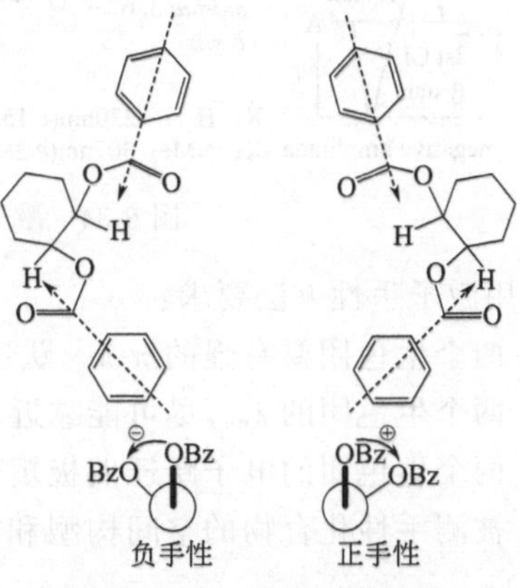

图 6-33　α-环己二醇二苯甲酸酯的螺旋规则

6.4.5.1　激子手性方法简介

1969 年，Harada 和 Nakanishi 描述了根据邻二醇二苯甲酸酯衍生物中强的 π-π^* 跃迁所引起的 Cotton 效应符号确定邻二醇绝对构型的方法，从而创立了利用 CD 光谱确定手性有机化合物绝对构型的方法——激子手性方法。所谓激子手性方法，是指分子中的两个（或更多）的强生色团（chrom）在空间位置上邻近且处于一个刚性的手性环境中，其电子跃迁偶极矩会产生相互作用使得激发态能级发生分裂，称为激发态耦合作用。如图 6-33 所示，α-环己二醇二苯甲酸酯的两个生色团的电子跃迁偶极矩矢量构成顺时针螺旋排列，称为正手性（R-构型），反之，则称为负手性（S-构型）。

由于手性激发态耦合产生的 CD 光谱一般在紫外区（UV）生色团的 λ_{max} 处裂分为两部分符号相反的 CD 吸收，处于波长较长的吸收称为第一 CE，处于波长较短的吸收称为第二 CE。正手性的 CD 谱图在长波处的第一个 CE 为正，第二个 CE 为负；负手性的 CD 谱图特征与之相反（图 6-34）。裂分 Cotton 效应的振幅 A 定义为：

$$A=|\Delta\varepsilon_1-\Delta\varepsilon_2| \tag{6-23}$$

式中　$\Delta\varepsilon_1$——第一个 CE 的左右圆摩尔吸光系数之差；

$\Delta\varepsilon_2$——第二个 CE 的左右圆摩尔吸光系数之差。

一般而言，振幅 A 正比于 ε^2，某个特定 Cotton 效应的吸收越强，则 A 值越大。如图 6-34所示，当手性化合物 streoidal 3,6-bisbenzoate 对位取代的 X 从 H 变为 NMe_3 时，A 值几乎增加了 3 倍。

激子手性方法是以严格的理论计算为基础的非经验方法。在实际运用中，正确选择并确定两个生色团电子跃迁偶极矩矢量的方向是至关重要的。两个生色团可以是相同的简并体系，也可以是相似或不相同的非简并体系。该方法也可用于含三个或三个以上生色团的手性分子，甚至可用于两个生色团并不存在于同一个分子中的体系，因此已被广泛用于测定具有双生色团或多生色团的各种天然和合成的有机化合物的绝对构型。为了得到满意的分析结

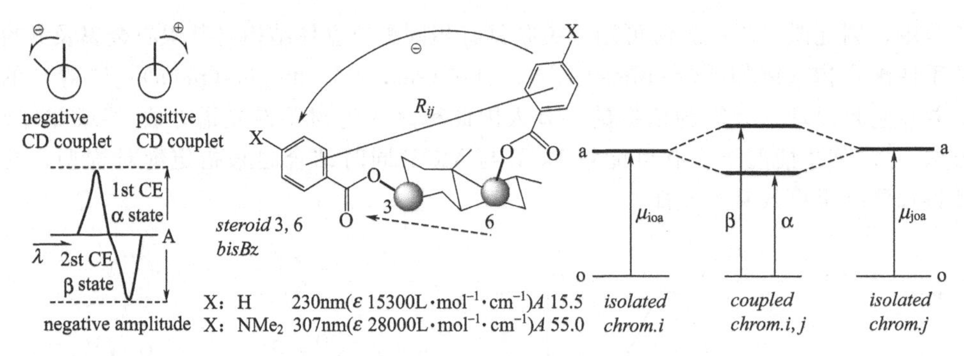

图 6-34 激子手性方法中有关概念的示意图

果，运用激子手性方法要求：

① 两个生色团要有强的 π-π＊跃迁吸收；

② 两个生色团的 λ_{max}尽可能靠近，并且尽可能远离其它强吸收；

③ 两个生色团的电子跃迁偶极矩矢量方向应当是确定的；

④ 被测手性化合物的空间构型和构象确定（不会因自由旋转或转环作用等而处于不确定状态）；

⑤ 生色团之间分子轨道的交叠和共轭作用可以忽略。

激子手性方法不但能用于分析手性有机化合物的绝对构型，而且还能用于手性配合物绝对构型的分析[14,16~18,21]。以下将分别采用激子手性等方法对含非手性配体的具有中心金属手性的配合物，以及配体与中心金属皆有手性的配合物进行绝对构型指认。

6.4.5.2 激子手性方法指定手性叁螯合或双螯合配合物的绝对构型

对排列在某个手性构型中的含有两个或两个以上相同或相似配体强发色团的手性配合物，其 CD 光谱可以根据上述激子相互作用解释。由于联吡啶或邻菲咯啉等亚胺配体自身具有强的 π-π＊发色团，对于中心金属不同的具有 D_3 或 C_2 结构的手性叁螯合或双螯合风扇形配合物，例如 $[M(N\text{-}N)_3]^{n+}$、*cis*-$[MX_2(N\text{-}N)_2]$(N-N＝bpy、phen，X＝单齿配体）等，如果它们在紫外区的激子裂分谱清晰可辨，则根据其激子裂分方式来确定手性金属中心的绝对构型较为方便[21,73]。

在 6.4.4.1 中详细讨论了含五元环双齿配体 $[Co(AA)_3]$ 类配合物的绝对构型指认和 CD 光谱关联。对于严格地与之具有相似内界的 Δ-$[Co(phen)_3]^{3+}$ 或Λ-$[Co(phen)_3]^{3+}$ 的绝对构型关联，也可以做类似的讨论。如图 6-35 所示，由于被拆分的（＋）-$[Co(phen)_3]^{3+}$ 的 CD 光谱在长波处的第一个吸收峰（490nm）呈现正 Cotton 效应，该配合物可被指认为Λ-绝对构型，但是如果以 d-d 跃迁为特征的 CD 光谱来分析，我们很难将 Λ-$[Co(phen)_3]^{3+}$ 与其它手性$[M(phen)_3]^{n+}$ 的绝对构型进行关联，因为它们的中心金属不同，不具有“相似的内界”和等价 d-d 跃迁光谱性质，虽然它们都具有 D_3 对称性。此外，对于一些第

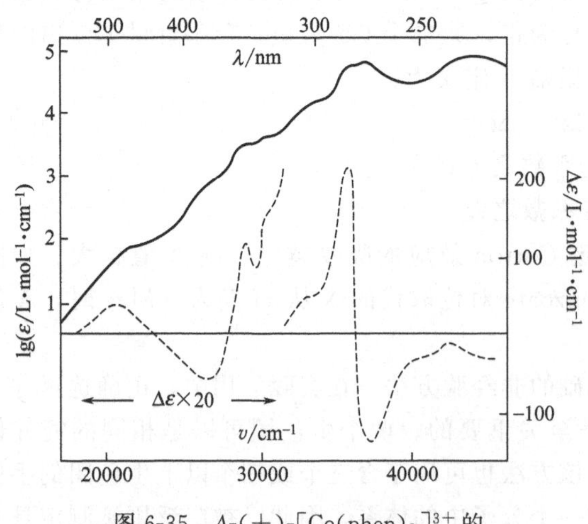

图 6-35 Λ-(＋)-$[Co(phen)_3]^{3+}$的紫外可见（上）和 CD（下）光谱

二、三过渡系金属配合物，它们的 d-d 跃迁通常被荷移跃迁所掩盖，在可见区出现的吸收峰可能起因于荷移跃迁而不是 d-d 跃迁（参阅 5.2.8 中对 $[Ru(bpy)_3]^{2+}$ 的电子光谱分析），同样也不能用可见区的 d-d 跃迁特征吸收来关联其绝对构型，这时就必须采用其它关联方法。我们注意到，在 Λ-$[Co(phen)_3]^{3+}$ 的 CD 光谱的紫外区出现了一个明显的激子裂分样式[74]，位于 280nm 附近是一个很强的正 CE，而位于 265nm 附近是一个负 CE，即相当于 6.4.5.1 的激子手性概念中所描述的正手性，这一对激子裂分峰的符号究竟与金属中心的绝对构型有什么内在联系呢？

已知联吡啶或邻菲咯啉等平面型共轭分子的 π-π^* 跃迁是在分子平面内偏振的，其跃迁矩分别指向分子的长轴和短轴（图 6-36）。例如，偏振晶体光谱、理论计算和 CD 光谱数据都表明，对于自由 phen 和 bpy，其长轴偏振的 π-π^* 跃迁分别位于约 $38000cm^{-1}$ 和 $34000cm^{-1}$ 处，而能量稍低处的吸收带源自于短轴偏振跃迁。当它们与金属配位并成为手性配合物后，除了配体各自的跃迁电偶极矩在手性环境下可能耦合产生激子裂分外，长轴或短轴偏振跃迁的跃迁能基本保持不变（表 6-5）。生色团内的跃迁偶极矩的方向和大小可以相当精准地从量子化学计算或实验数据获得[75]。

表 6-5　手性 $[M(N—N)_3]$ 型八面体配合物的吸收光谱和 CD 光谱数据

手性配离子	荷移跃迁①		LCT		CD(LCT)			
	v	D	v	D	$v(E)$	$R(E)$	$v(A_2)$	$R(A_2)$
$(-)_{589}$-$[Fe(phen)_3]^{2+}$	19600	26	37100	87	36800	+5.6	38500	−4.6
$(+)_{589}$-$[Ru(phen)_3]^{2+}$	22200	41	38000	93	37200	+4.9	38700	−4.2
$(-)_{589}$-$[Ru(phen)_3]^{3+}$	19000	3.8	37100	80	35200	+5.0	39200	−3.0
$(-)_{546}$-$[Os(phen)_3]^{2+}$	15600	9.7	38200	108	37300	+5.9	38900	−4.5
$(-)_{546}$-$[Os(phen)_3]^{3+}$	18000	2.5	37300	89	35000	+4.8	38500	−4.1
$(-)_{589}$-$[Fe(bpy)_3]^{2+}$	19000	16	34500	44	33100	+3.8	35000	−3.0
$(-)_{589}$-$[Ru(bpy)_3]^{2+}$	22000	19	35700	43	34000	+3.3	36400	−1.5
$(-)_{589}$-$[Ru(bpy)_3]^{3+}$	15000	0.9	35200	56	31700	+2.0	36000	−2.0
$(+)_{546}$-$[Os(bpy)_3]^{2+}$	15500	3.6	34900	36	33900	+4.1	35500	−2.7
$(+)_{546}$-$[Os(bpy)_3]^{3+}$	18000	0.8	32000	31	31700	+3.0	35000	−3.0

① 可能为 MLCT 或 LMCT。

注：v—频率，cm^{-1}；D—偶极强度，10^{-36}c.g.s.；R—旋转强度，10^{-38}c.g.s.。

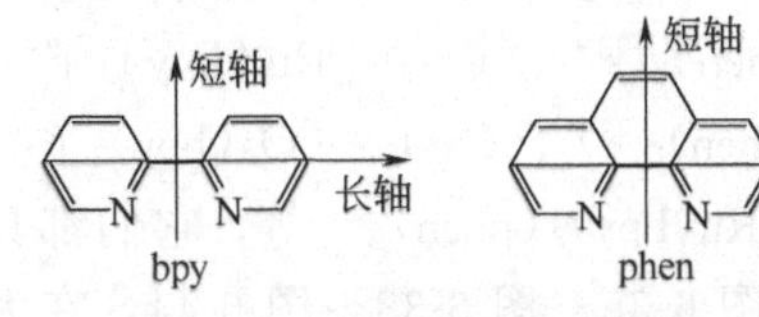

图 6-36　平面型配体 bpy 和 phen 的长轴和短轴

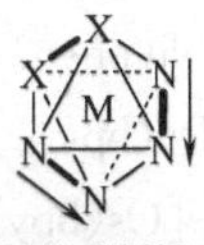

图 6-37　Λ-$[M(N—N)_3]$ 的配体短轴和长轴偏振跃迁耦合模式（箭头代表轴偏振 π-π^* 跃迁的方向）

Λ-$[M(N\text{-}N)_3]$ 型八面体配合物的配体短轴和长轴偏振跃迁的激发态相互作用所给出的耦合模式如图 6-37 所示。已知当不存在配体间以及金属和配体间的电子交换时，该体系的基态波函数具有全对称 A_1 表示。在短轴偏振跃迁的 A_1 模式中，三个配体的短轴跃迁矩都指向中心金属，它们的合矢量是非手性的，则配体自身的 $A_1 \rightarrow A_1$ 跃迁对旋转强度没有贡献或贡献很小；但是当吸收圆偏振光时，各个配体长轴跃迁矩的耦合能给出相互平行的电偶极和磁偶极跃迁矩，由此产生了右手或左手螺旋电荷分布和一定的旋转强度（参阅 6.3.4）。各发色团的电偶极跃迁矩的大小及其配位于中心金属所形成特殊几何结构之间的相互联系，使得由激子相互作用产生的旋转强度通常要大于其它手性来源的旋转强度；而旋

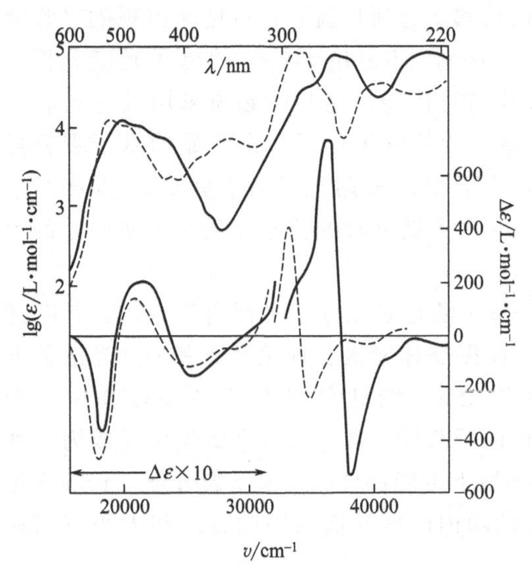

图 6-38 Λ-(−)-$[Fe(phen)_3]^{2+}$（实线）和 Λ-(−)-$[Fe(bpy)_3]^{2+}$（虚线）的紫外可见（上）和 CD（下）光谱

转强度的符号则取决于耦合的方式，可以通过理论计算来预测。因此，我们一般只需考虑长轴偏振跃迁的激子耦合作用❶。理论研究表明：对于 Λ-$[M(N\text{-}N)_3]$ 型配合物，长轴偏振跃迁的激发态相互作用分别给出对称性为 E 和 A_2 的耦合模式（图 6-37，相当于图 6-34 中的 α 和 β 态），其中 E 组分的跃迁能低于 A_2 组分；$A_1 \rightarrow E$ 跃迁产生右手螺旋电荷分布，相应于正的旋转强度和正 CE；而 $A_1 \rightarrow A_2$ 跃迁则产生左手螺旋电荷分布，相应于负的旋转强度和负 CE；有关数据见表 6-5[76]。

1966 年 Templeton 等采用 X 射线单晶衍射法确定了 Λ-(−)-$[Fe(phen)_3]^{2+}$ 的绝对构型[77]❷。通过观察图 6-38 中 Λ-(−)-$[Fe(phen)_3]^{2+}$ 的 CD 光谱[76]，可以看到该配离子在 CD 紫外区 phen 的长轴偏振 π-π* 跃迁区域内呈现与 Λ-(+)-$[Co(phen)_3]^{3+}$ 相似的激子裂分样式，同时再结合对 Λ-(+)-$[Co(phen)_3]^{3+}$ 的 d-d 跃迁区的经验关联规则，可以确定两者具有完全相同的金属中心绝对构型。因此，Λ-$[Fe(phen)_3]^{2+}$ 就成为激子手性方法关联绝对构型的标准参照物。

基于上述，对于 $[M(N\text{-}N)_3]^{n+}$、*cis*-$[MX_2(N\text{-}N)_2]$（X＝单齿配体）等配合物的绝对构型指认，提出以下激子裂分 CD 光谱规则：在亚胺配体的长轴偏振 π-π* 跃迁区域内，当配合物具有 Λ-绝对构型时，其 CD 激子裂分方式为正手性；当配合物具有 Δ-绝对构型时，则其裂分方式为负手性。

以上规则不仅适用于含不同中心金属的 $[M(N\text{-}N)_3]^{2+}$ 和 $[M(N\text{-}N)_3]^{3+}$（N-N 可为均配或混配）；也适用于含均单齿配体的 *cis*-$[MX_2(N\text{-}N)_2]^{n+}$，同样也适用于含混单齿配体的 $[MXY(N\text{-}N)_2]^{n+}$。例如：(−)-$[Fe(phen)_3]^{2+}$、(+)-$[Co(phen)_3]^{3+}$、(−)-$[Fe(bpy)_3]^{2+}$、(+)-$[Ni(phen)_3]^{2+}$、(+)-$[Ru(phen)_3]^{2+}$、(−)-$[Ru(phen)_3]^{3+}$、(+)-$[Ru(bpy)_3]^{2+}$、(−)-$[Ru(bpy)_3]^{3+}$、$(+)_{546}$-$[Os(phen)_3]^{3+}$、$(-)_{546}$-$[Os(phen)_3]^{3+}$、$(+)_{546}$-$[Os(bpy)_3]^{2+}$、$(-)_{546}$-$[Os(bpy)_3]^{3+}$、(+)-*cis*-$[Ru(py)_2(phen)_2]^{2+}$、(+)-$[Ru(bpy)_2(phen)]^{2+}$ 等，它们都具有相同的 Λ-绝对构型，相应的紫外可见和 CD 光谱分别见图 6-35、图 6-38～图 6-44，在大约 32000～43000cm^{-1} 的紫外区域均可以观察到这类配合物特征的激子裂分峰。对于三（双齿）配位或二（双齿）配位的乙酰丙酮类配合物，长轴偏振跃迁可能位于约 35000cm^{-1} 处[72]，其绝对构型指认也遵守上述规则。图 6-45 给出 2005 年 Håkansson 等通过绝对不对称合成获得的稀土配合物单晶（空间群 R_3）Δ-$[Sm(H_2O)(dbm)_3]$ 和 Λ-$[Sm(H_2O)(dbm)_3]$（Hdbm＝二苯甲酰甲烷）的固体 CD 光谱，它们所呈现的 CD 激子裂分符号与晶体结构表征的绝对构型指认结果一致[8]。关于Δ-$(-)_{546}$-$[Ru(bpy)_3]^{2+}$ 的 CD 光谱的理论计算和实验结果的比较可见图 6-46[21]。

---

❶ 关于长轴跃迁的理论处理和计算详见本节参考文献 [14]、[21]、[72]～[75]。

❷ 在测定中根据阴离子酒石酸砷盐中已知手性碳原子的绝对构型来推测该金属中心的绝对构型。

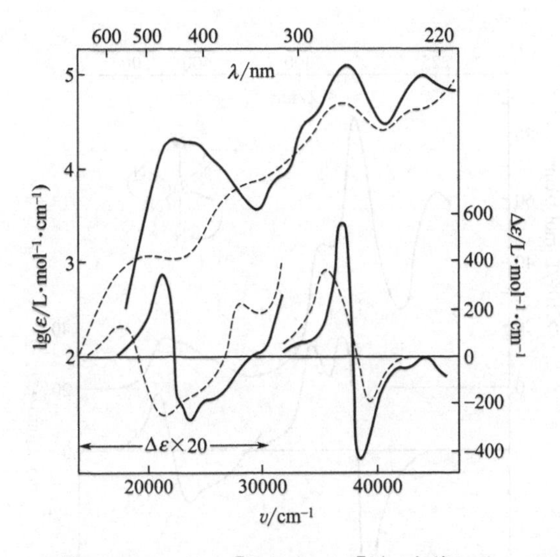

图 6-39 Λ-(+)-[Ru(phen)$_3$]$^{2+}$（实线）和 Λ-(−)-[Ru(phen)$_3$]$^{3+}$（虚线）的紫外可见（上）和CD（下）光谱

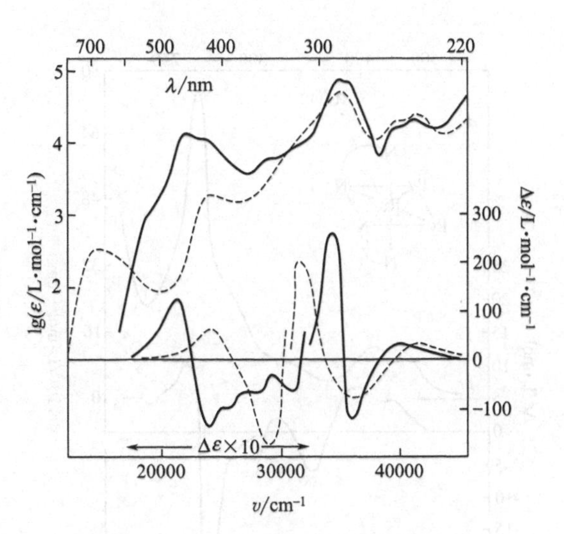

图 6-40 Λ-(+)-[Ru(bpy)$_3$]$^{2+}$（实线）和 Λ-(−)-[Ru(bpy)$_3$]$^{3+}$（虚线）的紫外可见（上）和CD（下）光谱

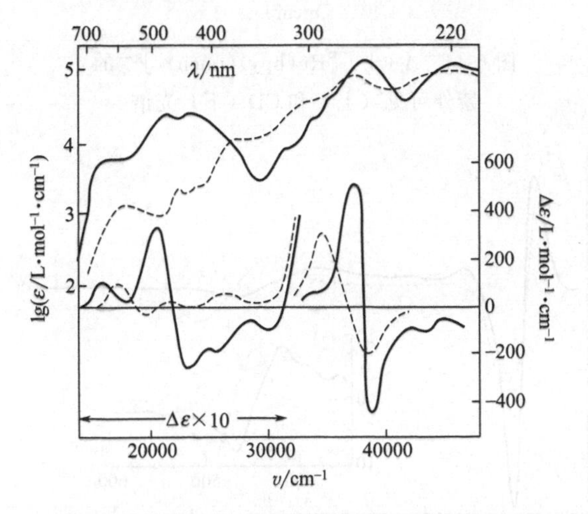

图 6-41 Λ-(+)$_{546}$-[Os(phen)$_3$]$^{2+}$（实线）和 Λ-(+)$_{546}$-[Os(phen)$_3$]$^{3+}$（虚线）的紫外可见（上）和CD（下）光谱

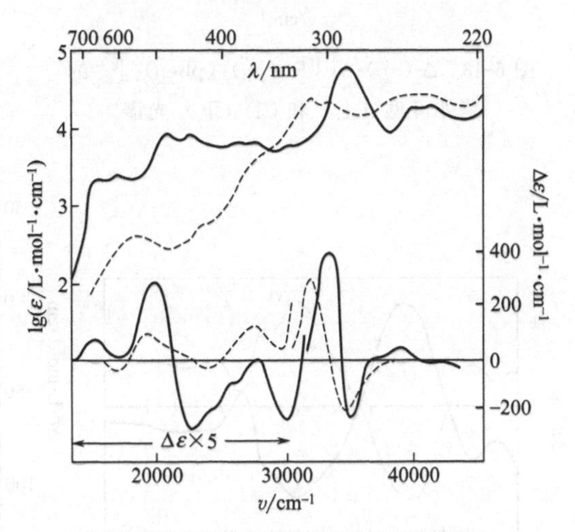

图 6-42 Λ-(+)$_{546}$-[Os(bpy)$_3$]$^{2+}$（实线）和 Λ-(+)$_{546}$-[Os(bpy)$_3$]$^{3+}$（虚线）的紫外可见（上）和CD（下）光谱

除了上述含联吡啶、邻菲咯啉或乙酰丙酮类配体等不饱和有机双齿配体的三螯合型或顺式双螯合型配合物之外，含邻苯二酚（cat）的类似配合物也会产生类似的长轴偏振跃迁的激子耦合作用。对于含单个不饱和双齿配体的手性Co(Ⅲ)配合物 [Co(en)$_2$(NN)]$^{3+}$ 和 [Co(am)$_2$(NN)]$^{2+}$（NN＝bpy或phen，am＝氨基酸根）而言，对应于配体的π-π*跃迁虽然不会产生激子裂分样式，但却在手性金属中心的微扰下在该区域呈现较激子裂分弱得多的CE，在某些情况下该CE的符号也可用于关联金属中心的绝对构型（参阅6.4.6）[1]。

---

[1] 参考：(a) Hidaka J，Douglas B E. Circular dichroism of coordination compounds：Ⅱ. Some metal complexes of 2,2′-dipyridyl and 1,10-phenanthrolinel. Inorg Chem，1964，3 (8)：1180-1184；(b) Yasui T，Douglas B E. Studies of amino acid complexes of the type[Co(aa)$_2$(dipy)]X and[Co(aa)$_2$phen]X. Inorg Chem，1971，10 (1)：97-102。

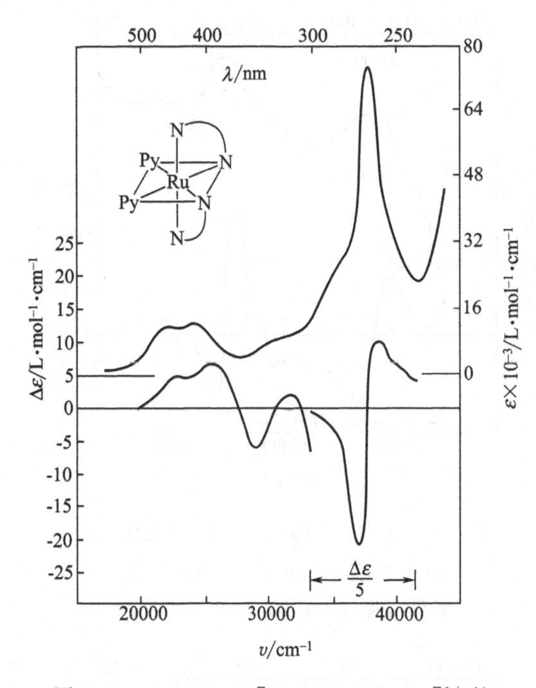

图 6-43 Δ-(−)-*cis*-$[Ru(py)_2(phen)_2]^{2+}$的紫外可见（上）和 CD（下）光谱

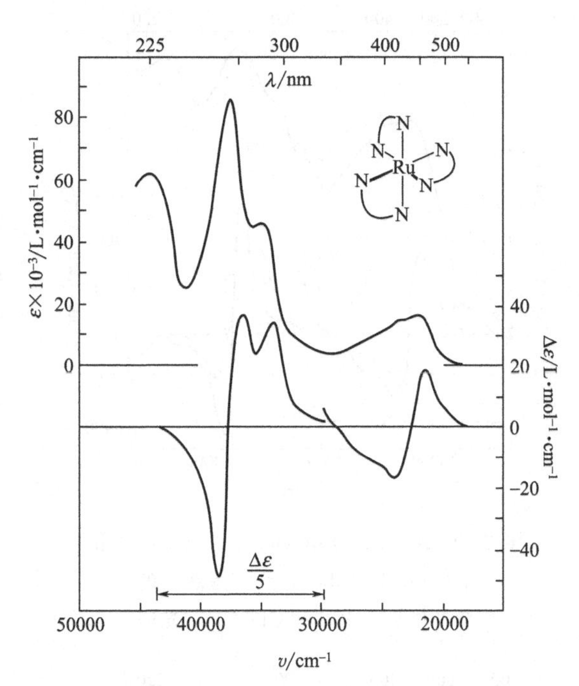

图 6-44 Λ-(+)-$[Ru(bpy)(phen)_2]^{2+}$的紫外可见（上）和 CD（下）光谱

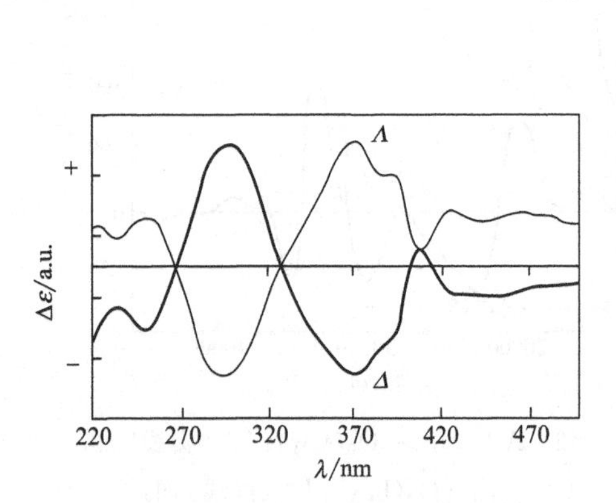

图 6-45 绝对不对称合成七配位稀土配合物 Δ-$[Sm(H_2O)(dbm)_3]$ 和 Λ-$[Sm(H_2O)(dbm)_3]$ 的 CD 光谱[8]

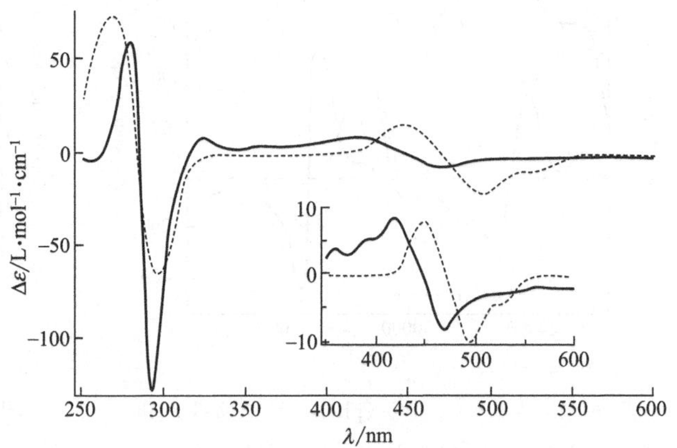

图 6-46 Δ-$(-)_{546}$-$[Ru(bpy)_3]^{2+}$的实验（实线）和理论计算（虚线）CD 光谱

对于含上述不饱和配体及其衍生物的双核或多核八面体配合物（图 6-47），可定义其分子内（同核）和分子间（异核）的配体间激子耦合模式，它们的激子裂分样式取决于各种激子耦合模式的组合，其 CD 光谱具有加和性[73]，因此，对其绝对构型的指认并不一定遵守适用于类似单核配合物的上述激子裂分规则，但是当金属间距离足够远时（如图 6-48 所示的三核钌配合物），其 CD 光谱的激子裂分方式可视为每个独立的单核配合物的简单加和[78]（图 6-49）。

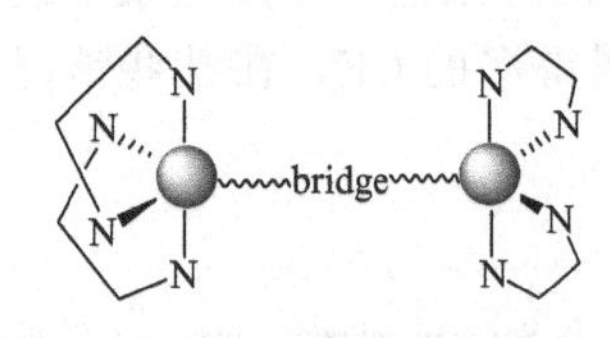

图 6-47 二（双齿）配位的含二亚胺配体的双核配合物

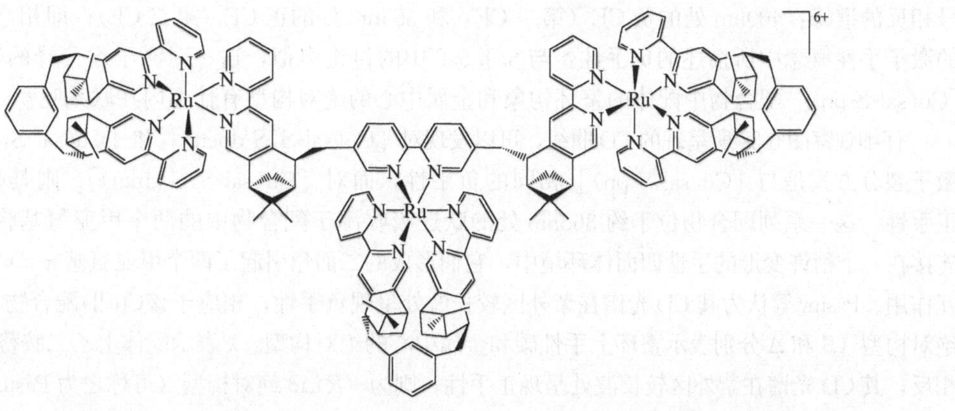

图 6-48　含手性四齿联吡啶配体的三核 ΔΔΔ-Ru_3 配离子（金属中心手性构型均为 Δ）的结构

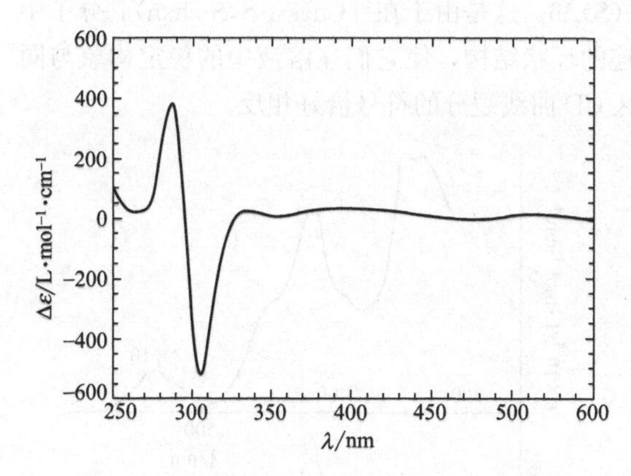

图 6-49　三核 ΔΔΔ-Ru_3 配合物的 CD 光谱

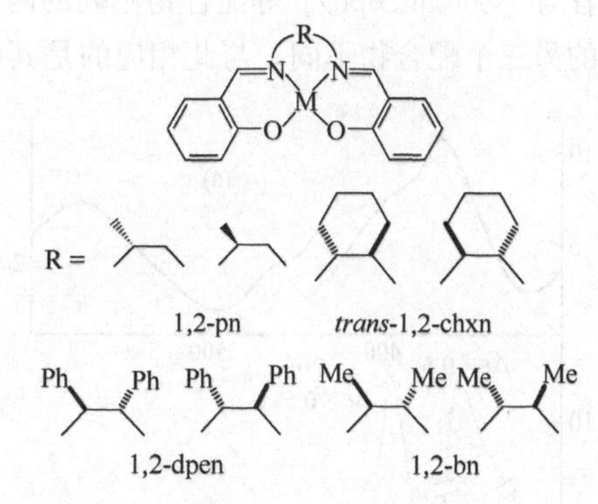

图 6-50　一些手性 Salen 金属配合物的结构

6.4.5.3　激子手性方法应用于指定手性席夫碱配合物的绝对构型

由图 6-50 可见，手性 Salen 型（通常指水杨醛与手性二胺缩合形成的一类手性配体）金属配合物中主要存在着配体的两类生色团，在紫外光谱中，在约 320～360nm 处的谱带归属于甲亚胺生色团（ C=N— ）的 π-π* 跃迁，而 240～280nm 处的谱带则指认为苯环的 π-π* 跃迁。配合物的甲亚胺基团位于带有手性碳的 N-C-C-N 以及手性金属中心❶所组成五元螯环的刚性手性环境中。理论上讲，相应于甲亚胺基团的强 π-π* 跃迁所呈现的 CD 光谱较适合用激子手性方法分析[2]。

Pasini 等曾经利用激子裂分方法推测水杨醛与手性二胺（绝对构型均为 *S* 的 1,2-pn、1,2-bn、1,2-dpen 和 *trans*-1,2-chxn 等）制备的 Salen 型配合物的绝对构型[79]。在图 6-51 所示的准四面体构型的手性 Salen 配合物中，两个甲亚胺生色团 π-π* 跃迁的激子相互作用，导致 Cu(Ⅱ)-Salen 配合物的 CD 光谱在紫外区约 365nm 处发生明显的裂分（图 6-52），可通过分析 CD 光谱的裂分形式来判断系列手性Cu(Ⅱ)-Salen 配合物的绝对构型。以［Cu(sal-*S*-pn)］配合物为例，对应于 UV-Vis 谱中约 365nm 处的吸收，在 CD 谱上裂分为两个符

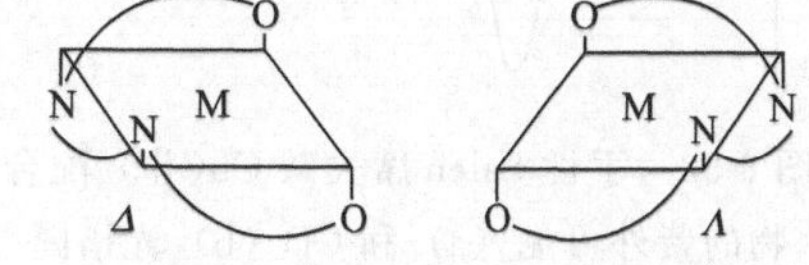

图 6-51　手性 Salen 席夫碱金属配合物 Δ（左）和 Λ（右）结构的四面体扭曲变形示意图

❶　通常这一类手性席夫碱配合物会发生偏离平面四方形的轻微扭曲变形，成为图 6-51 所示的准四面体结构，从而使金属中心具有手性。

号相反的谱峰：400nm 处的负 CE（第一 CE）和 355nm 处的正 CE（第二 CE）；即相当于 6.4.5.1 的激子手性概念中所描述的负手性，与 6.4.5.2 中的讨论类似，这一对激子裂分峰的符号究竟与［Cu(sal-*S*-pn)］配合物中配体的螯环构象和金属中心的绝对构型有什么内在联系呢？

仔细观察图 6-52 所呈现的 CD 曲线，可以发现对［Cu(sal-*S*,*S*-dpen)］和［Cu(sal-*S*,*S*-bn)］，其激子裂分方式是与［Cu(sal-*S*-pn)］相同的负手性，而对［Cu(sal-*S*,*S*-chxn)］，则其裂分方式为正手性。这一系列配合物位于约 365nm 处的跃迁吸收源于配合物中的两个甲亚氨基将 N-M-N 键连接在一个稍许变形的手性四面体环境中，它们形成的二面角引起了两个甲亚氨基 π-π* 跃迁激子相互作用。Pasini 等认为其 CD 光谱在紫外区较长波处呈现负手性，相应于该Cu(Ⅱ)配合物具有 (*S*)Δλ 绝对构型（*S* 和 Δ 分别表示螯环上手性碳和金属中心的绝对构型，λ 表示配体上乙二胺螯环的构象）；相反，其 CD 光谱在紫外区较长波处呈现正手性，则为 (*R*)Λδ 绝对构型（可称之为 Pasini 规则）。根据 Pasini 规则，［Cu(sal-*S*,*S*-dpen)］、［Cu(sal-*S*,*S*-bn)］和［Cu(sal-*S*-pn)］三者皆为 (*S*)Δλ 绝对构型。而［Cu(sal-*S*,*S*-chxn)］的绝对构型可指认为 (*S*)Λδ，这是由于在［Cu(sal-*S*,*S*-chxn)］分子中存在着与［Cu(sal-*S*-pn)］等配合物不同的两个相连的环状结构，使它们在溶液中的稳定构象与同系列的另三个配合物不同，与此相应的是其紫外区 CD 曲线裂分的符号恰好相反。

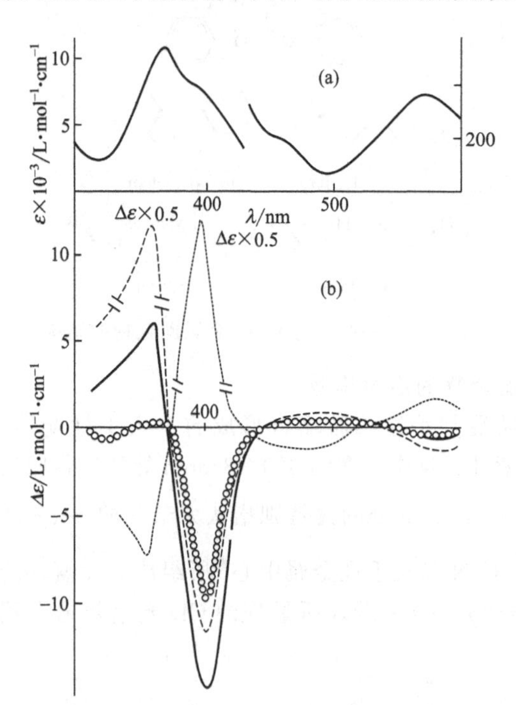

图 6-52 手性 Salen 席夫碱 Cu(Ⅱ) 配合物的紫外可见 (a) 和 CD (b) 光谱图

［Cu(sal-*S*-pn)］(—)；［Cu(sal-*S*,*S*-chxn)］(……)；［Cu(sal-*S*,*S*-dpen)］(ooo)；［Cu(sal-*S*,*S*-bn)］(---)

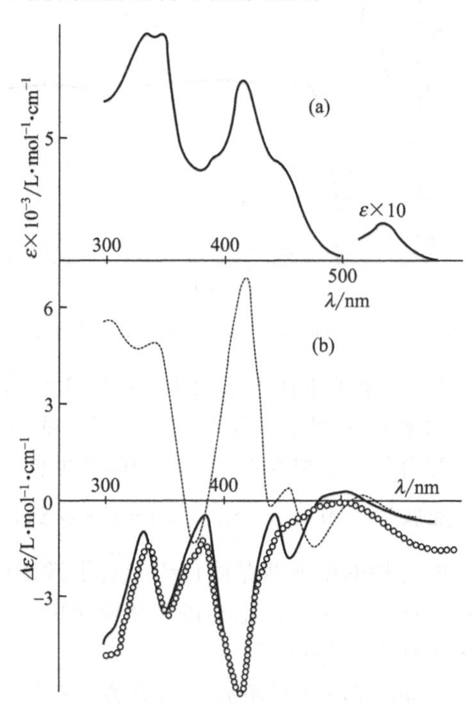

图 6-53 手性 Salen 席夫碱 Ni(Ⅱ)配合物的紫外可见(a)和 CD(b)光谱图

［Ni(sal-*S*-pn)］(—)；［Ni(sal-*S*,*S*-chxn)］(……)；［Ni(sal-*S*,*S*-dpen)］(ooo)

虽然对类似的手性 Ni(Ⅱ)-Salen（图 6-53）和 Co(Ⅱ)-Salen 配合物，由于在近紫外区出现荷移跃迁的干扰，在甲亚氨基 π-π* 跃迁相应的区域中未观察到明显的 CD 裂分峰[1]，

---

[1] Pasini 等认为在手性［Ni(sal-en)］配合物中，可能发生某些谱带的交叠，或［Ni(sal-en)］配合物较［Cu(sal-en)］配合物更倾向于形成平面型结构，以致观察不到激子裂分现象。从图 6-56 的激子裂分现象推测，手性［Ni(hacp-en)］配合物较手性［Ni(sal-en)］配合物（图 6-53）可能有程度稍大的四面体扭曲变形。

但也可以看到CD符号呈现类似的变化趋势，它们无一例外地对手性sal-chxn所形成的金属配合物出现反常[79]。而对于在可见和近紫外区不存在d-d跃迁和能量合适的荷移跃迁的[Zn(sal-*R*-pn)]配合物❶，则其电子光谱和CD光谱均相对简单（图6-54），从UV谱图可见，位于348nm（28700cm^{-1}）处的甲亚胺基π-π*跃迁吸收峰略显不对称，与其相对应的CD光谱为正手性激子裂分样式，与[Cu(sal-*S*-pn)]所呈现的负手性裂分样式恰好相反，因此可认为[Zn(sal-*R*-pn)]配合物具有（*R*）$\Lambda\delta$绝对构型。

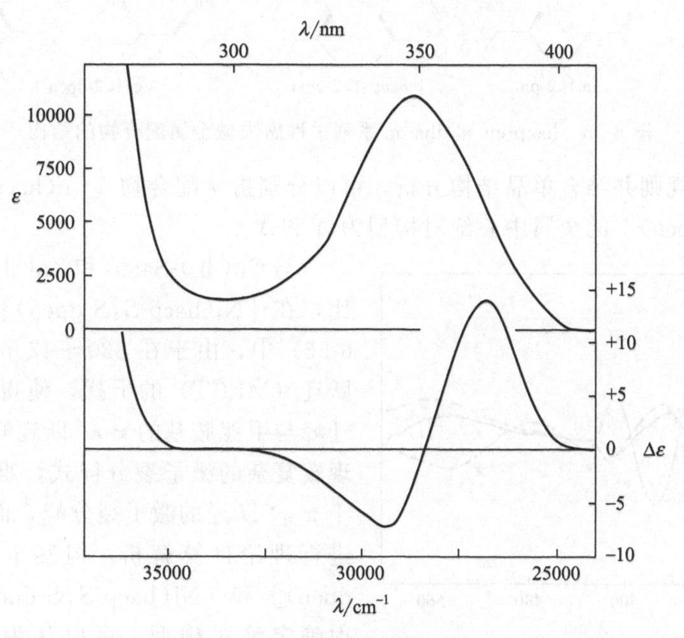

图6-54 [Zn(sal-*R*-pn)]甲醇溶液的紫外（上）和CD光谱（下）

以上情况与对系列手性二胺与邻羟基苯甲醛（HACP）以及脱氢乙酸（DHA）缩合形成的席夫碱M（Ⅱ）配合物（图6-55）的CD光谱研究非常类似[16,18,80]。最近我们对系列手性席夫碱配合物的绝对构型关联做出进一步研究，获得了[Cu(hacp-*R*,*R*-dpen)]、[Ni(hacp-*S*,*S*-dpen)]、[Ni(hacp-*R*-pn)]和[Ni(hacp-*R*,*R*-chxn)]的晶体结构[18,80]。单晶X-射线衍射结构分析结果表明：[Cu(hacp-*R*,*R*-dpen)]和[Ni(hacp-*S*,*S*-dpen)]为等构，但分子的绝对构型相反，分别为（*R*）$\Lambda\delta$和（*S*）$\Delta\lambda$构型，如图6-51所示。虽然晶体学参数表明在以上四个手性席夫碱配合物的结构中，中心金属的配位几何构型对平面四方形的偏离都比较小，但其发生四面体变形的趋势明显存在，且可能呈现与手性[Cu (sal-en)]配合物相似的激子裂分规律性，这在其CD光谱中将有所反映。

在配合物[Cu(hacp-*R*,*R*-dpen)]中，同样存在着偶氮甲烷基和苯环两个较强的π-π*跃迁生色团，且中心金属的配位环境与[Cu(sal-*S*,*S*-dpen)]中的相似，虽然在后者的CD光谱（图6-52）中，并没有观察到十分明显的裂分现象，但其裂分趋势还是存在的，即在甲亚胺基的π-π*跃迁区域表现出负手性；而在前者的溶液CD光谱中，位于约367nm处的CD裂分源自于甲亚胺基π-π*跃迁的激子相互作用，可以通过390nm处的正CE和352nm处的负CE观察到明显的正手性激子裂分样式[80]，这说明前者结构的扭曲变形可能强于后

❶ Bonish B. An interpretation of the circular dichroism and electronic spectra of salicylaldimine complexes of square-coplanar diamagnetic nickel(Ⅱ). J Am Chem Soc, 1968, 90 (3): 627-632。

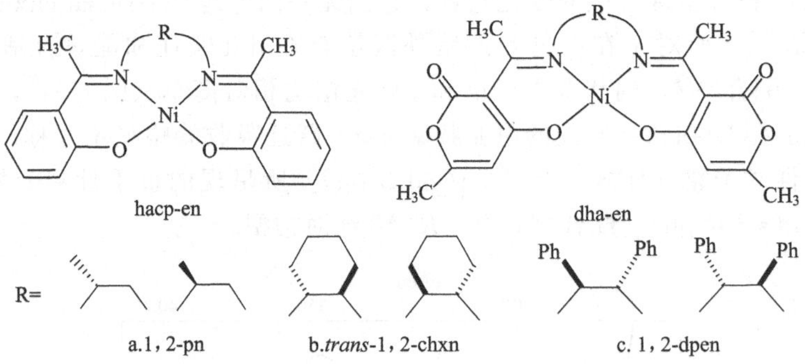

图 6-55 hacp-en 和 dha-en 系列手性席夫碱金属配合物的结构

者。根据 Pasini 规则并结合单晶结构分析，可以分别指认配合物［Cu(hacp-R,R-dpen)］和［Cu(hacp-S,S-dpen)］的金属中心绝对构型为 Λ 和 Δ。

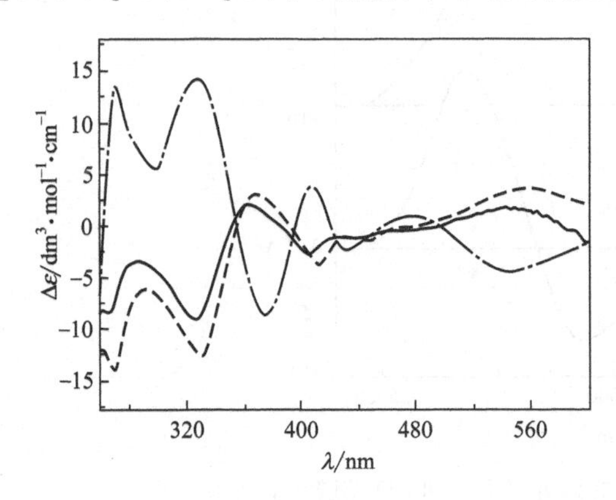

图 6-56 手性［Ni (hacp-en)］系列配合物的甲醇溶液 CD 光谱
［Ni(hacp-S-pn)］(——)；
［Ni(hacp-S,S-dpen)］(– – –)；
［Ni(hacp-S,S-chxn)］(–·–)

与 Cu(Ⅱ)-Salen 和 Zn(Ⅱ)-Salen 配合物相比，在［Ni(hacp-S,S-dpen)］的 CD 光谱（图 6-56）中，由于在 320～420nm 区域出现荷移跃迁（MLCT）的干扰，使得该区域的荷移跃迁峰与甲亚胺基的 π-π^* 跃迁峰交叠在一起，呈现较复杂的激子裂分样式，难以正确指认起因于 π-π^* 跃迁的激子裂分峰，而需要对 CD 光谱进行理论计算解析。但鉴于［Cu(hacp-R,R-dpen)］和［Ni(hacp-S,S-dpen)］已被单晶衍射确定绝对构型，可以认为［Cu(hacp-S,S-dpen)］、［Cu(sal-S,S-dpen)］和［Ni(hacp-S,S-dpen)］都具有相同的 (S)$\Delta\lambda$ 绝对构型。此外还注意到，［Ni(hacp-S,S-chxn)］的 CD 谱呈现与［Ni(sal-en)］和［Cu(sal-en)］体系类似的变化趋势，即对 *trans*-chxn 所衍生手性席夫碱所形成的金属配合物出现反常，也就是说，在［Ni(hacp-S,S-chxn)］中，其金属中心的绝对构型和螯环构象与图 6-56 所示的另两个配合物相反，即为 (S)$\Lambda\delta$ 绝对构型！显然，在未知晶体结构的情况下，对于 Ni(Ⅱ)-Salen 配合物绝对构型的指认及其与 CD 光谱的关联还需另辟蹊径（参阅 6.4.5.4）。

6.4.5.4 d-d 跃迁关联法应用于指定手性席夫碱配合物的绝对构型

前已述及，在手性 Salen 型席夫碱金属配合物的 CD 光谱的可见和近紫外区，不仅有甲亚胺生色团的 π-π^* 跃迁特征峰，还有因中心金属 d-d 跃迁以及金属-配体间的荷移跃迁所产生的 Cotton 效应。激子手性方法主要靠电偶极矩允许跃迁（$\varepsilon>1000$）的特征 CD 带在紫外区的激子裂分来判断手性化合物的绝对构型❶。对于有些手性席夫碱配合物，其紫外激子裂分 CD 峰的峰型复杂，难以归属。此外，在强的振动-电子耦合，或与其它具有高磁矩的跃迁耦合等场合，都有可能对激子裂分现象的观察产生一定影响[21]。

❶ 理论上讲，也可以用金属配合物的荷移跃迁（MLCT 或 LMCT）的激子裂分样式来关联配合物的绝对构型，但鲜少见这类关联的实例。

例如，除了前述［Ni(hacp-en)］系列的例子外，对于［Ni(dha-*S*-pn)］、［Ni(dha-*S*,*S*-dpen)］和［Ni(dha-*S*,*S*-chxn)］等系列手性席夫碱配合物（图 6-55 中的 dha-en 系列），由于 DHA 所形成席夫碱的六元杂环上存在多个生色团，例如碳-碳双键、羰基（其 $n\text{-}\pi^*$ 跃迁位于 300nm 附近[3]）等，它们的跃迁能级可能与席夫碱的甲亚胺基团的能级靠近，因此位于紫外区数个较强的谱带可能交叠在一起并互相干扰，致使观察不到明显的裂分现象（图 6-57 和图 6-58），很难用激子手性方法判断其绝对构型。而准平面型四配位手性席夫碱 Ni(Ⅱ) 配合物的 CD 光谱在可见区 500～600 nm 附近只有一个明显的 d-d 跃迁特征峰❶，它的 CE 符号与该配合物的绝对构型有着直接联系。从图 6-52 和图 6-53 以及图 6-56～图 6-59 可以看到，在晶体结构表征中所发现的配位四面体扭曲变形及其金属中心的绝对构型[16,18,80-82]，足以引起特征的 d-d 跃迁 CD 符号，说明 CD 光谱是配位立体结构表征的强有力手段之一。

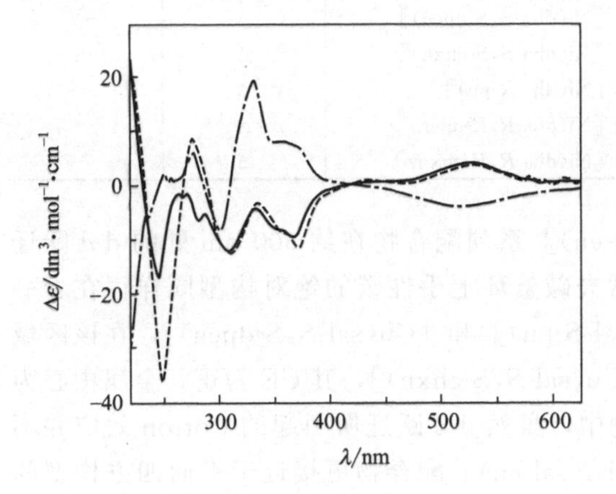

图 6-57　手性［Ni(dha-en)］系列配合物的甲醇溶液 CD 光谱

［Ni(dha-*S*-pn)］(——)；［Ni(dha-*S*,*S*-dpen)］(– – –)；［Ni(dha-*S*,*S*-chxn)］(–·–)

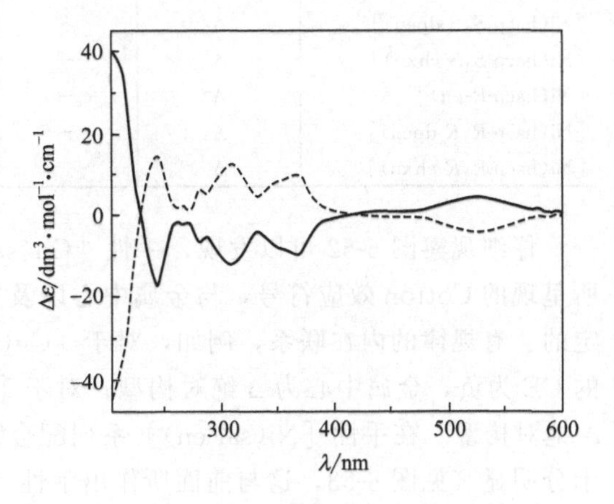

图 6-58　［Ni(dha-*S*-pn)］(实线)和［Ni(dha-*R*-pn)］(虚线)的甲醇溶液 CD 光谱

已知在多齿手性配体诱导的立体选择性不对称合成中，配体的手性与金属中心手性密切相关，因此配体谱带的 CD 光谱与中心金属的 d-d 跃迁发色团呈现的手性信息必然是相互关联的[83]。因此，我们认为手性席夫碱金属配合物绝对构型应当可以通过中心金属的 d-d 跃迁产生的 CE 来确定，但是在有关文献中对此类配合物都没有明确提出相应的关联规则[79,84,85]。

由于 dha-en 与 hacp-en 两个系列结构相似的手性席夫碱 Ni(Ⅱ)配合物具有类似的配位环境、立体结构和电子跃迁形式，根据单晶结构分析和相应的 CD 光谱数据比较，我们最近提出基于中心金属的 d-d 跃迁产生的 CE 符号，来同时确定席夫碱螯环上手性碳、具有准四面体对称性的手性 Ni(Ⅱ) 配合物的金属中心绝对构型的经验关联规则[18]：除了反式-1,2-环已二胺（chxn）外，具有相同绝对构型的二胺（1,2-丙二胺和 1,2-二苯基乙二胺）与 HACP 或 DHA 缩合的席夫碱配体形成的四配位 Ni(Ⅱ)配合物的绝对构型应相同，因此其 CD 光谱在可见区长波处第一个吸收峰呈现正的 Cotton 效应，相应于手性 Ni(Ⅱ)中心具有

❶ 已知反磁性的平面正方形或准平面正方形 Ni(Ⅱ) 配合物在可见区 18000～25000cm^{-1} 范围内一般只出现一个吸收带，其摩尔吸光系数一般为 50～500，呈现特征的橙、黄或红色，参阅 5.1.8.3.1。

Δ 绝对构型和配体螯环骨架上的手性碳为 *S* 构型，相反则为 Λ 绝对构型。但 *R*,*R*-或 *S*,*S*-chxn 所形成相应 Ni(Ⅱ) 配合物的关联规则却与之相反，其原因可能是配体手性骨架上环己基的空间位阻和构象或螯环上取代基之间的相互排斥作用，使得配体必须采取合适的螯环构象来稳定整个配合物的立体结构，金属中心的手性也随之确定。可以预测其它具有类似结构的手性席夫碱 Ni(Ⅱ) 配合物也遵守类似的经验关联规则。dha-en 与 hacp-en 系列手性席夫碱 Ni(Ⅱ) 配合物的绝对构型与其在 CD 光谱中由 d-d 跃迁引起的 Cotton 效应符号的对应关系如表 6-6 所示。

表 6-6　一些 Ni(Ⅱ) 席夫碱配合物的绝对构型与其 CD 光谱的 d-d 跃迁符号关联

配合物	金属中心绝对构型	d-d 跃迁 CD 符号	配合物	金属中心绝对构型	d-d 跃迁 CD 符号
[Ni(hacp-*S*-pn)]	Δ	+	[Ni(dha-*S*-pn)]	Δ	+
[Ni(hacp-*S*,*S*-dpen)]	Δ	+	[Ni(dha-*S*,*S*-dpen)]	Δ	+
[Ni(hacp-*S*,*S*-chxn)]	Λ	−	[Ni(dha-*S*,*S*-chxn)]	Λ	−
[Ni(hacp-*R*-pn)]	Λ	−	[Ni(dha-*R*-pn)]	Λ	−
[Ni(hacp-*R*,*R*-dpen)]	Λ	−	[Ni(dha-*R*,*R*-dpen)]	Λ	−
[Ni(hacp-*R*,*R*-chxn)]	Δ	+	[Ni(dha-*R*,*R*-chxn)]	Δ	+

仔细观察图 6-52 可以发现，手性 [Cu(sal-en)] 系列配合物在约 600 nm 处的 d-d 跃迁所呈现的 Cotton 效应符号，与金属中心以及席夫碱螯环上手性碳的绝对构型同样存在着一定的、有规律的内在联系，例如，对于 [Cu(sal-*S*-pn)] 和 [Cu(sal-*S*,*S*-dpen)]，在该区域的 CE 为负，金属中心为 Δ 绝对构型；对于 [Cu(sal-*S*,*S*-chxn)]，其 CE 为正，金属中心为 Λ 绝对构型。在手性 [Ni(sal-en)] 系列配合物中，虽然 d-d 跃迁所引起的 Cotton 效应并不十分明显（见图 6-53，这与前面所作出手性 [Ni(sal-en)] 配合物更接近于平面四方构型的推测是一致的），但也还是具有一定趋势的。

6.4.6　正确选择配合物绝对构型的关联方法

6.4.5.4 的例子说明，当观察不到配体谱带的明显激子裂分现象或激子裂分峰过于复杂，从而难以用激子手性方法推测有关配合物的绝对构型时，仍可以回到 6.4.3 中所介绍的方法，即：根据中心金属的 d-d 跃迁引起的 CE 来关联含有等价光谱跃迁（跃迁始终态相同）中心金属的类似结构席夫碱配合物的绝对构型。这说明在特定情况下，以中心金属的 d-d 跃迁引起的 CE 符号来关联结构类似的含相同金属中心配合物的绝对构型的方法将更为简便、直接且不受其它跃迁干扰。

当可见区的 d-d 跃迁吸收峰被荷移跃迁所掩盖时，亦可以用荷移跃迁（LMCT 或 MLCT）所引起的 CE 符号来关联结构类似的含相同金属中心配合物的绝对构型（参阅 6.5.2），因为这类荷移跃迁 CD 光谱所提供的结构信息同样与金属中心的手性密切相关[83]。

当中心金属不同时，例如手性配合物 [Cu(sal-*S*-pn)] 与 [Zn(sal-*R*-pn)]（见图 6-52 与图 6-54），由于 [Zn(sal-pn)] 为闭壳层结构而不存在 d-d 跃迁，无法用位于可见区的 d-d 跃迁所引起的 Cotton 效应来关联其绝对构型。但是，它们具有相同配体，且不存在其它强跃迁谱带的干扰，因此可根据手性配体上甲亚胺基 π-π^* 跃迁的特征激子裂分方式按 Pasini 规则对它们进行绝对构型关联。同时还可以推测不同手性二胺衍生的 [Cu(sal-en)] 与 [Zn(sal-en)] 系列配合物都可以利用该规则来关联绝对构型，而不必依赖于晶体结构表征，从这个意义上说，激子手性方法可被称为绝对方法。

在运用涉及 CD 光谱的绝对构型关联方法时必须注意，当我们将某个已经被晶体结构分析确定了绝对构型的配合物用作“标准配合物”进行CD光谱测试时，最好要同时测定该标准物的溶液和固体CD光谱，然后再定性比较两种情况下相同的电子跃迁区域内是否具有相同的Cotton效应符号，才能作出可靠的溶液CD光谱关联，这是因为在溶液或固体状态中，手性分子与周围环境的作用可能导致在这两种形态下分子的绝对构型发生改变（参阅6.6）。例如，通过图6-58和图6-59的比较，可以认为，不论在溶液或固体状态下，手性［Ni(dha-*S*-pn)］（或［Ni(dha-*R*-pn)］）在可见区的CE都具有相同的符号，即它们在两种状态下都具有相同的金属中心绝对构型，因此，用溶液CD光谱数据关联该配合物的绝对构型是可靠的；另外，从Cotton效应的相对强度看，受晶体堆砌作用和邻近分子的影响，［Ni(dha-*S*-pn)］或［Ni(dha-*R*-pn)］分子在固体状态比溶液状态更倾向于变形为准四面体结构。

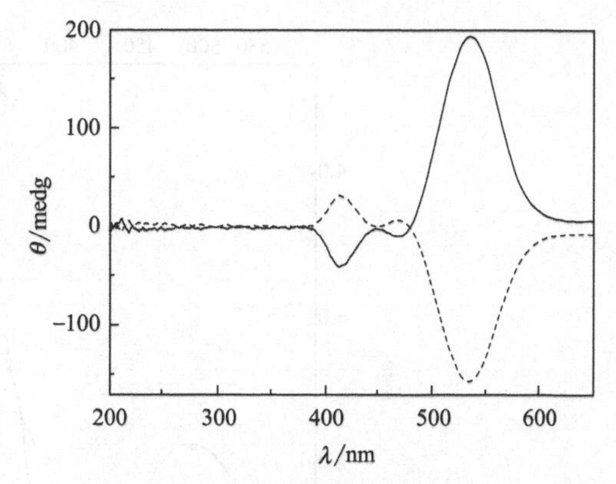

图 6-59　［Ni(dha-*S*-pn)］(实线）和［Ni(dha-*R*-pn)］(虚线）的固体 CD 光谱（KCl 压片）

当暂时不能获取一个合适的已确定晶体结构的“标准配合物”作为绝对构型的参照，在采用CD光谱方法为手性配合物绝对构型之间的相互关联选择参照物时，要注意根据不同类型的手性配合物来选准合适的参照物以及适当的电子跃迁类型。例如，Pasini为图6-50的系列手性［Cu(salen)］选择的参照物是［Cu(sal-*S*-pn)］，同时选用甲亚胺生色团的π-π*跃迁激子相互作用的CD裂分样式来确定系列配合物的绝对构型，这是因为在［Cu(sal-*S*-pn)］中，配体螯环上不对称碳原子的手性构型已知，可以通过理论分析来推测金属中心的绝对构型[79]，更为重要的是，它们在近紫外区的激子裂分CD峰清晰可辨，且不受其它谱带重叠的干扰。此外，手性［Cu(salen)］系列配合物还存在与绝对构型相关的、因中心金属d-d跃迁产生的特征Cotton效应符号也可用于关联。因此可以认为，Δ-［Cu(sal-S-pn)］和Λ-$[Co(phen)_3]^{3+}$等手性配合物是既可用于激子裂分方法，又可用于d-d跃迁关联法的“两栖”(dual-reference）或“双生色团”绝对构型参照配合物；而Λ-$[Ru(phen)_3]^{2+}$和Λ-$[Os(phen)_3]^{2+}$等则是既可用于激子裂分方法，又可用于MLCT跃迁关联法的“两栖”绝对构型参照配合物。

“双生色团”的例子还有前面所提及的含单个不饱和双齿配体的手性Co(Ⅲ）配合物，例如，Δ-(−)$_D$-$[Co(en)_2(phen)]^{3+}$（图6-60），Λ-(+)$_D$-$[Co(S\text{-}ala)_2(bpy)]^+$和Δ-(−)$_D$-$[Co(S\text{-}ala)_2(bpy)]^+$（图6-61，Hala＝丙氨酸）以及Λ-(+)$_D$-$[Co(gly)_2(bpy)]^+$和Λ-(+)$_D$-$[Co(gly)_2(phen)]^+$（图6-62，Hgly＝甘氨酸）等❶。从图6-60～图6-62可以看出，单个配体bpy或phen的π-π*跃迁虽然不会产生激子裂分样式，但却在手性金属中心的“邻位效应”微扰下在UV区域出现较激子裂分弱得多的CE，相对于Δ构型的手性金属中心，其CE符号为正；而对于Λ构型的手性金属中心，则CE符号为负；它们都可用于关联金属中心的绝对构型。同时我们还注意到，以上Co(Ⅲ）配合物在可见区的吸收峰均呈现d-d跃

❶ 参考：(a) Hidaka J, Douglas B E. Circular dichroism of coordination compounds. Ⅱ. Some metal complexes of 2,2′-dipyridyl and 1, 10-phenanthrolinel. Inorg. Chem., 1964, 3 (8): 1180−1184; (b) Yasui T, Douglas B E. Studies of amino acid complexes of the type $[Co(aa)_2(dipy)]X$ and $[Co(aa)_2phen]X$. Inorg. Chem., 1971, 10 (1): 97−102.

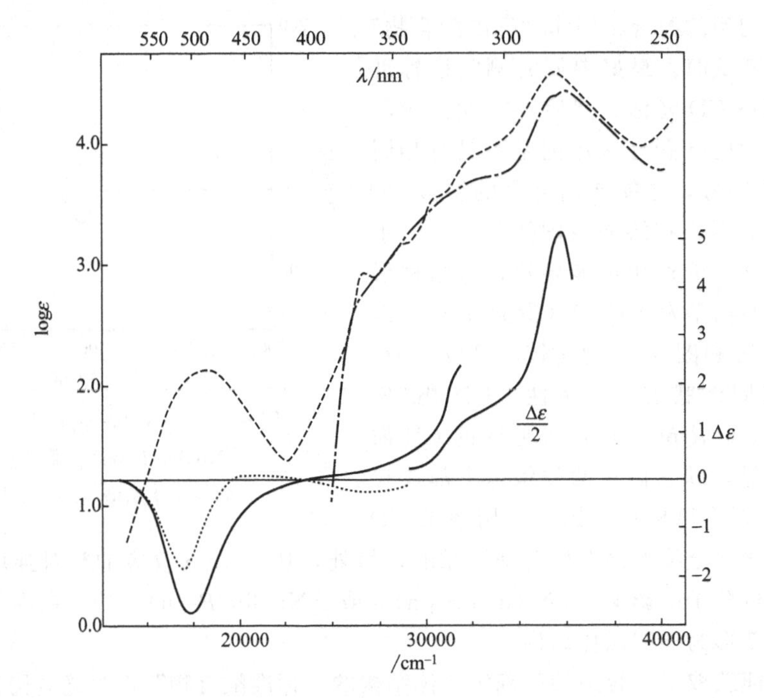

图 6-60 Δ-(−)$_D$-[Co(en)$_2$(phen)]$^{3+}$ 的 CD(——) 和 UV-Vis(- - -) 光谱，Δ-(−)$_D$-[Co(en)$_3$]$^{3+}$ 的 CD(⋯⋯) 光谱，以及 phen 的 UV(-·-) 光谱

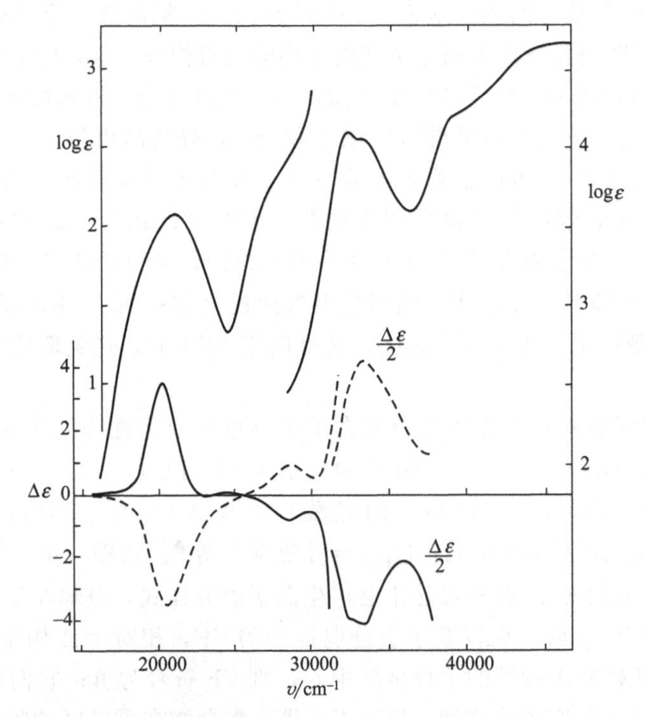

图 6-61 Λ-(+)$_D$-[Co(S-ala)$_2$(bpy)]$^+$ 的 CD 和 UV-Vi 光谱 (——) 以及 Δ-(−)$_D$-[Co(S-ala)$_2$(bpy)]$^+$ 的 CD(- - -) 光谱

迁特征 (logε≈2)，且其螯环均为五元环结构，因此也可根据 6.4.4.1 中讨论的经验规则来关联它们的手性金属中心的绝对构型。

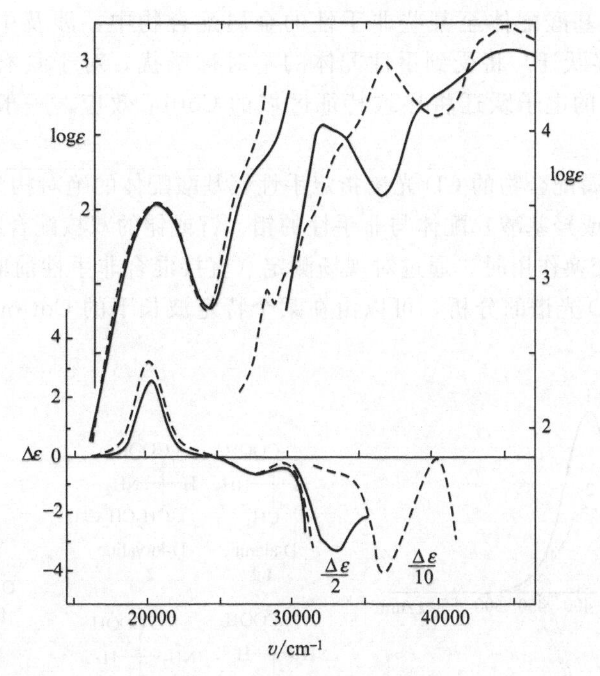

图 6-62 Λ-(+)$_D$-[Co(gly)$_2$(bpy)]$^+$ 的 CD 和 UV-Vis 光谱（——）以及 Λ-(+)$_D$-[Co(gly)$_2$(phen)]$^+$ 的 CD(---) 光谱

最后还应强调，在可能的情况下，最好能够做到多种关联方法并用，互相验证，以获得可靠的绝对构型分析结果，从而对相关的手性立体结构研究提供指导作用。此外，对于含六元螯环的配合物及荷移跃迁（MLCT 或 LMCT）能低于 d-d 跃迁能的配合物，在应用前述几种“双生色团”方法进行关联时，必须十分谨慎。

6.5 CD 光谱的其它应用

6.5.1 确定羟基酸和氨基酸绝对构型的方法——有机酸现场配位 CD 光谱法[86]

前已述及，对于手性有机化合物绝对构型的确定，除了 X 射线衍射法之外，应用较多的是化学相关法。虽然化学相关法在最简单的实验室里也容易实施而得到广泛应用，但它们操作起来显然费时费事。比较起来，CD 光谱对一些手性有机酸绝对构型的确定要方便快捷得多。例如，直接用 CD 光谱确定羟基酸或氨基酸绝对构型的优点是无需将样品衍生化，但是 Frelek 认为存在一些干扰直接测定法的因素：

① 氨基酸或羟基酸在溶液中通常以单体和二聚体混合物的形式存在；

② 极性羧基在溶液中易发生溶剂化作用；

③ n→π* 和 π→π* 跃迁的 CD 带非常靠近，相关的 Cotton 效应难以辨析；

④ 手性分子在溶液中可能以不同的构象存在；

⑤ 如果分子中存在其它生色团，则有机酸中 n→π* 跃迁的 Cotton 效应通常被掩盖。

当上述有机酸与某些非手性过渡金属配合物（这些配合物必须是热力学上稳定的，但却是动力学上取代活性的）发生配体交换形成新配合物时，以上干扰直接测定法的因素将不复存在。

首先，形成手性金属配合物后，由于有机酸配体中的羧酸根以及氨基对金属的双齿配位限制了它们的构象自由度，从而使该配体的构型不确定性因素被排除；其次，当引入螯合型双齿手性氨基酸或羟基酸配体至某些非手性的金属配合物中，涉及中心金属的某些跃迁（如属 d-d 跃迁或荷移跃迁）将受到手性配体的不对称微扰，对于具有确定绝对构型的配体，与中心金属有关的电子跃迁将导致特征区域的 Cotton 效应，一般不会受其它生色团干扰。

通过测定过渡金属配合物的 CD 光谱指定手性氨基酸配体的绝对构型的一种方法是：当不同的手性氨基酸（或羟基酸）配体与非手性的钼、钌或铑的双核配合物 $[M_2(O_2CR)_4]^{n+}$（图 6-63）发生配体交换作用时，通过对现场测定（直接混合非手性前驱体配合物和待测手性有机酸）的诱导 CD 光谱的分析，可以由在某个特定波长下的 Cotton 效应来指定该配体的绝对构型。

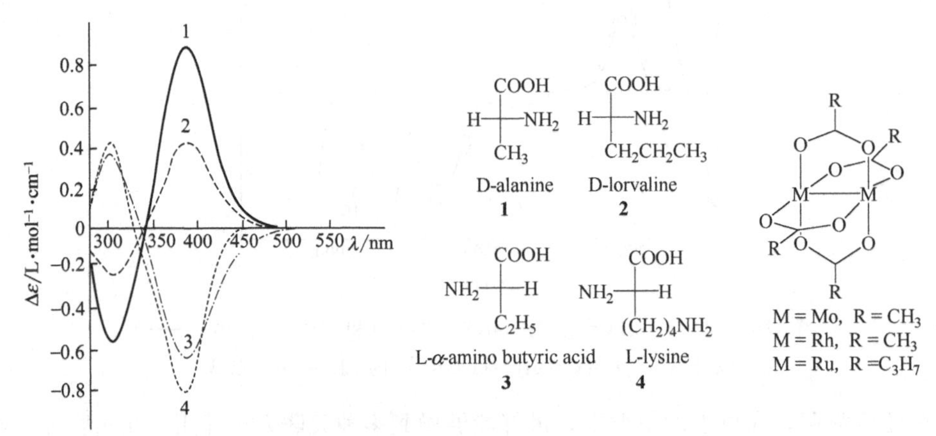

图 6-63 现场生成手性氨基酸双核钼配合物的诱导 CD 光谱

例如，如图 6-63 所示，L-α-氨基酸与 $[Mo_2(OAc)_4]$ 作用时，产生的诱导 CD 在约 400nm 处呈现负 Cotton 效应，在靠近 300nm 处则呈现正 Cotton 效应；而 D-α-氨基酸则恰好相反。

6.5.2 采用各向异性 *g* 因子判断手性配合物的电子跃迁类型[21,87,88]

采用式(6-18) 所表示的 g 因子判断某个 Cotton 效应对应的电子跃迁类型的经验规则为：

若 $(\Delta\varepsilon/\varepsilon)_\lambda \leqslant 5\times10^{-3}$，则相对应的吸收峰就是电偶极矩允许而磁偶极矩禁阻的跃迁（例如荷移跃迁或配体内的 π-π* 跃迁）所引起的❶；

若 $(\Delta\varepsilon/\varepsilon)_\lambda \geqslant 5\times10^{-3}$，则相对应的吸收峰就是电偶极矩禁阻而磁偶极矩允许的跃迁（例如 d-d、f-f 跃迁或配体内的 n-π* 跃迁）所引起的。

例如，对于异双金属手性配合物 Λ-$Na_3[Fe(S\text{-binol})_3]$（$H_2$binol＝联二萘酚）进行 CD 和 UV-Vis 光谱表征时发现，图 6-64(a) 所示的谱图中，g 因子（$|\Delta\varepsilon/\varepsilon|<5\times10^{-3}$）表明，在 350～750nm 区域的 Cotton 效应主要起因于电偶极矩允许而磁偶极矩禁阻的（荷移）跃迁，然而在 380nm 处 Cotton 效应的 g 因子（$\Delta\varepsilon/\varepsilon=1.5\times10^{-2}$）却表明：该跃迁可能是磁偶极矩允许的 d-d 跃迁，唯一可能的跃迁为自旋禁阻的 $^6A_1\rightarrow{}^2T_1$ 跃迁，若这一指认是正确的，则其跃迁能（$26315cm^{-1}$）相当于在图 6-64(b)（d^5 离子的 Tanabe-Sugano 图）中的 Δ_o/B 值约为 27，非常靠近 T-S 图中的高低自旋交叉点（$\Delta_o/B=28$），已知该配合物的室温磁矩为 $5.95\mu_B$，可认为它属于高自旋 Fe(Ⅲ) 物种。

已知在自由 S-H_2binol 的 CD 光谱中，位于轴手性环境中的两个萘基的长轴跃迁激子耦

❶ 当分子具有很强的手性螺旋时，荷移跃迁或配体内的 π-π* 跃迁的 g 因子也可能高达 6.5×10^{-3}。

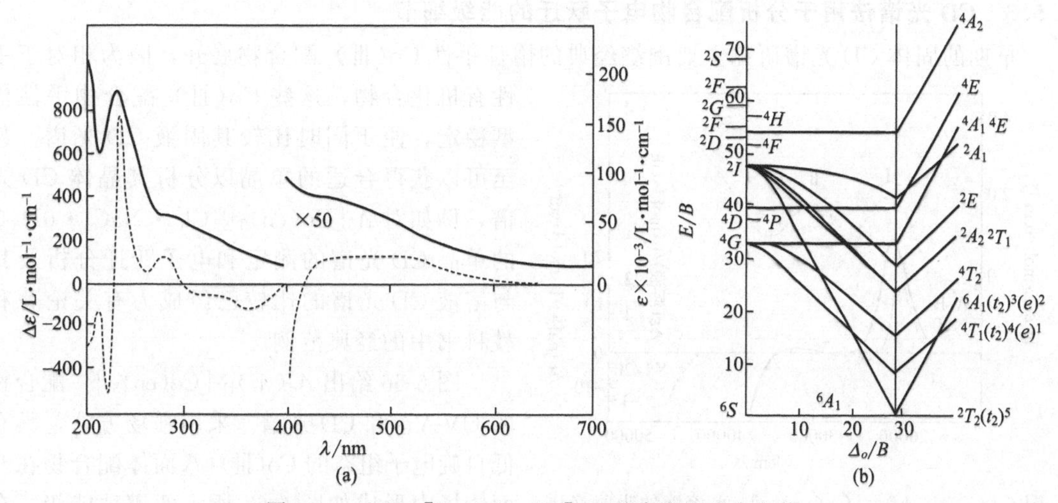

图 6-64　Λ-Na_3[Fe(*S*-binol)$_3$] 乙醚溶液的吸收光谱（—）和 CD 光谱（…）(a) 和 d^5 体系的 Tanabe-Sugano 图 (b)

合作用❶引起其裂分方式为正手性[89,90]，位于 235nm 处配体 π-π＊跃迁第一 CE 的 Δε 值为 ＋200L·mol^{-1}·cm^{-1}；当形成配合物后，在该区域内配体 π-π＊跃迁引起的激子裂分方式不变，但第一 CE 的 Δε 值改变为＋780L·mol^{-1}·cm^{-1}。Peacock 等认为在风扇形结构的配合物中，三个配体的瞬间偶极矩直接指向金属中心，不能相互耦合产生激子裂分，但由于配位作用固定了 $binol^{2-}$ 配体的刚性结构，使得每个配体的两个萘环之间的夹角大于自由配体中的相应夹角，从而使其旋转强度增大。换句话说，对于 [M(*S*-binol)$_3$]$^{3-}$，其中心位于 CD 光谱中 229nm 处的一对激子裂分峰（第一 CE，$\Delta\varepsilon_{235}$＝＋780L·mol^{-1}·cm^{-1}；第二 CE，$\Delta\varepsilon_{220.5}$＝－500L·$mol^{-1}$·$cm^{-1}$），只给出了配体自身的手性结构信息，与金属中心的绝对构型基本无关。

单晶结构分析表明，所形成配合物 [M(*S*-binol)$_3$]$^{3-}$ 的绝对构型为 Λ，当以 *R*-H_2binol 为配体时，则形成 Δ-[M(*R*-binol)$_3$]$^{3-}$（M＝Fe^{3+} 或 Cr^{3+}），这说明具有轴手性的配体 *S*-H_2binol或 *R*-H_2binol 对具有 D_3 对称性的 [M(binol)$_3$]$^{3-}$ 配合物的立体选择性合成具有特殊的诱导作用。如前所述，由于三个配体的长轴跃迁偶极矩不能相互耦合产生激子裂分，因此，不宜采用对于三（双齿）或二（双齿）联吡啶（或邻菲咯啉）配合物所提出的激子裂分关联规则，也不宜采用 d-d 跃迁关联法❷，而必须采用目前较少见的以可见区 LMCT 跃迁的 CE 符号来对这类配合物进行金属中心的绝对构型关联。仔细观察图 6-64(a)，可以发现 Λ-[M(*S*-binol)$_3$]$^{3-}$ 的 CD 曲线在 514nm 处呈现正 Cotton 效应，这与 Δ-[Fe(ent)]$^{3-}$ [H_4ent＝肠杆菌素（H_4enterobactin），结构式见图 6-65] 在 533nm 处的 CD 光谱特征基本一致，但符号相反[83]。

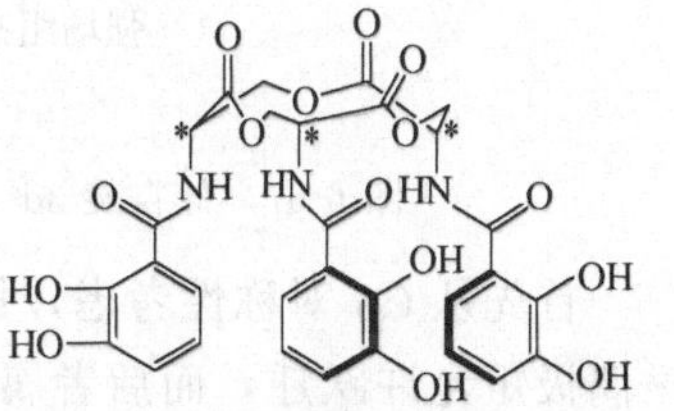

肠杆菌素 H_4ent

图 6-65　肠杆菌素 H_4ent 的结构

❶ Mason 和 Hanazaki 等认为不宜用此跃迁来“诊断”手性 H_2binol 的绝对构型，因为激子裂分的相对能级顺序会随着两个萘环之间二面角的改变而改变。参考文献 [89] 和 [90]。

❷ 研究中发现，对于 [M(cat)$_3$](cat＝邻苯二酚衍生物) 类型的过渡金属配合物，难以观察到其 d-d 跃迁，因为它们通常被很强的荷移跃迁所掩盖。参考：Karpishin T B，Gebhard M S，Solomom E I，Raymond K N. Spectroscopic Studies of electronic structure of iron(Ⅲ) tris (catecholates). J Am Chem Soc，1991，113 (8)：2977-2984。

6.5.3 CD光谱法用于分析配合物电子跃迁的能级细节[10,12,14,20]

早期的固体CD光谱研究主要围绕经典的惰性手性Co(Ⅲ)配合物展开，因为相对于手性有机化合物，这些Co(Ⅲ)配合物手性构型稳定，便于同时比较其固液CD光谱，甚至可以获得合适的单晶以分析其晶体CD光谱，例如对Λ-$[Co(en)_3]_2Cl_6 \cdot NaCl \cdot 6H_2O$的单晶CD光谱的测定和电子跃迁分析及其与溶液CD光谱的比较已经成为有关论著和教科书中的经典范例。

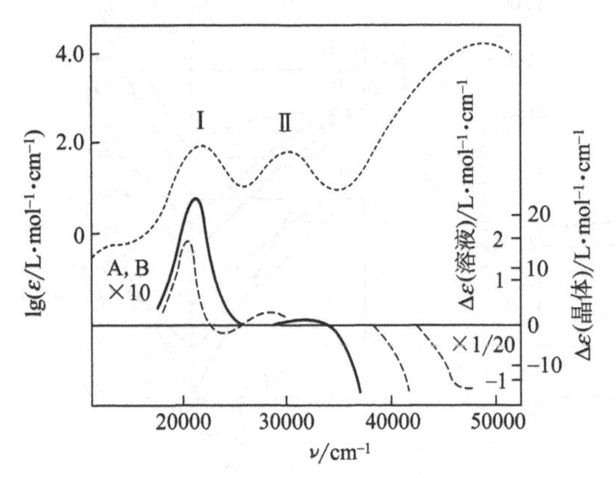

图6-66 Λ-(+)$_D$-$[Co(en)_3]^{3+}$水溶液的吸收光谱(……)和CD光谱(----)；当C_3轴平行于光轴方向时，Λ-(+)$_D$-$[Co(en)_3]_2Cl_6 \cdot NaCl \cdot 6H_2O$单晶的固体圆二色谱(—)

图6-66给出Λ-(+)$_D$-$[Co(en)_3]^{3+}$配合物的UV-Vis和CD光谱。采用强场方法，具有低自旋电子组态的Co(Ⅲ)八面体配合物在八面体场中形成如图6-67所示的谱项能级。在相应的电子光谱中，近红外区可观测到强度较弱的自旋禁阻吸收峰($^3T_{1g}$，$^1A_{1g} \rightarrow {}^3T_{2g}$)，在可见区和近紫外区可观测到自旋允许的第一吸收带($^1A_{1g} \rightarrow {}^1T_{1g}$，带Ⅰ)和第二吸收带($^1A_{1g} \rightarrow {}^1T_{2g}$，带Ⅱ)，但是由于$[Co(en)_3]^{3+}$具有$D_3$对称性，其三重简并的各能级均可以引起所谓的三方对称场分裂。

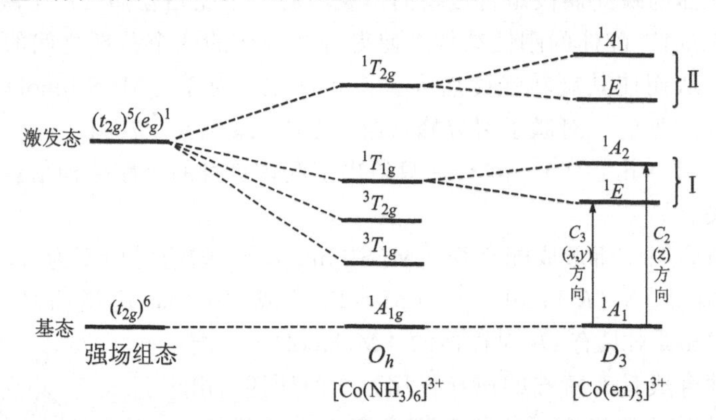

图6-67 低自旋$3d^6$组态Co(Ⅲ)配合物在O_h和D_3环境下的谱项能级分裂❶

首先从O_h对称性考虑，第一吸收带的CD强度远大于第二吸收带的事实可由前者属于磁偶极矩允许跃迁，而后者属于磁偶极矩禁阻跃迁来解释。为了便于参考，将O_h和D_3对称性下磁偶极矩跃迁的选律示于表6-7中，可用从群论得到的磁偶极矩跃迁的选律对旋转强度的大小进行定性讨论❷。一般认为由3个相同双齿配体形成的D_3对称性配合物的三方对称场分裂是由配位原子自八面体顶点的偏离和由螯环骨架原子所致偶极微扰势能而导致的，配位原子自八面体顶点的偏离相当于八面体向垂直于C_3轴方向的伸缩，而这种微扰一般较小。因此三方对称场分裂也比较小。实际上，从$[Co(en)_3]^{3+}$和$[Co(NH_3)_6]^{3+}$各自的第一、二吸收带形状的相似性就可以说明这一点，同时还可注意到两者的摩尔吸光系数差别较

❶ 有关参考书中类似能级图所示D_3对称性$[Co(en)_3]^{3+}$的$^1E(T_1)$和$^1A_2(T_1)$能级顺序有误。

❷ 这在多数情况下是正确的，但需注意也有例外。由于D_3点群不具有对称中心，在D_3对称性下的某些d-d跃迁实际上也是对称性(电偶极矩)允许的。

小（参阅 5.1.1.3）[52,91]。

表 6-7　O_h 和 D_3 对称性下 d-d 跃迁的磁偶极矩跃迁选律[14]

	O_h				
	A_{1g}	A_{2g}	E_g	T_{1g}	T_{2g}
A_{1g}		×	×	○	×
A_{2g}		×	×	○	○
E_g	×	×	×	○	○
T_{1g}	○	×	○	○	○
T_{2g}	×	○	○	○	○
	D_3				
		A_1	A_2	E	
A_1		×	○(//)	○(⊥)	
A_2		○(//)	×	○(⊥)	
E		○(⊥)	○(⊥)	○(//,⊥)	

注：○表示允许；×表示禁阻；//表示平行于 C_3 轴（x，y 方向偏振）；⊥表示垂直于 C_3 轴（z 方向偏振）。

其次，Λ-(+)$_D$-[Co(en)$_3$]$^{3+}$ 水溶液的 CD 光谱表明，相应于吸收光谱的第一吸收带处长波段一侧有较大的 CD 正峰，紧接着有小的 CD 负峰；而在第二吸收带处，只有一个小的正 CD 峰。这些 Cotton 效应可以解释为：在 D_3 对称性下分裂的第一吸收带处正负两 CD 峰分别由$^1A_1 \to {}^1A_2(T_1)$ 和$^1A_1 \to {}^1E$（T_1）跃迁所致，而此两跃迁又均属于电偶极矩允许（对称性允许）和磁偶极矩允许跃迁；与此相反，第二吸收带分裂的$^1A_1 \to {}^1A_1(T_2)$ 和 $^1A_1 \to {}^1E(T_2)$ 中，只有$^1A_1 \to {}^1E(T_2)$同时属于电偶极矩允许和磁偶极矩允许跃迁，而$^1A_1 \to {}^1A_1(T_2)$属于禁阻跃迁。

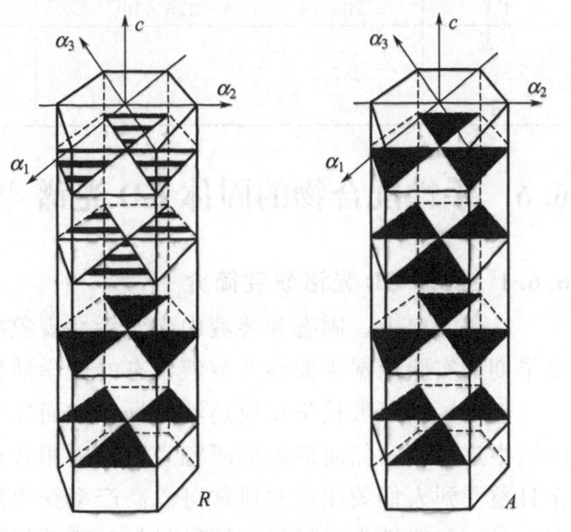

图 6-68　rac-[Co(en)$_3$]Cl$_3$ · 3H$_2$O(R) 和 Λ-(+)$_D$-[Co(en)$_3$]$_2$Cl$_6$ · NaCl · 6H$_2$O (A) 的单晶示意图

[Co(en)$_3$]$^{3+}$ 结构单元的 C_3 轴平行于单晶的 c 轴，消旋单晶 R 中不同样式的三角形表示对映异构体

为了进一步确定第一吸收带的正负两个 CD 峰究竟哪一个是 A_2 组分或 E 组分，曾经用属于单轴晶体的 Λ-(+)$_D$-[Co(en)$_3$]$_2$Cl$_6$ · NaCl · 6H$_2$O 单晶（空间群 $P3$，属于三方晶系）进行固体 CD 光谱研究❶。在单晶中 [Co(en)$_3$]$^{3+}$ 单元的 C_3 轴平行于晶体的 c 轴（光轴）（图 6-68），若使圆偏振光通过此方向辐射单晶 [这时其电矢量 E 绕着 xy 平面成螺旋状旋转，参见图 6-4 和图 6-69(a)]，应该能观察到属于 E 组分的 CD 跃迁❷，因为根据 D_3 对称性的选律，在此方向上被圆偏振光激发的跃迁是三方对称场中分裂

❶ 有一些结构与 (+)$_D$-[Co(en)$_3$]Cl$_3$ 类似的配合物通常以单轴晶体类型（四方、三方、六方晶系等）结晶，在与晶体主轴（光轴）垂直的平面，它们是光学上单折射的，不会改变沿光轴传播的辐射偏振状态[20]。在这类配合物中，配离子的 C_3 轴通常平行于晶体的光轴，或者与光轴之间成一定角度 α。注意：单晶 CD 测试只适用于立方晶系（各向同性）和单轴晶体（各向异性），不适用于双轴晶体（单斜、三斜、正交晶系等，各向异性），可参阅 6.6。

❷ 当晶体光轴与 [Co(en)$_3$]$^{3+}$ 单元的 C_3 轴严格平行，即两者之间的夹角 $\alpha=0°$时 [见图 6-69(a)]，采用单晶 CD 测试只能观察到 E 组分；若 $\alpha \neq 0°$，则 E 和 A_2 组分都能被平行于晶体光轴辐射的圆偏振光激发[10,92]。

的两个跃迁中的$^1A_1 \rightarrow {}^1E(T_1)(x, y$偏振)。在单晶 CD 测试中，确实在 C_3 方向上观察到一个较大的正 CD 峰；结合单晶 CD 和固体粉末（KBr 压片）CD 测量的计算结果可推算出在与 C_3 轴垂直的 C_2 方向上有一个小的负 CD 峰[10,92,93]，为$^1A_1 \rightarrow {}^1A_2(T_1)$ 跃迁（z 偏振)，故能量较低的正 CD 峰可归属于 E 组分，从而在溶液中所观察到的第一吸收带的两个 CD 峰中，长波一侧的较强 CD 正峰可归属于 E，短波一侧的较弱负峰归属为 A_2。表 6-8 中所列出 $[Co(en)_3]^{3+}$ 水溶液和单晶的 UV-Vis 光谱和 CD 光谱数据可作为参考。

对一系列三螯合手性钴（Ⅲ）配合物的固体 CD 光谱（单晶或固体粉末压片）研究表明：E 组分与 A_2 组分的旋转强度是不等的，对于五元螯环配合物，$|R(E)|>|R(A_2)|$；而对于六元或七元螯环配合物，$|R(E)|<|R(A_2)|$[92]。

表 6-8　$[Co(en)_3]^{3+}$ 水溶液和 Λ-$(+)_D$-$[Co(en)_3]_2Cl_6 \cdot NaCl \cdot 6H_2O$ 单晶的 UV-Vis 和 CD 光谱数据[14]

项　目	UV-Vis		CD		
谱带	λ/nm	ε/$mol^{-1} \cdot L \cdot cm^{-1}$	λ/nm	$\Delta\varepsilon$/$mol^{-1} \cdot L \cdot cm^{-1}$	R/10^{-40}cgs
水溶液					
Ⅰ	469	84	492	+1.89	+4.8
			422	−0.17	−0.4
Ⅱ	340	74	351	+0.25	+0.7
CT	208	1.5×10^4	212	−31	−67
单晶					
Ⅰ	467	95	474	+23.3	+79
Ⅱ	340	110	345	+0.9	+2

6.6　手性配合物的固体 CD 光谱[94]

6.6.1　固体 CD 光谱研究简介

在化学史上，固态和溶液中光学活性现象的发现极大地促进了现代立体化学的确立，但是早期的实验依据主要涉及溶液状态的光学活性，而不是固体状态的光学活性。

迄今，大多数化学反应是液相反应，而反应过程的光谱学（包括 CD 光谱）研究也是在溶液中进行的。然而最近的研究表明，固相合成作为当今绿色化学中的一种有效合成方法，正日益受到人们关注，它通常可以高产率获得液相反应无法得到的产物。与此同时，近年来在液晶、非线性光学材料、波导材料、磁性材料、导电高分子等功能材料领域，手性固体材料的重要性正日益凸显。由此提出了一些崭新课题：例如，实验表明磁手性各向异性（magnetochiral anisotropy，MChA）可能在生命的同手性起源（homochirality of life）中扮演着某种角色，而且 MChA 效应有可能在手性固体磁性材料中发现；在功能材料领域中显示出潜在应用前景的手性配位聚合物的表征将在很大程度上依赖于 X 射线衍射分析和固体 CD 光谱测试。

固体 CD 光谱可能提供有关反应机理的有价值信息，因为通常在固态中十分确定的反应物和产物的相对取向和构型可以同时被单晶 X 射线衍射方法所阐明。此外，研究固相中的手性识别是十分重要的，例如外消旋化合物与手性拆分剂的作用，有些非手性分子由于邻近分子间的手性相互作用可能以某一种手性构象（或呈某种螺旋结构）形式被固定在固体环境中（这在某种意义上可以看做是绝对不对称合成），有些消旋结晶样品在固体状态下可以实现自发拆分等。将单晶 X 射线衍射分析和固体 CD 光谱测试结合起来，可能对这些特殊的手性识别现象提供独特的观察视角。

虽然固体 CD 光谱研究始于 20 世纪 50 年代，测试方法有单晶法、KBr（或 KCl、CsI）压片法或石蜡油糊法、固态漫反射（积分球）法等，但迄今大量的 CD 光谱测定还是溶液法。与溶液 CD 光谱比较，固体 CD 光谱对于某些难溶手性配位聚合物、手性 L-B 膜、手性包结配合物、可能发生固体光化学对映选择性反应的有机化合物或具有动力学活性（lability）且只能以手性晶体形式存在（某些手性构象可在固态下被“冻结”）的手性化合物的表征提供了除单晶 X 射线衍射晶体结构分析方法之外的另一重要研究手段。

迄今虽已积累了不少手性配合物的晶体结构数据，然而将晶体结构分析确定的绝对构型与其溶液 CD 光谱关联的研究还不很多[10,12,16,18]，与其固体 CD 光谱关联的研究则更少[8,95]。实验事实说明，溶液中测得的光谱是在给定溶剂中手性分子所采用的所有构象的平均行为，并不一定能真实反映固态中的情形，即同一种手性化合物的溶液 CD 光谱和固体 CD 光谱可能是不同的（可比较图 6-29 和图 6-32）；在某些情况下，手性固体样品的光学活性可能在溶解后即刻消失（例如某些动力学上活性的手性配合物和手性晶体）。因此，对一个手性化合物最好能同时测定和比较其固体和溶液 CD 光谱（以下简称固液 CD 光谱），但在实际应用中，具备固体（包括单晶和粉末样品）和溶液 CD 都能被测定条件的手性化合物并不多见。

近十年来，随着对手性化合物和手性识别现象的深入研究，固体 CD 光谱测试方法日臻成熟和多样化，研究的对象逐渐扩展至在溶液中易快速发生外消旋化的手性有机化合物[96]，通过自发结晶拆分[95]或绝对不对称合成[8]获得的手性金属配合物等，为揭示奇妙的手性对称性破缺现象提供了强有力的表征手段。

6.6.2 单晶 CD 光谱测试[10,92,93]

图 6-69 说明了圆偏振光与单轴晶体中具有 D_3 对称性配合物的相互作用，以及定义了此类配合物的 C_3 轴。在图 6-69(a) 所示的右手坐标系中，配合物的 C_3 轴与光轴 Oz 成 α 度锐角。当圆偏振光沿着光轴方向传播时，它的电矢量 $\boldsymbol{E}$ 在 xy 平面内旋转；当圆偏振光沿 xy 方向辐射时，则它的电矢量 $\boldsymbol{E}$ 将垂直于 xy 平面。对于 $[Co(en)_3]^{3+}$ 配离子（$\alpha=0°$），其d-d跃迁的 E 组分可以被垂直于其 C_3 轴的电矢量激发，而其 A_2 组分则可以被平行于其 C_3 轴的电矢量激发。

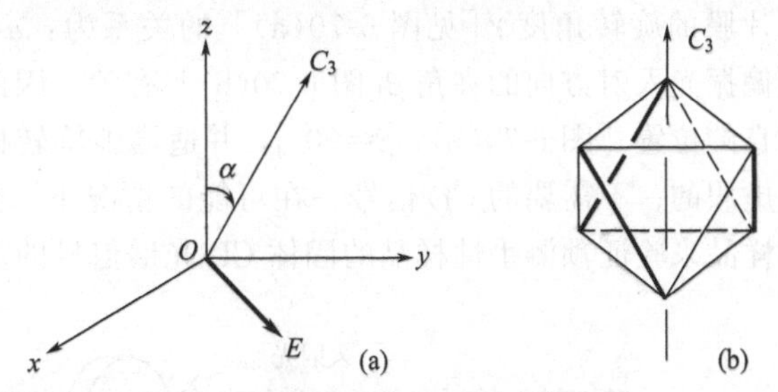

图 6-69 圆偏振光与单轴晶体中的配合物相互作用（a）和三螯合型八面体配合物中的 C_3 轴（b）

单晶 CD 测试只适用于立方晶系（各向同性）和单轴晶体（四方、三方、六方晶系等，各向异性），不适用于双轴晶体（单斜、三斜、正交晶系等，各向异性），对晶体的质量和取向有严格的要求，否则将引起严重的双折射问题。测试单晶样品时，先将单晶按光学要求切割、抛光处理，得到尺寸合适的透明、规则的晶体。测试时采用光学方法严格使晶体光轴与圆偏振光束通过的方向平行，晶体的大小必须能罩住光斑。单晶 CD 光谱的详细测试方法见文献 [10，92]。由于能符合单晶 CD 测试条件的手性化合物晶体极为有限以及实验上的难度，迄今只对少数手性化合物进行了单晶测试，其中特别值得一提的是具有 D_3 对称性的经典三螯合型过渡金属配合物，它们通常以单轴晶体形式结晶，1963 年被 McCaffery 和 Mason 首次进行单晶 CD 光谱测试的手性化合物就是之前多次提及的 Λ-[Co

$(en)_3]_2Cl_6 \cdot NaCl \cdot 6H_2O$[97]。

6.6.3 固体（粉末）CD 光谱测试

进行固体（粉末）CD 光谱测试对手性化合物样品所属晶系没有任何限制，主要有以下三种方法。

① 样品经充分研磨后与适量石蜡油研磨混匀成糊状，夹在两片石英片（ϕ25mm×1.5mm）之间成为均匀薄层。

② 样品经充分研磨后与惰性介质（KBr、KCl 或 CsI）按一定比例研磨混合均匀后压制成透明圆形片膜，其比例依样品性质而定。研究中发现[98]，用 KCl 介质压片，截止波长可测至 238nm，适用于某些有机化合物和含有机配体的配合物。采用压片法可以获得较理想的 CD 谱图。

③ 将样品溶液滴加在石英片上使溶剂挥发成固体薄膜，与另一石英片相夹后待测试。

当用压片法或石蜡油研磨法进行固体粉末样品测试时，要尽可能地研磨获得细小均匀的样品颗粒。采用石蜡油糊方法时，必须注意某些憎水有机化合物可能溶于石蜡油中，这时所得 CD 光谱在某种意义上应视为溶液 CD 光谱。采用压片法测试固体 CD 时，在保证手性样品的定性浓度达到 CD 光谱仪检测要求的同时，片越薄越透明越好（但切忌破损）。在某些情况下，压片法不适用于手性抗衡阴离子存在下的固体诱导 CD 光谱的测定[99]。

通常在 CD 光谱测试中，所观测到的椭圆度 θ_{obs} 主要由以下三项组成[100,101]：

$$\theta_{obs}=\theta_{CD}+\theta_{LD}+\theta_{BR} \tag{6-24}$$

其中，第一项 θ_{CD} 为真实的 CD 信号，与样品所放置的角度无关；后两项分别为样品的线二色性和双折射对 θ_{obs} 的贡献，与固体样品片膜（或石英夹片）所放置的角度（图 6-70）有关；对于某些各向异性的固体样品，θ_{LD} 和 θ_{BR} 项甚至可以大大超过 θ_{CD} 项对 θ_{obs} 的贡献。θ_{LD} 与入射偏振光的偏振平面和样品主轴的夹角 α［见图 6-70(a)］成余弦关系[102]，而 α 与样品片膜的旋转角度 γ［见图 6-70(a)］的关系为：$\alpha=\gamma+C$（常数）；θ_{BR} 则主要与样品片膜平面和偏振光入射方向的夹角 β［图 6-70(b)］有关。因此实际测试时应将固体样品放在严格与光路垂直的位置［图 6-70(b)，$\beta=90°$］，并适当地旋转样品［图 6-70(a)，$\gamma=0°\sim360°$］，以避免获得虚假的、不需要的 CD 信号。在可能的情况下，建议采用具有完全相反手性（对映异构体）的样品来验证预测手性样品的固体 CD 光谱信号的真实性。

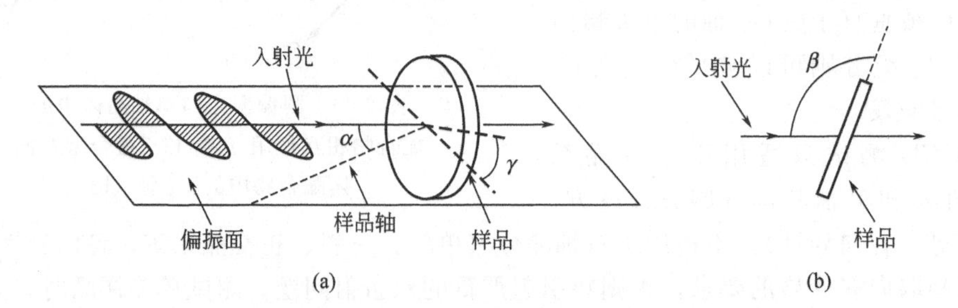

图 6-70 与角度有关的 CD 光谱测定中样品片膜放置示意图

在仪器处于良好的工作状态下，要获得尽可能准确的实验结果，还需选择合适的实验参数。这些参数包括：狭缝宽度、响应时间、扫描速度、波长范围等。例如，对于固体样品的透射 CD 光谱测试，应根据不同的测试波段选择合适的狭缝宽度，并要求将样品放置在尽可能靠近光电倍增管（检测器）的位置上[103,104]。以上测试参数的选择需根据样品性质的不同，通过测试实验来进一步综合化学实验。[104]。

6.6.4　手性配合物的固体 CD 光谱研究[10]

前已述及，在实际应用中，具备固体（包括单晶和粉末样品）和溶液 CD 都能被测试条件的手性化合物并不多见。经典的惰性三螯合型手性 Co(Ⅲ) 配合物由于在溶液中手性构型稳定，可以获得合适的单轴晶体，便于同时比较其溶液、粉末和单晶 CD 光谱，因此成为固体 CD 光谱的重要研究对象。表 6-9 给出一些三螯合型钴（Ⅲ）配合物的溶液和固体 CD 光谱数据。Λ-[Co(S,S-chxn)$_3$]$^{3+}$ 和 Δ-[Co(R,R-ptn)$_3$]$^{3+}$ 的溶液、KBr 压片和石蜡油糊 CD 光谱分别如图 6-71 和图 6-72 所示。

表 6-9　三螯合型钴（Ⅲ）配合物的溶液和固体 CD 光谱数据

配　合　物	CD 测试形式	λ/nm	$\Delta\varepsilon$/L・mol^{-1}・cm^{-1}	λ/nm	$\Delta\varepsilon$/L・mol^{-1}・cm^{-1}
	单晶	489	+24.4	—	—
Λ-(+)$_D$-[Co(en)$_3$]$_2$Cl$_6$・NaCl・6H$_2$O	KBr 压片	505.5	+2.0	445.5	−0.59
	溶液	494	+1.9	434	−0.14
	单晶	488	+22.17	—	—
Λ-[Co(S,S-chxn)$_3$]Cl$_3$・5H$_2$O	KBr 压片	512.2	+2.38	449.5	−0.61
	溶液	506	+2.02	447	−0.55
	单晶	478	+2.7	—	—
Δ-[Co(R,R-ptn)$_3$]Cl$_3$・2H$_2$O	KBr 压片	533.2	−0.13	476.8	+0.79
	溶液	522	−0.589	462.5	+0.104

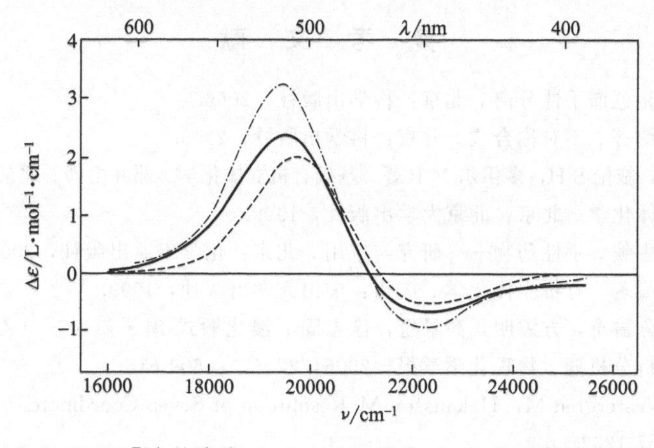

图 6-71　Λ-[Co(S,S-chxn)$_3$]$^{3+}$ 的溶液（---）、KBr 压片（—）和石蜡油糊（-·-·-）CD 光谱

从图 6-71 可以看出，在所采用的三种测试方法中，Λ-[Co(S,S-chxn)$_3$]$^{3+}$ 的 CD 光谱均非常相似，这表明：Λ-[Co(S,S-chxn)$_3$]$^{3+}$ 的绝对构型在三种情况下均未发生改变；进行 KBr 压片时，所施加压力、手性配阳离子与 KBr 的相互作用以及固体的颗粒大小等影响因素皆可忽略；固体（粉末）CD 光谱主要体现该手性配合物的分子性质。

然而图 6-72 所示的三条 CD 曲线却反映出 Δ-[Co(R,R-ptn)$_3$]$^{3+}$ 在溶液和微晶态（粉末）的不同光谱性质。可以看到在溶液 CD 光谱中，$|R(E)|>|R(A_2)|$，但在 KBr 压片和石蜡油糊 CD 光谱中，却是 $|R(E)|<|R(A_2)|$；三条 CD 曲线在长波处的第一个吸收峰均呈现负 CE，但在 Δ-[Co(R,R-ptn)$_3$]Cl$_3$・2H$_2$O 的单晶 CD 光谱测定中（表 6-9），相应的 CD 峰为正 CE，这些现象为研究类似配阳离子的手性环境提供了一个令人感兴趣的实例。

在 Δ-[Co(R,R-ptn)$_3$]$^{3+}$ 中，每个螯合 R,R-ptn 配体形成船式或椅式构象的柔性六元螯环本应对中心金属生色团的光学活性有主要贡献的六个配位氮原子的排布对正八面体构型的

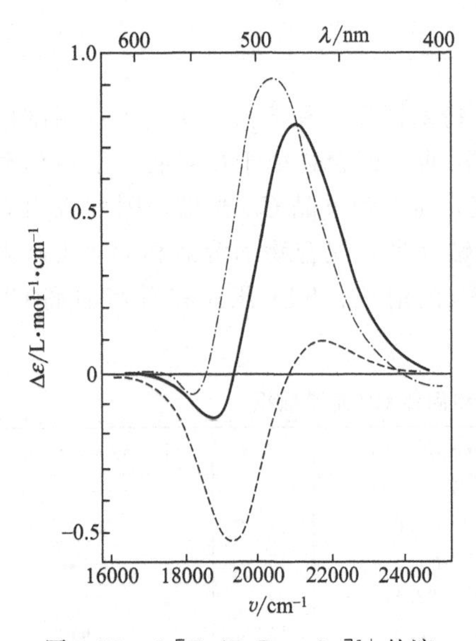

图 6-72 Δ-[Co(R,R-ptn)$_3$]$^{3+}$ 的溶液（---）、KBr 压片（—）和石蜡油糊（-·-·-·-）CD 光谱

偏离不大，故该配合物的光学活性可能主要来源于螯环上非配位的可移动的原子排布（参阅 6.4.2）。因此，与具有严重偏离正八面体构型的具有 CoN_6 发色团和五元螯环的配合物（例如 Δ-[Co(en)$_3$]$^{3+}$）相比，Δ-[Co(R,R-ptn)$_3$]$^{3+}$ 的溶液和固体 CD 光谱信号要弱得多，而且更容易被抗衡离子所影响。这类柔性配离子在溶液中的构象很可能不同于其晶体中的构象，而后者是可以被单晶 X 射线衍射所确定的。一般而言，配阳离子在溶液中将受到溶剂分子或抗衡阴离子的影响，而在结晶状态中，除了要考虑结晶的溶剂分子之外，溶剂的影响可以忽略，但是晶格中的抗衡离子以及相邻分子所施加电场的影响则必须要考虑。晶体结构分析不仅可以揭示配离子的构象，而且可以确定晶格中抗衡离子、溶剂分子的位置以及发现分子间的配体-配体强相互作用。因此，当研究含柔性配体的手性配合物时，最好同时观察其固体（包括单晶和粉末样品）和溶液 CD 光谱以及不同抗衡离子对各种形态 CD 光谱的影响，并结合理论计算以获得足够、全面且准确的手性结构信息。

参 考 文 献

[1] 陈立人编著．液相色谱手性分离．北京：科学出版社，2006.

[2] 尤田耙，林国强编著．不对称合成．北京：科学出版社，2006.

[3] [美] 伊莱尔 E L，威伦 S H，多伊尔 M P 著．基础有机立体化学．邓并主译．北京：科学出版社，2005.

[4] 叶秀林编著．立体化学．北京：北京大学出版社，1999.

[5] 尤启东，林国强主编．手性药物——研究与应用．北京：化学工业出版社，2004：3-237.

[6] 苏镜娱，曾陇梅编著．有机立体化学．广州：中山大学出版社，1999.

[7] 章慧，王宪营，陈雷奇，方雪明，高景星，徐志固．溴化顺式-溴·氨·二（乙二胺）合钴（Ⅲ）绝对不对称合成与拆分机理．物理化学学报，2006，22（5）：609-616.

[8] Lennartson A，Vestergren M，Håkansson M. Resolution of Seven-Coordinate Complexes. Chem Eur J，2005，(11)：1757-1762.

[9] 陈小明，蔡继文编著．单晶结构分析原理与实践．北京：科学出版社，2004.

[10] Berova N，Nakanishi K，Woody R E. Circular Dichroism. 2nd Ed. New York：John Wiley & Sons Inc，2000.

[11] 王尊本主编．综合化学实验：实验 26、33、52. 北京：科学出版社，2003：114，151，357.

[12] 金斗满，朱文祥编著．配位化学研究方法：第七章．北京：科学出版社，1996.

[13] 徐志固编著．现代配位化学：第一章．北京：化学工业出版社，1987.

[14] 游效曾编著．配位化合物的结构与性质．北京：科学出版社，1992：185-206.

[15] 方雪明，章慧，陈雷奇，王宪营，吴振奕，董振荣．综合化学新实验——手性 Co(Ⅲ）络合物的不对称自催化合成和表征．大学化学，2006，21（2）：48-53.

[16] 李丽．手性席夫碱金属配合物的合成、表征及其固体 CD 光谱研究：[硕士学位论文]. 厦门：厦门大学化学系，2005.

[17] 章慧，李丽，陈贵，王芳，方雪明，陈坚固．综合化学新实验——手性席夫碱 Ni(Ⅱ）络合物的合成与表征．大学化学，2005，20（2）：39-43.

［18］ Wang Fang，Zhang Hui，Li Li，Hao Hongqing，Wang Xianying，Chen Jiangu. Synthesis and characterization of chiral nickel(Ⅱ)Schiff base complexes and their CD spectra-absolute configuration correlations. Tetrahedron：Asymmetry，2006，17（14）：2059-2063.

［19］ Legran M，Rougier M J 著．旋光谱和圆二色光谱．陈荣峰，胡靖，田瑄等译．开封：河南大学出版社，1990.

［20］ Mason S F. Molecular optical activity and chiral discriminations：Chapter 1-2. Cambridge：Cambridge University Press，1982.

［21］ Ziegler M，von Zelewsky A. Charge-transfer excited state properties of chiral transition metal coordination compounds studied by chiroptical spectroscopy. Coord Chem Rev，1998，177（1）：257-300.

［22］ Gillard R D，Mitchell P R. Structure and Bonding，1970，7：46-86.

［23］ 童林荟，申宝剑著．超分子化学研究中的物理方法．北京：科学出版社，2004.

［24］ Cotton A. Compt Rend Paris，1895，120：989，1044.

［25］ Cotton A. Ann Chim Phys，1896，8：347.

［26］ 常建华，董绮功编著．波谱原理及解析：第八章．北京：科学出版社，2005.

［27］ 赵藻藩，周性尧，张悟铭，赵文宽编．仪器分析：第十章．北京：高等教育出版社，2001.

［28］ 朱良漪主编．分析仪器手册．北京：化学工业出版社，1997.

［29］ ［日］泉 美治，小川雅彌，加藤俊二，塩川二朗，芝哲夫主编．仪器分析导论：第二册：第八章．第 2 版．李春鸿，刘振海译．北京：化学工业出版社，2005.

［30］ 童林荟著．环糊精化学——基础与应用．北京：科学出版社，2001.

［31］ ［英］布伦 G J，格林斯莱德 D J 主编．分子结构习题．吴征铠等译校．上海：复旦大学出版社，1992：361-392.

［32］ Cotton F A，Wilkinson G. Advanced Inorganic Chemistry. 5th Ed. New York：Wiley，1988：638-644.

［33］ Miessler G L，Tarr D A. Inorganic Chemistry：Chapter 9. 3rd Ed. New Jersey：Prentice-Hall Inc，2004.

［34］ Bijvoet J M，Peerdeman A F，van Bommel A J. Determination of the absolute configuration of optical active compounds by means of X-rays. Nature，1951，168：271-272.

［35］ Saito Y，Nakatsu K，Shiro M，Kuroya H. Determination of the absolute configuration of optical active complex ion $[Co(en)_3]^{3+}$ by means of X-rays. Acta Cryst，1955，8（Part 11）：729.

［36］ Hick J M. Chirality：Physical Chemistry. Cambridge：Cambridge University Press，2002.

［37］ 严爕诗．圆偏振发光光谱及其应用（上）．化学通报，1984，47（6）：29-33.

［38］ 严爕诗．圆偏振发光光谱及其应用（下）．化学通报，1984，47（7）：29-35.

［39］ Brittain H. Exited-State Optical Activity，1987-1995. Chirality，1996，8（5）：357-363.

［40］ 孙业英主编．光学显微分析．第 2 版．北京：清华大学出版社，2003：105-107.

［41］ 陈熙谋编著．光学·近代物理．北京：北京大学出版社，2002：102-107.

［42］ 钟锡华编著．现代光学基础．北京：北京大学出版社，2003：98-100，413-424.

［43］ 姚启钧原著．华东师大《光学》教材编写组改编．光学教程．第 2 版．北京：高等教育出版社，2000：336-339.

［44］ Hecht E 原著．Optics. 4th ed. 张存林改编．北京：高等教育出版社，2005：540-544.

［45］ 彭万华，杨小平，谭凤姣．立体化学教学中易混淆的一些概念．化学通报，1998，61（8），56-59.

［46］ 尹玉英，刘春蕴编著．有机化合物分子旋光性的螺旋理论．北京：化学工业出版社，2000.

［47］ Garbett K，Gillard R D. Optically active co-ordination compounds：Part Ⅰ. The optical configurations of bisethylenediamine complexes of cobalt(Ⅲ). J Chem Soc，1965，(11)：6084-6100.

［48］ Douglas B E，Haines R A，Brushmiller J G. Circular dichroism of coordination compounds：Ⅰ. Splitting patterns for potassium ethylenediaminetetraacetatocobaltate(Ⅲ) and model compounds. Inorg Chem，1963，2（6）：1194-1198.

［49］ Yoshikawa Y，Kondo A，Yamasaki K. Chromatographic resolution of unsymmetrical-*cis*-iminodiacetato (diethylenetriamine) cobalt(Ⅲ)ion and its absolute configuration. Inorg Nucl Chem Lett, 1976, 12 (4): 351-355.

[50] 章慧，周朝晖，徐志固．用凝胶色谱分离改进某些 Co(Ⅲ) 络合物的合成与拆分．厦门大学学报：自然科学版，1995；34 (5)：764

[51] Ama T, Higa M, Koine N, et al. Metal Complexes of Amino Acids: X. 1) The preparation and characterization of cobalt(Ⅲ)complexes of the type [Co(N)$_2$(O)$_4$]containing β-alanine. Bull Chem Soc Jpn, 1977, 50 (10): 2632.

[52] 章慧，陈再鸿，朱亚先，刘新锦．具有相似内界的络合物及其颜色和构型．大学化学，2000，15 (2)：33-36.

[53] Legg J I, Douglas B E. A General method for relating the absolute configurations of octahedral chelate complexes. J Am Chem Soc, 1966, 88 (12): 2697-2699.

[54] von Zelewsky A. Stereochemistry of coordination compounds. New York: John Wiley & Sons, 1996.

[55] Weakliem H A, Hoard J L. The structures of amminium and rubidium ethylenediaminetetraacetatocobaltate(Ⅲ). J Am Chem Soc, 1959, 81 (3): 549-555.

[56] Kostyanovsky R G, Torbeev V Y, Lyssenko K A. Spontaneous resolution of chiral cobalt(Ⅲ)complexes. Tetrahedron: Asymmetry, 2001, 12 (19): 2721-2726.

[57] Busch D H, Cooke D W. Absolute configuration and ring conformation of the optically active complexes of cobalt(Ⅲ) with propylenediaminetetraacetate and ethylenediaminetetraacetate. J Inorg Nucl Chem, 1961, 23 (1/2): 145-148.

[58] MacDermott T E, Sargeson A M. Rotatory dispersion and configuration of cobalt(Ⅲ)complexes. Aust J Chem, 1963, 16 (3): 334-351.

[59] 日本化学会编．无机化合物合成手册：第三卷．曹惠民译．北京：化学工业出版社，1988：579，582.

[60] Abdi S H R, Kureshy R I, Khan N H, Bhadbhade M M, Suresh E. Enantioselective epoxidation reaction of nonfunctionalised prochiral alkenes using optically resolved [brucine](*R*)-[Ru(PDTA-H)Cl] and [brucine](*S*)-[Ru(PDTA-H)Cl] complexes. J Mol Catal A: Chemical, 1999, 150 (1-2): 185-194.

[61] Ogino H, Takahashi M, Tanaka N. Stereochemistry of trimethylenediaminetetraacetatocobaltate(Ⅲ). Bull Chem Soc Jpn, 1970, 43 (2): 424-428.

[62] Dwyer F D, Garvan F L. The resolution of the quinquedentate cobalt(Ⅲ)complexes with ethylenediamine-tetraacetic acid. J Am Chem Soc, 1958, 80 (17): 4480-4483.

[63] 张子方，章慧，李丽，方雪明，周朝晖，高景星．关于 K[CoCl(Hedta)] 的手性构型稳定性的 CD 光谱研究．光谱学与光谱分析，2004，24 (11)：281-282.

[64] 王宪营．Co(Ⅲ) 配合物的手性对称性破缺、合成及拆分机理研究：[硕士学位论文]．厦门：厦门大学，2006.

[65] Brushmiller J G, Amma E L, Douglas B E. Rotatory dispersion studies of coordination compounds: Ⅱ. Analysis of rotatory dispersion curves. J Am Chem Soc, 1962, 84 (17): 3227-3233.

[66] Bemar J F, Pennington D E, Haim A. Stereospecific reactions of various *cis*-and *trans*-bromobis (ethylene-diamine) cobalt(Ⅲ) complexes with chlorine. Inorg Chem, 1965, 4 (12): 1832-1834.

[67] Nakagawa H, Ohba S, Asakura K, Miura T, Tanaka A, Osanai S. $(+)_{589}$-Δ-Amminebromobis (ethylenediamine-*N*,*N*′) cobalt(Ⅲ) dibromide. Acta Cryst C, 1997, 53: 216-217.

[68] Hidaka J, Yamada S, Tsuchida R. Rotatory dispersion of metallic co-ordination compounds: Ⅰ. rotatory dispersion in the first and second absorption bands of cobaltic compounds. Bull Chem Soc Jpn, 1958; 31 (8): 921-925.

[69] Harada N, Nakanishi K. A method for determining the chiralities of optically active glycols. J Am Chem

Soc，1969，91 (14)：3989-3991.

[70] Harada N，Nakanishi K. The Exciton chirality method and its application to configurational and conformational studies of natural products. Accounts Chem Res，1972，5 (8)：257-263.

[71] 于德泉．激子偶合手性法及其在有机立体化学中的应用．化学通报，1989，52 (4)：5-12.

[72] Bosnich B. The absolute configurations of bis-bidentate chelate compounds：The case of the *cis*-bis (pyridine) bis (*o*-phenanthroline)-ruthenium(Ⅱ)ion. Inorg Chem，1968，7 (1)：178-180.

[73] Telfer S G，Nobuo Tajima N，Kuroda R. CD spectra of polynuclear complexes of diimine ligands：Theoretical and experimental evidence for the importance of internuclear exciton coupling. J Am Chem Soc，2004，126 (5)：1408-1418.

[74] Mason S F，Norman B J. The correlation of empirical and non-empirical optical methods for the determination of absolute configuration. Inorg Nucl Chem Lett，1967，3 (8)：285-288.

[75] Bosnich B. The excition circular dichroism and the absolute configurations of molecules containing nanidentical chromophores. The cases of the bis (*o*-phenanthroline)-2,2-bipyridylruthenium(Ⅱ) and bis (2,2′-bipyridyl)-*o*-phenanthrolineruthenium(Ⅱ) ions. Inorg Chem，1968，7 (11)：2379-2386.

[76] McCaffery A J，Mason S F，Norman B J. Optical rotatory power of co-ordination compounds：Part Ⅻ. Spectroscopic and configurational assignment for the tris-bipyridyl and phenanthroline complexes of the di-trivalent iron-group metal ions. J Chem Soc，1969，(A)：1428-1421.

[77] Templeton D H，Zalkin A，Uelci T. Structure and absolute configuration of ferrous phenanthroline antimony *d*-tartrate hydrate. Acta Cryst，1966，21，A154 (Suppl).

[78] Fletcher N C，Keene F R，Viebrock H，von Zelewsky A. Molecular architecture of polynuclear ruthenium bipyridyl complexes with controlled metal helicity. Inorg Chem，1997，36 (6)：1113-1121.

[79] Pasini A，Gullotti M，Ugo R. Optically active complexes of schiff bases：part 4. An analysis of the circular-dichroism spectra of some complexes of different co-ordination numbers with quadridentate schiff bases of optically active diamines. J C S Dalton Trans，1977，(4)：346-351.

[80] 郝洪庆．含 N-O-S 配体及其金属配合物的合成、表征及性能研究：[硕士学位论文]. 厦门：厦门大学化学系，2006.

[81] Kureshy R I，Khan N K，Abdi S H R，Patel S T，Iyer P，Dastidar P. Chiral Ni(Ⅱ) Schiff base complex-catalysed enantioselective epoxidation of prochiral non-functionalised alkenes. J Mol Catal A：Chemical，2000，160 (2)：217-227.

[82] Szlyk E，Wojtczak A，Larsen E，Surdykowski A，Neumann J. An optically active nickel(Ⅱ) Schiff base coordination compound *N*,*N*′-(1*R*,2*R*)-(−)-1,2-cyclohexylenebis (2-hydroxyacetophenonylideneiminato) nickel(Ⅱ). Inorg Chim Acta，1999，293 (2)：239-244.

[83] Karpishin T B，Stack T D P，Raymound K N. Stereoselectivity in chiral Fe(Ⅲ) and Ga(Ⅲ) tris (catecholate) complexes effected by nonbonded，weakly polar interaction. J Am Chem Soc，1993，115 (14)：6115-6125.

[84] Downing R S，Urbach F L K. The Circular dichroism of square-planar，tetradentate Schiff base chelates of copper(Ⅱ). J Am Chem Soc，1969，91 (22)：5977-5983.

[85] Sakiyama H，Okawa H，Ogani N. CD Spectral diagnosis of absolute configuration of tetrahedral or pseudo-tetrahedral metal complexes of salicylideneiminates. Bull Chem Soc Jpn，1992，65 (2)：606-608.

[86] Frelek J. Assignment of the absolute configuration of hydroxy and amino carboxylic acids by circular dichroism of their transition metal complexes. Polish J Chem，1999，73 (1)：229-239.

[87] Clerac R，Cotton F A，Dunbar K M，Lu T B，Murillo C A，Wang X P. New linear tricobalt complex of di (2-pyridyl) amide (dpa)，$[Co_3(dpa)_4(CH_3CN)_2][PF_6]_2$. Inorg Chem，2000，39 (14)：3065-3070.

[88] Cross R J，Farrugia L C，McArthur D R，Peacock R D，Taylor D S C. Syntheses，crystal structures，and CD spectra of simple heterobimetallic transition metal binaphtholates. Inorg Chem，1999，38 (25)：5698-5702.

[89] Mason S F，Seal R H，Roberts D R. Optical activity in the biaryl series. Tetrahedron，1974，30 (12)：1671-1682.

[90] Hanazaki I，Akimoto H. Optical rotatory power of 2,2′-dihydroxy-1,1′-binaphthyl and related compounds. J Am Chem Soc，1972，94 (12)：4102-4106.

[91] 章慧．络合物的颜色及其深浅不同的由来．大学化学，1992，7 (5)：19-23.

[92] Kuroda R，Saito Y. Solid-state circular dichroism spectra of tris (diamine) cobalt(Ⅲ) complexes：decomposition into *E* and A_2 components. Bull Chem Soc Jpn，1976，49 (2)：433-436.

[93] Jensen H P，Galsbøl F. Crystal circular dichroism spectra of the tris (diamine) cobalt (Ⅲ) chromophore：Direct measurement of transitions to both *E* and A_2 excited levels. Inorg Chem，1977，16 (6)：1294-1297.

[94] 章慧，陈渊川，王芳，邱晓明，李丽，陈坚固．固体CD光谱研究及其应用于手性席夫碱M(Ⅱ)配合物．物理化学学报，2006，22 (6)：666-671.

[95] Nagasato S，Katsuki I，Motoda Y，Sunatsuki Y，Matsumoto N，Kojima M. Correlation among crystal shape，absolute configuration，and circular dichroism spectrum of enantiomorphs of tris[2-(((2-phenylimidazol-4-yl)methylidene) amino) ethyl]-aminemetal (Ⅱ) nitrate-methanol (1/1). Inorg Chem，2001，40 (11)：2534-2540.

[96] Azumaya I，Okamoto I，Nakayama S，Tanatani A，Yamaguchi K，Shudo K，Kagechika H. A chiral *N*-methylbenzamide：Spontaneous generation of optical activity. Tetrahedron，1999，55 (37)：11237-11246.

[97] McCaffery A J，Mason S F. The electronic spectra，optical rotatory power and absolute configuration of metal complexes The dextro-tris (ethylenediamine) cobalt (Ⅲ) ion. Mol Phys，1963，6 (4)：359-371.

[98] Gillard R D，Shepherd D J，Tarr D A. Opticallt active co-ordination compounds：part XXXVⅢ. Circular dichroism of labile trioxalatometallate(Ⅲ) complexes. J C S Dalton，1976，(7)：594-599.

[99] Taniguchi Y，Shimura Y. Solid-state circular dichroism spectra of Co(Ⅲ) complexes measured by a nujol method. Chem Lett，1979，(9)：1091-1094.

[100] Spitz C，Dähne S，Ouart A，Abraham H W. Proof of chirality of J-aggregates spontaneously and enantioselectively generated from achiral dyes. J Phys Chem B，2000，104 (36)：8664-8669.

[101] 赵雅青，董炎明，毛微，毕丹霞，杨柳林，章慧，方雪明．甲壳素类液晶高分子的研究Ⅸ：用CD谱研究*N*-邻苯二甲酰化壳聚糖溶致胆甾相的形成临界浓度．高分子学报，2005，(10)：731-735.

[102] Rodger A，Rordén B. Circular Dichroism and Linear Dichroism：Chapter 1，3 and 4. New York：Oxford University Press，1997.

[103] Castiglioni E，Biscarini P，Abbate S. Experimental Aspects of Solid State Circular Dichroism，Chirality，2009，21 (1E)：E28-E36.

[104] 王尊本主编．综合化学实验．第2版．北京：科学出版社，2007：335-352.

习题和思考题

1. 在比旋光度测定时，为了得到更准确的实验结果，通常要在比旋光度具有较大绝对值的某一波长下测定，请说明理由。

2. 有一种手性配合物的旋光数据如下：$[\alpha]_{365}=-4516°$(20℃，0.62mg in 50mL CH_3CN)。请用文字表述这一实验数据的意义。

3. 试说明ORD、CD和Cotton效应。如何应用Cotton效应来间接确定（关联）配合物的绝对构型？

4. 为什么在采用 CD 光谱对三（双齿配体）螯合物进行绝对构型关联时，除了对其和标准物具有相似的内界（立体结构、配位环境和中心金属电子结构）作出严格规定外，还要求配位螯环的元数相同？

5. 请比较正常 ORD 曲线和反常 ORD 曲线的异同处。

6. 已知 $(+)_{589}$-$[Co(C_2O_4)_2(en)]^-$ 的 $[\alpha]_D=+500°$；而其 $[\alpha]_{546}=-1400°$，试判断以下描述正确与否？若不正确，应怎样描述？

(1) $(+)_D$-$[Co(C_2O_4)_2(en)]^-$ 的比旋光度为负值；

(2) $(+)_D$-$[Co(C_2O_4)_2(en)]^-$ 的比旋光度为正值；

(3) $(+)_D$-$[Co(C_2O_4)_2(en)]^-$ 的绝对构型为右手螺旋；

(4) $(+)_D$-$[Co(C_2O_4)_2(en)]^-$ 的绝对构型为左手螺旋。

7. 通过查找文献和设计实验，试论证在发生取代反应时 Δ-或 Λ-K[Co(edta)] 的金属中心手性构型是如何保持的？并讨论类似反应中有关配合物的金属中心手性构型保持的实际意义。

8. 可以根据 Δ-K[Co(edta)] 和 Δ-K[CoCl(Hedta)] 的 CD 光谱做出其绝对构型关联吗？为什么？

9. 请画出 $[Co(NO_2)_2(en)_2]^+$ 所有可能存在的几何异构体和光学异构体，并预测各光学异构体相对应的 CD 光谱曲线长波处第一个吸收峰的符号（正或负）。

10. 试用 ORD 曲线（图 6-16 或图 6-20）分析某个波长下的旋光方向右旋（+）和左旋（−）不能与手性配合物的绝对构型 Δ 和 Λ 相关联的原因。

11. 请图示说明 $[CoCl_2(en)_2]^+$ 可能存在的几何和光学异构体。$[CoCl_2(en)_2]^+$ 的两种几何异构体的吸收光谱如图所示，试指出（a）和（b）的归属，并推测（a）和（b）所属几何异构体的颜色，谱图中哪些吸收峰与你所推测的颜色对应？如果上述指认是正确的，通过与 $[Co(en)_3]^{3+}$ 的吸收光谱（c）和 CD 光谱（d）比较，推测其中一种具有光学活性几何异构体 $[CoCl_2(en)_2]^+$ 的 Λ 对映体的 CD 光谱（请图示说明）。

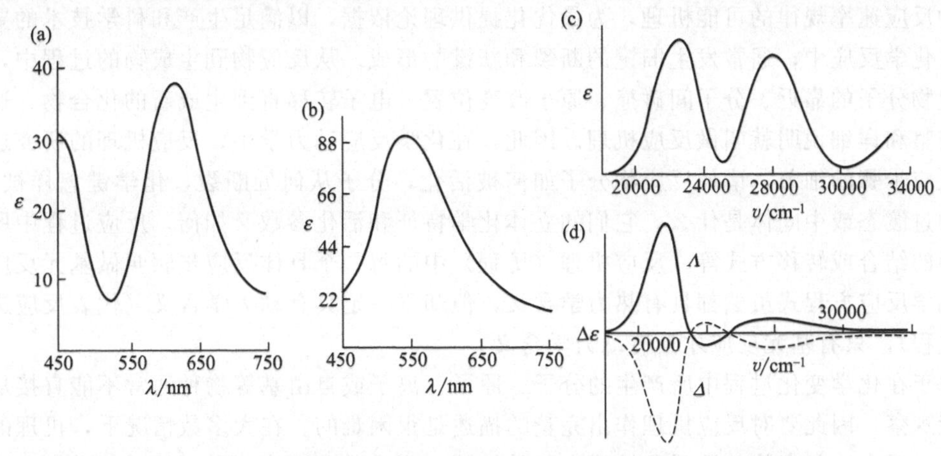

12. 何谓激子手性方法？如何用激子手性方法指定配合物的绝对构型，请举例说明。

13. 激子手性方法对生色团有什么特殊要求？配合物中的哪些生色团可用于激子手性分析？

14. 在图 6-47 所示的双核配合物中，若两个金属中心具有相同的手性，则双核配合物 CD 光谱所呈现的激子裂分样式与类似单核物种的激子裂分样式就一定相同吗？为什么？

参考文献：Telfer S G，Nobuo Tajima N，Kuroda R. CD Spectra of Polynuclear Complexes of Diimine Ligands：Theoretical and Experimental Evidence for the Importance of Internuclear Exciton Coupling. J Am Chem Soc，2004，126 (5)：1408-1418。

15. 分别评价 d-d 跃迁关联法和激子手性方法对配合物绝对构型指认的优缺点。

16. 目前对固体 CD 光谱测试主要有哪些方法？哪些晶系不适合进行单晶 CD 光谱测试？

17. 为什么对一个手性化合物最好同时做固体和溶液 CD 光谱的测试比较？若一个手性化合物的固体和溶液 CD 光谱不同，可能存在什么问题？

18. 测定固体 CD 光谱有什么特殊意义？在哪些情况下必须或只能采用固体 CD 光谱测试方法？

第7章　配合物反应的动力学与机理研究

7.1　基本原理

7.1.1　反应机理和研究目的

研究任何一个化学反应需要注意两个重要的方面，首先是化学反应的可能性、方向及限度；另一方面是反应所经历过程的细节，发生这个过程所需的时间以及影响这个过程的条件，也就是需要研究化学反应速率的规律。前者属于化学热力学的范畴，后者则属于化学动力学的范畴。化学热力学只是从静态的角度（相对静止的观点）来研究反应，讨论体系的平衡态仅涉及其始终态，因而不考虑时间因素和过程细节，而化学动力学则是从动态的角度（绝对运动的观点）来研究化学反应，考察反应过程涉及的速率和机理。因此从动态角度由宏观唯象到微观分子水平探索化学反应的全过程是化学反应动力学这门学科所要讨论的主要课题，其主要任务是研究化学反应过程的速率、化学反应过程中诸内因（结构、性质等）和外因（浓度、温度、催化剂、辐射等）对反应速率（包括方向变化）的影响以及探讨能够解释这种反应速率规律的可能机理，为最优化提供理论依据，以满足生产和科学技术的要求。

在化学反应中，通常发生旧键的断裂和新键的形成。从反应物到生成物的过程中，要发生反应物分子的靠近、分子间碰撞、原子改变位置、电子转移直到生成新的化合物，这种历程的完整和详细说明就叫做反应机理。因此，在化学反应动力学中，反应机理的研究还包括每一反应步骤的细节，诸如反应物分子如何被活化，分子从何处断裂，化学键怎样被打开，可能的过渡态或中间体是什么，它们的立体化学特征和活化参数又如何，反应过程中所产生新物种的结合或转移方式等。反应机理（历程）中的每一个具体反应步骤叫做基元反应。一般的化学反应方程式虽然都具有热力学含义，但却不一定具有动力学含义（代表反应进行的真实过程），只有基元反应才具有动力学含义。

由于在化学变化过程中所产生的分子、原子、离子或自由基等物种通常不能直接从实验上进行观察，因此要对反应机理作出完整的描述是很困难的。在大多数情况下，机理的研究是基于对反应物和产物的性质和结构方面的知识，由实验得到的反应速率方程的实验数据，甚至参考热力学平衡数据进行合理的推测。通过反应机理的研究可使我们了解在反应的一步或多步过程中这些物种是怎样结合在一起及其随后的变化和最终结果，了解反应中断了哪些旧键，形成了哪些新键，以及它们的先后次序，从而得到一个反应的定性概念。因此，反应机理的研究在说明新化学反应的变化过程、预测化合物的反应性和立体化学、指导新化合物的合成方面有着重要的理论和实际意义。

反应机理是在广泛的实验基础上概括出的化学反应微观变化时所服从的客观规律性，它不是一成不变的。一个合理提出的反应机理应能回答下列两个问题：首先，它是否与被研究体系中所有已知的实验事实相一致？其次，能否用此机理来预测该体系中尚未进行研究的一些性质，例如，反应产物的立体化学特征？随着新事实被发现或当新概念在新科学领域得到发展时，曾经提出的似乎合理的反应机理可能出现新的问题或不能自圆其说的漏洞，原来的反应机理就必须根据新实验事实和科学依据加以合理地修正甚至被完全推翻。在7.1.3中我们将概要介绍如何用前线轨道对称性规则来检验反应机理，而在 7.3 中我们将讨论在配合物的电子转移反应机理研究中应用轨道对称性规则。

自 1920 年到 1950 年，有机化学获得空前迅猛的发展，主要得益于许多有机反应机理被阐明。有机反应机理研究发展的契机在于当时被合成出来并被结构表征的种类繁多的有机化合物成为其主要研究对象，它们的反应中心（碳）都是相同的，具有稳定的氧化态，而且大多数有机反应相对较慢，产物受动力学控制，可以采用经典的取样方法对其分析，从中获得机理信息。

与之形成鲜明对照的是，大多数无机（包括配合物）反应机理的知识都是在 1950 年以后取得的。因为相对于有机化学，早期无机反应机理的研究面临诸多困难，首先遇到的是研究对象的问题，周期表中绝大多数为无机元素，如何取舍？接下来的问题是：许多无机元素可以具有不同的氧化态，每个氧化态对应着相当宽泛的配位数，而在每个配位数下又可能对应着不止一种的几何构型，很难用一个简单的体系将所有无机反应都包括进去。这些都给强调简化所设计体系的反应机理研究带来了棘手的复杂性。因此在各种现代仪器分析方法和快速反应测试技术的发展之前，只能要求所研究的无机反应速率必须足够慢，被研究化合物的氧化态和配位数相对确定，以便于用传统的常规方法进行产物分析，故在反应机理的早期研究中，取代惰性的经典 Co(Ⅲ)、Cr(Ⅲ)和 Pt(Ⅳ)八面体配合物，以及平面四方形 Pt(Ⅱ)配合物成为首选的研究对象（见图 7-1）。一直到 1950 年之后，这种状况才有了改观，从而大大加速了无机反应的机理研究和拓展了无机反应机理的研究疆界。

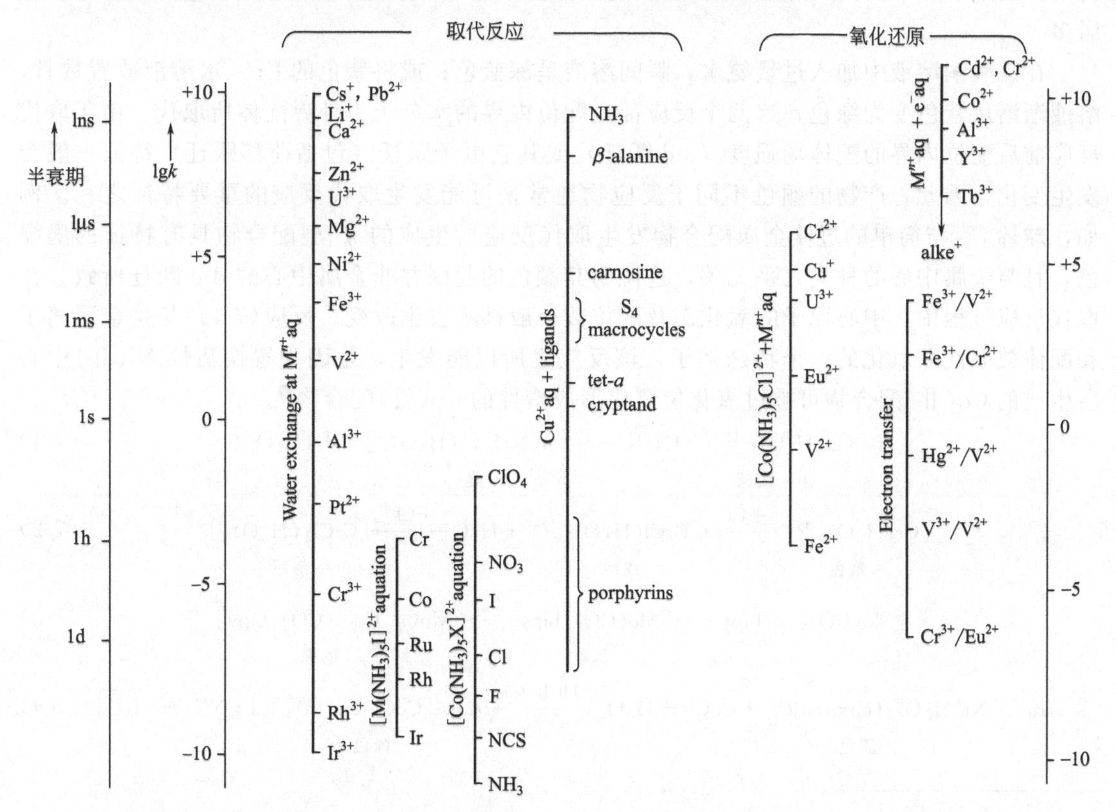

图 7-1　不同类型无机反应的速率常数范围（半衰期标度适用于一级反应，即水交换和水合反应）

迄今，有关无机反应机理的知识已经涵盖周期表的所有领域，遍及宽泛的反应类型、几何构型和共配体，包括了从经典配合物到金属有机化合物和生物无机化学的相关研究。无机反应机理是一个活跃的研究领域，对于无机化学学科的发展曾经发挥着重要的作用。现代的无机反应机理研究已经深入到生物、材料等交叉和边缘学科中，但仍以这些早期研究所确立的经典反应机理为基础，因此本章主要对过渡金属配合物的反应机理和所涉及的一些基本概念作出介绍。

7.1.2 配合物的反应类型

金属配合物的反应类型很多，归结起来可大致分为如图 7-2 所示的五类反应。涉及金属有机化合物的各种特征反应可参考相关教科书❶。

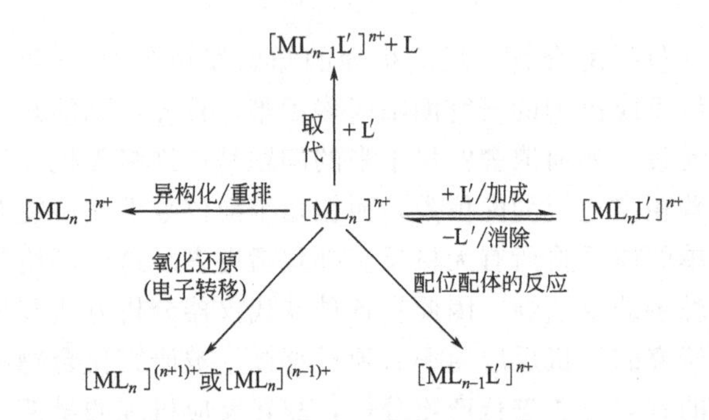

图 7-2 配合物的主要反应类型

本章将对其中最重要的两类反应——取代反应和电子转移反应展开讨论，详见后续各节。以下对图 7-2 中所示的各类反应举例并作简要说明。

(1) 取代反应

取代反应是迄今在配合物反应机理中研究得最为广泛的一类反应。配合物的取代反应包括两类，一类是配合物内界的配体被另一种配体取代，称为亲核取代反应，见反应(7-1)～反应(7-3)；另一类是配合物内界的中心原子被另一中心原子所取代，称为亲电取代反应［反应(7-4)］。一般以前者居多。

在硫酸铜溶液中加入过量氨水，瞬间溶液呈深蓝色；或将紫色的 Cr^{3+} 水溶液放置数日，溶液渐渐从紫色变为绿色；这两个反应都是配位内界的水分子为外界配体所取代。由于取代反应前后配位内界的配体场强度（d-d 跃迁）或其它电子跃迁（包括荷移跃迁）特征一般会发生变化，因此，产物的颜色不同于反应物通常是可能发生取代反应的重要特征之一。例如，球烯 C_{60} 与简单的过渡金属配合物发生取代反应所生成的 η^2-型配合物具有特征的墨绿色，且与金属中心的种类几乎无关，这说明其颜色的起因并非金属中心的 d-d 跃迁所致。在取代反应过程中，中心原子的氧化态及配位数一般都不发生改变。反应(7-4) 却是金属离子和配体被取代兼氧化的一个特殊例子，该反应之所以能发生，是因为置换活性 Ni(Ⅱ)中心所生成的 Co(Ⅱ)配合物可被过氧化氢氧化形成惰性的 Co(Ⅲ)配合物❷。

$$\underset{\text{浅蓝}}{[Cu(H_2O)_6]^{2+}} + 4NH_3 \longrightarrow \underset{\text{深蓝}}{[Cu(NH_3)_4(H_2O)_2]^{2+}} + 4H_2O \tag{7-1}$$

$$\underset{\text{紫色}}{[Cr(H_2O)_6]^{3+}} \xrightarrow{+Cl^-} \underset{\text{浅绿}}{[CrCl(H_2O)_5]^{2+}} + H_2O \xrightarrow{+Cl^-} \underset{\text{深绿}}{[CrCl_2(H_2O)_4]^+} \tag{7-2}$$

$$[Mo(CO)_6] + bipy \longrightarrow \underset{\text{深红}}{[Mo(CO)_4bipy]} \xrightarrow{C_{60}} \underset{\text{墨绿}}{[Mo(\eta^2\text{-}C_{60})(CO)_3bipy]} \tag{7-3}$$

$$\underset{\text{蓝色}}{trans\text{-}[Ni(H_2O)_2(chxn)_2]Cl_2} + CoCl_2 + H_2O_2 \xrightarrow{HCl(浓)} \underset{\text{绿色}}{trans\text{-}[CoCl_2(chxn)_2]Cl} + Ni^{2+} + H_2O \tag{7-4}$$

---

❶ 参考：(a) Miessler G L，Tarr D A. Inorganic Chemistry：Chapter 14. 3rd Ed. New Jersey：Prentice-Hall Inc.，2004；(b) 项斯芬，姚光庆编著. 中级无机化学：第 8 章. 北京：北京大学出版社. 2003。

❷ Gerard K J，Morgan J，Steel P J，House D A. The synthesis，hydrolysis kinetics and structures of nickel(Ⅱ)and cobalt(Ⅲ)complexes of meso and racemic 1,2-diamino cyclohexane. Inorg Chim Acta，1997，260 (1)：27-34。

（2）氧化还原反应（电子转移反应）

在有机化学中，氧化和还原（包括氢化）反应是两类最基本的、应用极其广泛的重要反应。2001年度的诺贝尔化学奖授予三位在不对称氧化和氢化方面分别作出开创性工作和重大贡献的科学家，不论在有机化学或是在无机化学[1]领域都具有里程碑式的意义。在无机化学和配位化学，甚至在生物学等领域中，氧化还原（电子转移）反应也有同等重要的地位，因此对配合物氧化还原（电子转移）反应机理的研究同样受到极大关注，与之相关的研究数度获诺贝尔化学奖即说明其重要意义（参阅7.3）。

在配合物氧化还原（电子转移）反应过程中，中心金属的氧化态发生变化但配位数一般保持不变，配合物的内界可能保持完整或发生改变，视反应机理的不同和配合物性质而定（参阅7.3）。以下给出配合物氧化还原（电子转移）反应的实例。

$$[Os(bpy)_3]^{2+} + [Mo(CN)_6]^{3-} \longrightarrow [Os(bpy)_3]^{3+} + [Mo(CN)_6]^{4-} \tag{7-5}$$

$$[Cr(H_2O)_6]^{2+} + [CoCl(NH_3)_5]^{2+} + 5H_3O^+ \longrightarrow [CrCl(H_2O)_5]^{2+} + [Co(H_2O)_6]^{2+} + 5NH_4^+ \tag{7-6}$$

（3）异构化反应

随着结构新颖的各种配合物层出不穷地被发现，与之相关的异构现象也愈来愈复杂。下面仅给出与一些经典的异构现象（参阅2.2）相关的配合物异构化反应的例子。

顺反异构化： $$cis\text{-}[CoCl_2(en)_2]^+ \rightleftharpoons trans\text{-}[CoCl_2(en)_2]^+ \tag{7-7}$$

键合异构化： $$[Co(ONO)(NH_3)_5]^{2+} \rightleftharpoons [Co(NO_2)(NH_3)_5]^{2+} \tag{7-8}$$

消旋异构化： $$\Delta\text{-}[Cr(C_2O_4)_3]^{3-} \rightleftharpoons \Lambda\text{-}[Cr(C_2O_4)_3]^{3-} \tag{7-9}$$

多元异构化： $$[NiBr_2(EtPPh_2)_2](\text{四面体}) \rightleftharpoons [NiBr_2(EtPPh_2)_2](\text{平面四方}) \tag{7-10}$$

（4）加成和消除反应

在加成和消除反应过程中，一般会发生配位数的增减或氧化态的变化，例如：

$$[Ir^{I}Cl(CO)(PPh_3)_2] + H_2 \underset{\text{还原消除}}{\overset{\text{氧化加成}}{\rightleftharpoons}} [Ir^{III}ClH_2(CO)(PPh_3)_2] \tag{7-11}$$

这类反应通常发生于第二、三过渡系d^8组态的平面四方形配合物，正反应称氧化加成（oxidative addition，简称OA），逆反应称还原消除（reductive elimination，简称RE）。在上述反应产物中，铱的氧化态由（Ⅰ）增至（Ⅲ），相应的配位数由4变为6；反应物H_2分子离解为2个氢负离子H^-，由中心金属提供各1个电子与H^-形成σ键，2个H^-可互为顺式或反式，取决于所涉及的反应机理（参阅7.1.3）。$[Ir^{I}Cl(CO)(PPh_3)_2]$被称为瓦斯卡（Vaska）型配合物，其苯溶液能吸收O_2形成1∶1双氧配合物，在低压下充氧溶液可脱氧实现还原消除：

$$[Ir^{I}Cl(CO)(PPh_3)_2] + O_2 \underset{\text{还原消除}}{\overset{\text{氧化加成}}{\rightleftharpoons}} [Ir^{III}Cl(O_2)(CO)(PPh_3)_2] \tag{7-12}$$

在产物$[Ir^{III}Cl(O_2)(CO)(PPh_3)_2]$中，配位双氧的键长［约为0.145Å］接近过氧离子O_2^{2-}（0.149Å），可称过氧型配合物，其配位键型是由中心金属提供2个d电子与O_2形成侧基配位的π配合物。配合物的^{31}P-NMR光谱表明，脱氧前后配合物中的配位P原子只处于一种化学环境中，X射线研究则指出在过氧型配合物中金属与两个氧原子等距，因此，可认为其几何构型为变形三角双锥。

氧化加成和还原消除是金属有机化学和催化中的一类重要的反应。还原消除反应通常跟随氧化加成发生在催化循环中，一般为消除一至两个配体，氧化态降低2，例如：

[1] 因为所涉及催化剂大多为手性金属配合物。

$$cis\text{-}[PtHCl_2Me(PEt_3)_2] \longrightarrow cis\text{-}[PtCl_2(PPh_3)_2] + CH_4 \quad (7\text{-}13)$$

在有些情况下，两个配合物之间发生反应，氧化加成和还原消除同时成对出现，例如：

$$[AuCl_4]^- + [Pt(CN)_4]^{2-} \longrightarrow [AuCl_2]^- + trans\text{-}[PtCl_2(CN)_4]^{2-} \quad (7\text{-}14)$$

$$trans\text{-}[PtCl_4(PEt_3)_2] + trans\text{-}[IrCl(CO)(PEt_3)_2] \longrightarrow trans\text{-}[PtCl_2(PEt_3)_2] + trans\text{-}[IrCl_3(CO)(PEt_3)_2] \quad (7\text{-}15)$$

还原消除通常为快速反应，因此研究其动力学机理比较困难，特别是在均相催化循环中，决速步骤的氧化加成一般伴随着快速的还原消除。

也有一些反应的加成和消除过程并不伴随着氧化态的改变，例如：

$$[Ag(CNR)_2]^+ + 2RCN \underset{消除}{\overset{加成}{\rightleftharpoons}} [Ag(CNR)_4]^+ \quad (7\text{-}16)$$

(5) 配位配体的反应

这类反应一般以保持金属-配体键的完整，即不断裂配位配体的金属-配体键为特征，因此反应过程中通常不会发生颜色的改变。例如：

$$\underset{橙色}{[(NH_3)_5Co\text{—}NCS]^{2+}} \xrightarrow[H_2O]{H_2O_2} \underset{橙色}{[(NH_3)_5Co\text{—}NH_3]^{3+}} \quad (7\text{-}17)$$

$$\underset{白色}{[(NH_3)_3Pt\text{—}NO_2]^+} \underset{HCl\text{-}H_2O}{\overset{Zn}{\rightleftharpoons}} \underset{白色}{[(NH_3)_3Pt\text{—}NH_3]^{2+}} \quad (7\text{-}18)$$

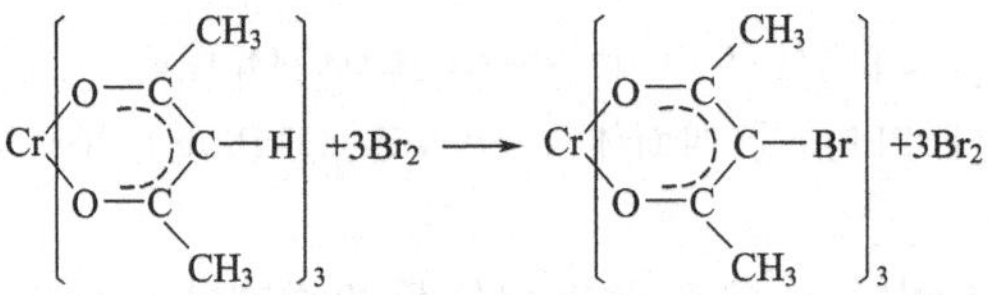

$$Cr[O_2C_2(CH_3)_2C\text{—}H]_3 + 3Br_2 \longrightarrow Cr[O_2C_2(CH_3)_2C\text{—}Br]_3 + 3Br_2 \quad (7\text{-}19)$$

此外，还可以利用这类反应对配合物进行手性衍生化修饰。例如，以甲酰基二茂铁和手性1,2-二苯基乙二胺［(1*R*,2*R*)-1,2-二苯基乙二胺］为原料，经缩合、还原和*N*-烷基化反应，可制备手性四齿双二茂铁基配体［*N*,*N'*-二（二茂铁基甲基）-*N*,*N'*-二（2-羟基丙基）-(1*R*,2*R*)-1,2-二苯基乙二胺（图7-3）。

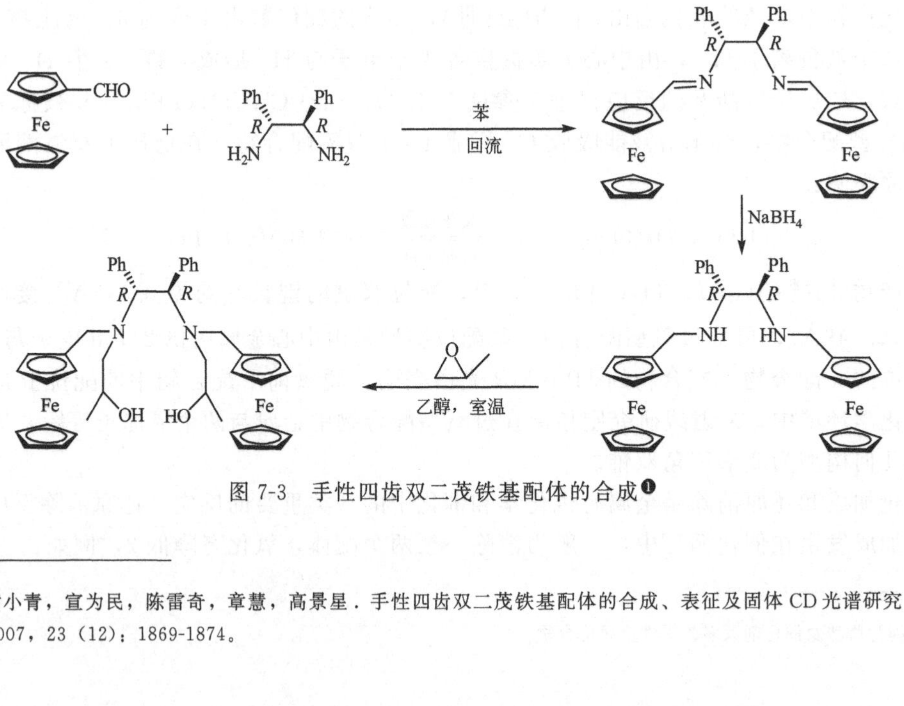

CHO Fe + Ph Ph R R H₂N NH₂ —苯，回流→ Ph Ph R R N N Fe Fe —NaBH₄→ Ph Ph R R NH HN Fe Fe —环氧丙烷，乙醇，室温→ Ph Ph R R N N Fe OH HO Fe

图7-3 手性四齿双二茂铁基配体的合成[1]

[1] 黄小青，宣为民，陈雷奇，章慧，高景星．手性四齿双二茂铁基配体的合成、表征及固体CD光谱研究．物理化学学报，2007，23(12)：1869-1874。

又如，配位于钌中心的 1,10-菲咯啉-5,6-二酮可以被还原剂还原成二胺，再经过配位配体之间的缩合反应，获得如图 7-4 所示的双核配合物。若起始原料为手性 Δ 或 Λ 配合物，则在配位配体发生反应的过程中，金属 Ru 中心的手性得以保持。

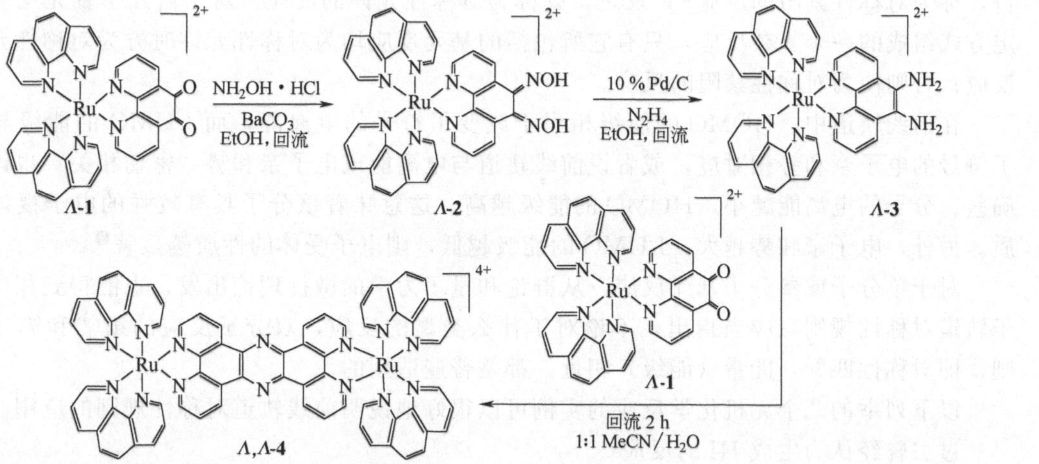

Λ-1 → ($NH_2OH \cdot HCl$, $BaCO_3$, EtOH, 回流) → Λ-2 → (10 % Pd/C, N_2H_4, EtOH, 回流) → Λ-3；Λ-3 + Λ-1 → (回流 2 h, 1:1 $MeCN/H_2O$) → Λ,Λ-4

图 7-4 双核钌配合物的合成[1]

7.1.3 前线轨道对称性规则

1981 年，日本的福井谦一和美国的罗尔德·霍夫曼（R. Hoffmann）由于各自对化学反应规律的研究作出重大贡献，即提出了分子间或分子内的轨道相互作用和对称性关系的基本概念而共同分享了当年的诺贝尔化学奖。福井谦一和霍夫曼分别创立的前线轨道理论和分子轨道对称守恒原理对于有机化学反应机理的研究具有重要指导意义，因此被称为“对化学反应过程认识上的重大突破和里程碑”。对此，R. G. Pearson 早在 1970 年就作出预言[2]：“将来，检验任一假定机理都必须观其所涉及的分子轨道对称性是否允许反应进行。”

分子中的电子按一定规则填充由低到高排列的分子轨道，已填充电子的能量最高轨道称为最高占据轨道（HOMO），能量最低的空轨道称为最低空轨道（LUMO），这些轨道统称前线轨道。福井谦一认为前线轨道在化学反应中起着极其重要的作用，反应的条件和方式主要取决于前线轨道的对称性。为了便于本章后续部分讨论问题，以下对 Pearson 提出的双分子基元反应的前线轨道对称性规则作出简要介绍。

① 在基元反应中起决定性作用的是两个反应物分子的前线轨道。当两分子接近时，电子便从一个分子的 HOMO 流入另一分子的 LUMO[3]。

② 当开始起反应的两个分子互相接近时，可以把它们的整体看作一个大的准分子，这个准分子应保有一些对称元素，即它们应属于某一点群。这就要求两个起决定性作用的前线轨道都属于该点群的同一对称性种类。换句话说，HOMO 和 LUMO 的对称性要匹配（参阅 3.5.2.3），能产生净重叠。

③ 两个分子的 HOMO 和 LUMO 的能量（能级）必须接近（约 6eV 以内）。

④ 若两个前线轨道都是成键分子轨道，在反应过程中 HOMO 对应于要破裂的旧键而

---

[1] MacDonnel F M, Bodige S. Efficient stereospecific syntheses of chiral ruthenium dimers. Inorg Chem, 1996, 35 (20): 5758-5759。

[2] Pearson R G. Molecular orbital symmetry rules. Chem Eng News, 1970, 48 (41): 66-72。

[3] 电子的转移方向从电负性判断应该合理，电子的转移要与旧键的削弱相一致，不能发生矛盾。

LUMO对应于要生成的新键；假如两者都是反键轨道，则上述对应关系正好相反，即HOMO对应于要生成的新键而LUMO对应于要破裂的旧键。

在一个设想的基元反应中，如果前线轨道不符合上述所有规则，该基元反应就很难进行，称为对称性禁阻的反应❶；反之，则称为对称性允许的反应。对于由几个基元反应依一定方式组成的一个复杂反应，只有它所包括的基元反应均为对称性允许时方为对称性允许的反应；否则便为对称性禁阻的反应。

在前线轨道中，HOMO的能级相当于改变了符号的电离能，而LUMO的能级与改变了符号的电子亲和势相对应，或者说前线轨道与电离能或电子亲和势“密切相关”也许更准确些。分子的电离能越小，HOMO的能级越高，这意味着该分子具有较强的电子授体的性质。另外，电子亲和势越大，LUMO的能级越低，则电子受体的性质越显著❷。

对于单分子或叁分子基元反应，从群论和量子力学的微扰理论出发，也能得到相应的分子轨道对称性规则。应当指出，不论对于什么类型的反应，双分子反应的第②和第③条规则，即对称性匹配，能量（能级）相近，都是普遍适用的。

以下列举的几个无机化学反应的实例可以很好地说明前线轨道对称性规则的应用。

过去曾经认为生成HI的反应

$$H_2+I_2 \longrightarrow 2HI \tag{7-20}$$

将按式(7-21)所示的双分子机理发生。

$$\begin{matrix} H-H \\ I-I \end{matrix} \longrightarrow \begin{matrix} H\cdots H \\ I\cdots\cdots I \end{matrix} \longrightarrow 2H-I \tag{7-21}$$

即在反应过程中，碘分子和氢分子发生侧面碰撞，形成一个四中心过渡态，然后离解为产物，但是Sullivan在1965年发现，实际发生的是H_2分子在低温下与两个I原子作用，或在高温下H_2与一个I原子起反应，反应并非按式(7-21)所示的机理进行。因此，真实反应的基元步骤可能为：

$$\begin{gathered} I_2 \rightleftharpoons 2I \\ I+H_2 \rightleftharpoons IH_2 \\ IH_2+I \longrightarrow 2HI \end{gathered} \tag{7-22}$$

或

$$\begin{gathered} I+H_2 \longrightarrow HI+H \\ H+I_2 \longrightarrow HI+I \end{gathered} \tag{7-23}$$

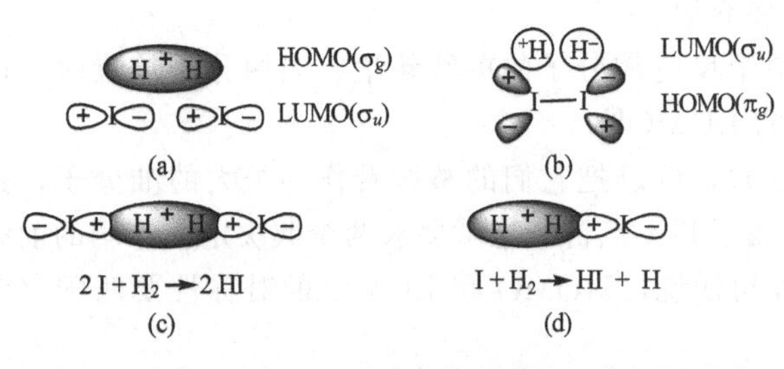

图7-5 反应(7-20)中几种前线轨道相互作用的形式
阴影表示满充轨道。电子的流向：满充轨道→空轨道

霍夫曼曾经用分子轨道对称性守恒原理中的能级相关理论解释式(7-21)的机理不能成立的原因。而采用Pearson的相关前线轨道相互作用图对于检验该反应机理更为直观明了，如图7-5所示。

在图7-5(a)中，反应物H_2的HOMO与I_2的LUMO对称性不匹配，故该反应方式是对称性禁阻的；如果我们将反应方式设想为图7-5(b)，似乎能满足对称性匹配的要求，但是电子从电负性大的

❶ 所谓对称性禁阻的反应并非绝对不能发生，而是很难进行，反应的活化能很高。

❷ 参考：[日]福井谦一著．化学反应与电子轨道．李荣森译．北京：科学出版社，1985：24-25。

I_2 的 HOMO 转移至电负性小的 H_2 的 LUMO 却是化学上不能接受的。按 Sullivan 的实验观察，H_2-I_2 反应［式(7-20)］可能按式(7-22) 或式(7-23) 进行，其决速步骤可能如图 7-5 (c) 和图 7-5(d) 所示，它们都是对称性和化学上双重允许的反应。通常，自由原子和简单自由基的反应不受对称性限制。

根据类似的讨论，下列诸反应的四中心过渡态机理都是受对称性禁阻的。

$$H_2 + F_2 \longrightarrow 2HF \tag{7-24}$$

$$H_2 + D_2 \longrightarrow 2HD \tag{7-25}$$

$$H_2 + N_2 \longrightarrow N_2H_2 \tag{7-26}$$

$$Br_2 + I_2 \longrightarrow 2IBr \tag{7-27}$$

$$N_2 + O_2 \longrightarrow 2NO \tag{7-28}$$

反应(7-28) 还可被用于说明为什么某些热力学上允许的反应进行得很慢以及微观可逆性原理。已知式(7-28) 的逆向反应

$$2NO \longrightarrow N_2 + O_2 \qquad \Delta H = -180\text{kJ} \cdot \text{mol}^{-1} \tag{7-29}$$

是一个强烈放热的热力学上能自发进行的反应，似乎它可以容易进行，但该反应进行得极为缓慢，活化能高达 $209\text{kJ} \cdot \text{mol}^{-1}$，这可能是一个受对称性影响的位垒。是否可以认为反应(7-29) 受对称性禁阻呢？让我们先来观察式(7-28) 中反应物的轨道对称性，如图 7-6 所示。

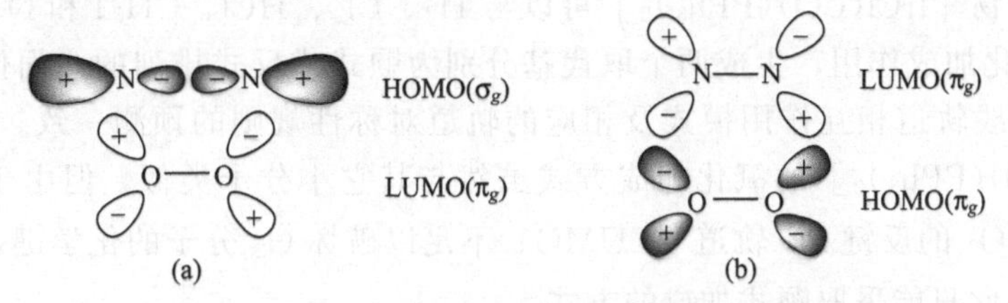

图 7-6　式(7-28) 中反应物分子的两种前线轨道相互作用形式

阴影表示满充轨道。电子的流向：满充轨道→空轨道

已知 O_2 分子的基态价层电子组态为：

$$(\sigma_{2s})^2(\sigma_{2s}^*)^2(\sigma_{2p_z})^2(\pi_{2p_x})^2(\pi_{2p_y})^2(\pi_{2p_x}^*)^1(\pi_{2p_y}^*)^1$$

考虑 s-p 混杂后[1]，N_2 分子的基态价层电子组态为：

$$(1\sigma_g)^2(1\sigma_u)^2(1\pi_u)^4(2\sigma_g)^2$$

因此，O_2 分子的反键 π_g^* 轨道是半充满的，它可以同时作为电子受授体。从图 7-6(a) 可以看出，当能级彼此接近的 N_2 的 $2\sigma_g$ 轨道（HOMO）与 O_2 的 π_g^* 轨道（LUMO）相互作用时，由于对称性不匹配，该反应方式是对称性禁阻的；而图 7-6(b) 所示的另一种作用方式，N_2 的 π_g^* 轨道（LUMO）和 O_2 的 π_g^* 轨道（HOMO）虽然对称性匹配，但欲使反应进行，电子必须从电负性较高的 O_2 转移至电负性较低的 N_2，而且一旦从 O_2 的 π_g^* 反键轨道上移去电子，势必增强 O_2 分子原有的化学键，这显然与实验事实不符，因此这种电子流向是化学上不允许的。既然图 7-6 所示的两种前线轨道作用方式都不允许，式(7-28) 可称为对称性禁阻的反应。

图 7-7 所示的反应位能图描述了反应(7-28) 及其逆反应(7-29) 之间的关系，正反应很难进行，活化能高达 $389\text{kJ} \cdot \text{mol}^{-1}$；根据微观可逆性原理，其逆反应亦难进行，活化能也很高（$209\text{kJ} \cdot \text{mol}^{-1}$）。这说明 N_2 和 O_2 很难化合成 NO，而 NO 一旦形成后又不易分解。

---

[1] 周公度，段连运编著．结构化学基础．第 2 版．北京：北京大学出版社，1995：125-129。

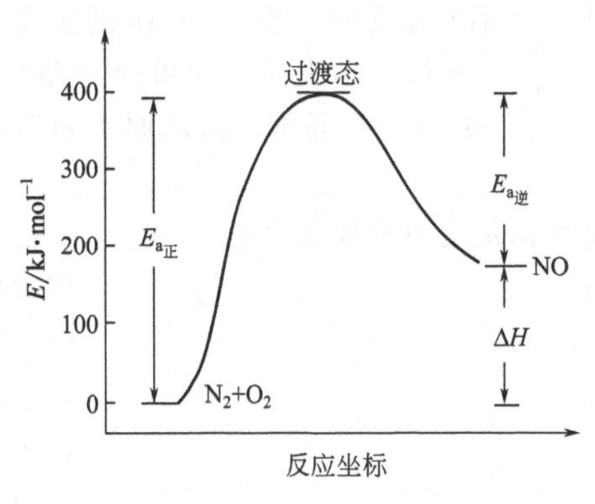

图 7-7 $N_2+O_2 \longrightarrow 2NO$ 的反应位能图

因此，研制合适的催化剂分解汽车尾气中的 NO 是防治空气和环境污染的重要研究课题之一。

除了对以上简单双原子分子的双分子反应机理作出解释外，前线轨道对称性规则也可用于解释配合物的反应机理。例如，对一个 d 轨道满充或接近满充的八面体配合物而言，其 LUMO 可能为 e_g^*、a_{1g}^*或t_{1u}^*轨道（参见图 4-20 和图 4-23），由于这些轨道的取向和六个配体占据八面体六个顶角的位阻作用，亲核试剂很难接近这些轨道；当“裸露”的 t_{2g} 非键轨道全空或部分被占据成为 LUMO，且配体的位阻作用较小时，则有可能发生按缔合（A）机理进行的取代反应（参阅 7.2.1.1）。因此，第一过渡系金属八面体配合物的取代反应大多为离解（D）机理，很少按 A 机理发生。

在上述八面体配合物的亲核取代反应中，其金属中心是路易斯酸，可提供 LUMO 与被取代配体的 HOMO 发生作用。而在另一些反应中，具有低价态的“软”中心金属可作为亲核剂或路易斯碱，起授体的作用。例如，在式(7-10) 和式(7-11) 所示的反应中，平面四方形的瓦斯卡配合物 [$IrCl(CO)(PPh_3)_2$] 可以与 H_2、Cl_2、HCl、CH_3I 和 O_2 等小分子（X_2 或 XY）发生氧化加成作用，生成两个取代基分别为顺式或反式排列的八面体配合物，这与图 7-8 所示其前线轨道相互作用模式及相应的轨道对称性规则的预测一致。值得指出的是，O_2 对 [$IrCl(CO)(PPh_3)_2$] 的氧化加成方式虽然与其它小分子类似，但由于电子从金属铱的 HOMO 流向 O_2 的反键 π_g^* 轨道（LUMO）不足以破坏 O_2 分子的化学键，而只能形成过氧物种 O_2^{2-}，因此只能采取顺式加成的方式。

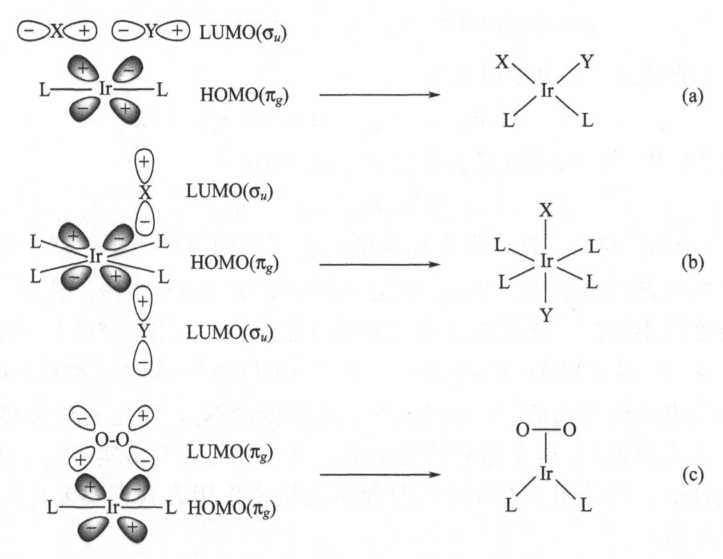

图 7-8 平面四方形 Ir(Ⅰ) 配合物的氧化加成反应中对称性匹配的两种前线轨道相互作用形式

(a) 顺式加成；(b) 反式加成；(c) 双氧的加成；

(a) 与 (c) 中另两个配体 L 分别在纸面上下；阴影表示满充轨道

由图 4-27 和表 4-22 可知，对 d^8 组态的平面四方形配合物，其 e_g MO(d_{xz}，d_{yz}) 为满充的弱反键轨道，在氧化加成反应中可充当 HOMO，它们与作为亲电试剂的同核或异核双原子分子或卤代烷的 LUMO(σ_u) 轨道对称性匹配，随反应条件的不同可以生成顺式或反式产物[1]。

7.1.4 活性（labile）配合物和惰性（inert）配合物

由图 7-1 列出不同类型无机反应的速率常数范围可知，配合物进行取代反应的速率往往差别很大，一些快反应在瞬间即可完成，其半衰期甚至快达 1ns，而一些慢反应在数天甚至数月内变化还不明显。通常用配合物中一个或多个配体被其它配体取代的反应速率来衡量配合物的动力学活性，凡能迅速进行配体取代反应的配合物称为活性（labile）配合物；反之则称为惰性（inert 或 robust）配合物。因此活性和惰性可用于表示配合物取代反应进行的难易程度，也就是表示取代反应速率的快慢。然而活性和惰性配合物之间并不存在严格的界限。为此，H. Taube 建议：如果把某配合物和取代剂按浓度各 0.1mol·L^{-1}混合，在 25℃下反应，如果取代反应在约 1min 之内可以完成，这样的配合物称为活性配合物，反之则称为惰性配合物。惰性配合物是表示它们的取代反应进行得很慢（甚至可以小时、日或周、月计），用常规的实验方法就可以测量出其反应速率。

7.1.5 活性、惰性与稳定、不稳定

配合物的活性和惰性是与取代反应速率有关的动力学概念，不能与配合物的稳定性或不稳定性的概念混淆，因为稳定或不稳定乃是在平衡条件下某物质在热力学上是否能稳定存在的概念。虽然有时稳定的配合物可能在取代反应中表现出惰性，不稳定的配合物可能表现出活性，但这种对应可能仅仅是一种巧合而已，因为两者之间并没有必然的联系。由一些典型实例可理解这两个概念的意义。

$$[Co(NH_3)_6]^{3+} + 6H_3O^+ \rightleftharpoons [Co(H_2O)_6]^{3+} + 6NH_4^+ \qquad K \text{ 约 } 10^{30} \tag{7-30}$$

式(7-30) 的平衡常数表明，在酸性介质中达到平衡时，反应向正方向进行的趋势很大。但实际上在室温下 $[Co(NH_3)_6]^{3+}$ 甚至可以在 6mol·L^{-1}的盐酸中保存数天而没有显著的水解作用，说明其反应速率相当慢。换句话说，从反应速率（动力学性质）来看，$[Co(NH_3)_6]^{3+}$ 是惰性的；但在酸性溶液中，随着反应时间的增加，它可发生几乎完全的水解反应，在热力学上是非常不稳定的。

$$[Ni(CN)_4]^{2-} \rightleftharpoons Ni^{2+} + 4CN^- \qquad K \text{ 约 } 10^{-22} \tag{7-31}$$

相反，离解反应(7-31) 的 K 值表明 $[Ni(CN)_4]^{2-}$ 的稳定性极高，但是这个配离子内界中的 CN^- 同溶液中外加的同位素标记 $^*CN^-$ 的交换速率却非常之快，不能用常规的实验技术测量出来。

$$[Ni(CN)_4]^{2-} + 4\,^*CN^- \rightleftharpoons [Ni(^*CN)_4]^{2-} + 4CN^- \tag{7-32}$$

因此，我们说 $[Ni(CN)_4]^{2-}$ 是（热力学上）稳定的，但却是（动力学上）活性的。

另一个典型的例子是，与 $[Fe(CN)_6]^{4-}$ (K 约 10^{37}) 相比，$[Fe(CN)_6]^{3-}$ (K 约 10^{44}) 具有极高的热力学稳定性，但是它与 $[Fe(CN)_6]^{4-}$ 相反，具有很强的毒性，这是由于 $[Fe(CN)_6]^{3-}$ 是活性的，在水溶液中易发生取代反应。因此，已知存在种种被取代的离子 $[Fe^{III}(CN)_5X]^{2-}$ ($X = H_2O$、NO_2^- 等)，其中最为熟知的是 $[Fe(CN)_5NO]^{2-}$，它的俗名为硝基普鲁士离子。又例如，在中性溶液中 $[Fe(CN)_6]^{3-}$ 可微弱地水解：

$$[Fe(CN)_6]^{3-} + 3H_2O \longrightarrow Fe(OH)_3\downarrow + 3CN^- + 3HCN \tag{7-33}$$

---

[1] 项斯芬，姚光庆编著．中级无机化学．北京：北京大学出版社，2003：214-215。

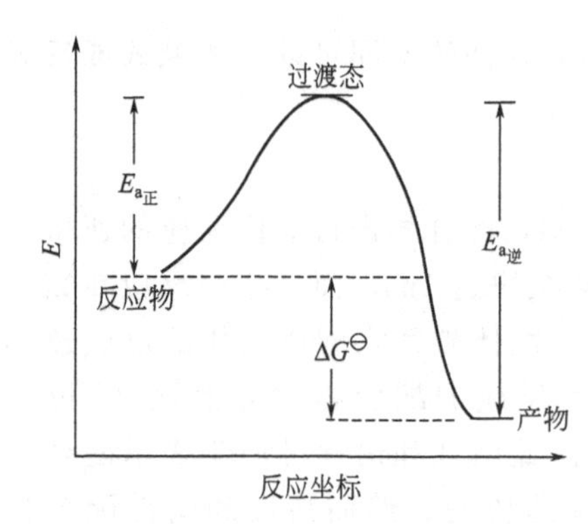

图 7-9　反应体系沿反应坐标的能量变化示意图

基于这个原因，在处理含 CN^- 废水时，常用 Fe^{2+} 使形成相对惰性的 $[Fe(CN)_6]^{4-}$，能达到排放要求。

表 7-1 列出一些含 CN^- 配合物的稳定常数和配体交换速率的比较。从表 7-1 中的数据可见，稳定的配合物不一定是惰性的。因为从能量的角度看（图7-9），配合物的稳定性取决于反应物与产物之间的能量差（反应的自由能 $\Delta G^{\ominus}$），它决定配合物的稳定常数（见表 7-1）或反应的平衡常数；而配合物的活性决定于反应物与过渡态之间的能量差，即决定于活化能 E_a。前者属于热力学范畴，后者则属于动力学范畴。在配合物的取代反应中，活化能与自由能之间没有必然的联系[1]，所以稳定性和惰性之间也没有必然的内在规律性。

表 7-1　一些含 CN^- 配合物的稳定常数和配体交换速率的比较

配合物	$\lg\beta_n$	与 $^*CN^-$ 的交换速率	配合物	$\lg\beta_n$	与 $^*CN^-$ 的交换速率
$[Ni(CN)_4]^{2-}$	22	很快	$[Zn(CN)_4]^{2-}$	16	很快
$[Pd(CN)_4]^{2-}$	—	很快	$[Ag(CN)_2]^-$	21	很快
$[Mn(CN)_6]^{3-}$	27	可测量	$[Fe(CN)_6]^{3-}$	44	可测量
$[Fe(CN)_6]^{4-}$	37	很慢	$[Cr(CN)_6]^{4-}$	—	很快
$[Hg(CN)_4]^{2-}$	41	很快	$[Cr(CN)_6]^{3-}$	—	可测量

注：动力学活性顺序为 $[V(CN)_6]^{3-}>[Mn(CN)_6]^{3-}\gg[Cr(CN)_6]^{3-}>[Fe(CN)_6]^{3-}\sim[Co(CN)_6]^{3-}$
及 $[Cr(CN)_6]^{4-}>[V(CN)_6]^{4-}\sim[Mn(CN)_6]^{4-}>[Fe(CN)_6]^{4-}$；$[V(CN)_6]^{3-}>[V(CN)_6]^{4-}$。

一般来说，对于第一过渡系的八面体配合物，除了 d^3、d^8 和低自旋 d^6 组态［如 Cr(Ⅲ)、Ni(Ⅱ) 和 Co(Ⅲ) 配合物］外，一般都是活性的，所以这几类配合物的反应成为详细研究动力学和机理的常用体系。

7.1.6　动力学研究方法[2]

用以研究配合物化学动力学的实验方法很多，归纳起来大体上可分为两大类：一类是常规方法，用以研究较慢的反应，即半衰期 $t_{1/2}$ 大于 1min 的慢反应；另一类是快速方法，可用于研究半衰期快至约 10^{-9}s 的反应。以下仅作出简要介绍。

（1）常规方法（静态法，适用于 $t_{1/2}>1$min 的慢反应）

对于慢反应，可用常规方法观察反应体系中某一物理或化学观测量（如吸光度、气体释出量、pH 值、同位素交换、电导率、旋光度和椭圆度等）随时间的变化来观察反应的进行。

例如，反应(7-34) 表示两种价态的水合铁离子之间发生的电子转移反应。

$$[^*Fe(H_2O)_6]^{3+}+[Fe(H_2O)_6]^{2+}\longrightarrow[^*Fe(H_2O)_6]^{2+}+[Fe(H_2O)_6]^{3+} \qquad (7\text{-}34)$$

实际上在反应(7-34) 中并无净的氧化还原发生，即反应的始终态是相同的。这类反应可以用同位素示踪方法来进行研究，例如用少量放射性元素 ^{59}Fe 来标记 Fe(Ⅲ)。为跟踪反应，可用化学方法分离 Fe(Ⅱ) 和 Fe(Ⅲ)，然后用放射性计数器计数。分离 Fe(Ⅱ) 和

[1] 在 7.3.1.3 节中将讨论在电子转移反应中反应的自由能变化与活化能之间的关系，两者可相互关联。

[2] 项斯芬编著．无机化学新兴领域导论．北京：北京大学出版社，1988：187-194。

Fe(Ⅲ)的具体方法是加入过量的联吡啶。联吡啶仅与 Fe(Ⅱ)而不与 Fe(Ⅲ)形成配合物，同时，加入联吡啶后反应即告终止。然后，以氢氧化物的形式沉淀 Fe(Ⅲ)，过滤后便可进行放射性计数。

对于惰性配合物 $[Co(C_2O_4)_3]^{3-}$ 和 Fe^{2+} 之间的氧化还原反应。

$$[Co(C_2O_4)_3]^{3-}+Fe^{2+}\rightleftharpoons Co^{2+}+3C_2O_4^{2-}+Fe^{3+} \tag{7-35}$$

进行反应速率研究可采用如下方法：

① 随着反应的进行，体系中各物种的浓度，例如 $C_2O_4^{2-}$ 和 Fe^{3+} 等的浓度都将发生变化，因而可分析溶液中自由 $C_2O_4^{2-}$ 和 Fe^{3+} 的浓度；

② 反应物 $[Co(C_2O_4)_3]^{3-}$ 有较大的摩尔消光系数，反应过程中有颜色的变化，可在某个特定波长下观察溶液吸光度随时间的变化；

③ 反应前后各离子电荷不同及离子数不同，可测量溶液的电导率随时间的变化；

④ $[Co(C_2O_4)_3]^{3-}$ 可被拆分为 Δ-和 Λ-光学异构体，当其对映体之一与还原剂 Fe^{2+} 作用时，所生成的 Δ-或 Λ-$[Co(C_2O_4)_3]^{4-}$（活性配合物）将即刻发生水解反应而失去光学活性，故可测定 Δ-和 Λ-$[Co(C_2O_4)_3]^{3-}$ 的旋光度 α(°) 或椭圆度 θ(mdeg) 随时间的变化；

⑤ 用类似于对反应(7-34) 进行的同位素示踪方法来跟踪反应。

(2) 快速反应

① 溶液反应的流动法　溶液反应的流动法适用于速率常数数量级为 $10^2\sim10^8\,L\cdot mol^{-1}\cdot s^{-1}$ 或 $1min>t_{1/2}>10^{-3}s$ 的反应。分为恒流法（continuous-flow method）和截流法（stopped-flow method）两种。

恒流法是将等体积的两种反应物溶液以恒定流速进入混合室，然后调节一定的流速，使它经过一观察管。同时，在观察管的某一点于不同时间测量混合溶液的某种物理性质的变化，如吸光度、电导或旋光度的变化等，也可沿着观察管在不同的距离上测定，但是现在恒流法基本上被截流法所代替了，因为截流法所需的溶液要少得多（≤0.1～0.2 mL）。

截流法的混合过程与恒流法相同，但在流动时于某点突然被截止，以致溶液在 1～2 ms 内是静止的，可在此点进行吸光度等性质测定。

截流法的仪器装置如图 7-10 所示。实验时，将反应溶液分别通过注射器 S_1 和 S_2 注入混合室，并流经观察管 O。溶液推动一个很轻的活塞 P，直到活塞达到 Q 的位置，这时流动突然停止。同时指示器 N 立即切断来自 L_1 的光束，并由装置 M_1 控制 L_2 和 M_2，记录停留在观察管 O 中溶液的某种物理性质，如光学性质的改变等。随后，反应混合液可经 W 流出。

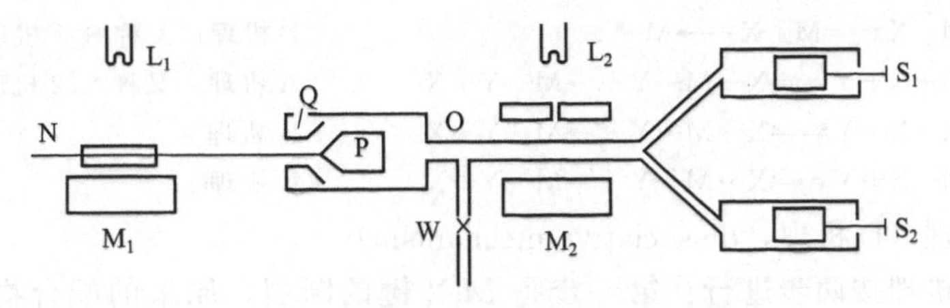

图 7-10　截流法的仪器装置示意图

② 弛豫法（relaxation method） 可用于测定速率常数数量级在 $10^9\sim10^{11}\,L\cdot mol^{-1}\cdot s^{-1}$ 或 $10^{-1}s>t_{1/2}>10^{-9}s$ 的极快速反应。

溶液中化学反应的速率由于受扩散速度的限制，最快只能达到 $10^9\,L\cdot mol^{-1}\cdot s^{-1}$，对于带单电荷的正负离子间的反应，上限为约 $10^{11}\,L\cdot mol^{-1}\cdot s^{-1}$。问题是：如何能测定这些接近上限的反应速率值？所有上述实验方法都有一个混合反应溶液的步骤，而这个混合过程不能少于 10^{-3} s，换句话说，排除了上述实验方法测定速率常数大于 10^6 L·mol^{-1}·s^{-1}的可能性。

由 Eigen 及其合作者在 20 世纪 60 年代初期发展起来的弛豫技术已成为测定快速反应的重要手段。

弛豫法所依据的基本原理是：由于化学平衡依赖于温度、压力、电场强度等外界因素，因此，对于处在平衡状态的化学反应来说，倘若其中的一个因素突然发生变化，化学平衡就会受到微扰，发生移动。微扰后，体系经过一番自动调节又会建立起新平衡。这种达到新平衡过程所需的时间称为弛豫时间，它和反应速率有关，因此测定弛豫时间就可以得到有关反应的速率常数。简言之，弛豫法就是设法造成外界因素的急剧变化来连续扰动某个反应的平衡位置，然后借各种测定技术与快速电子记录设备来跟踪该反应达到的新平衡落后于外界参数迅速改变所产生的弛豫过程，从而测定反应速率。

弛豫法的特征是研究接近平衡的体系的动力学过程，它的最大优点是可以简化总速率方程，使它成为线性关系，而不论其反应级数如何。同时，弛豫法既可用于快反应也可用于慢反应的研究。

引发微扰化学反应的实验技术有多种，已经采用的有温度突升法、压力突升法、电场脉冲法等瞬变微扰法，以及超声波等周期微扰法。例如 NMR 法就是在磁场下对化合物分子用不同频率的射频扫描而连续扰动各原子的平衡位置，因此可用来跟踪非常快的反应。

7.2 配体取代反应

7.2.1 八面体配合物的取代反应

7.2.1.1 取代反应的机理

对于配合物的取代反应[1]，可以用以下通式表示。

$$[ML_nX]+Y \longrightarrow [ML_nY]+X \tag{7-36}$$

式中 Y——亲核试剂，又称为取代反应中的进入基团；

X——取代反应中的离去基团；

L——取代反应中的共配体（coligand）。

研究表明，取代反应存在以下四种可能的机理（注意书写时已将共配体 L_n 和有关电荷略去）：

$$M—X \rightleftharpoons M+X \xrightarrow{Y} M—Y \qquad \text{D 机理，又称 } S_N1 \text{ 机理}$$

$$M—X+Y \rightleftharpoons X—M—Y \longrightarrow M—Y+X \qquad \text{A 机理，又称 } S_N2 \text{ 机理}$$

$$M—X+Y \rightleftharpoons X—M\cdots Y \longrightarrow M—Y+X \qquad I_d \text{ 机理}$$

$$M—X+Y \rightleftharpoons X\cdots M—Y \longrightarrow M—Y+X \qquad I_a \text{ 机理}$$

（1）离解机理（D 机理，dissociative mechanism）

可设想离解机理按两步进行：第一步是 M-X 键的断裂，原来的配合物［ML_nX］离解而失去一个配体 X，形成配位数比原配合物少一的中间配合物［ML_n］，这一步是吸热过程，活化能高，反应慢。第二步是在中间配合物［ML_n］所空出的位置上，很快与新的配体 Y 结合，形成新的 M-Y 键，这一步放热，反应快，所以总反应速率决定于第一步。

---

[1] 主要以八面体配合物的取代反应为例。

$$[ML_nX] \underset{k_{-1}}{\overset{k_1}{\rightleftharpoons}} [ML_n] + X \tag{7-37}$$

$$[ML_n] + Y \xrightarrow{k_2} [ML_nY] \tag{7-38}$$

若对中间配合物 $[ML_n]$ 采用稳态近似，则有：

$$v_1 = k_1[ML_nX]; \quad v_{-1} = k_{-1}[ML_n][X]; \quad v_2 = k_2[ML_n][Y]$$

$$\frac{d[ML_n]}{dt} = v_1 - v_{-1} - v_2 = k_1[ML_nX] - k_{-1}[ML_n][X] - k_2[ML_n][Y] = 0$$

$$k_1[ML_nX] = [ML_n]\{k_{-1}[X] + k_2[Y]\}$$

$$[ML_n] = \frac{k_1[ML_nX]}{k_{-1}[X] + k_2[Y]}$$

因此，D机理的速率方程可表示为：

$$\frac{d[ML_nY]}{dt} = k_2[ML_n][Y] = \frac{k_1k_2[ML_nX][Y]}{k_{-1}[X] + k_2[Y]} \tag{7-39}$$

当 $k_2 \gg k_{-1}$，又Y的浓度很大时，便得到一级反应的速率方程：

$$\frac{d[ML_nY]}{dt} = k_1[ML_nX] \tag{7-40}$$

式(7-40) 表明反应速率与 $[ML_nX]$ 的浓度成正比，而与Y的浓度无关，这是D机理的极端情况。它表示单分子亲核取代反应（unimolecular nucleophilic substitution），简写为 S_N1 反应（亲核取代，一级反应），其速率常数的大小与M-X键的断裂难易有关，即与离去配体X的性质有关，但与亲核试剂Y的种类和浓度无关。八面体配合物取代反应的D机理如图7-11所示。

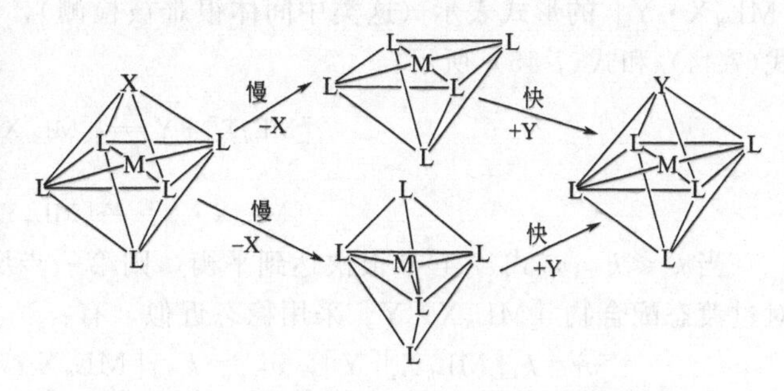

图7-11　八面体配合物取代反应的假想D机理

(2) 缔合机理（A机理，associative mechanism）

可设想缔合机理按两步进行：第一步是配合物 $[ML_nX]$ 与亲核配体Y结合形成比原配合物 $[ML_nX]$ 的配位数多一的中间配合物 $[ML_nXY]$，这一步进行得慢，是速率决定步骤。第二步是中间配合物 $[ML_nXY]$ 不稳定，很快地离解生成 $[ML_nY]$ 及X。

$$[ML_nX] + Y \underset{k_{-1}}{\overset{k_1}{\rightleftharpoons}} [ML_nXY] \tag{7-41}$$

$$[ML_nXY] \xrightarrow{k_2} [ML_nY] + X \tag{7-42}$$

类似地，对中间配合物 $[ML_nXY]$ 采用稳态近似，有：

$$v_1 = k_1[ML_nX][Y]; \quad v_{-1} = k_{-1}[ML_nXY]; \quad v_2 = k_2[ML_nXY]$$

$$\frac{d[ML_nXY]}{dt} = v_1 - v_{-1} - v_2 = k_1[ML_nX][Y] - k_{-1}[ML_nXY] - k_2[ML_nXY] = 0$$

$$k_1[ML_nX][Y] = [ML_nXY](k_{-1} + k_2)$$

$$[ML_nXY] = \frac{k_1[ML_nX][Y]}{k_{-1} + k_2}$$

总反应速率方程可表示为：

$$\frac{d[ML_nY]}{dt} = k_2[ML_nXY] = \frac{k_1k_2[ML_nX][Y]}{k_{-1} + k_2} = k[ML_nX][Y] \tag{7-43}$$

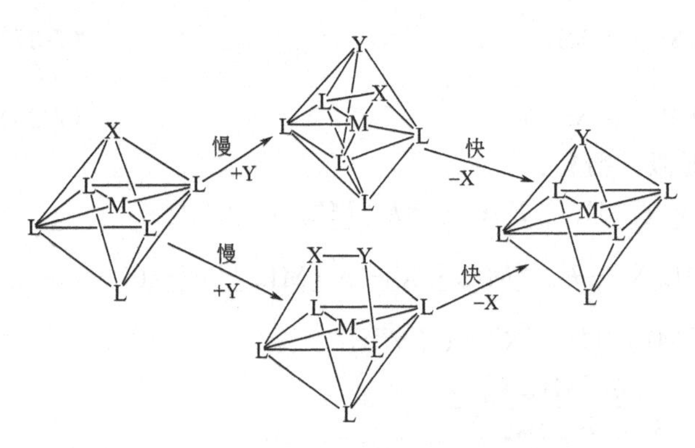

图 7-12 八面体配合物取代反应的假想 A 机理

式(7-43) 表明在 A 机理中反应速率决定于 $[ML_nX]$ 与 Y 的浓度，在动力学上属于二级反应。这种双分子亲核取代反应也称为 S_N2 反应（亲核取代，二级反应），其速率常数 k 主要反映M-Y键形成的难易程度，与亲核配体 Y 的性质有很大的关系。八面体配合物的 A 机理如图 7-12 所示。

(3) 交换机理（I 机理，interchange mechanism）

以上讨论的 A 和 D 机理都是极限状态，可分别称为 $S_N1(lim)$ 和 $S_N2(lim)$ 机理。在 $S_N1(lim)$ 机理中 X 离解后，Y 才能进入成键，所以 $S_N1(lim)$ 机理中 M-X 键断裂是主要特征。而在 $S_N2(lim)$ 机理中，Y 进入形成中间配合物 $[ML_nXY]$ 之后，X 才离解，所以 $S_N2(lim)$ 机理中 M-Y 键的形成是主要特征。但是大多数反应却是按照这两种极限的中间机理进行的，这种中间机理称为交换机理或称为 I 机理。

可认为在 I 机理中，进入配体 Y 与反应物可能形成离子对或存在某种松散的键合，以 $[ML_nX \cdot Y]$ 的形式表示（这类中间体很难被检测），接着起取代反应，释放出配体 Y，如式(7-44) 和式(7-45) 所示：

$$[ML_nX]+Y \underset{k_{-1}}{\overset{k_1}{\rightleftharpoons}} [ML_nX \cdot Y] \tag{7-44}$$

$$[ML_nX \cdot Y] \xrightarrow{k_2} [ML_nY]+X \tag{7-45}$$

当 $k_2 \ll k_{-1}$，式(7-44) 很快达到平衡，则第一步反应具有平衡常数 $K_1=k_1/k_{-1}$。同样对过渡态配合物 $[ML_nX \cdot Y]$ 采用稳态近似，有：

$$v_1=k_1[ML_nX][Y]；\ v_{-1}=k_{-1}[ML_nX \cdot Y]；\ v_2=k_2[ML_nX \cdot Y]$$

$$\frac{d[ML_nX \cdot Y]}{dt}=v_1-v_{-1}-v_2=k_1[ML_nX][Y]-k_{-1}[ML_nX \cdot Y]-k_2[ML_nX \cdot Y]=0$$

如果与 $[ML_nX]$ 比较，Y 的浓度足够大，而不稳定过渡态物种的浓度也大至足以改变 $[ML_nX]$ 的浓度，但基本不改变浓度 $[Y]$，则可以用反应物 $[ML_nX]$ 和 Y 的初始总浓度 $[M]_0$ 和 $[Y]_0$ 来表示浓度关系：

$$[M]_0=[ML_nX]+[ML_nX \cdot Y]$$

并假设终产物 $[ML_nY]$ 的生成浓度不足以改变 Y 的初始浓度 $[Y]_0$，即：

$$[Y]_0 \approx [Y]$$

则上述稳态方程可以改写为：

$$k_1([M]_0-[ML_nX \cdot Y])[Y]_0-k_{-1}[ML_nX \cdot Y]-k_2[ML_nX \cdot Y]=0$$

总反应速率方程可表示为：

$$\frac{d[ML_nY]}{dt}=k_2[ML_nX \cdot Y]=\frac{k_1K_1[M]_0[Y]_0}{1+K_1[Y]_0+\frac{k_2}{k_{-1}}} \tag{7-46}$$

当 $k_2 \ll k_{-1}$时，k_2/k_{-1}可以忽略，便得到 I 机理的简化速率方程：

$$\frac{d[ML_nY]}{dt} \approx \frac{k_1K_1[M]_0[Y]_0}{1+K_1[Y]_0} \tag{7-47}$$

实验上可以测得式(7-47)中的常数 K_1，即式(7-44)的平衡常数，另外，根据静电相互作用能也可对 K_1 作出理论计算。当同时采用实验和理论方法获得 K_1 时，两者之间吻合得相当好。

在交换机理中，反应速率与进入配体 Y 和离去配体 X 的本性都有关。交换机理又可分为两类。

I_d——交换离解（dissociative interchange）机理：离去配体 X 的 M-X 键的减弱稍优先于进入配体 Y 的 M-Y 键合，即 M-X 断键程度超过 M-Y 成键的程度。

I_a——交换缔合（associative interchange）机理：进入配体 Y 的 M-Y 键合稍优先于离去配体 X 的 M-X 键的减弱，即 M-Y 成键程度超过 M-X 断键的程度。

I_d 与 I_a 机理之间的差别是很微妙的，需要精心设计实验来确定所考察的反应究竟按何种机理进行。以下给出一些已确定机理的亲核取代反应实例。

（4）配合物的不同取代反应机理实例

① 离解机理

$$W(CO)_6 \longrightarrow W(CO)_5 + CO \tag{7-48}$$

$$W(CO)_5 + PPh_3 \longrightarrow W(CO)_5PPh_3 \tag{7-49}$$

② 缔合机理

$$[Ni(CN)_4]^{2-} + {}^{14}CN^- \longrightarrow [Ni(CN)_4({}^{14}CN)]^{3-} \tag{7-50}$$

$$[Ni(CN)_4({}^{14}CN)]^{3-} \longrightarrow [Ni(CN)_3({}^{14}CN)_2]^{2-} + CN^- \tag{7-51}$$

③ 交换机理　$[Ni(H_2O)_6]^{2+}$ 的取代反应常常是按交换机理 I_d 进行的，例如：

$$[Ni(H_2O)_6]^{2+} + NH_3 \rightleftharpoons \{[Ni(H_2O)_6]^{2+} \cdot (NH_3)\} \tag{7-52}$$

$$\{[Ni(H_2O)_6]^{2+} \cdot (NH_3)\} \longrightarrow [Ni(H_2O)_5NH_3]^{2+} + H_2O \tag{7-53}$$

7.2.1.2 取代反应位能图

根据过渡态理论，取代反应的 A、D 和 I 三种机理可用位能图 7-13 表示。从反应物到产物所经过的能量最高点称为过渡态。过渡态是一个能态。通常所说的活化配合物是设想在这一能态下存在的一个化合物，在 I 机理的情况下只有一个过渡态，相应于一种活化配合物。而在 D 和 A 机理的情况下分别存在两个过渡态，两位垒中的最低点代表着中间化合物的能态。图 7-13(b) 表示反应物经过渡态（设想在这一过渡态下存在某个活化配合物）形成产物；图 7-13(a) 和图 7-13(c) 则表示从反应物到产物之间形成了一个中间化合物。

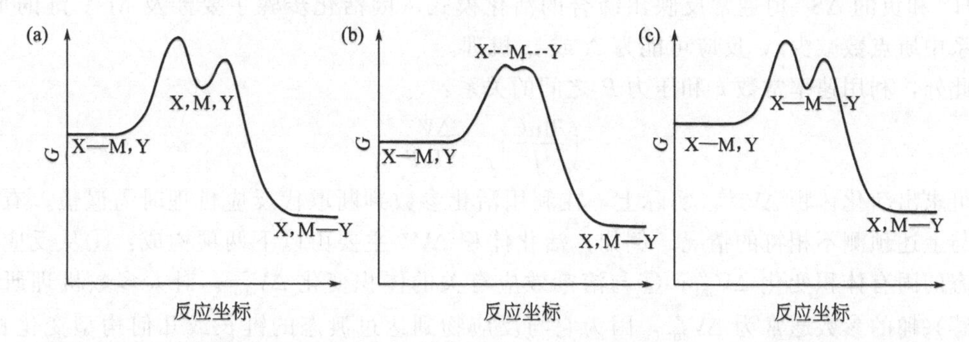

图 7-13 (a) 离解 (D) 机理；(b) 交换 (I) 机理；(c) 缔合 (A) 机理的反应位能图

在此必须强调区分活化配合物和中间化合物这两个概念。活化配合物是其能量与过渡态相应的瞬时存在的不稳定物种，一般不能在实验中被检出。而中间化合物是相对稳定的过渡性化合物，在速率慢的反应过程中可分离出或鉴定其存在。如能分离或检定出中间化合物的配位数减少或增加一，则可确认该反应机理的类型为D或A，这是探究配合物取代反应机理最有力的证据之一。

7.2.1.3 过渡态理论与活化热力学参数

过渡态理论认为反应物达到过渡态的过程是反应物和活化配合物之间达到热力学平衡的过程，因此可应用热力学公式来表示这一平衡：

$$RT\ln K^{\neq}=-\Delta G^{\neq}=-\Delta H^{\neq}+T\Delta S^{\neq} \tag{7-54}$$

式中 $K^{\neq}$——活化平衡常数；

$\Delta G^{\neq}$——活化自由能；

$\Delta H^{\neq}$——活化焓；

$\Delta S^{\neq}$——活化熵。

$K^{\neq}$、$\Delta G^{\neq}$、$\Delta H^{\neq}$和$\Delta S^{\neq}$等参数均称为活化热力学参数，其中的$\Delta H^{\neq}$、$\Delta S^{\neq}$和活化体积$\Delta V^{\neq}$（形成过渡态时体积的变化）的值常能提供取代反应的活化步骤是离解（D）还是缔合（A）模式的有用信息。

按过渡态理论，反应物分子通过活化位垒的速率常数为：

$$k=\frac{RT}{\widetilde{N}h}K^{\neq} \tag{7-55}$$

$$\ln k=\ln\left(\frac{RT}{\widetilde{N}h}\right)+\ln K^{\neq} \tag{7-56}$$

$$\ln k=\ln\left(\frac{RT}{\widetilde{N}h}\right)-\frac{\Delta H^{\neq}}{RT}+\frac{\Delta S^{\neq}}{R} \tag{7-57}$$

对于液体和固体，用活化能E_a代替$\Delta H^{\neq}$，误差不大，所以有：

$$\ln k=\ln\left(\frac{RT}{\widetilde{N}h}\right)-\frac{E_a}{RT}+\frac{\Delta S^{\neq}}{R} \tag{7-58}$$

原则上讲，只要知道活化配合物的结构，就可以根据光谱数据及统计力学方法，计算出$\Delta H^{\neq}$和$\Delta S^{\neq}$，这样就有可能把反应的速率常数k计算出来。

对于气相反应和在溶液中由反应物到形成活化配合物时的溶剂化能可以忽略的取代反应，可作如下预测：①大而正的$\Delta H^{\neq}$和$\Delta S^{\neq}$值（过程中通常伴有M-X键的断裂和质点数的增加）强烈地示意过渡态具有离解的活化模式，反应可能按D或I_d机理进行；②小而正的$\Delta H^{\neq}$和负的$\Delta S^{\neq}$值通常反映出缔合的活化模式（因活化步骤主要涉及M-Y键的形成，且体系中质点数减少），反应可能为A或I_a机理。

此外，利用速率常数k和压力P之间的关系：

$$\left(\frac{\partial \ln k}{\partial P}\right)_T=\frac{\Delta V^{\neq}}{RT} \tag{7-59}$$

可求出活化体积$\Delta V^{\neq}$。实际上，在利用活化参数判断取代反应机理时需谨慎，有时会出现与上述预测不相符的情况。例如，活化体积$\Delta V^{\neq}$主要由以下两项构成：①从反应物到过渡态的固有体积变化$\Delta V^{\neq}_{int}$；②与溶剂效应有关的体积变化$\Delta V^{\neq}_{sol}$。对大多数机理研究而言，感兴趣的参数通常为$\Delta V^{\neq}_{int}$，因为它与反应物到达过渡态的键长或几何构型变化相关，但通常不易区分$\Delta V^{\neq}_{int}$和$\Delta V^{\neq}_{sol}$对$\Delta V^{\neq}$的相对贡献。

7.2.2 配体场理论在取代反应机理研究中的应用

7.2.2.1 配体场活化能

大多数八面体配合物的取代反应是按D机理进行的，按A机理进行的反应并不多见（参阅 7.1.3)。前已述及，第一过渡系 d^3、d^8 和低自旋 d^6 组态的八面体配合物，如Cr(Ⅲ)、Ni(Ⅱ)和 Co(Ⅲ)物种，一般都是取代惰性的。而已知大多数第二、三过渡系的金属配合物通常也是取代惰性的。对此应如何作出合理解释？G. E. Rodgers 认为第二、三过渡系的金属配合物在 D 机理中之所以呈惰性主要有以下原因[1]：①同第一过渡系金属相比，它们一般具有较大的离子势（z^2/r），因此 M-X 键能较强；②它们一般具有较大的半径和较高的配位数，能容纳较多的配体，因此并不倾向于从配位内界排出配体 X 形成配位数少一的过渡态；③4d 和 5d 轨道较 3d 轨道更为伸展，有利于与配体轨道发生相互作用，附加的共价键能贡献使其在 D 机理的决速步骤中不易断开 M-X 键。

为了解释第一过渡系八面体配合物与 d 电子组态有关的取代动力学活性趋势，F. Basolo 和 R. G. Pearson 在前人工作的基础上提出，配合物的取代动力学性质与中心金属的 d 轨道分裂能有关。将配体场理论应用于说明八面体配合物在取代反应中的相对活性，即比较一个配合物和它的活化配合物的配体场稳定化能。对八面体配合物来说，随着其取代反应的 D 或 A 机理不同，其过渡态配合物有五配位和七配位两种。配位数改变，构型也随之发生改变，于是配合物和活化配合物的 LFSE 也会改变。因此，定义过渡态配合物与基态反应物配体场稳定化能的差值为：

$$\Delta LFSE = LFAE = LFSE_{活化配合物} - LFSE_{基态反应物} \tag{7-60}$$

LFAE 被称为配体场活化能，它被看作是配体场效应对取代反应活化能的贡献，可用于讨论仅 d 电子数不同的同一类配合物的取代反应的速率差别。表 7-2～表 7-4 列出从八面体配合物过渡到五配位（四方锥）[2] 或七配位（五角双锥或单帽三棱柱）构型的 LFAE 值，图 7-14 则给出按 D 或 A 机理进行取代反应的过渡态构型的 d 轨道分裂图。对于其它构型的配合物，也可以用假设过渡态构型（配位数多一或少一）的方法来求出相应的 LFAE。此外，利用角重叠模型也可计算出配体场活化能[3]。

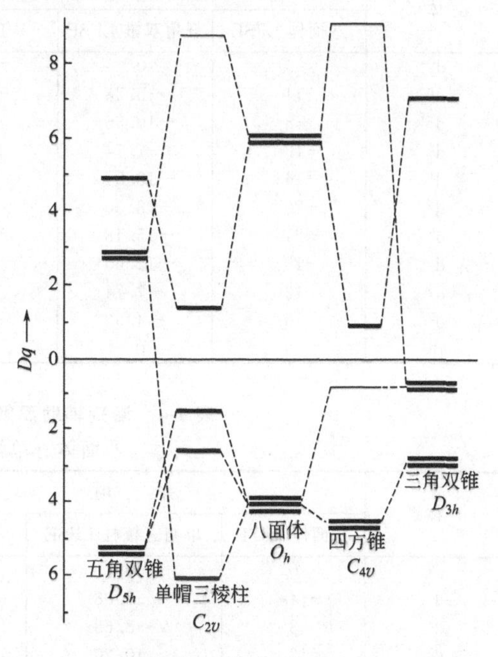

图 7-14　八面体配合物取代反应（D 或 A 机理）假想过渡态构型的 d 轨道分裂图

表 7-2～表 7-4 的 LFAE 数据说明，当某个 d^n 组态的 LFAE 为正值时，该组态的八面体配合物按 D 或 A 机理转化为活化配合物时有配体场稳定化能的损失，故一般表现为取代惰性配合物。可以认为：①当 LFAE 为负值或接近零时，配合物为活性的；②当 LFAE 为正值时，配合物为惰性的，而且 LFAE 的正值越大，取

[1] Rodgers G E. Descriptive Inorganic，Coordination，and Solid-State Chemistry. 2nd Ed. South Melbourne：Thomson Learning，2002：108。

[2] 配体场活化能的计算表明，假设活化配合物为三角双锥比四方锥的 LFAE 要来得大，即在能量上不利于三角双锥活化配合物的形成；另外以四方锥为过渡态计算 LFAE 的结果与实验事实更加吻合。因此，对 D 机理的讨论仅涉及四方锥过渡态。表 7-2～表 7-4 的数据略去了成对能 P 的影响，对 LFAE 的计算结果影响不大。

[3] (a) Miessler G L，Tarr D A. Inorganic Chemistry. 3rd Ed. New Jersey：Prentice-Hall Inc，2004：420；(b) 徐志固编著．现代配位化学．北京：化学工业出版社，1987：133-136。

代反应速率就越慢。

表 7-2 离解（D）机理的配体场活化能（Dq）

八面体→四方锥（中间态）

d^n 体系	强场			弱场		
	八面体 LFSE	四方锥 LFSE	LFAE	八面体 LFSE	四方锥 LFSE	LFAE
d^0	0	0	0	0	0	0
d^1	−4	−4.57	−0.57	−4	−4.57	−0.57
d^2	−8	−9.14	−1.14	−8	−9.14	−1.14
d^3	−12	−10.00	2.00	−12	−10.00	2.00
d^4	−16	−14.57	1.43	−6	−9.14	−3.14
d^5	−20	−19.14	0.86	0	0	0
d^6	−24	−20.00	4.00	−4	−4.57	−0.57
d^7	−18	−19.14	−1.14	−8	−9.14	−1.14
d^8	−12	−10.00	2.00	−12	−10.00	2.00
d^9	−6	−9.14	−3.14	−6	−9.14	−3.14
d^{10}	0	0	0	0	0	0

表 7-3 缔合（A）机理的配体场活化能（Dq）

八面体→五角双锥（中间态）

d^n 体系	强场			弱场		
	八面体 LFSE	五角双锥 LFSE	LFAE	八面体 LFSE	五角双锥 LFSE	LFAE
d^0	0	0	0	0	0	0
d^1	−4	−5.28	−1.28	−4	−5.28	−1.28
d^2	−8	−10.56	−2.56	−8	−10.56	−2.56
d^3	−12	−7.74	4.26	−12	−7.74	4.26
d^4	−16	−13.02	2.98	−6	−4.93	1.07
d^5	−20	−18.30	1.70	0	0	0
d^6	−24	−15.48	8.52	−4	−5.28	−1.28
d^7	−18	−12.66	5.34	−8	−10.56	−2.56
d^8	−12	−7.74	4.26	−12	−7.74	4.26
d^9	−6	−4.93	1.07	−6	−4.93	1.07
d^{10}	0	0	0	0	0	0

表 7-4 溶剂辅助离解机理的配体场活化能（Dq）

八面体→单帽三棱柱（中间态）

d^n 体系	强场			弱场		
	八面体 LFSE	单帽三棱柱 LFSE	LFAE	八面体 LFSE	单帽三棱柱 LFSE	LFAE
d^0	0	0	0	0	0	0
d^1	−4	−6.08	−2.08	−4	−6.08	−2.08
d^2	−8	−8.68	−0.68	−8	−8.68	−0.68
d^3	−12	−10.20	1.80	−12	−10.20	1.80
d^4	−16	−16.26	−0.26	−6	−8.79	−2.79
d^5	−20	−18.86	1.14	0	0	0
d^6	−24	−20.37	3.63	−4	−6.08	−2.08
d^7	−18	−18.98	−0.98	−8	−8.68	−0.68
d^8	−12	−10.20	1.80	−12	−10.20	1.80
d^9	−6	−8.79	−2.79	−6	−8.79	−2.79
d^{10}	0	0	0	0	0	0

7.2.2.2 对配合物的取代反应速率所作的预测和说明

表 7-5 列出了各个 d^n 组态（主要为第一过渡系）的一些八面体配合物的例子，并根据实验数据将它们分类为活性和惰性配合物。表 7-6 则给出第一过渡系正二价水合金属离子取

代反应的速率常数。根据表7-2～表7-4可以总结出表7-7。将表7-5～表7-7对照可大致说明配体场理论分析和实验事实。

参考表7-2～表7-4的配体场活化能理论计算数据对配合物的取代反应性质作出预测时，必须注意以下几点。

① 一些组态的LFAE为负值，似乎过渡态比基态来得稳定，可以发现这些组态都是易发生姜-泰勒变形的组态（即d^1、d^2、d^4、d^7、d^9），可能在基态时分子已发生变形，不是严格的正八面体，因此对这些组态取LFAE值为零会更合理一些。

② 应注意到表中的LFAE数据不一定能反映配合物活性的相对大小，特别在LFAE的数值相同时难以作出比较。因为离子的电荷和构型等其它因素对反应活性也有很大影响。例如，不论按何种机理，不论是强弱场，虽然LFAE值相同，但d^8型Ni(Ⅱ)的八面体配合物的取代反应速率比d^3型的Cr(Ⅲ)和V(Ⅱ)要来得大。

③ 配体场活化能LFAE的大小与表7-5八面体配合物取代动力学性质的分类和表7-6的速率常数比较，在很大程度上是一致的。例如，对于强场下的d^5和d^6电子组态的低自旋配合物，可预测不论按哪一种机理进行反应，都是取代惰性的，但从LFAE的数值上来看两者的惰性还有差别的，即d^5组态的配合物相对要活性一些，例如7.1.5中所举例的$[Fe(CN)_6]^{3-}$比$[Fe(CN)_6]^{4-}$的毒性大得多；又如，虽然d^8型Ni(Ⅱ)的八面体配合物的取代反应速率比相同LFAE值的具有d^3型的Cr(Ⅲ)和V(Ⅱ)要来得大，但是$[Ni(H_2O)_6]^{2+}$的取代反应速率常数仍比表7-6所示的其它所有二价水合离子要小。

表7-5 八面体配合物取代动力学性质的分类

电子构型	配合物
	活性
d^0	$[Ca(edta)]^{2-}$,$[Sc(OH)(H_2O)_5]^{2+}$,$[TiCl_6]^{2-}$
d^1	$[Ti(H_2O)_6]^{3+}$,$[VO(H_2O)_5]^{2+}$
d^2	$[V(phen)_3]^{3+}$,$[ReOCl_5]^{2-}$,$[MoCl_6]^{2-}$
d^4(高自旋)	$[Cr(H_2O)_6]^{2+}$
d^5(高自旋)	$[Mn(H_2O)_6]^{2+}$,$[FeCl_2(H_2O)_4]^+$
d^6(高自旋)	$[Fe(H_2O)_6]^{2+}$
d^7	$[Co(NH_3)_6]^{2+}$
d^8	$[Ni(en)_3]^{2+}$
d^9	$[Cu(NH_3)_4(H_2O)_2]^{2+}$
d^{10}	$[Ga(C_2O_4)_3]^{3-}$
	惰性
d^3	$[V(H_2O)_6]^{2+}$,$[CrCl_2(en)_2]^+$
d^4(低自旋)	$[Cr(CN)_6]^{4-}$,$[Mn(CN)_6]^{3-}$
d^5(低自旋)	$[Mn(CN)_6]^{4-}$,$[Fe(CN)_6]^{3-}$
d^6(低自旋)	$[Fe(CN)_6]^{4-}$,$[Co(H_2O)_2(en)_2]^{3+}$

表7-6 正二价水合金属离子取代反应的lg*k*（298K）

金属离子	配体			
	H_2O①	$NH_3$②	HF②	phen②
V^{2+}	2.0	—	—	0.5
Cr^{2+}	8.5	—	—	约8.0
Mn^{2+}	7.5	—	6.3	约5.4
Fe^{2+}	6.5	—	6.0	5.9
Co^{2+}	6.0	5.1	5.7	5.3
Ni^{2+}	4.3	3.7	3.5	3.4
Cu^{2+}	8.5	—	7.5	7.9
Zn^{2+}	7.5	—	—	6.8

①配位水和溶剂水的交换速率；②二级速率常数$L\cdot mol^{-1}\cdot s^{-1}$。

表 7-7　根据 LFAE 预测 d^n 组态配合物的取代反应速率

d^n 配合物	机　理	自 旋 态	取代反应速率	备　注
$d^0 \sim d^2, d^{10}$	D & A	—	快	
$d^5 \sim d^7$	D & A	高自旋	快	
d^4, d^9	D	高自旋	快	
$d^3 \sim d^6$	D & A	低自旋	慢	$d^5 > d^4 > d^3 > d^6$
d^7	D	低自旋	快	
d^8	D & A	—	慢	

④ 以上讨论都是对八面体配合物而言，同样的组态，不同的配位数，造成了反应活性的很大区别。例如具有 d^8 组态的 $[Ni(NH_3)_6]^{2+}$ 是惰性的，式(7-32) 讨论的 $[Ni(CN)_4]^{2-}$ (D_{4h}) 却是一个活性配离子，而 $[NiCl_4]^{2-}$ (T_d) 的活性则更大，因为四面体配合物的过渡态结构通常并不是由于配体场效应所引起的，故反应很快而不易进行动力学和立体化学研究（参阅 7.2.5）。

⑤ 上述预测主要涉及第一过渡系金属配合物，而且多为二价金属离子。可以预见第二、三过渡系金属离子（参阅 7.2.2.1），包括一些主族的高价态金属离子都具有较大的离子势 z^2/r，若按 D 机理进行反应，均为惰性配合物。

⑥ 经验规律表明，中性配合物比相应的离子型配合物的惰性大，多核配合物比相应的单核金属配合物的惰性强。

总而言之，可以预见 d^3、d^8 和低自旋 d^6 组态的八面体配合物，不论按何种机理进行反应都需要较大的 LFAE，所以它们都是惰性配合物。至此，便不难理解为何在经典配位化学研究中 Cr^{3+}(d^3)、Co^{3+}(d^6) 以及 Ni^{2+}(d^8) 的八面体配合物比较容易制备，而且对它们的性质也研究得比较充分。

应当指出，上述的配体场活化能只是有关反应活化能中的一小部分，而金属-配体间的吸引、配体-配体间的排斥等的变化才是活化能的重要部分。此外，溶剂、配体的性质及取代试剂的性质等均对取代反应的速率和反应机理有影响。

7.2.2.3　影响取代反应速率的其它因素

（1）从静电观点考虑的影响因素

如果从静电的观点来考虑，中心原子种类、进入配体和离去配体的电荷、半径等因素对取代反应起着重要的作用。在更深入地讨论影响各种取代反应速率的因素之前，只要从纯静电作用观点就可以预测一些常见因素的影响（见表 7-8）。

表 7-8　根据静电观点考虑取代反应 D 和 A 机理的影响因素

影 响 因 素	D 机理	A 机理
增大中心离子的正电荷	减慢	加快
增大中心离子的半径	加快	加快
增大进入配体的负电荷	无影响	加快
增大进入配体的半径	无影响	减慢
增大离去配体的负电荷	减慢	减慢
增大离去配体的半径	加快	减慢
增大其它不参与反应配体的负电荷	加快	减慢
增大其它不参与反应配体的半径	加快	减慢

注：表中列出的结果近似地适用于半满或全满 d 壳层的情况，但不适用于具有共价键或 π 键的配合物。

（2）详细讨论

① D 机理　如果中心离子 M 或离去配体 X 的半径越小，电荷越大，则 M-X 之间的键

越牢固，M-X键越不容易断开，不利于按D机理进行反应，反应速率就越小。如果中心离子或离去配体的半径越大，电荷越小，则M-X键越不牢固，M-X键越容易断开，按D机理进行取代反应的速率就越大。例如，由于Fe^{2+}离子的半径为0.76Å，比Fe^{3+}离子的半径(0.64Å)大，且Fe^{2+}所带电荷比Fe^{3+}的电荷低，因此$[Fe(H_2O)_6]^{2+}$进行水交换反应就比$[Fe(H_2O)_6]^{3+}$来得快；同样，$[CoBr(NH_3)_5]^{2+}$的水合反应（指水分子取代溴离子的反应）速率要比$[CoCl(NH_3)_5]^{2+}$的快，因为Br^-离子半径（1.95Å）比Cl^-离子半径(1.85Å)大，因此Co-Br键比Co-Cl键更易断开。

② A机理 如果M-Y之间的键很强，M-X键不容易断开，则有利于按A机理进行反应。进入配体Y的半径越小，所带负电荷越高，越有利于反应进行，反应速率就越大。在按A机理进行的反应中，中心离子电荷数的增加有两方面的影响，一方面使M-X键不易断开，另一方面使M-Y键更易形成，究竟电荷数增加对反应速率有何影响，要视以上两个因素的相对大小而定。往往中心离子半径和电荷的增加使得按A机理进行反应的可能性增加。如果进入配体的半径很大，由于空间阻碍，则按A机理进行反应的可能性减小，甚至不能进行。

③ 其它不参与取代反应的配体L（共配体）的影响 其它不参与取代反应的配体L也会影响反应速率，如果配体L所带负电荷很高，那么进入配体Y就会受到排斥而不容易进入，这样将有利D机理而不利于A机理的进行。

④ 离去配体X的影响

a. 如果配体X是给予特性的配体，例如OH^-、$-NH_2$、Cl^-等，能与中心离子形成d-pπ配键，因而该配合物中心离子上的电子云密度增大，M-X键键长增大，进而促进M-X键的断裂，又由于中心离子上的电子云密度增大，使进入配体Y不易接近中心离子，因此难以形成配位数为七的中间配合物，故有利于D机理。其反应速率随X给电子能力的增强而增大。

b. 如果配体X是接受特性的配体（例如π酸配体CO、CN^-和phen等），能和中心离子形成反馈键，则X从中心离子的t_{2g}轨道上接受反馈电子使得中心离子的电子云密度降低，有效正电荷增加，M-X键增强，X不易离去，同时也有利于Y的进攻，形成七配位的中间配合物，故不利于D机理而有利于A机理，其反应速率随X的π接受能力的增强而增大。

c. 如果中心离子是硬酸，则配体越硬越不易按D机理进行反应；因此对于$[CoX(NH_3)_5]^{2+}$，有如下k值减小的顺序：I>Br>Cl>F。如果配体X是硬碱，则中心金属越硬，按D机理离解越不易，①中的$[Fe(H_2O)_6]^{2+/3+}$和$[CoX(NH_3)_5]^{2+}$（X=Br和Cl）这两个例子基本符合上述规律。反之，如果中心金属较软（共配体可调节其硬软度），则配体越硬，按D机理反应越容易进行，因此对于$[CoX(CN)_5]^{3-}$，有如下k值减小的顺序：F>Cl>Br>I，与$[CoX(NH_3)_5]^{2+}$进行取代反应的顺序正好相反。

⑤ 溶剂的性质 溶剂的极性也可能影响八面体配合物取代反应的速率和机理，但极性的大小与取代反应的快慢并无确定关系。若溶剂分子与配合物内界的配体间能形成氢键，会加快反应。例如在*cis*-$[CoCl(NO_2)(en)_2]^+$的水解反应中，H_2O中的氢与$[CoCl(NO_2)(en)_2]^+$中的NO_2^-和Cl^-之间形成氢键（如图7-15），使Cl^-较易离开内界，从而加快取代反应的速率。

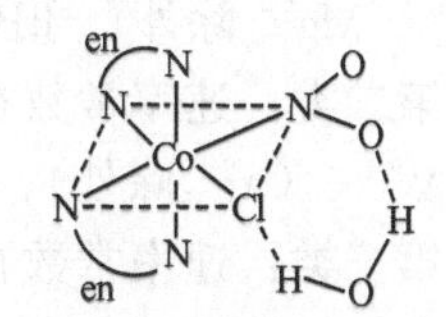

图7-15 水分子与配合物内界的配体间形成氢键示意图

7.2.3 水合离子的水交换和由水合离子生成配合物

7.2.3.1 水合离子的水交换

在八面体配合物的配体取代反应中，首先考虑一种较为简单的情况，即配合物内界水分子和溶剂水分子之间的相互交换，这类反应称为水交换反应（water-exchange reactions）。

金属水合离子的水交换反应可用下式表示，式中 H_2O^* 表示溶剂水分子，以示区别。

$$[M(H_2O)_6]^{n+}+6H_2O^* \rightleftharpoons [M(H_2O^*)_6]^{n+}+6H_2O \quad (7\text{-}61)$$

水合金属离子的配位水分子可以被溶剂水分子所取代，也可以被其它配体取代形成配合物。除 Cr^{3+} 和 Rh^{3+} 水合离子外，其它水合金属离子的水交换反应一般都进行得很快，但其反应速率也有大约 10 个数量级的变化范围。图 7-16 列出一系列金属水合离子配位水取代速率常数（单位 s^{-1}），说明金属离子的本性（电荷、半径、构型）对水的交换速率或配位水被其它配体取代的速率有重要影响。一般来说，随着金属离子电荷的增大，半径减小，$M\text{-}OH_2$ 的键强度增加，取代反应速率决定于 $M\text{-}OH_2$ 键的断裂，然后发生水交换或配体取代。水交换反应的速率在一定程度上随着金属离子电荷的增大、半径的减小而减小，表明反应基本上按 D 机理进行。

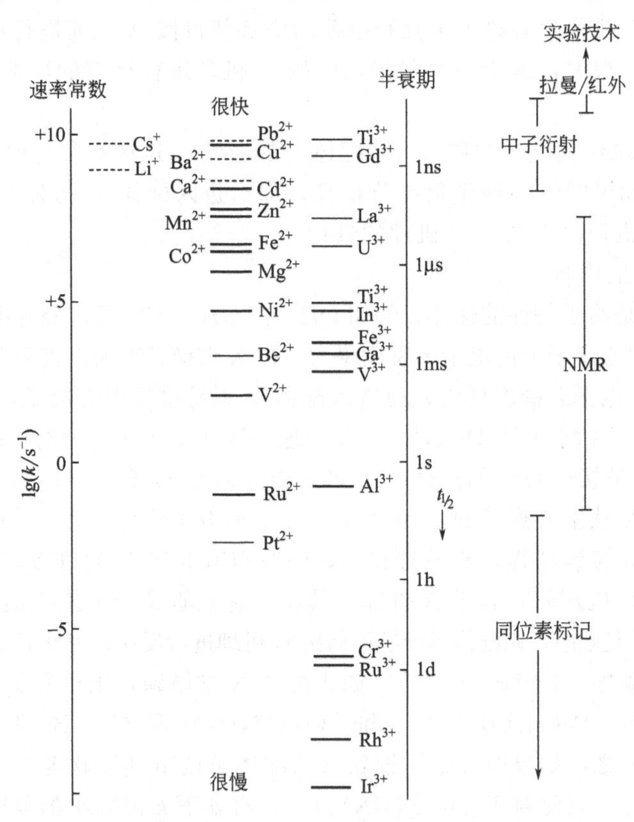

图 7-16　各种水合金属离子的水交换速率常数 $\lg(k/s^{-1})$

配位水的取代速率按金属离子的性质不同大致可分为四类。

第一类：水交换反应速率非常快，其反应速率常数 $k>10^8\,s^{-1}$，包括周期系中ⅠA、ⅡA 类（Be^{2+}、Mg^{2+} 除外）、ⅡB 族（Zn^{2+} 除外），再加上 Cr^{2+} 和 Cu^{2+}。

第二类：速率常数在 $10^4 \sim 10^8\,s^{-1}$ 之间的金属离子，包括大多数第一过渡系 M^{2+} 金属离子（V^{2+}、Cr^{2+} 除外）、Mg^{2+}、Zn^{2+} 及三价的镧系金属离子。

第三类：速率常数在 $1 \sim 10^4\,s^{-1}$ 之间的金属离子，包括 Al^{3+}、Be^{2+}、V^{2+}、Ga^{3+} 以及某些第一过渡系列的三价金属离子（Ti^{3+} 和 Fe^{3+}）。

第四类：水交换速率很慢，速率常数在 $10^{-1} \sim 10^{-9}\,s^{-1}$ 之间的金属离子，如 Cr^{3+}、Co^{3+}、Pt^{2+}、Ir^{3+} 和 Rh^{3+}。例如 $[Cr(H_2O)_6]^{3+}$ 的半衰期约为 $3.5\times10^5\,s$，活化能为 $112kJ\cdot mol^{-1}$。

从以上分类情况可以总结出下述规律。

① 碱金属与碱土金属水合离子与水分子间为纯静电作用成键（即离子键），它们的水交换速率常数服从电荷和半径规律。

② 二价过渡金属离子却不是很好地遵守上述电荷和半径规律，例如 Cr^{2+}、Ni^{2+} 和 Cu^{2+} 几乎有相同的半径，但 Cr^{2+} 和 Cu^{2+} 属于第一类而 Ni^{2+} 归为第二类，$[Ni(H_2O)_6]^{2+}$ 的反应较慢，即 d^8 体系，这同配体场理论所预见的一样（参阅 7.2.2，第一过渡系水合二价金属离子都是高自旋配合物）。属于第二类的第一过渡系水合二价金属离子一般都是 LFT 所预见的活性配合物，它们的 LFAE 都分别小于 0，所以它们的水交换都是快反应。而 V^{2+} (d^3) 和 Ni^{2+} (d^8) 的 LFAE 大于 0，所以它们的交换速率较小。三价的镧系金属离子属于第二类，则是因为它们的配位数较大，M^{III}-OH_2 键较弱。

③ Cr^{2+} 和 Cu^{2+} 的取代速率特别大，被认为是由于 Cu^{2+} ($t_{2g}^6e_g^3$) 和 Cr^{2+} ($t_{2g}^3e_g^1$) 的特殊配体场组态，已知电子在 e_g 轨道上的不对称占据容易发生较大的姜-泰勒变形，使 Cu(Ⅱ) 和 Cr(Ⅱ)配合物成为拉长的畸变八面体构型，位于平面上下方长轴上的两个水分子与中心离子的成键较弱，所以可以更快地进行交换。

④ 第四类金属离子有较大的离子势 z^2/r，其 LFAE 也特别大，因此它们属于惰性配合物。

7.2.3.2 配位水的取代反应

对于水合金属离子与配体生成配合物的反应进行了广泛研究，得到了两个重要结果：①对于给定金属离子生成配合物的速率与取代水的配体性质无关或关系不大（无数量级差别）；②每种离子的配体取代速率与同一水合金属离子的水交换速率基本一致，通常前者比后者大约慢 10 倍。例如对于反应(7-62)，当中心金属离子和进入配体分别不同时的反应速率常数和稳定常数如表 7-9 所示。

$$[M(H_2O)_x]^{n+} + L^{y-} \rightleftharpoons [ML(H_2O)_{x-1}]^{(n-y)+} + H_2O \tag{7-62}$$

表 7-9 不同中心金属的水合离子与一些配体发生取代的反应速率常数和稳定常数

进入配体 / 金属离子	Cl^-		Ac^-		SO_4^{2-}	
	$\lg K$	k/s^{-1}	$\lg K$	k/s^{-1}	$\lg K$	k/s^{-1}
Zn^{2+}	0.32	2.5×10^7	约 0.7	3×10^7	2.31	3×10^7
Cd^{2+}	1.54	4×10^8	2	2.5×10^8	2.31	$>10^8$
Hg^{2+}	6.74	2×10^9	—	—	—	—

虽然表 7-9 中所列每个金属配合物的稳定性大不相同（注意以 $\lg K$ 表示），但其配体取代反应速率常数却有相同的数量级，而且该数量级与水交换速率常数的数量级相当一致。

关于配位水的取代反应，假定按下列过程进行。

$$[ML_5(H_2O)] + Y \longrightarrow [ML_5Y] + H_2O \tag{7-63}$$

可设想离解机理按两步进行：

$$[ML_5(H_2O)] \underset{k_{-1}}{\overset{k_1}{\rightleftharpoons}} [ML_5] + H_2O \tag{7-64}$$

$$[ML_5] + Y \xrightarrow{k_2} [ML_5Y] \tag{7-65}$$

若对中间配合物 $[ML_5]$ 采用稳态近似，则有：

$$v_1 = k_1[ML_5(H_2O)];\ v_{-1} = k_{-1}[ML_5][H_2O];\ v_2 = k_2[ML_5][Y]$$

$$\frac{d[ML_5]}{dt} = v_1 - v_{-1} - v_2 = 0$$

$$k_1[ML_5(H_2O)]-k_{-1}[ML_5][H_2O]-k_2[ML_5][Y]=0$$

$$k_1[ML_5(H_2O)]=[ML_5]\{k_{-1}[H_2O]+k_2[Y]\}$$

$$[ML_5]=\frac{k_1[ML_5(H_2O)]}{k_{-1}[H_2O]+k_2[Y]}$$

速率方程可表示为：

$$\frac{d[ML_5Y]}{dt}=k_2[ML_5][Y]=\frac{k_1k_2[ML_5(H_2O)][Y]}{k_{-1}[H_2O]+k_2[Y]}$$

当 $k_2 \gg k_{-1}$，又 Y 的浓度很大时，便得到一级反应的速率方程：

$$v=k_1[ML_5(H_2O)] \tag{7-66}$$

式(7-66) 表明配位水的取代反应与 $[ML_5(H_2O)]$ 有关，而与 Y 无关。控制反应速率的因素是配位水的离解。例如对于取代反应(7-67)，其取代速率常数 $k_1(s^{-1})$ 在 70℃时随 Y 的变化不大（表 7-10），即取代速率与进入配体无关。

$$[Co(NH_3)_5(H_2O)]^{3+}+Y^{x-} \rightleftharpoons [Co(NH_3)_5Y]^{(3-x)+}+H_2O \tag{7-67}$$

表 7-10 不同进入配体 Y 对取代反应(7-67) 速率的影响

Y^{x-}	$H_2^{18}O$	$HC_2O_4^-$	$C_2O_4^{2-}$	$CH_3CO_2^-$	$C_2H_5CO_2^-$
k_1/s^{-1}	2.35×10^{-3}	4.90×10^{-4}	4.00×10^{-4}	1.46×10^{-4}	2.14×10^{-4}

实际上当 Y^{x-} 浓度很大时，配位水与 Y^{x-} 无关的实例却很少见，因为当 Y^{x-} 浓度增加时，可能有反应物配阳离子 $[Co(NH_3)_5(H_2O)]^{3+}$ 与 Y^{x-} 生成离子对的机理发生，下面将介绍生成离子对的反应。

7.2.3.3 离子对反应

配位水的取代反应的另一个机理是生成离子对反应。如果参加反应的是配阳离子，而进入的配体是配阴离子 Y^{x-}，在两者电荷较高，或配体 Y^{x-} 浓度较大时，进入配体可首先和配阳离子生成离子对，在这种情况下，进入配体位于外界，又称为外界配合物。在反应(7-67) 中，$[Co(NH_3)_5(H_2O)]^{3+}$ 与 Y^{x-} 之间可能有离子对生成，实验证明其反应速率与配阳离子和配体浓度均有关系，设该反应形成离子对的反应机理如下：

$$[Co(NH_3)_5(H_2O)]^{3+}+Y^{x-} \underset{k_{-1}}{\overset{k_1}{\rightleftharpoons}} [Co(NH_3)_5(H_2O)]^{3+}\cdots Y^{x-} \tag{7-68}$$

$$[Co(NH_3)_5(H_2O)]^{3+}\cdots Y^{x-} \xrightarrow{k_i} [Co(NH_3)_5Y]^{(3-x)+}+H_2O \tag{7-69}$$

第二步是慢反应，当 $k_{-1} \gg k_i$，得到以下速率方程：

$$\begin{aligned} R &=(k_1/k_{-1})k_i[Co(NH_3)_5(H_2O)^{3+}][Y^{x-}] \\ &=Kk_i[Co(NH_3)_5(H_2O)^{3+}][Y^{x-}] \\ &=K_f[Co(NH_3)_5(H_2O)^{3+}][Y^{x-}] \end{aligned} \tag{7-70}$$

更为广义地，许多配体取代配位水反应的动力学实验表明反应是分两步进行的：第一步是水合离子迅速与配体反应，建立平衡形成离子对或水合离子配体外界配合物；第二步是配体从水合离子中取代水分子，与金属离子直接键合，这是反应的决速步骤，且可能以 D 或 A 模式进行，但以前者为较常见。上述情况可用下式表示：

$$[M(H_2O)_6]^{n+}+Y^{x-} \underset{k_{-1}}{\overset{k_1}{\rightleftharpoons}} [M(H_2O)_6]^{n+}\cdots Y^{x-} \tag{7-71}$$

$$[M(H_2O)_6]^{n+}\cdots Y^{x-} \xrightarrow{k_i} [M(H_2O)_5Y]^{(n-x)+}+H_2O \tag{7-72}$$

第二步是慢反应，当 $k_{-1} \gg k_i$，得到以下速率方程：

$$R=(k_1/k_{-1})k_i[M(H_2O)_6{}^{n+}][Y^{x-}]=Kk_i[M(H_2O)_6^{n+}][Y^{x-}]$$
$$=K_f[M(H_2O)_6^{n+}][Y^{x-}] \tag{7-73}$$

式中　k_i——配体取代水的速率常数；

K——外界配合物的形成常数；

K_f——实验测得的表观反应速率常数。

由已知或测定的 K 与 K_f 可计算 k_i，其数值通常与水交换速率常数接近。例如，$[Ni(H_2O)_6]^{2+}$ 与 $CH_3PO_4^{2-}$ 反应的实验值 $K_f=2.9\times10^5 mol^{-1}\cdot s^{-1}$，$K=40mol^{-1}$，则 $k_i=7\times10^3 s^{-1}$，这一数值与 $[Ni(H_2O)_6]^{2+}$ 的水交换反应速率常数 $k_{ex}=30\times10^3 s^{-1}$ 接近。两者之间的差值是由于统计学上的因素造成的，因为处在外界配合物上的配体 L 只有刚好处在失去内界水的方向上才能进行交换，而对于溶剂水与内界水的交换就没有这一限制，所以溶剂水的交换速率常数就要大些。根据这些讨论也说明配合物形成反应分两步进行的假设基本正确，从 $[Ni(H_2O)_6]^{2+}$ 的 k_i 和 k_{ex} 值的比较亦可看出配体和溶剂水对配位水的取代都是以相同的机理即离解机理进行的。

7.2.4　水解反应

可以将水解反应分为两类进行讨论。在酸性溶液中的水解反应称为酸式水解（acid hydrolysis）或水合反应（aquation），可表示如下：

$$[ML_5X]^{n+}+H_2O\longrightarrow[ML_5(H_2O)]^{(n+1)+}+X^- \tag{7-74}$$

在碱性溶液中的水解称为碱式水解（base hydrolysis），通式为：

$$[ML_5X]^{n+}+OH^-\longrightarrow[ML_5(OH)]^{n+}+X^- \tag{7-75}$$

按上述两种方法进行水解反应，将得到水合和羟基配合物的混合物。究竟水解以哪种方式为主，取决于水解的 pH 值，通常在 pH<5 的酸性溶液中以酸式水解为主，在碱性溶液中，则主要为碱式水解。因此水解反应的速率方程可用以下形式表示：

$$R=k_A[ML_5X^{n+}]+k_B[ML_5X^{n+}][OH^-] \tag{7-76}$$

式(7-76) 中第一项（k_A）指酸式水解，第二项（k_B）指碱式水解。表 7-11 列出 $[Co(NH_3)_5X]^{n+}$ 水合反应和碱水解反应的速率常数比较。

表 7-11　$[Co(NH_3)_5X]^{n+}$ 水合反应和碱水解反应的速率常数比较（25℃）

X	k_B/L·mol⁻¹·s⁻¹	k_A/s⁻¹	X	k_B/L·mol⁻¹·s⁻¹	k_A/s⁻¹
NH_3	7.1×10^{-7}	5.8×10^{-12}	Br^-	1.4	3.9×10^{-6}
$O_2CCH_2CO_2^-$	1.0×10^{-5}	9.8×10^{-9}	Me_2SO	5.4	2.2×10^{-5}
N_3^-	3.0×10^{-4}	2.1×10^{-9}	NO_3^-	5.5	2.7×10^{-5}
$MeCO_2^-$	9.6×10^{-4}	2.7×10^{-8}	$CH_3SO_3^-$	5.5×10^1	2.0×10^{-4}
SO_4^{2-}	4.9×10^{-2}	8.9×10^{-7}	$4\text{-}NO_2C_6H_4SO_3^-$	2.7×10^2	6.3×10^{-4}
Cl^-	2.3×10^{-1}	1.8×10^{-6}	$CF_3SO_3^-$	$>10^4$	2.7×10^{-2}

7.2.4.1　酸式水解

当水解在 pH=0～3 的范围内进行时，碱式水解一项可以忽略（通常 k_B 为 k_A 的 10^4～10^8 倍），只需考虑酸式水解一项，该项只与反应物的浓度有关而与酸的浓度无关，但是单从速率方程还不能确定水解的机理，还需借助于其它的证明。对 Co(Ⅲ)配合物的水解已进行了大量的研究，发现在大多数情况下酸式水解是以 D 机理进行的。其证据可以通过影响 D 机理的诸因素说明[1]。

[1] 徐志固编著．现代配位化学．北京：化学工业出版社，1987：139-140。

7.2.4.2 碱式水解

(1) 与碱式水解有关的实验现象

八面体配合物的碱式水解与OH^-的浓度有关。已经发现一些配合物，特别是含NH_3、RNH_2及R_2NH配体的Co(Ⅲ)配合物在碱性溶液中的水解速率常数是酸式水解的10^4～10^8倍，例如：

$$trans\text{-}[CoCl_2(en)_2]^+ \begin{cases} \xrightarrow[t_{1/2}\text{为几分钟至几小时}]{H_2O,\ pH=7} [CoCl(H_2O)(en)_2]^{2+} \quad \text{酸式水解或两者兼有（粉红色）} \\ \xrightarrow[\text{瞬间}]{H_2O,\ pH>7} [CoCl(OH)(en)_2]^{+} \quad \text{碱式水解（紫色）} \end{cases}$$

根据表7-11所列数据也可以看出$[Co(NH_3)_5X]^{n+}$的碱水解和酸水解速率常数的不同，即，当X相同时，碱水解反应总是快于酸水解反应。从碱式水解的速率方程

$$R=k_B[ML_5X^{n+}][OH^-] \tag{7-77}$$

可以看到碱式水解反应是一个二级反应，其中包括OH^-的浓度项。这种与OH^-有关的速率方程可作为碱式水解反应可能是以A机理进行的一个证明，但是按A机理不能解释以下耐人寻味的现象：

① 为什么影响反应速率的只有OH^-配体，其它配体对反应速率的影响都远不如OH^-？

② 为什么OH^-离子在同Pt(Ⅱ)按A机理进行的取代反应中是一个很差的亲核试剂，而它对以上提及的含NH_3、RNH_2及R_2NH配体的Co(Ⅲ)配合物却有反常的活性？

③ 通常发现那些不含有活性质子的配合物，例如，$trans$-$[CoCl_2(py)_4]^+$、$trans$-$[Co(NO_2)_2(bpy)_2]^+$、$[CoX(CN)_5]^{3-}$和$trans$-$[CoCl_2(Ph_2PCH_2CH_2PPh_2)_2]^+$等，它们的碱式水解反应较慢，而且反应速率在一定pH范围内受OH^-浓度的影响不大。

(2) D_{cb}机理的提出

为了解释上述非同寻常的实验现象，认为类似的反应是由于OH^-结合质子而加速了，并且是通过形成一个五配位中间体进行的。例如$[CoCl(NH_3)_5]^{2+}$的碱式水解可按以下步骤进行：

$$[CoCl(NH_3)_5]^{2+}+OH^- \underset{k_{-1}}{\overset{k_1}{\rightleftharpoons}} [CoCl(NH_2)(NH_3)_4]^{+}+H_2O \tag{7-78}$$

$$[CoCl(NH_2)(NH_3)_4]^{+} \xrightarrow[\text{慢}]{k_2} [Co(NH_2)(NH_3)_4]^{2+}+Cl^- \tag{7-79}$$

$$[Co(NH_2)(NH_3)_4]^{2+}+H_2O \xrightarrow{\text{快}} [Co(OH)(NH_3)_5]^{2+} \tag{7-80}$$

其总反应式为：

$$[CoCl(NH_3)_5]^{2+}+OH^- \longrightarrow [Co(OH)(NH_3)_5]^{2+}+Cl^- \tag{7-81}$$

反应(7-81)的第一步是$[CoCl(NH_3)_5]^{2+}$中的一个NH_3失去质子生成其共轭碱$[CoCl(NH_2)(NH_3)_4]^+$，是快反应；接着共轭碱离解出Cl^-，形成五配位的中间体$[Co(NH_2)(NH_3)_4]^{2+}$，通常这一步反应慢，为速率决定步骤［已知$k_{-1}/k_2=(7\sim100)\times10^5$］，最后该中间体与$H_2O$迅速反应生成产物。类似的机理称为共轭碱离解机理（conjugate base dissociation mechanism），用缩写符号表示为D_{cb}或S_N1CB。因此，表面上看来是二级反应［式(7-74)］的碱式水解机理的决速步骤[1]是共轭碱的离解，所以反应的实质还是D机理。金属胺合物按D_{cb}机理进行碱水解的假想过程如图7-17所示，也可用式(7-82)～式

---

[1] 有时，决速步骤为质子交换，例如，对于$trans$-$[CoCl_2(en)_2]^+$和cis-$[CoCl_2(en)_2]^+$的碱水解。

(7-85) 所示的通式来表示。

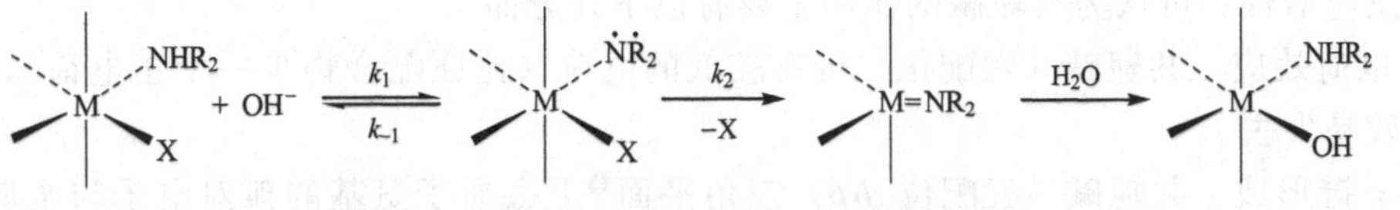

图 7-17 金属胺合物按 D_{cb} 机理水解的假想过程

$$[MXL_4(R_2NH)]^{n+} + OH^- \underset{k_{-1}}{\overset{k_1}{\rightleftharpoons}} [MXL_4(R_2N)]^{(n-1)+} + H_2O \tag{7-82}$$

$$[MXL_4(R_2N)]^{(n-1)+} \xrightarrow[\text{慢}]{k_2} [ML_4(R_2N)]^{n+} + X^- \tag{7-83}$$

$$[ML_4(R_2N)]^{n+} + H_2O \xrightarrow{\text{快}} [M(OH)L_4(R_2NH)]^{n+} \tag{7-84}$$

其总反应式为：

$$[MXL_4(R_2NH)]^{n+} + OH^- \longrightarrow [M(OH)L_4(R_2NH)]^{n+} + X^- \tag{7-85}$$

当体系中有 Y^- 存在时，可能发生下述反应：

$$[ML_4(R_2N)]^{n+} + Y^- \xrightarrow{\text{快}} [MYL_4(R_2N)]^{(n-1)+} \tag{7-86}$$

$$[MYL_4(R_2N)]^{(n-1)+} + H_2O \overset{\text{快}}{\rightleftharpoons} [MYL_4(R_2NH)]^{n+} + OH^- \tag{7-87}$$

类似于对 A 机理的稳态近似推导，得到反应(7-85) 按 D_{cb} 机理进行的速率方程。

$$R = k_B[MXL_4(R_2NH)^{n+}][OH^-] \tag{7-88}$$

$$k_B = \frac{k_1 k_2}{k_{-1} + k_2}$$

(3) 对 D_{cb} 机理的检验

对 D_{cb} 机理的检验可以考察以下几方面：①反应物的酸碱性；②五配位中间体的立体结构；③共轭碱对五配位中间体所起的稳定作用；④位阻效应。已经有不少令人信服的证据支持 D_{cb} 机理。

① 用 OOH^- 代替 OH^-，发现碱式水解速率变慢，由于 OOH^- 是比 OH^- 更弱的碱 (H_2O_2 的一级电离常数是 1.55×10^{-12}，酸性比 H_2O 强)，却是比 OH^- 更好的亲核试剂，由此证明共轭碱生成的合理性，因为反应若按 A 机理进行，观察到的应该是反应速率加快而不是减慢。

② 最直接的实验证据是检测出 D_{cb} 机理中所假设的五配位中间体，但迄今并未从光谱实验中检测到痕量中间体的存在。对 Co(Ⅲ) 配合物的碱水解经历的重排反应进行详细研究，间接地证明了五配位过渡态。例如，对产物的准确立体化学分析表明，Λ-*cis*-$[CoCl_2(en)_2]^+$ 的碱式水解产物的立体化学分布如图 7-18 所示，此现象不但与离解机理一致，而且间接证明了中间体为五配位的三角双锥 (*tbp*) 构型，因为 OH^- 可以从任何一个方向进攻 *tbp* 中间体，而如果中间体是四方锥构型，那么只有四方锥底这个位置对 OH^- 的进攻是开放的，一般只能形成一种构型保留的产物。

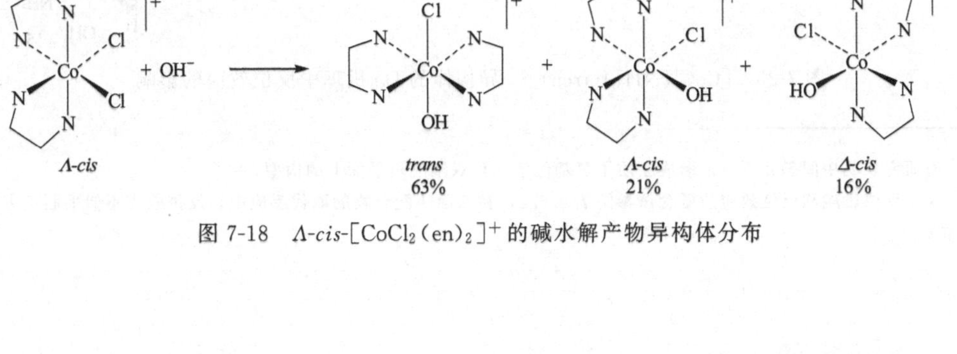

Λ-cis + OH^- ⟶ *trans* 63% + *Λ-cis* 21% + *Δ-cis* 16%

图 7-18 Λ-*cis*-$[CoCl_2(en)_2]^+$ 的碱水解产物异构体分布

③ 由于共轭碱的浓度极低，要得到共轭碱存在的直接证明是困难的。为了解释共轭碱高度的反应活性，可认为共轭碱的作用主要有以下几方面。

a. 电荷效应　共轭碱（六配位）带有较低的电荷（比原配合物少一个正电荷），因而离去配体较易失去。

b. π 键形成　共轭碱（五配位 *tbp*）三角平面[1]上去质子氨基的孤对电子与金属轨道重叠（图 7-17）产生 π 相互作用，导致五配位中间体的稳定化，从而增加了离去配体的活性，并保持 Co(Ⅲ) 的 18 电子构型。π 键形成的机理或许可由图 7-19 所示的体系说明，直线形四齿配体 $edda^{2-}$（乙二胺二乙酸根）与两个单齿配体 Cl^- 形成顺式 Co(Ⅲ) 配合物时，分别有 *cis-α* 和 *cis-β* 两种几何异构体，前者由于空间构型的限制，氨基上的孤对电子不易与金属的 d 轨道有效重叠，而后者则可发生有效重叠形成 π 键，因此 *cis-β* 异构体要比 *cis-α* 异构体的碱水解快 10^4 倍，但是两种异构体的水合反应速率却不相上下。

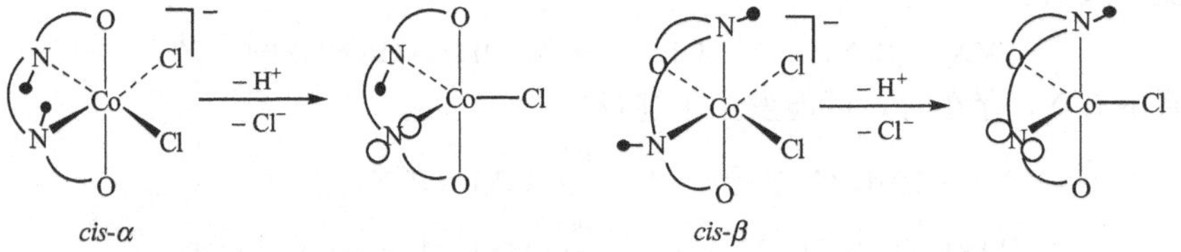

cis-α　　*cis-β*

图 7-19　*cis-α* 和 *cis-β*-[$CoCl_2$(edda)] 异构体的 D_{cb} 机理中 *tbp* 共轭碱的形成

c. 反位影响[2]　由于 NH_2^- 配体在基态时（六配位）对离去配体的排斥作用。

d. 反位效应　研究表明，在 D_{db} 机理中，位于反位效应大的离去基团对位的氨基更易发生质子化，从而促进碱水解反应的进行。例如，在如图 7-20 所示的 [$CoCl(NH_3)(tren)$]$^{2+}$（tren＝三乙四胺）异构体的碱水解反应中，由于 Cl^- 的反位效应大于 NH_3，反应（a）比反应（b）要快 10^4 倍。此外，反应产物的立体化学分布可以用形成 *tbp* 中间体且去质子氨基位于其三角平面来解释，反应（a）容易形成此构型的中间体，因此获得保留构型的产物，而反应（b）则需要经过一个四方锥构型中间体的重排。

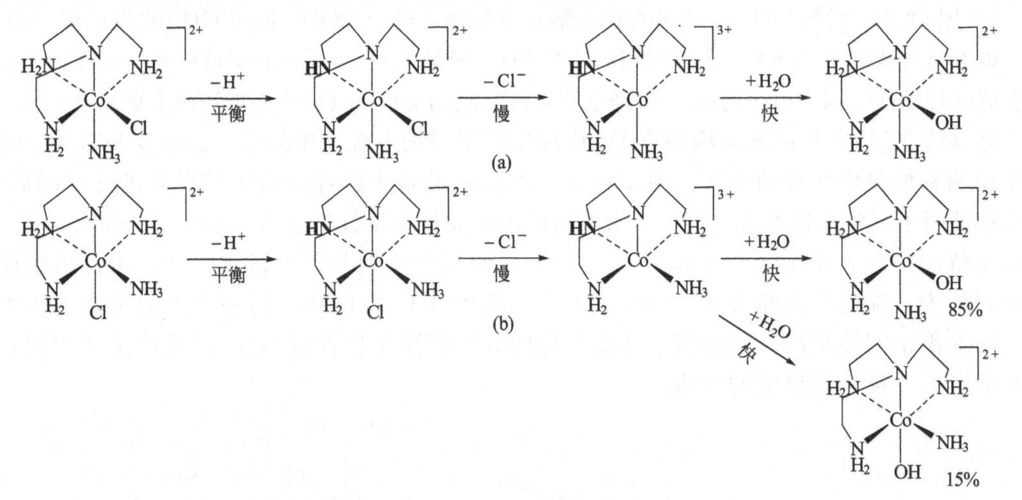

图 7-20　[$CoCl(NH_3)(tren)$]$^{2+}$ 异构体的 D_{cb} 机理中反位效应的影响

[1] 有研究表明中间态并不一定形成去质子氨基位于三角双锥三角平面上的构型。

[2] 关于反位影响和反位效应的概念请参阅 7.2.6.2，在八面体配合物的取代反应中，反位效应不似平面正方形配合物那样重要。

④ 位阻效应的影响使得 $[CoCl(NH_2Me)_5]^{2+}$ 和 $[CoCl(NH_2CHMeEt)_5]^{2+}$ 的水解反应要比 $[CoCl(NH_3)_5]^{2+}$ 的反应快 $10^4 \sim 10^5$ 倍，这是反应按 D 机理进行的有力证明。

Co(Ⅲ)氨(胺)配合物除了按 D_{cb} 机理进行碱式水解外，也有少数例外。例如，已知 $[Co(edta)]^-$ 的水解速率与 OH^- 浓度成正比，但是在该配合物所含 $edta^{4-}$ 中却没有可供电离形成共轭碱的质子，因此 $[Co(edta)]^-$ 的水解不可能按 D_{cb} 机理，而可能是按 A 机理进行，迄今已成功分离出若干第一过渡系金属离子的七配位 $[M(OH)(edta)]^{n-}$ 配合物就是例证。

以上 Co(Ⅲ)氨(胺)配合物的碱式水解反应机理研究说明：对实验所得动力学数据常常可以有不止一种解释，必须设计一些相当精巧的实验获得直接或间接的证据，以证实所设想和提出机理的合理性。还应当指出：目前已经能很好地理解 D_{cb} 机理的一般特征，迄今也有许多一流的文献（研究）详细考察了 D_{cb} 机理的细节，可以说在过渡金属配合物的各类取代反应机理研究中，对 D_{cb} 机理的研究是最深入且透彻的。尽管如此，仍有一些 D_{cb} 机理研究的基本问题有待解决。

7.2.4.3　八面体配合物水解反应的立体化学

上面我们讨论了八面体 Co(Ⅲ)配合物的碱水解反应所伴随的异构化现象。一般认为，按离解机理进行的取代反应更可能导致异构化和消旋化作用，而按缔合机理进行的反应通常得到单一构型的产物；不过，其证据并不是很清晰。在一定条件下，离解机理也可能导致保留构型或改变构型的单一构型产物。例如，在稀碱（$<0.01 mol \cdot L^{-1}$）浓度下，Λ-*cis*-$[CoCl_2(en)_2]^+$ 的碱水解产物是 Λ-*cis*-$[CoCl(OH)(en)_2]^+$；但是在碱浓度更大时（$[OH^-] > 0.25 mol \cdot L^{-1}$），却得到 Δ-*cis*-$[CoCl(OH)(en)_2]^+$；而在更高的碱浓度下则可能形成（$[CoCl_2(en)_2]^+ \cdots OH^-$）离子对，由于被定向的水分子进攻，主要得到手性构型翻转的产物 Δ-*cis*-$[CoCl(OH)(en)_2]^+$，不同碱浓度下碱水解产物的立体化学如图 7-21 所示。

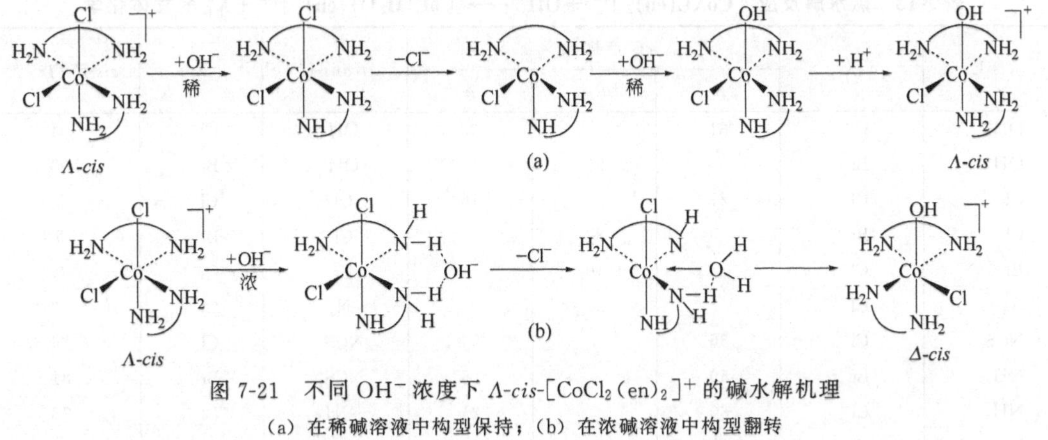

图 7-21　不同 OH^- 浓度下 Λ-*cis*-$[CoCl_2(en)_2]^+$ 的碱水解机理

(a) 在稀碱溶液中构型保持；(b) 在浓碱溶液中构型翻转

当反应温度或介质不同时，也可能导致产物的立体化学分布不同。例如，对于 *cis*-$[CoCl_2(en)_2]^+$ 中的两个氯离子被氨分子取代的反应，当反应于低温（$<-33℃$）下和液氨中进行时，得到构型翻转的产物；而当反应在较高温度下和液氨（或乙醇溶液或固体暴露在氨气氛）中，则反应产物保留构型。在两种情况下，都得到少量反式异构体。

虽然对上述现象还不能得到完全满意的解释，但是迄今所报道的手性构型翻转都是在可能的 D_{cb} 机理下进行的，由进入配体进攻三角双锥中间体的取向确定了产物的立体构型，则预示着 *tbp* 中间体的存在。

表 7-12 和表 7-13 列出 $[CoXL(en)_2]^{n+}$ 酸水解和碱水解反应产物的立体化学分布，虽

然它们仅仅涉及水解反应，但却提供了许多重要的八面体配合物取代反应的立体化学信息。可以说，在八面体（立体）化学中，取代反应伴随着立体化学变化是普遍存在的现象。*cis*-$[CoXL(en)_2]^{n+}$和*trans*-$[CoXL(en)_2]^{n+}$之所以能成为Werner时代经典配位化学的研究对象（参阅1.3.3.1），正是得益于它们的异构化性质；而类似体系的异构化对碱催化取代反应特别敏感，表现出丰富的异构化立体化学（见表7-13、图7-18～图7-21）。

从表7-12的数据可以看到，对*trans*-$[CoXL(en)_2]^{n+}$的酸水解（或水合）反应，可按共配体L的不同将其分为两类：当L＝OH^-、Cl^-、Br^-、NCS^-、RCO_2^-、CO_3^{2-}和N_3^-时，反应伴随着重要的立体化学变化；当L＝NH_3、NO_2^-、CN^-或SO_3^{2-}时，其反应产物的反式几何构型是完全保留的；而顺式异构体进行酸水解时，其反应产物的顺式几何构型是完全保留的，而且当反应物为手性构型时，不会发生消旋化。

表7-12 酸水解反应 $[CoXL(en)_2]^{n+}+H_2O \longrightarrow [CoL(H_2O)(en)_2]^{(n+1)+}+X^-$ 的立体化学

cis-L	X	*cis*-产物/%	*trans*-L	X	*cis*-产物/%
OH^-	Cl^-	100	OH^-	Cl^-	75
OH^-	Br^-	100	OH^-	Br^-	73
Br^-	Cl^-	100	Br^-	Cl^-	50
Cl^-	Cl^-	100	Br^-	Br^-	30
Cl^-	Br^-	100	Cl^-	Cl^-	35
N_3^-	Cl^-	100	Cl^-	Br^-	20
NCS^-	Cl^-	100	NCS^-	Cl^-	50～70
NCS^-	Br^-	100	NH_3	Cl^-	0
NO_2^-	Cl^-	100	NO_2^-	Cl^-	0

表7-13 碱水解反应 $[CoXL(en)_2]^{n+}+OH^- \longrightarrow [CoL(H_2O)(en)_2]^{n+}+X^-$ 的立体化学

cis-L	X	*cis*-产物①/%			*trans*-L	X	*cis*-产物③/%
		Δ	*rac*-②	Λ			
OH^-	Cl^-	61		36	OH^-	Cl^-	94
OH^-	Br^-		96		OH^-	Br^-	90
Cl^-	Cl^-	21		16	Cl^-	Cl^-	5
Cl^-	Br^-		30		Cl^-	Br^-	5
Br^-	Cl^-		40		Br^-	Cl^-	0
N_3^-	Cl^-		51		N_3^-	Cl^-	13
NCS^-	Cl^-	56		24	NCS^-	Cl^-	76
NH_3	Br^-	59		26	NCS^-	Br^-	81
NH_3	Cl^-	60		24	NH_3	Cl^-	76
NO_2^-	Cl^-	46		20	NO_2^-	Cl^-	6

①所有*cis*-异构体的手性产物Δ-*cis*-$[CoL(H_2O)(en)_2]^{n+}$和Λ-*cis*-$[CoL(H_2O)(en)_2]^{n+}$皆来自于反应物Δ-*cis*-$[CoXL(en)_2]^{n+}$；②反应物为消旋*cis*-$[CoXL(en)_2]^{n+}$；③非手性的*trans*-异构体产生消旋的*cis*-产物，*trans*(%)＝100%－*cis*(%)。

trans-$[CoXL(en)_2]^{n+}$的酸水解反应可能经过三种途径，如图7-22所示。如果过渡态为四方锥，而水分子又直接进入四方锥轴向的空配位点，则水解反应产物就是保留构型的；如果四方锥过渡态有足够长的寿命流变（fluxianation）为三角双锥，或中间体直接为三角双锥，且当水分子沿三角双锥的不同方向进攻时，可能形成的产物分别为三种几何与光学异构体。与反式异构体类似，*cis*-$[CoXL(en)_2]^{n+}$的酸水解反应亦可能经过三种途径，如图7-23所示，从表7-12的数据可以推测，其中间态为四方锥构型。

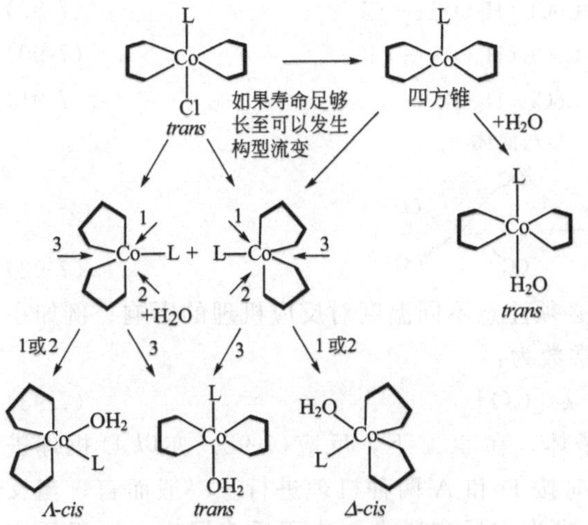

图 7-22 *trans*-$[CoXL(en)_2]^{n+}$ 进行酸水解可能的立体化学过程

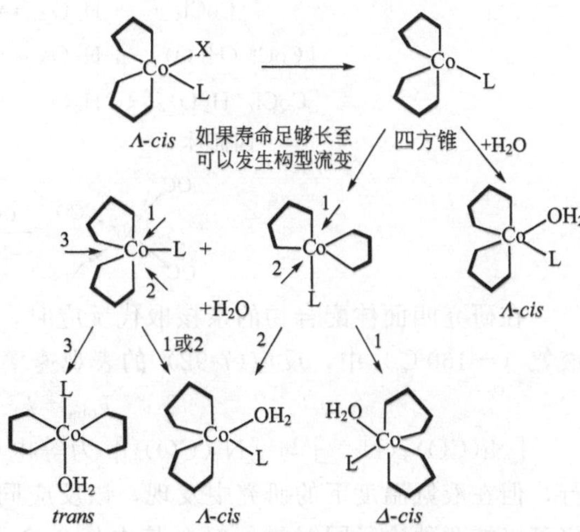

图 7-23 *cis*-$[CoXL(en)_2]^{n+}$ 进行酸水解可能的立体化学过程

7.2.5 四面体配合物的取代反应

对四面体配合物的取代反应研究得较少，这是因为四面体配合物进行取代反应的过渡态结构一般较少涉及配体场效应，故反应很快而不易进行动力学和立体化学研究。四面体配合物发生亲核取代反应的假想途径如图 7-24 所示。

配位饱和的 18 电子金属有机化合物，如 $[Ni(CO)_4]$、$[Ni(CO)_2(PR_3)_2]$ 或 $[Ni\{P(OEt_3)\}_4]$ 的取代反应速率与亲核剂的性质和浓度无关，反应主要按离解机理进行。实验表明 $[Ni(CO)_4]$ 与 PEt_3 进行取代反应时，其活化体积 $\Delta V^{\neq}$ 为 $+8cm^3 \cdot mol^{-1}$。与之相反，$[CoBr_2(PPh_3)_2]$（15 电子物种）的膦配体交换反应和 $[FeBr_4]^-$（15 电子物种）的卤素配体交换反应却是按 A 机理进行的，并且被活化参数 $\Delta S^{\neq}$ 的较大负值所证明，例如，对于 $[CoBr_2(PPh_3)_2]$，测得其 $\Delta V^{\neq}=-12cm^3 \cdot mol^{-1}$ 以及 $\Delta S^{\neq}=-79J \cdot K^{-1} \cdot mol^{-1}$。

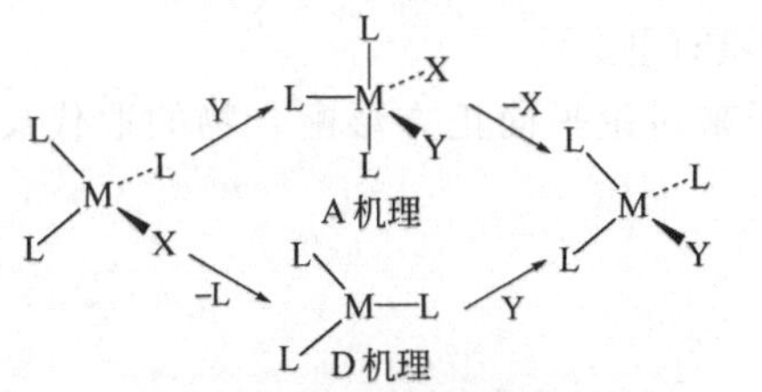

图 7-24 四面体配合物发生亲核取代反应的假想途径

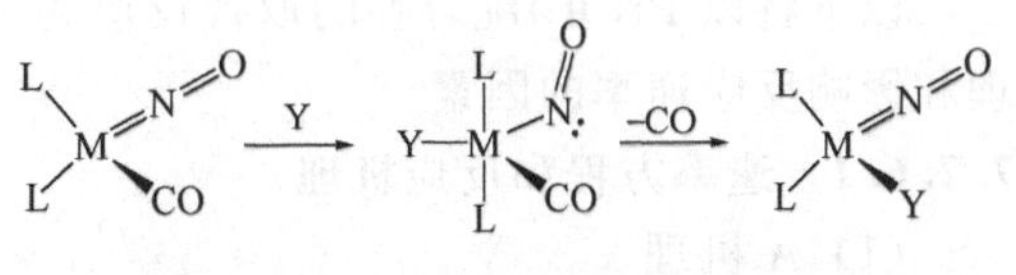

图 7-25 四面体配合物 $[ML_2(CO)(NO)]$ 按 A 机理发生取代反应的假想途径

含亚硝酰配体 NO 的 18 电子金属有机化合物 $[Co(CO)_3(NO)]$ 和 $[Fe(CO)_2(NO)_2]$ 之所以按 A 机理进行取代反应，主要是亚硝酰配体 NO 的配位方式所致。如图 7-25 所示，NO 既可作为三电子给体（M-NO 为线形），也可作为单电子给体（M-NO 为折线形）与金属配位，因此亚硝酰配合物较容易通过分子内的金属-亚硝酰作用方式的改变成为配位不饱和的过渡态物种（16 电子），进而发生按 A 机理进行的取代反应（图 7-25）。

对一些四面体或准四面体过渡金属配合物的取代反应进行机理研究具有相当大的难度，因为存在着不同立体化学和配位数之间的平衡，例如式(7-89)～式(7-91) 所示的 Co(Ⅱ) 配合物的反应。

$$[CoCl_4]^{2-} + H_2O \rightleftharpoons [CoCl_3(H_2O)]^{-} + Cl^{-} \tag{7-89}$$

$$[CoCl_3(H_2O)]^{-} + H_2O \rightleftharpoons [CoCl_2(H_2O)_2] + Cl^{-} \tag{7-90}$$

$$[CoCl_2(H_2O)_2] + 2H_2O \rightleftharpoons [CoCl_2(H_2O)_4] \tag{7-91}$$

四面体　　　　　　　八面体

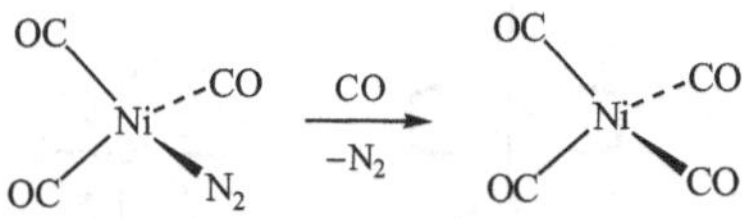

$$Ni(CO)_3(N_2) \xrightarrow[-N_2]{CO} Ni(CO)_4 \tag{7-92}$$

在研究四面体配合物的亲核取代反应时，必须注意不同温度对反应机理的影响。例如在液氪（$-160℃$）中，反应(7-92）的表观速率常数为：

$$k_{obs} = k_1 + k_2[CO] \tag{7-93}$$

$[Ni(CO)_3(N_2)]$ 与 $[Ni(CO)_4]$ 为等电子体，在 25℃下，反应(7-92）亦以 D 机理进行，但在液氪温度下的研究中发现，该反应同时按 D 和 A 两种机理进行。一般而言，当反应可以按两种途径同时进行时，其中某个途径成为主反应通常取决于反应温度。对于反应(7-92）的自由能研究表明，k_1/k_2 之比在 $-160 \sim 25℃$之间改变了 5 个数量级，若超过此温度范围，则发生反应机理的改变。

7.2.6 平面正方形配合物的取代反应

形成平面正方形配合物的过渡金属离子大多具有 d^8 组态，如 Rh(Ⅰ)、Ir(Ⅰ)、Ni(Ⅱ)、Pd(Ⅱ)、Pt(Ⅱ)和 Au(Ⅲ)等。其中对 Pt(Ⅱ)配合物的反应动力学研究得最多，主要有以下几方面原因：

① Pt(Ⅱ)配合物一般具有氧化还原稳定性，不像 Rh(Ⅰ)和 Ir(Ⅰ)那样容易发生氧化加成反应；

② Pt(Ⅱ)的四配位化合物总是平面四方形的，不像其它中心离子，例如 Ni(Ⅱ)，尽管在多数情况下能形成平面四方形配合物，但在一定条件下也可能取四面体构型；

③ 对 Pt(Ⅱ)化合物的研究进行得比较透彻，而且 Pt(Ⅱ)配合物的取代反应速率比较适合于早期实验室的研究。因为，对于同一类 d^8 组态的同族 M(Ⅱ)配合物，反应速率的顺序是：

$$Ni(Ⅱ) > Pd(Ⅱ) \gg Pt(Ⅱ)$$

以下将以 Pt(Ⅱ)配合物的取代反应为典型例子来讨论平面正方形配合物的取代反应机理和影响反应速率的因素。

7.2.6.1 速率方程和反应机理

(1) A 机理

平面正方形配合物由于其构型的特殊性——平面上下方没有配体，在亲核取代反应中有利于形成配位数为五的中间化合物，一般认为它们的取代反应按 A 机理进行。典型的取代反应如：

$$PtL_3X + Y \rightleftharpoons PtL_3Y + X \tag{7-94}$$

所观察到的速率方程为：

$$R = k_S[PtL_3X] + k_Y[PtL_3X][Y] \tag{7-95}$$

式(7-95）所示的速率方程表示反应(7-94）经由两种途径进行，其反应机理如图 7-26 所示。在 k_Y 反应机理中，亲核试剂进攻金属配合物，反应经过一个五配位的过渡态或中间体，可能为三角双锥或四方锥。注意到在假想的三角双锥过渡态中，离去配体 X、反位配体 T 与进入配体 Y 都处在三角平面位置上。与多数八面体配合物的取代反应不同的是，按 A 机理进行取代反应的平面正方形配合物的产物是完全立体定向的，即顺式和反式的反应物分

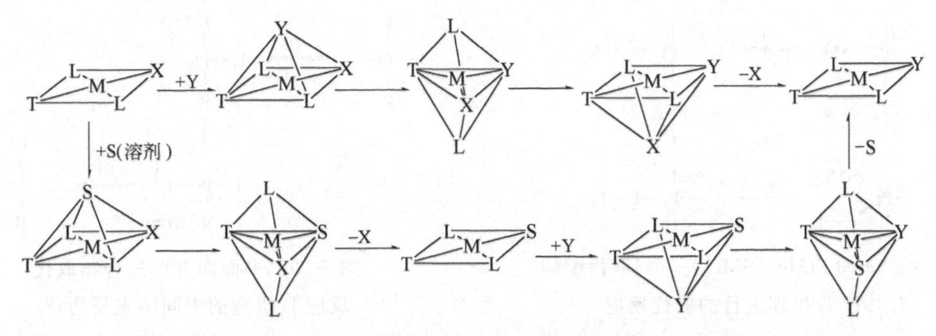

图 7-26　平面正方形配合物取代反应的假想 A 机理

别得到顺式和反式的产物。推测其中间体可能是四方锥或三角双锥结构，因为配合物有一个空的价层轨道，可用它形成第五个 Pt-Y 键。k_Y 机理是 A 机理，k_S 机理被称为溶剂辅助机理，它同样也产生一个过渡态或中间体，只是外来亲核试剂是溶剂分子，k_S 机理同样属于 A 机理，因为 k_S 实际上是 k[溶剂]。例如：

$$[PtCl(NH_3)_3]^+ + Br^- \longrightarrow [PtBr(NH_3)_3]^+ + Cl^- \tag{7-96}$$

反应(7-96) 的机理可表示为图 7-27，该机理表示 k_Y 和 k_S 两项属于平行反应。当溶剂本身是个不良配体（如 CCl_4、C_6H_6 等）时，主要观察到 k_Y 机理；当溶剂本身是一个优良配体时，可同时发生 k_S 机理。其五配位中间体亦可能为三角双锥。

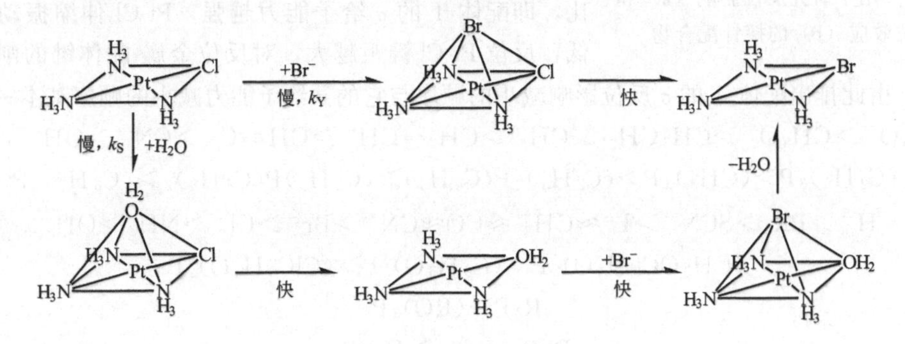

图 7-27　反应(7-96) 的假想 A 机理

(2) D 机理

尽管大多数平面四方形配合物的取代反应是按 A 机理进行的，但仍有少数按 D 机理进行的例子。例如，*cis*-$[PtR_2(OSMe_2)_2]$（R＝Me 或 Ph）和 *cis*-$[PtMe_2(SMe_2)_2]$ 与双齿配体 L-L 可能按 D 机理发生取代反应，如图 7-28 所示。其表观速率常数为：

$$k_{obs}=\frac{k_1k_3[\text{L-L}]}{k_{-1}[Me_2S]+k_3[\text{L-L}]}+k_2[\text{L-L}] \tag{7-97}$$

式(7-97) 的第一项代表着按 D 机理进行的反应，而实验则表明在高浓度极限时，反应速率与亲核剂的性质和浓度无关，加入过量离去基团使反应速率减慢。另外还发现由 PPh_3 取代 *trans*-$[RhCl(NCMe)(PPh_3)_2]$ 中的 MeCN 生成 $[RhCl(PPh_3)_3]$ 的取代反应也服从类似的速率方程。

如图 7-28 所示，在平面四方形 Pt(Ⅱ)配合物取代反应的 D 机理中，可能形成三配位、14 电子的 T 型中间体，在图 7-29 所示的反应历程中，"*cis*" 构型的 T 物种可能重排为 "*trans*" 构型的 T 物种，后者随即被亲核剂捕获，因此可能导致按该机理进行的取代反应失去顺反式异构体的立体选择性。

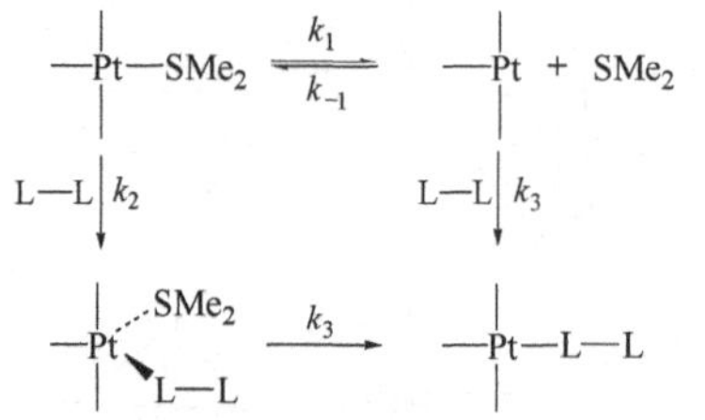

图 7-28 *cis*-$[PtMe_2(SMe_2)_2]$ 与双齿配体 L-L 按 D 机理进行的取代反应

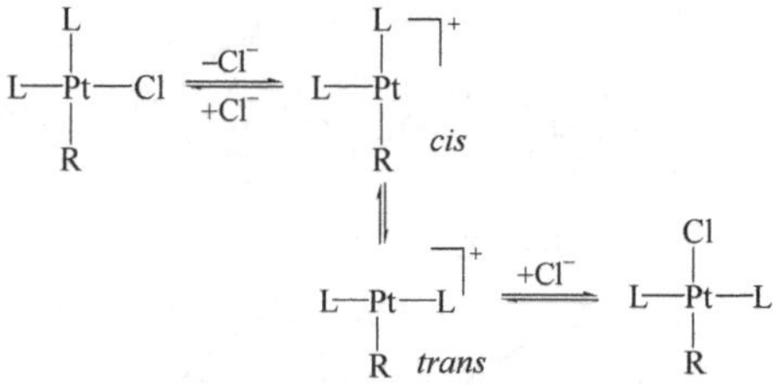

图 7-29 平面四方形配合物取代反应 D 机理的中间体重排历程

7.2.6.2 反位影响和反位效应

(1) 反位影响 (trans influence)

反位影响是一个热力学概念，它指的是一个配体在基态时对其反位上的金属-配体键削弱的程度，主要涉及反位配体 T 对键长、红外伸缩振动频率、力常数、核磁共振耦合常数等基态性质的影响。反位影响的大小可用振动光谱、X 射线结构分析和其它实验方法观察。大量实验数据表明反位影响比顺位影响重要。

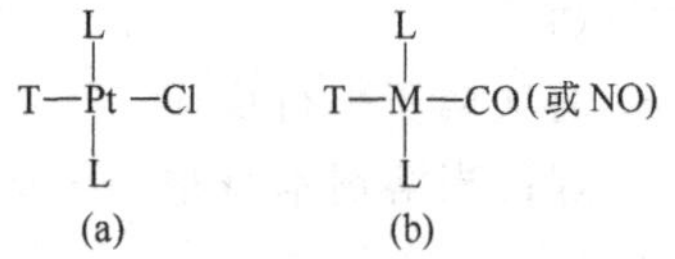

图 7-30 用于研究反位影响 (a) 和反位效应 (b) 的探针配合物

① σ 电子体系的反位影响 通过对 *trans*-$[PtTClL_2]$ [图 7-30(a)，其中 L 为叔膦，T 为一系列可变化的配体] 配合物的研究，发现 Pt-Cl 键距与 Pt-Cl 伸缩振动频率成反比，即配体 T 的 σ 给予能力越强，Pt-Cl 伸缩振动频率越低，反位 Pt-Cl 键距越大，对反位金属-配体键的削弱程度也越大，由此排出配体 T 的 σ 反位影响减小的顺序与它的 σ 给予能力减小的顺序基本一致。

$$C_2H_5O^- > CH_3O^- > CH_3CH_2^- > CH_3^- > CH_2{=}CH^- > CH{\equiv}C^- > CN^- > OH^- > Cl^-$$

$$(C_2H_5)_3P > (CH_3)_3P > (C_2H_5)_2P(C_6H_5) > (C_2H_5)P(C_6H_5)_2 > (C_6H_5)_3P$$

$$H^- > PR_3 > SCN^- > I^- \approx CH_3^- \approx CO \approx CN^- > Br^- > Cl^- > NH_3 > OH^-$$

$$(CH_3OC_6H_4O)_3P > (C_6H_5O)_3P > (ClC_6H_4O)_2P$$

$$R_3P > (RO)_3P$$

$$R_3P > R_3As > R_3Sb$$

② π 电子体系的反位影响 类似地，通过对 *trans*-$[MT(CO)L_2]$ 和 *trans*-$[MT(NO)L_2]$ 型配合物 [图 7-30(b)，其中 M 和 L 保持不变，T 为一系列变化的配体，CO 或 NO 为“探针配体”] 的 C≡O 伸缩振动频率 υ_{CO} 或 υ_{NO} 的研究，表明配体 T 的 π 接受能力越强，反馈到反位上 CO 或 NO 上的电子密度就越少，υ_{CO} 就增大，对 M-CO 或 M-NO 键削弱的程度就越大，因为 M-C 键级的增大必然引起 C-O 键级的降低，其结果引起 υ_{CO} 的减小，所以又可以根据配体 T 的 π 接受能力，列出 π 反位影响减小的顺序。

$$NO \approx CO > PF_3 > PCl_3 > PCl_2C_6H_5 > PCl(C_6H_5)_2 > P(C_6H_5)_3 > P(C_2H_5)_3$$

$$PCl(OC_2H_5)_2 > P(OC_6H_5)_3 > P(OC_2H_5)_3 \approx P(OCH_3)_3 > P(CH_3)_3 > P(C_2H_5)_3$$

$$R_3P \approx R_3As \approx R_3Sb$$

(2) 反位效应 (trans effect)

反位效应是平面正方形配合物进行取代反应的一个重要特征。1926 年前苏联化学家 Chernyaev 在研究 Pt(Ⅱ)配合物的实验基础上，首先提出反位效应的概念。

反位效应是一种动力学现象，它是指与被取代配体处于反位上的配体对取代反应速率产生影响的效应。

例如 $[PtCl_4]^{2-}$ 与 NH_3 及 NO_2^- 作二次取代反应，由于加入试剂顺序的不同，可以分别得到 *cis*-$[PtCl_2(NO_2)(NH_3)]^-$ 及 *trans*-$[PtCl_2(NO_2)(NH_3)]^-$ 异构体，其反应过程如下：

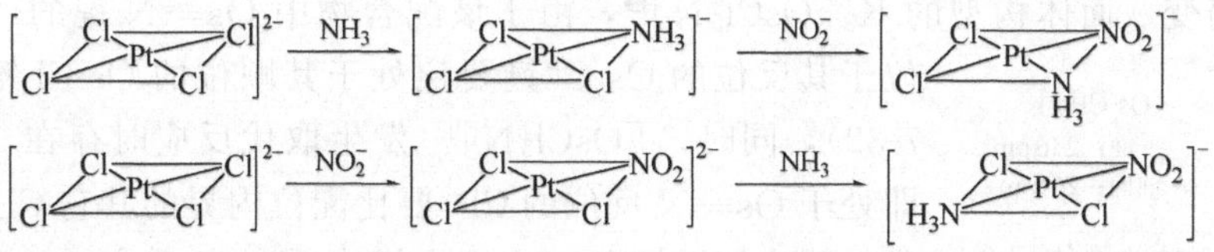

$$[Pt(Cl,Cl,Cl,Cl)]^{2-} \xrightarrow{NH_3} [Pt(Cl,NH_3,Cl,Cl)]^- \xrightarrow{NO_2^-} [Pt(Cl,NO_2,Cl,NH_3)]^-$$

$$[Pt(Cl,Cl,Cl,Cl)]^{2-} \xrightarrow{NO_2^-} [Pt(Cl,NO_2,Cl,Cl)]^{2-} \xrightarrow{NH_3} [Pt(Cl,NO_2,H_3N,Cl)]^-$$

可以看到不管哪一个过程，在第一步取代时，由于四个 Cl^- 在 $[PtCl_4]^{2-}$ 中处于等同地位，因此在任一位置上取代 Cl^- 都是可以的；但是第二步取代时，由于中间产物中配体有所改变，其反位效应就有所不同。在第一个反应中，Cl^- 比 NH_3 对处于其反位的配体的反位效应强，所以与 Cl^- 处于反位的另一个 Cl^- 被取代，生成顺式配合物；在第二个反应中 NO_2^- 比 Cl^- 的反位效应强，所以处于 NO_2^- 反位的 Cl^- 被取代，生成反式配合物。从上述实验结果得出配体反位效应的大小顺序为 $NO_2^- > Cl^- > NH_3$，即，从 NO_2^- 到 NH_3 对处于其反位的配体取代速率的影响依次减弱。

图 7-31 给出一些平面四方形 Pt(Ⅱ)配合物取代反应的例子，基于反位效应顺序 $Cl^- >$ py～NH_3，以及 Pt-Cl 键的活性（易被取代）和 Pt-N 键的惰性（不易被取代），从图7-31中可以看到，反应（a）～（f）的产物是由于 Cl^- 的反位效应较大的缘故，而反应(g)和(h)的产物则是由于 Cl^- 具有取代活性的结果。

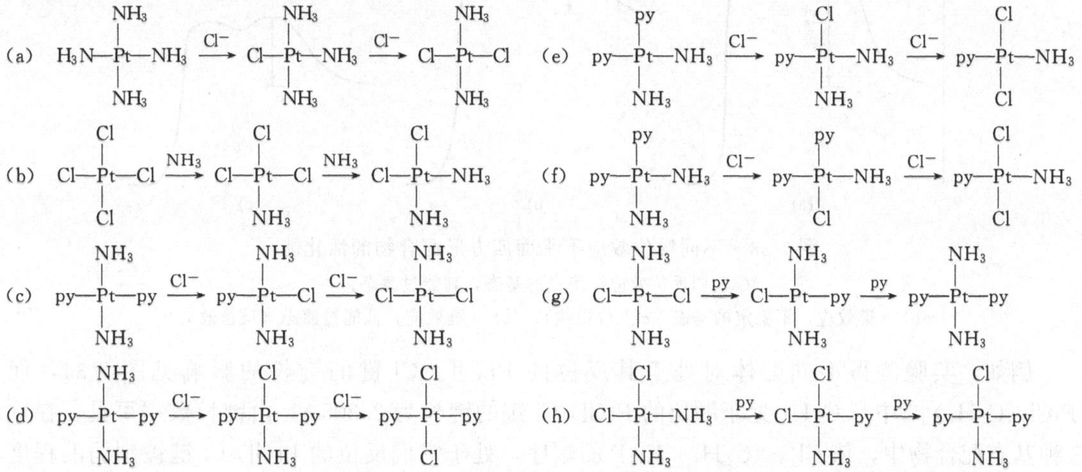

(a) $Pt(NH_3; H_3N, NH_3; NH_3) \xrightarrow{Cl^-} Pt(NH_3; Cl, NH_3; NH_3) \xrightarrow{Cl^-} Pt(NH_3; Cl, Cl; NH_3)$

(b) $Pt(Cl; Cl, Cl; Cl) \xrightarrow{NH_3} Pt(Cl; Cl, Cl; NH_3) \xrightarrow{NH_3} Pt(Cl; Cl, NH_3; NH_3)$

(c) $Pt(NH_3; py, py; NH_3) \xrightarrow{Cl^-} Pt(NH_3; py, Cl; NH_3) \xrightarrow{Cl^-} Pt(NH_3; Cl, Cl; NH_3)$

(d) $Pt(NH_3; py, py; NH_3) \xrightarrow{Cl^-} Pt(Cl; py, py; NH_3) \xrightarrow{Cl^-} Pt(Cl; py, py; Cl)$

(e) $Pt(py; py, NH_3; NH_3) \xrightarrow{Cl^-} Pt(Cl; py, NH_3; NH_3) \xrightarrow{Cl^-} Pt(Cl; py, NH_3; Cl)$

(f) $Pt(py; py, NH_3; NH_3) \xrightarrow{Cl^-} Pt(py; py, NH_3; Cl) \xrightarrow{Cl^-} Pt(Cl; py, NH_3; Cl)$

(g) $Pt(NH_3; Cl, Cl; NH_3) \xrightarrow{py} Pt(NH_3; Cl, py; NH_3) \xrightarrow{py} Pt(NH_3; py, py; NH_3)$

(h) $Pt(Cl; Cl, NH_3; NH_3) \xrightarrow{py} Pt(Cl; Cl, py; NH_3) \xrightarrow{py} Pt(Cl; py, py; NH_3)$

图 7-31　平面四方形 Pt(Ⅱ）配合物（略去电荷）取代反应的反位效应和立体化学

对 Pt(Ⅱ）配合物取代反应的一系列研究得出反位效应从大到小的大致次序为：

$$CO \sim CN^- \sim NO^+ \sim C_2H_4 > H^- \sim PR_3 > SC(NH_2)_2 \sim CH_3^- > SO_3H^- > C_6H_5^- \sim NO_2^- \sim I^- \sim SCN^- > Br^- > Cl^- > py \sim RNH_2 \sim NH_3 > OH^- > H_2O \sim CH_3OH$$

从以上顺序可见，π 配体或 π 酸配体具有较大的反位效应，如 CO、CN^-、C_2H_4 等，而在非 π 配体或 π 酸配体中，容易形成 σ 键或容易被极化的分子或离子具有较显著的反位效应，故在卤素离子 X^- 中 I^- 的反位效应最大。

反位效应可用于指导一系列几何异构体的合成，例如对于顺式和反式 $[PtCl_2(NH_3)_2]$ 的合成，顺式异构体（顺铂）可用 NH_3 对起始反应物 $[PtCl_4]^{2-}$ 的取代反应得到；而反式异构体可以通过 Cl^- 对起始反应物 $[Pt(NH_3)_4]^{2+}$ 的取代反应得到，如图 7-31 中的反应（b）和（a）所示。

八面体配合物中也有反位效应存在的实验证明，但是除 CO 或 NO 为反位配体或反位存在 M═O 键或 M≡N 键的情况外，一般不如在平面四方形配合物中重要。已知具有反位效应的例子是畸变八面体构型的 $K_2[OsCl_5N]$[1]，由于该配合物中 Os≡N 键的“反位影响”，位于其反位的 Os-Cl 键要比处于其顺位的 Os-Cl 键长得多（图 7-32），同时，$[OsCl_5N]^{2-}$ 发生取代反应时存在“反位效应”，即处于 Os≡N 反位的 Cl^- 要比配位内界的其它 Cl^- 更容易被取代，形成五配位的四方锥中间体 $[OsCl_4N]^-$。

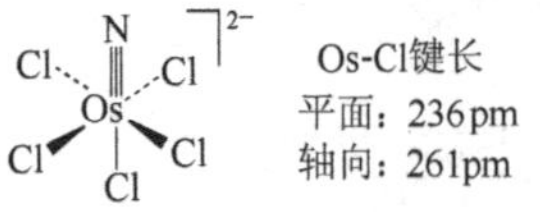

Os-Cl键长
平面：236pm
轴向：261pm

图 7-32 畸变的八面体配合物 $[OsCl_5N]^{2-}$ 中轴向与平面 Os-Cl 键长的比较

(3) 反位效应和反位影响的区别

反位效应和反位影响是有区别的，两者之间的差别类似于动力学与热力学的差别。热力学涉及化合物的基态性质，化学反应的可能性、方向及限度；而动力学则涉及基态和过渡态之间的能量差。一般来说，反位效应同时涉及反位配体对基态和过渡态的影响，故又称为过渡态反位效应或动力学反位效应。而反位影响只涉及反位配体对基态的影响，又称为基态反位效应或热力学反位效应。当过渡态不存在差别时，反位效应和反位影响的次序就一致。换言之，反位效应与反位影响之间的差别显示了过渡态的能量差，在许多情况下两者并不一定是平行的。反位效应的动力学意义如图 7-33 所示，三个反应位能图表现出不同情况下的活化能（反应物基态和第一过渡态的能量差）之差别。

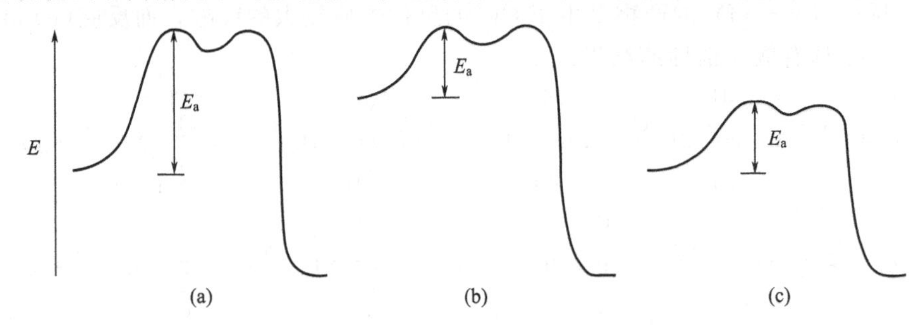

图 7-33 不同反位效应下平面四方形配合物的活化能

(a) 弱反位效应，稳定的基态，高能过渡态；

(b) σ 键效应，不稳定的基态（σ 反位影响）；(c) π 键效应，低能过渡态（反位效应）

例如，实验测得不同配体对处于其反位的 Pt(Ⅱ)-Cl 键的键长的影响见图 7-34，而 $[PtCl_3(C_2H_4)]^-$ 中与 C_2H_4 处于顺位的 Pt(Ⅱ)-Cl 键的键长为 2.305Å。由键长数据可见，在这三种基态配合物中，依 $Cl^- < C_2H_4 < Et_3P$ 的顺序，处于它们反位的 Pt(Ⅱ)-Cl 键被削弱的程度依次增大，即反位影响依次增加。但是这三种配体的反位效应顺序却是 $Cl^- < Et_3P < C_2H_4$，这两个顺序并不一致。

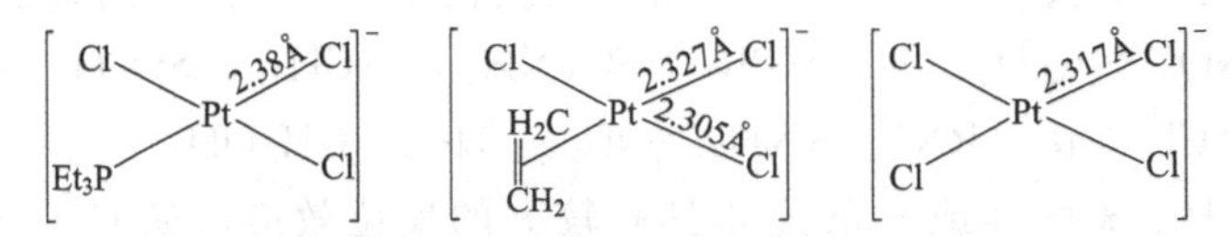

图 7-34 平面正方形配合物 $[PtCl_3L]^-$ 的基态反位影响

(4) 解释反位效应的理论简介

① 静电极化理论（σ 反位效应理论） 在平面正方形配合物中，如果反位配体 T 有较大

[1] 参考：[英] 格林伍德 N N，厄恩肖 A 著．元素化学：下册．王曾隽，张庆芳，林蕴和，董松琦，马今也，朱谵译．曹庭礼，王曾隽校．北京：高等教育出版社，1996：266。

的极化作用时，可以使中心金属离子 M^{n+} 产生较大的偶极，因而削弱其反位上离去配体 X 和 M 之间基态 M-X 键的强度（图 7-35），使得 X 易于被进入配体 Y 取代，这相当于图 7-33(b)的情况，故在反位效应系列中，易极化的配体通常有较强的反位效应，例如，I^-～SCN^-＞Br^-＞Cl^-。而对于与之结合的中心离子而言，有如下顺序：Pt^{2+}＞Pd^{2+}＞Ni^{2+}。

实际上，极化理论认为反位效应是由于削弱了被取代配体 X 与金属的基态 M-X 键引起的。这一理论后来发展为 σ 反位效应理论。

② π 反位效应理论　π 反位效应理论认为，CO、CN^-、C_2H_4、PR_3 等配体的 π 反位效应之所以较强，是由于它们具有空的 π 轨道，能与中心离子之间形成反馈 π 键。在假想的三角双锥过渡态中，由于反位配体 T 与中心原子形成反馈 π 键，降低了在 T 反位处的中心原子的 dπ 电子密度，也使得离去配体 X 与 M 之间的键削弱，另一方面也使进入配体 Y 容易发生亲核取代与中心金属成键（图 7-36）。这种作用使过渡态能量降低，反应速率加快，相当于图 7-33(c) 的情况，故认为生成 π 键的作用主要是稳定配位数为五的中间体。

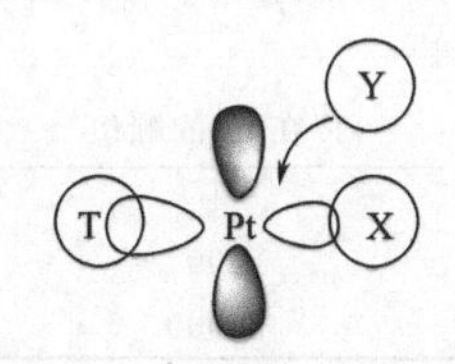

图 7-35　σ 反位效应示意图

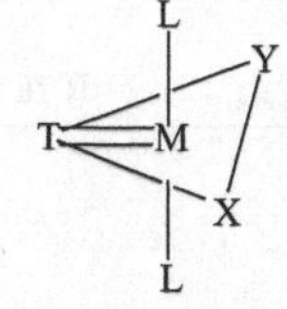

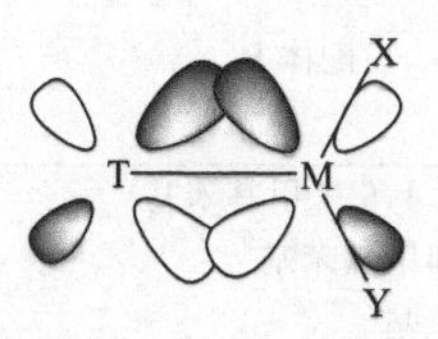

图 7-36　平面正方形配合物取代反应 A 机理的假想三角双锥过渡态

已有研究表明即使在 π 键的形成而导致过渡态稳定化很重要的情况下，也还存在着极化和反位键的削弱对反位效应的贡献。换言之，可能降低平面四方形配合物取代反应活化能的两种途径是：①由于反位效应的影响而提高起始反应物基态的能量；②过渡态的稳定化作用。根据表 7-14 对一些配体预测的 σ 和 π 反位效应的相对大小，可以认为具有较强反位效应的 H^-、CH_3^- 等是以前者为主；而 NO_2^-、C_2H_4 等则是以后者为主；CO、CN^- 是两者兼而有之。但是过渡态稳定化和反位键削弱这两种效应在不同反应体系中的相对大小仍然是需要探索和研究的课题。

表 7-14　对一些配体预测的相对 σ 和 π 反位效应

配　体	σ 反位效应	π 反位效应	配　体	σ 反位效应	π 反位效应
C_2H_4	W	VS	CH_3^-	S	VW
CO	M	VS	SCN^-	M	M
CN^-	M	S	$C_6H_5^-$	M	W
$SnCl_3^-$	W	S	Br^-	M	W
PR_3	S	M	Cl^-	M	VW
H^-	VS	VW	py	W	W
$SC(NH_2)_2$	M	M	NH_3	W	VW
NO_2^-	W	M	OH^-	VW	VW
I^-	M	M			

注：VS—很强；S—强；M—中等；W—弱；VW—很弱。

7.2.6.3　影响平面正方形配合物取代反应的因素

前已述及，平面四方形配合物的取代反应主要按 A 机理进行，因此对机理的研究主要围绕以下几个方面展开，例如，考察进入基团 Y(取代基或亲核剂)的性质、配位界内其它配体(共配体)的影响、被取代配体 X 的性质、中心金属离子的性质、配体的空间效应、顺位效应以及溶剂的影响等。以下择其要而讨论之。

（1）五配位中间体的形成

捕获五配位中间体是证明 A 机理假想过渡态的最直接证据。已经分离出若干具有三角双锥构型的五配位配合物的存在，例如，$[Ni(CN)_5]^{3-}$、$[Pt(SnCl_3)_5]^{3-}$ 以及类似结构的配合物。

（2）位阻效应

预计无论是共配体或是进入基团 Y 的体积及空间构型都对取代反应速率有影响，研究位阻效应对证明反应物的五配位中间态亦有重要意义，而且已被实验事实所证明。

① 表 7-15 的数据表明，不论是顺位保护还是反位保护（图 7-35），从基本上无位阻（R＝苯基）到两个位置阻塞（R＝2,4,6-三甲基苯基），k_{obs}（准一级反应速率常数）急剧下降。

表 7-15　在乙醇溶液中 Pt(Ⅱ) 配合物的位阻效应

配体 R	$[PtCl(PEt_3)_2(R)]+py \rightleftharpoons [Pt(py)(PEt_3)_2(R)]^+ + Cl^-$ 相对速率①	
	R 在 Cl 的反位	R 在 Cl 的顺位
2,4,6-三甲基苯基	1	1
邻甲基苯基	5	200
苯基	36	80000

① [py]＝0.0062mol·L^{-1}，真实反应速率为：0℃时，对于顺式配合物，当 R 分别为苯基、邻甲基苯基和 2,4,6-三甲基苯基，其 k_{obs} 分别为 $8.0\times10^{-2}s^{-1}$，$2.0\times10^{-4}s^{-1}$ 和 $1.0\times10^{-6}s^{-1}$；25℃，对于反式配合物，当 R 分别为苯基、邻甲基苯基和 2,4,6-三甲基苯基，其 k_{obs} 分别为 $1.24\times10^{-6}s^{-1}$，$1.70\times10^{-5}s^{-1}$ 和 $3.0\times10^{-6}s^{-1}$。

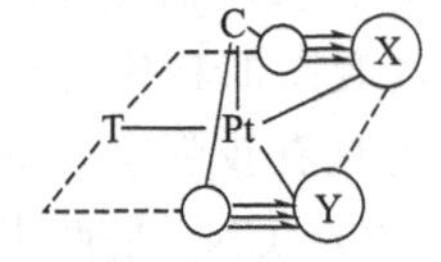

顺位保护基团与X和Y极度拥挤

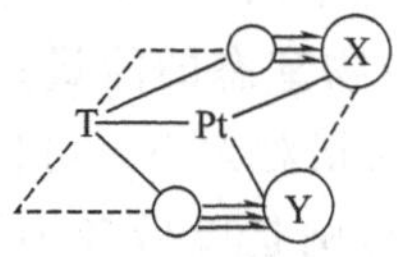

反位保护基团与X和Y较不拥挤

图 7-37　顺位和反位保护基团对三角双锥过渡态稳定性的影响（T 和 C 分别为反位和顺位基团）

② 顺位保护比反位保护有效是过渡态为 *tbp* 的有力证明，因为在 *tbp* 过渡态中，带有取代基的顺位基团分别处于三角双锥的两个锥顶，因而使过渡态显得格外拥挤，特别是当配合物为 $[PtCl(Et_4dien)]$（$Et_4dien = Et_2NCH_2CH_2NHCH_2CH_2NEt_2$）时，三齿配体 Et_4dien 端基 N 上的四个乙基分别悬挂在三角双锥平面的上下（图 7-37），阻塞了亲核剂 Y 进攻的通道，因此该取代反应的速率常数极小。

③ 进入基团 Y 的体积和空间构型也影响取代反应速度，Y 的体积越大、构型越复杂，空间位阻越大，则反应速率越慢，例如下列反应：

$$[PtCl_2(bpy)] + Y \rightleftharpoons [PtCl(Y)(bpy)]^+ + Cl^- \qquad (7\text{-}98)$$

当 Y 分别为吡啶、2-甲基吡啶和 2,6-甲基吡啶时，其反应速率随着取代甲基的增多而降低。

（3）进入基团 Y 的影响

一些研究结果表明进入基团的性质对按 A 机理进行的反应速率有很大的影响，由此得到一些配体平均反应活性的顺序：

$CO \sim CN^- \sim R_2C{=}CR_2 \sim PR_3 > SC(NH_2)_2 \sim SeCN^- > SO_3^{2-} \sim SCN^- \sim I^- > Br^- \sim N_3^- \sim NO_2^- \sim py \sim NH_3 \sim Cl^- > OR^-$

由于 Pt(Ⅱ)为软酸，从以上序列看出，进入基团 Y 的亲核性与 Y 容易作为路易斯软碱的程度基本一致。例如在反应(7-99) 中：

$$trans\text{-}[PtCl_2L_2] + Y \longrightarrow [PtCl(Y)L_2]^+ + Cl^- \qquad (7\text{-}99)$$

当 L＝py 时，得到卤素和拟卤素离子取代活性依次增加的顺序为：

$$F^- < Cl^- < N_3^- < Br^- < I^- < SCN^- < CN^-$$

特别值得注意的是，上述配体平均反应活性顺序与反位效应序列具有相似性。因此，在平面正方形配合物取代反应中，一个反位效应好的配体同时也是好的进入基团，但却是一个较差的离去基团。这些事实间接证明了 A 机理中的 *tbp* 过渡态，因为在三角平面上 Y、T 和 X 具有同等的位置（图 7-36），在反位上能给予 *tbp* 过渡态稳定化作用的配体，在 Y 所处的位置上也能提供同样程度的稳定化作用，显然这种稳定作用使得具有好的反位效应的离去基团，例如 CN^- 或 NO_2^- 等，均难以离去。

在讨论进入基团的亲核性时还必须指出，化合物或基团的碱性和亲核性是两个不同范畴的概念。前者是热力学的概念，表示在平衡条件下，配体加合质子的程度，可用加质子常数 K_{HL}（K_{HL} 越大，L 的碱性越强，即相应的酸 HL 的酸性越弱）或 pK_a 表示；后者则表示当路易斯碱作为取代基时，对亲核取代反应速率的影响，因而是一个动力学的概念。因此，亲核性与碱性大小的变化趋势并不一定是一致的，例如 7.2.4.2 中所提及的 OOH^-、OOH^- 对质子的碱性较 OH^- 弱，却是一个很好的亲核试剂。而 OH^-、CH_3O^- 对质子的碱性很强，但变形性小，为硬碱，所以对 Pt(Ⅱ)配合物的亲核性很差。Belluco 等曾证明 Pt(Ⅱ)配合物的 k_Y 值与进入基团 Y 的亲核性之间存在下列关系：

$$\lg(k_Y/k_S) = s\eta_{Pt(II)} \tag{7-100}$$

式中 $\eta_{Pt(II)}$——进入基团 Y 对 Pt(Ⅱ)的亲核常数；

s——配合物的亲核区别因子，对不同的 Pt(Ⅱ) 配合物取不同的数值；

k_Y——式(7-99) 所示与进入基团 Y 有关的速率常数；

k_S——式(7-99) 所示与溶剂有关的速率常数。

式(7-100) 被称为 LFER 方程，而 $\eta_{Pt(II)}$ 和 s 称为 LFER 参数。不同 Pt(Ⅱ) 配合物的 s 值在 0.3～1.4 之间变化，所以都对 Y 的亲核性相当敏感。将 *trans*-$[PtCl_2(py)_2]$ 的亲核区别因子 s 定义为 1，较硬的 $[Pt(H_2O)(dien)]$ 的 s 值为 0.44，而较软的 *trans*-$[PtCl_2(PEt_3)_2]$ 的 s 值为 1.43，则 $\eta_{Pt(II)}$ 可由式(7-100) 的 LFER 方程进行计算。表 7-16 给出了一些配体的 $\eta_{Pt(II)}$ 值和 pK_a 值，说明其碱性和亲核性的变化并不一致。

表 7-16 式(7-99) 中进入基团 Y 不同时的速率常数和 LFER 参数

Y	k/mL·mol⁻¹·s⁻¹			pK_a
	L＝py(s＝1)	L＝PEt_3(s＝1.43)	$\eta^0_{Pt(II)}$①	
PPh_3	249000		8.93	2.73
SCN^-	180	371	5.75	
I^-	107	236	5.46	−10.17
Br^-	3.7	0.93	4.18	−7.7
N_3^-	1.55	0.2	3.58	4.74
NO_2^-	0.68	0.027	3.22	3.37
NH_3	0.47		3.07	9.25
Cl^-	0.45	0.029	3.04	−5.7

① 在式(7-99) 中 k_Y 的量纲是 $L \cdot mol^{-1} \cdot s^{-1}$，$k_S$ 的量纲是 s^{-1}，故 $\eta_{Pt(II)}$ 的量纲为 $L \cdot mol^{-1}$。为了得到无量纲的参数，习惯上可用 k_S 除以溶剂的浓度，这样并不改变亲核基团的相对顺序。因此有

$$s\eta^0_{Pt(II)} = \lg(k_Y/k^0_S)$$

$$k^0_S = k_S/[MeOH] = k_S/24.3$$ [1]

[1] 30℃时，1L 甲醇为 24.3mol。

(4) 离去基团的影响

如前所述，由于在过渡态的三角平面上配体 Y、T 和 X 具有同等的位置，因此一个好的进入基团却是一个差的离去基团，由表 7-17 给出的速率常数即可证明。像 CN^- 和 NO_2^- 这样的软 π 酸配体就是很差的离去基团，当与 H_2O 作为离去基团比较时，其速率常数相差高达 5 个数量级，表明 M-L 之间形成反馈 π 键的效应极大地降低了取代反应的活性；而且如图 7-36 所示，在三角平面上，形成反馈 π 键的离去基团与进入基团共用相同的金属轨道。这两个效应使得这类配体比纯粹的 σ 给予体或 π 给予体配体更难被取代。除此之外，还要特别注意 Pt-N 和 Pt-OH 键的惰性。有时平面正方形配合物的取代反应可能因此而不遵守反位效应顺序（参考图 7-31 及其说明）。

表 7-17　离去基团 X 不同时的速率常数

$$[PtX(dien)]^+ + py \longrightarrow [Pt(py)(dien)]^{2+} + X^-$$

$$R = (k_1 + k_2[py])[PtX(dien)^+]$$

X^-	$k_2/L\cdot mol^{-1}\cdot s^{-1}$	X^-	$k_2/L\cdot mol^{-1}\cdot s^{-1}$
NO_3^-	很快	N_3^-	1.3×10^{-4}
Cl^-	5.3×10^{-3}	SCN^-	4.8×10^{-5}
Br^-	3.5×10^{-3}	NO_2^-	3.8×10^{-6}
I^-	1.5×10^{-3}	CN^-	2.8×10^{-6}

(5) 电荷的影响

从表 7-18 的数据可以看出，虽然 Pt(Ⅱ)配合物的电荷从 −2 变到 +1，但取代反应速率变化不大。假设反应按 D 机理进行，则配合物的正电荷增大，Pt(Ⅱ)-Cl 键越难断裂，取决于 Cl^- 离去一步的反应速率将明显下降，而实际上并非如此，这意味着反应是按 A 机理进行的。同时还说明在 Pt(Ⅱ)配合物的取代反应中，键形成与键断裂效应基本相当，故电荷变化不会产生太大影响。

表 7-18　一些 Pt(Ⅱ) 配合物取代反应的速率（半衰期）

反　应	$t_{1/2}$(25℃)/min
$[PtCl_4]^{2-} + H_2O \longrightarrow [PtCl_3(H_2O)]^- + Cl^-$	300
$[PtCl_3(NH_3)]^- + H_2O \longrightarrow [PtCl_2(NH_3)(H_2O)] + Cl^-$	310
cis-$[PtCl_2(NH_3)_2] + H_2O \longrightarrow [PtCl(NH_3)_2(H_2O)]^+ + Cl^-$	300
$[PtCl(NH_3)_3]^+ + H_2O \longrightarrow [Pt(NH_3)_3(H_2O)]^{2+} + Cl^-$	690

(6) 金属离子的影响

在其它条件相同的情况下，金属离子形成五配位构型的倾向对取代反应速率有明显影响，例如下列反应：

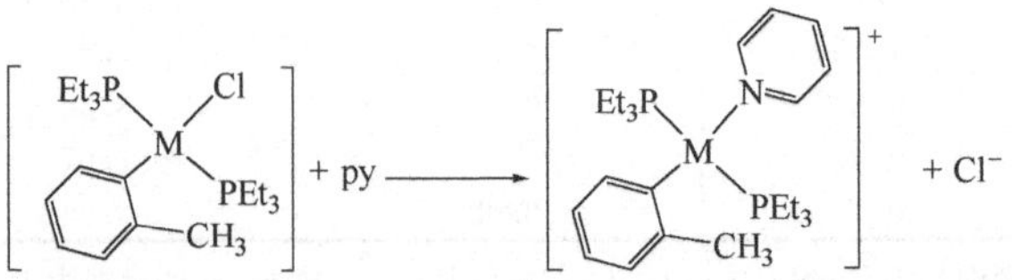

$$[M(PEt_3)_2Cl(o\text{-}CH_3C_6H_4)] + py \longrightarrow [M(PEt_3)_2(py)(o\text{-}CH_3C_6H_4)]^+ + Cl^- \qquad (7\text{-}101)$$

其取代反应速率为：Ni(Ⅱ)＞Pd(Ⅱ)≫Pt(Ⅱ)，其 k_Y 值比较如表 7-19 所示。表 7-19 表明，Pd(Ⅱ)配合物的配体取代反应甚至比 Pt(Ⅱ)配合物的要快 10^6 倍，这是由于金属离子愈易形成五或六配位配合物，则过渡态愈稳定，从而使反应速率提高。而对于三种金属离子，形成五或六配位倾向的顺序是：$Ni^{2+} > Pd^{2+} \gg Pt^{2+}$，因此它们对于取代反应的相对活性约为 $10^{7\sim8}$: $10^{7\sim6}$: 1。

表 7-19　一些平面四方形 M(Ⅱ) 配合物取代反应的速率

中心离子	$k_Y/L \cdot mol^{-1} \cdot s^{-1}$
Ni(Ⅱ)	3.3×10
Pd(Ⅱ)	5.8×10^{-1}
Pt(Ⅱ)	7×10^{-7}

7.3　电子转移反应

电子转移（electron transfer，简称 ET）反应可发生于众多的体系之中，例如：溶液或胶体中的有机化合物分子；不同界面（如金属/液体界面、半导体/液体以及液体/液体界面）的电子转移过程，以及生命体系（如绿色植物的光合作用以及蛋白质）的氧化还原反应过程等。在电导、催化、无机和有机底物的氧化还原反应以及氧的生物利用等过程中，电子转移构成其基元步骤。电子转移反应的动力学与机理研究多年来一直受到化学家的极大重视，并已取得很大成就。Taube 学派对氧化还原反应中简单配合物分子（或离子）间的内界和外界电子转移过程所进行的开拓性研究，Michel 等对细菌光合作用反应所阐明的详细机理（与光诱导的电子转移过程有关），以及 Marcus 为解释电子转移反应的大量实验事实所提出的电子转移过程的理论模型，分别获得 1983、1988 和 1992 年诺贝尔化学奖。这说明电子转移反应机理的研究不但在化学领域，而且在生物学领域都占有极其重要的地位。

迄今，电子转移反应的研究范围已不仅局限于简单配合物，而是逐步以一些特定的模型配合物为探针研究生物体系中实际发生的电子转移过程，期望通过这类配合物的电子转移反应认识和模拟蛋白质之间的识别和生物体系的电子转移特征。

7.3.1　电子转移反应的基本知识

7.3.1.1　两类电子转移反应

本节讨论的电子转移反应主要涉及两个配合物所含中心金属之间的单电子转移，它们是配合物中常见且较为简单的反应。配合物的电子转移反应可分为两类❶。

（1）自交换反应（self-exchange reaction）

反应中只有电子转移但不产生净化学变化，通常为同一元素不同价态配合物之间的电子交换。例如，以下自交换反应可用同位素标记（$^*Fe = {}^{59}Fe$）的方法研究：

$$[Fe(CN)_6]^{3-} + [{}^*Fe(CN)_6]^{4-} \rightleftharpoons [Fe(CN)_6]^{4-} + [{}^*Fe(CN)_6]^{3-} \qquad (7\text{-}102)$$

$$[Fe^{Ⅲ}(\eta^5\text{-}C_5H_5)_2]^+ + [{}^*Fe^{Ⅱ}(\eta^5\text{-}C_5H_5)_2] \rightleftharpoons [Fe^{Ⅱ}(\eta^5\text{-}C_5H_5)_2] + [{}^*Fe^{Ⅲ}(\eta^5\text{-}C_5H_5)_2]^+ \qquad (7\text{-}103)$$

由于自交换反应过程中没有任何表观反应发生，除了可以忽略的同位素效应以外，反应物和产物的热力学性质并未发生变化，以能量对反应坐标作图，所得图形是对称的（图 7-38），适合于理论处理，因而这类反应引起化学家的兴趣。

自交换反应的活化能一般由三部分组成：①克服相同电荷离子排斥的静电能（例如反应物可能同为正离子或负离子）；②扭曲两个配离子配位层所需的能量（例如组态调整、键长变化、结构变形等）；③改变两个配离子周围的溶剂排布所需的能量（高氧化态配离子通常有较强的溶剂化作用，则氧化态改变后有一个溶剂重组的过程）。已知，$[Fe(H_2O)_6]^{3+}/[Fe(H_2O)_6]^{2+}$ 的自交换反应活化能约为 $32kJ \cdot mol^{-1}$，其反应位能图可能类似于图 7-38。

---

❶　配合物电子转移反应的其它分类方法详见：King R B. Encyclopedia of inorganic chemistry：Volume Ⅲ. Chichester：John Wiley & Sons Ltd，2005：1390。

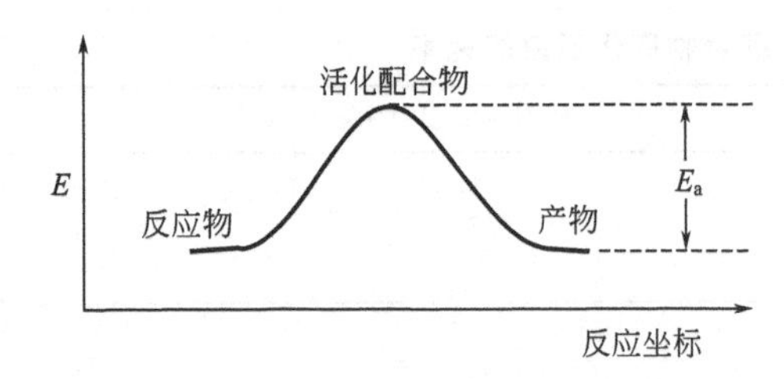

图 7-38　电子自交换反应的位能图

(2) 交叉反应 (cross reaction)

交叉反应也称为氧化还原反应，在电子转移的同时发生了化学变化，例如：

$$[Ti(H_2O)_6]^{3+} + [Fe(H_2O)_6]^{3+} \rightleftharpoons [Ti(H_2O)_6]^{4+} + [Fe(H_2O)_6]^{2+} \quad (7\text{-}104)$$

氧化还原反应中的电子转移过程不仅是生物体内极为重要的反应，而且是生物体内的能量来源，因此，对配合物电子转移反应机理的深入研究有助于了解生物体系中金属离子（或生物大分子）间的电子转移。按外界机理（参阅 7.3.1.2）进行电子转移的一些自交换反应和交叉反应的实例及其速率常数如表 7-20 所示。

表 7-20　外界电子转移中的一些自交换和交叉反应

自交换反应	k/L·mol^{-1}·s^{-1}
$[Mn(CN)_6]^{3-} + [Mn(CN)_6]^{4-} \longrightarrow [Mn(CN)_6]^{4-} + [Mn(CN)_6]^{3-}$	$\geqslant 10^4$
$[IrCl_6]^{3-} + [IrCl_6]^{2-} \longrightarrow [IrCl_6]^{2-} + [IrCl_6]^{3-}$	$\approx 10^3$
$[Ru(NH_3)_6]^{3+} + [Ru(NH_3)_6]^{2+} \longrightarrow [Ru(NH_3)_6]^{2+} + [Ru(NH_3)_6]^{3+}$	$\approx 8\times10^2$
$[Fe(CN)_6]^{3-} + [Fe(CN)_6]^{4-} \longrightarrow [Fe(CN)_6]^{4-} + [Fe(CN)_6]^{3-}$	$\approx 7\times10^2$
$[Ru(H_2O)_6]^{3+} + [Ru(H_2O)_6]^{2+} \longrightarrow [Ru(H_2O)_6]^{2+} + [Ru(H_2O)_6]^{3+}$	≈ 44
$[Co(H_2O)_6]^{3+} + [Co(H_2O)_6]^{2+} \longrightarrow [Co(H_2O)_6]^{2+} + [Co(H_2O)_6]^{3+}$	≈ 5
$[Fe(H_2O)_6]^{3+} + [Fe(H_2O)_6]^{2+} \longrightarrow [Fe(H_2O)_6]^{2+} + [Fe(H_2O)_6]^{3+}$	≈ 4
$[Co(en)_3]^{3+} + [Co(en)_3]^{2+} \longrightarrow [Co(en)_3]^{2+} + [Co(en)_3]^{3+}$	$\approx 1\times10^{-4}$
$[Co(C_2O_4)_3]^{3-} + [Co(C_2O_4)_3]^{4-} \longrightarrow [Co(C_2O_4)_3]^{4-} + [Co(C_2O_4)_3]^{3-}$	$\approx 1\times10^{-4}$
$[Cr(H_2O)_6]^{3+} + [Cr(H_2O)_6]^{2+} \longrightarrow [Cr(H_2O)_6]^{2+} + [Cr(H_2O)_6]^{3+}$	$\approx 2\times10^{-5}$
$[Co(NH_3)_6]^{3+} + [Co(NH_3)_6]^{2+} \longrightarrow [Co(NH_3)_6]^{2+} + [Co(NH_3)_6]^{3+}$	$\approx 1\times10^{-6}$
交叉反应	
$[Fe(CN)_6]^{4-} + [IrCl_6]^{2-} \longrightarrow [Fe(CN)_6]^{3-} + [IrCl_6]^{3-}$	$\approx 4\times10^5$
$[Cr(H_2O)_6]^{2+} + [Fe(H_2O)_6]^{3+} \longrightarrow [Cr(H_2O)_6]^{3+} + [Fe(H_2O)_6]^{2+}$	$\approx 2\times10^3$
$[Cr(H_2O)_6]^{2+} + [Ru(H_2O)_6]^{3+} \longrightarrow [Cr(H_2O)_6]^{3+} + [Ru(H_2O)_6]^{2+}$	$\approx 2\times10^2$
$[Ru(NH_3)_6]^{3+} + [V(H_2O)_6]^{2+} \longrightarrow [Ru(NH_3)_6]^{2+} + [V(H_2O)_6]^{3+}$	$\approx 8\times10^1$
$[Co(NH_3)_6]^{3+} + [Ru(NH_3)_6]^{2+} \longrightarrow [Co(NH_3)_6]^{2+} + [Ru(NH_3)_6]^{3+}$	$\approx 1\times10^{-2}$
$[Co(NH_3)_6]^{3+} + [V(H_2O)_6]^{2+} \longrightarrow [Co(NH_3)_6]^{2+} + [V(H_2O)_6]^{3+}$	$\approx 4\times10^{-3}$
$[Co(en)_3]^{3+} + [V(H_2O)_6]^{2+} \longrightarrow [Co(en)_3]^{2+} + [V(H_2O)_6]^{3+}$	$\approx 2\times10^{-4}$
$[Co(NH_3)_6]^{3+} + [Cr(H_2O)_6]^{2+} \longrightarrow [Co(NH_3)_6]^{2+} + [Cr(H_2O)_6]^{3+}$	$\approx 9\times10^{-5}$
$[Co(en)_3]^{3+} + [Cr(H_2O)_6]^{2+} \longrightarrow [Co(en)_3]^{2+} + [Cr(H_2O)_6]^{3+}$	$\approx 2\times10^{-5}$

注：数据引自 Rodgers G E. Descriptive Inorganic，Coordination，and Solid-State Chemistry. 2nd Ed. South Melbourne：Thomson Learning，2002：112。

7.3.1.2　配合物电子转移反应的两种机理

Taube 学派对配合物的电子转移反应做了开拓性的工作，提出了溶液中两种电子转移的机理，即外界机理和内界机理。通常外界机理总是可能发生的，而内界机理则要满足一定条件才会发生。以下列两个典型反应为例：

$$[Co(NH_3)_6]^{3+} + [Cr(H_2O)_6]^{2+} + 6H_3O^+ \xrightarrow{k_1} [Co(H_2O)_6]^{2+} + [Cr(H_2O)_6]^{3+} + 6NH_4^+ \quad (7\text{-}105)$$

$$[CoCl(NH_3)_5]^{2+} + [Cr(H_2O)_6]^{2+} + 5H_3O^+ \xrightarrow{k_2} [Co(H_2O)_6]^{2+} + [CrCl(H_2O)_5]^{2+} + 5NH_4^+ \quad (7\text{-}106)$$

已知 $k_1 = 1.6\times10^{-3}$ L·mol^{-1}·s^{-1}❶，$k_2 = 6\times10^5$ L·mol^{-1}·s^{-1}，并且经机理研究已经探明反应(7-105) 按外界机理，而反应(7-106) 按内界机理进行。如图 7-39 所示，一般

❶ 关于 k_1 值，不同的教科书和文献提供的数据出入很大，分别为：1.6×10^{-3} L·mol^{-1}·s^{-1}、7×10^{-3} L·mol^{-1}·s^{-1}、8.9×10^{-5} L·mol^{-1}·s^{-1}等，取决于温度、pH 值、离子强度等因素，本书统一采用第一个数据。

认为内界和外界机理的最主要区别在于，内界机理中反应物之间的取代反应先于电子转移发生，而外界机理只涉及电子转移，因此对后者的研究难度更大。仔细比较反应(7-105)和反应(7-106)，可以发现仅仅在氧化剂配合物内界中有一个配体不同，就造成两者反应速率相差近八个数量级的巨大差别，十分有趣。Taube等设计了一些非常精巧的实验（详见7.3.3)，圆满地解释了类似令人感兴趣的实验现象。根据以上两个反应以及与之相关的内界和外界电子转移反应，可对外界和内界机理的特点作出比较。

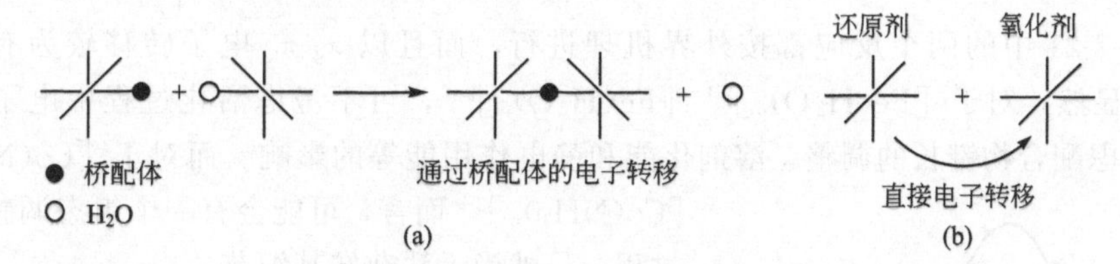

图7-39 八面体配合物电子转移反应的内界机理（a）和外界机理（b）

(1) 外界机理的特点

① 在电子转移过程中，两个配合物的配位界保持不变，反应过程中没有键的断裂和形成；

② 两个反应物都是动力学上取代惰性的配合物，或反应物之一（通常是氧化剂）是取代惰性的，并且不含桥基配体[1]；

③ 反应速率常数范围很宽，当反应过程中涉及反应物中心金属自旋态的改变时，k值特别小。

(2) 内界机理的特点

① 在电子转移过程中，两个配合物的配位界一般要发生变化，首先在氧化剂和还原剂之间发生取代反应生成双核桥基中间体，反应过程中伴随着键的断裂和形成，并常伴有桥基配体的定量转移；

② 反应物中氧化剂是取代惰性的，并至少含有一个潜在的成桥基团，而还原剂是取代活性的[2]；

③ 电子转移速率通常比可比较的外界电子转移反应快得多［例如式(7-105)和式(7-106)两个反应的比较］。

7.3.1.3 电子转移反应的基本概念

在电子转移反应中，两个反应物前线轨道的对称性匹配问题同样值得关注，但与取代反应不同的是，氧化还原反应自发进行的热力学趋势与其反应速率之间有一定的联系。下面将对电子转移反应所涉及的一些基本概念作出简要介绍。

(1) 电子转移反应的活化过程

无论电子转移反应按外界或内界机理进行，要求还原剂的HOMO和氧化剂的LUMO要有相同的对称性，即前线轨道的对称性要匹配。如果不匹配，就需要经过一个活化过程，包括结构变形、M-L键长的调整和中心金属电子组态的调整等。

(2) 电子转移反应的活化态

为了实现反应物前线轨道的对称性匹配、还原剂的HOMO和氧化剂的LUMO的能级近似相等，电子转移反应必须经过一个中间活化态，可以从表7-21中两个电子自交换反应过程中设想的组态调整来说明中间活化态。

---

[1] 含水分子或羟基的惰性配合物则有桥联可能。

[2] 亦有两反应物均为取代活性而反应仍按内界机理进行的例子。

表 7-21 两个电子自交换反应的组态调整

反应物	反应物电子组态	设想的活化过程
$[Co(NH_3)_6]^{3+}+[Co(NH_3)_6]^{2+}$	Co(Ⅲ)$(t_{2g})^6(e_g^*)^0[(\pi_g)^6(\sigma_g^*)^0]$ Co(Ⅱ)$(t_{2g})^5(e_g^*)^2[(\pi_g)^5(\sigma_g^*)^2]$	Co(Ⅲ)$[(\pi_g)^5(\sigma_g^*)^1]^*$ Co(Ⅱ)$[(\pi_g)^5(\sigma_g^*)^2]$
$[Fe(H_2O)_6]^{3+}+[Fe(H_2O)_6]^{2+}$	Fe(Ⅲ)$(t_{2g})^3(e_g^*)^2[(\pi_g)^3(\sigma_g^*)^2]$ Fe(Ⅱ)$(t_{2g})^4(e_g^*)^2[(\pi_g)^4(\sigma_g^*)^2]$	Fe(Ⅲ)$[(\pi_g)^3(\sigma_g^*)^2]$ Fe(Ⅱ)$[(\pi_g)^4(\sigma_g^*)^2]$

已知表 7-21 中的两个反应都按外界机理进行，而且以 π_g-π_g 电子转移较为有利（参阅 7.3.2.2）。显然，对于 $[Fe(H_2O)_6]^{3+}/[Fe(H_2O)_6]^{2+}$，可不考虑活化过程中电子组态的变化，只需考虑配合物键长的调整、溶剂化能和静电作用能等的影响。而对于 $[Co(NH_3)_6]^{3+}/[Co(NH_3)_6]^{2+}$ 而言，可能会有一个组态调整或活化的过程，虽然尚无法获知其细节。

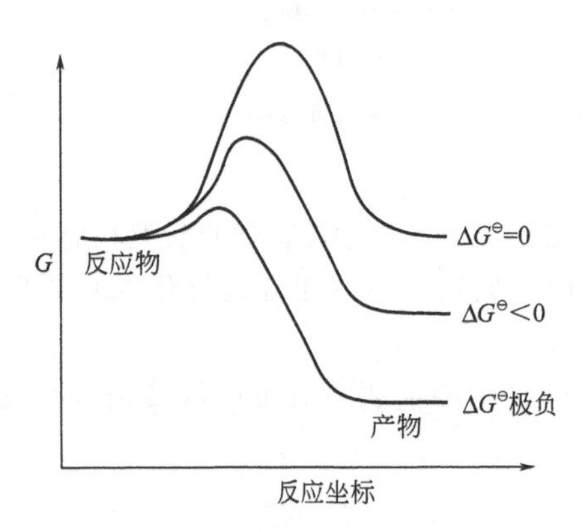

图 7-40 不同自由能变化下的电子转移反应位能图

（3）反应自由能与活化能的关系

在 7.1.5 中，我们比较严格地划分了配合物取代反应中的热力学和动力学范畴，认为在配合物的取代反应中，活化能和自由能之间没有必然的联系，但是在电子转移反应中，该界限不再如此截然分明：从不同自由能变化下的电子转移反应位能图（图7-40）可以看出，对于 $\Delta G^\ominus$ 为负值的氧化还原反应，其活化能相对可比较的电子自交换反应的活化能会低一些；换言之，某个氧化还原反应自发进行的趋势越大，该反应的活化能就越低。

必须指出，欲比较热力学因素对电子转移反应活化能的影响，除了应提供相同的前提条件外，还要同时考虑反应物的电荷、半径和前线轨道对称性等因素的影响。例如，已知 $[Co(phen)_3]^{3+}$ 与 $[V(H_2O)_6]^{2+}$ 的外界电子转移要比与 $[Cr(H_2O)_6]^{2+}$ 的反应进行得快（参阅表 7-24），虽然后者在热力学上更有利 [已知 $E^\ominus_{V(Ⅲ)/V(Ⅱ)}=-0.255V$；$E^\ominus_{Cr(Ⅲ)/Cr(Ⅱ)}=-0.41V$]，这可能是轨道对称性匹配的因素在起主要作用。

（4）电子转移反应与配合物取代反应性质之间的关系

前已述及，电子转移反应和取代反应是配合物中最重要的两类反应。不论是 7.3.1.2 中对配合物电子转移反应两个主要机理特点的讨论，还是探讨内界和外界电子转移反应发生的必要条件，都不可避免涉及反应物的取代反应动力学性质。因此，在影响电子转移反应的诸多因素中，反应物的取代反应动力学性质（活性或惰性）显得至关重要。为此，Taube 曾经指出❶："讨论取代反应时可以不涉及氧化还原反应，反之却不成立。当改变电子数时，在各个中心上都会产生变化，这是电子传递过程的基本特征，从而成为确定反应速率的决定因素。此外，由于早期大多数明确的实验都基于对反应物和产物取代特征的开发，因此对金属离子的取代性质给予适当关注并不是题外的事，而是整个主题的一个部分。"

以下将对涉及配合物取代反应动力学特征的电子转移反应的外界和内界机理分别作出较详细讨论。

❶ Taube H. 金属配合物的电子传递——历史的回顾（诺贝尔演讲词）. 游效曾等译 . 无机化学，1985，1（全）：175-186。

7.3.2 外界电子转移反应

7.3.2.1 外界电子转移反应的必要条件和基元步骤

(1) 外界机理的必要条件

① 参加反应的氧化剂和还原剂配合物两者都是取代惰性[1]或其中之一是取代惰性的，并且惰性配合物上不含有桥基配体；

② 反应物之间的电子转移快于进行配体取代。

(2) 外界电子转移反应的基元步骤

外界电子转移反应可能由下列基元步骤构成[2]。

①“前驱配合物”的形成。

$$\mathrm{Ox+Red \rightleftharpoons [Ox,Red]} \tag{7-107}$$

②“前驱配合物”的结构调整和活化。

$$\mathrm{[Ox,Red] \rightleftharpoons [Ox,Red]^*} \tag{7-108}$$

③ 电子转移，形成“后继配合物”。

$$\mathrm{[Ox,Red]^* \rightleftharpoons [Ox^-,Red^+]} \tag{7-109}$$

④“后继配合物”离解为产物。

$$\mathrm{[Ox^-,Red^+] \rightleftharpoons Ox^- + Red^+} \tag{7-110}$$

机理的第一步是假想两个反应物靠近形成所谓“前驱配合物”(或称碰撞配合物)。在前驱配合物内，两反应物中心(金属离子)之间的距离大致符合转移电子的要求，但它们的相对取向和内部结构还不能使电子转移发生。

基元步骤的第二和第三步包括溶剂结构调整和前驱配合物构型的变化以适应电子转移的要求。此时需要前驱配合物内的氧化剂和还原剂配合物重新取向，以及这些配合物内部的结构变化，这就是电子转移的化学活化过程。经历过渡态或中间态，接着就进行电子转移及氧化剂、还原剂结构最后的弛豫。在活化过程中，根据前线轨道对称性匹配、能级相近的要求，两个反应物在允许电子转移的通道上互相取向[3]，并且其中一个金属配合物(一般为氧化剂[4])结构变得松弛，而另一个(一般为还原剂)则收缩(见图7-41)；同时还可能伴有电子组态的活化，这样它们的M-L键距就按Franck-Condon原理的要求调整为基本相等(参见7.3.2.2)，此时两者的结构基本相同，参与电子转移反应的前线轨道能级近似相等，电子就可以转移；电子转移后的后继配合物迅速分解成为反应产物。基元反应的第二步[式(7-108)]一般为反应速率控制步骤。

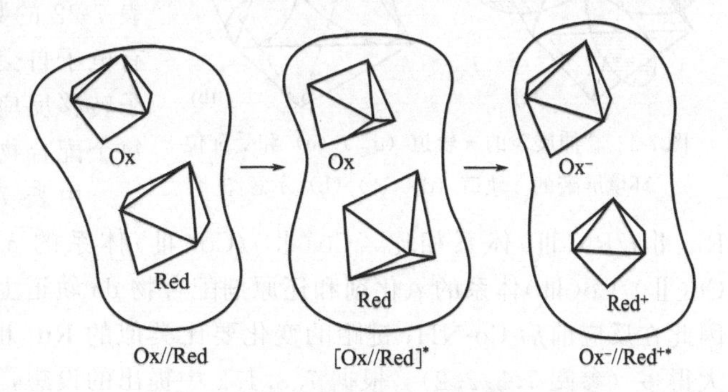

图7-41 外界电子转移反应中溶剂结构及配合物结构改变示意图

---

[1] 可以确定：具有惰性取代特征的两个反应物之间进行的电子转移反应主要按外界机理进行。

[2] Ox和Red分别代表氧化剂和还原剂配合物。

[3] 例如，若还原剂为[$\mathrm{M(AA)_3}$]，就涉及反应的立体选择性问题，此时的两个反应物的相对取向可能沿[$\mathrm{M(AA)_3}$]的C_2轴，也可能沿C_3轴进行(参阅7.3.4.3)。

[4] 在本节讨论中，除非特别说明，一般假定高氧化态金属配合物具有较短的M-L键(参阅7.3.2)。

在测定外界电子转移反应的速率常数时，通常只能测得总反应速率，难以把它归因于某一基元步骤，但是对于许多外界电子转移反应，式(7-107) 同其它基元步骤相比是快速达到平衡的，例如，在反应(7-111) 中，前驱配合物能很快形成：

$$[Co(NH_3)_5(H_2O)]^{3+} + [Fe(CN)_6]^{4-} \xrightarrow[K=1500L \cdot mol^{-1}]{快} [Co(NH_3)_5(H_2O)^{3+} \parallel Fe(CN)_6^{4-}] \quad (7\text{-}111)$$

接着是伴有电子转移的化学活化及后继配合物的解离：

$$[Co(NH_3)_5(H_2O)^{3+} \parallel Fe(CN)_6^{4-}] \longrightarrow [Co(NH_3)_5(H_2O)^{2+} \parallel Fe(CN)_6^{3-}] \longrightarrow 产物 \quad (7\text{-}112)$$

$$k=1.9\times10^{-1}s^{-1}, t_{1/2}=4s$$

但是在此过程中前驱配合物内的电子转移速率却比较慢。因此，有时能捕获到前驱配合物并测定其生成常数 K。显然，该反应的速率决定步骤是化学活化和电子转移。

在 $[Co(NH_3)_5(H_2O)]^{3+}$ 与 $[Fe(CN)_6]^{4-}$ 进行的氧化还原反应中，对电子转移起关键作用的可能是两反应物前线轨道 σ 或 π 的对称性。根据 7.1.3 中所述的 Pearson 规则，当两者的对称性相同时，这一步骤是对称性允许的。当仔细考察外界电子转移反应的有关数据（表 7-22）后，可以发现：当 HOMO 和 LUMO 都是 π 型轨道（例如 t_{2g}）时，电子转移更易进行，因为 t_{2g}（非键或弱成键）轨道上电子重排的活化能一般比变动 e_g^*（σ）轨道上反键电子的活化能要小得多，从而对 M-L 键距的影响不大。

此外还认为，HOMO 和 LUMO 重叠或混杂得越好，越有利于电子转移。由于 σ 型轨道受到配位环境较大的屏蔽，八面体配合物的 π 型轨道［图 7-42(a)］远比 σ 型轨道［图 7-42(b)］“伸展”，因此 π→π 电子转移应比 σ→σ 电子转移更快。表 7-22 的数据支持了上述观点，在所列出的所有电子自交换反应中，前 4 个例子表明 π→π 电子转移反应只需很小的活化能，因为反应前后每个配合物的 dσ 轨道上的 d 电子数保持不变。

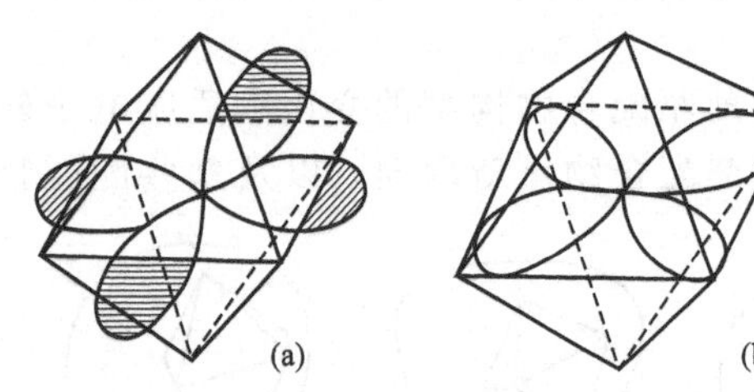

图 7-42 “伸展”的 π 轨道（d_{xy}）(a) 和受配位环境屏蔽的 σ 轨道（$d_{x^2-y^2}$）(b) 示意图

由表 7-22 还可看出，同 Fe(Ⅱ)/Fe(Ⅲ) 和 Ru(Ⅱ)/Ru(Ⅲ) 体系相比，Co(Ⅱ)/Co(Ⅲ) 体系的 σ→σ 电子交换速率很慢。这是因为 Co(Ⅱ)/Co(Ⅲ) 体系的氧化剂和还原剂配合物 dσ 轨道上的电子数要伴随电子转移发生变化，因此在反应前后 Co-NH_3 键距的变化要比类似的 Ru(Ⅱ)/Ru(Ⅲ) 电子交换的键距改变量要大得多（参阅 7.3.2.2）。根据 7.3.1.2 中提出的设想，为了实现 π→π 电子转移，氧化剂和还原剂的电子组态必须进行一定的活化。一般认为有两种可能的活化步骤，其一是在电子转移前先形成 Co(Ⅱ)/Co(Ⅲ) 电子激发中间态；其二则是化学活化和电子转移同时发生，但由于没有充分的实验证据，很难具体描述 Co(Ⅱ)/Co(Ⅲ) 电子交换反应的化学活化和电子转移步骤的细节。

表 7-22 一些外界电子转移反应的速率常数

自交换反应			$k/L \cdot mol^{-1} \cdot s^{-1}$
	净 π→π		
$[Fe(H_2O)_6]^{2+}$ $(\pi)^4(\sigma)^2$	+	$[Fe(H_2O)_6]^{3+}$ $(\pi)^3(\sigma)^2$	4.0
$[Fe(phen)_3]^{2+}$ $(\pi)^6(\sigma)^0$	+	$[Fe(phen)_3]^{3+}$ $(\pi)^5(\sigma)^0$	$\geqslant 3\times10^7$
$[Ru(NH_3)_6]^{2+}$ $(\pi)^6(\sigma)^0$	+	$[Ru(ND_3)_6]^{3+}$ $(\pi)^5(\sigma)^0$	8.2×10^2

续表

自交换反应			k/L·mol^{-1}·s^{-1}
$[Ru(phen)_3]^{2+}$ $(\pi)^6(\sigma)^0$	+	$[Ru(phen)_3]^{3+}$ $(\pi)^5(\sigma)^0$	$\geqslant 10^7$
	净 $\sigma \rightarrow \sigma$		
$[Co(H_2O)_6]^{2+}$ $(\pi)^5(\sigma)^2$	+	$[Co(H_2O)_6]^{3+}$ $(\pi)^6(\sigma)^0$	~5
$[Co(NH_3)_6]^{2+}$ $(\pi)^5(\sigma)^2$	+	$[Co(NH_3)_6]^{3+}$ $(\pi)^6(\sigma)^0$	$\leqslant 10^{-9}$
$[Co(en)_3]^{2+}$ $(\pi)^5(\sigma)^2$	+	$[Co(en)_3]^{3+}$ $(\pi)^6(\sigma)^0$	1.4×10^{-4}
$[Co(phen)_3]^{2+}$ $(\pi)^5(\sigma)^2$	+	$[Co(phen)_3]^{3+}$ $(\pi)^6(\sigma)^0$	1.1

表 7-22 还表明，无论两反应物所涉及的前线轨道属于何种对称性，当邻菲咯啉（phen）作为配体时，各个 M(Ⅱ)/M(Ⅲ)体系的速率常数一般要比相应的水合物或氨（胺）合物提高约 5～7 个数量级，原因何在？已知 phen 是良好的 π 酸配体，邻菲咯啉配合物的 dπ 轨道能够在整个 phen 骨架上高度离域（图 7-43），因而由氧化剂和还原剂的 π 型前线轨道的简单重叠即能实现电子转移，对配合物间相对取向的要求并不十分严格。简言之，π 酸配体或 π 配体使得配合物的 HOMO 和 LUMO“延伸”对电子转移速率有很大影响。总之，表 7-22 的实验数据以及 π 酸配体（如 phen、CN^- 等）对电子转移速率的显著影响都证实了外界机理涉及 $\pi \rightarrow \pi$ 电子转移的假设。

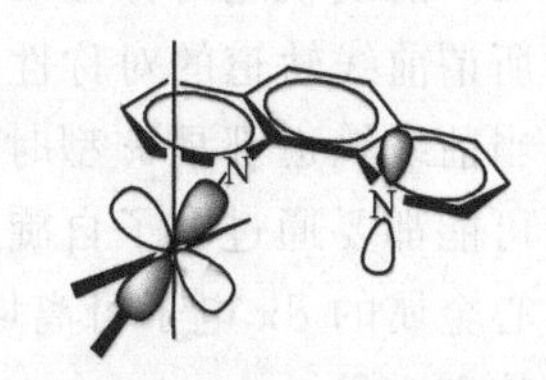

图 7-43　对称性匹配的金属 dπ 轨道与邻菲咯啉 π 轨道的重叠，使 dπ 电子高度离域

7.3.2.2　影响外界电子转移反应速率的因素

（1）Franck-Condon 原理所加的限制

根据 Franck-Condon（弗兰克-康顿）原理，M^{Ox}-L 和 M^{Red}-L 键距几乎相等的两个配合物发生电子转移的活化能最小，反应速率较大。这是因为原子核的运动（约 10^{-13} 数量级）比电子的运动（约 10^{-15} 数量级）大约慢两个数量级，原子核的运动（键距调整）必须发生在电子转移之前，因此要求还原剂和氧化剂或二者之一必须重排以达到某种“共同状态”，以使电子转移时没有核构型的变化❶。达到这种“共同状态”的能量包括配位场能、溶剂化能和静电作用能等的变化，称为重排能或 Franck-Condon 位垒。而当两个反应物的前线轨道能级近似相等，电子转移的那一瞬间，可认为原子核处于一种“冻结”状态。

为了使两反应物的前线轨道能级达到近似相等，可通过调整原子核沿核间键轴方向的运动来实现。例如，对于表 7-22 中所示的氧化还原对 $[Co(NH_3)_6]^{3+}/[Co(NH_3)_6]^{2+}$ (Δd=0.178Å)，以及 $[Fe(H_2O)_6]^{3+}/[Fe(H_2O)_6]^{2+}$ (Δd=0.14Å)，前者 $k \leqslant 10^{-9}$ L·mol^{-1}·s^{-1}，后者 k=4.0L·mol^{-1}·s^{-1}。以后者的电子转移为例，从概率考虑，在任何温度下，总有某些 Fe-OH_2 键距比平均 Fe-OH_2 键距明显地增长或缩短，换言之，总有某些 Fe(Ⅱ)-OH_2 键距缩短到一定程度，Fe(Ⅲ)-OH_2 键距增长到一定程度，使得二者的键距近乎相等，这时它们相应的对称性匹配的前线轨道具有相同的能级，可以发生电子转移。对于 $[Fe(H_2O)_6]^{3+}/[Fe(H_2O)_6]^{2+}$ 体系，计

❶ 指自旋态变化（特别是在 σ_g^* 轨道上电子的变化）通常会引起键长的调整，从而导致核构型变化。

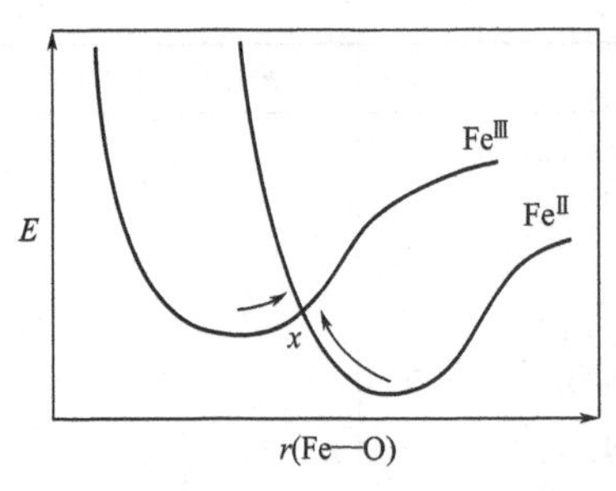

图 7-44 $[Fe(H_2O)_6]^{3+}/[Fe(H_2O)_6]^{2+}$ 体系中 Fe—O 键长变化引起的能量变化

算结果如图 7-44 所示，Fe(Ⅱ)-OH_2 键距缩短，以及 Fe(Ⅲ)-OH_2 键距增长，使得两者的核构型调整到最有利于电子转移的状态，图 7-44 中在 x 点处的 Fe(Ⅱ) 和 Fe(Ⅲ) 键距相等且能量相等，箭头表示达到该"共同状态"所需的重组能。

应当注意的是，并非在所有的氧化还原对中的高氧化态金属中心都涉及较短的 M-L 键距，当具有能形成反馈键的 CN^-、CO、NO_2^- 或 phen 等 π 酸配体配位时，由于它们可以稳定 dπ 分子轨道而使 d 电子具有成键作用，这时低氧化态配合物的 M-L 键可能较短。例如 $[V(CO)_6]^-$ 的 V-C 键距（1.931Å）就比 $[V(CO)_6]$ 的 V-C 键距（2.001Å）要短。

（2）前线轨道对称性匹配

所谓前线轨道的对称性匹配是指还原剂的 HOMO 和氧化剂的 LUMO 是 π 型还是 σ 型的，当前线轨道都是 π 型时，电子转移最易，两个皆为 σ 型的最慢，而 π↔σ 型则居中，后两者可能都要通过电子自旋态的调整以实现 π-π 电子转移。如果配体为 π 酸配体或 π 配体，则中心金属的 dπ 电子可离域，这就使金属配合物之间互相调整取向以建立电子转移的通道变得特别容易。

由表 7-22 的数据可证明上述两个影响因素：$[Ru(NH_3)_6]^{3+}/[Ru(NH_3)_6]^{2+}$ 体系的自交换反应速率很快，因为两反应物的 M-L 键距差很小，为 0.04Å，并且 $[Ru(NH_3)_6]^{3+}$ 和 $[Ru(NH_3)_6]^{2+}$ 的组态都是低自旋的，分别为 $(t_{2g})^6$ 和 $(t_{2g})^5$，电子交换前后自旋态没有改变，反应按对称性匹配的 π-π 电子转移进行。而 $[Co(NH_3)_6]^{3+}/[Co(NH_3)_6]^{2+}$ 体系则与之不同，不仅两反应物之间的键距差大得多（0.178Å），而且 $[Co(NH_3)_6]^{3+}$ 和 $[Co(NH_3)_6]^{2+}$ 为不同的自旋态，需要更多的活化能使之活化至 π-π 电子转移较为有利，因此自交换反应速度很慢。尽管 $[Co(phen)_3]^{3+}/[Co(phen)_3]^{2+}$ 体系的电子交换也需要一个电子组态活化的过程。其速率却比 $[Co(NH_3)_6]^{3+}/[Co(NH_3)_6]^{2+}$ 体系的要快得多，这与 phen 是良好的 π 接受体，易于和还原剂及氧化剂的前线 π 轨道直接重叠而实现电子转移有关，同时也可间接说明外界机理的 π-π 电子转移较有利。

（3）介质的影响

在溶液中加入阴离子能增加两种阳离子间电子转移的反应速率，加入阳离子能增加两种阴离子之间电子转移反应的速率。当作为反应物的两个配离子具有相反电荷时，有利于前驱配合物的形成，k 值较大。

例如，有人曾详细研究 MnO_4^--MnO_4^{2-} 体系的电子交换反应，发现阳离子的引入有明显的催化作用。从表 7-23 可以看出，碱金属离子的催化作用为 Cs>K>Na，$[Co(NH_3)_6]^{3+}$ 对反应也有很大催化作用。实验表明，阴离子对该自交换反应没有影响。

表 7-23 MnO_4^--MnO_4^{2-} 体系的外界电子转移反应速率常数

介　质	k/L·mol^{-1}·s^{-1}	介　质	k/L·mol^{-1}·s^{-1}
0.16mol·L^{-1}LiOH	700	0.16mol·L^{-1}CsOH	2470
0.16mol·L^{-1}NaOH	710±30	0.08mol·L^{-1}NaOH 及 0.08mol·L^{-1}CsOH	1730
0.16mol·L^{-1}KOH	800	0.16mol·L^{-1}NaOH 及 10^{-3}mol·L^{-1}$[Co(NH_3)_6]Cl_3$	1860

（4）电子转移反应的热力学因素

前已述及，在讨论电子转移反应机理的基本概念时，要考虑热力学因素对活化能垒的影响。如图7-40所示，不论是外界或内界机理的氧化还原反应（$\Delta G^{\ominus}<0$），其活化能均比类似的电子自交换反应（$\Delta G^{\ominus}=0$）的活化能低，因而反应速率加快。表7-24列出的外界电子转移动力学和热力学参数表明，氧化还原反应的自由能变化$\Delta G^{\ominus}$与氧化还原反应速率k_{obs}之间有着大致对应的关系。

表7-24 一些外界电子转移反应的动力学和热力学参数[1]

还原剂[2]	还原剂的电子组态是否需要活化？	氧化剂	氧化剂的电子组态是否需要活化？	氧化剂的氧化还原电位$E^{\ominus}$（相对于标准氢电极）/V	$\Delta E^{\ominus}$/V	氧化剂的电子自交换速率[3]	k_{obs} /$L\cdot mol^{-1}\cdot s^{-1}$	$k_{计算}$ /$L\cdot mol^{-1}\cdot cm^{-1}$
净 $\sigma\rightarrow\sigma$								
Cr^{2+}	是	$[Co(NH_3)_6]^{3+}$	是	+0.1	0.51	$\leqslant10^{-9}$	1.6×10^{-3}	$\leqslant1.6\times10^{-3}$
Cr^{2+}	是	$[Co(en)_3]^{3+}$	是	−0.24	0.17	2×10^{-5}	3.4×10^{-4}	$\leqslant5.1\times10^{-4}$
Cr^{2+}	是	$[Co(phen)_3]^{3+}$	是	+0.42	0.83	5.0	3.0×10	$\leqslant1.1\times10^{4}$
净 $\sigma\rightarrow\pi$								
Cr^{2+}	是	$[Ru(NH_3)_6]^{3+}$	是	+0.1	0.51	4×10^{3}	2×10^{2}	$\leqslant1.5\times10^{3}$
净 $\pi\rightarrow\sigma$								
V^{2+}	否	$[Co(NH_3)_6]^{3+}$	是	+0.1	0.355	$\leqslant10^{-9}$	1×10^{-2}	$\leqslant2.3\times10^{-3}$
V^{2+}	否	$[Co(en)_3]^{3+}$	是	−0.24	0.015	2×10^{-5}	7.2×10^{-4}	5.8×10^{-4}
V^{2+}	否	$[Co(phen)_3]^{3+}$	是	+0.42	0.675	5.0	3.8×10^{3}	2.3×10^{4}
净 $\pi\rightarrow\pi$								
V^{2+}	否	$[Ru(NH_3)_6]^{3+}$	否	+0.1	0.355	4×10^{3}	80	4.2×10^{3}

① 数据引自：Purcell K F，Kotz J C. Inorganic Chemistry. Philadelphia：W B Saunders Company，1977：666。

② 还原剂的氧化还原电位$E^{\ominus}$（V，相对于标准氢电极），$E^{\ominus}(Cr^{2+}/Cr^{3+})=-0.41V$；$E^{\ominus}(V^{2+}/V^{3+})=-0.255V$。

③ 还原剂的电子自交换速率$k(L\cdot mol^{-1}\cdot s^{-1})$：$Cr^{2+}/Cr^{3+}\leqslant1.6\times10^{-3}$；$V^{2+}/V^{3+}$为$1\times10^{-2}$。

对于$\Delta G^{\ominus}<0$的氧化还原反应，其位能曲线与相应电子交换反应的对称位能曲线相比有所“畸变”，这可以解释为，热力学自发性使得前者的电子转移发生在化学活化过程的“较前期”（即在氧化剂、还原剂结构变形较小时），从而降低了反应的活化能。从图7-40可以看出，反应的自由能变化越大，位能曲线的“畸变”就越明显。

根据表7-24的数据，当Cr(Ⅱ)[或V(Ⅱ)]分别还原$[Co(NH_3)_6]^{3+}$和$[Ru(NH_3)_6]^{3+}$时，热力学因素对两者的影响可以忽略不计，则反应速率在很大程度上取决于前线轨道是否对称性匹配。按（2）中关于外界机理中前线轨道对称性的讨论，Cr(Ⅱ)作为还原剂时，对于氧化剂$[Co(NH_3)_6]^{3+}$所涉及的是$\sigma\rightarrow\sigma$电子转移，而$[Ru(NH_3)_6]^{3+}$所涉及的是$\sigma\rightarrow\pi$电子转移，后者所需的活化能较小，故电子转移速率较快；当V(Ⅱ)作为还原剂时，前者涉及的是π-σ电子转移，而后者所涉及的是$\pi\rightarrow\pi$电子转移，故后者的电子转移速率较快。以上两种情况，其速率常数k_{obs}都有约$10^4\sim10^5$数量级的差别。

再来比较Cr(Ⅱ)和V(Ⅱ)还原同一个氧化剂的情况。从对称性看，Cr(Ⅱ)作为还原剂时由于轨道对称性不匹配需要更大的活化能，而从热力学因素看，Cr(Ⅱ)进行氧化还原反应在热力学上更为有利。从Cr(Ⅱ)和V(Ⅱ)分别还原$[Co(NH_3)_6]^{3+}$的速率常数之比为0.1，而其还原$[Ru(NH_3)_6]^{3+}$的速率常数之比为2.5的实验事实说明，在Cr(Ⅱ)作为还原剂的氧化还原反应中，较相应的V(Ⅱ)还原反应更负的$\Delta G^{\ominus}$已“抵消”了由于反应物的前线轨道对称性不匹配所需的部分活化能。

7.3.2.3 电子转移的 Marcus 理论

外界电子转移反应中不涉及反应物化学键的断裂与生成，易于进行理论处理。对于自交换反应，马库斯（R. A. Marcus）将反应的活化自由能 $\Delta G^{\neq}$ 分为下列几种贡献：

$$\Delta G^{\neq}=\frac{RT\ln KT}{hz}+\Delta G_{a}^{\neq}+\Delta G_{i}^{\neq}+\Delta G_{o}^{\neq} \tag{7-113}$$

式中 $\frac{RT\ln KT}{hz}$——从反应物生成前驱配合物时的平动和转动自由能损失，z 为有效碰撞数，其它常数为常见物理常数；

$\Delta G_{a}^{\neq}$——在前驱配合物中克服相同离子相互排斥的静电相互作用能的变化；

$\Delta G_{i}^{\neq}$——配位界重排要求的自由能变化；

$\Delta G_{o}^{\neq}$——改变两个配离子周围的溶剂排布所需的能量[1]。

对于氧化还原反应，速率常数 k_{12} 可用 Marcus-Hush 法进行预测，表示为：

$$k_{12}=\sqrt{k_{11}k_{22}K_{12}f} \tag{7-114}$$

$$\lg f=\frac{(\lg K_{12})^{2}}{4\lg\left(\frac{k_{11}k_{22}}{z^{2}}\right)}$$

式中 k_{11}——反应物中氧化剂配合物的自交换反应速率常数；

k_{22}——反应物中还原剂配合物的自交换反应速率常数；

K_{12}——氧化还原反应的平衡常数[2]；

z——碰撞频率。

举例：计算 0℃下 $[Co(bpy)_3]^{3+}$ 被 $[Co(terpy)_2]^{2+}$ 还原的速率常数 k_{12}，已知有关的自交换反应是：

$$[Co(bpy)_3]^{2+}+[{}^{*}Co(bpy)_3]^{3+}\xrightarrow{k_{11}}[Co(bpy)_3]^{3+}+[{}^{*}Co(bpy)_3]^{2+} \tag{7-115}$$

$$[Co(terpy)_2]^{2+}+[{}^{*}Co(terpy)_2]^{3+}\xrightarrow{k_{22}}[Co(terpy)_2]^{3+}+[{}^{*}Co(terpy)_2]^{2+} \tag{7-116}$$

其中，$k_{11}=9.0L\cdot mol^{-1}\cdot s^{-1}$，$k_{22}=48L\cdot mol^{-1}\cdot s^{-1}$，$K_{12}=3.57$。设 $f=1$，并已知 k_{12} 的实验值为 $64L\cdot mol^{-1}\cdot s^{-1}$。按式(7-114) 计算得到：$k_{12}=(9.0\times48\times3.57)^{1/2}L\cdot mol^{-1}\cdot s^{-1}=39L\cdot mol^{-1}\cdot s^{-1}$，计算结果说明理论预测值与实验值相当吻合。

R. A. Marcus 和 N. S. Hush 提出了电子转移反应的绝热理论，它是基于单一势能面的概念。如图 7-45(a) 所示，当自交换反应中的给予体 D 和接受体 A 位置彼此接近（相当于 D-A 和 D^{+}-A^{-} 两个态的能量十分靠近位于图 7-45 中的 P_3 处）并发生电子耦合时，代表反应物和产物能量的两根势能曲线彼此不相交。图 7-45 中 ε_{12} 是两个金属中心耦合（程度）的量度，它是所谓共振能的两倍。当 ε_{12} 很大时，通过交叉区的电子转移概率为 1，这种电子转移过程是绝热的，即反应沿最低势能面进行，基态反应物转变为基态产物，这时大多数“碰撞”将导致电子转移，反应速率可由克服活化势垒而得到理解；当平衡点 P_1 和 P_2 十分靠近且它们之间的基态能量差很小时，具备电子转移的最佳核条件。若 ε_{12} 很小，则通过交叉区的电子转移概率小于 1，结果表现出非绝热行为，即电子转移过程涉及两个不同态（两个对称性不同的高低势能面）之间的跃迁，这是一种能量上不利的情况。

---

[1] 一般溶剂都优先与高氧化态作用，重排必须在电子转移之前进行。

[2] 只有在交叉（氧化还原）反应的平衡常数 K_{12} 很大时计算 f 才有意义。

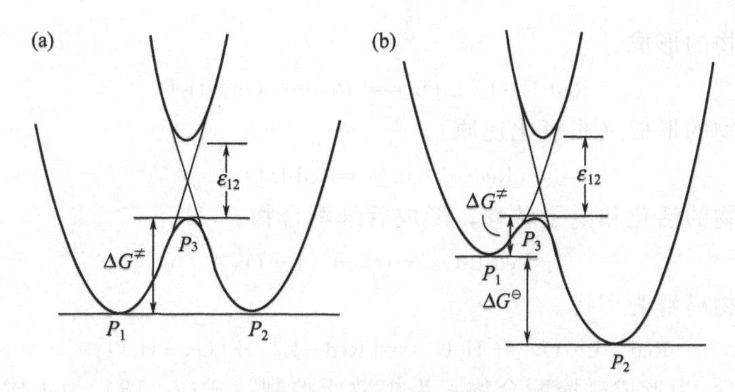

图 7-45　电子转移过程的能量变化❶

(a) $\Delta G^{\ominus}=0$ 的自交换反应；(b) $\Delta G^{\ominus}$ 为负值的氧化还原反应

图 7-45 中 ε_{12} 的大小与两金属中心的耦合程度成正比，所谓耦合程度，指的是电子转移反应中两反应物的前线分子轨道重叠的程度。根据上述讨论，强耦合意味着绝热过程，而弱耦合则意味着非绝热过程。由于在第二、三过渡系配合物，金属有机化合物和原子簇化合物中存在较强的金属-配体的离域作用，使得配合物周围的氧化-还原轨道呈现自由基特征，促进了对称性匹配轨道的重叠，因此其电子转移所涉及的是一种较强的耦合，而第一过渡系和镧系金属配合物则为弱耦合。例如，$[Ru(bpy)_3]^{3+/2+}$ 体系的电子转移概率约为 1，为绝热反应；而 $[Co(NH_3)_6]^{3+/2+}$ 体系的电子耦合作用差，其电子转移概率很小，反应为非绝热的，这些都与 7.3.2.2 中所讨论的核构型调整、自旋态改变以及前线轨道对称性匹配等影响因素有关。

7.3.3　内界电子转移反应

7.3.3.1　必要条件

① 反应物之一（通常是还原剂）是取代活性的，容易成桥。

② 反应物之一（通常为氧化剂）是取代惰性的，其内界至少含一个潜在的成桥基团❷，例如：:Cl:⁻、:SCN:⁻、:N≡N:、:NNN:⁻、:C≡N:⁻ 等；此外，一些含有多个配位点的有机配体（如图 7-46）也可作为潜在的桥基。

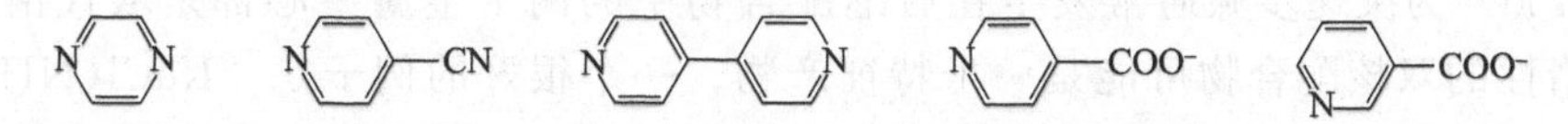

图 7-46　一些潜在成桥的有机配体

③ 前驱配合物必须有足够的（热力学上的）稳定性，后继配合物必须有足够的（动力学上的）活性。

④ 两反应物的前线轨道必须具备或有可能具备满足对称性要求的条件。

应当指出，内界电子转移常伴有桥基配体的定量转移，但桥基配体的定量转移并不是判断内界转移的必要条件，因为这要取决于产物是否动力学活性或 M-L 键的相对强弱等因素。

7.3.3.2　内界电子转移反应的基元步骤

溶液中进行的内界电子转移反应可能由下列基元步骤构成❸：

---

❶ 插图引自：Shriver D F，Atkins P W，Langford C H 著．无机化学．第 2 版．高忆慈，史启祯，曾克慰等译．北京：高等教育出版社，1997：583。引用时略有修改。

❷ 迄今只发现还原剂配合物内界含有桥配体的一例（参阅 7.3.3.4）。简单桥配体应至少具有两对孤对电子，可作为路易斯碱与两个金属中心配位。

❸ Ox-L 代表含有桥配体 L 的氧化剂配合物，$Red-H_2O$ 代表含有配位水的还原剂配合物。

① 碰撞配合物的形成。

$$\text{Red-H}_2\text{O}+\text{L-Ox} \rightleftharpoons \text{Red}\cdots\text{L-Ox}+\text{H}_2\text{O} \tag{7-117}$$

② 前驱配合物的形成（非氧化还原）。

$$\text{Red}\cdots\text{L-Ox} \rightleftharpoons \text{Red-L-Ox} \tag{7-118}$$

③ 前驱配合物的活化和电子转移，形成后继配合物。

$$\text{Red-L-Ox} \rightleftharpoons \text{Red}^{+}\text{-L}\cdots\text{Ox}^{-} \tag{7-119}$$

④ 后继配合物离解为产物。

$$\text{Red}^{+}\text{-L}\cdots\text{Ox}^{-}+\text{H}_2\text{O} \rightleftharpoons [\text{Red—L}]^{+}+[\text{Ox—H}_2\text{O}]^{-} \tag{7-120}$$

其中式(7-117) 为形成碰撞配合物，为扩散所控制；式(7-118) 为生成前驱配合物，亦即还原剂先进行配体取代，与氧化剂生成双核活化配合物；式(7-119) 为电子转移而形成后继配合物；最后一步式(7-120) 为后继配合物离解为产物。

理论上讲，上述任何一步基元反应都可能是速率决定步骤，其净反应过程可表示为：

$$\text{Red}+\text{L-Ox} \underset{k_2}{\overset{k_1}{\rightleftharpoons}} [\text{Red—L—Ox}] \underset{k_4}{\overset{k_3}{\rightleftharpoons}} \text{Red}^{+}\text{-L}+\text{Ox}^{-} \tag{7-121}$$

其速率方程为：

$$R=\frac{k_1k_3}{k_2+k_3}[\text{L-Ox}][\text{Red}] \tag{7-122}$$

式中　k_3——基元反应式(7-118) 和式(7-119) 的总反应速率常数。

在一些情况下，$k_3 \gg k_2$，速率决定步骤是前驱配合物的形成，即还原剂上的配位水被桥基配体 X 所取代，故速率方程成为：

$$R=k_1[\text{L-Ox}][\text{Red}] \tag{7-123}$$

但是在许多情况下，速率决定步骤是中间体的变形或重排和电子转移或后继配合物的离解，即 $k_2>k_3$，则速率方程成为：

$$R=Kk_3[\text{L-Ox}][\text{Red}] \tag{7-124}$$

式中　K——反应式(7-121) 第一步的平衡常数。

式(7-120) 为决速步骤通常发生在后继配合物中的两个金属中心都是取代惰性的情况下，这时惰性的双核配合物可能是一个特征产物。一个很好的例子是 $[RuCl(NH_3)_5]^{2+}$ 被 $[Cr(OH_2)_6]^{2+}$ 还原，其速率决定步骤是 $[Ru^{II}(NH_3)_5(\mu\text{-}Cl)Cr^{III}(OH_2)_5]^{4+}$ 的离解。

桥联配合物的形成为决速步骤的例子是 V^{2+}(aq) 作为还原剂的内界电子转移反应，当氧化剂为含有不同桥配体的 Co(Ⅲ)配合物时，相应的反应速率（见表 7-25）并没有太大差别。其原因是 V(Ⅱ)(d^3) 为取代惰性的配合物（参阅 7.2.2.2），V(Ⅱ) 的配位水被取代形成双核中间体是电子转移反应的决速步骤，反应速率与不同桥配体（进入基团）的性质之间没有明显的依赖关系，k 值基本不随不同的氧化剂（桥配体 X 不同）而改变。

表 7-25　一些 M(Ⅲ)(M=Co 和 Ru) 配合物的内界电子转移反应速率常数（25℃，k/L·mol^{-1}·s^{-1}）

氧化剂	还原剂		
	V^{2+}(aq)$[(\pi)^3(\sigma)^0]$净 $\pi\to\sigma$	Cr^{2+}(aq)$[(\pi)^3(\sigma)^1]$净 $\sigma\to\sigma$	Fe^{2+}(aq)$[(\pi)^4(\sigma)^2]$净 $\sigma\to\sigma$
$[CoF(NH_3)_5]^{2+}$	—	2.5×10^6	6.6×10^{-3}
$[CoCl(NH_3)_5]^{2+}$	7.6	6×10^5	1.4×10^{-3}
$[CoBr(NH_3)_5]^{2+}$	25	1.4×10^6	7.3×10^{-4}
$[CoI(NH_3)_5]^{2+}$	13	3.4×10^6	—
$[Co(N_3)(NH_3)_5]^{2+}$	13	3.0×10^5	8.7×10^{-3}
$[Co(NCS)(NH_3)_5]^{2+}$	0.3	1.9×10^1	3.0×10^{-3}

续表

氧化剂	还原剂		
	V^{2+}(aq)[$(\pi)^3(\sigma)^0$]净 $\pi\to\sigma$	Cr^{2+}(aq)[$(\pi)^3(\sigma)^1$]净 $\sigma\to\sigma$	Fe^{2+}(aq)[$(\pi)^4(\sigma)^2$]净 $\sigma\to\sigma$
$[Co(NH_3)_5(H_2O)]^{3+}$	—	5.5×10^{-1}	—
$[Co(OH)(NH_3)_5]^{2+}$	—	1.7×10^{6}	—
$[Co(HC_2O_4)(NH_3)_5]^{2+}$	12.6	4.0×10^{2}	4.3×10^{-2}
$[RuCl(NH_3)_5]^{2+}$	—	3.5×10^{4}	—
$[RuBr(NH_3)_5]^{2+}$	—	2.2×10^{3}	—
$[RuI(NH_3)_5]^{2+}$	—	$<5\times10^{2}$	—

但是有些以电子转移为决速步骤的内界反应并不表现出如此简单的规律性。随着中心金属和桥配体的变化，速率常数通常分布在一个很宽的范围内。类似于对外界电子转移机理的讨论，反应所涉及的氧化态改变可能需要配体和溶剂的重组。

7.3.3.3　影响内界电子转移反应速率的因素

（1）还原剂配合物的取代活性

若生成桥联中间体为决速步骤，反应速率主要取决于被桥基进攻的还原剂配合物取代活性的大小，这类反应与氧化剂配合物和桥配体的性质关系不大。

（2）前线轨道对称性匹配

若桥联中间体内的电子转移为决速步骤，那么“桥”的性质对反应速率的影响就很大。这时所涉及的前线轨道分别是：还原剂的 HOMO、氧化剂的 LUMO 以及桥基配体的载电子轨道，对这些轨道的对称性分别有什么样的特殊要求呢？以下将分别作出讨论。

① 当桥基为 σLUMO 时，两反应物的前线轨道为 σ-σ 最有利，其次为 σ-π 或 π-σ，若同为 π 轨道，尽管有桥配体存在，仍按外界机理进行较为有利。

表 7-26 表明，当桥配体的载电子轨道为 σLUMO 时，对于可比较的电子转移反应，按内界机理进行的反应通常要快于按外界机理进行的反应，当还原剂的 HOMO 和氧化剂的 LUMO 皆为 σ 型时，符合轨道对称性规则，可实现低活化能的电子转移途径，$k_{内界}/k_{外界}$ 比值最大。若此时能级也相近，则活化能更低。如果两反应物的前线轨道都是 π 型的，而桥配体的载电子轨道是 σ 型的，因其对称性不匹配，按内界机理转移电子是对称性禁阻的，故反应还是直接按外界机理的 $\pi\to\pi$ 转移更有利。假如 HOMO 和 LUMO 的对称性不同，由内界转移引起的加速作用就较不明显。不过，在运用轨道对称性规则时必须谨慎，例如，在表 7-26 中的氧化还原对为 V^{2+}/Co^{3+} 的情况下，并不排除由于 V^{2+} 的取代惰性，反应的决速步骤并非在电子转移一步，若真实情况如此，那么与前两个例子比较前线轨道的对称性匹配因素对反应速率的影响将失去意义。

表 7-26　一些可比较的外界和内界电子转移反应的速率常数

还原剂的 HOMO	氧化剂的 LUMO①	例　子	$k_{内界}/k_{外界}$
σ	σ	Cr^{2+}/Co^{3+}	10^{10}
σ	π	Cr^{2+}/Ru^{3+}	10^{2}
π	σ	V^{2+}/Co^{3+}	10^{4}
π	π	V^{2+}/Ru^{3+}	均按外界机理反应

① 在内界机理中桥配体的载电子轨道为 σ 型轨道。

这类内界机理的特征可用简单的 $M'^{Red}\cdots L\text{-}M^{Ox}$ 过渡态来理解，曾对此过渡态提出一个三中心/三轨道模式，图 7-47 定性地说明了该模式的 σMO 体系，其中所涉及的原子轨道主要是 M'^{Red} 和 M^{Ox} 的 d_{z^2} 轨道，以及桥配体 Cl^- 的 pσ 轨道；图 7-47 的左边为反应物的 MO，

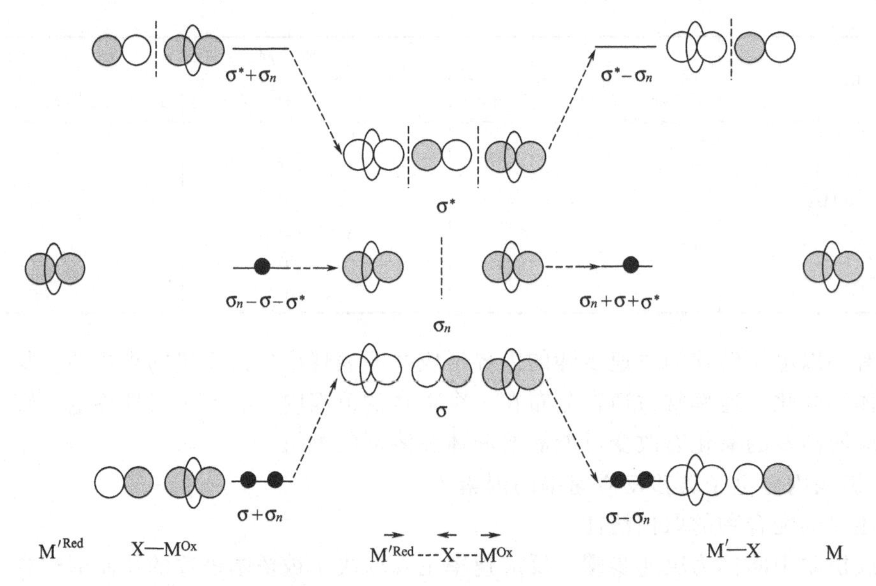

图 7-47 内界电子转移反应的分子轨道能级简图（X=Cl⁻）

中间为过渡态 MO，而右边为产物 MO，过渡态配合物的 MO 可以用 σ、σ_n 和 σ^* 来标记。该体系的最重要特征是反应物和产物的 MO 可直接相互关联，单电子从 M'^{Red}传递至 M^{Ox}并伴随着 Cl^- 从 M^{Ox}转移至 M'^{Red}的过程是通过 σ_n 进行的，它所涉及的氧化剂、还原剂和桥配体的 MO 皆为 σ 型。

② 当桥基为 πLUMO 时，两反应物的前线轨道为 π-π 时转移电子最为有利，其次为 σ-π 或 π-σ，若为 σ-σ，则需要较大的活化能，反应速率常数小。

例如，表 7-27 中的内界电子转移速率常数说明，当设计 π 酸配体异菸酰胺为桥配体 X（通常认为还原剂 Cr^{2+} 远距离进攻在异菸酰胺的羰基氧上），氧化剂分别为 $[CrX(H_2O)_5]^{2+}$ 和 $[CoX(NH_3)_5]^{2+}$ 时，相应的反应速率差别不大，但是当 $[RuX(NH_3)_5]^{2+}$ 为氧化剂时，反应速率比前两者约增大 5 个数量级，显然，这与 Ru(Ⅲ)配合物的LUMO为 π 型有关。

表 7-27 以 Cr^{2+} 为还原剂的内界电子转移反应速率常数

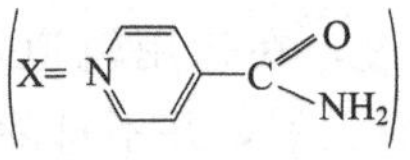

（X= N C O NH_2）

氧化剂	还原剂	净转移	k/L·mol^{-1}·s^{-1}
$[CrX(H_2O)_5]^{2+}$ $(\pi)^3(\sigma)^0$	Cr^{2+}(aq) $(\pi)^3(\sigma)^1$	σ→σ	1.8
$[CoX(NH_3)_5]^{2+}$ $(\pi)^6(\sigma)^0$	Cr^{2+}(aq) $(\pi)^3(\sigma)^1$	σ→σ	17.4
$[RuX(NH_3)_5]^{2+}$ $(\pi)^5(\sigma)^0$	Cr^{2+}(aq) $(\pi)^3(\sigma)^1$	σ→π	3.8×10^5

图 7-48 则形象地表明，桥配体的 π 载电子轨道既不与 Cr(Ⅲ)或 Co(Ⅲ)配合物的 LUMO 重叠也不与 Cr(Ⅱ)的 HOMO 重叠；当氧化剂为 Ru(Ⅲ)配合物时，其 LUMO 与桥配体的 π 载电子轨道是匹配的。因此，表 7-27 中的前两个反应受到禁阻（双重不匹配），活化能较高，反应慢。第三个反应在电子从 Cr(Ⅱ)转移到配体时［可能需要 Cr(Ⅱ)的活化］即构成净电荷转移。

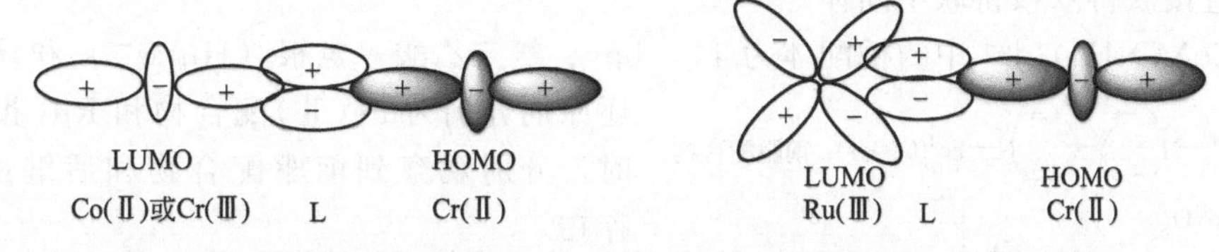

图 7-48 桥基为 πLUMO 时，Cr(Ⅱ) 与 Co(Ⅲ)、Cr(Ⅲ) 或 Ru(Ⅲ) 进行内界电子转移的轨道对称性

③ 当π配体或π酸配体作为桥基时，传导性特别好，另外，随着桥基配体的性质(σLUMO、πLUMO或位阻）不同，电子转移速率也不同。一般认为还原剂对桥配体的进攻有两种方式：近邻进攻和远程进攻，而通过桥基转移电子可能采取隧道效应或化学自由基机理（参阅7.3.3.4）。

（3）内界电子转移反应的热力学因素

热力学因素对内界电子转移反应速率也有较大的影响。根据表7-25提供的数据和所分析的前线轨道对称性，虽然Cr(Ⅱ)或Fe(Ⅱ)配合物还原Co(Ⅲ)配合物所涉及的都是σ-σ电子转移，但Fe(Ⅱ)反应的速率常数比Cr(Ⅱ)的一般要小得多，显然，热力学因素在其中起一定作用。

7.3.3.4 论证内界机理的方法

前已述及，Taube等为了论证内界机理，设计了一些非常精巧的实验，令人信服地提出了一系列直接或间接的证据，其方法已成为配位化学教科书中经典的内容。一般而言，论证内界机理可采用下述几种考察或研究方法：①判断反应物的取代活性，考察氧化剂和还原剂的性质、组成与结构，是否含桥基，其电子组态如何；②直接获得双核桥联中间体；③改变桥联配体的性质，观其对 k 值的影响；④反证法，例如同位素跟踪，判断水合反应速度等来排除外界机理；⑤由于取代活性的还原剂配合物在反应后大多变为取代惰性的，因此能观察到桥配体的定量转移（但这并不是必要条件）；⑥按内界机理进行的反应与可比较的外界机理反应要快得多。

下面将以论证如式(7-125)所示的Co(Ⅲ)配合物与还原剂Cr(Ⅱ)、Fe(Ⅱ)或Ru(Ⅱ)等反应的内界电子转移机理为例来说明上述方法，可能对如何通过设计实验来探测反应机理会有所启迪。

$$[CoX(NH_3)_5]^{2+}+[Cr(H_2O)_6]^{2+}+5H_3O^+\longrightarrow[Co(H_2O)_6]^{2+}+[CrX(H_2O)_5]^{2+}+5NH_4^+ \quad (7\text{-}125)$$

（1）考察反应所涉及物种的性质

在反应(7-125)的反应物中，氧化剂 $[CoX(NH_3)_5]^{2+}$ 是取代惰性的，而还原剂 $[Cr(H_2O)_6]^{2+}$ 是取代活性的；另一方面，在产物中 $[CrX(H_2O)_5]^{2+}$ 是取代惰性的，而 $[Co(H_2O)_6]^{2+}$ 是取代活性的。如图7-49所示，当X=Cl⁻时，Cl⁻由 $[CoCl(NH_3)_5]^{2+}$ 定量转移至还原剂形成 $[CrCl(H_2O)_5]^{2+}$，假设生成双核氯桥中间体可以合理地解释此现象，因为作为还原剂的 $[Cr(H_2O)_6]^{2+}$ 的活性使它能很快失去一个水分子，从而进攻惰性 $[CoX(NH_3)_5]^{2+}$ 上的桥基X生成桥联中间体，并且远在产物Cr(Ⅲ)配合物上发生任何取代反应之前，快速的电子转移反应（$t_{1/2}<1ms$）早已发生。

总反应	$[CoCl(NH_3)_5]^{3+}$	$+[Cr(H_2O)_6]^{2+}+5H_3O^+\longrightarrow$	$[Co(H_2O)_6]^{2+}$	$+[CrCl(H_2O)_5]^{2+}+5NH_4^+$
电子组态	低自旋 d^6	高自旋 d^4	高自旋 d^7	d^3
取代反应时标	小时	$10^{-9}s$	$10^{-6}s$	小时
氧化还原反应时标		$<1ms$		

图 7-49 Taube所研究的典型内界电子转移反应时标以及所涉及物种的取代反应时标

(2) 直接获得双核桥联中间体

当 $[CoX(NH_3)_5]^{n+}$ 中的桥配体为 4,4′-bpy、氨三乙酸一氢根($Hnta^{3-}$)和异烟酸根，还原剂分别为 Fe(Ⅱ)配合物和 Ru(Ⅱ)配合物时，分别观察到前驱配合物和后继配合物的存在。

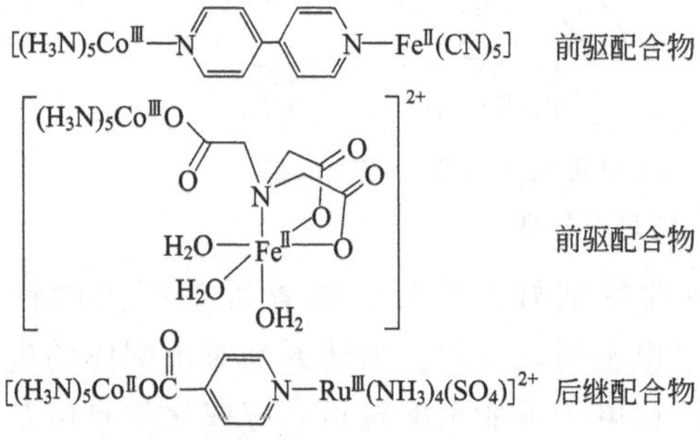

图 7-50 已被检测或分离出的内界电子转移反应中的双核桥联中间体

图 7-50 中的第三个双核配合物曾经被 Taube 用于研究前驱配合物经电子转移转化为后继配合物的速率❶，其研究过程如图 7-51 所示，即事先制备出双核物种 $[Co^{III}\text{-}X\text{-}Ru^{III}]$，接着采用还原剂 Eu(Ⅱ)或 $[Ru(NH_3)_6]^{2+}$ 选择性地还原该物种中的 Ru(Ⅲ)，人为地获取前驱配合物 $[Co^{III}\text{-}X\text{-}Ru^{II}]$，然后以截流(stopped-flow)技术跟踪前驱配合物转化为其后继配合物 $[Co^{II}\text{-}X\text{-}Ru^{III}]$ 的反应，从而测得反应速率等动力学参数。一些经设计合成的类似双核配合物被实验化学家用来研究分子内的电子转移反应机理。图 7-52 代表了在内界机理中前驱配合物的形成和相继发生分子内电子转移的一个实例❷。

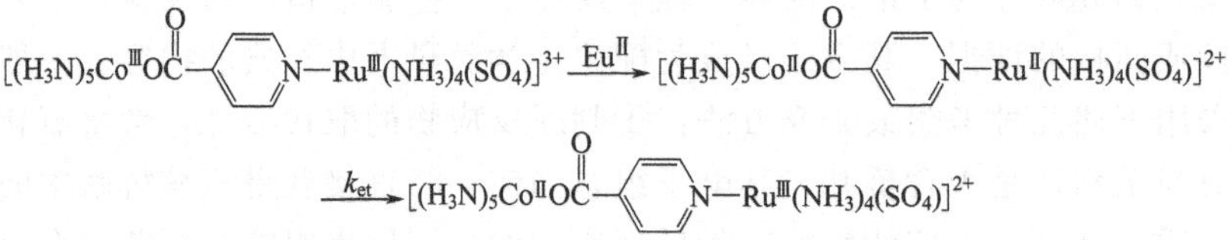

图 7-51 用于研究分子内电子转移的双核桥联配合物

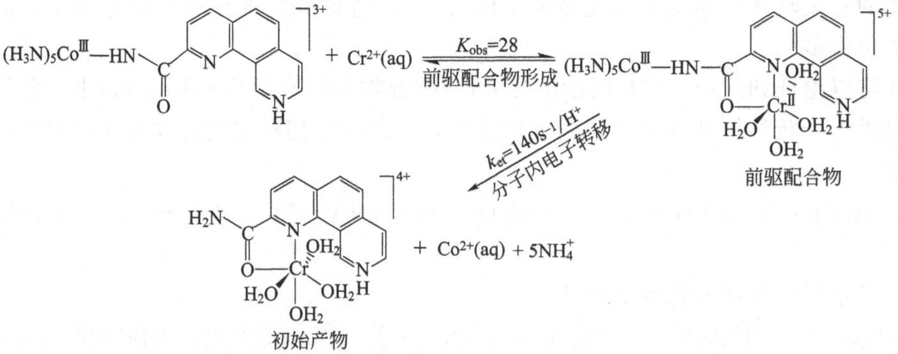

图 7-52 内界机理中前驱配合物形成和相继发生分子内电子转移的实例

在发生分子内电子转移之后，根据式(7-120)中后继配合物 $[Red^{+}\text{-}L\cdots Ox^{-}]$ 所含的两个金属中心的取代动力学性质，可能有下列几种情况。

① 如果所含的两个金属中心都是取代活性的，那么就无法观察到后继配合物的存在，也就不可能证明是否发生了配体转移。

---

❶ 参阅：Iseid S S，Taube H. Rates of interamolecular electron transfer. J Am Chem Soc，1973，95 (24)：8198-8200。

❷ Alexander C S，Balahura R J. Preparation，characterization，and chromium(Ⅱ) reduction of pentaammine (phenanthroline-2-carboxamido-*N*) cobal(Ⅲ) perchlorate. Inorg Chem，1994，33 (7)：1399-1405。

② 如果 Red^+ 中所含的金属中心是取代惰性的，可以令人信服地说明配体转移。正如式(7-106) 所表明的，Taube 根据配位化学基本原理合理选择了一个如此简单却具有代表性的反应体系。

③ 如果 Ox^- 中所含的金属中心是取代惰性的，则无配体转移发生。

④ 如果所含的两个金属中心都是取代惰性的，后继配合物将发生缓慢的离解反应成为最终的单核产物，此时，不仅能检测到后继配合物，而且还有可能测定该反应的离解常数 k_{diss}，以及说明桥配体的定量转移。

上述第四种情况最可能发生在金属中心为 d^3 或 d^6 （低自旋）组态，例如：$[Cr(H_2O)_6]^{2+}$ 还原 Ru(Ⅲ)或 Ir(Ⅳ)配合物，Fe(Ⅲ)或 Ru(Ⅲ)配合物氧化 Co(Ⅱ)配合物等。这样的例子并不多见，图 7-53 示出桥基分别为异菸酰胺和异烟酸根的两个金属中心均为取代惰性的后继配合物，其水解或酸水解为最终单核产物的反应动力学已被研究；另一个例子是 $[Fe(CN)_6]^{3-}$ 与 $[Co(CN)_5]^{3-}$ 反应所形成的后继配合物 $[(CN)_5Fe^{II}\text{-CN-}Co^{III}(CN)_5]^{6-}$ 中两个金属中心均为 d^6 （低自旋）组态，可作为钾盐或钡盐分离出来，该配合物相当稳定，可以被进一步氧化成 $[(CN)_5Fe^{III}\text{-CN-}Co^{III}(CN)_5]^{5-}$。

图 7-53　两个金属中心均为取代惰性的后继配合物

以上所列举实例中，双核中间体的桥配体无一例外地来自于氧化剂配合物，但是在 $[Fe(CN)_6]^{3-}$ 还原 Cr(Ⅳ) 配合物获得的后继配合物 $[(CN)_5Fe^{III}\text{-CN-}Cr^{III}(OH_2)_5]$ 中，其桥基来自于还原剂配合物，这是迄今为止唯一发现的特例。

前面所提及的后继配合物 $[(CN)_5Fe^{II}\text{-CN-}Co^{III}(CN)_5]^{6-}$ 甚为惰性，以致难以离解为相应的单核物种，这时两个金属中心之间的电子转移往往绕道外界电子转移途径来进行，从而直接获得单核 Fe(Ⅱ)和 Co(Ⅲ)产物。这类电子转移反应机理称为“死端” (dead-end) 机理[1]，而所涉及的后继配合物 $[(CN)_5Fe^{II}\text{-CN-}Co^{III}(CN)_5]^{6-}$ 被称为“死端”配合物。例如，$[Fe(CN)_6]^{3-}$ 与 $[Co(edta)]^{2-}$ 在几毫秒内反应形成双核物种 $[(CN)_5Fe^{II}\text{-CN-}Co^{III}(edta)_5]^{5-}$，这是两个金属中心皆惰性的后继配合物，难以离解为相应的单核产物，事实上该反应的最终产物 $[Fe(CN)_6]^{4-}$ 与 $[Co(edta)]^-$ 是通过缓慢的外界电子转移途径进行的。初始形成的“死端”后继配合物可能经由以下途径得到最终产物：

$$\text{前驱配合物} \rightleftharpoons \text{后继配合物} \rightleftharpoons \text{反应物} \xrightarrow{\text{外界电子转移}} \text{产物} \tag{7-126}$$

试图证明式(7-126) 的反应过程是相当棘手的，因为无论对于“死端”机理或是简单的内界机理，实验所得速率方程都相同，而且未观察到反应产物中配体的定量转移，并不能排除内界机理的发生。然而通过该过程与其它相关的氧化还原和取代反应速率常数和活化参数的一些比较，可以基本上确定类似的反应是否按“死端”机理发生。原则上讲，可能存在某些“死端”机理，其能垒来自于电子转移终止于前驱配合物而不是后继配合物，但是这样的例子尚未见报道。

在内界机理中电子究竟如何从还原剂转移到氧化剂？目前认为有两类可能的极限机理：①“化学”机理（也称自由基或分步机理），即电子从还原剂配合物的金属中心转移至桥配体形成自由基，随后发生电子从自由基配体到氧化剂配合物金属中心的电子转移；②隧道机

[1] Tobe M L，Burgess J. Inorganic Reaction Mechanisms. Essex：Pearson Education Limited，1999：422-423。

理（也称共振机理），即电子简单地借量子力学隧道穿过桥基所构成的能垒到达氧化剂。然而，简单区分这两种机理并不容易。在大多数内界电子转移反应中，通过桥配体的电子转移是绝热过程，反应太快以致难以探测化学机理中的自由基中间体。如果电子在桥配体上驻留的时间足够长，则自由基桥联中间体可被检测。表 7-28 示出被研究的几种自由基桥联中间体以及它们随后发生分子内电子转移的速率常数。

表 7-28　内界机理的自由基桥联中间体及其分子内电子转移速率常数

自由基桥联中间体	k/s^{-1}	自由基桥联中间体	k/s^{-1}
$[(NH_3)_5Co—O\cdots C(\cdots O—Cr(OH_2)_5)—\dot{C}(Ph)\cdots O]^{4+}$	93	$[(NH_3)_5Co—O\cdots C(\cdots O)—(\dot{N}C_4H_3N)—Cr(OH_2)_4]^{4+}$	450
$[(NH_3)_3Co(OH)_2Co(NH_3)_3(O\cdots C\cdots O)—\dot{C}(Ph)—O—Cr(OH_2)_5]^{6+}$	4		

可以注意到，表 7-28 所列出的自由基桥联中间体均涉及以 Co(Ⅲ)作为氧化中心，电子从桥联的自由基配体较慢转移至 Co(Ⅲ)，因此得以探测该中间体，这是因为桥配体的前线 π 轨道与氧化剂 Co(Ⅲ)配合物的 σ 型 LUMO 对称性不匹配的缘故（参阅 7.3.3.3）。相反，若将 Co(Ⅲ)换成 Ru(Ⅲ)中心，则由于桥配体的前线 π 轨道与 Ru(Ⅲ)配合物的 π 型 LUMO 进行 π-π 电子转移对称性匹配，反应进行得很快，因此对于后者，无法获得类似 Co(Ⅲ)配合物的“化学”机理证据。另一方面，根据同位素效应研究[1]，当桥基为难以被还原的简单无机配体，如 X^-（卤素离子）、CN^-、OH^- 或 NCS^- 等，反应将有可能以隧道效应作为直接机理。

(3) 改变一系列桥基配体的性质（见表 7-25），观察各种因素的影响

从表 7-25 的 $[Co(NH_3)_5X]^{n+}/[Cr(H_2O)_6]^{2+}$ 体系的速率常数看出，除了轨道对称性和热力学因素的影响之外，当桥联基团 X 的配位原子相同时，H_2O 和 OH^- 以及 NCS^- 和 N_3^- 的 k 值差别很大。对前者的差别可假设为 H_2O 的桥联能力远比 OH^- 小[2]，因而桥联中间体 $[(NH_3)_5Co\text{-}H_2O\text{-}Cr(H_2O)_5]^{5+}$ 不及 $[(NH_3)_5Co\text{-}OH\text{-}Cr(H_2O)_5]^{4+}$ 稳定，在 $[Co(NH_3)_5(H_2O)]^{3+}/[Cr(H_2O)_6]^{2+}$ 体系中，pH 增大时电子转移速率明显增大，因桥基 H_2O 失去一个质子变为 OH^-。

NCS^- 和 N_3^- 都具有桥联能力，但 N_3^- 对称性大，易生成桥联中间体 $[(NH_3)_5Co\text{-}N_3\text{-}Cr(H_2O)_5]^{4+}$；而 NCS^- 两端的配位原子不同，根据硬软酸碱原理，S 是“软”配位原子，而 Cr(Ⅱ)为硬酸，所以不易形成 $[(NH_3)_5Co\text{-}NCS\text{-}Cr(H_2O)_5]^{4+}$，$k$ 值很小。但正如以下要讨论的，无论是异硫氰酸根 NCS^- 或硫氰酸根 SCN^- 作为桥基时，情况都较为复杂，可能

---

[1] Henderson R A. The Mechanisms of Reaction at Transition Metal Sites. Oxford: Oxford University press Inc, 1993: 52。

[2] Taube 在其诺贝尔演讲词中提及：“与进攻羟基配合物相比较，对水合物直接进攻的途径是无法观察的；迄今为止还没有证明 H_2O 的桥联作用。”参阅：Taube H. 金属配合物的电子传递——历史的回顾（诺贝尔演讲词）. 游效曾等译. 无机化学，1985，1（全）：182。

生成不止一种的桥联物种。

氧化剂内界所含的潜在桥配体有可能提供不同的位点与活性的还原剂配合物发生取代反应生成前驱配合物（见图7-54），通常还原剂进攻的位点取决于可以避开位阻的远程进攻（remote attack）或易于发生电子转移的近邻进攻（adjacent attack）之间的平衡，一般认为远程进攻为自由基机理。

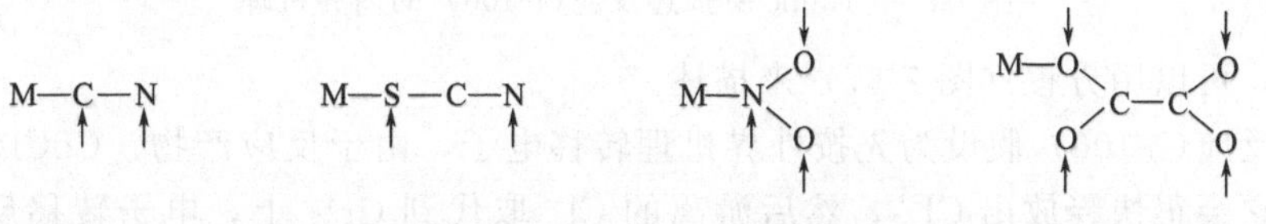

M—C—N　　M—S—C—N　　M—N(O)(O)　　M—O—C(O)—C(O)—O

图7-54 一些键合于氧化剂配合物的常见桥配体可能提供的潜在配位点

例如，在 $[(NH_3)_5Co(SCN)]^{2+}$ 被 $[Cr(H_2O)_6]^{2+}$ 还原的反应中，当桥配体为硫氰酸根时，其两端的S和N原子都能成桥，可以两种方式形成两种前驱配合物，Cr(Ⅱ)可进攻配位桥基 SCN^- 的N端，此时电子转移速率为 $1.9\times10^5 L\cdot mol^{-1}\cdot s^{-1}$，即远程进攻；也可进攻配位桥基 SCN^- 的S端，此时电子转移速率为 $8\times10^4 L\cdot mol^{-1}\cdot s^{-1}$，即近邻进攻；最终得到不同的反应产物，如图7-55所示。不过，当 $[Co(CN)_5]^{3-}$ 还原 $[(NH_3)_5Co(SCN)]^{2+}$ 时，却主要采取近邻进攻的方式，可能是“软”的还原剂更倾向于与配位桥基 SCN^- 的S端结合。值得注意的是，这类内界氧化还原反应可被用以巧妙地设计合成不稳定的键合异构体，例如，强制 CN^- 的C端或 SCN^- 的S端与“硬”的金属中心键合。

$[Co(NH_3)_5(SCN)]^{2+}+[Cr(H_2O)_6]^{2+}$ →
- 近邻进攻：$[(NH_3)_5Co—S(CN)—Cr(H_2O)_5]^{4+} \longrightarrow [(H_2O)_5Cr(SCN)]^{2+}+[Co(H_2O)_6]^{2+}$ (30%)
- 远程进攻：$[(NH_3)_5Co—SCN—Cr(H_2O)_5]^{4+} \longrightarrow [(H_2O)_5Cr(NCS)]^{2+}+[Co(H_2O)_6]^{2+}$ (70%)

图7-55 $[(NH_3)_5Co(SCN)]^{2+}$ 被 $[Cr(H_2O)_6]^{2+}$ 进攻的两种方式

许多内界机理远远不像上述讨论那样简单和理想化，例如在双核中间体中，不仅有单重桥联，而且还可能出现多重桥联，首次发现的双重桥联例子如图7-56所示，该反应也是首次被证明为远程进攻的典型实例。

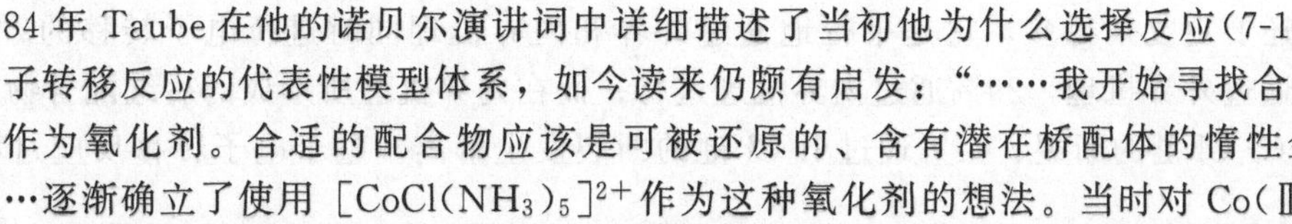

$$cis\text{-}[Cr(N_3)_2(H_2O)_4]^+ + [^*Cr(H_2O)_6]^{2+} \longrightarrow [(H_2O)_4Cr(N{=}N{=}N)_2{}^*Cr(H_2O)_4]^{3+} + 2H_2O$$

$$\longrightarrow cis\text{-}[^*Cr(N_3)_2(H_2O)_4]^+ + [Cr(H_2O)_6]^{2+}$$

图7-56 双桥联和远程进攻的内界电子转移反应实例

(4) 用反证法和同位素法排除外界机理

1984年Taube在他的诺贝尔演讲词中详细描述了当初他为什么选择反应(7-106)作为内界电子转移反应的代表性模型体系，如今读来仍颇有启发：“……我开始寻找合适的金属配合物作为氧化剂。合适的配合物应该是可被还原的、含有潜在桥配体的惰性金属配合物。……逐渐确立了使用 $[CoCl(NH_3)_5]^{2+}$ 作为这种氧化剂的想法。当时对Co(Ⅲ)氨合物的还原速率确是一无所知，也不认为它是一种有用的氧化剂。那时我对将要进行的试管实验的结果一点也不乐观。然而实验结果却非常令人兴奋，观察到反应很快，产物溶液呈绿色表明，生成了 $[CrCl(H_2O)_5]^{2+}$。进一步的工作证明它是定量地生成的，在其生成过程中虽然反应溶液中存在标记的 Cl^-，但是产物 $[CrCl(H_2O)_5]^{2+}$ 中的 Cl^- 却未沾有放射性。由此可见，(桥基)转移是直接的，即 Cl^- 桥联两个金属中心，而且桥联作用发生在Cr(Ⅱ)

$$[Co(NH_3)_5Cl]^{2+}+[Cr(H_2O)_6]^{2+}\underset{+H_2O}{\overset{-H_2O}{\rightleftharpoons}}\underset{\text{前驱配合物}}{[Co(NH_3)_5Cl\cdots Cr(H_2O)_5]^{4+}}\longrightarrow\underset{\text{活化配合物}}{[(NH_3)_5Co\cdots Cl\cdots Cr(H_2O)_5]^{4+}}$$

$$\longrightarrow\underset{\text{后继配合物}}{[(NH_3)_5Co\cdots ClCr(H_2O)_5]^{4+}}\xrightarrow{H_2O/H^+}[Co(H_2O)_6]^{2+}+[CrCl(H_2O)_5]^{2+}+5NH_4^+$$

图 7-57 Taube 所描述反应(7-106) 的内界机理

被氧化之前，可以用方程（图 7-57）来描述。”

如果将反应(7-106) 假设为先按外界机理转移电子，由于反应产物 $[CoCl(NH_3)_5]^+$ 的取代活性，它会很快释放出 Cl^-，然后游离的 Cl^- 取代到 Cr^{3+} 上，电子转移反应可能按如图 7-58 所示方式进行：

$$[Co(NH_3)_5Cl]^{2+}+[Cr(H_2O)_6]^{2+}\xrightarrow{\text{外界 ET}}[Co(NH_3)_5Cl]^{+}+[Cr(H_2O)_6]^{3+}$$

$$H_2O/H^+\downarrow -Cl^- \qquad \downarrow {}^*Cl^-\text{取代?}$$

$$[Co(H_2O)_6]^{2+}+[CrCl(H_2O)_5]^{2+}+5NH_4^+$$

图 7-58 应用反证法推演反应(7-106) 的真实机理

事实上，由于 Cr(Ⅲ)是取代惰性的，Cl^- 取代 $[Cr(H_2O)_6]^{3+}$ 配位水的速率常数非常小（约 $3\times10^{-8}L\cdot mol^{-1}\cdot s^{-1}$），这种假设的机理显然不能成立（可以结合图 7-49 的数据加以说明）。为了进一步验证机理，Taube 将 $^*Cl^-$ 事先放入 $[CoCl(NH_3)_5]^{2+}/[Cr(H_2O)_6]^{2+}$ 溶液，在产物 $[CrCl(H_2O)_5]^{2+}$ 中并未发现 $^*Cl^-$，说明 $[CrCl(H_2O)_5]^{2+}$ 内界的 Cl^- 不是溶液中游离的 $^*Cl^-$ 取代上的。由此圆满地解释了反应(7-106) 确实按内界机理进行。

(5) 观测桥配体是否定量转移

在阐述内界机理的必要条件时，曾经指出：桥基配体的定量转移并不是判断内界电子转移的必要条件，桥联基团究竟是转移到还原剂上还是驻留在氧化剂中，要取决于相关物种是否动力学活性或 M-L 键的相对强弱等因素。早期对于 $[IrCl_6]^{2-}+[Cr(H_2O)_6]^{2+}$ 体系的定性观察发现[1]：该反应在 2℃下进行时，明显地分为两个阶段。第一阶段 $[IrCl_6]^{2-}$ 的红棕色迅速消失，伴随着形成一绿色[2]的中间产物。第二阶段是绿色的消失和最终产物的形成，此时溶液呈橄榄棕色。

电子光谱的实验结果表明，过程中所形成的中间体 $[Cl_5Ir^{Ⅲ}\text{-}Cl\text{-}Cr^{Ⅲ}(H_2O)_5]$ 为后继配合物，它含有两个惰性的金属中心，虽不易离解为相应的单核产物，但如果确实发生断键，则由于第三过渡系 d^6 组态金属 Ir(Ⅲ)的惰性更强，桥配体将不发生定量转移，这是较早(1954 年) 发现内界机理并不一定伴随桥配体转移的实例，但进一步的研究发现，该反应的机理其实还要更复杂得多，它是平行地通过外界和内界机理同时进行电子转移的。在 0℃时，71%通过外界机理，29%通过内界机理进行；而在内界机理所形成的后继配合物中，其 39%通过 Cr-Cl 键的断裂、61%通过 Ir-Cl 键的断裂发生解离。整个电子转移反应过程如图 7-59 所示。

$[IrBr_6]^{2-}\text{-}[Cr(H_2O)_6]^{2+}$ 体系的反应与上述讨论的 $[IrCl_6]^{2-}\text{-}[Cr(H_2O)_6]^{2+}$ 体系极

---

[1] 项斯芬编著．无机化学新兴领域导论．北京：北京大学出版社，1988：184-185。

[2] 在文献 Tobe M L，Burgess J. Inorganic Reaction Mechanisms. Essex：Pearson Education Limited，1999：421 中将其描述为深蓝色。

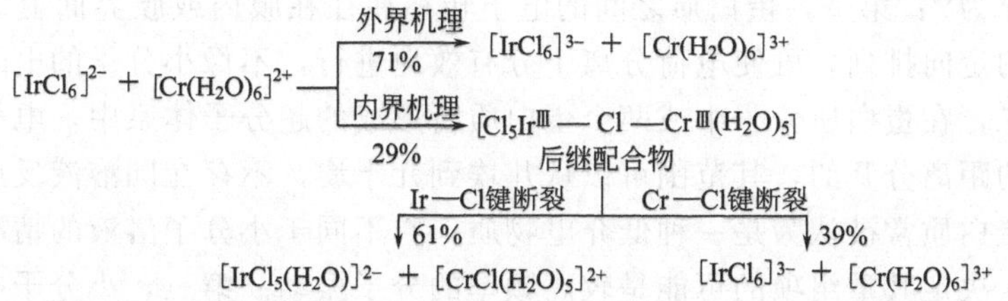

$[IrCl_6]^{2-} + [Cr(H_2O)_6]^{2+}$

外界机理 71% → $[IrCl_6]^{3-} + [Cr(H_2O)_6]^{3+}$

内界机理 29% → $[Cl_5Ir^{III}—Cl—Cr^{III}(H_2O)_5]$ 后继配合物

Ir—Cl键断裂 61% → $[IrCl_5(H_2O)]^{2-} + [CrCl(H_2O)_5]^{2+}$

Cr—Cl键断裂 39% → $[IrCl_6]^{3-} + [Cr(H_2O)_6]^{3+}$

图 7-59　$[IrCl_6]^{2-}$-$[Cr(H_2O)_6]^{2+}$ 体系的电子转移过程

其类似。而研究表明，在 $[IrBr_6]^{2-}$ 与 $[Co(CN)_5]^{3-}$ 的电子转移反应所形成的后继配合物 $[Br_5Ir^{III}\text{-}Br\text{-}Co^{III}(CN)_5]^{5-}$ 中，Co-Br 键与 Ir-Br 键以几乎相同的比例断裂。

(6) 由可比较的两个反应速率常数的不同推演反应机理

比较反应(7-105) 和反应(7-106) 的速率常数，可以发现内界电子转移比相应的外界电子转移要快约八个数量级，另外反应(7-105) 显然不满足按内界机理进行的必要条件，反应物中不存在合适的桥配体。

通常，区分电子转移反应的内界或外界机理并不容易。当两个反应配合物内界都不含有潜在的桥配体时，电子转移就只可能按外界机理进行，然而具备成桥配体也不一定就经历内界电子转移过程，还得看两个配合物的取代活性，若同为惰性配合物，且其取代反应速率比电子转移速率要小得多，则表明反应可能是经历一个外界电子转移的机理；而当两个配合物均为取代活性时，很难准确推测和探知内界电子转移反应所涉及物种的真实性质。对于仅仅涉及单电子从还原剂向氧化剂转移的外界机理而言，欲以一个明确的方式来描述其电子转移过程是特别困难的，除非能够提供足以信服的证据排除它们按内界机理进行的可能性。在 7.3.4 中将要讨论的外界电子转移反应的立体选择性或许可能提供一些附加的结构和动态相互作用信息。

如前所述，在许多情况下氧化还原反应将以一种以上机理进行而复杂化，例如 $[Cr(H_2O)_6]^{2+}$ 与 $[Co(acac)_2(en)]^+$ 反应，被观测到的氧化产物有三种，据认为反应可能以如图 7-60 所示三种历程，即分别平行地经内界机理的单桥和双桥中间体，以及外界机理进行电子转移，但是当用 $[Cr(H_2O)_6]^{2+}$ 还原 $[Co(acac)_3]$时，其产物分布却表明反应的 66%按外界机理，34%按单桥内界机理进行，并未检测到按双桥中间体途径进行反应的产物。

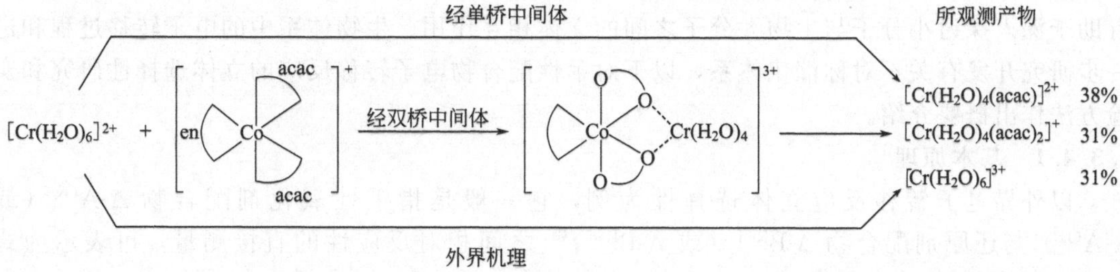

经单桥中间体　所观测产物

$[Cr(H_2O)_6]^{2+}$ + $[(en)Co(acac)_2]^+$ —经双桥中间体→ $[(en)Co(O\text{-}O)_2Cr(H_2O)_4]^{3+}$ →

$[Cr(H_2O)_4(acac)]^{2+}$　38%

$[Cr(H_2O)_4(acac)_2]^+$　31%

$[Cr(H_2O)_6]^{3+}$　31%

外界机理

图 7-60　按三种机理进行的 $[Cr(H_2O)_6]^{2+}$ 与 $[Co(acac)_2(en)]^+$ 之间的氧化还原反应[1]

实际上影响电子转移反应速率的因素并不是这样简单，许多有关反应机理和动力学的问题，特别是生物体内的电子转移过程，尚待进一步研究和探索。这是因为生物体系中的电子转移过程不同于溶液中简单离子的电子转移过程。例如生物体系中蛋白质分子和小分子电子

[1] 引自：Cooke D O. Inorganic Reaction Mechanisms. London：The Chemical Society，1979：35-36。

传递的主要差异为[1]：第一，蛋白质之间的电子转移往往在膜内或膜界面上发生，通过各种电子传递蛋白的定向排列，可使电荷分离十分有效地进行，不像小分子的电子转移是在溶液中发生的。第二，在蛋白质分子中或两个蛋白质所形成的超分子体系中，电子给体和受体的位置是被固定的距离分开的，其范围可以从几埃到几十埃，不存在同溶液反应那样受反应物扩散的影响。蛋白质常被认为是一种低介电物质，它不同于小分子溶液的情况，其介质的重组能可能很低，决定其重组项的可能是较高频率的分子振动。第三，小分子电子转移主要通过共价键作用，电子转移的距离一般较短；蛋白质分子中的电子转移往往经过空间上的捷径，其中包括共价键、氢键、范德华力等相互作用，特别是芳香侧链（疏水键作用）的存在也能加速电子转移的速度，电子转移的距离往往超过 10Å，称之为长程电子转移。

例如，对于没有共轭桥基相连的生物体系中，在相隔 25Å 的两个氧化还原中心间仍可能发生长程电子转移。研究发现当细胞色素和细胞色素氧化酶相互作用时，它们之间的活性中心距离是 25Å 左右，其电子转移速率测知为 $10^3 s^{-1}$，在理论上，从静电相互作用、内层外层重组能、电子效应、驱动力、隧道机理等方面进行了很多解释，其机理仍不太清楚[2]。

7.3.4 配合物的立体选择性电子转移反应

前已述及，由于 Taube 提出的内、外界机理一般都具有单电子转移的简单动力学过程的特征，难以获得有关电子转移过程详细机理的直接证据。尤其在外界电子转移过程中，两反应物的配位界均保持完整，故对其前驱配合物［Ox，Red］（参见 7.3.2.1）的动态微观结构，例如，电子转移之前过渡态的电子给予体 Red 和电子接受体 Ox 之间的距离、相对取向和各种相互作用等的了解比对内界机理要少得多，因为后者的反应过程常涉及键的断裂与生成，一般可观察到桥基配体的定量转移，有时还可以根据桥联中间体的生色团获取相关的光谱信息从而跟踪反应进行。随着手性技术的发展和基于对反应物的立体结构、取代和电子转移特性等更为全面透彻的认识，自 20 世纪 70 年代末开始，出现了一种新的实验方法——配合物电子转移反应的立体选择性研究，它以配合物（氧化剂和还原剂）之间的手性诱导作为机理探针，为配合物的电子转移（特别是外界电子转移）反应研究提供了探究活化配合物和机理细节的机会，即所得信息可作为电子转移过程的中间态或过渡态的动态结构的灵敏探针。

由于配合物电子转移反应的立体选择性研究同时涉及反应动力学、精细的立体化学和手性分离分析等多方面的基础知识和实验技术，难度很大，素材不多，其内容迄今尚未见编入无机化学或配位化学教科书中。考虑到对于配合物电子转移反应中手性识别的认识和理解将有助于深入探讨小分子与生物大分子之间的立体相互作用、生物体系中的电子转移过程和进一步研究开发有关不对称催化体系，以下对手性配合物电子转移反应的立体选择性研究和实验方法作出概要介绍。

7.3.4.1 基本原理

以外界电子转移反应立体选择性为例，它一般是指手性氧化剂配合物 Δ-A^{Ox}（或 Λ-A^{Ox}）与还原剂配合物 Δ-B^{Red}（或 Λ-B^{Red}）[3] 之间相对反应性的直接测量，可表示为式(7-127) 和式(7-128)。

---

[1] 参阅：邰子厚．生物电子传递及其机理．化学通报，1993，56 (10)：21-28。

[2] 参阅：孟庆金，张伟文．电活性配合物和配合物中的电子传递机理．化学通报，1993，56 (9)：5-10。

[3] 在实验中一般选用可被拆分的惰性手性配合物作为氧化剂，但是有些实验却采用惰性手性配合物作为还原剂，例如，$[Co(edta)]^-$ 被手性 $[Ru(en)_3]^{2+}$ 还原的反应，这主要取决于反应物的取代和电子自交换性质。参考：Warren R M L，Haller K J，Tatehata A，Lappin A G. Chiral discrimination in the reduction of $[Co(edta)]^-$ by $[Co(en)_3]^{2+}$ and $[Ru(en)_3]^{2+}$. X-ray structure of $[\Lambda\text{-}Co(en)_3][\Delta\text{-}Co(edta)]_2Cl \cdot 10H_2O$. Inorg Chem，1994，33 (2)：227-232。

$$\Delta\text{-}A^{Ox}+\Delta\text{-}B^{Red}\longrightarrow\Delta\text{-}A^{Red}+\Delta\text{-}B^{Ox}\qquad k_{\Delta\Delta}\tag{7-127}$$

$$\Delta\text{-}A^{Ox}+\Lambda\text{-}B^{Red}\longrightarrow\Delta\text{-}A^{Red}+\Lambda\text{-}B^{Ox}\qquad k_{\Delta\Lambda}\tag{7-128}$$

式中 A^{Ox}——反应物中的氧化剂配合物；

B^{Red}——反应物中的还原剂配合物；

A^{Red}——产物中被还原的配合物；

B^{Ox}——产物中被氧化的配合物；

Δ，Λ——IUPAC规定的八面体配合物的绝对构型符号，分别代表右手螺旋和左手螺旋；

$k_{\Delta\Delta}$——Δ-A^{Ox}对Δ-B^{Red}进行手性识别的电子转移反应速率常数；

$k_{\Delta\Lambda}$——Δ-A^{Ox}对Λ-B^{Red}进行手性识别的电子转移反应速率常数。

原则上讲，可采用下列几种实验方法来检测配合物的外界电子转移反应立体选择性（或称手性诱导）。首先，可分别考察手性还原剂配合物与手性氧化剂配合物反应速度$k_{\Delta\Delta}$与$k_{\Delta\Lambda}$的差别，该方法要求氧化剂与还原剂都能分离出纯对映体。但多数作为还原剂的配合物都是动力学上活性的，它们很容易发生外消旋化，不能得到纯对映体，因此只好将实验方法改进为从动力学上检测手性氧化剂配合物与外消旋还原剂配合物之间电子转移平行反应的速率差别，但这时又要求还原剂的外消旋速率相对地慢于A^{Ox}与B^{Red}之间的电子转移速率。由于测量$k_{\Delta\Delta}$与$k_{\Delta\Lambda}$之间的微小差别存在着实验技术上的困难，目前多采用更加灵敏的第三种实验方法，即检测手性氧化剂配合物与外消旋还原剂配合物间电子转移反应的动力学产物中的手性诱导程度，一般可表示为对映体过量百分率（ee）。

第三种实验方法要求所涉及的反应物种具有如下性质：①还原剂配合物的外消旋速率必须快于所研究氧化还原反应的电子转移速率；②氧化剂与被氧化产物均为动力学上取代惰性的；③氧化剂A^{Ox}与还原剂B^{Red}的电子自交换速率常数k_{AA}与k_{BB}必须小于氧化还原反应的电子转移速率常数k_{et}，反之，则可能会产生快速的电子自交换反应以致观察不到净电子转移反应的立体选择性。

若以$k_{\Delta\Delta}/k_{\Delta\Lambda}$值来表示八面体配合物电子转移反应的立体选择性[1]，则所得氧化还原反应动力学产物中对映体过量百分率（e.e.）与$k_{\Delta\Delta}/k_{\Delta\Lambda}$值之间的关系为[2]：

$$\text{e.e.}=100\%\times\frac{\dfrac{k_{\Delta\Delta}}{k_{\Delta\Lambda}}-1}{\dfrac{k_{\Delta\Delta}}{k_{\Delta\Lambda}}+1}\tag{7-129}$$

7.3.4.2 电子转移反应立体选择性研究的历史与现状

虽然早在1960年就开始了对电子转移反应立体选择性的探索性研究，但实验却一直未能获得成功，究其原因在于当时缺乏有关反应物的电子自交换速率及其取代反应性质的实验数据。例如，早在1960年，当Adamson和Spees未能检测出反应(7-130)的立体选择性时[3]，他们就敏感地意识到要么是该反应确实不存在立体选择性，要么就是所生成的手性

---

[1] 参考：Geselowitz D A，Hammersheri A，Taube H. Stereoselective electron-transfer reactions of (ethylenediaminetetra acetato) cobaltate (Ⅲ)，(propylenediaminetetraacetato) cobaltate (Ⅲ)，and (1,2-cyclohexanediaminetetraacetato) cobaltate (Ⅲ) with tris (ethylenediamine) cobalt (Ⅱ). Inorg Chem，1987，26 (12)：1842-1845。

[2] 假设产物中Δ-异构体过量。参考：Tatehata A，Naeda K. Chiral induction in anion-anion electron transfer in-aqueous solution catalyzed by a chiral cation. Inorg Chem Commun，2000，3 (1)：52-55。

[3] Adamson A，Spees S. Discuss Faraday Soc，1960，29：120-121。

$[Cr(bpy)_3]^{3+}$很快就外消旋了。

$$\Delta\text{-}[Co(en)_3]^{3+} \text{或} \Lambda\text{-}[Co(en)_3]^{3+} + [Cr(bpy)_3]^{2+} \longrightarrow [Cr(bpy)_3]^{3+} + [Co(en)_3]^{2+} \quad (7\text{-}130)$$

后来，Grossman 和 Wilkins 以 $[Cr(bpy)_3]^{2+}$的动力学活性结合 $[Cr(bpy)_3]^{3+/2+}$快速自交换速率的特性，较合理地解释了反应(7-130) 中产物 $[Cr(bpy)_3]^{3+}$的快速外消旋导致不能检测出反应的立体选择性。1969 年，Sutter 和 Hunt 声称在反应(7-131) 中，产物 Λ-$[Cr(phen)_3]^{3+}$为 84% ee 对映体过量，这一发现引起人们极大的兴趣，但是后人却不能重复 Sutter 等的实验结果。

$$\Delta\text{-}[Co(phen)_3]^{3+} + [Cr(phen)_3]^{2+} \longrightarrow \Lambda\text{-}[Cr(phen)_3]^{3+} + [Co(phen)_3]^{2+} \quad (7\text{-}131)$$

为此，Kane-Maguire 等提出，在过量手性氧化剂配合物 Δ-$[Co(phen)_3]^{3+}$存在的条件下，检测立体选择性的先决条件是要求还原剂快速外消旋。事实上 $[Cr(phen)_3]^{2+}$的消旋速率相对较慢，为 $0.123s^{-1}$，而反应(7-131) 的电子转移却相当快，所以在过量氧化剂存在的条件下，$[Cr(phen)_3]^{2+}$的两个对映体都会被平行地氧化，以致检测不出立体选择性。此外 Kane-Maguire 等还考察了一系列以 Cr(Ⅱ) 为还原剂的电子转移反应，但是都未能检测出立体选择性，于是得出结论，认为在外界电子转移过程中一般不存在立体选择性效应。一时间电子转移反应立体选择性研究似乎前途渺茫。

直到 1979 年，Geselowitiz 和 Taube 经过锲而不舍的研究后发现，虽然测量 $k_{\Delta\Delta}$与 $k_{\Delta\Lambda}$之间的微小差别难以实现，但是在动力学产物中进行手性识别检测却是更灵敏的可行方法。他们意识到作为立体选择性电子转移反应探针的合适反应物的选取是决定立体选择性氧化还原反应是否成功的关键！显然，取代惰性且具有低的自交换速率的配合物应为首选的反应物。在这种思想指导下，他们首次成功地检测出 $[Co(edta)]^-$-$[Co(en)_3]^{2+}$体系 [式(7-132) 和式(7-133)] 外界电子转移反应的立体选择性[1]。CD 光谱和旋光度分析表明 Δ-$[Co(edta)]^-$优先识别 Λ-$[Co(en)_3]^{2+}$，产物的 ee 值为 (10±2)%。

$$\Delta\text{-}[Co(edta)]^- + \Lambda\text{-}[Co(en)_3]^{2+} \longrightarrow \Delta\text{-}[Co(edta)]^{2-} + \Lambda\text{-}[Co(en)_3]^{3+} \quad k_{\Delta\Lambda} \quad (7\text{-}132)$$

$$\Delta\text{-}[Co(edta)]^- + \Delta\text{-}[Co(en)_3]^{2+} \longrightarrow \Delta\text{-}[Co(edta)]^{2-} + \Delta\text{-}[Co(en)_3]^{3+} \quad k_{\Delta\Delta} \quad (7\text{-}133)$$

Taube 等的成功激励有关化学家在探索的道路上继续前进。近几十年来，进行配合物间电子转移反应的立体选择性实验已获得不少成功的实例，表 7-29 列出适于作电子转移立体选择性探针的若干反应物的性质。表 7-30 为一些配合物间电子转移反应立体选择性实验的典型例子。除此之外，少数体系的内界电子转移反应立体选择性研究亦受到人们的关注，但对其进行研究具有更大的难度。

表 7-29 适于作电子转移立体选择性探针的若干反应物的性质 (25℃)[2]

反应物	k_{AA}①/$L \cdot mol^{-1} \cdot s^{-1}$)	$E^{\ominus}$/V	k_{rac}②/s^{-1}
$[Co(edta)]^{-/2-}$	1×10^{-7}	0.42	约 10^6
$[Co(acac)_3]^{0/-}$	—	—	—
$[Co(en)_3]^{3+/2+}$	3.2×10^{-5}	−0.18	3×10^3
$[Co(phen)_3]^{3+/2+}$	12	0.37	6.9
$[Co(bpy)_3]^{3+/2+}$	20	0.32	约 10

①配合物的电子自交换速率；②活性 Co(Ⅱ) 物种的外消旋速率。

---

[1] Geselowitiz D A, Taube H. Stereoselectivity in electron-transfer reactions. J Am Chem Soc, 1980, 102 (13): 4525-4576。

[2] Lappin A G, Marusak R A. Stereoselectivity in electron transfer reactions involving metal ion complexes. Coord Chem Rev, 1991, 109(1): 125-180。

表7-30 电子转移(ET)反应立体选择性(ee)和离子对前驱配合物模式❶

氧化剂	还原剂①	ET②	IP③
$[Co(ox)_3]^{3-}$	$[Co(en)_3]^{2+}$	10.1ΔΛ	ΔΛ
$[Co(ox)_2(gly)]^-$	$[Co(en)_3]^{2+}$	9.0ΔΛ	ΔΛ
$[Co(ox)_2(en)]^-$	$[Co(en)_3]^{2+}$	3.6ΔΛ	ΔΔ
$[Co(edta)]^-$	$[Co(en)_3]^{2+}$	9.7ΔΛ	ΔΛ
$[Co(edta)]^-$	$[Co(sen)]^{2+}$	10.0ΔΛ	ΔΛ
$[Co(edta)]^-$	$[Co(sep)]^{2+}$	16.5ΔΛ	ΔΛ
$[Co(edta)]^-$	$[Co(chxn)_3\text{-}lel_3]^{2+}$	24ΔΔ	ΔΔ
$[Co(pdta)]^-$	$[Co(en)_3]^{2+}$	7.9ΔΛ	未报道
$[Co(cdta)]^-$	$[Co(en)_3]^{2+}$	7.9ΔΛ	未报道
u-fac-$[Co(ida)_2]^-$	$[Co(en)_3]^{2+}$	9.2ΔΛ	ΔΛ
C_1-*cis*(N)-$[Co(ox)(gly)_2]^-$	$[Co(en)_3]^{2+}$	9.4ΔΛ	ΔΛ
C_2-*cis*(N)-$[Co(ox)(gly)_2]^-$	$[Co(en)_3]^{2+}$	2.1ΔΛ	ΔΔ
trans(N)-$[Co(ox)(gly)_2]^-$	$[Co(en)_3]^{2+}$	0.5ΔΛ	ΔΔ
$[Co(mal)_3]^{3-}$	$[Co(en)_3]^{2+}$	1.0ΔΛ	ΔΛ
$[Co(mal)_2(en)]^-$	$[Co(en)_3]^{2+}$	5.6ΔΛ	ΔΔ

①sen=1,1,1,-tris(((2-aminoethyl)amino)-methyl)ethane, sep=1,3,6,8,10,13,16,19-octaaza bicyclo[6、6、6]eiosane;②电子转移反应的(手性识别)立体选择性;③晶体结构和色谱分析法所得相应的非氧化还原离子对(IP)手性识别结果。

7.3.4.3 影响外界电子转移反应立体选择性的因素

迄今,外界电子转移反应立体选择性研究所选择的体系主要集中于探讨手性氧化剂配合物特征结构的改变以及反应过渡态中分子(或离子)的静电作用、氢键效应、离子电荷、空间位阻和反应介质等因素对立体选择性的影响。所采用的还原剂配合物一般局限于少数含单一多齿胺配体的Co(Ⅱ)螯合物,如 $[Co(en)_3]^{2+}$、$[Co(sen)]^{2+}$、$[Co(sep)]^{2+}$、$[Co(chxn)_3]^{2+}$等。如前所述,虽然已成功设计实验并揭示了这些简单反应过程的立体选择性,但是却很难预测手性诱导的方向和程度,有时甚至难以理解其结果。如表7-30所示,不少研究将电子转移反应的立体选择性与类似的非氧化还原惰性配合物离子对(IP)的手性识别模式相关联,然而这种关联只有在氧化剂和还原剂之间存在很强的取向作用(譬如氢键)的情况是正确的,而在其它场合,类似的关联将失去可靠性,或根本无法进行关联。

尽管如此,还是从一系列精心设计的实验及其结果中发现了在某些特定体系中外界电子转移反应立体选择性的一些影响因素。以下将以手性氧化剂为*cis*-(N)-$[Co^{III}N_2O_4]^-$(图7-61)、还原剂为含多齿胺合配体的Co(Ⅱ)配合物的外界电子转移立体选择性研究为例来进行讨论,这是迄今被研究得最深入的一个体系。目前认为,影响该体系电子转移反应立体选择性的主要因素有❷:①定向的氢键作用;②氧化剂配合物的结构特征;③还原剂配合物的结构特征;④溶剂效应;⑤反应温度。

对于存在着氢键作用的Δ-$[Co(edta)]^-$-*rac*-$[Co(en)_3]^{2+}$或Λ-$[Co(edta)]^-$-*rac*-$[Co(en)_3]^{2+}$体系,已被接受的外界电子转移反应机理为,首先快速形成离子对前驱体,然后发生电子转移。显然,前驱体形成时离子之间的手性识别对立体选择性的方向及其(高低)程度起主导作用。固态和溶液中的结构研究表明,手性识别依赖于还原剂阳离子 $[Co(en)_3]^{2+}$以其不同螺旋手性的C_3或C_2轴(图7-62)接近手性氧化剂阴离子 $[Co(edta)]^-$的准C_3羧基面的方式。例如,Miyoshi的离子对手性识别氢键模型认为:当阳离子以其特征C_3轴接近阴离子形成氢键时,有利缔合离子对是同手性的(Δ-Δ或Λ-Λ;而当阳离子以其特征C_2轴接近

❶ Lappin A G, Marusak R A. Stereoselectivity in electron transfer reactions involving metal ion complexes. Coord Chem Rev, 1991, 109(1): 125-180。

❷ Mitani T, Honma N, Tatehata A, Lappin A G. Shape selectivity in outer-sphere electron transfer reactions. Inorg Chim Acta, 2002, 331 (1): 39-47。

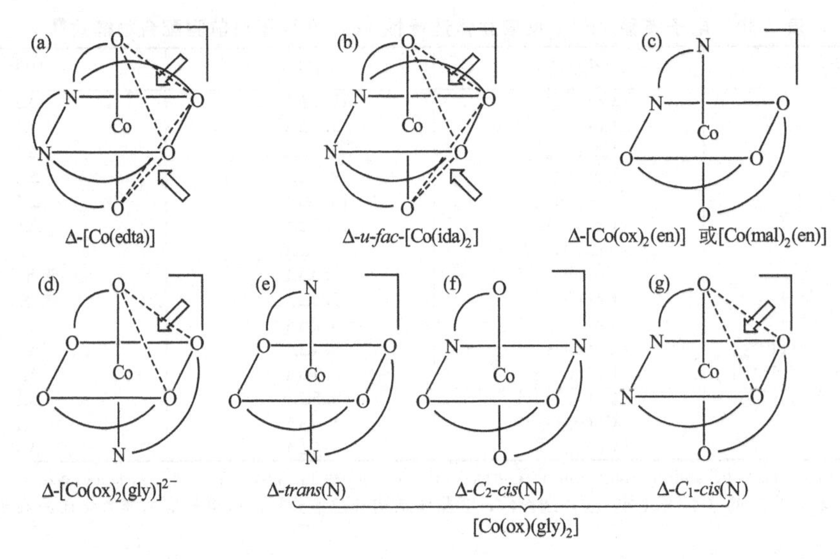

图 7-61 表 7-30 所示手性氧化剂配合物的结构（箭号所示为未受阻的准 C_3 轴）

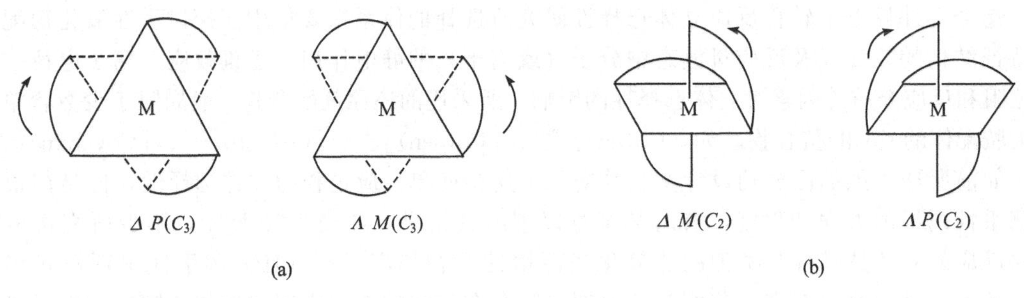

图 7-62 分别沿 C_3 轴（a）和 C_2 轴（b）观察，Δ 和 Λ 构型三（双齿）螯合配合物的顺时针（P）和反时针（M）螺旋手性

阴离子时，有利缔合离子对却为异手性的（Λ-Δ 或 Δ-Λ）；当阳离子兼有 C_3 与 C_2 特征时，则有利缔合的方式不定（或为同手性或为异手性）。Tatehata 等在 Miyoshi 模型的基础上进一步提出了考虑阴离子结构特征的氢键识别模式。

Lappin 等通过研究一系列手性 Co(Ⅲ)氧化剂配阴离子 Δ-*cis*-(N)-[$Co^{Ⅲ}N_2O_4$]-或 Λ-*cis*-(N)-[$Co^{Ⅲ}N_2O_4$]$^-$与[$Co(en)_3$]$^{2+}$的立体选择性电子转移反应后发现[1]，立体选择性的大小显然取决于氧化剂是否具有未受阻的三个羧基为特征的 C_3 轴（或准 C_3 轴），若存在这一特征，则 $Δ^-$-$Λ^+$ 立体选择性较高；当 C_3 轴受阻或不存在这一特征时，则 $Δ^-$-$Λ^+$ 立体选择性变小，甚至转变为同手性相互作用以致难以预测立体选择性的方向。这可能是由于氧化剂 C_3 面上“裸露”的羧基能与 [$Co(en)_3$]$^{2+}$ 的 C_2 方向上的氨基形成氢键的机会增加，增强了动态过程中取向定向的手性识别作用。对 [Λ-$Co(en)_3$][Δ-Co(edta)]$_2$Cl · 10H_2O 进行的晶体结构解析表明[2]，Δ-[Co(edta)]$^-$-*rac*-[$Co(en)_3$]$^{2+}$ 体系电子转移反应的立体选择

❶ Warren R M L, Tatehata A, Lappin A G. Effects of hydrogen bonding in electron-transfer reactions of [$Co(en)_3$]$^{2+}$. Inorg Chem 1993, 32 (7): 1191-1196。

❷ Warren R M L, Haller K J, Tatehata A, Lappin A G. Chiral discrimination in the reduction of [Co(edta)]$^-$ by [$Co(en)_3$]$^{2+}$ and [$Ru(en)_3$]$^{2+}$. X-ray structure of [Δ-$Co(en)_3$][Λ-Co(edta)]$_2$Cl · 10H_2O. Inorg Chem 1994, 33 (2): 227-232。

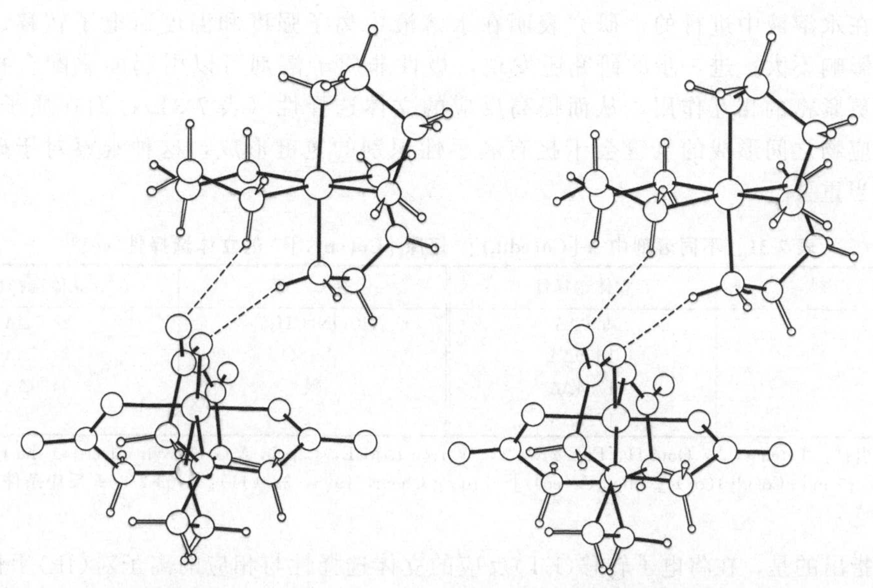

图 7-63 在 $[\Lambda\text{-Co(en)}_3][\Delta\text{-Co(edta)}]_2Cl \cdot 10H_2O$ 晶体中阴阳离子间紧密的氢键相互作用

上：Λ-$[Co(en)_3]^{3+}$离子；下：Δ-$[Co(edta)]^-$离子；最强的氢键以虚线标出

性与 Δ-$[Co(edta)]^-$-Λ-$[Co(en)_3]^{3+}$ 离子对的手性识别形式基本一致（图 7-63），即离子对中存在紧密的 C_3^--C_2^+ 取向的氢键相互作用。

更具有说服力的事实是，在表 7-30 所列出的 $[Co(ox)(gly)_2]^-$ 的三种异构体中，最有效的 Δ^--Λ^+识别发生在当采用唯一具有准 C_3 羧基面结构特征的 C_1-*cis*(N)-异构体［图 7-61(g)］作为氧化剂时。同理，具有类似结构特征的 $[Co(ox)_2(gly)]^{2-}$［图 7-61(d)］与 $[Co(en)_3]^{2+}$的电子转移反应也具有相对较高的 Δ^--Λ^+ 立体选择性。由图 7-61 看出，氧化剂 Δ-$[Co(ox)_2(en)]^-$（或 Δ-$[Co(mal)_2(en)]^-$）、Δ-C_2-*cis*(*N*)-$[Co(ox)(gly)_2]^-$ 以及 Δ-*trans*(*N*)-$[Co(ox)(gly)_2]^-$ 都不具备准 C_3 羧基面结构特征，它们分别与 $[Co(en)_3]^{2+}$进行电子转移的立体选择性都比较低，且与离子对模式所示的选择性方向不符。由于氢键形成的空间条件比较灵活，且形成和破坏氢键所需活化能较小，故在 Δ-*cis*-(*N*)-$[Co^{III}N_2O_4]^-$ 或 Λ-*cis*-(*N*)-$[Co^{III}N_2O_4]^-$ 与 $[Co(en)_3]^{2+}$ 电子转移的体系中，氢键效应在过渡态两反应物之间动态相互识别作用中扮演着相当重要的角色。

此外，改变氧化剂或还原剂的螯环构象同样也影响着电子转移反应的立体选择性，这从另一个侧面反映了前驱体形成过程中氢键相互作用的重要性。在手性识别的精细立体结构研究中发现，含双齿胺配体的三螯合型配阳离子的 *lel* 构型（见图 2-29），导致其配体上的 N-H 键沿 C_3 轴方向取向而靠近氧化剂阴离子，有利于该方向上的氢键形成；*ob* 构型则导致 N-H 键沿 C_2 轴方向取向，有利于阳离子以其 C_2 轴方向接近阴离子形成氢键。这些特定的手性构象容易通过采用手性配体（例如手性环己二胺或丁二胺）来实现。果然，在表 7-30 所列的数据中，Δ-$[Co(edta)]^-$ 与 $[Co(chxn)_3\text{-}lel_3]^{2+}$ 之间由于确定的 C_3^--C_3^+ 取向使其电子转移获得了最高的立体选择性，实现了较为专一的同手性 Δ^--Δ^+ 识别，符合相应离子对识别模式的判断。与之形成对比的是，C_3 轴被“盖帽”受阻的还原剂阳离子$[Co(sep)]^{2+}$只能以其 C_2 轴方向接近 Δ-$[Co(edta)]^-$ 的准 C_3 羧基面，呈现较明显的异手性 Δ^--Λ^+识别倾向，与相应的离子对手性识别模式的判断一致。

在探测前驱配合物相互作用的性质时，溶剂效应也是被考察的一个因素。迄今大多数研究是在水溶液中进行的，研究表明在水溶液中离子强度和温度对电子转移反应的立体选择性影响不大；进一步的研究还发现，极性非质子溶剂可以引起前驱配合物中阴阳离子之间更紧密的相互作用，从而提高反应的立体选择性（表 7-31）；而在质子溶剂中，溶剂和反应物之间形成的氢键会干扰有利手性识别的氢键形成，这种观察对于确定机理的细节相当重要。

表 7-31　不同溶剂中 Δ-[Co(edta)]⁻ 还原 [Co(en)₃]²⁺ 的立体选择性(ee)①

溶　剂	立体选择性	溶　剂	立体选择性
H_2O	9.0ΔΛ	$HCON(CH_3)_2$	27.9ΔΛ
MeOH	16.9ΔΛ	Me_2SO	34.5ΔΛ
EtOH	17.4ΔΛ	砜	44.9ΔΛ
$HCONH_2$	17.3ΔΛ		

① 数据引自：Tatehata A，Oota H，Fukagawa T，Warren R M L，Lappin A G. Solvent effects in the reductions of $[Co(en)(ox)_2]^-$ and $[Co(gly)(ox)_2]^-$ by $[Co(en)_3]^{2+}$. Inorg Chem，1993，32 (11)：2433-2436。反应条件：离子强度 0.4，温度 25℃。

值得指出的是，在将电子转移(ET)反应的立体选择性与相应的离子对(IP)手性识别模式进行关联时应持谨慎态度。通常认为立体选择性 ET 反应过渡态前驱配合物的构成是由于手性氧化剂配合物与外消旋还原剂配合物的 Δ 或 Λ 异构体间的手性诱导存在“锁和钥匙”的专一关系，实际上，前驱配合物并不具有特定的唯一结构，它可能是许多结构的加权集合，这些结构各拥有自身的热力学稳定性和电子转移反应活性。有些实验结果表明 ET 和 IP 的立体选择性可能不一致，说明 ET 反应的中间态可以不是由静态的晶体结构（动力学体系的热力学平均）推测出的类似“稳定”的前驱配合物，反应可能通过另一条速度更快的较低活化能途径进行。为此，Lappin 等提出，当手性识别离子对的形成与相应的 ET 过程的立体选择性一致时，最稳定的非氧化还原离子对缔合类型可能就是 ET 过程的活性前驱配合物的结构模式，此时晶体结构分析结果可以直接与溶液中阴阳离子之间的相互取向关联；当 ET 与 IP 的立体选择性不同时，相应的 IP 可能是不积极参与 ET 过程的“死端”物种。

总之，在动态的 ET 过程中两个反应物相互靠近并各自选择合适的取向，不但要有利于静电相互作用、形成氢键和避开空间位阻，而且要使两个氧化还原中心金属离子有合适的距离、取向，才有利于电子转移的轨道对称性匹配，使电子转移经过空间上的捷径，这可能是 ET 与 IP 的立体选择性不一定相同的症结所在。在采用晶体结构、色谱分析或其它 IP 手性识别数据建立外界 ET 反应前驱配合物相互作用模式时一定要尊重实验事实，对机理研究做到“大胆假设，小心求证”，否则可能会得出错误的结论。

综上所述，立体选择性电子转移反应研究已成为探测简单外界电子转移反应机理的有效探针。在研究过渡金属配合物与生物大分子之间电子转移反应的立体选择性时，选取合适的手性配合物探针亦至关重要，因为它可以提供生物大分子活性位点微环境的立体结构信息。

参 考 文 献

[1] 黄启巽，吴金添，魏光编著．物理化学：下册：第 8 章．厦门：厦门大学出版社，1996.
[2] 陈慧兰主编．高等无机化学：第 4 章．北京：高等教育出版社，2005.
[3] 杨帆，林纪筠，单永奎编著．配位化学：第 5 章．上海：华东师范大学出版社，2002.
[4] 张华麟编著．无机反应机理．上海：上海科学技术出版社，1988.
[5] 徐志固编著．现代配位化学：第 6 章．北京：化学工业出版社，1987.
[6] 游效曾编著．配位化合物的结构与性质：第 6 章．北京：科学出版社，1992.

[7] Henderson R A. The Mechanisms of Reaction at Transition Metal Sites. Oxford：Oxford University Press Inc，1993.
[8] Tobe M L，Burgess J. Inorganic Reaction Mechanisms. Essex：Pearson Education Limited，1999.
[9] Rodgers G E. Descriptive Inorganic，Coordination，and Solid-State Chemistry：Chapter 5. 2nd Ed. South Melbourne：Thomson Learning，2002.
[10] 项斯芬编著．无机化学新兴领域导论：第4章．北京：北京大学出版社，1988.
[11] ［美］巴索洛F，皮尔逊R G著．无机反应机理——溶液中金属络合物的研究．陈荣悌，姚允斌译．北京：科学出版社，1987.
[12] Purcell K F，Kotz J C. Inorganic Chemistry：Chapter 5. Philadelphia：W B Saunders Company，1977.
[13] Miessler G L，Tarr D A. Inorganic Chemistry：Chapter 12. 3rd Ed. New Jersey：Prentice-Hall Inc，2004.
[14] Shriver D F，Atkins P W，Langford C H著．无机化学：第15章．第2版．高忆慈，史启祯，曾克慰等译．北京：高等教育出版社，1997.
[15] 项斯芬，姚光庆编著．中级无机化学：第4，8章．北京：北京大学出版社．2003.
[16] 唐宗薰主编．中级无机化学：第7章．北京：高等教育出版社，2003.
[17] 郑化贵，倪小敏编著．高等无机化学：第2章．合肥：中国科技大学出版社．2006.
[18] 张祥麟编著．配合物化学：第7章．北京：高等教育出版社，1991.
[19] 周绪亚，孟静霞主编．配位化学：第7章．开封：河南大学出版社，1989.
[20] 沈斐凤，陈慧兰，余宝源编著．现代无机化学：第6章．上海：上海科学技术出版社，1985.
[21] ［日］福井谦一著．化学反应与电子轨道．李荣森译．北京：科学出版社，1985.
[22] Pearson R G. Molecular orbital symmetry rules. Chem Eng News，1970，48（41）：66-72.
[23] Pearson R G. Orbital symmetry rules and mechanism of inorganic reactions. Pure Appl Chem，1971，27（1-2）：145-160.
[24] Pearson R G. Symmetry rules for chemical reactions. New York：John Wiley & Sons Inc，1976.
[25] Taube H. 金属配合物的电子传递——历史的回顾（诺贝尔演讲词）．游效曾等译．无机化学，1985，1（全）：175-186.
[26] 徐志固，章慧．络合物的电子转移反应及其轨道对称性规则．化学通报，1984，47（12）：1-7.
[27] 邓道利．现代无机化学的开拓者——1983年诺贝尔奖化学奖获得者亨利·陶布教授．化学通报，1984，47（12）：50-53.
[28] 张宝文，佟振合，吴世康．电子转移过程的理论——1992年诺贝尔化学奖．大学化学，1995，8（3）：1-3.
[29] King R B. Encyclopedia of inorganic chemistry：Volume Ⅲ. 2nd Ed. Chichester：John Wiley & Sons Ltd，2005：1388-1425.
[30] 郃子厚．生物电子传递及其机理．化学通报，1993，56（10）：21-28.
[31] 孟庆金，张伟文．电活性配合物和配合物中的电子传递机理．化学通报，1993，56（9）：5-10.
[32] 黄仲贤．生物无机化学的新台阶．化学通报，1993，56（9）：1-4.
[33] Wilkinson G，Gillard R D，McCleverty J A. Comprehensive Coordination Chemistry：Chapter 7. Oxford：Pergamon Oxford，1987.
[34] Burdett J K. A molecular orbital approach to electron-transfer reactions between transition-metal ions in solution. Inorg Chem，1978，17（9）：2537-2552.
[35] Larsson S. Electron transfer in chemical and biological systems：Orbital rules for nonadiabatic transfer. J Am Chem Soc，1981，103（14）：4034-4040.
[36] 章慧，徐志固，俞鼎琼．Λ-$[Co(edta)]^-$氧化$[Co(en)_2ox]$外界电子转移反应的立体选择性．厦门大学学报：自然科学版，1994，33（sup）：275-279.
[37] Lappin A G，Marusak R A. Stereoselectivity in electron transfer reactions involving metal ion complexes. Coord Chem Rev，1991，109（1）：125-180.
[38] Warren R M L，Haller K J，Tatehata A，Lappin A G. Chiral discrimination in the reduction of [Co

(edta)]$^-$ by [$Co(en)_3$]$^{2+}$ and [$Ru(en)_3$]$^{2+}$: X-ray structure of [Λ-$Co(en)_3$][Δ-Co(edta)]$_2$Cl · $10H_2O$. Inorg Chem, 1994, 33 (2): 227-232.

[39] Warren R M L, Tatehata A, Lappin A G. Effects of hydrogen bonding in electron-transfer reactions of [$Co(en)_3$]$^{2+}$. Inorg Chem, 1993, 32 (7): 1191-1196.

[40] Mitani T, Honma N, Tatehata A, Lappin A G. Shape selectivity in outer-sphere electron transfer reactions. Inorg Chim Acta, 2002, 331 (1): 39-47.

[41] von Zelewsky A. Stereochemistry of Coordination Compounds. Chichester: John Wiley & Sons Ltd, 1996: 110-115.

[42] Purcell K F, Kotz J C. Inorganic Chemistry. Philadelphia: W B Saunders Company, 1977: 636-644.

[43] 金斗满，朱文祥编著．配位化学研究方法．北京：科学出版社，1996：270-271.

[44] Iwasaki H, Saito Y. The crystal structure of tris (*l*-propylenediamine) cobalt (Ⅲ) bromide and the absolute configuration of the complex ion: [Co*l*-pn_3]$^{3+}$. Bull Chem Soc Jpn, 1966, 39 (1): 92-100.

[45] Tatehata A, Oota H, Fukagawa T, Warren R M L, Lappin A G. Solvent effects inthe reductions of [$Co(en)(ox)_2$]$^-$ and [$Co(gly)(ox)_2$]$^-$ by [$Co(en)_3$]$^{2+}$. Inorg Chem, 1993, 32 (11): 2433-2436.

习题和思考题

1. 如何用 LFT 来预见过渡金属配合物是活性的还是惰性的？请举例说明。

2. 试预测下列络离子哪些是惰性的，哪些是活性的，说明理由。

[$Al(C_2O_4)_3$]$^{3-}$　[$V(H_2O)_6$]$^{3+}$　[CoF_6]$^{3-}$（高自旋）　[$Ni(NH_3)_6$]$^{2+}$

[$Cr(C_2O_4)_3$]$^{3-}$　[$V(H_2O)_6$]$^{2+}$　[$Fe(CN)_6$]$^{4-}$（低自旋）　[$PtCl_6$]$^{2-}$（低自旋）

3. 试指出下面各系列金属离子所形成的同类配合物活性降低的顺序并说明理由

(1) Mg^{2+}、Ca^{2+}、Sr^{2+}、Ba^{2+}、Ra^{2+}；(2) Mg^{2+}、Al^{3+}、Si^{4+}；

(3) Ca^{2+}、V^{2+}、Cr^{2+}、Mn^{2+}、Fe^{2+}、Co^{2+}、Ni^{2+}、Cu^{2+}、Zn^{2+}

4. 试导出八面体配合物按下述机理进行配体取代反应的速率方程

(1) D_{cb}机理；(2) 先快速生成离子对再进行交换；(3) 溶剂参与取代的反应。

5. 第一过渡系金属离子的 [$M(bpy)_3$]$^{2+}$ 配合物在水中会发生离解作用：

$$[M(bpy)_3]^{2+} + 2H_2O \longrightarrow [M(bpy)_2(H_2O)_2]^{2+} + bpy$$

测量这一系列配合物的反应速度时发现它们按照 $Fe^{2+} < Ni^{2+} < Co^{2+} \sim Mn^{2+} \sim Cu^{2+} \sim Zn^{2+}$ 的顺序加快。试说明这种反应活性的顺序。

6. 配离子 [$Co(CN)_6$]$^{3-}$ 基本上不发生取代反应，而 [$CoBr_6$]$^{3-}$ 中的 Br^- 却容易被其它配体所取代，如何解释？

7. 何谓反位影响和反位效应？举例说明 σ-反位效应和 π-反位效应理论。

8. 试以平面正方形配合物的取代反应为例，说明论证所拟机理的基本方法。

9. 试说明在其它因素相同时，下列每种变化是怎样影响 Pt(Ⅱ) 或 Pd(Ⅱ) 平面四方形配合物的取代速率（用“增加”或“减小”或“基本无影响”表示），并简述理由。

(1) 将反位上的 H^- 配体换成 Cl^-；

(2) 将离去基团 Cl^- 换成 I^-；

(3) 在顺位配体上引进一个大体积取代基；

(4) 增加配合物的正电荷；

(5) 将中心金属 Pt(Ⅱ) 换成 Pd(Ⅱ)。

10. 为什么 [$Co(H_2O)_2(en)_2$]$^{3+}$ 在酸性、中性和碱性溶液中的顺反异构化速度显著不同？讨论其可能的机理。

11. 请举例说明为什么在研究配合物的氧化还原反应时一定要考虑它们的取代性质。

12. 试述配合物按外界机理进行电子转移反应的特点和规律性（金属离子电子组态、配体类型、离子强度等因素的影响)。

13. 配合物以内界机理传递电子的必要条件是什么?如何判断一个氧化还原反应是按内界机理进行的?

14. 下表给出六水合金属离子的自交换速率常数,所有反应均按外界机理发生。试根据外界电子转移反应相对速率的一般规则来合理说明这些速率常数。

金属离子对	$k/dm^3 \cdot mol^{-1} \cdot s^{-1}$	金属离子对	$k/dm^3 \cdot mol^{-1} \cdot s^{-1}$
Fe^{2+}/Fe^{3+}	4	Cr^{2+}/Cr^{3+}	2×10^{-5}
Cr^{2+}/Fe^{3+}	2.3×10^{3}	V^{2+}/V^{3+}	1×10^{-2}
V^{3+}/Fe^{3+}	1.8×10^{4}		

提示:有关电化学数据如下:$E^{\ominus}(Cr^{3+}/Cr^{2+})=-0.41V$;$E^{\ominus}(V^{3+}/V^{2+})=-0.255V$;$E^{\ominus}(V^{3+}/V^{2+})=+0.771V$

15. 电子转移反应 $[Fe(H_2O)_6]^{2+}+[FeX(H_2O)_5]^{n+}$ 的速率常数如下表所示

X	$k/dm^3 \cdot mol^{-1} \cdot s^{-1}$	X	$k/dm^3 \cdot mol^{-1} \cdot s^{-1}$
H_2O	4	Br^-	17
F^-	11	N_3^-	1×10^{4}
Cl^-	38		

已知,$[Fe(H_2O)_6]^{2+}$ 和 $[Fe(H_2O)_6]^{3+}$ 的自交换反应是按外界机理进行的。当 X^- 为卤素离子时,可否根据速率常数来推测反应机理?当 $X=N_3^-$ 时,为什么反应速率加快?

提示:已知 $Fe(phen)_3{}^{2+/3+}$ 的自交换速率常数为 $\sim3\times10^{7}dm^3 \cdot mol^{-1} \cdot s^{-1}$。

16. 已纯化的 *trans*-$[CoCl_2(en)_2]Cl$ 经加入过量的 KCN 水溶液得到 *trans*-$[CoCl(OH)(en)_2]Cl$,如果体系中不小心混入 Co(Ⅱ),则得到可观量的 $[Co(CN)_5Cl]^{3-}$,请给出合理解释。

17. 研究配合物的立体选择性电子转移反应有什么实际意义?在成功进行的配合物外界电子转移反应立体选择性研究中,对反应物的选取有什么特殊的要求,请举例说明。

18. 如何计算配合物电子转移反应立体选择性的 ee 值?影响配合物外界电子转移反应立体选择性的因素有哪些?

第 8 章 配合物的合成化学

配合物的合成和合成方法学研究是配位化学研究的重要组成部分。本书第 1 章介绍了 Werner 创立了配位化学结构概念和理论及其对立体化学的重要贡献，这些开拓性的研究正是建立在当时钴氨（胺）配合物的合成和拆分基础上的。20 世纪 50 年代初二茂铁的合成，以及随后成功揭示其三明治型特殊结构，导致了金属有机化学的飞速发展，孕育了包括均相催化、氢化和聚合在内的石油化工等世界规模的大工业，使得在此后 20 多年（1963—1983）期间，与金属有机化学有关的化学家共 8 人次获得诺贝尔化学奖，包括 2001 年和 2005 年诺贝尔化学奖得主在内，这些大师对化学的贡献是巨大的，而他们的成就亦主要基于新颖化合物（特别是金属有机化合物）的合成并对其进行结构阐明和应用。2000 年我国部分中青年配位化学家撰写的综述性专著《配位化学进展》[1]特别将合成化学的内容作为该书的主体。

已知的配合物（包括金属有机化合物）数目庞大、种类繁多，其制备方法几乎涉及有机合成及现代无机合成的各个领域，在多部无机合成、合成化学、配位化学、高等无机化学和中级无机化学的优秀教材和专著中都已作出详细介绍[1~12]。其中对配合物合成方法的介绍大致有以下几种分类方式：其一是按配合物的反应类型来分类[2,3]，例如，按本书 7.1.2 中的配合物反应类型，将合成方法分为取代反应、异构化反应、氧化还原反应等；其二是根据实验方法来分类[4,5]，例如直接法、组分交换法、氧化还原法、固相反应法、包结化合物合成、大环配体模板法等；其三是根据所合成产物的种类来分类[1,6,7]，例如 Werner 型配合物、π 酸配合物、分子氮配合物、金属夹心配合物、大环配合物、多核配合物、金属簇状化合物等。但以上分类是很难严格界定的，因此，也有些作者的撰写并不拘泥于某一种特定分类方式[8~12]，因为有时在某些配合物的制备过程中可能会涉及多种不同的实验方法。

为叙述方便，在本章第一节将主要采用第一种分类方式，而在第二节主要采用第二种分类方式。然而试图在极为有限的篇幅中对配合物合成作出较全面的介绍，难免挂一漏万。因此，本章将重点放在介绍一些经典配合物的通用合成方法，尤其对应用已知反应机理指导配合物合成有所侧重。此外，还将介绍一些新颖的合成技术和方法，例如在第二节中所介绍的金属苯合成，是首次在国内外配位化学教科书中出现的内容，对金属苯的合成方法学及其应用的研究将会开辟一个崭新的学科交叉领域，将金属苯合成化学率先介绍给众多研习配位化学的研究生和相关研究人员，可为金属苯化学进一步深入系统的研究打下良好基础；而通过在 8.1.5 中对手性配合物的不对称合成和拆分方法的介绍，使人们可以根据反应产物或反应体系的不同性质，巧妙地选用合适的方法来合成原先不易获取或制备手续烦琐的手性金属配合物，对开拓相应的研究思路可能有所启发。

8.1 配合物的合成

8.1.1 利用取代反应制备配合物

通过配体和（水合）金属离子直接进行取代反应合成配合物的方法，称为直接取代法。组分交换法在某种程度上可被看成间接取代反应，包括金属源为简单金属配合物的配体（部分或完全）取代反应、金属置换反应和配体交换反应等[4]。

8.1.1.1 配体取代反应（亲核取代反应）

在配体直接取代反应中，作为反应物的金属源通常是无机金属盐（如卤化物、醋酸盐、硫酸盐、硝酸盐等）、氧化物和氢氧化物等；在组分交换法的配体取代反应中，通常采用容易合成且含易被取代配体（包括水和有机溶剂分子）的简单金属配合物作为金属源；选择金属源时要兼顾易（与配体）发生反应和易与反应产物分离这两方面。在溶液中进行取代反应，溶剂的选择很重要，一种良好的溶剂应该是反应物在其中有较好的溶解度而且不易发生分解（水解、醇解等），并且有利于产物的分离。溶液的酸度对反应产率、产物分离甚至选择性地得到某种特定产物也有很大影响，有时，控制溶液的 pH 是合成某些配合物的关键[13]。

从实验方法考虑，在常温常压下进行直接配体取代或组分交换法合成配合物的方法有分层法和扩散法，在低温（或中温）和高压条件下的合成方法有水热或溶剂热法。这两大类方法[10]已经在配位化学实验室被广泛使用，可用于制备常规溶液合成方法不易获得的配位聚合物和优质晶体。

（1）水溶剂中的取代反应

利用在水溶液中的取代反应是合成配合物的最常用方法之一，含乙酰丙酮、氨、氰、氨基酸和胺类等配体的配合物的合成多数是在水溶液中进行的。例如，经典配合物$[Cu(NH_3)_4]SO_4$可用 $CuSO_4$ 水溶液与过量氨水的反应制得。

$$\underset{\text{浅蓝}}{[Cu(H_2O)_4]SO_4} + 4NH_3 \longrightarrow \underset{\text{深蓝}}{[Cu(NH_3)_4]SO_4} + 4H_2O \tag{8-1}$$

室温下$[Cu(H_2O)_4]^{2+}$的配位水即刻被 NH_3 取代，形成深蓝色溶液，将乙醇加入到该溶液中，深蓝色$[Cu(NH_3)_4]SO_4 \cdot xH_2O$便结晶出来❶。此法也适用于 Ni(Ⅱ)、Co(Ⅱ) 和 Zn(Ⅱ) 等氨合物的合成，却不适合于 Fe(Ⅲ)、Cr(Ⅲ)、Al(Ⅲ)和 Ti(Ⅳ)等硬酸金属离子形成氨合物，这是由于在水溶液中发生如下平衡：

$$NH_3 + H_2O \rightleftharpoons NH_4^+ + OH^- \tag{8-2}$$

存在 NH_3 与硬碱 OH^- 对金属离子的竞争，虽加入了过量氨水，但硬酸金属离子主要结合硬碱 OH^- 形成氢氧化物沉淀。因此，必须采用后续介绍的在非水介质的液氨体系中合成硬酸金属氨合物的方法。

组分交换法的配体取代反应特别适用于制备取代惰性的金属配合物，不过一般需要较为苛刻的实验条件。例如，制备$K_3[Rh(C_2O_4)_3]$的反应需将$K_3[RhCl_6]$与 $K_2C_2O_4$ 的浓溶液煮沸 2h，然后蒸发让产物自溶液中结晶析出。

$$\underset{\text{酒红}}{K_3[RhCl_6]} + 3K_2C_2O_4 \xrightarrow{H_2O,100℃,2h} \underset{\text{黄}}{K_3[Rh(C_2O_4)_3]} + 6KCl \tag{8-3}$$

$[CoCl(NH_3)_5]Cl_2$ 是一种容易被制备的 Co(Ⅲ)配合物，可被用作金属源合成其它 Co(Ⅲ)配合物，例如可利用反应(8-4) 制得$[Co(en)_3]Cl_3$，此反应在室温下较慢，必须在蒸汽浴上进行。

$$[CoCl(NH_3)_5]Cl_2 + 3en \xrightarrow{\text{蒸汽浴}} [Co(en)_3]Cl_3 + 5NH_3\uparrow \tag{8-4}$$

十分有趣的是，将 Δ-$(-)_D$-K[Co (edta)]·$2H_2O$ 作为反应物，使其与 50%的 en 水溶液在 25℃下按式(8-5) 进行完全取代反应时，产物部分保留了反应物的手性构型[14]。

$$\Delta\text{-}(-)_D\text{-}[Co(edta)]^- + 3en \longrightarrow \Delta\text{-}(-)_D\text{-}[Co(en)_3]^{3+} + edta^{4-} \tag{8-5}$$

---

❶ Cu(Ⅱ) 的六氨合物只能以无水铜（Ⅱ）盐从液氨中制得，而且必须储存在氨气氛中。

β-丙氨酸根(β-ala⁻)与$[Co(NH_3)_6]Cl_3$的取代反应可制得*fac*和*mer*两种异构体，在控制反应为弱碱性并加适量活性炭为催化剂时，可以提高[Co(β-ala)₃]的总产率和产物中*fac*异构体的比例[15]。

$$[Co(NH_3)_6]^{3+} + 3\beta\text{-ala}^- \xrightarrow{C^*} mer\text{-} + fac\text{-}[Co(\beta\text{-ala})_3] + 6NH_3\uparrow \quad (8\text{-}6)$$

上述实例主要为含单一配体配合物的制备，可以通过加入过量配体使平衡移向生成完全取代的产物，从而较方便地合成这类配合物。从理论上讲，取代反应是逐级进行的，因此有可能获得中间的混配型配合物，但是目标配合物的分离通常是一个棘手的问题。尽管如此，通过控制配体的浓度，还是成功地制备出一些混配型配合物。例如，$[Ni(H_2O)_2(phen)_2]Br_2$可以由2∶1摩尔比的phen和$NiBr_2$的反应混合物中分离出来。$[Pt(NH_3)_2(en)]Cl_2$可通过反应(8-7)和反应(8-8)制得，反应(8-7)之所以获得成功，主要是因为$[PtCl_2(en)]$是中性配合物，容易从反应混合物溶液中分离出来。

$$\underset{\text{红}}{K_2[PtCl_4]} + en \longrightarrow \underset{\text{黄}}{[PtCl_2(en)]} + 2KCl \quad (8\text{-}7)$$

$$\underset{\text{黄}}{[PtCl_2(en)]} + 2NH_3 \longrightarrow \underset{\text{无色}}{[Pt(NH_3)_2(en)]Cl_2} \quad (8\text{-}8)$$

在7.2.2.3中讨论影响取代反应速率的因素时，曾经提及离去配体的影响。在八面体配合物中，常见的卤素离子X^-并不是理想的离去配体[16]，而H_2O分子却是较好的离去基团❶，因此在设计混配型配合物中卤素离子的取代时，通常会加入一些亲卤素的阳离子来"拔"除卤素换成溶剂水配位，比如，可用Ag^+和Hg^{2+}除去Cl^-、Br^-、I^-，用Li^+除去Br^-，或用硬酸离子如Be^{2+}、Al^{3+}和Th^{4+}除去F^-，相关实例见式(8-9)～式(8-15)（其中4-pyNH＝4-吡啶羧酸，imH＝咪唑）。由式(8-12)和式(8-15)可见，被水取代卤素离子的配合物容易进行下一步预定的配体取代反应。

$$trans\text{-}[CoCl_2(en)_2]^+ + Hg^{2+} \xrightarrow{\text{快}} trans\text{-}[CoCl(ClHg)(en)_2]^{3+} \quad (8\text{-}9)$$

$$trans\text{-}[CoCl(ClHg)(en)_2]^{3+} \xrightarrow{H_2O} cis\text{-} + trans\text{-}[CoCl(H_2O)(en)_2]^{2+} + HgCl^+ \quad (8\text{-}10)$$

$$trans\text{-}[CoCl(NO_2)(en)_2]^+ + Ag^+ \xrightarrow{H_2O} trans\text{-}[Co(NO_2)(H_2O)(en)_2]^{2+} + AgCl \quad (8\text{-}11)$$

$$trans\text{-}[Co(NO_2)(H_2O)(en)_2]^{2+} + 4\text{-pyNH} \longrightarrow trans\text{-}[Co(NO_2)(4\text{-pyNH})(en)_2]^{2+} + H_2O \quad (8\text{-}12)$$

$$cis\text{-}[CoBr(NH_3)(en)_2]^{2+} + LiOH \xrightarrow{H_2O} trans\text{-}[Co(OH)(NH_3)(en)_2]^{2+} + LiBr \quad (8\text{-}13)$$

$$trans\text{-}[Co(OH)(NH_3)(en)_2]^{2+} + H^+ \longrightarrow trans\text{-}[Co(NH_3)(H_2O)(en)_2]^{3+} \quad (8\text{-}14)$$

$$trans\text{-}[Co(NH_3)(H_2O)(en)_2]^{3+} + imH \longrightarrow trans\text{-}[Co(NH_3)(imH)(en)_2]^{3+} + H_2O \quad (8\text{-}15)$$

(2) 非水溶剂中的取代反应

由"光谱化学序列"得知，H_2O是中等强度的配体，欲在水溶液中进行配体取代反应，一些弱于H_2O的配体往往无法与之竞争，难以得到预期的产物，因此必须在非水介质条件下进行这类反应。在某些特定的合成实验中需要使用非水溶剂的原因可能是[2]：①防止某些金属离子（如Fe^{3+}、Al^{3+}、Cr^{3+}等）水解；②为了溶解配体；③溶剂本身为弱配体，竞争不过水；④溶剂本身就是配体（如NH_3）；⑤期望比水更弱的配体参与配位。在配合物合成中，通常采用的非水溶剂为无水乙醇、无水甲醇、丙酮、二氯甲烷、氯仿、四氢呋喃（THF）、*N*,*N*-二甲基甲酰胺（DMF）、二甲基亚砜（DMSO）、乙腈和液氨等。以下将分别举例说明。

---

❶ 在内界电子转移反应中，还原剂配合物内界的水容易被氧化剂上的桥配体取代形成双核中间体（参阅7.3.1.2）。

① $[Cr(en)_3]Cl_3$ 的合成　用 $CrCl_3 \cdot 6H_2O$ 为金属源与 en 在水溶液中反应，得不到目标产物，而只有氢氧化物沉淀。

$$CrCl_3 \cdot 6H_2O \xrightarrow[\text{en(过量)}]{H_2O} Cr(OH)_3 \downarrow \tag{8-16}$$

很多类似的反应也不能用水作溶剂。如果以无水 $Cr_2(SO_4)_3$ 为原料，反应可以如下进行。

$$Cr_2(SO_4)_3 \xrightarrow[\Delta]{\text{en} \cdot \text{乙醚}} \text{溶液} \xrightarrow{KI} [Cr(en)_3]I_3 \tag{8-17}$$

在式（8-17）中，加入 KI 是为了提供大体积的抗衡离子，有利于产物从非水溶剂中沉淀出来。为了得到氯盐，可采用两种方法，一种是离子交换法，但不适合于产物量大的情况；另一种是将新沉淀的 AgCl 与 $[Cr(en)_3]I_3$ 混合研磨使其发生复分解反应(8-18)，在溶液中得到 $[Cr(en)_3]Cl_3$，蒸发溶剂或加入大体积乙醇即得产品。

$$[Cr(en)_3]I_3 + 3AgCl \longrightarrow Cr(en)_3]Cl_3 + 3AgI \tag{8-18}$$

② 邻菲咯啉（phen）或联吡啶（bpy）配合物的合成[17]　邻菲咯啉与相应的联吡啶配合物的结构和性质都很相似，所以制备方法也类似。作为配体，$phen \cdot H_2O$ 和 bpy 都不溶于水，一般而言，合成这两类配合物有几种方法：a. 将配体溶于能与水混溶的有机溶剂，然后将配体溶液加入金属盐的浓溶液中，$[Co(phen)_3]Cl_2$、$[Co(bpy)_3](ClO_4)_2$、$[Mn(bpy)_3](ClO_4)_2$、$[Cu(bpy)_2]Cl_2$、$[Cu(phen)_2]Cl_2$、$[Ag(phen)_2]NO_3$ 和 $[V(phen)_3](ClO_4)_2$ 等均按此法合成；b. 将金属盐配成饱和水溶液，直接按摩尔比加入 $phen \cdot H_2O$ 或 bpy 固体，加热并搅拌，在反应过程中配体逐渐溶解，$[Ni(H_2O)_2(bpy)_2](NO_3)_2$、$[Mn(phen)_3](ClO_4)_2$、$[Fe(bpy)_3]Cl_2$、$[Fe(bpy)_3](ClO_4)_2$ 和 $[Ni(phen)_3]Cl_2$ 等均按此法合成；c. 采用混合溶剂，如甲醇-水、乙醇-水等，$[Ag(bpy)_2]NO_3$、$[Fe(phen)_3](ClO_4)_2$、$[Ag(phen)_2]ClO_4$ 等均按此法合成；d. 直接在有机溶剂（如甲醇、DMF 或苯等）中反应，$[Fe(phen)_3]Cl_2$、$[Co(phen)_3]Cl_2$、*cis*-$[RuCl_2(bpy)_2]$ 和 $[Cu(phen)_2]NO_3$ 等均按此法合成，其中 $[Cu(phen)_2]NO_3$ 的组分交换法合成如反应(8-19) 所示。

$$\underset{\text{白色}}{[CuNO_3(PPh_3)_3]} + 2phen \cdot H_2O \xrightarrow{\text{苯}} \underset{\text{黑色}}{[Cu(phen)_2]NO_3} + 3PPh_3 + H_2O \tag{8-19}$$

式(8-19)中的反应物 $[CuNO_3(PPh_3)_3]$ 是用三苯基膦和 $Cu(NO_3)_2 \cdot 3H_2O$ 按 4∶1 的摩尔比在乙醇中回流反应制备而得。类似 $[CuNO_3(PPh_3)_3]$ 和 $[Cu(PPh_3)_2]BH_4$[18] 这样的简单 Cu(Ⅰ) 配合物，是用于组分交换法合成的很好原料。

cis-$[RuCl_2(bpy)_2]$ 是制备功能材料的重要前驱体，反应(8-20) 的直接取代合成是在 DMF 溶液中进行的：取 $RuCl_3 \cdot 3H_2O$(2.5g，0.00955mol)、bpy(3.0g，0.0192mol) 和 LiCl(2.69g，0.064mol) 溶于 16mL DMF 中，在氮气氛下回流搅拌 7h。将暗红色的混合液冷至室温，加入 80mL 丙酮后，混合物在 0℃下放置过夜，经过滤、洗涤和真空干燥后得 2.6g 暗绿色的微晶。

$$RuCl_3 \cdot 3H_2O + 2bpy \xrightarrow[DMF]{LiCl} cis\text{-}[RuCl_2(bpy)_2] \tag{8-20}$$

③ *cis*-$[Ru(NCCH_3)_2(dmp)_2](PF_6)_2$（dmp＝2,9-二甲基-1,10-邻菲咯啉）的合成[19]　按以上制备 *cis*-$[RuCl_2(bpy)_2]$ 的类似方法合成 *cis*-$[RuCl_2(dmp)_2]$，然后在乙腈溶液中分别用 HPF_6、$AgPF_6$ 处理 *cis*-$[RuCl_2(dmp)_2]$，滤去所生成的 AgCl 沉淀后，滤液中加入过量的饱和 $NaPF_6$ 水溶液，沉淀出所需产物 *cis*-$[Ru(NCCH_3)_2(dmp)_2](PF_6)_2$，如式(8-21) 所示。*cis*-$[Ru(CH_3CN)_2(dmp)_2](PF_6)_2$ 含有两个处于邻位且易被取代的溶剂 CH_3CN 配体，可作为合成双核配合物的前驱体[20]或催化非官能化烯烃氧化的催化剂[19,21]以及在光诱导不

对称转化条件下形成单一对映体。

$$cis\text{-}[RuCl_2(dmp)_2]+2AgPF_6 \xrightarrow[CH_3CN]{H^+} cis\text{-}[Ru(NCCH_3)_2(dmp)_2](PF_6)_2(\text{溶液})+2AgCl\downarrow$$

$$\text{溶液} \xrightarrow{NaPF_6} cis\text{-}[Ru(NCCH_3)_2(dmp)_2](PF_6)_2\downarrow \tag{8-21}$$

此外，$[RuCl_2(dmso)_4]$ 和新鲜制备的$[RuCl_2(NCCH_3)_4]$[22]都是良好的 Ru(Ⅱ)金属源和金属配合物催化剂前驱体，它们的制备特别简单，如式(8-22) 和式(8-23) 所示。

$$RuCl_3\cdot 3H_2O \xrightarrow[N_2,\text{回流 }5min]{dmso} [RuCl_2(dmso)_4] \tag{8-22}$$

$$[RuCl_2(dmso)_4] \xrightarrow[N_2,\text{回流 }2h]{CH_3CN} [RuCl_2(NCCH_3)_4] \tag{8-23}$$

④ $[Cr(NH_3)_6]Cl_3$ 的合成　无水 $CrCl_3$ 可以同液氨（既是溶剂又是配体）反应，与钴(Ⅲ) 氨合物的体系类似，由于 d^3 体系的惰性，得到的产物主要是 $[CrCl(NH_3)_5]Cl_2$，下一步的 Cr-Cl 取代反应进行得很慢，为此，应用 D_{cb} 机理（参阅 7.2.4.2），以 NH_2^- 为碱来催化液氨的取代，实验证明这个反应能较好地进行。反应式为：

$$CrCl_3+6NH_3 \xrightarrow{KNH_2/\text{液氨}} [Cr(NH_3)_6]Cl_3 \xrightarrow{HNO_3(aq)} [Cr(NH_3)_6](NO_3)_3 \tag{8-24}$$

可能的 D_{cb} 机理为：

$$CrCl_3+5NH_3 \xrightarrow{\text{液氨}} [CrCl(NH_3)_5]Cl_2 \tag{8-25}$$

$$[CrCl(NH_3)_5]^{2+}+NH_2^- \overset{\text{快}}{\rightleftharpoons} [CrCl(NH_2)(NH_3)_4]^{+}+NH_3 \tag{8-26}$$

$$[CrCl(NH_2)(NH_3)_4]^{+} \xrightarrow{\text{慢}} [Cr(NH_2)(NH_3)_4]^{2+}+Cl^- \tag{8-27}$$

$$[Cr(NH_2)(NH_3)_4]^{2+}+2NH_3 \xrightarrow{\text{快}} [Cr(NH_3)_6]^{3+}+NH_2^- \tag{8-28}$$

⑤ $NiX_2(Et_2en)_2$[Et_2en＝*N*,*N*-二乙基乙二胺$(C_2H_5)_2NCH_2CH_2NH_2$]的合成[23]　该实验设计合成一系列轴向配体 X^- 不同的四方变形 Ni(Ⅱ)配合物［图 8-1(b)］，以考察轴向配位不同对中心金属 Ni(Ⅱ)电子结构的影响。例如，在合成 X^- 为 Cl^- 配位的 $NiCl_2(Et_2en)_2\cdot 2H_2O$时，由于 Cl^- 是比 H_2O 更弱的配体，要求在无水乙醇溶剂中进行：将化学计量的 Et_2en 加入溶有 $NiCl_2\cdot 6H_2O$ 的无水乙醇溶液中，室温下搅拌，约 10～20min 后，有淡蓝色晶体生成，但是在随后的各种表征分析后发现，合成所得淡蓝色配合物的结构如图 8-1(c) 所示，这是因为反应物 $NiCl_2$ 含有的结晶水在合成时未加以除去所致。若要严格获取无水物［图 8-1(b)］，则反应的起始原料必须采用无水 $NiCl_2$，或采用下面介绍的固体热分解方法。

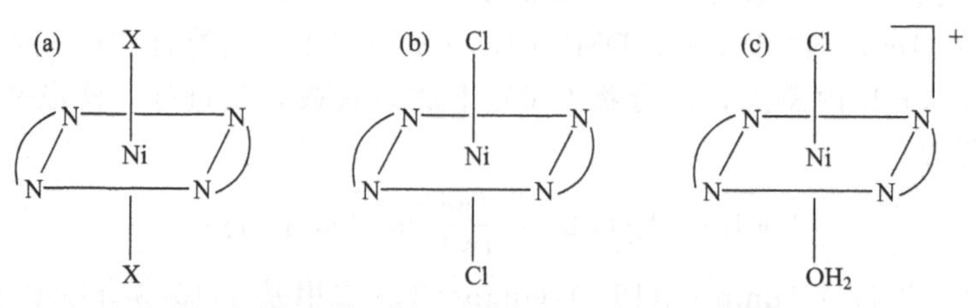

图 8-1　轴向配位不同的四方变形 Ni(Ⅱ)配合物

(3) 固相反应合成配合物[2,4,10]

利用固相取代反应合成配合物主要有两种方法，一种是利用（低温和高温）固相反应的直接合成法，另一种是利用固体配合物热分解的组分交换法。后者的原理相当于固态下的取代反应，加热到某一温度，配合物配位界内某一配体释出，外界配体取而代之。高温固相反应和固体配合物热分解反应都是经典方法，已广为应用。例如式(8-29) 所示的硅胶干燥剂变色原理。

$$2[Co(H_2O)_6]Cl_2 \xrightleftharpoons{\Delta} Co[CoCl_4] + 12H_2O\uparrow \tag{8-29}$$

淡红　　　　　　蓝色

加热常可从内界含水的氨(胺)合配合物中释出配位水，有时可利用这个方法方便地制得卤素·氨(胺)合配合物或其它外界离子取代的氨(胺)合配合物，例如图 8-1(c)所示的淡蓝色 Ni(Ⅱ)配合物 *trans*-$[NiCl(H_2O)(Et_2en)_2]Cl \cdot H_2O$ 在加热时失去结晶水和配位水转变为淡绿色的 *trans*-$[NiCl_2(Et_2en)_2]$ [图 8-1(b)]；在反应(8-30) 和反应(8-31) 中外界的 I^- 和 ReO_4^- 也置换了氨合配合物内界的配位水。

$$[Rh(H_2O)(NH_3)_5]I_3 \xrightarrow{100℃} [RhI(NH_3)_5]I_2 + H_2O\uparrow \tag{8-30}$$

$$[Co(H_2O)(NH_3)_5](ReO_4)_3 \cdot 2H_2O \xrightarrow[2h]{50℃} \xrightarrow[4\sim5h]{115\sim120℃} [Co(ReO_4)(NH_3)_5](ReO_4)_2 + H_2O\uparrow \tag{8-31}$$

在更高的温度下，氨或胺也可从氨（胺）合配合物中释出，这一方法常用于合成 *trans*-$[PtX_2A_2]$(A 为中性氨或胺配体)，例如，制备 *trans*-$[PtCl_2(NH_3)_2]$（简称反铂）。

$$[Pt(NH_3)_4]Cl_2 \xrightarrow{250℃} trans\text{-}[PtCl_2(NH_3)_2] + 2NH_3\uparrow \tag{8-32}$$

合成 *trans*-$[Cr(NCS)_2(en)_2](NCS)$的最佳方法是从固体$[Cr(en)_3](NCS)_3$ 中释出乙二胺，若原料中含有少量 NH_4SCN，则效果更好。

$$[Cr(en)_3](NCS)_3 \xrightarrow[130℃]{NH_4SCN} trans\text{-}[Cr(NCS)_2(en)_2](NCS) + en\uparrow \tag{8-33}$$

不过，固体配合物热分解并不总是得到反式异构体，例如$[Cr(en)_3]Cl_3$ 在 210℃下加热，得到的产物是 *cis*-$[CrCl_2(en)_2]Cl$。以上事实说明 Cr(Ⅲ)的胺合物固体热分解时总是得到一种主要的几何异构体，但其热分解取代的机理尚不清楚。

所谓低温（热）固相反应一般是指反应温度不超过 100℃的固相合成，有的固相反应在室温，甚至 0℃时就可能发生，也有的固相反应必须在较高温度、微波促进或光照诱发下进行。利用低热固相反应可以方便地合成单核和多核配合物、固配化合物❶等。根据低热固相反应分步进行和无化学平衡的特点，可以通过控制固相反应发生的条件而进行目标合成或实现分子组装，这是化学家梦寐以求的目标，也是低热固相化学的魅力所在[4]。

在此仅对直接取代和组分交换法的固相反应作出简要介绍。例如，采用直接取代的方法可以方便地合成 $CoCl_2$、$NiCl_2$、$CuCl_2$、$MnCl_2$ 等过渡金属卤化物与芳香醛的配合物，$CoCl_2 \cdot 6H_2O$ 与对二甲氨基苯甲醛(*p*-dmaba)通过固相反应可以得到暗红色固配化合物 $Co(p\text{-dmaba})_2Cl_2 \cdot 2H_2O$，测试分析表明配体是以醛的羰基与金属配位的，该化合物对溶剂不稳定，水或有机溶剂都会使其分解为起始原料。在较高的温度下，可利用固相反应的组分交换法合成含乙酰丙酮和取代卟啉的混配型稀土配合物[24]，其中，含乙酰丙酮和四苯基卟啉(H_2tpp)的 Yb(Ⅲ)配合物的固相合成反应见式(8-34)。此外，还可以利用微波促进的固相反应借助配位模板效应合成铜酞菁等（实例见 8.1.4)。

$$[Yb(acac)_3] + H_2tpp \xrightarrow{200\sim220℃} [Yb(tpp)(acac)] + 2Hacac \tag{8-34}$$

低热固相反应由于反应温度低、能耗少，同时因为不使用或少使用有机溶剂，可减少对

❶ 只能存在于固相中，遇到溶剂后不能稳定存在或转变为其它产物，无法得到它们的晶体的配合物称为固配化合物。表征固配化合物的存在只能采用固态谱学手段来推测。

环境的污染，符合绿色化学的要求。南京大学的化学家在低热固相反应方面开展了深入系统的研究工作，特别值得一提的是，利用低热固相反应合成得到的一些原子簇化合物具有良好的非线性光学性质。

(4) 利用反位效应规律合成[2,11]

7.2.6.2 中曾经指出，反位效应可用于指导平面四方形 Pt(Ⅱ) 配合物几何异构体的合成。

例如，$[PtCl(NO_2)(NH_3)(CH_3NH_2)]$的三种几何异构体可用图 8-2 所示的组分交换取代反应来合成。

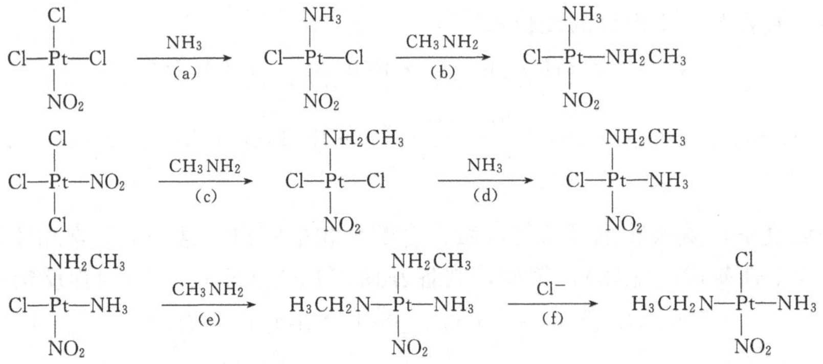

Cl / Cl—Pt—Cl / NO_2 $\xrightarrow[(a)]{NH_3}$ NH_3 / Cl—Pt—Cl / NO_2 $\xrightarrow[(b)]{CH_3NH_2}$ NH_3 / Cl—Pt—NH_2CH_3 / NO_2

Cl / Cl—Pt—NO_2 / Cl $\xrightarrow[(c)]{CH_3NH_2}$ NH_2CH_3 / Cl—Pt—Cl / NO_2 $\xrightarrow[(d)]{NH_3}$ NH_2CH_3 / Cl—Pt—NH_3 / NO_2

NH_2CH_3 / Cl—Pt—NH_3 / NO_2 $\xrightarrow[(e)]{CH_3NH_2}$ NH_2CH_3 / H_3CH_2N—Pt—NH_3 / NO_2 $\xrightarrow[(f)]{Cl^-}$ Cl / H_3CH_2N—Pt—NH_3 / NO_2

图 8-2 $[PtCl(NO_2)(NH_3)(CH_3NH_2)]$ 的三种几何异构体的制备

可以用反位效应顺序 $NO_2^- > Cl^- > NH_3 \sim CH_3NH_2$ 说明图 8-2 中 (a)、(c) 和 (f) 步骤的合理性，此外，还要考虑各种 Pt(Ⅱ)-L 键的稳定性，图 8-2 步骤 (b)、(d) 和 (e) 说明 Pt(Ⅱ)-Cl 键比 Pt(Ⅱ)-N 键不稳定，较易被取代，因此离去配体也是影响平面四方形 Pt(Ⅱ)配合物取代反应的因素之一（参阅 7.2.6.3）。

自从 20 世纪 60 年代 Rosenberg 发现 *cis*-$[PtCl_2(NH_3)_2]$（简称顺铂）的抗癌活性以来，有关顺铂及其它具有类似结构的平面四方形配合物抗癌活性的研究一直非常活跃。目前除顺铂和卡铂（图 8-3）已用于临床外，还有几种已处于临床实验阶段。大量研究表明，这类药的抗癌活性与其能和 DNA 链共价结合并导致 DNA 结构变化的能力密切相关[25]。已知，中性的顺铂要透过细胞膜进入细胞并水解，从而达到与靶分子的作用[26]。顺铂与肿瘤细胞中的 DNA 碱基上的氮配体生成共价加成物［图 8-3(d)］，形成交联，从而抑制 DNA 的合成。一般来说，中性配合物比离子型配合物具有更高的抗肿瘤活性。当酸根配体中含有未配位羧基时，其配合物具有较高的抗癌活性，且由于羧基的存在，水溶性增加，对肾脏的伤害减少。顺式结构的 *cis*-$[PtX_2A_2]$ 配合物的抗癌活性较高，而反式没有活性❶。在 *cis*-$[PtX_2A_2]$ 中若 X 为两个单齿配体，则活性高于一个双齿配体。配体 A 一般为胺或氨，它对配合物的抗癌活性影响的顺序为：$RNH_2 > R_2NH > R_3N$，$RNH_2 > NH_3$，直链伯胺及碳链越

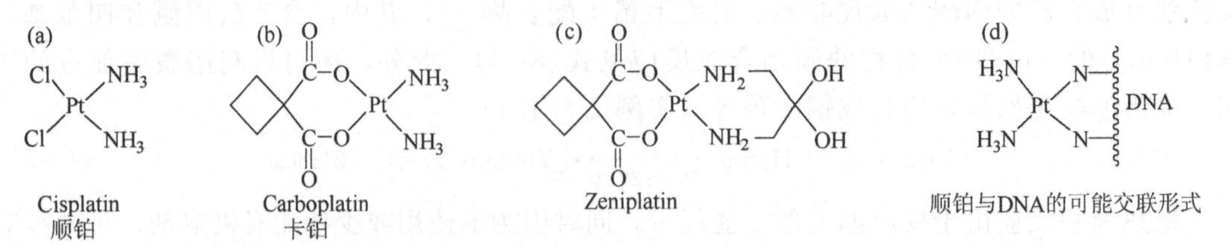

图 8-3 顺铂、卡铂和 Zeniplatin 的结构以及顺铂与 DNA 的可能交联形式

❶ 不过，也发现有些反式配合物（包括八面体配合物）有相当的抗癌活性，甚至高于顺式。

长的活性越小，脂环胺比直链胺的活性高。

下面简要介绍顺铂的合成及对有效含铂药物的某些要求。顺铂的合成可采用乙酸铵法或Kauffman法。两者的产率不相上下，但前者反应条件易于控制，其合成路线表示为式(8-35)和式(8-36)。

$$2K_2PtCl_6 + N_2H_4 \cdot 2HCl \xrightarrow[50\sim60^\circ C]{} 2K_2PtCl_4 + N_2\uparrow + 6HCl \quad (8\text{-}35)$$

$$K_2PtCl_4 + 2NH_4Ac \xrightarrow[\Delta]{KCl} cis\text{-}[PtCl_2(NH_3)_2] + 2HAc + 2KCl \quad (8\text{-}36)$$

反应过程中会产生如式(8-37)和式(8-38)所示的副反应，使产品中混有少量$[Pt(NH_3)_4][PtCl_4]$（马格纳斯绿色盐）和反铂等杂质而呈黄绿色，应设法除去。

$$2K_2PtCl_4 + 4NH_3 \xrightarrow[50\sim60^\circ C]{} [Pt(NH_3)_4][PtCl_4] + 4KCl \quad (8\text{-}37)$$

$$K_2PtCl_4 + 2NH_4Ac \xrightarrow[\Delta]{KCl} trans\text{-}[PtCl_2(NH_3)_2] + 2HAc + 2KCl \quad (8\text{-}38)$$

根据顺铂与DNA的作用形式以及Pt(Ⅱ)配合物的反应特性，可对平面四方形结构的铂(Ⅱ)类药物提出一般要求：

① cis-$[PtX_2L_2]$中的两个L是较好的反位活化剂，X为较容易离去的基团；

② 失去X后，留下的Pt-L键应相对稳定；

③ L对Pt-蛋白键的反位效应不必太强，即最终配合物是动力学稳定的。

对照上述要求，已合成的三代铂(Ⅱ)类药物顺铂、卡铂和Zeniplatin［图8-3(c)］分别有如下优点。

① 一个较为理想的X配体是Cl^-，因为在平面四方形Pt(Ⅱ)配合物中Cl^-是个较好的离去基团，Pt(Ⅱ)-Cl键的热力学和动力学稳定性都不高，因此cis-$[PtCl_2L_2]$的水解速度适中；已知，Pt-L键强度：$CN^- > OH^- > NH_3 > SCN^- > I^- > Br^- > Cl^- > F^- \sim H_2O$；$X^-$被取代的速率：$NO_3^- > H_2O > Cl^- > Br^- > I^- > N_3^- > SCN^- > NO_2^- > CN^-$（参阅7.2.6.3表7-17）。

② 在第三代抗癌药Zeniplatin中，留下的二胺是双齿配体，由于螯合效应能有效地保护药物分子的剩下两个位置不被取代。

③ 含N配体的NH_3和二胺的反位效应适中，不会活化所生成的Pt-蛋白键，以利于最后排出。

④ 由于羧基和羟基的存在，水溶性增加，因此卡铂和Zeniplatin的毒性作用比顺铂有所降低。Zeniplatin的某些抗肿瘤活性比顺铂和卡铂高。

从构效关系考虑，一些类似结构的化合物也可能成为有效抗癌药。我们期待该领域的研究取得更大的成果，为最终战胜危害人类生存质量的病魔——癌症作出科学家应有的贡献。

8.1.1.2 金属取代反应（亲电取代反应）

金属取代反应也称金属交换或金属置换反应，是指金属配合物（一般为螯合物）和某种过渡金属盐（或某种过渡金属化合物）之间发生金属离子交换的反应，例如制备手性镧系位移试剂的反应（8-39）。

$$Ln(NO_3)_3 + [Ba(tfc)_2] \longrightarrow [Ln(tfc)_3] + Ba(NO_3)_2 \quad (8\text{-}39)$$

tfc^- = [structure: CF₃, O⁻, O]

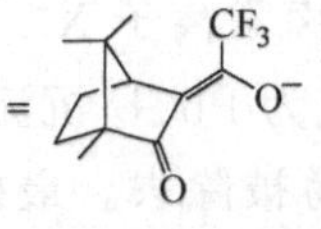

金属的置换有一定的规律性。对于不同的配体有不同的金属置换顺序，例如Salen型（双水杨亚乙二胺衍生物）席夫碱配合物的置换序（即生成配合物的热力学稳定性次序）为

Cu>Ni>Zn>Mg。在图 8-4 所示的 Salphen 型席夫碱配合物的金属置换反应中，产率可高达80%～100%，这为某些多功能席夫碱配合物体系的现场切换中心金属以改变其催化性能提供了方便[27]。

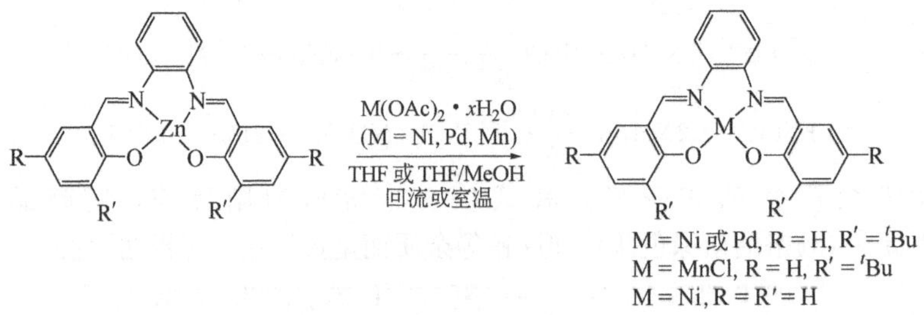

$M(OAc)_2 \cdot xH_2O$ (M = Ni, Pd, Mn)

THF 或 THF/MeOH 回流或室温

M = Ni 或 Pd, R = H, R′ = ^tBu

M = MnCl, R = H, R′ = ^tBu

M = Ni, R = R′ = H

图 8-4　Salphen 型席夫碱配合物的金属置换反应

此外，第 7 章的反应(7-4) 也提供了金属离子和配体被取代兼氧化的一个特殊合成实例[28,29]，该反应之所以能发生，是因为置换活性 Ni(Ⅱ) 中心所生成的活性 Co(Ⅱ) 配合物可被过氧化氢氧化，形成较稳定的惰性 Co(Ⅲ) 配合物，其合成反应流程见图 8-5。

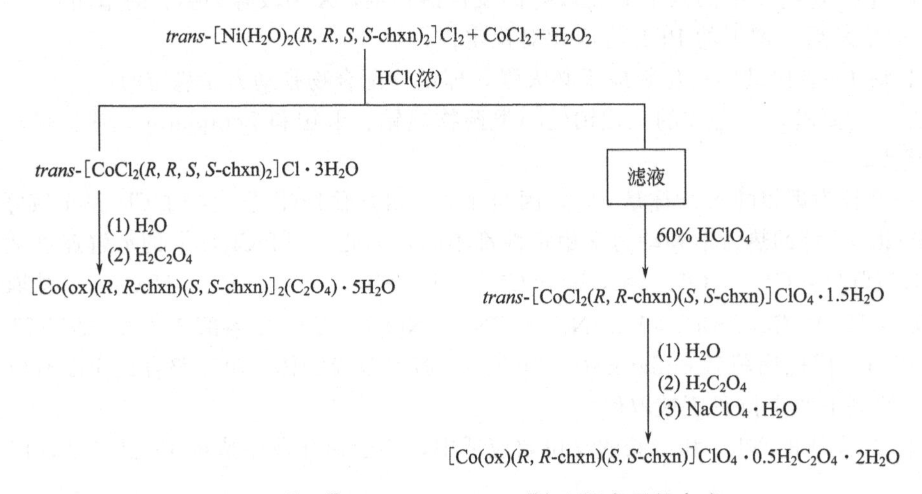

图 8-5　$[Co^{III}(ox)(trans\text{-}chxn)_2]^+$ 配阳离子的合成

综上，金属置换方法操作简单，可以从一种金属螯合物出发，制得一系列不同金属的取代产物。

8.1.2　氧化还原反应

8.1.2.1　中心金属的氧化

氧化反应通常是活性配合物氧化至惰性配合物的过程，例如，制备 Co(Ⅲ)配合物一般从二价钴盐开始，活性的 Co(Ⅱ)配合物很容易形成，然后将其氧化为相应的惰性 Co(Ⅲ)配合物。

由 Co(Ⅱ)配合物制备 Co(Ⅲ)配合物的最好氧化剂是空气或过氧化氢，因为它们不引入杂质。有时也用卤素单质，但会引进卤素离子 X^-。PbO_2 也是一个很好的氧化剂，它被还原成 Pb^{2+}，在 Cl^-存在时，它可以成为 $PbCl_2$ 沉淀，可过滤除去。同样，SeO_2 也是一个很好的氧化剂，还原产物 Se 是沉淀，易被除去。最好不用 $KMnO_4$、$K_2Cr_2O_7$、Ce(Ⅳ) 等，因为它们引入其它离子，增加了分离杂质的手续。例如，制备 $[CoCl(NH_3)_5]Cl_2$ 的反应(8-40) 采用过氧化氢为氧化剂。

$$2CoCl_2 + 2NH_4Cl + 8NH_3 + H_2O_2 \longrightarrow 2[CoCl(NH_3)_5]Cl_2 + 2H_2O \tag{8-40}$$

值得注意的是，制备 $[Co(NH_3)_6]Cl_3$ 的反应与式(8-40) 类似，但必须在反应物中加入活性炭才能实现第六个氨配体的完全取代（见 8.1.2.3 中的实例）。

在有名的 Jacobsen 型 Salen-Mn(Ⅲ)催化剂的合成中[30]，采用空气为氧化剂，使 Mn(Ⅱ)配合物发生氧化和取代反应成为五配位的最终产物（图 8-6）。

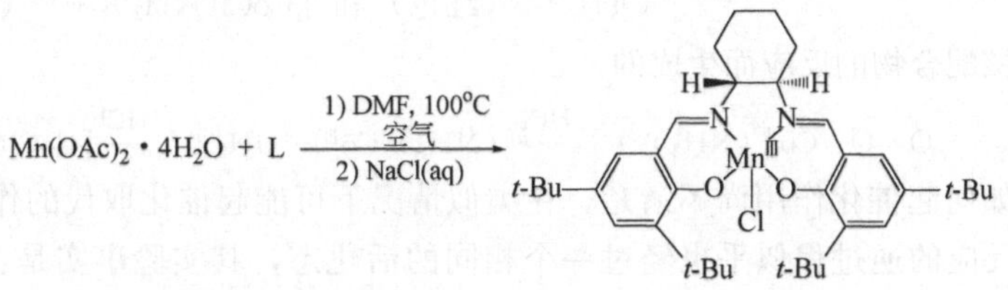

$Mn(OAc)_2 \cdot 4H_2O$ + L $\xrightarrow[\text{2) NaCl(aq)}]{\text{1) DMF, 100°C, 空气}}$

图 8-6　Jacobsen 型 Salen-Mn(Ⅲ) 催化剂的合成

8.1.2.2　中心金属的还原

高氧化态金属化合物经还原、配位过程可得低氧化态配合物[4]。还原剂可以是 H_2、金属钾、钠（或钾、钠汞齐）、锌、肼、羟胺、硫代硫酸钠，以及有机还原剂和采用电化学方法等。有些配体试剂本身就是还原剂，例如前述金属源配合物 $[CuNO_3(PPh_3)_3]$[式(8-41)] 以及 $[RhCl(PPh_3)_3]$[式(8-42)]的制备。此外，在有些溶剂中发生直接配体取代反应的同时也伴随着中心金属的还原，例如反应 (8-20) 和反应(8-22)。

$$2Cu(NO_3)_2 \cdot 3H_2O + 8PPh_3 \longrightarrow 2[CuNO_3(PPh_3)_3] + 2OPPh_3 + 2HNO_3 + 5H_2O \tag{8-41}$$

$$RhCl_3 \cdot 3H_2O + 4PPh_3 \longrightarrow [RhCl(PPh_3)_3] + OPPh_3 + 2HCl + 2H_2O \tag{8-42}$$

采用肼作为还原剂可以使 Pt(Ⅱ)配合物还原为零价，例如反应(8-43)。

$$2[PtCl_2(PPh_3)_2] + 6PPh_3 + N_2H_4 \xrightarrow{PPh_3} 2[Pt(PPh_3)_4] + N_2\uparrow + 4HCl \tag{8-43}$$

但是如果上述反应不是在三苯基膦中进行，而是在乙醇溶液中用水合肼与 *cis*-$[PtCl_2(PPh_3)_2]$ 反应 [式(8-44)]，得到的却是 $[Pt(Cl)(H)(PPh_3)_2]$，这是 Chatt 发现的第一个金属氢化物。相应的反式配合物在此条件下不与肼反应，因为 PPh_3 有很强的反位效应，使得顺式配合物中位于反位的 Cl^- 非常不安定而容易被其它配体取代。

$$cis\text{-}[PtCl_2(PPh_3)_2] + N_2H_4 \xrightarrow{EtOH} [Pt(Cl)(H)(PPh_3)_2] \tag{8-44}$$

8.1.2.3　配合物的氧化还原催化合成

(1) $[Co(NH_3)_6]Cl_3$ 的活性炭催化合成

这是一个多相催化的例子。在反应(8-40)中，生成的产物决定于氧化进行的条件，如果在同样的条件下加入活性炭，那么氧化产物几乎全部是 $[Co(NH_3)_6]Cl_3$。反应式为：

$$2CoCl_2 + 2NH_4Cl + 10NH_3 + H_2O_2 \xrightarrow{C^*} 2[Co(NH_3)_6]Cl_3 + 2H_2O \tag{8-45}$$

在钴氨溶液的氧化过程中往往会生成多核配合物。$[Co(NH_3)_6]^{2+}$ 的空气氧化可能是通过活化桥联中间体，并通过成桥基团进行电子的传导而进行的。一个氧分子可以加成到两个 $[Co(NH_3)_6]^{2+}$ 离子上，生成一个含过氧桥 O_2^{2-} 的 Co(Ⅲ)双核配合物，反应式为：

$$2[Co(NH_3)_6]^{2+} + O_2 \longrightarrow [(NH_3)_5Co^{Ⅲ}—O—O—Co^{Ⅲ}(NH_3)_5]^{4+} + 2NH_3 \tag{8-46}$$

随后这个成桥体系再同氨作用生成 $[Co(NH_3)_6]^{3+}$，或者，$[Co(NH_3)_6]^{3+}$ 可能是由氨同 $[Co(OH)(NH_3)_5]^{2+}$ 的反应生成的，而 $[Co(OH)(NH_3)_5]^{2+}$ 则是通过桥联双核配合物中 O-O 键的断裂所产生。在任何一种情况下，由于 Co(Ⅲ)配合物是取代惰性的，而且因

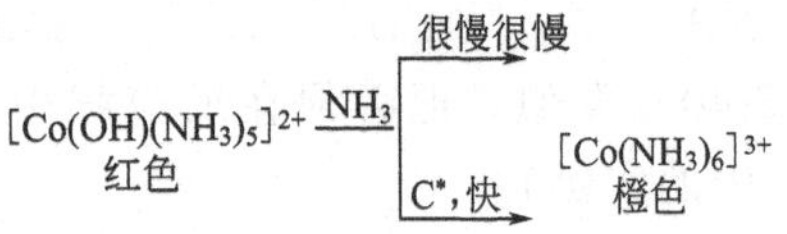

$$[Co(OH)(NH_3)_5]^{2+} \xrightarrow{NH_3} \begin{cases} \text{很慢很慢} \\ C^*\text{,快} \end{cases} [Co(NH_3)_6]^{3+}$$

红色 → 橙色

图 8-7 $[Co(NH_3)_6]^{3+}$ 的活性炭催化合成

Co(Ⅲ)-O键的惰性 [Co(5d)-OH 成键]，按 D 机理与氨进行反应必定是很慢的，不过在活性炭存在的情况下反应能平稳地进行（图 8-7）。无催化剂的条件下反应进行得极慢，几乎观察不到产物$[Co(NH_3)_6]^{3+}$。

在不加活性炭时观察到的主要产物为 $[(NH_3)_5Co^{III}\text{-}OH_2]^{3+}$（红色）和 $[CoCl(NH_3)_5]^{2+}$（紫红色），它们或许是从 HCl 同双核配合物的反应而生成的：

$$[(NH_3)_5Co^{III}—O—O—Co^{III}(NH_3)_5]^{4+} \xrightarrow{HCl} [(NH_3)_5Co^{III}—OH_2]^{3+} \xrightarrow{HCl} [CoCl(NH_3)_5]^{2+} \quad (8\text{-}47)$$

关于活性炭如何起催化作用尚不清楚，在类似情况下可能起催化取代的作用，因为由活性炭催化的氨取代反应的逆过程似乎也经过一个相同的活化态，其实验事实是：$[Co(NH_3)_6]Cl_3$ 的水溶液经煮沸数小时后，它的橙色不会发生任何显著的变化，这表明反应的活化能较大；若加入活性炭，则很快就产生含有 $[Co(NH_3)_5(H_2O)]^{3+}$ 的红色溶液，根据微观可逆性原理，可以理解此现象。长时间的加热会造成该配合物的完全破坏最终生成 Co(Ⅱ)氢氧化物的沉淀。

应用类比的方法，将活性炭用于含有 Co(Ⅲ)-N 键氨基酸配合物的催化合成，得到了相当好的实验结果，反应如式(8-6) 和式(8-48) 所示，其中，活性炭亦可能起催化取代或催化异构化作用❶。加入活性炭在较低温度下可以定向制备 $[Co(ida)_2]^-$ 的 *u-fac* 型几何异构体特别值得关注[15,31,32]。

$$2Co^{2+} + 4ida^{2-} + H_2O_2 \xrightarrow[<10℃]{C^*} 2u\text{-}fac\text{-}[Co(ida)_2]^- + 2OH^- \quad (8\text{-}48)$$

（2）电子转移催化 *rac*-$[Co(en)_3]Cl_3$ 的不对称转化

（3）$K_3[CoCl(CN)_5]$的电子转移催化合成

一般惰性的氰配合物都不易以混配型存在，而是以均一型配离子存在，例如 $[Fe(CN)_6]^{4-}$、$[Co(CN)_6]^{3-}$ 和 $[Mn(CN)_6]^{3-}$ 等，而 $[Fe^{III}(CN)_5X]^{n-}$ 的存在恰恰说明 $[Fe^{III}(CN)_6]^{3-}$ 对取代是比较活泼的。$K_6[(CN)_5\text{-}Co^{II}\text{-}Co^{II}\text{-}(CN)_5]$的紫色固体具有抗磁性说明它具有二聚结构，与 $[(CO)_5\text{-}Mn\text{-}Mn\text{-}(CO)_5]$ 是等电子体系。为了得到 $K_3[CoCl(CN)_5]$，只能通过内界电子转移的配体转移进行巧妙的合成，如反应(8-49) 所示，其可能发生的机理见图 8-8。

$$[CoCl(NH_3)_5]^{2+} + 5CN^-(\text{过量}) \xrightarrow{H_2O/Co^{2+}} [CoCl(CN)_5]^{3-} + 5NH_3\uparrow \quad (8\text{-}49)$$

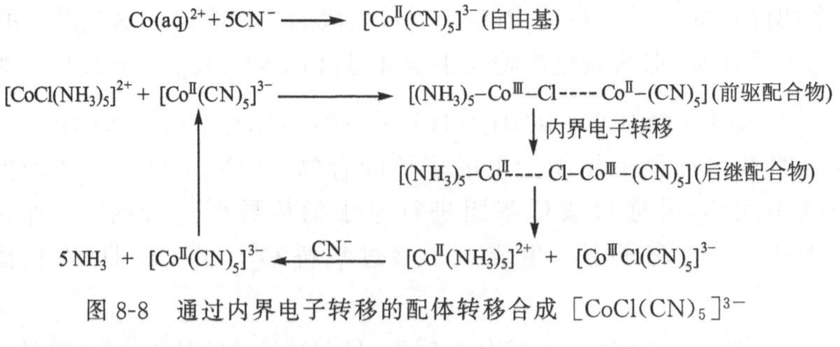

$$Co(aq)^{2+} + 5CN^- \longrightarrow [Co^{II}(CN)_5]^{3-}(\text{自由基})$$

$$[CoCl(NH_3)_5]^{2+} + [Co^{II}(CN)_5]^{3-} \longrightarrow [(NH_3)_5\text{–}Co^{III}\text{–}Cl\text{----}Co^{II}\text{–}(CN)_5](\text{前驱配合物})$$

↓ 内界电子转移

$$[(NH_3)_5\text{–}Co^{II}\text{----}Cl\text{–}Co^{III}\text{–}(CN)_5](\text{后继配合物})$$

↓

$$[Co^{II}(NH_3)_5]^{2+} + [Co^{III}Cl(CN)_5]^{3-}$$

$$5NH_3 + [Co^{II}(CN)_5]^{3-} \xleftarrow{CN^-} [Co^{II}(NH_3)_5]^{2+}$$

（$[Co^{II}(CN)_5]^{3-}$ 返回参与第一步反应）

图 8-8 通过内界电子转移的配体转移合成 $[CoCl(CN)_5]^{3-}$

❶ 也有人认为活性炭催化有利于热力学平衡异构体的生成。参考：Jordan W T，Legg J I. Correlation of circular dichroism and stereochemistry in cobalt（Ⅲ）chelates with ethylenediamine-*N*,*N'*-diacetate. Inorg Chem，1974，13（4）：955-959。

(4) *trans*-$[Pt^{IV}Cl_2(NH_3)_4]^{2+}$等类似配合物的合成

通常 *trans*-$[Pt^{IV}X_2A_4]^{2+}$型配合物的合成是用卤素 X_2 将 *trans*-$[Pt^{II}A_4]^{2+}$（A 为中性配体）氧化来制备的（见 8.1.3），但采用这种方法却不能得到 X^- 为 SCN^-、ONO^- 等的配合物，而且由于 Pt(Ⅳ)配合物（d^6 体系）的惰性，其配体取代反应进行得很慢或根本不进行，例如，$[Pt^{IV}Cl(NH_3)_5]^{3+}$与浓 HCl 在加热条件下不发生反应，但是当引入催化剂量的$[Pt^{II}A_4]^{2+}$时，*trans*-$[Pt^{IV}Y_2A_4]^{2+}$与过量 X^- 的反应可以在温和的条件下很快进行，如通式(8-50) 所示。

$$trans\text{-}[Pt^{IV}Y_2A_4]^{2+}+2X^- \longrightarrow trans\text{-}[Pt^{IV}X_2A_4]^{2+}+2Y^- \quad (8\text{-}50)$$

由此合成出常规氧化法不易得到的 *trans*-$[Pt^{IV}(SCN)_2(NH_3)_4]^{2+}$、*trans*-$[Pt^{IV}(ONO)_2(en)_2]^{2+}$以及 *trans*-$[Pt^{IV}Cl_2(NH_3)_4]^{2+}$，分别见反应(8-51)～反应(8-53)，反应(8-53) 可能发生的机理如图 8-9 所示。

$$trans\text{-}[Pt^{IV}Cl_2(NH_3)_4]^{2+}+2SCN^- \xrightarrow{[Pt(NH_3)_4]^{2+}} trans\text{-}[Pt^{IV}(SCN)_2(NH_3)_4]^{2+}+2Cl^- \quad (8\text{-}51)$$

$$trans\text{-}[Pt^{IV}Cl_2(en)_2]^{2+}+2ONO^- \xrightarrow{[Pt(en)_2]^{2+}} trans\text{-}[Pt^{IV}(ONO)_2(en)_2]^{2+}+2Cl^- \quad (8\text{-}52)$$

$$[Pt^{IV}Cl(NH_3)_5]^{3+}+HCl \xrightarrow{[Pt(NH_3)_4]^{2+}} trans\text{-}[Pt^{IV}Cl_2(NH_3)_4]^{2+}+NH_4^+ \quad (8\text{-}53)$$

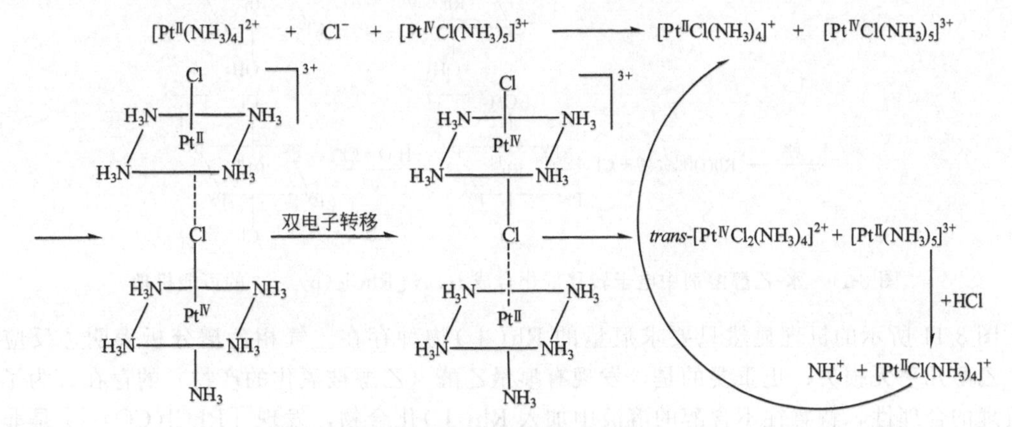

图 8-9 通过内界电子转移的配体转移合成 *trans*-$[Pt^{IV}Cl_2(NH_3)_4]^{2+}$

(5) $[Cr(H_2O)_2(bpy)_2]^{3+}$的电化学催化合成

$[Cr(bpy)_3]^{3+}$或 $[Cr(phen)_3]^{3+}$的电化学还原最终却得到 $[Cr(H_2O)_2(bpy)_2]^{3+}$或 $[Cr(H_2O)_2(phen)_2]^{3+}$，这也是包含电子转移催化作用的一种反应类型。例如，在 $[Cr(bpy)_3]^{3+}$的还原过程中，起初生成的少量 Cr(Ⅱ)物种是取代活性的，配位内界的一个 bpy 被两个水分子所取代成为 $[Cr(H_2O)_2(bpy)_2]^{2+}$。由于溶液中仍存在大量$[Cr(bpy)_3]^{3+}$，它就与 $[Cr(H_2O)_2(bpy)_2]^{2+}$进行外界电子转移而得到最终产物。

$$[Cr(bpy)_3]^{3+}+[Cr(H_2O)_2(bpy)_2]^{2+} \longrightarrow [Cr(bpy)_3]^{2+}+[Cr(H_2O)_2(bpy)_2]^{3+} \quad (8\text{-}54)$$

(6) $[RhX_2(py)_4]^+$的催化合成[2]

在早期实验中发现，虽然在水溶液中吡啶与 $Na_3[RhCl_6]$反应可生成配合物$[RhCl_2(py)_4]^+$，但反应停留在生成难溶$[RhCl_3(py)_3]$ 这一步，欲使第四个 py 取代 Cl^-，需要长时间的回流。为了克服这一困难，加入另一种溶剂（乙醇），试图增大 $[RhCl_3(py)_3]$ 的溶解度，以加快形成 $[RhCl_2(py)_4]^+$的反应速度。果然，吡啶与 $Na_3[RhCl_6]$在水-乙醇溶液中的反应即刻完成，室温下定量获得了目标产物，且未观察到有中间体生成。该实验如图 8-10 所示。

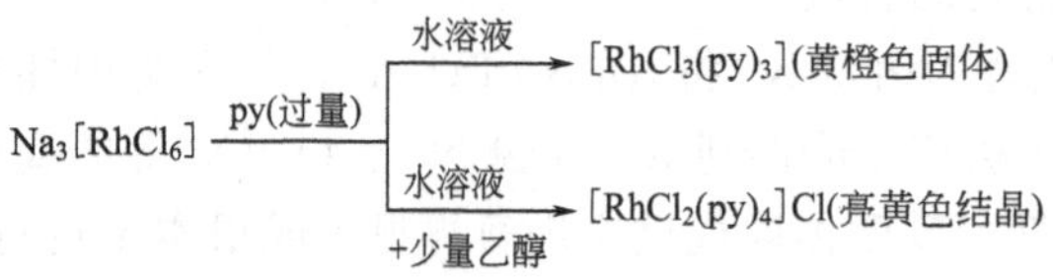

$$Na_3[RhCl_6] \xrightarrow{py(过量)} \begin{cases} \xrightarrow{水溶液} [RhCl_3(py)_3](黄橙色固体) \\ \xrightarrow[+少量乙醇]{水溶液} [RhCl_2(py)_4]Cl(亮黄色结晶) \end{cases}$$

图 8-10 在不同溶剂中合成 $[RhCl_2(py)_4]^+$

对图 8-10 的水-乙醇溶液中进行的反应动力学和机理研究表明，该反应实际上涉及了与图 8-9 相似的电子转移机理。在反应中乙醇作为还原剂使 Rh(Ⅲ)还原为 Rh(Ⅰ)物种，它所形成的 $[Rh(py)_4]^+$ 就成为促进内界双电子转移的催化剂。因此，加入乙醇并不是原先所想像的可以起增大 $[RhCl_3(py)_3]$溶解度的作用，而是起了还原剂的作用。反应的可能机理可以表示为图 8-11。

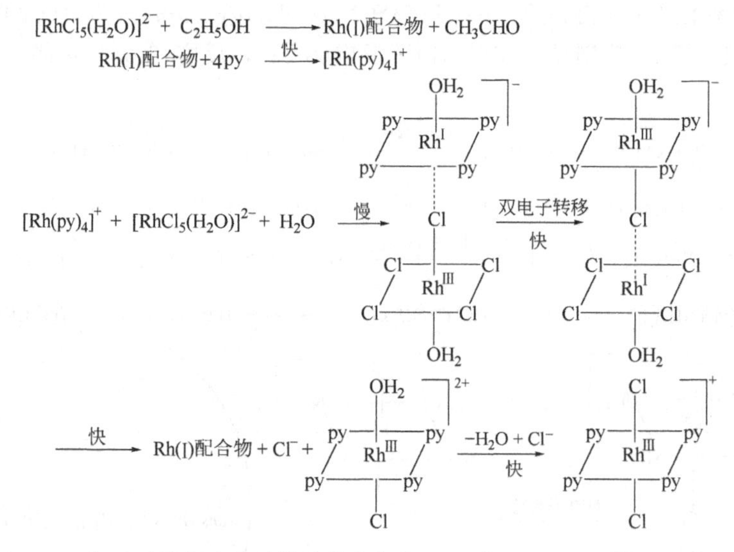

图 8-11 水-乙醇溶剂中电子转移催化合成 *trans*-$[RhCl_2(py)_4]^+$ 的可能机理

图 8-11 所示的机理显然只要求痕量的 Rh(Ⅰ)物种存在。气相色谱分析表明，反应之后，乙醇几乎无损失；更重要的是，发现有痕量乙醛（乙醇被氧化的产物）的存在。为了证明机理的合理性，特意往不含醇的溶液中加入 Rh(Ⅰ)化合物，发现 $[RhCl(CO)_2]_2$ 是非常有效的催化剂。同样的方法可以用来制备其它 Rh(Ⅲ)配合物。

8.1.3 几何异构体的定向合成

一般而言，欲得到某一特定构型的配合物几何异构体，有以下几种方法：①利用已知构型的配合物发生构型保留的取代；②先合成异构体混合物，然后利用溶解度或极性的不同分离得到所需的异构体；③采用特定合成方法定向合成专一的异构体。第③种方法已成功用于平面四方形 Pt(Ⅱ)配合物几何异构体的定向合成（见 8.1.1.1 中利用反位效应规律的合成）。对于八面体配合物而言，取代反应经常伴随着立体化学变化（参阅 7.2.4.3）。至今还没有通用的方法用于八面体的顺式、反式以及面式、经式异构体的合成。在早期的配位化学研究中，成功地获取 *cis*-$[CoCl_2(NH_3)_4]^+$ 曾经是证明八面体配位立体化学的焦点之一（参阅 1.3.3.1）；而一些含双齿配体的顺式双螯合型配合物的合成是拆分其光学异构体的重要前提。以下将举例对方法①和③的合成作出简要介绍。

(1) *cis*-$[CoCl_2(NH_3)_4]Cl$ 的合成

1907 年 Werner 在−12℃的低温下，用被氯化氢气体饱和了的盐酸处理双核钴配合物 $[(NH_3)_4Co(\mu\text{-}OH)_2Co(NH_3)_4]Cl_4$ 制备出紫色的 *cis*-$[CoCl_2(NH_3)_4]Cl$。后来发展了制备该异构体的多种方法，其中一种制备方法见式(8-55)，在反应的第一步采用了方法③，第二步则采用了方法①。

$$Co(Ac)_2 \cdot 4H_2O + 2NaNO_2 + 4NH_3 \xrightarrow[6\sim8h]{O_2} cis\text{-}[Co(NO_2)_2(NH_3)_4]NO_2$$

$$\xrightarrow[-10℃]{HCl(浓)} cis\text{-}[CoCl_2(NH_3)_4]Cl \qquad (8\text{-}55)$$

(2) *cis*-$K[Cr(H_2O)_2(C_2O_4)_2]$ 的定向合成[33]

合成 *cis*-$K[Cr(H_2O)_2(C_2O_4)_2]$ 时采用方法③，同时利用了草酸既作为配体又作为还原剂使高氧化态中心金属 Cr 还原的反应(8-56)：将事先分别研细的 2g$K_2Cr_2O_7$ 与 12g 二水合草酸充分混合，混合的粉末堆积在 15cm 直径的蒸发皿中，在混合物中心的小坑内滴入一滴水，盖上表面皿。经短周期诱导反应，反应剧烈进行，放出水蒸气和 CO_2。反应结束后，得紫色黏性物。往产物中加入 20mL 无水乙醇，充分搅拌至产物呈松散的暗紫色粉末。抽滤，洗涤并干燥得目标产物。关于顺式和反式 $K[Cr(H_2O)_2(C_2O_4)_2]$ 异构体的初步鉴定，是基于它们与稀氨水形成相应构型的二草酸羟基水合铬(Ⅲ)离子，顺式的是可溶性的深绿色物质，反式的是不溶性的棕色固体。

$$K_2Cr_2O_7 + 7H_2C_2O_4 \longrightarrow 2K[Cr(H_2O)_2(C_2O_4)_2] + 6CO_2\uparrow + 3H_2O\uparrow \qquad (8\text{-}56)$$

(3) *u-fac*-和 *s-fac*-$[Co(ida)_2]^-$ 的定向合成[32]

u-fac-异构体的合成：取 1.75g 亚氨基二乙酸（H_2ida）和 1.5gKOH，用 3mL 水溶解，往里加 1.25g $CoCl_2 \cdot 6H_2O$ 并使其溶解后，再加入 0.125g 活性炭和 KAc 过饱和溶液（1.05g KOH 与 1.1mL 冰醋酸的中和产物）。混合液在冰浴中冷至低于 2.5℃（此时 pH 值约为 6.20），缓慢滴加 3.8mL 30% H_2O_2 溶液，反应中始终维持温度于 8℃以下，连续搅拌数小时至大量气泡消失。将反应析出的紫色晶体抽滤，用适量(约 5mL)无水乙醇、乙醚洗涤，得到含活性炭的粗产品。除去活性炭重结晶得紫色产物。

s-fac-异构体的合成：取 3.5g H_2ida 和 3.0g KOH 用 40mL 水溶解，配制成溶液。往里加 2g $CoCl_2 \cdot 6H_2O$ 使之溶解。混合液在水浴上加热到 80℃，滴加 1mL 30% H_2O_2 使之氧化。搅拌后即有固体析出。将混合液冷却至室温后，抽滤即得到黄棕色的 *s-fac*-异构体。

(4) 八面体 Pt(Ⅳ)配合物顺反异构体的定向合成

通过平面正方形 Pt(Ⅱ)配合物的氧化加成容易制得反式八面体 Pt(Ⅳ)配合物，例如图 8-12 所示的两个反应。而获得相应的顺式Pt(Ⅳ)异构体则还要利用反位效应规律来定向合成（图 8-13）。

(5) 八面体 Ir(Ⅲ)配合物面式和经式异构体的定向合成[34]

以含不同桥基的双核 Ir(Ⅲ)配合物为前驱体可以定向合成 Ir(Ⅲ)配合物的面式和经式异构体，如图 8-14 所示。

(6) 利用内界电子转移机理的桥基取代合成不稳定键合异构体

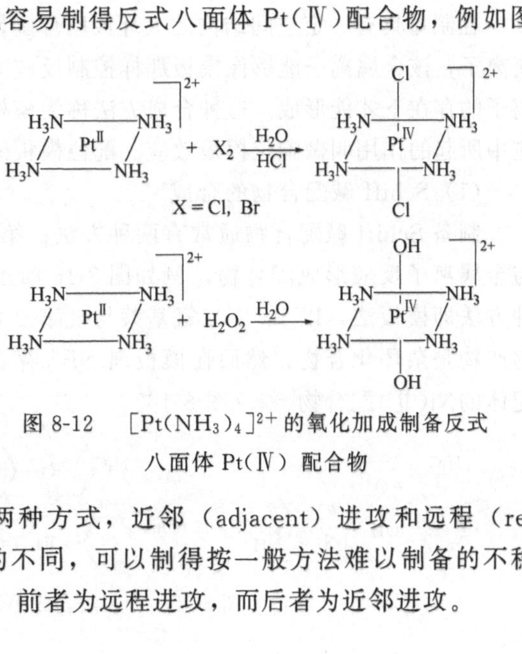

图 8-12　$[Pt(NH_3)_4]^{2+}$ 的氧化加成制备反式八面体 Pt(Ⅳ) 配合物

在内界电子转移反应中，还原剂对氧化剂所含多原子桥配体的（取代）进攻可能有两种方式，近邻（adjacent）进攻和远程（remote）进攻（参阅 7.3.3.4），利用进攻方式的不同，可以制得按一般方法难以制备的不稳定键合异构体，如式(8-57) 和式(8-58) 所示，前者为远程进攻，而后者为近邻进攻。

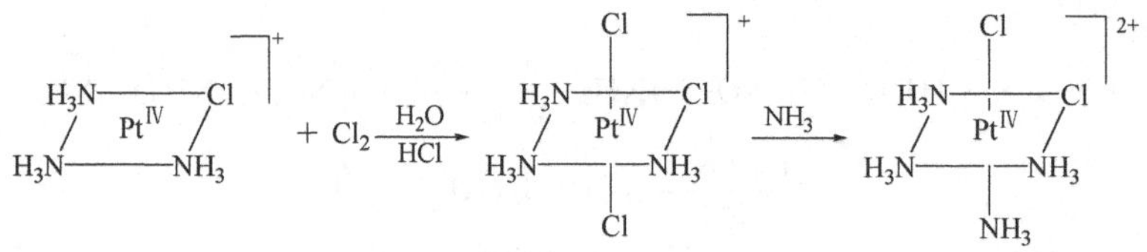

图 8-13 $[PtCl(NH_3)_3]^+$ 的氧化加成和 $[PtCl_3(NH_3)_3]^+$ 的定向取代反应

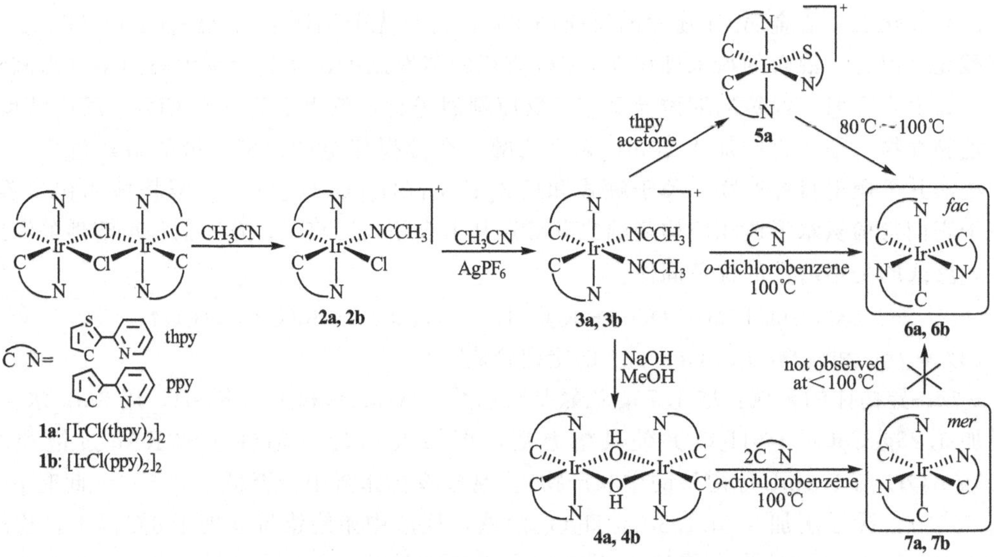

图 8-14 八面体 Ir(Ⅲ) 配合物面式和经式异构体的定向合成

$$[Co(CN)(NH_3)_5]^{2+}+[Cr(H_2O)_6]^{2+}\xrightarrow{\text{远程进攻}}[Cr(NC)(H_2O)_5]^{2+}+[Co(H_2O)_6]^{2+}+NH_4^+ \tag{8-57}$$

$$[Co(SCN)(NH_3)_5]^{2+}+[Cr(CN)_5]^{3-}\xrightarrow{\text{近邻进攻}}[Cr(SCN)(CN)_5]^{3-}+[Co(H_2O)_6]^{2+}+NH_4^+ \tag{8-58}$$

8.1.4 配位模板效应和大环配体的合成[2,4,10]

在制备具有一定空间结构的大环或巨环配体时，有时需加入具有合适半径和配位特性的金属离子，该金属离子能够像模板那样控制反应方向、产物的组成和结构，有些配体只有在金属离子的存在下才能形成。这种合成方法称为模板合成，金属离子被称为模板剂，金属离子在反应中所起的作用叫做配位模板效应。配位模板效应在配合物的合成方面有着重要作用。

(1) Schiff 碱配合物的合成

制备 Schiff 碱配合物通常有两种方法。第一种方法为分步法，即先合成配体，接着使其与金属离子反应形成配合物，例如图 8-15 所示的手性席夫碱 Ni(Ⅱ)配合物的合成[35]。第二种方法即模板法，以 1，8-二氨基萘与吡咯-2-醛之间的作用为例，在空气中，两者直接反应的产物是杂环化合物；然而在模板剂 Ni^{2+} 存在下，得到了不同于上述产物的含四齿席夫碱配体的Ni(Ⅱ)配合物[36] (图 8-16)。

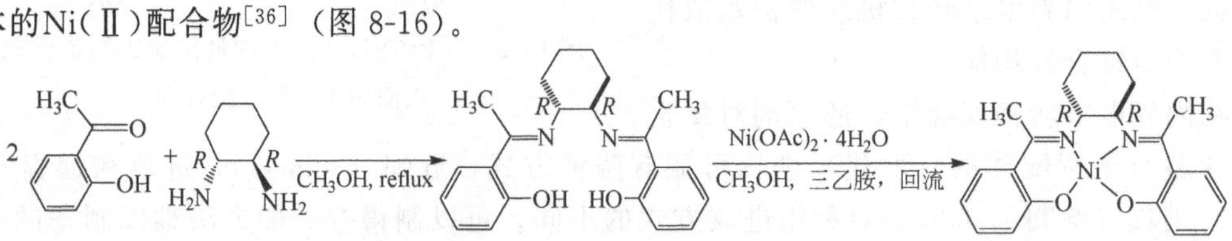

图 8-15 分步法合成手性席夫碱 Ni(Ⅱ) 配合物

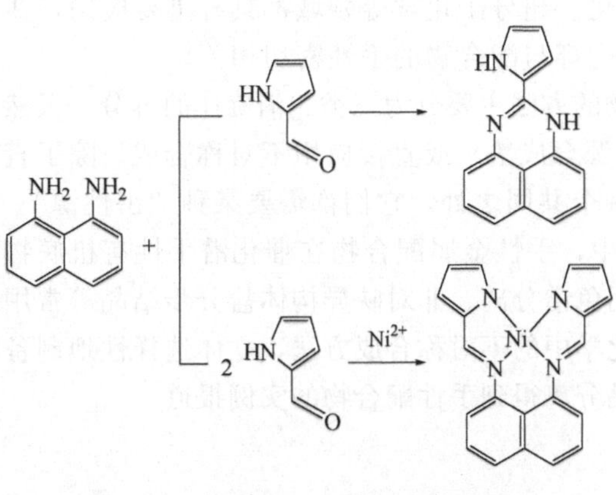

图 8-16　模板法合成四齿席夫碱配体

（2）酞菁配合物的无溶剂微波辐射模板合成[37,38]

酞菁是一类大环化合物，它与金属配位后所形成的化合物称为金属酞菁。目前酞菁化合物的应用领域已经涉及化学传感器中的灵敏器件、电致发光器件、太阳能电池材料、光盘信息记录材料、燃料电池中的电催化材料、合成金属和导电聚合物等。此外，在癌症的光动力学治疗方面，金属酞菁也发挥着举足轻重的作用。

酞菁的合成方法有多种，其中的苯酐-尿素路线涉及金属离子作为模板剂的模板合成，这种合成可以在三氯苯、硝基苯和煤油等高沸点溶剂中进行，也可以采用无溶剂方法合成。在此介绍一个苯酐-尿素路线无溶剂合成的实例。

自 1986 年 Gedye 等人发现利用微波辐射能够有效地加速有机反应以来，微波促进化学反应的研究已经成为研究热点之一。微波促进的化学反应具有反应时间短、产率较高、对环境友好等优点，其中微波辐射干法合成以其安全、反应装置简单而备受青睐。将微波辐射与酞菁的无溶剂合成结合，可以省时、高效地获得金属酞菁。

如图 8-17 所示，以铜酞菁合成为例，将邻苯二甲酸酐、尿素、氯化铜、钼酸铵放在一起研磨混合均匀后，置于微波炉中高功率下辐射 6min，反应结束后，用浓硫酸重结晶并提纯，即得较高纯度的铜酞菁。

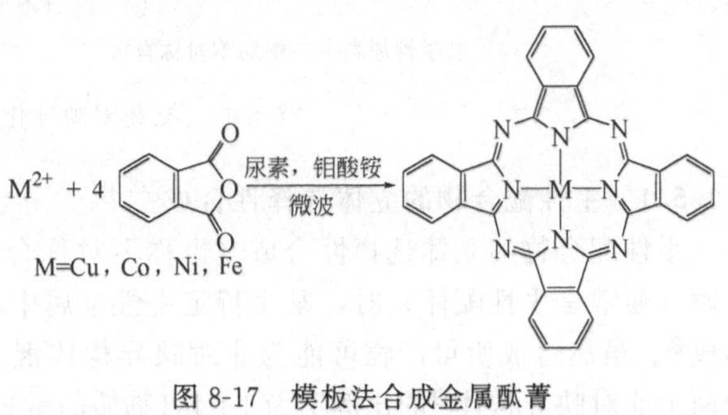

图 8-17　模板法合成金属酞菁

（3）Sm(Ⅲ)作为模板剂合成六齿大环配体[39]

作为模板剂的金属离子与配体之间有强的选择性，碱金属、碱土金属、过渡金属和稀土金属等可形成不同类型的大环螯合物，而且非常稳定。稀土金属离子具有比过渡金属更大的离子半径和更高的配位数，可用作合成比上述席夫碱和酞菁等更大尺寸环状多齿配体的模板剂。最近的研究表明，Sm^{3+}可作为合成六齿大环手性配体的有效模板剂（图 8-18）。

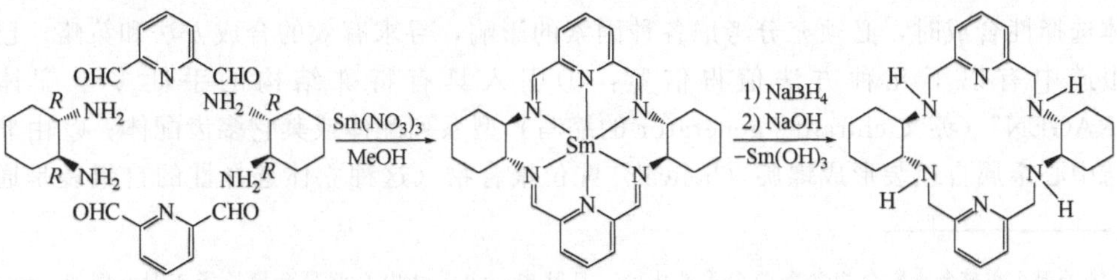

图 8-18　Sm(Ⅲ)作为模板剂合成六齿大环手性配体

8.1.5　手性配合物合成方法简介

如前所述，手性配合物的发现和认识对早期配位化学和立体化学理论的建立起了积极的作用。手性配合物在生物无机化学、不对称催化、超分子化学等领域都具有重要应用，在一些重要体系中精确的分子识别和严格的结构匹配都与配合物的手性密切相关。

一般而言，获得非天然存在的对映纯化合物的方法主要分为三类：消旋体的拆分、天然手性物质（chiral pool 手性源）的化学修饰（手性源合成法）或直接应用不对称合成。除了直接结晶分离和绝对不对称合成外，这三类方法有一个共同之处，它们都需要某种"手性源"。获得对映纯化合物的各种途径如图 8-19 所示，其中，手性金属配合物在催化潜手性有机底物的不对称合成方面起着重要作用。目前，除了利用色谱分离、非对映异构体盐分步结晶等常用的拆分方法获得手性配合物外，还可类似于有机化学中的不对称合成方法，立体选择性地制备手性配合物。近年来，陆续有从外消旋体直接结晶分离得到手性配合物的实例报道。

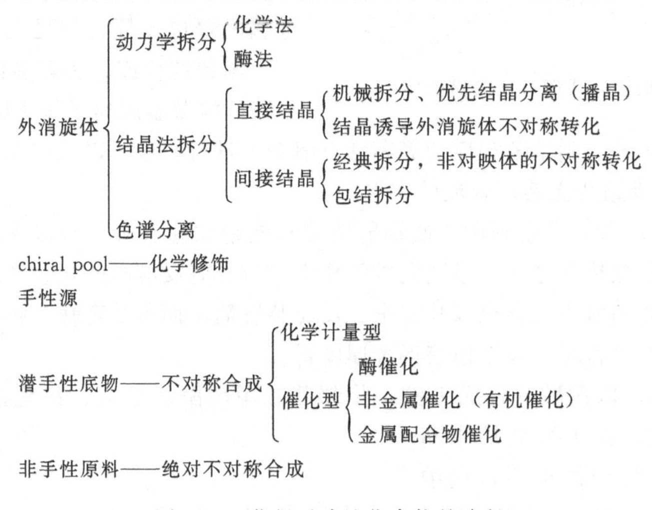

图 8-19　获得对映纯化合物的途径

8.1.5.1　手性配合物的立体选择性合成[40-45]

手性配合物的立体选择性合成（也称不对称合成），是指在合成过程中，当体系引入手性源（通常是手性配体）时，某个特定手性金属中心的构型会优先于另一个相反手性构型而形成❶。虽然合成所得产物可能为非对映异构体混合物，但根据 IUPAC 的建议，如果产物中两个非对映异构体❷的比例不为 1∶1（物质的量之比），则该合成就可称为立体选择性合成。

手性配合物的立体选择性合成是伴随着学科的发展对配位化学家提出的具有挑战性的课题，因为它涉及复杂的立体化学问题并受各种因素的制约，实践证明它比手性有机化合物的立体选择性合成要困难得多。除了配体和中心金属离子的合理选择外，其它如溶剂效应、氢键效应、配体间非共价键作用等因素对立体选择性也有重要的影响。因此在设计手性配合物的立体选择性合成时，必须充分考虑各种因素的影响，寻求有效的合成方法和策略。已有的文献报道中有以下几种方法值得借鉴：①引入具有特殊结构的手性多齿配体，如"CHIRAGEN"（英文 chirality generator 的缩写）型系列配体或其它多齿配体；②由非手性配体与中心金属自组装形成螺旋（helical）配位聚合物（这种立体选择性的自组装是通过分

---

❶ 假设某个单核金属配合物含有两个手性中心，且其中一个手性中心就是金属原子本身，例如，*cis*-Δ-$[Co(NO_2)_2(en)(l\text{-}1,2\text{-}pn)]^+$

❷ 两个非对映异构体的区别仅在于金属中心的手性构型不同，例如 *cis*-Δ-$[Co(NO_2)_2(en)(l\text{-}1,2\text{-}pn)]^+$ 和 *cis*-Λ-$[Co(NO_2)_2(en)(l\text{-}1,2\text{-}pn)]^+$ 的区别。若其中一种异构体优先形成，也可称之为金属中心手性的预先确定（predetermined chirality at metal centers），或称非对映异构体选择性，以非对映异构体过量百分率（diastereomeric excess，%de）表示。

子间氢键相互作用实现的)；③通过配体自识别作用（ligand self-recognition）由简单金属盐和外消旋手性配体反应可以实现自发拆分（spontaneous resolution）得到含同手性配体的手性金属配合物。上述方法中以①最为常见，在生物体系中天然存在的某些手性配体同样具有手性诱导作用；采用方法②和③则必须精心设计选择配体和中心金属，不排除所得结果有一定的偶然性。

事实证明，只有那些多齿且刚性和柔韧性兼备、具有特殊立体空间构型的手性配体才能优先决定金属中心的手性和稳定手性金属中心的构型。而且某一种特定手性配体还优先与一种特定金属中心手性的构型（Δ 或 Λ）搭配。例如，"CHIRAGEN"是 von Zelewsky 等利用天然的手性 α-蒎烯、β-蒎烯或桃金娘烯醛等为原料合成得到的一类新型手性多齿联吡啶衍生物配体，其基本结构如图 8-20 中的（S,S）-(+)-4,5-CHIRAGEN[6] 所示。不论两个手性蒎烯基联吡啶是直接或是桥基（脂肪族、芳香族或其它官能团）相联结，这类配体一般具有如下特点：①配体的手性为构象刚性，当它与中心金属作用时，能"圈住"中心金属而形成具有特定手性构型（Δ 或 Λ）的配合物，如（S,S）-CHIRAGEN 决定了中心金属的手性为 Δ；②由于位阻原因，内消旋的 CHIRAGEN 不能与金属配位，因此在配合物合成过程中可能实现手性放大。

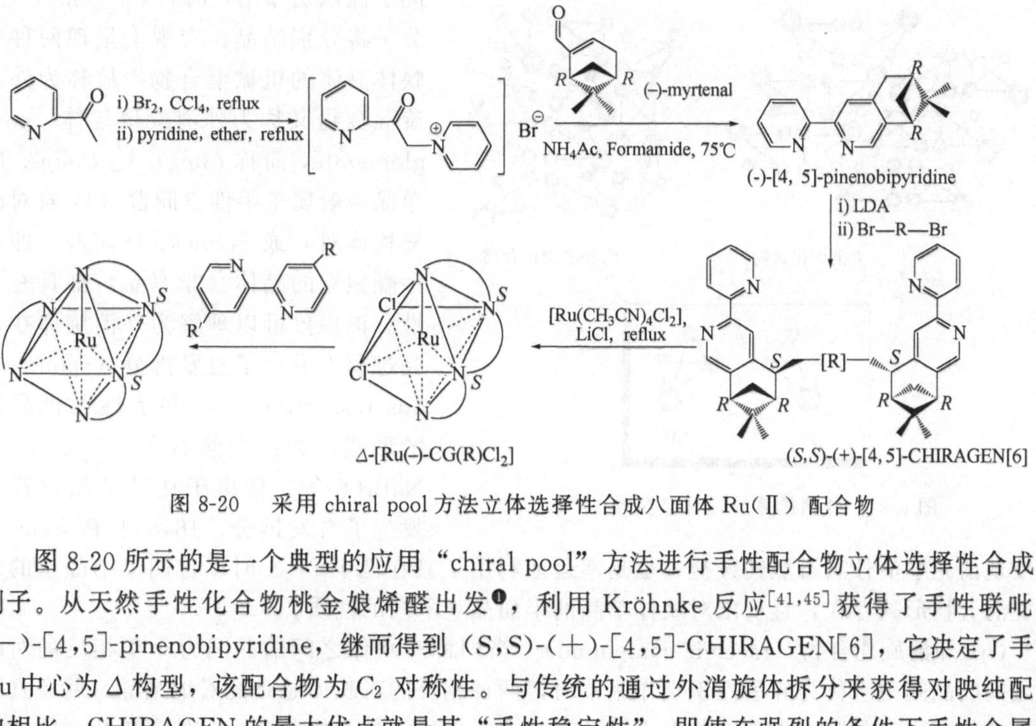

i) Br_2, CCl_4, reflux
ii) pyridine, ether, reflux
$Br^{\ominus}$
(−)-myrtenal
NH_4Ac, Formamide, 75℃
(-)-[4, 5]-pinenobipyridine
i) LDA
ii) Br—R—Br
$[Ru(CH_3CN)_4Cl_2]$, LiCl, reflux
(S,S)-(+)-[4, 5]-CHIRAGEN[6]
Δ-$[Ru(-)\text{-}CG(R)Cl_2]$

图 8-20 采用 chiral pool 方法立体选择性合成八面体 Ru(Ⅱ) 配合物

图 8-20 所示的是一个典型的应用"chiral pool"方法进行手性配合物立体选择性合成的例子。从天然手性化合物桃金娘烯醛出发❶，利用 Kröhnke 反应[41,45]获得了手性联吡啶（−）-[4,5]-pinenobipyridine，继而得到（S,S）-(+)-[4,5]-CHIRAGEN[6]，它决定了手性 Ru 中心为 Δ 构型，该配合物为 C_2 对称性。与传统的通过外消旋体拆分来获得对映纯配合物相比，CHIRAGEN 的最大优点就是其"手性稳定性"，即使在强烈的条件下手性金属中心也不易发生外消旋化。但是由于 CHIRAGEN 在与简单金属配合物进行取代反应的过程中容易形成配位高聚物，必须采用一种特殊的稀释技术来混合两反应物，在合成方面有一定困难且产率低，可能会限制它的进一步应用。

8.1.5.2 手性配合物的拆分、自发拆分和绝对不对称合成

在不对称环境下，自消旋体分离出单一对映异构体的手段称为光学拆分（optical reso-

❶ 由于在合成原料中采用了天然手性化合物桃金娘烯醛，所以该合成也可称为 chiral pool 方法，参阅图 8-20。

lution)。这是获得对映异构体的重要途径之一。对配合物进行拆分的主要方法有化学法和色谱分离法。此外，还有动力学拆分法、自发结晶拆分法、优先结晶拆分法及生物化学法等。

(1) 外消旋体的三种存在形式

外消旋体由相等物质的量的一对对映体所组成。在气态、液态以及溶液中，外消旋体通常为理想的或接近于理想的混合物。因此，在这些状态之下，除了对偏振光的辐射会呈现不同的性质外，外消旋体和纯对映体一般具有相同的性质，例如，它们可能具有相同的沸点、折射率、液态密度和红外光谱❶。然而，在结晶状态下，对映体分子之间的晶间相互作用却有着明显差别，存在以下三种情况[46,47]（图 8-21）。同一种外消旋体所得到的结晶可分属于下述三种中的两种不同情况。

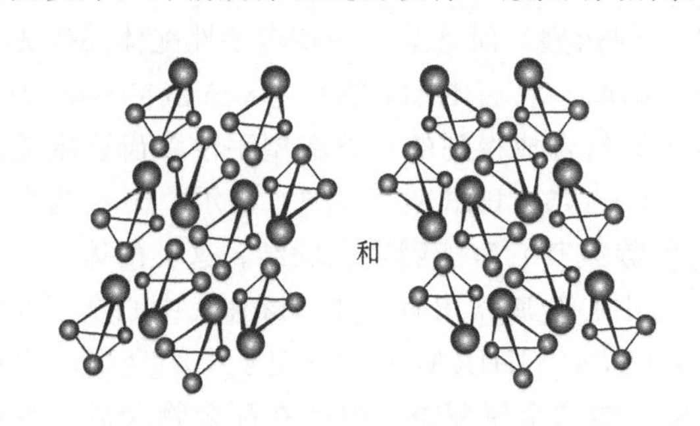

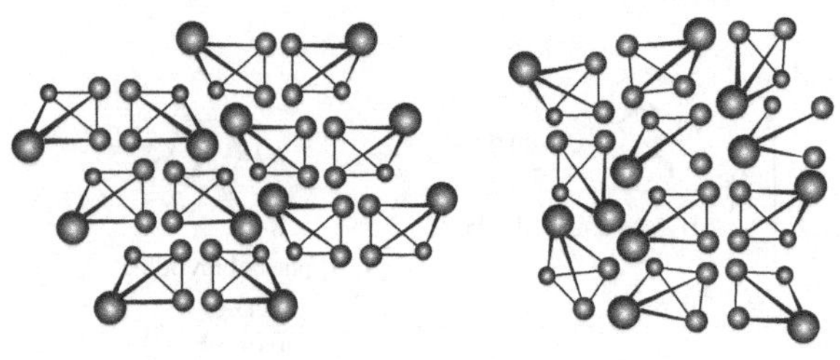

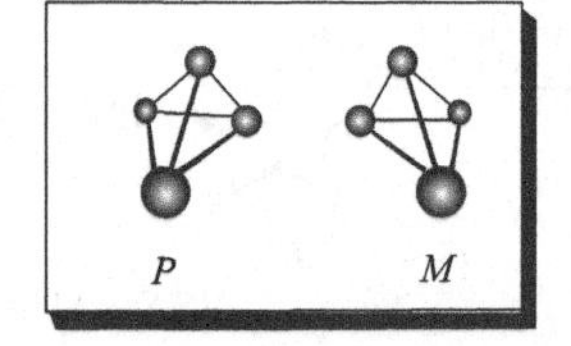

图 8-21 外消旋体的三种存在形式[46]

(a) 外消旋混合物（racemic mixture） 当同种对映体之间的作用力大于相反的对映体之间的作用力（称为同手性识别作用）时，(+)-和（−)-分子将分别结晶，宏观上呈现两种对映体晶体的机械混合物，故称为外消旋混合物又称为外消旋聚集体（conglomerate，简称 *Congl.*）。*Congl.* 的单晶一般属于手性空间群（11 对对映异构体对）或 Sohncke 空间群，即每一颗独立的晶体（非孪晶）都具有手性。该现象可以理解为外消旋体在结晶过程中发生了自发拆分（spontaneous resolution)。一些手性无机晶体的形成，如：天然石英、$NaClO_3$ 和 $NaBrO_3$ 等，皆由于在其结晶过程中发生了自发拆分。1848 年 Pasteur 首次发现的光学活性酒石酸钠铵盐，也是幸运地利用了其在低于 27 ℃时以含四个结晶水的外消旋混合物形式存在，且析出对映体单晶的半面晶观不同的性质。

(b) 外消旋化合物（racemic compound） 当同种对映体之间的晶间力小于相反的对映体之间的晶间力（称为异手性识别作用）时，两种相反的对映体总是配对地结晶，就象真正的化合物一样在晶胞中出现，共存于同一晶格中，故称为外消旋化合物。外消旋化合物的单晶所属空间群具有中心或镜面对称性。

(c) 假外消旋体（pseudoracemate） 这是外消旋化合物的一种特殊情况，其中两种对映异构体以非等量的形式存在晶格中，形成的是一种固体溶液，也称为外消旋固体溶液。产生的主要原因是自手性识别作用和异手性识别作用之间的差别很小，结晶时两种构型的分子以任意比例相互混杂析出。在假外消旋体中，两种对映体分子的排列是混乱的。

❶ 由于对映体识别和作用，这些非光学性质也可能有细微的差别。

同手性识别和异手性识别作用究竟哪一种占优势？一般认为与空间和电性的因素有关，也就是说与影响手性识别的各种因素有关。据统计，在所有的外消旋体中，以 *Congl.* 形式析晶的只占约 5%～10%，其它大部分仍以另两种形式结晶；这表明在外消旋体结晶过程中，同手性相互作用通常弱于异手性相互作用。虽然目前人们可以较合理地解释自发拆分现象，但是很难事先预测 *Congl.* 的形成。迄今已报道的 *Congl.* 多半是靠“幸运的偶然发现”（包括 Pasteur 的敏锐观察），目前的研究现状依旧处于一种“可遇而不可求”的阶段。

判断是否生成 *Congl.* 的方法主要有 X-ray 单晶衍射，单晶制备的（固体或溶液❶）CD；以及其它一些性质的测试，例如熔点、溶解度、旋光度❶、半面晶观❷、TG-DTA（结晶水）、单晶溶于向列相液晶形成胆甾相、固体红外光谱等[48]。

（2）化学拆分法（非对映异构体分步结晶法）

向配合物的外消旋体中加入一种手性拆分试剂离子（可以是天然手性物质或手性配合物），通过它与配离子的（+）-或（-）-对映体形成的非对映异构体性质的不同加以分离（包括分步结晶、沉淀、萃取或色谱分离等方法）。这种利用非对映异构体盐的溶解度不同通过重结晶将其离析的方法，称为化学法或非对映异构体分步结晶法，按此方法对某单核外消旋配合物进行拆分的流程见图 8-22。它一般要求生成的两种非对映异构体的溶解度有较大的差异。

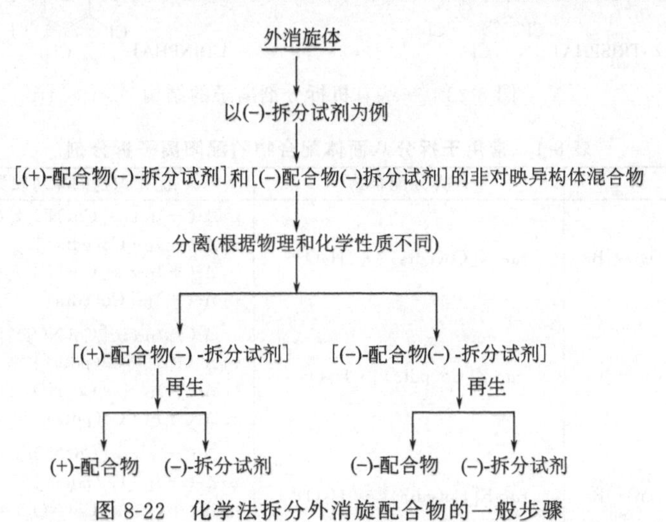

图 8-22 化学法拆分外消旋配合物的一般步骤

在化学法中，无论被拆分的外消旋体是何种形式，合适的拆分试剂都能分别地与其中的两个对映体反应，形成具有溶解度差异的非对映异构体盐，再通过后续处理就可以实现对映体的分离。因而，这是拆分配合物外消旋体比较通用和重要的方法。然而，如何选择合适的拆分试剂，以及设计相应的合理快捷的拆分步骤迄今仍然停留在经验性探索的水平上。

例如，当被拆分对象是配阴离子时，用手性阳离子为拆分试剂，反之亦然❸，然后将阴阳离子生成的非对映异构体盐❹用分步结晶法分离，最后用复分解法或色谱法从非对映异构体中除去拆分试剂，得到所需的手性配合物。常见的用于拆分配阳离子的有机阴离子拆分剂

---

❶ 必须注意到，测试 *Congl.* 单晶所配制溶液的 CD 光谱和比旋光度的前提条件是该物质在溶液中不易发生外消旋。

❷ 自 Pasteur 的发现至今，不论是有机或无机化合物，能以半面晶观识别的 *Congl.* 是少之又少。

❸ 经验规则：当拆分剂阴（阳）离子与被拆分阳（阴）离子所带电荷比为 1：1 时，拆分效果较好（电荷相匹配，简单无机化合物溶解度规律的扩展）。

❹ 由于良好的手性识别优先形成的非对映异构体盐沉淀通常称为难溶盐，留在溶液中的非对映异构体称为易溶盐。成盐也可能以一种包络配合物的形式存在。

有：溴代樟脑-π-磺酸盐（BCS^-）、樟脑磺酸盐、酒石酸锑钾、酒石酸砷钠、二苯甲酰酒石酸、酒石酸（或酒石酸盐）、六配位磷负离子（TRISPHAT 和 BINPHAT）。常见的生物碱拆分剂有：辛可宁、辛可尼定，马钱子碱（BRU）等。其中一些拆分剂离子的结构如图8-23所示。被有机阴离子拆分的一些手性配阳离子，又可作为拆分剂来拆分其它消旋配阴离子或中性配合物，一些典型的例子如表 8-1 所示。

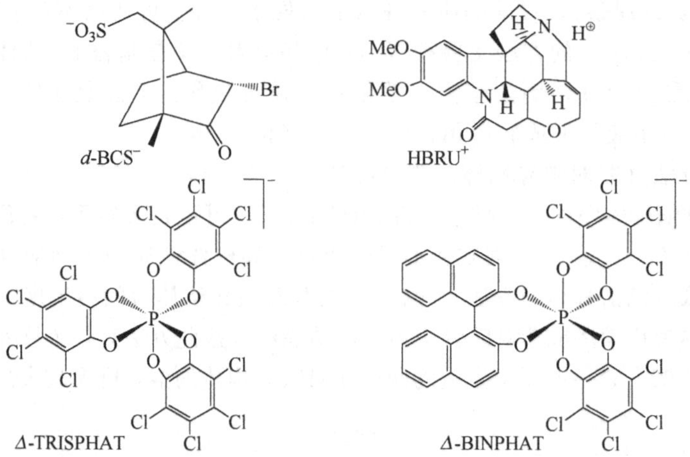

图 8-23　一些有机拆分剂离子的结构

表 8-1　常用于拆分八面体配合物的配阳离子拆分剂

拆分剂	被拆分配合物	优先识别的非对映异构体(难溶盐)
Δ-或 Λ-*cis*-$[Co(NO_2)_2(en)_2]Br$	*rac*-$K[Co(edta)]\cdot 2H_2O$①	Δ-$(-)_D$-*cis*-$[Co(NO_2)_2(en)_2]^+$ *vs* Δ-$(-)_D$-$[Co(edta)]^-$ Λ-$(+)_D$-*cis*-$[Co(NO_2)_2(en)_2]^+$ *vs* Λ-$(+)_D$-$[Co(edta)]^-$
Δ-或 Λ-*cis*-$[Co(NO_2)_2(en)_2]Br$	*rac*-$K[Co(pdta)]\cdot H_2O$②	Δ-$(-)_D$-*cis*-$[Co(NO_2)_2(en)_2]^+$ *vs* Λ-$(+)_D$-$[Co(pdta)]^-$ Λ-$(+)_D$-*cis*-$[Co(NO_2)_2(en)_2]^+$ *vs* Δ-$(-)_D$-$[Co(pdta)]^-$
Δ-或 Λ-*cis*-$[Co(NO_2)_2(en)_2]Br$	*rac*-$K[Co(cdta)]\cdot 3H_2O$③	Δ-$(-)_D$-*cis*-$[Co(NO_2)_2(en)_2]^+$ *vs* Δ-$(-)_D$-$[Co(pdta)]^-$ Λ-$(+)_D$-*cis*-$[Co(NO_2)_2(en)_2]^+$ *vs* Λ-$(+)_D$-$[Co(cdta)]^-$
Δ-或 Λ-*cis*-$[Co(NO_2)_2(en)_2]Br$	*rac*-$K[Co(mal)_2(en)]\cdot H_2O$④	Δ-$(-)_D$-*cis*-$[Co(NO_2)_2(en)_2]^+$ *vs* Δ-$(+)_D$-$[Co(mal)_2(en)]^-$ Λ-$(+)_D$-*cis*-$[Co(NO_2)_2(en)_2]^+$ *vs* Λ-$(-)_D$-$[Co(mal)_2(en)]^-$
Δ-或 Λ-$[Co(ox)(en)_2]X$⑤	*rac*-$K[Co(edta)]\cdot 2H_2O$	Δ-$(-)_D$-$[Co(ox)(en)_2]^+$ *vs* Δ-$(-)_D$-$[Co(edta)]^-$ Λ-$(+)_D$-$[Co(ox)(en)_2]^+$ *vs* Λ-$(+)_D$-$[Co(edta)]^-$
Δ-或 Λ-$[Co(ox)(en)_2]X$⑤	*rac*-*u*-*fac*-$K[Co(ida)_2]\cdot 1.5H_2O$	Δ-$(-)_D$-$[Co(ox)(en)_2]^+$ *vs* Λ-$(-)_D$-*u*-*fac*-$[Co(ida)_2]^-$ Λ-$(+)_D$-$[Co(ox)(en)_2]^+$ *vs* Δ-$(+)_D$-*u*-*fac*-$[Co(ida)_2]^-$
Δ-或 Λ-$[Co(en)_3]I_3$	*rac*-$[M^{III}(bhx)_3]$⑥	Δ-$(-)_D$-$[Co(en)_3]^{3+}$ *vs* Λ-$[M(bhx)_3]$ Λ-$(+)_D$-$[Co(en)_3]^{3+}$ *vs* Δ-$[M(bhx)_3]$

①被拆分的手性 $K[Co(edta)]\cdot 2H_2O$ 也常用作阴离子拆分剂，拆分消旋配阳离子；② H_4pdta＝1,2-丙二胺四乙酸；③ H_4cdta＝*trans*-1,2-环己二胺四乙酸；④ H_2mal＝丙二酸；⑤X 表示卤素离子；⑥ Hbhx＝PhC(＝O)N(OH)H，M ＝ Cr、Co、Fe、Ga。

(3) 外消旋混合物体系中的手性配合物拆分—直接结晶法

直接结晶法要求外消旋体必须形成稳定的 *Congl*，根据所生成的 *Congl.* 的不同性质可分别采用机械拆分法、优先结晶（播晶）拆分法、部分拆分法或完全自发拆分法（或称结晶诱导的不对称转化，crystallization-induded asymmetric transformation）。1911 年 Werner 对 *cis*-[CoCl(NH_3)(en)$_2$]Cl_2 的首次成功拆分，是配位立体化学史上的重要事件，但是他似乎错过了立体化学史上的一个重要发现的机会—他所合成的一些经典配合物在某些特定条件下可以通过形成 *Congl.* 而实现自发拆分，虽然他已经观察到这些手性对称性破缺现象的存在，并且注意到消旋体与单一对映体之间的溶解度差异，也曾经采用类似于巴斯德的手工拆分法分离出 K_3[Rh(ox)$_3$]·4.5H_2O 的对映体（图 8-24），以及合理地利用播晶技术部分拆分过 [Co(ox)(en)$_2$]Br·H_2O、*cis*-[Co(NO_2)$_2$(en)$_2$]Cl 和[Cr(ox)(en)$_2$]Br 等。现代晶体结构解析已经证明，许多 Werner 时代所合成的经典配合物都具有 *Congl.* 的性质（参考表 8-2）。

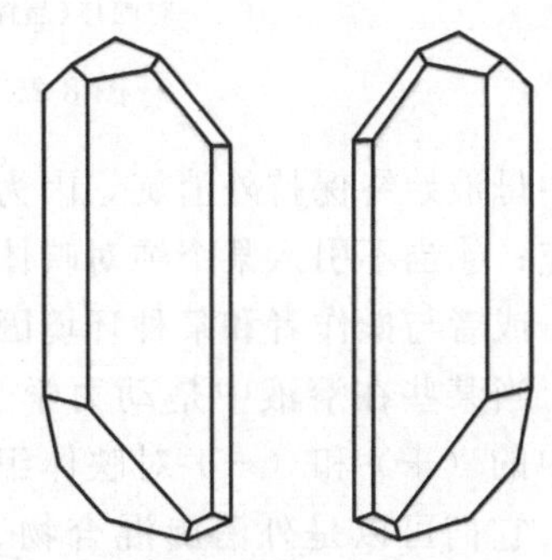

图 8-24 K_3[Rh(ox)$_3$]的一对 *Congl.* 晶体呈现半晶面外观不同
左：(−)$_D$-晶体，右：(+)$_D$-晶体

表 8-2 一些经典八面体配合物及其晶体所属空间群

配合物	空间群	配合物	空间群
mer-[Co(NO_2)$_3$(NH_3)$_3$]	$P2_12_12_1$	[Co(ox)(en)$_2$]Cl·4H_2O	$P2_12_12_1$
cis-[Co(NO_2)$_2$(NH_3)$_4$]NO_3	$P2_12_12_1$	[Co(ox)(en)$_2$]Br·H_2O	$P2_12_12_1$
trans-[Co(NO_2)$_2$(NH_3)$_4$]NO_3	$P2_12_12_1$	[Co(ox)(en)$_2$]I	$C2$
trans-K[Co(NO_2)$_4$(NH_3)$_2$]	$P2_12_12_1$	[Co(ox)(en)$_2$]PF_6	$P2_1/c$
cis-[Co(NO_2)$_2$(en)$_2$]Cl	$P2_1$	NH_4[Cr(ox)(en)$_2$]Cl·H_2O	$P2_1/c$
cis-[Co(NO_2)$_2$(en)$_2$]Br	$P2_1$	[Co(NH_3)$_4$(ox)]I·H_2O	$P2_1/n$
cis-[Co(NO_2)$_2$(en)$_2$]I	$P4_1$	[Co(NH_3)$_4$(ox)]NO_3·H_2O	$P2_12_12_1$
cis-[Co(NO_2)$_2$(en)$_2$]NO_2	Cc	NH_4[Co(edta)]·2H_2O	$P2_12_12_1$
cis-[Co(NO_2)$_2$(en)$_2$]NO_3	$P2_1/c$	Rb[Co(edta)]·2H_2O	$P2_12_12_1$
cis-[Rh(NO_2)$_2$(en)$_2$]Cl	$P2_1$	*cis*-[CoBr(NH_3)(en)$_2$]Br_2	$P2_12_12_1$
cis-α-[Co(NO_2)$_2$(trien)]Cl·H_2O	$P2_12_12_1$	*cis*-[CoBr(NH_3)(en)$_2$]S_4O_6	$P2_1$
cis-α-[Rh(NO_2)$_2$(trien)]Cl	$P2_1/n$	*cis*-[CoBr(NH_3)(en)$_2$]Br_2·2H_2O	$C2/c$
K_3[Rh(ox)$_3$]·2H_2O	$P3_121$	*cis*-[CoCl(NH_3)(en)$_2$]Cl_2	$P2_1/c$
K_3[Rh(ox)$_3$]·2H_2O	$P3_221$	*cis*-[CoCl(py)(en)$_2$]Cl_2·H_2O	$P2_1/c$

在自发拆分中，某些阳离子或阴离子可以充当所谓"conglomerator"的角色（参见表 8-2），例如，酒石酸和它的铵盐都形成外消旋化合物，而在 27℃以下酒石酸钠铵盐却可以 *Congl.* 形式存在，Na^+ 离子就被看作是引起 Pasteur 盐同手性聚集的"conglomerator"。又例如，对于 *cis*-[Co(NO_2)$_2$(en)$_2$]X 和 [Co(ox)(en)$_2$]X·$n$$H_2O$，当 X^- 为 Cl^-、Br^- 或 I^- 等卤素离子时，可形成 *Congl.*；而当前者的 X^- 为 NO_3^- 或 NO_2^-，后者的 X^- 为 PF_6^- 时，则结晶析出外消旋化合物，卤素离子也可被看作是类似体系的"conglomerator"。因此，在一定条件下可以通过替换配合物所含阴（阳离子）的方法使其从外消旋化合物转化成 *Congl.*。

外消旋体的不对称转化是指将一个消旋体转化成某一对映体的过程（图 8-25），一般具有下列特征：①该化合物的对映体在溶液中的手性构型是易变的(labile)，即易于发生外消旋化[1]；②对映体之一将以大于 50%的产率从外消旋体中被分离出来；③在不对称转化过

[1] 这说明在化学拆分和自发拆分中所不期望的手性配合物的外消旋化在外消旋体的不对称转化中起了积极的作用。对于不易发生外消旋转化的体系，外消旋化反应可能经历一个稳定的非手性中间体或涉及某种催化过程。

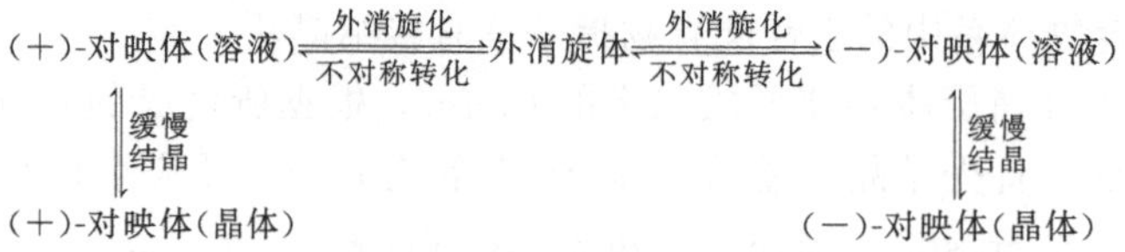

(+)-对映体(溶液) ⇌(外消旋化 / 不对称转化) 外消旋体 ⇌(外消旋化 / 不对称转化) (−)-对映体(溶液)

缓慢结晶 ↓ (+)-对映体(晶体)　　　　缓慢结晶 ↓ (−)-对映体(晶体)

图 8-25　外消旋聚集体的结晶化诱导不对称转化

程中母液始终保持外消旋，因为结晶出来的对映体不断地由母液中迅速达到的外消旋平衡来补充；④当不引入某个纯对映体的晶种进行手性诱导时❶，反应产物的手性构型是随机分布的，或者与操作者和某种环境因素有关❷。

当某些在溶液中是动力学上不稳定的（活性的）外消旋配合物快速结晶时，液相平衡中的（+）-和（−）-对映体组成（50∶50）在固相中被保留，即大宗固体产物是外消旋的，它们可以是外消旋混合物、外消旋化合物或外消旋固体溶液。当外消旋体结晶为结构上稳定的 *Congl.* 时，自然发生的或利用对映纯晶种手性诱导的缓慢结晶，都有可能导致单一对映体的析出。显然，其必要条件是对映体的外消旋化速度快于其晶体生长速度。

例如，七配位风扇形手性稀土配合物 [$Ln(H_2O)(dbm)_3$]（Ln = Pr，Sm，Er；Hdbm = dibenzoylmethane)可由结晶诱导的不对称转化获得（图 8-26）[49]，实验结果表明，所得单一手性产物的产率为 60%～94%，对映体过量百分率分布在 97%～100% ee 之间，可以称之为绝对不对称合成。研究中发现：实验中总是获得 Δ-[$Ln(H_2O)(dbm)_3$]❸，采用Δ-[$Co(acac)_3$]晶种进行手性诱导后才得到 Λ-[$Sm(H_2O)(dbm)_3$]；而一旦获得了 Λ-构型的晶体并将其作为晶种，则控制大宗结晶产物为 Λ-构型变得轻而易举。十分有趣的是，试图从这类体系中获得外消旋产物比获得单一对映体产物的难度更大。

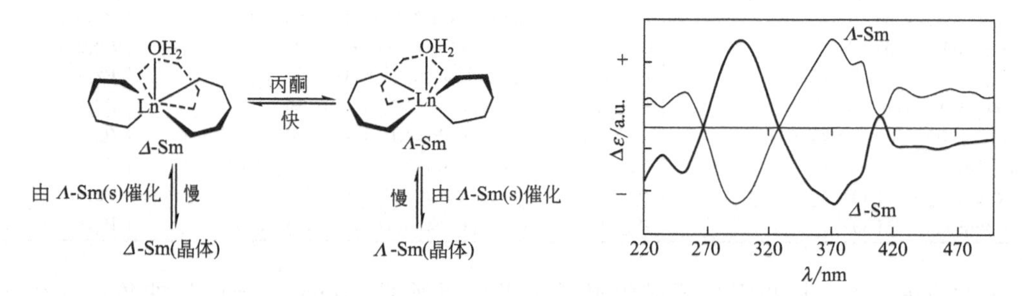

图 8-26　稀土配合物 Δ 和 Λ-[$Sm(H_2O)(dbm)_3$] 的外消旋体不对称转化❹及其固体 CD 光谱（KBr 压片，0.1%）

8.1 节参考文献

[1]　游效曾，孟庆金，韩万书主编．配位化学进展．北京：高等教育出版社，2000.

[2]　徐志固编著．现代配位化学：第 8 章．北京：化学工业出版社，1987.

[3]　杨帆，林纪筠，单永奎编著．配位化学：第 2 章．上海：华东师范大学出版社，2002.

❶　缺乏对映纯晶种诱导的整个制备过程可视为绝对不对称合成。

❷　一些实验事实证明，不同的实验操作者对一个特定的外消旋体不对称转化反应会得到截然相反的实验结果，而且（+）-或（−）-对映体各 50%的随机统计分布可能难以出现。

❸　Håkansson 等推测他们的实验室里可能存在某种痕量的手性杂质影响着结晶过程，虽然十分小心地操作以避免 Δ-[$Sm(H_2O)(dbm)_3$]晶种的“污染”，但它们的存在难以被排除。

❹　文献 [49] 中稀土配合物的绝对构型绘制有误，本书做了更正。

[4] 徐如人，庞文琴主编．无机合成与制备化学：第 11 章．北京：高等教育出版社，2001.
[5] 张祥麟编著．配合物化学：第 12 章．北京：高等教育出版社，1991.
[6] 潘春跃主编．合成化学：第 4 章．北京：化学工业出版社，1999.
[7] 钱长涛，杜灿屏主编．稀土金属有机化学．北京：化学工业出版社，2004.
[8] 张克立，孙聚堂，袁良杰，冯传启编著．无机合成化学：第 9 章．武汉：武汉大学出版社，2004.
[9] 项斯芬，姚光庆编著．中级无机化学：第 2 章．北京：北京大学出版社，2003.
[10] 孙为银编著．配位化学：第 2 章．北京：化学工业出版社，2004.
[11] 刘祖武编著．现代无机合成化学：第 3，4 章．北京：化学工业出版社，1999.
[12] 周绪亚，孟静霞主编（河南大学，南京师范大学，河南师范大学，河北师范大学编）．配位化学：第 9 章．开封：河南大学出版社，1989.
[13] Wu S T, Wu Y R, Kang Q Q, Zhang H, Long L S, Zheng Z P, Huang R B, Zheng L S. Chiral Symmetry Breaking by Chemically Manipulating Statistical Fluctuation in Crystallization. Angew Chem Int Ed, 2007, 46: 8475-8479.
[14] Dwyer F D, Garvan F L. The resolution of the quinquedentate cobalt (Ⅲ) complexes with ethylenediaminetetraacetic acid. J Am Chem Soc, 1958, 80 (17): 4480-4483.
[15] 章慧，俞鼎琼，徐志固，陈玉．某些 Co(Ⅲ) 氨基酸络合物的活性炭催化合成．厦门大学学报：自然版，1991，30 (6)：626-628.
[16] Tobe M L, Burgess J. Inorganic Reaction Mechanisms. Essex: Pearson Education Limited, 1999: 141.
[17] 日本化学会编．无机化合物合成手册：第三卷．曹惠民译．北京：化学工业出版社，1988：495-529.
[18] 黄枢，谢如刚，田宝芝，秦圣英编．有机合成试剂制备手册．第 2 版．北京：科学出版社，2005：31.
[19] Goldstein A S, Beer R H, Drago R S. Catalytic oxidation of hydrocarbons with O_2 or H_2O_2 using a sterically hindered ruthenium complex. J Am Chem Soc, 1994, 116 (6): 2424-2429.
[20] Hamelin O, Rimboud M, Pécaut J, Fontecave M. Chiral-at-metal ruthenium complex as a metalloligand for asymmetric catalysis. Inorg Chem, 2007, 46 (13): 5354-5360.
[21] Chavarot M, Menage S, Hamelin O, Charnay F, Pécaut J, Fontecave M. Chiral-at-metal octahedral ruthenium (Ⅱ) complexes with achiral ligands: A new type of enantioselective catalyst. Inorg Chem, 2003, 42 (16): 4810-4816.
[22] Hayoz P, von Zelewsky A, Stoeckli-Evans H. Stereoselective synthesis of octahedral complexes with predetermined helical chirality. J Am Chem Soc, 1993, 115 (12): 5111-5114.
[23] 章慧，吴振奕，董振荣．实验 36. 轴向配位对四方形金属配合物电子结构的影响//王尊本主编．综合化学实验．第 2 版．北京：科学出版社，2007：273-294.
[24] Liu F G, Shi T S. Synthesis of lanthanide porphyrin by solid state reaction. Chin Chem Lett, 1994, 5 (5): 403-404.
[25] 张蓉颖，庞代文，蔡汝秀．DNA 与靶向分子相互作用研究进展．高等学校化学学报，1999，20 (8)：1210-1217.
[26] 黄吉玲，金军挺，钱延龙．金属配合物抗癌药物的研究进展//钱延龙，陈新滋主编．金属有机化学与催化．北京：化学工业出版社，1997：887-892.
[27] Escudero-Adán E C, Benet-Buchholz J, Kleij A W. Expedient method for the transmetalation of Zn(Ⅱ)-centered salphen complexes. Inorg Chem, 2007, 46 (18): 7265-7267.
[28] Gerard K J, Morgan J, Steel P J, House D A. The synthesis, hydrolysis kinetics and structures of nickel (Ⅱ) and cobalt (Ⅲ) complexes of meso and racemic 1,2-diamino cyclohexane. Inorg Chim Acta, 1997, 260 (1): 27-34.
[29] 王宪营．Co(Ⅲ) 配合物的手性对称性破缺、合成及拆分机理研究：[硕士学位论文]．厦门：厦门大

学化学系，2006.

[30] Larrow J F，Jacobsen E N，Gao Y，Hong Y P，Nie X Y，Zepp C M. A Practical method for the large-scale preparation of [*N*, *N*′-Bis（3, 5-di-*tert*-butylsalicydene）-1, 2-cyclohexanediaminato（2-)] manganese（Ⅲ）Chloride，a highly enantioselective epoxidation catalyst. J Org Chem，1994，59（7）：1939-1942.

[31] 章慧，周朝晖，徐志固．用凝胶色谱分离改进某些 Co(Ⅲ）络合物的合成与拆分．厦门大学学报：自然版，1995，34（5）：764-771.

[32] 章慧，吴振奕，董振荣．实验 18. 二（亚氨基二乙酸根）合钴（Ⅲ）酸钾几何异构体的合成、表征与异构化研究//王尊本主编．综合化学实验．第 2 版．北京：科学出版社，2007：89-96.

[33] 章慧，吴振奕，董振荣，程大典．实验 30. 几何异构体配合物的合成、结构式确定及异构化速度常数的测定//王尊本主编．综合化学实验．北京：科学出版社，2003：139-142.

[34] McGee K A，Kent R. Mann K R. Selective low-temperature syntheses of facial and meridional tris-cyclometalated iridium（Ⅲ）complexes. Inorg Chem，2007，46（19）：7800-7809.

[35] Wang F，Zhang H，Li L，Hao H Q，Wang X Y，Chen J G. Synthesis and characterization of chiral nickel(Ⅱ）Schiff base complexes and their CD spectra-absolute configuration correlations. Tetrahedron：Asymmetry，2006，17（14）：2059-2063.

[36] 董振荣，程大典，吴振奕，章慧．实验 25. 以席夫碱为配体的一些 Ni(Ⅱ）配合物//王尊本主编．综合化学实验．第 2 版．北京：科学出版社，2007：137-140.

[37] 沈永嘉编著．酞菁的合成与应用．北京：化学工业出版社，2000.

[38] [日]田中孝一著．无溶剂有机合成．刘群译．北京：化学工业出版社，2005：299-300.

[39] Gregoliński J，Katarzyna Slepokura K，Lisowski J. Lanthanide complexes of the chiral hexaaza macrocycle and its meso-type isomer：solvent-controlled helicity inversion. Inorg Chem，2007，46（19）：7923-7934.

[40] 章慧，陈洪斌，李岩云，周朝晖，高景星．手性金属络合物的立体选择性合成．化学通报，2003，66（1）：w02

[41] von Zelewsky A. Stereoselective synthesis of coordination compounds. Coord Chem Rev，1999，190-192：811-825.

[42] Knof U，von Zelewsky A. Predetermined Chirality at Metal Centers. Angew Chem Int Ed，1999，38（3）：302-322.

[43] von Zelewsky A，Mamula O. The bright future of stereoselective synthesis of co-ordination compounds. J Chem Soc Dalton Trans，2000，(3)：219-231.

[44] von Zelewsky A. Stereochemistry of coordination compounds. New York：John Wiley & Sons，1996：101-105，119-167.

[45] Kröhnke K. The specific synthesis of pyridine and oligopyridines. Synthesis，1976，(1)：1.

[46] Pérez-García L，Amabilino D B. Spontaneous resolution under supramolecular control. Chem Soc Rev，2002，31（6）：342-346.

[47] 章慧，俞芸，林丽榕．手性对称性破缺研究——对二甲氨基苯甲醛缩氨基苯硫脲的绝对不对称合成及其固体圆二色光谱表征：实验 41// 王尊本主编．综合化学实验．第 2 版．北京：科学出版社，2007. 335-352.

[48] [美] 伊莱尔 E L，威伦 S H，多伊尔 M P 著．基础有机立体化学：第 6-7 章．邓并主译．北京：科学出版社，2005.

[49] Lennartson A，Vestergren M，Håkansson M. Resolution of seven-coordinate complexes. Chem Eur. J，2005，11（6）：1757-1762.

8.2　金属苯的合成

近年来，对于具有特殊性能的新型功能材料不断增长的需求，使得人们对过渡金属有机共轭体系的合成及其性能研究予以关注。其中，金属苯作为一类新颖的过渡金属有机芳香体系，以其特殊的分子结构、预期的化学与物理性能，在过渡金属有机化学研究中居于越来越重要的地位。

本节将对金属苯及其合成方法的研究进展进行概况性介绍。

8.2.1　金属苯简介

早在1825年，英国著名物理学家和化学家 Michael Faraday 就已从当时用作照明的气体中分离出典型的芳香族化合物——苯[1]。1865年，德国化学家 Kekulé 引入了"芳香性"这一术语来描述这类化合物的结构、成键和独特性能[2,3]。其后，"芳香性"被大量运用于解释和预测芳香族化合物分子结构、化学与物理性质等的研究，逐渐发展成有机化学的奠基石之一。一个多世纪以来，芳香化学一直是最受关注的研究领域之一。许多芳香族化合物，包括苯环上的一个 CH 基团被等电子杂原子（N，P，As，O^+，S^+）取代之后所生成苯的衍生物，都被证实具有"芳香性"（即π电子离域、高热力学稳定性、低化学反应性以及抗磁环电流等特性）[4]。

金属苯是过渡金属杂苯（metallabenzene）的简称，它是苯分子上一个 CH 基团被一个含配体的过渡金属（ML_n）取代的过渡金属杂环己三烯。与传统的含杂原子芳香化合物（如吡啶、呋喃、噻吩等）不同的是，金属苯中过渡金属的 d(π) 轨道和环上碳原子间的π成键形成 d-pπ 共轭体系，而主族杂原子则是形成 p-pπ 共轭体系[5~8]。

1979年，理论化学家 Thorn 和 Hoffmann[9] 最先将 Hückel 规则运用到金属苯的理论推测上，预言如图 8-27 中所示的三类金属杂环（其中，L＝含孤对电子的中性配体，X＝卤素）应该存在着离域键并且可能显示一些芳香特性。他们认为，六元环上的4个电子来自于五碳骨架上的 p 轨道，另外2个电子来自于占据的金属 d_{xz} 轨道，因此，金属苯符合 Hückel 的"芳香性"定义。

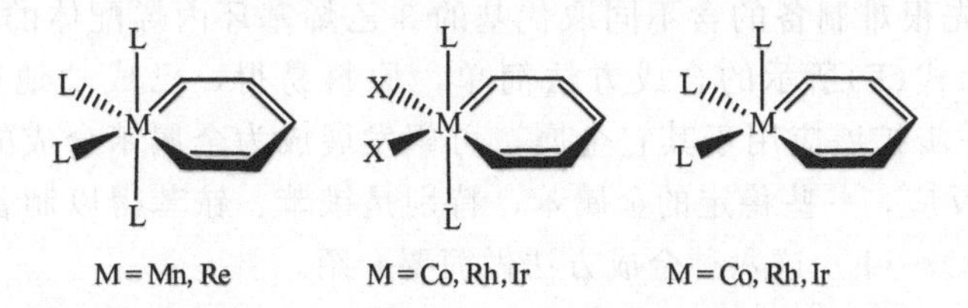

图 8-27　Thorn 和 Hoffmann 理论推测的三类稳定金属苯

1982年，Roper 小组成功地制得了首例稳定的金属苯[24]，二十五年来，已报道的金属苯有三十多种，其中大部分化合物所表现出的性质都与芳香族体系的共性以及加上过渡金属后的特性有关。例如：在 ^{1}H-NMR 中被去屏蔽的质子信号。虽然，金属苯环上的质子也存在被去屏蔽现象，但金属中心对这一效应有强烈的影响，特别当该质子处于金属邻位时[10]。NICS(nucleus independent chemical shift）值的计算常被应用于判断化合物的芳香性，但 NICS 值也要服从于金属中心的各向异性[11~13]。在结构上，键长和环共平面性可用于分析判断化合物是否具有芳香性[14]。芳香环的典型键长介于单、双键键长之间，对于目前已报道的结构表征的金属苯而言，这一性质都是适用的，然而金属上庞大配体造成的空间因素以及金属中心和环上碳原子之间反键的相互作用产生的电子推动力有时会使六元环平面扭曲变形[15]。另外，也可以采用独特的反应来证明芳香性，如亲电芳香取代（EAS)，但由于受金属中心反应性的影响，已报道的金属苯 EAS 反应很少[6,16]。芳香族化合物的另外一个独特反应是可以作为配体形成 η^6-芳烃配合物。金属苯也具有类似反应性，可以作为配体与过渡金属形成 η^6-配合物[6,15,16,18]。

此外，芳香族化合物的特征包括其高稳定性及常态下的低反应活性，但金属苯却能进行一些独特的经典芳香族化合物无法进行的一些反应，如：和亲双烯体的环加成反应以及重排形成环戊二烯基配合物，这意味着金属苯化合物与它们的纯有机同系物的稳定性不同[6,17,19~22]。最近，Frenking 等[23]通过 EDA(energy decomposition analysis) 计算对比金属苯和非环状的参比分子（acyclic reference molecules）的 π 成键强度，表明金属苯应被视为是芳香性化合物。而金属苯特殊的反应活性是因其相对于苯较弱的共轭效应。

8.2.2 金属苯合成方法

稳定金属苯的合成和表征是金属苯化学的重要组成部分。目前已发展的一些构筑稳定金属苯的合成方法可大致归为以下两大类。

(1) 乙炔法

通过两个或三个单炔分子与一个含过渡金属的配合物通过扩环等方法合成金属苯。如：一个炔分子先与金属上的一个含碳配体（如：硫羰基）发生插入反应形成金属杂环丁烯衍生物，而后另一分子炔的两个碳原子插入到金属杂四元环中，产物再芳构化成金属苯(A[24])；也可以通过两个单炔分子先与一个含过渡金属的配合物关环成金属杂环戊二烯，再和一个供碳有机源反应，产物再芳构化，该有机源可以是亚乙烯基(B[25])或 CO(Allison 的钌苯合成[26]和 Bleeke 的铱苯酚合成[27]）等；如果是三分子单炔和金属中心环加成形成七元环，再进行氧化和缩环反应也可得到金属苯（C[28]）。乙炔法在碳链增长过程中一般有合成步骤多、反应多走向、难于控制等特点，形成的金属苯有时不是主产物。

(2) [5+1] 关环法

含五个碳原子的有机源（有机分子或负离子）直接与一个含过渡金属的配合物进行关环反应形成金属苯（D[29]、E[17,30,31]和 F[32]）。这类合成方法中，亲核的五碳化合物 3-乙烯基环丙烯与适当的金属底物反应的合成方法（D[29]）具有一定的普适性，已用于合成多种有趣的铱苯和铂苯[33~38]，并且原先很难制备的含不同取代基的 3-乙烯基环丙烯配体的合成方法也已得到不断的改进[36]；而式(F)所示的合成方法简单，原料易得，已成功地用于构筑锇苯[28]、钌苯[39]，如能进一步扩展应用于其它金属，可望发展成为金属苯合成的通用方法。

通过上述这些反应，一些稳定的金属苯，特别是锇苯、铱苯得以制备并得到全面表征。下面对图 8-28 中(A)～(F) 这六种合成方法做简要介绍。

8.2.2.1 两分子乙炔和硫羰基配合物 [2+2+1+1] 环化合成法

首例稳定的金属苯（**1**，图 8-29）是由 Roper 等[24]通过含硫羰基的锇配合物与两分子乙炔环化反应制得的。由于金属杂环戊二烯配合物通常可直接通过两分子乙炔和低价金属中心的关环反应制得，所以他们曾设想通过乙炔与过渡金属卡拜配合物（LnM≡CR）进行类似的环化反应来合成金属苯。但是配位饱和的 18 电子卡拜配合物如 $Os(CR)Cl(CO)(PPh_3)_2$ 并不与乙炔反应；而配位不饱和的卡拜配合物又不易得到。考虑到配合物 $Os(CO)(CS)(PPh_3)_3$ 具有一个易解离的膦配体，而且具有一个可以通过硫的烷基化转化成硫代卡拜的硫代羰基配体，Roper 等尝试选用它作为配位不饱和的卡拜前体。果然，通过配合物 $Os(CO)(CS)(PPh_3)_3$ 与乙炔在苯中的环化反应，得到了锇苯 **1**。最近的理论研究表明[40]，该反应过程可能是通过第一个乙炔分子和 CS 配体形成锇杂环丁烯硫酮配合物中间体，第二分子乙炔的两个碳原子再插入金属杂四元环中扩环形成硫原子配位的锇苯产物。

单晶衍射结果表明，锇苯 **1** 具有平面六元环结构，且环上的 C—C 键长没有明显差别，

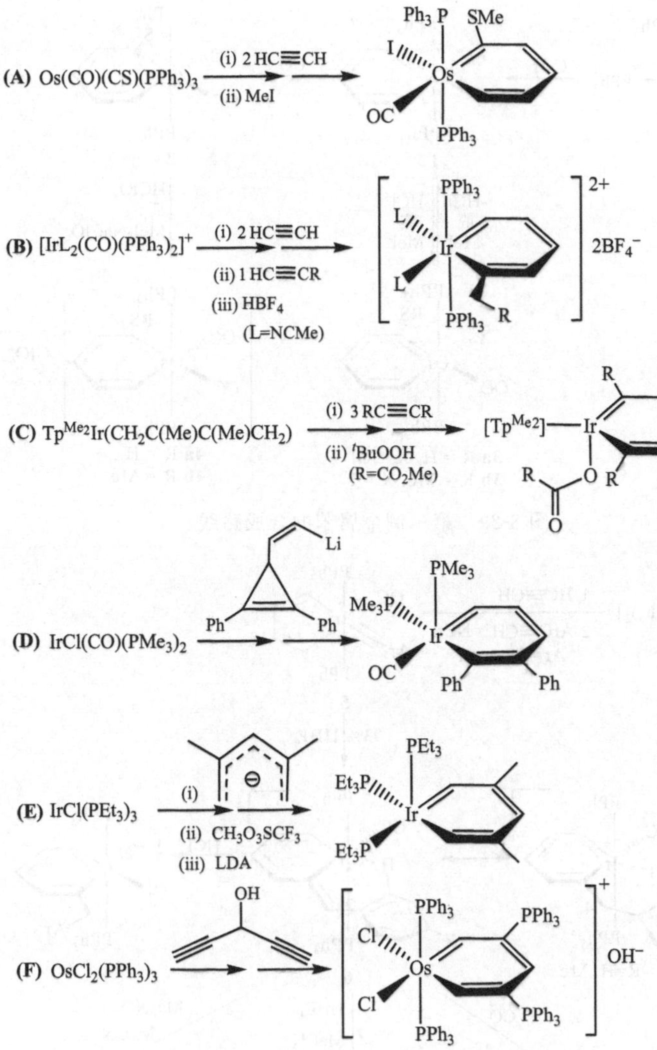

图 8-28 金属苯的六条主要合成路线

从而支持了环内电子离域的设想。此外，在^{1}H-NMR 谱图中观察到锇苯 **1** 的金属苯环上质子的化学位移向低场偏移，成为该金属苯具有芳香性的又一佐证[41]。锇苯 **1** 与 CO 反应，将 Os—S 键打开，得到配合物 **2**[24,42]。配合物 **1** 和 **2** 分别与 HCl、MeI 和 $HClO_4$、MeI-$NaClO_4$反应，得到相应的金属苯配合物 **3a**、**3b** 和 **4a**、**4b**。这些锇苯衍生物都仍保留着金属苯结构，代表一类新型的芳杂环。

8.2.2.2 两分子乙炔[2+2+1]环化加成产物——金属杂环戊二烯与烯、炔末端原子插入合成法

在合成高度不饱和金属有机化合物时，常采用乙炔和过渡金属配合物反应。这类反应中一个常见的中间体是 [2+2+1] 产物——金属杂环戊二烯。Chin 等[25]采用 $[Ir(CO)(NCMe)(PPh_3)_2]^+$与两倍当量乙炔反应后，再与一倍当量的芳基乙炔反应，得到炔基铱杂环戊二烯配合物 **5**（图 8-30）。配合物 **5** 经 HBF_4 酸化、重排后得到炔环加成产物——铱杂六元环配合物 **6**。配合物 **6** 质子化后可以得到铱苯 **7** 和 **8**。

类似地，还可以通过 η^2-乙酸根配位的铱杂环戊二烯和芳基乙炔反应来合成铱苯[43]。由铱杂环戊二烯 **9** 和芳基乙炔反应先分离到配合物 **10**，而后在 **10** 的氯仿溶液中加入酸，可分离得到铱苯 **11**。

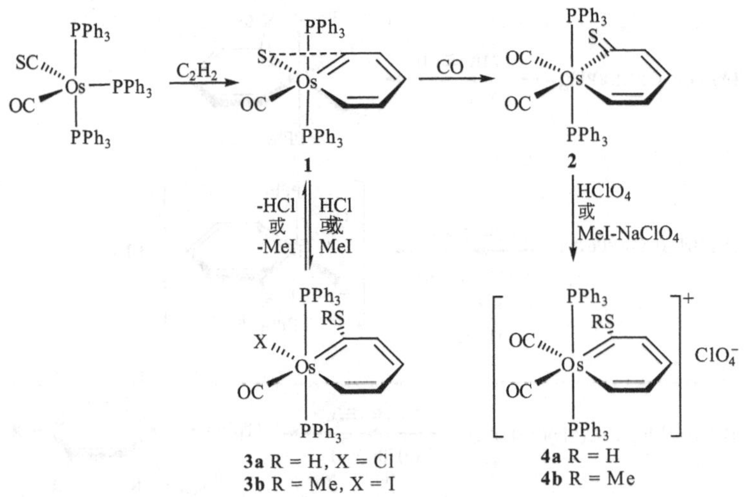

图 8-29 第一例金属苯的合成路线

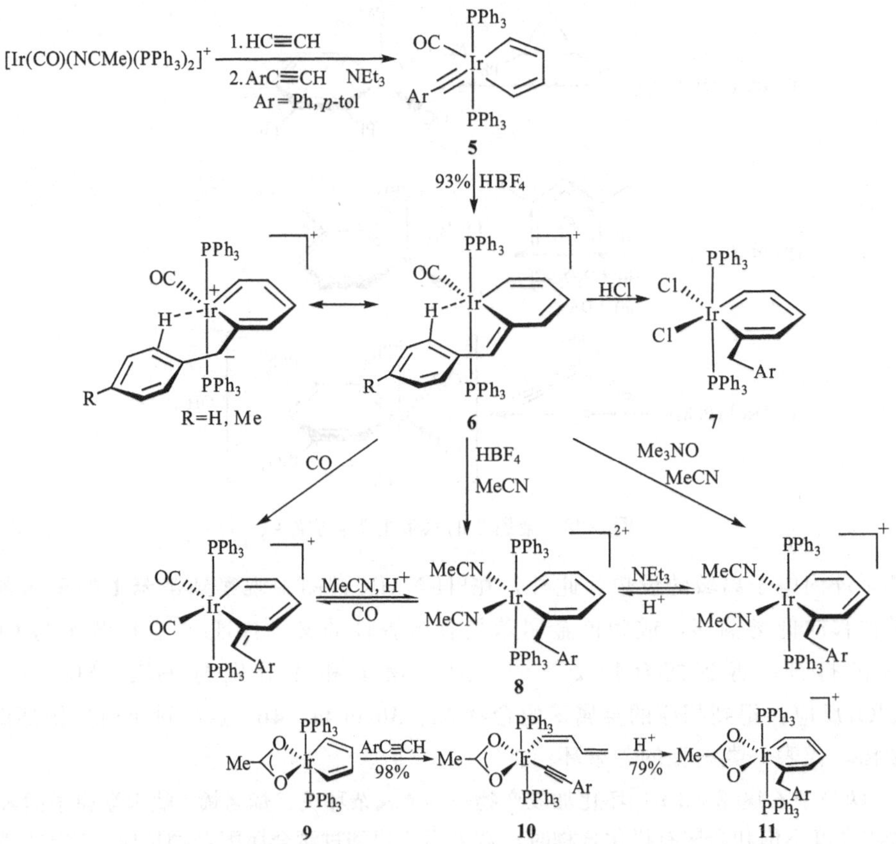

图 8-30 炔烃末端原子对金属杂环戊二烯插入法合成铱苯

此外，也可通过铱苯 **8** 与醋酸钠反应，由醋酸根取代金属中心的两个腈配体得到铱苯 **11**[25,43]。

最近，Paneque 和 Poveda 等[44]通过烯烃插入铱杂环戊二烯的方法合成了金属苯。如图 8-31 所示，铱杂环戊二烯 **12** 和丙烯在 60℃反应可合成铱苯 **13**。推测反应的机理可能是 **12** 先通过烯烃的配位，再异构化为亚丙基化合物 **14**，随后亚丙基发生卡宾迁移插入到铱杂环戊二烯结构中，形成铱杂环己二烯配合物 **15**。**15** 再发生 *α*-氢消除反应生成铱苯 **13**。支持这

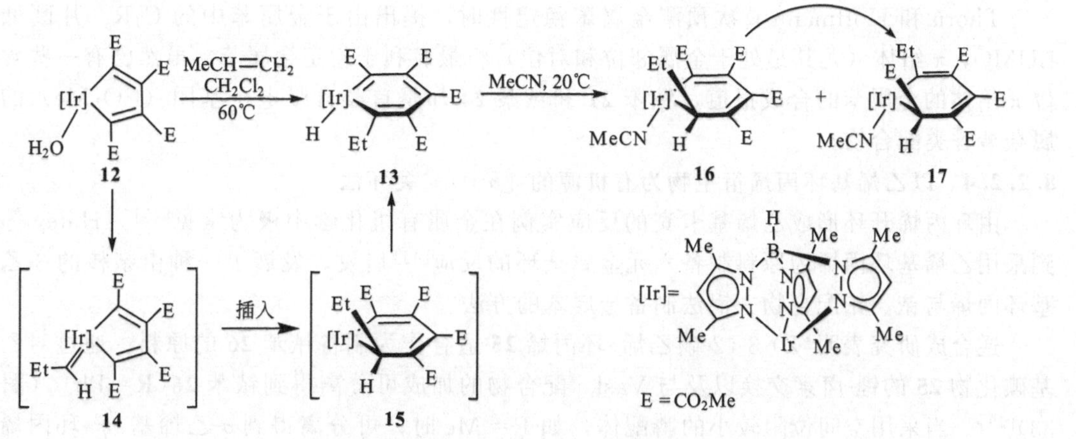

图 8-31 烯烃末端原子对金属杂环戊二烯插入法合成铱苯

一反应机理的证据在于 **13** 能和乙腈反应生成 6∶1 的动力学混合产物 **16** 和 **17**。这两种产物的生成可通过氢返迁移至六元环得以解释。**16** 加热后可能是先返回到 **13**，再重排生成热力学上更稳定的异构体 **17**。

8.2.2.3 三分子炔［2+2+2+1］环化加成后氧化缩环合成法

2003 年，Paneque 等[28]通过铱配合物与三分子炔［2+2+2+1］环化加成形成七元环后，再进行氧化和缩环反应得到金属苯。如图 8-32 所示的合成路线，铱配合物 **18** 与三分子丁炔酸二甲酯（DMAD）反应先制得异构的铱杂环庚三烯配合物 **19**。铱配合物 **19** 被 *t*-BuOOH 氧化可得到酰基配位产物 **20**。如加入过量的 *t*-BuOOH，可得到铱苯 **21**。与合成铱苯 **21** 类似的，也可通过与铱配合物 **20** 类似结构的 **23** 与过量的 *t*-BuOOH 反应来合成铱萘 **24**[28]（图 8-32）。在此之前，金属苯的高级同系物的存在往往是从它们和金属苯相似的反应性及其分解产物而推测的。Paneque 等成功地合成第一例金属萘 **24**，首次从实验上验证了金属苯高级同系物的存在。

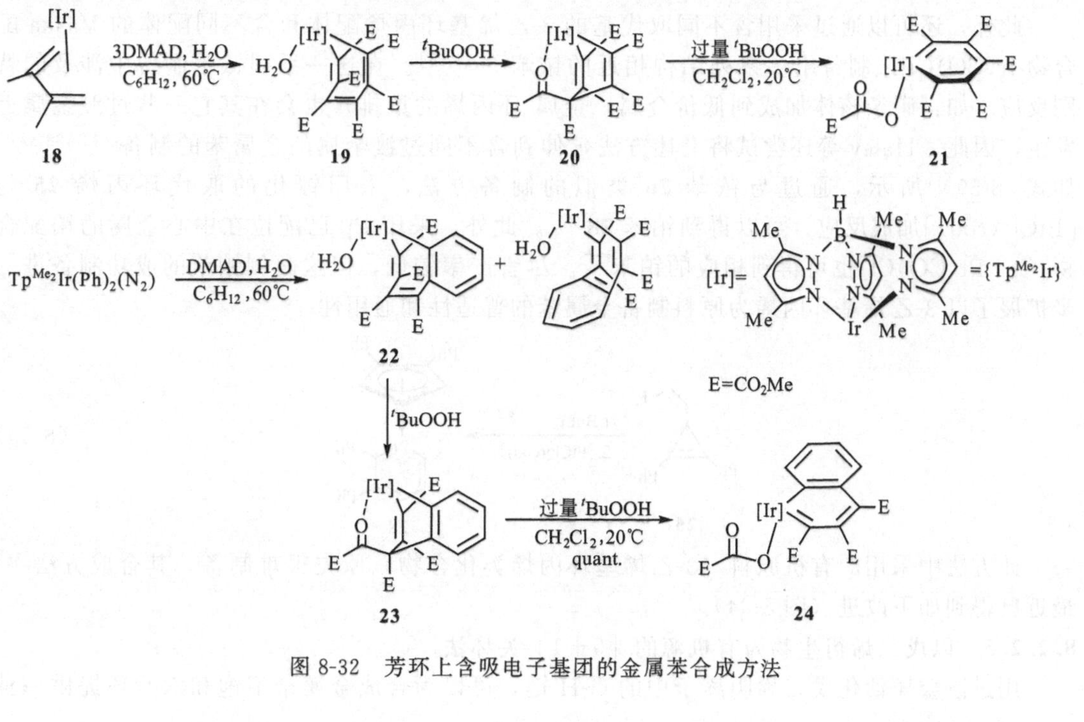

图 8-32 芳环上含吸电子基团的金属苯合成方法

Thorn 和 Hoffmann 首次预测金属苯稳定性时，提出由于金属苯中的 $C_5R_5^-$ 片断低的 LUMO，π 给体（尤其是处于金属邻位和对位）将最有利于稳定金属苯。虽然已有一些含邻位 π 给体的金属苯的合成报道，铱苯 **21** 和铱萘 **24** 却是首类含吸电子基团（CO_2Me）的金属杂芳香类配合物。

8.2.2.4　以乙烯基环丙烯衍生物为有机源的［5+1］关环法

由环丙烯开环形成乙烯基卡宾的反应实例在金属有机化学中极为常见[45]。Haley 等受到采用乙烯基环丙烯为原料制备六元金属杂环的反应[46]启发，发展了一种由亲核的 3-乙烯基环丙烯与铱、铂配合物一锅法制备金属苯的方法。

逆合成研究表明(*Z*)-3-(2-碘乙烯)环丙烯 **25** 适合作为制备铱苯 **26** 的原料。通过对乙烯基碘化物 **25** 的锂-卤素交换以及与 Vaska 配合物的加成可分离得到铱苯 **26**(R＝Ph)（图 8-33）[29]。当采用空间位阻较小的膦配体，如 R＝Me 时，可分离得到 σ-乙烯基/η^2-环丙烯铱配合物 **27**。通过溶液加热或用 Ag(Ⅰ)盐处理后，铱配合物 **27** 可定量地转化为相应的价异构体（valence isomers）铱苯 **26**[33]。

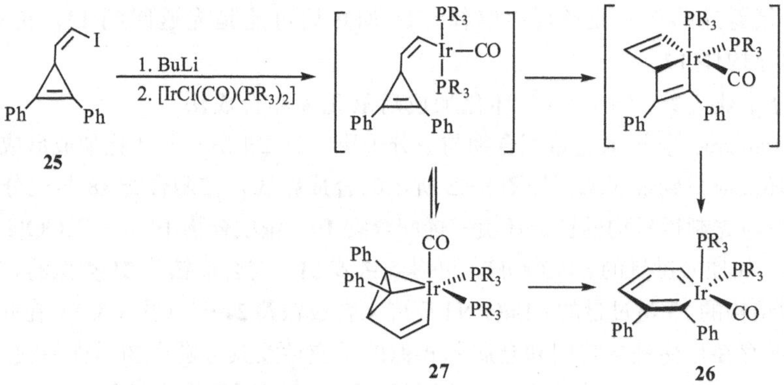

1. BuLi
2. [IrCl(CO)(PR3)2]

图 8-33　以含取代基的 3-乙烯基环丙烯为有机源合成铱苯

此外，还可以通过采用含不同取代基的 3-乙烯基环丙烯配体和含不同配体的 Vaska 配合物 $Ir(CO)ClL_2$ 制备出一系列结构相近的铱苯[29,34,36]。在这一系列铱苯制备中涉及的特别反应（如：碳亲核体加成到低价金属，金属-环丙烯的重排）也会在其它一些过渡金属上发生，因此，Haley 等还尝试将上述方法延伸到含不同过渡金属的金属苯的制备[7,37,38,47]。如式(8-59) 所示，通过与铱苯 **26** 类似的制备方法，采用锂化的取代环丙烯 **25** 与 $[PtCl_2(cod)]$加成反应，可以得到铂苯 **28**[37]。此外，采用 Cp 已配位在中心金属的铂配合物$[Cp^*Pt(CO)Cl]$也可得到相应的铂苯[7]。尽管产率较低，但这两例铂苯的成功制备进一步扩展了以 3-乙烯基环丙烯为原料制备金属苯的普适性和通用性。

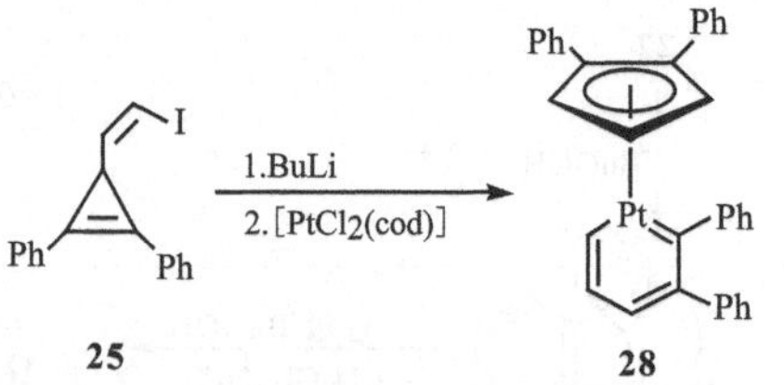

1.BuLi
2.[PtCl2(cod)]
(8-59)

此方法中采用的有机原料（3-乙烯基环丙烯类化合物）原先很难制备，其合成方法[36]最近已得到如下改进（图 8-34）。

8.2.2.5　以戊二烯衍生物为有机源的［5+1］关环法

用过渡金属活化戊二烯阴离子中的 C-H 键，可以为合成金属杂不饱和六元环提供一种

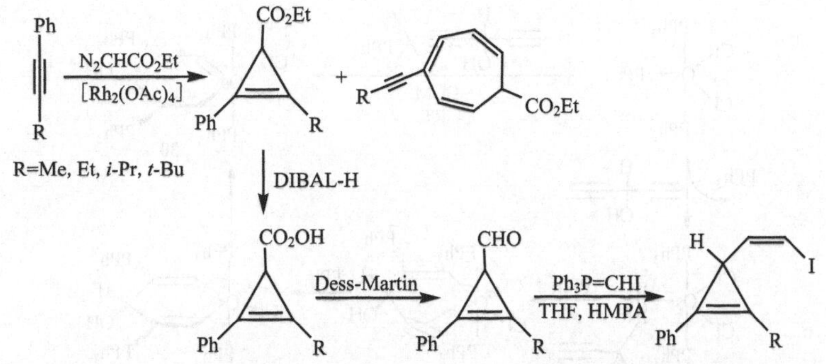

图 8-34 以含取代基的苯乙炔合成 3-乙烯基环丙烯类化合物

方便的途径。在此基础上，Bleeke 等[17,30,31]发展了一种合成金属苯的方法：由戊二烯钾与配位不饱和的 $ClIr(PEt_3)_3$ 反应制得金属杂环己二烯配合物[48]，再经两步脱氢过程，得到金属苯 **29**（图 8-35）。这也是首例成功地被合成出的曾由 Thorn 和 Hoffmann 理论推测得到结构的金属苯（图 8-35）。

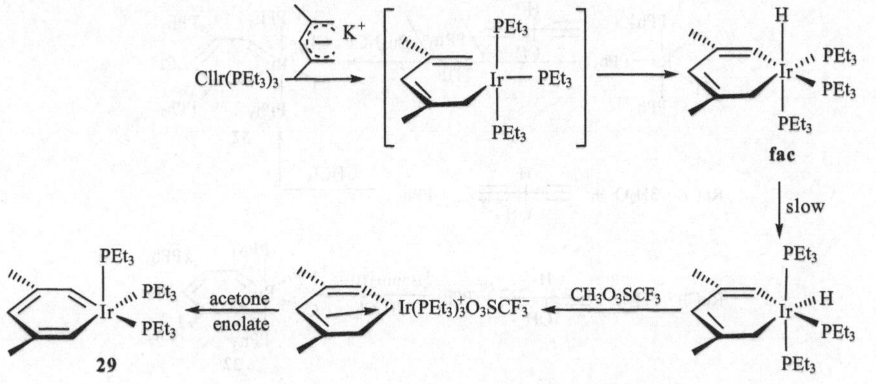

图 8-35 以戊二烯离子为有机源合成铱苯

铱苯 **29** 合成过程的关键在于中间体铱杂环己二烯的脱氢反应。在以 $[IrCl(PMe_3)_3]$为金属底物时，无法进行脱氢反应。因此，通过此法合成其它铱苯时，也只能采用$[IrCl(PEt_3)_3]$为金属底物，先合成出铱苯 **29**，再进一步反应生成其它铱苯[49]。从上述戊二烯衍生物为原料的合成路线可以看出：采用戊二烯阴离子为有机源时，配体的不饱和度不足，需要后续的脱氢过程。

8.2.2.6 以戊二炔醇为有机源的［5+1］关环法

首例成功合成的稳定金属苯即为锇苯[24]，但其后 20 多年却始终未见锇苯合成新方法的相关报道。然而其它金属苯的研究工作，特别是铱苯的合成方法及其反应性能研究[6,7,17,28,29,33～36,43,44]近年来却取得较大进展。

我们在 2004 年[32]报道了一种构筑金属苯的简便新方法——以高度不饱和、易制备的 HC≡CCH(OH)C≡CH 为有机源和配位不饱和的 $X_2Os(PPh_3)_3$ 进行［5+1］关环反应，采用室温一锅法制得了首例金属苯季鏻盐 **30**。此方面研究工作曾被评论为“合成锇苯的第二种方法”[7]。在前期工作中，该反应的一种重要中间体锇配合物 **31** 被成功捕获，从而推测了如图 8-36 所示的反应机理。**30** 的形成机理包括 PPh_3 对配位在金属上的炔的亲核进攻以及 OH^- 的消去。同时，在研究中发现锇配合物 **31** 反应活性很高，极易和亲核试剂反应（如 PPh_3、I^-），生成相应的金属苯衍生物。

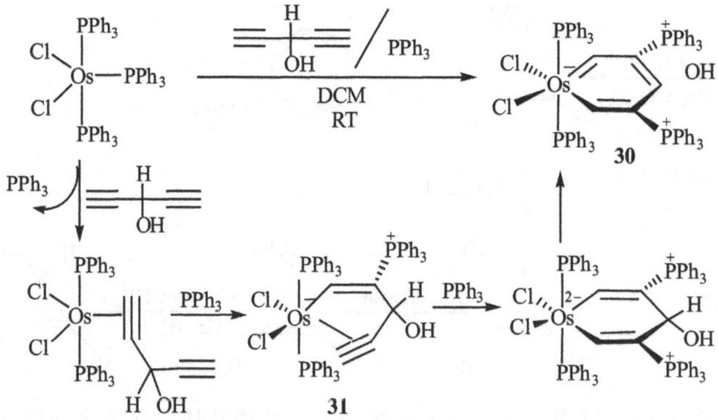

PPh3 Cl Os PPh3 Cl PPh3
H OH PPh3 DCM RT
PPh3 PPh3 Cl Os Cl OH⁻ PPh3 PPh3 30
PPh3 H OH
PPh3 Cl Os Cl PPh3 H OH
PPh3 PPh3 Cl Os Cl H OH PPh3 31
PPh3 PPh3 PPh3 Cl Os 2− Cl H OH PPh3 PPh3

图 8-36 以戊二炔醇为有机源一锅法合成锇苯

随后，我们将此方法进一步拓展至以第二过渡系金属为主体构筑金属苯，发展了独特的“钌苯化学”[39,50]。如图 8-37 所示，以钌配合物 $RuCl_2(PPh_3)_3$ 为原料，采用室温一锅法，与有机源 HC≡CCH(OH)C≡CH 进行［5+1］关环反应，可以 55％的产率分离得到钌苯 **32**。

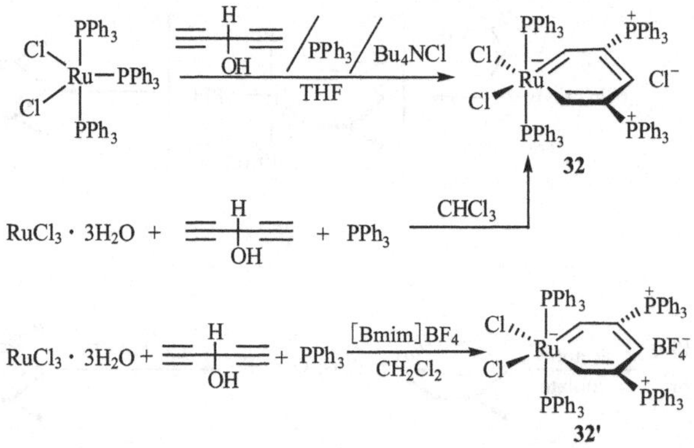

PPh3 Cl Ru PPh3 Cl PPh3
H OH PPh3 Bu4NCl THF
PPh3 PPh3 Cl Ru Cl Cl⁻ PPh3 PPh3 32
$RuCl_3 \cdot 3H_2O$ + H OH + PPh3 CHCl3
$RuCl_3 \cdot 3H_2O$ + H OH + PPh3 [Bmim]BF4 CH2Cl2
PPh3 PPh3 Cl Ru Cl BF4⁻ PPh3 PPh3 32'

图 8-37 以戊二炔醇为有机源合成第一个稳定非配位型钌苯

由于 $RuCl_2(PPh_3)_3$ 是以 $RuCl_3$ 和 PPh_3 为原料制备的，而采用 $RuCl_2(PPh_3)_3$ 为原料与有机源 HC≡CCH(OH)C≡CH 反应可以合成钌苯 **32**，那么采用 $RuCl_3$ 为原料合成钌苯的合成路线应该也是可行的。如图 8-37 所示，以 $RuCl_3$、PPh_3 和 HC≡CCH(OH)C≡CH 为原料，以 $CHCl_3$ 为溶剂，将室温下反应 15h 后得到的产物进行分离后，经 NMR 表征确认：从 $RuCl_3$ 为原料出发，也能一锅法合成钌苯 **32**。虽然该反应产率较低，但却是首例从无机盐出发直接合成金属苯的方法。随后对反应体系进行深入研究，实验结果表明：如果改用 CH_2Cl_2 和［Bmim］BF_4 等离子液体的混合溶剂，这种更为直接的一锅法不仅反应速度快，而且产率大幅度提高[50]。

目前已合成的金属苯大多是由第三过渡系金属构筑的，由第一、第二过渡系金属构筑的金属苯多为配位型。与已报道的其它金属苯合成方法相比，这种以有机源 HC≡CCH(OH)C≡CH进行［5+1］关环反应合成钌苯的方法为一锅法，原料易得，操作简便，分离方法简单，产率较高。稳定的非配位型钌苯 **32** 的成功合成为第一、第二过渡系金属构筑的金属苯的系统研究提供了契机。

金属苯也能从其它一些反应制得，但产生的往往是温度敏感或是配位型的金属苯。温度敏感的金属苯可以在低温下通过光谱实验检测到，或是作为一些反应的中间体短暂存在，如：丁二烯锂对羰基配体的分子内进攻[26,51~54]，炔和金属杂环丁二烯反应[55~59]。配位型金属苯可以由戊二烯金属配合物脱氢反应[60~65]、炔和亚甲基桥联双金属钌配合物反应[66,67]以及金属氢化物和降冰片二烯 NBD 配体反应[68,69]得到。

8.2.3　金属苯研究的未来展望

综上所述，自 1982 年第一例稳定的金属苯合成报道以来，发展了一些新的金属苯合成方法。除了以 3-乙烯基环丙烯衍生物和戊二烯衍生物为原料外，金属苯还可以从各种炔的衍生物出发，通过不同的反应机理得以合成。但是迄今为止，对金属苯及其相关化合物的研究在整体上尚处于探索阶段，对其合成的设计性、性能的预见性等各方面均远不如对传统芳烃的了解。因此，金属苯具有较为广阔的研究领域亟待探索。过渡金属的多样性（不同的金属、配体、氧化态和几何结构等）虽然使得人们对其科学规律的全面掌握注定要比对传统的芳香化学的掌握要困难得多，但是这种多样性也为分子设计展示了更多的机遇与挑战。金属苯化学已成为基础有机化学与基础无机化学一个新的交叉研究热点，可以预期在不久的将来会取得更快速的发展。

8.2 节参考文献

[1] Faraday M. On new compounds of carbon and hydrogen and on certain other products obtained during the decomposition of oil by heat. Philos Trans R Soc Lond，1825，115：440-446.

[2] Kekulé F A. Sur la constitution des substances aromatiques. Bull Soc Chim，1865，3（2）：98-111.

[3] Kekulé F A. Note sur quelques produits de substitution de la benzine. Bull Acad R Belg，1865，19：551-563.

[4] Schleyer P V R. Introduction：Aromaticity. Chem Rev，2001，101（5）：1115-1117.

[5] He G，Xia H，Jia G. Progress in the synthesis and reactivity studies of metallabenzenes. Chinese Science Bulletin，2004，49（15）：1543-1553.

[6] Bleeke J R. Metallabenzene. Chem Rev，2001，101（5）：1205-1227.

[7] Landorf C W，Haley M M. Recent developments in metallabenzene chemistry. Angew Chem Int Ed，2006，45（24）：3914-3936.

[8] Wright L J. Metallabenzenes and metallabenzenoids. Dalton Trans，2006，（15）：1821-1827.

[9] Thorn D L，Hoffmann R. Delocalization in metallocycles. Nouv J Chim，1979，3（1）：39-45.

[10] Mitchell R H. Measuring aromaticity by NMR. Chem Rev，2001，101（5）：1301-1315.

[11] Schleyer P von R，Maerker C，Dransfeld A，Jiao H，Hommes N J R van E. Nucleus-Independent chemical shifts：A simple and efficient aromaticity probe. J Am Chem Soc，1996，118（26）：6317-6318.

[12] Schleyer P V R，Kiran B，Simion D V，Sorensen T S. Does $Cr(CO)_3$ complexation reduce the aromaticity of benzene. J Am Chem Soc，2000，122（3）：510-513.

[13] Wadepohl H，Castano M E. Aromaticity of benzene in the facial coordination mode：A structural and theoretical study. Chem Eur J，2003，9（21）：5266-5273.

[14] Krygowski T M，Cyranski M K. Stuctural aspects of aromaticity. Chem Rev，2001，101（5）：1385-1419.

[15] Zhu J，Jia G，Lin Z. Understanding nonplanarity in metallabenzene complexes. Organometallics，2007，26（8）：1986-1995.

[16] Rickard C E F，Roper W R，Woodgate S D，Wright L J. Electrophilic aromatic substitution reactions of a metallabenzene：Nitration and halogenation of the osmabenzene ［Os{C(SMe)CHCHCHCH}I(CO)$(PPh_3)_2$］. Angew Chem Int Ed，2000，39（4）：750-752.

[17] Bleeke J R, Behm R, Xie Y F, Chiang M Y, Robinson K D, Beatty A M. Synthesis, structure, spectroscopy, and reactivity of a metallabenzene. Organometallics, 1997, 16 (4): 606-623.

[18] Lin W, Wilson S R, Girolami G S. Carbon-Carbon bond formation promoted by organoruthenium complexes: The first unsubstituted π-metallabenzene complex, $Cp_2^* Ru_2(\eta^2:\eta^5\text{-}C_5H_5)(SiMe_3)$, and synthesis of the tetramethyleneethane complex $Cp_2^* Ru_2$ (η^3: η^3-C_6H_8) Cl_4. Organometallics, 1997, 16 (11): 2356-2361.

[19] Bleeke J R, Behm R, Xie Y F, Clayton T W J, Robinson K D. Metallacyclohexadiene and metallabenzene chemistry: 10. Cycloaddition reactions of a metallabenzene. J Am Chem Soc, 1994, 116 (9): 4093-4094.

[20] Iron M A, Martin J M L, Boom M E van der. Cycloaddition reactions of metalloaromatic complexes of iridium and rhodium: A mechanistic DFT investigation. J Am Chem Soc, 2003, 125 (38): 11702-11709.

[21] Iron M A, Martin J M L, Boom M E van der. Mechanistic aspects of acetone addition to metalloaromatic complexes of iridium: A DFT investigation. Chem Commun, 2003, (1): 132-133.

[22] Iron M A, Martin J M L, Boom M E van der. Metallabenzene versus Cp complex formation: A DFT investigation. J Am Chem Soc, 2003, 125 (43): 13020-13021.

[23] Fernández I, Frenking G. Aromaticity in metallabenzenes. Chem Eur J, 2007, 13: 5873-5884.

[24] Elliott G P, Roper W R, Waters J M. Metallacyclohexatrienes or 'metallabenzenes'. J Chem Soc Chem Commun, 1982, (14): 811-813.

[25] Chin C S, Lee H. New iridacyclohexadienes and iridabenzenes by [2+2+1]cyclotrimerization of alkynes and facile interconversion between iridacyclohexadienes and iridabenzenes. Chem Eur J, 2004, 10 (18): 4518-4522.

[26] Yand J, Jones W M, Dixon J K, Allison N T. Detection of a ruthenabenzene, ruthenaphenoxide, and ruthenaphenanthrene oxide: the first metalla aromatics of a second-row transition metal. J Am Chem Soc, 1995, 117 (38): 9776-9777.

[27] Bleeke J R, Behm R. Synthesis, structure, and reactivity of iridacyclohexadienone and iridaphenol complexes. J Am Chem Soc, 1997, 119 (36): 8503-8511.

[28] Paneque M, Posadas C M, Poveda M L, Rendón N, Salazar V, Oñate E, Mereiter K. Formation of unusual iridabenzene and metallanaphthalene containing electron-withdrawing substituents. J Am Chem Soc, 2003, 125 (33): 9898-9899.

[29] Gilbertson R D, Weakley T J R, Haley M M. Direct synthesis of an iridabenzene from a nucleophilic 3-vinyl-1-cyclopropene. J Am Chem Soc, 1999, 121 (11): 2597-2598.

[30] Bleeke J R, Xie Y F, Peng W J, Chiang M. Metallabenzene: synthesis, structure, and spectroscopy of a 1-irida-3, 5-dimethylbenzene complex. J Am Chem Soc, 1989, 111 (11): 4118-4120.

[31] Bleeke J R, Behm R, Beatty A M. Oligomerization chemistry of a metallabenzene cycloadduct: Synthesis and structure of an organometallic crown compound. Organometallics, 1997, 16 (6): 1103-1105.

[32] Xia H, He G, Zhang H, Wen T B, Sung H H Y, Williams I D, Jia G. Osmabenzenes from the reactions of HC≡CCH(OH)C≡CH with $OsX_2(PPh_3)_3$ (X=Cl, Br). J Am Chem Soc, 2004, 126 (22): 6862-6863.

[33] Gilbertson R D, Weakley T J R, Haley M M. Synthesis, characterization, and isomerization of an iridabenzvalene. Chem Eur J, 2000, 6 (3): 437-441.

[34] Wu H P, Lanza S, Weakley T J, Haley M M. Metallabenzenes and valence isomers: 3. Unexpected rearrangement of two regioisomeric iridabenzenes to an (η^5-cyclopentadienyl) iridium (Ⅰ) complex. Organometallics, 2002, 21 (14): 2824-2826.

[35] Gilbertson R D, Lau T L S, Lanza S, Wu H P, Weakley T J R, Haley M M. Synthesis, spectrosco-

py，and structure of a family of iridabenzenes generated by the reaction of Vaska-Type complexes with a nucleophilic 3-vinyl-1-cyclopropene. Organometallics，2003，22 (16)：3279-3289.

[36] Wu H P，Weakley T J R，Haley M M. Regioselective formation of β-alkyl-α-phenyliridabenzenes via unsymmetrical 3-vinylcyclopropenes：Probing steric and electronic influences by varying the alkyl ring substituent. Chem Eur J，2005，11 (4)：1191-1200.

[37] Jacob V，Weakley T J R，Haley M M. Metallabenzenes and valence isomers. Synthesis and characterization of a platinabenzene. Angew Chem Int Ed，2002，41 (18)：3470-3473.

[38] Landorf C W，JacobV，Weakley T J R，Haley M M. Rational synthesis of platinabenzenes. Organometallics，2004，23 (6)：1174-1176.

[39] Zhang H，Xia H，He G，Ting B W，Gong L，Jia G. Synthesis and characterization of stable ruthenabenzenes. Angew Chem Int Ed，2006，45 (18)：2920-2923.

[40] Iron M A，Lucassen A C B，Cohen H van der，Boom M E，Martin J M L. A Computational Foray into the Formation and Reactivity of Metallabenzenes. J Am Chem Soc，2004，126 (37)：11699-11710.

[41] Elliott G P，Mcauley N M，Roper W R. An osmium containing benzene analog and its precursors. Inorg Synth，1989，26：184-189.

[42] Rickard C E F，Roper W R，Woodgate S D，Wright L J. Reaction between the thiocarbonyl complex，Os $(CS)(CO)(PPh_3)_3$，and propyne：crystal structure of a new sulfur-substituted osmabenzene. J Organomet Chem，2001，623 (1)：109-115.

[43] Chin C S，Lee H，Eum M S. Iridabenzenes from iridacyclopentadienes：Unusual C—C bond formation between unsaturated hydrocarbyl ligands. Organometallics，2005，24 (20)：4849-4852.

[44] Álvarez E，Paneque M，Poveda M L，Rendón N. Formation of iridabenzenes by coupling of iridacyclopentadienes and alkenes. Angew Chem Int Ed Engl，2006，45 (3)：474-477.

[45] Bishop K C. Transition metal catalyzed rearrangements of small ring organic molecules. Chem Rev，1976，76 (4)：461-486.

[46] Grabowski N A，Hughes R P，Jaynes B S，Rheiggold A L. Stepwise transition metal-promoted ring expansion reactions of vinylcyclopropenes to give cyclopentadienes and cyclohexa-2，4-dienones：The firs example of a 1-metallacyclohexa-2，4-diene complex，[cyclic] $\{[PtCH_2CH{=}CPhCPh](PPh_3)_2\}$. J Chem Soc Chem Commun，1986，23：1694-1695.

[47] Wu H P，Weakley T J R，Haley M M. Metallabenzenes and Valence Isomers：5. Synthesis and structural characterization of a rhodabenzvalene：A rare η^2-cyclopropene/σ-vinylrhodium (Ⅰ) complex. Organometallics，2002，21 (21)：4320-4322.

[48] Bleeke J R，Peng W J. Synthesis，structure，and spectroscopy of iridacyclohexadiene complexes. Organometallics，1987，6 (7)：1576-1578.

[49] Bleeke J R. Metallabenzene chemistry. Acc Chem Res，1991，24 (9)：271-277.

[50] Zhang H，Feng L，Gong L，Wu L Q，He G M，Wen T B，Yang F Z，Xia H P. Synthesis and characterization of stable ruthenabenzenes starting from $HC{\equiv}CCH(OH)C{\equiv}CH$. Oganometallics，2007，(10)：2705-2713.

[51] Yang J，Yin J，Abbound K A，Jones W M. Metallaindenes of molybdenum，tungsten，and ruthenium. Organometallics，1994，13 (3)：971-978.

[52] Mike C A，Ferede R，Allison N T. Evidence for rhenaphenanthrene formation and its conversion to fluorenone. Organometallics，1988，7 (7)：1457-1459.

[53] Ferede R，Hinton J F，Korfmacher W A，Freeman J P，Allison N J. Possible formation of rhenabenzene：Lithium-halogen exchange reactions in η^1-4-bromo-1，4-diphenyl-1，3-butadienyl ligands to form rhenabenzene and ferrabenzene. Organometallics，1985，4 (3)：614-616.

[54] Ferede R，Allison N T. Possible formation of ferrabenzene and its novel conversion to 1，3-diphenyl-2-

methoxyferrocene. Organometallics，1983，2 (3)：463-465.

[55] Schrock R R，Pedersen S F，Churchill M R，Ziller J W. Formation of cyclopentadienyl complexes from tungstenacy-clobutadiene complexes and the X-ray crystal structure of an η^3-cyclopropenyl complex，W[C(CMe$_3$)C(Me)C(Me)](Me$_2$NCH$_2$CH$_2$NMe$_2$)Cl$_3$. Organometallics，1984，3 (10)：1574-1583.

[56] Freudenberger J H，Schrock R R，Churchill M R，Rheingold A L，Ziller J W. Metathesis of acetylenes by (fluoroalkoxy) tungstenacyclobutadiene complexes and the crystal structure of W(C_3Et_3)[OCH(CF_3)$_2$]$_3$：A higher order mechanism for acetylene metathesis. Organometallics，1984，3 (10)：1563-1573.

[57] Sivavec T M，Katz T J. Synthesis of phenols from metal-carbynes and diynes. Tetrahedron Lett，1985，26 (18)：2159-2162.

[58] Sivavec T M，Katz T J，Chiang M，Yang G X Q. A metal pentadienyl prepared by reacting a metal carbyne with an enyne. Organometallics，1989，8 (7)：1620-1625.

[59] Hein J，Jeffery J C，Sherwood P，Stone F G A. Chemistry of polynuclear metal complexes with bridging carbene or carbyne ligands：Part 65. 1 Reactions of complexes [FeW(μ-CR)(CO)$_5$(η-C$_5$Me$_5$)]and [Fe$_2$W(μ^3-CR)(μ-CO)(CO)$_8$(η-C$_5$Me$_5$)](R=C$_6$H$_4$Me-4)with alkynes R$'$C$_2$R$'$(R$'$=Me or Ph)；Crystal structures of[FeW{μ-C(R)C(O)C(Me)C(Me)}(CO)$_5$(η-C$_5$Me$_5$)]CH$_2$Cl$_2$ and[FeW{μ-C(R)C(Et)C(H)C(Me)C(Me)}(μ-CO)(CO)$_3$(η-C$_5$Me$_5$)]. J Chem Soc Dalton Trans，1987，(9)：2211-2218.

[60] Kralik M S，Rheingold A L，Ernst R D. (Pentadienyl) molybdenum carbonyl chemistry：conversion of a pentadienyl ligand to a coordinated metallabenzene complex. Organometallics，1987，6 (12)：2612-2614.

[61] Kralick M S，Rheingold A L，Hutchinson J P，Freeman J W，Ernst R D. Synthesis，characterization，and reaction chemistry of (pentadienyl) molybdenum carbonyl complexes. Organometallics，1996，15 (2)：551-561.

[62] Bosch H W，Hund H U，Nietlispach D，Salzer A. General route to the "half-open" metallocenes C$_5$Me$_5$Ru (pentadienyl) and C$_5$Me$_5$Ru (diene) Cl. Organometallics，1992，11 (6)：2087-2098.

[63] Bertling U，Englert U，Salzer A. From triple-decker to metallabenzene：a new generation of sandwich complexes. Angew Chem Int Ed Engl，1994，33 (9)：1003-1004.

[64] Englert U，Podewils F，Schiffers I，Salzer A. The first homoleptic metallabenzene sandwich complex. Angew Chem Int Ed，1998，37 (15)：2134-2136.

[65] Efferttz U，Englert U，Podewils F，Salzer A，Wagner T，Kaupp M. Reaction of pentadienyl complexes with metal carbonyls：synthetic，structural，and theoretical studies of metallabenzene π-complexes. Organometallics，2003，22 (2)：264-274.

[66] Lin W，Wilson S R，Girolami G S. The first unsubstituted metallabenzene complex. J Chem Soc Chem Commun，1993，(3)：284-285.

[67] Liu S H，Ng W S，Chu H S，Wen T B，Xia H P，Zhou Z Y，Lau C P，Jia G. A triple-decker complex with a central metallabenzene. Angew Chem Int Ed，2002，41 (9)：1589-1591.

[68] Ohki Y，Suzuki H. Novel mode of C—C bond cleavage of norbornadiene on a dinuclear ruthenium complex. Angew Chem Int Ed，2000，39 (19)：3463-3465.

习题和思考题

1. 请举出用以下机理指导配合物合成的例子各一个

(1) D机理；(2) D_{cb}机理；(3) 通过电子转移的配体转移；(3) 金属-配体键不断裂的取代反应。

2. 请用你认为比较精巧的方法以相应的金属氧化物或氯化物为原料合成以下配合物：

(1) [Co(NH$_3$)$_6$]Cl$_3$；(2) [Cr(en)$_3$]Cl$_3$；(3) (+)-[Co(en)$_3$]Cl$_3$；(4) [Ru(NH$_3$)$_5$ONO](NO$_3$)$_3$；

(5) Co(salen)；

(6) *cis*-[$PtCl_2$(en)]；(7) [$Cr(H_2O)_2(phen)_2$]Cl_3；(8) CuTPP；(9) [$RhBr_2(py)_4$] Br；(10) *trans*-[IrCl(CO)(PPh_3)$_2$]

3. 何谓配位模板效应？在合成中有何应用？请举例说明。

4. 如何制备 [$PtCl_2(NO_2)(NH_3)$]$^-$ 的顺式和反式异构体？

5. 试鉴定用大写字母标出的有色物种：在隔绝空气的情况下向粉红色的水溶液（A）加入过量氨，得到一种淡蓝色的溶液（B)。在空气的存在下此溶液的颜色慢慢发生变化，最后变成玫瑰色（C)。向沸腾的溶液中加入活性炭生成一种黄色溶液（D)。向此黄色溶液中加入过量的 HCl 沉淀出一种橙黄色的晶状产物（E)。

6. 如何得到非天然存在的手性配合物？请各举一例加以说明

7. 从配合物的外消旋体拆分其对映异构体可分别采用什么方法？简述其原理。

8. 要实现手性配合物的完全自发拆分或结晶诱导外消旋体的不对称转化（绝对不对称合成）必须具备什么条件？请通过查找文献举例说明。如果某配合物是动力学上取代惰性的，不易发生外消旋转化，可能获得绝对不对称合成的产物吗？

9. 试通过比较列举金属苯与传统芳烃——苯的异同点。

10. 请归纳并对构筑稳定的金属苯的合成方法进行分类，评价各种方法的优缺点。

全书综合习题和思考题

1. 下列各对配合物中哪一个较为稳定？请简述理由。

(1) [$PtCl_4$]$^{2-}$和[PtF_4]$^{2-}$；(2) [$Fe(H_2O)_6$]$^{3+}$和[$Fe(PH_3)_6$]$^{3+}$；(3) F_3B : THF 和 Cl_3B : THF；(4) [Pd(SCN)(dien)]$^+$和[Pd(NCS)(dien)]$^+$；(5) [$Fe(phen)_3$]$^{2+}$和[$Fe(phen)_3$]$^{3+}$；(6) [$Fe(CN)_6$]$^{4-}$和[$Fe(CN)_6$]$^{3-}$

2. 如图所示的三种有机分子或离子 trien、tren 和 nta^{3-} 均为常见的四齿配体，请回答以下问题：

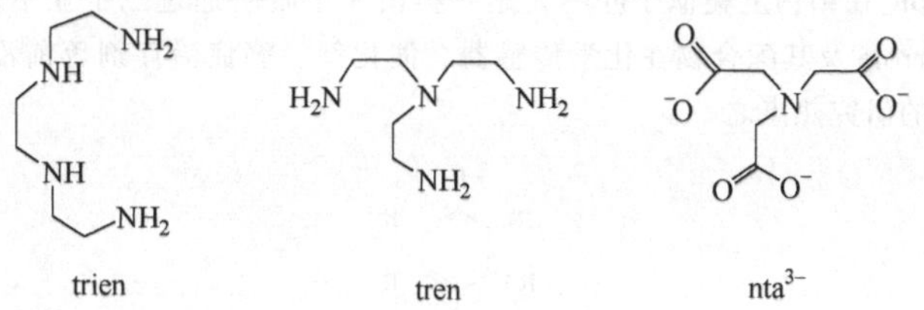

trien　　tren　　nta^{3-}

(1) 试比较三种配体的异同处。

(2) 请推测当 trien 和 tren 分别与两个单齿配体 X 一起与中心金属 M 配位形成六配位配合物 [MX_2(trien)]或 [MX_2(tren)] 时，哪一种配合物可能存在的几何异构体更少些，为什么？

(3) 请说明并绘出 [MX_2(trien)] 和 [MX_2(tren)] 的所有几何异构体和光学异构体（不必考虑配位 N 原子的手性)。分别指定每个几何异构体所属点群并以前缀的方式（*cis*-或 *trans*-）命名几何异构体。

3. CrO_4^{4-}、MnO_4^{3-}、FeO_4^{2-} 和 RuO_4^{2-} 均为已知，请简答如下问题：

(1) 哪个离子的 Δ_t 最大，哪个离子的 Δ_t 最小？

(2) CrO_4^{4-}、MnO_4^{3-}、FeO_4^{2-} 离子中，哪个有最短的 M-O 键距？

(3) CrO_4^{4-}、MnO_4^{3-}、FeO_4^{2-} 的 CT 跃迁分别为 43000cm^{-1}、33000cm^{-1}和 21000cm^{-1}，它们可能是 LMCT,还是 MLCT?

(4) 已知 RuO_4^{2-} 分别在 13900cm^{-1}和 16500cm^{-1}处还存在两个宽且较弱的 d-d 跃迁吸收带，试确定 RuO_4^{2-} 的 Δ_t 值。

(5) 预测 CrO_4^{4-}、MnO_4^{3-}、FeO_4^{2-} 和 RuO_4^{2-} 的有效磁矩 μ_{eff}是否与理论计算所得唯自旋磁矩 μ_S 吻合？

参考文献：Brunold T C, Güdel H U. Ruthenium (Ⅵ) doped into single crystals with the $BaSO_4$ and β-K_2SO_4 structures: optical absorption spectra of RuO_4^{2-}. Inorg, Chem, 1997, 36 (10): 2084-2091。

4. 如图所示，为某四方锥配合物的 d 轨道能级分裂图，图中虚线表示能量重心，已知该四方锥配合物的锥底落在坐标轴的 xy 平面，z 轴通过其锥顶。

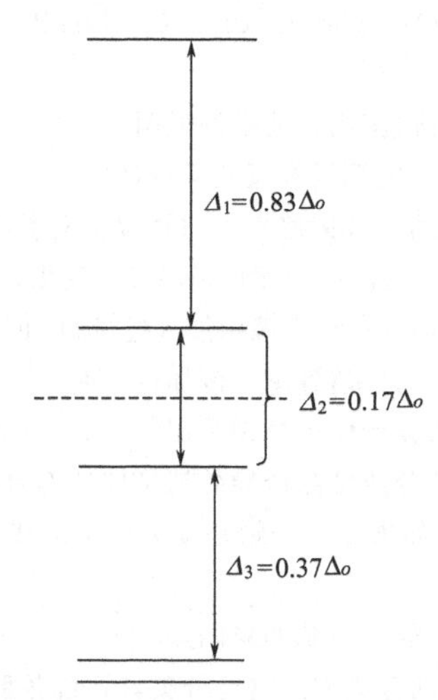

某四方锥配合物的 d 轨道能级分裂图

(1) 参考 C_{4v} 点群的特征标表，请以群论符号标记图中各个能级所属的 d 轨道，简述标记的理由。

(2) 当某个八面体配合物按 D 机理进行配体取代反应时，反应的过渡态可能形成五配位的四方锥构型，当此过程伴有 LFSE 增益时，取代反应可较快发生，否则反应则较慢。试根据已有的配位化学知识和图中所给的数据分别计算强场低自旋组态的 Co(Ⅲ) 配合物在正八面体场和四方锥场下的 LFSE（以负值表示，忽略电子成对能），并通过计算结果预测低自旋 Co(Ⅲ) 八面体配合物按 D 机理进行取代反应的动力学性质（指出为动力学上的活性或惰性）。

5. 如图所示，Corrole 在结构上类似于卟啉，是一类由 4 个吡咯通过三个亚甲基相连形成的具有 18-π 电子的大环化合物。Corrole 及其配合物在化学传感器、催化剂、癌症治疗剂等前沿领域都具有潜在应用，正在成为当前卟啉化学的研究热点之一。

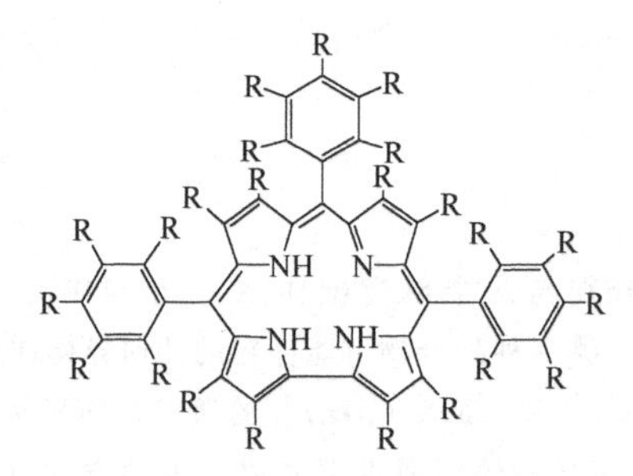

Corrole 的结构示意图

试回答下列问题：

(1) 作为四齿配体，Corrole 可以何种价态的阴离子与中心金属配位？

(2) 请预测当 Corrole 环上的 R＝H 和 R＝X（卤素离子）时，其 Mn(Ⅲ)/Mn(Ⅳ) 配合物电对的氧化还原电势将会有什么样的变化？当 R 分别为 F 或 Br 时，又有什么不同？

(3) 在以上的哪一种情况下，中心金属的高价态得以稳定？为什么？（提示：请参考上一小题解释）

(4) 假设 Corrole 形成 Mn(Ⅲ) 或 Mn(Ⅳ) 配合物，请绘出相应的 d 轨道能级分裂示意图，并填充相应的 d 电子，预测在每一种情况下的磁性。

(5) 当 Corrole 形成锰酰（$Mn^{V}{=}O$）配合物，其配位结构可近似地看作准四方锥 C_{4v} 构型，试绘出五配位配合物的 d 轨道分裂图，并计算其磁矩。

(6) 假设 Corrole 金属配合物的轴向上分别有两个单齿配体配位，成为准八面体构型，请说明具有哪一些 d^n 组态的金属配合物的有效磁矩与理论预测的唯自旋磁矩不符，为什么？

提示：高自旋 d^n 组态八面体配合物的配体场基态分量谱项如表 5-7 和表 5-9 所示。

6. 下表给出一些配合物的自交换反应的速率常数

反应物	速率常数 k/L·mol^{-1}·s^{-1}	反应物电子组态
$[Ru(NH_3)_6]^{2+/3+}$	8.2×10^2	?
$[Ru(phen)_3]^{2+/3+}$	$\geqslant 3\times10^7$	
$[Ru(bpy)_3]^{2+/3+}$	8.3×10^6	
$[Co(NH_3)_6]^{2+/3+}$	8×10^{-6}	?
$[Co(en)_3]^{2+/3+}$	7.7×10^{-5}	
$[Co(phen)_3]^{2+/3+}$	4.0×10^{-2}	

(1) 试写出各个反应物的电子组态。

(2) 根据电子转移反应的轨道对称性规则，分析表中的 Ru 配合物与 Co 配合物速率常数具有很大差别的原因。

(3) 对相同的中心金属而言，为什么 NH_3 配合物与 phen 配合物的速率常数相差达到4～5个数量级？请解释。

附　　录

附录 1　点群的特征标表

1. 无轴群

C_1'	E
A	1

C_s	E	σ_h		
A'	1	1	x,y,R_z	x^2,y^2,z^2,xy
A''	1	−1	z,R_x,R_y	yz,xz

C_i	E	i		
A_g	1	1	R_x,R_y,R_z	x^2,y^2,z^2 xy,xz,yz
A_u	1	−1	x,y,z	

2. C_n 群

C_2	E	C_2		
A	1	1	z,R_z	x^2,y^2,z^2,xy
B	1	−1	x,y,R_x,R_y	yz,xz

C_3	E	C_3	C_3^2		$\varepsilon=\exp(2\pi i/3)$
A	1	1	1	z,R_z	x^2+y^2,z^2
E	$\begin{Bmatrix}1\\1\end{Bmatrix}$	$\begin{matrix}\varepsilon\\\varepsilon^*\end{matrix}$	$\begin{matrix}\varepsilon^*\\\varepsilon\end{matrix}$	$(x,y),(R_x,R_y)$	$(x^2-y^2,xy),(yz,xz)$

C_4	E	C_4	C_2	C_4^3		
A	1	1	1	1	z,R_z	x^2+y^2,z^2
B	1	−1	1	−1		x^2-y^2,xy
E	$\begin{Bmatrix}1\\1\end{Bmatrix}$	$\begin{matrix}i\\-i\end{matrix}$	$\begin{matrix}-1\\-1\end{matrix}$	$\begin{matrix}-i\\i\end{matrix}$	$(x,y),(R_x,R_y)$	(yz,xz)

C_5	E	C_5	C_5^2	C_5^3	C_5^4		$\varepsilon=\exp(2\pi i/5)$
A	1	1	1	1	1	z,R_z	x^2+y^2,z^2
E_1	$\begin{Bmatrix}1\\1\end{Bmatrix}$	$\begin{matrix}\varepsilon\\\varepsilon^*\end{matrix}$	$\begin{matrix}\varepsilon^2\\\varepsilon^{2*}\end{matrix}$	$\begin{matrix}\varepsilon^{2*}\\\varepsilon^2\end{matrix}$	$\begin{matrix}\varepsilon^*\\\varepsilon\end{matrix}$	$(x,y),(R_x,R_y)$	(yz,xz)
E_2	$\begin{Bmatrix}1\\1\end{Bmatrix}$	$\begin{matrix}\varepsilon^2\\\varepsilon^{2*}\end{matrix}$	$\begin{matrix}\varepsilon^*\\\varepsilon\end{matrix}$	$\begin{matrix}\varepsilon\\\varepsilon^*\end{matrix}$	$\begin{matrix}\varepsilon^{2*}\\\varepsilon^2\end{matrix}$		(x^2-y^2,xy)

C_6	E	C_6	C_3	C_2	C_3^2	C_6^5		$\varepsilon=\exp(2\pi i/6)$
A	1	1	1	1	1	1	z,R_z	x^2+y^2,z^2
B	1	-1	1	-1	1	-1		
E_1	1	ε	$-\varepsilon^*$	-1	$-\varepsilon$	ε^*	$(x,y),(R_x,R_y)$	(xz,yz)
	1	ε^*	$-\varepsilon$	-1	ε^*	ε		
E_2	1	$-\varepsilon^*$	$-\varepsilon$	1	$-\varepsilon^*$	$-\varepsilon$		(x^2-y^2,xy)
	1	$-\varepsilon$	$-\varepsilon^*$	1	$-\varepsilon$	$-\varepsilon^*$		

C_7	E	C_7	C_7^2	C_7^3	C_7^4	C_7^5	C_7^6		$\varepsilon=\exp(2\pi i/7)$
A	1	1	1	1	1	1	1	z,R_z	x^2+y^2,z^2
E_1	1	ε	ε^2	ε^3	ε^{3*}	ε^{2*}	ε^*	$(x,y),(R_x,R_y)$	(xz,yz)
	1	ε^*	ε^{2*}	ε^{3*}	ε^3	ε^2	ε		
E_2	1	ε^2	ε^{3*}	ε^*	ε	ε^3	ε^{2*}		(x^2-y^2,xy)
	1	ε^{2*}	ε^3	ε	ε^*	ε^{3*}	ε^2		
E_3	1	ε^3	ε^*	ε^2	ε^{2*}	ε	ε^{3*}		
	1	ε^{3*}	ε	ε^{2*}	ε^2	ε^*	ε^3		

C_8	E	C_8	C_4	C_8^3	C_2	C_8^5	C_4^3	C_8^7		$\varepsilon=\exp(2\pi i/8)$
A	1	1	1	1	1	1	1	1	z,R_z	x^2+y^2,z^2
B	1	-1	1	-1	1	-1	1	-1		
E_1	1	ε	i	$-\varepsilon^*$	-1	$-\varepsilon$	$-i$	ε^*	$(x,y),(R_x,R_y)$	(xz,yz)
	1	ε^*	$-i$	$-\varepsilon$	-1	$-\varepsilon^*$	i	ε		
E_2	1	i	-1	$-i$	1	i	-1	$-i$		(x^2-y^2,xy)
	1	$-i$	-1	i	1	$-i$	-1	i		
E_3	1	$-\varepsilon$	i	ε^*	-1	ε	$-i$	$-\varepsilon^*$		
	1	$-\varepsilon^*$	$-i$	ε	-1	ε^*	i	$-\varepsilon$		

3. D_n 群

D_2	E	$C_2(z)$	$C_2(y)$	$C_2(x)$		
A	1	1	1	1		x^2,y^2,z^2
B_1	1	1	-1	-1	z,R_z	xy
B_2	1	-1	1	-1	y,R_y	xz
B_3	1	-1	-1	1	x,R_x	xy

D_3	E	$2C_3$	$3C_2$		
A_1	1	1	1		x^2+y^2,z^2
A_2	1	1	-1	z,R_z	
E	2	-1	0	$(x,y),(R_x,R_y)$	$(x^2-y^2,xy),(xz,yz)$

D_4	E	$2C_4$	$C_2(=C_4^2)$	$2C_2'$	$2C_2''$		
A_1	1	1	1	1	1		x^2+y^2,z^2
A_2	1	1	1	-1	-1	z,R_z	
B_1	1	-1	1	1	-1		x^2-y^2
B_2	1	-1	1	-1	1		xy
E	2	0	-2	0	0	$(x,y),(R_x,R_y)$	(xz,yz)

D_5	E	$2C_5$	$2C_5^2$	$5C_2$		
A_1	1	1	1	1		x^2+y^2, z^2
A_2	1	1	1	−1	z, R_z	
E_1	2	2cos72°	2cos144°	0	$(x,y),(R_x,R_y)$	(xz,yz)
E_2	2	2cos144°	2cos72°	0		(x^2-y^2,xy)

D_6	E	$2C_6$	$2C_3$	C_2	$3C_2'$	$3C_2''$		
A_1	1	1	1	1	1	1		x^2+y^2, z^2
A_2	1	1	1	1	−1	−1	z, R_z	
B_1	1	−1	1	−1	1	−1		
B_2	1	−1	1	−1	−1	1		
E_1	2	1	−1	−2	0	0	$(x,y),(R_x,R_y)$	(xz,yz)
E_2	2	−1	−1	2	0	0		(x^2-y^2,xy)

4. C_{nv}群

C_{2v}	E	C_2	$\sigma_v(xz)$	$\sigma_v'(yz)$		
A_1	1	1	1	1	z	x^2, y^2, z^2
A_2	1	1	−1	−1	R_z	xy
B_1	1	−1	1	−1	x, R_y	xz
B_2	1	−1	−1	1	y, R_x	yz

C_{3v}	E	$2C_3$	$3\sigma_v$		
A_1	1	1	1	z	x^2+y^2, z^2
A_2	1	1	−1	R_z	
E	2	−1	0	(x, y), (R_x, R_y)	(x^2-y^2, xy), (xz, yz)

C_{4v}	E	$2C_4$	C_2	$2\sigma_v$	$2\sigma_d$		
A_1	1	1	1	1	1	z	x^2+y^2, z^2
A_2	1	1	1	−1	−1	R_z	
B_1	1	−1	1	1	−1		x^2-y^2
B_2	1	−1	1	−1	1		xy
E	2	0	−2	0	0	(x, y), (R_x, R_y)	(xz, yz)

C_{5v}	E	$2C_5$	$2C_5^2$	$5\sigma_v$		
A_1	1	1	1	1	z	x^2+y^2, z^2
A_2	1	1	1	−1	R_z	
E_1	2	2cos72°	2cos144°	0	(x, y) (R_x, R_y)	(xz, yz)
E_2	2	2cos144°	2cos72°	0		(x^2-y^2, xy)

C_{6v}	E	$2C_6$	$2C_3$	C_2	$3\sigma_v$	$3\sigma_d$		
A_1	1	1	1	1	1	1	z	x^2+y^2，z^2
A_2	1	1	1	1	-1	-1	R_z	
B_1	1	-1	1	-1	1	-1		
B_2	1	-1	1	-1	-1	1		
E_1	2	1	-1	-2	0	0	(x, y)，(R_x, R_y)	(xz, yz)
E_2	2	-1	-1	2	0	0		(x^2-y^2, xy)

5. C_{nh} 群

C_{2h}	E	C_2	i	σ_h		
A_g	1	1	1	1	R_z	x^2，y^2，z^2，xy
B_g	1	-1	1	-1	R_x，R_y	xz，yz
A_u	1	1	-1	-1	z	
B_u	1	-1	-1	1	x，y	

C_{3h}	E	C_3	C_3^2	σ_h	S_3	S_3^5		$\varepsilon=\exp(2\pi i/3)$
A'	1	1	1	1	1	1	R_z	x^2+y^2, z^2
E'	1	ε	ε^*	1	ε	ε^*	(x,y)	(x^2-y^2, xy)
	1	ε^*	ε	1	ε^*	ε		
A''	1	1	1	-1	-1	-1	z	
E''	1	ε	ε^*	-1	$-\varepsilon$	$-\varepsilon^*$	(R_x, R_y)	(xz, yz)
	1	ε^*	ε	-1	$-\varepsilon^*$	$-\varepsilon$		

C_{4h}	E	C_4	C_2	C_4^3	i	S_4^3	σ_h	S_4		
A_g	1	1	1	1	1	1	1	1	R_z	x^2+y^2, z^2
B_g	1	-1	1	-1	1	-1	1	-1		x^2-y^2, xy
E_g	1	i	-1	$-i$	1	i	-1	$-i$	(R_x, R_y)	(xy, yz)
	1	$-i$	-1	i	1	$-i$	-1	i		
A_u	1	1	1	1	-1	-1	-1	-1	z	
B_u	1	-1	1	-1	-1	1	-1	1		
E_u	1	i	-1	$-i$	-1	$-i$	1	i	(x, y)	
	1	$-i$	-1	i	-1	i	1	$-i$		

C_{5h}	E	C_5	C_5^2	C_5^3	C_5^4	σ_h	S_5	S_5^7	S_5^3	S_5^9		$\varepsilon=\exp(2\pi i/5)$
A'	1	1	1	1	1	1	1	1	1	1	R_z	x^2+y^2, z^2
E_1'	1	ε	ε^2	ε^{2*}	ε^*	1	ε	ε^2	ε^{2*}	ε^*	(x, y)	
	1	ε^*	ε^{2*}	ε^2	ε	1	ε^*	ε^{2*}	ε^2	ε		
E_2'	1	ε^2	ε^*	ε	ε^{2*}	1	ε^2	ε^*	ε	ε^{2*}		(x^2-y^2, xy)
	1	ε^{2*}	ε	ε^*	ε^2	1	ε^{2*}	ε	ε^*	ε^2		
A''	1	1	1	1	1	-1	-1	-1	-1	-1	z	
E_1''	1	ε	ε^2	ε^{2*}	ε^*	-1	$-\varepsilon$	$-\varepsilon^2$	$-\varepsilon^{2*}$	$-\varepsilon^*$	(R_x, R_y)	(xz, yz)
	1	ε^*	ε^{2*}	ε^2	ε	-1	$-\varepsilon^*$	$-\varepsilon^{2*}$	$-\varepsilon^2$	$-\varepsilon$		
E_2''	1	ε^2	ε^*	ε	ε^{2*}	-1	$-\varepsilon^2$	$-\varepsilon^*$	$-\varepsilon$	$-\varepsilon^{2*}$		
	1	ε^{2*}	ε	ε^*	ε^2	-1	$-\varepsilon^{2*}$	$-\varepsilon$	$-\varepsilon^*$	$-\varepsilon^2$		

C_{6h}	E	C_6	C_3	C_2	C_3^2	C_6^5	i	S_3^5	S_6^5	σ_h	S_6	S_3		$\varepsilon=\exp(2\pi i/6)$
A_g	1	1	1	1	1	1	1	1	1	1	1	1	R_z	x^2+y^2, z^2
B_g	1	−1	1	−1	1	−1	1	−1	1	−1	1	−1		
E_{1g}	1	ε	$-\varepsilon^*$	−1	$-\varepsilon$	ε^*	1	ε	$-\varepsilon^*$	−1	$-\varepsilon$	ε^*	(R_x, R_y)	(xz, yz)
	1	ε^*	$-\varepsilon$	−1	$-\varepsilon^*$	ε	1	ε^*	$-\varepsilon$	−1	$-\varepsilon^*$	ε		
E_{2g}	1	$-\varepsilon^*$	$-\varepsilon$	1	$-\varepsilon^*$	$-\varepsilon$	1	$-\varepsilon^*$	$-\varepsilon$	1	$-\varepsilon^*$	$-\varepsilon$		(x^2-y^2, xy)
	1	$-\varepsilon$	$-\varepsilon^*$	1	$-\varepsilon$	$-\varepsilon^*$	1	$-\varepsilon$	$-\varepsilon^*$	1	$-\varepsilon$	$-\varepsilon^*$		
A_u	1	1	1	1	1	1	−1	−1	−1	−1	−1	−1	z	
B_u	1	−1	1	−1	1	−1	−1	1	−1	1	−1	1		
E_{1u}	1	ε	$-\varepsilon^*$	−1	$-\varepsilon$	ε^*	−1	$-\varepsilon$	ε^*	1	ε	$-\varepsilon^*$	(x, y)	
	1	ε^*	$-\varepsilon$	−1	$-\varepsilon^*$	ε	−1	$-\varepsilon^*$	ε	1	ε^*	$-\varepsilon$		
E_{2u}	1	$-\varepsilon^*$	$-\varepsilon$	1	$-\varepsilon^*$	$-\varepsilon$	−1	ε^*	ε	−1	ε^*	ε		
	1	$-\varepsilon$	$-\varepsilon^*$	1	$-\varepsilon$	$-\varepsilon^*$	−1	ε	ε^*	−1	ε	ε^*		

6. D_{nh} 群

D_{2h}	E	$C_2(z)$	$C_2(y)$	$C_2(x)$	i	$\sigma(xy)$	$\sigma(xz)$	$\sigma(yz)$		
A_g	1	1	1	1	1	1	1	1		x^2, y^2, z^2
B_{1g}	1	1	−1	−1	1	1	−1	−1	R_z	xy
B_{2g}	1	−1	1	−1	1	−1	1	−1	R_y	xz
B_{3g}	1	−1	−1	1	1	−1	−1	1	R_x	yz
A_u	1	1	1	1	−1	−1	−1	−1		
B_{1u}	1	1	−1	−1	−1	−1	1	1	z	
B_{2u}	1	−1	1	−1	−1	1	−1	1	y	
B_{3u}	1	−1	−1	1	−1	1	1	−1	x	

D_{3h}	E	$2C_3$	$3C_2$	σ_h	$2S_3$	$3\sigma_v$		
A_1'	1	1	1	1	1	1		x^2+y^2，z^2
A_2'	1	1	−1	1	1	−1	R_z	
E'	2	−1	0	2	−1	0	(x, y)	(x^2-y^2, xy)
A_1''	1	1	1	−1	−1	−1		
A_2''	1	1	−1	−1	−1	1	z	
E''	2	−1	0	−2	1	0	(R_x, R_y)	(xz, yz)

D_{4h}	E	$2C_4$	C_2	$2C_2'$	$2C_2''$	i	$2S_4$	σ_h	$2\sigma_v$	$2\sigma_d$		
A_{1g}	1	1	1	1	1	1	1	1	1	1		x^2+y^2，z^2
A_{2g}	1	1	1	−1	−1	1	1	1	−1	−1	R_z	
B_{1g}	1	−1	1	1	−1	1	−1	1	1	−1		x^2-y^2
B_{2g}	1	−1	1	−1	1	1	−1	1	−1	1		xy
E_g	2	0	−2	0	0	2	0	−2	0	0	(R_x, R_y)	(xz, yz)
A_{1u}	1	1	1	1	1	−1	−1	−1	−1	−1		
A_{2u}	1	1	1	−1	−1	−1	−1	−1	1	1	z	
B_{1u}	1	−1	1	1	−1	−1	1	−1	−1	1		
B_{2u}	1	−1	1	−1	1	−1	1	−1	1	−1		
E_u	2	0	−2	0	0	−2	0	2	0	0	(x, y)	

D_{5h}	E	$2C_5$	$2C_5^2$	$5C_2$	σ_h	$2S_5$	$2S_5^3$	$5\sigma_v$		
A_1'	1	1	1	1	1	1	1	1		x^2+y^2, z^2
A_2'	1	1	1	−1	1	1	1	−1	R_z	
E_1'	2	2cos72°	2cos144°	0	2	2cos72°	2cos144°	0	(x, y)	
E_2'	2	2cos144°	2cos72°	0	2	2cos144°	2cos72°	0		(x^2-y^2, xy)
A_1''	1	1	1	1	−1	−1	−1	−1		
A_2''	1	1	1	−1	−1	−1	−1	1	z	
E_1''	2	2cos72°	2cos144°	0	−2	−2cos72°	−2cos144°	0	(R_x, R_y)	(xz, yz)
E_2''	2	2cos144°	2cos72°	0	−2	−2cos144°	−2cos72°	0		

D_{6h}	E	$2C_6$	$2C_3$	C_2	$3C_2'$	$3C_2''$	i	$2S_3$	$2S_6$	σ_h	$3\sigma_d$	$3\sigma_v$		
A_{1g}	1	1	1	1	1	1	1	1	1	1	1	1		x^2+y^2, z^2
A_{2g}	1	1	1	1	−1	−1	1	1	1	1	−1	−1	R_z	
B_{1g}	1	−1	1	−1	1	−1	1	−1	1	−1	1	−1		
B_{2g}	1	−1	1	−1	−1	1	1	−1	1	−1	−1	1		
E_{1g}	2	1	−1	−2	0	0	2	1	−1	−2	0	0	(R_x, R_y)	(xz, yz)
E_{2g}	2	−1	−1	2	0	0	2	−1	−1	2	0	0		(x^2-y^2, xy)
A_{1u}	1	1	1	1	1	1	−1	−1	−1	−1	−1	−1		
A_{2u}	1	1	1	1	−1	−1	−1	−1	−1	−1	1	1	z	
B_{1u}	1	−1	1	−1	1	−1	−1	1	−1	1	−1	1		
B_{2u}	1	−1	1	−1	−1	1	−1	1	−1	1	1	−1		
E_{1u}	2	1	−1	−2	0	0	−2	−1	1	2	0	0	(x, y)	
E_{2u}	2	−1	−1	2	0	0	−2	1	1	−2	0	0		

D_{8h}	E	$2C_8$	$2C_8^3$	$2C_4$	C_2	$4C_2'$	$4C_2''$	i	$2S_8$	$2S_8^3$	$2S_4$	σ_h	$4\sigma_d$	$4\sigma_v$		
A_{1g}	1	1	1	1	1	1	1	1	1	1	1	1	1	1		x^2+y^2, z^2
A_{2g}	1	1	1	1	1	−1	−1	1	1	1	1	1	−1	−1	R_z	
B_{1g}	1	−1	−1	1	1	1	−1	1	−1	−1	1	1	1	−1		
B_{2g}	1	−1	−1	1	1	−1	1	1	−1	−1	1	1	−1	1		
E_{1g}	2	$\sqrt{2}$	$-\sqrt{2}$	0	−2	0	0	2	$\sqrt{2}$	$-\sqrt{2}$	0	−2	0	0	(R_x, R_y)	(xz, yz)
E_{2g}	2	0	0	−2	2	0	0	2	0	0	−2	2	0	0		(x^2-y^2, xy)
E_{3g}	2	$-\sqrt{2}$	$\sqrt{2}$	0	−2	0	0	2	$-\sqrt{2}$	$\sqrt{2}$	0	−2	0	0		
A_{1u}	1	1	1	1	1	1	1	−1	−1	−1	−1	−1	−1	−1		
A_{2u}	1	1	1	1	1	−1	−1	−1	−1	−1	−1	−1	1	1	z	
B_{1u}	1	−1	−1	1	1	1	−1	−1	1	1	−1	−1	−1	1		
B_{2u}	1	−1	−1	1	1	−1	1	−1	1	1	−1	−1	1	−1		
E_{1u}	2	$\sqrt{2}$	$-\sqrt{2}$	0	−2	0	0	−2	$-\sqrt{2}$	$\sqrt{2}$	0	2	0	0	(x, y)	
E_{2u}	2	0	0	−2	2	0	0	−2	0	0	2	−2	0	0		
E_{3u}	2	$-\sqrt{2}$	$\sqrt{2}$	0	−2	0	0	−2	$\sqrt{2}$	$-\sqrt{2}$	0	2	0	0		

7. D_{nd} 群

D_{2d}	E	$2S_4$	C_2	$2C_2'$	$2\sigma_d$		
A_1	1	1	1	1	1		x^2+y^2, z^2
A_2	1	1	1	−1	−1	R_z	
B_1	1	−1	1	1	−1		x^2-y^2
B_2	1	−1	1	−1	1	z	xy
E	2	0	−2	0	0	(x, y), (R_x, R_y)	(xz, yz)

D_{3d}	E	$2C_3$	$3C_2$	i	$2S_6$	$3\sigma_d$		
A_{1g}	1	1	1	1	1	1		x^2+y^2, z^2
A_{2g}	1	1	−1	1	1	−1	R_z	
E_g	2	−1	0	2	−1	0	(R_x, R_y)	(x^2-y^2, xy), (xz, yz)
A_{1u}	1	1	1	−1	−1	−1		
A_{2u}	1	1	−1	−1	−1	1	z	
E_u	2	−1	0	−2	1	0	(x, y)	

D_{4d}	E	$2S_8$	$2C_4$	$2S_8^3$	C_2	$4C_2'$	$4\sigma_d$		
A_1	1	1	1	1	1	1	1		x^2+y^2, z^2
A_2	1	1	1	1	1	−1	−1	R_z	
B_1	1	−1	1	−1	1	1	−1		
B_2	1	−1	1	−1	1	−1	1	z	
E_1	2	$\sqrt{2}$	0	$-\sqrt{2}$	−2	0	0	(x, y)	
E_2	2	0	−2	0	2	0	0		(x^2-y^2, xy)
E_3	2	$-\sqrt{2}$	0	$\sqrt{2}$	−2	0	0	(R_x, R_y)	(xz, yz)

D_{5d}	E	$2C_5$	$2C_5^2$	$5C_2$	i	$2S_{10}^3$	$2S_{10}$	$5\sigma_d$		
A_{1g}	1	1	1	1	1	1	1	1		x^2+y^2, z^2
A_{2g}	1	1	1	−1	1	1	1	−1	R_z	
E_{1g}	2	2cos72°	2cos144°	0	2	2cos72°	2cos144°	0	(R_x, R_y)	(xz, yz)
E_{2g}	2	2cos144°	2cos72°	0	2	2cos144°	2cos72°	0		(x^2-y^2, xy)
A_{1u}	1	1	1	1	−1	−1	−1	−1		
A_{2u}	1	1	1	−1	−1	−1	−1	1	z	
E_{1u}	2	2cos72°	2cos144°	0	−2	−2cos72°	−2cos144°	0	(x, y)	
E_{2u}	2	2cos144°	2cos72°	0	−2	−2cos144°	−2cos72°	0		

D_{6d}	E	$2S_{12}$	$2C_6$	$2S_4$	$2C_3$	$2S_{12}^5$	C_2	$6C_2'$	$6\sigma_d$		
A_1	1	1	1	1	1	1	1	1	1		x^2+y^2, z^2
A_2	1	1	1	1	1	1	1	−1	−1	R_z	
B_1	1	−1	1	−1	1	−1	1	1	−1		
B_2	1	−1	1	−1	1	−1	1	−1	1	z	
E_1	2	$\sqrt{3}$	1	0	−1	$-\sqrt{3}$	−2	0	0	(x, y)	
E_2	2	1	−1	−2	−1	1	2	0	0		(x^2-y^2, xy)
E_3	2	0	−2	0	2	0	−2	0	0		
E_4	2	−1	−1	2	−1	−1	2	0	0		
E_5	2	$-\sqrt{3}$	1	0	−1	$\sqrt{3}$	−2	0	0	(R_x, R_y)	(xz, yz)

8. S_n 群

S_4	E	S_4	C_2	S_4^3		
A	1	1	1	1	R_z	x^2+y^2, z^2
B	1	−1	1	−1	z	x^2-y^2, xy
E	1	i	−1	$-i$	$(x,y),(R_x,R_y)$	(xz,yz)
	1	$-i$	−1	i		

S_6	E	C_3	C_3^2	i	S_6^5	S_6		$\varepsilon=\exp(2\pi i/3)$
A_g	1	1	1	1	1	1	R_z	x^2+y^2, z^2
E_g	1	ε	ε^*	1	ε	ε^*	(R_x,R_y)	(x^2-y^2, xy)
	1	ε^*	ε	1	ε^*	ε		(xz,yz)
A_u	1	1	1	−1	−1	−1	z	
E_u	1	ε	ε^*	−1	$-\varepsilon$	$-\varepsilon^*$	(x,y)	
	1	ε^*	ε	−1	$-\varepsilon^*$	$-\varepsilon$		

S_8	E	S_8	C_4	S_8^3	C_2	S_8^5	C_4^3	S_8^7		$\varepsilon=\exp(2\pi i/8)$
A	1	1	1	1	1	1	1	1	R_z	x^2+y^2, z^2
B	1	−1	1	−1	1	−1	1	−1	z	
E_1	1	ε	i	$-\varepsilon^*$	−1	$-\varepsilon$	$-i$	ε^*	$(x,y),(R_x,R_y)$	
	1	ε^*	$-i$	$-\varepsilon$	−1	$-\varepsilon^*$	i	ε		
E_2	1	i	−1	$-i$	1	i	−1	$-i$		
	1	$-i$	−1	i	1	$-i$	−1	i		(x^2-y^2, xy)
E_3	1	$-\varepsilon^*$	$-i$	ε	−1	ε^*	i	$-\varepsilon$		
	1	$-\varepsilon$	i	ε^*	−1	ε	$-i$	$-\varepsilon^*$		(xz,yz)

9. 立方体群

T	E	$4C_3$	$4C_3^2$	$3C_2$		$\varepsilon=\exp(2\pi i/3)$
A	1	1	1	1		$x^2+y^2+z^2$
E	1	ε	ε^*	1		$(2z^2-x^2-y^2, x^2-y^2)$
	1	ε^*	ε	1		
T	3	0	0	−1	$(R_x,R_y,R_z),(x,y,z)$	(xy,xz,yz)

T_h	E	$4C_3$	$4C_3^2$	$3C_2$	i	$4S_6$	$4S_6^5$	$3\sigma_h$		$\varepsilon=\exp(2\pi i/3)$
A_g	1	1	1	1	1	1	1	1		$x^2+y^2+z^2$
E_g	1	ε	ε^*	1	1	ε	ε^*	1		$(2z^2-x^2-y^2, x^2-y^2)$
	1	ε^*	ε	1	1	ε^*	ε	1		
T_g	3	0	0	−1	1	0	0	−1	(R_x,R_y,R_z)	(xz,yz,xy)
A_u	1	1	1	1	−1	−1	−1	−1		
E_u	1	ε	ε^*	1	−1	$-\varepsilon$	$-\varepsilon^*$	−1		
	1	ε^*	ε	1	−1	$-\varepsilon^*$	$-\varepsilon$	−1		
T_u	3	0	0	−1	−1	0	0	1	(x,y,z)	

T_d	E	$8C_3$	$3C_2$	$6S_4$	$6\sigma_d$		
A_1	1	1	1	1	1		$x^2+y^2+z^2$
A_2	1	1	1	-1	-1		
E	2	-1	2	0	0		$(2z^2-x^2-y^2,x^2-y^2)$
T_1	3	0	-1	1	-1	(R_x,R_y,R_z)	
T_2	3	0	-1	-1	1	(x,y,z)	(xy,xz,yz)

O	E	$8C_3$	$3C_2(=C_4^2)$	$6C_4$	$6C_2$		
A_1	1	1	1	1	1		$x^2+y^2+z^2$
A_2	1	1	1	-1	-1		
E	2	-1	2	0	0		$(2z^2-x^2-y^2,x^2-y^2)$
T_1	3	0	-1	1	-1	$(R_x,R_y,R_z)(x,y,z)$	
T_2	3	0	-1	-1	1		(xy,xz,yz)

O_h	E	$8C_3$	$6C_2$	$6C_4$	$3C_2(=C_4^2)$	i	$6S_4$	$8S_6$	$3\sigma_h$	$6\sigma_d$		
A_{1g}	1	1	1	1	1	1	1	1	1	1		$x^2+y^2+z^2$
A_{2g}	1	1	-1	-1	1	1	-1	1	1	-1		
E_g	2	-1	0	0	2	2	0	-1	2	0		$(2z^2-x^2-y^2,x^2-y^2)$
T_{1g}	3	0	-1	1	-1	3	1	0	-1	-1	(R_x,R_y,R_z)	
T_{2g}	3	0	1	-1	-1	3	-1	0	-1	1		(xz,yz,xy)
A_{1u}	1	1	1	1	1	-1	-1	-1	-1	-1		
A_{2u}	1	1	-1	-1	1	-1	1	-1	-1	1		
E_u	2	-1	0	0	2	-2	0	1	-2	0		
T_{1u}	3	0	-1	1	-1	-3	-1	0	1	1	(x,y,z)	
T_{2u}	3	0	1	-1	-1	-3	1	0	1	-1		

10. 线形分子的 $C_{\infty v}$ 和 $D_{\infty h}$ 群

$C_{\infty v}$	E	$2C_\infty^\Phi$	…	$\infty\sigma_v$		
$A_1\equiv\Sigma^+$	1	1	…	1	z	x^2+y^2,z^2
$A_2\equiv\Sigma^-$	1	1	…	-1	R_z	
$E_1\equiv\Pi$	2	$2\cos\Phi$	…	0	$(x,y),(R_x,R_y)$	(xz,yz)
$E_2\equiv\Delta$	2	$2\cos2\Phi$	…	0		(x^2-y^2,xy)
$E_2\equiv\Phi$	2	$2\cos3\Phi$	…	0		
…	…	…	…	…		

$D_{\infty h}$	E	$2C_\infty^\Phi$	…	$\infty\sigma_v$	i	$2S_\infty^\Phi$	…	∞C_2		
Σ_g^+	1	1	…	1	1	1	…	1		x^2+y^2,z^2
Σ_g^-	1	1	…	-1	1	1	…	-1	R_z	
Π_g	2	$2\cos\Phi$	…	0	2	$-2\cos\Phi$	…	0	(R_x,R_y)	(xz,yz)
Δ_g	2	$2\cos2\Phi$	…	0	2	$2\cos2\Phi$	…	0		(x^2-y^2,xy)
…	…	…	…	…	…	…	…	…		
Σ_u^+	1	1	…	1	-1	-1	…	-1	z	
Σ_u^-	1	1	…	-1	-1	-1	…	1		
Π_u	2	$2\cos\Phi$	…	0	-2	$2\cos\Phi$	…	0	(x,y)	
Δ_u	2	$2\cos2\Phi$	…	0	-2	$-2\cos2\Phi$	…	0		
…	…	…	…	…	…	…	…	…		

11. 二十面体群

I	E	$12C_5$	$12C_5^2$	$20C_3$	$15C_2$		$\eta^{\pm}=\frac{1}{2}(1\pm 5^{1/2})$
A	1	1	1	1	1		$x^2+y^2+z^2$
T_1	3	η^+	η^-	0	−1	$(x,y,z)(R_x,R_y,R_z)$	
T_2	3	η^-	η^+	0	−1		
G	4	−1	−1	1	0		
H	5	0	0	−1	1		$(2z^2-x^2-y^2, x^2-y^2, xy, yz, zx)$

I_h	E	$12C_5$	$12C_5^2$	$20C_3$	$15C_2$	i	$12S_{10}$	$12S_{10}^3$	$20S_6$	15σ		$\eta^{\pm}=\frac{1}{2}(1\pm 5^{1/2})$
A_g	1	1	1	1	1	1	1	1	1	1		$x^2+y^2+z^2$
T_{1g}	3	η^+	η^-	0	−1	3	η^-	η^+	0	−1	(R_x,R_y,R_z)	
T_{2g}	3	η^-	η^+	0	−1	3	η^+	η^-	0	−1		
G_g	4	−1	−1	1	0	4	−1	−1	1	0		
H_g	5	0	0	−1	1	5	0	0	−1	1		$(2z^2-x^2-y^2, x^2-y^2, xy, yz, zx)$
A_u	1	1	1	1	1	−1	−1	−1	−1	−1		
T_{1u}	3	η^+	η^-	0	−1	−3	$-\eta^-$	$-\eta^+$	0	1	(x,y,z)	
T_{2u}	3	η^-	η^+	0	−1	−3	$-\eta^+$	$-\eta^-$	0	1		
G_u	4	−1	−1	1	0	−4	1	1	−1	0		
H_u	5	0	0	−1	1	−5	0	0	1	−1		

附录 2　点群的对称性相关表

C_{2v}	C_2	C_s $\sigma(xz)$	C_s $\sigma(yz)$
A_1	A	A'	A'
A_2	A	A''	A''
B_1	B	A'	A''
B_2	B	A''	A'

C_{3v}	C_3	C_s
A_1	A	A'
A_2	A	A''
E	E	$A'+A''$

C_{4v}	C_4	C_{2v} σ_v	C_{2v} σ_d	C_2	C_s σ_v	C_s σ_d
A_1	A	A_1	A_1	A	A'	A'
A_2	A	A_2	A_2	A	A''	A''
B_1	B	A_1	A_2	A	A'	A''
B_2	B	A_2	A_1	A	A''	A'
E	E	B_1+B_2	B_1+B_2	$2B$	$A'+A''$	$A'+A''$

C_{5v}	C_5	C_s
A_1	A	A'
A_2	A	A''
E_1	$\{E_1\}$	$A'+A''$
E_2	$\{E_2\}$	$A'+A''$

C_{6v}	C_6	C_{3v} σ_v	C_{3v} σ_d	C_{2v} $\sigma_v\rightarrow\sigma(xz)$	C_3	C_2	C_s σ_v	C_s σ_d
A_1	A	A_1	A_1	A_1	A	A	A'	A'
A_2	A	A_2	A_2	A_2	A	A	A''	A''
B_1	B	A_1	A_2	B_1	A	B	A'	A''
B_2	B	A_2	A_1	B_2	A	B	A''	A'
E_1	$\{E_1\}$	E	E	B_1+B_2	$\{E\}$	$2B$	$A'+A''$	$A'+A''$
E_2	$\{E_2\}$	E	E	A_1+A_2	$\{E\}$	$2A$	$A'+A''$	$A'+A''$

C_{2h}	C_2	C_s	C_i
A_g	A	A'	A_g
B_g	B	A''	A_g
A_u	A	A''	A_u
B_u	B	A'	A_u

C_{3h}	C_3	C_s
A'	A	A'
E'	$\{E\}$	$2A'$
A''	A	A''
E''	$\{E\}$	$2A''$

C_{4h}	C_4	S_4	C_{2h}	C_2	C_s	C_i
A_g	A	A	A_g	A	A'	A_g
B_g	B	B	A_g	A	A'	A_g
$\{E_g\}$	$\{E\}$	$\{E\}$	$2B_g$	$2B$	$2A''$	$2A_g$
A_u	A	B	A_u	A	A''	A_u
B_u	B	A	A_u	A	A''	A_u
$\{E_u\}$	$\{E\}$	$\{E\}$	$2B_u$	$2B$	$2A'$	$2A_u$

C_{5h}	C_5	C_s
A'	A	A'
$\{E_1'\}$	$\{E_1\}$	$2A'$
$\{E_2'\}$	$\{E_2\}$	$2A'$
A''	A	A''
$\{E_1''\}$	$\{E_1\}$	$2A''$
$\{E_2''\}$	$\{E_2\}$	$2A''$

C_{6h}	C_6	C_{3h}	S_6	C_{2h}	C_3	C_2	C_s	C_i
A_g	A	A'	A_g	A_g	A	A	A'	A_g
B_g	B	A''	A_g	B_g	A	B	A''	A_g
$\{E_{1g}\}$	$\{E_1\}$	$\{E''\}$	$\{E_g\}$	$2B_g$	$\{E\}$	$2B$	$2A''$	$2A_g$
$\{E_{2g}\}$	$\{E_2\}$	$\{E'\}$	$\{E_g\}$	$2A_g$	$\{E\}$	$2A$	$2A'$	$2A_g$
A_u	A	A''	A_u	A_u	A	A	A''	A_u
B_u	B	A'	A_u	B_u	A	B	A'	A_u
$\{E_{1u}\}$	$\{E_1\}$	$\{E'\}$	$\{E_u\}$	$2B_u$	$\{E\}$	$2B$	$2A'$	$2A_u$
$\{E_{2u}\}$	$\{E_2\}$	$\{E''\}$	$\{E_u\}$	$2A_u$	$\{E\}$	$2A$	$2A''$	$2A_u$

D_{2h}	D_2	C_{2v} $C_2(z)$	C_{2v} $C_2(y)$	C_{2v} $C_2(x)$	C_{2h} $C_2(z)$	C_{2h} $C_2(y)$	C_{2h} $C_2(x)$	C_2 $C_2(z)$	C_2 $C_2(y)$	C_2 $C_2(x)$	C_s $\sigma(xy)$	C_s $\sigma(xz)$	C_s $\sigma(yz)$
A_g	A	A_1	A_1	A_1	A_g	A_g	A_g	A	A	A	A'	A'	A'
B_{1g}	B_1	A_2	B_2	B_1	A_g	B_g	B_g	A	B	B	A'	A''	A''
B_{2g}	B_2	B_1	A_2	B_2	B_g	A_g	B_g	B	A	B	A''	A'	A''
B_{3g}	B_3	B_2	B_1	A_2	B_g	B_g	A_g	B	B	A	A''	A''	A'
A_u	A	A_2	A_2	A_2	A_u	A_u	A_u	A	A	A	A''	A''	A''
B_{1u}	B_1	A_1	B_1	B_2	A_u	B_u	B_u	A	B	B	A''	A'	A'
B_{2u}	B_2	B_2	A_1	B_1	B_u	A_u	B_u	B	A	B	A'	A''	A'
B_{3u}	B_3	B_1	B_2	A_1	B_u	B_u	A_u	B	B	A	A'	A'	A''

D_{3h}	D_3	C_{3v}	C_{3h}	C_{2v} $\sigma_h \rightarrow \sigma_v(yz)$	C_s σ_h	C_s σ_v
A_1'	A_1	A_1	A'	A_1	A'	A'
A_2'	A_2	A_2	A'	B_2	A'	A''
E'	E	E	$\{E'\}$	A_1+B_2	$2A'$	$A'+A''$
A_1''	A_1	A_2	A''	A_2	A''	A''
A_2''	A_2	A_1	A''	B_1	A''	A'
E''	E	E	$\{E''\}$	A_2+B_1	$2A''$	$A'+A''$

其它亚群：C_3，C_2

D_{4h}	D_4	C_{4v}	C_{4h}	C_4	D_{2h} C_2'	D_{2h} C_2''	D_{2d} $C_2' \to C_2'$	D_{2d} $C_2'' \to C_2'$
A_{1g}	A_1	A_1	A_g	A	A_g	A_g	A_1	A_1
A_{2g}	A_2	A_2	A_g	A	B_{1g}	B_{1g}	A_2	A_2
B_{1g}	B_1	B_1	B_g	B	A_g	B_{1g}	B_1	B_2
B_{2g}	B_2	B_2	B_g	B	B_{1g}	A_g	B_2	B_1
E_g	E	E	$\{E_g\}$	$\{E\}$	$B_{2g}+B_{3g}$	$B_{2g}+B_{3g}$	E	E
A_{1u}	A_1	A_2	A_u	A	A_u	A_u	B_1	B_1
A_{2u}	A_2	A_1	A_u	A	B_{1u}	B_{1u}	B_2	B_2
B_{1u}	B_1	B_2	B_u	B	A_u	B_{1u}	A_1	A_2
B_{2u}	B_2	B_1	B_u	B	B_{1u}	A_u	A_2	A_1
E_u	E	E	$\{E_u\}$	$\{E\}$	$B_{2u}+B_{3u}$	$B_{2u}+B_{3u}$	E	E

D_{4h}	S_4	D_2 C_2'	D_2 C_2''	C_{2v} C_2,σ_v	C_{2v} C_2,σ_d	C_{2v} C_2'	C_{2v} C_2''
A_{1g}	A	A	A	A_1	A_1	A_1	A_1
A_{2g}	A	B_1	B_1	A_2	A_2	B_1	B_1
B_{1g}	B	A	B_1	A_1	A_2	A_1	B_1
B_{2g}	B	B_1	A	A_2	A_1	B_1	A_1
E_g	$\{E\}$	B_2+B_3	B_2+B_3	B_1+B_2	B_1+B_2	A_2+B_3	A_2+B_2
A_{1u}	B	A	A	A_2	A_2	A_2	A_2
A_{2u}	B	B_1	B_1	A_1	A_1	B_2	B_2
B_{1u}	A	A	B_1	A_2	A_1	A_2	B_2
B_{2u}	A	B_1	A	A_1	A_2	B_2	A_2
E_u	$\{E\}$	B_2+B_3	B_2+B_3	B_1+B_2	B_1+B_2	A_1+B_1	A_1+B_1

D_{4h}	C_{2h} C_2	C_{2h} C_2'	C_{2h} C_2''	C_s σ_h	C_s σ_v	C_s σ_d
A_{1g}	A_g	A_g	A_g	A'	A'	A'
A_{2g}	A_g	B_g	B_g	A'	A''	A''
B_{1g}	A_g	A_g	B_g	A'	A'	A''
B_{2g}	A_g	B_g	A_g	A'	A''	A'
E_g	$2B_g$	A_g+B_g	A_g+B_g	$2A''$	$A'+A''$	$A'+A''$
A_{1u}	A_u	A_u	A_u	A''	A''	A''
A_{2u}	A_u	B_u	B_u	A''	A'	A'
B_{1u}	A_u	A_u	B_u	A''	A''	A'
B_{2u}	A_u	B_u	A_u	A''	A'	A''
E_u	$2B_u$	A_u+B_u	A_u+B_u	$2A'$	$A'+A''$	$A'+A''$

其它亚群：$3C_2$，C_i

D_{5h}	D_5	C_{5v}	D_{5h}	C_5	C_{2v} $\sigma_h \to \sigma(xz)$
A_1'	A_1	A_1	A'	A	A_1
A_2'	A_2	A_2	A'	A	B_1
E_1'	E_1	E_1	$\{E_1'\}$	$\{E_1\}$	A_1+B_1
E_2'	E_2	E_2	$\{E_2'\}$	$\{E_2\}$	A_1+B_1
A_1''	A_1	A_2	A''	A	A_2
A_2''	A_2	A_1	A''	A	B_2
E_1''	E_1	E_1	$\{E_1''\}$	$\{E_1\}$	A_2+B_2
E_2''	E_2	E_2	$\{E_2''\}$	$\{E_2\}$	A_2+B_2

其它亚群：C_2，$2C_s$

D_{6h}	D_6	C_{6v}	C_{6h}	C_6	D_{3h} C_2'	D_{3h} C_2''	D_{3d} C_2'	D_{3d} C_2''	D_{2h} $\sigma_h \to \sigma(xy)$ $\sigma_v \to \sigma(yz)$
A_{1g}	A_1	A_1	A_g	A	A_1'	A_1'	A_{1g}	A_{1g}	A_g
A_{2g}	A_2	A_2	A_g	A	A_2'	A_2'	A_{2g}	A_{2g}	B_{1g}
B_{1g}	B_1	B_2	B_g	B	A_1''	A_2''	A_{1g}	A_{3g}	B_{3g}
B_{2g}	B_2	B_1	B_g	B	A_2''	A_1''	A_{2g}	A_{1g}	B_{3g}
E_{1g}	E_1	E_1	$\{E_{1g}\}$	$\{E_1\}$	E''	E''	E_g	E_g	$B_{2g}+B_{3g}$
E_{2g}	E_2	E_2	$\{E_{2g}\}$	$\{E_2\}$	E'	E'	E_g	E_g	A_g+B_{1g}
A_{1u}	A_1	A_2	A_u	A	A_1''	A_1''	A_{1u}	A_{1u}	A_u
A_{2u}	A_2	A_1	A_u	A	A_2''	A_2''	A_{2u}	A_{2u}	B_{1u}
B_{1u}	B_1	B_1	B_u	B	A_1'	A_2'	A_{1u}	A_{2u}	B_{2u}
B_{2u}	B_2	B_2	B_u	B	A_2'	A_1'	A_{2u}	A_{1u}	B_{3u}
E_{1u}	E_1	E_1	$\{E_{1u}\}$	$\{E_1\}$	E'	E'	E_u	E_u	$B_{2u}+B_{3u}$
E_{2u}	E_2	E_2	$\{E_{2u}\}$	$\{E_2\}$	E''	E''	E_u	E_u	A_u+B_{1u}

其它亚群：$2D_3$，$2C_{3v}$，C_{3h}，S_6，D_2，$2C_{2v}$，$3C_{2h}$，$3C_2$，$3C_s$，C_i

D_{2d}	S_4	D_2 $C_2 \to C_2(z)$	C_{2v}
A_1	A	A	A_1
A_2	A	B_1	A_2
B_1	B	A	A_2
B_2	B	B_1	A_1
E	$\{E\}$	B_2+B_3	B_1+B_2

其它亚群：$2C_2$，C_s

D_{3d}	D_3	S_6	C_{3v}	C_3	C_{2h}
A_{1g}	A_1	A_g	A_1	A	A_g
A_{2g}	A_2	A_g	A_2	A	B_g
E_g	E	$\{E_g\}$	E	$\{E\}$	A_g+B_g
A_{1u}	A_1	A_u	A_2	A	A_u
A_{2u}	A_2	A_u	A_1	A	B_u
E_u	E	$\{E_u\}$	E	$\{E\}$	A_u+B_u

其它亚群：C_2，C_s，C_i

D_{4d}	D_4	S_8	C_{4v}	C_4	C_{2v}	C_2 $C_2(z)$	C_2 C_2'	C_s
A_1	A_1	A	A_1	A	A_1	A	A	A'
A_2	A_2	A	A_2	A	A_2	A	B	A''
B_1	A_1	B	A_2	A	A_2	A	A	A''
B_2	A_2	B	A_1	A	A_1	A	B	A'
E_1	E	$\{E_1\}$	E	$\{E\}$	B_1+B_2	$2B$	$A+B$	$A'+A''$
E_2	B_1+B_2	$\{E_2\}$	B_1+B_2	$2B$	A_1+A_2	$2A$	$A+B$	$A'+A''$
E_3	E	$\{E_3\}$	E	$\{E\}$	B_1+B_2	$2B$	$A+B$	$A'+A''$

D_{5d}	D_5	C_{5v}	C_5	C_2
A_{1g}	A_1	A_1	A	A
A_{2g}	A_2	A_2	A	B
E_{1g}	E_1	E_1	$\{E_1\}$	$A+B$
E_{2g}	E_2	E_2	$\{E_2\}$	$A+B$
A_{1u}	A_1	A_2	A	A
A_{2u}	A_2	A_1	A	B
E_{1u}	E_1	E_1	$\{E_1\}$	$A+B$
E_{2u}	E_2	E_2	$\{E_2\}$	$A+B$

其它亚群：C_s，C_i

D_{6d}	D_6	C_{6v}	D_3	D_{2d}	S_4	C_2 $C_2(z)$	C_2 C_2'
A_1	A_1	A_1	A_1	A_1	A	A	A
A_2	A_2	A_2	A_2	A_2	A	A	B
B_1	A_1	A_2	A_1	B_1	B	A	A
B_2	A_2	A_1	A_2	B_2	B	A	B
E_1	E_1	E_1	E	E	$\{E\}$	$2B$	$A+B$
E_2	E_2	E_2	E	B_1+B_2	$2B$	$2A$	$A+B$
E_3	B_1+B_2	B_1+B_2	A_1+A_2	E	$\{E\}$	$2B$	$A+B$
E_4	E_2	E_2	E	A_1+A_2	$2A$	$2A$	$A+B$
E_5	E_1	E_1	E	E	$\{E\}$	$2B$	$A+B$

其它亚群：C_6，C_{3v}，C_3，D_2，D_{2v}，C_s

T	C_3	D_2	C_2
A	A	A	A
$\{E\}$	$\{E\}$	$2A$	$2A$
T	$A+\{E\}$	$B_1+B_2+B_3$	$A+2B$

T_h	T	S_6	D_{2h}	D_2
A_g	A	A_g	A_g	A
$\{E_g\}$	$\{E\}$	$\{E_g\}$	$2A_g$	$2A$
T_g	T	$A_g+\{E_g\}$	$B_{1g}+B_{2g}+B_{3g}$	$B_1+B_2+B_3$
A_u	A	A_u	A_u	A
$\{E_u\}$	$\{E\}$	$\{E_u\}$	$2A_u$	$2A$
T_u	T	$A_u+\{E_u\}$	$B_{1u}+B_{2u}+B_{3u}$	$B_1+B_2+B_3$

其它亚群：C_{2v}，C_{2h}，C_3，C_2，C_s，C_i

T_d	T	C_{3v}	C_{2v}	D_{2d}
A_1	A	A_1	A_1	A_1
A_2	A	A_2	A_2	B_1
E	$\{E\}$	E	A_1+A_2	A_1+B_1
T_1	T	A_2+E	$A_2+B_1+B_2$	A_2+E
T_2	T	A_1+E	$A_1+B_1+B_2$	B_2+E

其它亚群：S_4，D_2，C_3，C_2，C_s

O	T	D_4	C_4	D_3	D_2 $3C_2$	D_2 $C_2, 2C_2'$	C_3	C_2 C_2	C_2 C_2'
A_1	A	A_1	A	A_1	A	A	A	A	A
A_2	A	B_1	B	A_2	A	B_1	A	A	B
E	$\{E\}$	A_1+B_1	$A+B$	E	$2A$	$A+B_1$	$\{E\}$	$2A$	$A+B$
T_1	T	A_2+E	$A+E$	A_2+E	$B_1+B_2+B_3$	$B_1+B_2+B_3$	$A+\{E\}$	$A+2B$	$A+2B$
T_2	T	B_2+E	$B+E$	A_1+E	$B_1+B_2+B_3$	$A+B_2+B_3$	$A+\{E\}$	$A+2B$	$2A+B$

O_h	O	T_d	T_h	D_{4h}	D_{3d}
A_{1g}	A_1	A_1	A_g	A_{1g}	A_{1g}
A_{2g}	A_2	A_2	A_g	B_{1g}	A_{2g}
E_g	E	E	$\{E_g\}$	$A_{1g}+B_{1g}$	E_g
T_{1g}	T_1	T_1	T_g	$A_{2g}+E_g$	$A_{2g}+E_g$
T_{2g}	T_2	T_2	T_g	$B_{2g}+E_g$	$A_{1g}+E_g$
A_{1u}	A_1	A_2	A_u	A_{1u}	A_{1u}
A_{2u}	A_2	A_1	A_u	B_{1u}	A_{2u}
E_u	E	E	$\{E_u\}$	$A_{1u}+B_{1u}$	E_u
T_{1u}	T_1	T_2	T_u	$A_{2u}+E_u$	$A_{2u}+E_u$
T_{2u}	T_2	T_1	T_u	$B_{2u}+E_u$	$A_{1u}+E_u$

其它亚群：T，D_4，C_{4v}，C_{4h}，C_4，D_3，S_6，C_{3v}，C_3，$2D_{2h}$，D_{2d}，$2D_2$，S_4，$3C_{2v}$，$2C_{2h}$，$2C_2$，C_i，C_s

I	T	D_5	C_5	D_3	C_3	D_2	C_2
A	A	A_1	A	A_1	A	A	A
T_1	T	A_2+E_1	$A+\{E_1\}$	A_2+E	$A+\{E\}$	$B_1+B_2+B_3$	$A+2B$
T_2	T	A_2+E_2	$A+\{E_2\}$	A_2+E	$A+\{E\}$	$B_1+B_2+B_3$	$A+2B$
G	$A+T$	E_1+E_2	$\{E_1\}+\{E_2\}$	A_1+A_2+E	$2A+\{E\}$	$A+B_1+B_2+B_3$	$2A+2B$
H	$\{E\}+T$	$A_1+E_1+E_2$	$A+\{E_1\}+\{E_2\}$	A_1+2E	$A+2\{E\}$	$2A+B_1+B_2+B_3$	$3A+2B$

R_3	O	D_4	D_3
S	A_1	A_1	A_1
P	T_1	A_2+E	A_2+E
D	$E+T_2$	$A_1+B_1+B_2+E$	A_1+2E
F	$A_2+T_1+T_2$	$A_2+B_1+B_2+2E$	A_1+2A_2+2E
G	$A_1+E+T_1+T_2$	$2A_1+A_2+B_1+B_2+2E$	$2A_1+A_2+3E$
H	$E+2T_1+T_2$	$A_1+2A_2+B_1+B_2+3E$	A_1+2A_2+4E

附录 3 由 d^n 组态产生的谱项的分裂

谱项类型	对称性环境	
	O_h	T_d
S	A_{1g}	A_1
P	T_{1g}	T_1
D	E_g+T_{2g}	$E+T_2$
F	$A_{2g}+T_{1g}+T_{2g}$	$A_2+T_1+T_2$
G	$A_{1g}+E_g+T_{1g}+T_{2g}$	$A_1+E+T_1+T_2$
H	$E_g+2T_{1g}+T_{2g}$	$E+2T_1+T_2$
I	$A_{1g}+A_{2g}+E_g+T_{1g}+2T_{2g}$	$A_1+A_2+E+T_1+2T_2$

谱项类型	对称性环境	
	D_{4h}	D_3
S	A_{1g}	A_1
P	$A_{2g}+E_g$	A_2+E
D	$A_{1g}+B_{1g}+B_{2g}+E_g$	A_1+2E
F	$A_{2g}+B_{1g}+B_{2g}+2E_g$	A_1+2A_2+2E
G	$2A_{1g}+A_{2g}+B_{1g}+B_{2g}+2E_g$	$2A_1+A_2+3E$
H	$A_{1g}+2A_{2g}+B_{1g}+B_{2g}+3E_g$	A_1+2A_2+4E
I	$2A_{1g}+A_{2g}+2B_{1g}+2B_{2g}+3E_g$	$3A_1+2A_2+4E$

附录 4　Tanabe 和 Sugano 能级图

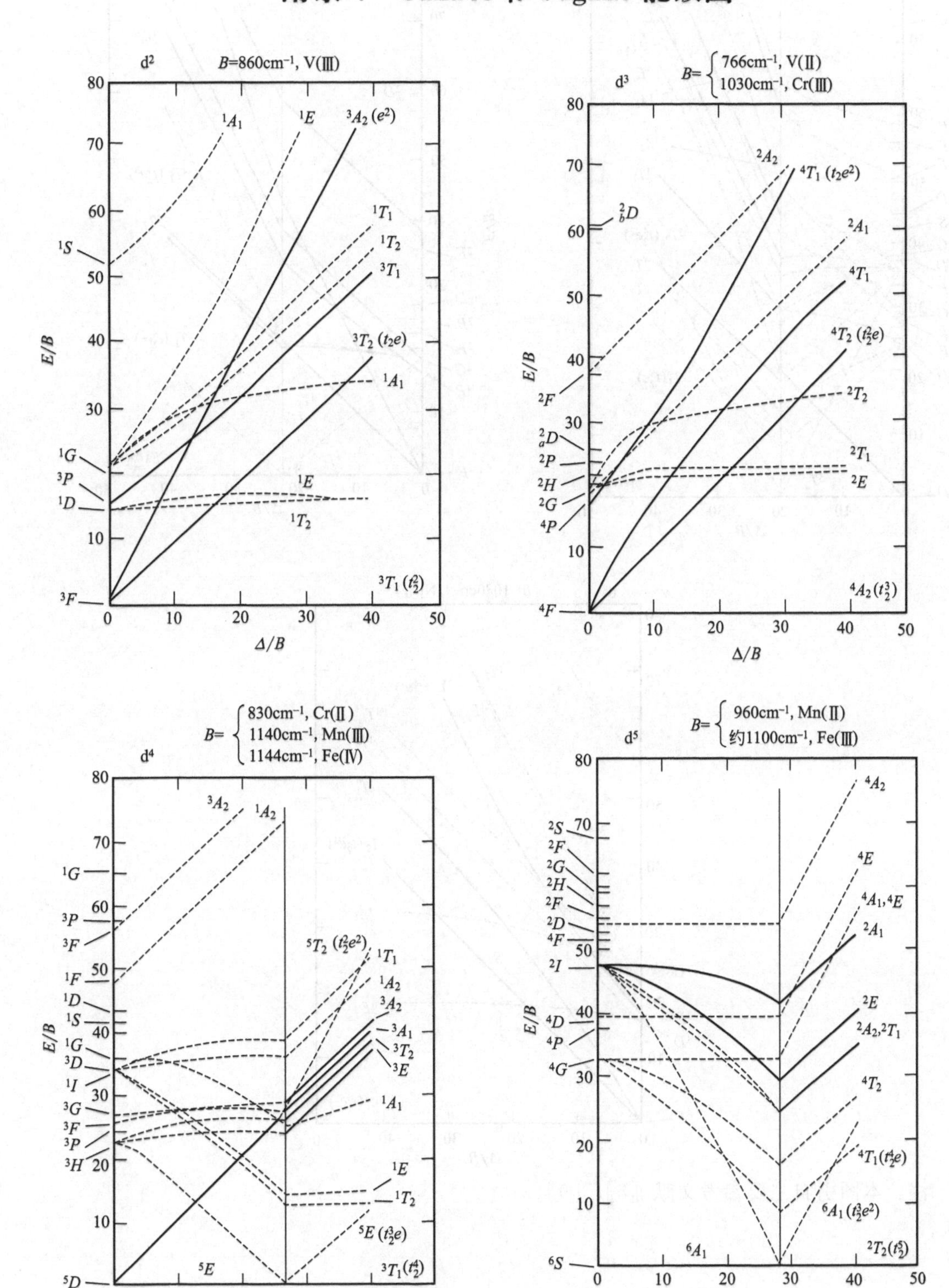

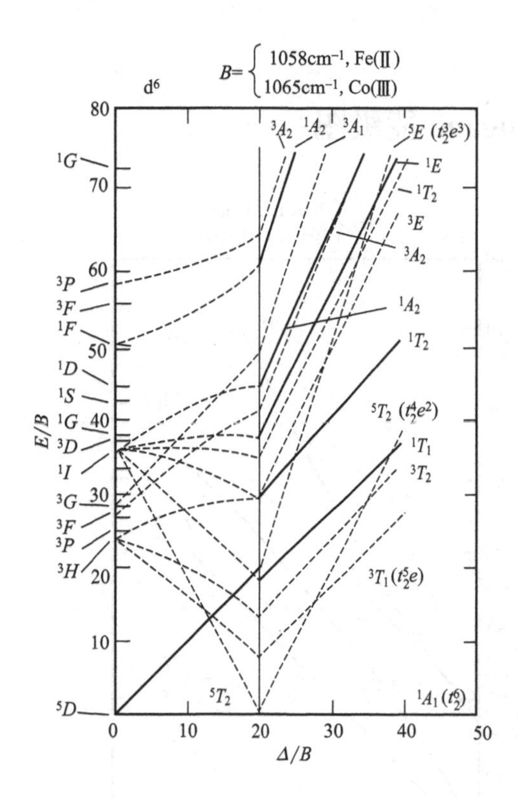

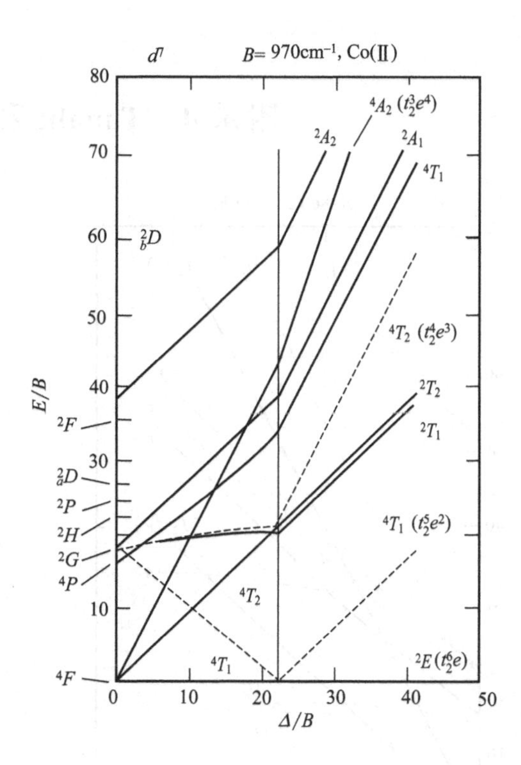

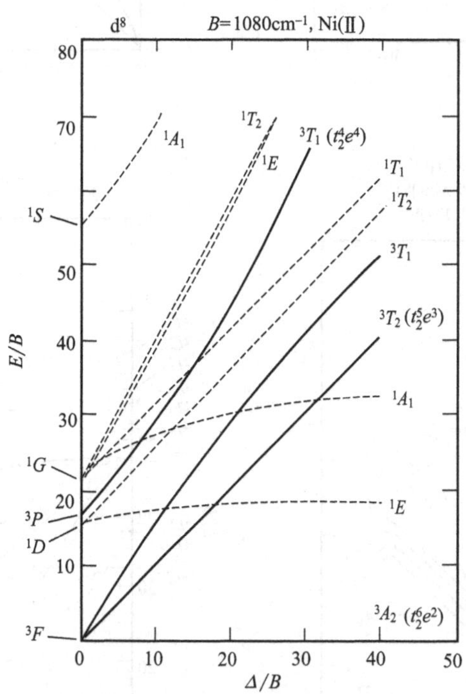

注：本图引自主要参考文献［8］、［9］。

部分习题和思考题参考答案

第 1 章　配位化学发展简史及基本概念

10. 答：属于新型配体或非经典配体。π 酸配体和 π 配体的不同在于授予电子给金属中心的形式不同。

11. 答：(a) 适于形成四面体；(b) 适于形成平面四方形。因为 Cu^{2+} 更倾向于形成平面四方形配合物，而 Zn^{2+} 主要形成四面体配合物。

第 2 章　配合物的立体结构和异构现象

2. 答：不一定。例如，$[AuI]_x$ 为二配位，$CrCl_3$ 为六配位，$CuCl_3$ 和 $AuCl_3$ 为四配位等。

3. 答：不能。价层电子对互斥理论只能用于中心原子具有球形对称电子结构的分子的优选构型预测。

4. 答：一般地，偶极矩可用来判别平面正方形 MA_2B_2 和八面体 MA_2B_4 的顺-反异构问题。如果 $\mu \neq 0$，配合物为顺式结构，如果 $\mu = 0$ 就为反式结构。但是对于八面体 MA_3B_3 型配合物。它们的偶极矩都不等于零。假定配合物取正八面体构型，经过矢量加和计算，可以发现 *fac* 型（属 C_{3v} 群）的 μ_{fac} 约等于 $\sqrt{3}\,|\vec{\mu}_a - \vec{\mu}_b|$，而 *mer* 型（属 C_{2v} 群）的 μ_{mer} 约等于 $|\vec{\mu}_a - \vec{\mu}_b|$。这就意味着 *fac* 的偶极矩稍大于 *mer* 的偶极矩。但是，可能还有如下几个问题存在：

① $\vec{\mu}_a$ 和 $\vec{\mu}_b$ 差别不大，即配位原子的电负性相差不大；

② 由于仪器问题，$\vec{\mu}_a$-$\vec{\mu}_b$ 在实验误差范围内；

③ 八面体配合物可能发生变形（例如姜-泰勒变形），这时矢量加和只是一个大概估计。

在以上三种情况下难以用偶极矩数据来判别 MA_3B_3 型络合物是面式或经式。

结论（对最后一问的回答）：平面正方形配合物的简单几何异构一般只有顺反异构问题，故借用偶极矩测量可明确地鉴别；这种判别方法应用于八面体 MA_3B_3 型配合物却是较不可靠的，此时应当借助其它方法来确定。

5. 答：可以用红外光谱方法；或采用“相似内界”的类比，获得其电子光谱数据，与类似的 $[Ni(N)_6]$ 配合物比较颜色和紫外可见吸收峰。

6. 答：采用 Werner 的方法，即通过“相似内界”的比较，获得异构体键合方式的信息。

7. 答：$[Co(ida)_2]^-$ 的几何异构体有 *u-fac*-$[Co(ida)_2]^-$、*s-fac*-$[Co(ida)_2]^-$ 和 *mer*-$[Co(ida)_2]^-$ 三种，其中 *u-fac*-$[Co(ida)_2]^-$ 具有光学活性，可被拆分。阴离子交换色谱柱分离其几何异构体主要是根据其极性的大小。异构体被淋洗出的顺序为，第一色带：*mer*-$[Co(ida)_2]^-$ + *s-fac*-$[Co(ida)_2]^-$（棕红色）和第二色带：*u-fac*-$[Co(ida)_2]^-$（紫色）。由于极性相差不大，通常第一色带为 *mer*-$[Co(ida)_2]^-$ + *s-fac*-$[Co(ida)_2]^-$ 的混合物，之后可利用两者溶解度不同，通过重结晶分离两种异构体。

参考文献：Yasui T，Kawaguchi H，Koine N，Ama T. Stereochemistry and properties of *unsym-fac*-，*sym-fac*-，and *mer*-(Iminodiacetato)$_n$ (*N*-alkyliminodiacetato)$_{2-n}$ cobaltate (Ⅲ) ($n=0$，1 or 2) Complexes. Bull Chem Soc Jpn，1983，56 (1)：127-133。

8. 答：存在 6 种几何异构体。其中两种具有光学活性的异构体如下图所示：

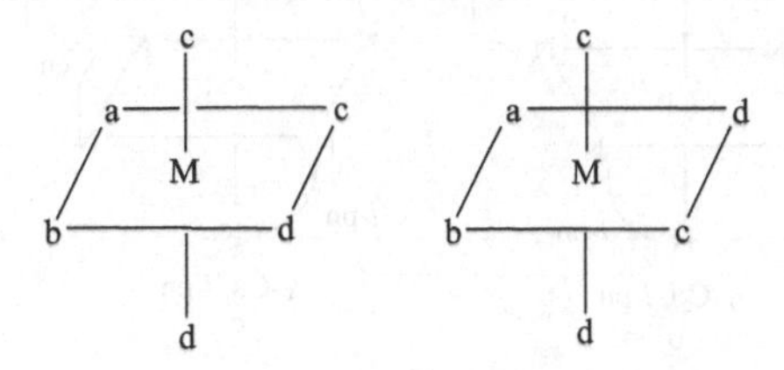

9. 答：分子中缺乏 σ、i 或 S_{4n} 对称元素。(1) 含有手性配体或不对称配位（氮、磷）原子的配合物，

以及含有手性金属中心的配合物；(2) 螺旋型分子；(3) 受空间阻碍效应影响而变形的分子；(4) 风扇形分子；(5) 具有轴手性或平面手性的分子；(6) 在固体状态下配合物分子呈螺旋状排列，使其成为手性晶体。例如，表 2-3 列出的一些不含手性配体的具有唯手性金属中心的八面体配合物。

12.

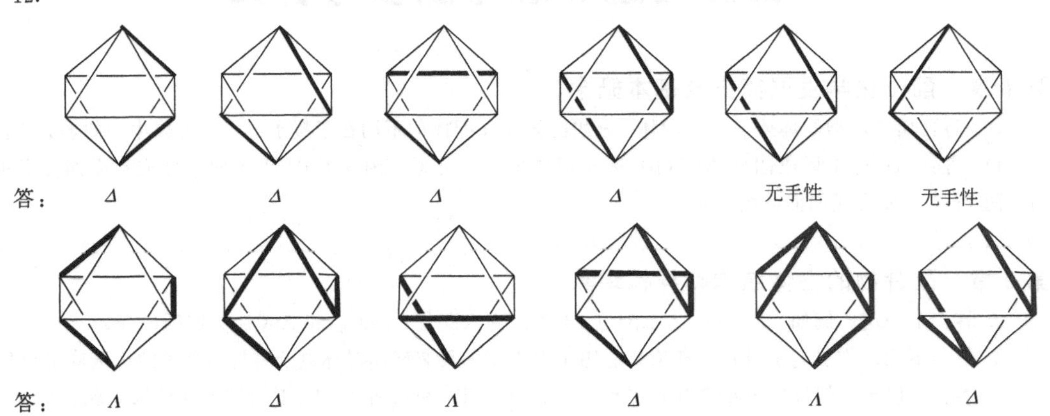

13. 答：(1) $[Fe(C_2O_4)_2(H_2O)_2]^-$ 共有四种可能存在的几何与光学异构体 *trans-*；*cis-*可能有三种形态存在，即独立存在的 Δ、Λ 及外消旋体 Δ+Λ。

Λ　　Δ

(2)可分两种情况讨论$[Co(en)_2(pn)]^{3+}$

① 当 pn 为 1,3-丙二胺时，不存在几何异构体。$[Co(en)_2(pn)]^{3+}$ 共有三种光学异构体：对映异构体 a、b 及 a+b 等量组成的外消旋体

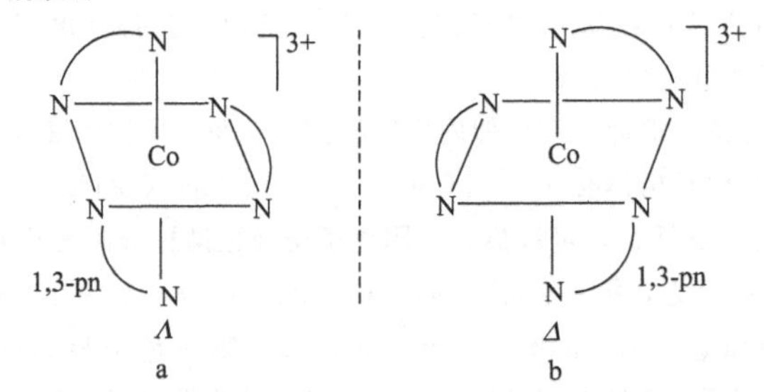

② 当 pn 为 1,2-丙二胺时，不仅由于中心离子 Co^{3+} 具有光学活性，即不对称中心在中心金属上 (*d*-Co, *l*-Co)，而且由于 1,2-丙二胺 (*d*-pn, *l*-pn) 而具有光学活性 (配体光学异构)，所以共有十种形态存在：

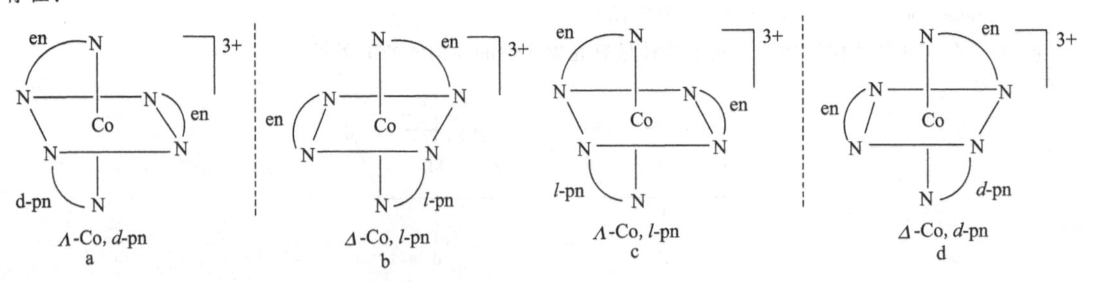

a、b、c、d 各为独立存在的光学异构体；

另外还有四种部分外消旋体（仅对Co或pn部分外消旋）

a＋d、b＋c对Co部分外消旋

a＋c、b＋d 对pn部分外消旋

及两种完全外消旋体a＋b和c＋d

考虑到1,2-丙二胺的两个氨基是不等同的，但由于它们的对位都是不可分辨的乙二胺，因此并不存在α、β两种几何异构体。因此共有10种可能的对映异构体、部分消旋体、完全消旋体的形态存在。

14. 答：piaH不论以何种方式配位，都属于非对称双齿配体。当两个水分子以顺式方式配位时，可能存在三种几何异构体，每一种都有其对映体；当两个水分子以反式方式配位时，可能存在两种几何异构体，没有光学活性。

第3章 轨道、谱项和群论初步

5. 答：反应物$[Fe(H_2O)_6]^{2+}$的HOMO是其t_{2g}轨道，因为决定前线轨道能量的是能级而不是轨道能。

8. 答：基态Ni原子可能的电子组态为$[Ar]3d^8 4s^2$。

9. 答：$[Co(en)_3]Cl_3$ (D_3)；*trans*-$[CoCl_2(NH_3)_4]^+$ (D_{4h})；$[Co(CN)_5]^-$ (C_{4v})；$[NiX_4]^{2-}$ (T_d)；*mer*-$[Co(dien)_2]^{3+}$ (D_2)

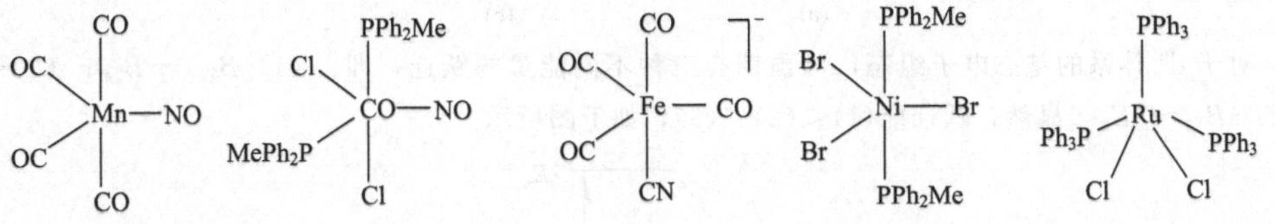

$Mn(CO)_4(NO)$ C_{2v}　$Co(PPh_2Me)(MePh_2P)Cl_2(CO)(NO)$ C_1　$[Fe(CO)_4(CN)]^-$ C_{3v}　$NiBr_3(PPh_2Me)_2$ D_{3h}　$RuCl_2(PPh_3)_3$ C_s

对称元素及相应对称操作、群阶等分析（略）。

第4章 配合物的化学键理论

2. 答：可以根据CN^-配体的π酸性来考虑。

3. 答：

(1) 不能。简单静电晶体场理论无法解释为什么极性小的中性分子CO等具有大的场强。

(2) 可用经验公式$\Delta=f\cdot g$来解释。

5. 答：有可能(a)，(c)，(f)，(h)，(i)；没有可能(b)，(d)，(e)，(g)。

属于互变异构(c)，(f)，(h)，(i)；属于高低自旋(a)。

6. 答

(1) 脱氧前为三角双锥，脱氧后为两个PPh_3互为反式的平面四方形。（提示：配合物的^{31}P-NMR光谱表明，脱氧前后配合物中配位P原子只处于一种化学环境中。）

(2) O_2为侧基配位，授受电子用的都是其π轨道，因此为π配体。（提示：已知中心金属Ir与两个氧原子等距。）

(3) 调节中心金属上的电子密度。

(4) 如果将其分别近似看成正三角双锥和平面正方形结构，则分别有下列组态：$(e'')^3$ $(e')^2$ $(a_1')^1$以及$(e_g)^4$ $(a_{1g})^2$ $(b_{2g})^2$ (b_{1g})。

(5) 由于金属反馈电子的能力是决定双氧配合物稳定性的主要因素，因此"软"的具有低价态的第二、三过渡系金属是较好的候选者。

第5章 配合物的电子光谱和磁学性质

6. 答：按照d轨道在平面正方形场中取向的直观物理模型，可以得出平面正方形Cu^{2+}配合物的d轨道在平面正方形场中分裂为四组，如下图中(c)所示：

可以将平面正方形 Cu^{2+} 配合物的基态电子组态写作：$(e_g)^4$ $(a_{1g})^2$ $(b_{2g})^2$ $(b_{1g})^1$

另外，d^9 可被视为单空穴体系。d^9 离子的基谱项为 ^2D，按照群论方法，D 谱项在特定对称性配体场中的分裂情况与 d 轨道的分裂情况一样，而且自旋多重性不变，下标 g 或 u 不变，则谱项 ^2D 在平面正方形场中也分裂为四组状态，即 $^2E_g+^2A_{1g}+^2B_{2g}+^2B_{1g}$。已知在平面正方形场中 d^1 体系的轨道能级顺序是 $e_g<a_{1g}<b_{2g}<b_{1g}$；由于是单电子体系，其基态谱项 ^2D 的能级顺序也相同，只须将把轨道的小写符号改成谱项的大写符号：$^2E_g<^2A_{1g}<^2B_{2g}<^2B_{1g}$。应用“空穴规则”，电子最稳定的地方也就是空穴最不稳定的地方，因此 d^9 体系的能级顺序正好相反：$^2E_g>^2A_{1g}>^2B_{2g}>^2B_{1g}$。

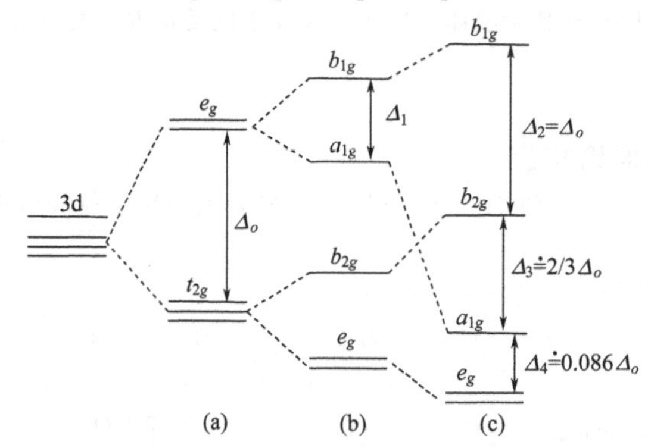

因此，对于 d^9 体系的基态电子组态，可预期有三种不同能量的跃迁，即：(1)$^2B_{1g}\rightarrow^2B_{2g}$；(2)$^2B_{1g}\rightarrow^2A_{1g}$；(3)$^2B_{1g}\rightarrow^2E_g$。显然，跃迁能(1)<(2)<(3)，如下图所示。

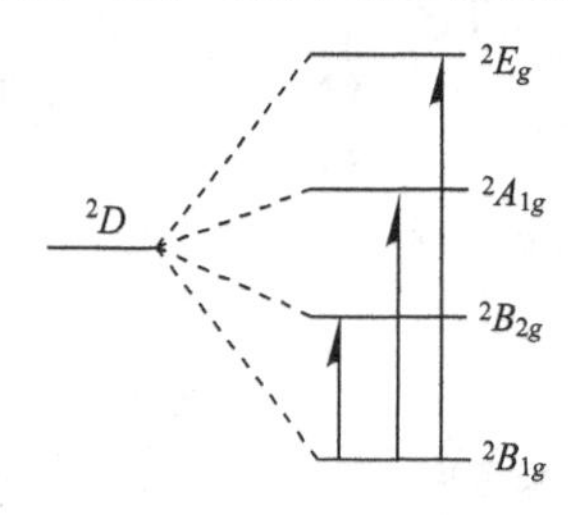

8. 答：

(1) $[Co(en)_3]^{3+}$ 的 $^1A_1\rightarrow^1T_1$ 跃迁较强。因为 $[Co(en)_3]^{3+}$ 属于 D_3 点群，不含对称中心，其 d-d 跃迁是对称性允许的。

(2) $[V(C_2O_4)_3]^{3-}$ 的 $^4A_2\rightarrow^4E$ 跃迁较强。因为它是自旋允许的 d-d 跃迁。

(3) $[Pd(en)_3]^{2+}$ 的 $^3A_2\rightarrow^3E$ 跃迁较强。因为 D_3 群跃迁矩算符所属不可约表示分别为 $A_2(z)$ 和 $E(x, y)$，根据直积定理，$E\otimes A_2\otimes A_2=E$；$E\otimes E\otimes A_2=A_1+A_2+E$；$A_2\otimes A_2\otimes A_2=A_2$；$A_2\otimes E\otimes A_2=E$；所以跃迁 $^3A_2\rightarrow^3E$ 是对称性允许的 x，y 偏振跃迁。

(4) $[NiCl_4]^{2-}$ 的跃迁较强，因为虽然两者都是四面体配合物，不含对称中心，d-d 跃迁是对称性允许的，但是对前者而言，其 d-d 跃迁是对称性和自旋双重允许的，而 Mn(Ⅱ)配合物而言，其 d-d 跃迁是对称性允许而自旋禁阻的。

10. 答：

(1) 因为 *cis*-$[CoF_2(en)_2]^+$ 属于 C_2 点群，不含对称中心，其 d-d 跃迁是对称性允许的。

(2) 对称性环境不同，参阅图 5-38。或许可用被拆分的手性 *cis*-$[CoF_2(en)_2]^+$ 的圆二色光谱来观测，参阅 6.5.3。

11. 答：

(1) A：平面正方形顺式和反式异构体各一；B：四面体。

(2) 图中曲线Ⅰ属于 A 和曲线Ⅱ属于 B。由长波处第一个吸收峰判断。

(3) 谱图中 510nm 处的吸收峰与 A 的颜色对应；510nm 和 700nm 处的吸收峰与 B 的颜色对应。

(4) 在氯仿中颜色和磁矩变化的原因是少量 B 发生重排异构化成 A。

（5）如果选用波长为510nm的单色光照射A，A呈黑色。

12. 答：A为*trans*-[$Ni(H_2O)_2$(acac)(tmen)]，B为[Ni(acac)(tmen)]。A与图中的曲线（b）对应，B与图中的曲线（a）对应。在配位性强的溶剂（S）中可能形成四方变形的八面体配合物*trans*-[NiS_2(acac)(tmen)]。

13. 答：

（1）其自旋允许d-d跃迁的主要形式为：$^4A_2 \rightarrow ^4T_2$和$^4A_2 \rightarrow ^4T_1$。跃迁形式如图中箭头所示。

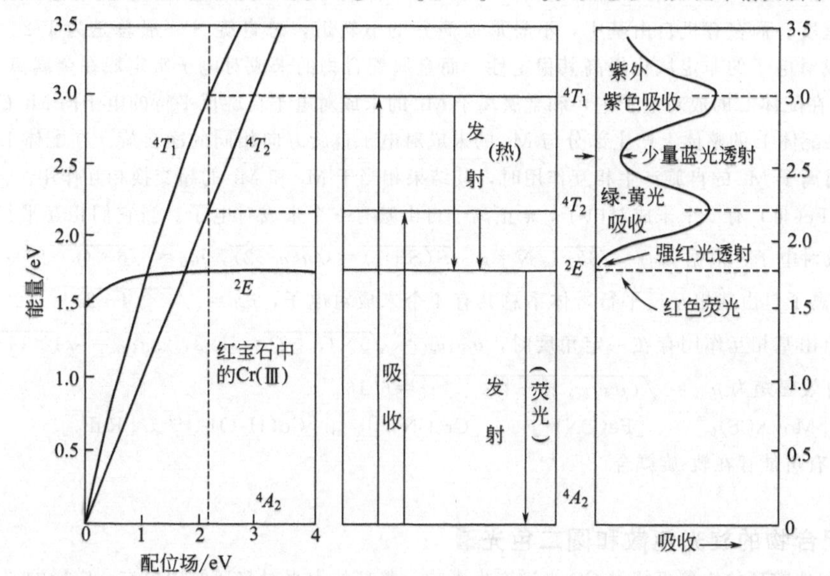

（2）分子是在不停地振动着的，在配合物中存在电子运动与振动的耦合，某些振动方式会使配合物暂时失去反演中心，比如，从$O_h \rightarrow C_{4v}$，即具有按T_{1u}对称性振动的瞬间畸变，这时p_z、s和d_{z^2}的对称性相同（a_1），p_x、p_y与d_{xz}、d_{yz}也具有相同的对称性（e），有可能发生d-p混合；由于电子跃迁的发生要比分子的振动快得多，因此在这些瞬间的某些d-d跃迁是宇称允许的，d-d跃迁由此获得了一定强度。但这种偏离中心对称的状态只能维持于瞬间，对选律的松弛贡献不大，所获得的d-d跃迁强度仍然较弱（ε大约为1～50）。必须指出：不论是中心对称或非中心对称的配合物，振动-电子耦合机理是普遍存在的，但更多地对前者考虑该机理的贡献。更何况Cr(Ⅲ)是处于畸变的八面体场中。

（3）因为Cr_2O_3在晶体中位于四方变形场中，对称性较低，不似立方晶系等具有各向同性的性质。因此，如果Cr(Ⅲ)位于正八面体场中，不可能存在二色性（提示：红宝石属于六方晶系，是单轴晶体）。

14. 答：A [$CoCl_4$]$^{2-}$、B [$Co(NH_3)_6$]$^{3+}$、C [$Co(NH_3)_6$]$^{2+}$、D：[$Co(H_2O)_6$]$^{2+}$。

16. 答：因为当L相同时，两者的HOMO能级近似，而在L_4Au(Ⅲ)中，由于Au(Ⅲ)较高的氧化态，使其LUMO的能级较低。

17. 答：因为当金属离子相同时，两者的LUMO能级近似，而[$PtBr_4$]$^{2-}$的HOMO能级高于[$PtCl_4$]$^{2-}$。

18. 答：MLCT跃迁能依次增大。

19. 答：配体的π接受能力为$NO^+ \gg CO > CN^-$。

21. 答：Co(Ⅱ)（d^7）外层有3个未成对电子，按照唯自旋公式计算有效磁矩应为3.87。由于H_2O和Cl^-均为弱场配位体，这两个化合物都应是高自旋配合物。粉红色的[$Co(H_2O)_6$]$^{2+}$为八面体构型，蓝色的[$CoCl_4$]$^{2-}$为四面体构型。

22. 答：对于多电子的自由原子或离子，其磁性能够由未满壳层的电子产生的轨道磁矩和自旋磁矩提供。g因子的大小反映了轨道磁矩和自旋磁矩对原子总磁矩的贡献程度。如果$g=1$，原子磁矩主要由轨道磁矩贡献；如果$g=2$，则原子磁矩主要由自旋磁矩贡献。

23. 答：铁磁性物质最基本的特征是自发磁化和磁畴。分子场理论认为在铁磁体内存在分子场，导致原子磁矩自发地平行取向产生自发磁化，这样的区域即为磁畴。铁磁性自发磁化起源于电子之间的交换作用。

24. 答：铁磁体和亚铁磁体在临界温度以下，具有自发磁化，属强磁性物质，易于达到磁饱和，具有磁滞现象，存在磁畴。磁畴内，铁磁体的原子磁矩完全平行；亚铁磁体的原子磁矩反平行排列，原子磁矩不能完全抵消，形成磁矩之差。铁磁体和亚铁磁体的磁性不同，亚铁磁体的磁化率没铁磁体大，说明它们的磁结构不同，在亚铁磁体中存在两种亚晶格，形成两种不同的磁结构。

25. 答：金属配合物中，由于金属的简并 d 轨道和 f 轨道具有未成对电子，即使单核配合物中也显示出高自旋多重度；而在有机自由基中，不易形成简并的 p 轨道，总自旋 S 一般总是为 1/2。有机自由基可以通过未成对电子的非定域化提高其稳定性，而金属配合物的未成对电子常定域在金属离子的轨道上。

26. 答：在配体 L 的成对电子中，和金属离子 M_1 的未成对电子自旋反平行的电子向 M_1 的 d 轨道部分移动时，即在配体 L 的整体上产生部分与 M_1 的未成对电子自旋方向相同的净自旋。在配体 L 上的被诱导自旋若同金属离子 M_2 的自旋产生相互作用时，其结果相当于 M_1 和 M_2 的超交换相互作用。

27. 答：Fe(Ⅲ) 有 5 个未成对电子，π-正离子自由基有一个未成对电子。当它们相互平行时，体系总共有 6 个未成对电子，根据 $\mu_{eff}=\sqrt{3k\chi T/N}=g\sqrt{S(S+1)}=\sqrt{n(n+2)}$，$\mu_{eff}=\sqrt{6\times(6+2)}=6.93$；当 Fe(Ⅲ) 和 π-正离子自由基相互反平行，体系总共有 4 个未成对电子，$\mu_{eff}=\sqrt{4\times(4+2)}=4.90$；当 Fe(Ⅲ) 和 π-正离子自由基相互作用存在一定角度时，$\mu_{eff(Fe)}=\sqrt{5\times(5+2)}=5.92$，$\mu_{eff(\pi)}=\sqrt{1\times(1+2)}=1.73$，则体系总的有效磁矩为 $\mu_{eff}=\sqrt{(\mu_{eff(Fe)})^2+(\mu_{eff(\pi)})^2}=6.16$。

28. 答：$[Mo(NCS)_6]^{2-}$、$[Fe(CN)_6]^{3-}$、$[Cr(CN)_6]^{4-}$、$[Co(H_2O)_6]^{2+}$、$[RuF_6]^{3-}$

29. 答：有可能存在轨-旋耦合。

第 6 章　配合物的旋光色散和圆二色光谱

4. 答：配位螯环的构象可能对 CD 光谱产生影响，螯环的大小对螯环的构象有一定影响。

6. (1) $(+)_D$-$[Co(C_2O_4)_2(en)]^-$ 的比旋光度为负值；

答：错。采用入射偏振光波长 589nm 进行测试，$(+)_D$-$[Co(C_2O_4)_2(en)]^-$ 的比旋光度为正值。

(2) $(+)_D$-$[Co(C_2O_4)_2(en)]^-$ 的比旋光度为正值；

答：对。

(3) $(+)_D$-$[Co(C_2O_4)_2(en)]^-$ 的绝对构型为右手螺旋；

答：错。根据旋光度随波长变化的趋势看，随着圆偏振光波长的增加，$(+)_{589}$-$[Co(C_2O_4)_2(en)]^-$ 的旋光度由负到正变化，呈现出正 Cotton 效应，根据关联规则推测为左手螺旋 Λ 构型

(4) $(+)_D$-$[Co(C_2O_4)_2(en)]^-$ 的绝对构型为左手螺旋。

答：对。理由同上

8. 答：不能。因为它们不具有相似的内界。

11. 答：可能存在的几何和光学异构体分别为 *trans*-$[CoCl_2(en)_2]^+$、*cis*-$[CoCl_2(en)_2]^+$，以及 *cis*-$[CoCl_2(en)_2]^+$ 的一对对映体及其外消旋体。可见光谱图中 (a) 为 *trans*-$[CoCl_2(en)_2]^+$，(b) 为 *cis*-$[CoCl_2(en)_2]^+$，反式异构体为绿蓝色，顺式异构体为紫色，分别与 (a) 和 (b) 中约 600nm 和 550nm 处的吸收峰对应。推测其中 Λ-*cis*-$[CoCl_2(en)_2]^+$ 的 CD 光谱为长波处第一个吸收峰具有正 Cotton 效应。

14. 答：不一定。因为两个单核片断之间可能存在不同的耦合作用。

第 7 章　配合物反应的动力学与机理研究

3. (1) Mg^{2+}、Ca^{2+}、Sr^{2+}、Ba^{2+}、Ra^{2+}；

答：$Ra^{2+}>Ba^{2+}>Sr^{2+}>Ca^{2+}>Mg^{2+}$

(2) Mg^{2+}、Al^{3+}、Si^{4+}；

答：$Mg^{2+}>Al^{3+}>Si^{4+}$

(3) Ca^{2+}、V^{2+}、Cr^{2+}、Mn^{2+}、Fe^{2+}、Co^{2+}、Ni^{2+}、Cu^{2+}、Zn^{2+}

答：$Cr^{2+}\sim Cu^{2+}\sim Ca^{2+}>Zn^{2+}>Mn^{2+}>Fe^{2+}>Co^{2+}>Ni^{2+}>V^{2+}$

5. 答：这种反应是水合反应，因为无质子可用，非 D_{cb} 机理。反应可能按酸水解机理进行，Ni^{2+} $<Co^{2+} \sim Mn^{2+} \sim Cu^{2+} \sim Zn^{2+}$。$Fe^{2+}$ 为低自旋 $(t_{2g})^6$ 组态，LFAE 值大，故反应速率最慢。

6. 答：$[Co(CN)_6]^{3-}$ 为 d^6 低自旋态，是惰性配合物；而 $[CoBr_6]^{3-}$ 为 d^6 高自旋态，是活性配合物。

9. 答：

(1) 减小

(2) 减小。

(3) 增加。

(4) 基本无影响。

(5) 增加。

14. 答：按外界发生电子转移反应所涉及反应物的前线轨道对称性如下表所示

金属离子对	$k/dm^3 \cdot mol^{-1} \cdot s^{-1}$	HOMO	LUMO
Fe^{2+}/Fe^{3+}	4	π	π
Cr^{2+}/Fe^{3+}	2.3×10^3	σ	π
V^{3+}/Fe^{3+}	1.8×10^4	π	π
Cr^{2+}/Cr^{3+}	2×10^{-5}	σ	σ
V^{2+}/V^{3+}	1×10^{-2}	π	π

按外界电子转移反应的轨道对称性规则，以 π-π 形式进行电子转移较为有利，对于 $\Delta G^{\ominus} < 0$ 的氧化还原反应，除了轨道对称性的影响因素外，还要考虑热力学因素的影响，综合两者，大致可说明速率常数的不同。

16. 答：当溶液不纯混有 Co(Ⅱ) 时，得到 $[Co(CN)_5Cl]^{3-}$ 的机理可能是通过电子转移的配体交换。在产物中保留 Cl^- 配体说明它可能是活化配合物的桥基。由于 Co(Ⅲ) 的惰性，其氰合络离子主要以均一型络离子存在，不可能取代上其它配体。因为溶液中大量存在 CN^-，因此少量 Co(Ⅱ) 将以 $[Co(CN)_5]^{3-}$ 形式存在，它是一个取代活性的配合物，而且还原性很强，从而对 *trans*-$[CoCl_2(en)_2]Cl$ 的取代反应起一个催化作用。

第 8 章　配合物的合成化学

5. 答：可以将题中的反应过程表示如下：

$$[Co(H_2O)_6]^{2+} \xrightarrow[\text{惰性气氛}]{(1)NH_3(\text{过量})} [Co(OH)_4]_2^- + [Co(NH_3)_6]^{2+} + [Co(NH_3)_n(H_2O)_{6-n}]^{2+} + [CoCl_4]_2^-$$

(粉红色溶液)　(蓝色)　(黄红色)　(红色?)　(蓝色)#

$$\xrightarrow[O_2]{(2)NH_3} [Co(NH_3)_5(H_2O)]^{3+} + [Co(NH_3)_5(OH)]^{2+} + [CoCl(NH_3)_5]^{2+}(\text{少量}) + [Co(NH_3)_6]^{3+}(\text{极少量})$$

(玫瑰红色)　(红色)　(紫红色)※　(黄色)

$$\xrightarrow[\text{活性碳}]{(3)NH_3-O_2} [Co(NH_3)_6]^{3+} \xrightarrow[\text{活性碳}]{(4)HCl(\text{过量})} [Co(NH_3)_6]Cl_3$$

(黄色溶液)　(橙黄色晶体)

因此，用大写字母标出的有色物种分别为 A：$[Co(H_2O)_6]^{2+}$；B：以 $[Co(OH)_4]^{2-}$ 为主的一个复杂体系；C：以 $[Co(NH_3)_5(H_2O)]^{3+}$ 和 $[Co(NH_3)_5(OH)]^{2+}$ 为主的一个复杂体系；D：$[Co(NH_3)_6]^{3+}$；E：$[Co(NH_3)_6]Cl_3$。活性炭

溶液中可能含 Cl^-；※ 因为无 C^* 存在

8. 答：当外消旋体结晶为结构上稳定的外消旋混合物时，自然发生的或利用对映纯晶种手性诱导的缓慢结晶，都有可能导致单一对映体的析出，其必要条件是对映体的外消旋化速度快于其晶体生长速度。动力学上取代惰性的配合物在光照或电子转移等条件下，有可能发生快速外消旋化，获得绝对不对称合成的产物。

全书综合习题和思考题

1. 答：

(1) $[PtCl_4]^{2-}$较稳定，根据硬软酸碱原理，Pt^{2+}为软酸。

(2) $[Fe(H_2O)_6]^{3+}$较稳定，根据硬软酸碱原理，Fe^{3+}为硬酸。

(3) X_3B∶THF为广义的配合物。Cl_3B∶THF较稳定，BF_3是平面型化合物，有强的π相互作用，弥补了B上的缺电子性；而Cl^-的半径较大，使BCl_3有点偏离平面三角形，破坏π_4^6大π键的形成，使得路易斯酸性增强。

(4) $[Pd(SCN)(dien)]^+$较稳定，dien非π酸配体或π配体，而且位阻不大，Pd^{2+}为软酸。π酸配体或π配体使Pd^{2+}变"硬"，从而有利N端配位。

(5) $[Fe(phen)_3]^{2+}$较稳定，配体场组态为$(t_{2g})^6$，phen为π酸配体，Fe^{2+}的π反馈作用使$[Fe(phen)_3]^{2+}$中的π键级为3，而$[Fe(phen)_3]^{3+}$中的π键级为2.5。

(6) $[Fe(CN)_6]^{3-}$较稳定，静电相互作用起决定因素。

2. 答：

(1) trien为直链型配体，tren和nta^{3-}均为支链型配体；后二者的不同在于其配位原子和所带电荷不同；trien和tren均为四齿氮中性配体。nta^{3-}较易作为桥配体与多个金属配位形成配位聚合物。

(2) 由于张力的缘故，$[MX_2(tren)]$只能形成一种几何异构体。

(3) $[MX_2(tren)]$只有一种几何异构体1。$[MX_2(trien)]$有三种几何异构体，分别为2～4。

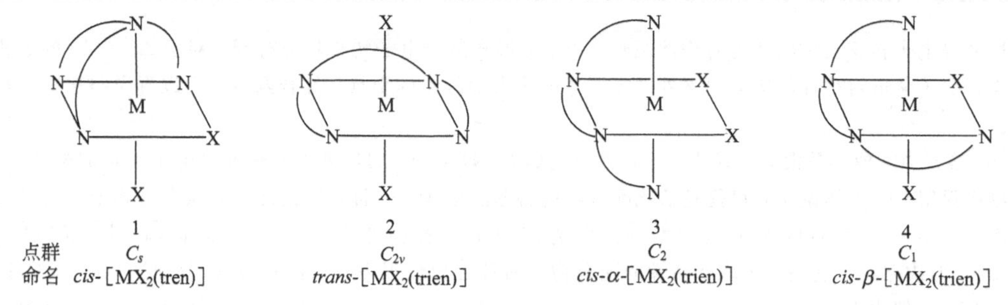

	1	2	3	4
点群	C_s	C_{2v}	C_2	C_1
命名	*cis*-$[MX_2(tren)]$	*trans*-$[MX_2(trien)]$	*cis*-α-$[MX_2(trien)]$	*cis*-β-$[MX_2(trien)]$

其中3和4还分别有光学异构体，每一对对映体还形成外消旋体，所以一共有6种光学异构体3a、3b、4a、4b、3a+3b、4a+4b。

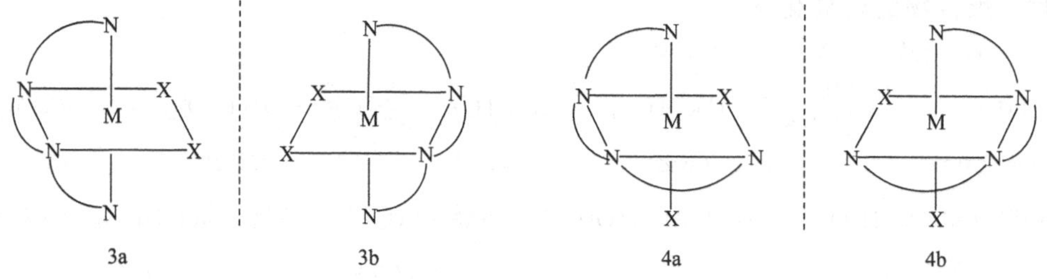

3a　3b　4a　4b

3. 答：

(1) RuO_4^{2-}的Δ_t最大，CrO_4^{4-}的Δ_t最小。

(2) FeO_4^{2-}离子有最短的M-O键距。

(3) 它们可能是LMCT。

(4) RuO_4^{2-}为d^2组态，对于四面体配合物，第一个d-d跃迁吸收峰的能量$13900cm^{-1}$即为其Δ_t值。

(5) 它们均为$(e)^2(t_2)^0$组态，没有t_2轨道的不对称占据，因此，没有轨道磁矩的贡献。但是，对于RuO_4^{2-}，可能存在轨旋耦合，则实测磁矩μ_{eff}与唯自旋磁矩μ_S可能不符。

参考文献：Brunold T C，Güdel H U. Ruthenium（Ⅵ）doped into single crystals with the $BaSO_4$ and β-K_2SO_4 structures：optical absorption spectra of $RuO_4{}^{2-}$ Inorg Chem，1997，36（10）：2084-2091。

4. 答：

(1) 以群论符号标记图中各个能级所属的d轨道，如图所示。这样标记的理由是：从直观的物理模型看，五配位四方锥配合物的 d 轨道能级分裂与 z 轴拉长的八面体或平面正方形配合物类似，因为在 z 轴上只移走一个配体，其微扰作用相当于平均部分地移去两个配体的作用。

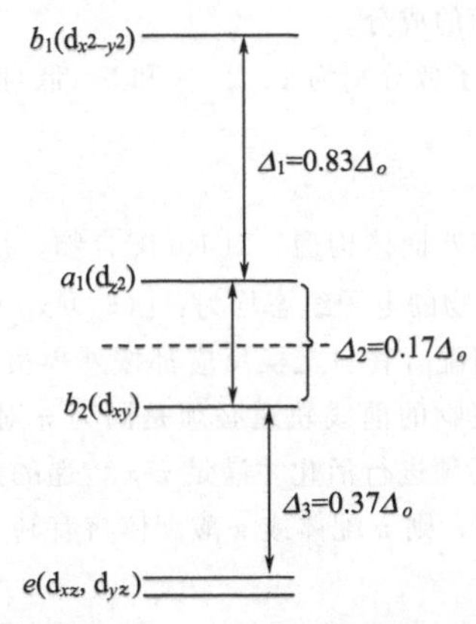

某四方锥配合物的 d 轨道能级分裂图和能级标记

(2) 根据题图给出的数据，计算出在四方锥场中各个 d 轨道的能级标度由低及高分别是：$-0.455\Delta_o$、$-0.085\Delta_o$、$0.085\Delta_o$ 和 $0.915\Delta_o$，由此计算出强场低自旋组态的 Co(Ⅲ) 配合物在四方锥场下的 LFSE 是 $-1.99\Delta_o$。已知八面体场 $(t_{2g})^6(e_g)^0$ 组态的 LFSE 是 $-2.40\Delta_o$，根据配合物反应动力学知识，按 D 机理进行配体取代反应，其过渡态如果没有 LFSE 增益，甚至 LFSE 变得更小时，则反应是慢的。经计算，只考虑配体场效应时反应的活化能为 $0.41\Delta_o$。所以预测低自旋 Co(Ⅲ) 八面体配合物按 D 机理进行取代反应时应为惰性的。

5. 答：

(1) 作为四齿配体，Corrole 可以脱去三个 H^+，以负 3 价态的阴离子与中心金属配位。

(2) 当 Corrole 环上的 R=H 和 R=X 时，其 Mn(Ⅲ)/Mn(Ⅳ) 配合物电对的氧化还原电势在后一种情况下将升高；当 R 分别为 F 或 Br 时，则前者升高的幅度更大。

(3) 当 Corrole 环上的 R=X 时，尤其是当 R 为 F 时，更能稳定中心金属的高价态。因为取代基卤素可以发挥吸电子效应，分散高价金属中心所带的高正电荷。

(4) d 轨道能级分裂如下图所示：

$d_{x^2-y^2}$ b_1 $d_{x^2-y^2}$
d_{xy} b_2 d_{xy}
d_{z^2} a_1 d_{z^2}
d_{xz}, d_{yz} e d_{xz}, d_{yz}
Mn(Ⅲ)-Corrole Mn(Ⅳ)-Corrole

Mn(Ⅲ)-Corrole 或 Mn(Ⅳ)-Corrole 配合物分别有 4 个和 3 个未成对电子，为顺磁性。

(5) 因为 O^{2-} 离子为 π 给予体配体，且强度弱于 Corrole，所以在准四方锥 C_{4v} 构型下的定性 d 轨道能级分裂和 d 电子填充如下图所示：

b_1 $d_{x^2-y^2}$
a_1 d_{z^2}
b_2 d_{xy}
e d_{xz}, d_{yz}

锰酰配合物含两个未成对电子，$n=2$，其磁矩按唯自旋公式 $\mu_S=\sqrt{n(n+2)}\mu_B$ 计算为 $2.83\mu_B$。

(6) 在弱场情况下，d 电子数分别为 1、2、6 和 7（高自旋）组态配合物的有效磁矩与理论预测的唯自旋磁矩不符，因为根据量子力学原理，当配体场基态分量谱项属于 T_{1g} 或 T_{2g} 表示时，轨道角动量的平均值不为零，则有效磁矩将有轨道磁矩贡献的成分。

由于 Corrole 为强场配体，则 d 电子数分别为 1、2、4 和 5（低自旋）组态配合物的有效磁矩与理论预测的唯自旋磁矩不符。

6. 答：

(1) 将这一系列配合物都看成是准八面体构型，对 Ru 配合物，反应物电子组态均为：$[(\pi_g)^5(\sigma_g^*)^0]$ 和 $[(\pi_g)^6(\sigma_g^*)^0]$；对 Co 配合物，反应物的电子组态均为：$[(\pi_g)^5(\sigma_g^*)^2]$ 和 $[(\pi_g)^6(\sigma_g^*)^0]$。

(2) 根据反应物的构型判断，两组配合物自交换反应都按外界机理进行，其速率具有很大差别的原因是，对于外界电子转移反应，两个反应物的前线轨道必须是同为 π 对称性才有利于电子转移反应的进行。Ru 配合物符合此条件，而 Co 配合物还须进行活化才满足 π-π 传递的条件。

(3) 由于电子转移是 π-π 传递有利，则 π 配体或 π 酸配体将有利于此过程。

主要参考文献

[1] 徐志固编著．现代配位化学．北京：化学工业出版社，1987.

[2] 徐光宪，王祥云著．物质结构．第2版．北京：高等教育出版社，1987.

[3] 金斗满，朱文祥编著．配位化学研究方法．北京：科学出版社，1996.

[4] 游效曾编著．配位化合物的结构与性质．北京：科学出版社，1992.

[5] Miessler G L，Tarr D A. Inorganic Chemistry. 3rd Ed. New Jersey：Prentice-Hall，Inc.，2004.

[6] Cotton F A，Wilkinson G. Advanced Inorganic Chemistry. 5th Ed. New York：Wiley，1988.

[7] Cotton F A，Wilkinson G. Advanced Inorganic Chemistry. 6th Ed. New York：John Wiley & Sons，Inc.，1999.

[8] Gispert J R. Coordination Chemistry. Weinheim：Wiley-VCH，2008.

[9] Carter R L. Molecular symmetry and group theory. New York：John Wiley & Sons，Inc.，1998.

[10] von Zelewsky A. Stereochemistry of Coordination Compounds. Chichester：John Wiley & Sons Inc.，1996.

[11] 周公度，段连运编著．结构化学基础．第2版．北京：北京大学出版社，1995.

[12] [美] F A科顿著．群论在化学中的应用．第3版．刘春万，游效曾，赖伍江译．福州：福建科学技术出版社，1999.

[13] 周永洽编著．分子结构分析．北京：化学工业出版社，1991.

[14] 朱文祥，刘鲁美主编．中级无机化学．北京：北京师范大学出版社，1993.

[15] 戴安邦等编．无机化学丛书·第12卷·配位化学．北京：科学出版社，1987.

[16] 孟庆金，戴安邦编．配位化学的创始与现代化．北京：高等教育出版社，1998.

[17] 朱声逾，周永洽，申泮文编著．配位化学简明教程．天津：天津科学技术出版社，1990.

[18] 陈慧兰，余宝源编著．理论无机化学．北京：高等教育出版社，1987.

[19] 陈慧兰主编．高等无机化学．北京：高等教育出版社，2005.

[20] Shriver D F，Atkins P W，Langford C H 著．无机化学．第2版．高忆慈，史启祯，曾克慰等译．北京：高等教育出版社，1997.

[21] 张祥麟编著．配合物化学．北京：高等教育出版社，1991.

[22] 罗勤慧，沈孟长编著．配位化学．南京：江苏科技出版社，1987.

[23] 周绪亚，孟静霞主编．配位化学．开封：河南大学出版社，1989.

[24] 杨素苓，吴谊群主编．新编配位化学．哈尔滨：黑龙江教育出版社，1993.

[25] 唐宗薰主编．中级无机化学．北京：高等教育出版社，2003.

[26] 项斯芬，姚光庆编著．中级无机化学．北京：北京大学出版社，2003.

[27] 麦松威，周公度，李伟基．高等无机结构化学．北京：北京大学出版社，香港：香港中文大学出版社，2001.

[28] 麦松威，周公度，李伟基编著．高等无机结构化学．第2版．北京：北京大学出版社，2006.

[29] 麦松威等编著．无机与结构化学习题．北京：科学出版社，1986.

[30] Purcell K F，Kotz J C. Inorganic Chemistry. Philadelphia：W. B. Saunders Company，1977.

[31] Huheey J E. Inorganic Chemistry. 3rd Ed. Cambridge：Harper International SI Edition，1983.

[32] Lever A B P. Inorganic Electronic Spectroscopy. 2nd Ed. Amsterdam：Elseiver，1984.

[33] Tobe M L，Burgess J. Inorganic Reaction Mechanisms. Essex：Pearson Education Limited，1999.

[34] Rodgers G E. Descriptive Inorganic，Coordination，and Solid-State Chemistry. 2nd Ed. South Melbourne：Thomson Learning，2002.

[35] Figgis B N，Hitchman M A. Ligand Field Theory and its Applications. New York：Wiley-VCH，2000.

[36] Kauffman G B. Inorganic Coordination Compounds. London：Heyden & Son Ltd.，1981.

[37] Berova N，Nakanishi K，Woody R W. Circular Dichroism. 2nd Ed. New York：John Wiley & Sons，Inc.，2000.

主要参考文献